"十二五"国家重点图书

国家科学技术学术著作出版基金资助出版

循环经济的
二次资源金属回收

马荣骏　肖国光　编著

北　京

冶金工业出版社

2014

内 容 简 介

全书共分十四章，简述了二次资源金属回收的重要意义及作用，分章介绍了二次资源回收金属的方法，其中包括黑色金属、铝、铜、铅、锌、锡、镍、钴、钨、钼、钒、砷、锑、铋、镉、锰、贵金属、铂族金属、稀散金属、稀土金属、核燃料废料及其他一些金属的回收处理工艺及技术。

本书适合于从事金属回收的科研、设计、生产的人员阅读，也可供大专院校有关专业的师生参考。

图书在版编目（CIP）数据

循环经济的二次资源金属回收/马荣骏，肖国光编著 . —北京：
冶金工业出版社，2014.6
"十二五"国家重点图书
ISBN 978-7-5024-6478-3

Ⅰ.①循⋯ Ⅱ.①马⋯ ②肖⋯ Ⅲ.①金属废料—废物回收—研究 Ⅳ.①X756.05

中国版本图书馆 CIP 数据核字（2014）第 113615 号

出 版 人 谭学余
地　　址 北京北河沿大街嵩祝院北巷 39 号，邮编 100009
电　　话 (010)64027926 电子信箱 yjcbs@cnmip.com.cn
责任编辑 张熙莹　马文欢 美术编辑 彭子赫 版式设计 孙跃红
责任校对 李　娜　刘　倩 责任印制 牛晓波
ISBN 978-7-5024-6478-3

冶金工业出版社出版发行；各地新华书店经销；三河市双峰印刷装订有限公司印刷
2014 年 6 月第 1 版，2014 年 6 月第 1 次印刷
787mm×1092mm　1/16；57.25 印张；1387 千字；895 页
228.00 元

冶金工业出版社投稿电话：(010)64027932　投稿信箱：tougao@cnmip.com.cn
冶金工业出版社发行部　电话：(010)64044283　传真：(010)64027893
冶金书店　地址：北京东四西大街 46 号(100010)　电话：(010)65289081(兼传真)
（本书如有印装质量问题，本社发行部负责退换）

前　言

循环经济、环境保护和可持续发展是当今人类社会经济发展的主要模式和必由之路，而二次资源金属回收是冶金领域循环经济和环境保护的主要内容，也是可持续发展依赖的重要条件。

鉴于二次资源金属回收的重要性，作者应冶金工业出版社之邀，编写了本书，其目的是给读者提供一些资料，有利于大力开展二次资源金属回收及环境保护的工作。

全书共有十四章，简述了二次资源金属回收的重要意义及作用，分章介绍了二次资源回收金属的方法，其中包括黑色金属、铝、铜、铅、锌、锡、镍、钴、钨、钼、钒、砷、锑、铋、镉、锰、贵金属、铂族金属、稀散金属、稀土金属、核燃料废料及其他一些金属的回收处理工艺及技术。在编写中，作者注意了理论与实际的结合，力求该书具有全面性、系统性及创新性，能反映出二次资源金属回收领域的科学技术进步，达到促进学科发展及指导生产的目的。

应该说明，本书内容中除了包括作者多年从事科研工作的成果、心得及发表的论文外，还从国内外文献上引用了一些符合本书要求的内容，在此作者向被引用文献的作者加以致谢。

在本书的编写过程中，得到长沙矿冶研究院各级领导及冶金工业出版社领导的大力支持，特别是中国工程院院士、中南大学黄伯云教授，中国工程院院士、中南大学刘业翔教授，中国科学院院士、湖南大学俞汝勤教授，中国工程院院士、长沙矿冶研究院余永富教授级高级工程师给予了中肯的建议与意见，国家水体污染控制与治理科技重大专项、环保部环保公益性项目以及国家科学技术学术著作出版基金为本书的出版给予了资助，作者在此一并致以衷心的感谢。

由于作者水平所限，书中不足之处，敬请同行读者指正。

作　者

2013 年 11 月

目　　录

1　绪论 ··· 1

1.1　二次资源回收金属在循环经济发展中的重要意义及作用 ········ 1

　　1.1.1　重要意义 ··· 1

　　1.1.2　重要作用 ··· 1

1.2　二次资源回收金属在循环经济发展中的功能与效果 ············ 2

1.3　二次资源及其回收金属的原则方法 ··························· 3

　　1.3.1　二次资源的内容 ·· 3

　　1.3.2　二次资源金属回收的原则流程 ································ 4

1.4　二次资源金属回收的发展方向 ······························· 7

参考文献 ·· 8

2　钢铁工业二次资源的金属回收 ································· 9

2.1　钢渣、铁合金渣及含铁尘泥的金属回收 ····················· 9

　　2.1.1　钢渣 ·· 9

　　2.1.2　铁合金渣 ·· 10

　　2.1.3　含铁尘泥 ·· 12

2.2　黄铁矿烧渣的金属回收 ····································· 14

　　2.2.1　烧渣的氯化焙烧 ·· 14

　　2.2.2　烧渣的利用 ·· 17

2.3　废钢铁屑制备钢铁粉 ······································· 18

　　2.3.1　废钢、铁屑的来源、利用现状及存在问题 ················· 18

　　2.3.2　钢铁粉的用途 ·· 19

　　2.3.3　国内外生产钢铁粉的工艺技术 ································ 20

　　2.3.4　废钢、铁屑直接生产钢铁粉的新方法 ··················· 21

2.4　烟尘的金属回收 ··· 22

　　2.4.1　碳钢冶炼烟尘 ·· 22

　　2.4.2　特种钢冶炼烟尘 ·· 26

2.5　废水的金属回收 ··· 30

　　2.5.1　废水的种类 ·· 31

　　2.5.2　酸洗废液的处理方法 ·· 32

参考文献 ··· 33

3 二次资源铝的回收 ……………………………………………… 36

　3.1 概述 ……………………………………………………………… 36

　　3.1.1 二次资源回收铝的概况 ……………………………… 36

　　3.1.2 铝废料的组成及预处理 ……………………………… 37

　　3.1.3 铝废料的处理方法 …………………………………… 38

　3.2 铝废料的熔炼 ……………………………………………… 39

　　3.2.1 熔炼铝废料的熔剂 …………………………………… 39

　　3.2.2 铝废料的反射炉熔炼 ………………………………… 40

　　3.2.3 铝废料的其他火焰炉熔炼 …………………………… 41

　　3.2.4 铝废料的感应电炉熔炼 ……………………………… 43

　　3.2.5 铝废料熔炼炉渣的处理 ……………………………… 44

　3.3 再生铝合金的精炼 ………………………………………… 45

　　3.3.1 脱除非金属杂质的精炼 ……………………………… 45

　　3.3.2 脱除金属杂质的精炼 ………………………………… 47

　3.4 铝废料生产其他铝产品 …………………………………… 48

　　3.4.1 硫酸铝的生产 ………………………………………… 48

　　3.4.2 铝粉的生产 …………………………………………… 48

　　3.4.3 碱式氯化铝的生产 …………………………………… 50

　　3.4.4 铝合金的生产 ………………………………………… 51

　3.5 废液中回收铝 ……………………………………………… 53

　3.6 国内外二次资源回收铝的新技术 ………………………… 55

　　3.6.1 中国 …………………………………………………… 55

　　3.6.2 日本 …………………………………………………… 56

　　3.6.3 德国 …………………………………………………… 59

　　3.6.4 英国及美国 …………………………………………… 65

　参考文献 ……………………………………………………… 69

4 二次资源铜的回收 ……………………………………………… 70

　4.1 概述 ……………………………………………………………… 70

　　4.1.1 铜废料回收概况 ……………………………………… 70

　　4.1.2 铜废料的组成 ………………………………………… 73

　　4.1.3 铜废料的处理方法 …………………………………… 75

　4.2 铜废料的鼓风炉熔炼 ……………………………………… 77

　　4.2.1 铜废料鼓风炉熔炼的原理 …………………………… 77

　　4.2.2 铜废料鼓风炉熔炼的实践 …………………………… 81

　　4.2.3 铜矿石和铜废料的混合熔炼 ………………………… 84

　4.3 黑铜及铜废料的转炉吹炼 ………………………………… 86

　　4.3.1 黑铜及铜废料吹炼的基本理论 ……………………… 86

4.3.2 黑铜吹炼的实践 ·· 87
4.3.3 黑铜、铜废料和冰铜的联合吹炼 ···························· 90
4.3.4 铜锌废料的吹炼 ·· 91
4.4 二次资源再生粗铜的火法精炼 ··· 92
4.4.1 火法精炼的原理 ·· 93
4.4.2 再生粗铜火法精炼的实践 ······································ 99
4.5 二次资源再生粗铜的电解精炼 ··· 101
4.5.1 再生粗铜电解精炼的原理 ······································ 101
4.5.2 再生粗铜电解精炼的实践 ······································ 104
4.6 铜废料生产铜合金 ··· 107
4.6.1 铜合金熔炼的熔剂 ··· 107
4.6.2 铜合金生产的熔炼炉 ··· 107
4.6.3 铜合金的生产实践 ··· 109
4.6.4 粗合金的精炼 ··· 110
4.7 铜废料的化学溶解法处理 ··· 112
4.7.1 硫酸溶解铜废料回收铜 ··· 112
4.7.2 氨液溶解铜废料回收铜 ··· 113
4.7.3 氯盐溶解铜废料回收铜 ··· 121
4.8 铜废料的电化学溶解法 ··· 122
4.8.1 硫酸溶液电化学溶解法回收铜 ································· 122
4.8.2 铵盐溶液电化学溶解法回收铜 ································· 124
4.9 熔炼和吹炼产生的烟尘处理 ··· 125
4.9.1 硫酸浸出 ··· 126
4.9.2 盐酸浸出 ··· 126
4.10 低品位铜矿石及尾矿的处理 ··· 128
4.10.1 低品位铜矿石及尾矿的处理工艺 ···························· 128
4.10.2 低品位铜矿石浸出、萃取、电积工艺的特点 ············· 132
4.10.3 低品位铜矿石萃取冶金的实践 ······························· 132
4.10.4 国内外低品位铜矿的萃取冶金展望 ························· 146
参考文献 ·· 149

5 二次资源铅的回收 ·· 151
5.1 概述 ··· 151
5.1.1 二次资源回收铅的发展 ··· 151
5.1.2 铅废料的组成及处理方法 ······································ 153
5.1.3 废铅蓄电池的预处理 ··· 154
5.2 铅废料的反射炉熔炼 ·· 155
5.2.1 熔炼中炉料组成的行为 ··· 155
5.2.2 反射炉熔炼铅废料的实践 ······································ 160

5.3　铅废料的电炉熔炼 ··· 162

5.4　铅废料的回转窑熔炼 ·· 163

　　5.4.1　短回转窑熔炼 ·· 163

　　5.4.2　长回转窑熔炼 ·· 164

5.5　铅废料的鼓风炉及 SB 炉熔炼 ··································· 164

　　5.5.1　细粒铅废料的烧结 ··· 164

　　5.5.2　传统的鼓风炉熔炼 ··· 165

　　5.5.3　SB 炉熔炼 ··· 169

5.6　铅废料熔炼所得粗铅的处理 ······································ 170

　　5.6.1　粗铅加工成硬铅 ··· 170

　　5.6.2　粗铅的火法精炼 ··· 171

5.7　国内外处理铅废料的工业实践 ···································· 173

　　5.7.1　美国 RSR 公司的反射炉、鼓风炉熔炼 ··················· 173

　　5.7.2　德国奥卡的哈茨冶炼厂的长、短回转窑熔炼 ·············· 174

　　5.7.3　中国铅矿与铅废料搭配的熔炼 ··························· 176

　　5.7.4　中国铅废料的综合处理 ···································· 178

5.8　铅废料生产铅合金 ·· 180

　　5.8.1　铅锡巴比合金的生产 ······································ 180

　　5.8.2　钙巴比合金的生产 ··· 181

5.9　铅废料的湿法冶金处理 ··· 182

　　5.9.1　铅废料制得的高锑粗铅电解精炼 ························· 183

　　5.9.2　铅废料的电积 ··· 185

　　5.9.3　铅废料固相电解还原回收铅 ······························ 188

　　5.9.4　铅废料硝酸浸出生产硝酸铅 ······························ 188

　　5.9.5　石灰转化还原法生产金属铅 ······························ 189

　　5.9.6　铅废料生产三盐基硫酸铅及黄丹 ························· 189

5.10　国内外从二次资源回收铅的实例 ································ 192

　　5.10.1　中国 ··· 192

　　5.10.2　日本 ··· 192

　　5.10.3　美国 ··· 194

　　5.10.4　德国 ··· 195

　　5.10.5　加拿大 ··· 196

参考文献 ··· 198

6　二次资源锌的回收 ··· 200

6.1　概述 ·· 200

　　6.1.1　国内外回收锌的概况 ······································ 200

　　6.1.2　锌废料的组成 ··· 202

　　6.1.3　锌废料的处理方法 ··· 203

6.2　低品位锌废料的火法处理 …………………………………………… 204
 6.2.1　回转窑烟化富集 ………………………………………………… 205
 6.2.2　等离子法处理 …………………………………………………… 207
 6.2.3　半鼓风炉熔炼 …………………………………………………… 209
 6.2.4　垂直喷射火焰炉处理炼钢烟尘及悉罗熔炼法处理锌废料 …… 212
6.3　锌废料的电炉处理 …………………………………………………… 213
6.4　锌废料的湿法冶金处理 ……………………………………………… 214
 6.4.1　热镀锌渣和炼铜烟灰的硫酸浸出—萃取—电积生产电锌 … 215
 6.4.2　高炉烟尘及瓦斯泥的碱性溶液浸出法处理工艺 …………… 216
 6.4.3　废水萃取法回收锌 ……………………………………………… 218
 6.4.4　回收锌的 ESPINDESA 流程及 Metsep 流程 ………………… 222
 6.4.5　锌废料生产锌的化工产品 …………………………………… 224
6.5　国内外回收锌的生产实例 …………………………………………… 228
 6.5.1　中国 ……………………………………………………………… 228
 6.5.2　日本 ……………………………………………………………… 228
 6.5.3　美国 ……………………………………………………………… 233
 6.5.4　德国 ……………………………………………………………… 235
 6.5.5　西班牙 …………………………………………………………… 237
 6.5.6　意大利 …………………………………………………………… 238
参考文献 …………………………………………………………………… 241

7　二次资源锡的回收 …………………………………………………………… 244
7.1　概述 …………………………………………………………………… 244
7.2　马口铁废料氯化法生产氯化锡 ……………………………………… 245
7.3　马口铁废料碱性浸出回收锡 ………………………………………… 246
7.4　马口铁废料碱性溶液电解回收锡 …………………………………… 248
 7.4.1　碱性电解法制取海绵锡 ……………………………………… 248
 7.4.2　电解制取致密阴极锡 ………………………………………… 252
7.5　含锡低于 5% 的铅锡废料中锡的回收 ……………………………… 254
 7.5.1　氧化法回收锡 ………………………………………………… 254
 7.5.2　碱法回收锡 …………………………………………………… 255
7.6　含锡高于 5% 的铅锡废料火法冶炼回收锡 ………………………… 255
 7.6.1　熔析法及凝析法除铁、砷 …………………………………… 255
 7.6.2　加硫除铜及加铝除砷、锑 …………………………………… 258
7.7　铅锡废料用结晶法回收锡 …………………………………………… 260
7.8　铅锡合金废料用真空蒸馏回收锡 …………………………………… 262
7.9　铅锡合金废料用电解法回收锡 ……………………………………… 264
 7.9.1　铅锡合金废料的双金属电解 ………………………………… 264
 7.9.2　铅锡合金废料（焊料）的电解分离 ………………………… 265

7.10　含铜废料合金中回收锡 ……………………………………………………… 266

7.11　热镀锡残渣的处理 …………………………………………………………… 267

　　7.11.1　火法—湿法联合处理 ………………………………………………… 267

　　7.11.2　电炉熔炼 ………………………………………………………………… 269

7.12　含锡废料生产锡的化工产品 ………………………………………………… 270

7.13　用高锡复合渣制取锡酸钠 …………………………………………………… 272

　　7.13.1　碱熔 ……………………………………………………………………… 273

　　7.13.2　浸出 ……………………………………………………………………… 275

　　7.13.3　浸出液净化 ……………………………………………………………… 275

　　7.13.4　浓缩结晶 ………………………………………………………………… 276

　　7.13.5　技术指标分析 …………………………………………………………… 277

　参考文献 ……………………………………………………………………………… 277

8　二次资源镍、钴、钨、钼、钒的回收 ………………………………………… 279

8.1　概述 …………………………………………………………………………… 279

8.2　镍钴合金废料的氯盐溶液—电化学溶解法处理 …………………………… 280

　　8.2.1　镍基合金废料生产特号镍 ……………………………………………… 280

　　8.2.2　高磷镍铁、钴铁及其他含钴废料回收钴 ……………………………… 285

　　8.2.3　镍钴合金废料隔膜电解回收铁、钴、镍 ……………………………… 286

8.3　镍钴合金废料的硫酸盐溶液—电化学溶解处理 …………………………… 287

8.4　镍钴合金废料的化学溶解法处理 …………………………………………… 289

　　8.4.1　镍钴合金废料在氯化物溶液中的溶解 ………………………………… 289

　　8.4.2　镍钴合金废料在硫酸溶液中的溶解 …………………………………… 294

　　8.4.3　镍钴合金废料在混合酸溶液中的溶解及其处理方法 ………………… 296

8.5　废高温合金火法分离镍钴 …………………………………………………… 298

8.6　硬质合金废料的处理 ………………………………………………………… 301

　　8.6.1　硝石法处理废硬质合金 ………………………………………………… 301

　　8.6.2　锌熔法处理废硬质合金 ………………………………………………… 302

　　8.6.3　氧化法处理废硬质合金 ………………………………………………… 304

　　8.6.4　硫酸法处理废硬质合金 ………………………………………………… 305

　　8.6.5　磷酸法处理废硬质合金 ………………………………………………… 307

　　8.6.6　电化学溶解法处理废硬质合金 ………………………………………… 309

8.7　废催化剂的处理 ……………………………………………………………… 311

　　8.7.1　湿法浸出 ………………………………………………………………… 312

　　8.7.2　火法熔炼 ………………………………………………………………… 317

　　8.7.3　从浸出液中回收钼和钒 ………………………………………………… 318

　　8.7.4　碳酸钠焙烧—浸出工艺 ………………………………………………… 327

　　8.7.5　还原焙烧浸出 …………………………………………………………… 329

　　8.7.6　焙烧—浸出—萃取及压煮酸溶解法 …………………………………… 330

8.7.7　萃取—离子交换联合工艺 ·················· 331

8.8　湿法炼锌中含钴有机渣的处理 ·················· 336

8.8.1　物料性质 ·················· 336

8.8.2　钴渣浸出工艺 ·················· 337

8.9　炼钢钒渣、石煤等二次资源回收钒 ·················· 339

8.9.1　炼钢钒渣回收五氧化二钒 ·················· 339

8.9.2　石煤提钒 ·················· 340

8.9.3　含钒沥青回收钒 ·················· 341

8.9.4　氧化铝生产中回收钒 ·················· 341

8.9.5　燃灰中回收钒 ·················· 341

参考文献 ·················· 343

9　二次资源砷、锑、铋、镉、锰及其他金属的回收 ·················· 348

9.1　我国有色金属生产中砷的走向及回收 ·················· 348

9.1.1　砷的走向 ·················· 348

9.1.2　砷的回收 ·················· 349

9.2　从含砷污酸制取砷产品 ·················· 353

9.2.1　治理含砷污酸的主要方法 ·················· 353

9.2.2　含砷污酸制取白砷 ·················· 355

9.2.3　含砷污酸制取砷酸铜 ·················· 358

9.2.4　硫化砷渣氯化铜浸出及还原回收单质砷 ·················· 364

9.2.5　从含砷污酸制取单质砷的工艺 ·················· 367

9.3　砷碱渣回收砷、锑 ·················· 370

9.4　高砷锑烟尘回收砷、锑 ·················· 375

9.5　高锑锡复合渣回收锑、锡 ·················· 377

9.5.1　低温真空蒸发法 ·················· 377

9.5.2　高温真空蒸发法 ·················· 380

9.6　低锡复合渣的湿法处理 ·················· 381

9.6.1　原料处理 ·················· 382

9.6.2　原理 ·················· 383

9.6.3　HCl-NaCl 常规浸出复合渣 ·················· 384

9.7　低锡复合渣真空碳热还原处理 ·················· 386

9.7.1　静态真空碳热还原 ·················· 386

9.7.2　动态真空闪速碳还原 ·················· 390

9.8　从银锌渣回收铋 ·················· 393

9.8.1　银锌渣的浸出 ·················· 393

9.8.2　银锌渣浸出液中杂质的行为及去除 ·················· 394

9.8.3　铋的提取 ·················· 395

9.8.4　制取海绵铋及回收金银 ·················· 396

9.9　二次资源回收镉 ··· 397
　9.9.1　处理铜镉渣回收镉 ··· 397
　9.9.2　处理锌焙烧烟尘回收镉 ··· 402
　9.9.3　处理电收尘回收镉 ··· 404
　9.9.4　处理铅冶炼烟尘回收镉 ··· 406
　9.9.5　处理高镉锌合金废料及镍镉电池废料回收镉 ·············· 407
9.10　二次资源回收锰 ·· 408
　9.10.1　从含锰废液制取电解锰 ·· 408
　9.10.2　浸出氧化锰矿泥制取碳酸锰 ··································· 409
　9.10.3　选矿尾矿回收锰 ··· 413
9.11　二次资源回收其他金属 ··· 414
　9.11.1　从钛铁矿浸出液中回收铬 ······································· 414
　9.11.2　从锡渣回收钽、铌、钨 ·· 415
　9.11.3　从高钛渣及废旧电器中回收铌、钽、钛 ··················· 417
　9.11.4　从石棉尾矿及海水中回收镁 ··································· 419
　9.11.5　盐卤回收锂 ·· 421
　9.11.6　从氧化铝生产中的赤泥综合回收有色金属 ················ 423
参考文献 ··· 424

10　二次资源金银的回收 ·· 428
10.1　铜阳极泥的处理 ··· 428
　10.1.1　铜阳极泥的组成及性质 ··· 428
　10.1.2　火法—电解传统工艺流程 ······································ 430
10.2　铅阳极泥的处理 ··· 438
　10.2.1　铅阳极泥的组成及性质 ··· 439
　10.2.2　火法—电解传统工艺流程 ······································ 439
10.3　阳极泥处理技术的发展 ··· 441
　10.3.1　选冶联合流程 ·· 441
　10.3.2　"INER"流程 ··· 445
　10.3.3　住友流程 ·· 447
　10.3.4　热压浸出流程 ·· 449
　10.3.5　我国的湿法处理工艺 ··· 452
　10.3.6　铅阳极泥湿法处理 ·· 454
　10.3.7　铅锑阳极泥的处理 ·· 459
10.4　黄铁矿烧渣中回收金 ··· 462
　10.4.1　氯化工艺 ·· 462
　10.4.2　黄铁矿烧渣中金的溶解 ·· 463
10.5　锌渣中银的回收 ··· 465
　10.5.1　直接浸出回收银 ··· 465

10.5.2　浮选富集银 ··· 465

10.5.3　从浮选银精矿回收银 ·· 468

10.6　其他二次资源回收金银 ·· 469

10.6.1　金银合金废料回收银 ·· 469

10.6.2　含银废催化剂回收银 ·· 472

10.6.3　感光废料回收银 ··· 474

10.6.4　废定影液回收银 ··· 481

10.6.5　含少量金、银的固液废料回收金、银 ························· 495

参考文献 ·· 507

11　二次资源铂族金属的回收 ·· 511

11.1　合金废料中铂族金属的回收 ·· 511

11.1.1　铂、钯合金废料 ··· 511

11.1.2　铱、铑、钌合金废料 ·· 516

11.2　催化剂废料铂族金属的回收 ·· 522

11.2.1　载体催化剂 ·· 522

11.2.2　净化汽车尾气催化剂 ·· 529

11.2.3　化学、石油工业催化剂 ··· 536

11.2.4　均相催化剂 ·· 558

11.3　低含量废料回收铂族金属 ··· 564

11.3.1　表面薄膜铂族金属的回收 ·· 564

11.3.2　电子废料铂族金属的回收 ·· 565

11.3.3　废耐火材料及低品位固体废物铂族金属的回收 ··········· 571

参考文献 ·· 584

12　二次资源稀散金属的回收 ·· 588

12.1　镓的回收 ·· 588

12.1.1　铝生产副产物回收镓 ·· 588

12.1.2　铅锌生产副产物回收镓 ··· 592

12.1.3　煤、锗石及炼铁副产物回收镓 ······································ 600

12.1.4　半导体废料回收镓 ··· 603

12.2　锗的回收 ·· 606

12.2.1　密闭鼓风炉生产铅锌副产物中回收锗 ·························· 606

12.2.2　铅锌矿火法—湿法联合冶金工艺回收锗 ····················· 614

12.2.3　热酸浸出—铁矾法除铁湿法炼锌工艺中锗的回收 ······· 621

12.2.4　含锗煤中一步法回收锗 ··· 629

12.2.5　其他废料中回收锗 ··· 632

12.3　铟的回收 ·· 636

12.3.1　竖罐炼锌副产品焦结烟尘回收铟 ··································· 636

12.3.2 精馏锌副产品粗铅回收铟 …………………………………………… 639

12.3.3 精馏锌副产品硬锌回收铟 …………………………………………… 641

12.3.4 氧化锌粉浸出—置换—碱煮法回收铟 ……………………………… 644

12.3.5 氧化锌粉浸出—置换—酸溶—萃取法回收铟 ……………………… 648

12.3.6 氧化锌粉多段酸浸—萃取法回收铟 ………………………………… 650

12.3.7 氧化锌粉硫酸化焙烧—浸出—萃取法及氯化焙烧—浸出—置换法
回收铟 …………………………………………………………………… 654

12.3.8 回转窑窑渣磁选—电解—阳极泥法回收铟 ………………………… 656

12.3.9 氧化锌粉中浸渣还原—酸浸—水解法回收铟 ……………………… 657

12.3.10 氧化锌粉吸附浸出及中浸渣酸化焙烧—浸出—萃取法回收铟 … 658

12.3.11 高酸浸出铁矾渣回收铟 ……………………………………………… 659

12.3.12 高酸浸出针铁矿法回收铟 …………………………………………… 665

12.3.13 高压浸出—赤铁矿法回收铟 ………………………………………… 667

12.3.14 反射炉烟尘酸浸—萃取法回收铟 …………………………………… 669

12.3.15 粗铅碱渣回收铟 ……………………………………………………… 671

12.3.16 氧化铅矿炼铅烟尘回收铟 …………………………………………… 674

12.3.17 炼锡副产物回收铟 …………………………………………………… 675

12.3.18 铅锑精矿冶炼副产物回收铟 ………………………………………… 678

12.3.19 炼铜过程回收铟 ……………………………………………………… 681

12.3.20 炼铁烟尘回收铟 ……………………………………………………… 683

12.3.21 ITO 废靶材回收铟 …………………………………………………… 685

12.3.22 含铟废合金回收铟 …………………………………………………… 687

12.3.23 含铟废液回收铟 ……………………………………………………… 688

12.4 铊的回收 ……………………………………………………………………… 690

12.4.1 置换法回收铊 ………………………………………………………… 690

12.4.2 硫酸化—多次沉淀法回收铊 ………………………………………… 692

12.4.3 碱浸—硫化沉淀法回收铊 …………………………………………… 694

12.4.4 氯化沉淀法回收铊 …………………………………………………… 695

12.4.5 酸浸—结晶法回收铊 ………………………………………………… 697

12.4.6 酸浸—萃取法回收铊 ………………………………………………… 698

12.4.7 离子交换法回收铊 …………………………………………………… 703

12.4.8 电解法回收铊 ………………………………………………………… 703

12.4.9 挥发法回收铊 ………………………………………………………… 704

12.4.10 真空蒸馏法回收铊 …………………………………………………… 705

12.4.11 焙烧法回收铊 ………………………………………………………… 706

12.5 硒、碲的回收 ………………………………………………………………… 706

12.5.1 硫酸化法回收硒、碲 ………………………………………………… 706

12.5.2 氧化焙烧—碱浸法回收硒、碲 ……………………………………… 711

12.5.3 氧压煮法回收硒、碲 ………………………………………………… 712

12.5.4 碲化铜法回收碲 ………………………………………………… 713

12.5.5 水溶液氯化法及碱土金属氯化法回收硒、碲 …………………… 714

12.5.6 选冶联合法回收硒、碲[2] ……………………………………… 716

12.5.7 溶剂萃取法回收硒、碲 ………………………………………… 717

12.5.8 离子交换法回收硒、碲 ………………………………………… 719

12.5.9 硫化法回收硒、碲 ……………………………………………… 720

12.5.10 苏打法回收硒、碲 …………………………………………… 720

12.5.11 加钙法回收硒、碲 …………………………………………… 725

12.5.12 氯化法回收硒、碲 …………………………………………… 726

12.5.13 热滤脱硫—精馏法回收硒 …………………………………… 727

12.5.14 加铝富集法从锑矿中回收硒 ………………………………… 728

12.5.15 真空蒸馏法回收硒 …………………………………………… 729

12.5.16 造冰铜法回收硒 ……………………………………………… 729

12.5.17 灰吹法回收硒 ………………………………………………… 729

12.5.18 汞泵中回收硒 ………………………………………………… 730

12.5.19 废品、废件中回收硒、碲 …………………………………… 731

12.6 铼的回收 …………………………………………………………… 732

12.6.1 挥发—沉淀法回收铼 …………………………………………… 732

12.6.2 萃取法回收铼 …………………………………………………… 734

12.6.3 离子交换法回收铼 ……………………………………………… 741

12.6.4 电渗析及电解法回收铼 ………………………………………… 744

12.6.5 碱浸法及高压浸出法回收铼 …………………………………… 745

12.6.6 电溶氧化法回收铼 ……………………………………………… 750

12.6.7 石灰烧结法回收铼 ……………………………………………… 752

12.6.8 废铂铼催化剂回收铼 …………………………………………… 754

12.6.9 废钨铼合金回收铼 ……………………………………………… 756

参考文献 …………………………………………………………………… 757

13 二次资源稀土的回收 ……………………………………………… 761

13.1 废钕铁硼回收稀土 ………………………………………………… 761

13.1.1 全萃取法 ………………………………………………………… 761

13.1.2 电还原—萃取法 ………………………………………………… 764

13.1.3 焙烧—酸溶—萃取法 …………………………………………… 768

13.1.4 氧化焙烧—酸浸法 ……………………………………………… 772

13.1.5 酸溶—萃取—沉淀法 …………………………………………… 774

13.2 废镍氢电池回收稀土 ……………………………………………… 777

13.2.1 工艺一 …………………………………………………………… 777

13.2.2 工艺二 …………………………………………………………… 778

13.2.3 工艺三 …………………………………………………………… 782

13.3　失效抛光粉的再生与回收稀土 ……………………………………… 785
13.4　废 FCC 催化剂回收稀土 ………………………………………………… 788
　13.4.1　稀土的浸出 ……………………………………………………… 789
　13.4.2　溶剂萃取对浸出液中稀土的分离 ……………………………… 790
　13.4.3　研究结果 ………………………………………………………… 793
13.5　废阴极射线管荧光粉回收稀土 ………………………………………… 793
　13.5.1　CRT 荧光粉的化学组成及制备方法 …………………………… 794
　13.5.2　CRT 荧光粉的回收处理及处置现状 …………………………… 795
　13.5.3　CRT 荧光粉资源化利用技术 …………………………………… 796
13.6　废铁合金回收稀土 ……………………………………………………… 797
　13.6.1　工艺流程 ………………………………………………………… 797
　13.6.2　主要设备及原辅材料 …………………………………………… 798
　13.6.3　工艺过程的条件及其影响 ……………………………………… 798
13.7　矿泥及废渣回收稀土 …………………………………………………… 799
　13.7.1　攀西稀土矿泥回收稀土 ………………………………………… 799
　13.7.2　放射性污水的沉淀渣回收稀土 ………………………………… 800
　13.7.3　废渣冶炼稀土合金 ……………………………………………… 802
13.8　包头选矿尾矿回收稀土 ………………………………………………… 805
　13.8.1　北京有色冶金研究总院提出的尾矿综合回收稀土的工艺 …… 805
　13.8.2　东北大学提出的碳热氯化法工艺 ……………………………… 809
　13.8.3　武汉理工大学提出的工艺 ……………………………………… 812
　13.8.4　包头钢铁公司提出的工艺 ……………………………………… 815
13.9　磷酸体系回收稀土 ……………………………………………………… 818
　13.9.1　萃取剂的选择 …………………………………………………… 819
　13.9.2　单循环萃取—反萃取法回收稀土 ……………………………… 823
　13.9.3　贵州织金磷矿回收稀土 ………………………………………… 828
13.10　废水中稀土的回收 …………………………………………………… 831
　13.10.1　生产稀土产出的废水回收稀土 ……………………………… 831
　13.10.2　矿山废水回收稀土 …………………………………………… 834
　13.10.3　化工产品废水回收稀土 ……………………………………… 836
13.11　废料中钪的回收 ……………………………………………………… 846
　13.11.1　从钨渣及锡渣回收钪 ………………………………………… 846
　13.11.2　从氯化烟尘选矿尾矿中回收钪 ……………………………… 848
　13.11.3　从钛白水解母液中回收钪 …………………………………… 848
参考文献 ………………………………………………………………………… 851

14　核燃料废料的回收处理 …………………………………………………… 857
14.1　辐照铀燃料后处理的溶剂萃取法 ……………………………………… 857
　14.1.1　磷酸三丁酯萃取流程 …………………………………………… 858

14.1.2　N,N′-二烷基酰胺萃取流程 ……………………………………… 866

14.1.3　三月桂胺萃取净化回收钚的流程 ………………………………… 867

14.1.4　工业规模应用的其他萃取流程 …………………………………… 867

14.2　辐照钍燃料后处理的溶剂萃取法 ……………………………………… 868

14.2.1　磷酸三丁酯萃取流程 ……………………………………………… 868

14.2.2　Thorex 萃取流程 …………………………………………………… 869

14.2.3　其他几种萃取方法和流程 ………………………………………… 874

14.3　次要锕系元素的回收 …………………………………………………… 875

14.3.1　TRPO 流程 ………………………………………………………… 875

14.3.2　Truex 流程 ………………………………………………………… 877

14.3.3　1,3-丙二酰胺萃取流程 …………………………………………… 878

14.3.4　DIDPA 流程 ………………………………………………………… 879

14.3.5　TBP 和 HDEHP 萃取流程 ………………………………………… 882

14.3.6　锝的萃取 …………………………………………………………… 882

14.3.7　镅与锕系元素的萃取分离 ………………………………………… 883

参考文献 …………………………………………………………………………… 885

索　引 ……………………………………………………………………………… 887

1 绪 论

1.1 二次资源回收金属在循环经济发展中的重要意义及作用

1.1.1 重要意义

二次资源回收金属是冶金领域循环经济的核心内容[1~8]。

循环经济的概念是美国科学家 K. 多尔丁首先提出来的，他认为，在人、自然和科学发展的这样一个系统内，分析资源投入、企业生产、产品消费和废弃物处理的全过程，应把传统的依赖资源消耗线性的增长，转变为依靠生态型的循环来发展经济。

21 世纪以来，世界经济学家在研究经济模型中特别重视经济的物质循环流动模型，把这一模型简称为循环经济。循环经济的内涵是：按着自然生态系统物质循环和能量流动规律重新构造新经济系统，使经济发展和谐地纳入自然生态系统的物质循环过程中，建立一种新的经济发展形态。

在对经济发展的研究和认识中，人们把"资源—产品—污染排放"型经济发展称为物质单向流动经济，而把循环经济归纳成为"资源—产品—废弃物再生—产品"型经济发展，称之为物质循环反复利用经济，即循环经济也可称为物质循环经济，其中废弃物再生包括了二次资源回收金属。由此可见，二次资源金属回收不可置疑地成为冶金领域循环经济的核心内容。今后循环经济在社会经济发展中发挥的重要作用，也会呈现出二次资源金属回收的重要贡献。

1.1.2 重要作用

二次资源回收金属是冶金领域可持续发展的必由之路[1~8]。

在推行可持续发展中，必须要以资源和物质的可供性为基础，有了这个基础，才可能使经济得到可持续发展。

地球陆地上的资源是一个常数，在人类社会发展中，如果不考虑寻求新资源，总有枯竭的一天。美国内务部矿务局，曾公布过世界主要有色金属的储量，并按其消耗水平，估计了每种金属的使用年限，见表 1-1。因为新的矿产资源还在不断发现，其消耗量也在不断变化，表 1-1 的数据显然存在着不可靠性，但它表明，有色金属资源给人们警示出严重的危机感。为此，科学家们探索从其他星球或占地球巨大面积的海洋中寻找新资源。目前开发其他星球的资源还只是初步探索，向海洋中寻求资源已开始，但是对寻求矿产资源来讲，也只是一个起步。对金属资源而言，最为现实可行的还是从二次资源回收各种金属，可以说，二次资源的金属回收是冶金领域可持续发展的重要支柱和必由之路。

表 1-1   世界有色金属的储量及可供使用年限

金属品种	金属储量/万吨	可供使用年限/年	金属品种	金属储量/万吨	可供使用年限/年
Cu	49000（48000）	55.1	Ni	54000（61000）	79.6
Al	500000（2200000）	334.2	Co	148	67.3
Pb	12000	21.4	W	191（290）	42.4
Zn	15000（20000）	23	Mo	785	89.2
Sn	1000	41.7	Ti	26000	76.5

注：（ ）中数据为 2003 年《美国矿务局商品摘要》数据。

1.2   二次资源回收金属在循环经济发展中的功能与效果

二次资源回收金属在经济发展中的功能与效果可以概况为如下几点[9~12]：

（1）扩大金属的矿产资源。面对循环经济规律及矿产金属资源的严重危机，必须开展二次资源的金属回收。早在 20 世纪 40 年代，美国、苏联、英国、日本、德国、法国等工业发达国家，就开始重视二次金属资源的再生利用，据统计，到 20 世纪 60 年代从二次资源中回收金属比重占金属总产量的 30% 以上，而到 80 年代高达 50%。我国在 20 世纪 50 年代就开始了有色金属的杂铜再生，到 80 年代更加重视了杂铜的再生工作，例如沈阳冶炼厂、上海冶炼厂、株洲冶炼厂、重庆冶炼厂等在杂铜再生上作出了很大贡献，1981 年我国从杂铜中回收再生的铜为 11.6 万吨，占全国铜总产量的 30%，在这期间各研究单位也开发了除铜以外的其他金属的回收研究工作，一些有色冶炼厂大力开展了综合利用和有色金属的回收。在钢铁的生产上，世界各国中，废钢铁的再生利用也占有很大的比重，包括我国，利用废钢铁炼钢的产出量均占总产量的 20% 以上。由此可见，二次资源的金属回收，在金属的生产中占有极为重要的地位，它有效地增加了金属的资源。

（2）降低金属的生产能耗。冶金工业是能耗高的生产部门，各种金属的生产，尤其是火法冶金能耗极为显著。目前原生金属，即由精矿生产金属的能耗费用占金属生产总费用的比例日渐增大。在美国的原生金属生产中，能源的费用占金属生产总费用的比例为：铜约为 15%、铅约为 17%、锌约为 20%、铝约为 40%，而某些镍矿生产镍的能源费用则高达总费用的 50%。但从二次资源回收金属的能耗费用则大为降低，表 1-2 列出了其降低数据。

表 1-2   从二次资源回收金属比生产原生金属能耗的节约数   （%）

各国的统计数据	Cu	Pb	Zn	Al	Ni
美 国	83.8	67	75	95	89
前苏联	83.9	57	72	95	89
中 国	82	72	62	95.6	—

据统计，二次资源回收金属的电耗比原生金属的电耗降低为：铝 50%、铅 35% ~ 40%、锆 28% ~ 40%、铜 13% ~ 16%、镍 10%。

依上所述，二次资源回收金属的能耗比原生金属的能耗有大幅度的下降。

（3）节约基建投资和降低生产成本。生产原生金属的原料是低品位的矿石，在生产中第一步就需要采矿来获取矿石，如生产 1t 铜需要开采 120～150t 或更多的含铜矿石，生产 1t 钨、钼需要矿石量为 1700～2500t，而铝和铅锌则分别超过 20t 和 50t 矿石。采到矿石之后还要进行选矿，这都要基建投资，消耗大量的物力及人力。在生产原生金属中要消耗大量的燃料和其他一些原材料，因此生产原生金属的成本很高昂。据国外统计，从二次资源回收金属（即再生金属），其生产费用仅为原生金属费用的 1/2。美国再生有色金属的费用，占原生金属的比例为：铜 35%～40%、铝 40%～50%、锌 25%～30%。我国生产 1t 再生铝比原生 1t 铝，可节约投资 87%，降低生产费用 40%～50%。由此可见，从二次资源回收金属可减少基建投资，显著降低生产成本。

（4）减少污染，改善环境。在原生金属的生产中，由于原料品位较低，成分复杂，生产流程长，工序多，因此生产过程中会产生废渣、废水、废气。例如在烟气中含有 SO_2，污染大气，产生酸雨；在废水、废渣中含有汞、砷、铅、铬、镉等有害金属元素，导致严重的环境污染。在国外曾发生数次严重的环境污染事件，并造成了人员死亡。在我国的有色金属冶炼厂中，也发生过环境污染事件，因此，各国在原生金属的工厂，要花费巨资，建立环保措施。反之，由二次资源生产再生金属，由于品位高，成分单纯，流程短，工序少，因此排出的废物少，有利于环境保护，用于"三废"治理的费用也少。

还要指出，在矿山开采及选矿中，会产生大量的废石及尾矿。例如湖南省历年至今，尾矿的堆存量高达 14 亿吨，全国尾矿的储存量已约有 59.7 亿吨，这样大的尾矿量已制约了矿业可持续发展，危及矿区及周边环境。在环境要求日益严格的今天，必须依赖二次资源的开发利用，对尾矿进行处理，减少污染。

依上可见，二次资源金属的回收，是综合利用的措施之一，它会有利于环保，改善环境。

（5）产生显著的经济效益。综合利用，回收有价金属，其经济效益是非常显著的，可以举几个实例如下：

1）攀枝花钢铁（集团）公司的所属矿山含有多种金属，原设计年产铁矿石 1350 万吨，综合开采出铁、钒、钛、镍、铬、铜、锰、钪等精矿共 503.1 万吨。铁的价值占矿石总价值的 38.67%，而有色金属的价值却占 60% 以上。

攀枝花的钛精矿生产钛白，从钛白的水解液中回收钪，从铁渣中提取五氧化二钒，在提钒的废渣中回收镓，产生了显著的经济效益。

2）湖北大冶有色金属公司，所属矿山也是一个多金属矿，已查明有 31 种元素，其中铁、铜、硫、钴、镍、金、银、硒等 8 种元素达到综合利用回收指标；铅、锌、铂、铋、镉等 5 种元素，具有回收价值。尾矿中大部分磁铁矿已被回收，黄铁矿、黄铜矿已回收 50%～60%，褐铁矿、菱铁矿已回收 30%，据估算从二次资源回收最终产品的价值超过 1.8 亿元。

3）湖南株洲有色金属控股集团有限公司、湖南株洲硬质合金集团公司、水口山有色金属集团公司、锡矿山有色金属集团公司等在二次资源金属回收上都取得了非常可观的效益。

1.3　二次资源及其回收金属的原则方法

1.3.1　二次资源的内容

在循环经济中，企业生产所产生的废物及中间产物，一些低品位矿、民用和军用中的

废品、废件都属于二次资源,其包括的具体内容为[9~12]:

(1) 工业部门中损坏、报废的设备、机器、金属构件及零部件等废品。

(2) 金属机械加工等产出的废料、废件,如机械加工产生的切屑,丝带和刨花、边角废料,压力加工产生的不合格废品及一些金属细碎物料。

(3) 国防部门及交通上淘汰下来的运输装载工具、武器、弹丸等金属废物,又如废旧汽车、飞机、船舶、军舰,包括航天运载报销的废物。

(4) 日常民用生活用品、工具制品及其他一些金属废物。

(5) 金属在冶炼过程中产生的含金属废渣、烟尘、废水,在金属铸锭时产生的溅渣、氧化皮,还包括冶炼生产中产生的中间物料,开采过程产生的废石及选矿产生的尾矿等。

1.3.2　二次资源金属回收的原则流程

二次资源金属回收的原则工艺流程如图 1-1 所示。对火法冶金、火法与湿法联合冶金及湿法冶金回收金属的工艺,由本书分章具体阐述,在此仅对有共性的预处理工艺进行介绍。

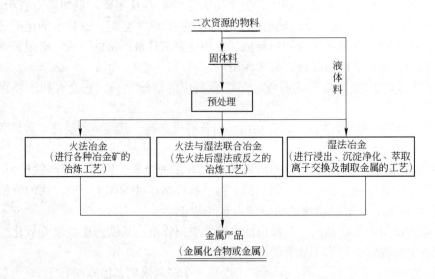

图 1-1　二次资源金属回收的原则工艺流程

预处理有分类、解体和捆扎打包、电磁分选、重介质分选、浮选分离等工序。

1.3.2.1　分类

废料分类的目的是首先将原料分成单一种类的金属或合金,并清除非金属物料;其次是进行防爆处理,清除易爆的物件和材料。分类最好在废料产生的地方进行,因为此时分类容易。分类的原则是按各种再生金属原料标准进行分别堆放。分类主要用手工进行,分类方法可按外观标志分类和用化学分析法或用仪器分析法分类。

1.3.2.2　解体和捆扎打包

进行冶金处理前,对废旧设备、零件的组合件要进行解体作业,其目的是分离出黑色金属和有色金属,排出非金属的镶嵌物,或回收珍贵零部件中的贵金属废品。解体的另一目的是将废件分成适合于下一工序的块度。

解体有拆卸法和破碎法两种，前者适用于需要回收珍贵零部件和制品（如滚珠轴承、紧固件）的废件；后者适用于一般废件的解体，通常采用各种剪切、切割、破碎、细磨等方法。用破碎和细磨方法的解体，适用于铅蓄电池、废电缆、导体、定子绕组、金属屑尘等。所用的破碎机分粗、中、细三种。我国目前大都使用通用设备，例如颚式、锤式、转子式破碎机以及用棒磨机和碾磨机等进行细碎及研磨。

在黑色冶金工业中，废钢铁在使用前必须要捆扎、打包、压块，然后才能送入炼钢炉。

1.3.2.3　电磁分选

电磁分选的目的是从废杂料中分出铁磁物料，例如废杂钢、废屑中常掺杂有车削铁屑、车刀头、锯带等铁磁物料。电磁分选机的选择必须根据物料中铁磁物料的块度、除铁率以及生产规模来决定。处理有色金属废料时常用悬挂式电磁除铁器，电磁细粒物料也可在水介质中用磁选分离。

电磁分选还适宜于处理冶金、化工过程的废渣，机械加工中的边角废料、车削碎屑、碎块以及含金属的生活垃圾、工业垃圾等。我国某冶炼厂熔炼再生铅基合金时证明，先将废料进行解体或电磁分选和人工分选等预处理，原料的准备工作做得好，可节约原料费约33%。

1.3.2.4　重介质分选

可用重介质分离的废料有：铝及铝合金废件，废铅蓄电池。后者用废蓄电池渣制备重介质物料。

在用重介质分离金属废料时，由于废金属和合金料的密度大，因此要制备特殊悬浮液作重选介质。即把磨碎的密度大的物料（悬浮体）与水混合制成悬浮液作为重介质，在分选过程中，废料中密度小的组分浮在上面，密度大的沉入下部。用以制备重介质的物质有：硅铁、方铅矿（PbS）、磁铁矿（Fe_3O_4）。广泛应用的是磁铁矿，密度为 $6400 \sim 7000 kg/m^3$，用它制备成密度为 $2000 \sim 3200 kg/m^3$ 的悬浮液。当用硅铁时应含硅 $10\% \sim 20\%$，硅含量过量会使硅铁磁性变坏，并再生困难，含量过低时则硅铁不好破碎，且易氧化，使用时需将硅铁磨成 $0.15mm$ 粒度，且以球形颗粒为最好，这样可制成密度为 $3000 kg/m^3$ 且黏度低的悬浮液。

1.3.2.5　浮选分离

冶金和化工过程产生的废渣、烟尘、阳极泥以及工业垃圾等细粒物料，也可根据具体情况用浮选法预处理。阳极泥的浮选处理早已用于工业生产，工业上锌浸出渣中浮选法富集银，可使银从 $300g/t$ 浮选富集到 $6000g/t$。

我国某厂采用磁选—重选—浮选技术处理铜灰及含铜的工业垃圾，产出含铜约60%的粗粒铜料，含铜15%的细泥。此法加工费用低，其工艺流程如图1-2所示。所用主要设备有：S900 型磁选机，150×750 型颚式破碎机，900×900 型球磨机，FCG-500 型单螺旋机，$\phi 125$ 型水力旋流器，G-S 型摇床，XTK-0.35 型浮选机，$\phi 1000$ 型搅拌槽等。此工艺金属总回收率（%）为：铜 $85 \sim 90$，Zn $45 \sim 50$，其技术指标见表1-3。

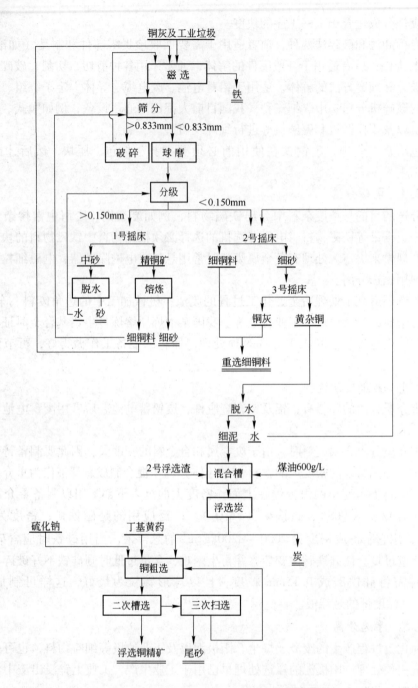

图 1-2　国内某厂铜灰及工业垃圾预处理流程

表 1-3　磁选—重选—浮选预处理铜灰和工业垃圾技术指标

项　目	产率/%	品位回收率/%			
		Cu	Zn	Cu	Zn
原　料	100	6~30	10~20		
重选粗铜精料	18~30	50~70	15~30	30~50	10~20
重选细铜精料	10~20	15~25	6~10	18~30	5~10

项　目	产率/%	品位回收率/%			
		Cu	Zn	Cu	Zn
浮选精矿	15~25	14~18	15~17	20~25	25~30
尾　矿	35~60	0.9~2	15~20	10~15	40~60

1.4　二次资源金属回收的发展方向

在自然矿产资源不足、能源短缺、环境污染的严峻形势下，提出可持续发展与循环经济（物质循环），无疑是经济发展的重要战略方针，尤其对于进入工业快速发展的我国，更要深化与遵循这一方针，用科学发展观慎重对待资源、能源、环境三大问题，其中需要大力发展二次资源的开发利用[2~12]。

在此对二次资源回收金属提出以下几点意见，作为发展方向：

（1）国家要制定并实施二次资源回收金属的有关政策，增强人们利用二次资源和回收金属的意识，提高对其重要性的认识，加强自觉地执行废料的收集与分类，给二次资源回收金属创造良好的条件。

（2）研究、改进现有二次资源回收金属工艺，提高金属的回收率，使其呈现出社会、环保与经济效益。

（3）研究、开发二次资源回收金属的新方法、新工艺，注意保护环境，实现绿色二次资源回收金属的实践。

（4）扩大二次资源回收金属的范围，结合综合利用，使还未能回收的金属元素得到回收，尤其是要加强稀有、稀散及贵金属的回收。

（5）对一些高含量金属的二次资源，例如杂铜，可考虑研究在回收中一步制成可用合金；在回收中还可考虑把一些二次资源中的金属制成化工产品，以提高经济效益；对尾矿处理时，除回收可回收的金属外，还要结合应用于建材方面的研究。

（6）建立和完善电子垃圾的回收体系及规范其拆解方法。我国每年有大量废旧电子产品产生，成为电子垃圾。这种电子垃圾被称为"城市矿山"，其中含有多种贵重金属，需要迅速完善其回收体系并规范其拆解方法，如拆解不当，不但会造成有价金属的损失，还会造成拆解人员中毒及环境污染。

（7）研究应用高效设备及加强过程的自动化、智能化。目前在二次资源回收金属中，火法使用的均为传统设备，如回转窑、鼓风炉、反射炉等，这些设备虽然能达到回收金属的目的，但其缺点也是突出的，例如效率低、环保难达到要求，急待在二次资源回收金属中，研究使用新型高效设备。20世纪，有色金属冶炼强化了熔池熔炼，为了追求短流程，达到一步生产金属的目的，开发了多种熔炼方法及高效设备。例如，在国外有：三菱法、奥托昆普法、诺兰达法、基夫赛特法、瓦纽科夫法、艾萨法、奥斯麦特法、特尼恩特（Teninte Modified Conreter）法、卡尔多转炉法、QSL（Quenean Schuhman Lurgi）法；在国内也开发了白银炼铜法、水口山（SKS）法[13]。这些方法的熔炼设备，都具有先进性，应该开展研究这些设备在处理二次资源回收金属中的应用。湿法处理二次资源回收金属很有潜力，不但要扩大应用，还要积极开发新方法、新设备的研究，同火法一样，要提升设备的效率，加强设备的自动化，应用计算机，使回收金属的工艺过程智能化。

参 考 文 献

[1] 王定建, 王高尚, 等. 矿产资源与国家经济发展[M]. 北京: 地震出版社, 2002.

[2] 中国科学院, 可持续发展研究组. 2000 中国可持续发展战略报告[M]. 北京: 科学出版社, 2000.

[3] 邱定蕃. 资源循环[J]. 中国工程科学, 2002(10):31~35.

[4] 陈德敏. 循环经济的核心内涵是资源循环利用[J]. 中国人口·资源与环境, 2002(2):12~15.

[5] 邱定蕃, 徐传华. 有色金属资源循环利用[M]. 北京: 冶金工业出版社, 2006.

[6] 郭学益, 田庆华. 有色金属资源循环理论与方法[M]. 长沙: 中南大学出版社, 2008.

[7] 诸大建. 从可持续发展到循环型经济[J]. 世界环境, 2000(33):6~12.

[8] 余德辉, 王金南. 循环经济21世纪战略选择[J]. 再生资源研究, 2001(5):1~5.

[9] 乎加科夫 И Ф. 再生有色金属工艺学[M]. 冶金部情报所等合译. 北京: 国家物资局金属回收局, 1983.

[10] REDDY R G. 矿物废料处理与二次资源金属回收[J]. 有色冶炼, 1987(5):10~21.

[11] SHAM S M. 从废旧金属和废物中回收金属[J]. 金属再生, 1986 (6):37~48.

[12] 乐颂光, 鲁君乐. 再生有色金属生产[M]. 长沙: 中南工业大学出版社, 1991.

[13] 任鸿九, 等. 有色金属熔池熔炼[M]. 北京: 冶金工业出版社, 2001.

2 钢铁工业二次资源的金属回收

在冶金工业中，钢铁的生产量最大，在军工及民用上都需要大量的钢铁材料，是人类使用最多的金属。在材料加工及铸造中产生的废品、废件以及金属材料制成的器件在使用中不断地变化为废品，这些废品可统称为废钢铁。为了可持续发展和满足环保要求，大量的废钢铁在循环经济中成为重要的二次资源，在电炉炼钢中可百分之百地使用废钢铁为原料，在转炉炼钢的原料中废钢铁可占 10% 以上。现今国内外已把废钢铁作为炼钢的主要原料。

用废钢铁炼钢在黑色冶金工业中，工艺成熟，过程简单，在此不做赘述。本章主要阐述黑色冶金中产生的渣、粉尘等二次资源的金属回收。

在钢铁工业生产过程中，排出的固体废物有剥离废矿、选矿尾矿、冶炼渣、冶炼烟尘、粉煤灰及废水等，其中可作为二次资源回收金属的有冶炼渣和冶炼烟尘。下面分别介绍钢渣、合金渣、含铁尘泥、烟尘、黄铁矿烧渣及废水等二次资源的金属回收[1,2]。

2.1 钢渣、铁合金渣及含铁尘泥的金属回收

2.1.1 钢渣

炼钢是除去生铁中的碳、硅、磷和硫等杂质，使钢具有特定性能的过程，也是造渣材料和冶炼反应物以及熔融的炉衬材料生成熔合物的过程。因此，钢渣是炼钢过程中的必然副产物[1~3]。

钢渣按冶炼方法可以分为平炉钢渣（初期渣、出钢渣、精炼渣、浇钢余渣）、转炉钢渣和电炉钢渣（氧化渣、还原渣）。

钢渣的主要化学成分为 CaO、SiO_2、Al_2O_3、FeO、Fe_2O_3、MgO、MnO、P_2O_5，有的还含有 V_2O_5、TiO_2 等。钢渣的主要矿物组成为：硅酸三钙、硅酸二钙、钙镁橄榄石、钙镁蔷薇辉石、铁铝酸钙、铁酸钙、RO（FeO、MgO、MnO 形成的固溶体）、游离石灰等。

不同钢渣的化学组成差异很大，表 2-1 列出了各种钢渣的化学组成。

表 2-1　各种钢渣的化学组成　　　　　　　（%）

渣 别	CaO	FeO	Fe$_2$O$_3$	SiO$_2$	Al$_2$O$_3$	MnO	MgO	P$_2$O$_5$	S
转炉渣	44 ~ 55	10 ± 5	10	20	5	<5	<10	1	2
平炉前期渣	20 ~ 30	20	20	20	5	<5	<10	1	2
平炉精炼渣	35 ~ 40	15	15	20	5	<5	<10	1	2
平炉后期渣	40 ~ 45	1	10	20	5	<5	<10	1	2
电炉氧化渣	30 ~ 40	20	20	20	5	<5	5	1	2
电炉还原渣	55 ~ 65	<10	<10	20	5	<5	5	1	2

钢渣中 $CaO/(SiO_2 + P_2O_5)$ 的比值称为钢渣的碱度。碱度大的钢渣其活性大，活性大的钢渣最适宜于作水泥原料。通常把比值为 0.78 ~ 1.80 的钢渣称为低碱度钢渣，比值为 1.8 ~ 2.5 的钢渣称为中碱度钢渣，比值大于 2.5 的称为高碱度钢渣。

在钢铁冶炼过程中，渣的产生量约为钢量的 15% ~ 20%。我国每年排钢渣约 1500 多万吨，美国每年产钢渣 1200 万吨以上，全世界约 1.5 亿吨以上。由于钢渣成分复杂，且各种成分含量的变化幅度较大，过去钢渣的利用率一直不高。目前，我国钢渣利用率约 80%。美国的利用率最高，20 世纪 80 年代达到了排用平衡。法国、德国、英国、日本等国的钢渣已做到大部分利用。

我国历年积存的钢渣约 1 亿吨，钢渣中一般含 7% ~ 10% 的废钢。如经手选或破碎、筛分、磁选回收废钢，对解决炼钢原料供应紧张，扩大废钢铁来源，具有非常重要的意义。

现在平炉炼钢已被淘汰，过去我国在平炉炼钢中，每年都要产生上万吨平炉钢渣。钢渣一般含钒 (V_2O_5)5% ~ 10%，若含钙 (CaO)30% 以上，则加工处理较困难。因此，一些钢厂从初期钢渣中提取 V_2O_5。其工艺流程是：将钢渣破碎并与纯碱或芒硝混合球磨；水浸后的滤液，在硫酸及硫酸铵的作用下发生沉淀，再经煅烧得到 V_2O_5 产品，转化率达 75% 左右。这种 V_2O_5 产品是含 V_2O_5 达 80% 以上的工业产品。再经过精制，V_2O_5 的纯度可达 90% 以上。

2.1.2　铁合金渣

铁合金工业在生产过程中产生大量废渣。合理地处理和利用这些废渣，不仅有助于防止环境污染，而且可实现废弃物资源化，扩大金属资源[1~3]。

铁合金产品种类很多，其生产工艺各不相同。同一种产品，由于原料品位不同，采用的冶炼工艺不同，产出的铁合金渣成分也有差异。

我国铁合金渣的主要成分见表 2-2。

表 2-2　我国铁合金渣的主要成分　　　　　　　（%）

渣名称	化学成分									
	MnO	SiO$_2$	Cr$_2$O$_3$	CaO	MgO	Al$_2$O$_3$	FeO	V$_2$O$_5$	CrO$_2$	TiO$_2$
高炉锰铁渣	5 ~ 10	25 ~ 30		33 ~ 37	2 ~ 7	14 ~ 1.9	1 ~ 2			
碳素锰铁渣	8 ~ 15	25 ~ 30		30 ~ 40	4 ~ 6	7 ~ 1.0	0.4 ~ 1.2			
硅锰合金渣	5 ~ 10	35 ~ 40		20 ~ 25	1.5 ~ 6	10 ~ 2.0	0.2 ~ 2.0			
中低碳锰铁渣（电硅热法）	15 ~ 20	25 ~ 30		30 ~ 36	1.4 ~ 7	约 1.5	0.4 ~ 2.5			
中低碳锰铁渣（转炉法）	49 ~ 65	17 ~ 23		11 ~ 20	4 ~ 5		1			
碳素铬铁渣		27 ~ 30	2.4 ~ 3	2.5 ~ 3.5	26 ~ 46	6 ~ 1.8	0.5 ~ 1.2			
精炼铬铁渣（电硅热法）		24 ~ 27	3 ~ 8	49 ~ 53	8 ~ 13					
中低碳铬铁渣（转炉法）		3.0	70.77	19	7.13		2 ~ 5			

渣名称	化学成分									
	MnO	SiO$_2$	Cr$_2$O$_3$	CaO	MgO	Al$_2$O$_3$	FeO	V$_2$O$_5$	CrO$_2$	TiO$_2$
硅铁渣		30~35		11~16	1	13~30	3~7	Si 7~10	SiC 20~26	
钨铁渣	20~25	35~50		5~16		5~15	3~9			
钼铁渣		48~60		6~7	2~4	10~13	13~15			
磷铁渣		37~40		37~44		2	1.2			
钒浸出渣	2~4	20~28		0.9~1.7	1.5~2.8	0.8~3.0	Fe$_2$O$_3$ 46~60	1.1~1.4	0.46	
钒铁冶炼渣		25~28		约55	约10	8~10		0.35~0.50		
金属铬浸出渣	Na$_2$CO$_3$ 3.5~7	5~10	2~7	23~30	24~30	3.7~8.0	Fe$_2$O$_3$ 8~10		0.3~1.5	
金属铬冶炼渣	Na$_2$O 3~4	1.5~2.5	11~14	约1	1.5~2.5	72~78				
钛铁渣	0.2~0.5	约1		9.5~10.5	0.2~0.5	73~75	约1			13~15
电解锰浸出液	MnSO$_4$ 15.13	32.75			2.7	13	Fe(OH)$_3$ 30	(NH$_4$)$_2$SO$_4$ 6.5		
硼铁渣		1.13		4.63	17.09	65.35	Fe$_2$O$_3$ 0.24	B$_2$O$_5$ 9.36		

　　按照标准，适于作水泥的铁合金渣要求碱性系数 $(CaO + MgO)/(SiO_2 + Al_2O_3) \geq 0.5$；活性系数 $Al_2O_3/SiO_2 \geq 0.12$；质量系数 $(CaO + MgO + Al_2O_3)/(SiO_2 + MnO) \geq 1.0$。高炉锰铁渣、硅锰铁渣的各项指标都符合上述要求。湖南铁合金厂把水淬硅锰渣送往水泥厂作掺合料使用，当熟料为 600 号时，水渣掺入量达 30%～50%，仍可获得 500 号矿渣水泥。水淬处理的高碳锰铁渣和硅锰合金渣基本上全部送往水泥厂作掺合料。

　　阳泉钢铁厂采用水淬高炉锰铁渣作矿渣砖，标号可达 200 号。矿渣砖的配比为：渣：石膏：石灰 = 100：2：7。料配好后经过轮碾、混合、成型后，经养护（蒸发或自然养护）即可投入使用。

　　熔剂法冶炼碳素锰铁，渣中含锰达 15%，送往高炉代替锰砂使用，可回收其中的锰。电炉锰渣和中低碳锰铁炉渣含锰较高，其中大多数通过各种途径冶炼硅锰合金。

　　我国吉林、辽阳等铁合金厂用熔融硅锰渣直接生产铸石制品，获得了成功。和普通辉绿岩铸石生产相比，不仅性能好，而且节省了能源消耗。

　　含锰、含钼的炉渣用作肥料已进行过实验。实验证明，在水稻田中施加硅锰渣，有促熟增产作用，减轻了稻瘟病，有利于防止倒伏。

　　钼铁渣中含有 0.3%～0.8% 的钼。采用磁选的办法，可以得到含 4%～6% 钼的精矿，供回收钼使用。钼铁渣也可用热泼法生产铸石，供作建筑材料。

　　碳素铬铁渣熔点高、黏度大，易粘在流槽和铁水罐的渣壳上。把碳素铬铁渣破碎到 10mm 以下，进行跳汰重选，得到含铬为 51.8% 的精矿，可用于冶炼硅铬合金。选后排出的铬铁渣，用于铺筑公路，也可作水泥掺合或混凝土配料。

横山钢铁厂曾经进行过精炼铬铁渣重选硅铬合金的试验。试验证明，该法可使渣中含铬从4.7%下降到0.48%，硅铬产物中的铬含量增加1%~3%，磷下降30%~50%，获得了明显的经济效益。为了回收精炼铬铁渣中的金属，吉林铁合金厂增设了渣粉筛分和磁选设备，使铬的回收率提高了5%。曾在吉林铁合金厂召开了精炼铬铁渣在铸钢生产中作硬化剂的技术鉴定会。这种渣粉用作铸造型砂的自硬剂，取得了良好的效果。精铬渣的水淬渣含硅酸三钙与硅酸二钙的量很高（CaO达50%左右），是一种优良的水泥添加剂，也可以直接配制无熟料或少熟料水泥。

金属铬冶炼渣可以作为高级耐火混凝土骨料。用它和低钙铝酸盐水泥配制的耐火混凝土的耐火温度高达2800℃，荷重软化温度为1650℃，高温下仍有很高的抗压强度。

精炼铬铁渣用作微量元素肥料和土壤改良剂，也有明显的效果，但有可能造成Cr^{6+}污染。

硅铁生产在铁合金冶炼工艺上属于无渣法。但是，在实际生产中仍有少量炉渣（约5%）生成。大多数厂家是在厂内返回使用，用于冶炼锰硅合金。在辽阳铁合金厂，每吨锰硅合金加入硅铁渣50kg，可节约焦炭70kg、硅石90kg、电能150~180kW·h。此外，铸造厂用硅铁渣代替硅铁，取得了良好的效果。日本曾从我国以200美元的价格买入大量的硅铁渣，据说是作筑炉材料使用。

硼铁渣是冶炼硼铁合金时产生的废渣，硼铁是用铝热法生产的。每生产1t硼铁产生废渣约1.5t。这种渣长期以来废弃不用。实验证明，使熔融渣自流浇注于砂模，用蛭石保温，令其缓慢降温、自然结晶，可制得硼渣铸石砖。此砖主要用作特殊耐火材料、大型耐磨铸件，加工磨成的细粉，用作磨料。硼铁渣用于制砂轮片、砂纸及用作磨石磨料时，要求含CaO要低，如CaO含量高，必须除去。

磷铁在电炉冶炼时，间断出铁。合金铁与熔渣经分离器分离后，熔渣通过铸铁流槽，被0.29~0.39MPa高压水冲至沉渣池。过量冲渣水溢流回收于储水池，沉降下来的粒化渣由电动抓斗抓到渣仓里，经翻斗汽车送运渣场，全部供水泥厂的渣砖厂作原料。

钨铁渣中含15%~20%的锰，可返回到硅锰电炉中使用。但目前还未普遍使用。

钛铁、硼铁、铌铁都用铝热法冶炼。它们的渣中Al_2O_3含量都很高，可用作耐火材料和耐磨材料。

铁合金工业除了生产火法冶炼废渣之外，还产生一些浸出渣。其中，电解锰渣中含有$(NH_4)_2SO_4$，可作肥料。而铬和钒两种浸出渣中，含有可溶性的六价铬和三价钒，六价铬有毒，对环境危害较大。要把毒性的六价铬还原成三价，加以回收，并达到解毒的目的，而其中的钒，可进行回收制成V_2O_5。

2.1.3 含铁尘泥

含铁尘泥，通常是烧结尘泥、高炉瓦斯灰、高炉瓦斯泥、转炉尘泥、平炉尘泥及轧钢铁皮的总称。一般情况下，含铁尘泥约占钢产量的6%~8%。含铁尘泥是废气、废水处理的回收产品，含有较多的铁氧化物和碱性氧化物，它近似铁矿粉[1~3]。

含铁尘泥主要由铁的氧化物和其他炉料组成，见表2-3。各种氧化物所占比例，因各厂冶炼原料、冶炼制度、供氧强度、除尘方式等的不同而异。不同条件下铁的氧化程度差别较大。尘泥中总Fe/FeO的比值一般波动在0.95~3.83之间。尘泥中含铁高达50%~

60%。尘泥的粒径均较精矿粉的 80μm 为细。由于尘泥的高分散度，又有一定数量的 $Ca(OH)_2$，因此不论采用真空过滤机或者压滤机，都不能使尘泥获得较低的含水率。

表 2-3　含铁尘泥的化学组成　　（%）

尘泥种类	TFe	FeO	Fe_2O_3	CaO	SiO_2	Al_2O_3	MgO	P	S	MnO
转炉尘泥	50~62	36~65	13~16	8~14	2.5	0.6~1.3	1~6	0.55	0.2~0.5	0.8~3
平炉尘泥	60~66	0.8~3.2	90.8	0.9	1.4	0.5	0.7~1.9	0.14	0.17~0.68	0.26
高炉尘泥	30~40	5~10	40	8~12	10.15	5~7	2~3		0.4~0.5	

含铁尘泥的金属回收及利用主要有以下几个方面：

（1）用作炼铁原料。含铁尘泥可在高炉炼铁中加以回收利用，用前须经烧结。尘泥含水率高，一般均在 30%~35% 之间。湿度高于 10% 的尘泥，不易与烧结料充分混合，容易结块，从而恶化烧结质量。所以，含铁尘泥不宜直接加入烧结配料，而应选用适当的方法进行干燥、造块和固结后使用。

1）干燥：干燥方法有三种，即选用专门干燥设备进行干燥、自然干燥和采用生石灰干燥。

2）造块：有三种主要造块方法，即高压成型、滚动成型和低压成型。

3）固结：就是使球团达到一定的机械强度，并在节省燃料的情况下，把球内的游离水分尽量脱除，以满足冶炼的要求。固结方法有高温固结（高温焙烧）法、冷固结法和低温固结法。

（2）返回炼钢炉作造渣原料。转炉尘泥湿度难以控制，且分散度高，不便用于烧结和供作炼铁原料。所以，尘泥返回炼钢炉作造渣原料是有前途的利用途径。转炉尘泥含有相当数量的氧化钙和氧化镁、氧化锰、氧化铁等成分，是符合炼钢反应要求的复合渣料。其反应活性，高于精矿粉和其他辅助造渣材料。因此，根据冶炼要求，应再适当增加一些必要的成分，并用简单方法使尘泥进一步脱水、干燥、成型、固结，然后送回炼钢炉造渣。使用尘泥时，应考虑渣中 CaO、MgO、MnO 和 FeO 等成分的充分利用。应把含铁高而 SiO_2 低的尘泥和轧钢氧化铁皮混合作为造渣原料，回用于炼钢过程中。

涟源钢铁厂根据转炉污泥粒度极细、比表面积大而且具有一定黏结性的特点，将污泥同掺合剂生石灰、白云石混合磨成细粉，搅拌均匀，经造球盘制成 $\phi13$~15mm 球团，烘干，即制成具有一定强度的冷固球团。此种冷固造块法制作的成品球团，是供转炉、平炉和电炉造渣和冷却的材料。球团只要能满足运输对强度和含水率的要求即可使用。该球团初期脱磷效果好，能促进前期渣的形成，有利于全程造渣、提高炉龄、减少喷溅，降低石灰和萤石消耗，增加金属收率。

（3）制团代替平炉矿。尘泥按下述配比制成团块：平炉尘 60%，转炉泥 37%，生石灰粉 3%，另加 1.5% 的纸浆废液。通过压团和焙烧工序，制成成品。成品用于代替平炉矿，在精炼期加入效果良好，能促进前期渣的形成，熔炼时间较短，降碳速度较快。

（4）氧化铁皮的利用。氧化铁皮的利用，就是将氧化铁皮进行破碎、筛分、磁选等加工处理，把合格的氧化铁皮按其粒度分别送给不同用户利用。粒度小于 10mm 的作为烧结原料；10~25mm 的大颗粒铁屑供炼钢使用；大于 25mm 的作为废钢运往落锤间处理，这样就回收了其中全部的铁。

2.2 黄铁矿烧渣的金属回收

黄铁矿烧渣也称为硫铁矿烧渣，是指使用黄铁矿或含硫尾砂作原料，生产硫酸过程中排出的烧渣（包括少量的收尘或尘泥）。我国 3/4 产量的硫酸是以黄铁矿为主要原料制得的，一般采用沸腾炉焙烧黄铁矿。黄铁矿烧渣来自焙烧渣以及废热锅炉、旋风除尘器、洗涤塔、电除尘器收集的粉尘。

黄铁矿烧渣的化学成分为 Fe、Cu、Pb、Zn 等氧化物，此外，还含有少量硫化物、硫酸盐和铁盐等。表 2-4 列出了国内外几家硫酸厂所排烧渣的化学成分。由于黄铁矿来源不同，其成分含量不同。烧渣的产生量和所用原料的品位有关。我国大型硫酸厂每生产 1t 硫酸排渣约为 $0.7 \sim 0.8t$，中小型硫酸厂约为 $0.7 \sim 1.0t$。全国每年烧渣总排量为 700 万吨，利用率不到 30%。未利用的渣堆放在渣场，占用农田，污染环境。

表 2-4　硫铁矿烧渣化学组成　　　　　　　　（%）

成　分	中国南京	日本户畑	德国杜伊斯堡
Fe	$54.80 \sim 55.60$	62.58	$47 \sim 63$
Cu	$0.26 \sim 0.35$	0.39	$0.03 \sim 0.08$
Pb	$0.015 \sim 0.018$	0.29	$0.01 \sim 1.20$
Zn	$0.77 \sim 1.54$	0.14	$0.08 \sim 1.86$
Co	$0.012 \sim 0.032$	—	$0.05 \sim 0.10$
Au	$0.33 \sim 0.90g/t$	$0.65g/t$	$0 \sim 1.20g/t$
Ag	$12.00 \sim 40.00g/t$	$31.69g/t$	$2.00 \sim 27.90g/t$
S	$1.02 \sim 4.80$	0.46	$1.20 \sim 3.40$
As	—	0.05	—
SiO_2	11.42	—	$3.10 \sim 12.40$
MgO	<1	—	—
CaO	2.17	—	—
Al_2O_3	1.43	—	—

黄铁矿烧渣中含有多种金属元素，是有用的资源，应很好地综合利用。我国在 20 世纪 50 年代就开始利用黄铁矿烧渣，从中回收铜、铅、锌、钴、金、银等有色金属和稀贵金属。此外，还用它制铁粉，生产三氯化铁，制铁红，作水泥的辅助材料，以及用于炼铁等。目前，在黄铁矿烧渣的利用方面还有很大潜力，应予以大力开发。

2.2.1 烧渣的氯化焙烧

烧渣的氯化焙烧[1~3]，是指将烧渣与氯化剂混合，在一定的焙烧温度下，让其中有价值的金属转变为气相或凝聚相的金属氯化物，从而与其余组分分离。根据焙烧温度的不同，可以分为中温氯化焙烧和高温氯化焙烧两类。中温氯化焙烧生成的金属氯化物是固体，留于焙砂中，可用水或其他溶剂浸出，再从浸出液中提取金属，此法也称为氯化溶出法。高温氯化焙烧法，是根据不同金属氯化物的蒸气压差异，使氯化剂与金属氧化物焙烧生成的金属氯化物呈气态挥发，从而直接与其他组分分离。挥发出的金属氯化物在冷凝系统中收集（或在除尘系统中被循环液体捕集）后，再用化学方法提取和分离金属，此法也称为氯化挥发法。

不论是中温氯化焙烧还是高温氯化焙烧，都可以从烧渣中获得铜、铅、钴、镍、金、银等多种金属。

烧渣氯化焙烧用的氯化剂，通常有氯气、氯化氢、四氯化碳、氯化钙、氯化钠、氯化铵等，最常用的是氯气、氯化钙和氯化钠。气态氯具有氯化能力强、反应迅速、耗量少、副反应少等优点，但具有强烈的腐蚀性，工业应用时要选用耐氯材料及采取防腐措施。氯化钙主要来源于氨碱法制碱以及氯酸钾生产的副产品，通常是将此种副产品的溶液浓缩后直接利用。氯化钠、氯化铵也都是工业产品。

氯化焙烧反应是可逆反应，为使渣中的有价金属具有进行氯化焙烧反应的优势，需要控制焙烧温度与气相组成。有些金属氧化物在氯气中比较稳定，难于氯化，如 MgO、Al_2O_3、TiO_2、Cr_2O_3 等。为了使其氯化，常采用加入还原剂的办法，使这些氧化物生成易氯化的产物，这样可降低反应体系中的含氯量，使氯化反应得以实现。

在黄铁矿烧渣氯化焙烧工艺中，使用氯化钠和氯化钙等固体氯化剂时，固体氯化剂分解产生氯气和氯化氢。这些分解产物再与金属氧化物反应，使金属氯化。

值得注意的是，氯化钙在低温下会由于二氧化硫的促进作用而过早地分解，结果在温度不高的情况下发生氯化反应，使生成的金属氯化物不能挥发。当其随未分解的氯化剂一同进入高温区时，因氯的浓度不够而重新分解，从而影响氯化挥发的效果。

2.2.1.1　氯化溶出法（中温氯化焙烧）

氯化溶出法是将20%的黄铁矿与80%的烧渣以及4%的氯化钠混合，用多膛炉或沸腾炉在 $600 \sim 650 ℃$ 下焙烧，使有色金属转变成可溶性氯化物。焙砂经冷却后用稀酸浸取，从浸取液中回收有色金属。浸出渣可进一步制成烧结矿或球团矿，作高炉炼铁原料。

南京钢铁厂采用高硫（7% ~ 11%）、低盐（4% ~ 5% NaCl）配料制度，在沸腾炉内（650℃±30℃）进行钴黄铁矿烧渣的中温氯化焙烧。焙烧的有色金属溶出率为：Co 81.86%，Cu 83.4%，Ni 60.6%。

德国在杜伊斯堡铜矿将细、粗粒硫铁矿烧渣加入8% ~ 10% NaCl，在多膛炉内，于 $600 \sim 650 ℃$ 烧结 4 ~ 5h。焙烧后的渣用5% ~ 7%的稀硫酸浸取，对浸取液中的铜、锌、钴、芒硝、镉、金、银分别进行回收；残渣经烧结后用于炼铁。炼铁高炉底部沉积的有色金属铅，可在熔炼过程中不断回收。全矿年处理烧渣 150 万 ~ 180 万吨。

此法的主要优点是：氯化剂（NaCl）来源广泛，易得，价格便宜；工艺比较成熟，流程简单，操作方便；对于含钴黄铁烧渣的适应性较强。缺点是：浸出量大，对焙砂粒度有一定要求，金属回收率不够理想，浸渣需经造球才能炼铁，浸渣含硫量高，在烧结时易污染环境等。近年来，正向高温氯化焙烧发展。

2.2.1.2　氯化挥发法（高温氯化焙烧）

氯化挥发法，是将烧渣和氯化钙按一定比例混合，制成球团，干燥后在回转窑或竖炉内于 $1200 \sim 1250 ℃$ 下焙烧，有价金属被氯化呈挥发态，用稀酸吸收，从中提取有色金属，焙烧后的残渣可造球炼铁。

A　光和法处理烧渣

氯化挥发法发展较快。下面以日本的光和法为代表，进行介绍[1~3]。

　　a　光和法工艺流程

　　光和法是把黄铁矿焙烧制酸与烧渣高温氯化焙烧联合起来的一种工艺。不仅如此，这种方法还把各种含氯烃的废物和含有铜、锌、铅等有色金属的废渣一并进行综合处理，以充分利用废物中的能源和回收其中的有色金属。以下从三个方面介绍这种工艺：

　　(1) 黄铁矿焙烧料与烧渣造球。黄铁矿焙烧设备一般为沸腾焙烧炉。焙烧物料除黄铁矿外，还包括废硫黄渣和其他含硫废渣。焙烧生产的烟气，经废热锅炉回收热量后，进旋风分离器除尘。然后作为生产硫酸的原料气，送到硫酸车间制酸。焙烧排出的烧渣，送球团工段制备球团。造球原料中加入的氯化剂，除氯化钙外，还包括钢铁酸洗废液——氯化铁溶液。配备球团原料时，根据废氯化铁溶液中盐酸的浓度，投加适量石灰。然后，在调湿机内混合搅拌均匀，送入造球机，做成直径1cm的生球团，供氯化焙烧使用。

　　(2) 烧渣球团高温氯化焙烧。焙烧生球团采用回转窑。生球团从窑的高端进料口进入。焙烧所需热源由废氯烃类和重油的燃烧供给。燃烧在窑内距入口1/3窑长度处发生，产生的高温使球团中的有色金属氯化，生成挥发态金属氯化物。氯化反应所需氯源是包含在生球团内的氯化剂和废氯烃类燃料。焙烧产生的烟气，经除尘、稀酸洗涤、吸收，其中的金属氯化物和氯化氢转入液相。氯化氢进入循环溶液槽，作为循环吸收液循环于冷却净化吸收系统。足够浓的吸收液用石灰中和处理后，送溶液处理工段，用湿法冶金回收有色金属。经洗涤、吸收处理后的气体，再通过脱硫装置后排入大气。焙烧后的球团送炼铁厂，供作高炉炼铁原料。

　　(3) 铜、锌类废渣的合并处理。将含铜、锌废渣在另一专设的回转窑中焙烧，使其中的铜、锌等有色金属氧化留于焙烧渣。再将焙烧渣与其他含铜、锌等的有色金属渣一并粉碎，用来自氯化焙烧系统的含有金属氯化物的酸性循环液浸取。浸取矿浆经过增稠、过滤后，溶液送湿法冶金处理工段回收有色金属；滤渣送去做石膏。

　　b　光和法的特点

　　光和法已经不是原来意义上的氯化挥发法，而是发展成为多种废物综合焙烧处理的一种工艺。概括起来有以下特点：

　　(1) 利用黄铁矿烧渣和其他含硫废渣作为制酸原料。

　　(2) 利用废氯化铁作为氯化焙烧的氯源和炼铁的铁源。

　　(3) 利用挥发系统本身产生的稀酸，对铜、锌类废渣和铜-锌系废触媒进行浸取处理，以联合回收铜、锌等有色金属。

　　(4) 将氯烃类废弃物用作氯化焙烧的辅助燃料和氯源，为氯烃类废物的资源化开辟了一条新途径。而且，还将氯烃生产的稀盐酸用于浸取上述各种废渣中的有色金属。其中的氯，最终还可以转化为氯化钙而被回收利用。

　　(5) 将矿石煅烧、球团烧结等过程中产生的各种尘粒，先行调湿、造球干燥，然后合并进行高温氯化焙烧处理。

　　(6) 氯化挥发法是一种能耗大的工艺，减少能源消耗是这项技术发展的关键。光和法用焦化厂的废焦油、石油化工厂的废氯溶剂作燃料，而不用重油和转炉气，从而降低了能源消耗，也就提高了氯化挥发法在废物资源化方面的地位。

　　(7) 光和法要求烧渣中的有价金属含量稳定在一定范围内，即对原料的适应性不够强，而且工艺流程长，操作控制要求高。这是它的缺点。

　　B　氯化挥发法实例

　　河南开封钢铁厂，采用竖炉球团高温氯化法回收烧渣中的有色金属并制球团矿。该厂将烧渣、苛性泥（或石灰）、氯化钙以（88～91）:（4～6）:（5～6）的配比均匀混合，制成球团，用竖式干燥炉干燥后，投入 2.1m³ 的竖炉中进行高温固结、分离有色金属和脱硫。有色金属氯化物随烟气进入收尘装置，为循环溶液所吸收。其中收集的铜和锌，用中和脱酸、铁屑置换铜、净化除铁、中和沉淀脱氯的方法分离。焙烧产生的球团矿，用作高炉炼铁原料。此法可使烧渣中铜的挥发率达到 60%～83%，锌的挥发率达到 58%～88%，硫的挥发率达到 67%～98%。

　　南京钢铁厂氯化球团车间，从日本引进了光和法工艺，并按我国黄铁矿烧渣的来源和化学组成等特点出发回收有色金属，取得了经验，并稳定运行，产生了良好效益。

2.2.2　烧渣的利用

　　烧渣可用于炼铁、制铁粉及回收铜，简要介绍如下[1~3]。

2.2.2.1　用于炼铁

　　烧渣中含铁一般为 30%～50%，可作为炼铁用的原料。但由于铁的品位低、含有害杂质，直接用于炼铁得不到理想的经济效果。因此，入炉前宜采取选矿和造块烧结处理。烧渣按颜色分三种类型，对其选矿作业应有区别。

　　A　烧渣选矿

　　利用烧渣中各种矿物成分物理性质（磁性、密度等）的不同，采用适宜的选矿方法，使烧渣中的含铁矿物与脉石分离，从而提高铁品位和降低有害杂质硫、硅等的含量。

　　烧渣选矿，一般采用磁选和重选。磁选就是利用烧渣中各种矿物磁性的不同进行分选；重选则是利用烧渣中各种矿物密度的不同，而达到分选的目的。

　　在硫酸生产中，由于沸腾炉的入炉原料和工艺操作有差别，所产烧渣的磁性矿物的性质和数量也不同。因此，对于烧渣选矿工艺的选择，必须根据烧渣所属类型来决定。

　　黑色烧渣中的铁矿物，是以强磁性铁为主。对于这种烧渣，采用弱磁选方法即可将强磁性铁矿物选出。磁选的工艺流程比较简单：把水配入烧渣中，搅拌使其成均匀矿浆；然后，送入磁场强度为 67660～119400A/m 的湿式圆筒永磁磁选机，进行一次粗选和一次精选，即可得到铁精矿。铁品位可提高到 58% 以上，硫含量可降到 1% 以下，选别脱硫率在 45% 左右，铁回收率为 70%～85%。

　　棕黑色渣中的铁矿物，由强磁性和弱磁性铁组成。对于这类渣，若选用单一磁选工艺流程选别，铁回收率则较低，若选用磁选—重选联合选矿工艺流程，就会得到好的效果。其流程是：先将烧渣配制成矿浆，送入磁选机磁选，磁选尾矿再送入摇床或螺旋流槽选别。此法选别脱硫率在 60% 以上，铁回收率为 68%～75%。

　　红色渣中铁矿物绝大部分是弱磁性的赤铁矿。对于这种渣，磁选效果不好，采用重选方法比较适合，但铁回收率也只有 50%。

　　B　烧渣造块烧结

　　烧渣进入高炉前必须进行造块烧结，才能获得好的效果。造块烧结有两种方法：一种是将含铁较高（55% 以上）的烧渣或选矿后的烧渣精矿，代替适量铁精矿粉配入烧结料中，生产烧结矿。这是烧渣直接用于炼铁的最简单易行的方法，也是大量利用烧渣的主要途径。另一种方法是在烧渣中配入一定量的熔剂和黏合剂，经混料后在圆盘造粒机上制成生球，再经过干燥，送入竖炉焙烧，成为炼铁球团矿。

　　C　烧渣炼铁实例

　　广东南海化肥厂所产烧渣，属黑色烧渣，采用单一磁选工艺。原烧渣中含铁34.19%、含硫1.59%、磁性率3.5、磁性铁占有率76.16%。得到铁精矿含铁60.48%、含硫1.19%、铁回收率76.21%。

　　山东烟台化工厂所产烧渣，属棕黑渣类型，采用磁选—重选联合工艺流程。原烧渣含铁50%～51%、含硫0.7%～1.0%、磁性率4～5、磁性铁占有率55%～70%。选出的铁精矿含铁58%～62%、含硫0.5%～0.7%，铁回收率70%～75%。

2.2.2.2　制铁粉及回收铜

　　上海吴泾化工厂在生产硫酸过程中每年从沸腾炉排出大量烧渣，其中含铁45%～50%，采用的烧渣处理工艺是：用废盐酸浸取筛分过的烧渣，先行过滤，滤渣用作制砖材料，滤液经过蒸发浓缩、结晶和离心分离，产生铁盐结晶体；经干燥再与氢气还原，即得到含铁99%的纯铁粉。此法既可综合利用废物，获得质量合格的铁粉，又可治理环境污染。

　　湖南湘潭地区永和磷肥厂，用含铜硫铁矿烧渣炼铜，得含铜80%的粗锭，符合工业要求。其工艺流程是：把硫酸车间烧渣倒入保温池，堆放8h后，送到预浸池；加稀酸预浸2～3h，得到含残渣的铜溶液；将渣、液分离，用耐酸陶瓷泵把铜溶液送入置换柱；用柱中的铁屑作还原剂置换铜；铜溶液和铁屑反应生成海绵铜，搅动使其从铁屑上脱落、沉至柱底；待积累到一定数量时从柱底放出，让其自然滤干后造球；干燥后的海绵铜球与碎玻璃、焦炭和石灰按一定比例混合后，装入冶炼炉；经冶炼得到含铜80%的粗铜锭。

2.3　废钢铁屑制备钢铁粉

2.3.1　废钢、铁屑的来源、利用现状及存在问题

2.3.1.1　废钢、铁屑的来源[3]

　　废钢、铁屑是指机械加工中钢、铁件经过车、铣、刨、磨、钻等加工工序而产生的一些废料。因加工工件化学成分不同，钢、铁屑中往往混杂有铸铁屑（含碳量多在3.5%～4.0%）、工业纯铁屑（含碳量为0.001%～0.04%）以及各种不同钢号的钢屑，如碳素钢屑有低碳钢屑（含碳量小于0.25%，钢的牌号为A_1，A_2，A_3）、中碳钢屑（含碳量为0.25%～0.6%，钢的牌号为35号，45号等）、高碳钢屑（含碳量大于0.6%，钢的牌号为70号，75号等）；合金钢屑包括低合金钢屑（合金元素少于0.5%）、中合金钢屑（合金元素5%～10%）、高合金钢屑（合金元素多于10%）。合金钢屑中的合金元素有Cr、Ni、V、Zn、Mo、Mn、Al、Si等。

　　由于我国机械加工从总体上来看水平不太高，切屑加工量很大，切屑率除个别行业较低外，大多数行业均较高，平均切屑率为28%。我国现在每年生产钢、铁的量相当大，2011年已达6.3亿吨，钢、铁屑产生的量也相当可观。

2.3.1.2　废钢、铁屑再生利用现状[3]

　　利用钢、铁屑（简称双屑）生产的产品情况大致如下：

（1）用于电炉炼钢，就地生产钢铸件，约 40 万吨/年。

（2）"双屑"打包压块返回钢厂炼钢有 160 万吨/年。

（3）利用"双屑"生产小农具、日常生产用具约 100 万吨/年。

（4）生产铁合金磨料、化工原料、医药等约 50 万吨/年。

2.3.1.3　废钢、铁屑加工回收存在的问题[3]

至今为止，尽管国内外钢、铁屑有了回炉重新冶炼为主的回收方式，但还存在着不少问题，这些问题归纳起来如下：

（1）钢、铁屑的打包、压块质量差。由于钢、铁屑存在内应力、用未经退火的钢屑打包压块密度不够，运到钢厂经常发生散包现象。

钢、铁屑在打包时常混有杂物，如砖瓦块、泥沙、玻璃等，这对炼钢是很不利的，有的含有铅、铝等有色金属，这样容易产生钢水爆炸，炉衬穿孔等事故，另外还会延长冶炼时间。

（2）钢、铁屑占地面积大，相互缭绕，不宜长途运输。钢、铁屑全部返回钢厂炼钢也不现实。由于钢、铁屑为轻薄料，氧化损失大（烧损率为 10%～20%），因此金属利用率降低。

（3）生产再生铁，这种方法会造成以钢代铁的不合理局面，钢屑的合金元素没有得到合理的利用，降低了金属价值，不宜提倡。

（4）堆放等待处理，长期堆放造成氧化严重，而污染四周环境。

由此看来，除了改善加工冶炼工艺及其配套专用设备外，如何进一步开发钢、铁屑新的回收途径及提高回收产品的档次和价值是十分重要的课题，故而开辟了用钢、铁屑制备钢铁粉的新工艺。

2.3.2　钢铁粉的用途

钢铁粉是国民经济，特别是机械制造工业不可缺少的一类金属原料。钢铁粉主要用于粉末冶金工业、电焊条生产、火焰切割与清理、磁力场、静电复印、电力工业、食品工业、医药、化工等行业[3]。

（1）用于粉末冶金制造机械零件。机械零件一般是经铸、锻、冲压、焊接等工序加工成形的产品。这些加工方法的共同特点为材料利用率低、成本高，公害和劳动环境卫生方面的问题日益明显化。相比之下，用粉末冶金法制造机械零件具有节省材料与工时，易于自动化，容易组织大量生产，可使劳动环境大为改善。

用粉末冶金制造机械零件的好处是：可将几个零件一体化设计、制造，大量生产时重复性好，零件表面光洁度好，可制造形状复杂的零件，无需切削加工，具有节材、节时等优点。由于金属粉黏度高、制造的零件具有润滑性，可得到所需要的使用性能，并可把不同材料互相熔合的不同特点结合起来，制造具有特殊性能的材料与制品。

（2）用于电焊条的生产。钢铁粉主要以三种形式用于电焊条生产与焊接，第一种是在焊条药皮中加入 50% 以上钢铁粉（现在最多达 75%），以增高焊条的收敷率与熔敷率，这种焊条通常称为钢铁粉焊条。第二种是在焊条药皮中加入 10%～30% 钢铁粉，以改善焊条的焊接工艺性能。钢铁粉用于电焊条生产与焊接的第三种形式是作填充剂，如用钢铁粉作填充"焊粒"，填充于刨口内，配合以自动焊丝、焊剂和衬垫，用于焊接厚板的单面焊缝比一般埋弧自动焊的效果好。

钢铁粉焊条的优点：钢铁粉和焊芯同时熔入焊缝金属，增大熔合比，节省焊条质量，收敷率高，可提高焊接效率，可节省电力 20% 左右，并可采用依棒焊接，减轻焊工的体力劳动强度。

（3）用于火焰切割与清理。用氢氧焰和乙炔焰切割耐火材料时，将钢铁粉加入火焰中，可提高火焰温度，这时生成的熔融氧化铁还起助熔剂作用。切割不锈钢时钢铁粉与难熔氧化物相结合，可将难熔氧化物冲掉，暴露出新鲜金属表面，火焰清理的功能原理是：掺有铁粉的火焰作用似"扫帚"一样，在钢坯加工前，用其清理钢坯表面的氧化皮与夹杂物。

（4）用于制造各种重要电器用的磁性材料，这是钢铁粉应用的重要方向。

2.3.3 国内外生产钢铁粉的工艺技术

采用废钢、铁屑生产钢铁粉是一种合理利用资源的方法。钢铁粉生产已有五十多年的历史，近二十几年来，各国对钢铁粉的生产工艺、性能等进行了大量的研究，研制了许多生产方法，且取得了成熟工艺。

生产钢铁粉的传统方法可归纳如下[3]：

（1）雾化法。先将钢铁件熔炼成液，再利用高压气体（空气、惰性气体）或高压液体（通常是水），以高流速作用于高温液流，或借旋转圆盘离心力的作用迅速地将其雾化成粉末，该法已在我国广泛采用。

它的优点是：在熔炼过程中易加入各种合金元素，应用范围广泛，可制取具有各种化学成分的合金粉末。雾化粉末的非金属夹杂物较少，纯度较高，易于制高强度、高纯度、高性能粉末冶金制品。它的缺点是：对钢、铁屑的烧损率大，一般为 10% ~ 20%，金属收得率低，生产成本高。

（2）氧化还原法。氧化还原法是一种通过化学反应生产高纯钢、铁粉的方法。这个方法由加拿大彼斯矿冶公司（Peace R. Mining Smelting Ltd.）研究并投入生产，其反应步骤为：

1）于大气压下将废钢、铁屑溶解于 95℃ 的盐酸中，化学反应为：

$$Fe + 2HCl \longrightarrow FeCl_2 + H_2 \uparrow$$

2）将沉渣（SiO_2、Al_2O_3、$Mn(OH)_2$ 等）滤出，使纯溶液结晶，生成 $FeCl_2 \cdot nH_2O$；

3）干燥和制成 $FeCl_2$ 块；

4）在温度为 600 ~ 800℃ 和压力 10.13kPa 的热氢中进行还原，化学反应式为：

$$FeCl_2 + H_2 \longrightarrow Fe + 2HCl$$

这样可制得纯度为 99.4% ~ 99.8% 的铁粉，同时生产 HCl。

该方法是制造高纯钢铁粉比较经济的方法，其生产过程能够实现连续化、自动化，而且有副产品氯化亚铁。影响其推广的主要原因是工艺复杂、设备投资大，钢、铁屑中的合金元素未被利用，因此，在我国没有实现工业化。

（3）羰基法。该法是利用金属与 CO 作用时能形成羰基化合物：

$$Me + nCO \longrightarrow Me(CO)_n$$

而羰基化合物在一定条件下又能离解，形成细的金属粉末，反应如下：

$$Me(CO)_n \longrightarrow Me + nCO\uparrow$$

该法能生产出高纯、超细的钢铁粉。这种钢铁粉性能好，售价高。但在合成反应时，要求 200kPa 的条件，设备造价与要求都很高，所以，不适应生产普通冶金粉末。

（4）涡流研磨法。这个方法是 1990 年德国研究出来的，称哈麦塔克（Hametag）法，它是利用高速涡流中金属颗粒互相撞击来进行粉碎的。制造的磁性材料纯粉在氢中脱碳退火，具有良好的压缩性与烧结性，该法设备简单，便宜。原料可利用废钢、铁屑。但电力消耗大，制造 1kg 铁粉耗电 2.5～3kW·h。生产效率较低，生产率为 7～10kg/h，这种方法制造粉末不经济，目前一般都不采用。

2.3.4 废钢、铁屑直接生产钢铁粉的新方法

由于在实际生产中，钢、铁屑难以严格分类，通常是把它们的混合物在回炉中熔炼，这样只能炼出品位很低的合金钢，而且熔炼过程中直接损耗率较高，另外，碎屑中含有多种合金元素，在冶金作业中，大部分合金氧化和损失在渣中，很不经济。因此，如何合理利用、回收有价值的废钢、铁屑，已经是我国冶金、环保工作者一项非常艰巨的任务。近年来，国外在这方面的技术发展很快，多是将废钢、铁屑直接生产成钢铁粉，具体方法如下[3]：

（1）机械研磨法：

1）将切屑先用汽油或煤油洗去切屑上的油污，然后装入球磨机或振动式磨样机内，添上酒精、磨碎到粒度达到要求为止。

2）通用汽车公司研究室研究成功的"微筛网工艺"。经过除油、分离杂物，并在锤磨机中磨成 100～300μm 的粉末，然后要在 700℃ 退火。这种工艺在工业上还没有得到广泛的应用。主要的问题似乎是很难得到足够数量的并经过严格分级的无污染切屑。

3）美国福特汽车公司研究以低合金切屑为原料，经渗碳到 0.8%～1.0%，冲击研磨到小于 60μm 的粒级占 25%，工业成品率可达 100%，能量利用率高于雾化制粉。为改善粉末的压制性，粉末需要进行脱碳处理，使含碳量小于 0.1%，再球磨到需要的粒度。

4）英国专利 GBG014055 介绍，在低温下，粉碎大颗粒生产细金属粉末，其生产方法首先将大颗粒金属进行冲击，球磨增加颗粒的长/厚比，再经冷却这种冲击过的粉末，使粉末变脆，然后转入冲击球磨机中粉碎（能够进行粉碎的材料必须是在室温有延展性，并经过延展后能向脆性转变的）得到成品。

5）美国专利 4129433 介绍，在低于塑性脆化温度的条件下，冲击磨碎废钢、铁屑，制成粉末。第一次研磨是在低温下，利用铁球球体与通入液氮介质磨碎废钢、铁屑，第二次研磨是在室温条件下进行，利用铜球体与通入液氮介质中磨碎大颗粒钢屑，制成钢、铁粉末。

（2）氧化法。氧化法是利用氧化的方法使铸铁粉末脱去过量的碳。该工艺是将机械加工切屑制成的铸铁粉末浸泡在 150～200℃ 的水中，干燥，结果在粉末颗粒表面生成一层均匀的茶褐色铁锈，氧化后粉末在 1000～1050℃ 真空条件下烧结 2h，粉末中的碳主要以一氧化碳气体的形式脱掉，当氧耗尽时，脱碳作用结束。此种工艺简单，是一种有前途的制取铁基粉末的方法。

（3）氮化法。日本铁粉公司采用低碳钢屑为原料，利用氨气分解产生的氮气进行氮化处理，使钢屑脆化，再进行机械粉碎。然后在电炉内脱氮，最终研磨粉碎得到各种用途的铁粉，该法生产的铁粉已占日本国内市场销售量的90%，金属收得率在95%以上。湖南大学张昌红进一步研究了氮化法，建立的工艺流程如图2-1所示[3]。

图2-1的主要工序是：钢、铁屑先破碎到10mm后，进入回转炉除油，炉内温度700～800℃，钢屑出炉后氧化严重，再经鼓式永磁机磁选分离杂质，块大的由离心作用被分选掉，剩下的钢、铁屑送入竖式氮化炉中进行氮化，电阻丝加热，炉温700℃，通入氨气（含NH_3 60%～70%），氮化15h，物料与氨气对流，炉内压力为10kPa，经氮化后铁屑含氮已有2%，这时铁屑已脆化，进入锤式破碎机破碎，再经振磨机破碎到150μm，再进入电炉中脱氮，脱氮加热温度为900～940℃，脱氮后钢粉经振磨机粉碎到100μm以下，再经混合，可制得符合各种要求的钢、铁粉。

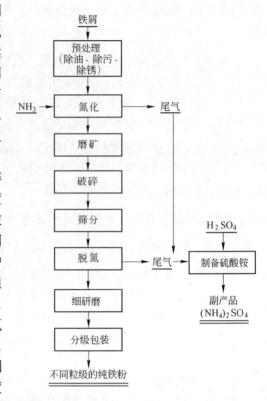

图2-1   废铁屑氮化法制钢铁粉工艺流程

综上所述，生产钢、铁粉的方法较多，在实际应用中，可根据具体条件加以选择应用。

2.4   烟尘的金属回收

在烧结机、炼铁高炉、平炉、转炉、电炉、电弧炉、合金电炉的生产作业中都会产生大量烟尘，一般而言，焙烧厂排放的粉尘量占钢铁企业总排尘量的13%左右，烟尘中氧化铁含量约为36%～78%。平炉烟尘的成分主要是氧化铁、氧化亚铁，其中铁含量约占90%；转炉每炼1t钢产生10～15kg烟尘，其成分主要是氧化亚铁和氧化铁，其中铁含量也在90%以上；合金电炉的烟尘中有价金属的含量很高，如钼铁电炉烟尘中含钼可高达20%左右，锰铁电炉烟尘含锰为10%～20%。

由上述可见，钢铁工业烟尘中含有大量的铁及有色金属，必须进行回收。对铁，现在的处理方法是作为烧结的返料，以烧结块的形式，进入高炉回收其中的铁。对有色金属，也已研究了许多回收方法[4~9]。

2.4.1   碳钢冶炼烟尘

炼钢产出装炉量1%～2%的粉尘，粉尘中除含铁外，还含有铅、锌、镉、铬和镍等金属元素。这些元素一般以氧化物的形式存在，但含量由冶炼的钢种而定，碳钢或低合金钢冶炼过程中产出的粉尘主要含铅和锌。世界各国对这种烟尘的处理极为关注，希望开发出既经济又能回收有价金属资源且保护环境的实用技术。

碳钢冶炼粉尘的成分并不是恒定不变的，在作业中，不同时期的取样具有不同的化学成分，这主要取决于熔炼物料的成分。分别对碳钢及不锈钢四组从不同地点和方法、不同时期采集的粉尘试样进行分析，结果见表 2-5，表中试样 1 和 3 为碳钢烟尘，试样 2 和 4 为不锈钢烟尘。由表 2-5 可见，粉尘中主要为铁，此外还含有少量的 Si、Mn、Ni、Ca、Cu、Na、Zn、Pb 和 Mg。与碳钢粉尘相比，不锈钢电弧炉粉尘含有较高的 Ni 和 Cr，这是因为该两种金属为不锈钢中的主要合金元素[4~6]。

表 2-5　碳钢及不锈钢冶炼粉尘化学元素分析结果

元　素	质量分数/%			
	试样 1	试样 2	试样 3	试样 4
Al	2.39	0.31	0.21	0.32
Ca	10.60	4.03	0.29	0.50
Cu	0.24	0.16	0.26	0.10
Cr	0.99	10.93	0.88	10.61
Fe	25.17	37.96	35.80	36.65
K	0.29	0.36	0.58	0.60
Mg	1.51	1.53	2.15	1.21
Mn	2.07	3.32	4.73	3.06
Na	2.04	1.18	3.34	0.45
Ni	0.71	3.77	0.67	3.89
P	0.02	0.03	0.27	0.13
Pb	0.11	0.07	0.52	0.28
Si	9.31	2.29	2.20	2.40
Ti	0.58	0.17	0.04	0.07
Zn	2.87	1.20	3.86	1.77
Cd	0.00375	0.01075	0.004375	0.035

世界各种处理粉尘的方法见表 2-6，而这些方法主要是针对碳钢粉尘的，它们可分类为火法、湿法、火法与湿法相结合以及固化或玻化等处理方法，IMS、Elkem、Hi-Plas 和 Orgon 法现已淘汰。IMS 技术为美国开发的一产出金属锌的火法过程，但因技术经济问题两生产厂已关闭。Elkem 法和 Hi-Plas 法因技术不成熟难以投入实际应用。Orgon 法因运行费用过高现都已停止使用。

表 2-6　世界各种粉尘处理方法

发展现状	名　称	类　型	锌产品	铁产品	其他产品
已淘汰的方法	Elkem	火法	锌金属	氧化铁渣	
	IMS	火法	锌金属	氧化铁渣	
	Hi-Plas	火法	锌金属	生铁	
	Orgon	玻化			玻璃颗粒

发展现状	名　称	类　型	锌产品	铁产品	其他产品
已成熟的应用技术	两段 Waelz 窑	火法	氧化锌	金属铁和氧化铁	含 PbCl$_2$，CdCl$_2$ 的弃渣
	一段 Waelz 窑	火法	氧化锌	金属铁和氧化铁	
	火焰反应器	火法	氧化锌	氧化铁渣	
	ZTT	火法	氧化锌	铁矿岩	混合盐
	MR/Electrothermic	火法	氧化锌	炉渣和残渣	
	MRT	湿法与火法	高纯氧化锌	金属铁和氧化铁	铅和镉金属
	Laclede	火法	锌金属	氧化铁渣	
	EZINEX	湿法	锌金属	氧化铁	混合盐
	Super Detox	固化			固化尘
	IRC	玻化			玻璃颗粒
	Ausmelt	火法	氧化锌	氧化铁渣	
新研究出现的技术	MetWool	火法	氧化锌	生铁	矿物渣棉
	Enviroplas	火法与湿法	锌金属和氧化锌	氧化铁渣	
	AllMet	火法	锌金属	铁和碳化铁	混合盐
	IBDR-ZIPP	火法	氧化锌	生铁	混合盐
	ZINCEX	湿法	锌金属	残渣	铅镉水泥
	Rezade	湿法	锌金属	氧化铁	混合盐和铅镉水泥
	Cashman	湿法	高纯氧化锌	金属铁和氧化铁	混合盐和铅镉水泥
	Terra Gaia	湿法	硫化锌	氧化铁	氯化铅和铅镉水泥

对已成熟的应用方法和新研究出现的方法可简述如下：

（1）已成熟的技术：

1）两段和一段 Waelz 窑法。两段 Waelz 窑技术在美国和墨西哥等地被采用，它是一标准的处理粉尘的生产过程，可处理 80% ~ 85% 的碳钢冶炼粉尘。生产中首先将粉尘加入第一段窑，锌、铅、镉和一些氯化物被分离，而产出的无毒产品如铁等返回电弧炉，第一段窑产出的烟尘送入第二段窑产出低纯度氧化锌和铅、镉氯化物。欧洲和日本采用一段 Waelz 窑，实际上它与两段 Waelz 窑的第一段相同，产品为铅和锌金属或锌化合物作肥料添加剂，在日本还增加了去氟、氯过程[8]。

2）火焰反应器法。火焰反应器为一旋风炉，将细小干燥的电弧炉粉尘加入炉内，并鼓入空气氧化燃烧炉内的焦炭或粉煤，产出含铅、镉和卤化物的氧化锌初级产品，同时产出满足环保要求的富铁玻璃炉渣。这一反应器运行费用较高，难以推广[9]。

3）ZTT 法。该法是 Babcock International 公司在原有 ZIA 基础上开发设计出的 ZTT 技术。ZTT 为一回转窑，经制粒后的电弧炉粉尘加入窑中并同时加入焦炭或煤作为锌氧化物的还原剂，含铅、镉和卤化物的氧化锌于炉尾收集后去除卤化物，得低等级氧化锌出售给冶炼厂，所得的副产品复合盐可用作润滑液添加剂，产出的金属铁返回电弧炉回收。这一技术比 Waelz 窑经济合理，它产出的是金属态铁和高附加值的副产品，而 Waelz 窑产出的副产物是弃渣。

4）MR/Electrothermic 法。这种方法是日本利用原有的炼锌设备开发的技术，产品为含铅中间产物氧化锌，需进一步冶炼回收锌。MR/Electrothermic 法并未得到推广应用，主要是因为要求昂贵的特殊冶金设备[6,10]。

5）MRT 法。MRT 法是北美的第一个湿法冶金处理过程，采用氯化铵溶液浸出粉尘，使大部分锌、铅、镉溶解进入溶液，含铁浸出渣经洗涤过滤后回收，用锌粉置换浸出液获铅和镉初级金属产品，纯净溶液送结晶器产出高纯氧化锌，氯化铵结晶母液浓缩后返回浸出。1995 年后，MRT 法进一步改善，加入了火法流程回收电弧炉粉尘中的铁[5,9]。

6）Laclede 法。Laclede 法过程十分简单，将电弧炉粉尘和还原剂加入一密封电炉，金属还原蒸气的不同阶段回收锌、铅和镉，铁渣可达环保标准填埋弃置，这一方法主要存在的问题是产出的金属锌质量较差[6,11]。

7）Super Detox 法。1995 年美国环保局声称经 Super Detox 处理的电弧炉粉尘符合环保要求。Super Detox 过程将粉尘与铝硅酸盐、石灰以及其他添加剂混合熔炼，使重金属离子沉积固化于铝和硅氧化物之中。处理后的粉尘可通过浸出试验，这一技术现在 Ohio 和 Idaho 州被采用[5,9]。

8）IRC 法。IRC 技术为玻化过程，电弧炉粉尘与添加剂混合后采用一特殊设计加热炉熔化，产物为晶体且重金属离子被包裹于中间。这一方法与 Super Detox 固化一样，金属资源没得到回收和利用[5,9]。

9）Ausmelt 法。Ausmelt 法为流态化床技术，熔体、氧气和煤渣粉直接注入液态炉渣，第一炉中熔化电弧炉粉尘，第二炉中还原铅、锌、镉等氧化物，并使之进入烟气后在布袋收集，产出的最终炉渣达环保标准弃置[12]。

（2）新开发的技术：

1）MetWool 法。MetWool 法是一火法冶金过程，首先混合电弧炉粉尘和其他废料，然后进行压团，球团经干燥后与还原剂一同加入冲天炉，从气相中收集铅、锌、镉和氧化物，并产出白口铁和低铁炉渣，此方法现已完成实验室和小型工业实验。

2）Enviroplas 法。该法中电弧炉式离子炉和浓缩器是这一技术的关键设备。湿法冶金去除氟、氯后的电弧炉粉尘经干燥与焦炭一同从空心石墨电极加入等离子电弧炉，铅、锌、镉等氧化物还原后挥发，经浓缩冷凝得金属锌，无害炉渣可弃置。现已完成实验室实验并设计了一小型工厂，但浓缩器效率存在某些问题仍需进一步研究。

3）AllMet 法。AllMet 法是一种等离子技术的应用，它可产出高附加值的产品。电弧炉粉尘以及其他钢铁厂的废料与还原剂混合后制粒，采用回转窑预还原产出金属铁和碳化铁以进一步回收。锌同时被还原并再氧化为含铅和含卤素的蒸气，蒸气经浓缩后得金属锌和钾、钠、氯盐熔体，这一方法已完成技术经济评价，正在协商投入运行。

4）IBDR-ZIPP 法。IBDR-ZIPP 法是采用与 AllMet 法的不同形状和类型的等离子炉。压团后的电弧炉粉尘与焦炭一同加入炉中，铁的氧化物还原为生铁回收，锌从烟气中回收出售，炉渣达环保标准弃置。这一方法已于 1997 年在加拿大投入生产。每年可处理77000t 粉尘。

5）ZINCEX 法。西班牙在传统的锌电积技术基础上开发了 ZINCEX 法，它是用湿法冶金处理电弧炉粉尘，采用硫酸浸出锌、镉氧化物和卤化物，浸出液经净化后电积得产品电锌，从净化渣中提镉，从浸出渣中提铅，电解废液可返回浸出。这一方法已在西班牙北部投入运行，每年可处理80000t电弧炉粉尘。

6）Rezade法。它是法国采用湿法冶金方法处理电弧炉粉尘技术，采用强酸浸出后用锌粉置换除去铅、镉，净化液电积产出电锌，浸出渣返回电弧炉回收金属，卤盐混合物出售。现已完成实验工作，生产车间正在设计和建设中。

7）Cashman法。Cashman法为盐酸高压浸出湿法流程，这一方法借用于处理含砷矿和炼铜粉尘，浸出液经锌粉除杂后产出高纯氧化锌，浸出渣除锌后生产氧化铁或金属铁，净化渣用于回收铅和镉。现已完成实验室和小型中试，处于设计阶段。

8）Terra Gaia法。该法为加拿大开发出三氯化铁高压浸出电弧炉粉尘的湿法流程，浸出液中鼓入H_2S使锌以ZnS沉淀并送锌冶炼，含铁浸出液回收铁，铅以$PbCl_2$或PbS结晶回收，浸出液可循环使用。这一方法现已完成实验研究和中试。

2.4.2 特种钢冶炼烟尘

2.4.2.1 概述

特种钢中最主要的属不锈钢，因此，以不锈钢冶炼烟尘为代表，对其中的金属回收进行介绍[13~15]。

不锈钢冶炼过程中会产生一定量的烟尘，其产生量取决于冶炼方法和操作工艺，一般粉尘量是装炉量的1%~2%。我国为世界不锈钢生产第一大国，每年有200kt以上的不锈钢冶炼粉尘。目前在不锈钢生产中，采用一次、二次和钟罩除尘方式最终将粉尘收集于袋式除尘器中，尘中除含铁外还含有大量的铬、镍、镉、铅、锌等有毒有害的重金属，粉尘的现场堆放和处理严重影响生产工人的身体健康。粉尘的简单堆放，还会使尘中的重金属被雨水或地下水浸出而造成环境污染。美国环保局曾对不锈钢冶炼粉尘进行过毒性浸出实验（TCLP）[16]，铬等重金属不能达到环保标准，早在1988年于"Conservation and Recovery Act"中将该尘列为有毒有害废物。

不锈钢粉尘的简单堆放不仅造成环境污染，而且将导致尘中的有价金属资源流失，尤其是镍、铬等为我国匮乏的金属资源，必须从这种粉尘二次资源中，把镍、铬加以回收。2006年，我国镍产量为1090kt，需求量为1120kt，短缺30kt，伦敦金属交易所镍价格为14738美元/t；全球铬铁供应量为5200kt，消费铬量为5240kt，供需基本平衡，上海金属交易所高碳铬铁（FeCr60C8）价格为7150元/t。另外，不锈钢冶炼粉尘的运转和堆放处理也是生产企业沉重的经济负担。因此，处理不锈钢烟尘是不可缺少的工作。

不锈钢冶炼粉尘产生于高温冶炼过程，冶金炉内的吹氧和高温条件导致金属挥发以及金属和炉渣的固体颗粒和液滴进入烟气，如铅、锌、镉、氯化铬、铬铁和其他物质的挥发，这些挥发物在烟道中冷却沉积于金属和炉渣固体颗粒物之上，最终收集于袋式除尘器或电除尘器等除尘设备中。J. R. Stubbles[17]认为冶炼粉尘主要产生于炉渣表面CO气泡的破裂，CO气泡产生于钢液氧气吹炼阶段，进入炉渣时仍携带有一层钢液，这一现象常被称为碳沸腾，烟气出炉后气泡中的金属被迅速氧化，该氧化热导致气泡中的金属进一步挥发，L. W. Themelis等人[18]证实了氧化物壳在最终粉尘颗粒表面的存在。烟气中挥发物的沉积和粉尘的形成机理存在两种不同的方式[19]，即气相均质形核和非均质形核。目前的不锈钢冶炼除尘方式收集的粉尘形态显示两种方式同时存在，这一研究结果为改革现有的除尘系统不同成分的粉尘提供了依据。

不锈钢冶炼粉尘颗粒十分细小，70% ~ 90% 颗粒粒径小于 $5\mu m$，其中大部分小于 $1\mu m$，但长期堆存时因吸潮而聚集成大颗粒。J. R. Donalds 等人[20] 报道粉尘的比表面积为 $2.5 ~ 4m^2/g$、密度为 $1.1 ~ 1.5g/cm^3$，堆放粉尘团聚体的密度为 $1.85 ~ 2.45g/cm^3$，单个粉尘颗粒的密度为 $3.66 ~ 4.53g/cm^3$。不锈钢冶炼粉尘的化学成分取决于熔炼方法，因此各生产厂家的粉尘成分各不相同，但其共同点是与碳钢粉尘完全不同，铅、锌的含量低，而镍、铬的含量高，表 2-7 列出了具有代表性的冶炼粉尘。N. D. Souza 等人[19] 应用电子探针（Electron-Probe X-ray Micro-Analysis）分析了铁、硅、铬等元素在不锈钢粉尘中的分布，发现铬均匀分布于粉尘中，而铁和硅并未分布均匀，这说明粉尘以非均质方式形成，某些颗粒含铁高的来自钢液，某些颗粒含 SiO_2 高的来自炉渣，铬分别以均质和非均质的方式沉积于粉尘的表面。粉尘中的金属元素以不同的氧化物形态存在，铁以 Fe_2O_3 和 Fe_3O_4 的形态存在，铬以 Cr_2O_3 和 CrO 的形态存在，镍以 NiO 的形态存在。粉尘中也探测到少量的金属态元素（Fe、Cr、Ni），这些金属元素位于粉尘颗粒的中心部位，并在外表包裹着氧化物层。不锈钢冶炼粉尘中还含有 SiO_2、MgO、CaO 等，但它们主要以复相氧化物的形态存在。

2.4.2.2　粉尘的组成

不同冶炼周期和不同熔炼物料产得的不锈钢冶炼粉尘的化学成分不同（见表 2-7）。由表 2-7 可见，粉尘中四组试样平均含 Fe 33.9%、Cr 9.6%、Ni 3.01%、Si 4.05%、Ca 3.86%、Mn 3.3%，以及少量的 Na、Zn、Cu、Pb、Mg 等。

表 2-7　不锈钢冶炼粉尘化学元素分析结果　　　　　　　　（%）

元　素	试样 1	试样 2	试样 3	试样 4	平均值
Fe	25.17	37.96	35.80	36.65	33.90
Cr	5.99	10.93	1088	10.61	9.60
Ni	1.71	3.77	2.67	3.89	3.01
Si	9.31	2.29	2.20	2.40	4.05
Ca	10.60	4.03	0.29	0.50	3.86
Mn	2.07	3.32	4.73	3.06	3.30
Na	2.04	1.18	3.34	0.45	1.75
Zn	0.87	1.20	3.86	0.77	1.68
Mg	1.51	1.53	2.15	1.21	1.60
Al	2.39	0.31	0.21	0.32	0.81
K	0.29	0.36	0.58	0.60	0.46
Cu	0.24	0.16	0.26	0.10	0.19
P	0.02	0.03	0.27	0.13	0.11
Pb	0.11	0.07	0.52	0.28	0.25
Ti	0.58	0.17	0.04	0.07	0.22
Cd	0.00375	0.01075	0.004575	0.035	0.013469

经 XRD 分析探测到粉尘中，主要相组成为金属氧化物，其中铁以 Fe_2O_3 和 Fe_3O_4 的形

式存在，铬以 Cr_2O_3 和 $FeCr_2O_4$ 的形式存在，镍的存在形式为 NiO，并同时与锰形成 $NiMn_2O_4$ 和 $MnNi_2O_4$，铜与铁和锰形成复杂氧化物 $CuMn_2O_4$、$CuFeMnO_4$，锌以 ZnO 和 $ZnCr_2O_4$ 的形式存在。由表 2-7 的数据表明，粉尘中 Fe、Cr、Ni 含量较高，从资源利用及环保考虑，必须加以回收。

2.4.2.3　粉尘的处理技术进展及有效方法

不锈钢冶炼粉尘的稳定化和固定化，是为满足环保要求实现无害化填埋所开发的工艺技术。稳定化通过改变粉尘中重金属的化学形态，使其中的有毒有害物的可溶性、流动性及毒性降低。固定化通过改变粉尘的物理形态，使其形成一种束缚重金属污染物的固化结构。目前被美国环保局认可的冶炼粉尘处理工艺为 Super Detox，该工艺将粉尘、铝硅酸盐、石灰与其他添加剂混合后，热固化以实现尘中重金属的稳定化[20]。N. D. Souza 等人将粉尘在 1600℃的气流中加热 15min 实现粉尘中重金属的固定化[19]。处理后粉尘中的铬含量低于环保要求水平。Enviroscience Process 工艺将电弧炉冶炼粉尘处理成初级原料，也有将粉尘制成陶瓷材料和玻璃材料等，但固定化和稳定化技术最明显的不足是粉尘中有价金属如镍、铬得不到回收且处理成本较高，仅适合处理无回收价值的有毒有害冶炼粉尘[21,22]。

早在 20 世纪 40 年代，德国开发了 Scandust Proces AB 等离子技术处理不锈钢冶炼粉尘，利用通过电流在电极（铜合金）产生 3000℃高温，局部能达到 10000K 高温，将通入的燃料气体分子离解成原子或粒子，气体原子或粒子在燃烧，释放出高达 20000℃的火焰中心温度。粉尘与还原剂混合干燥后直接加入等离子炉，在此高温下超过 90%的金属氧化物能被还原生成金属蒸气[23]，金属混合物蒸气因为沸点不同，在冷凝器中逐渐分离，并且副产品为无毒的熔融体，该技术于 1954 年在瑞典首次投入工业应用[24]。近期，利用等离子技术相继开发了 MEFOS 工艺[25]和 Davy McKee Hi-Plas 工艺[26]，其技术创新是采用 DC 炉的空心电极等离子加热进行粉尘的直接还原[25]。等离子工艺技术具有流程短、设备占地面积小和运行效率高等优点，但存在电能消耗大、噪声大、还原剂要求高、电极和耐火材料消耗大等缺点。

日本 Kawasaki Steel 公司研究开发了 STAR 熔融还原工艺，利用流态化床技术处理不锈钢冶炼粉尘，并且于 1994 年 5 月建成 140t/d 处理能力试验工厂[27]。利用流态化床技术回收处理不锈钢冶炼粉尘的还有澳大利亚的 FIOR 工艺以及 IRONCARB 工艺，虽然流态化床技术金属回收率很高（镍、铁 100%，铬 98%），但生产和辅助设施过于庞杂、投资和维护费用昂贵。

1997 年日本 Daido Steel 公司将不锈钢冶炼粉尘直接返回炼钢熔池，采用铝作为还原剂从炉渣中还原回收粉尘中的有价金属，并在 80t 的电弧炉中进行了扩大规模实验。该技术铁和镍的回收率很高，但铬的回收率不到 60%。Honjo 等人认为还原过程中由于渣碱度的降低而使还原出的铬重新氧化，故而加入石灰将铬的还原率提高到 85%～90%。此方法的最大缺点是烟尘中含有大量的氧化铁，金属铝消耗量大，用铝换铁不经济。日本 VHR（vacuum heating reduction）工艺将锌分离后，其他成分造球返回电弧炉还原金属[28]。Elkem Technology 发展了气封渣还原炉（air tight slag reduction furnace）来还原锌及富集金属铁[29]。1998 年美国 J&L Specialty Steels 公司与 Dereco 公司合作进行 550t/d 的直接还原工业实验，处理不锈钢冶炼粉尘和废渣[30]，将粉尘和废渣与 10%的黏结剂、10%的硅铁和粉煤混合后压团，以装炉量为 7.6% 的量比将球团返回炼钢炉，存在的问题是铬回收率低于 70%，为提高回收率必须增加硅铁的使用量，这又回到了以硅换铁的经济问题。

美国 Inmetco 公司开发了 Inmetco Process 技术处理不锈钢冶炼粉尘[31]，并于 1978 年建成直径为 16.8m 的环形底吹转炉，开始生产海绵铁的工业实验。该工艺将粉尘与还原剂混合造球后加入底吹转炉，球团不需热硬化制成生球后可直接入炉，还原反应时间较短（小于 15min），避免了炉壁因黏结、冲击等造成的耐火材料脱落，炉内反应温度高、处理量大，底吹转炉既是热装置又是反应装置，有利于过程的控制。该工艺适用范围广，不但适用于处理电弧炉粉尘，也适用于高价金属盐、镍铬废电池的回收等。Inmetco Process 技术应用于处理不锈钢冶炼粉尘取得的镍回收率为 98%、铬回收率为 86%、铁回收率为 96%、锰回收率为 60%，这样的金属回收率是较高的。我国近期也在河南舞阳建成一座小型底吹转炉[32]，开始了海绵铁生产的工业实验，但 Inmetco Process 技术仅获得中间合金，能源利用率低，产品中脉石成分和硫含量较高。继 Inmetco 公司之后，美国 Midrex 公司与日本 Kobe Steel 公司合作开发了 Fasmet/Fasmelt 工艺[33~36]，仍然是采用底吹转炉，利用不锈钢冶炼粉尘直接生产还原铁，产品含有 85% ~ 92% 的铁和 2% ~ 4% 的碳，产量取决于造球效果。此工艺的优点是流程短，布局紧凑，设备占地面极少，用内配炭的球团为快速反应创造条件（反应时间约为 10min），应用范围广，省去了传统工艺中的烧结炉和鼓风炉，与 Inmetco Process 相比，消除了废水和废气等造成的二次污染，但铬的回收率为 70%，操作条件和对还原剂质量要求较高。虽然 Fasmet/Fasmelt 工艺已于 2001 年在日本投入工业应用，但仍未解决能耗过高和中间产品的质量问题。

处理不锈钢和特种钢粉尘不但要解决污染环境问题，还要关注其含镍、铬较高应回收的问题，各国镍、铬资源都不丰富，回收镍、铬是非常重要的课题。

现在处理不锈钢和特种钢粉尘的方法主要有[5]：

（1）等离子法。等离子炉加热迅速并可达相当高的温度，如 10000K 或更高。将电弧炉粉尘与炭加入炉中，超过 90% 以上的金属氧化物可迅速还原。目前世界上已有几台这样的等离子炉，如瑞典 Scandust 的运行良好，此方法的缺点是生产成本高、电能消耗大。

（2）电弧炉间接回收法。电弧炉间接回收法可生产镍铬合金。美国 Bureau of Mines 将粉尘与还原剂炭混合制粒，采用感应电炉还原并在还原后期按合金成分要求加入硅铁。得到合格的镍铬合金，使铁、铬、镍、钼回收率达到 95%。

（3）流态化床技术。Kawasaki Steel 公司应用流态化床技术吹氧炉处理粉尘，还原剂焦炭置于炉床，铁和镍的回收率达 100%，铬的回收率达 98%，这一技术于 1994 年投入生产。

（4）直接回收。直接回收是将电弧炉产出的粉尘与还原剂混合后制粒，然后直接返回电弧炉生产合金钢，粉尘中的镍、铬还原后进入钢液。它的最大优点是流程简单，老厂不需新增设备，生产成本低。

上述这些方法，具有应用前景，应该认为是有效的方法。

我国中南大学提出不锈钢冶炼粉尘直接回收工艺方案，将粉尘与还原剂炭粉和造渣熔剂混合后添加适当的黏结剂制粒，将球粒加入炼钢炉，利用炉中热源直接还原回收铁、镍和铬等有价金属，并在还原过程末期通过炉渣成分的适当调整、添加少量硅铁、硅钙合金或铝提高还原回收率，最终使粉尘中的有价金属以合金元素的形式回收于不锈钢母液中[37~39]，整个工艺流程如图 2-2 所示[5~13]。此工艺方案首先得到加拿大 McGill 大学冶金工程系教授 Janusz A. Kozinski（McGill 大学副校长，主管科研和国际合作交流）和加拿大钢铁企业的一致认同，加拿大国家自然科学与工程基金于 McGill 大学立项研究，于加拿大 Sammi Atlas Inc. 公司 Atlass Stainless Steels 工厂投入运行，取得铬、镍、铁回收率分别为 82%、99%、96% 的较理想效果。实践证明该工艺对不锈钢冶炼过程无负面影响，不锈钢产品质量符合国际市场要求，在完成有价金属回收的同时避免了环境污染。

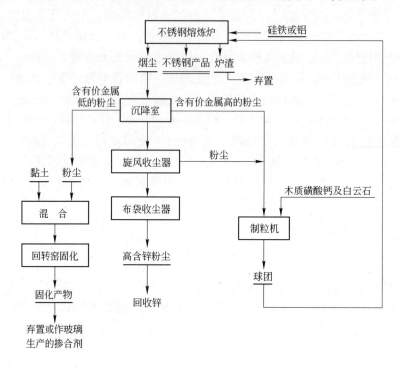

图 2-2　不锈钢烟尘直接回收工艺流程

2.5　废水的金属回收

在钢铁工业有煤气烟气洗涤水、冲渣水、冷却水及酸洗水，前三者可在处理后加以循环使用，后者酸洗废液中可以回收铁，使其成为有用的铁产品[1,40~43]。

为了使金属（钢、特殊钢、不锈钢）等表面整洁，在金属加工以前，用硫酸或盐酸、硝酸、氢氟酸等，或用几种酸的混合液，一边加热一边对金属进行清洗，以除掉附着于表面上的氧化物等。此工作过程称为酸洗。酸洗过程中有酸洗废液和酸性废水排出。

随着酸洗的进行，金属氧化物不断溶解而进入酸洗液中。原来酸洗液中的酸逐渐被金属盐所代替（如 Fe 与 H_2SO_4 作用生成 $FeSO_4$）。金属盐浓度逐渐增高，酸的浓度随之降低，酸洗液溶解氧化物的速度逐渐减慢，因此，需不断排出废液，补给新的酸洗液。这种用过的废液称为酸洗废液。

从酸洗液中取出的金属材料，表面仍附着少量的酸洗液，必须用水冲洗，这种排出的冲洗水，称为酸洗废水。

由于酸洗方式、操作制度、金属材料品种及规格等的不同，排出废液中所含的成分和数量各不相同。在金属酸洗废液中，钢铁酸洗废液所占比重最大。

2.5.1 废水的种类

2.5.1.1 硫酸酸洗废液

硫酸酸洗废液主要由 H_2O、$FeSO_4$ 和 H_2SO_4 三种成分组成。其中 H_2O 约占 73%，$FeSO_4$ 约占 17% ~ 23%，H_2SO_4 约占 5% ~ 10%。此外，还含有微量的油污及杂质。冲洗钢材所得到的冲洗废水中也含有少量 H_2SO_4 及 $FeSO_4$，由于浓度较低（一般含 H_2SO_4 0.2%，$FeSO_4$ 0.3%），没有回收价值，可以排放，如排放不符合标准，还要进行废水处理。

据日本文献报道，钢铁酸洗废液和酸洗废水的成分和数量见表 2-8。

表 2-8 钢铁酸洗废液和酸洗废水的成分和数量

项 目	$FeSO_4$ 含量/%	H_2SO_4 含量/%	水 量
酸洗废液	13 ~ 15	8 ~ 13	吨钢 55 ~ 73kg
酸洗废水	0.2 ~ 0.5	0.3 ~ 0.4	为酸洗废液的 20 ~ 50 倍

2.5.1.2 盐酸酸洗废液

盐酸酸洗废液主要由 HCl、$FeCl_2$ 和水三部分组成。其含量随酸洗工艺、操作制度、钢材品种和规格的不同而异。一般含 $FeCl_2$ 约 100 ~ 140g/L，含游离 HCl 30 ~ 40g/L。据国内外有关文献报道，盐酸酸洗废液的组成为：

(1) 美国：含 HCl 13%，$FeCl_2$ 11%，H_2O 76%；

(2) 奥地利：含 HCl 12%，$FeCl_2$ 10%，H_2O 78%；

(3) 德国：含 HCl 14%，$FeCl_2$ 11%，H_2O 85%；

(4) 日本：含 HCl 13%，$FeCl_2$ 25%，H_2O 72%；

(5) 中国：含 HCl 10%，$FeCl_2$ 14%，H_2O 76%。

据统计，酸洗过程中，新酸补加量为每吨钢材消耗 30% HCl，约 3 ~ 4kg。表 2-9 列出了几个国家和我国宝钢、武钢采用盐酸酸洗所消耗的指标。

表 2-9 几个国家每吨钢消耗盐酸（含 HCl 30%）量 (kg)

无回收装置		有回收装置					
一般	日本	一般	美国	日本	奥地利、德国	中国武钢	中国宝钢
17 ~ 18	24 ~ 25	1 ~ 4	4.5	1.8 ~ 2.5	3.5 ~ 4	1 ~ 4	2.5

2.5.1.3 硝酸、氢氟酸酸洗废液

国内外生产不锈钢的厂家，目前多采用硝酸-氢氟酸混合酸洗。废液形成过程基本相似，但反应机理却相当复杂，且不同厂家和不同品种的不锈钢材，其混合比例也不相同。据统计，国内生产不锈钢的主要厂家所采用的酸洗液及其废液的组成见表 2-10。

表 2-10 酸洗液及其废液组成

厂 名	酸洗液		酸 洗 废 液				
	HNO_3/%	HF/%	NO_3^-/mol·L^{-1}	F^-/mol·L^{-1}	Fe^{2+}/g·L^{-1}	Cr^{3+}/g·L^{-1}	Ni^{2+}/g·L^{-1}
贵池钢厂	7 ~ 15	3 ~ 5	1.66	1.63	20.21	3.98	2.48
大冶钢厂	8 ~ 12	4 ~ 6	1.70	2.67	21.50	4.27	3.58
太钢七轧厂	15	3 ~ 5	1.2	0.8	20 ~ 40	3 ~ 4	2 ~ 2.5
上钢五厂	7 ~ 15	3 ~ 5	2.2	1.66	29	5.7	4.8

2.5.2　酸洗废液的处理方法

酸性工业废液的处理方法可归纳为两大类：一类为破坏法，另一类为综合利用回收法。破坏法主要有以下几种：一是稀释排放法；二是地下处理法；三是中和排放法。这些方法主要用于处理低浓度含酸（4%以下）的酸洗废水。对于高浓度含酸废液，宜采用回收与综合利用的方法。

2.5.2.1　硫酸废液

国内外研究过的硫酸废液处理方法很多，最早采用的方法是冷冻法，由冷冻机将废酸液冷却到10℃，而后由离心机分离出硫酸亚铁（$FeSO_4 \cdot 7H_2O$）。但处理后的硫酸溶液中仍含有8%~12%的亚铁盐，影响使用。

德国查茵厂，采用蒸发冷却法使空气与废酸液逆流接触，并使废酸液温度由80℃冷却到常温，以便硫酸亚铁（$FeSO_4 \cdot 7H_2O$）从废酸液中析出。但这种方法在温度高的地方不适用。

英国兰开爱科尔、威尔士等钢铁公司，采用燃烧法使煤气在废酸中直接燃烧和使废酸中的水分蒸发。该法热能利用好，但对燃烧器材质要求高，设备运转困难，析出的$FeSO_4 \cdot 7H_2O$结晶小，分离困难。

英国的爱布勒、瓦尔、斯彭色等工厂及美国大陆钢铁公司等，采用喷雾蒸发法，即向燃烧气体中喷雾状废酸液，使之蒸发即可得到约35%硫酸，并回收$FeSO_4 \cdot H_2O$。但喷嘴易堵塞，存在材质与运转困难问题。

英国钢铁研究协会研究的BISRA完全回收法，首先是用燃烧法浓缩废酸，分离出$FeSO_4 \cdot 7H_2O$，而后用燃烧炉使$FeSO_4 \cdot 7H_2O$分解为SO_2气体和Fe_2O_3，并进一步将SO_2氧化成SO_3，回收硫酸。其缺点是投资大，设备多，运转较复杂。

氧化铁红法实际上是氨中和法的演变与发展。回收的主要产品是氧化铁红（$\alpha\text{-}Fe_2O_3$或$\gamma\text{-}Fe_2O_3$）和副产品硫铵化肥。

日本大同化学装置公司创造的"大同法"，已在日本广泛应用。被处理的废酸组成为H_2SO_4 5%~10%，含$FeSO_4$ 10%~15%，其回收方法可分为两种：一是真空蒸发浓缩结晶及结晶焙烧法，最终形成一定浓度再生酸和Fe_2O_3；二是真空蒸发浓缩冷却结晶法，可回收50%~60%的H_2SO_4以及$FeSO_4 \cdot H_2O$和$FeSO_4 \cdot 7H_2O$。

真空冷却结晶法是目前应用比较广泛的废酸回收法。可用蒸汽、水力和机械法产生真空。其代表性工艺有德国的鲁奇法、日本的"大同法"和前苏联的连续真空冷却结晶法。各国所采用的设备形式虽有不同，但基本原理一致。我国长春第一汽车制造厂、鞍钢第二薄板厂等单位均采用此法。由于该法对设备材质要求不高，技术比较成熟，目前美国、英国、俄罗斯、法国与德国不少厂家都用它处理硫酸废液。

鲁特纳法又称盐酸分解热解法，是欧洲20世纪50年代发展起来的处理废硫酸液最理想的新方法。在前苏联、美国、德国、奥地利等广泛应用。其特点是可回收硫酸废液中全部硫酸，副产品氧化铁可用于炼钢。同时还可回收阻化剂（即缓触剂），而所需原料只是盐酸，且可循环使用。这种方法自问世以来，一直为世界许多国家所重视，直到20世纪80年代，还无别的方法可与其媲美。

我国用硫酸废液制备液体及固体聚合硫酸铁已获得了应用[40,41]。

归纳国内外研究的硫酸废液回收方法，大致可分为四种类型：一是提高废酸浓度，在低温或高温下使硫酸亚铁从废液中结晶析出来，回收硫酸和硫酸亚铁；二是在一定条件下加某一物质于废酸内，使其与游离酸反应生成其他有用物质后予以回收；三是将废酸中硫酸亚铁重新变为硫酸和氧化铁，以回收氧化铁及硫酸；四是探索新的回收方法，如电渗析法、扩散渗析法、溶剂萃取法及离子交换法等。

2.5.2.2　盐酸废液

工业上盐酸废液的再生有各种工艺流程可供选用，逆流加热喷雾焙烧法是其中的一种。我国宝钢冷轧厂引进的盐酸再生法即为此法。另一种是顺流加热的流化床焙烧法，武钢冷轧厂引进的废液再生法即为该法。能否成功地使用上述再生装置，在很大程度上取决于能否正确地选择设备的耐腐蚀材料和正确地设计与控制装置的各个环节。

我国研究的溶剂萃取法，1987 年完成中间试验，已在天津轧钢厂废酸工程中应用。氯化氧化法经工程实践证明技术可靠，但操作、管理技术要求较高，如操作不当或设备泄漏，会因氯气外逸而造成事故，选用时应有防护措施。

日本"大同式"废盐酸回收法有：蒸发结晶焙烧法、真空蒸发法和浓硫酸分解法。前一种需经结晶焙烧，工艺比较复杂，最后一种工艺简单，操作方便，能有效回收铁和再生盐酸，比较适合我国现状。我国长沙矿冶院用盐酸酸洗液制备 $FeCl_3$ 获得成功，并得到了应用[42]。

2.5.2.3　硝酸、氢氟酸混合废液

迄今为止，用中和法处理硝酸、氢氟酸混合废液仍占很大比重。日本"大同式"回收装置利用氟化钙不溶性特点，采用石灰中和法，可分别回收硝酸和氢氟酸。

日本钢铁工业公司采用湿式处理工艺流程，以一氧化氮为氧化触媒，在弱酸性或中性介质中，连续使废液中的 Fe^{2+} 氧化为 Fe^{3+}，然后用 NH_3 中和废液中的剩余酸，而得到含水三氧化二铁（$Fe_2O_3 \cdot nH_2O$）。再经过滤、干燥、焙烧，得到用途不同的 α-Fe_2O_3、γ-Fe_2O_3 等。该法还可回收副产品 $(NH_4)_2SO_4$ 作为化肥。

减压蒸发法，是目前回收方法中较好的方法。该法分为一次减压蒸发法和二次减压蒸发法。二次减压蒸发法获美国 1961 年专利，但仅限于小型非连续试验。一次减压蒸发法的工艺设备比二次减压蒸发法减少一半，且无二次污染，酸的回收率较高，又解决了回收设备耐腐蚀问题，避免了日本一次蒸发法工艺中必须保持蒸发器中硝酸浓度低于 0.2%（质量分数）的限制。

最后指出，钢铁工业二次资源中锌的回收占有重要地位，在第 6 章，对此问题还有详细阐述。

参 考 文 献

[1] 李家瑞，等. 钢铁工业环境保护[M]. 北京：科学出版社，1989.

[2] 李家瑞. 工业企业环境保护[M]. 北京：冶金工业出版社，1992.

[3] 张昌红. 利用废钢铁屑制备钢铁粉[D]. 长沙：湖南大学，1993.

[4] DYER J C, MIGNONE N A. Handbook of Industrial Residues[M]. Noyes Publications, 1983.

[5] 朱应波. 直流电弧炉炼钢技术[M]. 北京：冶金工业出版社，1997.

[6] 彭兵. 不锈钢电弧炉粉尘处理的基础理论及工艺研究[D]. 长沙：中南大学，2000.

[7] 许亚华. 电炉粉尘处理的综合利用[J]. 钢铁, 1996, 31(6):66~69.

[8] STROHMEIER G, BONESTALL J E. Steelworks residues and Waelz kiln treatment of electric arc furnace dust[J]. Iron & Steel Engineer, 1996(4):87~93.

[9] LHERBIER L W. Flame Reactor Process for Electric Arc Furnace Dust, Report 88-1[R]. Center for Metals Production Pittsburgy, 1988, 8.

[10] PENG B. Pilot-scale direct recycling of flue dust generated in electric stainless steelmaking part 2[J]. Iron and Steelmaker, 2000, 27(1):41~45.

[11] OLPER M. Zinc Extraction form Dust with EZINEX Process[C]//Third Inter. Sym. On Recycling of Metals and Engineered Materials. Queneau P B, Peterson R D. The Minerals Metals & Materials Society, 1995:563~578.

[12] FLOYD J, KING P, SHORT W. EAF dust treatment in an Ausmelt furnace system[J]. SEAISI Quarterly, 1993(4):60~65.

[13] 彭宁世. 国内外不锈钢生产情况综述[J]. 特钢技术, 1996(3):10~16.

[14] 彭及. 不锈钢冶炼粉尘形成机理及直接回收基础理论及工艺研究[D]. 长沙:中南大学, 2007.

[15] 林企增, 张继猛. 不锈钢生产技术新进展[J]. 特钢, 2000, 16(5):9~12.

[16] US Environmental Protection Agency. Toxicity characteristics leaching procedure(TCLP)[J]. Federal Register, 1986, 51(216):40643~40645.

[17] STUBBLES J R. The Formation and Suppression of EAF Dust Proc [C]. 52nd Electric Furnace Conf. ISS. 1994:179~185.

[18] THEMELIS L W. The flash reduction of electric arc furnace dust[J]. J. of Metals, 1992(1):35~39.

[19] SOUZA N D, KOZINSKI J A, SZPUNAR J. EAF Stainless Steel Duct. Characteristics and Potential Metal Immobilication by Thermal Treatment [C]. Proc. Int. Syp. Res. Cons. Env. Tech. Met. Ind. CIM, 1998:63~70.

[20] DONALDS J R, PICKLES C A. A Review of Plasma-arc Processes for The Treatment of Electric ore Furnace Dust[C]. Proc. Int. Syp. Res. Cons. Env. Tech. Met. Ind. CIM. 1994:3~22.

[21] GOODWILL J E, SCHMITT R J. An Update on Electric are Furnace Dust Treatment in the United States [C]. Proc. Int. Syp. Res. Cons. Env. Tech. Met. Ind. CIM. 1994:25~34.

[22] 彭兵, 张传福, 彭及. 电弧炉炼钢粉尘的固化处理[J]. 中南工业大学学报, 2000, 312(2):124~126.

[23] MOORE R I. Marshtall, Steelmaking[M]. The Institute of Metals, 1991:172~173.

[24] LABEE C J. Plasma technology takes hold Sweden[J]. Iron and Steel Engineer, 1983(10):205~212.

[25] YE Gouzhu, BURSTROM E, MICHAEL K, et al. Reduction of steel-making slags for recovery of valuable metals and oxide materials[J]. Scandinavian J. of Metallurgy, 2003, 32(1):7~14.

[26] LIGHTFOTT R. Hi-plas treating steelwork dust[J]. Steel Times, 1991, 219(10):559~562.

[27] ITAYA H, HARA Y, HASEGAWA S, et al. Development of a smelting reduction process for steelmaking dust recycling[J]. La Revue De Metallurgie-CIT, 1997(1):63~70.

[28] TOSHIKATSU, SASAMATO, HIROHIKS. New technology of treating EAF dust vacuum heating reduction [J]. SEAISI, Quarterly, 1999, Apr.

[29] Slag resistance furnace for treatment of EAF dust[J]. Steel Times, 1991, Jun.

[30] MATWAY R J, DEFERRARI N L, Deszo R L. On-site Recycling of Flue Dust and Other Waste Streams by Briquetting[C]. Proc, 47th Electric Furnace Conf. ISS, 1989:113~119.

[31] HANESALD R H, MUNSON W A, SXHWEYER D L. Processing EAF dusts and other nichel-chromium wast materials pyrometallurgically of INMETCO[J]. Minerals & Metallurgical Processing, 1992, 9(4):

169～173.

［32］王尚槐，张健，冯俊小．盖碳保护敞焰加热直接还原工艺研究［J］．钢铁，1998（5）：123～135.

［33］JOYNER K E. Fastmet/Fastmelt：The final steps in waste recovery［J］. Revue de Metalluryic Cathiers D'Informations Techniques，2000，97（4）：461～469.

［34］RAGGIO C. Fastmet-an economic and environmental benefit to steelmakes［J］. Steel Times International，2004，28（8）：16～22.

［35］TANAKA H，HARADA T，YOSHIDA S. Development of coal-based direct reduction ironmaking［J］. South East Asia Iron and Steel Institute，2005，34（4）：26～33.

［36］GRISCOM F，KOPTFLE J T，LANDOW M. Don't wast-it could mean profit［J］. Steel Times International，1999，23（1）：29～30.

［37］ZHANG Chuanfu，PENG Bing，PENG Ji，et al. Electric are furnace dust non-isothermal reduction kinetics［J］. Transation of Nonferrous Metals Society of China，2000，10（4）：524～530.

［38］ZHANG C F，PENG B，PENG J，et al. The Direct Recycling of Electric Arc Furnace Stainless Steelmaking Dust［C］. The 6th Int. Symp. On East Asian Resources Recycling Technology，Oct，23～25，2002，Gyeongiur Korea：404～408.

［39］彭兵，张传福，彭及，等．不锈钢电弧炉粉尘直接还原回收工艺研究［J］．上海金属，2002，24（5）：33～39.

［40］赵湘骥，马荣骏，等．液体聚合硫酸铁的制备及性能的研究［J］．环境求索，1992（2）：16～19.

［41］赵湘骥，马荣骏，等．固体聚合硫酸铁的制备及其性能的研究［J］．矿冶工程，1995（2）：33～39.

［42］无污染法用盐酸酸洗废液制备净水剂三氯化铁新工艺研究．冶金部长沙矿冶院鉴定资料，1996.

［43］马荣骏．工业废水的治理［M］．长沙：中南工业大学出版社，1991.

3 二次资源铝的回收

3.1 概述

3.1.1 二次资源回收铝的概况

铝的性质优良，在使用过程中几乎不被腐蚀，在民用及军用上都有很大的使用量，可回收性很强，在二次资源回收中具有重要意义。

在 10 种常用有色金属中，铝的产、消量最大。2004 年世界精铝产量 2987.45 万吨，二次资源回收循环铝为 755.96 万吨，二次铝资源（铝废件、废铝料）循环再生铝约占精铝产量的 25.30%[1]。表 3-1 列出了 2004 年世界部分国家铝生产和消费情况。

表 3-1　2004 年主要国家铝生产和消费情况[2]

位序①	国　家	精铝产量/万吨	循环铝产量/万吨	铝消费量/万吨	循环铝/铝消费比/%
1	美　国	251.69	297.70	580.00	51.33
2	日　本	0.65	101.48	201.92	50.26
3	德　国	67.47	65.52	180.15	36.37
4	意大利	19.54	61.90	98.66	62.74
5	挪　威	132.17	34.87	24.60	141.75
6	巴　西	145.74	25.35	65.10	38.94
7	法　国	45.12	23.64	74.85	31.58
8	墨西哥	——	21.64	12.98	166.72
9	英　国	35.96	20.54	43.89	46.80
10	中　国	668.88	166.00②	619.09	26.81

注：资料来源于 2005 年《中国有色金属工业年鉴》。

① 按循环金属排序（不包括中国）。

② 资料来源：中国有色金属工业协会。

从表 3-1 可看出，一些发达国家如美国、日本、德国、意大利、西班牙、法国、英国等，从二次资源循环回收再生循环铝的生产都占原生铝产量的一半以上。目前，我国的循环铝约占原生铝产量的 1/4。

全球消费的铝有近 30% 是再生循环回收铝。发达国家大量地使用和消费铝，使北美、日本和欧洲成为铝再生循环的工业中心。由于中国近十年来铝的生产量和消费量猛增，现在铝再生循环量也已名列世界前列。铝循环生产的地域分布主要是在北美洲、西欧和东亚（日本和中国）。

自 1886 年以来到 20 世纪末，全世界共生产了约 6.8 亿吨金属铝，约有 4.4 亿吨在流通、使用中[3]。1996 年，世界的铝再生循环量就超过了 650 万吨，约为铝总产量的 26%。现在，世界每年约 1200 万吨循环铝再生资源被循环加工成合金。1992~2002 年期间，发达国家原生铝的产量从 1489 万吨增长 18.1%；而铝循环量从 547 万吨增长到 786 万吨，增长量为 43.7%，再生铝循环量增长速度高于原生铝。同期，铝再生循环量在铝总产量中所占的比例从 26.9% 增长到了 30.9%，增长了 4%[4]。而同期原生铝的产量所占的比例却下降了 4 个百分点，充分表明循环再生铝的增长量比原铝的高。

发达国家循环再生铝的工业在 20 世纪 30 年代就已发展成了独立产业，而我国则是在 20 世纪 70 年代才在个别地区形成产业。2001 年全球再生铝循环量的人均消费为 2kg[5]，美国为 12.56kg，德国为 10.34kg，而中国仅为 1.02kg，约为世界人均消费的 1/2，发展空间很大，前景广阔。与再生铜循环的情况类似，现在中国再生铝循环量也名列世界前茅，但生产技术水平较低。目前，铝再生循环的最大用户是汽车制造业。中国现已继美国和日本之后成为了世界的汽车生产大国，而在汽车生产中铝合金部件用铝 75% 为再生循环铝。尤其是日本自 20 世纪 70 年代能源危机后，采取节能及用进口废杂铝代替氧化铝或铝土矿的政策，在原生铝生产厂家关闭的"废墟"上建立起强大的再生铝循环工业，2003 年日本再生铝循环量为 126.14 万吨，而原铝的产量仅为 0.65 万吨，再生循环铝的产量为原铝的 194.1 倍，再生循环铝在日本的经济活动和社会生活中发挥着举足轻重的作用。

奥地利莱奥大学 Peter Paschen 教授认为，预计到 2030 年世界铝消费总量可能达 5000 万吨，其中再生铝循环量可能达 2200 万~2400 万吨，占铝消费总量的 52%~56%[6]。

从社会上回收的废铝及废铝件可统称为铝的二次资源，如废旧铝门窗，汽车、电器、机械报废后的含铝废料、铝导线，易拉罐，机加工废料（件）等也就是通常所说的废杂铝。

报废汽车中的废铝料和废易拉罐的回收是两个重要原料领域。目前全世界生产的循环再生铝合金约 80% 是用于汽车制造业铸件和锻件的生产，而据报道，目前世界汽车中的铝废料回收率最高的已达 95%。废铝罐的回收也有很大进展，全球平均回收率在 50% 以上。2001 年美国的废铝罐回收率为 55%，日本为 83%，欧洲为 45%，瑞士和瑞典最高，分别为 91% 和 88%。

废料中的主要杂质是 Si、Fe、Ti、Mg，在技术和经济上还没有什么好办法除去这些杂质。因此熔炼前的废料分类就特别重要，如果分不开，常常采用的方法是将这些杂质转入铸造合金。也有许多企业采用原生铝来稀释这些杂质，以达到铸造铝合金组成上的要求。

3.1.2 铝废料的组成及预处理

含铝废料，形状复杂，品种繁多，可以分成以下几种类型：

（1）铝废件和块状残料：

1）用铝板材、线材、型材生产铝制品，或铸造、锻造铝制品时的废件以及生产过程产生的废料等。其中包括飞机、舰艇、坦克、船舶、汽车废件、家具以及日常生活用品废料，如 Al-Si、Al-Mg 和 Al-Ti 铸造合金等废件及易拉罐等。

2）用铝板材、带材加工铝制品时所产生的边角料，如切边，切、冲压碎块和下脚料。例如 Al-Sb-Mg 合金或高 Sn-Al 合金等废件。

3）用铝导线来制造电缆、电导体和生产电工产品时的废料，也可以是纯铝或 Al-Si-

Mg 合金等。

（2）铝和铝合金机械加工时所产生的废屑、粉末等。它往往被铁、加工乳浊液、油等所污染。

（3）铝和铝合金熔炼过程中产生的浮渣，包括铸型时的泡沫渣。

（4）其他铝杂料，如牙膏皮以及回收公司收集的牌号不清的混杂铝等。

各种不同废料的化学成分见表 3-2。

表 3-2　不同废料的成分

序号	废料来源	化学成分/%					
		Si	Fe	Cu	Mn	Mg	Zn
1	电扇厂	0.17~0.30	0.24	0.09	—	—	—
2	造船厂	3.5~4.6	1.40	1.54	微		6.24
3	汽车制造及配件厂	2.64~10.55	0.83~3.20	0.24~2.0	微	2.74	0.30
4	拖拉机厂	3.35~4.5	0.76	0.19	1.20	0.20	微
5	洗衣机厂	9.91~12.6	0.32~0.56	—		0.03	微
6	微型电机厂	9.98	1.98	微	微	微	0.40
7	五金厂	0.28~7.38	0.07~0.30	9.78~4.00	0.11~0.16	0.08~0.52	约1.40
8	冶炼厂	5.61~10.0	0.52~1.24	0.10~0.38	约0.35	约0.35	0.34~0.80
9	回收公司的杂件	0.40~50.0	0.09~2.65	0.16~1.56	0.07~0.14	0.05~0.38	0.05~2.50
10	杂铝锭	8.70~9.32	0.90	0.56~0.60	0.11~0.12	微	0.40~0.60

由于废铝料品种繁多，来源不一，因此对废料必须预处理分选。一般首先用手选将纯铝与铸造铝分开，大块的进行破碎筛分并用纯碱洗去油。对于切削机床上机械加工的铝屑，往往机械地混有铁屑，其铁含量有的达30%，除此还有水分和油。当铝屑中含油量大时（不小于6%），最合理的除油方法是采用离心分离机来除油。要彻底除油，除使用离心分离外，还应添加各种不同的溶剂，例如四氯化碳、三氯乙烯、二氯乙烷和三氯乙烷等。用这类溶剂除油要在密闭容器中进行，或者在离心分离后，再将铝屑用含6%水玻璃、4%磷酸钠、1%苛性钠和0.5%铬酸钾的水溶液加以洗涤，可彻底将铝屑上的油污除掉。由这些盐类组成的除油溶液在使用时安全，又可重复使用多次。

对铝废屑进行磁选除铁作业，只有当机械混入废铝的铁杂物含量超过0.2%时在经济上才是合算的。铁含量小于0.2%时，可不经磁选直接进行熔炼。

铜铝混合料破碎后用重介质分选法或旋流分选机-电选机将铜铝分开，并选出塑料橡胶等绝缘物。

3.1.3　铝废料的处理方法

铝废料的处理，一般采用火法冶金方法，熔炼废铝物料的冶金设备较多（见图 3-1），因而须注意选用适当炉型，并考虑如下原则[7]：

（1）根据当地能源的来源情况，选用电炉或烧煤、烧油、烧煤气的熔炼炉。炉气中可燃物要烧尽，并使炉气中余热得到利用。

（2）要保证熔体有良好搅动，以提高传热和传质效果，并使熔体温度均匀。

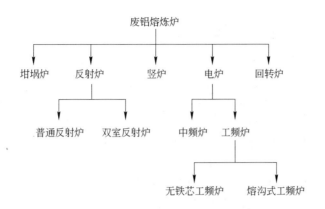

图 3-1   二次资源废铝的火法处理设备

（3）避免火焰直接与废铝接触，以提高产品质量和减少炉料的烧损。

（4）根据不同的废铝料选定相应的炉型。

（5）避免炉气外逸，保护工作环境。

湿法处理回收二次资源中的铝还在发展中，以科学发展的观点来看，未来可能会成为重要的方法。

3.2   铝废料的熔炼

3.2.1   熔炼铝废料的熔剂

废铝的熔炼[7]是在覆盖熔剂下进行的，熔剂不仅保护金属铝不受氧化，并能吸附已生成的氧化物而将这些氧化物从铝合金中脱除。因此，对熔剂要有一定要求，即熔点比合金熔点低，密度比合金小；它不与炉气、炉衬和熔融合金起化学反应。合金表面的氧化膜转入熔融的熔剂的过程很复杂。它由合金-氧化物-熔剂相互作用的各相间的界面张力所决定。当与合金或氧化物接触界面上熔剂的相界面张力越小时，则此表面越易被熔剂所浸润。熔剂对氧化膜浸润性必须比熔剂对合金浸润性要好，这样才能吸收氧化膜。如果熔融合金也被熔剂很好浸润，则会阻碍金属液滴聚到合金熔体中去，而使大量合金呈分散状的金属液滴随炉渣而损失掉。

铝废料熔炼中常用氯化钠、氯化钾等氯化物作熔剂。当氯化钠和氯化钾按质量比 1：1 混合时，其表面性质最好。这种熔剂也能很好地浸润合金，通常在其中添加 3% ~5% 的冰晶石，可以提高熔剂与合金界面间的表面张力，因而有利于铝滴聚集，可降低合金随熔渣带走的损失。

下面给出几种盐在 825℃ 下与铝的界面张力（N/m）：$MgCl_2$ 0.695；$CaCl_2$ 0.682；KCl 0.545；$NaCl$ 0.578。

熔剂的化学作用也影响熔炼过程中铝的损失。当温度在 700℃ 以上时，熔融盐离解并生成挥发性的次氯化铝：

$$NaCl + Al \Longrightarrow AlCl + Na$$

在添加冰晶石时，由于发生了下述反应，铝的化学损失急剧增加：

$$Al + Na_3AlF_6 \Longrightarrow 2AlF_3 + 3Na$$

熔剂的熔点具有重要作用。熔剂的熔点应低于合金熔点。生产上广泛使用 NaCl-KCl
系熔剂，其中的一组分为 40% ~ 60%。此混合物熔点接近铝的熔点，为 660(40% NaCl) ~ 641℃(60% NaCl)，但进一步增加这些添加剂的含量，体系熔点又急剧升高。图 3-2 所示为 NaCl-KCl 体系的液相线。

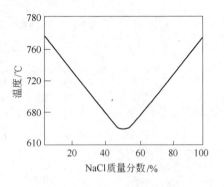

熔剂的加入量也影响熔炼过程中金属铝的损失。添加溶剂量少，生产的炉渣含氯化物高，黏度大，在渣中分散的铝合金液滴难于分离而随炉渣损失。若加大熔剂量既可得到流动性好的液态渣，铝损失又少。

感应电炉熔炼铝废料的工业实践说明，熔剂消耗量为原料量的 2% ~ 10%，而在反射炉中则为

图 3-2 NaCl-KCl 体系的液相线

25% ~ 40%。在处理致密的块状废铝料时，熔剂消耗量降为 3% ~ 15%，且最好使用熔融的熔剂。

3.2.2 铝废料的反射炉熔炼

国内外主要用反射炉熔炼废杂铝原料[7]。反射炉熔炼适应性强，可以处理任何含铝原料，如铝屑、旧飞机、带有钢铁构建的块状铝废杂料等。操作时首先将反射炉的炉底加热到 1000 ~ 1100℃，再加入废杂铝原料，并且在炉料与火焰接触的地方盖上熔剂，待炉料全部熔化后再加入新鲜的熔剂(NaCl:KCl = 1)，当熔剂完全熔化后再加入下批炉料，直到炉内达到规定的熔体量为止。当熔体表面上形成液体熔剂层后，方可从熔体中除去铁构件；除铁操作要重复进行 3 ~ 4 次，搅拌熔体后，从炉门撇去渣。有时在撇渣前，还要进行除去非金属杂质和金属杂质的精炼。撇渣后取干净的铝合金进行成分分析，然后进行铸锭。一般熔剂加入量为炉料的 25% ~ 40%。铝的实收率可达到 84% ~ 86%。

工业上采用的反射炉，有一室、二室和三室。图 3-3 所示为顺流式两室反射炉，它由熔炼室和铝水池所组成，熔炼室底部呈倾斜状向加料门方向上升，这样可把带有的钢铁构件易于从熔体中除去，铝合金熔化后沿专门流槽从熔炼室到铝水池，经放出口流到铸锭机或铸罐中。

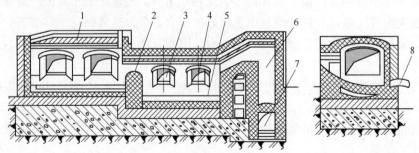

图 3-3 顺流式两室反射炉

1—熔炼室；2—挡火墙；3—装料口；4—炉顶；5—前床；6—竖烟道；7—烟道；8—液态渣和合金铝放出口

炉子砖砌在金属框架中。喷嘴或烧嘴装在熔炼室端墙上。炉衬由黏土砖砌成，因它导热性低，铝、熔融熔剂和炉衬作用小。在熔炼铝前用20% Na_3AlF_6 和80% $NaCl$ 组成的熔体处理新炉衬，此熔剂在操作温度下渗透砖砌体缝隙，并在砖砌体表面生成固体层，可提高炉衬寿命。

反射炉热效率为25%～30%，生产能力达8t/h，煤气耗量（20t炉子）为150m^3/h。我国某熔炼铝合金厂，油单耗为吨铝76～85L，居国外中等水平。

英国在普通反射炉上增加燃烧器及蓄热室，并设计了密闭反射炉，热效率提高了4%，每吨铝燃料消耗为115kg标准煤。

两室顺流反射炉的缺点是烟尘被炉气从熔炼室带到铝水池，致使液态铝合金被污染，同时也增加其氧化损失和含气量等。此外，在铝水池中易生成炉瘤，还因熔炼室比铝水池高，铝水池加热也不好。若按炉气流动方向，将铝水池摆在熔炼室之前，就能克服上述缺点，即按气流与铝合金流动方向相反的逆流原理工作。前苏联建造了逆流式双室反射炉，如图3-4所示。逆流式炉子与顺流式炉子相比，可以提高热效率，使燃料消耗降低12.8%，炉子生产能力也相应提高15%。

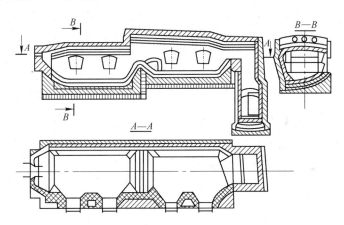

图3-4 熔炼铝废料的逆流式双室反射炉

3.2.3 铝废料的其他火焰炉熔炼[7]

美国工厂广泛采用了带外炉膛的火焰炉熔炼散粒铝原料（屑粒、小切边、小粒度废料、渣子等），火焰炉用煤气或重油加热，其容量为15～25t。外炉膛4用于添加炉料（见图3-5），它以一个或两个连通沟5与内炉膛1相连，金属液体经过连通沟进行循环。此外，为了使内炉膛过热的金属液体转入外炉膛，还采用了搅拌器或气动离心式石墨泵2，这种熔体能做机械循环的炉子生产率很高，金属氧化损失较小（2%～5%），更主要的是可以使外炉膛的加料作业机械化。

此类炉子的熔剂消耗量也较小，约占熔炼金属

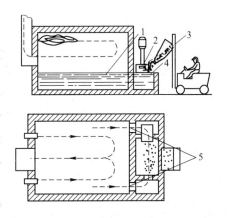

图3-5 带加料用外炉膛的熔炼炉
1—内炉膛；2—气动离心式石墨泵；
3—管子；4—外炉膛；5—连通沟

量的7%，而在一般的反射炉中则为15%～18%。美国还研究出熔化小粒铝废料的新方法。该法使用了液态载热体，由50%氯化钾、45%氯化钠和5%冰晶石组成。熔炼设备如图3-6所示。

熔剂熔化炉用燃烧嘴1加热（也可用硅碳棒加热），熔剂液由泵2经管3打至铝废料熔化炉的外炉膛中。铝废料也加在此外炉膛中，并由熔剂液流带入内炉膛5中。由于熔体在外炉膛中剧烈地流动，故在加入废料时无须进行专门的人工搅拌。

熔剂液在废料熔化炉内放出，其热量将废料熔化后自身就渐渐变冷，它经管6和流槽7返回熔剂熔化炉去重新加热。铝水定期从熔化炉内出铝口流出。废气则经管8和集中管9从废料熔化炉内抽走。该法熔化小粒铝废料时，金属回收率可达97.4%。

美国姆辛泰尔公司采用一种带密闭副熔池的炼铝炉，其结构如图3-7所示。

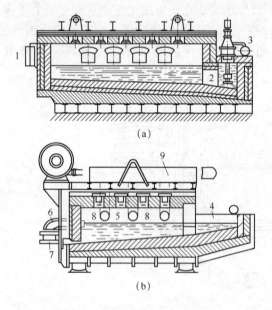

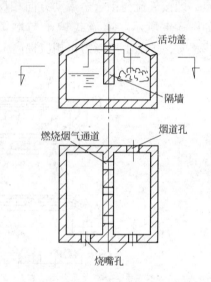

图3-6　熔剂熔化炉（a）和铝废料熔化炉（b）
1—燃烧嘴；2—泵；3, 6, 8—管子；4—外炉膛；
5—内炉膛；7—流槽；9—集中管

图3-7　姆辛泰尔公司熔池炼铝炉的
结构示意图

带密闭式副熔池的炼铝废料炉由两个炉子联合作业。一台炉子容量为6t，主要担任熔炼废杂铝的任务。另一台炉子容量为20t，主要是作储存和保温熔体用，也可熔炼部分优质铝料。由于有大容量的储存熔体的炉子储存较多的熔体，因此熔炼和浇铸都能连续进行。两台炉子外形尺寸基本相同（500mm×3500mm×6000mm），但熔池深度不同，故容量不同。

整个炉子被一吊挂式炉墙把炉子熔池上部分成主副熔池两部分，熔池下部仍为一整体。熔炼时首先打开副熔池活动盖后，把废杂铝加到副熔池中去，然后将副熔池活动盖盖上，靠主熔池的废气和熔池内的熔体加热熔化废杂铝。待副熔池的废杂铝熔化完后，则点燃副熔池的烧嘴过热熔体，等加下批料时又关闭副熔池的烧嘴，如此反复作业。主熔池的烧嘴一直点火燃烧，对熔体连续加热。由于废杂铝不与火焰直接接触，因此铝的烧损很少，可以实现不加熔剂熔炼。该炉生产能力大，热效率高，对环境无污染，燃料消耗低。

但主副熔池熔体的流动是靠静压力实现无搅拌作用,传热速度不高,熔池上卜温差达50~70℃,有人提出为使两炉腔之间加速循环,可加电磁搅拌置。预计加入该装置后,可使熔化时间缩短10%~13%,金属回收率提高1%~3%。

冶金工作者提出用竖炉炼块状废铝,因物料与热气体呈逆流传热,热效率高,生产率高。现将竖炉与反射炉熔炼指标比较于表3-3中。

表 3-3　竖炉熔炼与反射炉熔炼指标的比较

项　目	1500 型竖炉	3t 反射炉	项　目	1500 型竖炉	3t 反射炉
设备占地面积/m×m	4.5×3.5	7×5	热耗/kJ·t^{-1}	23.4304×10^6~31.38×10^6	69.036×10^5
熔炼周期/min	60	150~180	金属损失/%	1.8~2.6	4
生产率/kg·h^{-1}	1500	750	炉操作工人数	1~2	3~4
出炉温度/℃	750	750	单位燃料比较	34~44	100

3.2.4　铝废料的感应电炉熔炼

工业生产中常用熔沟型有芯感应电炉和坩埚型感应电炉熔炼含铝废料。

熔沟型感应电炉由两部分组成,竖炉身和可拆的感应加热系统(炉底,即熔沟部分)。炉壳由钢板焊成,炉身内衬耐火砖。炉底部分的炉壳由非磁性合金制成。在炉底部分衬里(炉底石)中有垂直的熔沟。熔沟包围了铁芯和变压器的一次绕组。当熔沟被液态金属充满后就形成了二次绕组的短路环。在短路环中电流是很大的,所产生的电能转变为热能,短路环内的金属就迅速被加热,并将热量传递给加入的炉料。因液态金属的强烈循环(熔沟—炉料—熔沟),加强了熔化过程,还保证了合金熔体的良好搅拌。炉子最重要的元件是炉底石(即熔沟部分)。熔沟是用石英、镁砂或铬镁、高铝材料等为基质的耐火材料砌筑,并用硼砂、硼酸和正磷酸为黏结剂。

炉料经炉壳上部的加料口加入。当炉子转动时,成品合金就经出料出口流出。采用液压传动来操纵感应电炉的传动机构。

熔沟型感应电炉的主要缺点是由氧化铝沉积在熔沟内表面上,使熔沟变小,恶化了合金熔体的循环,改变了炉子的电气特性,须停炉清理。这样不仅降低了炉子的生产能力,而且缩短了内衬的寿命。

炉子熔沟因氧化物沉积而变小的机理还不完全清楚,但许多研究者已单因子地考察了某些因素的影响。例如,细分散氧化物颗粒在磁场和重力作用下沉降到炉身底部,被合金流带到熔沟,并在那里与耐火衬里发生机械的化学的作用;熔沟中氧化物的生成和熔沟截面积缩小也可能是由于炉底砖衬内吸入空气所造成的。

熔沟型感应电炉的热效率为65%~70%,吨合金电能单耗为450kW·h。

由于熔池中合金强烈地搅拌,加入的炉料被搅拌到熔融合金层的下面,这有利于降低铝的氧化损失,熔炼时可不加熔剂,同时减少了对周围环境的污染。当熔体表面对熔池深度的比例合适时,热损失为最小。但熔沟型熔炼只能使用低氧化率而且不含铁构件的炉料。

在坩埚型感应电炉中也可以熔炼不含钢铁构件的块状废铝料、干燥的散粒铝屑和压块等。先往坩埚中加入合金锭或块状废料,然后开炉,逐渐升高一次绕组电压,生成液态熔体后,加入废铝件、捆状料等。

当坩埚中剩余有上次熔炼的液态合金时,可往其中加入一定量铝屑。当坩埚中液态熔体合金达规定的最高液位时,加热到720~740℃,清除坩埚壁上的炉瘤,漂浮的炉瘤块加熔剂处理,然后进行表面扒渣。每吨铝屑耗熔剂20~25kg。从炉中扒出的炉渣中含铝量不应超过20%~25%。用感应坩埚炉处理铝屑,金属回收率为91%~92%;处理旧废铝和高品级铝废料时,金属回收率为97%~98%。熔炼致密旧废铝料时,吨合金电能消耗为600~650kW·h。熔炼铝屑时,吨合金电能消耗量为750~800kW·h。

下面列出各种炉型熔炼废铝及铝合金指标的比较,见表3-4和表3-5[8]。

表3-4   各种炉型熔炼废铝的指标(一)

炉 型		热效率/%	吨铝热耗(标煤)/kg	金属回收率/%
熔沟式感应炉		50~70	450kW·h/t	—
无芯感应炉	铝屑		750~800	91~92
	块铝		600~650	97~95
单室反射炉		12~25	120~160	90~95
双室反射炉		17~25	230	90~95
竖 炉			100	90~95

表3-5   各种炉型熔炼废铝的指标(二)

炉 型	热效率/%	耗油/L·t^{-1}	生产能力/t·(m²·h)$^{-1}$
普通反射炉	10~25	90~120	0.2~0.3
喷射熔炼炉	30~60	60~80	1.2~1.5
超低燃料炉	72	38~45	12.5
熔沟式工频感应电炉	70~75		

3.2.5   铝废料熔炼炉渣的处理

在熔剂熔炼含铝废料生产铝及铝合金的过程中产生的炉渣含金属铝10%~30%、氧化铝7%~15%,铁、硅、镁的氧化物5%~10%,钾、钠、镁、钙和其他金属的氯化物55%~75%。

用湿法冶金处理炉渣可使所有成分得到完全的利用。将炉渣碎成250mm或更小的粒度,从破碎的炉渣中选出粗粒,再用磁盘选出铁块,然后在转子破碎机中将炉渣碎至小于15mm后送磁选工段,用磁滚再次选铁。磁选后的炉渣用筛分机分成三个粒级:小于15mm粒级送浸出,15~50mm粒级返回转子破碎机再破碎,大于50mm粒级主要是铝合金粒,返回熔炼。

小于5mm的炉渣用洗涤水和湿式收尘的返液进行浸出,浸出矿浆送浓密机浓密,上清液泵送到浓溶液储槽。底流在鼓式过滤机上过滤,滤液也送到浓溶液储槽。滤渣加水或湿式收尘返液浆化后过滤,滤液送浸出用。滤渣自然干燥后送黑色冶金企业。储槽中的浓溶液(含300g/t的KCl + NaCl)去蒸发,蒸发后回收粒状氯化物。

炉渣也可采用干法处理,用干法处理时将炉渣破碎和磨细,炉渣中的氯化物成粉末状，过筛后用抽风机将细粒级抽走，经旋风收尘器收下细粒废弃，粗粒级含 60% ~ 80% 合金铝，返回熔炼成再生铝合金。

上述方法也可用来处理原铝熔炼生产过程中产生的熔渣、浮渣和沉渣。

3.3 再生铝合金的精炼

在再生铝合金的熔炼和浇铸过程中，金属熔体与炉气和大气相接触，发生一系列的物理化学反应，生成气体和氧化物。在合金锭中的气体和夹杂物使锭坯在加工变形时产生起皮、分层和撕裂等现象，降低金属或合金的强度和塑性；而吸收的气体会使板材有气泡，产生所谓"氢脆"而使材料断裂。因此在铸锭之前必须进行精炼。

3.3.1 脱除非金属杂质的精炼

再生铝合金熔体冷却时，气体的溶解度降低，原来溶解在熔体中的气体氢呈独立相析出，在铸件中生成气孔，降低了铸件的力学性能。此外固体非金属杂质氧化铝分布在晶界上，也降低了合金的力学性能。

为使再生合金的性能与原生金属配制的合金性能无大差别，需防止各种杂质进入合金熔体，并精炼除去合金中的杂质。

现将在合金精炼除去非金属杂质的方法简介如下[9]。

3.3.1.1 过滤

采用活性或惰性过滤材料使熔体过滤。当合金通过活性过滤器时，因固体夹杂颗粒与过滤器发生吸附作用而被阻挡；而当合金通过惰性过滤器时，则是借助机械阻挡作用把杂质过滤出来 2/3 ~ 1/2。

惰性过滤器是用碱的铝硼玻璃制成的网状物，又称网式过滤器，过滤时固体非金属杂质物粒度若大于过滤孔，将被阻留。但网孔不能小于 0.5mm × 0.5mm，因为铝熔体不能通过 0.5mm × 0.5mm 的滤孔玻璃布。尽管如此，采用适宜筛网过滤可将合金中固体夹杂物含量降低为原含量。

过滤器的材料可以用黏土熟料、镁砂、人造金刚石、氯化盐和氟化盐的碎块或预先在这些盐浸渍过的惰性材料。浸润的过滤器比不浸润的效率高 2.3 倍。例如，用 NaCl 和 KCl 共晶混合物浸渍过的粒状氧化铝做成的过滤器。过滤后，熔体中固体夹杂物大大降低，而且由于夹杂物吸附中含有氢气，故又能脱气。

3.3.1.2 通气精炼

通气精炼即通氯、氮、氢气精炼。为了使气体与被净化合金的接触良好，精炼气体呈分散状鼓入熔体。由于溶于合金液中的氢气扩散到鼓入气体的小气泡中，而发生脱气作用，同时也脱除氧化物和其他不溶杂质。正如浮选一样，气体吸附在固体夹杂物上，随后就上浮到熔体表面。

精炼气体经浸没在合金液中的石英或石墨管鼓入熔体，再通过装于坩埚底部的多孔元件式的多孔填料，气流就分散为直径 0.1mm 以下的气泡。精炼气体要预先脱除氧和水分。因氧和水蒸气可以在气泡内表面上生成氧化膜，阻碍合金中的氢气扩散到气泡内，而降低脱气效果。不管原合金中氢的饱和度如何，精炼气体鼓入合金液中，溶解的气体量均降为每 100g 合金 $0.07 ~ 0.1cm^3$，而非金属杂质含量降为 0.01%。

用氯气精炼效果最好，但因有剧毒而不乐于采用。为了尽量减少氯气对周围大气的有害影响，又达到要求的净化程序，近年来，采用氯气与惰性气体的混合气。例如含15%氯气、11%一氧化碳、74%氮气的混合气体精炼铝合金（称为三气法）能保证溶解的氢含量从每100g合金0.3cm³降为0.1cm³，其含氧量从0.01%降为0.001%。此法在同样除气效果的情况下，比用纯氯气精炼法更廉价且危害小。

3.3.1.3 盐类精炼

用熔剂处理合金以脱气和除去非金属夹杂物是有效而广泛应用的方法。铝合金常用冰晶石粉及各种金属氯化物进行铝合金脱气，反应如下：

$$2Na_3AlF_6 + 4Al_2O_3 \Longrightarrow 3(Na_2O \cdot Al_2O_3) + 4AlF_3 \uparrow$$

$$Na_3AlF_6 \Longrightarrow 3NaF + AlF_3 \uparrow$$

$$3ZnCl_2 + 2Al \Longrightarrow 2AlCl_3 \uparrow + 3Zn$$

$$3MnCl_2 + 2Al \Longrightarrow 2AlCl_3 \uparrow + 3Mn$$

所生成的$AlCl_3$，在183℃时沸腾，在铝液中呈气泡而上升，将熔体中的气体和氧化物清除。此法的缺点是因反应结果增加了合金成分中锌或锰的含量，这是有些情况下不允许的。

加入冰晶石时生成的氟化铝的沸点较高（1270℃），但可与许多氧化物组成低熔点化合物造渣。

六氯乙烷脱气精炼是目前固体脱气中最有效的脱气化合物，它与铝反应时产生大量的气体：

$$3C_2Cl_6 + 2Al \Longrightarrow 3C_2Cl_4 \uparrow + 2AlCl_3 \uparrow$$

新近研究出一种新型的精炼除气剂，其中硝酸钠和石墨粉是主要成分，见表3-6，在铝合金熔化温度下产生氮气和碳氧化合物气体达到精炼目的，故这种方法又称做无毒精炼。

表3-6 新型除气剂

名　称	分子式	质量分数/%		
		I	II	III
硝酸钠	NaNO₃	36	36	36
石墨粉	C	6	6	6
聚三氟氯乙烯	$\begin{bmatrix} & F & F \\ & \| & \| \\ -C & -C- \\ & \| & \| \\ & F & Cl \end{bmatrix}_n$	4		
食盐	NaCl	24	23 ~ 25	28
六氯乙烷	C₂Cl₆		3 ~ 5	
耐火砖屑		30	30	

3.3.1.4 合金熔体的真空精炼

合金熔体的真空精炼比其他方法脱气更完全，在399.966 ~ 499.96Pa下真空脱气

20min 液态铝合金含氢量从每 100g 合金 $0.42cm^3$ 降为 $0.66 \sim 0.08cm^3$。真空脱气速度快，可靠性大，且费用低。

铝合金的脱气在很大程度下取决于熔体中氢的传质过程。因此熔体的强烈搅拌大大缩短了脱气所需的时间。熔体表面有氧化膜存在会减慢脱气过程。真空脱气往往与向合金中鼓入惰性气体的方法相结合。鼓入惰性气体时破坏了覆盖的氧化膜，并把悬浮的固体夹杂物带到熔体表面上。

3.3.2 脱除金属杂质的精炼

由含铝废料生产的铝合金往往含有超过规定标准的金属杂质，因此必须将杂质脱除[7]。

采用选择性氧化，可将对氧亲和力比铝大的各种杂质从熔体中除去，例如镁、锌、钙、锆，搅拌熔体时可加速上述杂质的氧化。这些金属氧化物不溶于铝中而进入渣中，然后从合金表面将渣撇去。

往合金熔体鼓入氮气也可降低钠、锂、镁、钛等杂质含量，因为它们能生成稳定的氮化物。当用含水蒸气的氮气鼓泡时能使过程强化。

铝合金中许多杂质对氯的亲和力比铝大，当氯气鼓入铝合金时发生如下反应：

$$Mg + Cl_2 =\!=\!= MgCl_2$$

$$2Al + 3Cl_2 =\!=\!= 2AlCl_3$$

$$2AlCl_3 + 3Mg =\!=\!= 3MgCl_2 + 2Al$$

生成的氯化镁溶于熔剂中。镁与氯气反应放出大量热而使合金被强烈加热。故要在低温下将氯气或含氯的混合气体通入熔体中，这样可同时脱除钠和锂。

还可用氮气将粉状氯化铝吹入熔体中以脱除合金中的镁，此时镁含量可降至 0.1% ~ 0.2%，脱镁反应如下：

$$2AlCl_3 + 3Mg =\!=\!= 3MgCl_2 + 2Al$$

未反应的氯化铝为氯化钠和氯化钾组成的熔剂层所吸收而损失。故在工业上广泛应用冰晶石从铝合金中除镁，其反应为：

$$2Na_3AlF_6 + 3Mg =\!=\!= 2Al + 6NaF + 3MgF_2$$

除去 1kg 镁的冰晶石理论消耗量为 6kg。实际用量为理论量的 1.5 ~ 2 倍。用此法镁含量可降至 0.05%。上述反应在 850 ~ 900℃ 下进行。为了保持过程中的温度，将含 40% NaCl、20% KCl，余为冰晶石的混合物加在被精炼的熔体表面上。

根据冷却时杂质在铝合金中溶解度变小的原理来精炼合金的方法称为凝析法。过程中从合金溶液中析出的含杂质高的相可用过滤方法或其他方法分离。还可利用溶解度的差异等其他方法来精炼除去合金中的金属杂质，例如将被杂质污染的铝合金与能很好溶解铝而不溶解杂质的金属共熔，然后用过滤的方法分离出铝合金液体，再用真空蒸馏法从此合金液体中将加入的金属除去。通常用加入镁、锌、汞来除去铝中的铁、硅和其他杂质，然后再用真空蒸馏法脱除这些加入的金属。例如被杂质污染的铝合金与 30% 的镁共熔后，在近于共晶温度下将合金静置一定时间，滤去含铁和硅（Al_2Fe、Mg_2Si）的析出晶相，再于 850℃ 下真空脱镁，此时蒸气压高的杂质如锌、铅等也与镁一起脱除。脱镁的纯净铝合金即铸锭。

3.4 铝废料生产其他铝产品

3.4.1 硫酸铝的生产

利用废杂的铝灰料和硫酸反应可以生成硫酸铝[7]。

硫酸铝呈灰白片状、粒状或块状结晶物，密度为 $1.69g/cm^3$，能溶于水、酸和碱，不溶于醇，其水溶液呈酸性，由于含微量铁，结晶变黄；加热时猛膨胀成海绵状物；86.5℃时开始分解，250℃时失去结晶水，700℃时分解为三氧化二铝、三氧化硫和二氧化硫。

硫酸铝广泛用作水质净化凝聚剂；造纸工业中与皂化松香配合，用于纸张施胶，可增强纸张的抗水防渗功能；用作木材防腐剂；也可与碱蜡乳化液配合，用于纤维板生产，以增强纤维板硬度和防水性能；消防工业中，与小苏打、发泡剂配合组成泡沫型灭火药剂。它还用于颜料制革、印染、油脂、石油等工业部门。

用废杂铝灰料生产硫酸铝的工艺流程如图3-8 所示。

废杂铝灰料先经磁选除铁，要求除铁后的废杂铝灰含铁小于2%。除铁后的为铝灰，用密度为 $1.142 \sim 1.182$ 的稀硫酸浸出 $4 \sim 5h$ 后，终点 pH 值为 $2.5 \sim 3$。浸出后澄清，上清液泵至沉淀槽；渣用水洗涤，洗液送沉淀槽；然后在槽中加入 $0.5\% \sim 1\%$ 的骨胶溶液，并适当搅拌让其自由沉降，其上清液即为硫酸铝溶液，残渣即可弃去。硫酸铝的溶液要求密度为

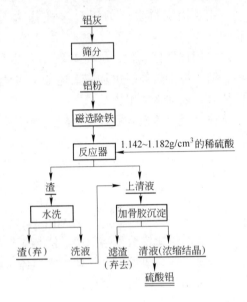

图3-8 用铝灰料生产硫酸铝的工艺流程

$1.1896 \sim 1.2000g/cm^3$，pH 值为 2.2。硫酸铝溶液经蒸发、结晶可制成符合表3-7 质量标准的固体硫酸铝。

表3-7 固体硫酸铝的质量标准（HG1-32.7）   （%）

指标名称	精制品				粗制品	
	特级	一级	二级	三级	一级	二级
Al_2O_3	≥15.7	≥15.7	≥15.7	≥16.5	≥14.5	
Fe_2O_3	≤0.02	≤0.35			≤2.0	≤2.0
游离酸	无	无	无	无	≤20	≤20
水不溶物含量	0.05	0.2	0.2	0.2	0.3	—
As_2O_3				0.01	0.01	
外 观	白色或微带灰色粒状				灰色粒状	

3.4.2 铝粉的生产

铝粉是钢铁工业中不可缺少的脱氧剂和发热剂，也是铝热法冶炼铁合金的主要原料。

高纯铝粉还是银杂粉的重要原料，也是冶炼高级合金钢的主要原料。铝粉的生产工艺流程如图 3-9 所示[6]。

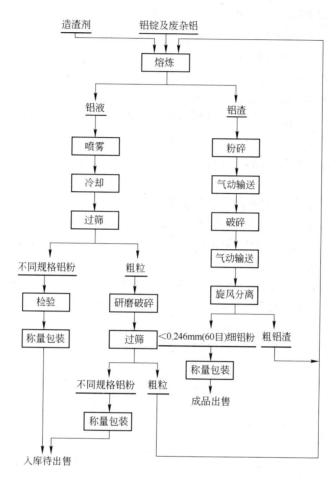

图 3-9 铝粉生产工艺流程

铝粉（合金粉、纯铝粉）的生产主要由熔化工序和喷雾工序组成。

（1）熔化工序。各种铝粉按要求可分为：含铝成分大于 95% 的钛铁用铝粉；用含铝小于 95%、大于 70% 的铝料配制成含铝 85% 的铝料生产炼钢用铝粉。此外，可根据用户要求配制不同含铝量的铝粉。我国某厂采用竖式炉熔化铝料，利用高温火焰对铝料进行加热熔化，熔化时间为 4h，温度为 700℃ 左右，铝液温度达 720℃。开始喷铝粉后，不断加入铝料以补充喷铝所消耗的铝液。炼铝炉内常有铝渣出现，需经常扒出，以保证铝液有较好的流动性。熔炼温度控制在 700~750℃ 即可，不宜过高。

（2）喷雾工序。熔化后达到要求的铝液，沿流槽直接流入漏斗中，漏斗底部有 4~6mm 小孔，铝液经过漏斗流入雾化器，然后用 0.6~0.65MPa 的压缩空气的进行吹雾，使其进入雾化筒中，便形成了铝粉。为了使铝粉在雾化筒中迅速冷却，不致凝结成饼，要在筒壁外和筒底通冷却水冷却，冷却筒体下部是夹套，也通冷却水。喷好的铝粉从雾化筒底部直接落入振动筛，筛分出合格的铝粉，铝粉的粒度可根据用户要求确定。为了保证雾化筒中的热气体能及时排入空气中，增强雾化效果，减少粉尘对人体危害，防止过细铝粉外扬，采用两组脉冲式布袋除尘器除尘，旋风分离器及布袋收尘器回收下来的超细粉一并包装入库。

炉渣经过搅灰机和颚式破碎机破碎后，通过气动输送系统送至灰渣仓储存，随后经过环链式粉碎机粉碎，把铝渣中的氧化铝和铝分离后，再通过第二次气动输送，经过三级旋风收尘器收集下来，小于0.246mm（60目）的细灰出售，大于0.246mm（60目）的粗粒铝进行第二次熔化，可以提高回收率。

竖式炉生产铝粉需要注意如下几个问题：

（1）使雾化筒内雾化好的铝粉不致因壁筒过热而粘连在筒壁上结块。雾化筒外壁必须用水冷却。

（2）在喷铝粉过程中，需将雾化筒内热空气不断排走，以免热空气聚集在筒内，发生事故。

在喷铝过程中，必须将铝液温度、流量和空气压力严格控制，以提高成品率。某厂实践表明：铝液温度一般控制在700~720℃（温度过高氧化严重，过低则流动性不好，易堵住铝液流口），风压为0.6~0.65MPa，铝液流出口孔径控制在4~6mm，流量550kg/h较好，否则筒壁黏结的铝粉会增高。

竖式炉生产铝粉的指标如下：熔化时铝的回收率为96.5%，雾化成品率为96.7%，铝的总回收率为93.27%，1t铝粉煤粉耗量269~300kg。各种铝粉的化学质量标准见表3-8。

表3-8　各种铝粉的化学质量标准　　　　　　　　　　　　　（%）

名　称	Al	杂质含量			
		Fe	Si	Cu	Mn
炼钢铝粉	85	—	8.0	2.5	—
钛铁铝粉	95	—	2.0	0.8	
工业铝粉	96	0.5	0.5	0.1	0.01
涂料铝粉	82	0.6	0.6	0	
发气铝粉	85				
易燃铝粉	94	0.5	0.5	0.1	
易燃细铝粉	90	1.0	0.8		0.05

3.4.3　碱式氯化铝的生产

碱式氯化铝$[Al_2(SO_4)_3Cl_{6-n}]_m$是一种无机高分子混凝剂，由于它具有投入量少、净化率高，特别在水温低时，仍能保持稳定的混凝效果；净化后水的色度和铁锰含量较低，对设备腐蚀作用小，也可作石蜡浇铸硬化剂，此外，还可用于铸造、造纸、医药、制革等领域。近年来发展十分迅速，技术经济效果显著。

碱式氯化铝是用盐酸、铝灰为主要原料，经化学反应，生成三氯化铝，经碱化、浓缩、冷却、轧碎而成。产品外观为淡黄色或灰绿色的粉末。

碱式氯化铝的生产过程中及操作如下[7]：先将10%~20%HCl加入反应池中，再分批加入铝灰，至溶液pH值达到2.5以上，密度达到1.2000~1.2096g/cm³以后（若浓度达不到时，可加入优质铝灰或金属铝调整），再让其自然熟化10h以上，最后将浸出液抽至澄清池中澄清。在澄清池中加入3号絮凝剂使渣液分离，残渣经水洗后弃去，澄清液即为成品。成品质量企业标准见表3-9。

表3-9 碱式氯化铝成品质量企业标准

项 目	液 体	固 体	项 目	液 体	固 体
三氯化铝含量/%	≥8	≥30	pH 值	3.5~4.5	3.5~4.5
盐基度/%	40~60	40~80	重金属含量(以 Pb 计)/%	0.002	0.009

3.4.4 铝合金的生产

3.4.4.1 废铝软管的回收利用

调查表明,我国牙膏生产年产在10亿支以上。牙膏皮长期以来,没有合理回收利用。过去曾采用熔剂下直接重熔牙膏的废软管料工艺,其金属回收率不到50%,且对环境污染很严重,而且再生铝质量不好。

近年来,我国某有色合金厂研究出了一种无污染处理废铝软管的新工艺,工艺流程如图3-10所示。年处理2000t,机械化程度高,金属回收率高达90%~95%。

新工艺采用破碎、洗涤、干燥、筛分等工序可以得到比较干净的废软管铝料。这种铝

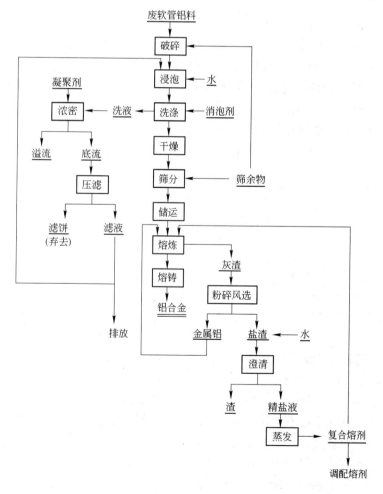

图3-10 废铝软管回收工艺流程

料在三元熔剂覆盖下可在感应电炉中精炼，调整成分后可炼成铝合金。该工艺所产的铝锭的纯度为99.7%。每吨铝耗煤600kg、电耗900kW·h。

3.4.4.2　易拉罐处理

在美国，易拉罐处理量大，每年耗用饮料罐600亿~700亿个，耗铝100多万吨，耗镁2万多吨。我国近年来易拉罐增多，1988年生产易拉罐23亿个，耗用8万吨优质铝合金。其中3004合金带7.4万吨（罐身），5182-H19为2801t（罐底），5042-H19为3500t（拉环）。

易拉罐各部位成分见表3-10。

表3-10　易拉罐各部位成分

部　位	化学成分/%							
	Mg	Mn	Si	Fe	Cu	Zn	Cr	Al
罐盖	4~5	0.2~0.5	<0.2	<0.35	0.15	<0.25	—	余量
拉环	4~5	<0.15	<0.2	<0.15	0.5	<0.25	—	余量
罐身	0.8~1.3	1~1.3	<0.3	<0.7	<0.25	<0.25	<0.15	余量
整体全熔化后	1.2	0.78	0.9	0.43	0.14	0.026		余量

从表3-10看出，易拉罐全熔化后，若用于制造罐身，则因含镁量高而要用大量纯铝冲淡；若用于制造罐盖则需补加大量的镁。因此国外提出两种办法解决：（1）罐身与罐盖用机械切割法分开，再分别熔化；（2）利用罐身和罐盖材料熔点（罐盖熔点374.222℃，罐身熔点为325.333℃）与结晶不同将其分开。

有人利用易拉罐及废铝熔成供家用电器用的38号合金及供建筑用的铝型材，充分利用其中合金元素。废铸铝及两种合金成分见表3-11。

表3-11　配制新合金的成分

合　金	成分/%								
	Si	Fe	Mg	Mn	Cu	Zn	Ti	Cr	Al
废铸铝	10~13	0.8~1	0.05~0.6	0.6	0.3	—	—	—	余量
38号合金	11~13	1	0.4~1	0.05	1~2	1	0.01		余量
6063合金	0.2~0.6	<0.35	0.45~0.9	—	0.1	<0.1	<0.1	<0.1	余量

现将废铝易拉罐为主要原材料，适当加入一些其他金属材料配制38号铝合金作一简述。

将废铝易拉罐的化学成分对比38号铝合金的要求成分，其硅含量低12%，铜含量低1.8%，铁含量低0.5%，锌含量低0.97%，而镁含量高出0.2%。按照38号合金成分需要，配料时可直接加入金属壳硅，最好是加入结晶硅碎料；铜可直接加入，用铝铜合金废料形式加入最好。铁元素可不直接加入，因在熔炼过程中操作搅拌棒将有少许的铁进入金属液中；锌含量可以通过加入锌合金废料的方式加入，也可以用镀锌皮浸泡形式让锌直接进入金属液中。在熔炼过程中由于加入了大量的硅（约加入12%），使总金属量增加，镁含量自然就下降。综上所述，38号铝合金化学成分的配比，用补平方法进行计算，比较容易掌握化学成分的准确投入。

熔炼前加入的废料一定要预处理，硅要预热到 100～150℃。出炉温度控制在 750～800℃，使用氯气、氯盐（NaCl、ZnCl₂、NH₄Cl）进行造渣。铝合金液加热到所需温度时除去炉渣即可出炉浇铸。铸锭模使用生铁模为宜，预热到 100～150℃ 后才能使用。

3.4.4.3　用废杂铝生产铸件

收购的废杂铝，成分复杂，难以分拣。目前是将这些废铝在反射炉或坩埚炉中进行熔炼，用硅调整其合金成分。铝合金熔化工艺是取得优质铸件的关键，而熔化温度是熔化工艺的主要影响因素。对于高硅系铝合金（Si 含量大于 6%），熔化温度控制在 850～880℃ 之间；对于低硅系铝合金（Si 含量小于 6%）熔化温度控制在 820～850℃ 之间。

铸造铝合金种类很多，仅举几例列于表 3-12 中，废铝的利用以配制铸造铝合金最为方便。据报道[8]，美国 80% 的废铝用于生产铸造铝件。

表 3-12　某些铸铝的成分

型　号	主要化学成分/%				用　途
	Si	Cu	Mg	Mn	
ZL102	10～13	—	—	—	仪表及抽水机壳体、汽缸体、电机外壳、高温腔体、高速内燃机
ZL107	6.5～7.5	3.5～4.5	—	—	
ZL108	11～13	1～2	0.4～1	0.7～0.9	
ZL111	8～10	1.3～1.8	0.4～0.6	1～0.35	汽缸套、形状复杂的薄壁零件

3.5　废液中回收铝

从湿法冶金作业中排出的部分废液中含有铝，在这种情况下，废液中的铝应考虑加以回收。除废液中的铝需要回收外，在冶金过程中还有许多作业要求先将溶液中的铝分离。因此，湿法回收铝可用于以下两种情况：或从废液中回收铝；或将铝与其他金属分离。

可以采用烷基膦酸从硫酸溶液中萃取铝。在 pH 值为 3～4 时，D2EHPA 萃取铝的萃取率最高，铍和铝的萃取率曲线如图 3-11 所示。所用的溶剂混合物是 0.1mol/L D2EHPA 和 4% 壬醇的煤油溶液[9～11]。

美国矿业局曾经提出用溶剂萃取法从废液中回收和生产铝的工艺流程。在 pH 值为 3.1 时，萃取铝的效果最好，萃取时必须严格地控制 pH 值，曾采用熟石灰或磨细的石灰石将十二烷基膦酸（HDDP）转化为钙盐形式。在所介绍的中间工厂的操作中，进料溶液是铜置换沉淀系统的排出液，pH 值变化范围为 2.8～3.3，其中金属的浓度（g/L）为：Al 5～6，Fe³⁺ < 0.1，Cu < 0.1。当萃取平衡酸度保持在 pH 值为 3.0～3.1 时，用 0.1mol/L HDDP 的煤油溶液萃取铝可在两级内完成，萃取过程中会产生石膏沉淀物，因此必须将它们不断地从

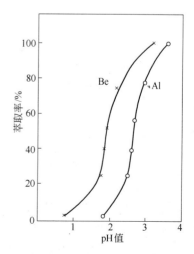

图 3-11　铍和铝的萃取率曲线

澄清器的底部清除出去。尽管有机相萃取铝的理论容量为3.6g/L，但是有机相接近饱和时萃取动力学进程非常缓慢，每段需10min。反萃取后，有机相需经一级水洗，以除掉所夹带的氯化物，然后再经石灰处理，方可返回萃取系统[10-11]。用氯化氢向三氯化铝反萃取溶液充气，使盐酸浓度达到$6 \sim 8mol/L$，与此同时，溶液沉淀出$AlCl_3 \cdot 6H_2O$晶体。为了控制沉淀后溶液中三价铁的积累，可采用含10% TBP 和13%的乙癸醇的煤油溶液从抽出的部分滤液中萃取Fe^{3+}。在温度为$700 \sim 1000℃$时，$AlCl_3 \cdot 6H_2O$ 即分解成Al_2O_3及盐酸。该流程如图3-12所示[9~11]。

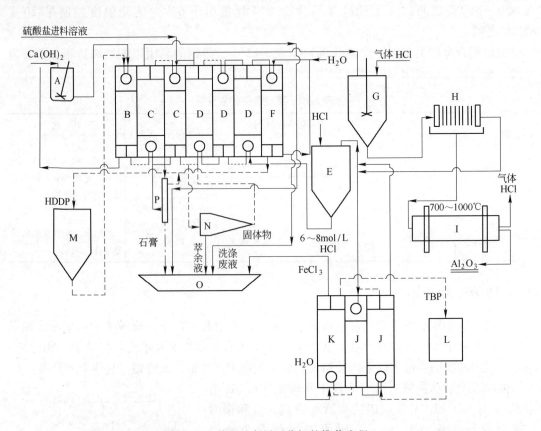

图3-12　美国矿务局回收铝的推荐流程

A—石灰槽；B—用石灰平衡；C—萃取铝；D—反萃取铝；E—反萃取剂进料；F—洗涤段；
G—沉淀；H—过滤；I—煅烧；J—萃取铁；K—反萃取铁；L—TBP溶剂；M—HDDP溶剂；
N—过滤；O—尾矿池；P—石膏捕收器

工业萃取剂萃取铝的研究报道中除 D2EHPA 外，二（烷基苯基）磷酸也是萃取铝的有效萃取剂。这种萃取剂可以从浸出黏土和其他矿物所获得的含有 Al^{3+} 和 Fe^{3+} 的溶液中选择性地萃取铝，而且二（3,5-二甲基苯基）磷酸对于选择性萃取铝特别有效。

另外，还报道了用 D2EHPA 萃取金属时 pH 值的控制方法，即使用烷基膦酸的钠盐或铵盐萃取，这样可使萃取时不产生沉淀[9~11]。

胺类萃取剂也可以从酸性溶液中萃取铝，这方面的研究报道虽然较少，但是很有希望在工业中得到应用[9]。

3.6　国内外二次资源回收铝的新技术

3.6.1　中国

2004 年，我国的再生循环铝产量约为 166 万吨，仅次于美国（约为 300 万吨），居世界第二位。总体来讲，中国循环铝的生产技术和装备水平还比较落后。但大、中型熔炼企业的生产技术和装备水平已有了较大改观，环保设施也比较齐备，这类企业产量占中国循环铝总量的 2/3 以上。如上海市的新格有色金属有限公司、华德铝业有限公司，永康市的万泰铝业有限公司、力士达铝业股份有限公司，安新县的立中集团有限公司等[12,13]。具体地介绍两个公司如下：

（1）上海新格有色金属有限公司是中国最大的循环铝企业，扩建后的生产能力约为 30 万吨/年，产品 85% 以上用于出口。有 45t 级反射炉 6 套、25t 级反射炉 1 套，10t 级反射炉 1 套（用来生产特殊牌号的铝合金），5t 级反射炉 1 套用来生产锌合金，有 10 套回转炉用于处理铝灰，所有冶炼和加工设备都匹配了较完善的环保设施。扩建后该企业已是亚洲最大的循环铝生产企业。

该公司循环铝生产原则流程如图 3-13 所示[13]。

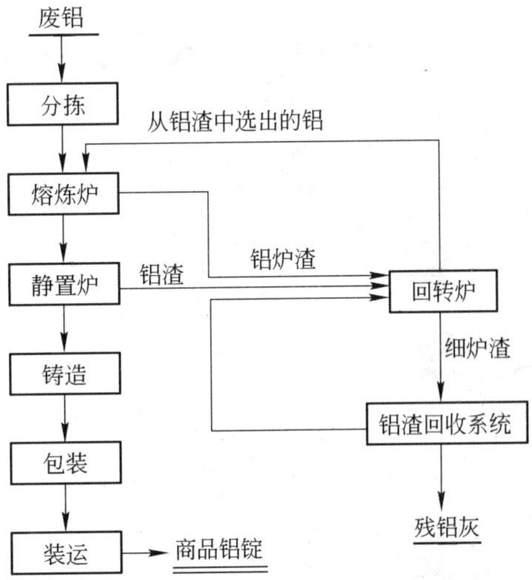

（2）永康市力士达铝业股份有限公司[13]，下属两个工厂，一个在浙江省永康市，另一个在乌鲁木齐市，除生产循环铝锭

图 3-13　新格有色金属有限公司循环铝生产流程

外，还生产挤压用的圆锭和铝型材。循环铝锭约有 15% 出口，其余的主要供应易初、轻骑、大长江（广东）摩托车公司的配套铝合金零件厂。乌鲁木齐力士达铝业公司有 10t 燃油熔炼—静置炉 1 组、5t 熔炼—静置炉 2 组，专门处理从哈萨克斯坦等国家进口的废铝。

该公司 1985 年成立，现在已发展成永康市最大的铝合金锭、部件和铝合金型材企业之一。原料主要靠进口，铝合金锭的生产能力约为 20000t/a，铝合金型材产能约为 25000t/a。为了保证产品质量，满足顾客的需求，企业非常重视生产装备技术水平和人员素质的不断提高，先后从国外引进了一些先进的技术装备和生产线，现在已建立了铝棒的保温帽浇铸、铝锭连铸生产线，有两台 15t 的熔炼反射炉，一台保温炉，铝棒用的两台 10t 反射炉，以及从美国引进的回转熔炼炉（处理铝灰用）等各种设备在 50 台（套）以上，将来还打算用 1000 多万元从德国引进一套双室反射炉（主要是节能和提高熔炼时铝的回收率）。1998 年起建立了局域网络，实现了计算机网络化管理，2001 年通过 ISO9001 认证。现在，该公司的铝灰处理可使残铝灰含铝下降至 2%，大大提高了铝灰中铝的回收率。

3.6.2　日本

在日本[12,14]，回收的循环铝生产原料中旧废料约占56%，循环铝合金锭占15%，循环铝锭和低品位新废铝锭为21%，其余为从铝灰中回收铝[15]。主要产品为铸造用的合金锭和压铸合金，约占总产量的75%，循环铝锭占10%，挤压坯占5%。下游产业（用户）主要是压铸件生产业和汽车行业，用量在50%以上，铸造业约占25%，用于生产各种加工铝材的部分不超过15%。这些产品主要是用于汽车配件的生产。图3-14和图3-15分别为日本汽车生产和轿车用铝的情况[14,15]。

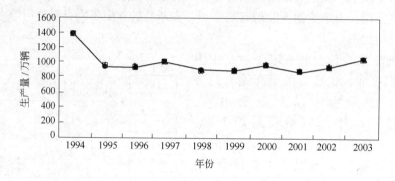

图3-14　日本的汽车生产

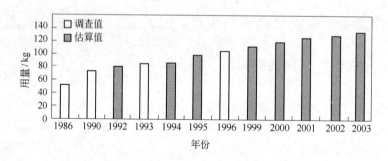

图3-15　每辆轿车的用铝量

3.6.2.1　日本循环铝原料

图3-16所示为日本铝的新废料产生量和废铝回收量，图3-17所示为估算的铝废料产生量，图3-18所示为铝废料进出口情况。

图3-16　日本铝的新废料产生量和废铝回收量

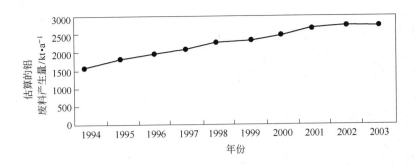

图 3-17　估算的铝废料产生量

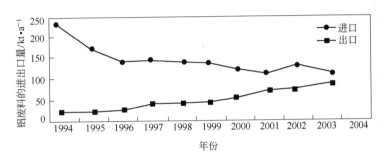

图 3-18　铝废料的进出口情况

3.6.2.2　循环铝的生产

A　原料及预处理

通常，循环铝的生产中原料成本约占85%，所以获取到价廉物美的原料对企业的经济效益至关重要。表3-13是2002年日本循环铝生产原料的构成。

表3-13　2002年日本循环铝生产原料的构成

项　目	质量/kg	比例/%	项　目	质量/kg	比例/%
原铝锭、循环铝锭	407	20.9	铝　灰	155	8.0
再生铝合金锭	273	14.0	含铜的废料	12	0.6
废铝及主要含铝废料	1098	56.5	合　计	1945	100.0

B　熔炼技术和装备

大型企业都有切碎机和烘焙炉，以提高入炉原料的品位和保护环境。

主要熔炼设备是双室反射炉，容量为5～40t。其他熔炼设备有回转炉、低频感应炉，主要用于碎屑及铝灰渣等碎粒状物料的熔炼和处理。

C　环境保护

烘焙炉和熔炼炉都装有布袋收尘、烟气洗涤和二噁英处理装置（日本法规规定所有企业都必须装配二噁英处理装置）。

对于采用通氯法来脱除滤液中的镁时，烟气必须用洗涤法除去氯化氢。

D　生产成本

大企业的平均成本结构大致如下：

（1）原料费为85%～90%（废铝、铝锭、金属硅）。

（2）能源及添加剂成本为 3% ~ 5%（燃料、电力、添加剂、母合金等）。

（3）其他为 7% ~ 10%（劳务费、设备折旧）。

成本中原料所占比例很高，表明这个行业附加值低；熔炼、废料质量的鉴定等均需熟练工，难以大幅度削减劳务费；为降低原料费，过多使用低级原料，又导致环境污染，需增加治污设备及资金；循环铝企业大多数毛利率仅为 3% 左右，企业投资积极性不高。

3.6.2.3 残铝灰及废弃物处置

A 残铝灰

残铝灰是循环铝熔炼过程中必然要产出的中间产物，处理的好坏将直接影响到行业的经济效益。刚出炉的残铝灰含铝 65% ~ 85%，它的产量约占熔融铝的 15%。从残铝灰中回收铝是循环铝行业的重要课题，影响到金属的回收率和生产成本。一个月产量 3000t 的循环铝企业，残铝灰产量 450 多吨，残铝灰中铝回收率为 45% 或 70%，将相差 112t，相当于企业的毛利润。要达到 70% 的铝回收率，技术上还有困难。含铝大于 30% 残铝灰渣作为炼钢的辅料正好可有效地利用。现在大部分企业都避免过分回收铝，有意的地将含铝约 40% 的残铝灰渣卖给灰渣处理企业或生产炼钢辅料的企业。日本在处理残铝灰渣时多采用搅拌式铝回收装置，把高温的残铝灰渣放入半球形的容器，加添加剂搅拌，使铝分离后沉在底部再从底部流出。这种装置构造简单，铝回收率达 40% ~ 60%，但操作时会产生大量粉尘，必须安装除尘装置。在回收时维持高温，铝的损失也大。

日本的残铝灰处理问题专家南波正敏先生认为，近年来中国开发出了压榨式残铝灰渣处理装置，又称铝灰压榨机，它改进了搅拌式残铝灰处理法的缺点，可以达到较高的铝回收率，能耗也少，经济上有优势。以残铝灰月产量 100t 的企业为例，将搅拌法处理残铝灰和压榨法进行比较，搅拌法的铝回收率为 45% ~ 50%，而压榨法可达 55% ~ 60%，甚至有时达 70%。此外，日本正在研究残铝灰进一步利用的技术，如用来生产某些化工原料、研磨剂，或将剩余的氮化铝分解后用作建筑材料、炼钢脱氧剂等。

B 烟尘

熔炼产生的烟尘、粉尘，含有铅、镉、砷、铬等有害重金属，二噁英也可能超过规定值，需将其列为特别管理型废弃物，处理费用负担很重。日本对烟尘、粉尘的处理探讨了几种方法。一种方法是用连续式回转焚烧炉，在 800℃ 的高温下处理，已进入工业实用性阶段；另一种方法是将重金属无害化处理剂、界面活性剂、水泥等与之混合，使之成型为建筑材料。这种方法比送到隔断式填埋场填埋成本低，预计今后将得到推广。

C 二噁英

对二噁英，日本制定的行业排放上限为总计的 11.8g/a，这是一个非常严格、难以达到的标准。现在适用于循环铝炉子上的二噁英排放标准（状态）为：现有设备 5ng/m³。部分经营不善的企业难以达到这个标准。

3.6.2.4 今后的可能发展

日本的汽车行业界正在考虑将汽车产业迁往国外，由于汽车制造是循环铝的主要用户，如果日本本土的汽车生产今后维持现有水平，日本循环铝的产业不会有大的发展。但是，从汽车节能考虑，今后汽车用铝比例还会上升，从而使循环铝的消费还有一定的上升空间。

3.6.3 德国

3.6.3.1 多室炉熔炼回收铝

A 侧井炉及其革新

德国宏泰铝业设备公司属于奥拓容克集团，是专业设计和生产铝熔炼和加工设备的公司，它的技术和设备已在世界许多国家和地区被应用[16]。

现代最新多室熔炼炉作为灵活的设备用于铝工业来熔化各种固态铝，包括被污染的铝和铝锭。废铝来源不同，污染程度各不相同。侧井炉用于工业上已有很长时间，现在，世界各地都有企业使用。图3-19是多室熔炼炉的示意图[17]。

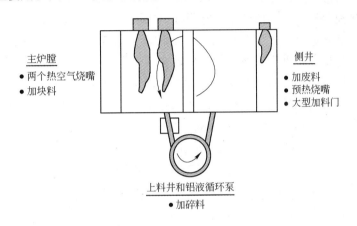

主炉膛
● 两个热空气烧嘴
● 加块料

侧井
● 加废料
● 预热烧嘴
● 大型加料门

上料井和铝液循环泵
● 加碎料

图 3-19　多室熔炼炉示意图

传统的侧井炉允许同时熔炼铝锭和各种废铝，这种炉子的发展主要是为了减少熔炼薄型废铝时的金属损失。

铝锭和其他清洁的厚材在炉膛里熔炼。侧井炉安装了烧嘴，为熔炼过程输入热量。废铝在侧井炉中熔化并且潜没于铝液中，不直接接触火焰。

直接火焰加热薄型的清洁废料可能导致金属损失25%~30%或者更大。潜没熔炼可以使损失减少到小于2%。传统侧井炉的上料可以通过叉车、铲车等完成。炉子有一个相对封闭的侧井，侧井一是为了降低热辐射，提高炉子热效率；二是燃烧废铝中可能存在油污。

炉膛和侧井之间的热交换通过自然对流，炉膛和侧井间的墙是个"幕墙"，一直延伸到铝液中。炉膛和侧井间有连通口，宽度与炉子宽度相等。应当指出的是，没有强制铝液循环的炉子的熔化速度相对较低，强制铝液循环可防止熔池表面过热从而减少金属的损失。从铝的熔炼过程温度分析可看出，温度超过770℃时铝渣形成加速，因此要尽量使铝液温度低于此值。

为了提高这种炉子的熔化速度，用机械式铝液泵使铝液在炉膛和侧井之间循环。视泵的能力大小，每小时铝液循环量可达30~300t。循环泵可使炉子的熔化速度提高25%以上。

铝液循环除提高了熔化速度外，还可降低过程能耗，减少铝渣形成，使熔池中铝液温度均匀，使铝合金更均质化。

侧井炉的一个重大革新是给炉子添加了封闭上料系统，上料时烟尘不外逸，德国Grevenbroich的VAW厂建于1991年，按这种新概念建造了熔炼炉。该炉配备封闭式上料系统,利用炉子产生的废气对炉料进行干燥及预热。该炉利用新系统将侧井的烟气输送到主炉膛,含油污的废铝在侧井燃烧产生的热量被烟气带入主炉膛,从而节省了熔炼作业燃料。

在这些经验基础上,宏泰公司为比利时 Duffel 的 Corul 铝厂设计并建成了环保熔炼炉。该炉增加了先进的侧井设计,有一套专门的废铝油污焚烧系统,特别开发了废铝油污焚烧烟气循环风扇和一套 PLC 及 SCADA 控制系统。侧井加了一个延长的干燥斜坡,在斜坡上加废铝;热的气体从热氧化室下部再返回侧井,在斜坡上对废铝预热和脱除涂层。废铝通过斜坡由下一批料推进铝液中,自动上料机靠在炉子上完全密封与周围环境隔开,然后通向侧井的门打开,上料机进入侧井,把已经在斜坡上的料推进铝液中,同时将下一批料安置在斜坡上。所有的焚烧烟气都通过热氧化室,在需要的温度下和时间内进行处理,保证所有的可燃气体充分燃烧,当废铝中含有氯化合物可能产生二噁英有害物时,这样做特别重要。氧气控制装置调整二次空气加入量,保证烟气里的污染物充分燃烧,同时保持热氧化室出口氧气含量尽量接近于理想比值,保证金属损失最小。因此,此时需要热气体再循环风扇。由于考察市场上的各种风扇均不能满足要求,所以 Thermcon 公司开发了一种专用风扇,并已证明其可靠性高,使用寿命超过 5 年。该环保熔炼炉由于能净化空气,大大改善了环境条件。表 3-14 是收尘前后的效果对比。

表 3-14　环保熔炼炉的典型逸散量(标态)　　　　　　　　　(mg/m³)

成　分	收尘前	收尘后	成　分	收尘前	收尘后
NO$_x$	400	200	HCl	30	1
CO	100	100	HF	5	0.1
烟　尘	40	1	二噁英	0.1×10^{-6}	0.1×10^{-6}

B　多室炉的结构

多室炉除炉子本身外,还有氧气烧嘴、交流换热器以及布袋收尘器等辅助设施。采用氧气可减少烟气量。多室炉的各种结构如图 3-20 所示,有各种选择可以满足不同的生产需要。

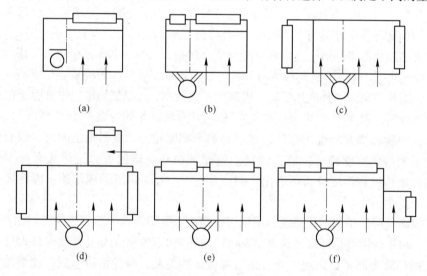

图 3-20　多室炉的各种结构

(a) 带侧井口和泵;(b) 带封闭铝渣室,EMP,在线上料井;(c) 带封闭侧井,上料井,背对背;
(d) 同时带干燥室的炉子;(e) 带封闭侧井,EMP,上线上料井;(f) 同时带干燥室的炉子

德国宏泰铝业设备公司根据图 3-20（b）的设计，在 2003 年制造了多室炉并在法国 Pechiney 公司薄板连铸设备厂投产。

多室炉典型尺寸见表 3-15，不同设计可以达到不同的熔炼效率和处理量。

表 3-15　多室炉典型尺寸、熔化率及容量

熔化率 /$t \cdot h^{-1}$	主炉膛区 /m^2	侧井/m^2	侧井门长 /mm	侧井内长 /mm	主炉膛区长 /mm	主炉膛门长 /mm	炉料/t	残料/t
2.5	10	8	3000	2800	3600	2800	18	10
5	20	16	4000	4200	4800	4200	36	20
7.5	30	24	5000	5000	6000	5000	60	30
10	40	32	6000	5600	7200	5600	80	40

C　多室炉控制系统及环境概况

多室炉控制系统较复杂，专门的 PLC 软件自动控制系统可保证炉子自动控制作业时间、温度、氧气含量等各种参数。开发的 SCADA 视频使操作者和检测者能详细看到设定值和炉子实际数据，同时提供足够的数据存储功能。

炉子的加料系统是全封闭式的，从而保持了车间作业区的空气清洁，使劳动条件大大改善。表 3-16 是环保部门对现场实测的典型数据。

表 3-16　环保现场检测值

排放物	法定限度/$mg \cdot m^{-3}$	实测值/$mg \cdot m^{-3}$	排放物	法定限度/$mg \cdot m^{-3}$	实测值/$mg \cdot m^{-3}$
颗粒物	5	1.5	CO	60	13
氯化物	30	2.5	有机物	50	7.4
氟化物	5	1.3	二噁英/呋喃	0.1	0.01
NO_x	400	252			

宏泰铝业设备公司认为，多室炉的主要优点有：

（1）铝废料的污染物（涂料、油污等）可在炉内燃烧，不仅不污染环境，还可节省部分能源。

（2）加料过程封闭，加料机与炉门紧密结合，作业现场环境条件好。

（3）铝废料在侧井中的熔化过程是废料在侧井炉的斜坡上被加热，料中的污染物被氧化燃烧。当下一批炉料被加料机推上斜坡时，将已被预热的炉料推入侧井的铝液中，在液面下逐渐熔化，所以废铝是被铝液熔化的，而非燃料燃烧加热熔化，从而大大降低了金属的烧损率（约 2%），提高了金属回收率。

（4）工艺能耗仅相当于电解铝的约 5%。

（5）由铝液循环泵使主炉膛中的铝液和侧井炉中的铝液循环，不仅为侧井炉中的铝废料的熔化不断提供了热量，而且铝液的成分更均匀，铝液质量易达到浇铸板坯、挤压坯、压铸铝件等各种用途需要。

3.6.3.2　铝废料在回转炉熔融盐和金属熔池中熔炼过程的模型研究

近年来，关于金属铝（或废铝）中的热传递研究、铝废料熔炼过程中的模型研究、过程热及物料平衡计算研究等已有许多报道[18,19]。随着计算技能的增强和更多先进的物理模

型的建立，计算流体动力学（computational fluid dynamics，CFD）应用的研究正不断加强。CFD 作为一种研究手段，广泛应用于冶金反应器中复杂传输现象的模拟，进而可以改良反应器的设计，并优化工业过程中的操作。

采用回转炉处理二次铝资源时（见图 3-21），由于炉体旋转以及盐渣覆盖层和铝废料的成分都很复杂，因此，炉中状况远比其他炉型（如反射炉）复杂得多，而且基本的物料及能量平衡计算、静态热传递模型以及一维或二维熔炼模型有时无法全面地模拟和优化铝废料熔炼过程。

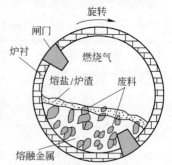

图 3-21　旋转熔炼炉内部构造示意图

对回转炉熔炼铝废料的研究，实验室阶段所做的工作包括了以下几个方面：

（1）铝废料熔炼过程动力学研究。采用热量分析（thermal gravity analysis，TGA）法研究并测定了铝废料在熔盐和铝液熔池中的熔炼速率。

（2）盐壳形成及再熔的动力学研究。盐层在铝废料熔炼过程中起着非常重要的作用。

（3）铝颗粒熔炼过程及盐壳形成/再熔的数学模型研究。研究了颗粒尺寸、盐层性质、熔炼温度、金属在盐层的滞留时间、颗粒的预热程度等因素对熔炼速率的影响。

（4）铝废料熔炼的子模型和过程模型的研究。将铝废料熔炼的试验研究和数值模拟结果应用于子模型和过程模型的建立，以优化铝废料熔炼效率、降低能量和盐消耗、减少能量/金属/盐的损失，优化炉子的操作并减少其对环境的影响。在熔炼子模型中已考虑了废料的分布性质（如粒径）的影响。

当前研究的焦点是回转炉中液态铝和废铝的行为以及铝废料性质（如粒度分布）的影响。

对回转炉熔炼的过程模型介绍如下：

（1）过程模型的结构。基于 CFD 结构采用 CFD 软件包 ANSYS-CFX5 建立了过程模型。应用该程序对浮力作用下的紊流、燃烧和辐射时的热传递以及物体与固体之间的热传递等进行了模拟。

基于前人所建的铝废料熔炼模型和热传递理论以及试验观测结果，建立了一个用于铝废料熔炼的子模型，该模型借助 CEL 语言和 AN-CFX5[20] 提供的 FORTRAN 界面与 CFD 结构相结合。该熔炼子模型可提供废料熔炼过程模型的相关信息，这些都是熔炼过程中的关键因素。

为获得建立过程中模型所需的必要信息和数据，进行了工业测试及观测。由此获得了相关的数据资料，如回转炉的工作周期、质量及热流、参与反应的物质性质以及温度测定值等，将这些数据整合并应用于物料及能量平衡模型、熔炼子模型和过程模型的建立。部分数据可用于确定过程模型的边界条件，部分数据还可用于验证模型的模拟结果。

（2）几何图形及边界条件。回转炉中进行的熔炼过程可视为由三个子过程组成，即废料加热、废料熔化以及熔体加热。当前研究的重点在于前两个子过程，即废料加热和熔化。图 3-22 所示为回转炉模型的几何图形及一些边界条件。为简化问题，该模型并未考虑炉衬和烟气沉降室。回转炉炉体长 6.9m，直径 3.0m。由图 3-22 可见，天然气和氧气在炉膛上部燃烧，而废料则位于炉膛下部并在一盐层保护下熔化和精炼。在熔炼的初始阶段，废料和盐是互相混合的，而且在熔炼过程中，废料/盐区也都视为一个热导体，即废料和盐的固体混合物。借助熔炼子模型并通过了其与 CFD 模拟所进行的信息交流，可以控制废料熔炼过程中的相的变化。

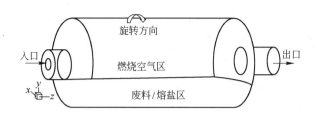

图 3-22 回转炉模型的几何图形及边界条件

在该模型中，燃烧器被设置在入口处，这样简化处理的目的是为了缩短计算时间。采用 CEL 确定入口气体的速度、温度及流量，而在出口处设置了气体压力的边界条件。

炉墙体的热边界条件确定为一固定温度。一方面，内墙温度随火焰的位置不同而变化，通常在炉体中部的墙温较高；另一方面，由于受炉子旋转的影响以及冷废料带来的冷却效应，温度也会随角度的变化而变化，如炉体底侧的墙温较高。此外，温度还会随着加热阶段的燃烧时间延长而升高。因此，墙体的每个点的温度边界条件的设定均取决于该点所在位置和燃烧时间，即为位置和燃烧时间的函数。该函数是由实际运行中的回转炉外墙温度的测定，而回转炉加热模拟及固体废料冷却效应的估算等是采用近似方法予以确定。

该模型未考虑固体废料熔化之后的液流问题，液铝被假定为处于滞留状态。此外，炉体的旋转以及固定在墙体上的桨叶等因素也未完全考虑到模型中，上述因素对废料加热的影响可通过墙体温度的分布来表征，而且通过废料/盐固体区的热导率这一变量，可以评估上述因素对热传递的增强作用。

（3）模型参数和主要假设。假设废料/盐区中废料与盐充分混合，而且对于固体区中每一个单元而言，混合物料具有均一的热力学性质，如密度、熔点、热熔、潜热和热导率等。上述热力学参数可基于混合物料中废料/盐的含量及相态加以确定。模型中的有效密度的计算依据是固体废料和盐的密度，而且忽略了废料处理过程中的热膨胀效应，并假设密度值不变。该模型设定混合物的熔点为 660℃，即金属铝的熔点，由此可见，模型忽略了合金、盐及其混合物的影响。有效热导率受废料/盐区空隙率的影响。一方面，该区的传热不仅是固体介质之间的有效热传导的过程，而且因为热气会经过固体颗粒间的空隙流动，所以也是对流热传导的过程；另一方面，该区的传热还受固体间导热性的影响。而这些都取决于压缩物料的孔隙率，因此可以将上述两方面的影响合并成一个参数，即孔隙率，用以表征热气对流传热和颗粒导热程度的影响。废料/盐区的孔隙率越小，则热传递越有效，而且对流传热作用越小。此外，炉体的回转也将增强废料/盐区的传热过程，对热导率的影响可以用回转窑的某些参数加以表征。

废料/盐区内的有效热导率（λ_{eff}）的计算如下：

$$\lambda_{eff} = C_{void} C_{rot} \lambda_{mix} \tag{3-1}$$

式中，λ_{mix} 为混合物的热导率，按金属和盐所占比例及相态来计算；C_{rot} 为旋转系数

（$C_{rot} > 1$），该值取决于炉体回转速度和回转炉的尺寸，在该模型中 C_{rot} 取值为 1.3；C_{void} 为综合孔隙系数，该值受回转炉的结构及其操作、气体流动及物料性质等影响，有人曾在相关研究中将 C_{void} 取值为 5.0，在该模型中 C_{void} 也取为 5.0，在废料熔化的实际过程中，C_{rot} 和 C_{void} 的值会随废料/盐区中液固比而变化，但该模型未对比加以考虑。而且，上述参数取值都仅仅是近似的估计值，其取值的准确率与精确度在将来的研究中还有待于进一步提高。

废料/盐区的传热还将受到液体重力、对流及熔融盐数量的影响。例如，熔体会填补废料/盐区较低部位的孔隙，而熔融盐和金属则由于密度差异而彼此分离。该模型未考虑上述影响。此外，该模型也未对熔体的固结过程进行模拟。在将来的研究中可以给废料/盐区的有效热导率增加一个调整系数，以此表征熔体固结作用的影响。

（4）过程模型：

1）紊流模型。位于炉腔上部的燃烧气体的流动属紊流，其速度在 0.0～150.0m/s 范围内变化。天然气燃烧及燃烧产生的热量向固相的传导都与气流及其紊流性质密切相关。κ-ε 模型是一种被广泛使用的模型，其中，κ 为紊流动能，其值随速度波动而变化；ε 为紊态涡流损耗速率。

2）燃烧模型。在过程模型及燃烧模型研究中采用了涡流损耗模型，燃烧模型为全结构化燃烧器模型。涡流损耗模型广泛应用于工业火焰的模拟中，该模型是基于这样一个概念而建立的，即相对于流动过程中的传质而言，化学反应的速度更快。当反应物以分子级水平进行混合时，产物会迅速形成。该模型假设反应速率与反应物以分子级水平混合时所需的时间成正比，而混合时间又取决于涡流性质（如紊流动能 κ 及其损耗速率 ε），因此，反应速率（r）与紊流动能 κ 及其损耗速率 ε 之间关系见式（3-2）。在许多工业燃烧过程中，反应速率比反应物混合速率快，过程受反应控制的理论都是适用的。

$$r \propto \frac{\varepsilon}{\kappa} \tag{3-2}$$

3）辐射模型。对于热量传导至废料/盐区以及炉墙而言，辐射的影响很大。通过辐射模型可以求解热辐射传导方程以获得能量方程所需的源项（S）等信息。P1 辐射模型为辐射传导方程的简化形式，该模型假设辐射为各向同性或辐射强度在一定区域空间内不受方向因素的影响。P1 模型适用于光学厚度大于 1 的情况，而在回转炉熔炼废铝过程中，光学厚度的估计值为 1.8，因此，对于回转炉熔炼铝废料研究，P1 模型是适用的热辐射模型。除 P1 模型外，其他的辐射模型还有非连续传导模型、Monte Carlo 模型等，这些模型在新版本的 ANSYS-CFX5.6 软件中有所应用。

4）浮力模型。在浮力计算中，密度是压力、温度或其他变量的函数，采用全浮力模型进行浮力计算。浮力的源项为局域密度波动的函数，方程如下：

$$S_M = (\rho_g - \rho_{ref})g \tag{3-3}$$

式中，S_M 为由浮力作用所得的能量源项；ρ_g 为气体混合物的密度；ρ_{ref} 为参比密度；g 为重力加速度。根据理想气体状态方程可知，气体密度随温度显著变化，因此浮力的变化与温度关系很大。

5）用户开发的子模型。当部分固体温度升至铝废料的熔点时，熔炼子模型便依据 CFD 模拟的结果和废料及其附近物料的性质开始计算熔炼速度。该熔炼子模型是依据单一颗粒在熔体中熔化过程的模型进行简化处理得到的。对于多粒度分布的颗粒体系，可根据粒径的不同将废料分组，并假设废料/盐区每一单元都具有相同的初始粒径分布。子模型在处理每一组物料时，方法与单个颗粒相同，并对废料/盐区的每一单元的熔炼速率进行计算。

因为金属铝的热导率很高，所以颗粒间的温度差异可忽略不计。因此，由环境传递给颗粒的热量可视为完全用于固体金属的熔化。在环境与固体界面建立的热平衡可表示如下：

$$\frac{\rho_p A \mathrm{d}R}{\mathrm{d}t}\Delta H = -hA(T_f - T_{mp}) \tag{3-4}$$

式中，ρ_p 为颗粒的密度；A 为颗粒的表面积；T_{mp} 为固体的熔点；T_f 为环境温度，该值由 CFD 计算得到；ΔH 为固体熔化潜热；h 为颗粒附近的传热系数，该值取决于颗粒粒径、流体流动条件以及流体性质。

而颗粒的粒径变化可由下式计算：

$$\mathrm{d}R = -\frac{h(T_f - T_{mp})}{\rho_p \Delta H}\mathrm{d}t \tag{3-5}$$

由此可获得废料/盐区各单元内的每组物料的颗粒粒径以及不同时间各单元内熔化颗粒的总量，而且还可以获得由于相变化而导致的各单元的热耗，该热耗值可作为能量源项返回 CFD，并影响废料/盐区的温度分布和由燃烧气体或炉墙向废料/盐区进行的热传导。

3.6.4 英国及美国

英国 EMP 技术公司于 20 世纪 90 年代开发的电磁泵循环系统（electromagntic pumping system，EMP），由于具有诸多的优点，已在二次铝资源熔炼中获得日益广泛的应用，取得了很好的经济效益。该泵的主要优点如下[21]：

（1）电磁泵无运动零件，使用寿命长。生产实践表明，泵送 4Mt 铝熔体后才需维护检修一次，维修费用大幅度下降。

（2）合金化作用大为改善。合金元素如硅、铜、锰、铁、钛等都可直接与炉料装入装料井内一起熔化，并在短时间内达均匀化，比常规熔炼合金均化时间快好几倍。

（3）处理薄废料、碎屑时金属回收率高。这类废料有废铝箔、各类机械加工碎屑，可将这类废料直接加入熔融铝中。

（4）提高了温度的均匀性。EMP 系统使铝熔体高速循环，流量达到 10t/min，能确保炉内熔体温度的均匀一致，使其温度梯度减至 40℃以下。

（5）生产能力大幅度提高。由于熔体高速循环流动，与不流动的静止炉相比，生产效率可提高 25%以上。

（6）适应性强。EMP 系统几乎对现行的各类铝废料熔化炉都适应，如矩形反射炉、圆形炉、倾动炉等。

比利时科鲁斯铝业公司（Corus）在 85t 的熔炼炉内安装了一套 EMP 系统后，一年仅停炉两次进行维护检修，每年生产 3 万吨轧制扁锭，产量提高约 20%；挪威海德鲁铝业公司（Hydro Aluminium）霍尔梅斯特兰德（Holmestrand）铝厂 1996 年一台 65t 的铝废料熔炼炉上安装了一套 EMP 系统，产量提高了约 20%，金属回收率提高 3% ~ 4%，炉渣量下降约 3%；美国印第安纳州哥伦布市（Columbus）MCA 铝厂使用 EMP 系统的经验表明，产品的化学成分均匀性显著提高，产量上升 25% 左右，检修维护次数也大为减少。

在美国，Almex 公司在提高各种铝废料及合金资源再利用效率和产品质量方面取得了突出成绩，主要表现在以下几个方面：

（1）保持合金化学成分均质化。对于提高循环铝生产的资源利用率，保持循环铝的产品质量（接近或达到原铝）至关重要。为了达到熔炼炉中合金均质化，Almex 公司应用了液态金属循环装置。废铝的加料顺序也很重要，特别是处理那些含高硅、镁和锌的废铝合金时。应当强调必须重视熔融铝中的铁量，因为铁将影响最终铝产品的机械强度。炉子耐火材料及涂层的成分也很关键，它们有可能成为进入金属中的钙和磷的来源。还应指出，在铝废料回收厂仓库中应按合金成分不同将物料分开存放。

常常看到工厂按物料的物理形状不同来分别堆放，这是不尽合理的。从安全和最佳金属回收率来说，原料的堆放还要远离水和油。

（2）熔炼成本控制。为了控制铝废料再熔化的成本，Almex 公司考虑了两种类型的燃烧系统：

1）用氧化铝小球作热回收介质的蓄热式燃烧器；

2）用镍烙铁耐热合金管预热燃烧空气的同流换热式燃烧器。

与冷空气燃烧器相比，这两种燃烧系统分别节约熔炼能源费用 30% 和 20%。Almex 公司还承诺，无论是蓄热式燃烧器，还是换热式燃烧器，它们的操作都能满足犹他州的环境条例标准，做到环境污染程度最小。

Almex 公司设计了不同废料的预热及视何种废料在炉内需优化熔化的分步熔炼工艺[22]。为了熔炼碎屑、油污废料、涂漆废料、箔类废料等，该公司推出了一种三室炉设计方案。

三室炉设计方案中，废料是加入一个完全与主燃烧室隔开的炉室铝液中，这就保证了生成的浮渣量最少并达到高的金属回收率。这种形式的炉子设计还保持了浮渣的"铝热效应"作用最低。Almex 炉的设计照样可采用盐类熔剂改善渣的流动性以易于撇渣，以及采用氮气进行铝液的连续精炼。

（3）用循环铝废料生产原铝质量的产品。Almex 公司提供了全部用循环铝废料生产循环铝产品的高质量技术保证，使循环回收的铝产品质量完全可与原生铝的产品质量相媲美。

（4）保持的坯料质量。熔融铝合金中的杂质，如溶解的氢、杂质夹杂物、碱金属及碱金属盐类，它们对（铝坯料）高速挤压不利。它们还将影响产品的表面粗糙度和力学性能，损坏挤压模具，延误生产。Almex 公司开发的液铝精炼系统（liquid aluminium refining system，LARS）就是为了解决这些问题，保持坯料的质量。

坯料的挤压速度与金属的冶金结构完好性有直接关系。该公司拟定的坯料挤压控制参数主要包括：溶解和析出的氢，夹杂物（包括所有外来或内部的非均质颗粒），存在的碱金属及其盐类，元素的化学分析（理想或非理想的元素及其含量），缩孔和气孔的分布，凝固过程是否出现对流，表面下离析层厚度，均质化完好率，坯锭中机械缺陷（裂纹等），采用的结晶设备类型及晶粒大小，树枝状晶设备类型及晶粒大小，均质化后的冷却条件，挤压前坯锭的预热速度，坯料的预热温度。

（5）LARS 的作用。LARS 技术用于从熔融铝及合金中除去氢气、夹杂物、碱金属及其盐类，已申请了专利，是美国 Almex 公司的注册商标，文献［23］对于 LARS 技术及设备有详细介绍。冶金专家们设计的 LARS 是专门用于从循环再生铝及合金熔体中高效率除杂质的技术，以提供最纯净的金属坯锭。LARS 已被许多工厂用来制造硬/软合金，用于生产挤压、锻造、片材和板材。一些工厂获取了 LARS 技术的信息后，便用 LARS 取代了自己原来的精炼技术。

表 3-17 是采用 LARS 技术前后产出的挤压坯料质量的对比实例。

表 3-17　采用 LARS 技术前后产出的挤压坯料质量对比

挤压坯料缺陷类型	用 LARS 前	用 LARS 后	改善的原因
模具衬造成的废品率	7%	2.5%	除去了夹杂物颗粒
氧化镀层处理后的颜色一致性	6.5%	1%	碱金属和碱土金属大大降低
超声检测缺陷率	3.5%	0.25%	气体、夹杂物、碱金属盐大大降低
伸长率下降率	4%	2%	气体、碱金属盐大大降低
抗弯强度下降率	5%	2%	大量缝隙被溶合
气孔率	4%	1%	氢除至低于每 100g Al 0.09mL
挤压速度		提高 3% ~ 5%	由于坯料纯度较高

采用 LARS 技术后，从普通铝合金 AA6063 到航空用材 AA7050 合金，世界已生产了数十万吨的纯循环铝再生产品。表 3-18 为采用 LARS 技术杂质的脱除效果。

表 3-18　采用 LARS 技术杂质的脱除效果

项　目	合　金	用 LARS 前	用 LARS 后
氢	6063	每 100g 合金 0.45mL	每 100g 合金 0.07mL
	7075	每 100g 合金 0.39mL	每 100g 合金 0.085mL
碱金属	6061	0.0009% Na, 0.001% Ca, 0.0006% Li	均低于 0.00015%
夹杂物	6063	20lbf/m² CFF 过滤器挡渣芯片	50lbf/m² CFF 无冒口装置过滤器
碱金属盐	7050	超声检测废品率为 30%	超声检测废品率低于 3%

注：1lbf/m² = 6894.76Pa。

从表 3-18 的数据可看出坯锭浇铸前铝熔体的深度净化的重要性，还可说明采用深度净化可避免因铝熔体的大量杂质而引起的生产过程的种种麻烦。

（6）熔铸车间的全质量控制。为了产出优良的坯锭，熔铸车间必须控制熔炼、熔体精炼、铸造以及均质化的一些重要的作业参数。根据挤压材的最终用途，在熔铸车间实行严格的质量控制是一项很重要的原则。大多数熔铸车间都能做到较严格的质量管理和成本控制，但有些因素往往容易被人们忽略。为了保持每批坯锭质量的优良和均衡，表 3-19 列出了一些最重要的控制参数和因素。

表3-19   一些最重要的控制参数和因素

操 作	参 数	重要性原因
原料分析	（1）碱性物的控制； （2）原料的形状、类型	关系到铸件最终用途，过分的金属熔体损失及安全性
熔 炼	（1）加料顺序或次数； （2）搅拌设备和方式	成分控制，金属熔体的损失，安全性，炉龄和熔体成分
合金化	（1）材料标准； （2）炉子热分析； （3）温度最佳化	成本、质量和成分控制
加熔剂和造渣	（1）熔剂枪操作； （2）采样分析； （3）燃烧操作； （4）保温温度和时间	质量和成本控制
撇 渣	（1）浮渣收集方法； （2）撇渣程度； （3）燃烧器配置； （4）撇渣安排； （5）浮渣冷却	熔体损失及成本控制
晶粒细化	（1）细化剂添加位置； （2）细化剂种类和加入速度	质量控制
在线脱气	（1）惰性气体量及流速； （2）氧和水分加入量； （3）消费者对氢含量要求	质量控制
过 滤	（1）CFF 预热操作； （2）流槽清洁度	质量控制
遥控程序设置	（1）初始冒口接法； （2）初始浇铸量控制； （3）流槽升降频率	质量控制
遥控浇铸	（1）浇铸速度； （2）冷却水流速； （3）冷却水质量	冶金质量控制
坯锭检查	（1）坯锭表面与铸模条件的关系； （2）超声检查	质量和美观
均质化（退火）	（1）T/C 位置； （2）冷却控制	冶金质量控制，负荷稳定性控制
挤 压	（1）预热操作； （2）保持等温挤压条件	质量与生产率
剪 切	（1）废品因素； （2）标记和入库	质量改进反馈收集和处置

由以上所述的外国循环熔炼再生铝的技术可知，我国在这方面还有差距，我国应该借鉴国外资料，进行研究工作，并早日用于生产。

参 考 文 献

[1] 中国有色金属工业协会. 中国有色金属工业年鉴[M]. 2005.

[2] 中铝网. 2009 年世界铝产量一览表[EB/OL]. http：//market. cnal. com/sttisics.

[3] 赵青. 对再生铝行业的认识[J]. 世界有色金属，2004(4)：21，22.

[4] 兰兴华. 从再生资源中回收有色金属进展[J]. 世界有色金属，2003(9)：61 ~ 65；2003(10)：53 ~ 58；2003(11)：64 ~ 68.

[5] 我国再生铝前景广阔. 中国有色金属报，2004 年 1 月 22 日，第 7 版.

[6] 王祝堂. 世界最大的再生铝企业——美国伊姆科再生金属公司[J]. 中国资源综合利用，2000(2)：17，18.

[7] 乐颂光，鲁君乐. 再生有色金属生产[M]. 长沙：中南工业大学出版社，1991.

[8] 北京有色金属设计研究总院铝镁处. 国外铝、钛工业[M]. 北京：中国工业出版社，1964.

[9] 马荣骏. 萃取冶金[M]. 北京：冶金工业出版社，2009.

[10] 里特瑟 G M，等. 溶剂萃取原理和冶金工业中的应用[M]. 孙芳玖，等译. 北京：原子能工业出版社，1978.

[11] 马荣骏，邱电云. 某些主族元素的萃取分离[M]//溶剂萃取手册. 汪家鼎，陈家镛. 北京：化学工业出版社，2001.

[12] 邱定蕃，徐传华. 有色金属资源循环利用[M]. 北京：冶金工业出版社，2006.

[13] 王祝堂. 中国的再生铝工业[J]. 中国资源综合利用，2004(9)：30 ~ 39.

[14] 南波正敏. 日本再生铝产业的发展现状与展望[J]. 有色金属再生与利用，2004(11)：3，4.

[15] MASATOSHI N. Current Development and Propects of Japan's Aluminium Recycling Industry[C]. Proceedings of the Forth Secondary Metals International Forum. Suzhou, China, 2004, 197 ~ 211.

[16] GROOT JAM D de. 宏泰铝工业设备公司的再生铝技术与设备[J]. 有色金属再生与利用，2004(8)：13，14.

[17] GROOT JAM D de. 宏泰铝工业设备公司用于铝屑回收的多室熔炼炉[J]. 有色金属再生与利用，2004(10)：18 ~ 20.

[18] ZHOU Bo, YANG Yongxiang. Reuter Markus A. Procees Modeling of Aluminium Scraps Melting in Moltem Salt and Metal Bsth in a Rotary Furnace[C]. TMS, 2004.

[19] WU Y, et al. Modeling the Cylindrical Scrap Aluminium Remelter[J]. Light Metals, 1994：855 ~ 862.

[20] ANSYS-CFX5 Manuals and Documents. ANSYS Inc.

[21] 王祝堂. EMP 系统——高效的废铝熔炼装置[J]. 中国资源综合利用，2000(12)：32.

[22] RAVI T. Effcient Recycling of Aluminium Scrap for Manufacturing of Extrusion Billet[C]//Proceedings of 2004' Chinese Secondary Aluminium Industry's Development Forum. Beijing, China, 2004：52 ~ 60.

[23] RAVI T. LARS：improved aluminium refining system with in-situ gas preheating and SCADA capabilities [J]. Light Metal Age, 1999, 57(5/6)：14 ~ 23.

4 二次资源铜的回收

4.1 概述

4.1.1 铜废料回收概况

人类对铜的开采历史已有4000年以上，消耗的铜估计在3.15亿吨以上（该数大致与目前世界陆地铜的探明总储量相当）[1]，其中一部分铜仍在流通循环中。目前，世界每年生产和消费的铜（约1500万吨）主要仍来自矿石，而循环铜（约500万吨）的比例约为1/3。这说明铜（或含铜）产品使用寿命长，但铜在消费中造成分散，使一部分再生回收困难，部分甚至无法回收（如埋入地下和锈蚀损失、化工产品分散使用等）[2]。

图4-1所示为1970~1990年发达国家直接利用的铜废料占铜总消费比例[3]。欧洲和美国是循环铜的主要用户。除自己国家的铜废料消费外，他们还为其他OECD（经济合作和发展组织）国家代加工一些铜废料。代加工再生铜的费用从1984年的约1亿美元提高到了1993年的3.5亿美元。此外，在1953~1993年间，发达国家消费的精铜中平均约有40%来自铜废料。在美国，精铜消费中40%以上来自循环铜，其中约1/3来自旧的产品，2/3来自制造业废料。1994年有170万吨铜来自废料，该数占美国铜的总消费量的41%，其中，11%的再生铜是由铜冶炼厂产出，3%是由铜精炼厂产出，其余是铜合金生产中的直接利用。因此，循环铜在世界铜市场占有很重要的地位。

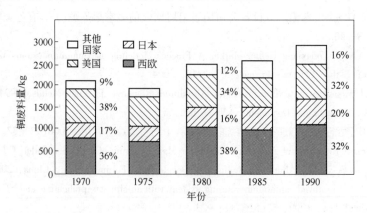

图4-1　1970~1990年西欧、日本、美国和其他国家直接应用的铜废料量
（不包括东欧、俄罗斯和中国）

在铜的成品产出中，约有94%的铜是以金属态产出，这部分铜是可以回收的。难以回收的部分是以化学品或粉状产品产出，主要用于一些消耗性领域，如用于农业和水处理药

剂、油漆、涂料等。图 4-2 所示的消费曲线表明了 1950 年以来原生和循环铜的消费情况。绝大部分铜是以铜丝、电缆、铜管和其他耐用消费品形式应用，其使用寿命达 30 年以上，使得铜的循环周期长。从经济上（例如市场价格）考虑，有时也不利于这类铜回收，如埋入地下的电缆，即使超过服务期，一般也不会挖出来回收，除非经济上有利。

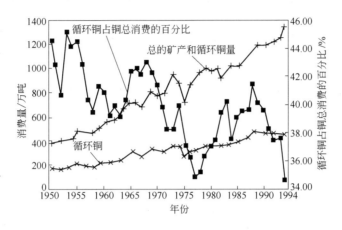

图 4-2　1950～1994 年世界矿产和循环铜的消费

图 4-2 还表明，每年再生循环铜消费的百分比变动很大，这是因为废料回收和加工是一种商业性活动，对市场价格敏感，还常常要受废料供应商的限制。但不管怎样，世界再生循环铜总是占铜总消费量的 30% 以上：在 1953 年曾高达约 45%，1967 年约 43%，1988 年在 41% 以上，1994 年下降到不足 35%。图 4-3 所示为回收的铜废料占比作为美国市场铜价的一个函数的变动关系。铜废料的价格是精铜价的函数，并随废铜的类型和纯度而变化。由于它的价格较高，铜是金属中回收比例最高的金属之一。美国废料回收工业协会每年都出版贸易用的废料清单（公报）。清单中列出了 53 种商业用的铜及铜合金废料类别，并附有时价。

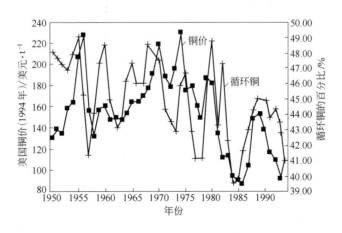

图 4-3　美国循环的铜量和铜价之间的关系

美国是世界二次铜资源直接利用比例最高的国家，这说明其资源的利用效率高。

表 4-1 为 2004 年部分国家的铜循环回收利用情况。

表 4-1   2004 年部分国家的铜循环回收利用情况

位序[①]	国家	精铜总产量/万吨	再生精铜/万吨	废铜直接利用量/万吨	循环铜总量/万吨	铜总消费量/万吨	循环铜总量/铜总消费量/%
1	日 本	138.01	19.6	108.2	127.8	127.86	99.95
2	美 国	131.00	5.1	109.9	115.0	242.00	47.52
3	德 国	66.00	37.0	23.4	60.4	110.76	54.53
4	意大利	3.36	3.4	48.2	51.6	71.84	71.83
5	比利时	40.23	14.0	1.1	15.1	25.01	60.38
6	俄罗斯	88.50	15.0		15.0	55.76	26.90
7	英 国		12.0		12.0	24.34	49.30
8	奥地利	7.42	7.4	2.0	9.4	3.40	276.47
9	巴 西	20.80	2.0	6.6	8.6	34.02	25.28
10	瑞 典	23.56	6.1		6.1	18.87	32.33
	中 国	219.87	62.00	54.00	116[②]	320.03	36.25

注：资料来源于 2005 年《中国有色金属工业年鉴》。

① 按循环铜量排序（不包括中国）。

② 中国有色金属工业协会数据。

从表 4-1 中可看出，中国铜循环的总产量已进入世界前列。表 4-2 为中国历年来有代表性的年份的铜、铝、铅、锌循环和金属产量的统计。应当指出的是，表 4-2 所列出的 4 种"杂产"金属意为再生金属，但"杂产"数并不包括直接回收利用的再生金属原料。以铜为例，2004 年我国进口加国内收集的废杂铜总金属量约 120 万吨，表中 62.00 万吨仅为进入精铜中的再生铜[4,6]。

表 4-2   中国历年来有代表性的年份的原生和再生金属产量

年份	产量/万吨											
	铜			铝			铅			锌		
	总计	矿产	杂产	总计	矿产	杂产	总计	矿产	杂产	总计	矿产	杂产
1949	0.29	0.19	0.10	—	—	—	0.26	0.21	0.05	0.02	0.01	0.01
1952	2.95	0.47	2.48	—	—	—	0.89	0.79	0.10	0.84	0.83	0.01
1956	7.03	1.85	5.18	2.16	2.15	0.01	5.24	4.04	1.20	2.97	2.80	0.17
1992	65.90	40.19	23.95	109.60	109.60	0.58	36.60	31.77	4.83	71.90	69.87	2.02
1993	73.03	45.49	25.54	125.45	124.19	1.25	41.19	36.77	4.43	85.69	84.01	1.69
1994	73.61	46.89	26.72	149.84	146.22	3.62	46.79	40.80	5.99	101.71	97.64	4.07
1995	107.97	61.23	46.74	186.97	167.61	19.36	60.79	43.25	17.53	107.67	98.08	9.59
1996	111.91	69.16	42.75	190.07	177.09	12.98	70.62	56.26	14.36	118.48	111.20	7.28
1997	117.94	80.09	37.85	217.86	203.50	14.35	70.75	58.38	12.37	143.44	137.20	6.24
1998	121.13	87.05	34.08	243.53	233.57	9.96	75.69	66.45	9.23	148.63	147.13	1.50

续表4-2

年份	产量/万吨											
	铜			铝			铅			锌		
	总计	矿产	杂产	总计	矿产	杂产	总计	矿产	杂产	总计	矿产	杂产
1999	117.42	83.61	33.81	280.89	259.84	21.04	91.84	82.10	9.74	170.32	168.46	1.86
2000	137.11	102.34	34.77	298.82	279.41	19.52	109.99	99.79	10.20	195.70	188.72	6.97
2001	152.33	121.58	30.75	357.58	337.14	20.44	119.54	98.39	21.15	203.76	196.79	6.97
2002	163.26	125.22	38.03	451.11	432.13	18.98	132.47	107.25	25.22	215.51	213.43	2.08
2003	183.63	141.05	42.58	596.20	554.69	41.51	156.41	128.16	28.25	231.85	228.62	3.23
2004	219.87	157.87	62.00	668.88	668.88		193.45	150.95	42.50	271.95	267.47	4.48

注: 资料来源于2005年《中国有色金属工业年鉴》。

4.1.2 铜废料的组成

二次资源的铜废料, 主要是报废的含铜废件, 生产铜、铜合金及其机械加工过程中的废料、铜渣和烟尘、含铜的废矿石及低品位氧化铜矿等。二次资源铜废料的来源、组成以及处理的方法列于表4-3中。我国某厂几种含铜炉渣的组成见表4-4[4]。可用于熔炼锡青铜和含铅黄铜的废料的化学成分见表4-5及表4-6。

表4-3 国内再生铜原料的来源、组成以及处理方法

序 号	名 称	废料的来源	主成分含量/%	处 理 方 法
1	特紫铜（纯废铜）	导电用钢材轧制加工过程中产生的废料	Cu≥99	直接回炉处理, 生产再生铜线、铜锭
2	紫杂铜	紫铜废型材、线、屑	Cu≥90~95, ZnS	生产阳极铜进行电解精炼
3	高纯度黄铜	黄铜轧材生产、加工过程中产生的废料	H90 含 Cu 89~91, 杂质 0.2, Zn 余量; H80 含 Cu 79~81, 杂质 0.3, Zn 余量; H68 含 Cu 67~70, 杂质 0.3, Zn 余量	生产相应牌号的黄铜锭
4	黄杂铜	各种黄铜废件、废料、废屑、废弹壳及旧生产用具	Cu 50~80 Zn 10~30	可用鼓风炉生产黑铜
5	白杂铜	铜、镍、锌合金废料	Cu 54~70 Zn 18~30 Ni 2.5~15	用鼓风炉生产黑铜
6	青废杂铜（废响铜）	铜、锡合金废料	Cu 70~75 Sn 10~20	用转炉生产次粗铜

续表 4-3

序　号	名　称	废料的来源	主成分含量/%	处　理　方　法
7	铜镍合金废料		Cu 27 ~ 42 Fe 2 ~ 4 Ni + Co 余量	制取硫酸镍、硫酸铜或金属铜、镍、钴
8	复铜钢废料	废旧弹壳、军工单位边角料	Cu 4 ~ 8, Fe 余量 Zn 0.2 ~ 0.6	氨浸出生产电铜
9	铜灰及铜工业垃圾	铜合金铸造加工时产生的炉渣及扫地尘土	Cu 6 ~ 30 Zn 5 ~ 20	预处理分级、选别火法或湿法处理
10	铜渣	精炼炉中产出的炉渣	Cu 10 ~ 60 SiO_2 12 ~ 45	鼓风炉还原熔炼产出黑铜
11	含铜的废矿石	采矿中产生	含 Cu 0.1 左右	堆浸—萃取—电积
12	低品位氧化铜矿及杂氧化铜矿	铜矿的表外矿及杂氧化铜矿	含 Cu 0.3 ~ 1	堆浸—萃取—电积

表 4-4　某厂几种含铜高的炉渣的组成　　（%）

炉渣类别	Cu	SiO_2	CaO	FeO	Al_2O_3	MgO
阳极炉精炼渣	8 ~ 18	39 ~ 45	2 ~ 4	7 ~ 9	9 ~ 10	2 ~ 4
阴极炉精炼渣	10 ~ 25	30 ~ 45	2 ~ 3	6 ~ 8	10 ~ 13	2 ~ 4
转炉炼渣	30 ~ 40	4 ~ 8	0.5 ~ 1	7 ~ 9	4 ~ 8	0.5 ~ 1
黑铜、紫铜精炼炉渣	25 ~ 35	12 ~ 22	0.5 ~ 1	5 ~ 8	4 ~ 5	1 ~ 2

表 4-5　熔炼锡青铜所用废料的化学成分　　（%）

废　料	Sn	Pb	Fe	Ni	Zn	Cu
黄铜散热器	2.9	5.0	0.2	0.2	2.5	87
含铅散热器	5.0	11.0	0.2	0.2	16.0	66
铜散热器	2.9	5.5	0.2	0.2	9.0	81
镀锡黄铜	2.0	5.0	0.2	0.2	30.0	62
压成块的茶壶	1.5	12.0	0.7	0.2	30.0	55
青铜轴套	3.5	4.5	0.3	0.5	5.5	68
轴　承	5.0	20.0	0.3	0.5	5.5	68
锌白铜（带、扁材、棒）	—	—	0.5	15.0	18.0	65
白铜（管）	—	—	1.0	20.0	—	78
康铜（线材、带材）	—	—	0.5	40.0	58	
青铜屑	3.6	5.0	0.4	0.5	7.0	62
下脚料	8.1	0.1	0.1	0.1	0.1	90

表 4-6　熔炼含铅黄铜所用废料的化学成分　　　　　（％）

废　料	Pb	Sn	Fe	Ni	Cu	Zn
黄铜环	2.5	0.5	0.5	0.5	58	27
废件、包冲压块	1.6	0.2	0.5	0.5	59	36
水　壶	3.0	0.5	1.0	0.5	62	32
轴　套	2.5	0.3	0.3	0.2	70	25
黄铜散热器端头	3.5	1.5	0.1	0.1	68	25
铜镍吊杆	0.3	0.1	1.0	2.0	50	45
黄钢屑	2.0	0.7	1.0	0.5	63	32
黄铜（网）	1.5	0.2	1.0	0.5	61	35
锌（板）	0.8	—	—	—	—	98
电缆铅	99.0	—	—	—	—	—

4.1.3　铜废料的处理方法

铜废料有两种再生利用途径，即生产再生精铜和直接熔炼成铜合金使用。此外采用湿法冶金从废矿石或低品位氧化铜矿生产铜的化工产品，也很值得重视。

当用火法冶金处理铜废料时，首先要将铜废料严格分类。高品位纯铜料或牌号明确的废铜合金料可直接冶炼成铜锭或相应铜合金。较单纯的杂铜废料可熔炼成合金或铜阳极进行电解精炼得到电解铜。品位复杂的废铜料则用鼓风炉—转炉—阳极炉—电解精炼流程生产电铜。

杂铜废料的火法冶金处理目前使用了三种不同的流程[7,8]：

（1）一段法。将杂铜废料加入反射炉中进行火法精炼后铸成阳极，随后，进行电解精炼得电铜。反射炉可烧块煤、粉煤或烧重油加热。炉料入炉后经熔化、氧化、还原等精炼阶段。炉料中约有30%～40%锌蒸馏出来，进入收尘系统以氧化锌形式回收，其余锌进入渣中；铜入粗铜回收率为80%～85%，渣含铜高达15%～20%。反射炉精炼床能力为3t/（$m^2 \cdot d$），此法渣含铜高，需进行还原处理。

（2）二段法。将杂铜废料先在鼓风炉中还原熔炼得到粗铜，然后在反射炉中精炼成阳极铜；或者将杂铜废料先经转炉吹炼成粗铜，然后在反射炉中精炼成阳极铜。鼓风炉熔炼时铜直收率达96%。对于高锌杂铜废料宜采用先在鼓风炉中熔炼，然后粗铜在反射炉中精炼，渣含铜为0.8%～2%或更少，锌入烟尘直收率达80%。而含铅锡高的铜废料则宜采用先在转炉中吹炼使铅锡进入炉渣然后回收，所产粗铜则在反射炉中进行精炼。

我国某厂采用工频真空感应电炉蒸锌的办法处理黄杂铜，得到金属锌，而铜液则在反射炉中精炼制成阳极后电解，经济效益显著[9]。

（3）三段法。将杂铜废料经鼓风炉熔炼—转炉吹炼—反射炉精炼产出阳极铜的过程称为三段法处理铜废料。鼓风炉熔炼的目的在于脱除炉料中大部分锌，并产出含杂质较多的

　　呈黑色的黑铜。黑铜在转炉中吹炼脱除铅锡等杂质后得到粗铜，然后进入反射炉中精炼得阳极铜。转炉渣返回鼓风炉熔炼。此法能较好地综合利用原料，锌大部分回收入鼓风炉的烟尘中，而铅锡则大部分在转炉渣中回收。此流程复杂，设备也较多，但综合利用较好。图4-4所示为铜废料的三段法处理流程。

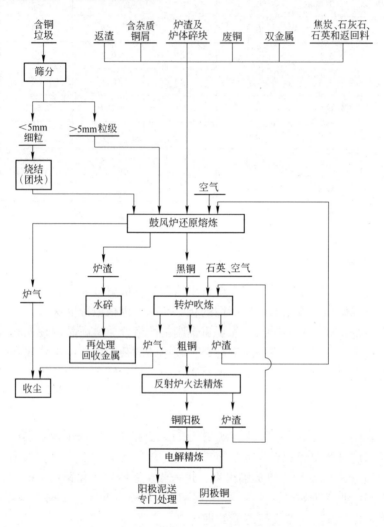

图4-4　铜废料三段法处理流程

　　含铜废料的湿法冶金处理也需要仔细备料，将铜废料进行严格分类处理。根据不同情况采用化学（酸溶解、氨溶解、氯盐溶解等）或电化学（电解溶解）溶解铜废料。溶解后，溶液经净化除去杂质得到纯的含铜溶液用以制取金属铜或铜化工产品[7]。采用湿法冶金处理铜废料，流程较简单，金属分离效果好，金属回收率高，工艺适应性强，环境保护好，规模可大可小，投资省，经济效益高，因而值得大力推广和进一步研究。废杂铜湿法处理原则流程如图4-5所示。还应该重点提出的是，浸出—萃取—电积法处理含铜废矿石及低品位的氧化铜矿石已在处理含铜二次资源中占有重要地位。

4.2 铜废料的鼓风炉熔炼

　　鼓风炉是熔炼铜废料的通用设备之一，通常用于处理含锌高的黄杂铜和各种杂铜，以及再生铜生产过程中的各种炉渣（原生粗铜或黑铜火法精炼的炉渣，转炉吹炼黑铜生产次粗铜的炉渣等）和各种低品位原料。鼓风炉熔炼杂铜所产金属铜含杂质较多，呈黑色，称为黑铜。黑铜需要进一步在转炉中吹炼得次粗铜。鼓风炉的烟尘因锌高需进一步处理回收锌，其炉渣则视情况而定。

4.2.1 铜废料鼓风炉熔炼的原理

　　含铜废料的鼓风炉熔炼是一还原熔炼过程[4,10,11]。熔炼时加入炉料量 10% ~ 15% 的焦炭，燃烧放出的热足以使炉料熔化及熔化

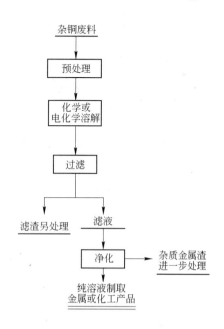

图 4-5　含铜废料湿法冶金处理原则流程

产物过热，并使锌和其他易挥发的有色金属及其化合物进入气相。一般不需要在炉中造成强还原气氛，这是因为炉中所含的金属铜和其他金属大部分呈游离态或合金形式存在着。炉料中所含的铜氧化物易于还原。有关的金属氧化物在被 CO 还原时其 $\lg(p_{CO}/p_{CO_2})$ 与温度关系曲线列于图 4-6 中。从图中可以看出，Cu_2O 还原时 $\lg(p_{CO}/p_{CO_2})$ 最小，故 Cu_2O 最易还原。各金属氧化物还原时，$CO + CO_2$ 气体混合物平衡成分与温度的关系如图 4-7 所示。还原熔炼时的鼓风炉断面示意图如图 4-8 所示。

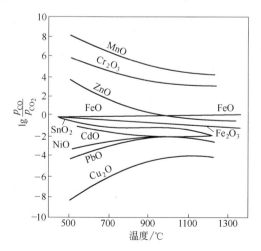

图 4-6　有关金属氧化物的还原曲线

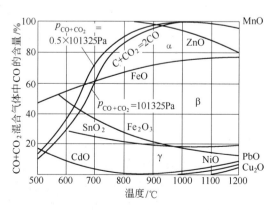

图 4-7　某些金属氧化物还原时 $CO + CO_2$ 气体混合物平衡成分与温度的关系曲线

通常沿鼓风炉高度分成五个区域来说明各区的物理化学变化过程。

第一区域：为熔炼准备区，位于炉子上部。从炉子风口区上升炉气的温度在此处约为400~600℃。在此区域中进行炉料的加热和水分蒸发。炉料中易熔组分如金属铅和焊料等将熔化而出现液相。此外，从加料口吸入的空气将与炉料面上的锌蒸气及一氧化碳反应（燃烧），并放出大量热，其反应如下：

$$2Zn + O_2 \Longrightarrow 2ZnO \qquad \Delta H = +696kJ/mol$$

$$2CO + O_2 \Longrightarrow 2CO_2$$

第二区域：在此区域，炉料和炉气的温度达到600~1000℃，发生碳酸钙分解，黄铜熔化，铜锌合金中部分锌蒸发，炉料中的金属氧化物开始还原。还原剂主要是CO，有关反应如下。

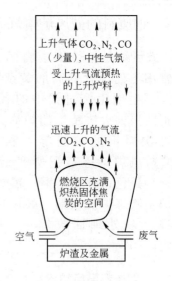

图4-8　还原熔炼鼓风炉断面示意图

碳酸钙分解：　　　　　　　　　$CaCO_3 \Longrightarrow CaO + CO_2 \uparrow$

铜的氧化物的还原：　　　　　　$Cu_2O + CO \Longrightarrow 2Cu + CO_2 \uparrow$

在平衡状态下，气相混合物中CO分压值为：

温度/℃	900	1050	1083
p_{CO}	38	122.8	153.7

由此可见，Cu_2O很容易被还原。

CuO也易还原：　　　　　　　　$CuO + CO \Longrightarrow Cu + CO_2 \uparrow$

硅酸铜和铁酸铜的还原则要求高CO浓度，并在有CaO存在时反应加速，其反应如下：

$$CuO \cdot SiO_2 + CO \xrightarrow{CaO} Cu + SiO_2 + CO_2 \uparrow$$

$$CuO \cdot Fe_2O_3 + CaO + CO \Longrightarrow Cu + CaO \cdot Fe_2O_3 + CO_2 \uparrow$$

铅氧化物的还原：游离氧化铅在200℃时就开始还原，反应的气体混合物中CO平衡浓度值为：

温度/℃	300	727	1227
$2CO + O_2$混合物中CO的含量/%	0.001	0.13	5.10

当铅以硅酸盐和铁酸盐形式存在时，这种结合型PbO被CO还原较游离PbO困难，原因是游离PbO中的氧离子与铅离子直接键合，而在$xPbO \cdot ySiO_2$中还有$Si_xO_y^{2-}$，且Si—O键比Pb—O键牢固。氧化铅和二氧化硅可生成易熔的化合物和共晶体，如$4PbO \cdot SiO_2$（725℃）、$2PbO \cdot SiO_2$（764℃）、含30%SiO_2的共晶体（733℃）等（见图4-9）。

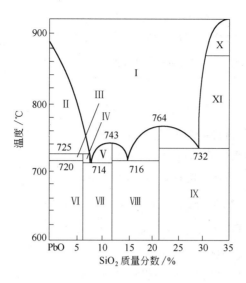

图 4-9 PbO-SiO$_2$ 系状态图

I —L；II —PbO + L；III —PbO + αPbO · SiO$_2$；IV —L + αPbO · SiO$_2$；V —L + βPbO · SiO$_2$；

VI —PbO + αPbO · SiO$_2$；VII —αPbO · SiO$_2$ + βPbO · SiO$_2$；VIII —PbO · SiO$_2$ + βPbO · SiO$_2$；

IX —PbO · SiO$_2$ + 石英；X —鳞石英 + L；XI —石英 + L

由于这些铅氧化物熔点较低，在鼓风炉熔炼时大部分都在熔体状态中被还原。在炉温 800~850℃下，从液态硅酸盐化合物中还原铅反应的平衡 CO 浓度为 3%~4%，当有碱性氧化物特别是 CaO 存在时，可将熔体中 PbO 置换出来呈游离 PbO 而有利于还原。还原反应如下：

$$2PbO \cdot SiO_2 + CaO + 2CO \rightleftharpoons CaO \cdot SiO_2 + 2Pb + 2CO_2 \uparrow$$

$$2PbO \cdot SiO_2 + CaO + FeO + 2CO \rightleftharpoons CaO \cdot FeO \cdot SiO_2 + 2Pb + 2CO_2 \uparrow$$

铅的氧化物虽然容易还原，但不可避免有部分氧化铅和其他造渣成分形成各种化合物进入炉渣而不被还原。

锡氧化物的还原：SnO$_2$ 的还原较铜、铅氧化物的还原困难，且还原是分两步进行的：

$$SnO_2 + CO \rightleftharpoons SnO + CO_2 \uparrow$$

$$SnO + CO \rightleftharpoons Sn + CO_2 \uparrow$$

游离 SnO 不稳定，且按下式发生歧化反应。

$$2SnO \rightleftharpoons SnO_2 + Sn \uparrow$$

用一氧化碳还原锡氧化物，反应的平衡气相混合物成分为：

温度/℃	800	1000	1200
CO + O$_2$ 混合物中 CO 的含量/%	20.9	8.0	4.0

当有 CoO 和 FeO 等强碱性氧化物存在时，会促进已渣化的亚锡还原：

$$2SnO \cdot SiO_2 + CaO + 2C(CO) \rightleftharpoons 2Sn + CaO \cdot SiO_2 + 2CO(CO_2) \uparrow$$

$$2SnO \cdot SiO_2 + FeO + 2C(CO) \rightleftharpoons 2Sn + FeO \cdot SiO_2 + 2CO(CO_2) \uparrow$$

此外，炉料中的金属铁可以还原锡的化合物，其还原反应为：

$$SnO \cdot SiO_2 + Fe \xlongequal{\hspace{1em}} Sn + FeO \cdot SiO_2$$

氧化锌的还原：氧化锌是难还原的氧化物之一，由于炉气中 CO 浓度较低，故还原反应：

$$ZnO + CO \xlongequal{\hspace{1em}} Zn(g) + CO_2 \uparrow$$

较难进行，若鼓风炉熔炼含锌高的炉料，应需较强的还原气氛，以供锌还原进入气相。但是当炉料有金属铁时，则氧化物锌可能被金属铁还原：

$$ZnO + Fe \xlongequal{\hspace{1em}} Zn + FeO$$

$$ZnO \cdot SiO_2 + Fe \xlongequal{\hspace{1em}} Zn + FeO \cdot SiO_2$$

$$ZnO \cdot Fe_2O_3 + Fe + CO \xlongequal{\hspace{1em}} Zn + 3FeO + CO_2$$

这些反应要在温度高于 1000℃ 时才进行。在铜锌废料鼓风炉熔炼时，除非在炉中造成强还原性气氛，一般氧化物锌只部分还原为金属锌而大部分进入炉渣。

第三区域：温度为 1000 ~ 1300℃，有色金属氧化物还原结束。炉料熔化生成黑铜和炉渣，锌和其他易挥发组分（氧化铅和氧化亚锡）继续进入气相。造渣反应有：

$$Fe_3O_4 + CO \xlongequal{\hspace{1em}} 3FeO + CO_2$$

$$2FeO + SiO_2 \xlongequal{\hspace{1em}} 2FeO \cdot SiO_2$$

$$xCaO + ySiO_2 \xlongequal{\hspace{1em}} xCaO \cdot ySiO_2$$

第四区域：又称焦点区（风口区附近），温度约为 1300 ~ 1400℃。风口区附近充满了炽热的焦炭，液态的熔炼产物经炽热焦炭层滤下进入炉缸中，焦炭与鼓入的空气燃烧产生 CO_2，过剩焦炭又将 CO_2 还原成 CO，其反应为：

$$C + O_2 \xlongequal{\hspace{1em}} CO_2 \uparrow$$

$$CO_2 + C \xlongequal{\hspace{1em}} 2CO \uparrow$$

在风口区，由于高温而发生易挥发组分的强烈蒸馏，当炉料中有硫时，则铅和锡形成 PbS 和 SnS 挥发进入气相。

第五区域（炉缸）：温度为 1200 ~ 1250℃，炉缸中聚集了液态熔炼产物黑铜和炉渣。当鼓风炉未设前床（炉外澄清池）时，定期从炉中分别放出黑铜和炉渣。当有前床时，熔炼出的液态产物从炉中排出到前床内按密度分层，然后分别放出黑铜和炉渣。

当含有锌的铜废料鼓风炉熔炼时，其特点是产出高锌炉渣，其中含 ZnO 为 8% ~ 18%，Al_2O_3 为 5% ~ 13%，两者总和为 20% ~ 30%。炉渣中总锌量的 60% 以硅酸盐形式存在，以锌尖晶石（$ZnO \cdot Al_2O_3$，熔点为 1930℃）形式存在的锌达 40%。含尖晶石炉渣熔点高，黏度大，使黑铜珠混杂在渣中而使渣含铜高。因此，当氧化锌含量高时需提高炉渣中氧化亚铁含量，这可用适当加入金属铁使 ZnO 还原成锌，并产出 FeO 进入炉渣，或加入氧化钙以改善炉渣性能。

当炉料中含 6% ~ 10% 以双金属形式（如覆有铜的铁件）存在的铁时，便能保证有色金属氧化物还原完全，并产出氧化亚铁含量合乎规定的炉渣。但炉料中铁含量太多会在炉中生成铁瘤。

从鼓风炉操作实践知道，当炉渣成分（%）为 SiO$_2$ 24~26，FeO 35~40，CaO 8~12时，可达到满意的锌挥发率，但渣含铜较高，一般为 0.7%~0.8%。国内某厂用 0.5m^2 鼓风炉熔炼黄杂铜时，炉渣成分为：SiO$_2$：CaO：FeO =（30~32）：（26~32）：（5~10），渣含铜为 0.3%。当 FeO 高于 10% 时，渣含铜迅速增加。在熔炼黑铜精炼渣时，炉渣一般成分（%）为：SiO$_2$：CaO：FeO =（26~32）：（24~28）：（14~18），在炉料中加入萤石可降低渣熔点，改善渣的流动性。

含铜废料鼓风炉熔炼时可用含铁双金属、石英和石灰石作为熔剂。

前已提到熔炼时炉料中游离氧化钙能破坏有色金属硅酸盐和铁酸盐，促进渣中有色金属的还原。在处理富铜的返料（吹炼和精炼渣，熔炼铜基合金时产出的渣等）时，要特别注意加熔剂，因为这些返料中的铜、锌、铅都是以氧化物形式存在的。

4.2.2　铜废料鼓风炉熔炼的实践

熔炼铜废料的鼓风炉一般为长方形，风口区截面积为 3~13m^2，炉宽为 1.1~2.1m，高 3.7~4.5m，当然也有用小于 1m^2 圆形鼓风炉的[4,10~13]。

前苏联某厂采用风口区截面积 8.35m^2（风口区宽为 1300mm，长为 6065mm）的鼓风炉（见图 4-10）。炉子为全水套式，共有 26 个风嘴，每个直径 130mm。炉身、炉喉和烟道的水套都与汽化冷却器相连。采用加料机加料，当料柱面低于加料口下 2.0~2.5m 时则需加料。每批料为 20~25t，加料次序为先进焦炭、熔剂、返渣和铜锌渣、旧废铜料和切屑，然后再加入双金属和其他配料。

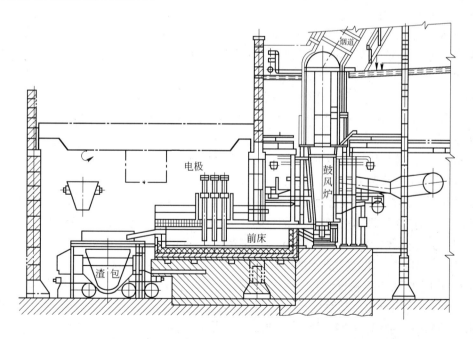

图 4-10　熔炼铜废料用的设有电热前床的鼓风炉

炉缸中的熔体经水冷虹吸装置流入电热前床，其中有 3 根 ϕ300mm 石墨电极作加热用，所用变压器功率为 2000kW，以保证前床熔体的温度而降低渣含铜。黑铜经前床放出口放出。炉气进入收尘系统，收尘后气体含尘 0.04g/m³。

鼓入炉内的空气压力为 14692 ~ 24521Pa，鼓风量为每平方米风口区截面积每分钟50 ~ 70m³，此时炉子每天每平方米生产能力高达 80 ~ 100t。

鼓风炉熔炼时各产品的产率（按炉料的质量分数计,%）为：黑铜 30 ~ 33，炉渣 53 ~ 57，粗尘 3 ~ 4，细尘 5 ~ 10；各种熔炼产品组成列于表 4-7 中。

表 4-7　铜废料鼓风炉熔炼产物的组成 　　　　　　　（%）

熔炼产品	Cu	Zn	Sn	Pb	Ni	SiO₂	CaO	FeO	Al₂O₃
黑铜	82 ~ 87	5 ~ 8	1.2 ~ 2.2	1 ~ 2	0.5 ~ 1.5	—	—	Fe 为 1.5 ~ 3	—
炉渣	0.7 ~ 0.8	6 ~ 9	0.1 ~ 0.2	0.2 ~ 0.5	0.03 ~ 0.2	23 ~ 29	8 ~ 14	25 ~ 40	8 ~ 13
返回渣	1.0 ~ 4.0	0.7 ~ 0.8	5 ~ 8	0.2 ~ 0.5	0.05 ~ 0.2	20 ~ 26	8 ~ 14	33 ~ 38	6 ~ 10
粗尘	10 ~ 15	25 ~ 30	0.2 ~ 0.3	3 ~ 4	—	15 ~ 20	2 ~ 3	10 ~ 12	3 ~ 5
细尘	0.5 ~ 3.0	60 ~ 63	0.7 ~ 0.9	4 ~ 5	—	—	—	—	Cl 为 1 ~ 2

鼓风炉熔炼铜废料时，有关金属的分布情况是：铜 97% ~ 97.6% 进入黑铜，1.8% ~ 2.2% 进入炉渣，0.2% ~ 0.4% 进入细尘；锌有 12% ~ 15% 进入黑铜，45% ~ 55% 挥发进入气相以 ZnO 形式回收，30% ~ 35% 进入炉渣；铅有 60% ~ 65% 进入黑铜，其分布在炉渣和烟尘中大致各占一半；锡有 65% ~ 70% 进入黑铜，有 25% ~ 30% 进入炉渣，2% ~ 4% 进入烟尘。黑铜吹炼时，进入黑铜中的锌约有 85% 以吹炼烟尘形式被回收；锡则大量富集在吹炼炉渣中，渣含锡可达 3.5% ~ 4.5%；镍有 70% ~ 80% 进入黑铜中，其余进入炉渣。

当鼓风炉熔炼含锡吹炼炉渣（3.5% ~ 4.5% Sn）、铜及其合金废料时，在合适块度、配料以及焦炭消耗为 16% ~ 18% 的条件下，可以产出黑青铜，其成分（%）为：Cu 80 ~ 85，Sn 5.5 ~ 6.5，Pb 4.5 ~ 5，Zn 2；各金属在黑青铜中的回收率（%）为：Cu 97 ~ 98，Pb 65 ~ 70，Sn 85。12% 的锡进入炉渣，3% 进入烟尘。炉渣含（%）：Cu 0.8 ~ 1，Sn 0.4 ~ 0.6，Pb 0.5 ~ 4，此渣返回熔炼。将黑铜熔炼为粗青铜，然后用于配制再生青铜。

据报道[13]，鼓风炉熔炼铜废料时，若采用 500℃ 热风熔炼，焦率可由 13% ~ 15% 降到 8.8% ~ 11%，生产率从 60 ~ 70t/(m² · d) 提高到 90 ~ 100t/(m² · d) 或更高。若用含氧 25% 的富氧空气熔炼，熔炼能力可提高 15% ~ 20%，焦耗降低 10% ~ 15%。此外，美国的 ASSR 公司的工厂用竖炉处理经分选过的优质铜和铜基合金废料以及阳极铜，采用天然气作燃料，并用热风操作，当用高 9m、上部直径 1.75m 的小炉子熔炼时，生产能力达到 70 ~ 75t/(m² · d)[14]。熔铜竖炉如图 4-11 所示。

某厂采用的 0.5m² 圆形半水套式杂铜小鼓风炉及其汽化冷却系统如图 4-12 所示[13-15]。由于采用汽化冷却系统充分利用了余热以产出蒸汽，提高了冷却水温度和节约了用水，并提高了炉温，改善了冶炼工艺，延长了炼炉寿命。

所谓"汽化冷却"是指用沸腾的水代替冷水冷却，也就是让冷水冷却熔炼炉，本身汽化，利用汽化潜热（230.23kJ/kg）再带走冷却件（水套）的热量，从而达到在一定热负荷情况下部件正常工作。汽化冷却的工作原理与锅炉相似，是一个密闭循环系统，即冷却件→上升管→汽包→循环泵→下降管→返回冷却件。在此系统中冷却件相当于锅炉受热管

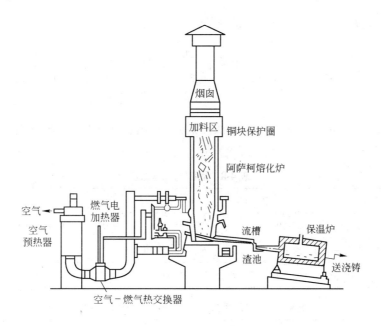

图 4-11　熔铜竖炉示意图

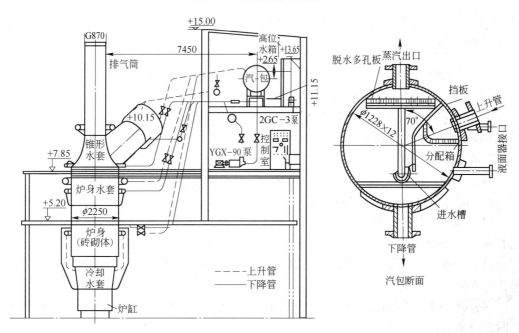

图 4-12　杂铜鼓风炉汽化冷却系统示意图

件，它吸收热量将水加热到沸点，然后沸腾的水沿上升管急速上升，流速大于 10m/s。随上升过程水压逐渐减小，沸点随之降低而水汽化。这种汽水混合物再进入汽包。与锅炉汽包相似，其上部充满蒸汽，下部为剩余热水，热水沿下降管急速回到冷却件中。如此周而复始迅速循环，汽包中就有一定压力的蒸汽（约 5kg/cm²，即 50662Pa）经管道输送给用户。

该厂小鼓风炉熔炼的黄杂铜和白杂铜成分（％）如下：

名　称	Cu	Zn	Pb	Sn	Ni	Fe
黄杂铜	55 ~ 85	8 ~ 30	0.3 ~ 6	1 ~ 3	0.2 ~ 1.0	1 ~ 0.1
白杂铜	55 ~ 70	18 ~ 22	4 ~ 6	1 ~ 3	1.5 ~ 2.5	0.5 ~ 1.0

杂铜鼓风炉熔炼的产物有黑铜（或次黑铜），其化学成分见表4-8，炉渣成分见表4-9，烟气进入收尘系统。

表 4-8　黑铜的化学成分　　　　　　　　　　（％）

名　称	Cu	Pb	Ni	Zn	As	Sb	Sn	Fe
处理黄杂铜时所得黑铜	85 ~ 90	2 ~ 4	0.3 ~ 0.5	3 ~ 6	0.07 ~ 0.1	0.04 ~ 0.06	2 ~ 3	0.5 ~ 8
处理白杂铜时所得黑铜	约 90	1 ~ 3	6 ~ 14	3 ~ 7	—	—	0.5 ~ 1	—
处理含铜炉渣时所得次黑铜	60 ~ 70	3 ~ 9	0.4 ~ 1	0.1 ~ 1.5	0.08 ~ 0.2	0.6 ~ 0.9	10 ~ 12	—

表 4-9　鼓风炉熔炼杂铜及炉渣时炉渣主要成分　　　　　　　　（％）

名　称	SiO_2	CaO	FeO	Al_2O_3	MgO	Cu
熔炼杂铜的炉渣	25 ~ 32	25 ~ 32	6 ~ 15	> 27	< 4	0.25 ~ 0.45
熔炼炉渣的炉渣	25 ~ 32	25 ~ 30	< 20	6 ~ 17	< 12	0.5 ~ 0.7

杂铜鼓风炉烟气成分（％）大致如下：CO_2 3 ~ 5，O_2 8 ~ 10，CO 11 ~ 14，N_2 69 ~ 75。出炉烟气温度为 800 ~ 1000℃，每平方米风口区截面积每分钟产出烟气约为 500m³。烟气的含尘量与所处理的原料的成分有关，当处理含锌、铅和锡高的杂铜时，烟气含尘量为 30 ~ 50g/m²，在收尘系统中回收锌、铅和锡的氧化物。

杂铜小鼓风炉熔炼时的主要技术经济指标与所处理原料的成分有关：

（1）床能力。熔炼高锌杂铜时为 100t/（m²·d），而熔炼炉渣时为 70 ~ 80t/（m²·d），当用热风时床能力可达 120t/（m²·d）。

（2）焦率。处理高锌杂铜时，一般为 25% ~ 28%，而处理含铜炉渣时为 20% ~ 30%。当有 400℃热风时焦率为 20%，显然小鼓风炉熔炼的焦炭消耗比大鼓风炉高许多。

（3）回收率。熔炼高锌杂铜时，铜回收率可达 99% ~ 99.8%，熔炼含铜炉渣时则为 96% ~ 98%。

（4）熔剂率。熔炼高锌杂铜时，由于造渣率低，熔剂率为 5% ~ 6%，而熔炼含铜炉渣时造渣率高，熔剂率达 25% ~ 30%。

4.2.3　铜矿石和铜废料的混合熔炼

前苏联卡拉巴斯克铜熔炼联合公司将铜矿石和铜废料混合在鼓风炉中熔炼，其流程如图4-13 所示。

所用硫化铜矿石组成（％）为：Cu 4 ~ 6，Fe 17 ~ 18，S 20 ~ 21，Zn 1.6 ~ 2.4，SiO_2 32 ~ 50。铜、锌、铁分别为 $CuFeS_2$ 形式存在。所用回转窑渣组成（％）为：Cu 2 ~ 3，Zn 1.5 ~ 3.5，Pb 0.2 ~ 1.5，Fe 27 ~ 35，SiO_2 11 ~ 15，CaO 3.3 ~ 4，Al_2O_3 4 ~ 5，S 5 ~ 6，C

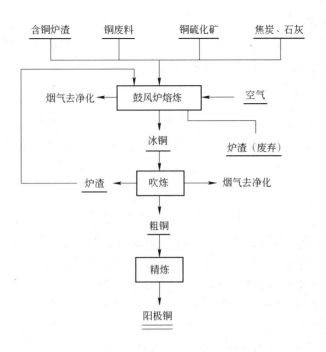

图 4-13　处理铜矿石和铜废料的流程图

约 20。其中以金属形态存在的铜为 22% ~ 32%，铁为 80% ~ 90%。在风口区截面积为 13.5 ~ 15m² 的鼓风炉中进行熔炼。

由于炉料中硫化矿在炉内熔炼时的氧化和造渣都放出热量，焦炭消耗根据炉料组成的不同而为炉料的 6% ~ 14%。熔炼时根据炉高度分为三个区域：预热区、氧化熔炼区及炉缸区。

预热区温度为 280 ~ 880℃，此区域进行炉料预热，某些硫化物及金属的氧化。可发生的反应如下：

$$2FeS_2 + 11/2O_2 = Fe_2O_3 + 4SO_2$$

$$3FeS_2 + 8O_2 = Fe_3O_4 + 6SO_2$$

$$FeS_2 = FeS + 1/2S_2$$

$$2CuFeS_2 + 13/2O_2 = CuO \cdot Fe_2O_3 + CuO + 4SO_2$$

$$2Me + O_2 = 2MeO$$

$$S_2 + 2O_2 = 2SO_2$$

$$CaCO_3 = CaO + CO_2$$

氧化熔炼区温度为 880 ~ 1380℃，预热炉料中的易熔组分（铜、铁、铅、镍的硫化物以及再生原料中的金属）熔化，并形成炉渣。在熔体往下流动的同时，能熔解炉料中难熔组分。熔融冰铜熔解有色金属和贵金属以及金属铁，其结果形成含硫化物的合金（金属化冰铜）。炉渣组成主要是 $2FeO \cdot SiO_2$、CaO、Al_2O_3 和 MgO。

在风口区，聚集有固态石英和焦炭，金属化冰铜和炉渣从此流过。风口区温度高达

1400~1450℃。主要发生下述反应产生热量：

$$C + O_2 = CO_2 \qquad\qquad \Delta H = +393.5 \text{kJ}$$

$$2FeS + SiO_2 + 3O_2 = 2FeO \cdot SiO_2 + 2SO_2 \qquad \Delta H = +1043 \text{kJ}$$

$$2Fe + SiO_2 + O_2 = 2FeO \cdot SiO_2 \qquad \Delta H = +336 \text{kJ}$$

当铜废料中含铁高时（Fe > 80%），铁难于与硫化物形成合金，铁的造渣困难，常因炉缸积铁而造成停炉。欲使原料中的金属铁造渣，可加入含 Fe_3O_4 高的吹炼渣和石英，使铁进入炉渣。

$$Fe + Fe_3O_4 = 4FeO$$

$$FeO + SiO_2 = FeO \cdot SiO_2$$

在炉缸区富集了冰铜和炉渣，炉内硫化物及氧化物的交互反应完结，此处温度为 1200~1300℃。炉气进入旋涡收尘和电收尘系统，脱除 99.3% 以上烟尘。

由于该厂鼓风炉熔炼时的炉料组成有变化，炉料中矿石量从 40% 降到 28.5%，回转窑渣从 14.5% 增加到 28.5%，再生铜原料从 2% 增到 4.6%，加以石灰 8% 和吹炼渣 20%，因此焦炭消耗从占炉料重的 12.6% 降到 8.9%（未计算回转窑渣中的炭）。

鼓风炉生产率为 42~45t/($m^2 \cdot d$)。熔炼所得冰铜组成（%）为：Cu 25~30，Fe 40~45（其中金属铁 4.5%~5.5%），S 23。回收入冰铜中的铜为 85%~87%。炉渣含（%）：Cu 0.25~0.30，Zn 1.0~1.5，SiO_2 30~32，Fe 36~38（其中 1.5%~3.5% 为金属铁），CaO 10~15、Al_2O_3 4~6。烟气成分（%）为：SiO_2 0.6~2.5，CO_2 8~10，O_2 8~10。烟尘率为 8%~9%。

4.3 黑铜及铜废料的转炉吹炼

4.3.1 黑铜及铜废料吹炼的基本理论

黑铜及铜废料的转炉吹炼是一个强氧化过程[4]，目的是使再生铜原料中的杂质氧化除去，并进一步处理再回收，使所产粗铜成分能满足下一步精炼的要求，但在某些情况下，为了蒸馏出易挥发组分，吹炼是在有焦炭存在的还原条件下进行的。这与冰铜吹炼不同，冰铜吹炼的目的是脱硫和脱铁，使硫呈二氧化硫进入气相，使铁造渣和获得粗铜。

在粗铜的火法精炼中，主要靠下述交互反应除去杂质（Me 为 Fe、Zn、Pb、Sn、As、Sb、Ni）。此时铜首先被鼓入的空气中的氧氧化成 Cu_2O，然后 Cu_2O 与 Me 反应产生铜，Cu_2O 在铜中的溶解度大，在 1200℃ 时在铜中溶解有 12.4%，Cu_2O 在过程中起了输送氧的作用。

$$2Cu_2 + O_2 = 2Cu_2O$$

$$Cu_2O + Me = 2Cu + MeO$$

但在黑铜及铜废料吹炼时，除上述反应外，还因铜废料中杂质金属较多，它们都将直接与氧反应并随后与 SiO_2 造渣。

$$Me + 1/2O_2 = MeO$$

$$MeO + SiO_2 \Longrightarrow MeO \cdot SiO_2$$

当压缩空气吹入转炉熔体时，熔体发生强烈搅拌（见图4-14），各种金属发生氧化形成炉渣并放出大量热。强烈搅拌创造了良好的传热和传质条件。熔体中各金属的氧化次序与其浓度和物理性质有关。当熔体中各金属浓度和所产生的氧化物在熔体中的溶解度都相同时，则在一定温度下对氧亲和力较大，因而在氧化时生成的氧化物更稳定的金属优化氧化。

现将有关金属在吹炼过程中的行为简述如下：

（1）铁。在黑铜吹炼中铁易氧化造渣除去，含量可从 2% ～ 3% 降到 0.01% ～0.03%。

（2）锌。在吹炼时，当往转炉中加入焦炭时，锌部分氧化后进入炉渣。大部分锌（占炉料总含量的55% ～60%）以金属锌（沸点为906℃）蒸气形态进入气相，并氧化成 ZnO 在收尘系统中回收。粗铜中残锌不超过 0.01%，且残锌量与废料中原锌含量无关。

（3）铅。铅在吹铜初期就开始氧化并

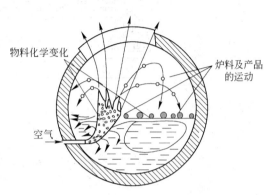

图 4-14　吹炼时熔体运动示意图

挥发进入气相。但只有当大部分锌挥发和造渣后，铅才从黑铜熔体中剧烈挥发。炉料中总铅量的25% ～30%进入气相，55% ～60%转入炉渣，10%留在粗铜中。

（4）锡。锡吹炼时氧化成 SnO 或 SnO_2，SnO_2 进入炉渣。SnO 挥发性大（沸点为1425℃），故有一部分锡（约占入炉料总量的30% ～40%）转入气相。

（5）锑和镍。锑和镍在吹炼终点时才以显著速度氧化并除去。锑以挥发性 Sb_2O_2（沸点1425℃，在1242℃时 Sb_2O_2 蒸气压为53702.3Pa）除去。部分锑以 Sb_2O_2 形态造渣，还有一定量的锑生成锑酸亚铜（$Cu_2O \cdot Sb_2O_5$）溶解在铜中而不能除去。但粗铜中锑含量可降到0.2% ～0.3%。部分镍氧化为 NiO 进入炉渣。大量的镍以金属形态溶解留于铜中。当镍与锑、砷共存时，镍可生成一定量的复杂化合物镍云母（$6Cu_2O \cdot 8NiO \cdot 2Sb_2O_5$，$6Cu_2O \cdot 8NiO \cdot 2As_2O_5$）溶于铜中，使镍难以除去。

（6）贵金属。被处理物料中的贵金属，可完全富集于粗铜中。

4.3.2 黑铜吹炼的实践

黑铜吹炼时将液态黑铜倒入转炉中，若在转炉中处理固态铜废料，则首先需在转炉中燃烧燃料使其熔化。经分选过的铜和铜基合金废料，例如清理过的热交换器、船舶螺旋桨、电动机、铜导线、铜切屑、铜旋塞和其他富铜固体物料等也可以加到转炉中。同时加入石英（含 65% ～ 72% SiO_2）熔剂，往熔体中鼓入表压为 81060 ～ 121590Pa 的空气，还往转炉内加焦炭以维持所需的温度和较完全地蒸发除去锌、镉等杂质[4]。

在较大的工厂中，黑铜的吹炼一般在容量为 40 ～60t 卧式转炉中进行（见图4-15），而某些小厂则采用小型转炉。前苏联某工厂采用转炉的技术特性列于表4-10。

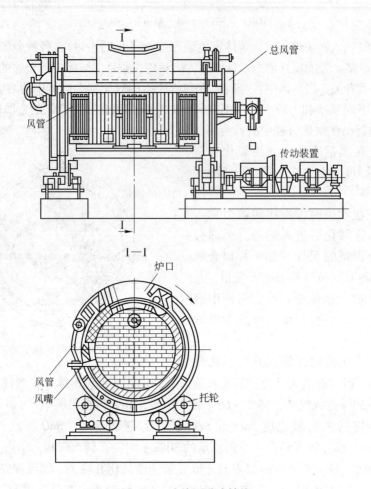

图 4-15 吹炼用卧式转炉

表 4-10 前苏联处理黑铜用转炉性能

名　称	转炉 I	转炉 II	转炉 III
转炉尺寸/mm × mm	3050 × 7875	3660 × 6850	3660 × 8100
炉口尺寸/mm × mm	2300 × 1700	2300 × 1700	2650 × 1900
风嘴个数/个	36	36	39
风嘴直径/mm	44	44	44
风嘴截面积/cm²	547	547	593
鼓风量/m³ · (min · cm²)⁻¹	0.6 ~ 1.0	0.6 ~ 1.0	0.6 ~ 1.0
按粗铜计容量/t	40	45	60

　　转炉衬里采用铬镁石、方镁石、尖晶石等耐火材料。容量 40t，转炉衬砖量约为 85t。砖衬磨损最严重的是风口区，砖衬厚一般为 380 ~ 460mm，风口区增厚至 540mm。转炉炉龄一般为 3 ~ 4 个月。

　　黑铜吹炼过程的热平衡情况与冰铜吹炼相差很大，从表 4-11 可看出，金属及其化合物的蒸发所需热与热损失热的支出总量与杂质氧化和造渣反应所放出的热和各种物料带进的显热等的热收入总量并不平衡，因而需加焦炭燃烧以补充 5% ~6% 的热能。焦炭耗量不同，则炉气成分也不同，其变化范围（%）为：CO_2 2.2 ~10.4，$CO \leqslant 0.4$，O_2 0.2 ~0.8，炉气中含氧低说明氧利用率高，可达 93% ~97%。

表 4-11 黑铜吹炼过程的热平衡

热量收入	占总热量百分率/%	热量支出	占总热量百分率/%
熔融黑铜显热	34.20	粗铜显热	34.40
液体返渣显热	7.90	前期转炉渣显热	15.30
黄铜、石英、焦炭显热	0.12	返回转炉渣显热	8.30
空气显热	0.28	废气显热	16.80
各金属化反应放热	45.00	烟尘显热	4.55
造渣反应热	6.00	水分蒸发热	0.85
焦炭燃烧器	6.50	铅、锡、锑蒸发热	2.70
		热损失	17.10
总　　计	100.00	总　　计	100.00

吹炼黑铜时，石英熔剂的用量与黑铜中的镍和锑的含量有关，因为炉渣中 SiO_2 含量超过 15% 时，碱性物质较难与锑形成锑酸盐进入炉渣，而铜、镍的锑酸盐又溶于铜熔体中，使这些杂质在铜中的含量增加。转炉渣中含铜可达 15% ~20%，次粗铜产率约为加入的黑铜量的 86% ~92%。铜和杂质在各种吹炼产品中的分布和各种产品的化学成分见表4-12和表4-13。

表 4-12 黑铜中铜和杂质在吹炼产品中的分布　　　　　（%）

名　　称	Cu	Zn	Sn	Pb	Ni	Sb	Fe
次粗铜	93.1	—	1.5	11	27	23	—
转炉渣（前期）	2.25	34.2	34.5	41	40	15	100
转炉渣（后期）返回	4.3	10.3	20.0	18	33	23	—
烟　尘	0.1	53.0	42.0	27	—	35	—
平衡误差（损失）	0.2	2.5	2.0	3	—	4	—

表 4-13 黑铜和吹炼产品的化学成分　　　　　（%）

名　　称	Cu	Zn	Pb	Sn	Fe	SiO_2	Al_2O_3
粗铜	80 ~87	5 ~8	1 ~2	1.2 ~2.2	1.5 ~3.0	—	—
次粗铜	97.0 ~98.5	0.02	0.3 ~0.5	0.05 ~0.12	0.01	—	—
转炉渣	12 ~20	6 ~12	2 ~4	1.5 ~4.5	20 ~30	10 ~20	8 ~10
细烟尘	0.6 ~1.0	59 ~68	6 ~8	1.0 ~2.5	1.0 ~1.2	—	—

由于黑铜成分不同，吹炼时每吨粗铜的空气耗量波动在 250 ~600 m^3。石英熔剂耗量为粗铜量的 5% 左右，焦耗为 0.5%，吹炼时间为 2.5 ~3h。

我国某厂用 5t 卧式转炉吹炼，其内部尺寸为 $\phi2000mm \times 3000mm$，$\phi32mm$ 的风口 10 个。风口区用铝镁砖砌筑，其余均为镁砖。炉子两端各设置 $\phi250mm$ 烧油孔。鼓风机风量为 80m³/min, 鼓风压力（表压）为 101325Pa, 电机功率为 195kW。

炉料加热熔化后加入炉料量 2% 的石英及 2%～4% 的焦炭进行吹炼。吹炼后期加入块煤进行还原吹炼，此时炉温较高，部分砷锑被脱除，当取出铜的断面呈珠红色，即为吹炼终点，随即进行扒渣与出铜作业。

4.3.3 黑铜、铜废料和冰铜的联合吹炼

在冰铜熔炼厂中，可将黑铜和冰铜（其中 Cu_2S 和 FeS 含量约 90%）在转炉中联合处理得再生粗铜，其流程如图 4-16 所示[4]。这时可利用冰铜中 FeS 的氧化及造渣热。氧化及造渣总反应为：

$$2FeS + 3O_2 + SiO_2 \longrightarrow 2FeO \cdot SiO_2 + 2SO_2 \qquad \Delta H = +10897kJ$$

进一步鼓风时，则 Cu_2S 被吹炼成金属铜。

$$Cu_2S + O_2 \longrightarrow 2Cu + SO_2 \qquad \Delta H = +217kJ$$

在黑铜、铜废料和冰铜联合吹炼时，从冰铜吹炼产出的铜约占次粗铜总产量的 10%～15%。

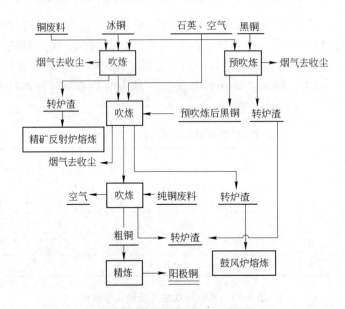

图 4-16 黑铜和冰铜联合处理流程图

吹炼过程包括如下步骤：将铜废料（例如清理好的电动机、热交换器、焙烧过的导线等）先加入已加热的转炉中，借助炉砌体的蓄热对物料进行干燥，倒入冰铜，随即往炉内熔体鼓风，按要求量加入石英（使产出炉渣含 19%～21% SiO_2），造渣及倒渣，然后再顺次分批加入冷料、冰铜和石英熔剂。上述操作重复数次，直至达到规定料量。当加够料时，将另一转炉（同时开动的）中预吹炼得到的黑铜倒入这个转炉中，继续鼓风吹炼到最大限度除去铁和其他杂质，加少量石英。这时熔体温度约为 1200～1250℃，熔体中杂质转入炉渣后，还剩下大量以 Cu_2S 形态存在的硫。如车间还有纯净的干铜物料，此时可加入并吹炼成粗铜。这期间温度保持在 1250～1280℃。粗铜送混合炉，然后在铸锭机上铸成铜

锭。转炉渣含 2.5% ~ 3.5% 铜,以液体状态送熔炼精矿的炉中处理。转炉烟尘由收尘系统回收。

4.3.4 铜锌废料的吹炼

当在转炉中吹炼黄杂铜、鼓风炉的含锌烟尘和黑铜时,需在转炉中加入焦炭和少量冰铜,其流程如图 4-17 所示[4]。

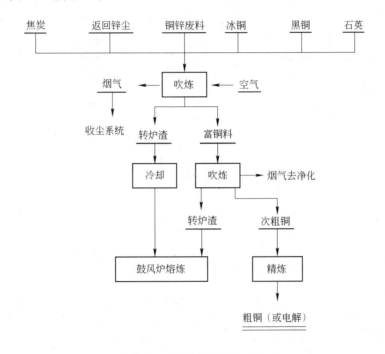

图 4-17 铜锌废料吹炼流程

吹炼过程包括如下步骤:将各种物料加入转炉中,蒸馏锌、铅及其他易挥发成分。放出渣和放出富铜料。具体作业为将固体物料和焦炭加到转炉中,在物料熔化后再加质量比为 1:3 的冰铜和黑铜,然后进行吹炼。吹炼过程中锌和其他有色金属的蒸馏是在有还原剂焦炭存在的情况下吹炼熔体实现的。此过程在 1280 ~ 1350℃ 下进行。吹炼结果得到含铜 2.5% ~ 4.0%,含 Zn 达 7% 的返渣(此渣以固态形式再加到鼓风炉中处理)和富铜料(含 Cu 70% ~ 80%,S 10% ~ 12%,加到另一转炉中吹炼)。粗烟尘在沉降室、旋涡收尘器中回收,细烟尘则用布袋收尘器回收。蒸馏时回收烟尘中的锌可为 80% ~ 85%,铅、锡和锑也部分转入气相,烟尘含锌量为 60% ~ 70%。此过程焦耗约为固体物料的 15% ~ 20%。当需要回收锡并制取含锡合金时,可在转炉中加入含锡的优质废料和切屑,再倒入黑铜。当物料熔化后吹炼除去杂质,并从熔体中蒸馏出易挥发组分(锌、铅、锑)后,将石英加入转炉中并短时间(10 ~ 15min)吹炼熔体,产出次粗铜和含锡炉渣。炉渣中富集了入炉总锡量 65% ~ 70% 的锡,炉渣含锡量波动在 1.5% ~ 6.0% 之间。

含锡炉渣按图 4-18 流程熔炼成粗青铜。鼓风炉或电炉中熔炼所产的黑青铜的主要杂质是铁(2% ~ 6%),可在转炉中进行进一步吹炼将铁除去。黑青铜吹炼时,不加任何添加剂，吹炼时间为 5～8min，这时可将铁含量降至 0.5%～1.2%，产出粗青铜的成分见表 4-14。

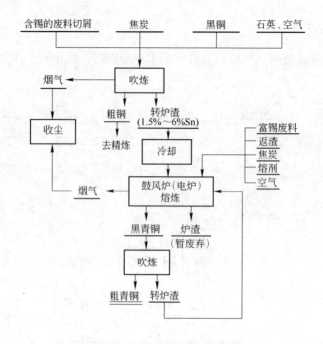

图 4-18 生产粗青铜流程图

表 4-14 粗青铜化学成分 （%）

品　种	Sn	Cu + Zn	Sb	Fe	Ni	Pb	Si	Al
1	4.5	79.06	0.8	0.7	4.5	8.0	0.02	0.02
2	3.0	81.5	1.0	0.8	5.0	8.0	0.05	0.05
3	2.0	82.1	1.2	1.2	6.0	8.0	0.05	0.05

当采取增大转炉尺寸、改善鼓风制度、采用机械通风口和应用富氧鼓风、装设密封的水套烟罩和废热锅炉等措施时，卧式转炉吹炼黑铜的过程可改善。

当用天然气代替部分昂贵的焦炭时，吹炼过程可强化，锌蒸馏大大加速，锌入烟尘的回收率可达 95%～96%。可以认为粗铜和铜锌废料吹炼的发展前景应是采用氧气顶吹转炉进行吹炼。

4.4 二次资源再生粗铜的火法精炼

二次资源产出的再生粗铜既可与原生粗铜一起在反射炉或可倾式精炼炉中进行火法精炼，也可单独进行火法精炼。此外，分类过的黄杂铜、紫杂铜、海绵铜也可直接加入反射炉中精炼，这就是所谓的一段法生产阳极铜。经火法精炼的铜有时也可直接用于机械工业。

再生粗铜的质量一般较差。原生和再生粗铜的化学成分列于表 4-15 中。

表 4-15　原生和再生粗铜的化学成分　　　　　　　　（%）

名　称	Cu	Ni	Fe	As	Sb	Bi	Pb
原生粗铜	99.2	0.15~0.2	0.01~0.07	0.06	约0.04	0.003	0.001~0.05
再生粗铜	98.1	0.6	0.02	0.02	0.1	0.001	0.07

4.4.1　火法精炼的原理

　　再生粗铜的火法精炼过程与原生粗铜火法精炼一样，即向铜熔体中鼓入压缩空气使杂质氧化并造渣而除去，在扒渣后进行氧化铜的还原及铜的铸造[4]。

　　当铜废料中铜及杂质以金属形态存在时，在研究杂质的脱除时往往涉及铜与杂质金属的状态图。杂质金属氧化造渣脱除的程度介绍如下。在熔体氧化期，氧化亚铜在液体铜中的饱和程度始终不变，氧化亚铜在铜熔体中的溶解度随温度升高而增加（见图4-19），但

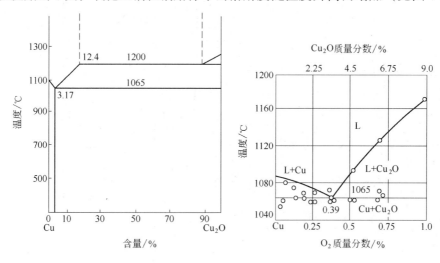

图 4-19　Cu-Cu_2O 系状态图

由于液体铜中氧化亚铜在既定温度下为恒值，故氧化亚铜的离解压也为恒值。假设所生成的杂质氧化物不溶于液态铜，也不与其他氧化物生成溶于液态铜的化合物，那么铜中最低的杂质含量可由熔体内氧化亚铜和杂质氧化物离解压（见图4-20）平衡关系式来计算：

$$p_{O_2(MeO)} = p_{O_2(MeO)}^{\ominus} \frac{x^2_{Me饱和}}{x^2_{Me}}$$

式中　x_{Me}——杂质最低摩尔分数；

　　　$x_{Me饱和}$——在一定温度下液体铜中相应杂质的饱和摩尔分数。

　　现将有关杂质金属在精炼过程中的行为简述如下：

　　（1）锌。图 4-21 所示为 Cu-Zn 系状态图。从

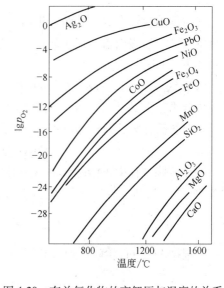

图 4-20　有关氧化物的离解压与温度的关系

图中可知，锌与铜在液态时互溶，在固态时则形成一系列固溶体，锌还与铁、钴、镍、砷、锑形成化合物。炉料中的锌，在精炼过程中能以金属锌形态蒸发，随后又被炉气中的氧氧化成 ZnO 进入炉气。锌在精炼时氧化成 ZnO，形成 $2ZnO \cdot SiO_2$ 和 $ZnO \cdot Fe_2O_3$ 进入炉渣。

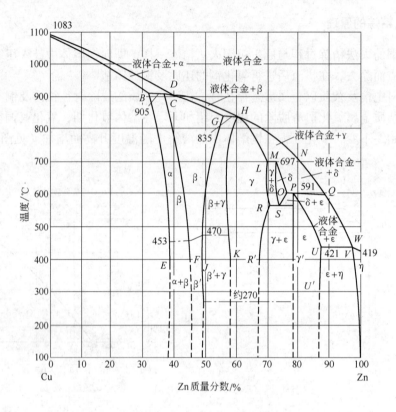

图 4-21   Cu-Zn 系状态图

当粗铜中含锌高或精炼黄杂铜时，在炉料熔化期和氧化期均应提高炉内温度，加速锌的蒸发，在熔体表面盖一层木炭或不含硫的焦炭，使 ZnO 还原成金属锌蒸发，以避免生成 ZnO 结块，而阻止锌蒸发。

（2）铁。图 4-22 所示为 Cu-Fe 系状态图。铁与铜在一定含量范围内互溶。铁与铜不形成化合物，但铁与砷、锑、锡却能生成化合物。在炉料熔化阶段，铁能部分氧化并造渣，其余的铁在氧化阶段呈 FeO 和亚铁酸盐进入炉渣。铁氧化反应按下式进行：

$$Cu_2O + Fe \Longrightarrow 2Cu + FeO$$

铁在精炼过程中可能降到的含量计算如下：从图 4-22 可知，在 1200℃时，铁与铜形成含 5% 铁的熔体，计算前，须先将 Fe 的饱和含量从质量分数转换成摩尔分数，即：

$$x_{Fe饱和} = \frac{5/55}{5/56 + 96/64} = 0.057$$

可根据 FeO 的离解压与 Cu-Fe 合金成分关系（图 4-23 上部）进行计算：

$$\lg p_{O_2(Cu_2O)}^{\ominus} = \frac{-28400}{T} + 7.54$$

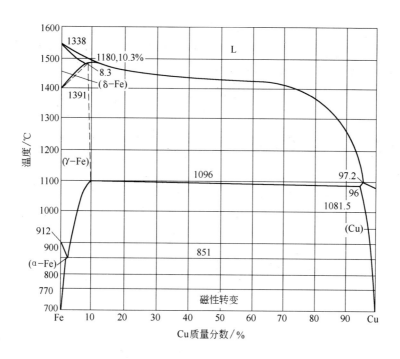

图 4-22   Cu-Fe 系状态图

当 温 度 为 1200℃ 时， $p_{O_2(FeO)}^{\ominus} = 10^{-11.75}$ atm，（1 atm = 101325 Pa）。

Cu_2O 离解压按下式计算：

$$\frac{1}{2}\lg p_{O_2(CuO)}^{\ominus} = \frac{-10210}{T} + 7.452 - 0.856\lg T$$

当温度为 1200℃ 时，$p_{O_2(CuO)}^{\ominus} = 10^{-4.33}$ atm。

根据前叙有：$p_{O_2(Cu_2O)}^{\ominus} = \dfrac{x_{Fe饱和}}{x_{Fe}^2}$

或 $x_{Fe} = x_{Fe饱和} \times \dfrac{p_{O_2(Cu_2O)}^{\ominus}}{p_{O_2(FeO)}^{\ominus}} = p_{O_2(FeO)}^{\ominus} \times \dfrac{x_{Fe饱和}}{x_{Fe}^2}$

当铜熔体中初始含铁 5%（质量分数）时，即 $p_{O_2(CuO)}^{\ominus}$ 含 0.057%（摩尔分数）铁时，则：

$$x_{Fe} = 0.057 \times \sqrt{\frac{10^{-11.75}}{10^{-4.93}}} = 1.178 \times 10^{-5}$$

换算成质量分数，设 m 为 100g 铜液所溶解 Fe 的克数，则：

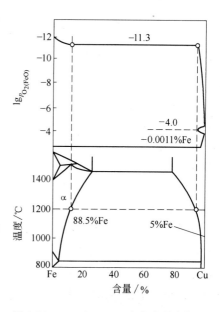

图 4-23   FeO 在 Cu-Fe 合金中的离解压（大气压）与 Fe 在 Cu 中浓度的关系

$$\frac{m}{56}\Big/\left(\frac{m}{56} + \frac{100-m}{64}\right) = 1.178 \times 10^{-5} m = 0.00103\%$$

即火法精炼铜时，铁可除到十万分之一左右。

（3）镍。如前所说，镍在铜火法精炼时是难以除去的杂质，但镍在氧化精炼时按下式氧化：

$$Cu_2O + Ni \Longrightarrow 2Cu + NiO$$

因而镍在铜中最小平衡浓度（1200℃时，$p_{O_2(Cu_2O)}^{\ominus} = 10^{-4.33}$ atm）也可用下式求出：

$$p_{O_2(Cu_2O)}^{\ominus} = \frac{w_{Ni饱和}}{w_{Ni}^2}$$

根据 Cu-Ni 系状态图 4-24，在 1200℃时，铜与镍形成含 16%（质量分数）Ni（或 0.171（摩尔分数））的液体溶液。$p_{O_2(NiO)}^{\ominus}$ 与 Cu-Ni 合金成分的关系见图 4-25。

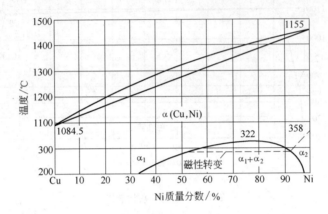

图 4-24   Cu-Ni 系状态图

当温度为 1200℃ 时，$p_{O_2(NiO)}^{\ominus} = 10^{-7.7}$ atm，

故 $w_{Fe} = w_{Fe饱和} \times \sqrt{\dfrac{p_{O_2(NiO)}^{\ominus}}{p_{O_2(Cu_2O)}^{\ominus}}}$。

当熔体铜中初始含镍 16%（质量分数）或 0.171（摩尔分数）时，则同理可算得火法精炼时，镍可除到 0.25%。

计算结果与实践相吻合。在铜火法精炼时，阳极铜中通常含 Ni 0.2% ~ 0.4%。

（4）砷。从 Cu-As 系状态图可知（见图 4-26），砷与铜在液态时完全互溶，所生成的化合物为 Cu_2As（含 Cu 71.8%）和 Cu_5As_2（含 Cu 67.90%）。固体在温度为 689℃时最大含砷量为 4%。在此温度下也生成共晶体（含 Cu 78.5%）。砷和铁、镍、钴、锡也生成化合物。

砷的氧化按下述反应进行：

$$3Cu_2O + 2Cu_3As \Longrightarrow As_2O_3 + 12Cu$$

$$Cu_2O + xAs_2O_3 \Longrightarrow Cu_2O \cdot xAs_2O_3$$

As_2O_3 易挥发，而随炉气逸出，$Cu_2O \cdot xAs_2O_3$

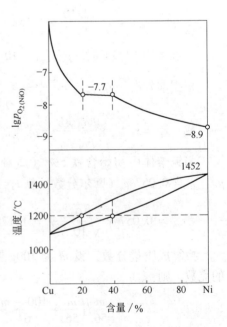

图 4-25   1200℃时 Ni 在 Cu-Ni 合金中的
离解压（大气压）与合金成分的关系

则溶于铜熔体中。当 Cu_2O 饱和时，继续氧化成难挥发的 As_2O_3 并生成砷酸铜 $Cu_2O \cdot xAs_2O_3$ 溶于渣中。因而在铜火法精炼过程中，砷分配在铜、炉渣、炉气中。

（5）锑。Cu-Sb 系状态图如图 4-27 所示，可知其在液态时有无限互溶性，铜与锑也形成化合物 Cu_2Sb 和 Cu_3Sb_2，锑也与铁、镍、钴、锌形成化合物。

锑与砷性质相近，锑氧化时也生成易挥发的 Sb_2O_3 和难挥发的 Sb_2O_5，还可生成可溶于铜液中的 $Cu_2O \cdot Sb_2O_5$。当精炼含锑和砷高的再生粗铜时，氧化和还原过程需重复数次，使不挥发的五价氧化物 Sb_2O_5 和 As_2O_5 还原为易挥发的三价氧化物 Sb_2O_3 和 As_2O_3。未挥发除去的砷、锑可用加苏打或石灰等碱性熔剂造渣的方法加以除去，反应如下：

$$Cu_2O \cdot As_2O_5 + Na_2CO_3 =\!=\!=$$

$$Na_2O_3 \cdot As_2O_3 + Cu_2O + CO_2$$

$$Cu_2O \cdot As_2O_3 + CaO =\!=\!= CaO \cdot As_2O_3 + Cu_2O$$

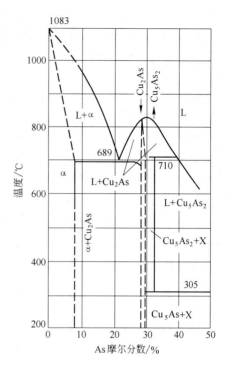

图 4-26 Cu-As 系状态图

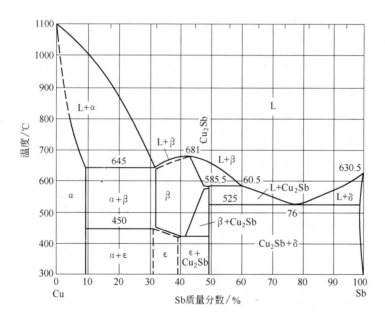

图 4-27 Cu-Sb 系状态图

因此在精炼含砷、锑高的粗铜时，炉子以用碱性炉衬为宜。

（6）铅和锡。铅和锡是铜废料中常含有的金属，Pb-Cu 系和 Cu-Sn 系状态图如图 4-28

和图 4-29 所示。铅与锡氧化较困难，铅在酸性炉衬的炉中生成易熔渣除去，即在酸性炉衬的炉中精炼时，PbO 可与加入的石英熔剂造渣。

锡与铜在液态时互溶，并与铁、钴、镍形成化合物。锡在精炼过程中氧化时，除生成 SnO 外，还生成 SnO_2。前者为碱性，后者为酸性，两种氧化物均部分溶于铜液中。SnO 可与 SiO_2 生成硅酸盐，SnO_2 则可分别与 CaO 形成 $CaO \cdot SnO_2$ 进入炉渣。

（7）铋。再生原料中可能含杂质铋，铋与铜在液态时完全互溶，又由于铋、铜对氧亲和力相近，且氧化铋沸点高难挥发，因而铋在火法精炼中难除去。只在含铋的铜阳极电解精炼时，铋进入阳极泥中而除去。

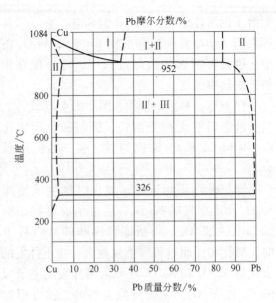

图 4-28　Pb-Cu 系状态图

（8）金和银。金和银完全富集在阳极铜中，在电解精炼时进入阳极泥，进一步处理阳

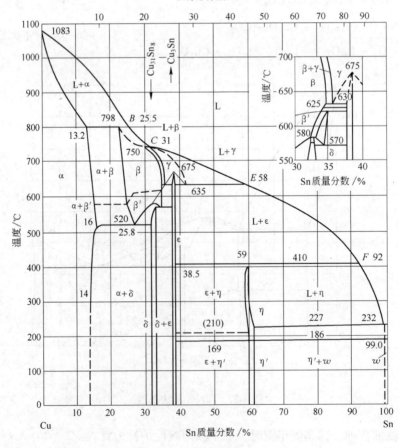

图 4-29　Cu-Sn 系状态图

极泥得以回收。

当全部杂质从铜中转入渣中后，氧化期结束。为避免杂质金属返熔入铜中，渣必须完全从液态熔体中除去。此后就进入氧化亚铜的还原期。还原兼有金属脱气的作用。实践中是用新鲜树杆，这种操作称做插木还原。插木还原除去铜中气体使铜变得致密和具有韧性。插木终点时铜中含氧 0.03% ~ 0.1%。当还原作业采用重油、氨、天然气、丙烷作还原剂时效果良好。

用插木、重油及其他燃料油还原时，还原反应为：

$$6Cu_2O + 2C_2H_m === 12Cu + 2CO + mH_2 + 2CO_2$$

若用 NH_3 还原时，在 800℃下，NH_3 与 Cu_2O 反应为：

$$3Cu_2O + 2NH_3 === 6Cu + N_2 + 3H_2O$$

用天然气还原时，须将天然气进行预处理，否则天然气中主要成分甲烷（CH_4）在 1000℃时分解产出大量 H_2，虽能加强还原，但也增加铜中 H_2 的吸附。使用前的预处理是将天然气与空气按空气：甲烷 = 3:1 混合，使其通过装有 $Al_2O_3 \cdot Ni$ 粉催化剂的竖炉中在 900 ~ 1200℃下燃烧，则发生如下反应：

$$CH_4 + 1/2O_2 === CO + 2H_2$$

这样 H_2 就被其他成分冲淡而减少粗铜中的吸附。还原时每吨铜消耗 $6m^3$ 天然气。

当使用丙烷作还原剂时，必须按一定比例与空气混合使用，发生如下反应生成 CO 及 H_2，进行还原。

$$C_3H_8 + 3/2O_2 === 3CO + 4H_2$$

另外，再生铜精炼时阳极铜的含氧量应小于 0.1%，以降低电解精炼的阳极泥产率。

4.4.2　再生粗铜火法精炼的实践

对于大型再生铜的精炼厂最好采用可转动的鼓式炉，而小型工厂则采用固定式反射炉。同一工厂中最好有酸性炉衬和碱性炉衬的炉子，以适应不同的炉料[4]。

可转动炉子是一般的转炉，它装有少量的风嘴（见图 4-30）和放出精铜的出铜口。炉子用煤气或重油加热。在氧化除杂质阶段，当鼓冷风时，燃料消耗为 8% ~ 12%；当鼓 350℃热风时，燃料消耗为 5% ~ 6%。可用空气、富氧空气或蒸汽-空气混合气体作氧化剂。当用蒸汽-空气混合气时，则渣率降低，杂质氧化除去速度快，对再生铜精炼具有重要意义。

铜的还原可采用粗煤气或经转化了的天然气。铜在铸锭机上进行浇铸。一般液态粗铜精炼时间为 18 ~ 20h。精铜成分（%）为：Cu 99.4，Ni 0.4，S 0.001，Pb 0.01，Bi 0.002，As 0.02，Fe 0.001，O_2 0.1，Zn 0.001，Sn 0.05。炉渣成分为：在酸性炉衬中精炼时，SiO_2 为 40%，而在碱性炉衬中精炼时 SiO_2 为 19%；其他成分（%）是：Fe 2 ~ 10，Cu_2O 36 ~ 50，NiO 0.1 ~ 0.4，SnO_2 < 0.2，CaO 1 ~ 7，PbO < 0.7，Sb_2O_5 < 0.3，Cu 5 ~

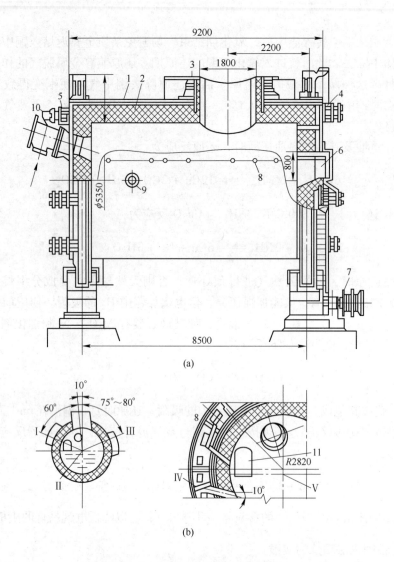

图 4-30   容量 200t 可倾式精炼炉

（a）炉子；（b）炉子转动角度

Ⅰ—在放出铜时炉口的极限位置；Ⅱ—在放出铜时铜口的极限位置；

Ⅲ—在出渣时炉口位置；Ⅳ—风嘴工作位置；Ⅴ—钢液位；

1—带托圈炉壳；2—炉封；3—炉口；4—传动侧端壁支架；

5—供风侧端壁支架；6—插木还原口；7—传动装置；

8—风嘴；9—出钢口；10—煤气烧嘴；11—工作口

15。铜在阳极铜中的回收率为 97.0%，约 3% Cu 进入渣中。精炼时杂质从粗铜中脱除率（%）为：Zn、Fe、Co、S 均为 90~99，Pb 80~90，Sn 70~80，Ni、As、Sb 均为 0~50，Bi 5。火法精炼炉气中含 CO_2 少于 15%，游离氧为 1%~2%，炉气温度约为 1200℃。余热可利用废热锅炉回收。铜随烟气损失约为 0.1%。

我国将分类过的黄杂铜直接加入固定式反射炉中精炼成阳极铜[16]，所产出的阳极根据原料情况的不同见表 4-16。

表 4-16　各种铜料熔炼出的阳极铜化学成分　　　　　　（%）

元　素	阳极铜种类		
	黄杂铜	紫杂铜	次粗铜
Cu	>98.8	>99	>98.8
As	0.028~0.02	0.003~0.01	0.02~0.20
Sb	0.054~0.22	0.005~0.02	0.071~0.30
Bi	约0.008	<0.002	约0.15
Pb	0.022~0.20	0.042~0.10	0.015~0.20
Sn	0.005~0.06	0.008~0.021	0.007~0.20
Ni	0.1~0.25	0.025~0.05	<0.30
Fe	约0.006	<0.005	约0.0029
Zn	约0.015	0.007~0.015	约0.01

反射炉的精炼操作分加料、熔化、氧化、还原、浇铸五个阶段。根据炉料中所含杂质的性质，氧化又可分为几个阶段进行。第一阶段为加焦炭鼓风蒸锌期，此阶段主要是脱除锌，但同时也有40%~50%铅以及70%~80%锡被除去，锌则有90%被除去。第二阶段为鼓风加石英除铅锡过程。第三阶段为脱除砷、锑、镍等较难除去的杂质精炼期。此时加入碳酸钠、石灰、萤石等碱性熔剂造渣。实际上在氧化阶段铜液面上都浮有一层焦炭。还原期主要为脱除铜液中的氧，我国某厂用重油作还原剂。

黄杂铜精炼时蒸锌期产出的炉渣称为蒸锌渣，除铅、锡期和精炼期加石英产出的炉渣称为石英渣。紫杂铜和次粗铜精炼时也产出石英渣。有关炉渣的成分见表4-17。精炼炉渣经破碎至50~100mm后，返回鼓风炉熔炼或作为冷料加入冰铜吹炼炉中。

表 4-17　各种精炼炉渣的成分

名　　称	Cu	Pb	Sn	SiO₂	CaO	FeO	Al₂O₃	MgO
蒸锌渣	15~18	1~4	2~5	14~20	1~2	20~25	3~8	1~3
石英渣	25~35	0.5~1	1~2	12~22	0.5~1	5~8	4~5	1~2
矿铜渣	10~22	微	微	30~45	2~4	7~9	9~13	2~4
转炉渣	30~22	4~10	1~8	4~8	0.5~1	7~9	4~8	0.5~1

我国再生铜反射炉精炼时的主要技术经济指标见表4-18。

表 4-18　我国再生铜反射炉精炼时的主要技术经济指标

原料名称	总回收率/%	直收率/%	吨铜油耗/kg	床能力/t·(m²·d)⁻¹	渣率/%
黄杂铜	99.7	93~95	110~120	4~4.5	15~20
次粗铜	96.0	75~78	115~125	3~3.5	20~25
紫杂铜	99.8	96~98	100~110	5.5~5.6	8~10
残极、铜粒	99.9	98~99	90~100	7.5~8	0.5~2.5

4.5　二次资源再生粗铜的电解精炼

4.5.1　再生粗铜电解精炼的原理

再生粗铜阳极电解精炼[15~17]的目的是一步脱除杂质和回收金银，产出纯度很高供电气工业应用的电解铜。

4.5.1.1　铜的电解精炼

铜的电解精炼即将火法精炼的铜铸成阳极，用纯铜薄片作阴极，用硫酸和硫酸铜的水溶液作电解液，通直流电解[4]。电解时，阳极上的铜和较负电性金属溶解进入溶液中，而贵金属和某些金属（硒、碲）则不溶而成为阳极泥沉于电解槽底。溶液中的铜在阴极上优先析出，其他电位较负的金属则不析出而残留于电解液中。铜电解精炼时阳极中的砷、锑、铅、锡、铋、镍、铁、金、银等杂质的脱除率均在 90% 以上。富集有杂质的电解液，定期定量抽出净化，并补充新水和硫酸。在净化过程中，铜、镍以硫酸盐形式回收，砷、锑以特殊方法脱除，回收的硫酸返回使用，而阳极泥则另行处理。粗铜电解精炼流程如图4-31所示。

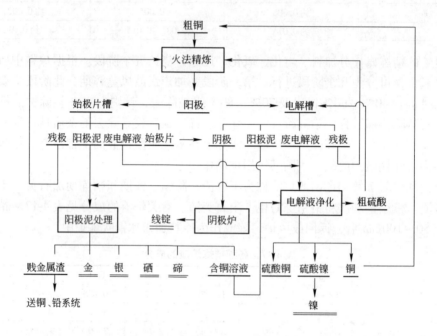

图 4-31　粗铜电解精炼流程图

4.5.1.2　铜电解精炼过程的电极反应

电解液由硫酸、硫酸铜的水溶液组成，它们按下述反应电离：

$$CuSO_4 = Cu^{2+} + SO_4^{2-}$$

$$H_2SO_4 = 2H^+ + SO_4^{2-}$$

$$H_2O = H^+ + OH^-$$

通入直流电后，在阳极上可能发生下列反应，其中 Me 代表 Fe、Ni、Pb、As、Sb 等二价金属。

$$Cu - 2e = Cu^{2+} \qquad E^{\ominus} = 0.34V$$

$$Me - 2e = Me^{2+} \qquad E^{\ominus} < 0.34V$$

$$2OH^- - 2e = H_2O + 1/2O_2 \qquad E^{\ominus} = 1.59V$$

$$SO_4^{2-} - 2e = SO_3 + 1/2O_2 \qquad E^{\ominus} = 2.42V$$

在正常情况下，因 OH^- 及 SO_4^{2-} 的标准电位值比铜大，不可能在铜阳极上放电，所以在铜阳极上只有铜的溶解。

应该注意的是在阳极上有 Cu^+ 生成，它很不稳定极易氧化：

$$Cu_2SO_4 + 1/2O_2 + H_2SO_4 \Longrightarrow 2CuSO_4 + H_2O$$

此外，在阳极与电解液界面上还发生铜的化学溶解，增加电解液中铜浓度，即

$$Cu + 1/2O_2 + H_2SO_4 \Longrightarrow CuSO_4 + H_2O$$

在阴极上还可能发生下列反应

$$Cu^{2+} + 2e \Longrightarrow Cu \qquad E^\ominus = 0.34V$$
$$2H^+ + 2e \Longrightarrow H_2 \qquad E^\ominus = 0V$$
$$Me^{2+} + 2e \Longrightarrow Me \qquad E^\ominus \leqslant 0.34V$$

在正常情况下，H^+ 及 Me^{2+} 不会在阴极上析出。但是当电解液中铜浓度降到 10g/L 时，H_2 与 Cu 将按一定比例同时析出，而铜浓度降到 10g/L 以下时，则 As、Sb、Bi 将以一定比例与铜同时析出。

4.5.1.3 电解中杂质行为

再生铜阳极中杂质含量一般比较高，因而研究其在电解过程中的行为很有必要。现分别简述如下：

(1) 锌。锌虽在火法精炼中较易脱除，但再生铜阳极有时含锌可高达 0.5%。锌在阳极溶解时全部进入电解液中，但由于锌电位比铜负许多，故锌不在阴极沉积析出。当锌积累到一定浓度后（100g/L），可将电解液抽出进行进一步电积脱铜，然后从深度脱铜后再电积回收锌。

(2) 铁。铁在铜阳极中含量低，在阳极溶解时铁以二价离子进入电解液：

$$Fe - 2e \Longrightarrow Fe^{2+}$$

Fe^{2+} 可在阳极上氧化成 Fe^{3+}，降低了阳极铜溶解的电流效率。Fe^{2+} 也能被空气中的氧氧化成 Fe^{3+}。当 Fe^{3+} 移向阴极时，被阴极铜还原为 Fe^{2+}：

$$2Fe^{3+} + Cu \Longrightarrow 2Fe^{2+} + Cu^{2+}$$

这降低了阴极电流效率并增加电解液中铜浓度。电解液中铁含量一般在 1g/L 以下，有的工厂则高达 4~5g/L。

(3) 镍。镍在铜火法精炼中难以脱除，为了提高镍的回收率，应将镍尽量保留在铜阳极中。某些再生铜阳极，含镍可达 0.6%~0.8%。镍在阳极上的溶解，与阳极含氧量关系很大，阳极含氧高并以 NiO 形态存在，它不溶于稀硫酸，则大部分进入阳极泥中。实践证明，阳极和电解液中镍含量对阴极铜质量没有太大影响，甚至在阳极含镍达 26.02% 时，阴极含镍也不超过 0.0016%[16]。但是铜阳极中含 NiO 和镍云母时，因生成致密而导电性差的薄膜层，引起阳极钝化，槽压升高，并使阳极溶解不均匀。

(4) 铅。阳极中的铅在电解过程中与硫酸作用生成白色的硫酸铅，在酸性溶液中又可能氧化成 PbO_2 覆盖于阳极表面，使阳极钝化，槽压升高。故阳极含铅最好控制在 0.2% 以下。

(5) 锡。阳极中的锡在电溶解时先以 Sn^{2+} 形式进入溶液：

$$Sn - 2e \Longrightarrow Sn^{2+}$$

Sn^{2+} 在电解液中进一步氧化成四价锡：

$$SnSO_4 + 1/2O_2 + H_2SO_4 = Sn(SO_4)_2 + H_2O$$

$$SnSO_4 + Fe_2(SO_4)_3 = Sn(SO_4)_2 + Fe_2SO_4$$

$Sn(SO_4)_2$ 容易水解成溶解度小的碱式盐而进入阳极泥中：

$$Sn(SO_4)_2 + 2H_2O = Sn(OH)_2SO_4\downarrow + H_2SO_4$$

锡的碱式盐在沉降时可吸附溶液中的砷和锑，从而可减少溶液中砷、锑含量，但若黏附在阴极上则影响阴极铜的质量。但电解液中含锡 0.4g/L 时，可得到良好的阴极铜。

（6）砷和锑。铜阳极中的砷、锑在电溶解时以三价形式进入溶液中，并可发生水解：

$$As_2(SO_4)_3 + 6H_2O = 2H_3AsO_3 + 3H_2SO_4$$

$$Sb_2(SO_4)_3 + 6H_2O = 2H_3SbO_3 + 3H_2SO_4$$

生成的 AsO_3^{3-} 和 SbO_3^{3-} 可氧化成 AsO_4^{3-} 和 SbO_4^{3-}。此外三价砷和五价锑，五价砷和三价锑能生成溶解度很小的化合物（$As_2O_3 \cdot Sb_2O_5$ 及 $Sb_2O_3 \cdot As_2O_5$），它们为粒度很小的絮状物，在电解液中漂浮并吸附其他化合物而形成所谓"漂浮阳极泥"。它黏附在阴极上将影响阴极铜质量，又可在循环管道中结壳。防治砷、锑的危害，应控制电解液中砷浓度为 1~4g/L，最高不超过 9g/L；锑为 0.3~0.5g/L，不超过 0.7g/L，同时提高电解液酸度防止其水解，并加强电解液的过滤。

（7）金银和铂族金属。它们在电解精炼过程中不溶解而进入阳极泥中。

4.5.2 再生粗铜电解精炼的实践

再生粗铜电解精炼时用的阳极是再生铜经火法精炼后铸成的长方形铜块，而阴极则由厚为 0.4~0.7mm 的铜片做成，其尺寸比阳极稍大[4]。

电解槽是由钢筋混凝土制成并内衬防腐材料的长方形槽子，其大小由电极数量和尺寸来决定。图 4-32 所示为铜电解槽，其内衬为瓷砖或硬塑料板。

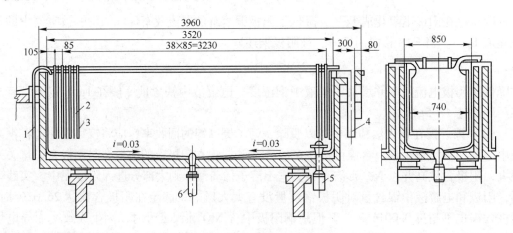

图 4-32 铜电解槽

1—进液管；2—阴极；3—阳极；4—出液管；5—放液管；6—放阳极泥孔

电解液的主要成分是 Cu^{2+} 和 H_2SO_4 以及阳极电溶解入溶液的杂质。某厂电解液成分（g/L）为：Cu 40~60，H_2SO_4 160~210，Ni 9~20，Fe 1~3，Sb 0.1~0.5，Cl 0.06~0.1。吨铜添加剂用量（g）为：胶 15~40，硫脲 20~40，干酪素 15~30。电解液温度为

$60 \sim 65\,℃$，电流密度为 $200A/m^2$，电流效率为 $96.2\% \sim 98\%$，吨铜电耗（直流电）约 $250kW \cdot h$。

在电解过程中，由于电解液中铜浓度增加以及杂质积累，为使电解正常进行，应定期抽出定量电解液进行净化，其一般净化流程如图4-33所示。

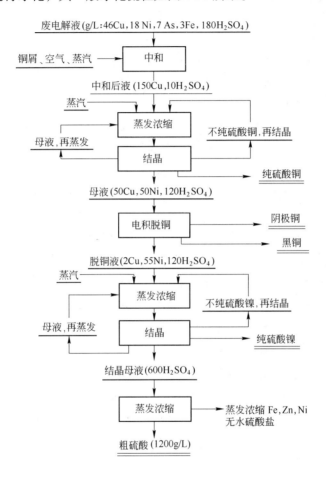

图4-33 铜电解液净化流程图

净化作业是加铜屑中和酸，浓缩结晶产出粗 $CuSO_4 \cdot 5H_2O$，然后电积脱铜、砷，随后浓缩结晶产出的粗硫酸镍，结晶母液含 $600g/L$ 硫酸以上返回使用。

采用电积法脱除铜、砷、锑时，电积槽与电解精炼槽基本相同，阴极为铜薄片，阳极由含 $1\% Ag$ 或 $3\% \sim 4\% Sb$ 的铅制成。此时的阴极反应为：

$$Cu^{2+} + 2e = Cu \qquad E^{\ominus} = 0.34V$$

$$As^{3+} + 3e = As \qquad E^{\ominus} = 0.3V$$

$$Sb^{3+} + 3e = Sb \qquad E^{\ominus} = 0.1V$$

$$2H^+ + 2e = H_2 \qquad E^{\ominus} = 0$$

一般电积分阶段进行，第一阶段铜浓度由 $50g/L$ 降到 $15g/L$，电流密度为 $200A/m^2$，产出一级铜；第二阶段铜浓度由 $15g/L$ 降到 $8g/L$，产出阴极铜送阳极炉精炼；第三阶段铜浓度由 8g/L 降到 0.5g/L，电流密度为 80A/m²，产出含砷高达 30% 的黑铜，送阳极炉或转炉处理回收砷。当电积到含铜少于 0.5g/L 时，则产出剧毒 AsH_3，因 AsH_3 是剧毒气体，应高度注意防护。

由于用电积法脱除砷存在严重缺点，故近年来发展在工业上用溶剂萃取法从铜电解液中脱砷。在国外有比利时的 Hoboken 厂以及澳大利亚的 Townsville 厂[14] 和我国的石录铜业公司均先后采用磷酸三丁酯（TBP）溶剂萃取法脱砷[4,18~20]。此法与电积法脱砷比较，具有如下优点：（1）避免了剧毒 AsH_3 的产出；（2）可直接生产出砷的产品（三氧化二砷和砷酸铜）；（3）能耗和生产成本都远低于电积法脱砷。

TBP 从硫酸溶液中萃取砷的反应为：

$$TBP + H_3AsO_4 + H_2SO_4 \Longrightarrow TBP \cdot H_2SO_4 \cdot H_3AsO_4$$

从以上反应式可知，TBP 在萃取砷的同时也萃取一定量的 H_2SO_4。

对砷萃取效果的研究指出[18,19]，水相中酸度增高则砷萃取率增加。有机相中 TBP 浓度增加，砷的萃取率也增加。有的工厂采用 60% TBP 的煤油溶液作萃取有机相，加入 5% N263 时有协萃作用。在用 90% TBP 的煤油溶液萃取时，有机相含砷多于 4g/L。在适宜条件下砷萃取率都可达 90% 以上。关于砷的反萃，可先用一定量热水洗涤有机相中的酸，然后用水反萃。有人提出用硫酸铵反萃，然后从反萃液中回收 As_2O_3 及氨。有关反应如下：

$$TBP \cdot H_2SO_4 \cdot H_3AsO_4 + 3/2(NH_4)_2SO_4 \Longrightarrow (NH_4)_3AsO_4 + 5/2H_2SO_4 + TBP$$

$$2(NH_4)_3AsO_4 + 3Ca(OH)_2 \Longrightarrow Ca_3As_2O_8 \downarrow + 6NH_4OH$$

$$(NH_4)_2SO_4 + Ca(OH)_2 \Longrightarrow CaSO_4 \cdot 2H_2O \downarrow + 2NH_3$$

$$Ca_3As_2O_8 + 3H_2SO_4 + 2H_2O \Longrightarrow 2H_3AsO_4 + 3CaSO_4 \cdot 2H_2O \downarrow$$

$$2H_3AsO_4 + 2SO_2 \Longrightarrow 2H_2SO_4 + H_2O + As_2O_3 \downarrow$$

也可从反萃取液中制取二铜砷酸盐（BAC），以作为生产木材防腐剂的原料。砷酸铜的制取是在向砷反萃取液中加入硫酸铜，并用 NH_4OH 或 NaOH 调整 pH 值到 6.5 的情况下实现的。铜的加入量与溶液中五价砷量等同。

从铜电解液中萃取脱砷生产的流程如图 4-34 所示。

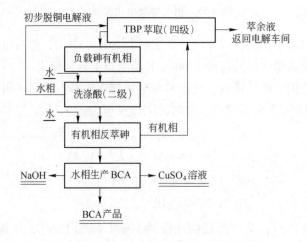

图 4-34　TBP 萃取脱砷的流程图

4.6 铜废料生产铜合金

纯净杂铜和铜基合金废料最合理的回收利用途径是将它们直接冶炼成铜合金，即用已区分牌号和纯净的杂铜生产铜合金时，是将杂铜并配以适当的纯金属或中间合金熔炼，便可制得各种牌号的合金。这样，原料中所有的有价成分都被回收到成品中。

4.6.1 铜合金熔炼的熔剂

为了脱除杂质，铜合金熔炼时必须使用覆盖熔剂和精炼熔剂（造渣熔剂）[4]。覆盖熔剂在合金熔体表面上成为保护层，以防止合金熔体与炉气接触，从而降低合金中的气体含量并减少易挥发组分的蒸发，液态覆盖熔剂还能溶解某些杂质氧化物。覆盖熔剂是与合金屑和其他细碎废料共同加入炉中的。加精炼熔剂是为了除去液态合金中的有害杂质。大部分铜基合金中均含有铝、硅、铁和锑等有害杂质，而精炼熔剂中含有化学活性物质，可与杂质生成不溶于液态合金的化合物而造渣。

根据所处理原料的不同类型，可用下述物料作为熔剂：苏打、萤石、硫酸钠、硼砂、氟化钠、碎玻璃、木炭、碱金属卤化物等。熔剂消耗量为炉料量的 0.5%~1.0%，最高到 3.5%。波兰工厂铜合金曾用过的熔剂见表 4-19。

表 4-19　波兰工厂生产铜合金时的精炼熔剂

合金类型	覆盖剂	造渣剂	气体
无铝黄铜	木炭	$Na_2B_4O_7$ 60%，Na_2CO_3 40%	不用
含铝黄铜	木炭	$Na_2B_4O_7$ 40%，Na_2CO_3 60%	不用
特种黄铜（含铝）	木炭	$Na_2B_4O_7$ 50%，Na_2CO_3 20%，NaCl 10%，Na_3AlF_6 20%	不用
铜	木炭	$Na_2B_4O_7$ 35%，Na_2CO_3 50%，CaF_2 10%，SiO_2 5%	不用
无铝锡青铜	木炭	$Na_2B_4O_7$ 40%，Na_2CO_3 50%，CaF_2 10%	N_2 或 Cl_2
含铝锡青铜	木炭	$Na_2B_4O_7$ 60%，Na_2CO_3 40%	N_2
铝青铜	木炭	Na_3AlF_6 40%，NaCl 60% 或 Na_3AlF_6 90%，NaCl 10%	N_2

4.6.2 铜合金生产的熔炼炉

从铜废料中生产铜合金，可采用固定型、转动型、回转型反射炉，电弧炉，感应电炉、坩埚炉和竖炉等[4]。

反射炉的容量较大，为大型工厂所采用。燃料可用重油或煤气。为使熔体层的深度分布和组分均匀，应注意搅拌熔体。当使用转动型和回转型反射炉时，其优点为传热性好、熔炼时间短、金属飞溅和挥发损失小等。当使用感应电炉熔炼合金时，金属损失少且劳动条件好。小型工厂一般采用坩埚炉，其优点是投资省、见效快、熔炼时温度较均匀，熔体不与炉气接触，故而其产品组成不受炉气影响；但坩埚炉热效率低，燃料消耗多。当使用竖炉时，炉子由一圆柱形筒构成，内衬镁砖，炉体周围装有数排燃烧器。铜料从上部炉门加入，燃烧液体或气体燃料控制炉内为中性或还原性气氛，熔化的炉料从下部放出铸锭。

前苏联熔炼含锡青铜时多在反射炉中进行，而熔炼不含锡的青铜时则在反射炉和有芯感应电炉中进行。熔炼黄铜主要在感应电炉中进行。

再生含锡和不含锡青铜在两种形式的单室反射炉（即固定式和转动式）中进行，如图 4-35 和图 4-36 所示。其大小尺寸见表 4-20。

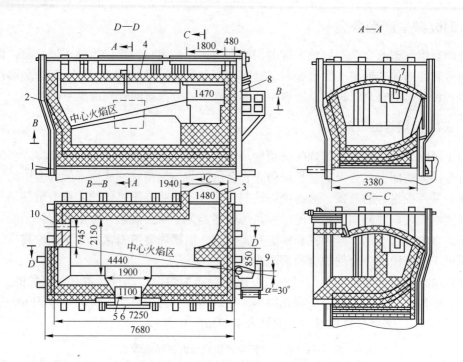

图 4-35 容量为 36t 的固定式反射炉

1—基础；2—构架；3—烟道；4—炉顶；5—操作门；6—活动炉门；

7—烧嘴用口；8—烧嘴；9—操作台；10—出料口

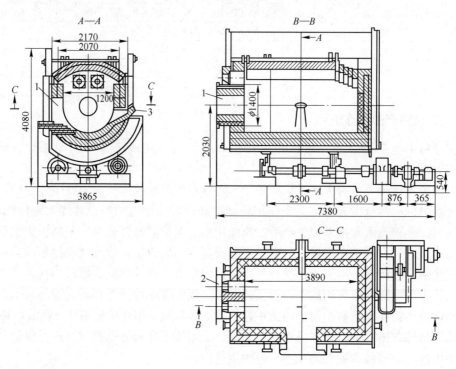

图 4-36 容量为 15t 的转动式反射炉

1—加料口；2—烧嘴口；3—放出口

表 4-20　熔炼铜基合金反射炉尺寸

项　目		固　定　式			转动式
		Ⅰ	Ⅱ	Ⅲ	
容量/t		20	26.5	36	15
炉床面积/m²		9	7.4	9.6	—
熔池面积/m²		—	3.2	4.36	2.0
外部尺寸	长/mm	7000	5200	7680	5500
	宽/mm	3900	3400	4140	3865
高(从场地水平算起)/mm		5500	3500	3830	4886

反射炉的衬里用铬镁砖、硅砖以及黏土砖。一般炉底和侧墙、端墙的渣线部分都衬铬镁砖。炉墙和炉顶的砖砌体可用除黏土砖以外的耐火砖。炉子用液态或气态燃料加热,加料口与活动炉门都用水冷却。用加料机加料并进行熔体搅拌,从工作门扒渣。成品合金连续从放出口放出铸造。炉气经冷却后进布袋收尘室脱除烟尘和挥发物,有时也设空气热交换器以回收炉气中的显热。

4.6.3　铜合金的生产实践

用杂铜料生产铜合金时,其整个工艺过程包括配料、熔化、去气、脱氧、调整成分、精炼、浇铸等过程[4]。

4.6.3.1　青铜的生产

在反射炉中将铜废料熔炼成青铜时,一般在炉中留有上次熔炼留下的或专门熔化的中间合金熔体,其量为炉料量的25%～35%。在加料前炉子需加热到1350～1450℃,然后加入切屑、冲压废料、网状料和返料等轻质原料,再加大块旧铜料和青铜料入炉。用纯碱和萤石(其配比为60∶40)作覆盖熔剂,其用量为炉料量的1.2%～2.4%。精炼熔剂的配料如下(%,按质量分数计):铜氧化皮96,砂子4;或硝石30,铜氧化皮45,砂子25;或60%烧碱,33%萤石和7%硼砂,其用量视炉料中有害杂质(Fe、Al、Si、Sb)及其量而定。

熔炼过程采用机械加料,并不时地搅拌熔体,生成的炉渣流到炉渣澄清池。加入合金配料(Sn、Sb等)以调整合金成分,并将熔体细心搅拌以便得到均匀组成的合金,保持熔体温度在1100～1150℃下进行浇铸。

反射炉熔炼合金时的有关指标如下:每吨成品合金标准煤耗为210～250kg;炉子单位生产率为18～20t/(m²·d),炼炉出口烟气含量(%)为:O₂ 0.6～0.2,CO 1～2;进入成品合金中铜的回收率为93%～94.5%;进返料中的铜为3%～4%;进炉渣中铜为1.5%～2.5%。熔炼青铜时炉渣含合金约为7%～12%,含其他成分(%)为:SiO₂ 22～28,Al₂O₃ 15～27,CaO 5～9,Na₂O 8～14,Fe 4～8。炉渣经再熔炼成黑铜。

4.6.3.2　无锡青铜的生产

用再生原料熔炼无锡青铜时,可采用转动式反射炉和感应电炉。为了防止合金氧化,向装有中间合金熔体的反射炉中加入干木炭粉,也可用冰晶石 Na₃AlF₆(合金量的1%～2%)、萤石和纯碱来代替木炭粉。熔剂消耗量为炉料量的2%～4%。随后加入计算量的合金元素（Al、Fe、Mn），再加入青铜和铜废料，待炉料完全熔化并搅拌均匀后扒渣，在 1100～1150℃下铸锭。此时进入成品中的合金回收率为 93.5%～94.5%，进入返料中为 4%～4.5%。

在感应电炉中熔炼无锡青铜时，工艺过程与上述类似，但指标优于反射炉熔炼。此时进入成品中合金回收率为 95%～96%，进入返料中为 3%～3.5%。电炉熔炼的能耗每吨合金为 350～380kW·h。

4.6.3.3　黄铜的生产

用再生原料生产黄铜时，则主要在有芯感应电炉中进行。熔炼也是在有中间合金熔体（或称底料）的情况下进行的。底料量为总炉料量的 35%～45%，其成分应与所熔炼的黄铜牌号相符，否则就需要将底料配好。操作时首先将合金屑与熔剂一块加入炉中，然后将锰或硅加到熔融的合金熔体中，待完全熔化后再依次加入炉料。熔炼完后电炉断电扒渣。黄铜熔体铸造前需维持 1000～1100℃。成品合金送电热混合炉后铸锭或直接铸锭。熔炼时合金进入成品的回收率为 92.9%～95.3%，进入返料中为 3.0%～4.7%。电能消耗为每吨合金 315～370kW·h。炉子生产能力为 36～50t/d。从再生原料生产黄铜时所产渣的成分（以合金及氧化物形态存在,%）为：Cu 15～30，Zn 30～50，Pb 0.5～1.0，SiO_2 2～13，Na_2O 1.5～6.0，Fe 0.5～3.5，渣率则因原料不同约为 3%～5%。在熔炼铅黄铜时产出"干渣"，含金属达 35%～40%。

4.6.3.4　炉渣的处理

熔炼再生青铜和黄铜时产出的炉渣含金属高，应进一步处理回收。处理炉渣的方法是先初步分离出渣中大粒合金，然后加渣量 6% 的碎炭和 3%～10% 的石灰在电炉中熔炼。此时得到的新渣含（%）：Cu 0.3～0.4，Zn 2.0～3.5。炉渣熔炼时所得到的合金用于生产黄铜或青铜。有关金属进入合金的回收率（%）为：Cu 93～95，Pb 80，Sn 85～90，Zn 8～10。锌主要是在烟尘中回收，其回收率达 83%～86%。

4.6.4　粗合金的精炼

熔炼产出的粗青铜和粗黄铜需进行精炼，以除去悬浮的非金属夹杂物和某些杂质，如铁、硫、铝、硅、锰等，并降低熔体中的氧、氢含量[4]。脱除金属杂质的方法是向金属熔体中鼓入空气、水蒸气或加入铜氧化皮使杂质氧化脱除，即在 1100～1160℃下，按以下反应式氧化：

$$Cu_2O + Me \longrightarrow 2Cu + MeO$$

$$2Cu_2O + Cu_2S \longrightarrow 6Cu + SO_2$$

铜氧化皮的耗量约为合金熔体量的 0.5%～1.0%。当向熔体中鼓入空气和水蒸气时，可使锌强烈挥发，但对锡则无大的影响，故此方法只适用于精炼生产含锌低（不超过 3%）的青铜，否则锌含量因大量挥发而难以保证青铜的含锌量。

氧化精炼后合金熔体中含有相当量的 Cu_2O，需用磷、锂、硼、钙等脱氧剂脱除 Cu_2O 中的氧，通常磷以磷铜（含 P 8%～15%）形式加入，磷按以下反应式生成 P_2O_5 并在 359℃下挥发。

$$5Cu_2O + 2P \longrightarrow P_2O_5 + 10Cu$$

在生产中有时也用联合脱氧剂，例如在生产锡青铜的情况下，先用磷脱去大部分氧，然后再用锂脱除残余氧。这时便可得到细粒晶体结构和高力学性能的合金。为提高锂的利用率和简化操作，锂是以锂筒形式加入的，锂筒是用铜做成的密封圆筒，内装 5～100g 锂，把它加到熔体中，将熔体搅拌，澄清再浇铸。

铜合金中脱气主要是脱氢。氢几乎占溶解总气体量的95%～98%。氢能使铸件中产生气泡和气体缩孔。氢在金属中的溶解度与温度和气体聚集程度有关。氢在铜中的溶解度与温度的关系如下：

金属温度/℃	500	700	900	1100	1400
100g 铜中氢溶解度/cm³	0.3	1.1	2.4	13.0	23.5
氢的质量分数/%	2.7×10^{-5}	9.9×10^{-5}	2.15×10^{-4}	1.17×10^{-3}	2.1×10^{-3}
氢的体积分数/%	2.6	9.8	21.4	1.70	211.7

氢主要来自熔炼过程中炉料、熔剂、燃料和空气中的水的分解，而水与炽热金属接触时按以下反应分解，产生原子氢溶于金属中。

$$H_2O + Me \longrightarrow MeO + 2H$$

火焰炉中还原气氛的碳氢化合物的分解也是氢的重要来源。例如甲烷（CH_4），在600℃时明显分解，在800℃时甲烷约有40%分解。

减少金属中氢含量的措施有：熔炼过程中加入干燥的炉料，并在中性或弱氧化性气氛中进行。

铜合金的脱气精炼，可往熔体中鼓入惰性气体（氮、氩），并在抽气的情况下来实现。铜合金的脱气设备如图4-37所示。

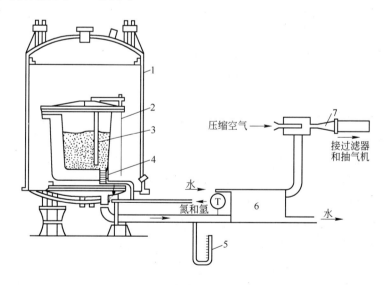

图 4-37　铜合金的脱气设备示意图
1—真空室；2—烧罐；3—铸塞；4—多孔套管；5—真空计；6—冷却器；7—喷射泵

脱气装置由液态金属烧罐、真空室和供气（氮气或氩气）系统组成。惰性气体由烧罐底部的多孔套管鼓入，压力为202650～303975Pa。多孔套管由耐火材料制成，其中还装有石墨、刚玉、碳化硅和黏土。通气 6~10min，就可使合金中含氢量降至原有的 1/2 或 1/4。

从合金中除去非金属夹杂物的简而有效的方法是过滤法（见图 4-38），其过滤介质为破碎的人造刚玉、镁砂、熔化过的氟化钙和氟化镁，其粒度为 5~10mm。该法可使合金中非金属夹杂物降至原有的 1/2~1/3，且部分脱气。

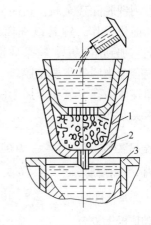

图 4-38　过滤法精炼设备示意图
1—颗粒过滤器；2—石套管；3—结晶器

我国某厂用纯杂铜（如牌号为 H90、H68）按规定比例将其掺入电铜和锌锭中生产相同牌号的黄铜锭坯。采用低频电炉熔炼和用半连续铸锭机铸锭。熔炼指标为：每吨黄铜锭坯金属消耗为 1017.3kg，折合标准煤为 171.8kg。

4.7　铜废料的化学溶解法处理

4.7.1　硫酸溶解铜废料回收铜

块状、粒状的或预先雾化成粉状的铜废料、氧化铜皮、各种铜基合金废料均可在有氧存在下用硫酸溶解。铜的硫酸溶解可在涡轮充气或机械搅拌的设备中，或在鼓泡塔以及高压釜中进行。溶解设备多用普通碳钢制成，内衬耐酸绝缘体。耐酸材料有石油沥青、水玻璃、耐酸砖、耐酸瓷砖等。铜电解用电解槽（槽体由钢盘混凝土制成）的衬里也是这些耐酸材料。也可用钛制造溶解设备，或外壳用碳素钢材，内衬用钛板。搅拌设备、管道、阀门、管接头均由钛制造或由钢材制成，但需内衬橡胶。

浸出时用蒸汽间接或直接加热溶液。用于搅拌或工艺需要的空气由涡轮充气机供给，或借用专门管道在 2~3atm（202650~303975Pa）的压力下通入。

纯铜废料溶解时，可得到较纯的硫酸铜溶液，将溶液浓缩结晶，便可得到硫酸铜（$CuSO_4 \cdot 5H_2O$）产品[21]。

复杂铜基合金溶解时，铜与某些金属（锌、镍、铁）共同转入溶液中，而含铅、锡的合金与硫酸作用时生成难溶的硫酸铅，其溶度积为 1.8×10^{-8}。所生成的硫酸铅沉积在固体颗粒表面上，阻碍熔剂向颗粒内扩散而妨碍溶解。当粉状黑铜浸出 4h 后，各种金属的浸出率（%）为：Cu 和 Zn 94~98，Ni 76，Fe 62，Sn 1.3，Pb 1.62。浸出渣率与原料成分和质量有关，可在 1%~10% 范围内变化。

当浸液用不溶阳极电积法回收铜时，按照生产规模不同，电解槽可长达 10m，宽达 1.2m，深达 1.3m。这种尺寸的电解槽可放 97 块铅阳极和 96 块铜阳极，用铅锑合金（3%~8% Sb）、铅锑银合金或含 Ca 0.1%，Sn 0.5% 的 Pb-Ca-Sn 合金作阳极[16]，厚度为 10mm。铜阴极则在种板槽中生产，以免杂质积累而沉积在阴极上使阴极铜质量变差，因此电解液中杂质含量（g/L）应为：Zn≤25，Ni≤20，Fe≤5。

阴极在槽中停留时间与电流密度和溶液中铜含量有关，一般不超过 6~8 昼夜。电积时阴极铜质量通常比用铜阳极电解精炼时所得阴极铜质量差。电积是在电流密度 200~300A/m²，槽电压 2.0~2.5V 下进行。电能消耗为吨铜 2000~2500kW·h，电流效率为

90%。铜的水溶液电积的发展前景可参阅文献［22］。

国外某厂处理废铜线产出金属铜箔。图4-39所示为溶解废铜线的设备图。为了除去油脂，先在500℃下将废铜线进行预焙烧。用废电解液（含 Cu 40～42g/L，H_2SO_4 120～140g/L）或酸洗液作溶剂，溶解在80～85℃连续鼓空气的情况下进行，空气耗量为350m^3/h。当溶液含铜量达到80g/L后送入鼓形电解槽。电解槽和鼓形阴极都由不锈钢制成，而不溶阳极用钛制成（见图4-40）。电积条件为：阴极电流密度为1600～2250A/m^2，温度为40℃，电解液循环速度为1.8～350m^3/h。

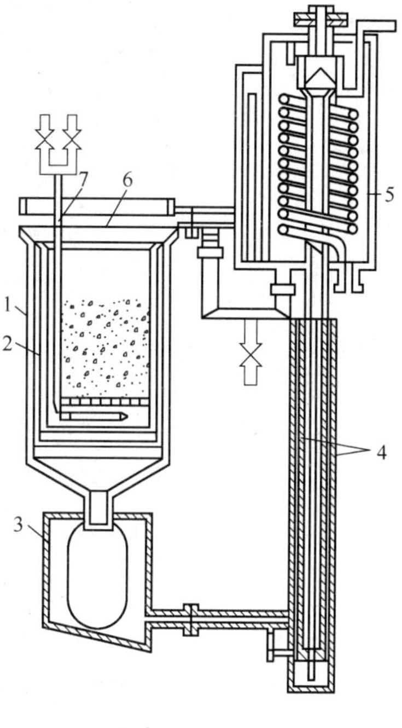

在鼓形阴极上得到的铜箔厚度在100μm以下，也可产出35～20μm厚的铜箔。电解液中杂质含量(g/L)应控制如下：有机物 0.04～0.09，Cl 0.02～0.07，Fe^{2+} 0.8～3.0。

也有采用如下条件生产铜箔的，电解液成分(g/L)为：Cu 50～100，H_2SO_4 100～180，添加剂高腊克（一种高分子磺酸和亚硫酸盐）1×10^{-6}，Cl 0.035；温度40～60℃，电流密度1500～4500A/m^2，阴极材料为镀铬不锈钢，阳极材料为钛。关于电解法生产铜箔的细节，可参阅文献［23，24］。

图4-39　氧化溶解系统图
1—槽子；2—带多孔底的可更换提篮；
3—袋式过滤器；4—空气提升器；
5—热交换器；6—环管；7—供空气管

铜也可以铜粉形式从硫酸铜溶液中析出，此时是在高压釜中，在高温下用高压氢还原的方法来实现的。其工艺条件为：温度130～140℃，氢压力为2330～2740Pa，溶液终酸不宜超过120g/L。图4-41所示为前苏联研究的处理铜废料生产铜粉的流程。此流程浸出前采用了火法过程，流程复杂，应以全湿法流程为宜。

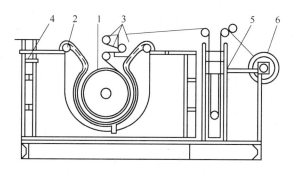

图4-40　生产铜箔用鼓形电解槽示意图
1—鼓形阴极；2—阳极；3—导向辊；4—电解液槽；5—洗涤槽；6—缠绕筒

4.7.2　氨液溶解铜废料回收铜

铜能溶解于含氨的水溶液中，Cu-NH_3-H_2O 系电位-pH值图如图4-42所示，从图中可以看出各种铜氨配离子的热力学稳定区[4]。

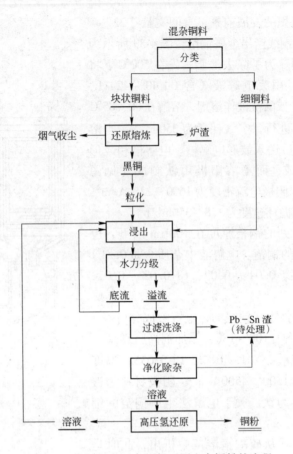

图 4-41   废铜料酸浸高压氢还原生产铜粉的流程

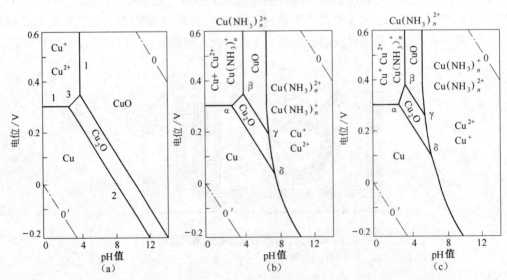

图 4-42   Cu-NH$_3$-H$_2$O 系的电位-pH 值图

氨液浸出一般于 50~60℃下在密闭设备中进行。氨浸法不但容易溶解粒状铜,而且还可溶解压成块的铜、旧铜料和其他类型的铜再生原料。控制原始浸出的氨、碳酸铵溶液中氨的浓度为 100~150g/L，CO_2 的浓度为 80~100g/L。

铜在氨溶液中可以一价和二价铜的铜氨配合物形式存在。氨浸时铜的浸出率约为 99%。锌和镍也可与铜共浸出，而铁、锡和铅则留在浸出渣中，这是氨浸的主要优点之一。

氨浸反应为：

$$Cu + [Cu(NH_3)_4]^{2+} + 4NH_3 = 2[Cu(NH_3)_4]^+$$

$$2[Cu(NH_3)_4]^+ + 1/2O_2 + H_2O = 2[Cu(NH_3)_4]^{2+} + 2OH^-$$

经济概算表明，铜以铜粉状态从氨溶液中析出最为合理。因为铜粉的价值为块状铜的 1.5 倍，而且铜粉生产工艺流程简单。例如先将氨浸后溶液蒸馏，按如下反应产出氧化铜沉淀：

$$[Cu(NH_3)_4]CO_3 \longrightarrow CuO + 4NH_3 + CO_2$$

然后在 700~760℃下用氢气还原 CuO 而得到纯度达 99.4% 铜粉，主要杂质为铁。

从氨浸溶液中也可在高温高压下用氢气还原析出铜。

此外，铜废料用氨硫酸盐浸出，浸出液用 SO_2 还原，按下式生产沉淀（$CuNH_4SO_3$）：

$$[Cu(NH_3)_2]_2SO_4 + 2SO_2 + 2H_2O = 2CuNH_4SO_3 \downarrow + (NH_4)_2SO_4$$

然后将 $CuNH_4SO_3$ 在高压釜中分解得到铜粉，这一流程处理铜废料值得重视[25]。

下面举例说明铜废料氨浸法回收铜的工艺：

（1）含铜双金属废料用氨浸法生产电铜。采用碳酸氢铵和氨水浸出覆铜钢废料（双金属废料），所得到的浸出液经蒸馏后得到粗氧化铜粉，将它用硫酸溶解配制电解液进行电解，产出电铜。其工艺流程如图 4-43 所示。

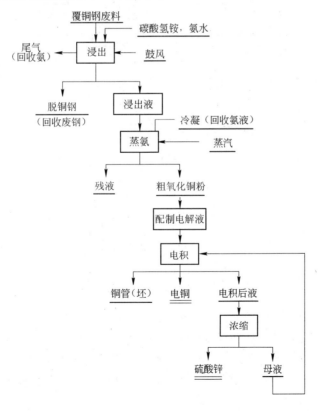

图 4-43 氨浸法处理双金属废料再生电铜的工艺流程

此流程有关技术条件如下：

1）浸出。新配溶剂浓度（g/L）为：NH_4OH 60，NH_4HCO_3 30；浸出温度 35～45℃，浸出时间 4～6h，浸出液含 Cu 为 20～25g/L。浸出时，要根据不同情况补充溶剂。

2）蒸氨。蒸氨在密闭容器中进行，每小时进料量为 500L 浸出液（含 Cu 60g/L 以上），通入 110℃过热蒸汽，在表压为 507～607kPa 分解碳酸铵铜。产出的氨及 CO_2 经冷凝回收，用于冷却的冷却水进口水温为 30℃，出口水温小于 60℃，回收的溶液从流出口流出的温度大于 45℃。

3）电积。电积时电解液成分（g/L）为：Cu 45～50，H_2SO_4 70～90，Zn 可由 4～7 富集到 100；电解液温度为 52～55℃，极间距离 100mm，电流密度为 200～220A/m^2。其电流效率为 92%～97%，电铜总回收率为 90%～92%。每吨铜消耗直流电能 2300～2500 kW·h，酸 370～380kg，碳酸氢铵 400～600kg，氨水 800～900kg。

（2）用氨浸法处理杂铜生产电铜[26]。我国用氨浸法处理杂铜生产电铜的工艺流程如图 4-44 所示。

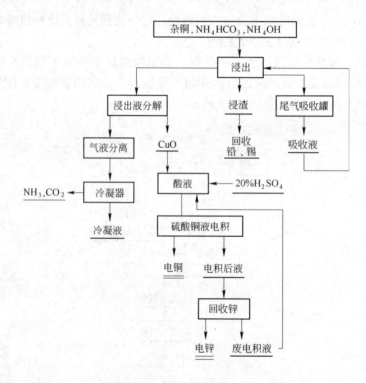

图 4-44   氨浸法处理杂铜再生电铜的工业生产工艺流程

图 4-44 流程的技术条件如下：

1）浸出。浸出温度为 60～70℃，浸出压力为 203～253kPa，浸出时间在 12h 左右。

2）加压分解。将浸出液放入分解罐，通入蒸汽，加压加温进行分解。分解压力为 355kPa，分解时间为 1h 左右。分解产出的 NH_3 和 CO_2 进入列式冷凝器冷却回收，循环使用。

3）溶解及电积。分解产物 CuO_2，在溶解罐中用 20% 的硫酸溶解成 $CuSO_4$ 溶液。然后用不溶阳极电积，电积液含铜 50~60g/L ，产出的电铜含铜大于 99.9% 。电积废液中含有大量的锌和锡，须再进一步回收。

由于此工艺的浸出和分解过程是在密封设备下进行的，NH_3 和 CO_2 利用率高，基本上消除了对环境的污染。

（3）铜锌废料的氨浸—溶剂萃取回收铜、锌。用氨浸—溶剂萃取法处理铜锌废料的流程如图4-45所示。

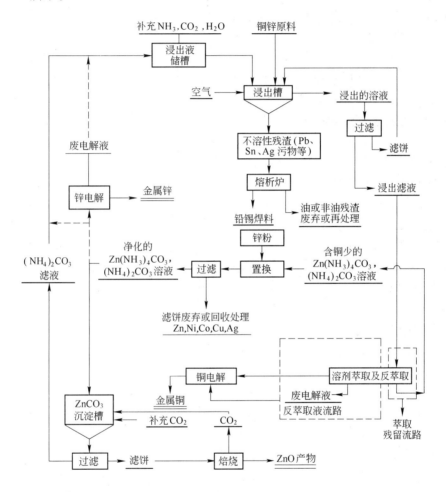

图4-45 氨浸—溶剂萃取生产电铜的流程

将废汽车散热器或其他铜合金废料用氨进行浸出。原料平均成分（%）为：Cu 70，Zn 11，Pb 9，Sn 3，Ag 186.6g/t。将每升含250g碳酸氨的溶液（基本上是返回溶液）加入浸出槽中，往槽中通入空气进行浸出，浸出后的溶液（g/L）含：Cu 70，Zn 22，全部铁、铅、锡和银均不溶解。这种浸出渣积累到一定量后将其加到熔析炉中，在350℃左右使铅锡废料熔化，将不熔的金属浮渣及污物从熔化的料上撇出，将铅锡熔体料铸成棒状后出售。

浸出后的溶液用Lix65N萃取剂的煤油溶液萃取脱铜，萃余液含有全部锌（22g/L）及碳酸铵。此溶液用锌粉置换沉淀出重金属杂质并过滤。将一半净化溶液在70929.5Pa压力

下用 CO_2 处理，使锌以碳酸锌形式沉淀，将此沉淀物在 700℃ 下煅烧成高纯氧化锌出售，脱锌后的碳酸铵溶液与未处理的其余一半溶液合并返回浸出。

负载铜有机相用含 Cu 30g/L，H_2SO_3 110g/L 的电积溶液反萃取，反萃取液含 Cu 37g/L，H_2SO_3 110g/L 用作电解液的进液。用铅锑合金作阳极，电积脱铜后的溶液酸度调到规定值返回用于反萃取铜。

（4）含铜废料的氨浸—高压氢还原生产铜粉。此法被认为是最有发展前途的方法，美国已在 20 世纪 60 年代就建立了日处理 50t 废铜料的工厂，其流程如图 4-46 所示。

浸出作业是在 50～60℃ 鼓风条件下进行的。浸出用的溶液成分按摩尔浓度计算为 Cu：$((NH_4)_2CO_3 + 2NH_3)$ 为 1.25～1.35，Cu、Zn、Ni 都进入溶液，浸出液含铜可达 140g/L，Sn、Pb 留于残渣中。进入溶液的少量铅可加 $SrSO_4$ 除去。当加入量为 $SrSO_4$：Pb = 8 时，溶液中 Pb 即可以从 0.43g/L 降到 0.02g/L。除铅后溶液在高压釜中于 200～210℃ 下通入 6100～7100kPa 的高压氢气还原得到铜粉，经离心过滤、洗涤、干燥和氢气处理后包装出厂。产出的铜粉含铜 99.9%，可用于生产厚 1mm 铜带、直径 10mm 薄壁管及其他产品。脱铜后溶液含 CO_2 100g/L、NH_3 150g/L 及一定数量的 Zn、Ni，原则上返回浸出，当 Zn、Ni 积累到一定程度后经蒸馏处理回收 NH_3 及 CO_2，而 Zn、Ni 则以碳酸盐形式沉淀，进一步处理回收。

（5）铜铅浮渣的氨浸—溶剂萃取回收铜铅[27~29]。粗铅精炼所产出的铜铅浮渣中的铜、铅主要以金属状态存在。由于铅包裹着铜块，处理很困难。联邦熔炼公司和三井矿冶公司的浮渣典型分析见表 4-21。

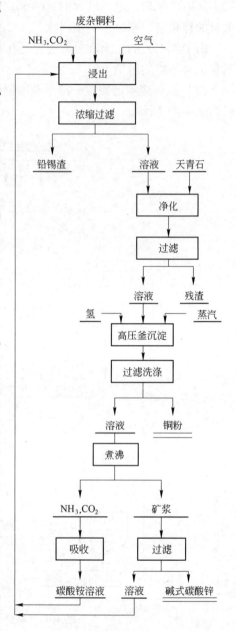

图 4-46　氨浸—高压氢还原生产铜粉的
工艺流程

表 4-21　铜铅浮渣典型分析

成　分	Cu/%	Pb/%	Zn/%	S/%	As/%	Sb/%	Ag/kg·t⁻¹	Au/g·t⁻¹
联邦	20～40	60～45	2～4	1～2	1～2	1.5～4	0.9～1.2	20
三井	25～55	55～32	2.5～4.5	1～2	1～2	1.2～1.7	0.7～1.4	10～45

联邦熔炼公司回收铜的生产流程如图 4-47 所示。

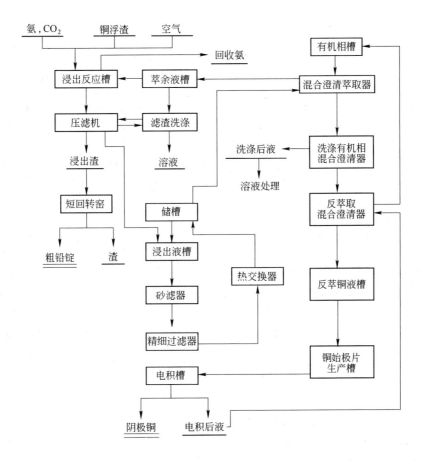

图 4-47 联邦熔炼公司处理铜铅浮渣回收铜的生产流程

氨浸出时铜的溶解反应为：

$$Cu + [Cu(NH_3)_4]^{2+} + 4NH_3 = 2[Cu(NH_3)_4]^+$$

$$2[Cu(NH_3)_4]^+ + 1/2O_2 + H_2O = 2[Cu(NH_3)_4]^{2+} + 2OH^-$$

而铅则呈不溶的碳酸铅留于浸出渣中：

$$Pb + 1/2O_2 + CO_2 = PbCO_3$$

浸出容器用低碳钢制成，在常压 20～50℃ 下进行两段浸出，浸出液成分（g/L）为：Cu 30～35，NH_3 30～35，CO_2 20～25。浸出干渣成分（%）为：Cu 4.5～6.5，Pb 58～62，Zn 3～5，Fe 1.5～3.0，S 1.3～1.7，As 1.1～2，Sb 1.5～4，Sn 0.4～0.5，Ag 1～1.2kg/t。

萃取铜时用 Lix64N 作萃取剂，萃取及反萃反应如下：

萃取： $$2R—H + [Cu(NH_3)_4]^{2+} = R_2—Cu + 4NH_3 + 2H^+$$

反萃： $$R_2—Cu + H_2SO_4 = 2R—H + CuSO_4$$

Lix64N 萃取某些金属离子的平衡水相 pH 值与有机相金属浓度关系如图 4-48 所示，水相中总氨浓度与金属萃取率关系如图 4-49 所示。

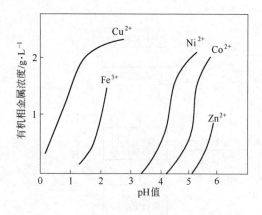

图 4-48 水相 pH 值与有机相金属浓度的关系

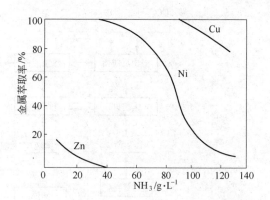

图 4-49 总氨浓度对金属萃取率的影响

用 30% Lix64N 的煤油溶液萃取时，有机相的饱和容量可含铜 10g/L。经两级萃取，一级洗涤有机相，用 80g/L 硫酸一级反萃铜，反萃液含铜 50～55g/L。铜电积采用 Pb-Ca 阳极，电流密度为 214A/m²。电解液杂质浓度（g/L）为：NH_3 2，Zn 2，Fe 0.3，Ni 5，As 2，Sb 0.2，Bi 0.1。得到阴极铜品位为 99.98%，吨铜电解电耗（交流）2000kW·h，CO_2 及 NH_3 消耗分别为每吨铜约 500kg 和 70kg。

三井矿冶公司工厂的铜回收流程如图 4-50 所示。

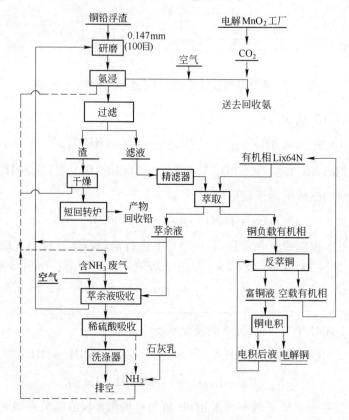

图 4-50 三井公司铜回收流程

矿渣先在 $\phi 1.8m \times 1.5m$ 球磨机中磨细，全部粒度要达到 $147\mu m$ 以下，在低碳钢制的 4 个串联的 $50m^3$ 密封圆柱形槽浸出。浸出液含（g/L）：Cu 47，NH_3 70，CO_2 45，Zn 25，SO_4^{2+} 60；pH = 9.5。

该厂生产 1t 铜的原材料消耗（kg）为：氨 80，硫酸 840，Lix64N 3.5，石英 570；蒸汽 3t，电解电耗 2080kW·h，其他电耗 2030kW·h。

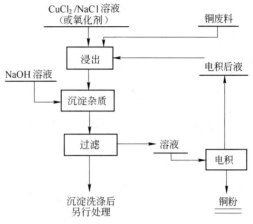

图 4-51 氯盐浸出铜废料流程

4.7.3 氯盐溶解铜废料回收铜

氯化铜是一种氧化剂，因此可与氯化钠溶液混合作铜废料的浸出剂[30,31]。其优点为浸出时间较短，产出的 CuCl 溶液电积铜电耗大为减少，同时在电积时阳极产出 $CuCl_2$ 可返回作浸出剂。浸出流程如图 4-51 所示。

工艺流程说明如下：

（1）浸出。将氧化铜溶于浓的氯化钠溶液中，浸出原料为废黄铜（只含铜和锌）时浸出反应如下：

$$Cu^{2+} + Cu^0 \longrightarrow 2Cu^+$$

$$2Cu^{2+} + Zn^0 \longrightarrow Zn^{2+} + 2Cu^+$$

一价铜离子在水中不溶解，但能完全溶于浓氯化物水溶液中，此时 Cu^+ 以 $CuCl_3^{2-}$ 和 $CuCl_4^{3-}$ 配离子形态存在，而 Cu^{2+} 在浓的氯化物溶液中为 $CuCl_3^{2-}$ 状态。

对于含 Cu 70%、Zn 30% 的铜废料，采用 0.59mol/L $CuCl_2$、4.8mol/L NaCl 的溶液浸出，初始溶液 pH 值为 2，在 95℃ 下机械强烈搅拌，浸出时间为 2h 左右每升溶液可浸出 37.5g 铜。

氯化铜浸出的设备和管道可采用聚丙二醇脂材料制作，能很好地防治浸出液的腐蚀。

（2）溶液净化。用控制溶液的 pH 值选择性水解沉淀法净化浸出液。净化的关键是将锌与氯化亚铜分离。在调整溶液 pH 值时，为避免局部过碱，不是添加固体 NaOH，而是加 6mol/L NaOH 的溶液沉淀金属杂质。

用 6mol/L NaOH 溶液作中和剂时，沉淀有关金属的 pH 值如图 4-52 所示。曲线的平线段表示沉淀的 pH 值，相应的垂直线所围的区域表示固体沉淀

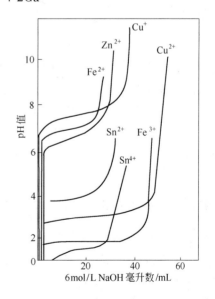

图 4-52 金属离子沉淀的 pH 值

原始浓度：Sn^{2+} - 0.4mol/L；Sn^{4+} - 0.2mol/L；
Fe^{2+} - 0.4mol/L；Fe^{3+} - 0.4mol/L；
Cu^+ - 0.9mol/L；Cu^{2+} - 0.7mol/L；Zn^{2+} - 0.4mol/L；
曲线平段的 pH 值处产生沉淀

的开始和终点。

从图 4-52 可看出，使 Cu^+ 与 Zn^{2+} 完全分离是困难的，因两者沉淀 pH 值相近，但使 Fe^{3+}、Sn^{4+} 与 Cu^+ 分离没有困难，关键是要使 Cu^{2+} 完全变成 Cu^+。一般 Cu^+ 氧化为 Cu^{2+} 速度快，但在 NaCl 溶液中则较慢。如果浸出液中氧化程度大，则 Cu^+ 氧化成 Cu^{2+} 在净化时易被除去，但降低了铜的回收率。因此浸出和净液过程需在无氧气氛中操作。沉淀出的固体杂质化合物是氯氧化物或氢氧化物。例如当 pH 值为 4.1～5.3 时，铜的沉淀物为 $(CuClOH \cdot xH_2O + Cu(OH)_2)$，而当 pH 值为 6.7 时，锌的沉淀物为 $(4CuClOH \cdot 2Zn(OH)_2H_2O + ZnO)$。

当用碳酸钠作沉淀剂，则锌生成不溶性碳酸锌沉淀。

（3）电积。净化后溶液用不溶阳极电积法获得金属铜，并在阳极再生二价铜离子返回浸出。电极反应如下：

阳极：
$$Cu^+ \longrightarrow Cu^{2+} + e$$

阴极：
$$Cu^+ + e \longrightarrow Cu^0$$

电解槽用聚丙二醇脂制成，阳极是石墨，阴极用冷轧铜片。用聚丙二醇脂织物作隔膜，将阳、阴极液分开。

电解过程中阳极液从上部流进，底部流出；阴极液从槽底进入，从上部出来。电流密度为 $33A/m^2$，槽电压为 1.8V，极距为 4.4cm。当阴极液中脱除 40%～80% 后，将阳极、阴极液混合返回浸出。得到的铜产品是微晶或粉末状，铜纯度 99.98% 以上，电流效率为 95%。

4.8　铜废料的电化学溶解法

用电化学溶解处理铜废料时[32,33]，铜的溶解和沉积是在同一电解槽中完成的，有如粗铜的电解精炼一样。该过程具有以下优点：

（1）工艺流程短、设备简单、投资少、见效快。

（2）成本低，直接电解法回收废杂铜与火法及其他提铜方法相比，成本大为降低。

（3）有价金属综合回收利用好，因不经火法精炼，有价金属不进入炉渣而是进入溶液或阳极泥中，可以综合回收，总回收率达 99% 以上。

（4）环境保护好，与火法相比，只有少量酸雾，无其他公害。

4.8.1　硫酸溶液电化学溶解法回收铜

4.8.1.1　杂铜直接电解精炼回收铜

由于废铜料一般为碎料，当将它用作阳极电溶解时，必须使用阳极框以便装入铜废料。国内使用两种形式的阳极框，一种为阳极框用塑料焊制，其上钻有小孔，框内放置导电铅皮。另一种为阳极框用含锑为 3%～5% 的硬铅铸成，其上也装有小孔，此种形式较前者好。铜废料加到阳极框内时应尽量压实，以改善导电情况[32,33]。

某厂所用的合金杂铜屑化学成分（%）为：Cu 66～81，Zn 2～25，Sn 约 11，Mn 约 2，Al 约 5，Si 2.5～4.5，Fe 约 3，Pb 2～4。直接电解流程如图 4-53 所示。现将工艺过程的主要技术条件说明如下。

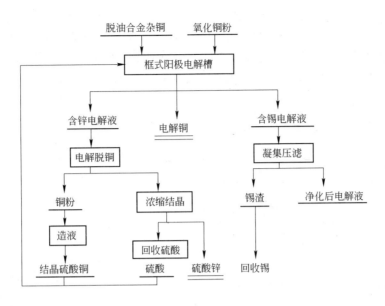

图 4-53　合金杂铜直接电解工艺流程

电解过程中，阳极电流密度为 $180A/m^2$，槽电压为 $0.7 \sim 1.0V$，电解液温度为 $55℃$，电解液成分（g/L）为：H_2SO_4 $100 \sim 110$，Cu $50 \sim 55$，Sn < 2.4，Zn < 100，加胶量为每吨电铜 $60g$。

电溶解过程中，锡以锡酸钠的形式进入电解液，且含量逐渐增加。当有少量锡胶存在时，有助于改善阴极铜表面的物理状况。但当含锡量达 $2g/L$ 左右时，则电解液呈乳白色浑浊液状态，此时电解液黏度增加，不利于铜离子扩散，必须定期将电解液净化除锡。除锡过程是在溶液温度为 $70 \sim 80℃$，加入磷酸（$1m^3$ 溶液加入 1L 磷酸）并搅拌 $1 \sim 2h$ 的条件下进行的。

当电解液中的含锌量达 $100g/L$ 时，则需另将电解液进行电解脱铜处理并从脱铜后液回收锌，此外所得铜粉用硫酸溶解后，浓缩结晶出硫酸铜补入电解液中，以提高电解液铜含量。

由于阳极铜屑含铜均在 80% 以下，其他合金元素的电位又都较铜为负，因此随着电解过程的进行，电解液中铜浓度不断下降。为了保证电铜的质量，应及时添加氧化铜粉或结晶硫酸铜，以保证电解液中的铜浓度。

杂铜直接电解的操作要比一般精炼的操作复杂而细致，故必须勤观察、勤加料以保证产出合格电铜。电解过程主要技术经济指标如下：电流效率为 92.5% 左右，每吨电铜的电能消耗为 $1100kW·h$，铜直收率大于 90%，电铜一级品率达 100%。

4.8.1.2　从含铜炉渣制取电解铜粉

用含铜炉渣的浮选精矿和摇床选出的精矿的混合料为原料，其粒度小于 0.075mm 的占 45% ~ 70%。原料中铜为金属和合金形态，锌主要是合金，脉石则主要为硅酸盐炉渣。所用精矿组成（%）为：Cu $7 \sim 10$，Zn $6 \sim 11$，Fe $4 \sim 7$，Al_2O_3 $11 \sim 15$，CaO $4 \sim 6$，MgO $1.3 \sim 2.4$，SiO_2 $26 \sim 28$，Mn 2，Sn 0.4。将这种精矿用矿浆直流电解法进行金属的阳极溶解和阴极沉积，电解槽用隔膜分成阳极室和阴极室。矿浆置于电解槽的阳极室，净化后电解液置于阴极室。通直流电后铜在阴极室的阴极上电沉积，在阳极室的阳极上则发生金属的直接电溶解反应，也发生 $2H_2O - 4e = O_2 + 4H^+$ 以及 $2Cu^0 + 2H_2SO_4 + O_2 = 2CuSO_4 + 2H_2O$ 反应，电溶解后的阳极矿浆用石灰中和脱除杂质，过滤后滤液用 P204 萃取脱锌，脱锌后液进入阴极室电沉积铜[34]。其工艺流程如图 4-54 所示。

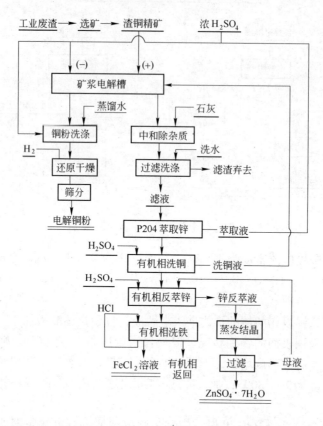

图 4-54 工业废渣直接电解回收铜锌流程

4.8.2 铵盐溶液电化学溶解法回收铜

当电解槽中的电解液为氨-硫酸铵溶液时，通直流电后阳极将溶解铜，此时铜除电化学溶解外还同时发生化学溶解。化学溶解使表观阳极电流效率增加和浓差极化影响增大。溶液中铜富集而游离氨贫化，促使阳极钝化，使阴极铜溶解，因而降低阴极电流效率。在正常控制电解液成分并调整电解液的铜和氨的含量的条件下，可获得满意的电化学溶解指标。从操作观点看，锥形底的圆柱形电解槽较为合适（见图 4-55）。由金属废料铵盐溶液电解生产铜粉的工艺流程如图 4-56 所示。

电解槽中的阳极是装在不锈钢制的提篮中，每个提篮装铜废料压块 300～350kg。提篮周边与不锈钢阴极距离 50mm，当提篮浸没于电解液中的高度为 850～900mm 时，则阴极浸没高度约为 1000mm。宽为 100mm 的阴极板块数为 26～28。在阴极上装有手把以便将沉积下来的铜粉从阴极上振落下来。

生产铜粉条件如下：阴极电流密度为 600～650A/m²，电解液温度为 30～32℃，槽电

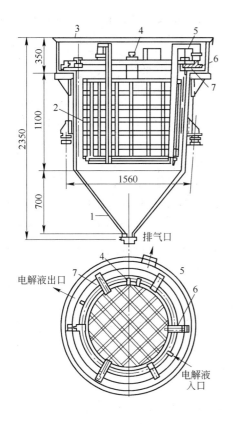

图 4-55 处理双金属废料用电解槽
1—槽体；2—阳极篮；3—槽盖；4—阴极；
5—阴极接点；6—阳极母线；7—阴极母线

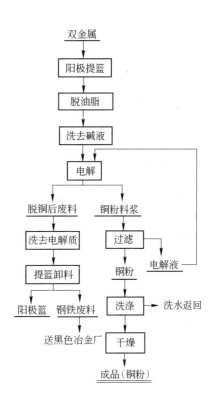

图 4-56 双金属废料在铵盐溶液中
用电解法生产铜粉的工艺流程

压为 3.8~4.2V，电解液循环速度为 1100L/h，电流效率为 75%。电解液成分（g/L）为：Cu 12~14，NH_3 66~70，$(NH_4)_2SO_4$ 130；每吨铜粉电耗约为 5000kW·h。所得铜粉含铜纯度为 99.6%~99.8%，其比表面积为 0.052m^2/g，小于 44μm 粒级占 30%，析出铜后电解液含锌升高，此时可用电积法从溶液中析出锌。

4.9 熔炼和吹炼产生的烟尘处理

当用鼓风炉熔炼杂铜和转炉渣以及转炉吹炼黑铜和铜废料时所产生的烟尘大都用布袋收尘器收集。烟尘粒度大部分由大于 0.5μm 和小于 1μm 的微粒组成，约占整个烟尘量的 60%，沉积在烟道。旋风收尘器废热管道中的烟尘的粒度大小不一，但一般为 1~5μm，也有最大达 2~3mm 的。烟尘中铜、铅、锌、锡等主要以氧化物形态存在。

由于再生铜原料复杂，烟尘中有价金属含量波动大，其大致成分见表 4-22。

表 4-22　烟尘的大致成分　　　　　　　　　　　　　　　　　　（%）

元　素	Cu	Pb	Zn	Sn	Fe	As	Sb	SiO_2
含　量	0.3~35	2~25	2~76	0.4~40	0.2~1.5	0.1~0.6	0.2~0.5	0.4~2.8

为了便于烟尘的处理，根据不同原料所产烟尘的成分不同，烟尘的外观颜色及其沉积

区域的不同采取分别收集、分类堆放、分别处理的办理。分类情况及各类烟尘的颜色和化学成分见表 4-23。

表 4-23   烟尘的分类及各类烟尘的颜色和化学成分

类别	名称	烟尘产生过程及沉积区域	颜色	含量/%				
				Cu	Pb	Zn	Sn	Fe
1	锌灰（ZnO）	粗铜吹炼、鼓风炉熔炼废黄铜	灰白	0.3~1	1~4	60~76	0.2~1	0.1~0.65
2	高铜锌灰	烟道，旋风收尘器冷却器	灰绿	1.5~35	2~20	30~50	0.5~8	0.3~1

需要指出的是第二类烟尘中的锡有 35% 呈金属锡或氧化亚锡（SnO）形态存在。

4.9.1   硫酸浸出

对于主要含锌的烟尘，可采用硫酸浸出以产出硫酸锌，其他成分也生成相应的硫酸盐[4]。烟尘用硫酸浸出的主要反应有：

$$ZnO + H_2SO_4 = ZnSO_4 + H_2O$$

$$FeO + H_2SO_4 = FeSO_4 + H_2O$$

$$CuO + H_2SO_4 = CuSO_4 + H_2O$$

$$SnO + H_2SO_4 = SnSO_4 + H_2O$$

$$PbO + H_2SO_4 = PbSO_4 + H_2O$$

$$MnO + H_2SO_4 = MnSO_4 + H_2O$$

浸出后的滤液，采用氧化中和水解脱铁，然后浓缩结晶 $ZnSO_4$，结晶后母液用锌粉置换脱铜、铅，然后再处理铜、铅渣以回收铜、铅。

4.9.2   盐酸浸出

某厂鼓风炉熔炼炉渣所产铅锡烟尘成分（%）如下：Sn 7.45~46.3，Pb 6.39~19.82，Zn 14.67~45.98，Cu 0.7~13.88；而转炉熔炼所产含铅、锡烟尘成分（%）为：Sn 31.08，Pb 16.16，Zn 18.74，Cu 6.55。

鼓风炉烟尘中锡大部分呈 SnO 形态，而转炉烟尘中则呈 SnO_2 形态，故应分别收集，分别处理，转炉烟尘则可在鼓风炉或电炉中还原熔炼得金属锡。下面简介鼓风炉含锡烟尘的湿法处理过程，其工艺流程如图 4-57 所示[35,36]。

将图 4-57 中主要工艺过程介绍如下：

（1）烟尘的盐酸浸出。在水：盐酸比值为 3.7 的盐酸溶液中，在 80~90℃ 和搅拌情况

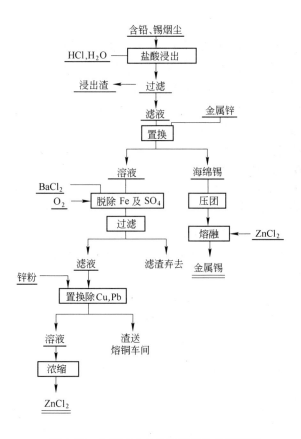

图 4-57 含锡烟尘的盐酸浸出法处理流程

下加入烟尘，浸出约 2h，有关浸出反应为：

$$SnO + 2HCl =\!\!=\!\!= SnCl_2 + H_2O$$

$$ZnO + 2HCl =\!\!=\!\!= ZnCl_2 + H_2O$$

$$PbO + 2HCl =\!\!=\!\!= PbCl_2 + H_2O$$

$$CuO + 2HCl =\!\!=\!\!= CuCl_2 + H_2O$$

烟尘中的铁、砷、锑、铋的氧化物也进入溶液，原料中易溶的硫酸盐也会进入溶液，所以浸出液的成分较复杂。

浸出时缓慢加入烟尘，控制溶液 pH 值为 1.5 左右，以免 $SnCl_2$ 按下式水解：

$$SnCl_2 + H_2O =\!\!=\!\!= HCl + Sn(OH)Cl$$

$$4SnCl_2 + O_2 + 2H_2O =\!\!=\!\!= 4Sn(OH)Cl + 2Cl_2$$

浸出液含（g/L）：Sn 50 ~ 100，Zn 100 ~ 200。

（2）$PbCl_2$ 的初步分离。浸出过程中生成的 $PbCl_2$ 在溶液中的溶解度不大，故可用冷却结晶法使 $PbCl_2$ 结晶析出。

（3）$SnCl_2$ 的置换与海绵锡的压团。在衬有软塑料的铁槽中放入金属锌锭，将滤出 $PbCl_2$ 晶体后的溶液加入此槽中，在 70 ~ 80℃下进行置换锡的作业，置换反应如下：

$$SnCl_2 + Zn == Sn + ZnCl_2$$

溶液中的正电性金属 Cu、Pb 也被置换，置换过程锌与 $SnCl_2$ 及盐酸反应产生大量热，可使溶液沸腾，并放出氢气，生成的海绵锡上浮于表面。因有氢保护而不会被氧化；若溶液中含有砷、锑等离子，则可能有毒性砷化氢及锑化氢气体析出，因而操作场地应通风良好，并杜绝火源，严防事故发生。当溶液中含锡小于 2g/L 时停止置换，取出锌锭，捞取海绵锡立即压团，或戴耐酸手套用手捏成团。

（4）海绵锡的熔化及铸锭。将海绵锡团块置于铁锅中，在锡熔点 281.5℃ 以上温度，并有 $ZnCl_2$ 保护下熔化。团块中 $ZnCl_2$ 不足时则须另外加入。团块熔化后，锡进入底层，而 $ZnCl_2$ 浮于其表面上，$ZnCl_2$ 还有净化作用，Cu、Pb、As、Sb、Bi 杂质大部分残留在 $ZnCl_2$ 熔体中。熔锡过程进行到 $ZnCl_2$ 冒白烟时，在有 $ZnCl_2$ 覆盖下，采用倾倒出锡，所产金属锡含锡 96%~99%，主要杂质为 Cu、Pb。得到的金属锡成分（%）为：Sn 96.29~97.58，AsO 0.0013~0.010，FeO 0.0004~0.005，CuO 0.27~1.22，Pb 0.2~2.2，BiO_2 0.01~0.41，Sb 0.004~0.033。

（5）锌及铜的回收。置换出海绵锡后的溶液，根据情况可用氧化中和水解脱铁，加 $BaCl_2$ 脱除 SO_4^{2-}，再用金属锌置换成 Cu、Pb 等杂质，Cu 渣送炼铜车间，置换后溶液浓缩结晶产出 $ZnCl_2$ 出售。

4.10 低品位铜矿石及尾矿的处理

4.10.1 低品位铜矿石及尾矿的处理工艺

湿法炼铜中一个重大的突破，是应用萃取法处理二次资源低品位的铜矿石和尾矿，其原则工艺如图 4-58 所示[5]。由图 4-58 可知，该工艺由浸出、萃取、电积三大工序组成，流程有三个溶液循环系统：（1）浸出作业得到的含铜浸出液用于萃取，经过萃取的萃余液又返回用于浸出；（2）由萃取剂与稀释剂组成的有机相用于萃取，萃后富铜有机相进入反萃取，反萃后的有机相又返回萃取作业；（3）反萃取得到的富铜反萃液进行电积，电积后的电解废液返回用于反萃取。这三个循环是该工艺的特点。

下面分别介绍浸出、萃取、电积三个工序。

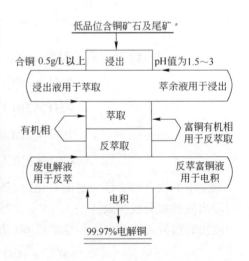

图 4-58 萃取法生产铜的原则工艺流程

4.10.1.1 浸出作业

A 堆浸

堆浸[37~43]一般用于低品位氧化矿、硫化矿、含铜废石及尾矿，通常处理物料含铜品位为 0.2%~0.4%，个别的（如美国 Sierrita 铜矿）低至 0.03%~0.04%。堆浸均为露天作业，将采出贫矿或含铜废石在山坡或不透水的地面上堆成矿堆，使浸出液能自流到集液池。必要时在地面上铺以黏土、混凝土或塑料垫层，特别是浸出液流经沟道要做特殊处理，以免浸出液流失。矿堆结构要有一定的孔隙度和渗透性，以利于空气流动和溶液渗透。一般采用多层堆置,逐层浸出,每层厚度 5~10m,矿堆高度约 60~80m。用喷洒方式流入浸出液,在每层表面安装洒液管和农用旋转喷液器,要求喷洒均匀。美国 Pinto Vally 铜矿最初用人工培植的细菌浸出,后来发现自然生成的菌种就可以满足浸出的需要,在流程中仅用萃余液返回浸出即可满足要求。

根据科研部门的研究成果,影响浸出的因素,一是 pH 值,氧化铁硫杆菌生存的 pH 值介于 1~6 之间,对黄铜矿、辉铜矿、铜蓝和黄铁矿而言,细菌氧化最适宜的 pH 值在 1.0~2.5 范围内;二是温度,氧化铁硫杆菌与矿物作用的温度介于 0~55℃ 之间,最适宜的温度是 25~55℃;三是浸出介质的成分,必须含有细菌生长需要的养料,包括氨盐、硫酸盐、磷酸盐和其他微量元素,以及从空气中摄取 O_2 和 CO_2;四是矿块粒度,其粒度小可增加作用的比表面积,但要保证良好的透气性和渗透性。

B　堆摊浸出

堆摊浸出也称为槽浸或池浸,主要是处理氧化粉矿和细粒尾矿。智利的 Chuquicamata 铜矿就是采用这种浸出方法,处理对象是氧化矿选矿后产生的尾矿,可处理的堆积尾矿有 4 亿吨,平均含铜 0.3%,占地面积 3.5km²,尾矿池底部是砾石和基岩,基岩属不渗透层,上部砾石层溶液会泄漏。根据上述特点,将尾矿池划分成若干个浸出场地,每块场地约 20000m²,上面装有塑料管网及喷射装置,喷洒范围相当于 12 或 14 个浸出场地,使用的浸出液为萃余液,每小时用量 1800m³,浸出液沿纵向渗透进尾矿堆,深度可达 40~120m,然后通过下部砾石层,流至基岩上部的水平流泄层,低凹处设有集液隧道,汇集所有的浸出液。每一浸出场地一般需连续喷洒 12 个月,每吨铜耗酸 2~3t,类似美国 Miami 铜矿工艺,Ray 铜矿也采用此工艺。

C　就地(原地)浸出

就地浸出主要用于坑内采空区残留矿石、未采的氧化矿和低品位硫化矿。美国的 San Manuel 铜矿就用这种浸出,于 1988 年投产,一直运转正常。该矿共有坑内残矿 0.27 亿吨,以(30m×30m)~(15m×7.5m)间距钻直径为 15~25cm 的钻孔,井深 300m 左右,井壁用 PVC 管加固,共施工 200 个注液井,溶液注入塑料管流入矿体,每个井的注液量为 6.8m³/h,浸出液利用坑内采矿的旧运输巷道收集,用耐酸泵将浸出液提升至地表,提升高度约 826m。应该指出,原地浸矿工艺,有许多优点,在现今的有色金属提取冶金中得到了高度重视。

D　搅拌浸出

搅拌浸出主要用于处理品位较高的矿石,浸出前需将物料破碎成细粒,然后进行搅拌浸出。美国的 Twin Buttes 铜矿就采用搅拌浸出方法,处理物料为氧化矿与老尾矿各占一半,配矿后含铜品位为 0.8%~1.0%,氧化矿需经两段破碎,一段粗磨(采用棒磨),二段细磨(采用球磨),粒度达 0.8~1.0mm,然后分别进入浓密机、浸出槽进行浸出,浸出率可达 98%,浸出渣全部废弃。赞比亚的 Olympic Dam 铜矿、Mountl Isa 铜矿也用搅拌浸出方法,这些铜矿含铜品位均在 1% 以上。

4.10.1.2　萃取作业[37~43]

浸出液含铜量一般都要求达到 1g/L,因此有时需进行反复溶浸。一般堆浸、槽浸、就地浸出都要反复多次,而搅拌浸出一次就可以达到 1.5~2.0g/L。

萃取、电积过程包括三个工序:一是对铜有选择性的羟基肟类萃取剂的煤油溶液萃取铜，铜进入有机相而与铁、锌等杂质分离；二是用浓度较高的硫酸溶液反萃铜，得到含铜 50g/L 的溶液，反萃后有机剂经洗涤后返回萃取过程使用，萃余液再返回浸出使用，实现全流程良性循环；三是电积硫酸铜溶液获得电积铜，含铜品位可达 99.8% 以上，电积后液返回作反萃剂。

汉高公司是研制铜用萃取剂历史最悠久的厂家，总部设在德国 Dusseldorf，并在爱尔兰 Cork 和美国 Kankakee 设有生产萃取剂工厂。20 世纪 60 年代该公司的通用轮机化学品公司（General Mills Inc.）首先推出 Lix 系列萃取剂（Lix63、Lix64、Lix65），推进了溶剂萃取技术的工业化。随后其他萃取剂制造厂结合矿山实际情况，对萃取剂性能做了改进，使溶剂萃取的应用范围扩大到处理低 pH 值、高浓度的溶液，并且也应用到氨性溶液中（详见 4.10.3.2 节）。

目前广泛应用的萃取剂是汉高公司于 20 世纪 80 年代研制的 Lix600、Lix800、Lix980 系列产品及 Acorga 公司生产的 P50 系列产品。这些萃取剂中均含有提高分离性能的改性剂。

铜溶剂萃取厂均使用混合澄清水平萃取槽完成萃取与反萃作业，多数溶剂萃取厂采用 2 级逆流萃取和 1 级反萃工艺，也有个别厂采用 2 级逆流萃取和 3 级反萃工艺，富集以后富液含铜量达到 50g/L 左右，然后送电积厂生产电积铜。

国外的溶剂萃取厂大都是 Bechtel 公司设计的，该公司采用的典型设计数据如下：混合时间为 1.5~3.0min，单位澄清面积流量为 $2.9 \sim 8.6 m^3/(h \cdot m^2)$，萃取级数为 1~4，反萃级数为 1~3，每个混合室系统水相流量（最大）为 $1530 m^3/h$，每个混合室系统总流量（总量）为 $3060 m^3/h$，萃取段相比（O/A）为（1~3.5）：1，煤油与萃取剂之比为 20~30（体积比），料液 pH 值为 0.9~3，料液铜浓度为 0.5~4.0g/L，温度为 0~30℃，每级萃取达到的近似平衡值为 90%，每级反萃达到的近似平衡值为 93%。

4.10.1.3　电积作业

电积作业目前普遍采用两种方法，一种是常用的传统电积法，含铜富液通过数量较少的始极片槽（大约占电积槽总数的 10%），在不锈钢或钛极阴极上沉积铜，每天出槽后从阴极板上剥下来薄铜片，再装上挂耳，串上导电棒，重新放进生产槽电积约 1 周，沉积足够厚的阴极铜，每块质量约 100kg；另一种方法称 Isa 法或永久阴极法，以重复使用的不锈钢或钛合金阴极代替铜始极片，大约每周出槽一次，通常用自动剥片机将铜剥离，因此 Isa 法不需要有始极片制造过程，从而降低生产费用，但因采用不锈钢或钛合金阴极和自动剥离极，初期投资费用略高。Isa 法已在美国、澳大利亚和加拿大成功应用。重要溶剂萃取厂的实例见表 4-24，传统法与 Isa 法比较见表 4-25。

表 4-24　世界重要的溶剂萃取厂生产实例

企业名称	浸出液含铜量 /g·L^{-1}	pH 值	萃取剂	稀释剂	系列/个	液相流量（系列）/m³·h^{-1}	萃取级数	反萃级数
Morenci	1.9~2.0	2.0	Lix984 M4560	SX-7	4	1350	2~3	1
Tyrone	2.0~2.6	2.0	Lix984 M662	SX-7	2	910	2	1

企业名称	浸出液含铜量/g·L⁻¹	pH 值	萃取剂	稀释剂	系列/个	液相流量（系列）/m³·h⁻¹	萃取级数	反萃级数
Chino	1.5~1.8	2.0	M5640	SX-7	2	1360	2	1
San Manuel	1.3~1.7	2.0	Lix984	GIES	4	820	2	1
Miami	1.0~2.0	1.9	M5615，M5100	GIES	2	2020	2	2
Casa Grande	1.0~1.5	1.9	M5640	SX-1	2	450	2	2
Ray	1.0~2.0	2.0	M5397	E200	3	680	2	1
Twin Buttes	1.0~2.0	2.0	Lix984	SX-7	2	200	2	1
Bagdad	1.0~1.1	2.0	Lix64N	K470B GIES	4	190	4	3
Chuquicamata	7.5~9.5	1.7	Lix984 M5050	E100	1	1200	2	2
S. M. Pudahuel	2.0~3.0	1.9	Lix864	E100	3	200	2	1
Nchanga	4.0~5.0	1.9	Lix864-Lix984 M5050	E100 LSGO	4	750	3	2
Cananea	2.0~2.7	2.0	Lix622 M5100	H100	1	730	2	2
Cerro Rerde	2.0~2.7	2.0	Lix64N Lix880	E100	4	280	3	2
Pinto Valley	0.6~0.8	2.0	Lix984	SX-7	2	320	2	1
Centromin	1.0~1.1	2.0	M5100 M5615	E100	2	360	3	2
EL Teniente	1.0~1.2	3.0	Lix864 M5050	E100	1	340	2	2

表 4-25 传统法与 Isa 法技术经济指标比较

指　标	传统法	Isa 法	指　标	传统法	Isa 法
产量/t·d⁻¹	35	35	产量/t·d⁻¹	50	50
始极片槽/个	10		场地平整/万元	90	80
生产槽/个	87		结构建筑物/万美元	140	130
电积槽合计/个	97	93	电积槽/万美元	230	250
电流效率/%	86	90	辅助设备/万美元	80	70
电流密度/A·m⁻²	170	230	管道/万美元	40	35
生产1kg铜电耗/kW·h	1.98	1.90	电器/万美元	140	135
槽流量/mg·L⁻¹	3.0	3.0	其他/万美元	60	135
钴含量/mg·L⁻¹	69	97	间接费用/万美元	300	310
劳动定员/人	26	11	合计总投资费用/万美元	1080	1145
每槽产量/t·d⁻¹	0.36	0.59	吨铜投资/美元	617	654

4.10.2   低品位铜矿石浸出、萃取、电积工艺的特点

铜浸出、萃取、电积技术的优点有[35,36]:

(1) 成功用于二次资源贫铜矿和氧化铜矿。国外铜资源国家开始进入二次资源贫矿利用阶段,美国的 San Manuel 铜矿将过去露天开采废弃位于塌陷区的氧化矿重新开采,进行堆浸,坑内采剩下的残矿和低品位硫化矿则进行就地浸出。两者二次利用的资源经过萃取、电积以后,最高年产铜量达到 7 万吨,超过目前坑采原生矿铜产量。智利 Chuquica-mata 铜矿将过去氧化矿选矿丢弃的尾矿重新浸出,年产电积铜达 9 万吨。美国 Pinto Valley 铜矿在旧露采区进行扩帮,开采过去废弃的氧化矿和低品位矿,进行堆浸,年回收铜曾达到 1 万吨。美国的 San Manuel 铜矿品位为 0.8% ~ 1.05%,采用搅拌浸出,年产铜近 2 万吨。美国 Sierrita 铜矿将含铜仅 0.04% 的剥离废石进行堆浸处理,每年仍可产铜 0.5 万吨。以上实例都是二次资源利用取得的成果,把过去认为无用的资源变为了有用的资源。

(2) 工艺技术取得重大突破。浸出、萃取、电积技术仅三道工序,特别是取消了花钱最多的选矿和火法熔炼两大工序,可以说是一次技术革命。能源和原材料消耗也相应降低,消耗量大的物资只有硫酸一项。美国大约产 1t 电积铜消耗 3t 硫酸,其他国家耗酸量为 2~3t,最低的仅 1t 多。萃取剂和稀释剂消耗量大体上和浮选药剂相当,但节省了大量的钢球、衬板、燃料、耐火材料和电力。常规的铜采矿、选矿、冶炼工艺环境污染严重,三大污染源的废弃、废水、废渣不易妥善处理,长期困扰着铜工业的发展;而浸出、萃取、电积工艺基本上消除废气和废水两大污染源,仅有浸出后的废渣要做妥善处理,因而环境保护治理比较容易,治理费用也大幅降低。

(3) 经济效益十分显著。浸出、萃取、电积工艺,基本上不建大型厂房,大部分为露天作业,重型设备极少,设施简单,因而大量节约了建设投资。

4.10.3   低品位铜矿石萃取冶金的实践

4.10.3.1   硫酸浸出液的萃取、电积工艺

A   蓝鸟厂[5,6,40]

美国兰彻斯(Ranchers)公司蓝鸟厂浸出、萃取、电积工厂是世界第一家铜萃取工厂,浸出系统由 9 个面积约 5600m², 深为 0.6m 的浸出池和体积为 21m×61m×1.8m 的氯丁橡胶衬里的储液池组成。露天开采矿石能力为每天 1100t。每池浸出周期为 15 天,累计约浸出 135 天。浸出液含铜 1.8 ~ 2.4g/L, 泵入储液池,再经硅藻土过滤后进入萃取原液槽。萃取设备安装在室外,有机相由 9.5% Lix64N 与 Napolem470 煤油组成,萃取相比 O/A 约为 2.5/1,澄清室面积为 82m², 澄清速率为 5.7m³/(m²·h),萃取段控制有机相为连续相。

图 4-59 和图 4-60 所示分别为萃取和反萃平衡曲线(水相含铜 3g/L, 采用萃取剂为 7% Lix64N)。

由图 4-59 和图 4-60 可以看出,需要经过 3 级萃取。此时负荷有机相含铜 1.37g/L, 然后再经 2 级反萃。萃取总流量约 1620m³/h, 萃余液含有机液 0.025%, 通过浮选槽用 Dowfront250 回收有机液后返回堆浸液池。反萃剂为废电解液,含铜约 30g/L, 含硫酸 140g/L。反萃液含铜 34g/L 送电解,再生有机相含铜约 0.15g/L。典型生产数据见表 4-26,

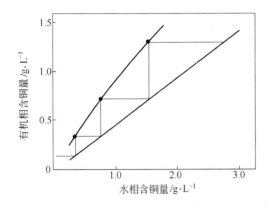

图 4-59 铜萃取平衡曲线

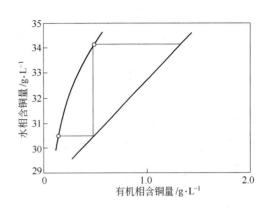

图 4-60 铜的反萃平衡曲线

铜在各级的分布见表 4-27。

表 4-26 蓝鸟厂典型生产数据

物料名称	流量/m³·min⁻¹	浓度/g·L⁻¹			
		Cu	H_2SO_4	Fe	Fe^{3+}
浸出液	6.53	0.65	7.9	2.4	2.1
循环溶液	1.27	1.85	3.5	2.4	2.1
萃取厂料液	4.67	3.02	4.5	2.4	2.1
萃余液	4.67	0.40	8.8		
负荷有机相	10.05	1.37			
反萃后有机相	10.05	0.15			
富电解液	2.40	34.2	142.5	2.6	2.0
废电解液	2.40	29.1	150.1		

表 4-27 蓝鸟厂铜在各级的分布

项 目		萃取段含铜量/g·L⁻¹		反萃段含铜量/g·L⁻¹	
		水相	有机相	水相	有机相
级 数	1	1.73	1.37	34.2	0.48
	2	0.88	0.77	30.50	0.15
	3	0.40	0.37		
料液（或反萃剂）		3.02		29.10	
再生有机相（或负荷有机相）			0.15		1.37

该厂设计能力为 13.6t/d，实际生产 20.4t/d，吨铜酸耗 5.5t，全厂 98 人，三班作业，每班萃取、电积各 1 人操作。萃取流程如图 4-61 所示。

B 钦戈拉萃取电积厂[5,6,40]

赞比亚恩昌加铜业公司钦戈拉溶剂萃取电积工厂于 1974 年建成投产，该厂由戴维公司承包工程设计和建设，这是迄今为止世界上较大的溶剂萃取工厂，年产阴极铜约 6 万吨。

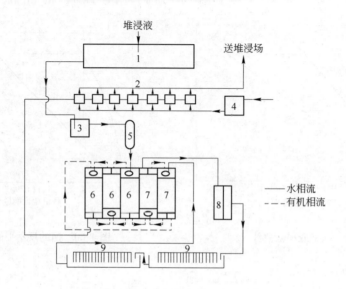

图 4-61   蓝鸟厂溶剂萃取、电积流程的配置

1—浸出液储池；2—泵；3—455m³ 槽；4—酸储槽；5—热交换器；

6—铜萃取；7—铜反萃；8—过滤；9—铜电积

处理的物料为浮选尾矿（含铜 0.68%）、堆存尾矿（含铜 2.25%）和部分废石。物料用稀硫酸预浸后送往巴秋克槽进行两段浸出，每段有 4 台巴秋克槽（直径 10.6m，高 18m）。浸出矿浆在直径为 76m 的浓密池逆流倾析洗涤，浓密机底流（浓度为 60% ~ 70%）加石灰中和后泵往尾矿坝，浓密池上清液含悬浮物约 0.02%，通过砂滤器获得清液（含悬浮物 0.001%）送萃取工序。

日处理矿石量 3 万吨，浸出液流量 3200m³/h，浸出液含铜 3 ~ 6g/L，pH = 2.0，萃取剂为 22% Lix645N-Escaid100，3 级萃取，2 级反萃取，有 4 个系列，其中有一个系列用 14% SME529 萃取剂，稀释剂仍采用 Escaid100。每系列水相流量约 520m³/h，萃取澄清速率为 3.6m³/(m²·h)。通过电解液循环来维持反萃混合室内相比为 1。反萃澄清速率为 4.8m³/(m²·h)，反萃剂含铜 30g/L，含硫酸 180g/L，富电解液含铜 50g/L，含硫酸 150 g/L。萃取流程如图 4-62 所示。

这个厂的主要技术指标为：浸出率 61.39%，萃取率 90%，反萃率 85%，总回收率 61%。萃余液有机液含量为 0.0013%，电解液中有机液含量为 0.0045%。界面絮凝物比预料的多，每年用泵抽几次存入地下污物池，然后用离心机回收夹带的有机相。

铜电积的平均电流密度为 320A/m²，溶剂萃取工厂带入电解液中的固体物对电铜质量有很大影响，特别是当电解液中有机物含量高达 0.015% ~ 0.020% 时，会与细粒固体一起在阴极板上部形成松散粉状沉积，即阴极烧板，这部分阴极通常含铅很高。

赞比亚恩昌加铜业公司在第一期工程成功投产的基础上进行了二期、三期扩建工程。二期工程用搅拌浸出、溶剂萃取（SX）、电积工艺，已处理尾矿 1 亿多吨，产出 80 万吨电积铜，使该工程的生产能力翻了一番。三期工程也早已投产，三期工程的工艺如图 4-63 所示。二期工程和三期工程的技术指标见表 4-28。

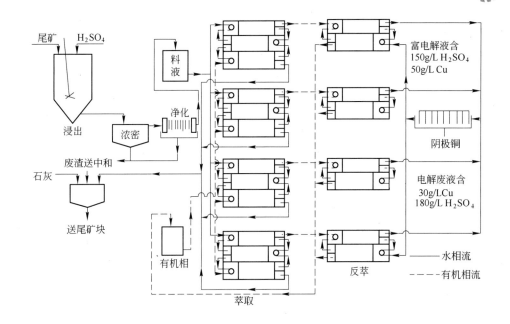

图 4-62 恩昌加铜厂萃取流程

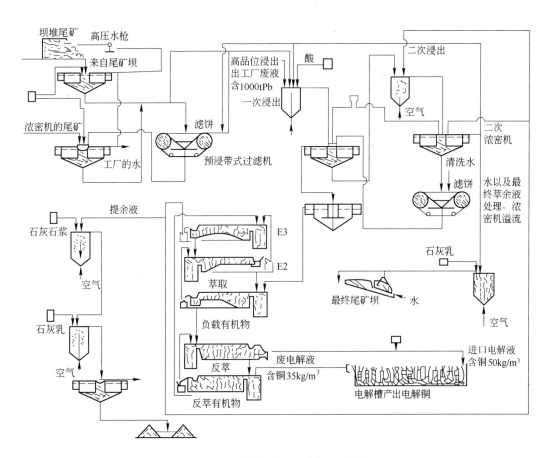

图 4-63 尾矿浸出萃取三期工程流程图

表 4-28　二、三期工程的技术条件及技术指标

项　目	参　数	三　期	二　期
工厂的进料	总处理量/t·d⁻¹	50000	26500
	现产尾矿/t·d⁻¹	25000	25000
	坝堆尾矿/t·d⁻¹	25000	1500
浸　出	一次浸出时间/h	1.4	1.5
	二次浸出停留时间/h	2.5	2.0
	浸出效率/%	86	86
溶剂萃取	原液流量/m³·h⁻¹	3200	3200
	含铜量（原液）/g·L⁻¹	4.6	3.0
	含铜量（提余液）/g·L⁻¹	0.2	0.2
	萃取效率/%	95	95
	反萃效率/%	65	78
	残渣清洗效率/%	96	90
	酸可溶性的总回收率/%	83	77
电　积	电解液/g·L⁻¹	进液含铜	50	50
		游离酸	157	142
		出液含铜	35	35
		游离酸	180	165
	电解液流量/m³·h⁻¹	900	600
	电流密度（最大）/A·m⁻²	480	480
	电流效率/%	90	90
	初级铜产量/t·a⁻¹	120000	75000

C　巴格达德萃取电积厂[5,6,40]

巴格达德铜萃取工厂和蓝鸟萃取厂一样，均由荷姆·纳维尔（Homes Naver）公司建设，所用的流程与蓝鸟厂也有许多相似之处。料液是露天矿石堆浸的浸出液，流量为 864m³/h，含铜 1.4g/L。萃取工序分四个系列，每系列处理量为 216m³/h，且均为 4 级萃取，4 级反萃；用 Lix64N 萃取剂，萃取相比 A/O 为 2.0/1.5，若超过 1.5/1，有机相连续就转变为水相连续。前 3 级为水相连续，第四级为有机相连续，目的在于减少萃余液对有机相的夹带损失。絮凝物约含有机液 98%，含硅 2%。定期将第一级的界面絮凝物抽出，过滤回收有机溶剂。萃余液含铜 0.2g/L，返回浸出。反萃剂为废电解液，含游离硫酸 130g/L，反萃段第一级为有机相连续，其余 3 级均控制水相连续，富铜电解液含铜 56g/L，含硫酸 90g/L，再生有机相含铜 0.25g/L。

萃取箱均采用 316L 不锈钢制造，澄清速率为 3.6m³/（m²·h），混合室搅拌器功率为 7.8kW。

该厂投资 500 万美元，日产电铜 18.1t，原计划 7 年回收投资费用，据报道生产第一年即已回收。溶剂损失量为处理 1000m³ 料液损失 0.043m³。萃取流程如图 4-64 所示。

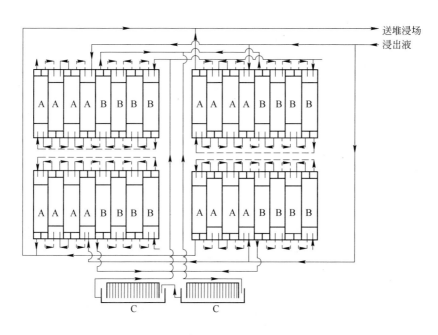

图 4-64 巴格达德铜萃取工厂流程图
A—铜萃取；B—铜反萃；C—电积

D 特温·布特萃取电积厂[5,6,40]

1975 年阿纳马克斯公司在亚利桑那州特温·布特建成一座年产 3.6 万吨阴极铜的萃取工厂，该厂是由韦斯坦·克纳普（Westen Knapp）和戴维（Davy）公司联合建成的，这是世界第二大溶剂萃取工厂，日处理氧化矿 9100t（含 Cu 1%），工艺设备连接图如图 4-65 所示。

将矿石破碎并磨至小于 0.074mm（200 目）的粒级占 85%，调成 60% 的矿浆，浸出每吨矿加入硫酸 82kg，在 5 个内衬橡胶的机械搅拌槽内浸出。浸出矿浆浓度为 50%，在 4 个浓密池内进行逆流倾注洗涤，浓密池直径为 122m，用 316 不锈钢制造，还设有两台尺寸相同的浓密机用来调整浸出液的 pH 值（从 1.5 调至 2.5）和用于澄清，上清液通过压力砂滤器将悬浮物降至 0.004% ~ 0.001%，溶液含铜 2.5g/L，含硫酸 0.25g/L，pH 值为 2.5。

萃取系统有两个系列，每系列均为 3 级萃取，2 级反萃；有机相由 12% ~ 15% Lix64N 与 Chevron 煤油（含芳烃 15%）组成，萃取料流量为 900m³/h，萃余液含铜 0.4g/L，萃取段前 3 级控制水相连续，第四级为有机相连续。反萃液流量为 192m³/h，反萃液含铜 25 g/L，含硫酸 130g/L，相比 O/A 为 10，富电解液含硫酸 91g/L，含铜 50g/L。

该厂采用高容量操作，有机负荷铜容量为饱和容量的 97%，这样就可以控制反萃液的铁在 0.003g/L 的低浓度。如果将操作容量降至饱和容量的 66%，反萃液中的铁就会增至 0.014g/L，而电解液中铁的积累增加 4 倍，也就是说，需要排放的电解液量将增加 4 倍。

该厂铜的总回收率为 78%，萃余液含有机物为 0.0030% ~ 0.0035%，电解液含有机物为 0.01% ~ 0.015%，有絮凝物产生。

电解车间的生产能力为每天产 100t 阴极铜，有 4 个系列，为将电解液中铁控制在 3g/L 范围，需定期抽取 1/6 的电解液处理。所有管道均用镍钢制造，内衬聚氯乙烯。

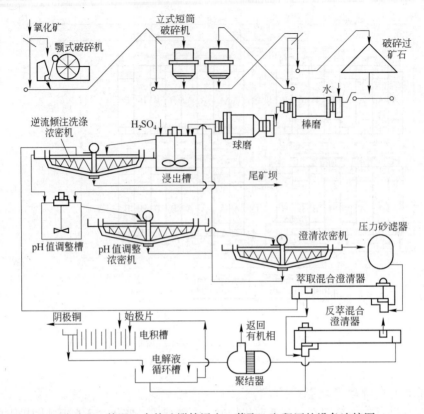

图 4-65   特温·布特矿搅拌浸出、萃取、电积厂的设备连接图

E   阿吉雷萃取电积厂[5,6,40]

普达霍尔矿业有限公司（SMP）阿吉雷萃取厂于 1980 年 11 月产出了第一批电解铜，生产能力为 16500t/a，是世界上第一个采用薄层浸出法的浸出、萃取、电积工厂，所用流程如图 4-66 所示。

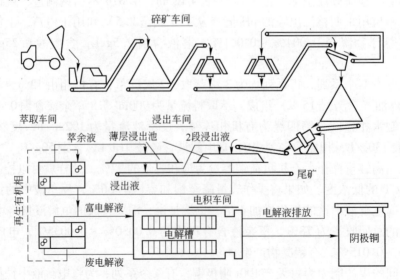

图 4-66   SMP 公司阿吉雷铜萃取厂的设备连接图

　　将露天开采的阿吉雷矿矿石破碎至小于6mm，然后用水湿润，调到含水10%，加入浓硫酸在卧式旋转圆筒混合器中混合，矿石停留时间约1min，然后将搅匀的矿石堆放，利用矿石堆产生的热量加速反应，熟化24h，运至浸出池，每个40m³，池内放熟化料约1m厚，用稀液喷淋浸出，浸出液含铜5.5g/L。

　　萃取剂采用18% Lix64N，稀释剂为Escaid100，萃取段2级，相比O/A为1/1，反萃段2级，相比O/A为4.5/1。萃取箱露天配置，萃余液含铜0.5g/L，返回浸出。电解液含铜50g/L。

　　采用薄层浸出法有以下特点：

　　（1）由于可以浸出次生硫化物，因此浸出率可高达90%，与搅拌浸出具有同样的效率，但矿石不必细磨，不消耗搅拌动力。

　　（2）矿层渗透性好，不需要经过液固分离便可以获得清液，减少萃取界面絮凝物。

　　（3）投资比搅拌浸出少50%，每千克铜的酸耗为3~4kg，操作费用比搅拌浸出低5%~15%。

　　该厂每吨铜的浸出、萃取、电积三部分投资共1875美元。

　　F　迈阿密萃取电积厂[5,6,40~42]

　　城市服务公司（Cities Service）迈阿密萃取厂将酸性溶液渗入已开采完毕的废矿坑内，将其中的氧化矿和已风化的采空区顶板的铜溶解出来，主要是溶解孔雀石，其次是含铜云母，还有少量硫化铜中的铜。值得注意的是，少量萃取剂对浸出没有影响。浸出液含铜1.0g/L，含硫酸约0.5g/L，悬浮物很少，一般为0.0025%，不用过滤就可送至萃取系统。

　　萃取有两个系列，料液总量为680m³/h，有机相为6% Lix64N的煤油溶液。采用荷姆·纳维尔公司设计的低型混合室，有效高度为1m，每个隔室都有涡轮搅拌，第一个反萃混合器有6个隔室，总流量时间为6min，其他混合相在线速度大大减慢。又因为产生的絮凝物较少，在澄清室入口处增设栅栏障板，有效地改善了混合相入口的分布，从而大大减少了有机相的夹带损失，萃余液含有机物约0.003%。在有机堰附近用吸管将絮凝物吸出，然后经离心机处理回收有机溶剂。

　　反萃剂为废电解液，含铜30~33g/L，含硫酸150g/L，相比O/A为20/1，为了维持混合室内相比为1/1，采用水相内循环。

　　由于无固体和无有机物夹带，因此能电积产出高质量的电解铜，所用电流密度为270A/m²。

4.10.3.2　氨性浸出液的萃取、电积工艺

　　氨浸、萃取、电积工艺是迄今为止采用溶剂萃取法从低品位硫化铜矿浸出液中回收铜的唯一的工业化方法，这是美国阿那康达（Anaconda）公司阿比特厂制定的工艺，实质上可以看做是舍利特·高登（Sherrit Gordon）方法的一种改良方法，其原则流程如图4-67所示。矿石磨细后在机械搅拌釜内于氧分压34.5kPa下进行浸出，浸出液含铜28~33g/L、游离$NH_3$180g/L，然后用含32% Lix64的煤油有机溶液2级萃取、1级洗涤和2级反萃，萃取温度为35~40℃，反萃后的富铜溶液电积生产阴极铜，铜的年生产能力为3.6万吨，浸出渣残留的铜用浮选法回收，矿石中的硫转变为硫酸铵，用石灰苛化、蒸氨后返回浸出，产出石膏排放，石膏产量为吨铜1.5t。该厂于1974年投产，投资仅为常规熔炼厂的60%，中途曾停产，1977年又恢复生产，据报道现在又已停产[41~43]。

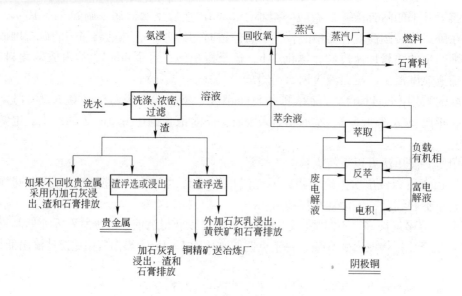

图 4-67   阿比特法原则流程

从铅锌密闭鼓风炉熔炼法（帝国熔炼法）的铜浮渣氨浸液中回收铜，是溶剂萃取在氨性介质中的又一成功应用。目前有三个采用这样流程的工厂，其中联邦熔炼公司所用的流程如图 4-68 所示[41~43]。

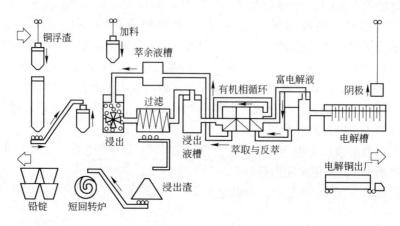

图 4-68   联邦熔炼有限公司铜回收工厂流程图

含铜 20% ~40%、铅 45~60%、锌 2%~4% 的铅铜浮渣磨碎后装入机械搅拌槽中（2个 45m³ 的碳钢槽），通入 CO_2、NH_3 和空气，在 50~55℃ 下浸出 4~6h，得到含铜 30~35g/L、NH_3 30~50g/L、CO_2 20~50g/L 的浸出液，送萃取系统。萃取剂为 67% Lix54（最高负荷量为 27g/L 铜），经过 2 级萃取、1 级洗涤和 1 级反萃。含铜 1~2g/L、锌 5~6g/L、镍 0.25g/L、砷 0.3~0.5g/L、硫酸根 20~30g/L 的萃余液大部分返回浸出，为维持浸出液杂质的平衡，须定期排放 1% 萃余液。反萃废电解液含铜 30g/L，含硫酸 125g/L，富铜电解液含铜 50~55g/L，Lix54 的萃取剂损耗有限，界面絮凝物很少，萃余液只夹带 0.0002%~0.0005% 的有机物，电解液夹带 0.005% 的有机物。每吨电解铜约消耗 21L

Lix54、41L 稀释剂 Escaid 100、550kg CO_2、70kg NH_3，交流电耗为 2000kW·h。

图 4-69 所示为镍铜加压氨浸流程。浸出液的 pH 值为 8，用羟肟萃取剂萃取，负荷有机相用含 300g/L $(NH_4)_2SO_4$ 的铜氨溶液洗涤共萃的镍和钴，洗液可以反复循环，随后再用 HCO_3^- 或稀酸洗涤被萃取的氨，洗涤后的负荷铜有机相用废电解液反萃，富铜溶液送电积，含镍、钴的萃余液可以用 Versatic911 萃取回收。浸出液含铜 12g/L、镍 45g/L、钴 1g/L，处理量为 28.3m³/h，萃取剂为 20% 的 Lix63，相比 A/O 为 1.4/1，流量为 20.5m³/h。洗涤流量为 100m³/h，含铜 25g/L，pH = 8.0，相比 A/O 为 1/2。反萃剂含铜 21g/L、硫酸 154g/L、流量为 20m³/h。富铜电解液含铜 38g/L、硫酸 154g/L[41~43]。

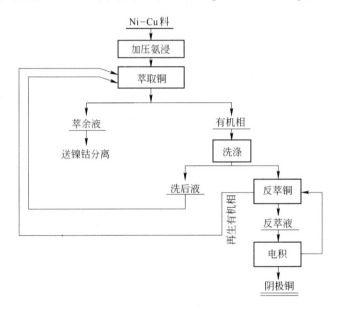

图 4-69　铜镍料氨浸、萃取、电积流程

美国首都电缆公司在卡萨格兰德经营了一座专门处理含铜废料的工厂，将收购来的置换铜、黄铜屑和汽车散热片碎块加入氨水在鼓风搅拌槽内溶解浸出。浸出液含铜 30g/L，用萃余液稀释一半，用 Lix64N 2 级萃取铜，负荷有机相用含铜 26.4g/L、含硫酸 168g/L 的废电解液进行 2 级反萃，富铜溶液送电积。电积电流密度为 320 A/m²，日产电铜 11.3t，生产流程如图 4-70 所示[41~43]。

氨浸法可以处理多种物料，为了获得较高的浸出率，浸出时需要维持 pH 值在 9 以上或浸出液含 15g/L 左右的游离 NH_3，保证铜以配离子形式存在。如果溶液中存有 $(NH_4)_2CO_3$ 或 $(NH_4)_2SO_4$，则浸出液可以

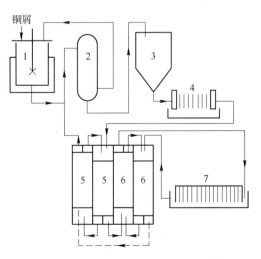

图 4-70　铜屑氨浸、溶剂萃取、电积设备连接图
1—浸出；2—氧化塔；3—储槽；4—过滤机；
5—铜萃取；6—铜反萃；7—电积

达到很高的铜浓度。在浸出液总氨 30g/L、总碳酸盐 30g/L、pH 值约 9.5 的情况下，即使有其他金属配合物存在，铜的浓度也可以达到 40g/L。

从氨浸液中萃取铜的反应为：

$$Cu(NH_3)_4^{2+} + 2OH^- + 2H_2O + 2HR_{(O)} \rightleftharpoons CuR_{2(O)} + 4NH_4OH$$

$$Cu(NH_3)_3CO_3 + H_2O + 2HR_{(O)} \rightleftharpoons CuR_{2(O)} + (NH_4)_2CO_3 + NH_4OH$$

正如前面提到的那样，Lix64 在氨性溶液中萃取铜的能力比较大，而且在氨性介质中萃取动力学速度快，接触 5s 就可以达到 95% 萃取平衡，从而可以大大减少萃取级数，缩短混合停留时间，节省投资。一般在氨性介质中萃取停留时间为 2min，澄清速率为 $3.6m^3/(m^2 \cdot h)$。Lix64N 在氨溶液中萃取铜、反萃取铜的平衡曲线及所需要的级数如图 4-71 和图 4-72 所示。

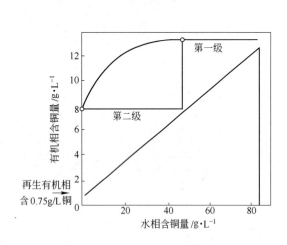

图 4-71 Lix64N 萃取平衡图

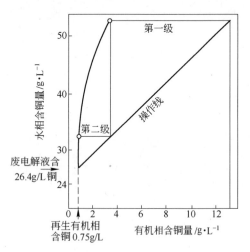

图 4-72 Lix64N 反萃平衡图

Lix64N 在氨性介质中萃取铜的最大问题是发生氨的共萃，所以几家萃取工厂都增设负荷有机相的洗涤作业，以避免铜电解液积累氨。其次是存在镍、钴、锌的共萃问题，虽然可以通过控制不同的反萃条件使它们与铜分开，但如果被萃取的 Co^{2+} 在有机相中被氧化成 Co^{3+}，形成三价钴的萃合物不好反萃，从而降低了 Lix64N 的萃取效率。所以，如果料液中存有 Co^{2+} 时，最好先将其氧化成 Co^{3+}，因为三价钴不被萃取。

有人认为在氨性介质中用 Lix63 萃取铜比用羟肟或 D2EHPA 或它们的混合物都好，因为在 $(NH_4)_2SO_4$ 体系中 Lix63 对铜与镍钴的分离更有效，但随着 $(NH_4)_2SO_4$ 浓度和 pH 值的增加，Lix63 对铜的萃取系数就会下降，如在 pH = 6.5、含 $(NH_4)_2SO_4$ 50g/L 的情况下，5% Lix63 的萃取分配比为 4~5，当 pH 值增加到 8，而 $(NH_4)_2SO_4$ 浓度超过 300g/L 时，萃取分配比就下降到 1 以下。

铵盐的阴离子种类对金属分离和溶剂负荷能力都有影响，铜镍分离系数从大到小的一般规律是：$Cl^- > NO_3^- > CO_3^{2-} > SO_4^{2-}$，金属负荷量从大到小的顺序是：$SO_4^{2-} > CO_3^{2-} > NO_3^- > Cl^-$。

有人曾经研究过羟肟萃取氨的问题，认为是单羟肟通过一个氢与 NH_3 配合，其萃取速度与稀释剂中芳烃的含量和溶液中金属离子浓度有关。芳烃含量越高，氨被萃取的速度就越快，而增加金属离子浓度可以抑制氨的共萃。羟肟萃取剂萃取氨在很大程度上与其中含有的壬基酚的量有关，研究工作表明，壬基酚能够与氨配合，而一般含有芳烃的羟肟都含有壬基酚，所以在氨性介质萃取铜时应该选择合适的萃取剂。目前已有 Lix54 萃取剂，它是一种 β-双酮，在氨性溶液中萃取铜负荷能力大，选择性好，不萃氨，而且用较低硫酸浓度的溶液就能反萃。另外，稀释剂也以选取芳烃含量低的烷烃溶剂为宜。

4.10.3.3 氯化物浸出液的萃取、电积工艺

从氯化物介质浸出液中萃取铜也是铜萃取冶金中应该关注的工作。虽然现有的铜萃取剂可以在氯化物体系中萃取铜，但介质中的氯离子浓度不能太高，以保证铜以阳离子状态存在，在高浓度氯化物介质中铜和其他一些金属会形成含氯的配阴离子，这种配阴离子只能用 TBP 或铵类萃取剂萃取。

塞梅特（Cymet）法，即用三氯化铁浸出铜硫化物的方法，曾经被认为是比较好的方法，在美国曾建了一个工业试验厂，但因铁的污染未能产出高质量的铜而关闭。南非的约翰内斯堡国立冶金研究院曾经研究三氯化铁浸出、溶剂萃取、电积铜工艺。首先将铜精矿磨至小于 0.038mm（400 目），浸出 8h，浸出率 95% ~ 97%，约有 5% 的硫转化成硫酸盐，其余均呈元素硫留在渣中。用 Lix64N 萃取浸出液的铜，洗涤负荷有机相的铁和氯，再用废电解液反萃铜。由于有大量的铁和氯配合物存在，Lix64N 的负荷能力比在硫酸盐介质中低，故萃余液含铜较高。所以氯化物中萃取铜，萃取剂的浓度相应要高一些。三氯化铁浸出、萃取、电积流程如图 4-73 所示[5,6]。

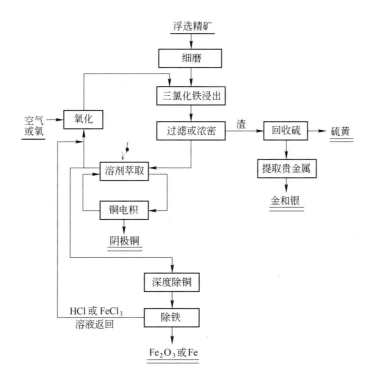

图 4-73 三氯化铁浸出、萃取、电积流程

萃取三氯化铁浸出液中的铜时，不可避免有铁共萃。提高浸出液中氯离子的浓度，就可以减少铁的共萃。如用 Lix64N 萃取，氯离子浓度可以超过 4mol/L；采用 Kelex100 萃取，氯离子浓度可以大于 3mol/L，这时铁都不会萃取，而铜的萃取平衡不受影响。在氯化物介质中萃取与在其他介质中一样，铁的萃取动力学速度比较慢，可以采用较短的萃取时间来提高萃取时铜与铁的分离系数（即非平衡溶剂萃取法）。研究表明，Lix64N 萃取少量氯化物是由于 Lix64N 中的 Lix63 引起的，如果改用 Lix65N 可以避免氯化物的共萃。

三氯化铁浸出的最大问题是浸出液中铁的浓度太高，尽管采用了选择性好的铜萃取剂，但还是很难把铜反萃液的铁含量控制在较低的水平。明尼梅特（Minemet）流程（即 $CuCl_2$ 浸出、萃取、电积）成功之处在于利用 Cu^{2+} 在一定的 Cl^- 浓度介质中可以浸出金属硫化物，如黄铜矿、辉铜矿、铜蓝等，从而减少了铁的污染影响。二氯化铜浸出、溶剂萃取、电积铜流程包括两个过程：（1）在 pH 值小于 1 或电位不大于 600mV 条件下，用氯化铜进行常压浸出，生成氯化亚铜、氯化亚铁和元素硫；（2）浸出液一部分通空气氧化除铁，使铁呈针铁矿沉淀，再生浸出剂返回浸出，另一部分含 Cu^+ 50g/L、Cu^{2+} 50g/L、Fe^{2+} 25g/L、NaCl 200g/L 的溶液采用由 30%（体积分数）Lix65N 及 Escaid100 稀释剂组成的有机相萃取 Cu^{2+}。过程中 Fe^{2+} 不被萃取。在 50℃下混合 10～15min，进行 1 级萃取，为了提高铜的萃取速率，可通入空气将 Cu^+ 氧化成 Cu^{2+}，氧化萃取可以使过程产生的酸得到中和，从而能在最少的级数下获得最大的萃取容量。负荷有机相用 2 级水洗或用硫酸铜溶液洗涤氯离子，再用铜电解废液反萃（2 级），再生有机相采用 1 级洗涤，洗去硫酸然后返回萃取，富铜溶液采用常规电积沉铜。所用流程如图 4-74 所示。这个流程由于存在混合时间过长，需鼓风萃取等这些缺点的存在[5,6]。

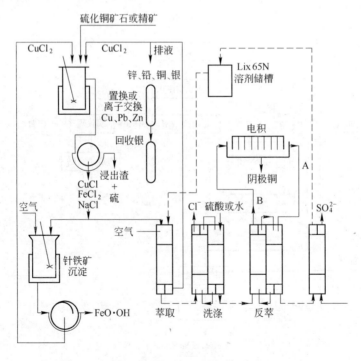

图 4-74   从氯化物溶液中萃取铜的 Minemet 流程

A—废电解液；B—富铜电解液

英国化学公司所属子公司合成的一种新型萃取剂 Acorga CLX-20，可以直接萃取 $CuCl_2$，并具有效率高、负荷容量大、选择性好和反应速度快等特点，用这种萃取剂从氯化物中萃取铜并进行了半工业试验，结果如图 4-75～图 4-77 所示。

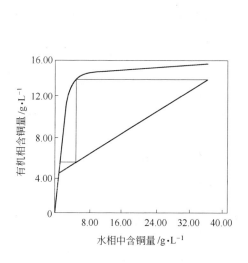

图 4-75　Acorga CLX-20 萃取铜的平衡曲线
（相比 O/A = 4.25，级效率为 100%）

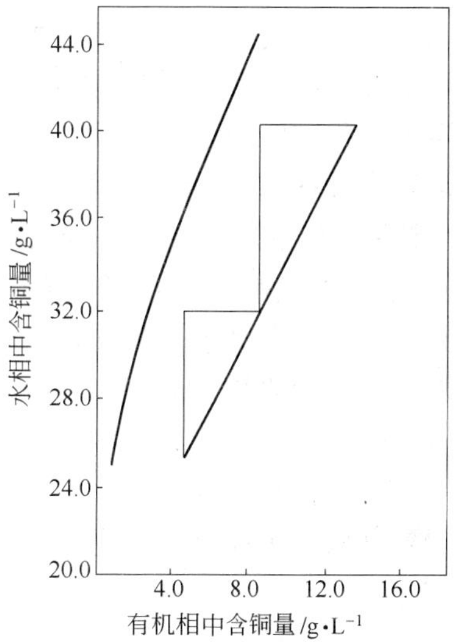

图 4-76　Acorga CLX-20 反萃平衡曲线
（相比 O/A = 1.61，级效率为 80%）

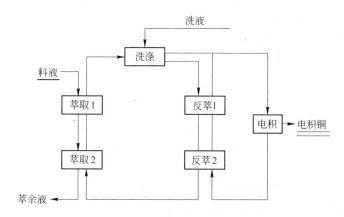

图 4-77　Acorga CLX-20 萃取 $CuCl_2$ 的流程

由此可见，采用 26%（体积分数）Acorga CLX-20 仅经 2 级萃取即可将料液中 40g/L 的铜降至 0.4g/L，这对于处理含铜较高的氯化物料液是十分理想的。

从氯化物介质萃取铜的方法目前还没有用于工业实践。据报道，仅有澳大利亚用的布罗肯山联合熔炼法（BHAS 法）生产铜的工厂已投产。该法是用食盐和硫酸在常压及 80～90℃下浸出铅铜、冰铜，浸出液中的铜用 Acorga P5100 萃取回收，硫以元素硫形式产出，这种方法也适宜处理硫化矿。

4.10.4　国内外低品位铜矿的萃取冶金展望

4.10.4.1　国外低品位铜矿的萃取冶金展望

20 世纪 60 年代以后，湿法炼铜技术发展迅速，传统的浸出、沉淀、置换方法逐渐被新兴的浸出、萃取、电积技术所取代。20 世纪 60 年代中期，对铜具有高选择性的羟基肟类萃取剂出现，才使铜溶剂萃取技术首次应用于工业生产成为可能，进而发展成为具有特色的铜萃取冶金。1968 年 3 月世界出现了第一座美国亚利桑那州的蓝鸟（Bluebird）铜矿浸出、萃取、电积工厂，年产电积铜 6000t。

由于常规的铜采矿、选矿、冶炼方法存在工艺复杂、建设投资大、能源消耗高、生产费用昂贵、严重污染环境等缺陷，因而浸出、萃取、电积技术出现以后即引起矿业界极大关注，短期内显示出强大的生命力，进入 20 世纪 80 年代以后，即在铜资源国家得到广泛应用[38~40]。

美国铜矿开采历史悠久，开发规模大，据美国矿冶工程学会前会长 Bhappu 教授估计，长期积存下来的大量的贫铜矿石、氧化矿、坑内残矿、尾矿和含铜废石等物料，含铜量潜在价值约有 300 亿美元。20 世纪 80 年代美国铜工业由于原矿品位低，矿工薪金高，国内环保要求非常严格，不少铜矿已无利可图而暂时关闭，矿产铜出现减产趋势，因而也激励生产厂家加速利用二次资源，实现浸出、萃取、电积流程，而且生产规模不断扩大，目前年产电积铜已达到 50 万吨以上，占全美矿产铜产量的 1/3。进入 20 世纪 90 年代以后，美国铜产量恢复到历史最好水平，1994 年矿产铜量达到 180 万吨，仅次于智利而居世界第二位，已由萎靡不振转向欣欣向荣局面。美国矿业界一致公认，铜的浸出、萃取、电积方法具有工艺简单，建设资金和生产费用低，环境污染少，能够充分利用贫铜矿、氧化矿、坑内残矿、尾矿以及含铜废水，实现铜矿资源二次利用，可以说是炼铜历史上一次新的飞跃，而且具有广阔的发展前景。

智利铜资源具有储量多、铜品位高和开采费用低的优势，1994 年矿产铜已达 222 万吨，居世界第一位。智利推广浸出、萃取、电积技术，起步于 20 世纪 80 年代初期，稍晚于美国，1994 年电积铜产量为 20 万吨，占矿产铜产量的 9%，所占比重还比较小。1988年智利国营铜公司在全球最大的 Chuqicamata 铜矿（年产曾达 66 万吨）建设了一座大型溶剂萃取工厂，从该矿投产以来选用氧化矿堆存下来的 4.2 万吨尾矿为原料，平均含铜0.3%，采用槽浸（也称池浸）方式，设计年产电积铜 8 万吨，计划从积存的全部尾矿中回收 80 万吨铜。

赞比亚铜矿石品位高，但铜的分离困难，回收率低。早在 1974 年，Nchanga 铜矿就建设了浸出厂，一是采用焙烧、浸出、电积工艺，处理选矿厂生产的低品位氧化物精矿和硫化物精矿，生产电积铜；二是处理选矿厂的尾矿。由于含铜品位高，先经浸出、萃取、电积工艺处理获取一些电积铜以后再排放尾矿池。浸出厂投产后也处理原有的老尾矿。Nchanga 浸出厂电积铜生产能力约 10 万吨，在国际上是大型溶剂萃取工厂。另外在Nchanga 铜矿还有一座焙烧、浸出、电积厂，电积铜生产能力约 2 万吨。赞比亚 1994 年生产矿产铜 43 万吨，电积铜 11.35 万吨。

目前，氧化矿、残矿、尾矿和含铜废石浸出不仅没有减少的迹象，而且继续保持不断增长的势头。智利、美国、秘鲁等美洲国家在不断扩大生产规模。各国溶剂萃取厂概况见表 4-29[37~43]。

表4-29　20世纪90年代各国修建、扩建的溶剂萃取厂

矿山名称	隶属公司	建设性质	生产能力/t·a^{-1}	投产年份	备　注
Chuquicamata	智利 Codelco	扩建	2.0	1992~1995	处理氧化矿尾矿
Chuquicamata	智利 Codelco	扩建	1.5	1994	处理氧化矿尾矿
EL Teniente	智利 Codelco	扩建	1.4	1994	处理坑内残矿
Salrador	智利 Codelco	新建	0.8	1994	处理氧化矿
EL Sortado	智利 Codelco	新建	0.4	1994	处理氧化矿
Lin Cia	智利 Codelco	新建	2.0	1994	处理氧化矿
Quebrada Blanca	智利 CODELCO	新建	7.5	1995	处理氧化矿
Cerro Colorda	智利 Rio Algom	新建	6.0	1994~1996	处理氧化矿
Escondida	智利 BHP/RTZ	新建	8.0	1995	精矿浸出
Toquepala	秘鲁 SPCC	新建	3.0	1995	处理氧化矿
Cuajone	秘鲁 SPCC	新建	3.0	1998	处理氧化矿
Siver Bell	美国 Asarco	重新开采	1.6	1995	处理含铜废石
Mineral Park	美国 Cyprus	新建	1.0	1994	处理含铜废石
Marigita	墨西哥 Cominco	新建	1.0	1995	处理原矿
Bagdad	美国 Cypus	扩建	0.8	1994	处理尾矿
Cerro Verde	秘鲁 Cyprus Climax	扩建	2.8	1996	处理原矿

　　美国曾有研究者选择了一座未开发的铜矿山，采用溶剂萃取技术进行提铜的试验。在规划开采的矿体范围内进行小型核爆破，对矿体松动破碎；然后采取就地浸出的办法，打许多钻孔，孔深按矿体赋存状况而定，井壁用PVC管加固，注入硫酸浸出铜，利用虹吸原理将浸出液压出地表；最后进行萃取和电积。溶剂萃取技术应用范围更加扩大，不仅可应用于原有老矿山，还可应用于新建矿山，在尾矿和坑内残渣原地浸出，贫硫化矿和含铜矿石细菌浸出、硫化物精矿、焙烧矿、冰铜和炉渣的搅拌浸出等将会有更大的发展。铜的

溶剂萃取处理二次资源会大有发展。

4.10.4.2 国内铜的萃取冶金展望[41~42]

进入 20 世纪 90 年代后,我国开始推广应用浸出、萃取、电积技术,据不完全调查,已有上百个矿点推广应用,但生产规模都不大,年产电积铜几十吨到几百吨。主要是处理氧化矿,生产成本低,搞得好的企业 1t 铜利润近万元;经济效益十分明显,地方上积极性很高,估计今后将会有较大发展。

江西铜业公司德兴铜矿是推广应用溶剂萃取技术最有前途的矿区,可以处理表外矿、含铜废石、尾矿以及含铜废水。目前德兴铜矿边界品位为 0.3%,如把 0.3% 降到 0.25%,平均为 0.27%(相当于美国 Sierrita 铜矿的开采品位),就可以增加矿石量 2 亿吨,铜金属量 54 万吨,含铜量约 120 万吨。已建设一座处理含铜废石的溶剂萃取厂作为试点,摸索经验再全面推广应用。设计规模年处理含铜废石 800 万吨,处理对象主要是铜厂矿区南部祝家废石场堆存废石,场地为沟谷地形,分为 3 个堆场分层堆筑废石,每层平均堆高 10m,采用喷淋布液,自上而下渗透,最高堆高达 80m,废石含铜品位为 0.1%~0.25%,平均为 0.15%,借助细菌作用,每年堆浸出率为 18%;萃取采用 2 级萃取、1 级反萃,预计萃取回收率为 90%;电积采用 Isa 法,电积回收率 99.5%;年产电积铜 2000t,吨铜单位成本有所下降。

该矿与美国福录公司、中科院微生物所、北京有色冶金设计研究总院及中南大学等单位合作,已建立了细菌浸出、萃取、电积流程(见图 4-78)经过小型试验、扩大试验及工业试验,现已投入了工业生产,并获得了很好的经济效益。

滇中氧化铜矿应用溶剂萃取技术也有很大前景。滇中地区共探明几个中型氧化铜矿,

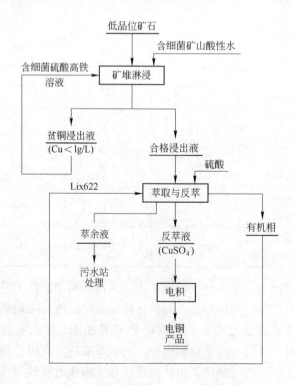

图 4-78 德兴铜矿堆浸、萃取、电积流程

包括大姚大村铜矿，铜金属储量约 24 万吨，品位为 1.81%；禄丰大美厂铜矿，铜金属储量约 6.8 万吨，品位为 1.19%；禄丰大新厂铜矿，铜金属储量约 5.5 万吨，品位为 0.75%。小型氧化铜矿点就更多了，星罗棋布。这些矿床大多数属于砂岩矿床，浮选效果差，但含钙、镁等碱性矿物不多，适合于硫酸浸出。牟定铜矿采用浸出、萃取、电积工艺建设的广通选冶厂，处理老青山、西王庙、格依乍等处的氧化铜矿，含铜品位为 1.1% ~ 1.6%，含铁约 1%，含 MgO 为 0.12% ~ 0.57%，含 CaO 为 0.05% ~ 2.8%，其他杂质也很少，处理效果极佳，堆场浸出率达 65.96%，最终浸出率为 85%，萃取回收率为 96%，电积回收率为 99.5%，总回收率约为 80%，电积铜品位为 99.98%，电积铜产量已达到 1000t。

西藏玉龙铜矿也有应用溶剂萃取技术的前景。玉龙铜矿是我国最大铜矿床，拥有铜金属储量 650 万吨，其中氧化矿 270 万吨，含铜品位 2.6%。矿体赋存标高 4570 ~ 5118m，该矿距成都 1184km，按常规的生产工艺建设，基建投资大，经济效益差，难以开发利用。地质部门利用地表浮土氧化矿进行浸出试验，取得较好效果，铜浸出率高，97% 的铜可溶于稀硫酸中。试料含铜品位 1.36%，浸出率可达 84.1%，浸出渣含铜品位降到 0.22%。接着又利用浅部氧化富矿进行浸出试验，试料含铜品位 5.64%，浸出率可达 92%，浸出渣含铜品位降到 0.45%。

采用溶剂技术搞得比较出色的企业和地区还有海南石录铜矿、广东大宝山矿、江西武山铜矿、云锡马拉格锡矿、湖南水口山矿务局、云南滇中牟定和禄丰、个旧鸡街、建水、大理洱源、文山专区、湖南沅江、山西临汾、山东招远等地的矿山。

从总体上看，有可能利用溶剂萃取技术的大中型铜矿还有内蒙古乌奴格吐山铜矿（铜金属储量约为 127 万吨）、山西铜矿峪铜矿上部氧化矿（铜金属储量 14 万吨）以及几个难于利用的斑岩铜矿床。总之，由于溶剂萃取技术的出现，要转变以前对资源的观点，过去废弃的贫铜矿、尾矿、含铜废水可以作为资源加以重新利用，呆矿可转变成活矿，难利用的也可开始利用，闭坑的可以重新开采，废石也可能变为有用资源，这样我国的铜资源就可以扩大不少。21 世纪初电积铜年产量已达到 2 万 ~ 3 万吨，2010 年以前已达到 4 万 ~ 5 万吨。如果德兴、玉龙两座大型铜矿能有较大突破，电积铜产量有可能达到 10 万吨水平，这样在铜资源利用上会产生很大震动，对我国这样一个铜资源短缺的国家来说作出重大贡献。

综上所述，不论在国内或国外，处理铜废石及低品位氧化铜矿，回收处理铜的萃取冶金会有良好的发展前景。

参 考 文 献

[1] 邱定藩，徐传华. 有色金属资源循环利用[M]. 北京：冶金工业出版社，2006.

[2] 白木，等. 有色金属再生利用情况和技术进展[J]. 再生资源研究，2002(5)：12 ~ 14.

[3] Cŭnte Joseph. Copper, 1999：389 ~ 392.

[4] 乐颂光，鲁君乐. 再生有色金属生产[M]. 长沙：中南工业大学出版社，1991.

[5] 马荣骏. 萃取冶金[M]. 北京：冶金工业出版社，2009.

[6] 马荣骏. 湿法炼铜新技术[M]. 长沙：湖南科技出版社，1985.

[7] 张帮安. 废杂铜的利用途径[J]. 金属再生，1987(6)：58 ~ 60.

[8] 李龙山. 黄杂铜再生工艺的探讨[J]. 金属再生, 1987(1):37~42.

[9] 李龙山. 常州冶炼厂黄杂铜处理新方法[J]. 重有色冶炼情报网网刊, 1982(3):3~5.

[10] 张声流. 废杂铜和铜废渣的鼓风炉熔炼[J]. 上海科技, 1981(10):37~42.

[11] 太田昭夫, 等. 采用鼓风炉熔炼铜渣[J]. 矿冶情报, 1982(2):24~31.

[12] NELEMS W S. 杂铜鼓风炉熔炼[J]. 重有色冶炼, 1984(10):13~18.

[13] 王风琴. 热风在再生铜原料鼓风炉熔炼中的应用[J]. 国外矿冶, 1987(1):45, 46.

[14] 陈云门. 熔铜竖炉初析[J]. 有色冶炼, 1985(11):50~57.

[15] 吴德贤, 等. 铜生产技术[J]. 重有色冶炼, 1982(3):2, 3.

[16] 株洲冶炼厂. 铜的精炼[M]. 长沙: 湖南人民出版社, 1973.

[17] Internationnal Conference, Extraction Metallurgy 85', (1985):167~188, 951~965.

[18] 王仰喜, 等. 用硫酸三丁醇从铜电解液中萃取砷[J]. 有色金属, 1982(2):5~8.

[19] 马荣骏. 砷的溶剂萃取[J]. 云南冶金, 1982(6):38~44.

[20] ROYSTONMETAL D. 铜电解溶液萃取脱砷[J]. 有色冶炼, 1985(10):35~39.

[21] 张相威. 生产硫酸铜工艺[J]. 上冶科技, 1981(4):66~69.

[22] 傅作键. 关于废杂铜处理方法的讨论[J]. 有色金属, 1976(6):22~28.

[23] 周崇清. 电解法生产金属铜箔 (片)[J]. 有色冶炼, 1966(6):1~11.

[24] 黄兴国. 电解铜箔生产[J]. 有色冶炼, 1983(2):13~18.

[25] 路景春泽. 用 SO_2 从含铜二次原料中制取铜粉新方法[J]. 有色冶炼, 1986(6):61~62.

[26] 内蒙古冶金研究所. 用碳酸氢氨综合法处理杂铜生产电铜[J]. 有色金属, 1987(12):58~59.

[27] HOPKIN W. 从铜-铅浮渣中回收铜[J]. 有色冶炼, 1984(5):20~22.

[28] 田村泰夫, 等. 含铜铅渣的氨浸及溶剂萃取[J]. 有色矿冶, 1988(4):33~38.

[29] 田村泰夫, 等. 含铜铅渣的氨浸及溶剂萃取[J]. 重有色冶炼情报网网刊, 1985(5):8~12.

[30] ANDRLANEITAL P A. 氯化物水溶液中铜的电结晶[J]. Met. Trans., 1977(8B).

[31] PARKER D. Chloriae Electrometal lurgy. 1982:167~202, 283~293.

[32] 重庆钢铁研究所. 含金杂铜直接电解[J]. 有色金属, 1974(1):62~63.

[33] 周树栋. 高铜镍电解及铜的回收[J]. 有色冶炼, 1988(6):32~34.

[34] 张寅生. 从含铜炉渣制取电解铜粉[J]. 有色金属, 1987(1):22~24.

[35] 石福元. 含铜烟尘的综合处理[J]. 重冶科技, 1988(5):32~34.

[36] 王继珉. 再生铜烟尘的综合处理[J]. 有色冶炼, 1985(4):19~23.

[37] 马文骥. 萃取铜的萃取剂及其应用[J]. 云南冶金, 1996(5):31~35.

[38] 曹异生. 世界铜浸出, 萃取技术进展及我国推广应用前景展望[J]. 湿法冶金, 1996(3):1~5.

[39] 马德彪, 夏广素, 郑家驹, 等. 国内外湿法铜发展现状[J]. 湿法冶金, 1996(3):15~21.

[40] 杨佼铺, 刘大星. 萃取[M]. 北京: 冶金工业出版社, 1988.

[41] 江西铜业公司. 堆浸—萃取—电积资料汇编, 1993.

[42] 江西铜业公司. 堆浸—萃取—电积资料汇编, 1991.

[43] 马荣骏. 湿法冶金原理[M]. 北京: 冶金工业出版社, 2007.

5 二次资源铅的回收

5.1 概述

5.1.1 二次资源回收铅的发展

中国从二次资源回收铅起步于20世纪50年代初，但产量长期在几千吨徘徊，直到1990年达2.82万吨。1995年发展较快，但以后几年循环铅的发展缓慢，低于原生铅的发展速度，到1999年和2000年循环铅产量降至10%左右，2001年以后则有所回升。全国循环铅企业数量较多。例如，90年代不完全统计，我国有循环铅厂300余家，但产能多在几十吨到上千吨，年产2万吨以上的企业只有两三家，家庭作坊式有30家以上。循环铅生产的厂家几乎遍布全国各省、市、自治区。江苏、安徽、河北三省在20家以上；山东、湖北、河南、四川、陕西五省在10家以上。全国已形成江苏的邳州金坛、高邮，河北的保定、徐水、清远，山东的临沂，湖北的襄樊、宜昌，安徽的界首、太和等几个循环铅集散和生产区。循环铅产量80%以上集中在江苏、山东、安徽、河北、河南、湖北、湖南和上海等地[1,2]。与中国的情况相反，在美国等一些发达国家，基于铅的剧毒性，从环保、技术和经济观点出发，循环铅的生产只允许集中在少数大型企业手中，表5-1是21世纪初中国和某些国外循环铅生产企业规模的比较。

表5-1　一些国家循环铅生产企业规模比较[1~5]

国　家	美国	法国	英国	德国	中国
企业数/个	13	5	5	2	约20
平均产能/t·a^{-1}	约7.5	约3.5	约4.0	约8.0	约3.5

当前，占中国企业总数95%以上的非国有小型企业中[4]，用落后的小反射炉、冲天炉等熔炼工艺，极板和浆料混炼，铅回收率低，一般只有80%~85%，每年约有一万多吨铅在混炼过程中流失，且含金成分损失严重，综合利用程度低。国内一般循环铅企业吨铅能耗为500~600kg标煤，国外吨铅能耗为150~200kg标煤，中国循环铅生产能耗是国外的3倍以上。此外，小型企业许多没有或无完善的收尘设施，熔炼过程中大量的铅蒸气、含铅烟尘、二氧化硫等有害物排入大气，不仅作业现场劳动条件恶劣，也造成严重的环境污染。假设以全国这些小企业年处理30万吨废铅酸蓄电池（金属量）计，仅能产出约24万~25.5万吨循环铅，但年排放的烟尘就将达2.4万吨。烟尘中约含有大量的铅、锑和有害物质砷等。大约每年有1.8万吨铅、锑，1.05万吨二氧化硫排入大气。此外，还将耗水168万立方米，产出有害弃渣6万吨。这些弃渣中含有铅6000t、砷600t、锑2000t。

针对循环铅行业严峻的环境局面，国家出台了《废电池污染防治技术政策》，明确指出废铅蓄电池应当进行回收利用，禁止用其他办法处置。其收集、运输、拆解、循环铅企业应当取得危险废物经营许可证后方可进行经营或运行，鼓励集中回收处理废铅蓄电池。在废铅蓄电池的收集、运输过程中应保持外壳的完整，并采取必要措施防止酸液外流。收集、运输单位应当制订必要的事故应急措施，以保证在发生事故时能有效地减少以至防止对环境的污染。废铅蓄电池的回收拆解应在专门的设施内进行，应将塑料、铅极板、含铅物料、废酸液分别回收、处理，其中的废酸液不得排入下水道或环境中，也不能将带壳的电池和酸液直接进行冶炼。回收冶炼的铅回收率应大于95%，回收冶炼企业的规模应大于555t/a。此技术政策发布后，新建企业生产规模应大于10000t/a；循环铅熔炼应采用密闭鼓风炉，防止废气逸出；废水、废气排放应达到国家有关标准；生产过程中产生的粉尘和污泥应得到妥善、安全的处置；逐步淘汰不能满足条件的土法冶炼工艺和小型循环铅企业。进入21世纪后，由于国家严格的环保要求，关闭了不少如上所述的对环境污染大的小型二次资源回收铅的企业。

发达国家对循环铅产业早已制订了许多法律文件，特别对环境问题有很严格的规定，使该行业的发展纳入了法制轨道，促进了行业和产业的发展。从20世纪60年代以来，世界原生铅的产量逐渐下降，循环再生铅的产量逐渐上升。相对于其他金属，铅的回收与循环要容易些，因此，世界原生铅和循环再生铅的生产约各占1/2。铅是所有金属生产中循环率最高的，在20世纪80～90年代，世界循环再生铅的产量就超过了原生铅产量。1998年世界循环再生铅产量已达到294.6万吨，占铅总产量的59.8%，循环铅工业在世界铅工业中占有重要地位[5,6]。

世界循环再生铅的生产主要集中在北美洲、欧洲和亚洲，北美洲循环再生铅产量占世界循环铅总产量的47.3%；循环再生铅生产主要分布在美国、中国、英国、法国、德国、日本、加拿大、意大利、西班牙等国，说明循环再生铅产量受汽车工业和汽车保有量的影响较大。表5-2是2004年世界一些国家铅的生产情况，而中国循环铅量仅为铅总消费量的30.35%。

表5-2　2004年一些国家铅的生产情况

位次[①]	国　家	铅产量/万吨	循环铅量/万吨	铅消费量/万吨	循环铅量/铅消费量/%
1	美　国	142.73	83.17	141.31	58.86
2	中　国	193.45	42.49	139.98	30.35
3	德　国	38.63	22.66	39.60	57.22
4	日　本	28.00	18.55	29.14	63.66
5	英　国	37.23	18.05	33.04	54.63
6	意大利	20.14	16.16	27.45	58.87
7	加拿大	24.14	11.04	5.50	200.73
8	法　国	10.56	10.56	18.69	56.50
9	西班牙	9.91	9.91	22.61	43.83
10	墨西哥	35.20	9.00	25.63	35.12

注：资料来源于2005年《中国有色金属工业年鉴》。

①按循环铅产量排序。

从各个国家循环再生铅产量在铅总消费量中所占比例看，可分为三种情况：（1）不生产原生铅的国家，只产出少量循环再生铅，这类国家有西班牙、爱尔兰、葡萄牙、瑞士、尼日利亚、新西兰等；（2）循环再生铅与消费之比超过 50% 的国家有美国、德国、意大利、英国、日本、加拿大、比利时、法国等；（3）循环再生铅的消费比低于 50% 的国家主要是发展中国家。

5.1.2　铅废料的组成及处理方法

5.1.2.1　铅废料的组成

再生铅原料主要是废铅蓄电池、废旧铅版、铅管和铅合金制品，其次为电缆废铅皮、废印刷合金和少量铅灰、铅渣等粒状含铅物料。这些原料来源不一，铅含量波动大。我国某冶炼厂所处理铅废料化学成分见表 5-3[7]。

表 5-3　铅废料化学成分　　　　　　　　　　（%）

物料名称	Pb	Sb	Sn	Cu	Bi	比例
废铝蓄电池极板	85 ~ 94	2 ~ 6	0.03 ~ 0.5	0.03 ~ 0.3	<0.1	71
压延铅板（管）	799	<0.5	0.01 ~ 0.03	<0.1		82.5
铅锑合金	85 ~ 92	3 ~ 8	0.1 ~ 1.0	0.1 ~ 0.8	0.2 ~ 0.5	15 ~ 27
电缆铅皮	96 ~ 99	0.11 ~ 0.6	0.4 ~ 0.8	0.018 ~ 0.3		3.8
印刷铅合金	98 ~ 99	0.05 ~ 0.24	0.05 ~ 0.02	0.02 ~ 0.13		1.68

铅蓄电池的电极是由含锑 3% ~ 8% 铅锑合金制成的金属格栅和涂在其中的填料组成的。正极板填料为 PbO_2（呈红褐色），负极板的填料为金属铅粉（呈灰色）。表 5-4 为废旧铅蓄电池的化学成分。

表 5-4　废旧铅蓄电池的化学成分

名　称	化学成分/%						外观颜色
	总 Pb	Pb	PbO	PbO_2	$PbSO_2$	Sb	
极　板	92 ~ 95	92 ~ 95	微量	—	微量	3 ~ 8	灰
正极填料	76.28	0	8.59	44.75	31.82	0.54	红褐
负极填料	78.55	18.95	29.39	0	21.45	0.50	灰
混合填料	81.90	17.22	16.92	26.80	31.50	—	褐

5.1.2.2　铅废料的处理方法

含铅废料根据废料的组成，可采用坩埚炉、反射炉、鼓风炉、SB 炉、短回转窑和电炉进行火法熔炼生产再生铅或铅合金，也可与原生铅的冶炼搭配处理。当含铅废料中含有铅的化合物时，则可用湿法处理生产电铅或铅化工品。

从表 5-3 和表 5-4 可知，在考虑从废铅合金，特别是铅锑蓄电池的再生处理时，应注意锑的回收。锑是稀少的有色金属之一，工业发达国家极重视再生锑的生产。如美国年产再生锑的数量为年耗锑量的 50%，英国约为 30%，其中铅锑合金（主要是铅蓄电池极板）占 86.8%。我国锑矿资源虽居世界之首，但也应重视再生锑的生产。

用湿法冶金处理含铅废料，虽在技术上可行，但在经济上的合理程度仍有待工业实践证实。尽管如此，湿法炼铅研究一直为冶金界所重视，研究出的流程很多，且意大利已有工业生产，预计终将在工业生产上得到推广[2,10~16]。

5.1.3   废铅蓄电池的预处理

再生铅原料主要是废旧蓄电池。汽车和拖拉机用的蓄电池组的体积大体为 600mm × 300mm × 300mm，总重 14 ~ 70kg，而大功率蓄电池组体积达 700mm × 400mm × 1200mm，总重达 500 ~ 700kg。废蓄电池组一般含有 31% ~ 36% 的铅锑、27% ~ 37% 泥渣状的硫酸铅-氧化铅、20% ~ 40% 有机物和 1.5% ~ 2.0% 的钢制零件。在蓄电池槽底的残渣，有 10% 的铅以铅板碎片和硫酸铅-氧化铅形态存在，电解质流出后的下部泥渣含 63% ~ 70% 铅、16% ~ 18% 水、1.0% 锑、0.02% 铜、1% ~ 2% 有机物。

我国目前废旧蓄电池再生利用时的预处理基本上是手工操作和部分半机械化作业，即首先进行人工脱壳，排除废酸，再进行机械脱板栅中的填料和分选处理，得到三种含铅的产物：板栅金属，填料泥渣及中间产物。然后将其分别进行冶炼处理。上述方法的缺点是铅损失较大，污染严重。

工业发达国家废蓄电池再生铅的预处理，通常采用连续化和全部机械化的流水作业。例如前苏联再生有色金属工业研究所研制出的自生重介质处理废蓄电池的流程，如图 5-1 所示。

原料从料仓 1，经板式给料器 2，送到齿辊破碎机 3 和 6 进行两段破碎。一段破碎后

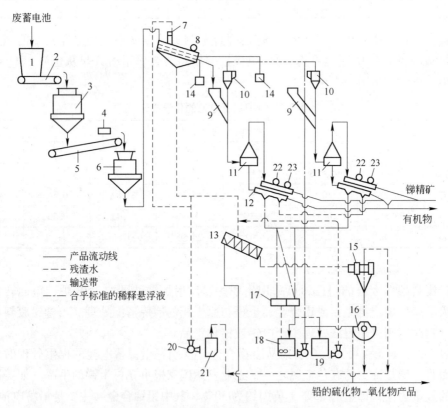

图 5-1   自生重介质处理废蓄电池件的流程

1—料仓；2—板式给料器；3，6—齿辊破碎机；4—感应盘式磁选机；5—输送带；7，12—筛子；
8，22，23—喷洒器；9—装料漏斗；10—高位槽；11—涡流水力旋风器；13—螺旋分级机；14—容器；
15—水力旋流器；16—圆盘真空过滤机；17—分配器；18—机械搅拌器；19—储槽；20，21—泵

用感应盘式磁选机 4 从破碎后的物料中选出钢件。原料经两段破碎后，按粒度在双层筛内湿选，分出三种选品。筛下的硫酸铅-氧化铅产品送到螺旋分级机 13，所得粗粒渣块便是最终的硫酸铅-氧化铅的富集物，分级机的溢流在水力旋流器 15 中浓缩成浓泥，并在圆盘真空过滤机 16 中过滤，然后与硫酸铅-氧化铅主要产品合在一起。按需要的标准送到搅拌槽 18 中，以制备硫酸铅-氧化铅为主的重介质。

悬浮液油泵 20 送到高位槽 10，并进入水力旋流器。将重的和轻的产物在脱水筛 12 上分离出悬浮液，用喷洒器 22 和 23 对脱水筛强烈喷洒水，冲洗滤渣上的重介质物料并得到脱水产物。这样得到处理蓄电池废金属件的最终产品：铅-锑的富集物和有机物。

借助于分配器 17 调节重介质物料的参数。将悬浮剂加入到大桶。倒出部分悬浮液在湿筛上用水过筛并同时再生。为此，从储槽 19 将悬浮液送到螺旋分级机，溢流进入水力旋流器中浓密。因此，原料就被分成两种商品富集物：有机物和附产铁精矿。不产生任何别的废物和废水。

所得产品的组成列于表 5-5 中。

表 5-5　产品的组成　　　　　　　　　　　　　　　　（%）

产　品	原始含量	产品的含量				
		铅	锑	硫	有机物	水分
锑化铅	30~35	90~92	3~4	1~1.5	0.1~0.6	1~1.5
硫酸铅	29~35	63~68	0.5~0.9	3~7	1~1.5	16~18
有机物质	27~40	0.2~0.3	—	—	92~93	6~8

这种分离方法与普通重选分离方法相比，其区别在于重介质是自生的。有关成分可达到高度分离和最大限度富集，这就可以保障细铅泥能形成稳定悬浮体。过程是连续的，容易进行机械化和自动化作业。

5.2　铅废料的反射炉熔炼

含铅废料用反射炉熔炼，既可生产粗铅也可生产铅合金，因而被国内外普遍采用。反射炉熔炼的优点是操作简单，适应性强，投资少，可处理粉状物料和块料，并借助炉内氧化气氛和原料中氧化物进行铅的氧化精炼，当向炉内加入煤、炭或焦屑时，又可进行铅的还原熔炼。其缺点是炉子生产率和热利用率都低，并且是间断作业，劳动条件较差。

5.2.1　熔炼中炉料组成的行为

5.2.1.1　炉料组成的蒸气压

在熔炼过程中，含铅二次资源废料中的铅、锑、锡及其化合物的熔点和沸点见表 5-6。

表 5-6　铅、锑、锡及其化合物的熔点和沸点

金属及其化合物	化学符号	熔点/℃	沸点/℃
铅	Pb	327.4	1717
氧化物	PbO	883	1470

金属及其化合物	化学符号	熔点/℃	沸点/℃
硫化铅	PbS	1110	–
硫酸铅	PbSO$_4$	910	–
锑	Sb	630.5	1645
三氧化二锑	Sb$_2$O$_3$	656	1456
硫化锑	Sb$_2$S$_3$	650	1080~1090
锡	Sn	231.9	2270
氧化锡	SnO$_2$	1960	–
硫化锡	SnS	880	1230

从表5-6看出，Sb$_2$S$_3$ 和 Sb$_2$O$_3$ 在低于700℃温度开始挥发。Sb$_2$S$_3$ 在500~900℃温度范围内的蒸气压 $p(Pa)$ 与温度 $T(K)$ 关系表示为[8,9]：

$$\lg p = 9.915 - \frac{7068}{T} \quad (773K \leqslant T \leqslant 1223K)$$

在不同温度下 Sb$_2$S$_3$ 的平衡蒸气压见表5-7。

表5-7　Sb$_2$S$_3$ 蒸气压与温度的关系

温度/K	773	873	973	1073	1173	1273
蒸气压/Pa	5.907	65.884	447.58	2127.46	7752.19	13670.00

Sb$_2$O$_3$ 的蒸气压 $p(Pa)$ 与温度 $T(K)$ 关系式为：

$$\lg p = 14.32 - \frac{10357}{T}$$

Sb$_2$O$_3$ 的蒸气压与温度的关系见表5-8。

表5-8　Sb$_2$O$_3$ 蒸气压与温度的关系

温度/K	773	873	973	1073	1600
蒸气压/Pa	8.3326	216.697	2421.31	6431.775	101324.72

由表5-7和表5-8中看出，在800℃时 Sb$_2$O$_3$ 优先挥发，PbS 也有显著的挥发性。PbS 在600℃时开始挥发，它的平衡蒸气压与温度的关系见表5-9[7,11]。

表5-9　PbS 的蒸气压与温度的关系

温度/K	1073	1173	1273	1373	1473
蒸气压/Pa	266.664	2066.624	2266.474	5332.88	13332.2

由表5-9看出，PbS 在800℃时挥发性比 Sb$_2$S$_3$ 小，但大于1100℃后，其蒸气压大增。

金属铅和锑的蒸气压 $p(Pa)$ 与温度 $T(K)$ 关系分别用以下两式表示：

$$\lg p_{Pb} = 10.4897 - \frac{10310}{T}, \lg p_{Sb} = 7.995 - \frac{6060}{T}$$

铅、锑的蒸气压和温度关系见表 5-10。

表 5-10　铅、锑的蒸气压与温度的关系

温度/K	1093	1233	1403	1563	1633
铅的蒸气压/Pa	13.332	133.322	1333.22	6666.1	13332.2
温度/K	973	1173	1373	1473	1573
锑的蒸气压/Pa	58.261	670.610	3853.006	7506.029	13732.166

当温度超过 1200℃ 时，金属铅、锑的蒸气压相当大，但仍然小于 Sb_2O_3 和 Sb_2S_3 在同一温度下的蒸气压。在 1100~1200℃ 的熔炼温度下的挥发顺序为 $Sb_2O_3 > Sb_2S_3 > PbS > Sb > Pb$。

尽管如此，在 1000℃ 以上的高温条件下，铅、锑的挥发损失还是较大的。因此，应将入炉的物料迅速熔化以及炉内设有一个深的熔池，可以降低铅、锑随炉气的损失。

5.2.1.2　炉料组分的化学反应

在炉料的加热过程中各种物料间的反应就已开始发生。例如硫酸铅、铅和锑的高价氧化物分解生成金属铅：硫酸铅在 705℃ 下开始分解生成氧化铅和二氧化硫，硫酸铅还与硫化铅反应：$PbSO_4 + PbS = 2Pb + 2SO_2$。

在 600℃ 下此反应 SO_2 平衡蒸气压为 3.99kPa，而在 723℃ 下则高达 100.4kPa。因为 $PbSO_4$ 完全分解温度需在 1000℃ 以上，所以此时便有大量铅挥发，因而降低了铅的回收率并对环境造成严重污染，也使能耗增高。为此我国已研究出采用碳酸钠（或碳酸铵）溶液浸泡法[7,13~16]。用 Na_2CO_3 溶液浸泡脱硫法反应如下：

$$PbSO_4 + Na_2CO_3 \longrightarrow PbCO_3 + Na_2SO_4$$

所得 Na_2SO_4 溶液可再处理成 Na_2CO_3 以返回利用，反应如下：

$$Na_2SO_4 + 2CaSO_3 \cdot \frac{1}{2}H_2O + H_2SO_4 + \frac{3}{2}H_2O \longrightarrow 2CaSO_4 \cdot 2H_2O \downarrow + 2NaHSO_3$$

$$2NaHSO_3 + 2Ca(OH)_2 \longrightarrow 2NaOH + 2CaSO_3 \cdot \frac{1}{2}H_2O \downarrow + \frac{3}{2}H_2O$$

$$2NaOH + CO_2 \longrightarrow Na_2CO_3 + H_2O$$

上述各反应均可在常温常压下进行。

将废蓄电池板栅、渣泥、铅膏用碳酸氢钠浸泡 4 天，脱硫率可达 93% 以上。脱硫得到的固相为碳酸铅，它在 300℃ 下即可分解为 PbO。

铅和锑的高价氧化物在熔炼过程中完全分解并生成低价氧化物。400℃ 下 Sb_2O_3 蒸气压很小，而 PbO_2 在 640℃ 下完全分解生成 PbO。硫化铅在加热时是稳定的。

铅和锑的低价氧化物和氧化锡在熔炼温度下分解不显著。例如，1200℃ 时，PbO 的分解压力为 0.933×10^{-9} Pa，SnO_2 为 0.879×10^{-12} Pa；Sb_2O_3 在 2127℃ 时的分解压力为 3519.70Pa，因此在熔体中只有铅和锑的低价氧化物和硫化物。

废蓄电池在炉中熔化时生成金属相和炉渣相。铅、锑和各种金属杂质、铅和铜的硫化物都进入金属相中。而铅、锑和金属杂质的氧化物和非金属杂质的熔体则形成炉渣。

从 PbO-Sb$_2$O$_3$ 状态图（见图 5-2）可看出，Sb$_2$O$_3$ 的存在能显著降低 PbO-Sb$_2$O$_3$ 体系的熔点。因此含铅、锡氧化物的炉渣是液态的。

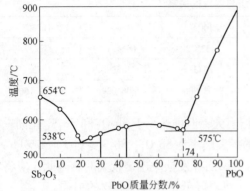

图 5-2   PbO- Sb$_2$O$_3$ 系状态图

在炉渣和金属相之间发生 PbO 的还原反应：

$$3PbO + 2Sb \Longrightarrow Sb_2O_3 + 3Pb$$

此反应的平衡常数 K 为：

$$K = \frac{a_{Pb}^3 \cdot a_{Sb_2O_3}}{a_{PbO}^3 \cdot a_{Sb}^2}$$

式中，a 为体系中各组分的活度。

平衡常数与温度的关系用下式表示：

$$K = -\frac{9850}{T} + 5.82$$

在 800℃ 下，铅中锑的含量［Sb］与炉渣中三氧化二锑含量（Sb$_2$O$_3$）的关系如下：

(Sb$_2$O$_3$)/%	20	24	30	36	40
[Sb]/%	0.018	0.04	0.013	0.40	1.0

在炉料熔化前未转入气相中的锑大部分被 PbO 所氧化而转入炉渣，铅则被还原而进入合金。随着熔体温度升高至 680～750℃ 时，锑转入炉渣的趋势增大。因此熔炼废蓄电池时，不加还原剂进行熔炼铅时，实际上是除锑的精炼，锑富集在渣中。

当炉料中含有锡时，锡也会按以下置换反应在炉渣和合金中进行分配：

$$2PbO + Sn \Longrightarrow SnO_2 + 2Pb$$

此反应很容易进行。因此在平衡条件下，熔融铅中实际上不含锡，锡富集在渣中。反射炉熔炼蓄电池时，若加入还原剂（煤粉）则会将铅、锑和锡的氧化物还原。

从图 5-3 可见，在气相中 CO 浓度低时，铅和锑的氧化物就已被还原。氧化铅的还原应如下：

$$PbO + CO \Longrightarrow Pb + CO_2$$

其平衡常数可用下式算出：

$$\lg K_p = -\frac{325.0}{T} + 0.417 \times 10^{-3}T + 0.3$$

根据近似计算，在平衡的气体混合物（CO + CO$_2$）中，CO 的含量如下：300℃ 时，0.001%；727℃ 时，0.13%；1227℃ 时，5.10%。

实验证明，160～185℃ 下，PbO 已开始被 CO 还原；在较高温度和炉气中 CO 含量不大时，还原反应就已剧烈进行。在 1000℃ 以上时，CO 的含量为 3%～5%。

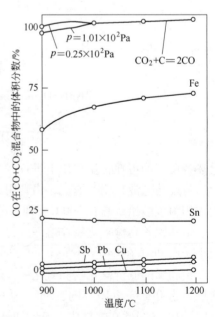

图 5-3   重金属氧化物还原性与温度和气相组成的关系

Sb_2O_3 在 400～700℃下剧烈还原，其反应为：

$$Sb_2O_3 + 3CO \Longrightarrow 2Sb + 3CO_2 \qquad \Delta H = -152.516 kJ/mol$$

SnO_2 被 CO 还原反应为：

$$SnO_2 + 2CO \Longrightarrow Sn + 2CO_2 \qquad \Delta H = -14.83 kJ/mol$$

此反应在 850℃以上才显著进行，且在此温度下 CO + CO_2 混合气体中 CO 含量不应低于 21%。

$PbSO_4$ 在 630℃下易被 CO 还原为 PbS

$$PbSO_4 + 4CO \Longrightarrow PbS + 4CO_2$$

而 $PbSO_4$ 与 PbS 作用（$3PbSO_4 + PbS \Longrightarrow 4PbO + 4SO_2$）能促进它完全被 CO 还原。

总之，铅、锑和锡的氧化物在反射炉熔炼过程中易被还原：

$$PbO + C \longrightarrow Pb + CO \qquad \Delta H = 107.47 kJ/mol$$
$$2PbO + C \longrightarrow 2Pb + CO_2 \qquad \Delta H = 42.2 kJ/mol$$
$$Sb_2O_3 + 3C \longrightarrow 2Sb + 3CO \qquad \Delta H = 365.57 kJ/mol$$
$$2Sb_2O_3 + 3C \longrightarrow 4Sb + 3CO_2 \qquad \Delta H = 213.02 kJ/mol$$
$$SnO_2 + 2C \longrightarrow Sn + 2CO \qquad \Delta H = 941.74 kJ/mol$$
$$SnO_2 + C \longrightarrow Sn + CO_2 \qquad \Delta H = 187.50 kJ/mol$$

但是上述反应是在炉料熔化后，在高温下，熔融炉渣和炭接触良好时才起重要的作用，且较之用一氧化碳时要难还原，如 PbO 在 400～500℃开始被固体炭还原，在 700℃下才强烈还原。在 700℃以上的温度下 $PbSO_4$ 才还原成 PbS，实际生产中这种反应是次要的。

还原熔炼所产的金属通常形成合金，得不到粗铅。由图 5-4 看出，锑和铅在熔融状态时能完全互溶，而在冷凝时则形成共晶合金，按平衡分配分布在合金和炉渣中。

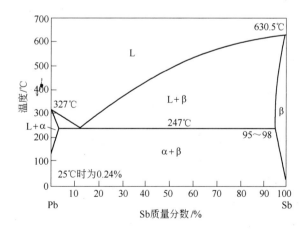

图 5-4　Pb-Sb 状态图

在加还原剂熔炼废蓄电池时，若炉渣含铅和锑的氧化物低，将产出难熔渣。为降低金属随炉渣的机械损失，一般加入萤石来降低炉渣熔点。同时还用低灰分煤作还原剂，但应去除煤屑中的污泥。

在火法还原熔炼中，还原剂还可以用铁屑，但其缺点是铅回收率低，一般为70% ~ 75%，而且污染严重，能耗高，渣含铅高（8% ~ 10% Pb）且无法再处理。为多降低渣含铅，可采用非铁还原剂[17,18]，并加入适当熔剂，其配料为：碳5%、苏打5%、二氧化硅0.5%、氧化钙0.5%，制得的金属铅纯度为99.9%，渣量比铁作还原剂时降低15%，铅回收率提高10% ~ 15%。冶炼温度降低200 ~ 300℃，不但降低了铅的挥发损失，节省能量，而且还降低炉渣对炉衬的侵蚀，延长了炉子寿命。

5.2.2　反射炉熔炼铅废料的实践

含铅废料的反射炉熔炼可在固定式和转动式反射炉中进行。固定式炉子（见图5-5）的炉底面积在6m²以下，熔池深度不大于0.4m。因过热铅流动性好，故炉子在液态熔体区包上铁壳，其下面有借循环空气冷却炉底的沟槽，以避免液态铅的流失。

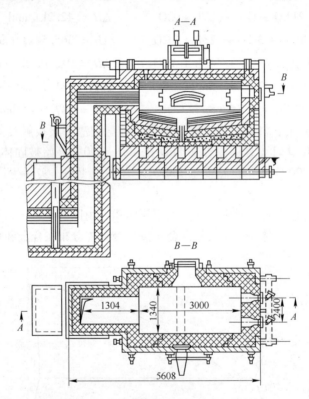

图5-5　熔炼铅锑合金的侧口加料反射炉

通过工作门或经炉顶将炉料加入固定式反射炉中。经出料口从炉中放出铅合金和炉渣，铅合金放到精炼锅精炼，炉渣放入渣池。

加料是分批进行的。炉料完全熔化的温度不低于900 ~ 1050℃。从炉中放到炼铅锅中的铅冷却至380 ~ 450℃，然后从熔体表面撇去难熔浮渣。当全部铅合金从炉中放出后便放渣，放渣后再将炉底清理干净，以备下炉熔炼。炉渣冷却后破碎，送鼓风炉处理。

铅废料反射炉熔炼时有无还原剂熔炼和有还原熔炼两种方式。当采用无还原剂反射炉熔炼铅废料时，其产品的成分和金属分布见表5-11。

表 5-11　无还原剂反射炉熔炼产品的成分和金属的分布　（%）

支出与收入		产出率	Pb		Sb		Sn		Cu	
			含量	分配	含量	分配	含量	分配	含量	分配
装入	蓄电池废料	100	77.2	100	0.52	100	0.26	100		
产出	硬　铅	37.1	—	47.7	0.32	3.4	0.01	0.8	0.13	21.8
	难熔浮渣	11.6	87.0	13.1	2.64	8.8	0.32	7.1	0.87	44.9
	炉渣	19.7	83.1	21.2	5.42	30.6	0.57	21.9	0.57	49.0
	炉气（按差数计）	31.6	—	18.0	—	57.2	—	70.0	—	0

当采用加还原剂熔炼铅废料时，将煤粉和原料一块入炉，以减少熔化时金属的挥发。煤粉耗量不要超过加料量的 3%，因煤过剩将生成难熔渣。炉料中配加 1% 萤石时，可增加炉渣的流动性。加还原剂熔炼的产品成分和铅分布列于表 5-12。

表 5-12　还原剂反射炉熔炼产品的成分和铅分布　（%）

原料和产物		产出率	Pb		Sb		Cu	
			含量	分配	含量	分配	含量	分配
加入	废蓄电池	100	73.9	100		100		100
产出	硬　铅	43.3	—	57.3	2.7	3.4	0.15	0.29
	难熔浮渣	19.1	90.2	23.4	3.7	8.8	0.52	1.33
	炉渣	16.0	44.2	9.3	9.6	30.6	3.40	0.53
	炉气（按差数计）	21.1	—	10.0	—	57.2	—	—

注：还原剂耗量为 3%。

加还原剂熔炼时提高了难熔浮渣产出量和其中的铅和锑的含量。说明熔炼过程中难熔杂质也被还原。

我国某些厂家对二次资源铅废料的反射炉熔炼流程如图 5-6 所示。反射炉的尺寸及技术指标见表 5-13。

表 5-13　我国某些厂反射炉尺寸及技术指标

工厂	产品/原料	粗铅反射炉尺寸	金属回收率/%	煤耗/kg·t^{-1}	电耗/kW·h·t^{-1}
1	精铅/杂铅	4m×2m×2m 2 座	80	700	51
2	精铅/杂铅	12t/座	93	300	
3	电铅/杂铅	4m² 2 座	91.53	552	
4	精铅/杂铅		95	600	478

当采用在回转式反射炉熔炼废蓄电池时，可达到更好的技术经济指标，因为它在回转时熔体不停地沿砖砌体搅拌，有利于传热和传质，强化了熔炼。熔炼过程是在 1100~1200℃ 下进行的。炉料各组分间因良好接触使反应更完全，可提高金属和合金的回收率。炉子回转速度为 1~8r/min，炉子容量达 30t，炉子可用天然气或重油加热。

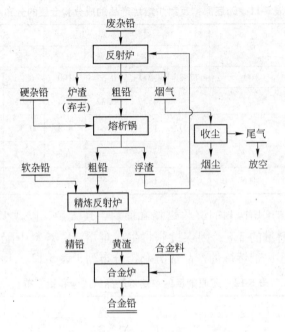

图 5-6　反射炉熔炼生产再生铅简要工艺流程

表 5-14 列出了回转式反射炉中，熔炼废蓄电池所得的产品组成和各金属在各产品中的分布。

表 5-14　熔炼蓄电池的产品组成和金属的分配　　　　　　　　　　　　（%）

熔炼的原料和产品		产品率	Pb		Sb	
			含量	分配	含量	分配
加入	废蓄电池	100	73.5	100	2.18	100
产出	锑铅合金（硬铅）	71.0	—	93.0	3.51	73.3
	炉渣	20.5	15.3	3.7	3.12	18.8
	烟尘	8.5	28.3	3.3	2.84	

注：炉料配比：100 份废电池，2 份烧碱，2 份苏打，4 份铁屑，2 份无烟煤。

回转式反射炉熔炼的缺点是炉衬寿命短、生产能力低。

5.3　铅废料的电炉熔炼

在电炉中处理再生铅废料是较好的方法。它的优点是焦炭消耗少，炉料加入焦炭仅作还原剂，且熔炼时生成含铅和锑的烟气量少，大大简化了烟气净化系统，并降低其费用。

电炉熔炼铅废料的实质是借电流通过渣熔体（电阻体）时，放出的热和电极与炉料间形成电弧的辐射热来保持熔炼所需的温度（900~1200℃），并且可用改变电极电压和电极浸没的深度来调节液态熔体温度。

含铅废料电炉熔炼的化学反应，除相似于反射炉中进行还原和造渣反应外，还发生如下反应：

$$PbO + Na_2CO_3 + C \longrightarrow Pb + Na_2O + CO_2 + CO$$

$$PbSO_4 + Na_2CO_3 + 3C \longrightarrow Pb + Na_2S + 3CO_2 + CO$$

$$3PbO + Na_2S \longrightarrow 3Pb + Na_2O + SO_2$$

$$PbS + Fe \Longrightarrow Pb + FeS$$

$$Sb_2S_3 + 3Fe \Longrightarrow 2Sb + 3FeS$$

为了降低炉渣熔点和提高其电导率，炉料中配有苏打，故造渣过程中有如下反应：

$$Na_2CO_3 + nSiO_2 \longrightarrow Na_2O \cdot nSiO_2 + CO_2$$

$$mNa_2O \cdot nSiO_2 + CaO \longrightarrow mNa_2O \cdot CaO \cdot nSiO_2$$

所产出的电炉渣成分一般为：38% ~42% SiO_2，<20% Na_2O，15% ~24% CaO，10% ~ 20% FeO。

电炉熔炼过程的特点是技术经济指标好。例如处理废蓄电池时单位熔炼能力达 143t/($m^2 \cdot d$)，吨铅电能消耗为380 ~620kW·h，金属回收率（包括冰铜和烟尘处理时的回收率）达96% ~97%，而合金中铅和锑的直收率则分别为95%和90%。

据罗马尼亚的资料，当熔炼炉料配比（份数）为：废蓄电池100，焦炭4，石灰石4，铁屑8时；产出粗铅的成分（%）为：Pb 88 ~95，Sb 3 ~6，Cu 0.5 ~3.0，Sn 0.1 ~ 0.25；冰铜的成分（%）为：Pb 9 ~12，Sb 1 ~3，Cu 5 ~10；炉渣含铅1% ~4%，熔炼中挥发物和烟尘约占炉料量的4%，均由布袋收尘器回收。当废蓄电池中含氧化铅高时，用黄铁矿烧渣，石英和石灰石作溶剂，最适宜的炉渣成分为 SiO_2：FeO：CaO = 2：1：1。

5.4 铅废料的回转窑熔炼

5.4.1 短回转窑熔炼

国外采用短回转窑(简称短窑)熔炼的厂家较多[18~20]，法国的 Escandoca Vers 厂，曾安装了一台 ϕ3.5m ×4m 短窑，法国 Lillefanche 厂又安装了两台 ϕ3.6m ×5m 短窑，澳大利亚 Cooson 工业材料公司的埃尔斯维克冶炼厂也建了一台日处理20t 铅废料的铅短回转窑。

短窑的特点是装料和排放渣操作在一端进行，燃烧器和排气口在另一端（见图5-7），这能保证燃烧器的火焰在整个窑内来回穿行两次，热利用率高。

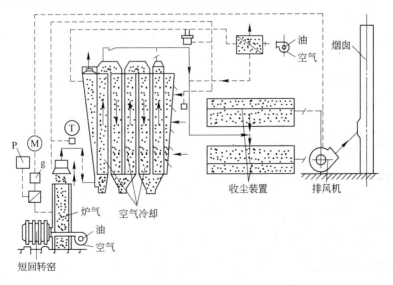

图5-7　短回转窑熔炼含铅废料系统示意图

如此的布置还允许装料时不关闭燃烧器。另外对原料适应性大，原料成分波动时也能产出所要求成分的铅锭。短窑可以利用多种燃料，例如重油、轻油、再生油和天然气及任何粉煤为燃料；还可以在同一炉内进行两段熔炼，粉煤经制粒后入炉，进行第一段熔炼，是锑在800℃下进行氧化反应（$3PbO + 2Sb = 3Pb + Sb_2O_3$），过程中有40%铅从炉料中熔析出来，得到一种含锑0.2%，含铅99.5%的粗铅，然后进行第二段熔炼，加入焦屑、苏打在1100 ~ 1200℃下进行还原熔炼，产出含锑高的硬铅（Pb 95.3%，Sb 3% ~ 4.5%），炉渣含铅3% ~ 4%，送铅鼓风炉熔炼，烟尘则返回短窑处理。

由于短窑能迅速停开炉，因此，维修能及时进行，不会误时。短窑的操作不需要像鼓风炉操作那样的专门技术，工人很快就能掌握其操作技术。

5.4.2 长回转窑熔炼

美国 Predricktown 厂采用长回转窑熔炼分选后的废蓄电池，窑长 53.95m，直径 3.05m。沿窑长分成衬有高铝砖的加料预热带和衬铬镁砖的反应带。卸料端直径缩小到 1.87m，形成挡料圈，以汇集熔融金属和渣，熔体分层后可分别放出。图 5-8 所示为长回转窑熔炼流程[1,14]。

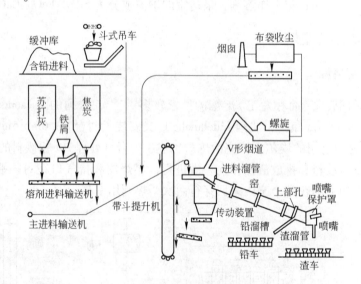

图 5-8   长回转窑熔炼流程

长回转窑的具体操作，与短回转窑的操作大致相同。

5.5   铅废料的鼓风炉及 SB 炉熔炼

细粒含铅废料要加工成块状后，才能用鼓风炉熔炼，而块状物料则直接加入鼓风炉中熔炼，因此，废蓄电池板栅可直接进入鼓风炉熔炼。

5.5.1   细粒铅废料的烧结

废蓄电池中细粒物料是极板和填料，极板和填料的化学组成见表 5-15[7]。

表 5-15　废蓄电池的极板、填料的组成

组　　成		含量/%
极板（含 5% Sb 的硬铅）		20 ~ 30
填　料	PbO$_2$	15 ~ 20
	PbO	10 ~ 15
	PbSO$_4$	25 ~ 30

细粒含铅废料还包括铅屑和其他细粒含铅废料，很细的物料（小于 20mm）应过筛。经压团或烧结再进行鼓风炉还原熔炼。否则炉料透气性不好，烟尘率高，金属随烟气损失大。

烧结料由含铅废料、鼓风炉熔炼的水淬渣、黄铁矿烧渣或铁矿、碎焦和返料组成。配好的炉料在烧结前须加水湿润，并在混料筒中混匀。

烧结过程的化学反应为：

$$2PbO + SiO_2 =\!\!=\!\!= 2PbO \cdot SiO_2$$

$$PbSO_4 + SiO_2 =\!\!=\!\!= PbO \cdot SiO_2 + SO_2 + \frac{1}{2}O_2$$

$$PbO + Fe_2O_3 =\!\!=\!\!= PbO \cdot Fe_2O_3$$

$$PbSO_4 + Fe_2O_3 =\!\!=\!\!= PbO \cdot Fe_2O_3 + SO_2 + \frac{1}{2}O_2$$

在烧结中生成的主要液相是硅酸铅。在 650 ~ 700℃ 下，固相开始生成，750℃ 时开始熔化。在 700 ~ 750℃ 下固相中也生成亚铁酸铅。在更高的温度下亚铁酸铅-硅酸铅熔体能熔解游离的铅和铁的氧化物，在冷却时又从熔体中结晶出硅酸铅和亚铁酸铅，而大部分熔体凝结为玻璃体，烧结过程中液相的生成量取决于烧结温度和配料中的含铅量，在低铅料（29% ~ 33% Pb）烧结时液相部分占 25% ~ 35%。

烧结是借助碎焦燃烧的热进行的。点火炉点火是把液体或气体燃料或碎焦点燃。在烧结过程中金属铅可能熔化，当熔化的铅经烧结炉箅渗入抽气室时，烧结块的强度就会降低。为此，配料时铅含量要严格保持在 30% ~ 35% 范围内，通常用水淬渣和待处理的含铅废料进行调节。

对于烧结块成分的稳定，一般通过调节返料量的办法来实现。另外，含铅细废料的烧结配料也很重要。生产中烧结配料的组成（%）一般为：含铅的粉料 22，水淬炉渣 17，黄铁矿烧渣 4，返料 57。

烧结配料含水 5.1%。焦粉耗量 2.2%。产出烧结块成分（%）为：Pb 22 ~ 32，SiO$_2$ 19 ~ 22，FeO 19 ~ 24，CaO 10 ~ 14，Al$_2$O$_3$ 6 ~ 8。烧结机单位生成能力 20 t/（m^2·d），合格烧结块产率占干炉料的 53% ~ 62%。烧结块中铅回收率为 97%，锑回收率为 94%。

烧结过程在烧结机上完成，烧结机示意图如图 5-9 所示。

5.5.2　传统的鼓风炉熔炼

加入鼓风炉的炉料在炉子上部区域进行脱水和预热。当炉料进入较高温度区时易挥发的化合物开始蒸发，发生高价铅和锑氧化物的分解以及金属铅、锑、锡的熔化。为了减少铅、锑及其化合物以蒸气形态随炉气损失，应在废气温度低的条件下进行熔炼，使金属及其化合物的蒸气冷凝在炉子上部的冷料层中[20~27]。

当炉料通过高温区时就开始氧化物的熔化、还原和造渣的过程。熔融的铅和锑的氧化

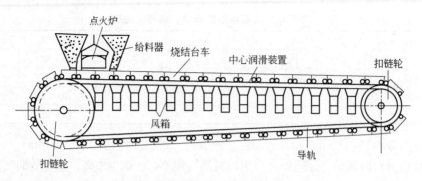

图 5-9　烧结机示意图

物到炽热的焦炭表面时，因炉子焦炭区的高温和存在大量 CO 而迅速、完全被还原，其他金属氧化物也被还原。液态铅很快通过炉子高温区汇集于炉缸中。

焦炭中的灰分是炉渣的主要成分。炉渣的组成（%）为：SiO_2 50～55，Al_2O_3 25，Fe_2O_3 15，$CaO \leqslant 5$。这种成分的炉渣很难熔，因此，必须在炉料中加入熔剂造渣，因此废蓄电池熔炼时要得到易熔且流动性好的炉渣，须加含氧化铁和氧化钙的熔剂及一定量的返渣，返渣在中温区就开始熔化，在它熔化后流动时熔解更难熔的造渣成分。此外，加块状返渣还有利于提高炉料的透气性，并使产出渣化学成分均匀。这一点在低渣率熔炼的条件下有更大的意义。

熔炼再生铅废料的炉子与熔炼原生矿铅烧结块的炉子相比，结构上的差别仅在于尺寸小些。所用鼓风炉炉型可以为矩形（见图 5-10）或圆形。

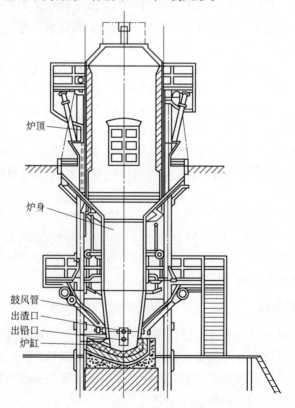

图 5-10　熔炼含铅废料的矩形鼓风炉

鼓风炉熔炼的技术指标是：焦炭 $16\% \sim 20\%$，空气消耗 $50 \sim 80 \mathrm{m^3/(m^2 \cdot min)}$，单位熔炼能力 $65 \sim 80 \mathrm{t/(m^2 \cdot d)}$，料柱高 $3 \sim 4.5 \mathrm{m}$，鼓风压力 $14.71 \mathrm{kPa}$，废气温度 $300 \sim 800 \mathrm{^\circ C}$，渣含铅 $0.6\% \sim 3.5\%$。鼓风炉熔炼装入物料及产出物成分和金属的分配见表5-16。

表5-16　鼓风炉熔炼原料与产物的成分和金属分配　　　　　　　　（%）

原料与产物		产率	Pb		Sb		Cu	
			含量	分配	含量	分配	含量	分配
装入	炉料	100	30.0	100	1.50	100	0.50	100
产出	粗铅	29.3	94.0	92.0	4.1	80.0	0.6	38
	冰铜	2.0	12.0	0.8	0.8	1.1	5.0	20
	炉渣	58.0	1.8	3.5	0.4	17.0	0.35	40
	烟气（按差数）	—	—	3.7	—	1.9	—	2

炉气含 $9 \sim 11 \mathrm{g/m^3}$ 烟尘，经旋风和电收尘净化后排入大气。

所产出的炉渣成分（%）为：SiO_2 $27 \sim 35$，FeO $25 \sim 35$，CaO $10 \sim 15$，$Al_2O_3 \leqslant 20$。这种成分的渣能保证炉渣流动性好，焦炭消耗少，炉子能连续工作。为得到这种成分炉渣，在废蓄电池熔炼时添加 $2\% \sim 3\%$ 粒状返渣。

鼓风炉熔炼采用热风熔炼可取得更好的技术经济指标。鼓风炉熔炼时，鼓冷风和鼓预热风时的操作指标列于表5-17。鼓热风时熔炼的物料平衡列于表5-18。

表5-17　鼓冷风和热风的鼓风炉操作指标

指　标		鼓冷风熔炼	鼓预热至400℃热风熔炼
单位熔炼量/t·(m²·d)⁻¹		40.1	46.4
吨铅焦耗（按标准燃料计算）/kg		278.4	212.9
炉顶气体成分/%	CO	—	10.0
	CO₂	—	13.3
	O₂	—	1.2
含铅量/%	在炉渣中	1.26	1.16
	在冰铜中	1.26	1.16
铅回收率/%	在炉渣中	1.24	0.90
	在冰铜中	1.39	1.10

鼓热风熔炼时空气耗量减少 15%，约为 $28.7 \mathrm{m^3/(m^2 \cdot min)}$，而炉渣温度却升高 $30\% \sim 50\%$，约 $1207 \mathrm{^\circ C}$。铅随炉渣损失降至 0.34%。粗铅成分（%）为：Pb 93.6，Sb 3.5，Sn 0.35，Cu 1.05；冰铜成分（%）为：Pb 13.22，Cu 6.4，Fe 42.0，S 21.2，Sb 1.56。由于降低空气耗量和炉顶气温，烟尘率降至每吨粗铅 10kg。

表5-18　热风鼓风炉熔炼的物料平衡　　　　　　　　（%）

入炉料	占有率（按质量计）	Pb	Sb	熔炼产物	占有率（按质量计）	Pb	Sb
烧结块	35.2	23.1	0.63	粗铅	47.6	93.6	3.5
分选的原料	23.9	76.1	3.7	冰铜	4.4	13.22	1.56
未分选的原料	30.4	57.8	2.32	烟尘	3.3	52.1	0.9
浮渣	4.0	62.2	1.82	炉渣	39.2	1.13	0.03
返渣	6.5	—	—	损失	5.6	—	—
焦炭	10.2						

与其他处理废蓄电池废料的方法相比，鼓风炉熔炼的特点是：对原料成分适应性强，生产能力大，过程连续。鼓风炉熔炼的缺点是烟尘率大，处理细粒废料需要烧结并要使用昂贵的焦炭。

前苏联、日本、英国等国家采用鼓风炉处理含铅废料[11,19,21,22,24]。1977年建成投产的英国不列颠铅有限公司新冶炼厂的设计能力为每日产70t铅。图5-11所示为该厂原则流程图。鼓风炉产出的粗铅的精炼是在容量为130t的半球形锅中进行的，用机械搅拌。由含锑3%的粗铅产出品位为99.7%的铅锭。

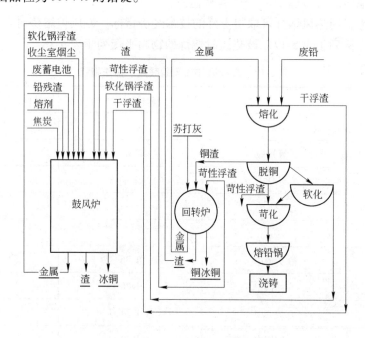

图5-11　鼓风炉处理废杂铅原则流程

粗炼得到的铜渣和苛性浮渣用回转窑处理。窑长4m，直径3.6m，衬镁砖，用天然气加热，每天处理60t料，产出的金属再精炼，渣作为鼓风炉炉料。鼓风炉熔炼的技术经济指标为：每日进料145～210t，每吨粗铅耗焦炭142～260kg，渣含铅1.3%～1.8%，粗铅含锑2.5%～5.5%。

我国某冶炼厂[25]也采用鼓风炉熔炼含铅废料，其工艺流程如图5-12所示。

该厂炉渣成分(%)为：SiO_2 27 ~ 35，FeO 25 ~ 35，CaO 10 ~ 15，$Al_2O_3 \leqslant 20$。鼓风炉熔炼的技术指标为：熔炼能力 65 ~ 80t/($m^2 \cdot d$)，料柱高 3 ~ 4.5m，鼓风压力 199.98kPa，炉气温度 300 ~ 800℃，焦率 16% ~ 20%，渣含铅 0.6% ~ 3.5%。该厂鼓风炉熔炼-电解精炼生产再生铅工艺所用主要设备的规格是：2m 烧结机一台，0.75m^2 鼓风炉一座，熔析锅2台，电解槽32个，金属回收率95%。

5.5.3 SB 炉熔炼

SB 炉是丹麦 Paul Bergsol and Son Konzern 公司开发的，直接处理不经分离的废铅蓄电池的竖式炉子，也可称为鼓风炉。该公司每年用这种炉子处理的废蓄电池达 60 万吨，并与英国不列颠铅公司共同新建了年生产能力为 4.5 万吨的 SB 炉。在瑞士也有类似工厂。SB 炉熔炼废铅料装置如图5-13所示[7,11,19,27]。

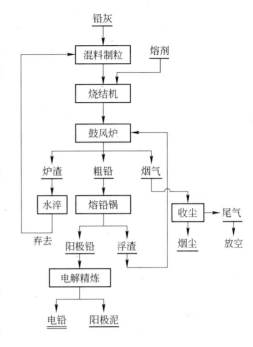

图 5-12　鼓风炉熔炼生产再生铅简要工艺流程

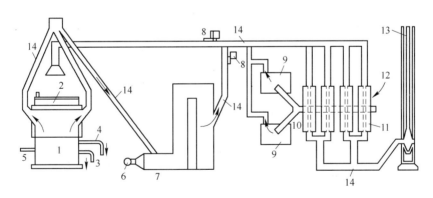

图 5-13　SB 炉熔炼装置图

1—鼓风炉；2—炉顶；3—排铅口；4—排渣口；5—热风管道；6—燃烧器；
7—燃烧室；8—混合阀；9—闪速制粒机；10—螺旋运输机；
11—袋式收尘器；12—收尘区；13—烟囱；14—烟道

该炉熔炼的炉料组成（%）为：不分离的废铅蓄电池25.2，分离壳体的蓄电池含铅废料31.8，造块烟尘3.2，浮渣3.2，返渣22.1，焦炭5.7，废铁1.9，氧化铁皮6.3，石灰石0.9。熔炼时鼓入预热到500℃的富氧（含24% O_2）空气。由于蓄电池壳体含聚氯乙烯等有机聚合物高达35%，传统鼓风炉熔炼不分离的废铅蓄电池时有一点困难，但是在有水套蒸发冷却、树脂物燃烧室及干式和湿式气体净化设备的 SB 炉中进行熔炼时，有机物在 500℃下经 1h 即有 70% ~95% 分解，生成的气体（每吨废蓄电池 120 ~140kg）主要是二硫化碳（67% ~68%）和乙烷（14% ~22%），并进入燃烧室燃烧，使每吨铅的焦炭用量大大降低，约为 0.18 ~0.19t，而传统鼓风炉为 0.2 ~0.22t。熔炼出的产品有粗铅、含 Pb8% 的冰铜、炉渣和烟尘。精铅精炼除去铜和锡后，获得供生产蓄电池用的锑铅合金；冰铜送炼铜厂；渣经贫化后送渣场。布袋收尘的烟尘含 Pb 60% 和 Cl 25% ~34%，在专门设备中烧结焙烧，也可用苏打溶液浸出脱氯，脱氯后的烟尘返回熔炼。净化烟尘后的气体含 SO_2 30 ~54mg/m^3，处理达到排放标准后，排入大气中。

SB 炉的特点是废蓄电池不经破碎可整个入炉，免去破碎分离的昂贵设备和处理这过程中引起的污染。SB 炉采用宽炉身，使产生的气体上升慢，炉顶保持冷的状态，烟尘量减少 2%（传统的鼓风炉为 10%）。有机物分解生成的气体进入燃烧室燃烧，使有机物得到利用，降低了燃烧消耗，大部分氯转入渣中。在炉内采用产冰铜的方法，使炉料中大部分硫（90% S）进入冰铜。用布袋收尘器收集下的 $PbSO_4$ 颗粒，经螺旋运输机送入闪速制粒机中制粒，再返回到 SB 炉中冶炼。整个系统为封闭式，设有烟道，防止烟尘外逸，使烟尘量控制到最低水平，保持空气中铅低于 100mg/m^3。此法的缺点是不能在同一炉内进行两段冶炼，使产出的粗铅需通过精炼才能得到纯铅。

前苏联某研究所，在不鼓富氧的情况下进行不分离的蓄电池的 SB 炉熔炼，扩大试验的技术指标见表 5-19。

表 5-19　前苏联 SB 炉熔炼不分离的蓄电池的技术指标

指　　标	炉料中不分离的蓄电池含量/%					
	0	15	20 ~25	40 ~45	50 ~55	25.2
空气最佳消耗量/m^3 · (m^2 · min)$^{-1}$	30	30	28	25	24	12 ~15
鼓风中氧含量/%	21	21	21	21	21	24
鼓风温度/%	240	240	240	240	240	500 ~550
燃烧树脂时吨铅天然气消耗量/m^3	35 ~45	25 ~30	18 ~20	0	0	36 ~40
炉子的单位生产率（以 Pb 计）/t · (m^2 · d)$^{-1}$	28	28	26	24	23	17 ~19
渣中铅含量/%	1.4 ~1.7	1.2 ~1.5	1.1 ~1.3	0.9 ~1.0	0.6 ~0.8	—
焦炭含量/%	0.2 ~0.02	0.19	0.17	0.16	0.14	0.1
炉料在炉中停留时间/h	2.7	2.7	2.9	3.2	3.4	—

5.6　铅废料熔炼所得粗铅的处理

废蓄电池和其他含铅废料熔炼的产物是粗铅、难熔浮渣、炉渣和烟尘。粗铅可加工为商品硬铅或通过火法精炼成精铅，其他熔炼产品也可进一步处理以回收各种金属。

5.6.1　粗铅加工成硬铅

用含杂质的粗铅生产硬铅，必须从粗铅中除去非金属夹杂物，并将杂质含量降到标准规定的范围内（见表 5-20）。

表 5-20 硬铅的化学成分 （%）

牌 号	Sb	Cu	Zn	Bi	Sn	As	Ag
1	3.5 ~ 4.5	0.005	0.005	0.06	0.008	0.01	0.0015
2	5.0 ~ 7.0	0.01	0.01	0.08	0.01	0.015	0.01
3	7.0 ~ 9.0	—	—	—	—	—	—

在反射炉或鼓风炉熔炼废蓄电池所得粗铅加工成硬铅，其目的主要是使锑尽量转入铅合金中。熔炼需在还原气氛中进行。如果要得到低锑合金，则在反射炉熔炼时不加还原剂进行熔炼。

通常，铜和各种杂质需从所得铅合金中除去。硬铅除铜的原理是在低温下铜在液态铅中的溶解度低，当把铅冷却至327℃时可把铜含量降至0.06%。在不同温度下铜在铅中溶解度如下：

温度/℃	900	800	700	600	500	450	350
Cu 质量分数/%	6.750	3.370	1.612	0.780	0.382	0.248	0.0867

由于除铜过程中铁在铅中溶解度也降低，同时生成锑化铜和砷化铜，因此合金除铜时也有精炼除砷、锑的作用。

硬铅脱铜是在炼铅锅中实现的。在合金冷却时生成铜以及铜与铅中其他杂质形成的化合物，这些物质密度小而飘浮在炼铅锅的表面，成为含铜干浮渣。用漏勺将浮渣除去另行处理。

当原料中有大量铜存在时，在炉料中加入黄铁矿进行熔炼，产出冰铜，铜转入冰铜时浮渣产率降低，减轻了脱铜工序负担。

由含 Pb 95%，Sb 4.0%，Cu 0.5%的再生粗铅生产铅时，含铜浮渣产率为15%。粗铅中含有的11.5%的 Pb，25.1%的 Sb，9%的 Cu 转入铜浮渣中。铜浮渣成分（%）为：Pb 70，Sb 8 ~ 10，Cu 4 ~ 8。

5.6.2 粗铅的火法精炼

通常再生粗铅的精炼首先是除锑，同时也除去锡和砷，粗铅有氧化精炼和碱性精炼除锑两种方法，这两种精炼方法得到广泛应用[7,12,26]。

5.6.2.1 氧化精炼除砷、锑、锡

氧化精炼的原理是砷、锑、锡对氧的亲和力比铅大，而易被氧化。氧化精炼一般在反射炉中进行，用烟煤、重油或气体燃料加热，用空气、氧气或 PbO 作氧化剂。氧化精炼也可在精炼锅中进行。

当用空气吹炼熔融态粗铅时，杂质和一部分铅发生氧化。在精炼温度为750 ~ 800℃，按各种金属氧化物生成自由能的大小排列的氧化次序为：$SnO_2 > As_2O_2 > Sb_2O_3 > PbO$。在氧化精炼时各种杂质也以同样的次序除去。氧化物生成自由能与温度关系如图5-14所示。

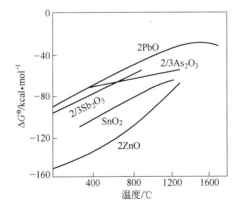

图 5-14 氧化物生成自由能与温度的关系
(1cal = 4.1868J)

砷和锑可氧化成三价和五价氧化物形态，而锡只有氧化成四价氧化物。锡、砷和锑的氧化物对 PbO 呈现酸性，生成产物为锡酸盐、亚砷酸盐和亚锑酸盐。

金属被氧化为高价氧化物按下式进行：

$$Sb_2O_3 + O_2 \rightleftharpoons Sb_2O_5$$

当锑达到最大的氧化程度时铅熔体含有 SbO 0.08%，此时产出的炉渣中锑呈 $5PbO \cdot Sb_2O_5$ 形式存在。

氧化精炼最适宜温度为 750~800℃，在此温度下氧化速度快且金属随烟气损失少。

精炼可使粗铅中锑含量从 1.0% 降至 0.05%，砷含量从 0.5% 降至 0.001%。炉渣产率为原粗铅量的 7%~8%。炉渣成分（%）为：Pb 70~80，Sb 10~20，As 0.5~1.5，Sn 0.4 以下。这种渣加还原剂在小反射炉内熔炼，大部分铅便被还原并返回精炼，而富锑炉渣则送鼓风炉熔炼产出硬铅。

5.6.2.2　碱性精炼除砷、锑、锡

碱性精炼实质上也是氧化精炼，即在有 $NaNO_3$ 存在的情况下，使铅液通过 NaOH 和 NaCl 混合物熔体，发生如下反应：

$$2As + 4NaOH + 2NaNO_3 = 2Na_3AsO_4 + 2H_2O + N_2$$
$$2Sb + 4NaOH + 2NaNO_3 = 2Na_3SbO_4 + 2H_2O + N_2$$
$$5Sn + 6NaOH + 4NaNO_3 = 5Na_2SnO_3 + 3H_2O + 2N_2$$

此时铅也被氧化：

$$Pb + 2NaOH + NaNO_3 = Na_2PbO_2 + NaNO_2 + H_2O$$

但亚铅酸钠不稳定，可被杂质置换：

$$2As + 5Na_2PbO_2 + 2H_2O = 2Na_3AsO_4 + 4NaOH + 5Pb$$
$$2Sb + 5Na_2PbO_2 + 2H_2O = 2Na_3SbO_4 + 4NaOH + 5Pb$$
$$Sn + 2Na_2PbO_2 + H_2O = Na_2SnO_3 + 2NaOH + 2Pb$$

上述各种反应剂的作用是：$NaNO_3$（硝石）为强氧化剂，在 308℃ 时分解为 $NaNO_2$ 及 O_2。温度升高则 $NaNO_2$ 分解为 Na_2O、N_2、O_2、Na_2O 是形成砷酸盐、锑酸盐和锡酸盐的试剂和吸收剂，NaOH 也是前述盐类的试剂和吸收剂。NaCl 能降低浮渣的熔点和黏度，提高 NaOH 对钠盐吸收能力，减少 $NaNO_3$ 消耗。

杂质氧化和它们转入碱熔体的次序为：As、Sn、Sb、Pb。

在碱性精炼时有最大杂质饱和度、在 400℃ 下有足够流动性的碱熔体（便于碱熔体与铅完全分离）。碱熔体黏度不应超过 2~2.5Pa·s。随着碱熔体为杂质所饱和，其黏度增大。碱熔体允许杂质的最大饱和度（%）为：As 18~20，Sn 13~20，Sb 25~26。

碱性精炼中各种反应剂的消耗见表 5-21。

表 5-21　反应剂消耗量　　　　　　　　　（kg）

项　目	NaOH	NaNO₃	NaCl
每千克 As	2.90	1.0	1.10
每千克 Sn	1.92	0.59	0.52
每千克 Sb	1.50	0.50	0.63

碱性精炼在专门设备中进行（见图 5-15）。当铅液在精炼锅中加热到 420～450℃时，将反应缸搅拌器置于精炼锅上，加入 NaOH 和 NaCl，开动铅泵和圆盘给料器加入 NaNO₃，此时铅水不断循环，杂质被氧化为钠盐并熔于 NaOH 及 NaCl 试剂熔体而浮于上部，流入浮渣槽，随后将铅放出，即碱性精炼作业完毕。由于反应是放热的，因此过程进行后不需要加热。

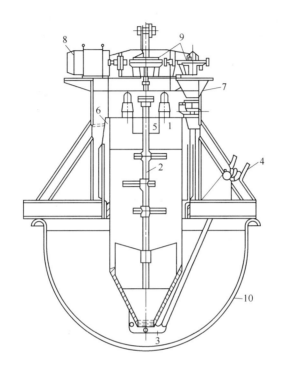

图 5-15　碱性精炼装置

1—反应缸；2—搅拌器；3—阀门；4—提升阀门的装置；5—浮渣排出槽；

6—保温室；7—硝石给料器；9—马达；10—精炼锅

5.7　国内外处理铅废料的工业实践

5.7.1　美国 RSR 公司的反射炉、鼓风炉熔炼

美国 RSR 公司有 5 个再生铅冶炼厂，都是采用反射炉-鼓风炉联合冶炼流程[7,11,19,21,28]，如图 5-16 所示。

该公司在 Texas 的 Dalla 厂是采用两次反射炉熔炼，一次鼓风炉熔炼处理流程。首先将蓄电池破碎、筛分后，经重介质选别。为消除硫的污染，先将分离产物用（NH₄）₂CO₃ 处理使 PbSO₄ 转变为 PbCO₃，这样可使硫从 4%～6% 降至小于 0.4%。若不除硫，可将重介质分离的产物含（Pb 68%～75%，Sb、As、Sn 2.1%～2.5%）送入反射炉熔炼，得到含 Sb 0.2%～0.7% 的一次粗铅，然后在 100t 的精炼炉中经火法精炼得到 99.98% 的纯铅。反射炉产出的一次渣（含 Pb 65%～75%，Sb 7%～10%，As 0.8%～2%，S 1.5%～3%）和精炼浮渣送至反射炉进行第二次熔炼，得到含 Sb 0.2%～2.5% 的二次粗铅，再经火法

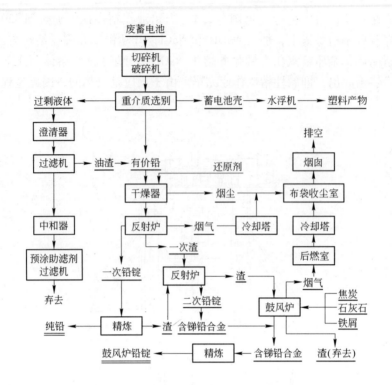

图 5-16 RSR 公司反射炉-鼓风炉熔炼流程

精炼得到含锑的铅合金。精炼渣送二次反射炉熔炼。二次反射炉熔炼产出的终渣组成为：Pb 56% ~65%，Sb 10% ~18%，As 1% ~3%，与反射炉二次产出的粗铅一同精炼得到锑铅合金。鼓风炉产出的炉渣含 Pb 1% ~3%，As 0.5% ~1% 留待处理。鼓风炉的配料比（%）为：终渣 60 ~80，SiO₂ 2 ~10，Fe 2 ~10，并采用富氧熔炼得到锑铅合金。这种两段法熔炼适合蓄电池工业的要求。

5.7.2 德国奥卡的哈茨冶炼厂的长、短回转窑熔炼

从蓄电池碎块中回收铅分为三个阶段：碎块的处理与分离，含铅部分的还原和熔炼，粗铅到工业产品的精炼及合金化。拆卸废蓄电池得到的碎块聚丙烯要通过净化提纯，使之成为适销的产品。

废蓄电池及极板组件在电池处理厂破碎、筛分和以浮沉方式分离。由蓄电池废料带入的硫酸，用石灰乳中和，生成石膏状沉淀物，该沉淀物送火法冶金处理。电池处理厂的含铅氧化物及金属粒子分别在长回转窑中还原和熔化，成为低锑（小于1%）或富锑（2.5% ~ 3.5%）粗铅。电池废料和极板及蓄电池厂的富金属废料装入短回转窑熔炼[19~29]。

长回转窑长 40m，内直径 3.1m，由 3 个托辊支撑，斜度为 2.5%。加热或工艺过程产生的气体逆向穿过窑体至进料管。烟道与进料管顶部相连，供粉尘沉降。通常不同的原料采用不同的冶炼制度，有时铅渣、矿浆或烟尘和蓄电池处理厂的氧化物混合在一起进行处理。用回转窑熔炼铅的废料及冶金参数见表5-22。

表5-22 用回转窑熔炼铅的废料及冶金参数

废料名称	"金属"粒子	氧化物	精炼副产品	残渣矿浆	烟尘
进料速度/t·d^{-1}	350	270	400	200	240
产量(粗铅)/t·d^{-1}	300	195	300	130	150
每吨炉料含铁屑/kg	70	160	160	160	120
每吨炉料含苏打/kg	40	90	90	90	320
每吨炉料含还原煤/kg	40	70	70	70	100
每吨产品含炉渣/kg	210	350	340	460	960
每吨产品含气体/kg	500	890	690	990	960

长回转窑炉渣组成（见表5-23）的波动主要取决于造渣物质，如硫、二氧化硅、碳酸钙等。

表5-23 长回转窑炉渣的组成 （%）

FeO	Na$_2$O	S	SiO$_2$	CaO	C	Pb + Sb
25 ~ 45	13 ~ 27	10 ~ 15	4 ~ 8	1 ~ 2.5	2 ~ 6	3 ~ 5

短回转窑炉长5m，外径3.5m，有效容积约7m³，进料孔和烟气出口直径均为1m。为了加热，炉子装有一个有效能力2.6MW的水冷天然气/氧气燃烧器。通入空气量可自由地调节，在整个燃烧器的容量范围内保持稳定。采用这种方法，可控制成还原性、中性或氧化性气氛。例如，由于要增加的氧可分为两段（300m³/h或500m³/h）通过燃烧器喷入炉内，这时，燃烧器就如同喷枪一样。燃烧器是起烧嘴作用还是起喷枪作用均由无线电控制。所有的遥控电钮均设置在由司炉工随身携带的轻便开关板上。烟气在燃烧器上边离开炉子，通过一个烟气室并经热气管线达到混合旋涡除尘器。在粉尘含铅50% ~ 60%的情况下，烟气含铅为2.5mg/m³，低于环保要求的5mg/m³，集尘装置中的烟尘用密闭容器运回短回转窑。烟气中的平均SO$_2$含量小于500 mg/m³。短回转窑工艺处理的废料及冶炼参数见表5-24。

表5-24 短回转窑工艺处理的废料及冶炼参数

废料名称	工业蓄电池和极板	"金属"粒子	锑浮渣	来自蓄电池处理厂"氧化物"	其他内部渣
进料率/t·d^{-1}	90	130	100	60	80
生产量/t·d^{-1}	70	110	80	45	60
铁屑/kg·t^{-1}	40	20		150	40
苏打灰/kg·t^{-1}	100	60		70	
轧制铁鳞/kg·t^{-1}			100		
还原煤/kg·t^{-1}	40		120	80	70
硬橡胶/kg·t^{-1}	20				
炉渣/kg·t^{-1}	150 ~ 200	60	50	750	400
气体/kg·t^{-1}	410	170	470	870	640
一周期持续时间/h	10.5	12	5	7	4.5

5.7.3 中国铅矿与铅废料搭配的熔炼

铅矿与铅废料搭配的熔炼流程是我国再生铅熔炼工艺的技术进步，可根据杂铅成分的不同进行不同的搭配熔炼[29]。

我国某厂铅电解车间使用的再生铅还原料仅占铅总量的 5% ~ 6%。其杂铅主要成分（%）为：Pb > 90，Sn < 0.5，As > 2，Sb < 5。生产中将含铅废料分两类搭配处理：含 Sb 2% ~ 5%，Cu 1% ~ 2% 的高锑铜废铅料加入连续脱铜炉熔炼。杂质金属含量小于 2% 的铅废料直接在阳极铸型锅内处理。这样按计划均衡配料，稳定了阳极组成，保证了 1 号电铅的质量，而不需碱性精炼。

该厂再生铅生产工艺流程如图 5-17 所示。

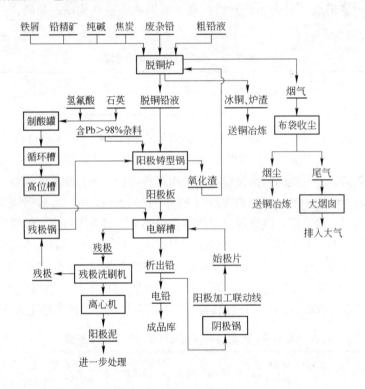

图 5-17 我国某冶炼厂再生铅生产工艺流程

此流程主要工艺技术条件如下：

（1）连续脱铜熔炼工艺：配料比为碳酸钠 0.6% ~ 0.8%、铁屑 0.6% ~ 1%、焦炭 0.4%、硫化铅精矿 2% ~ 3%。炉料中的硫铜比为 0.5，以产出高铜、铅冰铜，降低冰铜中含铅和脱铜的铅中的含铜量。熔池上层温度为 800 ~ 1200℃，底层铅液温度小于 430℃，使铅液含铜小于 0.08%。

（2）阳极铅铸型工艺：铸型锅捞渣温度大于 450℃，铸型温度 400 ~ 450℃。电铅铸型工艺：电铅锅装锅温度小于 500℃，加苛性钠量 5 ~ 15kg/锅，铸型温度 500℃。

主要技术经济指标如下：连续脱铜熔炼过程的铅直收率 98% ~ 99%，进入冰铜中铅约 0.2%，进入烟灰中铅小于 0.1%，进入冰铜中铜 95%，残留在铅中的铜 5%，冰铜产率为

3%，渣率为1%。

我国另一冶炼厂搭配处理的铅废料主要为废铅蓄电池、压延铅管、板及铅的残料、渣灰等。该厂生产电铅的粗铅原料中废杂铅料约占5%。

该厂根据原料的成分不同，主要有三种搭配方式：

（1）含Sn小于1.5%的原料加入熔铅锅，按常规的熔析—电解—碱性精炼，生产1号铅。

（2）含Sn不小于1.5%的高锡料首先进行碱性精炼脱锡、铜，然后按要求，配入阳极铸型锅。

（3）含铅品位较低的粉状物料作为配料加入反射炉熔炼，产出粗铅返至熔铅锅，按常规流程处理。碱性精炼产出的铅锡浮渣按湿法流程生产锡酸钠。此厂的工艺流程如图5-18所示。

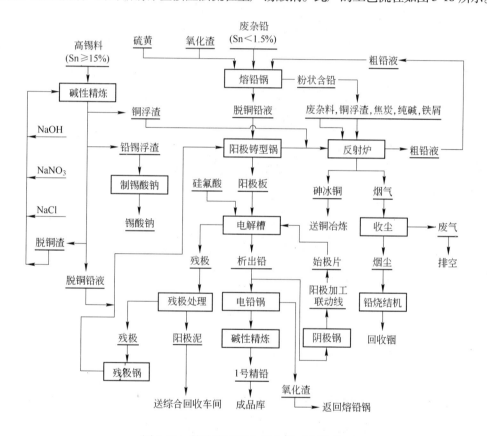

图5-18 某冶炼厂再生铅生产工艺流程

此流程主要工艺技术条件如下：

（1）反射炉熔炼铜浮渣及粉状含铅废杂料的工艺技术条件：

1）配料比（%）为：浮渣10，粉状含铅废杂料12.5，Na_2CO_3 6~8，铁屑2~4，焦炭1~2。

2）进料温度800~900℃，熔炼温度1200℃，高温沉淀温度1250~1300℃。

由于处理铅废料量大，该厂采用高电流密度（180~200A/m²）进行电解，导致析出铅中锡含量增加，砷锑含量也偏高，因此电解产出的铅需进行碱性精炼。当锡、砷含量分别小于0.02%和0.009%时，采用氧化铅作氧化剂进行碱性精炼；当锡、砷含量较高时采用加 $NaNO_2$ 强氧化剂进行碱性精炼，碱用量为 $0.2 \sim 0.4kg/t$。

（2）高锡（Sn含量不小于1.5%）铅废料碱性精炼工艺主要技术条件：熔析除铜温度 $650 \sim 680℃$；碱性氧化剂 $NaNO_2$ 加入量为每吨料0.5kg。熔析除铜要加NaOH，加NaOH除铜温度 $330 \sim 340℃$；捞铜渣温度 $480 \sim 500℃$。得到的铅锡浮渣可作为制取锡酸钠的原料。

主要技术经济指标：电解精炼的电流效率90%～93%（电流密度大于 $181A/m^2$ 时），吨铅直流电耗 $130 \sim 140kW \cdot h$，铅精炼回收率99.5%。

5.7.4　中国铅废料的综合处理

对于以废蓄电池为主的各类废铅合金，我国某厂采用粗炼、电解以及碱性精炼生产1号铅，其工艺流程如图5-19所示[7,13]。

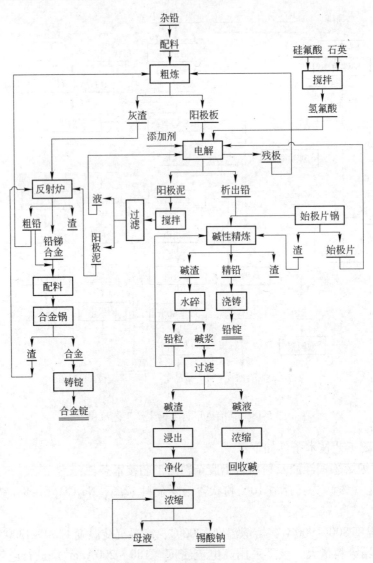

图 5-19　我国某厂杂铅处理流程

为确保电解条件的稳定，在配料时要严格控制铜、锑、锡的含量。目前，杂铅配料控制成分（％）大致为：Pb 94～96.5，Sb 2～3，Sn 0.2～1。Cu 含量大于 0.15％ 时，加硫除铜，捞渣后直接浇铸成阳极。

电解过程技术条件一般控制电流密度为 140～160A/m²，槽电压 0.4～0.6V，同极距 80mm，电解周期 3 天，添加剂为骨胶和木质素磺酸钠，其加入量按析出铅计，骨胶 0.6～0.8kg/t；木质素磺酸钠 0.4～0.5kg/t。

阳极泥中含铜、铋量分别是原料含量 2～3 倍，锡达 6～10 倍，而锑可高达 20 倍以上。阳极泥成分见表 5-25。

表 5-25　杂铅电解阳极泥成分　　　　　　　（％）

批 次	Pb	Sn	Cu	Sb	Fe	Ag	Zn	Bi	As
1	3.58	1.95	1.33	74.09	0.0089	0.049	0.10	0.272	0.029
2	6.77	2.3	1.15	69.02	0.019	0.033	0.10	0.248	0.037
3	4.30	3.94	1.12	68.49	0.008	0.089	0.40	0.232	0.042
4	6.06	1.93	1.14	69.02	0.0089	0.026	0.11	0.24	0.03

由于阳极中含杂质高达 4％ 左右，主成分铅仅为 95％～96％。造成阳极泥层厚，结构致密，致使阳极的溶解和溶解后 Pb^{2+} 扩散困难，引起阳极钝化，槽压升高，阳极泥和残极洗涤困难，酸、铅损失增加。当杂铅电解时，一定要加强酸和铅的回收。例如阳极泥要二次加温搅拌洗涤，离心脱水，洗涤液返回补充电解液，这样既回收了酸，也稳定了电解液的组成。

电解过程主要技术经济指标为：电解总回收率 99.5％，电解直收率 57.5％，电流效率 95.2％，吨铅耗硅氟酸 7.5kg，吨铅耗直流电耗 140kW·h，电流密度 150A/m²。

电解析出铅一般含铅 99.66％，含锡达 0.3％，需进行碱性精炼，将铅中的锡、锑、砷氧化造渣除去。碱性精炼作业在哈利斯反应桶中进行，所用氧化剂硝石和烧碱的配比由铅中锡的含量来决定，其控制比值为 Sn∶NaOH＝1∶（3～5）及 NaOH∶NaNO₃＝1∶（0.2～0.3），要分步加入，温度控制在 450～500℃。精炼终点根据铅液表面颜色和样品结晶花纹来判断。精铅浇铸温度 480～500℃，产出的精炼铅为 1 号再生铅，其品位大于 99.995％。碱渣经水碎，得到的铅粒含 Pb 70％～80％，Sn 5％～7％，Sb ＜0.01％，As ＜0.05％，将它返回碱性精炼处理，锡、锑、铜、砷又获得综合利用。碱性精炼渣水淬后碱渣的成分（％）如下：Sn 20～30，As 0.0042～0.01，Sb 0.087～0.1，Pb 3～5，NaOH 15～25。将此碱渣水浸，浸出液加 Na₂S 净化，并经置换、浓缩、破碎等工序处理，即可产出锡酸钠，其质量标准和化学成分见表 5-26。

表 5-26　锡酸钠产品质量标准和化学成分　　　　　（％）

项 目	化 学 成 分						
	Sn	NaOH	Pb	As	Sb	NaNO₃	水不溶物
质量标准	＞36.5	＜5.0	＜0.002	＜0.01	＜0.03	＜0.1	＜0.02
该厂产品	35.5～37	2.5～4.4	0.001～0.002	0.002～0.005	0.001～0.0033	0.1	＜0.2

此过程的水浸渣和硫化渣成分（％）为：Pb 60～70，Sn 5～7，Sb 0.1～0.5，As 0.1～0.2，返回反射炉还原熔炼。粗炼所得灰渣也返回反射炉还原熔炼。

从电解的阳极泥中回收有价金属，一般用反射炉进行还原熔炼直接生产铅基合金。熔剂配比为碱粉5%，焦粉或石油5%，萤石粉2%和生铁屑1%。混匀后在1050～1200℃下熔炼。产出的铅锑合金再根据用户要求进行配料，并在合金锅中熔炼成巴比合金等产品，表5-27列出了有关合金成分和熔炼合金的金属回收率。

表5-27   生产巴比合金的成分和回收率

种　类	项　目	Pb	Sb	Sn	As
巴比合金	化学成分/%	78.2～78.8	12.3～13	6.1～68	0.8～1.1
	金属回收率/%	95～96	95～96	95～98.5	

中南大学有色冶金研究所采用新氯化-水解法处理铅阳极泥已完成10kg/次规模扩大试验[7]，50kg/次工业生产，达到了锑-铅、锑-铋、锑-银、锑-铜分离的目的，并取得了较好的技术经济指标。

该法的氯化浸出反应如下：

$$Sb_2O_3 + 6HCl = 2SbCl_3 + 3H_2O$$

$$SbCl_3 + Cl_2 = SbCl_5$$

$$Me + SbCl_5 = MeCl_2 + SbCl_3$$

氯化浸出过程技术指标：银、铅的入渣率分别为99.72%和82.31%，其他金属元素的浸出率（%）为：Bi 99.99，Sb 99.5，As 99.87，Cu 99.1。

浸出渣的还原、转化及脱铅过程反应如下：

$$AgCl + e + Me^+ = Ag + MeCl$$

$$PbCl_2 + Na_2CO_3 = PbCO_3 + 2NaCl$$

$$PbCO_3 + H_2SiF_6 = PbSiF_6 + CO_2 + H_2O$$

铅返回硅氟酸电解系统处理，获得的海绵银熔铸成粗银，其品位为98%，银的回收率高达99%以上。

浸出液进行还原后水解沉锑，水解中和反应如下：

$$4SbCl_3 + 5H_2O = Sb_4O_5Cl_2 + 10HCl$$

$$Sb_4O_5Cl_2 + 2NH_4OH = 2Sb_2O_3 + 2NH_4Cl + H_2O$$

水解率可达95%以上，可获得零级氧化锑，锑的直收率在84%以上，回收率高达95%。该法所获得的氧化锑可视市场需要深度加工成其他锑品。阳极泥中其他有价金属可分别与锑、铅分离，并以海绵铋及中间产品回收。该法设备简单，且都为常规设备，易于实现工业化。

5.8   铅废料生产铅合金

5.8.1   铅锡巴比合金的生产

锡基和铅基的耐磨合金称做巴比合金或巴比特合金，一般用于浇铸轴承或轴瓦[7,11,30,34]。

生产铅巴比合金时可用各种废合金、中间合金、准备合金和原生金属作原料。所用的铅废料含锡应不低于 0.2%，含锑不低于 0.3%。

由于铅及其合金废料的化学成分不同，一般须先将原料（铅和巴比合金废料、含锡废料、合金屑、印刷合金等）熔炼形成准备合金。测定它的化学成分后就可作为熔炼所需化学成分巴比合金的配料。准备合金通常在生铁锅、鼓风炉或反射炉中进行熔炼。熔炼时以木炭作覆盖熔剂，以磨细的沥青作还原剂。

准备合金的熔炼工艺为：将容量为 3t 的合金坩埚在电阻炉中加热后，加入粗硬铅和 15~20kg 木炭。粗铅熔化后，加入沥青，并搅拌熔体至产出干浮渣为止。除去干浮渣，将巴比合金旧料、铅旧料、合金屑加入坩埚中，并搅拌合金熔体。当坩埚充满合金时，加热至 550~600℃，在坩埚里装上搅拌器和离心泵后，将熔体在带式铸锭机上进行浇铸。

当熔炼含有铜、镍、碲和其他成分的铅锡巴比合金时，因这些成分难熔或易氧化，所以不能以纯态加入配料中，而需先将这些成分预先炼成中间合金。

为生产所需牌号的含铅锡巴比合金，把准备合金、中间合金、再生或原生锡和锑加入坩埚电阻炉中熔炼。其配比按炉料各组成的化学成分计算。

巴比合金生产过程中包括两个基本作业：加料和调整合金成分。加料作业过程中将最难熔的炉料组分熔化成为液态熔体；调整合金成分过程中将合金成分调整到所规定的成分标准范围。

例如生产牌号 B16 的巴比合金（其化学成分（%）为：Sb 15~17，Cu 1.5~2.0，Sn 15~17，余量为 Pb），炉料大致成分（%）为：Sn 15.7，Sb 16.5，Cu 1.76，余为铅；生产 BH 巴比合金的炉料成分（%）为：Sn 9.55，Sb 14.10，Cu 1.77，Ni 0.50，As 0.72，Cd 0.60，余为铅。铅锡合金很容易偏析，所以应加适量的铜。因为铜与锡和锑都生成稳定的金属间化合物 Cu_2Sn、$CuSn$、Cu_2Sb，合金冷却时，这些金属间化合物呈初晶形态析出，形成合金骨架，能防止密度小的晶体上浮。合金在温度为 360~400℃时进行浇铸，这时要不断搅拌合金，以保证组分均匀。

生产巴比合金的原料包括锡、锑、砷、镉各种中间合金、准备合金，还包括各工序的返料（浮渣、溅料、废品）。

5.8.2　钙巴比合金的生产

钙巴比合金的化学成分（%）为：Ca 0.85~1.15，Na 0.6~0.9，余量为 Pb。生产时，往铅中加入金属钙，此时钙与铅生成 PbCa 晶体，它构成了巴比合金中的硬化组分，此组分在轴承中承受着主要负荷。为提高合金机体的强度，还往铅中加金属钠。钠与铅生成晶粒很细的化合物 Na_2Pb_5，它均匀分布于铅中[11,27,30,32]。

再生钙巴比合金可用含钠-钙的旧合金和废料以及各种再生铅原料生产。其杂质标准含量（%）为：Bi 0.1，Sb 0.25，Mg 0.02，其他杂质 0.3，因此只能用含锑不超过 0.3% 的软铅旧料作原料。

工业实践中生产含钙巴比合金有三种方法，即氯化钙法、金属钙法和电解法，在此仅介绍常用的前两种方法。

5.8.2.1　氯化钙法生产钙巴比合金

氯化钙法的装置如图 5-20 所示。它由一个小反射炉和两个高低位置不同的锅组成。

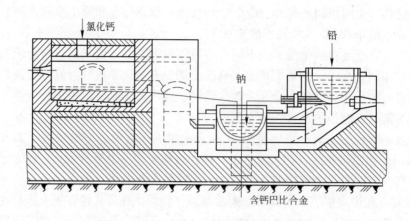

氯化钙　钠　铅　含钙巴比合金

图 5-20　用氯化钙法生产钙巴比合金装置示意图

该法是将钙以 $CaCl_2$ 形式加入合金中，在炉床面积为 1.5～2.0m² 浅溶池（100～150m）的反射炉中，将含 $CaCl_2$ 不低于 67% 的工业氯化钙 $CaCl_2 \cdot 7H_2O$ 熔化。它在缓慢加热过程中就发生脱水。随着温度升高，$CaCl_2$ 就溶解在结晶水中，接着水分蒸发变成固体，最后在 770℃ 下熔化。在氯化钙熔化的同时，在上部锅中熔化铅。为使生成的钙保持在合金中，并降低金属钠用量，首先将化学成分最纯的炉料和全部原生铅在上部锅中熔化。在 350～370℃ 下将第一批熔融铅（850～900kg）放入下部反应锅中。然后把所用的其余的铅全部加到上部锅中熔化。再把金属钠（每吨巴比合金加 22～23kg）加入下部反应锅内的熔融铅中，接着在强烈搅拌下，将温度 820～850℃ 的熔融 $CaCl_2$ 注入此盛有二元合金的锅中，发生下列反应：

$$Na_2Pb_5 + CaCl_2 \longrightarrow Pb_3Ca + 2NaCl + 2Pb$$

结果生成 Pb-Na-Ca 三元合金。

用氯化钙法生产钙巴比合金的技术经济指标为：每吨巴比合金消耗：含铅原料 1.610t，金属钠 22～23kg，工业氯化钙 80～85kg。

5.8.2.2　金属钙法生产含钙巴比合金

金属钙法是把金属钙加入熔融铅中，然后再加入金属钠。生产设备由上、下两口锅组成。上部锅中熔化含杂质最低的铅，并在 800℃ 下将一半渣铅放入下部锅中。按每吨合金加钙 13.5～14kg 计算，将金属钙也加入下部锅中。铅与钙生成金属间化合物 Pb_3Ca，其反应很强烈，并放出大量的热。因此应将钙加入铅的下部以减少钙的烧损。然后再将上部锅中的铅（在 350～370℃ 下）放到下部锅内的二元合金中，以降低 Pb-Ca 二元合金的温度。按每吨合金加 7～8kg 计算，将金属钠加入已降温的合金中，同时将合金强烈搅拌。过程中要求先加钙后加钠，否则因铅与钙剧烈反应而使钠受到损失。

此法的缺点是生成大量含铅高的浮渣。

5.9　铅废料的湿法冶金处理

火法冶金处理含铅废料除用 SB 炉熔炼外，其他方法都难以满足环保要求。为此湿法冶金处理含铅废料的试验研究已有许多报道[7,31～41]，意大利已有一个工厂采用湿法生产[19]，美国 RSR 公司曾建成一座从蓄电池糊中年生产 3600t 铅阴极的工厂。意大利 U. Ginatta 提出了"G·S"法从废蓄电池回收铅[19]，其方法是将废蓄电池切开，放出 H_2SO_4 加入石灰，使其中硫酸根变为 $CaSO_4$，将 Pb 及 $PbSO_4$ 溶解后电解沉积产出纯铅，采用氟硼酸电解液电解，这在意大利已有 40 多年的经验。为降低阳极制造成本，阳极采用镀 PbO 的石墨棒。为获得平整的阴极，加入苯酚酞和 X-100Triton 代替动物胶，电解液温度 40℃，阴阳极电流密度分别为 $400A/m^2$、$800A/m^2$，槽电压 2.7V，吨铅电耗 100kW·h，槽内一个阴极框架有 8 片 2000mm×200mm 阴极，一个阳极框架有 7 块阳极。电积过程中锑以氧化锑形态进入阳极泥，该法另一优点是可在很低的 Pb^{2+} 浓度下电积。电解液含 Pb 40g/L，HBF_4 200g/L，H_3BO_3 30g/L，产出铅可直接出售。

当用湿法处理含铅废料时，金属铅废料可熔铸成阳极后（或用袋装铅废料作阳极）在 H_2SiF_6 溶液中进行电解精炼得到纯铅。而含 $PbSO_4$、PbO_2、$PbO·Fe_2O_3$ 等铅的氧化物废料则须经转化成 $PbCO_3$ 后用 H_2SiF_6 溶液浸出，浸出液进行电积得金属铅，或制取铅的化工产品，也可用 HNO_3 浸出法制取铅化工产品，或用石灰转化还原法制得金属铅。铅化合物也可用固相电解还原法回收铅[37~40]。

废铅的电解精炼和电积通常在 H_2SiF_6 溶液中进行。当然也可将 $PbCl_2$ 在 NaCl 溶液中电积铅。粗铅的电解精炼和铅在 H_2SiF_6 溶液中电积的工艺流程如图 5-21 所示。

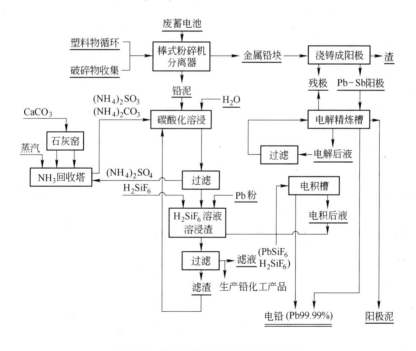

图 5-21　从废铅蓄电池中回收铅流程

5.9.1　铅废料制得的高锑粗铅电解精炼

电解精炼过程中，阴极上可能有 Pb^{2+} 和 H^+ 的放电反应：

$$Pb^{2+} + 2e \Longrightarrow Pb$$

$$2H^+ + 2e \Longrightarrow H_2$$

阳极可能进行 3 个反应：

$$Pb - 2e = Pb^{2+}$$

$$2OH^- - 2e = H_2O + \frac{1}{2}O_2$$

$$SiF_6^{2-} - 2e = SiF_6$$

同时有

$$SiF_6 + H_2O = H_2SiF_6 + \frac{1}{2}O_2$$

对于高锑铅电解，阳极中杂质约有 3%~4%，电解时这些杂质的行为取决于它们在硅氟酸溶液中的电位及其在电解液中的浓度。各种金属在硅氟酸溶液中的电位见表 5-28。

表 5-28　各种金属在硅氟酸溶液中的电位

金属	Zn	Cd	Fe	Sn	Pb	As	Sb	Bi	Cu	Ag	Au
电位/V	-0.52	-0.16	-0.09	-0.01	-0.04	-0.44	-0.48	-0.52	0.96	0.98	

根据各金属在硅氟酸溶液中的电位，可把杂质大致划分为三类：第一类金属杂质的电位较铅负，如 Zn、Cd、Fe 等，它们在电解过程中会随主体金属铅一道进入溶液中，但这些金属具有比铅更高的析出电位，且在正常情况下浓度极小，故不会在阴极上放电析出。第二类杂质是较铅正电性的金属，如 Sb、Bi、Cu、Ag、Au 等，电解时不进入溶液而呈海绵状态残留在阳极泥中。第三类杂质是电位与铅的电位接近的金属如 Sn、As 等，易从阳极溶解并在阴极上析出，但在电解过程中，它们能与其他杂质形成化合物，因而仅有 40%~50% 的锡和少量的砷进入阴极，其余留在阳极泥中。

对于再生粗铅的电解精炼，正常情况下要求阳极金属量（%）为：Cu < 0.05，Sb 0.3~0.8，Pb > 98.5，其余为 Sn。然而再生铅熔炼所获得的粗铅有时含锑相当高，一般为 2%~3%，有的高达 10% 以上。Cu 量也较高。这种含杂质高的铅阳极按正常矿铅电解条件进行电解是难以进行的。为了得到质量好的 1 号铅和好的经济效果，应做如下处理[7,37,39]：

（1）薄阳极。由矿石冶炼出的粗铅制成的阳极厚度多在 20mm 以上。但再生粗铅的阳极却多在 10mm 左右。若含铅只有 60% 的阳极，则厚度应为 6mm。虽然薄阳极的经济效果不太好，但可维持连续进行电解精炼。

（2）电解液中加入适量硝酸。杂铅电解中当金属溶解时，阳极表面生成紧密覆盖层，如果这些产物形成独立相，将金属表面和溶液机械地隔开，将使阳极金属溶解速度大为降低，甚至阻止电解过程的进行。据分析证实，钝化了的金属表面上有大量小晶体，且多为氧化物组成的钝化膜，实践证明，加入适量的硝酸就能破坏钝化膜，促进铅的溶解。

（3）电解液适当加热。杂铅电解时，阳极活性低，要适当加热电解液。电解过程一般控制电流密度 140~160A/m²，槽电压 0.4~0.6V，同极距 80mm，电解液循环量 30~35g/L，电解周期 3 天。添加剂为骨胶和木质素磺酸钠。

电解铅的总回收率为 99.5%，电流效率为 95.2%，吨铅直流电耗为 140kW·h。

5.9.2　铅废料的电积

前已谈到，含铅废料用电积法回收铅时，必须使铅料转化成 $PbSiF_6$，然后才能进行电积回收铅。下面介绍转化成 $PbSiF_6$ 的过程及电解沉积铅。

5.9.2.1　铅泥的碳酸化转化[7,28,42,46]

铅泥为废蓄电池极板上填料，其组成（％）为：$PbSO_4$ 49.3，PbO_2 27.4，Pb 1.69，H_2O 15.6。$PbSO_4$ 不溶于 H_2SiF_6 溶液，需将铅泥用（NH_4）$_2CO_3$ 溶浸，使 $PbSO_4$ 转化成能溶于 H_2SiF_6 溶液中的 $PbCO_3$。铅泥中的 PbO_2 既不与硫酸作用也不与（NH_4）$_2CO_3$ 起反应，必须使 PbO_2 还原为 PbO，其还原方法有如下几种：

（1）火法低温（325℃）还原 PbO_2 成 PbO。美国 RSR 开发的一种方法是在 325℃以上温度干燥炉内加热脱硫物料。在此温度中二氧化铅和碳酸铅分解成一氧化铅。此外，在糊料中少量的有机物质能使二氧化铅还原成一氧化铅。

（2）湿法还原溶浸，即在有还原剂存在情况下，使 PbO_2 还原成 PbO，还原剂为铅粉、NH_4HSO_3、SO_2 等，其反应为：

$$PbO_2 + Pb = 2PbO$$

$$PbO_2 + NH_4HSO_3 = PbO + NH_4HSO_4$$

$$PbO + NH_4HSO_4 = PbSO_4 + NH_4OH$$

$$PbO_2 + SO_2 = PbO + SO_3$$

$$PbO + SO_3 = PbSO_4$$

$PbSO_4$ 与 Na_2CO_3 或（NH_4）$_2CO_3$ 作用生成 $PbCO_3$，其反应为：

$$PbSO_4 + (NH_4)_2CO_3 = PbCO_3 \downarrow + (NH_4)_2SO_4$$

生成的 $PbCO_3$ 滤出后用 H_2SiF_6 溶液浸出，其反应为：

$$PbCO_3 + H_2SiF_6 = PbSiF_6 + CO_2 + H_2O$$

浸出反应迅速，为避免 CO_2 大量产出而冒槽，需将 $PbCO_3$ 缓慢加到 H_2SiF_6 溶液中。所得浸出液成分（g/L）为：Pb 80～120，H_2SiF_6（游）77～110，P 0.4～1.0，Sb 0.6，As 0.04，Sn 0.02，Cu 0.04。铅的浸出率大于 90％。这种浸出液可用不溶性阳极电积生产电铅或生产铅的化工产品。

5.9.2.2　不溶阳极电解沉积铅

阳极构成是将 PbO_2 电镀到石墨衬底上，同时通过一非编织的网络器材作加固物防止 PbO_2 的散裂。把镀有 PbO_2 的极板贴到镀铅的铜导电棒上，也有以 PbO/Ti 为阳极的。阴极始极片用纯铅制造。以 $PbSiF_6$ 铅水溶液为电解液在直流电作用下发生如下电极反应：

阴极反应　　　　　　　$Pb^{2+} + 2e \longrightarrow Pb \downarrow$

阳极反应　　　　　　　$2OH^- - 2e \longrightarrow H_2O + \frac{1}{2}O_2 \uparrow$

电解沉积过程总反应为：

$$PbSiF_6 + H_2O = Pb \downarrow + H_2SiF_6 + \frac{1}{2}O_2 \uparrow$$

与粗铅电解精炼不同的是铅电积时溶液中铅离子贫化，因而电解液循环量要大，以保持电解液铅离子浓度，其他条件则基本相同。

铅的不溶阳极电积的条件是：电解液含 Pb 70g/L，硅氟酸90g/L，电流密度170A/m²，电流效率达98%，所得阴极为品位99.99%铅。

过去在工业上不能实现可溶电积铅，是因为在阳极上形成大量的 PbO_2，而减少了阴极上铅的沉积，增加了返回 PbO_2 的处理量。经研究发现，向电解液中加入 1.5g/L 的磷化合物（含磷的有机酸、无机酸盐或氧化物），或加入少量磷酸（1mL/L），则可以防止 PbO_2 在阳极上的过量沉积，阳极上 PbO_2 形成量与电解液中磷浓度的关系如图 5-22 所示。

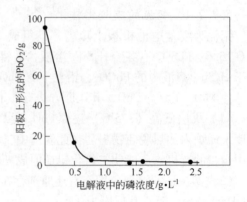

图 5-22 阳极上形成的 PbO_2 与电解液
中磷浓度的关系
（按阴极上沉积 100g Pb 计算）

或者向电解液中加入砷使电解液中砷达 $0.5\sim1g/L$。添加剂砷的这个含量可防止在阳极上形成 PbO_2，能使溶液中的铅全部沉积在阴极上。在没有砷添加剂的情况下，电解反应是：

$$2PbSiF_6 + 2H_2O \longrightarrow PbO_2 + Pb + 2H_2SiF_6$$

在有了砷添加剂的情况下，反应成为：

$$2PbSiF_6 + 2H_2O \longrightarrow 2Pb + 2H_2SiF_6 + O_2$$

氧化铅滤饼中的一些锑、砷、铜和铁可能浸出进入电解液，在电解液中这些杂质逐步积累到一定浓度，其中铜能与铅从溶液中电解出来。锑、砷、铋比铅正电性，所以不会随铅一道析出而留于电解液中，锑的浓度一旦达到约 $1\sim2g/L$ 就不再浸出。不同电解循环时间下杂质的积累见表5-29。

表 5-29 不同电解循环时间下杂质在电解液中的积累

电解液循环时间/h	电解液组成/%			
	Bi	As	Sb	Cu
1	0.006	0.5	0.19	0.003
10	0.01	0.48	0.96	0.002
25	0.01	0.56	1.65	0.005
50	0.01	0.52	2.03	0.001

由于上述两种方法可防止阳极上形成 PbO_2，从而解决了工业上不能实现不溶性阳极电积铅的问题。

我国研究出的废铅料电积流程如图 5-23 所示[38,40,44]。流程中首先是将废铅蓄电池极板在棒磨机内脱解，同时加入碳酸钠，使浆料中的 $PbSO_4$ 转化为 $PbCO_3$；在 600℃下煅烧，使 PbO_2 转化为 PbO。接着在硅氟酸溶液中溶解，用不溶阳极电解得到电解铅。

试验结果表明，在室温下加入理论量的碳酸铵，转化1h，液固比为 3∶1，转化率可达 90% 以上。经碳酸铵转化和煅烧后的物料能以较快的速度（30min）溶解于硅氟酸溶液中，溶解时会带进一些金属杂质，如铜浓度一般为 5～100mg/L。用铅粉置换铜，可把溶液中的铜浓度降到 1mg/L 以下，所得到电解铅可达到 1 号铅标准[38,46]。

不溶阳极电解条件为：温度 13～16℃，槽电压 2.6V，Pb^{2+} 浓度 100～150mg/L，H_2SiF_6 浓度 150g/L，阳极为石墨，经铜油浸泡后使用，阴极为纯电铅片。采用 S-203 阴离子交换膜做成阴极框，使石墨阳极上产生的 PbO_2 量减少到 1% 左右。不溶阳极电解时的吨铅电耗约为 600～700kW·h。但此流程存在硫酸铵的销路问题。

5.9.2.3 氨法浸出—碳酸铵转化硅氟酸溶液电积

我国曾研究过氨性硫酸铵浸取—碳酸化沉淀不溶阳极电积流程（见图 5-24）[38,42～46]。

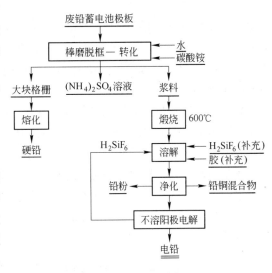

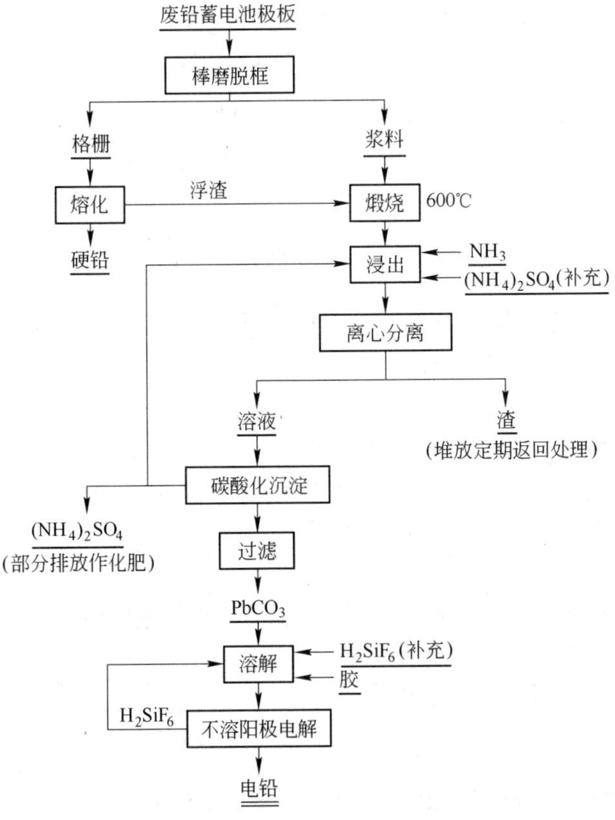

图 5-23 碳酸盐转化—不溶阳极电解法

图 5-24 硫酸铵浸出碳酸化转化—电积法

流程中首先将废蓄电池板在棒磨机内脱解，使格栅与浆料分离，格栅在 350℃熔化，制取硬铅。浆料在 600℃煅烧，使 PbO_2 分解成 PbO，接着在氨性硫酸铵溶液中浸出，使 $PbSO_4$ 和 PbO 溶解。浸出后进行离心分离，浸出液加入 CO_2 或 NH_4HCO_3 进行碳酸化，然后在硅氟酸溶液中溶解沉淀碳酸铅，进行不溶阳极电积的电铅。电解液可循环使用，碳酸化后的尾液含硫酸铵可作肥料或回收氨。

煅烧后的浆料进行氨浸的条件是：NH_3 158g/L，$(NH_4)_2SO_4$ 244g/L，20℃，在密闭容器内搅拌浸出 1h，铅浸出率达 98%，渣率为 16%~17%。此氨浸液在室温下通入 CO_2 或加入可溶性碳酸盐，使铅呈碳酸铅沉淀析出，铅沉淀率可达 98%。溶液中的铜、锌、镍等金属离子不与铅同时沉淀，从而达到铅与其他金属杂质分离的目的。将所得 $PbCO_3$ 溶解，进行不溶阳极电解，电解的条件以及方法与 5.9.2.2 节介绍的方法相同，可获得 1 号电解铅产品。

此法所得指标较好，但采用高浓度的氨性硫酸铵溶液作浸出剂，氨的挥发较严重，在浸出和碳酸化沉淀工序必须使用密封设备，这在应用上带来一定困难。

5.9.3 铅废料固相电解还原回收铅

废蓄电池经过分选，将栅板（金属部分）直接低温熔化成铅-锑合金，浆状填料则作为固相电解还原的原料。固相电解还原的实质是用不锈钢板作为阴极和阳极。电解时，将浆料均匀涂敷在阴极板上，然后放入装有 NaOH 溶液的电解槽内，通以直流电进行电解。当阴极上浆料颜色由棕色变成深灰色时，说明铅化合物已全部还原成金属铅[45,46]。

电解过程中阴极发生的几种铅化合物的主要反应为：

$$PbSO_4 + 2e \longrightarrow Pb^0 + SO_4^{2-}$$

$$PbO_2 + H_2O + 2e \longrightarrow PbO + 2OH^-$$

$$PbO + H_2O + 2e \longrightarrow Pb^0 + 2OH^-$$

阳极氢氧根放电析出氧：

$$2OH^- - 2e \longrightarrow H_2O + \frac{1}{2}O_2 \uparrow$$

较佳的电解条件是：电解液成分：150~180g/L NaOH，SO_4^{2-} <75g/L；电流密度 500A/m²，温度 50~60℃。所得的技术指标为：吨铅电耗 550kW·h，吨铅碱耗 130kg，铅回收率 95%，电流效率 87.5%，电解还原的金属铅在 400℃下熔化铸成铅锭，电铅质量可达 2 号铅标准。工艺流程如图 5-25 所示。

该法优点是流程简单，铅回收率比现行的传统火法高，基本上无有毒气体排出，环境保护较好，但电耗较高，阴极结构难以定型，处理能力较低。

5.9.4 铅废料硝酸浸出生产硝酸铅

英国 Ronald and Son 公司试验用硝酸浸

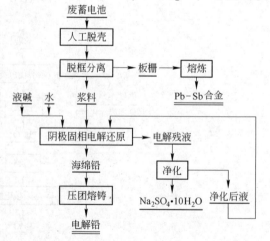

图 5-25 铅化合物固相电解还原法流程

出废蓄电池[19,45]。首先是用碱金属碳酸盐或金属氢氧化物转化 $PbSO_4$ 为 $PbCO_3$ 或 $Pb(OH)_2$，然后溶于硝酸。PbO_2 则用 Pb 作还原剂（Pb：PbO_2 为 1.5），使之溶于硝酸。浸出液调节 pH 值以除去杂质铋和铁，再加入铅置换铜。最后从所得的纯硝酸铅溶液浓缩结晶出 $Pb(NO_3)_2$ 作为制备颜料的原料，铅回收率达 93.8%。试验规模为每次处理废蓄电池料 500kg。

我国某厂也曾试验成功硝酸法处理废蓄电池[40]。首先是用含饱和硫酸钠的 3mol/L 硫酸浸泡废蓄电池极片，再在 15~25℃ 下装有 2~4mol/L NaOH 溶液的滚筒脱解。脱除的框架及极板头等一起于 350℃ 左右熔化，熔化成含 Pb 92.45%、Sb 6.6%、Cu 0.036% 的铅锑合金，返回蓄电池厂直接使用。脱框后分离出的铅粉与少量铅经研磨使填料物中的 $PbSO_4$ 进一步转化，并经过滤分出碱液后，固体物料在 600℃ 下焙烧，使 PbO_2 便于硝酸浸出。焙烧后的物料，在 1:5 硝酸中常温搅拌浸出，溶液最终 pH 值为 1.5。过滤后浸出液净化除铁和除铜，再经过滤后即得出硝酸铅溶液，含铅 200g/L 左右。浓缩结晶后所得硝酸铅可供铬颜料厂作原料，或作为制备黄丹的原料。脱框转化后的碱液含 NaOH 2mol/L 左右，加热浓缩至 4mol/L 时，有硫酸钠结晶析出，离心分离出硫酸钠产品，上清液则返回脱框用。流程如图 5-26 所示。此法综合利用较好，但是否生产硝酸铅等产品则取决于市场的需要。

5.9.5　石灰转化还原法生产金属铅

我国试验了石灰转化法处理废蓄电池料，流程如图 5-27 所示[38]。先用石灰制成浆，按以下反应式进行湿法转化，使 $PbSO_4$ 转变成 PbO 并产出 $CaSO_4$（石膏）：

$$PbSO_4 + Ca(OH)_2 + H_2O \longrightarrow PbO + CaSO_4 \cdot 2H_2O$$

此反应是放热反应，可在室温下搅拌进行，转化率可达 99%，石灰用量以理论用量过量 10% 为宜。转化后的 PbO 与废蓄电池中的 PbO_2、PbO 及金属铅一道，在反射炉内还原熔炼便可得粗铅，$CaSO_4 \cdot 2H_2O$ 在熔炼时仅发生脱除结晶水成为 $CaSO_4$ 或部分被还原成 CaS 一道造渣，从而消除或减轻了 SO_2 逸出的危害，并改善了冶炼条件，使铅回收率由 65% 左右提高到 90% 左右。

日本发表了类似的专利[42]，使 $PbSO_4$ 与 $Ca(OH)_2$（用量为理论量过量 10%）反应转变为 PbO，然后在 1100~1400℃ 于冲天炉内进行还原，产出金属铅，$CaSO_4$ 则进入玻璃质渣炉中。此法不产生 SO_2 和废水，铅回收率为 91.0%~91.4%。

日本的 Dimon 工程公司用 NaOH、NH_4OH、$(NH_4)_2CO_3$ 等碱性物代替 $Ca(OH)_2$[42~47]。转化后的铅化合物在 650℃ 下加碳还原得出金属铅，而转化时产生的 $NaSO_4$、$(NH_4)_2SO_4$ 经液固分离后可从滤液中再生为 NaOH 或 NH_4OH 返回脱硫工序使用。此法的铅回收率可达 93% 左右。上述方法虽可避免 SO_2 污染，但仍未解决火法还原铅时所造成的污染问题。

5.9.6　铅废料生产三盐基硫酸铅及黄丹

呈 $PbSO_4$、PbO、$PbCl_2$ 形态存在的铅废料，一般含 Pb 33%~57%，还含有 Zn、Sn、Cu、Fe、Ag 等有价金属，对于这类铅废料，宜采用湿法处理生产铅的化工产品[7,9,38,41,43]。

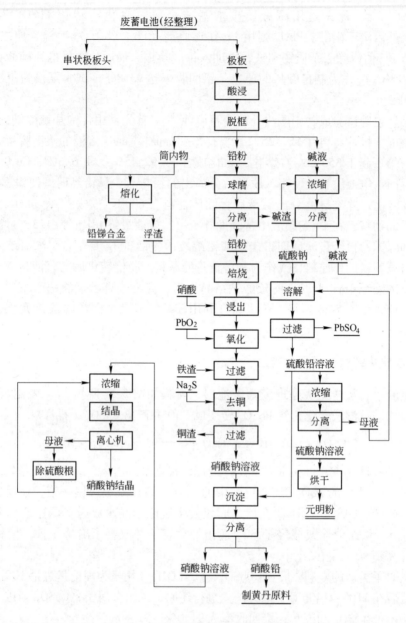

图 5-26   硝酸法处理废旧电池

（1）浸出。对于铅以不同形态存在的铅废料所用的浸出剂是不同的，例如，以 $PbSO_4$
形态存在于锌浸出渣中的铅，要以碳酸盐进行浸出。以 PbO 形态存在的铸型渣、提锡渣、
铅鼓风炉烟尘则以 HNO_3 进行浸出。而以 $PbCl_2$ 形态存在的铅渣，一般以 NaCl 或 $CaCl_2$ 进
行浸出。浸出条件为 NaCl 浓度约为 280g/L，温度 95～100℃，固：液 =1：10，浸出时间
2h。浸出液中的主要杂质有 Sn、Fe、Cu、As、Sb 等，加入双氧水或次氯酸钠作氧化剂，
使之氧化成高价，然后水解除去。水解 pH 值以不超过 4.5 为宜，终点 pH 值控制在 4～
4.5，可提高铅的回收率。

净化液用 NaOH 中和至 pH 值为 6.5～7.0，约有 98% 的铅以 PbOHCl 沉淀，经洗涤后

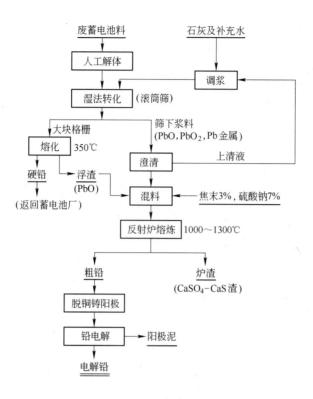

图 5-27 石灰转化还原法

用水调浆，在常温搅拌下加入浓硫酸生产 $PbSO_4$ 沉淀。

（2）$PbSO_4$ 沉淀。将 $PbSiF_6$ 溶液或 $Pb(NO_3)_2$ 溶液与硫酸作用生成 $PbSO_4$ 沉淀，反应为：

$$PbSiF_6 + H_2SO_4 =\!\!=\!\!= PbSO_4 \downarrow + H_2SiF_6$$

$$Pb(NO_3)_2 + H_2SO_4 =\!\!=\!\!= PbSO_4 \downarrow + 2HNO_3$$

（3）铅盐的合成。三盐基硫酸铅或黄色氧化铅按下述反应合成：

$$4PbSO_4 + 6NaOH =\!\!=\!\!= 3PbO \cdot PbSO_4 \cdot H_2O + 3Na_2SO_4 + 2H_2O$$

$$PbSO_4 + 2NaOH =\!\!=\!\!= PbO + Na_2SO_4 + 2H_2O$$

三盐基硫酸铅合成的条件为：NaOH 用量为理论量的 1.06 倍，NaOH 浓度为 10.5kg/m³，常温 0.5h，终点 pH 值为 8.5 ~ 9。

要求产品的规格为：

项 目	通用级	电缆级
一氧化铅含量/%	88 ~ 90.1	88 ~ 90.1
三氧化硫含量/%	7.5 ~ 8.5	7.6 ~ 8.4
水分/%	0.4	0.3

| 细度 0.074mm(200 目)/% | ≥99.5 | 0.096mm（160 目）全部通过 |
| 外观 | 白色粉末无机械杂质 | |

黄色氧化铅合成条件为：NaOH 用量为理论量的 1.51 倍，NaOH 浓度为 13.3kg/m³，温度 100℃，0.5h，终点 pH > 12。

要求产品的规格为：

项　目	一级品	二级品	三级品
一氧化铅含量/%	≥99	≥97	≥95
金属铅含量/%	≤0.1	≤0.3	≤0.5
过氧化铅含量/%	≤0.2	≤0.5	—
硝酸不溶物含量/%	≤0.2	≤0.5	—
筛余物(4900 孔/cm²)/%	≤0.2	≤0.5	—

5.10　国内外从二次资源回收铅的实例

5.10.1　中国

我国从事二次资源回收铅的企业有百余家，因规模小、对环境污染大，已关闭了几十家，现在大约还有 30~40 家在进行生产[1,5]。许多大型原生铅的企业，如株冶集团、水口山有色金属公司等都在扩大回收铅的规模。在回收铅的企业中，最有代表性的企业是河南豫光金铅集团有限公司。

河南豫光金铅集团有限公司是我国最大，也是亚洲最大的铅冶炼企业，其电铅年产超过 20 万吨。2001 年以来开始了二次资源回收铅，2004 年后其回收铅的规模达到了月处理废旧铅酸蓄电池约 4000t（金属量）。年产回收铅 3 万余吨，其工艺流程如图 5-28 所示。

图 5-28 中虚线以上是废铅酸蓄电池的预处理过程。预处理工艺是采用自行开发的拆解工艺，即以拆解分级设备为主，辅以人工作业。将蓄电池拆解分离为塑料、格栅、铅膏、隔板几部分，塑料单独回收，铅膏用熔炼法回收铅，格栅进行熔铸得到硬铅。

该公司又从意大利吉泰公司引进了 CX 废铅酸蓄电池预处理系统，实现了全封闭无污染自动化预处理作业。其预处理工艺如图 5-29 所示。

引进预处理工艺后，预处理产品指标得到了改善，见表 5-30。

表 5-30　预处理产品性能指标

铅栅和电极	铅　泥	聚丙烯
金属含量大于 96%	含水小于 98%，金属含量大于 76%	纯度为 98%~99%，铅含量小于 0.1%

该公司采用氧气底吹炉进行熔炼，弃渣中含铅 2.0%~2.5%，铅的回收率大于 98%，环保指标达到国家要求，具有综合能耗低、环保效果好、金属回收率高、生产成本低等优点。

5.10.2　日本

日本从事二次资源回收铅的企业中较大的有 15 家，使用的工艺流程如图 5-30 所示[1,5,87]。

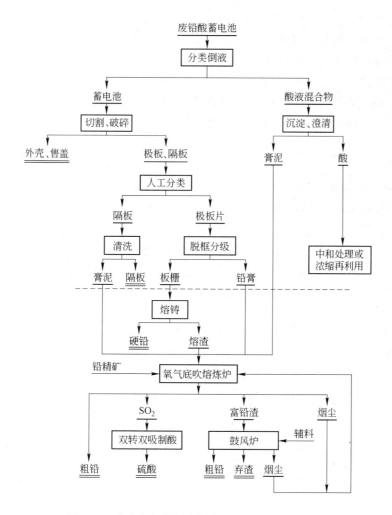

图 5-28 豫光金铅集团有限公司回收铅的工艺流程

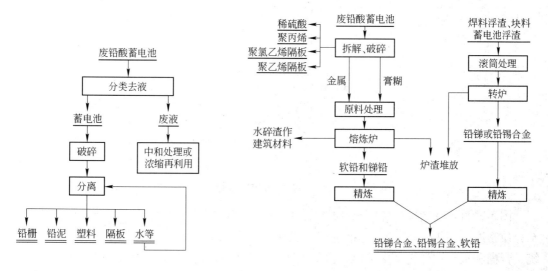

图 5-29 引进的预处理工艺流程   图 5-30 日本采用的回收铅的工艺流程

图 5-30 所示的工艺流程中，从废蓄电池分离出的塑料隔板可直接应用，膏糊及金属进入熔炼炉，焊料、块料、蓄电池浮渣进入转炉，熔炼炉及转炉熔炼得到软铅、铅锑和铅锡合金，再精炼后便获得铅锑合金、铅锡合金及软铅成品。

日本还把铅泥进行湿法电解处理，得到的指标较高，生产 1t 铅耗电 $600kW \cdot h$，铅回收率达 95%，得到电铅纯度 99.9%，废水含铅小于 0.5×10^{-4}%，是一种回收铅的清洁生产工艺。估计日本每年回收铅量为 20 万吨左右。

5.10.3　美国

5.10.3.1　道依能（Doe Run）公司的布依克（Buick）回收铅厂

道依能（Doe Run）公司的布依克（Buick）回收铅厂生产能力为每年回收铅 1.2 万吨。该厂的工艺是[49]：原料为废旧蓄电池。拆解有一条生产线，每月拆解处理废旧蓄电池 1200t。该生产线包括综合准备、拆除外壳、取出硫酸等。切割、破碎、分解出隔板和极板片。熔炼有反射炉、回转炉及鼓风炉三套熔炼设备，以回转炉熔炼为主。精炼设备是采用有天车操作的锅罩的熔铅锅和电动捞渣器，捞出的浮渣送反射炉处理。从熔炼锅出来的精铅铸成 30kg 的铅锭出售。

5.10.3.2　魁梅特柯（Quemetco）有限公司的回收铅厂

魁梅特柯（Quemetco）有限公司的回收铅厂有一个蓄电池储存库和回转炉、反射炉、电弧炉三个熔炼区。此外，还有废水处理厂及精炼车间。图 5-31 所示为其回收铅的原则流程。该厂生产能力每年回收铅 1 万吨[50]。

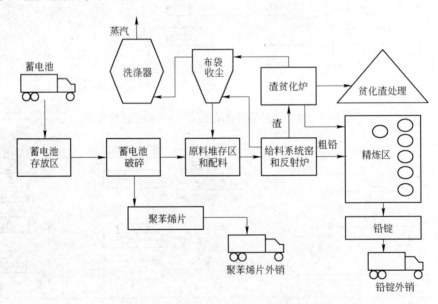

图 5-31　魁梅特柯有限公司回收铅的原则流程

图 5-31 的流程中，原料为废旧蓄电池，首先通过破碎机进行破碎，破碎的蓄电池送至介质密度为 $1.4g/cm^3$ 的浮选槽进行浮选作业，选出塑料、硬橡胶及漂浮物送至回收系统。膏糊和板栅在浮选槽中下沉，由刮板链式出料机取出后，进行配料，然后进行反射炉熔炼，熔炼得到粗铅，再精炼后，得铅锭。

反射炉熔炼烟气进入收尘系统，经布袋收尘后，烟气用碳酸钠溶液洗涤，洗涤液送废水处理厂。反射炉熔炼的炉渣进电弧炉处理，进一步对铅回收。

精炼是在精炼锅中进行，锅上有通风烟罩，收集的烟尘返回反射炉配料系统。流程中的废水处理是调整溶液的 pH 值，使重金属沉淀，使废水达标后排放。

5.10.4 德国

5.10.4.1 布劳巴赫铅银冶金回收公司

布劳巴赫铅银冶金回收公司（Blei-Silberhutte Braubach Recycling GmbH，BSB）是一个历史悠久的老厂，现在的生产能力为每年回收 3 万吨铅及合金，生产流程如图 5-32 所示[51]。

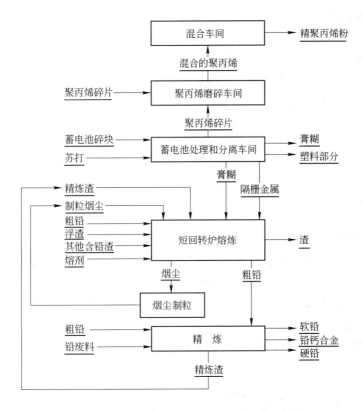

图 5-32 布劳巴赫铅银冶金回收公司回收铅的工艺流程

图 5-32 的流程中使用的原料主要是汽车废铅酸蓄电池，原料储存在防酸的仓库中。为了达到最大程度的回收利用，需回收蓄电池的大多数组分，尽量将有效成分分离，然后回收有价物质。预处理时，首先将酸抽出并收集，然后用破碎机将整个蓄电池破碎，再将各种成分分离，得到金属板栅、铅膏糊、胶木及塑料。接着用水力分离器进行浮/沉分离各种物料。分离出的含铅膏糊要进行脱硫，再进行回转炉熔炼，产出粗铅和废渣。在脱硫时，是通过苏打或苛性钠溶液洗涤，把硫除去。使其碳酸铅或氧化铅含的硫生成无水硫酸钠，从而减少熔炼时 SO_2 的放出量。回转炉产出的粗铅需要进行火法精炼除去杂质，然后可得到软铅、铅合金或硬铅。回转炉产出的炉渣可弃去。还有一个特点是可回收聚丙烯。

5.10.4.2 梅尔登冶金回收公司

梅尔登冶金回收公司（Muldenhutten Recycling und Umwelttechnikgzh GmbH）也是一个有较长历史的废铅冶炼回收铅的企业，随着科学的发展，该企业经过多次改造，现在已成为生产工艺设备及环保方面先进的二次资源回收铅的企业之一。

该企业使用的原料主要是废铅酸蓄电池，此外还有各种含铅渣及含铅废品。收集来的废铅酸蓄电池堆放在防酸的密封仓库。将蓄电池中的酸倒出收集。倒出酸后的废蓄电池送解体和预处理工序。废蓄电池经过解体和预处理后再经过筛分、浮/沉分离，得到如下扬料：金属板栅和电极、铅膏糊（$PbSO_4$、PbO）、聚丙烯、胶木、其他分离物（PVC、玻璃纤维和其他物料）。为避免熔炼过程中放出 SO_2，含硫的铅膏糊用苛性钠及苏打溶液脱硫，使硫酸铅转变成 PbO 和 Na_2SO_4。废蓄电池倒出的废酸用苏打溶液中和，经压滤机过滤分离出 PbO 和 Na_2SO_4。硫酸钠溶液经净化、结晶、脱水，制成无水硫酸钠，供玻璃工业使用，或制造洗涤剂。拆解产生的聚丙烯片送另外的公司处理。

该企业在回收铅的工艺中设置了焚烧炉，焚烧废蓄电池预处理中产生的塑料部分。废气用电收尘器收尘，烟气用碱两段洗涤后还用 90% 石灰石和 10% 焦炭吸收 Hg、Pb、SO_2 和二噁英。

现在该企业每年处理 5 万吨废铅酸蓄电池和 2 万吨其他含铅废料，年产 4.5 万吨铅及铅合金。

5.10.5 加拿大

加拿大二次资源回收铅的企业为托诺宁（Tonolli）公司。该公司年处理汽车用废旧蓄电池 6 万吨，其工艺是基于破碎废蓄电池及湿式筛分工艺，把废蓄电池的各组分分开。回收的硫酸铅和铅的氧化物用 NaOH 溶液处理，以产出碳酸铅和硫酸钠。碳酸铅送熔炼炉生产金属铅，硫酸钠经结晶、干燥，产生无水硫酸钠粉状产品[52]。

下面介绍该公司几个系统：

（1）废蓄电池的破碎筛分系统，如图 5-33 所示。

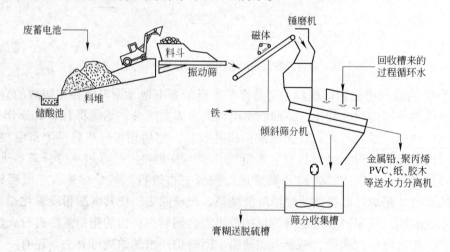

图 5-33 废蓄电池的破碎筛分作业系统

（2）液力分离器系统如图5-34所示。

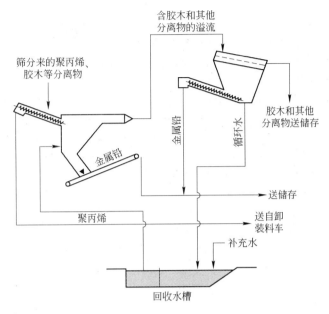

图5-34 液力分离器作业系统

（3）膏糊脱硫系统如图5-35所示。

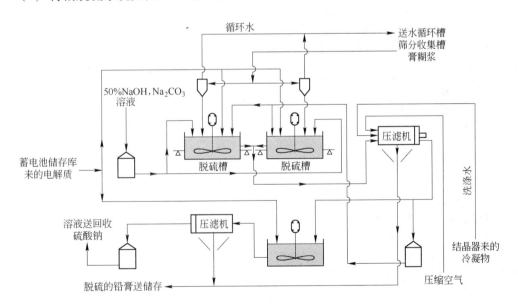

图5-35 膏糊脱硫的作业系统

（4）硫酸钠生产系统是过滤液用净化过滤机处理以除去细小的固体物，然后泵送至蒸发结晶器。结晶器用蒸汽加热，冷凝水循环使用，结晶器出来的黏稠矿浆泵送至离心分离器，在此使固体硫酸钠与母液分离，母液返回蒸发器，硫酸钠干燥、冷却后出售。

（5）熔炼系统是用反射炉、精炼系统是使用精炼锅，这两个系统均有收尘设备及烟气处理装置。该公司每年处理废蓄电池6万吨，回收工业纯硫酸钠7100t。

参 考 文 献

[1] 邱定蕃, 徐传华. 有色金属资源循环利用[M]. 北京: 冶金工业出版社, 2006.

[2] 徐传华. 中国再生有色金属生产现状及前景[J]. 世界有色金属, 2004(4): 9~15.

[3] 左淮书. 我国再生铅产业应走与原生铅产业相结合之路[C]//第四届再生金属国际论坛会议文集, 苏州, 2004: 220~228.

[4] 杨春明, 马永刚. 中国再生铅产业可持续发展的必然选择[J]. 有色金属再生与利用. 2005(3): 10~12.

[5] 李复元, 李世双, 王进. 国内外再生铅生产现状发展趋势[J]. 世界有色金属, 1999(5): 26~30.

[6] 何蔼平, 郭森魁, 郭迅. 再生铅生产[J]. 上海有色金属, 2003, 24(1): 39~42.

[7] 乐颂光, 鲁君乐. 再生有色金属生产[M]. 长沙: 中南工业大学出版社, 1991.

[8] 赵天从. 锑[M]. 北京: 冶金工业出版社, 1987.

[9] 上海市化轻公司第二化工供应部. 化工产品供应手册[M]. 上海: 上海科学技术出版社, 1987.

[10] 马荣骏. 萃取冶金[M]. 北京: 冶金工业出版社, 2009.

[11] 巴基斯列夫基 B M, 等. 再生有色金属手册[M]. 北京: 冶金工业出版社, 1960.

[12] 东北工学院. 铅冶金[M]. 北京: 冶金工业出版社, 1976.

[13] 余文莲. 从杂铅电解生产精铅[J]. 有色冶炼, 1983(2): 22.

[14] 孙佩极. 废蓄电池和废铅膏浸泡脱硫低温还原回收铅[J]. 有色金属（冶炼部分）, 1987(2): 32~34.

[15] 赵素潘. 废铅蓄电池渣泥湿法脱硫低温还原回收铅[J]. 有色金属（冶炼部分）, 1986(3): 16~18.

[16] 孙佩极. 废蓄电池脱硫回收新工艺[J]. 有色金属（冶炼部分）, 1984(4): 41~43.

[17] 赵炳智. 从废蓄电池中回收铅的新工艺[J]. 有色金属, 1995(4): 15~17.

[18] 赵素潘. 从废铅膏回收铅的炉料新配方[J]. 有色金属（冶炼部分）, 1987(6): 14~15.

[19] 林茂森. 国外铅锌再生工艺[J]. 金属再生, 1987(6): 61~65.

[20] 冯而飞. 反射炉处理废蓄电池工艺的改进[J]. 有色金属（冶炼部分）, 1989(6): 12, 13.

[21] 赵炳智. 从废蓄电池渣泥中回收铅的方法[J]. 国外矿冶, 1983(4): 20~25.

[22] ЛНηЧеБ A. 综合处理废蓄电池的新方法[J]. 矿业情报, 1983(5): 47~50.

[23] Lead-Zinc-Tin. 80': 985~1002, 1003~1023.

[24] СДЦЕВ A Б. 现行再生铅冶炼评述[J]. 有色冶炼, 1985(2): 21~26.

[25] 王德全. 湿法炼铅的发展状况[J]. 有色金属, 1998(6): 5~7.

[26] OLPER M. The green factory in secondary lead production[C]//Proceeding of European Metallurgy. Dreston Germany, 2005: 523~535.

[27] 陆克源. 固相电解处理废蓄电池[J]. 有色金属, 1999(5): 1~5.

[28] Chem. Eng. Aut. 17. 1982.

[29] 李岳泰. 从废蓄电池回收铅[J]. 株冶科技, 1986(4): 23~30.

[30] V. S. Apat. 434021, 1982.

[31] 汪镜亮. 二次铅资源的利用[J]. 矿产综合作用, 1988(1): 53~60.

[32] 中国有色金属总公司再生有色金属科技协作组[C]//再生有色金属技术交流论文集. 北京, 1986.

[33] 张一良. 从含铅锡废料提取铅-锡焊料的实践[J]. 有色冶炼, 1984(2): 25~27.

[34] 朱元鼎. 从废蓄电池中回收铅的最新方法[J]. 有色冶炼, 1985(12): 50~52.

[35] U. S. A. Pat 4229271. 1980.

[36] U. S. A. Pat PI-8602.

[37] Cole E R. 新电解法回收废蓄电池中铅[J]. 金属再生, 1988(3): 34~40.

[38] 中国科学院化工冶金研究所四院. 改进再生铅冶炼方法的试验研究简况[J]. 重有色冶炼, 1987

（1）:15～23.

［39］ Brit. Pat. 2073725, 1981.

［40］ 上冶二车间电瓶铅试验小组. 电瓶铅湿法回收工艺初步试验成功［J］. 重有色冶炼, 1987(1):69.

［41］ 昆明冶炼厂. 用含铅渣料生产三盐基硫酸铅［J］. 有色金属（冶炼部分）, 1980(5):4～6.

［42］ 日本特许公报. 昭57-27170. 1982.

［43］ U. S. A. 4222769. 1980.

［44］ 沈其慧. 从废铅蓄电池中回收铅［J］. 重有色冶炼（情报网网刊）, 1987(6):10～13.

［45］ JAMES D G. Extraction Metallurgy［M］. Pergamon Press, 1989.

［46］ 陆克源. 湿法综合回收铅渣［J］. 化工冶金, 1986(2):51～57.

［47］ 福田祯夫. 铅合金的生产方法［J］. 有色冶炼, 1985(2):18～21.

［48］ MASUDA T, OKURA T, NAKAMURA T. Material flow of lead and used acid battery recycling in Japan ［C］//Proceedings of the Symposia of IUMRS-ICAM. 2003(5):1905～1908.

［49］ MOSEENTER J A, SANKOVITCH M J. Operations at the Doe Run Company's Buick Resource recycling division［C］//The Mineral Metals and Materials Society. STEWART D L, DALCY J C. 2000: 63～72.

［50］ VONDERSAR M, BLUNES B. Operation of high-output, one-pass smelting system for recycling lead-acid batteries［C］//Fouth International Symposium on Recycling of Metal and Engineered Material. 2000: 73～78.

［51］ BEHRENDT H P. Technology of lead-acid batteries at Muldenhutten Recycling und Umwelttechnik GmbH ［C］// Fouth International Symposium on Recycling of Metal and Engineered Material. 2000: 79, 92.

［52］ OLPER I M, ASANO B. Improved technology inSecondary Lead Processing——ENGITEC Lead Acid Battery Recycling System［C］//Proceeding of the International Symposium of Primary and Secondary Lead Processing Halifax. Nova Scotia. Primary and Secondary Lead Processing CIM, Toronto, 1989: 110～132.

6 二次资源锌的回收

6.1 概述

6.1.1 国内外回收锌的概况

据国际锌协会（IZA）估计，发达国家每年消费的锌锭、氧化锌、锌粉和锌尘总计在650万吨以上，其中200万吨来自二次资源锌的回收。2000年美国锌循环利用量占锌总消费量的40%。世界锌循环利用量（包括锌金属、合金和锌化合物）的增长速度为原生锌产量增长速度的3倍，这些充分表明二次资源锌的回收在循环经济中的重要地位[1~10]。

在锌金属方面，国际铅锌研究组（ILZSG）对部分发达国家历年的锌金属总产量和循环锌金属产量进行了统计，1996~2000年的统计结果见表6-1[1,2]。

表6-1 部分发达国家循环锌产量

年 份	1996	1997	1998	1999	2000
精炼锌金属总产量(A)/kt	5530	5582	5718	5834	6157
再生精炼锌金属产量(B)/kt	518	536	555	600	600
再生金属锌所占份额(C)/%	9.4	9.6	9.7	10.3	9.7
重熔锌金属/锌合金量(D)/kt	298	296	296	296	296
二次原料的直接应用量(E)/kt	1125	1106	1108	1108	1108
循环利用总量($B+D+E$)/kt	1941	1938	1959	2004	2004

在北美和西欧一些发达国家中，既有一批专业的从二次资源中回收锌的企业，还有许多传统的原生锌生产企业也处理部分二次锌原料。世界原生锌原料日趋紧张，而二次锌资源却越来越多，便相继出现了一批大型联合或跨国锌公司从事二次锌资源的处理，著名的如欧洲金属公司（Metalearop）、联合矿业公司（Union Mining）、不列颠尼亚锌公司（Brotannia Zinc）以及大河锌公司（Big River Zinc）等。随着现代世界钢铁工业的发展，特别是用废镀锌钢电弧炉生产不锈钢的比例不断上升，世界的含锌电弧炉烟尘产生量也在不断增加，使近十几年来锌的生产原料结构发生了变化，从过去以各种含锌渣（如热镀锌渣、电锌厂的浸出渣）和镀锌合金为主，变成以含锌电弧炉烟尘为主，一些大型联合或跨国公司便是顺应这种形式而成立的。

在欧洲，除了部分专业的从二次资源中回收的锌企业以外，几乎所有的大型锌冶炼厂都从事二次资源回收锌的作业。

德国的 Berzelius Umwelt Service AG（B. U. S）是欧洲最大的二次资源锌生产公司，该公司在德国、西班牙、法国和意大利拥有5家威尔兹法处理电弧炉烟尘的工厂。表6-2是 B. U. S 集团处理电弧炉烟尘的能力。该集团总处理能力近40万吨，占欧洲电弧炉烟尘总处理能力的60%以上。产出的氧化锌出售给锌冶炼厂生产锌产品，其中 Pontenossa S. P. A 和 Aser S. A

产出的氧化锌经洗涤、净化后可送原生锌生产系统的浸出工序处理，最后产出电锌[1,2]。

表 6-2　B. U. S 集团处理电弧炉烟尘的能力

工　厂	国　家	年处理能力/万吨	后续工序
B. U. S Metal Buisburg	德　国	6	无
B. U. S Freberg GmbH	德　国	5	—
Recytech S. A	法　国	8	无
Pontenossa S. P. A	意大利	9	洗涤净化
Aser S. A	西班牙	10	洗涤净化
合　计		38	

欧洲金属公司是一家从事铅锌及特种金属生产、加工和回收的集团公司，拥有 Recytech S. A 和 Harz-Metall 两家处理电弧炉烟尘回收锌的工厂，烟尘的年处理能力分别为 8 万吨和 5 万吨。世界著名的锌公司联合矿业集团在比利时有两家锌冶炼厂，一家以锌精矿和电弧炉烟尘为炼锌原料，另一家则是全部从二次原料中回收锌的工厂（Overpelt）。后者处理热镀锌和电镀锌过程废料、汽车碎片、电弧炉烟尘等，产出的高纯氧化锌送该集团在比利时和法国的电锌厂作原料。2000 年 12 月，该集团又收购了去澳大利亚 Normandy Mining 公司的 Larvik Pigment 锌厂，这样该公司又增加了一套年产 13 万吨的蒸馏法处理新二次原料生产锌粉及氧化锌的装置[1,2]。

英国的 Britannia Zink 公司是世界上用帝国熔炼炉（ISF）处理混合铅锌精矿的开创者。该公司又开发了用 ISF 处理电弧炉烟尘、火法炼铜含锌烟尘、锌合金生产过程产生含锌烟尘等回收锌的工艺，该公司新的年产能力为 10 万吨，年处理的总物料量为 30 万吨，其中 8 万吨为锌的二次资源原料。不久，该公司又建立了一个用 ISF 处理废旧锌锰电池的工业试验厂，年处理 22 万吨废弃锌锰电池，可产出 4000t 精馏锌[1,2]。

葡萄牙的 Befesa 公司是一家专业的从电弧炉烟尘中回收锌的公司。该公司与 Basque Country 钢铁公司达成了协议，每年后者的约 13 万吨电弧炉烟尘送给 Befesa 公司处理。2001 年 Befesa 公司处理了 23.3 万吨电弧炉烟尘。

美国是锌二次资源原料回收利用较好的国家之一，表 6-3 为美国 20 世纪末锌循环利用的情况。从表中可看出，美国锌的循环利用量已占锌总产量的 25% 以上，锌循环利用中约 1/4 的锌来自电弧炉烟尘和镀锌渣。

表 6-3　20 世纪末美国锌的循环利用情况

年　份	1996	1997	1998	1999	2000
锌循环利用/万吨	37.9	37.6	43.4	39.9	43.6
占总锌产量比/%	26.1	25.2	27.5	24.8	27.1

1984 年美国的电弧炉烟尘回收利用率仅为 30% 左右，当年《资源保护与再生法》的重新修订后，电弧炉烟尘的废弃成本大幅度提高，促使电弧炉烟尘回收利用率也迅速提高，1998 年达到了 75%。2000 年以后美国每年产出电弧炉烟尘约为 70 万~80 万吨（含锌 14 万~16 万吨），其中 80% 以上得到了回收利用，约 15% 经无害处理后填埋，5% 用于铺路[1,2]。

Horsehead Resources Development（HRD）是美国最大的电弧炉烟尘生产公司，采用威尔兹法，年处理能力约 38 万吨，回收锌 6.5 万吨。美国的 IMCO 及 ZCA 也是世界知名的锌回收公司。1998 年 IMCO 收购了全球最大的二次资源锌回收公司 U. S. Zink Corp.，后者包括位于伊利诺斯、得克萨斯和田纳西州的 5 个二次资源锌生产厂，每年二次锌原料的处理能力达 10 万吨。另外，ZCA 也是处理电弧炉烟尘回收氧化锌的公司。

在亚洲，二次锌资源回收利用较好的国家是日本和印度。由于日本资源匮乏，20 世纪 70 年代锌的生产就开始考虑了二次资源回收锌的问题。1999 年，日本电炉炼钢产出烟尘 52 万吨，其中 70% 得到了回收，25% 经无害化处理后填埋，5% 用做水泥原料[1,2]。

印度锌的循环利用始于 20 世纪 70 年代末，以后发展到印度总产量 15% ~20% 来自二次资源，年冶炼能力达 6 万吨，拥有 40 多家二次资源锌原料回收利用企业。由于印度的钢铁工业并不发达，因此可回收锌的二次原料有限，主要依靠进口锌浮渣、黄铜渣、热镀锌渣等二次资源原料。1996 ~1999 年期间，国家一度禁止废料进口，使 35% 的企业倒闭，印度不得不从国外进口原锌。后来解除了禁令，现在印度从二次资源回收锌的行业又活跃起来。

韩国和日本在废旧锌锰电池回收处理技术上，处于领先地位。韩国的资源回收技术公司开发的等离子体处理锌锰电池回收铁锰合金和金属锌，年处理锌锰电池能力达 6000t；日本 ASK 工业株式会社采用分选、焙烧、破碎、分级、湿法处理等技术，年处理锌锰电池达数千吨。从总体上讲，当前世界从含锌废旧电池中回收的锌比例还很小，主要原因可能还是回收锌的成本太高，经济上不合算。

我国从二次资源中回收的锌产量不大。据《中国有色金属工业年鉴》统计，2001 年循环回收锌 6.97 万吨，约占当年锌总产量的 5.8%。1995 年循环回收锌量最高，为 9.59 万吨，也仅占当年总量的 8.9%。2004 年循环锌量是 4.48 万吨，占当年锌总产量 271.95t 的 1.6%，占总消费量 225.12 万吨的 1.76%。

中国是世界第一钢铁、锌锰电池生产和消费大国，又是汽车和金属锌的生产和消费大国，有非常丰富的二次锌资源，但是极不相称的是中国锌回收循环利用量却很低。现在年总量不超过 10 万吨，这其中还包括 5 万 ~6 万吨从国外进口的汽车拆卸中的锌合金铸件，这说明国内二次锌资源的回收利用率很低。从事该行业的主要是一些私人小冶炼厂，有待国家组建大厂，加快发展二次资源锌的回收。

6.1.2 锌废料的组成

某些国家及我国锌的消费构成如表 6-4 和表 6-5 所示[6~8]。

表 6-4 世界某些国家锌消费组成 （%）

分 类	世 界	美 国	英 国	日 本	联邦德国	法 国
镀 锌	38.6	16.9	28.3	57.3	37.9	28.8
黄 铜	17.7	12.2	27.5	13.4	23.8	9.5
轧制锌	—	2.6	7.8	4.1	15.0	32.8
锌合金	28.4	31.4	15.6	16.5	19.9	10.5
氧化锌	5.5	3.3	11.0	3.4	3.4	15.4
其 他	9.6	3.6	9.8	5.3	0.9	2.8

表 6-5 近年我国锌消费组成 （%）

分 类	镀 锌	锌 材	氧化锌	锌 粉	锌合金	其 他
比 例	33.30	14.25	10.10	3.7	0.9	37.75

从以上两表看出，再生锌生产所用的原料主要来自热镀锌和锌合金废料，按锌废料来源和性质不同，可分为以下几种：

（1）锌渣。各种锌渣及其含锌量（%）为：热镀锌底渣4~16，锌浸出渣18~21，竖罐渣4，铸型渣70。

（2）杂废料。这类废料大都是废旧的或锌制品生产过程中的废品和废锌合金零件，如印刷锌板、废锌字、拉链、冲轧后多余的边角料、车削碎末等，它们的成分与相应锌合金成分相近，例如 $Zn-MnO_2$ 干电池锌。

（3）锌灰尘或锌尘。主要包括：

1）热镀锌表面灰渣。此为热镀锌厂镀锌锅表面捞出的灰渣，即氧化锌与金属锌的混合物，其含锌高达80%以上。

2）铜炉灰及其尾砂。它来源于铜及铜合金的冶炼、制造、加工等过程中的产出的炉灰和渣。炉灰和渣经过手选和水力选别，将其中的大颗粒金属选出，剩余的即是尾砂，其成分复杂，含 Cu、Zn 只有10%~20%。

3）钢铁生产的含锌烟尘。世界上40%左右的金属锌是用在镀钢件上，这种钢铁制品在使用过程中，由于各种侵蚀性条件的腐蚀以及不同的机械磨损被散失，无法加以回收，但仍有很大一部分以废钢铁返回钢铁厂再生。在炼废钢铁过程中，锌富集在烟尘中。从炼钢烟尘中回收锌，在目前已占有重要地位。

另外，有些铁矿石含锌1%左右，高炉熔炼时，95%~98%锌以挥发物形式逸出，且70%富集在细粒烟尘中（一般用湿法收尘，以下的尘名为瓦斯泥）。其锌含量为熔炼原料中的20~30倍，钢铁公司所产烟尘的化学成分见表6-6。

表6-6　钢铁生产的含锌烟尘成分　　　　　　　　　　　　　（%）

烟尘名称	Zn	Pb	Cd	Cr	Fe	C	F	Ca	SiO$_2$	CaO
高炉烟尘	17.28	0.20	0.003	0.011	21.79	39.95				
高炉洗涤尘	6.0	1.4			28.1	26.6		6.9	3.1	
电炉炼钢烟尘	34.9	0.45	0.01	0.07	24.2		0.26		7.2	
	20~28	2~4	0.09~0.1		25~30	0.5~1.5	0.2~2.3	3~7	2~5	2~5
转炉炼钢烟尘	0~10	0.1~1.5	0.005		30~60					
	1~6	0.5~1.5			55~65	0.5~2				

由表6-6可见，各种冶炼烟尘含锌量不同，其中以高炉烟尘（瓦斯泥）含锌最高，炼铁高炉瓦斯泥粒径变化较大，不同粒径污泥中锌的含量不同，见表6-7。

表6-7　某厂瓦斯泥粒度筛析结果

粒级/mm	占比/%	锌品位/%	粒级/mm	占比/%	锌品位/%
>0.2	11.3	9.64	0.0074~0.104	1.0	20.19
0.154~0.2	1.0	20.84	约0.074	85.64	43.31
0.104~0.154	1.0	21.49			

从表6-7看出，粒度越细，含锌量越高。

6.1.3　锌废料的处理方法

二次资源含锌废料的处理，可根据其原料性质采用火法或湿法冶金处理，国内外再生锌的生产主要采用火法[3~10]。

6.1.3.1   含锌废料的火法冶金处理

对于经仔细分类的纯合金锌废料，可用火法直接熔炼成相应成分的锌合金，此时金属回收率高，综合利用好，生产成本低。所用设备为坩埚炉、反射炉、感应电炉、电弧炉和等离子炉等。

对于含锌的废金属杂料，可采用直接蒸馏法回收锌。对于含锌的金属和氧化物废料，可采用还原蒸馏法回收锌，或采用还原挥发富集锌于烟尘中，生产氧化锌。所用设备为平罐蒸馏炉、竖罐蒸馏炉、电热蒸馏炉及回转窑烟化等。我国再生锌的生产主要采用火法，其设备为平罐蒸馏炉。蒸馏平罐置于蒸馏炉内，含锌废料（高品位含锌60%）与焦屑混合后装入罐内，用1250~1300℃温度的炉气进行外加热，在高温条件下罐内产生的CO和锌蒸气一起导入冷凝器后，锌蒸气冷凝成液体锌。虽然此工艺设备简单，操作方便，但热效率低，燃料消耗大（生产1t Zn耗2t煤），劳动强度大，锌回收率低。如果处理碎锌渣时，回收率为80%~85%，处理氧化锌灰时回收率仅为40%~60%。残渣含锌10%~15%，再生锌质量不高，一般为4号、5号锌，还需进行精馏，提高锌的质量。

6.1.3.2   含锌废料的湿法冶金处理

含锌废料的湿法冶金处理主要采用硫酸、盐酸或碱进行浸出，然后进行溶液净化，电积得锌，或生产锌的化工产品。

6.2   低品位锌废料的火法处理

含锌7%~25%的物料，如炼铁或炼富锰渣的高炉烟尘、炼钢烟尘、湿法炼锌浸出渣、竖罐式或平罐炼锌渣等，其中锌以氧化物状态，部分以硅酸盐、铁酸盐、硫化物状态存在，对于这类低品位含锌物料，一般采用火法富集处理，其过程反应为：

$$ZnO + CO \Longrightarrow Zn(g)\uparrow + CO_2\uparrow$$

$$ZnO \cdot Fe_2O_3 + CO \Longrightarrow ZnO + 2FeO + CO_2\uparrow$$

当温度在1050℃以上时，上述反应进行迅速，同时氧化铁被还原为金属铁，更促进氧化锌的还原：

$$ZnO + Fe \Longrightarrow FeO + Zn(g)\uparrow$$

$$ZnO \cdot SiO_2 + CO \Longrightarrow Zn(g)\uparrow + SiO_2 + CO_2\uparrow$$

当气相中含有氧化性物质，如CO_2、O_2、H_2O（g）时，进入气相中的锌蒸气又被氧化成氧化锌，所以火法还原挥发的产物为氧化锌，因此低品位含锌废料经烟化炉内高温还原，产出的锌蒸气在气相中再氧化成氧化锌。富集后的氧化锌，制成团块分别加到竖罐或密闭鼓风炉处理，也可以用湿法冶金的方法处理成金属锌或锌的化工产品。

对于低品位含锌废料，特别是炼铁、炼富锰渣的高炉烟尘、炼钢烟尘，国内外有如下几种处理方法[4~12]：

（1）返回高炉或转炉处理，使锌、铅等重金属再次得到富集，然后从富集了的烟尘中回收重金属。这一措施已在美国、加拿大和日本等生产实践中采用，我国也有工厂采用返回高炉富集法，但富集后的有价金属没有得到进一步回收。

（2）掺入黏合剂、水玻璃等使重金属稳固起来，便于安全堆放。

（3）建立大型的集中处理装置，使锌、铅富集成一种可以供给炼厂使用的锌、铅二次资源原料。也可在钢铁厂就地建立投资少、较简单的小型装置来回收锌、铅。

现在的世界上已经研究与开发了许多处理高炉烟尘、炼钢烟尘及竖罐渣的方法，有一些已在工业上应用，这些方法综合列于表6-8中。

表6-8　处理钢铁生产的烟尘的各种方法

	方　法	特　征	主要优点	主要缺点	现　状
火法冶金	返回高炉或转炉	重金属再富集于烟尘中	投资少、成本低	影响钢铁产品质量，富集度不大	工业生产
	回转窑烟化	还原挥发锌、铅	技术成熟，铁被还原在渣中，可作湿法冶金置换剂，或返回作钢铁原料	能耗大，烟尘为粗粒，维修费用高	工业生产
	等离子炉熔炼	用等离子发生器产生的高温还原挥发铅与锌，铁渣中可富集铬、镍等	可直接生产金属、设备小，废气可用作热料	耗电多，投资大	工业生产
	垂直喷射火焰炉烟化	喷射温度高达1600℃，类似闪速熔炼	生产率高，烟尘可以直接入炉	需建制氧站	示范厂生产
	维氏炉熔炼	还原挥发铅、锌	投资少、工艺简单、易操作，适于中、小型企业生产	烟尘变压团	工业生产
	循环烟气沸腾层法	利用收集铅、锌氧化物后的烟气鼓入沸腾层，还原挥发铅、锌	可处理锌烟尘，产出低锌高铁渣返回高炉		试验阶段
	在过热渣中烟化	将烟尘加入过热渣中	有效利用了炉渣显热	处理量小，依赖于渣量	试验阶段
	旋涡炉熔炼				技术论证阶段
湿法冶金	碱浸	用NaOH水溶液浸出，浸出液电解产出锌粉，浸出渣返回高炉	分别提取铅、锌，铁渣可被利用	生产率低，Zn-FeO₄不溶入渣	实验阶段
	NH_3 $(NH_4)_2CO_3$溶液浸出	Zn、Cu、Ni以配合物形态被浸出，选择性好	产品质量好	铅渣难处理，试剂消耗多而昂贵	实验阶段
	用H_2SO_4 + Fe-SO_4溶液浸出	浸出铁与铜	$ZnSO_4$溶液可直接用于镀锌	铅渣难处理	实验阶段
	高压浸出	用钢铁和镀锌的酸洗废液浸出	选择性好，铁渣返回作熔铁原料	技术要求高，设备投资大	实验阶段

除了表6-8所列于方法外，还有许多已经做过或正在研究的实验方法，但许多方法离工业应用的距离尚远，下面介绍工业上已得到应用的回转窑烟化法、等离子炉熔炼、半鼓风炉熔炼、喷射火焰炉挥发等几种火法冶金工艺[3,13]。

6.2.1　回转窑烟化富集

湿法炼锌浸出渣，铜、铅、锌熔炼所产的含锌炉渣，低品位氧化铅锌矿等都采用回转窑烟化法处理，20世纪70年代已开始用来处理钢铁厂烟尘，世界上曾有10台处理钢铁厂烟尘的回转窑在生产运转中[6,13,11]。

回转窑构造示意图如图6-1所示。回转窑处理含锌的物料时，物料与还原剂（焦粉或无烟煤粉）混合均匀，从窑尾加入具有一定倾斜度的回转窑内，随着窑的转动，炉料翻滚，并从一端向另一端流动。窑头燃烧室产生的高温炉气与物料逆向流动，炉料中的金属氧化物与还原剂良好接触而被还原。窑内最高温度可达 1100～1300℃，而且沿窑长各带的温度不同。处理高炉烟尘时，约90%锌进入气相。所收集的挥发物中，ZnO 含量在60%左右，有时由于原料含锌量高，还原挥发出来的尘含 ZnO 可达90%以上。

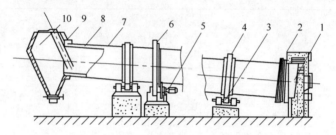

图 6-1　回转窑构造示意图

1—燃烧室；2—密封圈；3—托轮；4—领圈；5—电动机；6—齿轮；
7—窑身；8—窑内衬；9—下料管；10—沉降室

例如联邦德国 Berzelius 冶炼厂用一台 3.1m×41m 的回转窑处理炼钢烟尘，工艺流程如图6-2所示。其加入的电炉炼钢烟尘及其烟化后的产物成分列于表6-9中。

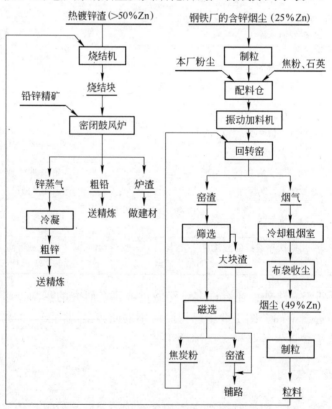

图 6-2　Berzelius 冶炼厂回收锌工艺流程

表6-9　回转窑处理钢厂烟尘加入料及产物的分析数据

含锌物料及加入物料量/t·a^{-1}	烟尘 50000	产出粗氧化锌 22500	产出窑渣 40000	含锌物料及加入物料量/t·a^{-1}	烟尘 50000	产出粗氧化锌 22500	产出窑渣 40000
元素	组成/%			元素	组成/%		
Zn	16~38	56~60	0.2~0.4	Sr	1.5~2.5	1~2	1.5~2.5
Pb	2~7	7~10	0.1~0.2	Cl	1.5~2.5	2~4	—
Cd	0.01~0.1	0.1~0.2	—	FeO	25~35	2~3	30~40
Cu	0.2~0.4	0.02~0.3	0.3~0.5	CaO	5~10	0.5~0.8	8~10
Sn	0.2~0.3	0.1~0.2	0.1~0.2	SiO$_2$	3~5	0.4~0.6	30~35
S	0.05~0.1	0.001~0.002	0.05~0.1				

从表6-9的分析数据看出，锌、铅、镉主要富集在粗氧化锌中，其回收率分别达到95%、90%和100%。砷和铜差不多完全固定在渣中，减少砷对环境污染是一种有效途径。

该厂将粗氧化锌预热后，在350~450℃下进行热压团，再送锌、铅鼓风炉（ISP法）熔炼产出粗锌和粗铅。窑渣不含任何水溶成分，不会造成对环境的污染，长期以来该厂将窑渣用于道路、体育场和堤坝建筑上；曾将窑渣破碎到小于0.3mm，然后进行磁选，产出含85%~90%Fe的铁精矿，但铜和硫的含量高达0.96%和0.54%，仍只能作有色冶金的铁熔剂和沉淀置换剂用。

日本四阪工厂处理的钢厂烟尘含氯与氟高达4.5%和0.8%，并与锌一道进入粗氧化锌中。这种粗氧化锌经碱洗和高温（700℃）干燥脱去氯与氟之后，再送去热压团后进锌铅鼓风炉熔炼。

由于西欧与日本都有几家鼓风炉炼锌厂，因此回转窑烟化—粗氧化锌压团—鼓风炉炼锌铅流程便成为这些国家处理钢铁生产烟尘较为理想的方法。对此，我国也具备这种条件[12]。

美国仅有电热法炼锌厂，为了达到电热法锌对原料的要求，便将回砖窑处理钢厂烟尘所产的粗氧化锌加入第二台回转窑，在700~1000℃下进行煅烧，使铅、镉等元素在氧化气氛中，以硫化物和氯化物等形态挥发，产出含铅、镉较低的焙砂产品，送去电热蒸馏生产金属锌或等级氧化锌，而把富集了的铅、镉的烟尘送去湿法冶金厂回收铅和镉。

6.2.2 等离子法处理

瑞典在1984年建成一个年处理7万吨含锌氧化物废料的工厂，每年生产3.5万吨金属。该厂是从金属和钢铁工业的细粒烟尘与废料以及从矿石精矿中回收金属的。整个流程由物料运输系统、竖炉等离子发生器、冷凝器、烟气净化装置以及锌、铅熔融金属和炉渣的放出与浇铸设备所组成，如图6-3所示[6,13]。

等离子冶金过程是在装满焦炭的竖炉中进行的。在竖炉的下部对称装配有3支等离子发生器，每一支的功率为6MW，它将电能转变为气体带走的热能，很容易产生2000~3000℃的等离子温度[13]。

等离子熔炼区如图6-4所示。在竖炉的下部周围对称配置了风口，并装有焦炭，炉身充满焦炭。等离子发生器和喷射固体及液体的装置连接到各风口上。在风口面前，焦炭柱

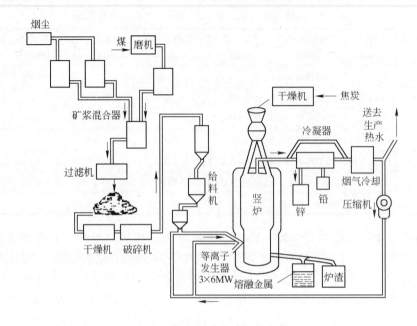

图 6-3   等离子法处理烟尘流程

内部形成一个空穴。空穴是离开风口的气体和熔炼反应产出气体的动压造成的。反应区由空穴本身和延伸到周围焦炭 150～250mm 的区域组成。熔炼反应就在此进行。

含锌烟尘等离子处理是将含锌粉状废料、粉煤和熔剂一道被等离子发生器加热的气体喷入竖炉的反应带。炉料中的所有金属氧化物进入炉的反应区时，瞬间被还原。还原后，不挥发的 Fe、Ni、Cr 等于炉渣一道呈熔体汇集于竖炉底部，与炼铁高炉生产一样放出。锌、

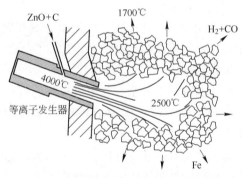

图 6-4   等离子熔炼反应区示意图

铅、镉的氧化物还原后挥发进入气相。金属蒸气与出炉气体在炉外冷凝器内冷凝成液态金属。炉料含锌低时，锌的冷凝也很有效，因气相中没有二氧化碳和水蒸气，所以没有再氧化的危险。有过剩焦炭时生成的气体是一氧化碳和氢（来自煤）。离开冷凝器的气体，是一种中等热值煤气，可用于加热或发电。

与回转窑挥发比较，烟尘等离子处理法的优点是可以从氧化物中直接生产金属锌，而不会得到需进一步处理的含杂质的氧化锌。熔炼 1t 含锌氧化物烟尘的各种物料消耗为：煤 0.10～0.20t，焦炭 0.05～0.15t，熔剂 0～0.15t。等离子发生器所用电能 1800～2000kW·h，从排气和冷却的水中回收能量为 1100～1400kW·h。

从图 6-3 看出，含水 0～30% 的烟尘与水混合物成含固体约 50% 的矿浆。此矿浆泵入两个装有搅拌器的混合槽内，以保证混合均匀。煤和熔剂也加到槽里。混合物由 50% 固体和 50% 水组成，均匀混合后，泵入压滤机内将水分从 50% 降到 15%～20%，随后进行干燥并破碎到最大粒度为 2mm。经过 3 个总能力为 8～10t/h 的喷嘴喷入炉内。每个喷嘴都

装有一台功率为 $6 \times 10^6 W$ 的等离子发生器。

粒度为 25～60mm 的焦炭干燥后经一气封阀系统从竖炉顶部加入。炉内温度约 1400℃，熔融金属放出铸成锭，液态炉渣放出，送往堆渣场进行冷却。

烟气进入冷凝系统时的温度约为 1100℃。气体含锌为 6%～12%。从冷凝器系统排出的气体，含锌已大为降低，温度约为 500℃，然后进入文丘里洗涤器以及排气系统。

温度为 400℃ 的锌和铅，连续地从冷凝系统流到保温炉。每吨烟尘产锌量为 200～400kg，可铸成锭出售。

一部分已净化和冷却了的气体，在通过气体压缩机后，作为过剩煤气用作干燥原料，也可作为与地区热网相连接的热水锅炉的燃料。热水锅炉还利用竖炉、等离子发生器和冷凝器系统的冷却水的能量。每年回收的热能约为 $6.5 \times 10^{10} W \cdot h$，相当于 6500m³ 油。

英国金属生产中心（CMP）与美国国际轧钢服务网（IMS）开发了一种顶杆等离子发生器的等离子炉，并已在试验工厂进行了试验。这种方法是使烟尘加入熔体中并进行碳热还原，挥发出来的锌蒸气引入锌雨冷凝器中冷凝得金属锌，同时，产出无害的可废弃的炉渣，也可使铁还原得到金属铁。两种作业的条件列于表 6-10。

表 6-10　等离子炉处理钢厂烟尘作业条件

项　目	锌铁全部还原	选择还原锌	项　目	锌铁全部还原	选择还原锌
终渣中 Fe 含量/%	1.5	55	冷凝器中锌液温度/℃	525	525
终渣中 ZnO 含量/%	0.2	1.0	每吨烟尘废气体积/m³	540	341
CO₂/CO	0.001	0.15	每吨烟尘还原剂消耗/t	0.21	0.09
$p(Zn)$/MPa	0.017	0.026	每吨烟尘净能耗/kW·h	1400	1200
炉内熔体温度/℃	1.500	1500			

6.2.3　半鼓风炉熔炼

半鼓风炉法是 1946 年由联邦德国的 H. J. Hellwing 建议发展起来的[14,15]。1947 年在奥克尔厂正式采用此法处理含铅锌炉渣和竖罐渣。日本三池冶炼厂及联邦德国先后在意大利的克罗托内电锌厂和西班牙的卡塔赫纳电锌厂各建设了半鼓风炉，处理浸出渣、竖罐渣及钢铁厂烟尘。生产实践证明，半鼓风炉可以用来处理含铜和贵金属很高的浸出渣、竖罐渣以及由于环境和安全原因不能扔掉的含铜、铅、锌的工业废料。

联邦德国奥克尔厂每年约处理 30 万吨湿团块，共有 13 台半鼓风炉，每台炉的处理能力为 60～80t/d。日本三池厂有 4 台半鼓风炉，年处理量 19.38 万吨渣，产出的含铅氧化锌按纯金属锌计达 17160t/d。西班牙卡塔赫纳电锌厂的半鼓风炉日处理团块能力为 70t。

日本三池冶炼厂有半鼓风炉 4 台（150t/d，200t/d），如图 6-5 所示。该厂的工艺流程如

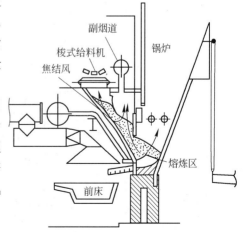

图 6-5　半鼓风炉示意图

图 6-6 所示。

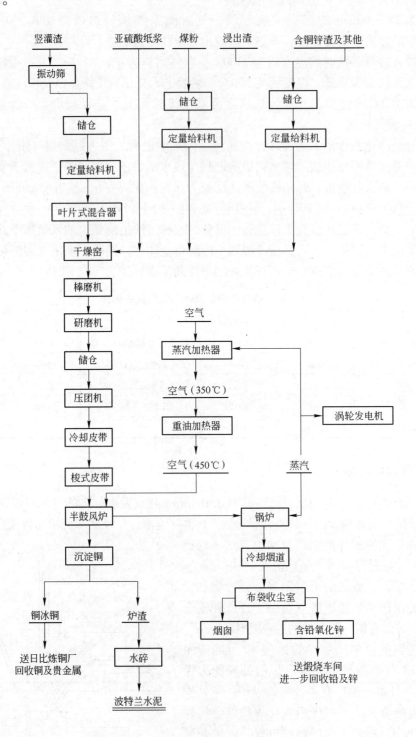

图 6-6   三池厂半鼓风炉法流程

半鼓风炉尺寸列于表 6-11 中。

表 6-11　半鼓风炉尺寸

炉　号	炉长/m	风口数	处理团块量/t·d^{-1}	炉床利用率/t·m^{-2}
1	7.8	26	200	25.6
2	7.8	26	200	25.6
3	6.0	20	150	25
4	4.8	16	120	25

　　炉床呈 V 字形向中央放出口倾斜，风口配置在炉床面平行的 V 字形上，这样，熔炼区反应均匀，炉子再度扩大，距炉床中心的最远风口产生的炉渣和冰铜也能顺畅流到放出口不致堵塞。

　　处理的原料为锌浸出渣、竖罐渣及炼钢烟尘，其配料比见表 6-12。

表 6-12　半鼓风炉原料配比　　　　　　　　（%）

原料序号	炼钢烟尘	锌浸出渣	竖罐渣	其他含锌料
1	5	37	40	18
2	23	37	21	19
3	32	26	18	21

　　此工艺过程是将竖罐渣以块状直接加入半鼓风炉中，烟尘和其他粉状物料则与煤及黏合剂纸浆废液混合制团后，再加入半鼓风炉中进行熔炼。预热的第一次空气从底部风嘴鼓入，原料中的锌、镉等氧化物被还原，并在熔炼区蒸发，二次空气鼓入氧化带，金属蒸气被氧化，并在布袋中回收。将含 Zn50% 的粗氧化锌和其他含锌物料一道制粒，在回转窑中煅烧，脱除铅和氯后作为竖罐蒸馏炉的主要原料，脉石组分在熔炼区形成炉渣。铜和银进入生成的冰铜中。炉渣从前床溢流到水碎溜槽水淬，作建筑材料用。

　　其操作技术条件及物料、产物成分和主金属回收率列于表 6-13 和表 6-14 中。

表 6-13　操作技术条件

风量（标态)/m^3·min^{-1}		风压/kPa	温度/℃				蒸　汽	
一次风	二次风		一次风	炉顶	锅炉后	冷却器后	压力/MPa	蒸汽量/t·h^{-1}
220	60	4.90333	450	1250	270	180	3.9	11

表 6-14　加入物料和烟化产物成分及金属回收率

组分	加入物料成分/%			产物成分/%			回收率/%
	竖罐渣	锌浸出渣	炼钢烟尘	粗氧化锌	冰铜	炉渣	
Zn	6.4	19.6	26.8	52	3.0	3.5	83（粗氧化锌中）
Pb	4.7	3.4	3.4	19	1.5	0.3	90（粗氧化锌中）
Cu	0.7	0.8	0.2		5.0	0.25	90（冰铜中）
Fe	14.1	26.0	12.3			22.3	
S	5.1	5.8	1.0			1.6	
SiO$_2$	11.1	5.4				26.8	
CaO	1.5	0.6				13.1	

续表 6-14

组分	加入物料成分/%			产物成分/%			回收率/%
	竖罐渣	锌浸出渣	炼钢烟尘	粗氧化锌	冰铜	炉渣	
Al_2O_3	4.0	0.9				11.2	
C	21.2	0.6	1.3				
Au	0.3g/t	0.4g/t					
Ag	130g/t	203g/t		90g/t	700g/t	30g/t	80g/t（冰铜中） 1.2g/t（粗氧化锌中）

该工艺特点为：

（1）节省能源。该工艺可采用工业上的劣质焦粉或煤屑取代昂贵的焦炭，废热利用率高，可以取消工厂专用的蒸汽锅炉，可以有效利用竖罐渣中炼铁高炉烟尘中的碳，所以能减少燃料消耗。

（2）贵金属回收率高。

（3）废渣无环境污染。

6.2.4　垂直喷射火焰炉处理炼钢烟尘及悉罗熔炼法处理锌废料

6.2.4.1　垂直喷射火焰炉处理炼钢烟尘

垂直喷射火焰炉的冶炼过程是一种独特的闪速熔炼，用于从细小的物料提取挥发性的金属，用它主要处理炼钢产生的烟尘。美国 Monaca 电热锌厂建有一座年处理钢厂烟尘 2 万吨的示范工厂。这种方法包括四个主要过程[16~19]：

（1）天然气与富氧空气（40%~80%）在有过剩燃料存在的条件下，在水冷的烧嘴中强烈混合与反应，产生一种高温的还原气体，火焰温度超过 2000℃。

（2）将干的含金属氧化物粉料用压缩空气喷入高温还原气体中，向下进入反应塔中，塔中的温度高于 1600℃，物料都被熔化并发生强烈的还原反应。

（3）熔渣向下运动时，部分在反应塔壁冷却挂在壁上，形成塔壁的保护层，大部分熔渣下落到沉淀池后与气相分离，从沉淀池连续放出无害的稳定的高铁炉渣，冷却固化后堆存。

（4）含有金属的气体进入燃烧室，被鼓入的空气重新氧化，经冷却收尘，得到富含 Zn、Pb、Cd 的氧化物，烟尘可送炼锌厂处理。

该方法金属入氧化物的回收率为 Zn 90%，Pb 9.6%，Cd 100%。

6.2.4.2　悉罗熔炼处理锌废料

悉罗熔炼（Sirosmelt）法是浸没喷射熔炼[16]。澳大利亚 Pyrtech Resources N. L. 集团利用此法从含锌废料（其成分（%）为：Pb 4.9、Zn 20.3、Cu 0.3、Ag 170g/t、Au 0.3g/t）中回收锌及其他有价金属。金属回收率高，锌、铅、银的回收率分别达到 98%、99% 和 99%。该法的特点是备料简单，气体和炉渣接触良好。由于在炉渣熔体表层下面吹气体而使炉渣、还原剂和添加剂充分混合，可达到高的熔化和还原效率，因而锌的烟化率高。

炉子的剖面示意图如图 6-7 所示。

在 1350℃ 的操作温度下，每小时可熔炼 13.3t 锌炉渣。熔炼和烟化时间共为 1h，接着还原和烟化 45min 后，炉渣放出废弃，炉子再重新加料进行操作。生产过程中，Zn、Pb、Ag 烟化收集在布袋收尘器中，烟尘卸出后包装出售。工业生产系统如图 6-8 所示。

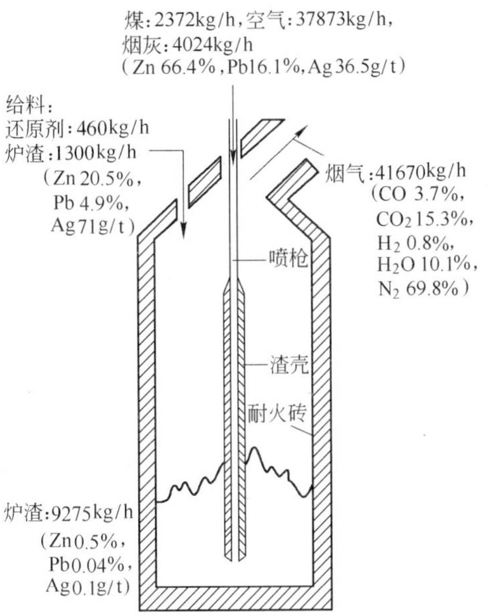

煤:2372kg/h,空气:37873kg/h,
烟灰:4024kg/h
(Zn 66.4%,Pb16.1%,Ag 36.5g/t)
给料:
还原剂:460kg/h
炉渣:1300kg/h
(Zn 20.5%,
Pb 4.9%,
Ag71g/t)
烟气:41670kg/h
(CO 3.7%,
CO2 15.3%,
H2 0.8%,
H2O 10.1%,
N2 69.8%)
喷枪
渣壳
耐火砖
炉渣:9275kg/h
(Zn0.5%,
Pb0.04%,
Ag0.1g/t)

图 6-7 悉罗熔炼炉剖面示意图

煤
空气
炉渣
煤
炉子
汽化冷却塔
布袋室
烟囱
炉渣
粗铅
烟灰
风机

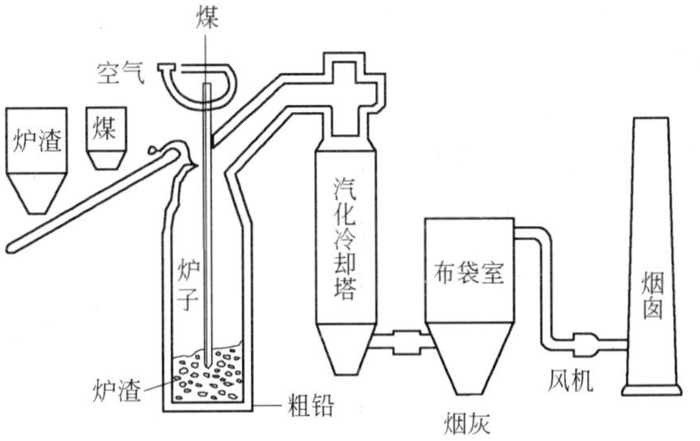

图 6-8 工业生产系统示意图

6.3 锌废料的电炉处理

采用电弧炉熔炼锌渣，蒸馏制取锌粉的方法已有多年历史[6,17,19]。该法产出的锌粉质量见表 6-15。电弧炉熔炼生产锌粉的原料是锌焙砂、铸型渣和镀锌渣等。工艺流程如图 6-9 所示。

表 6-15 电炉锌粉质量 (%)

含有效锌	总锌	含硫	0.18mm（80 目）筛上	H_2O
≥90	97.96	≥0.2	0.036	
≥84	96.73	≥0.4	0.06	>2

铸型渣
锌焙砂
石英
石灰
焦炭
烘焙炉
料钟
料斗
螺旋下料器
三相电弧炉
炉渣
水碎排弃
冷凝器
第一冷凝器
第二冷凝器
螺旋出粉器
筛分
成品Zn粉

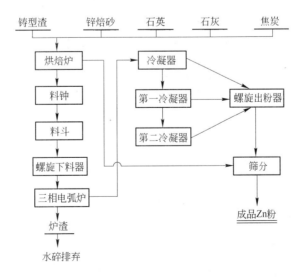

图 6-9 锌渣电热熔炼蒸馏法制取锌粉工艺流程

原料中焙砂与铸型渣配比约为 2:1。适当加入返料，使炉料含锌在 65% 以上，含硫小于 0.5%，加入的碳量为理论量的 1.2~1.4 倍。按渣型要求加入一定量的石英和石灰造渣，使炉渣内 $CaO:SiO_2$ 为（1~2）:1，为了降低炉渣熔点和密度，加入占物料 5% 的纯碱。入炉焦炭大致成分（%）为：固定碳 75~81，挥发物 3~8，灰分 14~22。炉料粒度控制在 10~15mm，在双层烘焙炉内加热到 500~600℃，水分降到 0.4% 以下，并以热态加入电炉内，以避免电炉内炉气在离炉时与给料接触，造成一氧化碳转变成为二氧化碳而影响锌粉质量。电极与炉渣接触温度高达 1500℃ 以上，整个熔池在 1250~1300℃ 下将料还原成锌蒸气。锌蒸气经炉喉到蛇管夹道冷凝器，使温度突然下降到锌熔点以下约 100~200℃，变成锌粉而沉降下来。来不及沉降的少部分锌蒸气也在第一、第二夹套冷却器中沉降。沉降在冷凝器和冷却器内的锌粉，由螺旋出粉机每小时排出一次，经 0.18mm（80目）过筛后包装。炉渣每隔一天由渣口排出。炉渣成分见表 6-16。

表 6-16 炉渣成分   （%）

序 号	Zn	FeO	SiO$_2$	CaO	MgO	S	Al$_2$O$_3$
1	2.4~4.9	9.63	32.5	36.42	5.61	0.75	
2	5~10	Fe7~10	20~28	17~25			<5

电弧炉断面为长方形，熔池实际尺寸为：1500mm × 2700mm × 1480mm，石墨电极直径为 200mm。三相电极沿长方向均匀分布，以避免各相之间感应电势不相等使电炉操作不正常。炉底熔池采用高铝砖，炉顶用 SiO_2 含量大于 93% 的长石砌筑。为了保护炉底，采用架空结构，自然通风冷却，为提高炉子渣线部分炉衬寿命，采用水套围板。在正常生产情况下，炉寿命为 240~270 天。炉子主要结构参数和技术经济指标见表 6-17。

表 6-17 炉子主要结构参数和技术经济指标

项 目	技术经济指标	项 目	技术经济指标
炉床面积/m^2	4	处理炉料/t·d^{-1}	4~5
炉膛尺寸(长×宽×高)/m×m×m	2.7×1.5×1.48	床能力/t·(m^2·d)$^{-1}$	1~1.25
电极直径/mm	200	电极电流密度/A·cm^{-2}	3±1
电极根数	3	吨锌电极消耗/t	0.016~0.04
电极中心距/mm	600	吨锌金属锌消耗/t	1.11~1.17
变压器规格/kV·A	500	金属锌回收率/%	85~90
二次电压/V	100±10%	渣含锌/%	5~10
二次电流/A	2500±10%	吨锌电耗/kW·h	4500~5000
炉床单位面积功率/kV·A·m^{-2}	125	吨锌焦炭粉/t	0.3~0.4

6.4 锌废料的湿法冶金处理

20 世纪 70 年代初我国开始研究湿法冶金再生锌，目的在于改造火法回收炼锌的流程，以达到提高金属回收率、扩大处理含锌工业废料、综合利用资源和尽量减少环境污染和劳动强度的目的[5,20~27]。

6.4.1　热镀锌渣和炼铜烟灰的硫酸浸出—萃取—电积生产电锌

热镀锌灰、锌渣的成分见表6-18。所采用湿法工艺流程如图6-10所示[19,20]。

表6-18　热镀锌灰、锌渣成分　　　　　　　　（%）

名称	Zn	Fe	Cl	Pb	Cu	Mn	CaO	MgO	K_2O	Cd	Al_2O_3	Na_2O	SiO_2
锌渣	94.04	3.59	0.05	0.21	0.14	0.005	0.02	0.004	0.003	0.0075	0.0045	0.002	—
锌灰	83.15	1.63	1.27	0.067	0.12	0.34	0.09	0.033	0.019	0.0056	0.167	0.009	0.47

工艺过程的技术条件如下：

（1）浸出。以 H_2SO_4 为溶剂进行浸出，反应为：

$$ZnO + H_2SO_4 \Longrightarrow ZnSO_4 + H_2O$$

对于锌渣，采取间断浸泡的办法，即将电解废液加入浸泡槽后，待浸出溶液含 Zn120g/L、pH 值为 4.5～5.2 后过滤，滤液送到净化工段，当用静止浸泡时需 20h 以上，因此工业生产中以用"渗透"浸泡为好，使溶液循环流动，有利于浸出反应的进行。

对于锌灰，经分级后，大于 1mm 粗粒级进行浸泡，小于 1mm 粒级的锌灰及浸泡后产生的细粒级渣进行搅拌浸出，在室温下浸出 1h，当终酸为 5g/L 时，锌的浸出率达 99%。

（2）氧化除铁。溶液中含有 2～3g/L Fe^{2+}，采用空气氧化，使 Fe^{2+} 氧化成 Fe^{3+}，并用 ZnO 中和，呈针铁矿沉淀。过程中加入少量 $CuSO_4$ 作催化剂，沉淀反应为：

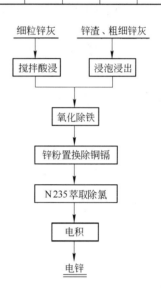

图6-10　热镀锌灰、锌渣湿法
冶炼生产锌工艺流程

$$2Fe^{2+} + \frac{1}{2}O_2 + 2ZnO + H_2O \Longrightarrow 2FeOOH + 2Zn^{2+}$$

二价铜离子的催化剂作用是基于下述反应：

$$2Cu^{2+} + 2Fe^{2+} + 5H_2O \Longrightarrow Cu_2O + 2FeOOH + 8H^+$$

为了保证 Cu^{2+} 的催化作用能持续进行，必须使上式析出的 Cu_2O 按反应式 $Cu_2O + 1/2O_2 + 4H^+ \Longrightarrow 2Cu^{2+} + 2H_2O$ 迅速复溶。因此溶液中除必须具有足够氧量外，还需要有一定酸度，即保持偏低的 pH 值，一般 pH 值为 3.5～5.2。温度为 80℃，Cu^{2+}0.08～0.15g/L。除铁后溶液，铁含量可降到 20mg/L 以下。

（3）除铜、镉。采用锌粉置换法除去铜、镉，温度控制在 40～50℃。锌粉用量为理论用量的 2 倍。反应为：

$$CuSO_4 + Zn \Longrightarrow ZnSO_4 + Cu\downarrow$$

$$CdSO_4 + Zn \Longrightarrow ZnSO_4 + Cd\downarrow$$

（4）萃取除氯。为了保证电解锌的质量，溶液中的氯离子需控制在 100mg/L 以下。当用石灰水、Na_2CO_3、$NaHCO_3$、NaOH 等溶液洗涤原料时，虽有一定除氯效果，但还达不到工艺要求。采用叔胺型萃取剂 N235（用 R_3N 表示）萃取除氯效果较好。

胺盐或季铵盐中的酸根阴离子可以与其他酸根阴离子发生交换反应，阴离子半径越大，电荷越小，即水化程度越低，越有利于被萃取。其顺序是：$ClO_4^- > NO_3^- > Cl^- > HSO_4^- > F^- > SO_4^{2-[20]}$。

萃取过程中，首先将含 N235 有机相用 3mol/L H_2SO_4 洗涤，目的是使 R_3N 与硫酸作用生成胺盐（$2R_3N + H_2SO_4 = (R_3NH)_2SO_4$）。再用此有机相以相比 O/A = 1:2，经三级逆流萃取除氯，水相中氯可降到 100mg/L 以下。含氯有机相用 2% Na_2CO_3 作反萃剂，相比为 1。进行四级逆流反萃除氯，氯的反萃氯达 99.5%。

（5）电解。经净化除去各种有害杂质的硫酸锌水溶液，以铅-银合金作阳极，纯铝压延板作阴极，在直流电作用下，溶液中带正电荷的锌离子在阴极放电并沉积下来：

$$Zn^{2+} + 2e \longrightarrow Zn$$

而溶液中带负电的氢氧根离子在阳极放电而析出氧气：

$$2OH^- - 2e \longrightarrow H_2O + \frac{1}{2}O_2$$

电解沉积过程总反应为：

$$ZnSO_4 + H_2O = Zn + H_2SO_4 + \frac{1}{2}O_2 \uparrow$$

经净化后的溶液成分见表 6-19，电锌成分见表 6-20。

表 6-19　净化后的电解液成分　　　　　　　　（g/L）

名　称	Zn	Fe	Cu	Cl	CaO	MgO	K₂O	Na₂O	Cd	Al₂O₃	SiO₂
锌灰电解液	11.65	0.003	0.0004	0.072	0.41	0.004	0.003	0.002	0.0075	0.0045	—
锌渣电解液	125.6	0.001	0.00045	0.080	0.18	0.033	0.019	0.009	0.0056	0.167	0.47

表 6-20　电锌成分

元　素	Zn	Fe	Cu	Cd	Pb
含量/%	99.979	0.00025	0.0008	0.004	0.015

我国另一家工厂用铜熔炼炉烟灰为原料，用湿法冶金方法生产铜粉和电锌，烟灰含 Zn 10%~20%、Cu 10%~20%，工艺流程如图 6-11 所示。

6.4.2　高炉烟尘及瓦斯泥的碱性溶液浸出法处理工艺

6.4.2.1　高炉烟尘的碱浸法处理[8]

比利时 J. Frency 研究了用 Cebedeau 法从电炉炼钢烟尘中回收铅和锌，该法是用 NaOH 碱性浸出烟尘中的铅和锌，浸出液用锌粉置换铅，除铅后液进行碱性电解沉积。该研究现已完成了半工业规模的试验，并用于工业生产。

高炉烟尘中大部分锌是呈氧化锌存在的。用硫酸浸出，除浸出 97%~100% 的锌外，还有约 25%~27% 的铁进入溶液，而且浸出锌后溶液的锌含量低（仅 16~31g/L）。当用

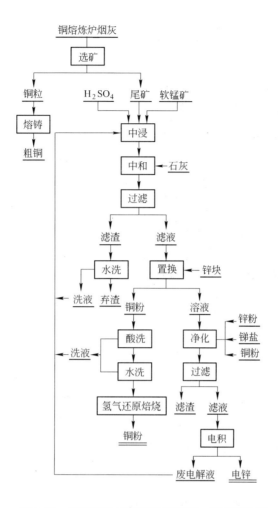

图 6-11 铜熔炼炉烟灰湿法回收铜、锌工艺处理

碱溶液浸出时效果良好，处理工艺流程如图 6-12 所示。

过程的技术条件为：浸出用 250～300g/L NaOH 溶液，液固比为 7.5：1，温度 55～70℃，浸出 30min，浸出液含锌 20g/t，浸出渣含 25%Fe、15%C，可返回高炉熔炼。锌浸出率为 94%～96%。电积锌电流密度为 1350 A/m²，成品金属（粉末）中锌回收率为 94%。每吨金属锌耗 NaOH 为 0.25t。据计算，该法回收锌经济上是合算的。

6.4.2.2 从炼铁高炉瓦斯泥中回收氧化锌[21]

南京大学曾采用氨浸法处理高炉烟尘提取氧化锌工艺流程，如图 6-13 所示。其操作技术条件为：污泥（含水 50%）：氨水量（25%～

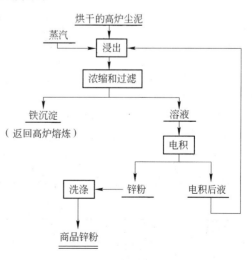

图 6-12 碱法处理高炉烟尘

28%）＝1：8；浸出时间：强烈搅拌 1h；蒸发：常压，加热到100℃；pH 值为 7～8；脱水烘干：140～160℃。

技术指标为：浸出率80%±5%，蒸发段的锌回收率98%，ZnO 纯度达 92%±3%。

6.4.3 废水萃取法回收锌

某含锌废水中锌浓度达 30～40g/L，很有回收价值，目前的回收方法是先用化学沉淀法除杂，再蒸发浓缩制备七水硫酸锌产品。该法虽然对 Fe^{3+}、Fe^{2+} 和 Mn^{2+} 等阳离子杂质脱除效果较好，但也有一部分锌进入沉淀渣，导致锌的损失率达到10%甚至更高，从而影响锌的回收率[28,29]。同时，由于不能有效去除 Cl^- 杂质，不能用于制备高附加值的电解锌[30]。

溶剂萃取能从溶液中选择性提取金属离子，具有较好的杂质分离效果。它不仅可以直接达到回收金属的目的，实现无渣工艺，减少环境污染，而且杂质分离效果好[31]，尤其能较好地分离 Cl^-。

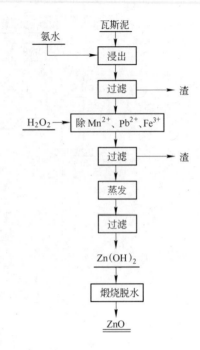

图 6-13　氨浸法提取瓦斯泥中氧化锌工艺流程

文献中报道的可从硫酸锌溶液中萃取锌的萃取剂有很多[32,33]，其中最常用的是 P204[34~36]。用萃取法处理的工业含锌废水或湿法炼锌浸出液中锌的浓度普遍较低，浓度多在每升几克到十几克的范围内[37~40]，用 P204 萃取时，有机相需要稍做皂化处理，即可达到较好的萃取效果[41]。

可以用萃取法处理含锌量为 30～40g/L，且杂质多、含量高的废水，实现锌和杂质离子的有效分离，并制备出满足电积锌要求的锌浓度高、杂质含量低的锌电解液。

6.4.3.1 废水的成分

废水化学成分见表 6-21，其中杂质离子种类多，浓度也比较高。

表 6-21　废水的化学成分

离　子	Zn^{2+}	Cd^{2+}	Mn^{2+}	Cu^{2+}	Pb^{2+}	Fe^{2+}	Cl^-
浓度/mg·L^{-1}	33540	187.50	360.65	75.86	6.25	1463.16	227.69

6.4.3.2 萃取剂的选择

为选择合适的萃取剂，对酸性磷类萃取剂 P204 和 P507、中性磷类萃取剂 TBP 及螯合萃取剂 LN 进行了对比试验。在相比 O/A 为 1：1、有机相中萃取剂浓度为 20% 及初始溶液 pH 值为 3.0 的条件下进行试验，结果见表 6-22。

表 6-22　不同萃取剂的锌萃取

萃取剂	萃取率/%	萃余液 pH 值	萃取剂	萃取率/%	萃余液 pH 值
P204	28.07	1.21	TBP	4.40	2.78
P507	3.29	2.98	LN	13.54	1.20

从表6-22可以看出，在试验的条件下，萃取剂P204对锌的萃取效果较好，LN次之，而P507和TBP两种萃取剂对锌的萃取作用很小。由于该含锌废水溶液为酸性溶液，且锌以Zn^{2+}形式存在，因此选择酸性磷类萃取剂P204作为萃取剂。虽然酸性磷类萃取剂P204在四种萃取剂中萃取效果最好，但锌萃取率仍然很低，只有28.07%。

酸性磷类萃取剂P204萃取锌的反应属于阳离子交换反应，即溶液中的Zn^{2+}通过与萃取剂中的H^+发生交换而实现萃取，萃取反应如下[20,22]：

$$Zn^{2+}_{(A)} + 2HA_{(O)} \longrightarrow Zn(A_2)_{(O)} + 2H^+$$

$$Zn^{2+}_{(A)} + n(HA)_{(O)} \longrightarrow ZnA_2 \cdot (n-2)HA_{(O)} + 2H^+$$

随着萃取过程的进行，溶液的pH值下降，萃取的锌量越多。pH值降到一定程度时，体系进入萃取平衡状态。因此，初始锌离子浓度越高，萃取率就越低，如图6-14所示。只有当初始锌浓度为2g/L时，才能到达接近100%的一次萃取率，而当初始锌浓度提高到3g/L时，一次萃取率即大幅度下降，只有73%左右。

根据有关文献[20,42]，P204作萃取剂萃取锌时，当萃取终点pH值大于2.0后，效果较好，而表6-22中萃取终点pH值只有1.21，因而加入中和剂来缓冲溶液的pH值，使其达到2.0以上。

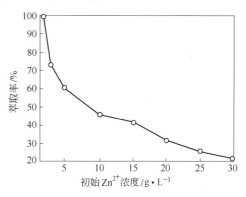

图6-14　初始Zn^{2+}浓度对萃取率的影响
（萃取剂浓度20%，O/A比1:1，初始pH=3.0）

6.4.3.3　中和剂的影响

在相比O/A为1:1、有机相中P204浓度为20%和初始液pH值为3.0的条件下，研究氨水中和剂（用量以总液相量为基准，下同）的影响，实验结果见表6-23。

表6-23　中和剂的影响

中和剂用量/g·L^{-1}	萃取率/%	萃取液pH值	中和剂用量/g·L^{-1}	萃取率/%	萃取液pH值
0	28.07	1.21	10	48.18	2.19
5	35.89	1.73	12	49.91	2.58
7	39.06	1.89			

由表6-23可知，在加入中和剂后，锌的萃取率明显提高，且提高的幅度随中和剂的用量的提高而提高。无中和剂时，萃取率为28.07%，当中和剂为10g/L时萃取率达到48.18%。需要指出的是，尽管中和剂的加入使萃取率有了明显提高，但萃取效果依然不佳。此时萃余液pH值可以达到2以上，说明萃取率不高的原因不再是pH值过低所致。

萃取体系中有机相对待萃物的吸收能力是有限度的，其浓度存在一个最大值，称为饱和容量，当有机相中被萃物的浓度达到饱和容量时，即使两相浓度比低于平衡分配比，待萃物也不能继续进入有机相，即萃取过程因受饱和容量的限制而达到终点。经测定，当有机相中P204浓度为20%时，有机相中锌的饱和容量为16.62g/L，而实践中萃取率

48.18%所对应的萃取量为16.16g/L,两者比较接近。这表明有机相的饱和容量限制了萃取率的进一步提高,继续提高中和剂的添加量的作用不大。此时,需要通过提高有机相的饱和容量来继续提高萃取率。

6.4.3.4　萃取剂浓度和相比 O/A 的影响

有机相的饱和容量与萃取剂浓度有关,而被萃物的萃取量还与相比 O/A 有关。因此,当萃取率受有机相的饱和容量限制时,提高了萃取率浓度或 O/A 是提高萃取率的有效措施。为此,在溶液初始 pH 值为3.0的条件下,考察了萃取剂浓度和相比 O/A 对萃取率的影响,考察结果见表6-24。由于中和剂用量超过某一临界值时会导致乳化现象,而这一临界值与初始锌浓度、萃取剂浓度、O/A 比都有直接的关系,因此,表6-24 中和条件的中和剂用量不同,都是相应条件下的适宜用量。

表6-24　不同萃取剂浓度和相比条件下的锌萃取率

O/A	P204 含量/%	中和剂用量/mg·L^{-1}	萃取率/%
	10	6	17.77
	20	9	36.40
4:6	30	20	61.20
	40	21	72.41
	50	27	91.83
	10	7	31.26
	20	14	50.13
5:5	30	20	81.98
	40	25	99.83
	50	36	99.99
	10	10	64.38
	20	15	75.10
6:4	30	20	99.60
	40	20	99.81
	50	20	99.81

由表6-24 可见,锌萃取率随萃取剂浓度和 O/A 比的提高而提高。在相同萃取剂浓度下提高 O/A 或在相同的 O/A 比下提高萃取剂浓度均可大幅度提高锌萃取率。当 O/A 比为5:5 时,在40%的萃取剂浓度下可以达到99.83%的萃取率,而当 O/A 比为6:4 时,在30%的萃取剂浓度下即可达到99.6%的萃取率。因此,在中和剂的作用下,提高萃取剂浓度或 O/A 比可以实现锌的完全萃取。

6.4.3.5　反萃取

用硫酸溶液对负载有机相进行反萃,以制备可用于电积锌的硫酸锌溶液。采用了多级错流反萃可制备高浓度的电积锌液。为此,研究了硫酸浓度及反萃 A/O 比对反萃结果的影响。试验所用负载有机相中锌浓度为22.25g/L。

表6-25 是 A/O 比为4:6 时不同硫酸浓度下的五级错流反萃试验结果。由表6-25 可知,当硫酸浓度大于7.6%时,反萃后水相中锌浓度随硫酸浓度提高幅度不大,而当硫酸浓度降到6.2%时,反萃后水相锌浓度有较大幅度的下降。表明在7.6%的硫酸浓度下可

以使反萃过程进行得比较彻底，有机相残留锌量少，而硫酸浓度低于此值时，反萃不能彻底完成，有机相残留锌量较多。因此，反萃的适宜硫酸浓度为7.6%。

表6-25　不同硫酸浓度下的五级反萃试验结果

硫酸浓度/%	反萃后水相中锌浓度/g·L^{-1}	硫酸浓度/%	反萃后水相中锌浓度/g·L^{-1}
14.1	161.27	6.2	116.82
9.9	158.21	纯水	1.02
7.6	156.45		

表6-26是用7.6%的硫酸溶液进行多级错流反萃时，不同A/O比下的反萃结果。为了满足电积锌液的浓度要求，反萃级数的确定以反萃后水相中锌浓度达到150g/L为原则。由表6-26可知，降低A/O比可以减少反萃级数，且各级反萃率都较高，反萃过程比较彻底。当A/O比为4:6时，5级反萃可以达到156.45g/L的锌液浓度，而A/O比为3:7时，3级反萃即达到了152.18g/L的锌液浓度。

因此，采用7.6%的硫酸溶液就可以较彻底地将有机相中的锌反萃进入水相，并可以通过多级萃取得到满足电积浓度要求的硫酸锌溶液。

表6-26　不同A/O比下的反萃试验结果

级 数	反萃后水相中锌浓度/g·L^{-1}		各级反萃率/%	
	A/O=4:6	A/O=3:7	A/O=4:6	A/O=3:7
1	31.78	50.62	95.22	97.50
2	63.21	101.37	94.17	97.75
3	94.89	152.18	94.92	97.87
4	126.28	—	94.05	—
5	156.45	—	90.40	—

6.4.3.6　杂质分离效果

萃取法处理含锌废水制备电积锌液除了应该有较高的萃取率和反萃后水相中锌浓度以外，还应该有较好的杂质分离效果，以使其中的杂质含量符合电积液的要求。为了考察萃取工艺中含锌废水中杂质的走向及其分离效果，对萃余液及反萃水相中的杂质含量进行了分析，结果见表6-27和表6-28。所使用的萃余液来自于O/A比为6:4、萃取剂浓度为30%时的萃取试验，反萃水相来自于A/O比为4:6时的5级反萃液。

表6-27　萃余液中杂质离子的浓度及其损失率

离 子	浓度/mg·L^{-1}	损失率/%	离 子	浓度/mg·L^{-1}	损失率/%
Zn^{2+}	134.2	99.60	Cu^{2+}	73.0	3.80
Cd^{2+}	176.8	5.70	Fe^{2+}	891.5	39.07
Mn^{2+}	333.2	7.60	Cl^-	219.5	3.60

表 6-28 反萃终液中各离子浓度及其去除率

离　子	浓度/mg·L^{-1}	去除率/%	离　子	浓度/mg·L^{-1}	去除率/%
Zn^{2+}	156.45	—	Cu^{2+}	2.50	22.29
Cd^{2+}	12.60	98.56	Fe^{2+}	1.43	99.98
Mn^{2+}	13.30	99.21	Cl^-	0.34	99.97

由表6-27可知，水相中锌余量为0.134g/L，溶液中锌基本被萃取完全。杂质离子Cd^{2+}、Mn^{2+}、Cu^{2+}和Cl^-均大部分残留在萃余液中，损失率很小，表明锌萃取过程对这些杂质离子具有很好的分离效果。值得注意的是，Fe^{2+}具有较大的损失率，但从实验现象及反萃后水相分析结果来看，Fe^{2+}的损失并不是因为被萃取进入了有机相。在实际中发现随萃取过程的进行，萃余液的颜色逐渐变黄，并有些浑浊，表明Fe^{2+}发生了氧化，并有部分形成了沉淀。此外，表6-28中反萃后水相中Fe^{2+}浓度很低，也表明Fe^{2+}并没有被萃取。因此，锌萃取对Fe^{2+}也有较好分离效果。

由表6-28还可以看出，反萃后水相中各杂质离子的浓度都很低。表明用萃取工艺处理含锌废水可以得到锌浓度高、杂质含量低的电积锌液。为了评价该工艺的除杂效果，研究对杂质去除率进行了分析，表6-28中的杂质去除率是指反萃后水相中单位锌量所对应的杂质量相对于萃取原液降低的百分数。结果表明，各杂质离子的去除率均在98%以上。值得一提的是，Cl^-在沉淀除杂法中很难去除，但在萃取法中却达到了99.97%的去除率，解决了用该废水制备电积液脱氯很难的问题。

由上述可知，在适当的O/A比和萃取剂浓度条件下，用P204作萃取剂，同时添加一定量的中和剂，可以将含锌废水中的锌有效萃出，萃取率可达99.60%以上。与沉淀除杂法中不可避免的锌沉淀损失相比，大大提高了锌回收率。用浓度达到7.6%以上的硫酸溶液对负载有机相进行反萃，通过多级错流萃取，可以获得150g/L以上的高浓度锌液，满足了电积锌液的浓度要求。含锌废水中的各种杂质在萃取工艺中都能有效分离，得到了杂质浓度低的反萃液，其杂质含量都符合电积锌液的要求。此外，萃取工艺还解决了沉淀除杂法脱氯难的问题。

6.4.4 回收锌的 ESPINDESA 流程及 Metsep 流程

6.4.4.1 ESPINDESA 流程

西班牙于1976年在毕尔巴鄂地区建立了一座从黄铁矿烧渣浸出液中萃取锌的工厂，采用的方法称为艾斯平德撒（ESPINDESA）法，其流程如图6-15所示。由于该法经济效益良好，葡萄牙于1980年按照此法兴建了第二个用该法回收锌的工厂，设计能力为1.1万吨电锌[5,20]。

上述两厂使用的 ESPINDESA 流程所用原料为黄铁矿烧渣，氯化焙烧后浸出，浸出液含锌25~30g/L，其他杂质有铁、镉、砷、镍、钴、铅。浸出液中的锌以氯化锌的配阴离子$ZnCl_4^{2-}$形态存在，故可用仲胺萃取分离。杂质随萃余液排放，负荷有机相用稀酸洗涤除去共萃或由夹带料液而带入的杂质。洗涤后有机相用水反萃，再生有机相返回萃取工序。萃余液含锌0.1g/L，夹带有机相约1×10^{-3}g/L。反萃液除锌外还含有铜、镉及其他杂质，它们均以氯化配合阳离子状态存在。这种溶液用D2EHPA进行第二次萃取提纯，进

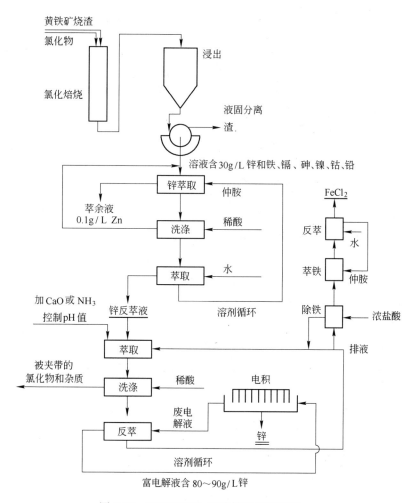

图 6-15　ESPINDESA 回收锌的原则流程

一步分离除去铜、镉，萃取过程的 pH 值用加氨水控制。负荷有机相用稀酸洗涤除去夹带料液带进的氯化物离子。负荷有机相用锌电积厂的废电解液反萃，获得的富锌电解液，含锌 $80 \sim 90g/L$，铁 $3.6 \times 10^{-4}g/L$，Cl^- $8.6 \times 10^{-4}g/L$，而铜、镉、钴、砷均在 $2 \times 10^{-5}g/L$ 以下。电解液中的夹带有机物经活性炭吸附处理后含量小于 $5 \times 10^{-4}g/L$。由于 D2EHPA-Fe 配合物难以反萃，因此再生有机相需要定期排出一部分用浓盐酸反萃。当反萃液中铁的含量增高时，用仲胺萃取 $FeCl_3$，并相应地补充由 $FeCl_3$ 带走的盐酸量。

6.4.4.2　Metsep 流程[5]

梅特赛普（Metsep）法是在南非建立起来的，现在使用 D2EHPA 萃锌已进入了工业应用。该法的流程如图 6-16 所示。

从镀锌板生产中来的酸洗废液通常含有大量的氯化锌（高达 100g/L），南非利用梅特赛普流程处理这种废液回收其中的锌。首先使含锌废液通过连续离子交换柱以分离氯化锌，脱锌后的溶液在喷雾焙烧炉中水解产出 FeO、FeO_2 和 HCl 气。离子交换解析含有氯化锌的稀溶液，通过溶剂萃取转化成浓 $ZnSO_4$ 溶液去电解提锌。溶剂萃取出来的萃余液（稀盐酸溶液）用于吸收喷雾焙烧炉产生的氯化氢。梅特赛普流程的优点是不产生废物，可以

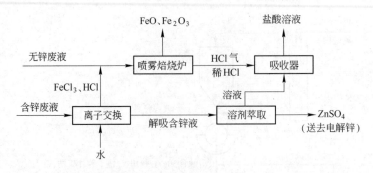

图 6-16   使用萃取法回收锌的梅特赛普（Metsep）流程

有效地回收含锌废液中的锌和废液中的酸。

萃取剂使用 D2EHPA，稀释剂为煤油，反萃剂使用浓硫酸溶液。萃取和反萃取反应可以表示为：

萃取

$$(RH)_{2(O)} + ZnCl_{2(A)} \Longrightarrow R_2Zn_{(O)} + 2HCl_{(A)}$$

反萃取

$$R_2Zn_{(O)} + H_2SO_{4(A)} \Longrightarrow (RH)_{2(O)} + ZnSO_{4(A)}$$

萃取和反萃取作业都在混合—澄清萃取槽内完成。

6.4.5 锌废料生产锌的化工产品

6.4.5.1 七水硫酸锌生产

铜转炉烟灰、废 Zn-Mn 干电池、Zn-Ag 蓄电池等含锌废料的硫酸法处理，即可得到硫酸锌溶液，再浓缩结晶得七水硫酸锌。在此则主要简介七水硫酸锌的生产过程[22~27]。

含锌废料用硫酸浸出，浸出后的滤液进行蒸发浓缩，然后入冷却结晶槽降温结晶 12h，结晶后进行离心分离，滤液返回净化，$ZnSO_4 \cdot 7H_2O$ 包装出售。生产工艺流程如图 6-17 所示。表 6-29 列出 $ZnSO_4$ 质量标准。

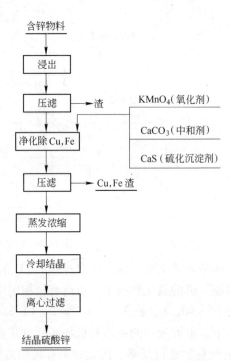

图 6-17 含锌废料生产硫酸锌工艺流程

表 6-29   硫酸锌的质量标准   （%）

项 目	化纤级	工业一级	工业二级	工业三级
$ZnSO_4 \cdot 7H_2O$	≥98	98	98	96
Zn		>22.29	>22.29	
Fe	≤0.004	<0.02	<0.04	
Cu	≤0.003			
Mn	≤0.003			

续表6-29

项 目	化纤级	工业一级	工业二级	工业三级
Cl	≤0.03			
水不溶物	微	<0.02	<0.05	<0.07
游离硫酸		<0.07	<0.1	

我国某炼铜厂利用转炉电收尘烟灰生产七水硫酸锌，工艺流程如图6-18所示。所用原料成分（%）为：Zn 15~20，Pb 13~23，Bi 1.5~3.5，Cu 2~3.4，Cd 0.7~1.0，In 0.02~0.05。这种原料的综合利用价值是高的。

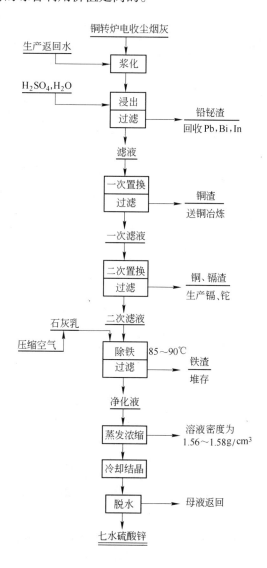

图6-18 炼铜烟灰生产七水硫酸锌工艺流程

浸出时物料先用水浆化，后加硫酸溶渣，在液固比为3∶1下，于90℃情况下搅拌浸出4h，然后过滤出铅、铋、铟渣另行处理，滤液在约60℃下加锌粉搅拌转换90min沉淀出铜，过滤，滤液用锌粉在60℃下进行二次搅拌转换90min，以沉淀除铜、镉、铊等，滤渣另行处理。滤液在90℃下用空气氧化铁并加石灰乳中和沉淀出铁，过滤、纯净滤液则经浓缩结晶，如此便得到七水硫酸锌。其成分（%）为：Zn 21.97，Fe < 0.02，H_2SO_4 < 0.07，水不溶物0.45。

对于废干电池，不少研究人员进行了多方案的研究，按所得产品分为三种方案[22]：

（1）废干电池用硫酸浸出法处理，制得七水硫酸锌和立德粉。或用锌电积废液（含 H_2SO_4 100 ~ 120g/L）将废电池（锌壳）进行浸出处理，其工艺流程如图6-19所示。

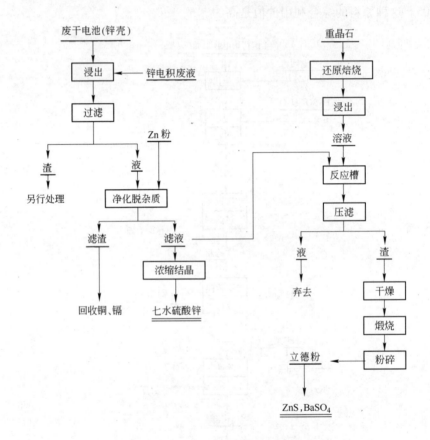

图6-19 废干电池的湿法处理流程

（2）废干电池→破碎→还原浸出，得硫酸锌和硫酸锰混合物，作为农业肥料。

（3）废干电池→破碎→浓硫酸浸出→净化→电积，同时生产锌和电解二氧化锰。

以上各方案取得了一定的进展，其中锌、二氧化锰同槽电解方案可得到4~5号锌和合格的电解二氧化锰。

6.4.5.2 氯化锌生产

用含锌65%以上，含铁不超过1%的锌废料生产氯化锌的工艺流程如图6-20所示[23,24]。

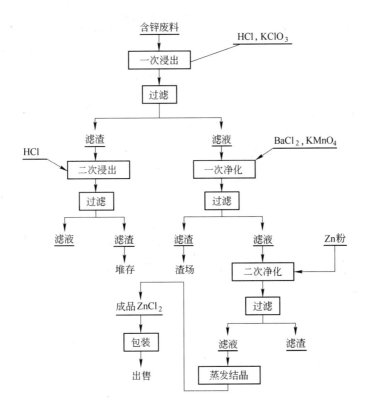

图 6-20 氯化锌生产工艺流程

工艺主要过程反应及技术条件为：

（1）浸出。浸出主要反应为：

$$Zn + 2HCl === ZnCl_2 + H_2 \uparrow$$

$$ZnO + 2HCl === ZnCl_2 + H_2O$$

$$6FeCl_2 + KClO_3 + 6HCl === 6FeCl_3 + KCl + 3H_2O$$

浸出时在常温下搅拌 1h，浸出终点 pH 值为 4.5 ~ 5.0。

（2）净化。一次净化是将浸出滤液中 SO_4^{2-} 除去，并将残余的 Fe^{2+} 氧化成 Fe^{3+}，以便水解除去，反应为：

$$SO_4^{2-} + Ba^{2+} === BaSO_4 \downarrow$$

$$3Fe^{2+} + MnO_4^- + 7H_2O === MnO_2 \downarrow + 3Fe(OH)_3 \downarrow + 5H^+$$

控制条件为：温度大于 80℃，澄清时间 24h。

二次净化是用锌粉将溶液中的 Pb、Cd 在搅拌情况下置换脱除，控制条件为：温度 80℃左右，0.5 ~ 1h。

（3）蒸发结晶出氯化锌。当溶液蒸发到密度为 1.7117g/cm³ 时，将溶液冷却结晶。如果在蒸发结晶快结束时，溶液出现黄色，即说明有有机物影响，可加少量硝酸氧化除去或在蒸发结晶前用活性炭吸附溶液中的有机物。氯化锌产品质量标准见表 6-30。

表6-30   氯化锌产品质量标准

指标名称	指　　标		
	电池用	一级	二级
含量(以 $ZnCl_2$ 计)/%	≥98.0	≥98.0	≥96.0
氧氯化物(以 ZnO 计)/%	≤1.8~2.2	≤2.2	≤2.2
硫酸盐(SO_4^{2-})/%	≤0.01	≤0.01	≤0.05
钡(Ba)/%	≤0.1	≤0.1	≤0.2
铁(Fe)/%	≤0.0005	≤0.001	≤0.002
铅(Pb)/%	≤0.0005	≤0.001	≤0.002
锌片腐蚀试验	合格		

美国 Pauir Kruesi 公司从溶液、精炼烟尘及汽车碎料中用氯化浸出法或用 NH_4Cl 烧结法制备 $ZnCl_2$ 溶液[27]，然后用溶在石油中的碳酸三丁酯（TBP）或 DBBP 萃取，再用含有 $ZnCl_2$、NH_4Cl 及氨水的溶液反萃，用氨进一步沉淀得到二氨基氯化锌，400℃下热分解得到无水纯氯化锌，分解出的氨返回使用，无水氯化锌送去熔融盐电解或水溶液在高电流密度下电积得到纯锌。

6.5   国内外回收锌的生产实例

6.5.1   中国

我国从二次资源回收锌的工作与国外相比，还有很大差距，大致的情况是[1,43]：

（1）上海锌厂用平罐蒸馏法处理热镀锌浮渣、锅底渣及其他含锌废料。金属锌直收率为71.4%~84%，锌总回收率为95%，蒸馏锌品位为97%~99.9%，罐渣含锌为10%~15%。该方法缺点是热效率低，劳动强度大。

（2）广西柳州市有色金属冶炼厂用电炉熔炼处理锌渣蒸馏锌粉。原料先进行烘焙，同时加入焦炭、石灰和石英，烘焙后炉料水分小于0.4%。烘焙料热态加入电炉，经还原产出锌蒸气，再经冷凝器冷却制取锌粉。锌粉电耗为4500~5000kW·h/t，锌回收率为85%~90%，渣含锌为5%~10%。

（3）北京矿冶研究总院用氨法生产活性氧化锌。1991年北京冶炼厂曾进行了处理干电池的湿法冶金工艺工业试验，废锌锰干电池经球磨、过筛、分级、摇床分选，可分别获得金属锌、铜、铁、二氧化锰和氯化铵溶液。长沙矿冶研究院对热镀锌渣和含锌废水进行了研究工作，获得了金属锌及氧化锌，并在工业上得到了应用。

（4）国内一些企业，进行了萃取法从废水中萃取锌的研究，已开始了萃取法回收锌的工作。各钢铁企业也在积极对烟尘和热镀锌渣中的锌进行回收和新方法的研究工作。

6.5.2   日本

6.5.2.1   处理现状

日本对电弧炉烟尘处理状况如图6-21和表6-31所

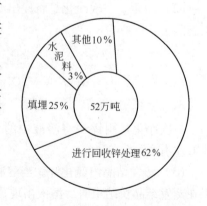

图6-21   日本电弧炉烟尘处理状况

示[1]。图 6-21 中表明在 52 万吨电弧炉烟尘中填埋的占 25%，作水泥料的占 3%，其他占 10%，62% 要进行回收锌的处理。表 6-31 表明回收锌的方法主要是威尔兹法，其次是三井法和电蒸馏法。

表 6-31 日本的电弧炉烟尘回收锌工厂

工艺名称	生产者	产能/t·a⁻¹	处理方法
电蒸馏法	东方锌公司小名滨厂	50000	粗氧化锌除去铅和卤化物后送 ISP 处理回收锌
威尔兹法	宗哲金属公司	60000	粗氧化锌除去铅和卤化物后送 ISP 处理；残渣销售给炼钢厂
	姬路钢铁公司	50000	粗氧化锌除去铅和卤化物后送 ISP 处理；残渣填埋
	住友金属矿冶公司 Shisaka 厂	120000	粗氧化锌除去铅和卤化物后送 ISP 处理；残渣填埋
三井法（MF 法）	三池熔炼厂	120000	粗氧化锌送 ISP 处理；冰铜送炼铜厂回收铜和银；炉渣填埋

图 6-22 所示为威尔兹法流程，图 6-23 所示为电蒸馏法流程，图 6-24 所示为三井法流程，图 6-25 所示为以电弧炉烟尘为原料生产其他材料的方法。

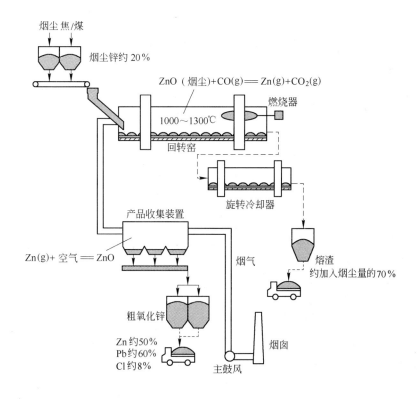

图 6-22 威尔兹法流程

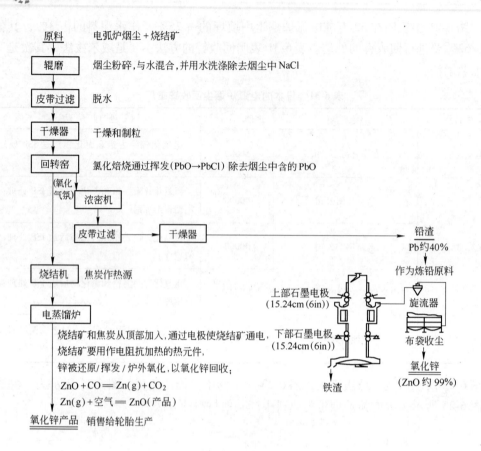

图 6-23   电蒸馏法流程

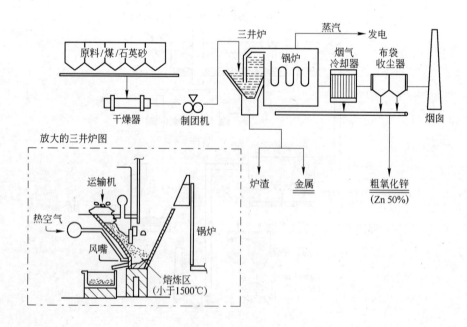

图 6-24   三井法流程

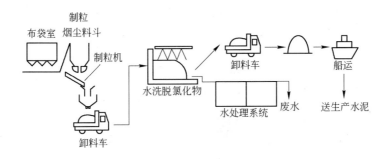

图 6-25　以电弧炉烟尘为原料生产其他材料示意图

6.5.2.2　电炉烟尘中锌的回收

日本电炉烟尘年总产量约为 520kt，按 62% 的电炉烟尘进入锌回收系统计算，则有 310kt 烟尘进入回收系统。约按 70% 的锌回收率计，则总锌量为 21700t。因此，电炉烟尘中的锌约一半得到了回收。将来的发展方向是进一步提高电弧炉烟尘中锌的回收利用率。

下面介绍日本对电炉烟尘处理研究的新方法：

（1）DSM 法——Daido 钢公司。由 Daido 钢公司开发的 DSM 法流程如图 6-26 所示，现已在其 Chita 厂工业应用。该方法是将电弧炉烟尘和炉渣一起用 C 级重油和氧燃烧器进行还原熔炼，产出的炉渣作路基材料，而锌则以二次烟尘（粗氧化锌）回收，送去由 ISP 法回收锌。过程中为节省能源，Fe_2O_3 不还原。

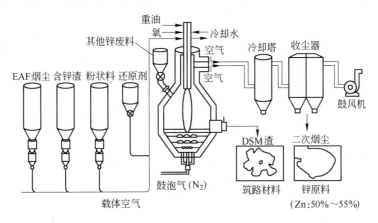

图 6-26　DSM 法基本流程

（2）Z-星炉——日本川崎钢公司法。图 6-27 所示为日本川崎钢公司为处理 SUS 烟尘开发的一种处理工艺，其中包括用于回收粗氧化锌的文丘里洗涤器、浓密机。烟尘从二次风嘴的顶端竖炉的焦炭层加入，烟尘在炉内被还原、熔炼，产出炉渣、锌及其他金属。该工艺的关键在于控制上部炉膛的温度以防止锌沉淀（冷凝）。锌先以粗氧化锌形式回收，再送 ISP 法进一步回收。被还原的其他金属以及炉渣从炉子底部放出。表 6-32 列出了金属和炉渣成分，回收物成分见表 6-33。川崎钢公司已建成了一套该工艺的半工业试验装置，正在操作中。

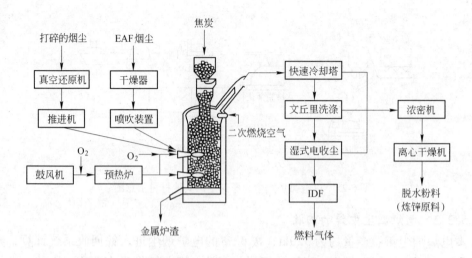

图 6-27 川崎钢公司法流程示意图

表 6-32 产出的金属和炉渣成分实例

金属成分/%		炉渣成分/%		金属成分/%		炉渣成分/%	
C	4.2	CaO	37	Zn	0.005	Zn	0.01
Si	2.5	SiO_2	36	Pb	0.001	Pb	0.001
Mn	1.7	Al_2O_3	15	Cu	0.52	Cu	0.01
P	0.28	MgO	6	Cr	0.63	Cr	0.12
S	0.09	Fe	1.5				

表 6-33 回收物成分实例 （%）

TZn	TFe	Pb	C	SiO_2	Al_2O_3	CaO	二噁英
60.0	1.71	6.2	2.27	2.98	1.14	1.75	0.0001ng-TEQ/g

（3）VHR 法——爱知钢公司。爱知钢公司开发了一种真空热还原工艺（见图 6-28），EAFD 与还原剂（Fe 或 FeO）一起混合，在真空下加热到 900℃ 使锌还原。该公司已建成了一个烟尘处理能力为 500t/月的半工业试验装置。

（4）烟尘加碳（或铝浮渣）喷吹电弧炉熔炼法——二噁英的分解。对烟尘和铝浮渣喷吹电弧炉分解二噁英（见表 6-34）的研究表明，二噁英的减少量可达 50% 或更高些。表 6-35 为氯的物料平衡。

表 6-34 二噁英的降低率

项 目	特 种 钢		碳 素 钢	
	吊桶加料	喷吹加料	吊桶加料	喷吹加料
烟尘中二噁英量	1.0ng-TEQ/g 减至 0.38	1.0ng-TEQ/g 减至 0.40	2.0ng-TEQ/g 减至 1.30	2.0ng-TEQ/g 减至 0.94
降低率/%	62	60	35	53

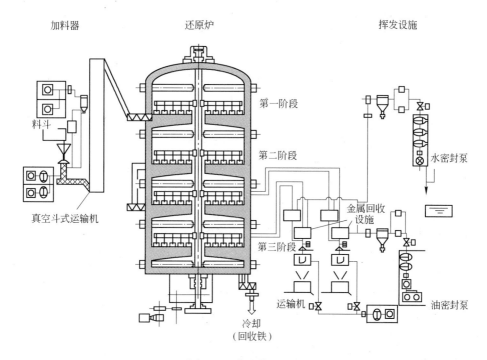

图 6-28 真空热还原法

表 6-35 氯的物料平衡 （％）

烟尘来源	试验结果	传统方法	吊桶加料	喷吹加料
特种钢	渣	6.9	8.9	8.7
	金 属	0	0	0
	烟 气	0.5	0.5	1.1
	烟 尘	92.6	90.8	90.2
碳素钢	渣	1.1	1.2	1.6
	金 属	0	0	0
	烟 气	4.7	9.3	7.6
	烟 尘	94.2	89.4	90.8

（5）JRCM 法——节能的金属烟尘回收技术。该方法中电弧炉是完全密封的（见图 6-29）。分析炉子的烟气和烟尘表明，烟气温度高于 1100℃，CO 与 CO_2 的体积比是 2，烟气量（标态）为 $100m^3/(t \cdot h)$。电弧炉中的铁以 Fe 或 FeO 存在，锌以蒸气存在，烟尘粒度小于 $1\mu m$。现在一个半工业规模装置（1t/h 的电弧炉）安装在 Chita 厂，正在进行可行性试验研究。据称这是一个"梦之工艺"，可达到废料零排放。在日本用湿法从二次资源回收锌的工作也在积极进行[35]。

6.5.3 美国

美国二次资源回收锌的工作主要集中在对炼钢烟尘的处理上，下面以美国钢铁公司为

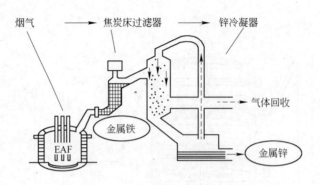

图 6-29　JRCM 法原则流程

代表，对其处理电弧炉烟尘的情况进行介绍。美国钢铁公司的电弧炉烟尘处理厂是用旋转膛式炉火法回收氧化锌并产出一种可回收铁的产品。该厂已操作了 3 年以上，4 个电弧炉熔炼车间产出的电弧炉烟尘全部自己处理[1,44]。

1997 年 11 月，美国钢铁公司将位于田纳西州的杰克逊电弧炉烟尘处理厂的控制和经营接了过来，该厂原来是美国钢铁公司西田纳西分公司的财产。工厂最初是由佐治亚的亚特兰大的金属回收技术（MRT）公司设计并建成的，后来被美国钢铁公司收购，归其所有。

工厂由三个部分组成。第一部分是电弧炉烟尘的进厂卸料以及氧化锌产品外运装料；第二部分是主工艺建筑，包括原料混合制团设备、旋转膛式炉（RHF）；第三部分包括原来的湿法冶金设备、仓库、更衣室、维修区以及办公室。

外部的原料是用密封的卡车或有轨铁路车厢运至厂内，西田纳西分公司的烟尘直接从仓库用气体输送法运来。烟尘的短程搬运时采用真空-气体运输系统完成。有轨车厢的卸料是通过由车厢下边与真空-气体运输系统相连的管接头卸出。其他含金属的废料也是如此卸料，再与烟尘混合。然后将混合料筛分，除去大小不合格的物料，再送至一或两个料仓中。从料仓再将混合料送至失重加料器，再经刮板运输机送至混合研磨机。煤也是用铁路车厢运至厂内，煤的粒度一般在 32mm 以下，由斗式提升机送至料仓，再用螺旋运输机将煤送至锤磨机破碎至 0.249mm （60 目）以下。磨后的煤从锤磨机送至一个较小的料仓，从此再加入失重加料器。该加料器将煤按一定的比例加至运输烟尘的刮板运输机，与烟尘一起送至研磨机。

混合气将烟尘、其他含金属废料以及煤混合，再用刮板运输机将混合料送至制团机，将物料制成约 25.4mm × 15.9mm × 19mm 的团矿，然后用皮带运输机将团矿送至 RHF。团矿再用平板运输机运送，通过炉顶上的 3 个串联的加料孔加入炉膛。团矿在炉内停留约在 12min，炉膛的旋转是可调速的。

用水冷的出料螺旋从炉内排除团矿，处理过的团矿经溜槽送水骤冷，再堆存，最终返回电弧炉熔炼回收铁。

含烟尘的炉气进入衬耐火材料的烟道，再进入骤冷室，通入冷空气冷却后，送脉冲布袋收尘室收尘。

炉子的作业温度大致为 1300℃，24h 加热，炉墙安装有燃烧器。燃烧器为炉子提供最初的加热，并控制炉内的气氛。24 个燃烧器分布在炉子不同的 6 个温度控制区。向燃烧器提供的燃烧空气是固定的，根据区域所需控制的温度来增加或减少天然气用量。通过诱导风机保持整个系统呈微负压操作。

随着团矿加入炉膛并穿过炉子，团矿被炉顶、炉墙和炉膛的辐射迅速加热，烟尘中的锌氧化物和煤中的碳紧密接触，使氧化物很快被还原成金属，放出 CO，CO 又立即燃烧生成 CO_2。金属迅速气化，然后立即与氧反应成氧化物。这些反应都是放热的，既保持了炉膛反应区所需的高温，又可节省能源。因此，炉子的生产率越高，经济效益就越好。随后，氧化物开始冷凝成固体，与烟气一起离开炉子，在烟道至布袋收尘室的途中氧化物继续被冷却和冷凝，直到引入环境空气冷却后才完成最后的冷却和冷凝，在布袋室被收集。表 6-36 是收集的 RHF 烟尘平均成分。这种烟尘外销给锌工业部门。

表 6-36　RHF 烟尘平均成分

成分/%										
Zn	ZnO	Pb	Cd	Na	K	Cl	Fe	Cu	Mn	水分
61.4	80.3	5.3	0.2	2.2	2.2	6.9	0.059	0.0288	0.0152	<1.0

成分/%										体积密度 /g·cm^{-3}
Ca	Mg	Al	Ba	Cr	Ni	Sn	Ti	Tl	V	
0.0784	0.0172	0.0055	0.001	0.001	0.0011	0.0316	0.0003	0.0079	0.0002	2.9

反应后的团矿用水冷的螺旋排料器从炉内排出，物料成分列于表 6-37，这种团矿被称为还原了铁的物料（RIU）。

表 6-37　RIU 成分

成分/%							
Fe	Zn	Pb	Cd	Cu	Mn	Na	Al
33.15	11.65	1.68	0.01	0.37	2.67	1.18	0.73

成分/%					金属铁/%	铁金属化率/%
K	Ca	Mg	Cr	V		
0.74	7.05	3.14	0.13	0.01	15.35	46.29

在电弧炉熔炼车间把 RIU 与钢铁一起加入电弧炉中。当 RIU 的加入量不超过炉料总量的 2% 时，对冶炼作业没什么影响，实际上工厂也没有测定过影响数据。电弧炉烟尘团矿用的煤还原剂可能带入部分硫，通常 RIU 中的含硫范围在 0.3% ~ 0.8% 之间，由于 RIU 的添加量不大，对产品钢的质量没有明显的影响。少量的硫化合物 SO_x 都被氧化锌吸收，不会引起环境问题。

6.5.4　德国

德国杜伊斯堡贝尔采留斯金属公司（B.U.S.）经营 5 家威尔兹法处理厂，烟尘的总处理能力约为 40 万吨，这些工厂分布在德国、法国、西班牙和意大利，总共从二次资源原料中年产锌和铅约 8 万吨[1]。

6.5.4.1　B.U.S 所属的 5 家工厂简介

1906 年在德国的杜伊斯堡就建立了 MHD 贝采留斯金属公司，1929 年起开始用回转窑处理自身产出的含锌蒸馏罐灰和炉渣以及外购的物料。1952 年重建了威尔兹窑，现在该窑可用于处理各种含锌物料。

德国弗赖堡 B. U. S. 锌回收有限公司于 1992 年 7 月 3 日投产了一台威尔兹窑，用来处理各种含锌物料（特别是电弧炉烟尘）。

位于法国 Fouquières-Lès-Lens 的 Recytech 公司于 1992 年建立，由欧洲金属公司和拥有50% 股权 B. U. S 金属有限公司共同组建，各拥有 50% 的股权。工厂专门处理炼钢烟尘。

西班牙毕尔巴鄂 Aser 公司于 1987 年在西班牙北部的毕尔巴鄂市投产了一个威尔兹法工厂，处理电弧炉烟尘，B. U. S. 金属有限公司拥有 50.01% 的股权。

意大利米兰的 Pontenossa 公司于 1985 年建立，处理钢厂的电弧炉烟尘。1994 年起工厂由 Pontenossa 公司经营，B. U. S. 金属有限公司拥有 40% 的股权。

6.5.4.2   德国威尔兹法回收锌的新进展[44,45]

过去，威尔兹法广泛用于从锌渣中回收锌，现在也开发用于电弧炉烟尘以及其他低品位含锌粉料中回收锌。

B. U. S. 金属公司的德国弗赖堡锌厂、德国弗莱贝格锌回收厂和西班牙的毕尔巴鄂锌厂都采用了威尔兹技术回收锌。制粒是威尔兹工艺中一个很重要的步骤。这些工厂由于建立了制粒车间，因此可处理干的电弧炉烟尘。干烟尘、熔剂和还原剂用散装物料槽车（或卡车）送入工厂，厂内采用气动输送法输送。按成分配比并加入适量水后用圆盘制粒机制粒，粒料用威尔兹窑处理。物料制粒后处理有下列优点：

（1）威尔兹窑处理量可提高 15% ~20%，降低焦耗约 10%；

（2）由于采用粒料，降低了循环的物料量约 50%，提高了威尔兹窑产出的氧化锌质量。

威尔兹氧化锌除含 55% ~60% 的锌外，还有一些碱性物（1% ~2% Na、1% ~2% K）和卤素（4% ~8% Cl、0.4% ~0.7% F）。对湿法炼锌方法，碱性物和卤素是不利的，通过浸出一两段洗涤，可将碱性物和卤素大大降低，浸出液可直接送湿法炼锌系统处理。

6.5.4.3   SDHL 法

SDHL 法是以四个发明者名字的第一个字母命名的方法。迄今，威尔兹法还普遍被认为是处理低品位含锌和铅的钢铁工业烟尘及其他残渣最佳工艺之一。但它的一个明显不足之处是能耗高，因为最终渣中含有炉料中加入的大部分的还原剂（焦炭）以及炉料中部分铁也被还原成金属。SDHL 法的目的就是使原来的威尔兹法能耗大大下降，提高锌回收率和设备产能。

在传统的威尔兹法中，还原剂量以比化学所需能量高得多的比例加入，导致炉渣中含有大量焦炭。在 SDHL 法中，还原剂加入量少（大约为威尔兹法的 70%），这是因为通过在窑的末端引入一定的空气，使金属铁再氧化而提供过程所需的热。几种方法比较见表 6-38。

表 6-38   几种方法的比较

项　目	传统威尔兹法	制粒威尔兹法	SDHL 法
处理量/t·d^{-1}	146	165 ~170	200 ~210
锌回收率/%	84	86	91 ~93
焦耗量/kg·t^{-1}	380	270	160 ~170
天然气耗量/m^3·h^{-1}	180	180	0

6.5.5 西班牙

20 世纪 70 年代, 西班牙的 Técnicas Reunidas 公司开发了 ZINCEX™ 法, 并在 80 年代和 90 年代初改进了 ZINCEX 法(即 MZP 法)[46]。

6.5.5.1 ZINCEX 法

ZINCEX 法的关键是在含有大量杂质的氯化物介质中, 可以从原生和再生原料中回收锌。

核心步骤是采用溶剂萃取来浓缩和净化锌溶液, 以便能产出多种锌产品。当产品可以达到特别纯的锌锭时, 同时也可产出高纯的硫酸锌、氧化锌或其他的锌化工产品。

原来开发的 ZINCEX 法包括两个溶剂萃取系统(阴离子和阳离子萃取)。由于它的复杂性, 已为改进了的 ZINCEX 法(MZP)所取代。该技术可从氯化物浸出中回收富液和从其他氯化锌溶液(地下盐水)回收锌。ZINCEX 法也可用来处理混合精矿, 工艺的原则流程如图 6-30 所示。

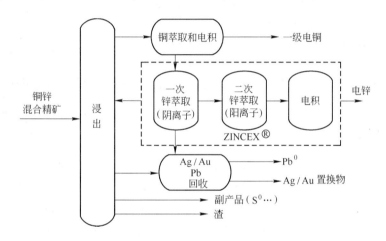

图 6-30 ZINCEX 法原则流程

6.5.5.2 改进的 ZINCEX 法

改进的 ZINCEX 法称做 MZP 法, 该技术可通过处理如热镀锌渣、威尔兹氧化物、电弧炉烟尘等二次锌资源回收锌。1991~1992 年间, 该方法由欧共体资助建立的一个试验装置中获得了技术上、经济上和环境方面的可行性验证。1997 年在西班牙巴塞罗那附近的一个试验厂通过该方法从含锰和汞为主要杂质的电池中产出了 2.8kt 锌。该工艺如图 6-31 所示。

MZP 法的基本过程是[36,41,47]:

(1) 浸出。含锌原料采用适用的方法浸出。在浸出的方法中可得到浸出富液。根据原料的性质, 可采用常压浸出、高压浸出、堆浸或微生物浸出等方法。

(2) 溶剂萃取。MZP 技术中的一个重要环节是浸出液与有机相接触, 选择性地将锌萃取入有机相。有机相是溶于煤油中的 D2EHPA(二(2-乙基己基)磷酸), 在 MZP 的条件下这种萃取剂对锌有很高的选择性。像 Co、Cu、Ni、Cd、Mg、Cl、F 和 Ca 等杂质都不会被明显萃取。

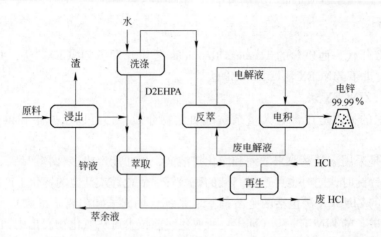

图 6-31　MZP 法原则流程

（3）洗涤。采用酸化的水在适当的条件下除去有机相中夹杂的水和痕量的共萃杂质，可获得一种很纯净的含锌有机相。

（4）反萃。用酸液可从洗涤后的有机相反萃锌，产出一种很纯的硫酸锌溶液，这种溶液可用于生产各种锌产品，如高纯锌、硫酸锌或氧化锌。

（5）再生阶段。这是一个辅助作业，分出少量有机相，用 HCl 溶液进行处理以降低共萃杂质（如铁）的含量。

6.5.6　意大利

在意大利，将各种含锌废料和循环料看做是易于开采的锌矿。但是，目前这不部分原料仅少部分得到回收利用，大多数被填埋或还无回收利用。近些年来，已开发了许多从这类物料中回收锌的工艺（主要是火法），大多是用热蒸馏法使锌转化成粗的锌氧化物（C. Z. O.）。这种 C. Z. O. 还含有大量其他重金属和卤化物杂质。要将这种 C. Z. O. 转化成金属锌，主要是采用两种工艺，即硫酸浸出—电积和密鼓风炉（ISP）法，但是，C. Z. O. 中的卤化物对这两种工艺都是很不利的。而且，由于 ISP 还有一些技术和经济上的问题，现在面临危机，许多生产企业已关闭。图 6-32 所示为 ISP 法锌的循环方框示意图。

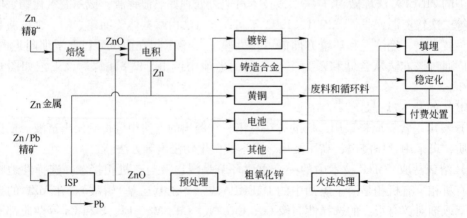

图 6-32　ISP 法锌的循环方框示意图

20 世纪 90 年代初，意大利 Engitec 公司首次开发出了 Ezinex® 工艺，然后又于 1993 年开发了主要用以处理电弧炉烟尘的 Indutec® 法。1993 年建成和投产了一个从电弧炉烟尘中年产锌能力为 500t 的半工业实验厂。一年以后着手设计一个 2000t/a 规模的电锌厂，并建成投产。工业厂操作期间，又建成了一套从含锌废料中火法处理成 C.Z.O. 的半工业试验场，得到的效果良好。

6.5.6.1 Indutec® 法

Indutec® 是火法工艺，主设备是无芯低频感应炉。基本原理是锌和可挥发金属的挥发，产出 C.Z.O.，工艺很简单，流程如图 6-33 所示。

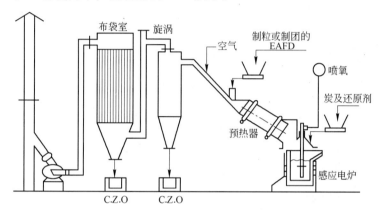

图 6-33　Indutec® 法流程

含锌物料与其他添加物一起制粒并经炉子烟气预热后加入炉内，过程包括：锌和可挥发重金属挥发产出 C.Z.O.；铁以生铁回收；Ca、Mg、Al 等造渣。

在炉渣上部进行氧化，使挥发的金属锌迅速氧化成锌氧化物，氧化反应为放热反应，在粒料的回转预热器中部分的反应热得到回收。上述产品的特性见表 6-39。

表 6-39　产品特性

产　品			炉渣浸出试验		
			元　素	浓度/mg·L^{-1}	极限/mg·L^{-1}
生　铁	Fe	92% ~94%	Ag	未检出	0.50
	C	3% ~4%	Cd	0.01	0.02
粗氧化锌	Zn	60% ~68%	Cr^{3+}	未检出	2.00
			Cr^{6+}	未检出	0.20
	Fe	0.5% ~1.5%	Hg	未检出	0.05
	Pb	4% ~7%	Pb	<0.01	0.20
	NaCl + KCl	5% ~10%	Cu	<0.01	0.10
			Zn	0.35	0.50

注：处理原料为 EAFD。

对于一个 EAFD 处理能力为 15000t/a 的工厂，估算的主要消耗列于表 6-40。

表 6-40　Indutec® 法消耗

电　能	600kW·h	氧	90m³
碳	50 ~ 100 kg	天然气（标态）	20m³
熔　剂	20kg		

注：处理 1tEAFD 的估算消耗。

6.5.6.2　Ezinex® 法

Ezinex® 法的原则流程如图 6-34 所示。

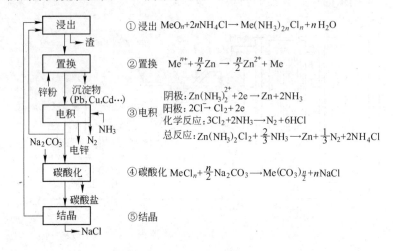

① 浸出 $MeO_n + 2nNH_4Cl \rightarrow Me(NH_3)_{2n}Cl_n + nH_2O$

② 置换 $Me^{n+} + \frac{n}{2}Zn \rightarrow \frac{n}{2}Zn^{2+} + Me$

③ 电积
阴极：$Zn(NH_3)_2^{2+} + 2e \rightarrow Zn + 2NH_3$
阳极：$2Cl^- \rightarrow Cl_2 + 2e$
化学反应：$3Cl_2 + 2NH_3 \rightarrow N_2 + 6HCl$
总反应：$Zn(NH_3)_2Cl_2 + \frac{2}{3}NH_3 \rightarrow Zn + \frac{1}{3}N_2 + 2NH_4Cl$

④ 碳酸化 $MeCl_n + \frac{n}{2}Na_2CO_3 \rightarrow Me(CO_3)\frac{n}{2} + nNaCl$

⑤ 结晶

图 6-34　Ezinex® 法流程

Ezinex® 法是设计用来将 C. Z. O. 转化成金属锌的方法，工艺是基于氯化铵电积不会有氯放出，当然，这种电解质对 C. Z. O. 中存在的杂质（特别是卤化物）是不敏感的。过程主要由五个部分组成：

（1）浸出。锌氧化物以氨配合物被浸出，铁不被浸出，铅也以配合物浸出。

（2）置换。为了防止其他金属与锌在阴极上共沉积，必须将溶液中比锌更正电性的金属除去，方法是通过往溶液中加锌粉置换来实现的。置换出的杂质包括银、铜、镉和铅。置换沉淀物送铅冶炼厂处理以回收有价元素。

（3）电积。电解液为氯化铵溶液。采用钛制的阴极母板，阳极为石墨。阴极上沉积锌，阳极反应放出氯气。但放出的氯气立即与溶液中的氨反应放出氮，而氯则转化成氯化物返回过程使用。往电解液中通入空气搅拌，加强溶液中离子的扩散作用。电积中溶液的锌浓度从 20g/L 降至 10g/L。

（4）碳酸化。在碳酸化作业中通过添加碳酸盐以控制溶液中的钙、镁和锰含量。这些杂质沉淀物送 Indutec® 工艺处理，在那里钙、镁造渣，锰进入生铁中。

（5）结晶。在该结晶作业中有两个主要任务：维持系统平衡；碱金属氯化物结晶。

该单元作业很重要，因为绝大多数锌废料和循环料都含有碱性氯化物。碱性氯化物会对 C. Z. O. 转化成金属锌的其他工艺，如对硫酸盐—电积和 ISP 工艺造成很大不利影响，所以，在这里要进行 C. Z. O. 的预处理，以除去碱金属氯化物。

6.5.6.3 Indutec®/Ezinex®联合法

上述两种工艺的联合,将为含锌废料和循环料的处理提供更有效的结果,可使这类原料直接产出金属锌,并避免了给其他工艺造成麻烦,联合工艺的原则流程如图 6-35 所示[48]。

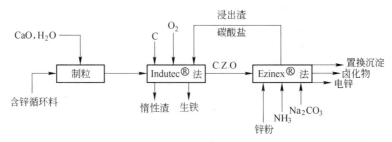

图 6-35　联合工艺的原则流程

这种联合使整个工艺的灵活性加强,大大扩大了原料的处理范围,使过去许多填埋了的废料有可能处理。研究表明,许多其他工业部门的含锌废料都可用这种联合工艺处理,例如,可以处理碱性或锌铅电池、镀锌行业的含锌废料等。可将联合工艺中 Indutec®看做是 Ezinex®的前阶段作业。联合法使过程更简化,提高了生产效率,原料中存在的氯化物、氟化物和金属杂质的问题很容易地得到了解决。在联合工艺中,原来废料中的一些有害元素在这里成为了有价元素,提高了经济效益。图 6-36 所示为设计的高效、综合处理各种含锌废料和循环的全流程图。

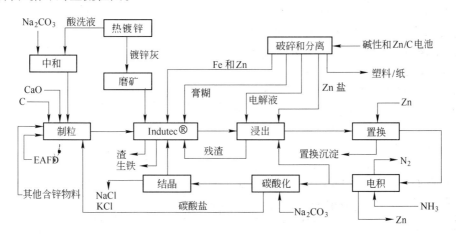

图 6-36　设计的 Indutec®和 Ezinex®综合流程

参 考 文 献

[1] 邱定蕃,徐传华. 有色金属资源循环利用[M]. 北京:冶金工业出版社,2006.
[2] 兰兴华. 世界再生锌工业的现状与展望[J]. 世界有色金属,2002(2):39~41.
[3] 屠海令. 有色金属冶金材料,再生与环保[M]. 北京:化学工业出版社,2003.
[4] 肖松文. 二次锌资源回收利用现状及发展对策[J]. 中国资源综合利用,2004(2):19~23.
[5] 马荣骏,邱电云. 锌,镉的湿法冶金[M]//陈家镛. 湿法冶金手册. 北京:冶金工业出版社,2005.

[6] 乐颂光, 鲁启乐. 再生有色金属生产[M]. 长沙: 中南工业大学出版社, 1991.

[7] 姜克俭. 我国再生锌的生产[J]. 有色冶炼, 1986(11):1~9.

[8] 汪镜亮. 二次锌资源的利用[J]. 矿产综合利用, 1988(12):53~60.

[9] 彭容秋. 金属再生[J]. 世界有色金属, 1991(22):7~10.

[10] 废杂金属回收科技协作组. 有色金属进展 (第45分册) 废杂金属回收. 1985.

[11] 株洲冶炼厂《冶金读本》编写组. 锌的湿法冶炼[M]. 长沙: 湖南人民出版社. 1974.

[12] 中国有色金属工业总公司有色金属再生赴英科技考察代表团. 考察报告[R], 1988.

[13] Ksson S. 从原生矿和再生料中回收锌的等离子熔炼法[J]. 有色冶炼, 1986(10):7~11.

[14] 门田. 日本三池再生物料的利用[J]. 有色冶炼, 1986(9):29~33.

[15] 荒卷正春, 西村雄二. 三池的矿渣处理[J]. 日本矿业会志, 1977(4):341~344.

[16] Lightfoot W. 用悉罗熔炼法从渣场废渣中回收锌和其他有价金属[J]. 有色冶炼, 1988(5): 42~50.

[17] 综合利用锌渣生产锌粉[J]. 有色冶炼, 1976(5):25~26.

[18] 莫家祉. 锌渣电热熔炼蒸馏法制取锌粉[J]. 有色冶炼, 1984(6):59~61.

[19] 中国有色金属工业总公司, 再生有色金属科技协作组. 再生有色金属技术交流交易会论文集, 1986, 4.

[20] 马荣骏. 萃取冶金[M]. 北京: 冶金工业出版社, 2009.

[21] 金敏燕, 等. 江苏化工, 1990(4):5~9.

[22] 易大展. 谈谈废旧干电池综合利用[J]. 有色金属 (冶炼部分), 1984(1):17~20.

[23] 刘国鼎. 氯化锌的生产[J]. 有色冶炼, 1987(4):10~14.

[24] 蒋志建. 用锌铸型渣生产氯化锌[J]. 有色金属 (冶炼部分), 1980(3):62~64.

[25] 雷静华. 利用黄铜熔炼炉渣生产硫酸锌[J]. 金属再生, 1987(4):33~37.

[26] 邱竹贤. 有色金属冶金学[M]. 北京: 冶金工业出版社, 1985.

[27] 上海市化轻公司第二化工供应部. 无机化工产品[M]. 上海: 上海科学技术出版社, 1987.

[28] 杨永斌, 唐娟, 等. 萃取法从废水中回收锌[J]. 有色金属, 2010(3):69~73.

[29] 方艳, 闵小波, 唐宁, 等. 含锌废水处理技术的研究进展[J]. 工业安全环保, 2006, 32(7):5~8.

[30] 陈远望. 氧化锌矿溶剂萃取、电积工艺实现工业化[J]. 世界有色金属, 2003(9):66~67.

[31] 兰兴华. 锌溶剂萃取进展[J]. 世界有色金属, 2004(8):28~31.

[32] 杨大锦, 谢刚, 王吉坤, 等. 硫酸锌溶液的萃取锌的研究[J]. 有色金属(冶炼部分), 2006(2):9~11.

[33] 汤兵, 朱又春, 林美强. 低 pH 条件下自硫酸体系中萃取锌的研究[J]. 有色金属(冶炼部分), 2001(5):2~4.

[34] 黄浪, 项长祥, 邹兴. 用 D2EHPA 从硫酸介质中萃取锌[J]. 北京科技大学学报, 2002, 24(6):610~612.

[35] SAINZ-DIAZ C I, KLOCKER H, MARE R, et al. New approach in the modeling of the extraction equilibrium of zinc with bis-(2-ethylhexyl)phosphoric acid[J]. Hydrometallurgy, 1996, 42(1):1~11.

[36] 李春, 李自强, 刘小平, 等. 溶剂萃取法从锌电积废液中分离钙镁的研究[J]. 有色金属(冶炼部分), 2000(6):20~22.

[37] 邹兴, 朱荣, 许丹娘, 等. 低品位硫化锌矿生物浸出液锌的富集和铁的去除[J]. 北京科技大学学报, 2003(1):30~32.

[38] 刘红卫, 蔡江松, 王红军, 等. 低品位氧化锌矿湿法冶金新工艺研究[J]. 有色金属(冶炼部分), 2005(5):29~31.

[39] ISMAEL M R C, CARVALHO J M R. Iron recovery from sulphate in zinc hydrometallurgy[J], Minerals Engineering, 2003, 16(1):31~39.

[40] TERESA M, JORGE A R, CARVALHO M R. Modelling of zinc extraction from sulphate with bis (2-ethylene) thiophosphoric acid by emulsion liquid membranes[J]. Journal of Membrane Science, 2004, 237(1/

2）：97~107.

[41] 陈永海. 低品位氧化锌矿直接提锌工艺研究[D]. 长沙：中南大学，2005.

[42] 朱屯. 萃取与离子交换[M]. 北京：冶金工业出版社，2005：9~14.

[43] 邱定蕃. 资源循环[J]. 中国工程科学，2002(10)：31~35.

[44] SLOOP J D. EAF dust recycling at Ameristeel[C]//Stewart D Led, Proceedings of Fourth In-ternational Symposium on Recycling of Metals and Engineered Materials, TMS（The Minerals Metals & Materials Society），2000：421~426.

[45] B. U. S Metall GmbH, Duisburg. New Developments and Investments the Waelz Process[C]//Stewart D Led, Proceedings of Fourth International Symposium on Recycling of Recycling of Metals and Engineered Materials. TMS（The Minerals Metals & Materials Society），2000：341~344.

[46] DIAZ G, MARTIN D, et al. Emerging applications of ZINCES and PLASID technologies[J]. JOM, 2001（12）：30，31.

[47] 杨佼庸，刘大星. 萃取[M]. 北京：冶金工业出版社，1988：78~81，12.

[48] OLPER M, MACCAGNI M. Zn Production from Zine Bearing Secondary Materals：The Combined Indutec®/Ezinex® Process[C]//Proceedings of Uropean Metallurgical Conference. Germany，2005：491~499.

7 二次资源锡的回收

7.1 概述

锡是重要的有色金属，各国极为重视其生产与回收再生，目前从二次资源回收锡的量约占原生锡量的40%，随着二次资源回收锡的扩大开发，回收锡的量会达到原生锡量的50%以上。

按照锡的用途和消费情况，含锡废料可以分成如下几种：

（1）马口铁废料。马口铁废料是一种在钢板或钢带两面都镀上一薄层锡的薄低碳钢板或钢带。

马口铁废料的来源是工厂边角废料、旧罐头盒等各种容器。其特点是含锡低，一般为0.5%~2%。但由于马口铁耗量大和含锡纯度高，故很有回收价值。回收锡后的废铁含硫、磷低，约为0.03%以下，又可作为生产优质钢的原料。

（2）含锡合金废料。含锡合金废料种类繁多，如各种耐磨合金、巴比特合金或轴承合金、低熔点合金等。这些合金有的以锡为主，有的则含锡较少，但含锡大都在2%~5%，除含锡外，还含有铜、铅、锌、锑、铋等成分。其来源是工厂加工后的碎屑、用过的废旧零件等。

（3）热镀锡废料。马口铁生产过程中的废料，包括溶剂渣、油脂渣和铁锡合金渣等，其锡含量波动很大，一般为30%~90%。根据操作不同，这些渣中含锡总量占生产时用锡量的15%~20%，故从这些渣中回收锡很重要。

（4）锡管、锡箔废料。这些废料含锡高达80%，可直接用于制造合金。

除上所述，含锡烟尘及其他粉料也是可以作再生锡的原料。

从马口铁废料中回收锡，目前工业上应用的方法主要有氯化法、碱性溶液浸出法和碱性电解液电解法。

从含锡合金废料中回收锡包括下述情况：

（1）从废铅锡合金中回收锡。对于含锡高于5%的铅锡合金，可用火法冶炼的方法（包括结晶分离法）直接制取相应合金和中间合金，也可用真空蒸馏法（利用锡与其他金属（如铅等）的沸点不同而使锡与其他金属分离）以及电解法等。

对于含锡低于5%的铅锡合金，一般采用在加热情况下用氧化法自铅中脱除锡（以SnO_2形态）或用$NaOH$与$NaNO_3$在加热条件下使锡呈Na_2SnO_3形态脱除，也可用氯化法使锡呈$SnCl_4$挥发，然后将它冷凝回收，还可用结晶分离法处理。

（2）从含锡的铜合金废料中回收锡。对于纯的废铜合金可直接再熔炼成再生合金，对于含锡的杂铜废料则可用鼓风炉熔炼或转炉吹炼方法使锡进入烟尘和炉渣然后回收锡。

对于热镀锡残渣的处理，由于锡主要以机械夹杂和$FeSn_2$形式存在，采用火法-湿法联合法以及电炉熔炼法处理。

对于含锡烟尘的处理，由于其中金属主要以氧化物形式存在，一般可采用火法还原得铅锡合金，而锌挥发入烟尘。也可用湿法冶金处理，例如可用酸浸出然后从浸出液中分离和回收锡金属。

7.2 马口铁废料氯化法生产氯化锡

氯化法的化学原理可用下面的化学反应表示：

$$Sn + 2Cl_2 = SnCl_4$$

即马口铁废料中的锡与氯气反应产生 $SnCl_4$。

采用该法时，要求被处理的马口铁废料不带水分，因为有水存在时，$SnCl_4$ 将会被氯化亚铁污染：

$$Cl_2 + H_2O \longrightarrow 2HCl + 1/2O_2$$

$$Fe + 2HCl \longrightarrow FeCl_2 + H_2$$

$$H_2 + 1/2O_2 \longrightarrow H_2O$$

此外还要求被处理物料中没有有机物（油纸、漆等），因为氯化锡能溶解有机物，而被污染。

四氯化锡可与金属锡作用生成氯化亚锡：

$$SnCl_4 + Sn \longrightarrow 2SnCl_2$$

用氯化法从马口铁中脱锡，可进行大规模生产。锡的氯化过程放出大量热（1t 废料反应放热 42000kJ）必须排除，否则因氯化过程温度过高，生成氯化铁而增加腐蚀作用。氯化锡的生成还将引起气体体积的减少，因而在氯化过程中要保持一定的氯气压力。

氯化过程是在 15~20mm 厚的钢制筒反应器中进行的。反应器直径 3m，高 5m，其中放有 12~15t 压实废料，含锡约 300kg，用电动阀进行装料与卸料。为了排走过剩热，反应通过装在冷却器中的管道连续除去热量。当反应器内压力停止下降时，表示氯化过程结束。过程操作温度为 380℃，时间 8~10h，液态氯化锡积存在反应器下部。当过程结束后，所得液体经由下部的溢流管排出，脱锡后排出的废屑则需先用热水，后用热碱溶液仔细洗涤，以除去氯化铁[1,6~10]。

当在氯化过程中连续放出氯化锡时，操作在 300℃下进行。下面是用氯化法从马口铁脱锡的一些指标：

装入废料/kg	3000	2800	3000
废料含锡/%	1.8	1.3	2.0
氯耗(理论量的比例)/%	130	170	130
$SnCl_4$ 产量/kg	83	74	93
操作时间/h	3	7.5	9

我国采用氯气与锡在稀盐酸（1.5%~7%）中反应制取 $SnCl_2$ 产品，其过程是使锡溶解在通氯的稀盐酸中先生成 $SnCl_4$，此过程是放热的，溶液温度应控制在 $SnCl_4$ 的沸点

（114.1℃）以下，然后使 $SnCl_4$ 与锡作用生成 $SnCl_2$。此时进入溶液中的 As、Sb、Bi、Cu 及部分铅杂质也按下述反应被置换除去：

$$2As(Sb,Bi)Cl_3 + 3Sn \rightleftharpoons 2As(Sb,Bi)\downarrow + 3SnCl_2$$

$$CuCl_2 + Sn \rightleftharpoons Cu\downarrow + SnCl_2$$

溶液中的 $PbCl_2$ 则可用加入 H_2SO_4 的方法使之成为 $PbSO_4$ 沉淀。多余 H_2SO_4 则加入 $BaCl_2$ 使成 $BaSO_4$ 沉淀而脱除。当 $SnCl_2$ 在溶液中达饱和时则结晶析出。析出的晶体在常温下真空干燥，可产出化学纯 $SnCl_2 \cdot 2H_2O$，该方法具有很好的经济效益。

纯氯化锡用于纺织工业。也可用更负电性金属（铅、锌）置换或用不溶阳极电积的方法制取金属锡。得到的金属锡成分（%）为：Sn 99.5～99.8，Pb 0.1～0.25，Fe 和 Al 为痕量。

氯化方法的缺点是使用的氯气有毒及需要密封的耐蚀设备。

7.3　马口铁废料碱性浸出回收锡

马口铁的碱性溶液浸出法是国内外普遍使用的方法[1,11,12]。因为在此过程中，锡被溶解而铁不溶，故溶解设备可用钢材制成，脱锡后残余铁还可作为炼铁原料。

除马口铁废料外，其他含锡废料如含锡炉渣、中低锡精矿以及成分复杂的含锡物料等，只要是使锡转化成金属锡，均可用碱浸出。

当用 NaOH 作锡的溶剂时，若有氧存在，则锡溶解生成锡酸钠：

$$Sn + 2NaOH + O_2 \rightleftharpoons Na_2SnO_3 + H_2O$$

若无氧化剂存在时则生成亚锡酸钠（Na_2SnO_2）和 H_2，而且溶解缓慢，这是因为氢在锡表面有较高的超电位。溶解反应如下：

$$Sn + 2NaOH + O_2 \rightleftharpoons Na_2SnO_3 + H_2O$$

当用易溶于水的醋酸铅（$Pb(C_2H_2O_2)$）作氧化剂时，锡进入溶液，而铅则等量进入渣中。从溶剂中分出的铅渣在用醋酸溶解时，生成醋酸铅返回使用。氧化铅也可用作氧化剂：

$$Sn + 2NaOH + 2PbO \rightleftharpoons Na_2SnO_3 + 2Pb + H_2O$$

当用硝石（$NaNO_3$）作氧化剂时，溶解效果最好。硝石易于分解产出 O_2 及 $NaNO_2$，它们都具有氧化作用。浸出时的总反应如下：

$$4Sn + 6NaOH + 2NaNO_3 \rightleftharpoons 4Na_2SnO_3 + 2NH_3$$

为了加速溶解，可向溶液中通入空气，但此时溶液吸收空气中的 CO_2 生成 Na_2CO_3，NaOH 消耗多，为此需要将溶液再生，产出 NaOH 返回利用。

某厂采用的碱性浸出回收锡设备连接流程如图 7-1 所示。

该厂的马口铁废料，含锡 0.25%～1%，先将含锡废料用剪切机剪成碎片后装入直径 2.4m、长 3.3m 的有孔转鼓中，每次 2～3t。转鼓水平旋转淹没在加热的碱性溶液浸出槽中。转鼓转速为每分钟一转，以翻动装料。浸出用的碱性溶液含 NaOH 180～200g/L、$NaNO_3$ 25～30g/L。可产出泥状晶体 Na_2SnO_3，并含有氧化铁和小块杂质碎片。浸出液用离心过滤，滤渣在槽中用水浸出并澄清分离。分离的 Na_2SnO_3 溶液移入沉淀槽中，用 H_2SO_4

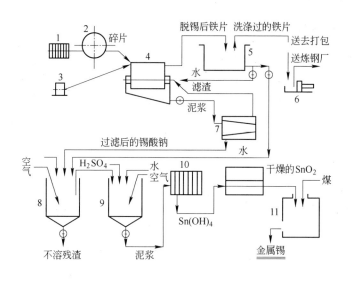

图 7-1 碱性浸出设备连接流程

1—卷材；2—剪碎机；3—碎片；4—转鼓及浸出槽；5—洗涤槽；6—打包机；7—离心分离机；
8—溶解槽；9—沉淀槽；10—气体干燥机；11—还原电炉

中和以沉淀出 $Sn(OH)_4$，其反应为：

$$Na_2SnO_3 + H_2SO_4 + H_2O === Sn(OH)_4\downarrow + Na_2SO_4$$

经过滤洗涤干燥后，在电炉中还原得金属锡，其杂质含量（%）为：Pb 0.01，Sb 0.018，Bi 0.001，Al 0.003，As 0.01，Cu 0.015~0.027。每吨金属锡消耗：苛性钠 4.25t，硫酸 2.5t，硝石 0.85t。

从锡酸钠溶液中回收锡还可用不溶阳极电积或用 CO_2、$NaHCO_3$ 或 $Ca(OH)_2$ 沉淀等方法。当用 CO_2 或 $NaHCO_3$ 处理锡酸钠溶液时，锡以二氧化锡形式沉淀：

$$Na_2SnO_3 + CO_2 === SnO_2\downarrow + Na_2CO_3$$

$$Na_2SnO_3 + 2NaHCO_3 === SnO_2\downarrow + 2Na_2CO_3 + H_2O$$

反应生成的 Na_2CO_3 溶液，按下述反应苛性化后，可再生 80% NaOH，返回过程使用：

$$Na_2CO_3 + Ca(OH)_2 === CaCO_3\downarrow + 2NaOH$$

当用石灰乳沉淀锡时，则生成锡酸钙：

$$Na_2SnO_3 + Ca(OH)_2 === CaSnO_3\downarrow + 2NaOH$$

应当指出，在有氧化剂下锡用碱性溶液浸出，随后以化合物形态沉淀回收锡的方法，因工艺流程较复杂、大量消耗昂贵试剂，还要利用无机氧化剂，其还原产物在溶液中积累，必须定期加以处理，故一般是小规模采用。

近年来，使用含有有机氧化剂（例如硝基苯甲酸 $NO_2C_6H_4COOH$）的碱性溶液浸出锡得到广泛应用。用有机氧化剂的优点是可利用空气中的氧以氧化被还原的有机物，使其再生利用或在电解槽中在阳极氧化再生，使有机物返回利用。

7.4　马口铁废料碱性溶液电解回收锡

用电解法从马口铁废料中再生锡得到广泛应用[1,11~13]。在此过程中马口铁废料作为阳极，铁板作阴极，电解质为 NaOH 溶液，其电导率高，且不与铁起反应。

锡在溶液中以两价或四价形式存在，其标准还原电位为：

$$Sn^{4+} + 2e \Longrightarrow Sn^{2+} \qquad E = 0.15V$$

$$Sn^{4+} + 4e \Longrightarrow Sn^0 \qquad E = 0.007V$$

$$Sn^{2+} + 2e \Longrightarrow Sn^0 \qquad E = -0.136V$$

在单一锡盐的溶液中，Sn^{2+} 电位最负，两价锡离子稳定，而在碱性溶液中锡（Sn^{4+}）电位更负，这是因为此时锡（Sn^{4+}）以配阴离子形态存在。

$$Sn^{2+} + 3OH^- \Longrightarrow HSnO_2^- + H_2O$$

$$Sn^{4+} + 6OH^- - 2e \Longrightarrow SnO_3 + 3H_2O$$

锡的阳极溶解反应表示如下：

$$Sn + 3OH^- \longrightarrow HSnO_2^- + H_2O + 2e \qquad E = -0.91V$$

$$Sn + 6OH^- \longrightarrow Sn(OH)_6^{2-} + 4e \qquad E = -0.92V$$

$$HSnO_2^- + 3OH^- + H_2O \longrightarrow Sn(OH)_6^{2-} + 2e \qquad E = -0.93V$$

又由于以下反应容易进行：

$$2HSnO_2^- + 2H_2O \Longrightarrow Sn + Sn(OH)_6^{2-}$$

故在电解液中锡主要以四价离子 $Sn(OH)_6^{2-}$ 形态存在。

在阴极，由于氢离子放电析出的超电位大，并且它在电解液中浓度小，因此阴极主要是 $Sn(OH)_6^{2-}$ 接受电子，锡被还原，其反应为：

$$Sn(OH)_6^{2-} + 4e \Longrightarrow Sn + 6OH^-$$

在电解开始时，在铁阴极上会有大量氢析出，但当铁被锡覆盖后氢就不再析出。

当锡酸钠与亚锡酸钠水解生成难溶的锡酸（H_2SnO_3）和亚锡酸（H_2SnO_2）时，它们沉淀进入渣中，使溶液中锡浓度降低。因此为了稳定保持溶液中所需锡浓度，在溶液中必须有过剩的 NaOH。

当在碱性电解液中电解沉淀锡时，根据不同情况可产出海绵锡和致密锡。

7.4.1　碱性电解法制取海绵锡

碱性电解法在工业上被广泛用来处理马口铁废料，制取海绵锡，而后再精炼得到精锡，其工艺流程如图 7-2 所示[12,13]。

该法主要过程包括：废料的预处理，碱性电解生产，碱性电解液的制备，海绵锡熔炼以及粗锡精炼，电解液的再生等。

（1）废料的预处理。马口铁废料在电积前必须进行分类、切碎、洗涤和包装等预处理工作，以保证后续工序的顺利进行和保证金属锡的质量。

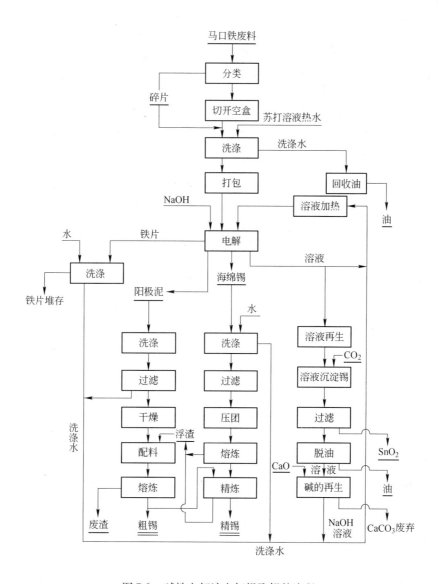

图 7-2 碱性电解液电解提取锡的流程

（2）马口铁废料的碱性电解。经过预处理的废铁装入阳极篮。阳极篮是用角铁做成的框架。框架上焊有铁丝网或钻孔的铁板，其一侧可以拆卸，尺寸为 800mm × 600mm × 600mm。阳极篮与导电装置相连接。电解槽由 4 ~ 5mm 铁板焊成，其结构为阴、阳极配置，如图 7-3 所示。电解槽以阶梯式配置。这样槽中电解液能自动由上部槽流入下部槽。电解槽阴极为 2 ~ 2.5mm 的铁板，大小与阳极相近。

在电解中，首先是阳极篮中废料中的锡溶解生成 Na_2SnO_2 和 Na_2SnO_3。由于 SnO_2^{2-}、SnO_3^{2-} 不稳定，随即水解生成 $HSnO_2^-$、$Sn(OH)_6^{2-}$，其中后者最为稳定。电解时，在阴极上放电离子是 $Sn(OH)_6^{2-}$，析出海绵锡。至于溶液中的氢离子，理论电位为零，但因超电位大，浓度小，所以它不能在阴极放电析出。

电解过程中，槽电压是重要的工艺条件之一。随着电解过程中阳极钝化的情况变化，

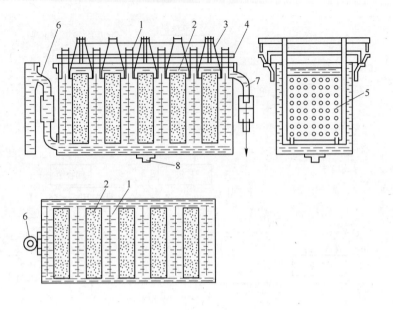

图 7-3　马口铁切屑脱锡槽总图
1—阴极；2—阳极；3—阳极棒；4—阳极棒；5—阳极篮；
6—电解槽循环溶液导管；7，8—溢流导管

槽电压在不断变化（0.5～2.5V）。同时电解液中 NaOH 的碳酸化，生成 Na_2CO_3，当其含量超过 2.5% 时，电解液电阻增大，使得槽电压增大。在操作中，必须避免槽电压过高，因为超过 3V 时，不仅会出现水的电解，在阴、阳极上分别产生 H_2 和 O_2，而且它们停留在电解液表面的肥皂泡中，易发生爆炸事故。

电解时间一般为 3～7h 不等。当阳极表面出现钝化，颜色由白色变成灰色时，即为电解终止的标志。该法的电流效率，在正确装料的情况下，不低于 90%。锡的总回收率可达 90% 以上。吨锡电能消耗为 3000～4000kW·h，吨锡苛性碱消耗为 750～950kg。

（3）电解液的制备。生产上采用的电解液成分是：游离 NaOH 5%～6%，Na_2SnO_3 1.5%～2.5%，Na_2CO_3 < 2.5%，总碱度为 10%，电解液的制备有两种方法：

1）在 $1m^3$ 水中加入 100kg NaOH，依靠其溶解热溶液温度可升到 40℃，再用蒸汽间接加热并保持 65～75℃，然后加入马口铁使锡溶解。

2）用苛性钠的溶液作电解液进行造液，一直达到所规定的含锡量。

（4）电解海绵锡的火法熔炼。电解结束后，即从阴极取出海绵锡。海绵锡粒度小，分散性大，在空气中很容易氧化，故通常保存在水中，有时还在水中加入 0.1% 的酒石酸或 0.05% 的甲酚磺酸，以防止氧化。海绵锡经过洗涤、压团，团块在 110～120℃下干燥，然后装入预先盛有熔融锡的炉内。炉内温度保持为 350～400℃，并用木炭松香覆盖其上，当炉内熔体液面升到总高度的 0.75% 时，停止加团块。熔炼所得为粗锡，其中杂质主要是铁、铜、铅和锑等。粗锡含锡量与原料有关，如处理马口铁碎片，含锡量可达 98.7%～99.6%，若为旧罐头盒，则只有 95%～98%。所得粗锡还得精炼以制取精锡。

（5）电解液的再生处理。随着电解的进行，电解液中含锡量以及 CO_3^{2-} 含量都会逐渐升高。当含锡量到达 15～20g/L。吸收的 CO_2 到达电解液体积的 3.5% 时，此时因马口铁

洗涤不净带进的有机物质会与 NaOH 起皂化反应生成皂化物，而对电解不利。因此，电解液必须更换。废电解液因含锡高，又含有碱应予以再生回收，循环使用。再生工艺包括：电解液提锡，清除积累油脂，石灰苛化等三部分。

1）电解液提取锡。该工艺是采用不溶性阳极电积脱锡，或用 CO_2 和 $NaHCO_3$ 沉锡，前者为电化学方法，后者为化学法。电积法在电解槽中进行，以铁板为不溶性阳极，在阴极上得到粉末锡。其目的是尽可能将电解液中的锡脱除，但是当溶液中的残锡量下降到 $1.5 \sim 2g/L$ 时电流效率只有 $10\% \sim 15\%$。整个电积过程的槽电压约为 3.5V，电能消耗为 $18 \sim 21kW \cdot h/kg$。因此，对于缺电地区，宜采用 CO_2 和 Na_2CO_3 化学沉锡法。化学法要点是：在溶液中通入 CO_2 和加入 Na_2CO_3，则生成 SnO_2 沉淀。沉淀物经过滤、洗涤、干燥、还原熔炼，可得粗锡，以此达到脱锡的目的。

2）脱油脂。电解液经过脱锡后，将它冷却至 6℃，此时油脂即以稠的絮状物漂浮于溶液表面，用金属筛筛除即可。

3）苛化造碱。苛化即是用石灰乳和溶液中的 Na_2CO_3 反应，生成 $CaCO_3$ 沉淀和 NaOH 的过程。反应温度为 $70 \sim 80℃$。通过过滤除掉 $CaCO_3$，将 NaOH 调整到所需的浓度，即可返回流程使用。

就整个碱性电解流程而言，其金属总回收率虽然很高，但进入锡锭的回收率却只有 $75\% \sim 85\%$，损失的主要途径有：团块熔炼时有 $3\% \sim 4\%$ 的损失（熔炼），还有 $6\% \sim 7\%$ 的锡进入铁渣，后者还须送到黑色冶金厂处理回收。

国内采用图 7-4 连续脱锡流程进行碱性电解液电解以从废马口铁中产出海绵锡后，再处理回收锡产品。现简要说明如下[11]。

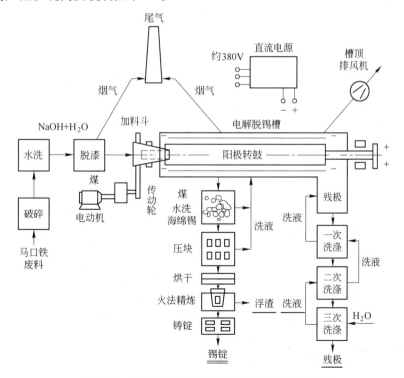

图 7-4　从马口铁废料中回收锡的工业试验流程

（1）马口铁废料的破碎。为了保证良好的脱漆、脱锡的效果，提高设备的生产能力，要求马口铁废料破碎成 50~60mm 后，直接进行脱漆后送脱锡。而不带漆的马口铁废料，则清洗后可直接送去脱锡。

（2）清洗废料。破碎的废料，须用清水洗净尘土污物，以免污物进入脱锡溶液中，影响海绵锡的质量。

（3）脱漆。马口铁上的涂料有丙烯酸系的醇酸树脂、环氧酚醛、松香树脂、酚醛、聚丁二烯和乙烯树脂等。涂料中通常含：酚醛 $8.1mg/cm^2$，乙烯有机溶胶 $64.5mg/cm^2$。为了更好地回收马口铁废料中的锡，必须将表面漆层脱除。脱除方法可用火法或湿法。用 $8\%~10\%$ NaOH、微沸的溶液浸泡 30min 即可把漆层脱净。

（4）脱锡。可采用电解法阳极脱锡与阴极沉积锡的方法，这样的方法在不使用昂贵的有机氧化剂的情况下，能连续脱除锡，克服了静止浸出脱锡的缺点。电解脱锡时 NaOH 浓度对脱锡影响不大，但温度和电流密度对脱锡影响则较大。

在电解液 NaOH 浓度为 62g/L，槽电压 4.5V，阴极电流密度 $400A/m^2$，时间为 22min 时，常温下脱锡率一般为 96% 左右（原料含锡 2.26%）。而温度在 50℃ 时，脱锡达 99.8% 以上。

在温度 50℃，NaOH 浓度为 47.1g/L 及阴极电流密度 $400A/m^2$ 时，马口铁废料在电解槽中停留 18min，其表面的锡即可脱除 99% 以上，残极含锡量在 0.004% 左右。

（5）连续脱锡设备。采用连续脱锡时，脱锡设备是一个多孔的旋转阳极转鼓，废料从圆鼓一端进料，从另一端卸料。在阳极转鼓中心轴上配有供电装置，以驱动阳极转鼓的传动装置。在阳极转鼓与中心轴上还配有螺旋装置，使马口铁废料从加料端移向卸料端，从而实现了连续脱锡作业。阳极转鼓两侧配有为沉淀锡的阴极板。阳极转鼓放在一个装有氢氧化钠的槽子上，槽子下面用烧煤或蒸气加热，使溶液温度保持在 50~60℃，温度越高，对脱锡越有利。

在阳极转鼓内，由于马口铁废料剧烈翻动，使反应表面不断更新，从而克服了静止、间歇脱锡的缺点，强化了电溶解作用，提高了生产能力，脱锡速度快，效果好。

所用转鼓的直径为 0.5m，转鼓上布满了小孔，螺距为 0.12m，孔径为 0.10m。每小时出来马口铁 14~25kg，脱锡后马口铁残极含锡 0.004%。全部设备由普通碳钢做成，而阴极用不锈钢做成。

电解过程中锡平均直收率大于 87%，阴极平均电流效率大于 67%。

（6）海绵锡的精炼。海绵锡含锡一般为 90% 左右，必须进行精炼，其主要杂质是铁和钠。火法精炼前，须用水把海绵锡洗净，然后压块、烘干。精炼在铁锅中进行，温度为 500℃ 左右，在精炼时，加少量松香和锯末，经一次精炼后，锡的品位可达 99.8% 以上，这样反复几次，可获得精锡产品。

含锡 90% 左右的海绵锡，经一次精炼后，锡中杂质含量（%）如下：Fe 0.0910，Pb 0.0210，Cu 0.0098，Zn < 0.0200，Bi < 0.0014，Sb < 0.0060，As < 0.0100。

从马口铁废料中回收锡的经济效益很好，脱锡后马口铁残极可作炼钢或制作氧化铁红原料。

7.4.2　电解制取致密阴极锡

制取致密阴极锡有两种工艺方案[1]：

（1）在有乳化剂存在下，用化学法溶解所得的含锡碱性溶液，在不溶阳极电解槽中电积可得致密锡。

（2）用含锡废料作可溶阳极，在加有氧化剂的碱性电解液中电解得致密阴极锡。

碱性电解液电解法生产海绵锡的原理是二价含锡配离子放电。实践表明，当电解液中含 0.1 ~ 0.2g/L 的二价含锡配离子时，只能生成海绵锡。因此，要产出致密阴极锡，就必须将 Sn^{2+} 的浓度降低到不形成海绵锡的程度。当浸出液中有有机氧化剂如硝基苯甲酸（$NO_2C_6H_4COOH$）时，就可以显著增加锡溶解速度而得到不含二价锡离子的碱性溶液。用硝基苯甲酸从马口铁废屑中再生锡的工艺流程如图 7-5 所示，此时产出致密锡。

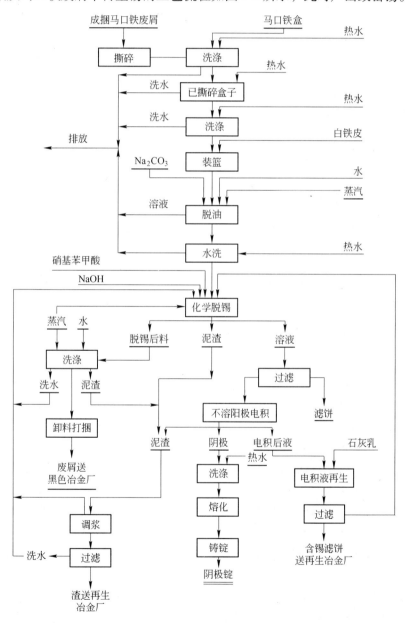

图 7-5　用硝基苯甲酸从马口铁废屑再生锡工艺流程

浸出后碱性溶液除去机械夹杂物后送去电积。电解槽为一特制钢槽，安装在绝缘体上，电解槽外壳当作不溶阳极，而且在外壳上装有隔板。在隔板之间挂有钢阴极，通常一个槽容积为 $1m^3$，在槽内装 5～9 个阴极。当阴极电流密度为 280～300A/m^2，槽电压 3～3.5V，槽电流强度为 2500～2800A 时，每日每个阴极沉淀 5～8kg 锡。一个槽每昼夜生产能力为 30～33kg 锡，带有沉淀物的阴极，从槽内取出后在碱性电炉中熔化铸锭，金属锡的回收率大于 90%，其余的锡进入铁渣，该渣含锡达 50%。

经过一段时间电解后，电解液吸收了空气中的 CO_2，在溶液中生成 Na_2CO_3 的量会高达 35～40g/L，而使锡溶解速度降低，使阴极沉淀质量变差，所以电解液必须定期从循环系统取出再生。

电解过程中电流效率随过程的进行而降低（操作结束时电流效率小于 20%），槽电压升高到 5V。这时每片阴极一昼夜沉淀锡不超过 2～3kg。溶液残锡 2g/L，用石灰进行苛性化处理，澄清后再送去循环使用。产出的沉淀含锡 1.5%～2%，沉淀产率每立方米溶液 800kg。电解液中加入硝基苯甲酸后电解生产 1t 再生锡消耗烧碱 150kg、纯碱 550kg、硝基苯甲酸 50kg、蒸汽 120t、工业用水 470m^3、电解电耗 4300kW·h。锡的回收率（%）为：金属锭中 90、铁渣 2、渣 1.5、滤饼中 1.5；总回收率 95%；脱锡废屑中含锡 0.04%，脱锡废屑中锡损失 4%，机械损失 1.0%。

7.5   含锡低于 5% 的铅锡废料中锡的回收

处理含锡低于 5% 的铅锡废料的方法类似于粗铅的火法精炼，下面简述用氧化法和碱法处理回收锡的工艺。

7.5.1   氧化法回收锡

氧化法是根据锡和铅对氧的亲和力不同，锡对氧亲和力大，由于发生下述反应，锡进入炉渣脱除并回收[1]。

$$2PbO + Sn = 2Pb + SnO_2$$

当用高速的搅拌机剧烈搅拌合金溶液，同时升高温度到 600～650℃ 时，锡的氧化反应迅速，这时产出的浮渣含锡可达 35%～40%。某厂用这种方法在精炼锅中从含锡 2%～2.5% 的粗铅中回收锡，产出的氧化物浮渣夹杂有金属铅珠，用重选法（摇床）分离出铅珠，使渣含锡增加到 50%～60%，然后将这种渣进行还原熔炼成焊锡。焊锡经电解法处理，可获得金属锡，锡的总回收率可达 80% 以上。

对大型工厂产出来含锡 5% 以下的铅锡渣时，常用反射炉氧化法处理，即依靠炉气中的氧进行氧化。反射炉熔池深 600～800mm，炉长为炉宽的 1.5～2 倍。炉床由一个钢板做成，内砌绝热砖和镁砖。炉膛下面是砖砌巷道，使空气流通以冷却炉底防止漏铅。炉子侧墙有工作门，搅拌机的搅拌杆通过工作门进行搅拌。炉子一端墙安装喷嘴燃烧料以加热，另一端墙则设置扒渣工作门以扒出氧化物浮渣。

由于锡对氧的亲和力大和离子半径小，锡离子能进入氧化铅的晶格中并生成 SnO_2。在浮渣中有金属铅珠，这种铅珠需经一定的时间才能汇合长大，然后汇入铅液。例如，对含 2% Sn 的粗铅，在 570℃ 时氧化处理 10h，渣中铅珠量为 30.1%，氧化物量为 69.9%，渣含锡为

21.1%；当处理20h，则渣中铅珠量为9.8%，氧化物量为90.2%，而渣含锡增至36.6%。

7.5.2 碱法回收锡

碱法是用熔融苛性钠（NaOH）与锡作用，以 NaNO$_3$ 作氧化剂，从铅锡废料中脱除锡，然后再回收[1]。其反应式为：

$$5Sn + 6NaOH + 4NaNO_3 == 5Na_2SnO_3 + 2N_2 + 3H_2O$$

$$2As + 4NaOH + 2NaNO_3 == 2Na_3AsO_4 + N_2 + 2H_2O$$

$$2Sb + 4NaOH + 2NaNO_3 == 2Na_3SbO_4 + N_2 + 2H_2O$$

过程中一些铅也被氧化而生成 Na$_2$PbO$_2$，它也是一种氧化剂，可使锡等氧化，反应如下：

$$5Pb + 2NaNO_3 == Na_2O + 5PbO + N_2$$

$$PbO + Na_2O' == Na_2PbO_2$$

$$Sn + 2Na_2PbO_2 + H_2O == Na_2SnO_3 + 2NaOH + 2Pb$$

碱法能除去铅中所含的锑和砷，而且除去的顺序先是砷，其次是锡，最后才是锑，因此可将它们彼此分离。如果将除锡和除锑的中间部分浮渣返回与富锡铅料再作用，则可得到相当纯净的锡酸钠渣。将它溶于水后，用不溶阳极电积，可以获得锡和苛性钠。

我国某厂实验采用碱法从含锡0.2%~1%的电铅中回收锡。所用设备为精炼锅和反应桶等，反应温度420℃，由于砷、锑在铅电解时已除去，故消耗试剂很少，每千克锡只需 NaOH 2~2.5kg 和 NaNO$_3$ 0.5~0.6kg，而所得碱渣含锡酸较高。将碱渣用热的 NaOH 溶液（60~70g/L）浸出，经简单的净化过程：加 Ba（OH）$_2$ 除砷，再加 Na$_2$S 除铅和锡片置换除铋，即可制成比较纯净的锡酸钠产品出售，其成分（%）为：Sn > 36.5，As < 0.01，Sb < 0.05，Pb < 0.002，碱量 < 5，水不溶物 < 2。

7.6 含锡高于5%的铅锡废料火法冶炼回收锡

铅锡合金废料主要为铅锑轴承合金废料和巴比特合金废料，它们都含有较高的锑，并含有铜。对于这种废合金料是在严格分类的前提下，直接熔炼成与原牌号相同的合金，当需要脱除某些杂质时，可根据不同情况采用图7-6流程进行全部或部分过程的火法精炼处理。

7.6.1 熔析法及凝析法除铁、砷

熔析法除铁、砷时，根据 Fe-Sn 系状态图（见图7-7），当温度升高到232℃时开始析出液体锡，温度逐渐上升到496℃，铁以 FeSn$_2$ 化合物固态存在。温度由496℃升到900℃时，Fe-Sn 系合金则以 FeSn、Fe$_3$Sn$_2$、Fe$_3$Sn 等固体化合物存在，成为熔析渣的主要成分。关于砷的情况，根据 As-Sn 系状态图（见图7-8），当熔析温度在232~596℃之间，砷与锡所生成的化合物 Sn$_3$As$_2$ 保持固态而与锡分离，超过596℃，Sn$_3$As$_2$ 将熔化成液态而失去除砷作用。当锡合金中铁、砷同时存在时，对熔析除铁、砷有利，因此此时生成化合物 Fe$_2$As（熔点919℃）和 FeAs（熔点1030℃）并成固态保留于熔析渣中，参见 Fe-As 系状态图（见图7-9）。

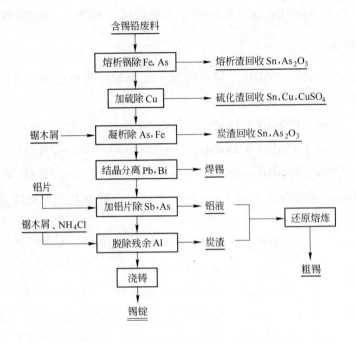

图 7-6　含铅锡废料火法处理流程

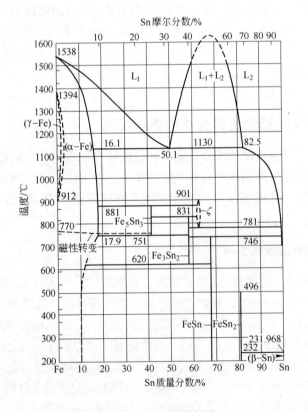

图 7-7　Fe-Sn 系状态图

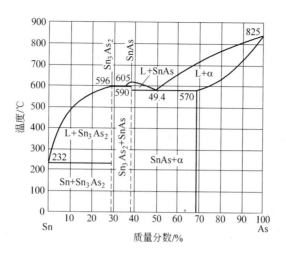

图 7-8　As-Sn 系状态图

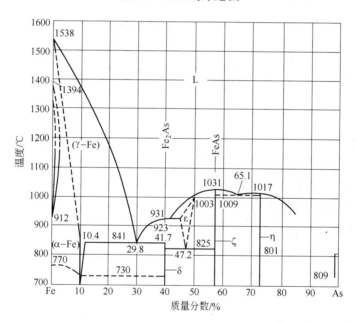

图 7-9　Fe-As 系状态图

锡合金中可能存在的化合物和熔点如下：

化合物	$FeSb_2$	FeS	CuS	SuS	SnAs	Sn_3As_2
熔点/℃	729（分解）	1190	1135	881	605	596

化合物	Fe_2As	FeAs	Cu_3As	Cu_2Sb	Cu_3Sb	
熔点/℃	919	1030	830	586（分解）	675（分解）	

在工业上应用的熔析是反射炉和电热熔析炉（见图 7-10）。

反射炉炉床用铁板制成，呈倾斜状，以利于熔体流出，残渣则留于铁板上。电热熔析

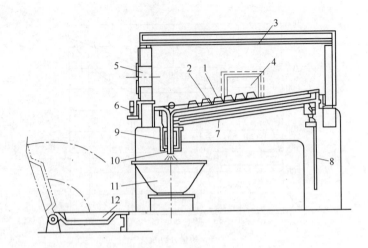

图 7-10   电热熔析炉

1—锡锭；2—炉底；3—耐火衬里；4—加料口；5—观测孔；6—炉温调节仪表；7—电热器；

8—电流输入；9—放锡管加热装置；10—放锡管；11—装锡管；12—模子

炉则用电阻丝加热，其上放置倾斜铁板作炉床。

熔析法只能除去锡合金中大部分铁、砷，若需较彻底脱除铁、砷，则可在熔析后再经凝析法处理。

凝析法是将液体锡合金降温，杂质及其化合物在锡液中溶解度减小，达到饱和状态而成固态析出。通常锡火法精炼的凝析除砷和铁、加铅除锑和砷、加硫除铜都是在装有搅拌机的精炼锅中进行的。搅拌在于加强细粒固体凝析物的聚合，有时还加入锯木屑使细粒固体黏附在其上而上浮。当合金温度降到锡熔点附近时，若锡合金中铁比砷多则有利于砷的脱除，可使铁小于 0.003%，砷小于 0.03%。对于凝析过程中产出渣的分离，可采用捞渣办法，也可采用过滤法分离渣。过滤法是在一铁桶中的底板上钻有 ϕ325mm 筛孔，内装粒度 ϕ5 ~ 10mm 的木炭，炭层厚度 200 ~ 300mm，其上盖有有孔铁板形成过滤层，如图 7-11 所示。过滤前，需将过滤桶预热。

7.6.2   加硫除铜及加铝除砷、锑

由于铜与硫的亲和力大于锡与硫的亲和力，故铜能优先生成 Cu_2S（熔点为 1130℃）而析出浮于表面成为浮渣。一般在凝析除砷、铁之后，锡液升温到 250℃，在搅拌情况下，将硫黄加入熔体旋涡中，这样可避免硫氧化产出 SO_2[1]。

根据 Al-Sb 和 Al-As 状态图，铝和锑生成化合物 AlSb，其熔点为 1050℃，而铝与砷生成化合物 AlAs，其熔点高于 1600℃，所以它们能从锡液中析出。操作时将需要除锑的锡合金升温到 380 ~ 400℃，将铝片在

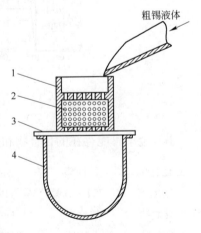

粗锡液体

图 7-11   简易过滤装置

1—过滤桶；2—煤粉；

3—支架；4—盛锡锅

搅拌情况下，定量加到熔体旋涡中。为避免铝片燃烧，加完铝片后搅拌约30min，然后降温到232~235℃。在降温过程中黏稠铝渣上浮，此时一边搅拌一边加入NH_4Cl，其分解产出的气体使渣成粉状，能减少机械带走的锡。这样，一般锑可除到0.002%以下。合金熔体中残留的铝可用两种方法除去：一为将合金熔体升温到300℃以上，在强烈搅拌情况下使铝被空气中的氧氧化造渣；其二为加NH_4Cl，按下式反应使铝造渣：

$$4Al + 12NH_4Cl + 3O_2 \Longrightarrow 4AlCl_3 + 6H_2O + 12NH_3$$

由于渣稀不便取出，加入煤粉、苏打使之变稠，然后除去，重复数次铝可除到0.002%以下。

加铝除砷过程与除锑过程类似。

需要特别强调的是，在加铝除砷和锑、扒渣、渣冷却以及搬运和堆存过程中，绝不允许与水或水蒸气接触，以避免产生剧毒的砷化氢和锑化氢。

国内某厂从含锡废合金中提取铅锡焊料[14]，其原料为巴比合金废料，组成（%）如下：

废合金	1	2	3	4	5	6
Sn	余量	44~46	11~13	6~8	5~7	0.8~1.2
Sb	11~13	11~13	13~15	16~18	9~11	14~15.5
Cu	3~5	1~3	<1.0	<1.0	—	0.1~0.5
Pb	13~5	余量	余量	余量	余量	余量
As	—	—	—	—	—	—

所采用工艺流程如图7-12所示。

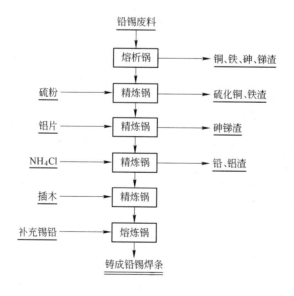

图7-12 从铅锡废料生产焊料流程

有关作业都在同一锅内进行。首先在400℃下进行熔析脱除部分杂质。在200~250℃下加入硫黄粉脱铜、铁，1h后升温到400℃捞渣。在600~650℃下加铝片除砷、锑，降温捞渣。在 300℃下加 NH_4Cl 脱除残余铝、锌，然后补充锡、铅以调整产品成分。

7.7   铝锡废料用结晶法回收锡

从 Sn-Pb 二元状态图（见图 7-13）可知，在富锡端，即在 183 ~ 232℃范围内，对于任意成分（Pb 0 ~ 38.1%）的锡铅合金 X，当液体合金温度下降到图中液相线以下时，会析出一部分晶体（β 固溶体），晶体含铅比原来低，而液体含铅比原来增加。只要创造一种条件，使粗锡在温度变化时所产生的液体和晶体能随时分离，并分别将晶体升温和液体降温，这样晶体锡便能得到提纯。这就是结晶分离法分离铅的基础。同理，也可用结晶分离法从粗锡中脱铋（见图 7-14 的 Sn-Bi 二元状态图）。

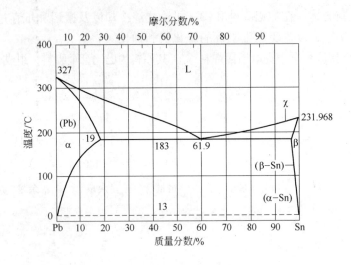

图 7-13   Sn-Pb 系状态图

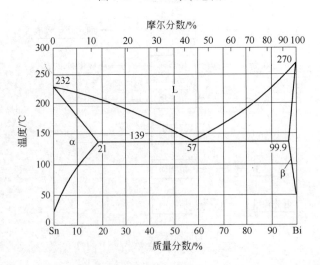

图 7-14   Sn-Bi 系状态图

生产上用倾斜的结晶槽可实现连续结晶分离，其作业示意图及结晶机结构示意图如图 7-15 和图 7-16 所示。槽子为 U 形槽。槽中有一大轴，其上装有许多螺旋叶片，可将槽中粗锡液体中的晶体缓慢地移向槽子高的一端（称槽头）。槽外用电加热器加热。加热功率按工艺要求布置，使之沿槽长产生温度梯度。一般槽头温度较高，约为232℃，槽尾温度较低，约为184℃。粗锡进入槽子后，喷水降温产生一部分晶体，晶体被拉向槽头，液体流向槽子底端（槽尾）。晶体向上移动时，由于温度递增，晶体在拉向槽头过程中，反复经受熔析、凝析过程，晶体中含铅量越来越低，至槽头出槽产出粗锡。液体沿倾斜槽流向槽尾，在液体流动中边流边降温，因而凝析出晶体，使液体中铅逐渐增加，富铅的锡液体至槽尾流出。因含铅量接近铅锡相图中的共晶体成分，即为焊锡[14]。

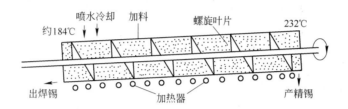

图 7-15 结晶法除铅作业示意图

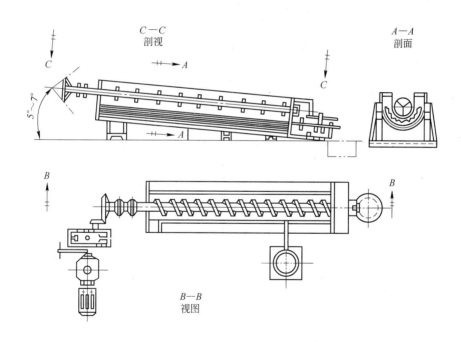

图 7-16 结晶分离机结构示意图

四川某单位也采用连续结晶法处理废锡基合金以再生巴比合金[15]。

所用结晶分离槽（见图7-16）的槽身长4m，槽底半径0.2m，倾角4°~7°，容量2t。加热功率25kW，加热炉用高铅矾土耐火水泥打结。槽头熔析锅直径为0.8m，深度为0.2m，功率10kW；还有容量为0.5t的电热坩埚炉，功率50kW。

研究中所用原料之一为锡基合金，其主要成分（%）为：Sb 10.0~12.0，Cu 5.5~6.5，Sn 余量；杂质不大于（%）：As 0.1，Pb 0.35，Fe 0.08，Zn 0.008，Bi 0.05，Al

0.01；熔点为241℃。

工艺条件为：进料温度为400℃；结晶槽温度为195～210℃（槽尾）→260～310℃（槽头熔析锅）；进料速度平均为1～1.5kg/min；槽头与槽尾出料速度之和与进料保持平衡；进料口位置距槽尾1/4槽身处；螺旋转速为150～350r/s。槽头贫铅晶体含铅少于0.3%，槽尾富铅相含铅大于10%。

用上述原料产出的产品化学成分（%）为：

（1）贫铅产品。主要成分（%）：Sb 11.3，Cu 5.27，Sn 83.4，As 0.06；杂质成分（%）：As≤0.06，Pb≤0.22，Fe≤0.018，Zn≤0.007，Bi≤0.007，Al≤0.002。

（2）富铅产品。主要成分（%）：Sb 3.3，Cu 0.70，Sn 86.56；杂质成分（%）：As≤0.05，Pb≤10.22，Fe≤0.02，Zn≤0.006，Bi≤0.06，Al≤0.004。

槽头贫铅相稍加调整即可产出合格合金，槽尾富铅可直接作铅基巴比合金，特别是可作某些牌号的铅基巴比合金配料。

7.8 铅锡合金废料用真空蒸馏回收锡

真空蒸馏是一个比较有前途的金属精炼方法。其原理是根据杂质金属的沸点比主金属低，蒸气压比金属大的性质，在一定的高温和真空条件下，低沸点杂质金属优先挥发进入气相而被脱除。铅锡合金废料中常见杂质的沸点如下：

元素	Fe	Cu	Sn	Pb	Sb	Bi	As
沸点/℃	3235	2557	2427	1752	1635	1560	616

铅锡合金废料的真空蒸馏法[16～20]是控制温度在锡沸点以下，铅的沸点以上，则可分离铅、锑、铋、砷。图7-17所示为有关元素的蒸气压与温度关系。

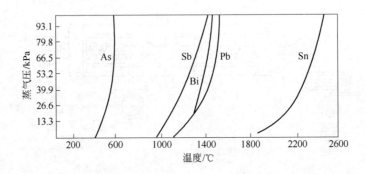

图7-17　锡中有关元素的蒸气压与温度关系

铅锡合金的真空脱铅是处理结晶分离法精炼产出的焊锡（锡铅合金），进一步可采用真空蒸馏法分离铅。铅、锡的蒸气压 p（mmHg，1mmHg = 133.322Pa）与温度 $T(\mathrm{K})$ 关系可计算如下：

$$\lg p_{\mathrm{Pb}} = -\frac{1013}{T} - 0.9851T + 11.6 \qquad （熔点 ～ 沸点）$$

$$\lg p_{\mathrm{Sn}} = -\frac{151300}{T} + 8.83 \qquad （298℃ ～ 沸点）$$

各种温度下铅和锡和蒸气压比值 p_{Pb}/p_{Sn} 如下：

温度/℃	800	900	1000	1100
p_{Pb}/p_{Sn}	7590	3360	1110	690

我国某厂的焊锡采用螺旋结晶和真空蒸馏联合法脱铅[18]，取得了较理想的结果，其处理流程如图 7-18 所示。

所处理的焊锡是螺旋结晶机所产出的，即将反射炉熔炼所含铅通常为 2% ~ 5% 的粗锡，先在精炼锅内除去铁、铜、砷、锑后进入螺旋结晶机除铅，产出粗锡和焊锡。此焊锡称第一次焊锡，未除去的铋、银、铟等元素集中在焊锡中。此焊锡经真空蒸馏后，产出含铅 3% ~ 5% 的粗锡和含锡 0.15% ~ 1.5% 的粗铅。铋大部分挥发进入粗铅中；银、铟又进入下一代焊锡中。当银富集到一定程度后，另行处理。粗铅则进行电解精炼，铋、银、铟将在铅电解阳极泥中回收。

该厂所用真空炉的结构如图 7-19 所示。炉外壳为用普通钢板卷成的圆柱形炉顶盖和炉底盘构成。上盖和底盘接合处用水冷法兰密封。顶盖顶部是水冷夹层，对着排铅口处有观察其下侧的测温孔和辅助窥视孔。底盘下面留有进料、排料管和抽气管道。所有连接孔道的接合处均用水冷密封法兰，排铅管与底盘焊成一整体[16~20]。

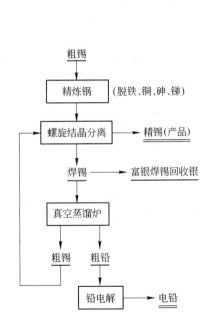

图 7-18　焊锡处理流程

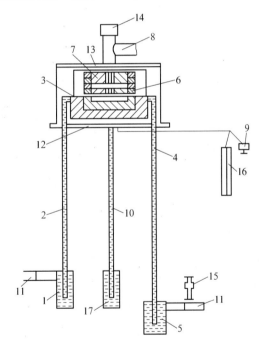

图 7-19　真空蒸馏炉结构示意图

1—焊锡锅（液封电极锅）；2—进料管；3—蒸发盘；
4—排料管；5—粗锡锅（液封电极锅）；6—沉铅
溜槽；7—冷凝盘；8—抽气管；9—真空泵；
10—排铅管；11—导电板；12—底座；
13—顶盖；14—测温孔；15—升降架；
16—压力计；17—液封锡铅锅

（1）蒸发装置。蒸发装置是由黏土质耐火材料制成的蒸发盘（见图 7-20）为主体，外用铁壳加固，蒸发盘装置在炉内并支承在进料管上端，用活动法兰紧固衔接。

（2）冷凝装置。这是由装设在蒸发盘之上的数层冷凝器装置组成，也是用黏土质耐火材料制成的（见图 7-21）。

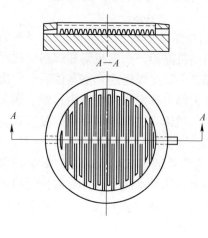

图 7-20   蒸发盘结构

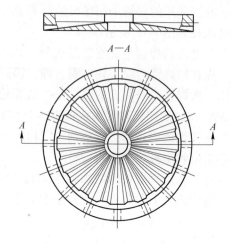

图 7-21   冷凝盘结构

（3）进料、排料装置。这是由进粗锡管、排锡管和排铅管以及相应的液封锅组成。各液封均置于升降机之上。进、排锡管是普通 Q235 钢管制成，长度由当地大气压大小、各液体金属的密度大小并考虑调节余地而定。管内衬有耐火泥粉捣固的保温防蚀层，管的上端与蒸发盘的进、出料口连接，用活动法兰紧固，管下端分别插入焊锡锅，粗锡锅构成液封。

（4）升降装置。真空炉的装、排料是通过调节各液封锅水平位置高度来实现的。因各锅固定于升降机构之上，升降机外观似螺旋千斤顶，由控制系统事先规定的程序自动上升和下降，自动实现真空炉的装、排料。

采用上述流程和有关装置处理焊锡的优点有：金属回收率高，一般达 99%；能耗低，各种原材料消耗少，加工成本低；设备简单紧凑，基建投资少；易于自动化而劳动条件好，劳动强度小；技术经济指标稳定可靠。

真空炉的供热及抽气装置采用电热供热，抽气装置由旋片式真空泵实现。技术条件为：蒸馏温度为 1000~1150℃，真空度为 13.3~26.7Pa（0.1~0.2mmHg）[16~20]。

7.9   铅锡合金废料用电解法回收锡

7.9.1   铅锡合金废料的双金属电解

铅锡合金含有的铜、砷、锑、铋、银等杂质，多数杂质以金属化合物形态存在，如 Cu_2Sb、Cu_3As、$SnAs$、$FeSn_2$、Fe_3Sb_2、Fe_2Sn 等。锡铅合金电解是合金中主金属锡与铅在合金阳极上电溶解，然后在阴极上析出，杂质元素则大部分富集在阳极泥中而与主金属分离，并随后回收[1,21~25]。其原理是基于锡与铅在酸性电解液中电位相近：$E_{Sn^{2+}/Sn}^{\ominus} =$

$-0.136V$；$E^{\ominus}_{Pb^{2+}/Pb} = -0.126V$。锡铅合金在酸性硅氟酸溶液中，有如下电离平衡：

$$PbSiF_6 \Longleftrightarrow Pb^{2+} + SiF_6^{2-}$$

$$SnSiF_6 \Longleftrightarrow Sn^{2+} + SiF_6^{2-}$$

$$H_2SiF_6 \Longleftrightarrow 2H + SiF_6^{2-}$$

$$H_2O \Longleftrightarrow H^+ + OH^-$$

在电解过程中，Sn^{2+}、Pb^{2+}、H^+ 移向阴极，但 H^+ 有比锡、铅更大的超电位，故只有 Sn^{2+}、Pb^{2+} 在阴极放电，同时 SiF_6^{2-} 及 OH^- 移向阳极，但其放电电位较锡铅为高，故在阳极只有锡、铅溶解，所以电解时的主要电极反应为：

阳极溶解反应：

$$Sn - 2e \longrightarrow Sn^{2+}$$

$$Pb - 2e \longrightarrow Pb^{2+}$$

阴极还原反应：

$$Sn^{2+} + 2e \longrightarrow Sn$$

$$Pb^{2+} + 2e \longrightarrow Pb$$

比锡、铅更正电性的金属杂质则形成阳极泥而残留在阳极上。当合金中与锡形成化合物的杂质（Cu，Fe，As）多，则阳极泥含锡高，而杂质元素铋、锑、铅（与锡、铅呈固溶体）高时，则阳极泥含锡低。

低锡粗合金（含锡 10%～20%）经电解精炼后，可直接配制低锡焊料或铅基轴承合金出售。中锡粗合金（含锡 40%～65%）经电解精炼后直接配制成 HISnPb39 或 HISnPb50 焊料出售。高锡合金（含锡不少于 85%）则经电解精炼后再经连续结晶后产出粗锡和精焊锡。

锡铅粗合金双金属电解流程如图 7-22 所示。

所用电解槽由钢筋混凝土捣制而成，内衬沥青玛蹄脂防腐层。电解电流密度约为 $100A/m^2$，电解液温度为常温，槽电压约为 0.2V。电解所得阴极合金含杂质 Cu、As、Sb、Bi、Fe 约小于 0.001%。

7.9.2　铅锡合金废料（焊料）的电解分离

我国一些工厂采用 $SnCl_2$、HCl 电解液电解分离铅锡合金，效果良好[1,22]。将合金铸成阳极或装入阳极框中，阴极为纯锡片。阴极析出锡为疏松针状结晶，需进一步精炼。电解液成分(g/L)为：Sn 40～45，游离 HCl 60～70，Pb ＜3，Fe ＜6；用牛胶作添加剂，电解液温度 20～30℃，电流密度 220～270A/m²，槽电压为 0.3～0.4V。阳极泥主要由 $PbCl_2$ 及其他杂质组成，将其在反应锅中在 800℃下加焊锡蒸馏，进行 $PbCl_2 + Sn \rightleftharpoons SnCl_2 \uparrow + Pb$ 反应，$SnCl_2$ 经冷凝后回收。产出粗铅含（%）：Pb 96，Sn 2.5～3.0，Sb 约为 1。此流程锡的回收率为 96.5%，铅为 92%。

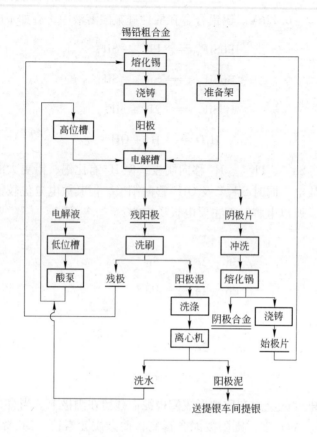

图 7-22   锡铅粗合金双金属电解流程

对于含铁高（1%～20%）的粗锡，因用火法精炼过程复杂，故进行了在 NaOH 与 $C_6H_4NO_2COONa$ 的电解液中以及在 Na_2S 与 NaOH 的电解液中的电解研究，获得了技术上可行的结论[1,21]。

用电解精炼法也可生产高纯锡[1,26]。

7.10   含铜废料合金中回收锡

含铜废合金主要有黄杂铜和青铜，都不同程度地含锡、铅、锌和镍等金属，表 7-1 为某厂的再生铜原料成分。

表 7-1   再生铜原料成分 （%）

项目	Cu	Zn	Pb	Sn	Sb	Ni
黄杂铜	50～55	21～36	4～6	1～2	1～2	0.2～0.5
青铜	71～75	4.5～7	0.8～3	15～23.5	—	—

对于含锡少的黄杂铜和其他含铜原料，一般用鼓风炉挥发处理。在弱还原条件下，锡主要进入炉渣和烟尘。在强还原条件下，锡主要进入金属铜中。因此，处理黄杂铜时，使锡进入炉渣是回收的一个途径。这种含锡炉渣和转炉的含锡渣经鼓风炉还原熔炼得次黑铜

（含 7% ~20% Sn），再用转炉吹炼挥发锡。对于含锡高的青铜则直接进行吹炼，挥发锡所得到的产品化学成分列入表 7-2。

表 7-2　转炉吹炼产品成分　　　　　　　　　　（%）

项　目	Cu	Zn	Pb	Sn
青　铜	71 ~75	4.5 ~7	0.8 ~36	15 ~23.5
粗　铜	86 ~89	0.07 ~0.18	0.37 ~0.87	0.1 ~0.48
转炉渣	24.9	2.45	3.18	30.38
烟　尘	1.16	4.8 ~5.97	27 ~44.6	23.29

由表 7-2 可见，氧化挥发的效率很高，但有部分锡仍进入转炉渣，这种渣还必须再返回处理。烟尘经还原熔炼和精炼后，可直接得到铅锡合金焊料或再用电解法分离金属锡和铅。[1,22]

7.11　热镀锡残渣的处理

在热镀锡生产马口铁（镀锡钢丝、钢丝等）的过程中，生成三种残渣：熔剂渣（氯化锌）、锡铁和油脂渣，其中锡主要以机械夹杂和 $FeSn_2$ 形式存在。根据操作条件不同，这些残渣中带走约占总量 20% 的锡，应直接在生成马口铁的工厂中回收。这种渣的产量和含锡量见表 7-3。

表 7-3　残渣产量及含锡量

项　目	产量/t·t⁻¹			含锡量/%		
	熔剂量	油脂渣	锡　铁	熔剂渣	油脂渣	锡　铁
1	1.87	0.96	0.42	30	40	94
2	30	1.0	0.2	27	41	92
3	3.55	3.0	—	—	61	—
4	2.8	2.8	0.5	0.5	53	95
5	3.0	3.0	0.24	0.24	44	81
6	1.5	1.5	0.3	0.3	40	91

从这种渣中回收锡，近年来多采用火法—湿法冶金联合法以及电炉熔炼处理。

7.11.1　火法—湿法联合处理

火法—湿法联合处理工艺流程如图 7-23 所示，它们经分别处理后得到粗锡，经精炼后得到纯锡。产生的二次渣用盐酸溶解，制得海绵锡。

7.11.1.1　熔剂渣的处理

熔剂渣先于熔析锅内在温度 350 ~400℃下，熔化分离锡与残渣，这种残渣装入锅中用水浸出（固：液 =1：1），浸出温度为 70 ~80℃。此时有 80% $ZnCl_2$ 和 0.5% ~0.7% Sn进入溶液，过滤后 $ZnCl_2$ 溶液蒸发得到 $ZnCl_2$ 结晶作镀锡溶剂，滤渣水洗后用 10% 盐酸浸出，有 80% Sn 以 $SnCl_2$ 形式进入溶液，部分铁也进入溶液。为了除铁，加 30% H_2O_2 将铁氧化成三价，用 25% NH_4OH 溶液中和至 pH =2，铁以 $Fe(OH)_3$ 形式沉淀。有时还加入 $CaCl_2$ 除去溶液中少量 SO_4^{2-}。滤渣的盐酸浸出是在搅拌槽中进行的，浸出温度为 40 ~

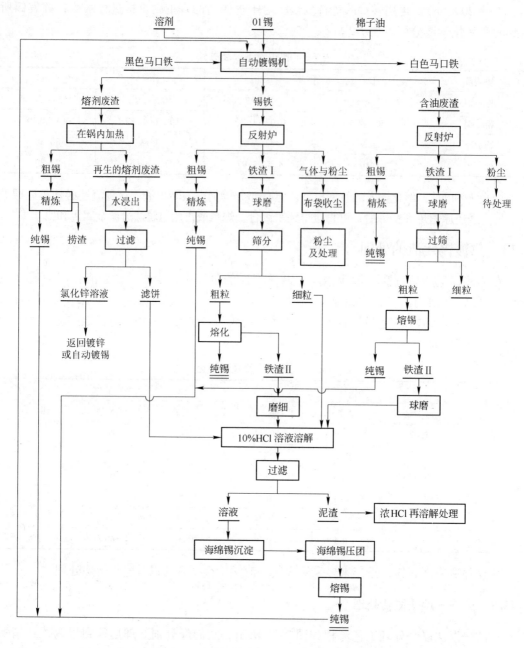

图 7-23 热镀锡渣火法—湿法联合处理流程

50℃，时间 3h，浸出反应如下：

$$FeSn_2 + Sn + 8HCl \Longrightarrow 3SnCl_2 + FeCl_2 + 4H_4$$

浸出渣含锡达 12%，为了更完全地提取锡，此渣用密度为 1.14g/cm³ 的浓盐酸再处理，这样可增加 10% 的锡进入溶液。

熔剂残渣的处理过程中，锡的分配如下：水中浸出率 0.7%；HCl 中浸出率 84.6%；浸出渣中 12.6%；不可计损失 2.1%。

7.11.1.2 锡铁和油脂渣的处理

锡铁和油脂渣先在反射炉内加热至750～800℃熔化，得到粗锡与次铁渣。次铁渣经磨细后过筛，细粒用10% HCl溶解。可用置换法或不溶阳极电积法从盐酸溶液中沉淀锡。粗锡再精炼产出精锡。产出的次铁渣再经磨细、浸出等工序回收锡。

浸出液中含锡达120g/L，游离盐酸150g/L。用锌或铝置换锡以得到海绵锡。海绵锡经压团熔化后得到致密的金属锡。

流程中每吨锡原材料消耗量（t）为：盐酸2，铝0.32，双氧水0.32，氨液0.39，锌1.7。锡的提取率为85%。氯化氢回收率大于90%。

7.11.2 电炉熔炼

电炉熔炼法处理热镀锡残渣具有很高的效率。因为残渣加入预先熔融的渣池（深400～500mm）中，在受热熔出锡的同时，造渣成分进入炉渣，这层炉渣能防止锡的氧化挥发，因此，维持一定熔融炉渣层是过程的重要条件。

某厂采用直径800mm的单相50kW小电炉，每年可处理350～400t残渣，生产流程如图7-24所示。处理熔剂渣时，要先用水浸出其中的氯化锡，以便回收利用，还可使氯化锡也进入溶液而回收，又能避免它在以后的火法处理中挥发损失。浸出过的熔剂渣先在锅中熔析，可产出二次熔剂渣和粗锡等。

油脂渣则先在小反射炉熔析，产出二次油脂渣和粗锡。二次油脂渣和二次熔剂渣一起

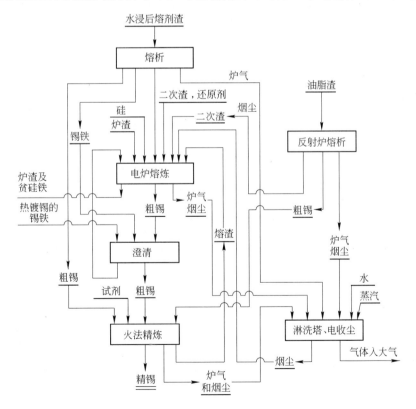

图7-24　热镀锡渣电炉熔炼流程

在电炉中进行还原熔炼。如果这些二次渣中含铁过高，则容易形成炉结，这时必须加硅（或富硅铁）处理，硅的消耗按获得含硅20%~25%和含铁70%~75%的贫硅铁计算其结果，使电流熔炼的粗锡含铁少，炉渣含锡低于0.1%。

热镀锡所产锡铁及熔析所产含锡高的锡铁直接加入高温粗锡锅中，以便熔出一部分金属锡，降低其含锡量。

电流熔炼流程锡的回收率可达到95%，每吨残渣的电能消耗为900kW·h。

7.12 含锡废料生产锡的化工产品

从含锡废料或难处理的锡混合矿和锡中矿中制取锡的化工产品，对综合利用锡资源和提高经济效益具有重要意义[1,26~35]。

锡的化工产品占世界原生锡消耗的10%~15%，预计将上升到20%。锡的化工产品包括锡酸钠、氯化亚锡、四氯化锡、硫酸亚锡、二氧化锡以及有机锡化合物等[3,33,34]。

锡酸钠（$Na_2SnO_3 \cdot 3H_3O$）为白色结晶，溶于水，不溶于醇，在空气中吸收CO_2变成Na_2CO_3及$Sn(OH)_4$，在140℃时失去3个结晶水，其水溶液呈碱性，溶液中性时分解成$Sn(OH)_4$沉淀。

锡酸钠是电镀锡的主要原料，在纺织工业中作防火剂和增重剂，在染料工业用作媒染剂，还应用于玻璃陶瓷等工业。锡酸钠可用粗铅碱法脱锡的碱渣、处理含锡废料中所得的海绵锡、氢氧化锡马口铁废料及其他含锡物料来制取。其中关键技术是使锡转变成锡酸钠。图7-25所示为用马口铁废料生产锡酸钠的工艺流程。

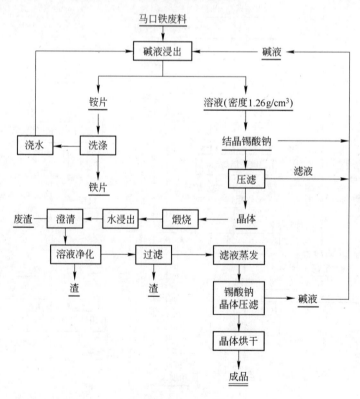

图7-25 用马口铁废料生产锡酸钠的工艺流程

碱液浸出时采用密度为 1.143g/cm³ 的 NaOH 溶液，加 2% NaNO₃ 作氧化剂，在 85℃ 下浸出，并保持碱浓度为 16%～18% 反复浸出含 0.5%～2% Sn 的马口铁废料。当溶液的密度达 1.26g/cm³ 时，取出残余物，溶液静置沉淀得粗锡酸钠，压滤后将黄色粗锡酸钠焙烧（由 140℃ 逐渐升高到 600℃）以脱除有机物（脱除黄色），随后进行处理得到商品锡酸钠。

对于从粗铅氧化精炼脱锡所得的含锡渣中制取锡酸钠，其流程如图 7-26 所示。

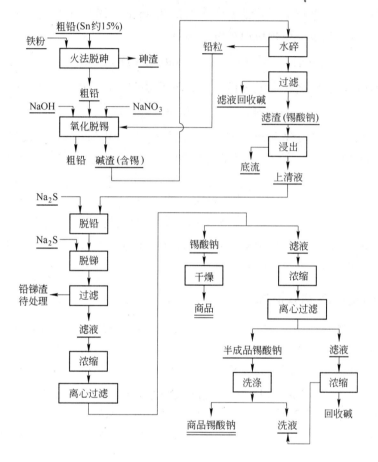

图 7-26　粗铅精炼含锡渣制取锡酸钠

锡酸钠产品参考标准如下（%）：Sn ＞36.5，Pb ≤0.002，As ≤0.001，Sb ≤0.03，游离碱 ≤5.0，NO₃⁻ ≤0.1，水不溶物 ≤0.2。

氯化亚锡（$SnCl_2 \cdot 2H_2O$）为无色或白色结晶体，易溶于水、醇及浓盐酸中。在中性水溶液中水解生成沉淀。在酸性水溶液中有强还原性。氯化亚锡主要用作还原剂、橡胶硫化活化剂，在电镀工业中用作敏化处理，使镀层光亮牢固。

四氯化锡（$SnCl_4$）为无色液体，在湿空气中发烟，能溶于水并放出热，也溶于醇、苯、CCl₄ 等有机溶剂中。四氯化锡主要用作合成有机锡的原料，还用作媒染剂、润滑剂、添加剂等。

工业方法是将金属锡用氯化法生产 $SnCl_2$ 及 $SnCl_4$。$SnCl_2$ 及 $SnCl_4$ 质量参考标准如下：

（1）$SnCl_2$。$SnCl_2$ ≥97%，硫酸盐 ≤0.10%，H₂S 沉淀物以铅计 ≤0.1%，

砷 $\leqslant 0.001\%$。

（2）$SnCl_4$。$SnCl_4 \geqslant 99\%$，游离氯 $\leqslant 0.10\%$，铁微量不挥发物 $< 1\%$。

硫酸亚锡（$SnSO_4$）为白色或淡黄色晶体，溶于水、醇、稀硫酸，在水中分解成碱式硫酸盐，加热到 300℃ 则分解析出 SO_2。它主要用于合金、马口铁、汽缸活塞、钢丝等的酸性电镀、电子器件的光亮镀锡以及铝、铝合金的氧化成色的添加剂。其制法之一为将 $SnCl_2$ 溶于 HCl 中，在搅拌情况下缓慢加入浓度为 15%～20% 并经过滤的 Na_2CO_3 溶液，使溶液呈碱性，发生如下反应生成白色沉淀 $SnO^{[33]}$：

$$SnCl_2 + Na_2CO_3 = 2NaCl + CO_2 + SnO \uparrow$$

将溶液加热使白色沉淀转变成黑色，然后溶于 10%～15% 的 H_2SO_4 中，反应如下：

$$SnO + H_2SO_4 = SnSO_4 + H_2O$$

将溶液过滤，然后蒸发结晶出 $SnSO_4$，将晶体过滤，用乙醇洗涤，再经低温干燥即为成品。成品的参考标准如下（%）：$SnSO_4 \geqslant 90.4$，水不溶物 $\leqslant 0.5$，$Cl \leqslant 0.5$，$Sb \leqslant 0.1$，$As \leqslant 0.01$，游离 $H_2SO_4 \leqslant 2$。

二氧化锡（SnO_2）为白色或淡黄色粉末，溶于浓硫酸和热浓盐酸，与热浓氢氧化钠共溶生成锡酸盐。它主要用于搪瓷和电磁材料、陶瓷着色剂等。可用热空气高温直接氧化熔融锡的方法制得，产品参考标准如下（%）：$SnO_2 \leqslant 96$，$SO_4^{2-} \leqslant 0.5$，$Fe \leqslant 0.1$，其他重金属（Pb、Sb）$\leqslant 0.25$。

7.13 用高锡复合渣制取锡酸钠

还有一些制备锡酸钠的报道[36~42]，其中文献 [42] 提出了用高锡复合渣制取锡酸钠，这种复合渣是由脆硫铅锑矿火法冶炼过程中产生的，主要成分是 Sb、Pb、Sn 的氧化物，经高温蒸发后，蒸发残渣成分（%）为：Sb 1.30、Pb 50.79、Sn 14.27、Fe 4.40、As 1.61。复合渣中的 Sn 进一步得到富集，有利于 Sn 的回收。

从含 Sn 物料直接生产其化工产品，关键要解决两个问题：一是要对物料进行转型处理，以实现 Sn 的湿法提取；二是含 Sn 溶液要净化、提纯，以达到合格化产品的质量要求。

蒸发残渣中 Sn 的主要成分是 SnO_2，其次还有少量的 Sn。SnO_2 呈稳定的四价结构，不溶于酸和碱。因此，必须将 SnO_2 转型成为能溶于酸或碱的形态，才能实现锡的湿法提取。在锡的化合物中，Sn、SnO 和 Na_2SnO_3 等均能溶于酸或碱。要采用 NaOH 和 $NaNO_3$ 碱熔的方法对蒸发残渣转型，使蒸发残渣中的 Sn 转化成 Na_2SnO_3。其主要反应式如下[43~46]：

$$SnO_2 + 2NaOH = Na_2SnO_3 + H_2O$$

$$5Sn + 6NaOH + 4NaNO_3 = 5Na_2SnO_3 + 2N_2 \uparrow + 3H_2O$$

$$Sb_2O_3 + 6NaOH = 2Na_3SbO_3 + 3H_2O$$

$$Sb_2O_3 + 2NaOH = 2NaSbO_2 + H_2O$$

$$2Sb + 4NaOH + 2NaNO_3 = 2Na_3SbO_4 + N_2 \uparrow + 2H_2O$$

$$PbO + 2NaOH = Na_2PbO_2 + H_2O$$

$$Pb + 2NaOH + NaNO_3 \Longrightarrow Na_2PbO_2 + NaNO_2 + H_2O$$

$$2As + 4NaOH + 2NaNO_3 \Longrightarrow 2Na_3AsO_4 + N_2 \uparrow + 2H_2O$$

可见，蒸发残渣中的 Sn 转化成 Na_2SnO_3 的同时，少量的 Sb、Pb 和 As 也分别转化为 Na_3SbO_4、Na_2PbO_2 和 Na_3AsO_4。

图 7-27 所示为从蒸发残渣中提取 Sn 制取 Na_2SnO_3 的工艺流程图。该工艺流程包括：NaOH 和 $NaNO_3$ 的碱熔，碱熔渣的水浸，Na_2S 除 Pb，Sn 粒除 Sb、As，除杂后液的浓缩结晶等工序。

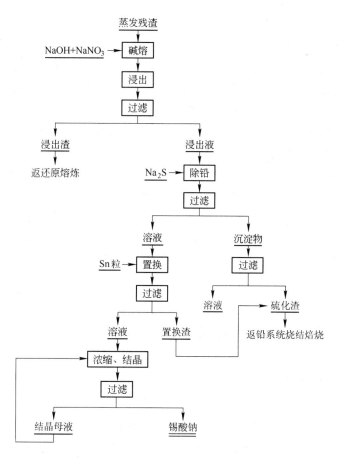

图 7-27　从蒸发残渣中制取 Na_2SnO_3 的工艺流程

图 7-27 的原料为高锡复合渣经高温蒸发后的蒸发残渣，其主要化学成分（%）为：Sb 1.30、Pb 50.79、Sn 14.27、Fe 4.40、As 1.61。

7.13.1　碱熔

碱熔的目的是使蒸发残渣中的 Sn 转化成 Na_2SnO_3，需要考察的是 Sn 的浸出率。由 Sn、Sb、Pb 和 As 的氧化顺序 As > Sn > Sb > Pb 可知[43,44]，在碱熔的过程中，当加入熔剂特别是强氧化剂（$NaNO_3$）过量时，除 Sn 转化成 Na_2SnO_3 外，其他杂质如 Sb、Pb 和 As 也可能发生相应的反应。因此，熔剂 NaOH 和 $NaNO_3$ 的用量应控制在适当的范围内。

粉碎后的蒸发残渣与 NaOH 和 NaNO₃ 混匀后装入容器中，加热碱熔。冷却后考察了各种因素的影响。磨细后用热水搅拌浸出，浸出条件：液固比 3∶1，温度 40℃，时间 2h。

7.13.1.1 碱熔温度的影响

在配料比（质量比）为：蒸发残渣∶NaOH = 1∶0.35，NaOH∶NaNO₃ = 1∶0.15，碱熔 2h 的条件下，碱熔温度对 Sn 的浸出率的影响见表 7-4。

表 7-4 碱熔温度对 Sn 浸出率的影响

碱熔温度/℃	Sn 浸出率/%	碱熔温度/℃	Sn 浸出率/%
400	87.75	500	91.34
450	93.52		

表 7-4 的数据表明，碱熔温度的升高有利于提高 Sn 的浸出率。当碱熔温度小于 450℃ 时，随着碱熔温度的升高，Sn 的浸出率明显增大；当碱熔温度升高到 450℃ 时，Sn 的浸出率达到最大值，为 93.52%；继续提高碱熔温度，Sn 的浸出率有所下降。这一结果证明，蒸发残渣中的 Sn 的转化只在狭小的温度范围内进行。因此，严格控制反应温度才能取得较好的技术经济指标，这是 Sn 转化的关键。

7.13.1.2 碱熔时间的影响

当选择蒸发残渣∶NaOH = 1∶0.35，NaOH∶NaNO₃ = 1∶0.15，碱熔温度 450℃ 时，碱熔时间对 Sn 的浸出率的影响见表 7-5。

表 7-5 碱熔时间对 Sn 浸出率的影响

碱熔时间/h	Sn 浸出率/%	碱熔时间/h	Sn 浸出率/%
1	90.77	3	94.05
2	93.52		

表 7-5 的数据表明，随碱熔时间的延长，Sn 的浸出率升高，2h 时浸出率为 93.52%；但当时间超过 2h 时，Sn 的浸出率增加较为缓慢。

7.13.1.3 配料比的影响

配料比对 Sn 浸出率的影响见表 7-6。固定实验的条件为：碱熔温度 450℃，碱熔时间 2h。

表 7-6 配料比对 Sn 浸出率的影响

蒸发残渣∶NaOH（质量比）	NaOH∶NaNO₃（质量比）	Sn 浸出率/%	蒸发残渣∶NaOH（质量比）	NaOH∶NaNO₃（质量比）	Sn 浸出率/%
1∶0.2	1∶0.15	90.27	1∶0.5	1∶0.20	93.83
1∶0.35	1∶0.15	93.52	1∶0.5	1∶0.10	93.29
1∶0.5	1∶0.15	93.65			

由表 7-6 可以看出，在所选定的条件范围内，随蒸发残渣∶NaOH 和 NaOH∶NaNO₃ 质量比值的减小，Sn 的浸出率逐渐增大。当蒸发残渣∶NaOH = 1∶0.35，NaOH∶NaNO₃ = 1∶0.15 时，Sn 的浸出率达到较高值，为 93.52%。因此，在碱熔的过程中，适当增加 NaOH 和 NaNO₃ 的量有助于提高 Sn 的浸出率。但考虑到试剂消耗量的增大引起成本的增加，特别是带来浸出液中杂质如 Sb、Pb 和 As 量的增大等问题，熔剂 NaOH 和 NaNO₃ 的用量不宜

过度增大，应控制在适当的范围内。

7.13.2 浸出

图7-27所示的流程中的浸出是用自来水搅拌浸出，影响浸出的因素介绍如下。

7.13.2.1 浸出液固比的影响

在浸出温度40℃，时间2h的条件下，浸出液固比对Sn浸出率的影响见表7-7。

表7-7 浸出液固比对Sn浸出率的影响

浸出液固比	Sn浸出率/%	浸出液固比	Sn浸出率/%
2:1	91.56	4:1	93.98
3:1	93.52		

由表7-7可见，浸出液固比越大，Sn的浸出率越高。但由于大的液固比将带来后续工艺Na_2SnO_3浓缩结晶时蒸发量的增大，故浸出液固比选择3:1为宜。

7.13.2.2 浸出时间的影响

在浸出温度40℃，液固比3:1的条件下，浸出时间对Sn浸出率的影响见表7-8。

表7-8 浸出时间对Sn浸出率的影响

浸出时间/h	Sn浸出率/%	浸出时间/h	Sn浸出率/%
1	91.45	3	93.80
2	93.52		

表7-8的结果说明，浸出时间的延长有利于Sn浸出率的提高。当浸出时间小于2h，Sn浸出率提高明显，但继续延长浸出时间，Sn的浸出率提高缓慢。

7.13.2.3 浸出温度的影响

在浸出时间2h，液固比3:1的条件下，浸出温度对Sn浸出率的影响见表7-9。

表7-9 浸出温度对Sn浸出率的影响

浸出温度/℃	Sn浸出率/%	浸出温度/℃	Sn浸出率/%
30	91.45	50	92.93
40	93.52		

可以看出，当浸出温度小于40℃，Sn浸出率逐渐增大；但大于40℃时，Sn浸出率反而下降。这种现象的解释为：砷酸钠易溶于水，其25℃的溶解度是11.8%，50℃时为19.1%，75℃时为30.7%。在碱性水溶液中砷酸钠的溶解度随着温度的上升而增大；特别是在50~70℃之间，它的溶解度急剧地增大。锡酸钠易溶于水，25℃时的溶解度为34.7%。随着温度的上升而溶解度减小。当加热时，锡酸钠在NaOH溶液中的溶解度减小，75℃时溶解度为21.3%。锑酸钠在50℃以下的溶解度很小，但70℃以上溶解度急速增大。因此，利用上述特征，采用低温浸出既有利于锡酸钠的溶解，又能有效地控制溶液中含锑和砷的量，同时节约了能源。

7.13.3 浸出液净化

根据上述结果，选择配料比(质量比)：蒸发残渣：NaOH=1:0.35，NaOH：NaNO₃=

1∶0.15，碱熔温度450℃，碱熔时间2h为最佳碱熔条件，对蒸发残渣进行碱熔，碱熔后，在浸出液固比3∶1，浸出温度40℃，浸出时间2h的最佳浸出条件下浸出，所得到的Sn的浸出率为93.70%，浸出液（含洗液）中含Sn 34.25g/L、Sb 0.12g/L、Pb 3.57g/L、As 0.21g/L、Fe 0.18g/L、NaOH 64.50g/L。由此可见，浸出液中还含有少量的杂质（主要是Pb、Sb、As），需进一步净化处理。

7.13.3.1　除铅

Pb、Sb、Sn、As对硫离子具有不同的亲和力（通常用硫化物的溶度积来表示），它们对硫离子的亲和力大小见表7-10。可以看出，Pb对硫离子的亲和力较大，溶液中PbS的溶度积很小（$K_{sp} = 8.0 \times 10^{-28}$），当在溶液中加入$Na_2S$时，Pb呈PbS形式沉淀。其反应式为：

$$Na_2PbO_2 + Na_2S + 2H_2O === PbS\downarrow + 4NaOH$$

表7-10　各种硫化物的溶度积（18~20℃）

硫化物	溶度积 K_{sp}	硫化物	溶度积 K_{sp}
As_2S_3	2.1×10^{-22}	Sb_2S_3	2.0×10^{-93}
PbS	8.0×10^{-28}	SnS_2	2.0×10^{-27}

除铅工艺条件为：Na_2S溶液浓度1.34mol/L，温度90℃，加入量以再加Na_2S溶液不产生黑色沉淀为终点，并适当过量。

7.13.3.2　除锑、砷

除铅完毕，在经过滤后的除铅后液中加入Sn粒，以除去溶液中的Sb和As等杂质。根据Sb、Sn、As三种金属氧化物在碱性溶液中的标准还原电位不同，负电位大的金属可在热溶液中置换负电位小的金属，它们的氧化物在碱性溶液中的标准还原电位为[43~45]：

$$HSnO_2^- + H_2O + 2e === Sn + 3OH^- \qquad E^{\ominus} = -0.79V$$

$$SbO_2^- + 2H_2O + 3e === Sb + 4OH^- \qquad E^{\ominus} = -0.66V$$

$$AsO_2^- + 2H_2O + 3e === As + 4OH^- \qquad E^{\ominus} = -0.68V$$

可见，Sn比Sb、As的标准还原电位更负，它可以将Sb和As置换出来。其置换反应式为：

$$3Sn + 2As^{3+} === 3Sn^{2+} + 2As$$

$$3Sn + 2Sb^{3+} === 3Sn^{2+} + 2Sb$$

除锑、砷工艺条件为：温度90℃，加入Sn粒后搅拌2~3h，至溶液浅黄色消失。除锑、砷后，净化液成分（g/L）为：Sn 59.46、Sb 0.008、Pb 0.0005、As 0.017、Fe 0.014、NaOH 93.36。Pb、Sb、As的脱除率分别为：99.95%、95.37%、94.38%。

7.13.4　浓缩结晶

结晶工艺的目的有二：一是从溶液中获得产品；二是使产品得到提纯。锡酸钠结晶析出有两种方法：一是浓缩溶液结晶的方法，随着溶液中水分的蒸发，锡酸钠浓度不断提高，达到饱和浓度后逐渐析出晶体；二是利用锡酸钠在碱性水溶液中溶解度随着NaOH浓度的升高而降低特性，用加入 NaOH 来实现锡酸钠晶体的析出。第一种方法节约了 NaOH，母液体积小，但耗费时间和蒸汽；第二种方法，节约时间，但消耗 NaOH，母液体积大，不易达到平衡，故应采用第一种浓缩结晶方法结晶锡酸钠。

除锑、砷后，澄清、过滤、净化液加热蒸发浓缩，浓缩过程保持机械搅拌。当溶液中有白色晶体析出时（此时溶液中含 Na_2SnO_3 约为 230 ~ 240g/L），停止搅拌和加热，自然冷却结晶（此时结晶母液中含 Na_2SnO_3 约为 10/L），然后过滤，并用稀碱洗涤。锡酸钠结晶在 105℃ 下烘干、磨细即得产品。结晶后液中杂质有一定程度的富集，可返回净化液一同浓缩结晶。当结晶后液中杂质因富集而影响到锡酸钠产品质量时，可返回除铅工艺处理。

7.13.5　技术指标分析

从蒸发残渣中提取锡直接制取锡酸钠，锡的浸出率为 93.70%，直接率为 86.03%，锡酸钠产品质量见表 7-11。

表 7-11　锡酸钠产品质量　　　　　　　　　　（%）

Sn	Pb	Sb	As	Fe	游离碱（NaOH 计）	硝酸盐（NO_3 计）	碱不溶物
42.62	0.018	0.003	0.008	0.01	4.10	0.12	0.11

由表 7-11 的数据可见，利用图 7-27 所示流程从蒸发残渣中制取锡酸钠工业生产可行，其指标也是良好的。

参 考 文 献

[1] 乐颂光，鲁君乐. 再生有色金属生产[M]. 长沙：中南工业大学出版社，1991.

[2] PETER A. 锡的提取冶金[J]. 国外锡工业，1985(1,2):1 ~ 20.

[3] BARRY F T K. 锡及其合金化合物[J]. 国外锡工业，1985(4):13, 14.

[4] 云南锡业公司，等. 锡冶金[M]. 北京：冶金工业出版社，1976.

[5] 殷德洪. 从含锡废料中回收锡[J]. 有色金属（冶炼部分），1986(4):43 ~ 46.

[6] STOTT C M. 锡的再生工业[J]. 有色冶炼，1987(6):12 ~ 19.

[7] 中南矿冶学院. 氯化冶金[M]. 北京：冶金工业出版社，1976.

[8] 徐家振，李岚. 液相法制取 $SnCl_2$ 工艺脱氯影响[J]. 有色金属，1998(5): 8 ~ 10.

[9] PINCENO D. 废镀锡钢片的脱锡方法[J]. 有色冶炼. 1988(6):40 ~ 44.

[10] 应振钢. 从马口铁废角料中工业回收生产锡酸钠[J]. 无机盐工业，1984(12):27, 29.

[11] 马光甲. 从马口铁废料中回收锡的扩大工业试验[J]. 有色冶炼，1987(4):38 ~ 42.

[12] BAXOБBCKЫ A Л. 电解回收锡[J]. 国外锡工业，1982(2):51 ~ 56.

[13] 陈逸明. 锡在碱性溶液中的电解精炼[J]. 国外锡工业，1987(2):32 ~ 34.

[14] 张一良. 含铅锡废料提取铅锡焊料的实践[J]. 有色冶炼，1984(2):25 ~ 27.

[15] 刘英，等. 废巴氏合金再生方法[J]. 金属再生，1986(3):34 ~ 39.

[16] 昆明工学院有色冶金专业. 焊锡真空脱铅扩大实验[J]. 有色金属，1977(11):60.

[17] 戴永年. 铅锡合金真空蒸馏分离[J]. 有色金属，1977(9):20 ~ 24.

[18] 汤海西. 焊锡真空蒸馏法脱铅实验和生产[J]. 有色金属（冶炼），1981(2):1 ~ 7.

[19] 袁铁文. 多级塔式真理蒸馏炉处理高锡焊料[J]. 有色冶炼，1984(15):17 ~ 19.

[20] 陈枫. 含砷物料的真空热处理法[J]. 有色矿冶，1987(3):29 ~ 36.

［21］王树楷. 铅锡合金电解精炼［J］. 重有色冶炼（情报网网刊），1988(6):12~15.

［22］东北工学院. 铅冶金［M］. 北京：冶金工业出版社，1976.

［23］黄其兴. 含铁高的粗锡的电解［J］. 有色冶炼，1986(4):80~82.

［24］LANG H，HEIN J K. 杂锡的电解除锑［J］. 国外锡工业，1985(4):28~34.

［25］朱刹正利，等. 低品味阳极锡电解［J］. 国外锡工业，1985(3):55~59.

［26］张毓. 锡渣矿制锡酸钠的研制［J］. 无机盐工业，1987(3):9~14.

［27］吴正芳. 粗铅综合利用提取生产锡酸钠［J］. 有色冶炼，1985(5):53~56.

［28］张宝林. 用电化法生产高纯锡［J］. 有色冶炼，1982(3):9~14.

［29］杨显万. 锡中矿制取锡酸钠的工艺流程［J］. 有色金属（冶炼），1984(2):14~17.

［30］戴元宁. 从难选共生矿直接生产无机盐［J］. 有色金属（冶炼），1984(2):18~21.

［31］左世才. 从副产品中回收锡和中低品位锡精矿的综合利用［J］. 有色冶炼，1982(8):28~31.

［32］莫恭敏，等. 成为复杂含锡物料的综合处理［J］. 有色冶炼，1979(4):41~43.

［33］石玉霞. 碱式氯化亚锡生产 SnO［J］. 有色冶炼，1986(10):53~55.

［34］EVANS C J. 有机锡化学制品的新进展［J］. 有色冶炼，1987(11):62.

［35］杨桂林. 粗锡离心过滤出铁、砷工艺评述［J］. 有色金属（冶炼），1986(2):43~46.

［36］傅其华. 从低品位锡矿中制取锡酸钠［J］. 有色冶炼，1983(8):10~12.

［37］曹学增，陈爱英. 电镀锡渣制备氯化亚锡和锡酸钠［J］. 应用化工，2002,31(3):38~40.

［38］陈世名，林兴铭. 锡渣直接生产锡酸钠的实验研究［J］. 有色冶炼，2002,29(4):34~36.

［39］李强. 阳极泥尾渣直接生产锡化工产品的研究［J］. 北京矿冶研究总院学报，1994,3(1):62~
66,108.

［40］钟晨，陈淑瑜，梁惠珠. 用低品位锡矿制取锡酸钠的研究［J］. 广东有色金属学报，1999,9(1):35~41.

［41］钟晨. 直接法制造锡酸钠的工艺研究［J］. 无机盐工业，1998,30(4):5~8.

［42］张荣良. 含锡高铅锑复合渣资源循环利用新工艺研究［D］. 长沙：中南大学，2006.

［43］黄位森. 锡［M］. 北京：冶金工业出版社，2000:1~55,801~806.

［44］赵天从. 锑［M］. 北京：冶金工业出版社，1987:7~21,515~570.

［45］赵天从，汪键. 有色金属提取冶金手册（锡锑汞）［M］. 北京：冶金工业出版社，1999:1~16,
222~386.

［46］KUBASCHEWSKI O，ALCOCK C B. Metallurgical Thermochemistry (5th ed.)［M］. Oxford：pergamon
Pr，1979.

8 二次资源镍、钴、钨、钼、钒的回收

8.1 概述

镍、钴、钨、钼、钒是高熔点稀有金属，广泛应用于高新技术的合金材料，从二次资源中回收这五种金属，具有非常重要的意义与价值。

含钒的废料主要是废触媒，此外，铁渣及石煤也是钒的重要二次资源，尤其是从石煤提钒近些年来研究开发了许多方法。

含钴的废料有砷钴渣、锌钴渣[1]。含镍的废料也是一些渣类[2]。另外含镍、钴、钨、钼的二次资源有废高温合金、废硬质合金、废磁性合金（磁钢）以及废膨胀合金和含镍钴的各种废催化剂。

废高温（耐热）合金组成范围（%）大致为：Ni（或 Ni + Co）50 ~ 70，Cr 15 ~ 30 以及大量铁，其余为 Mo、W、Nb、Ti、Al、Mn、Si、C，还可能含有 Cu、Pb、Zn、Sn 等元素。

废硬质合金按其成分和性质可分为五类：

(1) WC-Co 类合金，主要由 WC 和 Co 组成，其中又可分为含钴 3% ~ 8% 的低钴合金，含钴 15% ~ 30% 的中钴合金以及含钴更高的钴合金。

(2) WC-TiC-Co 类合金，含 WC 78% ~ 88%，TiC 2% ~ 5%，Co 6% ~ 15%，NbC 2% ~ 3%。

(3) WC-TiC-TaC-Co 类合金，含 WC 82% ~ 85%，TiC 4% ~ 8%，TaCo 约 4%，Co 6% ~ 8%。

(4) 钢基硬质合金，其中以各种钢为主，含 W、Mo、V、Ni、Co。

(5) 碳化钛基硬质合金，其中有关牌号合金组成（%）如下：TH7——TiC + 7Ni + 14Co；TN 12——TiC + 12Ni + 10Mo；YN 10——TiC + 12Ni + 10Mo + 51WC + 1NbC。

废磁性合金分成烧结磁钢和浇铸磁钢，其废料有磁钢及磁钢末屑，其组成（%）为：Co 14 ~ 34，Ni 14 ~ 24，A 18，Cu 3。

镍钴膨胀合金主要是与硬玻璃陶瓷接封用合金，如牌号为 4J29、4J33、4J34 的合金，用量最大的是 4J29，又称可伐合金，含（%）：Ni 28.5 ~ 29.5，Co 16.8 ~ 17.8，其余为铁。

废催化剂主要是指石油、化工等工业产的废含金属催化剂，种类繁多，金属含量不一，可有以下金属为主制成的催化剂，如 Mo、Ni、Co、W、Al、Cu、Zn、V、Cr、Sn、Mg 等。

对于经严格分类的纯净合金废料，可根据具体情况直接再熔炼成相应的合金使用，或直接熔炼成生产不锈钢、磁钢的配料。对于其他的合金废料，也可根据具体情况采用火法熔炼成镍铁，或用湿法流程或火法—湿法联合流程处理。

当采用湿法流程时，金属的溶解可采用化学法或电化学法溶解，特别是合金废料作为阳极，在隔膜电解槽中进行阳极溶解和阴极沉极的工艺，具有流程设备简单、能耗低、劳

动条件好等优点。

对于从溶液中分离金属，可根据具体情况采用化学沉淀法（中和水解沉淀、硫化沉淀、置换沉淀以及盐沉淀法等），或采用溶剂萃取和离子交换技术从溶液中分离、富集金属。在一定条件下，具有良好的经济效益[3,4]。

经分离金属后的纯溶液，既可制取金属也可用以制取相应金属的化工产品，一般说来，后者将更有利于提高经济效益[3,4]。

8.2   镍钴合金废料的氯盐溶液—电化学溶解法处理

8.2.1   镍基合金废料生产特号镍

某厂处理镍钴合金废料的生产流程如图 8-1 所示[5]。处理过程是先在电弧炉中将合金

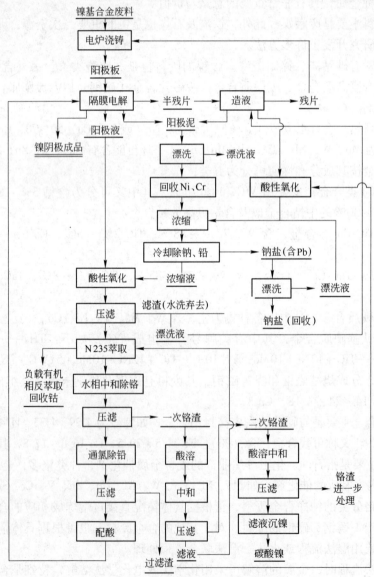

图 8-1   从镍基合金废料中提取镍流程

废料熔铸成阳极，然后在隔膜电解槽中进行电解。该厂采用的阳极成分见表8-1。对于用镍基合金废料中提取高纯镍要严格控制阳极液中杂质的含量，必须将各批号阳极合金进行合理搭配。

表 8-1　阳极成分　　　　　　　　　　　　（%）

元　素	含　量	元　素	含　量
Ni	44.43 ~ 72.24	Pb	0.001 ~ 0.04
Co	0.013 ~ 2.22	Zn	0.0005 ~ 0.013
Cu	0.023 ~ 2.33	Cr	0.5 ~ 25.03
Fe	0.47 ~ 36.05		

在电解过程中，阳极除溶解镍外还溶解杂质金属，而阴极沉积的却只有镍，因而阳极溶解的镍和阴极沉积镍不平衡，造成阴极液镍离子不足。为此除另有电溶解造液，补充镍离子外，还需将部分造液浓缩以提高镍离子的浓度，保证阳极进镍离子的浓度符合要求。

下面对流程中电解过程、阳极液的净化过程及造液过程分别介绍如下。

8.2.1.1　电解过程

电解时采用隔膜电解槽。在 $0.7m^3$ 电解槽内用聚氯乙烯硬塑料作阴、阳极室分隔的支架。阴极室为 $420mm \times 630mm \times 55mm$ 硬塑料框，套以用热水清洗后的 7 号帆布隔膜袋，插入塑料支架的空间，将电解槽分割成阴、阳极室两个部分，以 $410mm \times 630mm \times 3mm$ 不锈钢作母板以生产镍始极片。将剥取的 0.6mm 厚的始极片放在 5% 左右盐酸溶液中浸泡 1h 以上，再用清水洗涤。在始极片保持润湿时，放入生产槽的阴极室进行电解，这样可避免形成始极片与镍沉积层的隔层。电解生产的出槽周期为 3 天。阴极镍每块重约为 10 ~ 14kg，其规格为 $390mm \times 550mm \times (4 ~ 6)mm$。

阴极进液的成分见表8-2。

表 8-2　阴极进液组成　　　　　　　　　　　　（g/L）

成分	Ni	Co	Cu	Fe	Zn	Pb	Cr	Cl	H_3PO_3	Na+
含量	55 ~ 75	<0.0015	<0.0004	<0.0006	<0.0006	<0.0001	<0.01	160 ~ 180	5 ~ 7	<65

某厂用氯化物溶液作电解液，以适应 N235 萃取剂萃取脱除杂质，同时氯化物溶液电解还能提高电流效率，降低槽电压，而且对阴极沉积表面的物理状况也有明显改善。例如在电流密度较高的情况下，阴极沉积表面仍平滑致密。必须指出在电解过程中，阳极液中镍、钠离子的含量、流量、pH 值和温度条件必须相应配合，才能保证镍阴极的物理状态。在镍钠比大于 1 的情况下，含镍量大于 60g/L 时，电流密度可达 $300A/m^2$；而含镍量为 75g/L 时，电流密度提高到 $400A/m^2$ 也能获得 100% 合格率的电解产品。阳极出液的杂质浓度（g/L）为：Fe 0.3 ~ 3，Cr 0.1 ~ 2.4，Co 0.025 ~ 0.3，Cu 0.02 ~ 0.15，Pb <0.001，Zn <0.003。

由于镍废料铸成的阳极品位较低，使阴极液进液和阳极出液含镍量差达 5 ~ 9g/L。阳极液除直接进行净化外，还须每天抽出约占循环量的1/5的溶液送反应锅中进行浓缩，以提高镍离子浓度，并结晶脱除部分钠盐和铅。

每生产1t电解镍，产出的阳极泥（包括造液所产生的）约300kg，其湿样含镍约6%，而铬的含量为镍的6~7倍。将阳极泥用热水进行漂洗，洗水返回造液，漂洗后的阳极泥含镍可以降到1.5%以下，须进一步处理回收镍铬。

电解精炼时的主要技术条件为：阴极进液pH值为4.6~4.8，阳极出液pH值为1.2~1.7，阴极面积（双面）为0.43m²，每槽阴极块数为8块，每槽阴极面积为3.4m²，阳极板规格为310mm×540mm×40mm，每槽阳极块数为9块，电流强度为1000~1200A，电流密度为300~350A/m²，液位差为25~40mm，槽电压为1.4~2.7V，阴极板周期为8~9天，同极距为170mm，阴极室液温为70~75℃，吨镍阴极进液流量为95~105m³。

8.2.1.2 阳极液的净化过程

为了获得合格的阴极进液，必须将含杂质较多的阳极液进行净化以制取阴极进液。净化过程包括铁的氧化、N235萃取以及除铬、钴、铅等过程。

A 铁的氧化

阳极出液的含铁量波动在0.5~3g/L，其中三价铁约占30%~40%。但当加入造液的浓缩液后，含铁量通常为1~5g/L。该溶液进入内衬软塑料的铁槽，在温度70℃左右和强烈搅拌下，用液氯将二价铁氧化成三价铁后用N235萃取。铁氧化的技术条件如下：氧化剂为液氯；氧化温度为60~70℃；氧化终点成分（g/L）控制为：H^+ 5~20，Fe^{2+} <0.5，总Fe <5。

B N235萃取脱杂质[1]

N235是我国生产的叔胺类萃取剂，它的通式为$(C_{7~10}H_{15~21})_3N$，简写成R_3N。N235的相对分子质量为349，25℃时密度为0.8153g/cm³，在水中的溶解度在25℃时小于0.01g/L，其性能与组成相当于国外产品Alamine 336。N235是萃取阴离子的萃取剂，可从盐酸溶液中萃取金属配阴离子，其萃取率与HCl浓度关系如图8-2所示。

从图8-2可以看出，叔胺萃取金属的萃取率与水溶液中氯离子的浓度关系很大，容易生成金属配合氯阴离子的金属优先萃取。

N235是弱碱，能从盐酸溶液中萃取HCl而形成胺盐：

$$R_3N + HCl \Longrightarrow R_3N \cdot H^+ Cl^-$$

胺盐中的阴离子Cl^-能与水相中金属配合氯阴离子交换，也可被强碱分解：

$$R_3N \cdot H^+ Cl^- + NaOH \Longrightarrow R_3N + NaCl + H_2O$$

将铁氧化后的阳极液过滤后，滤液用经盐酸处理后的N235煤油溶液萃取含Fe^{3+}、Zn^{2+}、Cu^{2+}、Co^{2+}等杂质的配合氯阴离子，有关萃取反应如下：

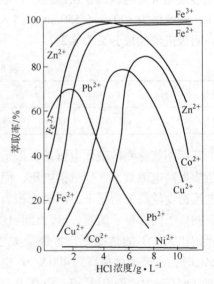

图8-2 用N235萃取剂的萃取率
与HCl浓度的关系

$$R_3N \cdot HCl + FeCl_4^- \Longrightarrow R_3N \cdot HFeCl_4 + Cl^-$$

$$2R_3N \cdot HCl + ZnCl_4^{2-} \Longrightarrow (R_3N)_2 \cdot H_2ZnCl_4 + 2Cl^-$$

$$2R_3N \cdot HCl + CuCl_4^{2-} \Longrightarrow (R_3N)_2 \cdot H_2CuCl_4 + 2Cl^-$$

$$2R_3N \cdot HCl + CoCl_4^{2-} \Longrightarrow (R_3N)_2 \cdot H_2CoCl_4 + 2Cl^-$$

经 N235 萃取后,萃取液中铜、锌含量能符合生成特号镍要求,铁的萃取效果取决于二价铁的氧化是否完全,若氧化不完全则铁达不到特号镍的要求。钴的脱除率受氯离子浓度的影响很大,一般剩余的微量钴、铁可在通氯除铅过程中继续脱除。在有机相反萃取过程时,先用水反萃易反萃的铜、钴,为减少铁进入反萃的钴溶液中,用含 2mol/LNaCl 的水溶液反萃铜、钴后再用 0.5% ~1% 稀 H_2SO_4 反萃铁、锌。反萃取反应如下:

$$(R_3N)_2H_2CuCl_4 + 2H_2O \Longrightarrow 2R_3NHOH + CuCl_2 + 2HCl$$

$$(R_3N)_2H_2CoCl_4 + 2H_2O \Longrightarrow 2R_3NHOH + CoCl_2 + 2HCl$$

$$(R_3N)_2H_2FeCl_4 + H_2SO_4 \Longrightarrow (R_3NH)_2SO_4 + FeCl_2 + 2HCl$$

$$(R_3N)_2H_2ZnCl_4 + H_2SO_4 \Longrightarrow (R_3NH)_2SO_4 + ZnCl_2 + 2HCl$$

萃取槽是用 5mm 钢板衬以 6mm 硬塑料制成。每级萃取槽尺寸(宽×长×高)为 700mm×1700mm×1200mm,混合室尺寸为 700mm×700mm×1200mm,澄清室尺寸为 700mm×1000mm×1200mm,混合室搅拌桨轴心是铁管套硬塑料管,用 10mm 硬塑料板制成两挡桨叶,上挡向下搅动,下挡向上搅动,转速为 400r/min。萃取工艺技术条件如下:N235 浓度为 25 ~30g/L,稀释剂为 200 号熔剂油。萃取原液进液温度 40 ~55℃,反萃取进水温度 50 ~60℃。萃取前后溶液杂质浓度见表 8-3。

表 8-3　萃取前后溶液的杂质浓度　　　　　　　　　　(g/L)

元　素	萃前液	萃后液	元　素	萃前液	萃后液
Co	0.03 ~0.25	0.002 ~0.012	Zn	0.001 ~0.004	0.0002 ~0.0004
Cu	0.02 ~0.2	0.0001 ~0.0004	Fe	1 ~5	0.0005 ~0.13

C　中和除铬

当电解液含铬大于 0.02g/L 时,电解作业即出现不正常现象,如阴极室有氢氧化铬沉淀而使溶液变浑;若铬大于 0.04g/L,则在阴极沉积层开始出现黑条,继而发生龟裂。因此铬应脱除到小于 0.01g/L。可采用水解沉淀法脱除铬。由于氯化铬水解沉淀过程不断产生酸,须用漂洗液制得的碳酸镍,浆化后作为中和剂中和:

$$2CrCl_3 + 3NiCO_3 + 3H_2O \Longrightarrow 2Cr(OH)_3 + 3NiCl_2 + 3CO_2\uparrow$$

若 pH 值达不到要求,则还须继续用纯碱溶液中和调整。

中和除铬是在木制内衬软塑料圆槽中进行的。操作条件为温度大于 70℃,用压缩空气强烈搅拌,加入中和剂,使 pH 值控制在 4.8 ~5 之间,中和剂加完后继续升高温度,继续搅拌在半小时以上使反应完全。此时阳极液含铬可由 1.5g/L 降到 0.01g/L。用碳酸镍中和剂既可使溶液中镍离子不下降,又可避免钠离子增多。应当注意:若溶液 pH 值过高会使进入渣的镍增加，造成镍的损失。

压滤后的铬渣用盐酸进行溶解，控制 pH 值为 1.5 左右，然后用纯碱水中和到 pH 值为 4.8 ~ 5 后进行压滤，压滤液进入萃取工序以回收镍，滤渣再反复进行酸溶、中和、压滤。所得滤液用来制备碳酸镍。如此产出的湿铬渣组成（%）为：Ni 1.7，Cr 45，Fe 0.9。可进一步处理回收铬、镍。

D 通氯除钴

铅在微酸性的镍钴溶液中通入氯气，二价钴离子优先氧化成三价，并随即用中和水解法生成溶解度很小的氢氧化钴沉淀，以达到镍钴较彻底分离的目的。由于三价钴盐水解时放出酸，因此须用碱中和：

$$2CoCl_2 + Cl_2 + 3Na_2CO_3 + 3H_2O \Longrightarrow 2Co(OH)_3\downarrow + 6NaCl + 3CO_2$$

经通氯除钴后，溶液钴含量可降到 0.0015g/L 以下。同时含铁量也小于 0.0006g/L，符合电解时阴极进液要求。

在通氯条件下，铅的除去可能是由于二氯化铅在氯的作用下氧化成四氯化铅，然后水解成二氧化铅沉淀：

$$PbCl_2 + Cl_2 \Longrightarrow PbCl_4$$

$$PbCl_4 + 2H_2O \Longrightarrow PbO_2 + 4HCl$$

$PbCl_2$ 也有可能与其他三价氢氧化物共同吸附沉淀。在通常情况下，原液含铅 0.002 ~ 0.0006g/L。经过通氯除铅后，铅可下降到 0.0001 ~ 0.00006g/L。

通氯除钴、铅是在内衬瓷砖的铁圆槽内进行的，使用立式泵在圆槽内进行溶液的单管循环。

通氯除钴、铅技术条件如下：温度（操作开始）为 65 ~ 70℃；通氯速度以均匀缓慢为宜，避免强烈搅拌和 pH 值有大的波动；碱水密度为 1.2407 ~ 1.2625g/cm³；pH 值维持在 4.8 ~ 5，作业结束时 pH 值为 5 ~ 5.2。

8.2.1.3 造液过程

前已述及，为补充镍离子的不足，需在另外设置的槽中电溶解制备溶液造液。此时用 1:1 盐酸和清水作电解液，阴、阳极为电解系统的含镍残极。直流发电机组装有倒顺装置，使槽内阴、阳极能在电溶解过程中变换，以加速阳极溶解。造液槽内溶液由立式泵进行溢流循环，每槽边缘有吸风装置，以排除 HCl 气体。造液槽用内衬软塑料钢筋水泥构筑结构制成。

电解造液周期为 3 天左右，所得溶液组成（g/L）为：Ni 90 ~ 100，Fe 10 ~ 25，Cr 5 ~ 8，Co < 1，Cu < 0.5，Pb < 0.02，Zn < 0.01，H⁺ < 25。

对于造液所得溶液中的 Fe^{2+}，采用通氯净化除铅所得的含有 $Ni(OH)_3$ 的渣，进行酸性氧化可以变成 Fe^{3+}：

$$Ni(OH)_3 + FeCl_2 + 3HCl \longrightarrow NiCl_2 + FeCl_3 + 3H_2O$$

这种溶液含铅通常为 0.02g/L 左右，为了使铅不在通氯除铅过程中积累发生恶性循环，可在溶液氧化过程中加入食盐，使钠离子达到 40g/L。氧化后的溶液与部分阳极液按 1:1 合并，在反应锅中浓缩，待溶液达到密度为 1.36g/cm³ 以上进行冷却结晶钠盐脱除铅。当原液含铅 0.02g/L 时，通过浓缩冷却结晶出钠盐后，铅可下降到 0.003g/L。用食盐结晶除铅是利用所谓"反常混晶作用"的原理。在二氯化铅很稀时二价铅离子和食盐结晶中的空位耦合，形成稳定的固溶体，结晶含铅的钠盐经离心过滤，用水冲洗脱除吸附镍，含铅的钠盐作副产品，供回收油脂时使用。

8.2.2 高磷镍铁、钴铁及其他含钴废料回收钴

某厂所用流程如图 8-3 所示[6,7]。

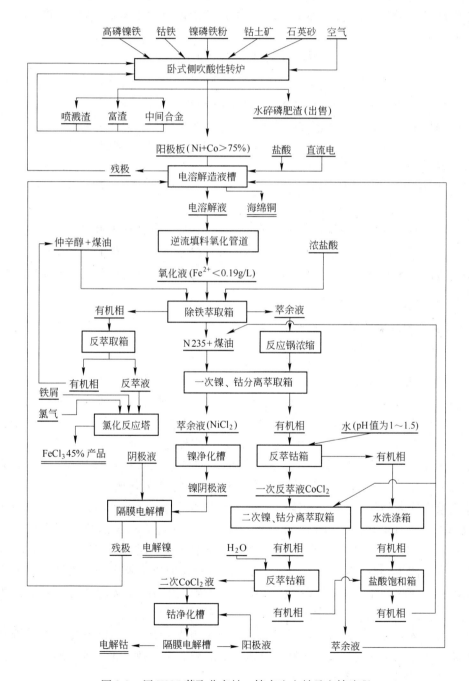

图 8-3 用 N235 萃取分离钴、镍产生电钴及电镍流程

此流程具有以下特点：

（1）将各种镍钴废料混合在卧式转炉中吹炼，加入石英熔剂，产出含镍钴达 75% 的阳极板和磷肥渣。

（2）用镍钴阳极在氯化物溶液中进行电溶解造液，得到含杂质多的溶液、阳极泥和海绵铜。

（3）采用仲辛醇的煤油溶液萃取除铁[8]。仲辛醇简写成 ROH，它是含氧中性萃取剂，能萃取盐酸、硝酸和配合酸，如 $HFeCl_4$。仲辛醇萃取三价铁时，先用盐酸处理，铁呈 $HFeCl_4$ 形式存在，萃取反应如下：

$$ROH + HCl \Longrightarrow (ROH_2)Cl$$

$$Fe^{3+} + 4Cl^- \Longrightarrow FeCl_4^-$$

$$(ROH_2)Cl + FeCl_4^- \Longrightarrow (ROH_2)FeCl_4^- + Cl$$

当用 pH 值为 0.5~1 的水进行反萃取时，仲辛醇按以下反应式再生：

$$(ROH_2)FeCl_4 \Longrightarrow ROH + FeCl_3 + HCl$$

（4）溶液中的锌、钴用 N235 萃取。

（5）用 717 阴离子交换树脂深度脱 Fe、Zn；用 MR310 大孔型阴离子树脂深度脱铜、铅。使溶液中的上述杂质脱除到 0.005g/L 以下。

（6）从净化后所得的纯 $NiCl_2$、$CoCl_2$ 溶液中电积镍、钴，产出电镍及电钴出售。

（7）电积过程中产出的氯气与铁的反萃取液和钢刨花一道生产 $FeCl_3$ 出售。

综上所述，此流程虽较复杂，但对于处理含杂质多的镍钴废料来说，产品质量高，综合利用好。

8.2.3　镍钴合金废料隔膜电解回收铁、钴、镍

瑞典古勒斯派恩电化学公司采用电化学溶解钴合金废料处理流程（见图 8-4），从合金废料中同时回收镍、钴、铁[9]。

工艺流程包括以下工序：首先将合金废料用火法冶金熔炼成阳极，然后在氯化物介质的隔膜电解槽中进行阳极电溶解和阴极电沉积金属；电溶解后液用溶剂萃取法分离金属，并通过在隔膜电解槽阴极室电积回收这些金属。该流程能将溶剂萃取所分离的铁、钴、镍同时电积出来。阳极残渣主要由钼、钨、铬的碳化物组成。每升含有 50~100g 氯离子（总量）以及铁、铬、镍的阳极液从电解槽流出后立即送至氧化槽。

阳极液中铁大部分是 Fe^{3+}。该溶液须经澄清压滤后才送往溶剂萃取，萃取采用混合澄清萃取槽。萃取有机相由 25% Alamine336、15% 十二烷基醇和煤油稀释剂组成。Fe^{3+} 在 Cl^- 浓度为 50~100g/L 条件下经过三级萃取，当萃取其他金属时，用蒸发法提高溶液中氯离子浓度。如图 8-5 的萃取线表明，萃取金属的选择性取决于氯离子总浓度。当溶液中氯离子浓度大于 200g/L 时钴经六级萃取。用蒸发过程产出的冷凝液作铁反萃取剂，铁需用八级反萃。而反萃取钴时，则须用 pH 值为 2~3 的弱酸性冷凝液。

用冷凝液稀释含镍萃取液，氯离子浓度可降至 102~150g/L。在电溶解电解槽的不同阴极室中，可分别从含钴、镍、铁的反萃液中电沉积上述三种金属。制取的钴、镍、铁金属的质量能满足制造合金钢的需要。

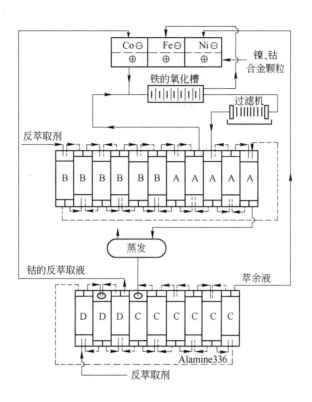

图 8-4　古勒斯派恩公司处理镍钴合金废料的工艺流程

A—用 Alamine336 萃取铁；B—反萃取铁；C—用 Alamine336 萃取钴；D—反萃取钴

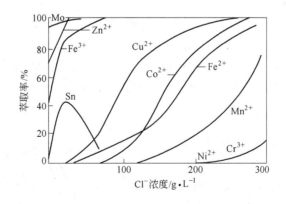

图 8-5　用 Alamine 336 萃取金属与 Cl^- 浓度关系曲线

8.3　镍钴合金废料的硫酸盐溶液—电化学溶解处理

当镍钴合金废料在硫酸盐溶液中电化学溶解时，可采用如图 8-6 工艺流程。

为了使铁渣易于过滤和少吸附金属离子，流程采用黄钠铁矾法脱除铁。黄钠铁矾的分子式为 $Na_2Fe_5(SO_4)_4(OH)_{12}$，在工业上析出的条件是：pH = 1.5，温度为 95℃，使 Fe^{2+} 氧化成 Fe^{3+}，并缓慢加入适量 7% Na_2CO_3 溶液调 pH 值，并加入晶种。反应如下：

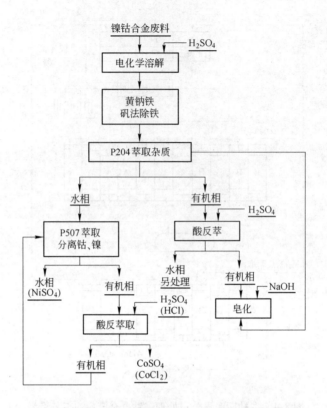

图 8-6 合金废料硫酸盐溶液中电化学溶解处理流程

$$3Fe_2(SO_4)_3 + 6Na_2CO_3 + 6H_2O \Longrightarrow Na_2Fe_6(SO_4)_4(OH)_{12} + 5Na_2SO_4 + 6CO_2$$

流程中用 P204 萃取杂质[3]。P204 名称为二（2-乙基己基膦酸），分子式为 $(RO)_2P(O)OH(R=C_8H_{17})$，相对分子质量为 323，25℃ 时密度为 $0.969 \sim 0.9700 g/cm^3$，熔点为 233℃，在水中溶解度为 0.012g/L，在 10% Na_2CO_3 的溶液中溶解度为 0.026g/L。P204 为酸性萃取剂，萃取三价、二价金属离子时的反应表示如下：

$$Me^{3+} + 3(HX) \Longrightarrow MeX_3 + 3H^+$$

用 P204 萃取金属时，萃取率与 pH 值的关系如图 8-7 所示。

从图 8-7 看出，P204 萃取金属次序为：$Fe^{3+} > Zn^{2+} > Cu^{2+} > Fe^{2+} > Mn^{2+} > Co^{2+} > Ni^{2+}$。$As^{5+}$ 不被萃取，As^{3+} 可定量萃取，应该注意的是 Ca、Mg 也被萃取。由于 P204 直接萃取金属时放出 H^+，为使萃取过程能保持水相中所要求的 pH 值，一般在萃取前需将 P204 与 NaOH 溶液反应生成 P204 的钠盐，此即称为 P204 的皂化：

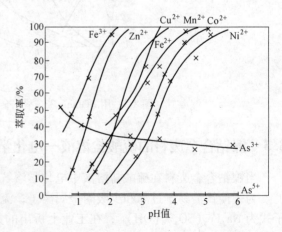

图 8-7 P204 萃取金属萃取率与 pH 值关系

$$HX + NaOH \Longrightarrow NaX + H_2O$$

P204 钠盐萃取铜的反应为：

$$2NaX + CuSO_4 \Longrightarrow CuX_2 + Na_2SO_4$$

CuX_2 的反萃取反应为：

$$CuX_2 + H_2SO_4 \Longrightarrow CuSO_4 + 2HX$$

该流程还用 P507 萃取钴分离镍[3,10~13]。P507 名称为 2-乙基己基磷酸单（2-乙基己基）酯，分子式为 $(R_2O)P(O)OH(R=C_8H_{17})$，相对分子质量为 306.4，密度为 $0.9475g/cm^3$，燃点为 235℃，在水中溶解度极微。萃取二价金属离子时的反应为：

$$Me^{2+} + 2(HX) \Longrightarrow MeX_2 + 2H^+$$

用 P507 萃取金属时，萃取率与 pH 值的关系如图 8-8 所示。

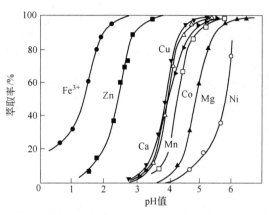

图 8-8 P507 萃取金属的萃取率与平衡 pH 值的关系

从图 8-8 看出，P507 萃取金属的次序为：$Fe^{3+} > Zn^{2+} > Cu^{2+}$、$Ca^{2+} > Co^{2+} > Mg^{2+} > Ni^{2+}$，这与 P204 萃取次序基本一致，但对各种金属间的分离则有较大差别，如用 P507 分离钴镍比用 P204 容易得多。

为使萃取过程能保持水平相中所要求的 pH 值，使用时同样需将 P507 皂化，P507 钠盐萃取钴的反应为：

$$2NaX + CoSO_4 \Longrightarrow CoX_2 + Na_2SO_4$$

CoX_2 的反萃取反应为：

$$CoX_2 + H_2SO_4 \Longrightarrow CoSO_4 + 2HX$$

$$CoX_2 + 2HCl \Longrightarrow CoCl_2 + 2HX$$

关于重金属离子的萃取，可参考文献[3]。

流程中所得纯镍、钴溶液，可用电积法生产金属镍和钴或制取化工产品。

8.4 镍钴合金废料的化学溶解法处理

8.4.1 镍钴合金废料在氯化物溶液中的溶解

8.4.1.1 废合金氯气浸出—浸出渣加压浸出—Ni(OH)₂加压 H₂ 还原工艺

废合金氯气浸出—浸出渣加压浸出—$Ni(OH)_2$加压 H_2 还原工艺所处理的废耐热合金组成（%）如下：Ni 48.2，Co 15.2，Cr 17.3，Mo 4.5，Fe 8.0，Al 2.2，Nb 1.6，Ti 0.7，Mn 0.6，Si 0.6，W 0.9，C 0.2，Cu 0.03[14,15]。

处理流程如图 8-9 所示。

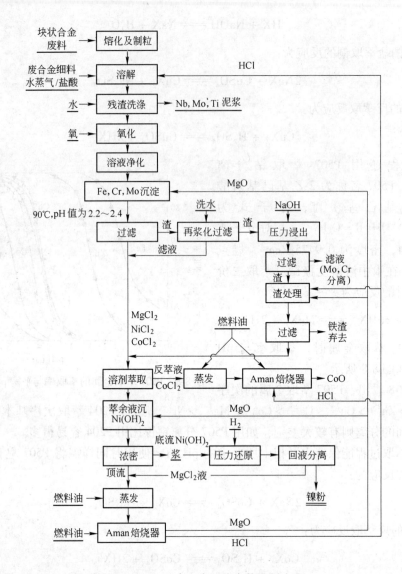

图 8-9 从 Ni-Co 合金中回收有价金属流程

对处理流程分别说明如下：

（1）废合金的溶解。在 90℃下，用 HCl 及 Cl$_2$ 溶解已熔化制粒的废合金，得到 Ni、Fe、Cr、Mo、Al 及 Mn 的氯化物溶液，Nb、W、C、Si 则呈氧化物及碳化物形态与一定量的 Mo、Ti 一起留于浸出残渣中。因溶液的还原氧化电位为 −100mV（相对于甘汞电极），Fe、Cr、Mo、Al 及 Mn 以低价形态存于溶液中，当溶液保持游离 HCl 为 25g/L 时，溶解情况良好。渣率为 6%，将渣洗涤、过滤、烘干后得 Mo-Nb 精矿。过程中有代表性产物分析见表 8-4。

表 8-4 代表性产物分析

元素	Ni	Co	Cr	Mo	Fe	Nb	HCl
浸出液中的浓度/g·L^{-1}	48.0	15.1	17.3	2.7	8.0	0.02	25
残渣中的含量/%	0.2	0.06	0.05	14.8	0.04	13.1	—

（2）沉淀 Fe、Cr、Mo。流程中滤液是在填充塔中通氯气氧化，控制氧化还原电位至少为 800mV，这时 Fe^{2+}、Mo^{2+}、Ti^{3+} 氧化成 Fe^{3+}、Mo^{6+}、Ti^{4+}，然后加 MgO 中和水解沉淀。沉淀渣过滤后再浆化洗涤过滤，经两次过滤后有关元素的分布见表 8-5。

表 8-5 过滤前后金属元素的分布　　　　　　　　　　　　　（%）

元　素	Ni	Co	Cr	Mg	Fe	Cl
最终滤渣	20.2	15.5	99.8	8.2	87.7	0.1
滤　液	79.8	84.5	0.2	91.8	12.3	93.3
总　计	100	100	100	100	100	100

（3）滤渣的加压浸出。加压浸出目的在于加入 NaOH 使渣中 Cr、Mo、Al 的化合物转变成 Na_2CrO_4、Na_2MoO_4、$NaAlO_2$。加压浸出的反应为：

$$2Cr(OH)_3 + 4NaOH + 3/2O_2 = 2Na_2CrO_4 + 5H_2O$$

$$H_2MoO_4 + 2NaOH = Na_2MoO_4 + 2H_2O$$

$$Al(OH)_3 + NaOH = NaAlO_2 + 2H_2O$$

$$Cl^- + NaOH = NaCl + OH^-$$

当低于 175℃ 时，上述反应不能进行，但高于此温度则反应迅速进行。

加压浸出的条件为：225℃，氧分压 689kPa，浸出时间 2h，铬浸出率大于 86%，钼浸出率大于 90%。

滤渣的加压浸出流程如图 8-10 所示，该流程回收铬与钼。

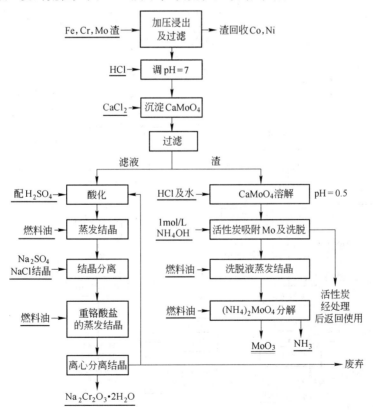

图 8-10 加压浸出所得滤液的处理流程

（4）钴的萃取。将沉淀 Fe、Cr、Mo 后所得的滤液，用萃取法分离 Co、Ni。选用 Alamine336 萃取钴；在滤液中加入 $MgCl_2$ 或 NaCl 以维持 Cl 浓度大于 200g/L，并使 pH < 1。半工业性的萃取操作在混合澄清器中进行，流速（L/h）为 A/O = 18.2/136.4，Co 萃取率为 99.8%。有机相中含 Fe 0.2g/L，共四级萃取、三级反萃取，一级用水洗涤。

钴反萃液可用几种方法处理，该流程的特点是将其浓缩结晶制得 $CoCl_2$ 在 Aman 焙烧器中分解，得氧化钴及 HCl。

（5）$Ni(OH)_2$ 沉淀物的还原。将 $Ni(OH)_2$ 浆料在 200～220℃ 及压力为 130kPa 的条件下，在高压釜中用 H_2 还原，还原率达 95%，镍粉纯度为 98%，其中主要杂质为氧（0.8%～1.8%），当镍粉在氢气中烧结，氧可以脱除。

所得镍粉的分析见表 8-6。

表 8-6   镍粉成分   (%)

元素	Ni	Mg	O	Cl	Si	Fe	Co	Al	Cu	Pb
水洗后	97.8	0.008	1.4	0.034	0.01	< 0.01	0.01	0.01	0.01	
酸洗后	98.5	0.004	0.81	0.19	0.01	< 0.01	0.01	0.01	0.01	0.01

8.4.1.2   合金废料的氯气浸出—活性炭吸附—溶剂萃取流程

图 8-11 所示为美国矿业局研究制定的从超耐热合金的磨碎废料中回收镍、钴、钼、

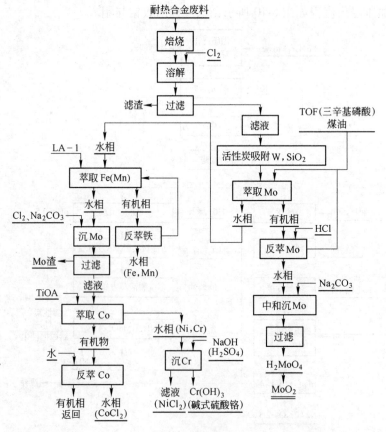

图 8-11   从合金废料中回收 Mo、Co 溶剂萃取流程

铬的流程，其中包括合金废料预处理、氯化物溶液溶解、活性炭吸附浸出液中的杂质、三段溶剂萃取分离和选择性沉淀等过程[13,14]。

超耐热合金的组成（%）如下：Ni 或 Co 50～70，Cr 15～30，其余为 Mo、W、Nb、Ti、Al、Fe、Mn、Si、C，可能还含有 Cu、Pb、Zn、Sn 以及油脂类、水分及研磨产生的碎渣。

废料首先在非氧化气氛中焙烧，以去除有机物和水分。然后，将废料在 90～100℃的酸性氯化物溶液中通氯溶解，所得浸出液含氯离子为 25g/L。

当进料液中二氧化硅或钨的含量大于 20×10^{-4}% 时，则萃取时两相分离困难，所以滤液中的钨、溶解的硅和一定数量的铜需用活性炭吸附出去，浸出液成分（g/L）如下：Ni 76，Cr 35，Fe 26，Co 19，Mn 0.6，Cl 235。溶液氧化还原电位为 -790mV。浸出液先用 0.5mol/L 三辛基磷酸（TOF）的煤油溶液进行钼的六级萃取，萃取相比为 3。室温下混合 1min 便能完成萃取。当氧化还原电位为 -430mV，溶液中钼为六价时萃取率最高；当氧化还原电位 -200mV 时，主要以五价状态存在，钼进一步还原到三价状态时，其萃取率便减少到零。在有机相与水相比为 5/2 时，用 0.3mol/L 的盐酸对有机物中六价钼进行五级反萃取，用碱液洗脱有机相中并没有被反萃取下来的钼。据估计，溶剂损失为 0.01%，每吨合金废料耗 0.73L 溶剂。

三价铁的萃取比钼的萃取困难，因此钼能从有机相中洗脱铁。钨的萃取率很低。已萃取的钴可被溶液中的铁和钼取代。镍、三价铬、铅和五价矾都不被萃取。用盐酸反萃取铜时，反萃取液中钼、铁浓度分别为 88g/L、28g/L，其中镍、钴、铬的含量均可忽略不计。用苏打中和反萃取液使 pH 值达到 0.5 时，钼便以钼酸的形式沉淀回收。虽钼酸在 pH 值为 1.7 时沉淀回收更好，但此时铁对钼酸的污染相当严重。沉淀物经过滤、洗涤后，可在 150℃下干燥，所得产品的成分（%）如下：Mo 59.7、Na 0.3、Fe 0.28、S 0.05、Si < 0.1、Ni + Co < 0.01、Pb < 0.005、P < 0.005、Cu < 0.005。

萃取钼后的萃余液用 0.25mol/L 仲胺（Amberlite LA-1）的芳香族稀释剂溶液萃取三价铁，1min 混合便能达到平衡。在 50℃时萃取效果更好，但 20℃也能令人满意。在 A/O 相比为 2/1 时四级萃取。钨和钼也能被 LA-1 萃取。钴也可能被萃取，但所萃取的钴可用水或稀酸反萃，且在连续逆流萃取过程中，镁将取代钴，因而钴萃取量很少。LA-1 不萃取 Ni^{2+}、Cr^{3+}、V^{5+}、Mn^{2+}。有机相中萃取的铁用水进行三级反萃取，所得反萃取液含铁约为 39g/L，锰多达 1.3g/L，它们都是氧化物形态。该萃取流程的溶剂损失为每吨合金废料 0.96L。

往萃取铁后的溶液中添加碳酸钠，并在 26℃下通入氯气 1h，使溶液 pH 值达到 2.0，锰便可从溶液中沉淀出来：

$$MnCl_2 + Cl_2 + 2Na_2CO_3 = MnO_2 \downarrow + 4NaCl + 2CO_2$$

每克锰需用 1.7g 氯气和 5.78g 碳酸钠。这时锰虽可达到完全沉淀，但却有 2.4% 的钴与锰一同生成沉淀。用 TiOA（三异辛胺）从沉锰后的溶液中萃取钴。有关金属用 TiOA 萃取的萃取率与溶液中氯离子浓度关系如图 8-12 所示。从氯化钴的反萃取液中回收钴可用结晶法或沉淀法。用碳酸钠沉淀钴时所得碳酸钴，再在 95℃下煅烧就转化为钴的氧化物，其产品的成分（%）如下：Co 73，Ni 0.2，Na 1.2，S 0.04，C 10.01。

为了分离镍与铬，在萃取钴的萃余液中用氢氧化钠或碳酸钠溶液调 pH 值到 3.5，可从含镍的弱性氯化物溶液中选择性地沉淀出氢氧化铬。为了沉淀出容易过滤的碱式硫酸铬，需加入硫酸钠，使其浓度为 20g/L。为了促使铬迅速沉淀并防止镍共同沉淀，可在加入碳酸钠之前，将含有硫酸盐或氯化物的溶液进行冷却，随后加热到 85℃，通过洗涤可除去氢氧化铬沉淀物所夹带的镍。干的铬沉淀物成分（%）如下：Cr 35.7，S 6.8，Ni 2.4，Cl 0.5，Al 0.4，Ti 0.2。

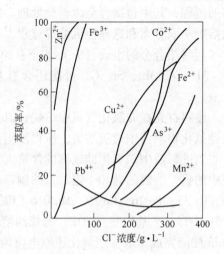

图 8-12　用 TiOA 萃取剂时，萃取率与氯离子浓度的关系

沉铬后溶液和铬渣洗涤液均含有镍，在加热的条件下，加入 Na_2CO_3 调 pH 值到 8，镍以碱式碳酸镍的形式沉淀。沉淀每克镍需要消耗 0.5g 碳酸钠，经煅烧后所得氧化镍成分（%）如下：Ni 78.5，Cr 0.13，Na 0.15，Co 0.04，C 0.08，S 0.01。

8.4.1.3　合金废料的氯气（或加压硫酸）浸出—溶剂萃取制取金属粉末流程

比利时 Hoboken 冶金公司用氯气浸出溶液镍-钴合金废料，通空气对浸出液进行氧化，随后加入石灰从浸出液沉淀铁和铬[14]。用金属钴置换沉淀铜后，再分别用铬酸和氧化钴沉淀铅和锰。氧化钴沉淀锰反应如下：

$$Co_2O_3 + MnCl_2 + 2HCl \rightleftharpoons 2CoCl_2 + MnO_2 \downarrow + H_2O$$

该公司采用两个串联的溶剂萃取工序，所用萃取剂均为叔胺。先在较低的氯化物浓度（5～10g/L HCl）下萃取钴。有机相中的锌经氢氧化钠反萃取后沉淀为 $Zn(OH)_2$，经过滤有机相即可回收锌。用图 8-13 所示的流程可以制得钴粉、镍粉、氧化钴和氧化镍以及电镍、电钴。

8.4.2　镍钴合金废料在硫酸溶液中的溶解

超耐热合金废料组成（%）为：Ni 37.5，Co 4.0，Cu 12.5，Fe 26.5，Cr 10.0，Mo 5.0，W 2，Nb-Ta 2.5，还可能含有 Ti、Mn、Si 和 Al。用图 8-14 所示流程处理这种合金。每溶解 1kg 合金需要用硫酸 3.7kg，SO_2 0.7kg。当液固比为 1:20，温度为 90℃ 时溶解效果最好。在溶解残渣中钼和钨得到富集，残渣中还含有镍、铁及微量其他金属[15]。

浸出液中铁、铬以 Fe^{2+}、Cr^{3+} 的形式存在，其中镍、铁、钴、铜等可溶性金属的含量占 95% 以上。浸出液的氧化还原电位为 250～300mV。溶液在沉淀铁、铬之前，须加硝酸使其氧化还原电位达到 800mV，溶液中铁氧化成三价。然后，用石灰石将 pH 值调到 4，铁、铬沉淀，此时钴的损失很少。当用 pH 值为 2.5 的酸溶液将沉淀物再制浆洗涤时，其中夹带的钴、镍即可回收。在溶解过程中已浸出的钼或钨可与铁、铬一起除去。

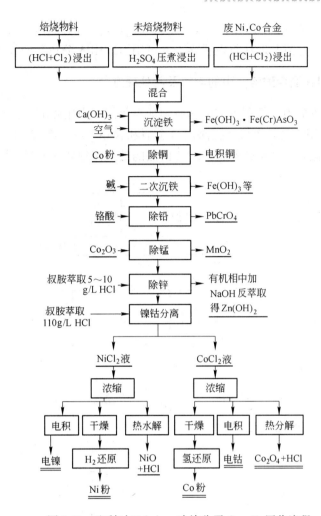

图 8-13　比利时 Hoboken 冶炼公司 Co、Ni 回收流程

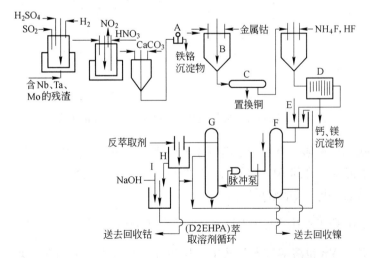

图 8-14　硫酸-二氧化硫-溶剂萃取法处理耐超热合金废料工艺流程

A—过滤 Fe-Cr 沉淀物；B—置换沉淀铜；C—置换铜的过滤机；D—钙、镁、氟化物过滤机；E—萃取
原液进料槽；F—钴的萃取柱；G—洗涤柱；H—钴的萃取槽；I—萃取溶剂的预平衡

溶剂萃取进料液组成（g/L）如下：Ni 14.0，Cu 4.4，Co 1.3，Ca 1，Fe < 0.1，Cr < 0.01。用钴粉置换沉淀法或萃取法将铜脱除，并可用 D2EHPA 分离和回收镍、钴。

8.4.3　镍钴合金废料在混合酸溶液中的溶解及其处理方法

镍钴合金难溶于硫酸中，故用硫酸溶解时须加氧化剂。当用硫酸与硝酸混合酸溶解时效果良好。对含钴为 35% 的内燃机气缸阀门合金屑和含钴 18%、镍 20% 的合金料用混酸处理以生产镍盐和钴盐时，经济效益很显著，此法的处理流程如图 8-15 所示[16]。

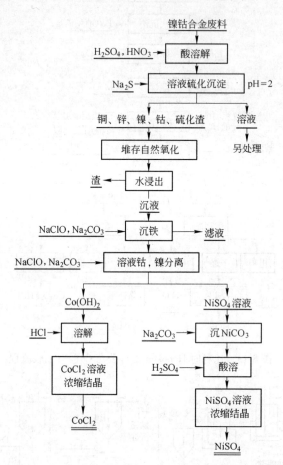

图 8-15　镍钴合金废料混合酸溶解制取镍盐和钴盐流程

（1）合金废料的酸溶。将合金废料置于耐酸陶瓷反应缸中，加入适量水，慢慢加入浓硫酸，此时溶液温度可升到 70 ~ 80℃，然后缓慢分数次加入硝酸，以免沸腾冒槽和逸出氮氧化物。自然反应 24h，其溶解反应为：

$$Ni(Co) + H_2SO_4 + 2HNO_3 \Longrightarrow Ni(Co)SO_4 + 2NO_2 + 2H_2O$$

此时 Cu、Fe、Zn、Mn 也溶解进入溶液中。反应完毕后让其自然沉清，取出上清液处理。沉渣视情况继续加酸溶解。

（2）硫化沉淀分离金属。将上清液置于另一瓷缸中，在加热搅拌情况下慢慢加入浓度为 10% ~ 15% 的 Na_2S 溶液，加入速度以不放出 H_2S 气体为宜，生成了镍钴硫化物沉淀。有关金属硫化物沉淀 pH 值与金属离子浓度的关系见表 8-7。

表 8-7　几种金属生成硫化物的 pH 值

硫化物		Cu_2S	CuS	NiS	CoS	FeS	MnS
生成硫化物的 pH 值	Me^{n+} 为 1mol/L	− 12.85	− 7.1	+ 1.3	− 1.9	+ 1.9	+ 4.2
	Me^{n+} 为 10^{-4} mol/L	− 6.35	− 5.1	+ 3.3	+ 0.1	+ 3.9	+ 6.2

从表 8-7 看出，适当控制溶液 pH 值，可使铜、镍、钴以硫化物形式沉淀而与铁锰分离。

（3）镍钴硫化物的氧化和浸出。将所得的镍钴硫化物沉淀漂洗，晒干后于室内堆放，让其自然氧化成硫酸盐。控制堆内温度为 80 ~ 120℃，堆放 5 天则可氧化完毕，反应如下：

$$Ni(Co)S + 2O_2 \Longrightarrow Ni(Co)SO_4$$

自然氧化完后物料用水浸出，使 $NiSO_4$、$CoSO_4$ 进入溶液。如有未溶化部分，则仍为硫化物，晒干后继续堆放氧化。

（4）浸出液的净化和镍钴分离。浸出液中一般含有一定量的 Fe^{2+}、Cu^{2+}，在蒸汽加热情况下，慢慢加入 NaClO 溶液，使 Fe^{2+} 氧化成 Fe^{3+}，并用 20% NaOH 溶液调 pH 值到 5 左右，使铁、铜沉淀，当检查溶液无 Fe^{2+} 时，则除铁完毕。沉铁、铜反应如下：

$$2Fe^{2+} + NaClO + 2H^+ \Longrightarrow 2Fe^{3+} + NaCl + H_2O$$

$$Fe^{3+} + 3OH \Longrightarrow Fe(OH)_3 \downarrow$$

$$Cu^{2+} + 2OH \Longrightarrow Cu(OH)_2 \downarrow$$

此时，镍、钴仍留于溶液中。经过滤后，滤渣另行处理，而滤液进行镍钴分离。在此采用化学沉淀分离钴镍。有关金属以氢氧化物形式沉淀的 pH 值见表 8-8。

表 8-8　金属离子以氢氧化物形成沉淀的 pH 值　　　　　　　　　　（25℃）

氢氧化物	$Cu(OH)_2$	$Ni(OH)_2$	$Co(OH)_2$	$Co(OH)_3$	$Fe(OH)_3$	$Fe(OH)_2$	$Zn(OH)_2$
pH 值	4.5	7.1	6.4	0.35	1.6	6.7	5.85

从表 8-8 看出，Co^{3+} 水解沉淀的 pH 值与 Ni^{2+} 沉淀的 pH 值相差很大，而 Co^{2+} 与 Ni^{2+} 水解沉淀的 pH 值则相近，所以欲使 Co^{2+} 分离则必须将 Co^{2+} 氧化成 Co^{3+}，且 Co^{2+} 较 Ni^{2+} 又更易氧化成三价。

Co^{2+} 氧化的氧化剂可以用 Cl_2、NaClO、H_2SO_4 以及 NiOOH（黑镍）。氧化中和水解沉钴的总反应如下：

$$2CoSO_4 + Cl_2 + 3Na_2CO_3 + 2H_2O \Longrightarrow 2Co(OH)_2 \downarrow + 2NaCl + 2Na_2SO_4 + 3CO_2 \uparrow + 1/2O_2 \uparrow$$

$$2CoSO_4 + NaClO + 2Na_2CO_3 + 3H_2O \Longrightarrow 2Co(OH)_3 \downarrow + NaCl + 2Na_2SO_4 + 2CO_2 \uparrow$$

$$CoSO_4 + H_2SO_4 + 2Na_2CO_3 \Longrightarrow Co(OH)_2 \downarrow + 2Na_2SO_4 + 2CO_2 \uparrow$$

$$CoSO_4 + NiOOH \Longrightarrow NiSO_4 + CoOOH$$

当用 NaClO 氧化沉钴时，须将溶液加热至 70 ~ 80℃，缓慢加入 NaClO 溶液，用 20% Na_2CO_3 溶液调 pH 值到 5 ~ 6，直到上清液为翠绿色，沉钴完毕，过滤后滤渣为 $Co(OH)_3$，用 5% H_2SO_4 漂洗，并控制 pH 值为 2。

（5）氯化钴和硫酸镍的制取。将纯 $Co(OH)_3$ 用盐酸溶解，控制终点 pH 值为 4，过滤。滤液为玫瑰色 $CoCl_2$ 溶液，将其浓缩至密度为 1.38g/cm^3，冷却结晶即得 $CoCl_2$ 晶体。

将沉钴后的翠绿色滤液，加 Na_2CO_3 调 pH 值到 8，沉淀出 $NiCO_3$，将其用清水漂洗后，再用 H_2SO_4 溶解，过滤，滤液浓缩致密度为 1.44g/cm^3，冷却结晶得 $NiSO_4$。

（6）原材料的单耗。对于用下述两种镍钴废料生产氯化钴和硫酸镍的单耗如下：

1）对于含钴 35% 以上的原料，每吨氯化钴消耗：原料 0.8t，工业盐酸 2.2t，工业液碱 0.8t，工业纯碱 0.6t，次氯酸钠 2.6t，工业双氧水 0.1t。

2）对于含钴 18%、镍 20% 的合金料产出 1t 硫酸镍和 1t 氯化钴的消耗：原料 1.3t，工业盐酸 1.2t，工业液碱 2t，工业纯碱 0.8t，次氯酸钠 2.4t，双氧水 0.1t，浓硫酸（98%）2.8t。

8.5　废高温合金火法分离镍钴

根据各元素与氧的亲和力的大小不同，可用火法冶金方法使有关元素分离。有关元素对氧亲和力的大小顺序为 Al > Si > V > Mo > Cr > C > P > Fe > Ni > Cu。废高温合金钢的主要成分见表 8-9。它们主要由 Ni、Cr、Fe 组成，处理关键在于 Ni、Cr 分离。用火法分离并回收 Ni、Cr 的流程如图 8-16 所示[17]。

表 8-9　几种废高温合金的主要成分

名　称	主要成分/%				
	Cr	Ni	W	Mo	Fe
GH31	19 ~ 22	25 ~ 30	4.8 ~ 6.0	2.8 ~ 3.5	余
GH36	11.5 ~ 13.5	7 ~ 9	—	1.1 ~ 1.4	余
GH37	13 ~ 16	余	5.0 ~ 7.0	2.0 ~ 4.0	
GH39	19 ~ 22	余		1.8 ~ 2.8	
GH135	14 ~ 16	33 ~ 36	5.0 ~ 6.5		余
GH140	20 ~ 23	35 ~ 40	1.4 ~ 1.8	2.0 ~ 2.5	余

先在电弧炉内将废合金钢加热至 1450℃，使其熔化，然后往熔体中通入氧气，铬首先被氧化，主要是以 Cr_2O_3 的形态与铁呈 $(FeCr_2)O_4$ 固溶体进入渣中而被分离。物相分析说明铬在高温下氧化是以尖晶石（$FeOCr_2O_3$）形态进入渣中（见表 8-10）。

表 8-10　渣中铬的物相分析

项　目	铬尖晶石	脉　石	总　量
含铬/%	25.20	2.32	27.52
占有率/%	51.57	8.43	100

吹氧过程中主要氧化反应为：

$$4Cr + 3O_2 =\!=\!= 2Cr_2O_3$$
$$Fe + 1/2O_2 =\!=\!= FeO$$

反应在 1450℃ 的合金熔体中进行。上述反应是放热反应，因此只要加热至 1450℃ 就可使合金熔化，随后的鼓风吹炼则不需外界再供给热能，反应也可自动继续进行。

合金中与氧的亲和力比 Ni 更大的杂质 Al、Si、W、Mn、S、P 等都将不同程度的氧化而进入铬渣。

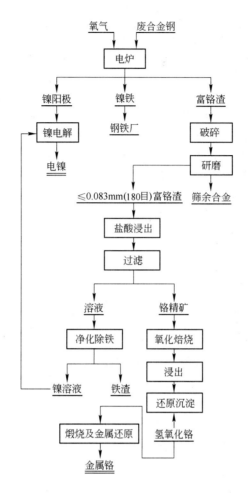

图 8-16　废合金钢回收 Ni、Cr 的流程

所用电炉的炉衬用镁砂打结。氧气由氧气瓶接通 ϕ1.27cm 吹氧钢管插入炉内，氧压控制在 608~811kPa。整个氧化过程除在加料时炉底铺有占废合金钢质量 2%~3% 的石灰石外，不再添加造渣熔剂。吹炼终点是以熔池合金含铬量达到所需冶炼产品的铬含量时为准，此时即可停止吹氧并扒尽铬渣。

镍铬分离后所得到的富铬渣含铬可高达 32% 左右（见表 8-11），但不符合铬精矿的含铁量要求（见表 8-12），因而富铬渣需进一步处理以达到铬精矿的标准。

表 8-11　富铬渣组成

富铬渣编号	主要元素含量/%				
	Ni	Cr	Fe	Si	Mg
1	2.45	32.26	40.0	5.14	
2	1.46	28.33	31.0	6.70	0.71
3	2.37	28.33	28.0	6.88	0.66
4	4.14	24.45	25.0	5.20	1.84
5	1.35	26.96	20.0	4.30	

表 8-12 铬精矿标准

铬精矿化学成分/%				粒 度
Cr_2O_3	Cr_2O_3/FeO	SiO_2	Al_2O_3	
50 以上	2	12	10	<0.08mm 的占 80% 以上

富铬渣的进一步处理是用盐酸浸出，浸出前将渣破碎，研磨到粒度 0.1mm 浸出过筛。浸出是在耐酸容器内搅拌进行的。富铬渣粉与浸出溶剂的质量比为：渣∶盐酸∶水 = 1∶1∶1∶6，反应温度不小于 90℃，浸出约 10h，随后过滤，渣经水洗滤干后即为浸出渣，洗水返回浸出。

经浸出过滤后所得的滤液主要成分是 HCl、$NiCl_2$、$FeCl_2$，主要元素浓度见表 8-13。

表 8-13 滤液成分

编 号	主要元素浓度/g·L^{-1}			
	Ni	Fe	Cr	H$^+$
1	5.58	42	1.15	41.91
2	6.88	48	1.69	53.94
3	5.78	42.8	1.52	63.42
4	6.88	52.4	1.64	63.42

浸出液中的铁主要以 Fe^{2+} 形态存在，用余氯回收所生成的次氯酸钠作为氧化剂，氧化中和脱铁，控制温度 70℃，pH = 3，压滤后溶液返回镍车间，铁渣弃去。次氯酸氧化 Fe^{2+} 的反应如下：

$$2Fe^{2+} + NaClO + 2H^+ \rightleftharpoons 2Fe^{3+} + NaCl + H_2O$$

浸出渣加纯碱氧化焙烧并水浸得到铬酸钠溶液。氧化焙烧时要求物料的粒度小于 0.1mm 的占 80%。氧化焙烧反应为：

$$4(FeO \cdot Cr_2O_3) + 8Na_2O_3 + 7O_2 \rightleftharpoons 2Fe_2O_3 + 8CO_2 \uparrow + 8Na_2CrO_4$$

氧化焙烧时还需加入一定量的白云石或石灰石，主要起疏松物料的作用。氧化焙烧时物料的配比为：进出渣∶纯碱∶白云石粉 = 100∶65∶165；焙烧温度 1150℃，焙烧时间 2 ~ 3h；焙烧终点以熟料中铬的氧化转化率在 90% 以上为准。

经焙烧后的熟料，用水浸出时，熟料中的 Na_2CrO_4（Cr^{6+}）的浸出率大于 95%。浸出时固液比（质量比）为 1∶（1 ~ 1.5）；浸出时间 16 ~ 24h；洗涤时固液比（质量比）为 1∶（1 ~ 1.5）；洗涤水温度大于 60℃。熟料浸出后的残渣可部分地代替白云石或石灰石返回氧化焙烧。

含铬酸钠的浸出液与还原剂（硫化钠或硫黄）反应生成氢氧化铬或称水合氧化铬 $Cr_2O_3 \cdot H_2O$ 沉淀。

当用硫化钠作还原剂时，将浸出液中铬含量控制在 80g/L 左右，加热至 90℃，缓慢加 Na_2S，可按反应还原生成氢氧化铬沉淀：

$$8Na_2CrO_4 + 6Na_2S + 23H_2O \rightleftharpoons 8Cr(OH)_3 \downarrow + 3Na_2S_2O_3 + 22NaOH$$

硫化钠溶液的配制方法是将固体硫化钠用蒸汽溶解后煮沸，加入理论计算量 110% ~ 120% 的工业纯氧氢化铝，使硫化钠溶液中的 Na_2SiO_3 与 $Al(OH)_3$ 反应生成 $Na_2O \cdot Al_2O_3 \cdot 2SiO_2 \cdot H_2O$ 沉淀，并过滤除去，要求滤液中 Na_2S 为 100 ~ 140g/L，Si/ Na_2S < 1.001。还

原时还原剂加入量为理论量的100%～103%，反应温度大于92℃，反应终点以溶液中含 Cr^{6+} 小于0.1g/L。过滤，滤渣洗涤，洗涤温度50～70℃。洗涤终点控制溶液中含 S < 0.02g/L，NaOH < 2g/L；要求湿氢氧化铬成分见表8-14。沉淀经过滤、洗涤、烘干，得到的氢氧化铬符合制取金属铬的质量要求。

表8-14　要求的氢氧化铬成分　　　　　　　　　　　　　　　（%）

铬（以 Cr_2O_3 计）	S	总 Na	Fe_2O_3	SiO_2	H_2O
50～60	≥0.01	≥1.5	≥0.5	≥0.15	35～40

从氢氧化铬制取金属铬，是将氢氧化铬煅烧脱水，产出三氧化二铬，将其用金属铝热法还原，即可获得金属铬产品。

8.6　硬质合金废料的处理

钨（钴）是一种战略金属，从废旧硬质合金再生金属钨（钴）具有重要意义。国外废硬质合金再生量约为合金产量的20%～30%。我国每年废硬质合金估计为500～800t。国内某厂年处理废硬质合金量最高达300～400t。

对废硬质合金的利用，已进行了许多研究[17～21]，对其处理方法分述如下。

8.6.1　硝石法处理废硬质合金

硝石法处理废硬质合金流程如图8-17所示[21]。

流程中是首先将废合金与氧化剂——硝石按质量比1∶1.75混合。加到已预热到350～

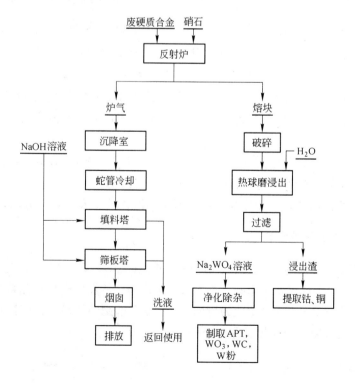

图8-17　硝石法处理废硬质合金流程

400℃的反射炉内进行焙烧。过程可自然进行，反应温度可达850℃，反应时间为1.5h。反射炉生产能力可达5t/(m² · d)。焙烧过程的化学反应为：

$$W + 2NaNO_3 + 3/2O_2 \rightleftharpoons Na_2WO_4 + N_2O_5 \uparrow$$

$$WC + 2NaNO_3 + 5/2O_2 \rightleftharpoons Na_2WO_4 + N_2O_5 + CO_2 \uparrow$$

废合金中的钴、镍、铁、钛均被氧化成不溶于水的高价氧化物，如钴和钛的氧化反应分别为：

$$2Co + 2NaNO_3 + 3/2O_2 \rightleftharpoons Co_2O_3 + Na_2O + N_2O_5 \uparrow$$

$$TiC + 2NaNO_3 + 2O_2 \rightleftharpoons TiO_2 + Na_2O + CO_2 + N_2O_5 \uparrow$$

必须注意：反应产生的 N_2O_5 又分解放出有毒的 NO_2，须妥善处理，否则会造成严重污染。

焙烧料水浸时液固比为1，浸出过滤后滤液含钨酸钠，钴留在浸出渣中。滤液用中和法脱除溶解的硅。纯溶液在70℃以下，加 $CaCl_2$ 生成钨酸钙沉淀，过滤后滤液含 WO_3 仅为 $0.1 \sim 0.05g/L$，用盐酸分解钨酸钙以产出钨酸，把部分钨酸调浆用氨溶解和结晶，溶解时要求游离氨 $25 \sim 30g/L$，铁少于 $0.03g/L$，结晶时控制 pH 值为7，蒸发后母液密度为 $1.03 \sim 1.05g/cm^3$，所得晶体在150℃下烘干，产出仲钨酸铵，然后在500℃下煅烧产出化学纯 WO_3。其余部分的钨酸在 $250 \sim 300℃$ 下直接进行烘干，在750℃下煅烧生产工业 WO_3，有关化学反应如下：

合成钨酸钙　　　　　$Na_2WO_4 + CaCl_2 \rightleftharpoons CaWO_4 + 2NaCl$

盐酸分解钨酸钙　　　$CaWO_4 + 2HCl \rightleftharpoons H_2WO_4 + CaCl_2$

钨酸的氨溶解　　　$H_2WO_4 + 2NH_4 \cdot OH \rightleftharpoons (NH_4)_2WO_4 + 2H_2O$

对于钴的回收，是将含钴浸出渣在 $85 \sim 90℃$ 下用盐酸浸出并过滤，滤渣含钴少于4%。滤液用氨水中和至 pH = 3，再加1%（体积分数）双氧水使 Fe^{2+} 氧化成 Fe^{3+}，用氨水调 pH 值至 $4 \sim 4.5$ 使铁沉淀，沉铁后溶液含铁少于 $0.05g/L$，过滤，滤渣弃去，滤液为 $CoCl_2$ 溶液，可制取各种含钴产品。

硝石法回收钨制取 WO_3 的单耗如下：废合金1.3t，硝石1.8t，盐酸5t，氨水1t，H_2O_2 0.01t，钨回收率为90%左右。

硝石法虽可使钨钴分离，并分别回收，但工艺流程长、成本高、劳动条件差。

8.6.2　锌熔法处理废硬质合金

锌熔法(侯普森法)的基本原理是根据 Zn-Co 相图(见图8-18)中锌、钴能生成低熔点化合物，由于 Zn-Co 合金形成时发生膨胀，钴失去黏结作用，从而使碳化钨晶粒彼此散开，随后将锌蒸馏出来，循环使用，使合金成为疏松多孔、易于磨细的物料（锌熔料）[22~24]。

钴在液锌中的溶解度与温度关系如下：

温度/℃	566	675	746	800	880	896	925
溶解度/%	0.9	3.5	6.3	10	20	27	30

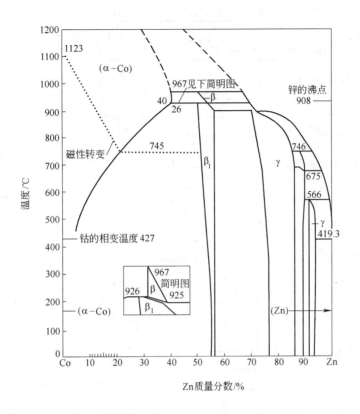

图 8-18　Zn-Co 状态图

从以上得出，温度增高，钴溶解度增大。

金属锌的蒸气压与温度的关系如下，温度增高，蒸气压迅速增大。

温度/℃	700	800	900	690
锌蒸气压/Pa	7999	31263	96017	101323

由此可知锌蒸气压很大，但钴的蒸气压却极微，因而在上述温度下钴不挥发。在抽真空下锌的沸点更低，故而易于蒸发脱除。

美国用锌熔法处理废硬质合金每年达 2000t 以上，其中特立戴恩广处理废硬质合金就达 500t。我国也用此法处理废硬质合金，其工艺流程如图 8-19 所示。

我国某些厂锌熔法所用电炉功率一般在 25～40kW，装料量为 50～60kg，生产周期 50～70h，Zn∶Co=(10～12)∶1 或者更高，熔炼温度为 650～750℃。有的厂家采取两次锌熔，蒸锌温度为 750～900℃，蒸锌真空度 2666～1.33Pa（20～0.01mmHg）锌熔后料含锌 0.05%～0.1%，电耗一般在 1000kW·h/t 左右。

锌熔法的加热方式可采用电阻炉加热和中频热炉加热。此法因流程短，在国外使用较多。锌熔法是一个粉碎过程，可直接回收合金粉末，方法简便，工艺流程短。如果生产 WC、W 粉和 Co 粉，则需用化学法进一步处理。

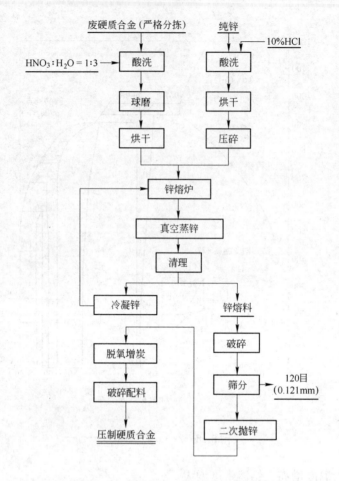

图 8-19   锌熔法处理废硬质合金流程

8.6.3   氧化法处理废硬质合金

氧化法是以氧作氧化剂，在电热炉中使硬质合金氧化后成为氧化钨、氧化钴，然后用湿法冶金处理，其工艺流程如图 8-20 所示[25~27]。

(1) 氧化焙烧。物料在电炉中氧化是在 800~900℃ 下进行的，反应如下：

$$WC + 5/2O_2 == WO_3 + CO_2$$

$$Co + 1/2O_2 == CoO$$

(2) 碱浸。氧化物碱性浸出是在 100℃、液固比为 3:1、时间 3h、终点 pH 值为 10~11 下进行，其反应为：

$$WO_3 + 2NaOH == Na_2WO_4 + H_2O$$

$$CoO + H_2O + NaOH == Co(OH)_2 + NaOH$$

(3) 沉淀。沉淀钨酸钙的反应为：

$$Na_2WO_4 + CaCl_2 == CaWO_4 \downarrow + 2NaCl$$

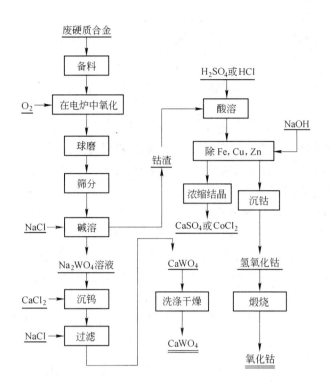

图 8-20 氧化法处理硬质合金流程

（4）酸浸。钴渣用酸浸出时，当渣中含有钛时用盐酸浸出，不含钛时则用硫酸浸出。

$$Co(OH)_2 + H_2SO_4 == CoSO_4 + 2H_2O$$

或

$$Co(OH)_2 + 2HCl == CoCl_2 + 2H_2O$$

（5）煅烧。氢氧化钴煅烧的反应为：

$$2Co(OH)_2 == Co_2O_3 + H_2O$$

产品质量及技术经济指标为：钨回收率大于 90%；产品钨酸钙含 WO_3 大于 76%；杂质含量（%）为：Co < 0.04，Bi 0.004，P 0.0039，Mg 0.04 ~ 0.1，Mo < 0.02，Pb < 0.04，Sn < 0.04，Cu < 0.14，Sb < 0.01，Fe < 0.14。钴回收率大于 90%；产品氧化钴含钴大于 71%；杂质含量（%）为：Ni < 0.1，Fe < 0.1，Zn < 0.01，Cu < 0.01，Si < 0.002。

8.6.4 硫酸法处理废硬质合金

硫酸法处理废旧硬质合金分离钴、钨，是由于碳化钨、碳化钛等碳化物与稀硫酸不起作用，而金属钴却可溶于稀硫酸中。将锌熔料加到稀硫酸中，则生成硫酸钴溶液，过滤出碳化钨、碳化钛、碳化铌和碳化钽等碳化物，然后分别从硫酸钴溶液制取氧化钴、钴粉，从滤渣中制取三氧化钨和钨粉等产品[28]。

8.6.4.1　废旧硬质合金的稀硫酸溶解分离钴、钨

当锌熔料加到稀硫酸中时，在一定温度下，其中的钴、氧化钴便发生如下反应，而进入溶液：

$$Co + H_2SO_4 === CoSO_4 + H_2 \uparrow$$

$$CoO + H_2SO_4 === CoSO_4 + H_2O$$

溶解反应是在下述条件下进行的，其中稀硫酸浓度为 20% ~ 30%，浸出温度为 70 ~ 80℃，溶解时间 25 ~ 30h。锌熔料粒度越细，钴溶解越快，因此时由许多碳化钨颗粒包围的胶结相钴，暴露在表面而易溶解。

8.6.4.2　从溶解液中制取氧化钴和钴粉

用硫酸钴溶液制取氧化钴，溶液首先要除铁，否则氧化钴中含铁量会高，会导致制取的钴粉中含铁量也高。含铁量过高的钴粉，在烧结温度下，易与钨形成脆的碳化物，而降低再生合金的质量。除铁是在硫酸钴溶液中加双氧水使二价铁氧化成三价，溶液的 pH 值控制为 3.5 ~ 4，则铁生成氢氧化铁沉淀析出，而钴不析出，过滤使钴、铁分离。在不断搅拌下向滤液中加入草酸铵，直到出现红玫瑰色的草酸钴沉淀为止。草酸钴沉淀经冲洗、烘干，在 500 ~ 550℃下焙烧制得氧化钴粉。有关反应为：

$$H_2C_2O_4 + 2NH_4OH === (NH_4)_2C_2O_4 + 2H_2O$$

$$CoSO_4 + (NH_4)_2C_2O_4 === CoC_2O_4 + (NH_4)_2SO_4$$

$$2CoC_2O_4 + 3/2O_2 === Co_2O_3 + 4CO_2 \uparrow$$

$$2CoC_2O_4 + O_2 === 2CoO + 4CO_2 \uparrow$$

$$3CoC_2O_4 + 2O_2 === Co_3O_4 + 6CO_2 \uparrow$$

制得的氧化钴粉的成分（%）为：Co 72.23，CaO 0.02，Fe 0.071，Mn 0.0012。

钴粉是获得的氧化钴粉在 580 ~ 620℃下，在外热管式电炉中通氢还原制得的，其反应是：

$$CoO + H_2 === Co + H_2O$$

$$Co_2O_3 + 3H_2 === 2Co + 3H_2O$$

$$Co_3O_4 + 4H_2 === 3Co + 4H_2O$$

制得的钴粉成分（%）为：Co 99.41，C 0.026，Fe 0.082，O 0.48。

8.6.4.3　三氧化钨和钨粉的制取

从锌熔料中分离出来的碳化钨沉淀，用软化水多次冲洗之后，置于低碳钢盘中，在空气中加热氧化，直接至碳化钨全部氧化为止。由于碳化钨中含有微量的钴、未氧化的碳以及少量碳化钛和微量铌、钽等碳化物也被氧化，因此此时的三氧化钨略带灰白色间有黄绿色，称为粗三氧化钨。粗三氧化钨与一定比例的碳酸钠均匀混合，在电炉中加热熔融，发生如下反应：

$$WO_3 + Na_2CO_3 \Longrightarrow Na_2WO_4 + CO_2 \uparrow$$

$$TiO_2 + Na_2CO_3 \Longrightarrow Na_2TiO_3 + CO_2 \uparrow$$

$$Ta_2O_5 + 3Na_2CO_3 \Longrightarrow 2Na_3TaO_4 + 3CO_2 \uparrow$$

$$Nb_2O_5 + Na_2CO_3 \Longrightarrow 2NaNbO_3 + CO_2 \uparrow$$

熔融物倒出冷却后破碎至豆粒状，用热软化水浸取得钨酸钠溶液。经过滤，即得澄清的钨酸钠溶液，至此锌熔料中的钛、铌、钽等元素几乎除尽。但硅、磷、砷等元素仍以硅酸钠、磷酸钠、砷酸钠留于钨酸钠溶液中，过量 Na_2CO_3 也混入溶液中。因此对钨酸钠需进行净化。将溶液加热至沸腾，加入净化剂氧化镁，发生如下反应：

$$Na_2CO_3 + MgCl_2 \Longrightarrow MgCO_3 \downarrow + 2NaCl$$

$$Na_2SiO_3 + MgCl_2 \Longrightarrow MgSiO_3 \downarrow + 2NaCl$$

$$2Na_3PO_4 + 3MgCl_2 \Longrightarrow Mg_3(PO_4)_2 \downarrow + 6NaCl$$

$$2Na_3AsO_4 + 3MgCl_2 \Longrightarrow Mg_3(AsO_4)_2 \downarrow + 6NaCl$$

经过滤后，即得纯净的钨酸钠溶液。然后将其加热至沸腾再加入热的浓盐酸中，即得钨酸沉淀。将钨酸在 350~400℃ 烘干，然后在电炉中加热到 700~750℃ 进行煅烧即得纯三氧化钨。

在三带双管马弗电炉中，用氢气还原三氧化钨得到钨粉。钨具有四种比较稳定的氧化物：WO_3、$WO_{2.9}$、$WO_{2.72}$、WO_2。根据高价还原成低价钨所需要的温度和氢气量不同，可采用两段还原法制取钨粉。一段还原的温度控制在 800℃ 以下，使 WO_3 还原成 WO_2，超过 850℃ 时，WO_3 将显著挥发。此时三带炉中温度分别控制在 750℃、870℃、800℃，氢气火焰高度控制在 25~30cm，推舟速度不宜过快，否则高价氧化钨在低温区还未还原就进入第二次还原的高温区，造成大量挥发。由于由低价氧化钨（例如 WO_2）还原成钨粉较困难，因此第二次还原需提高还原温度，即三带炉中温度分别控制在 850℃、870℃、890℃，氢气火焰高度控制在 20~25cm，推舟速度较一次还原时稍慢。制得的钨粉成分（%）为：W 99.7、C 0.0015、Fe 0.0067、Mg 0.0037、Al 0.0089、Si 0.0032、K 0.002、Na 0.001、O 0.26。

制得的三氧化钨含 WO_3 小于 99.5%。煅烧损失 0.43%。连续生产钨的回收率达 86% 以上，钴的回收率达 96% 以上。

硫酸处理废旧硬质合金分离钴、钨，在国内已应用。此法与硝石法比较污染小，与单纯的锌熔法比较产品纯度高，回收的钴、钨有更多的用途。该流程适应性广，经济效益显著。

8.6.5　磷酸法处理废硬质合金

据文献 [29] 报道，磷酸能溶解金属钴，进而建立了磷酸处理废硬质合金的工艺流程。该流程是在常温下用磷酸浸出钨钴（钨钴钛）合金废料，可以直接生产相应的再生硬质合金。流程如图 8-21 所示。

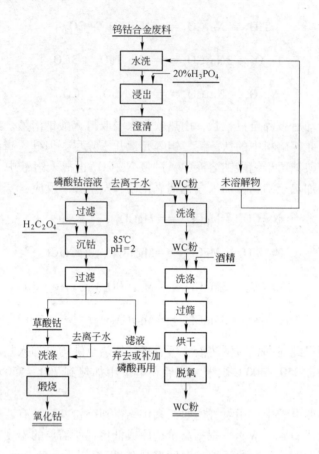

图 8-21　磷酸法处理废硬质合金废料的流程

该工艺主要包括浸出、粗碳化钨粉处理、磷酸钴溶液草酸铵沉钴制取氧化钴等过程，现对其主要工序分述如下：

（1）浸出。废合金块在处理前先进行清洗，以除去表面脏物。如表面有铜焊料，则应先进行酸洗除铜。浸出时将洗净的废合金块装入转筒式浸出器（或研磨机）中。加入浓度为 20% 的磷酸在常温下进行浸出。浸出结束后，倾出磷酸钴溶液，分离出未溶解的废合金，并沉淀出粗碳化钨粉。

（2）粗碳化钨净化。该过程是将粗碳化钨用去离子水反复洗涤，直至洗涤液呈中性（pH=7），洗液中含有少量钴将它合并入磷酸钴溶液中。水洗后，粗碳化钨再用酒精洗涤两次，然后过 0.15mm 筛后将 WC 粉进行烘干，干燥后的 WC 粉在 900℃ 左右的温度下，于还原性气氛中进行脱氧处理。

（3）磷酸钴溶液沉钴。该过程是将溶液在搪瓷反应锅内加热到 85℃ 左右，加入草酸铵沉钴，溶液 pH 值约为 2，即可生成粉红色草酸钴沉淀。将溶液过滤分离出草酸钴沉淀，用热去离子水洗涤至中性。最后将草酸钴煅烧，制得氧化钴粉。

曾用 YG8 合金废料进行了实验。投料量为 100kg，工业磷酸用量为 17.5kg，加入去离子水调至适当浓度。试验工艺制度及回收 WC 粉的质量见表 8-15。

表 8-15 试验工艺条件及 WC 质量

批号	出料温度 /℃	浸出时间 /h	浸出量 /kg	WC 化学成分/%				费氏粒度 /μm
				$C_总$	$C_游$	Co	O	
1	47	45	25	6.21	0.11	0.03	0.37	1.06
2	51	45	30	6.21	<0.05	0.04	0.41	1.20
3	50	46	28	6.21	<0.05	0.036	0.43	1.06
4	53	48	27.5	6.21	<0.05	0.43	0.40	0.96

数批碳化钨粉经混合脱氧处理后，总碳量为 6.03%，氧含量为 0.15%，氧化残渣含量为 0.41%，费氏粒度为 1.54μm。

用回收的 WC 和 Co 粉制取 YG8 合金拉丝模，其物理力学性能和金相检验结果见表 8-16。

表 8-16 再生 YG8 合金某些物理力学性能和金相检验结果

序号	物理力学性能			金相检验结果		
	硬度（HRK）	密度/g·cm^{-3}	孔隙度/%	石墨相	n-相	平均晶粒度/μm
1	89.5	14.60	0.1	无	无	1.2~1.6
2	89.5	14.60	0.1	无	无	1.2~1.6

从表 8-16 可以看出由磷酸浸取回收的 WC 所制取的硬质合金具有良好的性能及金相结构。制取的 13-4 型拉丝模试用效果良好，能满足用户的要求。

用磷酸浸取法处理硬质合金废料与锌熔法相比所具有的特点是：工艺流程及设备简单，操作容易，成本低，金属回收率高（一般可达 95% 以上），再生的硬质合金产品质量良好。

8.6.6 电化学溶解法处理废硬质合金

电化学溶解法处理废硬质合金是在通直流电的情况下，采用不同的电解液，将废硬质合金作阳极进行金属的选择性和全部溶解[30~35]。在碱性溶液中可使钨溶解进入溶液中而钴不溶解呈阳极泥脱落。该法宜处理含钴低于 8% 的硬质合金。对两种成分分别（%）为：W 65，Co 11，Ta 10，Ti 7.5 和 W 92，Co 8，Ta 10 的硬质合金，用不同碱性电解质溶解，得到的溶解率见表 8-17。

表 8-17 电解质的溶解率

电解质		NaOH	NH$_4$OH	K$_2$CO$_3$	(NH$_4$)$_2$CO$_3$	Na$_2$CO$_3$
溶解速率/g·A·h^{-1}	Ta>0	0.06	0.27	0.11	0.22	0.6
	Ta=0	0.22	0.22	0.8	0.8	0.8

以碳酸钠为电解质，电解条件为：Na$_2$CO$_3$ 1.5mol/L，温度 20℃，电流密度小于 0.2A/cm^2，得产品率为 85%~90%，每千克废合金电耗约为 10kW·h。

在酸性溶液中可选择性溶解钴，酸性电解液有硫酸、盐酸、硝酸、磷酸等。其中以在盐酸溶液中进行电溶钴为宜，因在盐酸中电溶钴时电耗低，且 WC 可直接利用。若同时溶解钴钨时使钨氧化，则电耗过高。在盐酸溶液中电解处理废硬质合金流程如图 8-22 所示。

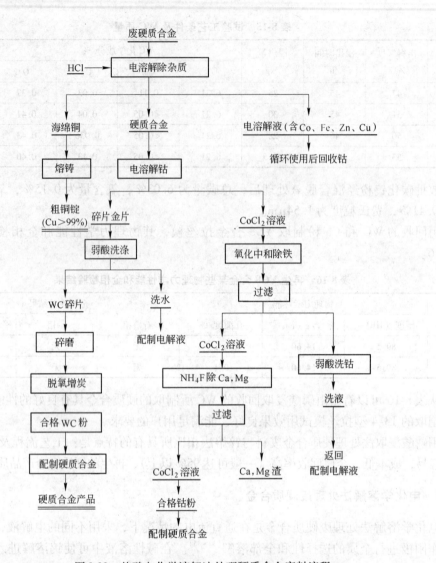

图 8-22 盐酸电化学溶解法处理硬质合金废料流程

在盐酸溶液中选择性进行电溶钴，是将废硬质合金装在塑料阳极框内，插入导电板或网作阳极，材质可为石墨，最好用钛质材料。用薄钛板、钛网，或者铜板或石墨作阴极，盐酸作电解质，控制一定的槽电压，当电流通过电解槽时，废合金中钴发生电化学溶解反应：

阳极：
$$Co - 2e \Longrightarrow Co^{2+}$$
$$2Cl^- + 2e \Longrightarrow Cl_2 \uparrow$$
$$WC + 6H_2O - 10e \Longrightarrow H_2WO_4 + CO_2 \uparrow + 10H^+$$

阴极：
$$2H^+ + 2e \Longrightarrow H_2 \uparrow$$

盐酸溶液电化学溶解过程中，盐酸浓度、槽电压、电流密度对过程都有影响。盐酸起始酸度不宜过高（HCl 起始浓度为 $2 \sim 3mol/L$，HCl 终了浓度为 $0.5mol/L$），过高会发生析氧反应，过低则电流效率降低；槽电压不能过高，以避免阳极析氧，析氧时会使合金氧化，一般控制在 $1 \sim 1.5V$；电流密度稳定在 $100 \sim 120A/m^2$。电流效率、溶液酸度与电解时间的关系如图 8-23 所示。

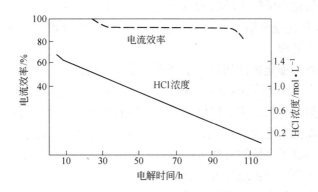

图 8-23 电流效率与溶液酸度、电解时间的关系

采用盐酸溶液电化学溶解处理废硬质合金时，可直接得到 WC 片和 CoCl$_2$ 溶液。WC 片实收率为 98%，Co 回收率为 92% ~ 95%，其优点为设备简单、操作容易、建设速度快、经济效益高，在我国已广泛生产。

废硬质合金三种处理方法指标比较见表 8-18。

表 8-18 废硬质合金三种处理方法指标对比

项 目	硝石法	锌熔法	盐酸电化学溶解法
金属回收率/%	W > 90，Co > 90	W > 95，Co > 95	W 95 ~ 96，Co 92 ~ 95
环境污染	NO$_2$ 污染严重	较好	较好
设 备	多，简单	设备复杂，技术难度大	简单
能量利用率/%	—	炉子热效率 20 ~ 30	电流效率 > 90
设备投资	高	高	低
试剂消耗	大	少	居中
每吨废合金加工费	高	高	少
利 润	—	低	高
操作工人	多	少	少
电耗/kW · h · t^{-1}	制成 APT 1400	1000 ~ 6000	

8.7 废催化剂的处理

废催化剂（废触媒）主要指石油、化工等工业产出的废催化剂，种类繁多，一些常用的催化剂及其金属含量见表 8-19[35,36]。

表 8-19 常用催化剂及其金属含量

催化剂类型	金属含量/%	催化剂类型	金属含量/%
含钼催化剂	MoO$_3$ 8 ~ 13	含锌催化剂	ZnO 20 ~ 90
含镍催化剂	Ni 2 ~ 25	含钒催化剂	V$_2$O$_5$ 8 ~ 9
含钨催化剂	WO$_3$ 17 ~ 25	含锡催化剂	SnO$_2$ 4.5 ~ 5
含钴催化剂	Co 1 ~ 7	含铬催化剂	Cr$_2$O$_3$ 10 ~ 33
含铝催化剂	Al$_2$O$_3$ 40 ~ 90	含镁催化剂	MgO 6 ~ 20
含铜催化剂	CuO 20 ~ 39		

关于废催化剂的再生利用，可根据其不同组成采取不同的处理方法。对于废催化剂中的铜、镍、钴、锌氧化物可采用酸溶和铵溶化处理。对于钨、钼、钒等氧化物，则可采用 Na_2CO_3 焙烧法使其转化成可溶于水的相应盐，然后进一步处理，也用还原焙烧—浸出法以及直接氯化浸出法处理。

加氢脱硫（HDS）催化剂的用量占了全世界催化剂消耗量的 1/3 以上，主要用于石油精炼过程中脱硫。废 HDS 催化剂由钼、钒、镍、钴等有价金属及载体铝组成，被认为是最有回收价值的一类催化剂。这不仅仅是因为大量催化剂中有价金属所带来的重要经济效益，更重要的是可以大大避免直接掩埋对环境造成的污染[37]。目前，虽然很多国家从废脱硫加氢催化剂中回收了大量的有价金属，但如何更加高效、环保地综合回收利用废催化剂中的有价金属，还要进一步地深入开展研究工作。

在催化剂的使用过程中，加氢脱硫反应使得各种有价金属生成相应的硫化物，原油中的微量钒和镍也逐渐沉积，造成催化剂污染。废 HDS 催化剂一般组成（%）为：Mo 10~30，V_2O_5 1~12，NiO 0.5~6，Co 1~3，CaO 6~8，S 8~12，C 10~12，其余为 Al_2O_3，这使得从中回收有价金属极具经济价值。

过去几十年，大量的研究工作致力于从废 HDS 催化剂中回收钼、钒及其他有价金属。总的来说，从废催化剂中回收有价金属分为湿法和火法两种方法。这其中包括焙烧、酸浸或碱浸、熔炼、直接氯化和盐焙烧浸出等过程。焙烧是将金属硫化物转变为金属氧化物最常用的方法，不仅如此，焙烧还能除去附着在催化剂上的炭渣和油类物质。焙烧后的催化剂再经过浸出或者直接高温熔炼[35]。

8.7.1 湿法浸出

8.7.1.1 酸碱浸出法

在浸出法中，虽然有许多种浸出剂，但总的来看，可归纳为两大类，即酸浸和碱浸。

酸浸主要分为加压直接酸浸法和焙烧—酸浸两种。为了有效地浸出有价金属，焙烧温度一般控制在 500~700℃。因为在 700℃ 以上会形成不溶性铝酸盐及不溶化合物[38]。因此，在某些情况下，使用蒸汽可提高铝的收率。

硫酸、盐酸、硝酸及一些有机酸如草酸、柠檬酸均可作为浸出剂，但硫酸和盐酸是最常用的两种。在酸浸过程中，废催化剂中所有有价金属及部分氧化铝溶解于浸出液中。废催化剂的一些酸浸工艺如图 8-24 所示。

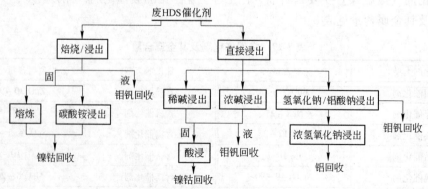

图 8-24 废催化剂的各种酸浸工艺

硫酸和盐酸可以将废催化剂中绝大部分的有价金属钼、钒、镍、钴一次浸出，但由于废催化剂中含有大量的氧化铝，故酸浸法消耗大量的酸。而且，从浸出液中分离回收各种金属的后续工艺过程比较复杂。Biswas 曾对硫酸和盐酸两种浸出方式进行了比较[38]，结果表明，盐酸浸出虽然能得到更高的金属回收率，但浸出液的腐蚀性却强于硫酸浸出液。如果浸出终点的 pH 值相同，用两种酸浸出的钼和钴的浸出率基本相同。从价格便宜、更好的潜在循环利用性以及浸出设备的灵活选择性考虑，硫酸为废催化剂浸出过程中最合适的一种酸浸出剂。

焙烧—酸浸法优于浓酸直接浸出法。焙烧不仅可以去除废催化剂中含有大量油质和碳质，而且还可以将金属硫化物转化成更易于溶于酸的金属氧化物。但焙烧过程中，部分钼会以三氧化钼的形式升华挥发，需要从烟气中回收。

碱浸可以从废催化剂中选择性地溶解钼和钒，使它们以钼酸钠和钒酸钠的形式进入浸出液中。浸出过程中，部分铝溶解进入浸出液，但绝大部分的镍、钴、铁则留在渣中。一般来说，主要有焙烧—碱浸、一定压力下直接热碱溶液浸出以及碱和铝酸钠混合浸出三种碱浸路线。碱浸渣中的镍和钴再经过酸或碳酸铵浸出后回收或直接送火法熔炼。废催化剂的碱浸工艺如图 8-25 所示。

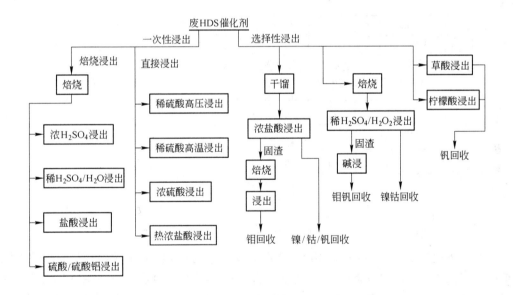

图 8-25　废催化剂主要的碱浸工艺

碱浸能从废催化剂中选择性地浸出钼和钒成为可溶性的钼酸钠和钒酸钠。废催化剂碱浸前经过焙烧更有利于浸出。$NaOH/NaAlO_2$ 混合高压浸出可以减少铝的溶解。浓碱高压直接浸出可以得到高的钼钒回收率。焙烧—碱浸—酸浸工艺可以同时获得较高的钼、钒、镍、钴浸出率。

8.7.1.2　氯化浸出法

在氯化浸出法中主要是选择性无水氯化，它是在 Cl_2/HCl 气氛下将钼、钒氯化成其各自相应的气态氯化物或者氯氧化合物，然后根据它们的沸点不同，选择性地进行冷凝回收。钴和镍以氯化物的形式进入渣中，通过水浸或酸浸回收。这种方法又可分为熔炼氯化法和直接氯化法。

焙烧—氯化是将废催化剂在 300~500℃焙烧，使金属硫化物转化成金属氧化物，再在 200~500℃氯化。氯化过程中，钼、钒分别以其各自的氯化物或氯氧化合物形式以及部分铝以氯化物的形式进入气相中。镍、钴的氯化物由于沸点较高而进入固体渣，这种固体渣再通过水浸回收，氧化铝则留在渣中。氯化法的优点在于可以很好地分离钼、钒与镍、钴，从而简化后续金属回收工艺。从 Ni-Mo-Al 系废催化剂中采用氯化法回收有价金属的工艺流程如图 8-26 所示[39]。

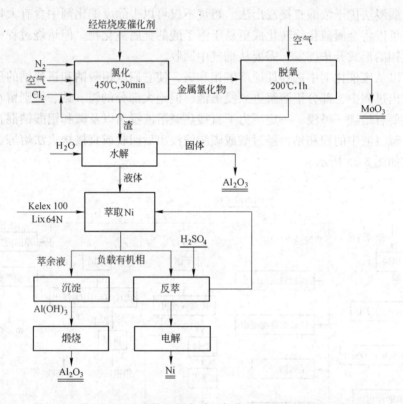

图 8-26　从 Ni-Mo-Al 系催化剂中采用氯化法回收有价金属工艺流程

在直接氯化法中，Gaballah 和 Djioa 研究了 Cl$_2$/空气、Cl$_2$/N$_2$ 和 Cl$_2$/CO/N$_2$ 三种混合体系从废催化剂中直接回收金属[40]。结果表明，在温度低于 600℃时，采用 Cl$_2$/空气体系可以回收超过 90%的镍和钴、约 99%的钼以及 75%的钒。其工艺流程如图 8-27 所示。

选择性无水氯化法是一种高成本和高能耗的方法。它的优点在于相对于长达数小时的浸出反应过程，氯化法通常只需半小时反应时间。当浸出法不能得到较高的金属回收率时，如果近邻有石化精炼厂和氯气生产厂，无水氯化法未尝不是一个好方案，因为氯气运输费用是制约氯化法工业化的关键因素之一。

8.7.1.3　钠盐焙烧浸出法

钠盐焙烧浸出法同样可以从废催化剂中选择性地溶解钼和钒，铝、镍、钴则留在浸出渣中。因此，后续的钼、钒分离不会受到铝的干扰。焙烧过程中，钼和钒转变成各自可溶性的钠盐如 Na$_2$MoO$_4$、Na$_2$Mo$_2$O$_7$ 和 NaVO$_3$ 进入浸出液。焙烧主要有氧化焙烧—盐（NaCl）焙烧和直接盐焙烧两种方式。

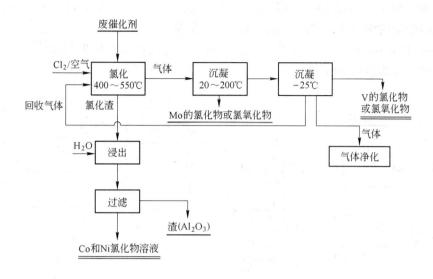

图 8-27　直接氯化法从废催化剂中回收金属工艺流程

A　氧化焙烧—NaCl/水蒸气焙烧

先在空气中焙烧催化剂，使其中的金属硫化物转变为相应的金属氧化物，焙砂再在干燥的氯化钠和水蒸气的混合体系下继续焙烧转变成可溶性钠盐。其中可能发生的化学反应方程式如下：

$$NaCl + H_2O(g) \Longrightarrow NaOH + HCl(g)$$

$$V_2O_5 + 2NaCl + H_2O(g) \Longrightarrow 2NaVO_3 + 2HCl(g)$$

$$2MoO_3 + 2NaCl + H_2O(g) \Longrightarrow Na_2Mo_2O_7 + 2HCl(g)$$

$$Al_2O_3 + 2NaCl + H_2O(g) \Longrightarrow 2NaAlO_2 + 2HCl(g)$$

由于氯化钠水解速度在 800℃ 以上时急剧增大，因此焙烧温度选择为 850℃。通入氮气作为保护性惰性气体有利于焙烧。水的蒸气压为 25kPa。该方法的缺点在于部分钼、钒、镍、钴在钠盐焙烧过程中形成各自相应的挥发性氯化物而损失。在溶液的沸点浸出，铝以氢氧化铝的形式沉淀下来。钼和钒的回收率分别可达到 75.5% 和 77%，较低的金属回收率主要是由于焙烧过程中的金属损失以及钒的不完全浸出造成的。

B　Na_2CO_3 焙烧—水浸

虽然 NaOH、$NaHCO_3$ 和 Na_2SO_4 均可用于直接钠盐焙烧，但 Na_2CO_3 却是最常用的盐。钼、钒的硫化物在焙烧过程中转变成各自可溶性的钠盐，其化学反应方程式如下：

$$MoS_2 + 3Na_2CO_3 + 9/2O_2 \Longrightarrow Na_2MoO_4 + 2Na_2SO_4 + 3CO_2$$

$$2V_3S_4 + 17Na_2CO_3 + 39/2O_2 \Longrightarrow 6Na_3VO_4 + 8Na_2SO_4 + 17CO_2$$

铝、镍、钴则留在渣中。焙烧温度为 650～900℃，$Na_2CO_3/(Mo+V)$ 的摩尔比约为 2。焙烧过程使用富氧空气。采用废催化剂 60%（质量分数）的 Na_2CO_3，焙烧 2～3h 可以获得 96%～98% 的钼、钒回收率。焙烧得到的盐在 60℃ 以上用水浸出。

Parkinson 曾报道了一种 Na_2CO_3 直接焙烧/水浸工艺[41]，浸出液添加氯化铵沉钒。滤液升温至 80~85℃ 后酸化沉钼，所得钼酸经过煅烧得到 MoO_3。焙烧过程中，镍、钴与氧化铝形成很稳定的化合物，可以直接熔炼回收钴和镍。

Sebenik 和 Ference 提出的 Na_2CO_3 焙烧—水浸工艺流程如图 8-28 所示[42]。该工艺中，钼和钒的回收率均达到 90% 以上。

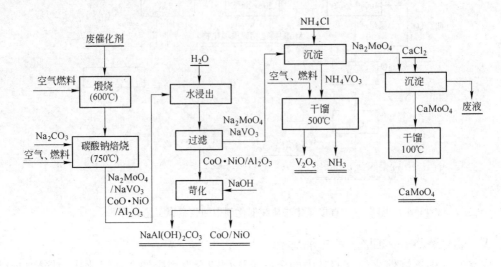

图 8-28   废催化剂 Na_2CO_3 焙烧—水浸工艺流程

8.7.1.4 Na_2CO_3 直接浸出法

在 5600~16000kPa 大气压下，用 Na_2CO_3 直接浸出废催化剂，其中的钼和钒由硫化物形式转变成各自可溶性的钠盐。氧化过程中所生成的 SO_3 被 Na_2CO_3 中和，生成对环境无害的 Na_2CO_4。浸出液中的有价金属则通过传统方法如沉淀、溶剂萃取和离子交换法分离回收。该法与焙烧法最大的不同在于，废催化剂中所有的硫都被转化成硫酸盐，基本上不产生污染环境的有害气体。不过，Na_2CO_3 直接浸出需要很大的压力，对设备的要求很高。

Park 等人提出了废催化剂 Na_2CO_3 和 H_2O_2 混合浸出—活性炭吸附/解吸—选择性沉淀工艺回收废催化剂中的钼[43]，在优化工艺条件的基础上，可以得到纯度为 99.4% 的 MnO_2 产品。

8.7.1.5   生物浸出法

生物浸出技术被认为是从废催化剂中回收有价金属的发展方向之一，因为它成本低，不像酸浸和碱浸产生大量的废水、废气。目前，利用生物技术从废催化剂中回收有价金属还没有工业实践，文献报道也并不多。

在 25℃，pH<2.0 以及 E>500mV 时，钼、钒、镍可溶性离子在水溶液中能够稳定存在，而这也正是化学自养的嗜酸氧化杆菌 *acidithiobacillus* 能够生存的适宜条件。在这种环境下，硫或者是还原性硫化物通过嗜酸菌的生物氧化作用形成硫酸，作为浸出剂。当嗜酸性氧化杆菌附着在元素硫上时，它可以促成多种带有极强还原性的硫离子形态如硫酸盐和亚硫酸盐的生成。生成亚硫酸盐的反应如下：

$$S + O_2 + H_2O =\!=\!= SO_3^{2-} + 2H^+$$

生成的亚硫酸盐可以被空气氧化，也可以被在低 pH 值下迅速繁衍、高浓度金属离子溶液中稳定存在的细菌催化。有报道称，*At. thiooxidans* 和 *At. ferooxidans* 菌在元素硫的存在下能够将五价钒还原为四价钒。

Mishra 曾对 *acidthiobacillus* 型细菌浸出炼油厂的废催化剂进行了研究，并对一步生物浸出和两步生物浸出工艺进行了比较[44]。一步浸出工艺是直接将细菌和固体废催化剂以及元素硫进行接触反应，两步浸出工艺则是将固体废催化剂置入预先培育好的细菌介质中。两者的区别在于两步浸出工艺中废催化剂中的金属与细菌没有直接接触，而是和细菌促成的酸直接反应。结果显示，两步浸出工艺明显优于一步浸出工艺。与类似浓度的硫酸浸出相比，生物浸出的金属回收率似乎稍高一点。

Aumg 和 Ting 预测了生物湿法冶金技术从废脱硫催化剂中回收有价金属的发展，认为具有良好的应用前景[45]。

综上所述，焙烧—硫酸浸出似乎是最好的浸出路线，因为所有有价金属均溶解进入浸出液。然而，从浸出液中分离回收这些金属的工艺过程却相对复杂；碳酸钠焙烧—水浸工艺由于可以选择性地浸出钼和钒，当废催化剂中钼、钒含量较高时，该工艺是一个可选择的方法；生物浸出工艺能够在得到较高金属回收率的同时，大大减少对环境的污染，尽管溶液中的有价金属都需要通过一些传统的方法，如沉淀法、溶剂萃取法、离子交换法和活性炭吸附法进行分类和提纯。

8.7.2　火法熔炼

火法熔炼过程中废催化剂采用熔炼方法可直接生产合金。熔炼主要有直接熔炼和煅烧—熔炼两种方法。

8.7.2.1　直接熔炼

一些专利对高温下（1500~1700℃）直接还原熔炼不含钒的废催化剂进行了报道[46~49]。废催化剂在有碳和氧化钙的存在下被还原生成粗合金，沉降在熔炼炉底部，定期由炉底放出。浮在炉子上层的氧化铝也要定期放出。熔炼中添加铁屑通常可以增大熔融相体积、降低合金熔点以及改善炉渣分离，从而促进合金形成；添加石灰石也会降低合金的熔点。该工艺可以回收93%的钼和91%的钴。

8.7.2.2　煅烧—熔炼

Howard 和 Barnes 曾报道过煅烧—熔炼法从废催化剂中回收有价金属[49]。首先在760~870℃的富氧气氛下煅烧废催化剂，以除去硫、碳及碳水化合物。煅烧过程中，以 MoO_3 形式挥发的部分钼经冷凝后用布袋过滤收集。煅砂加入铁屑后再在1650~2400℃条件下用电炉熔炼。熔炼过程中通入还原性气体，如天然气，将金属氧化物还原为熔融态金属，从而形成合金。熔融的氧化铝与合金通过重力作用分离并定期排出。挥发的钼以同样方式处理回收。该工艺可以回收约99%的有价金属。

Medvedev 曾报道了在1200℃高温下将废催化剂中的钼直接升华并以 MoO_3 形式回收的方法[50]，在最佳工艺条件下，一次即可得到含钼不低于80%的升华物。

采用煅烧—熔炼法从废催化剂中回收有价金属的相关报道较少。煅烧和熔炼的成本和能耗均很高，得到的合金产品还需进一步地分离，熔炼过程中所产生的 SO_2 对大气造成很大的污染，因此不具良好前景，不是发展方向。

8.7.3 从浸出液中回收钼和钒

一般来说，废催化剂浸出液中，钼、钒在不同的溶液 pH 值下，分别以各自简单的含氧阴、阳离子或者复杂的含氧聚合阴离子形态存在。酸浸和生物浸出中，镍、钴随钼、钒一起进入浸出液；碱浸出时，镍、钴则留在浸出液中。从浸出液中回收金属的方法通常包括化学沉淀法、溶剂萃取法、离子交换法、活性炭吸附法和生物吸附法。在所有方法中，溶剂萃取法由于其易于连续操作，处理量大以及可以处理不同金属浸出液的灵活性等一系列优点，成为工业化生产高纯金属产品非常成熟的一个湿法冶金单元过程。下面分别对沉淀法、活性炭吸附法，离子交换法及溶剂萃取法回收钒、钼加以说明。

8.7.3.1 沉淀法

化学沉淀法是从溶液中分离回收有价金属最常用、最简单的一种方法。许多研究人员采用选择性沉淀法从废催化剂酸浸或碱浸液中分离回收钼、钒。沉淀法分离钼、钒主要有硫化沉淀法和铵盐沉淀法。前者是将钼以 MoS_3 的形式沉淀，钒则留在溶液中；后者是通过加入铵盐如 $(NH_4)_2SO_4$ 或 NH_4Cl 使钒以 NH_4VO_3 的形式沉淀，滤液中的钼再通过调节 pH 值以钼酸形式沉淀。铵盐沉淀法主要适用于废催化剂的碱浸液或盐焙烧水浸液中的钼、钒回收。

A 硫化沉淀法

Suzuki 和 Gao 曾报道，首先将 H_2S 通入废催化剂酸浸（>40℃）沉钼，滤液用石灰石调节 pH 值至 4.5～5.5 后沉钒，沉钒率达 99%[51]。

Sebenk 和 Ference 曾研究向废催化剂加压碱浸液中加入 H_2SO_4 至合适酸度后，通入 H_2S 沉钼，得到 MoS_3 沉淀[42]。实验结果显示，99.8% 的 Mo 沉淀为 MoS_3，99.8% 的 V 以 VO^{2+} 的形态留在溶液中，含钒溶液再经碱中和至一定 pH 值后，钒以水合氧化物形式 $[V(OH)_4 \cdot 1.5H_2O]$ 沉淀；或者向含钒溶液加入 $NaClO_3$，将钒氧化后以红钒形式沉淀下来。

B 铵盐沉淀法

Biswas 等人曾研究了废催化剂 NaCl 焙烧—水浸液中添加 $(NH_4)_2SO_4$ 沉钒，溶液 pH 值为 8.6，80℃下加热 1h，冷却后过滤。滤液中的钼再用溶剂萃取法回收[52]。

Rokukawa 对各种铵盐沉钒对钼、钒分离的影响进行了研究[53]。在 pH = 8.0，含 V 2.17g/L、Mo 1.28g/L 的溶液中，分别加入含铵 120g/L 的四种铵盐溶液，各种铵盐对沉钼和沉钒的结果见表 8-20。

表 8-20 各种铵盐对沉钼和沉钒的影响

铵　盐	沉钒终点的钒浓度/g·L^{-1}	钒沉淀率/%	沉钒终点的钼浓度/g·L^{-1}	钼沉淀率/%
NH_4Cl	0.016	99.1	1.18	8.2
$(NH_4)_2SO_4$	0.014	97.9	1.16	9.5
NH_4NO_3	0.003	98.4	1.16	4.1
CH_3COONH_4	0.017	99.0	1.24	3.1

从表 8-20 中可以看出，各种铵盐对钒的沉淀率都在 98% 以上，而 Mo 的沉淀率较低，综合考虑，一般选用 NH_4Cl 作沉淀剂，且 NH_4Cl 的加入量应是过量的，一方面有利于

NH_4VO_3 的生成，另一方面因同离子效应降低 NH_4VO_3 的溶解度。NH_4VO_3 在 NH_4Cl 水溶液中的溶解度见表 8-21。

表 8-21　NH_4VO_3 在 NH_4Cl 水溶液中的溶解度

温度/℃	NH_4Cl 浓度/g·L^{-1}	NH_4VO_3（100gH_2O 中）/g
12.5±2	0.261	0.085
	0.296	0.049
	0.550	0.018
	0.210	2.490
30	2.540	0.026
	4.470	0.006
	8.980	微量
	0.551	1.340
60	20.060	微量

从表 8-21 可见，影响沉钒的主要因素有沉钒温度和铵盐加入量。除此之外，搅拌速度、溶液 pH 值等对沉钒也有一定的影响。

刘公召等人研究提出加碱焙烧—水浸工艺从废催化剂中提取钼和钒，即废钼催化剂经焙烧—水浸后，滤液调 pH 值到 8.0~9.0 后加入氯化铵溶液，得到偏钒酸铵沉淀，沉钒反应式为：

$$NaVO_3 + NH_4Cl \Longrightarrow NH_4VO_3 \downarrow + NaCl$$

当浸出液中钒浓度为 25g/L，且 NH_4Cl 加入量超过 40g/L 时，沉钒率达 99% 以上。沉钒后的滤液调节 pH 值至 9.0 后加入 NH_4HS 溶液，将铁、铝、铜、钴等杂质沉淀除去，溶液浓缩后用 98% 的浓硝酸酸化得到钼酸沉淀，沉钼化学反应式如下：

$$Na_2MoO_4 + 2HNO_3 + H_2O \Longrightarrow H_2MoO_4 \cdot H_2O + 2NaNO_3$$

Park 等人研究了一种从含 Mo 22.0g/L，Ni 0.015g/L，Al 0.82g/L，V 8g/L 的碱浸液中将钼以钼酸铵形式沉淀的方法[53,56]，即先往碱液中添加盐酸，将 pH 值调至 2，使钼酸钠转变为钼的氯盐，所得溶液再用氨水中和至 pH 值为 11 左右，使钼转变成钼酸铵，钼酸铵溶液再通过盐酸酸化并在 90℃ 加热使钼酸铵沉淀析出，钼酸铵经过煅烧得到纯度为 97.3% 的 MoO_3 产品。反应的化学方程式如下：

$$Na_2MoO_4 + 8HCl \Longrightarrow MoCl_6 + 2NaCl + 4H_2O$$

$$MoCl_6 + 8NH_4OH \Longrightarrow (NH_4)_2MoO_4 + 6NH_4Cl + 4H_2O$$

铵盐沉钒是从溶液中初步分离钼、钒的方法，得到的偏钒酸铵晶体含有少量的钼，沉钒后的含钼溶液通常还含有微量钒，可采用溶剂萃取或者离子交换法进一步深度除钒。

C　其他沉淀方法

Chen 等人研究了钡盐从废催化剂碱浸液中选择性地沉淀钼、钒[57]。由于 $Ba_3(VO_4)_2$ 和 $BaMoO_4$ 溶解度低，在 40℃ 条件下先向碱浸液中添加一定量的 $Ba(OH)_2$，反应 15min，94.8% 的钒被沉淀，滤液再升温至 80℃ 后再加入一定量的 $BaAl_2O_4$，反应 40min，92.6% 的钼沉淀出来。

虽然化学沉淀法工艺简单，成本低廉，但它不能达到深度分离钒、钼的目的。当溶液中所含钼、钒离子浓度相对较高时（>30g/L），采用该方法才是经济可行的。

8.7.3.2 活性炭吸附法

活性炭吸附法也是一种纯化和富集金属的重要方法。很早以前，活性炭吸附就应用于从溶液中提取贵金属金和银。也曾有学者对活性炭从含钼、钒的溶液中吸附钼和钒进行过研究，即钼、钒的含氧阴离子通过取代活性炭官能团上的羟基，被选择性地吸附到活性炭上。负载金属的活性炭再用一定浓度的碱解吸或用酸使钼、钒转变为各自的阳离子而解离。

Mukherjee 研究证明了活性炭吸附法从拜耳法的渣中提取高纯 V_2O_5 的可行性[58]，认为具有良好的应用前景。

Kare 曾报道了活性炭从碱浸液中吸附钼生产纯 MoO_3 的研究[59]。用盐酸调节钼酸钠溶液 pH 值至 2，随后将一定量的活性炭置入溶液中选择性地吸附钼酸根阴离子，其他杂质则留在溶液中。负载钼的活性炭用纯水淋洗后再用氨水解吸。最终产品纯度达到 99.94%。

Park 提出了一种废催化剂 Na_2CO_3/H_2O_2 浸出—活性炭吸附—选择性沉淀法回收钼的工艺[56]。溶液 pH 值为 0.75，反应 3h，每克活性炭中钼的吸附容量达到 48.8mg。负载钼的活性炭用 15%（体积分数）的氨水解吸 3h，钼解析完全。解吸液用盐酸调节 pH 值至 2 后再升温至 90℃时析出钼酸铵晶体。完整的工艺流程如图 8-29 所示[43]。

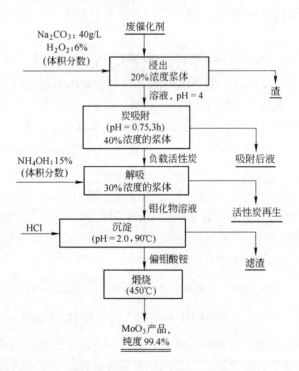

图 8-29　废催化剂苏打氧化浸出—活性炭吸附回收钼工艺流程

8.7.3.3 离子交换法

离子交换技术是金属分离和提纯的常用方法。Berrebi 研究了离子交换法从废催化剂碱浸液中深度分离钼、钒。碱浸液通过预处理后进入离子交换工序，钼、钒回收率均达到 90% 以上，产品纯度高[60]。

通常情况下，废催化剂酸浸、碱浸或盐焙烧水浸工艺得到的浸出液含钼浓度较高，钒浓度相对较低。虽然大部分的钒可以通过铵盐沉淀法与钼分离，但如果钼酸铵溶液中钒浓度大于0.1g/L，生产出来的钼酸铵产品指标则不能满足市场要求。曾理等人研究了离子交换法从钼酸铵溶液中深度除钒的方法[61]。溶液中所含钼、钒浓度分别为50g/L和0.638g/L，在pH值为7.18，吸附接触30min的条件下，采用螯合树脂D418（功能团：—$NHCH_2PO_3Na_2$）可以除去99.8%以上的钒。当处理料液量为10倍树脂体积时，流出液中钒浓度仅为0.07g/L，钼、钒浓度比由最初的78增加到7140。用2mol/L的NaOH溶液作解吸剂，解吸效果优良。树脂用盐酸转型后循环使用性能良好。

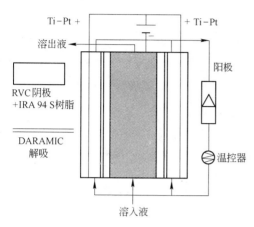

图8-30　电化学离子交换槽设备装置图

Henry等人曾研究用电化学离子交换法分离钼与钒[62]。在吸附了钼、钒的Amberlite IRA94S树脂上装上RVC阴极和Ti-Pt阳极（见图8-30），用30g/L的硫酸作洗提液同时逐渐降低电流密度，93%的钒和仅7%的钼被洗涤下来。再用NaOH溶液对钼进行二次洗涤，可回收得到纯的钼酸铵溶液，再将溶液pH值迅速降低到8，可使其中的钼钒比达到1000∶1。由于设备费用昂贵、工艺过程较复杂且伴随高电耗，该研究还仅限于实验室阶段。

8.7.3.4　溶剂萃取法

A　酸性萃取剂萃取钼、钒

Coleman研究了二（2-乙基己基）磷酸（D2EHPA）在pH值为1.5～2.5条件下萃取VO^{2+}。结果表明，萃取速度快，有机相中的钒用稀硫酸反萃彻底[63]。Sato研究D2EHPA萃取钒氧阳离子的机理时提出，萃合物以钒氧阳离子和D2EHPA聚合分子形式存在，如（VO）·R_2·H_2（RH＝D2EHPA），钒的萃取率则与pH值和D2EHPA浓度的平方根呈线性关系。

Litz研究了硝酸和盐酸的浓度对D2EHPA萃取钼、钒的影响[64]。在较低的硝酸浓度下，钼被萃取，而钒基本上不被萃取。盐酸浓度的影响与硝酸基本类似。在硫酸介质中，D2EHPA只有在pH＜3时才能有效地萃取钒，且随着pH值降低，钒的萃取率急剧减小，而D2EHPA有效萃钼的pH范围为pH＜6，随着pH值的降低，钼的萃取率缓慢降低。这说明，从含钼的钒溶液中采用D2EHPA萃取钼、钒，负载有机相可以通过选择性地反萃达到钼、钒分离。

Inoue等人曾对Cyanex272、PC-88A和TR-83三种酸性萃取剂从钼、钒、镍、钴、铁、铝的废催化剂硫酸浸出液中提取钼、钒进行了较深入的研究[65]，结果如图8-31～图8-33所示。由这三个图可见，在低pH值下，三种萃取剂都能优先萃

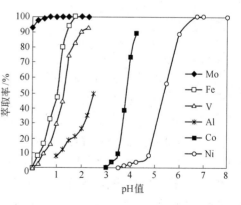

图8-31　20%（体积分数）的Cyanex 272萃取金属时萃取率与pH值的关系

取钼，尤其在 pH=0 时，Cyanex272 和 TR-83 萃取剂基本只萃钼，使钼与其他金属分离。从图 8-31 中还可以看出，Cyanex272 能有效地从含大量铝的酸浸液中选择性地萃取钼、钒。根据以上结果，Inoue 和 Zhang 又研究了用 40%（体积分数）的 Cyanex 272 在 pH 值为 0~1.5 的范围内，萃取模拟合成的工业酸浸液。表 8-22 为不同 pH 值下各种金属的萃取率。

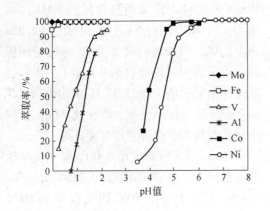

图 8-32　20%（体积分数）的 PC-88A 萃取金属时萃取率与 pH 值的关系

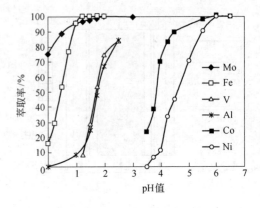

图 8-33　20%（体积分数）的 TR-83 萃取金属时萃取率与 pH 值的关系

表 8-22　40%（体积分数）的 Cyanex272 在不同 pH 值下从合成酸浸液中萃取金属的结果

原料 pH 值	原料中金属浓度/g·L⁻¹						萃取率/%					
	[Mo]	[V]	[Fe]	[Al]	[Co]	[Ni]	Mo	V	Fe	Al	Co	Ni
0.03	2.57	0.724	0.029	13.16	0.96	0.162	99.5	9.8	3.45	0.45	0	0
0.21	2.62	0.747	0.029	13.40	0.99	0.165	99.6	16.1	3.45	0.22	0	0
0.35	2.70	0.755	0.030	13.84	1.08	0.170	99.7	22.5	16.7	1.44	0	0
0.51	2.70	0.755	0.030	13.84	1.08	0.170	99.7	32.2	33.3	0.27	0	0
1.00	2.78	0.769	0.032	14.30	1.10	0.180	99.8	80.4	84.4	1.05	0	0
1.51	2.78	0.769	0.032	14.30	1.10	0.180	99.7	92.5	100	1.89	0	0

注：萃取在：40℃，O/A=1:1。

从表 8-22 可以看出，在 pH=0 左右时，Cyanex272 可以选择性地萃钼，使其与其他金属分离，当 pH=1.5 时，几乎所有的钼、钒和铁都被萃取，而铝基本不被萃取。微量除去与钼共萃的钒和铁，负载有机相用 0.5mol/L 的 H_2SO_4 在相比 1:1 的条件下淋洗，约 95% 的钒、100% 的铁及不到 0.2% 的钼被淋洗下来，淋洗后的有机相再用氨水反萃，并控制反萃液的 pH 值在 8.0~8.4 范围内，一次反萃即可将 90% 以上的钼反萃下来。含钒、铁的淋洗液用 Cyanex272 在 pH=1.5 时再次萃取，负载有机相用氨水选择性地反萃回收钒。

Zhang 等人曾对萃取剂 Lix63 从废催化剂硫酸浸出液回收钼（Ⅵ）和钒（Ⅳ）进行了研究[66]。在 pH 值为 2 左右时，几乎所有的钼和钒、约 10% 的 Fe(Ⅲ) 被萃取，镍、钴、铝很少萃取（见图 8-34）。负载有机相先用 2~3mol/L 的 H_2SO_4 选择性地反萃钒（Ⅳ）和铁（Ⅲ），然后用 10% 的氨水反萃钼（Ⅵ）[66]，钼、钒回收后，再采用 Cyanex272 和 Lix63 的协萃体系从含大量铝的萃余液中回收镍、钴。

Olazabal 曾对 Lix26 从含 Mo（Ⅵ）和（Ⅴ）的溶液中萃取钼、钒进行了研究，结果如图 8-35 所示[67]。

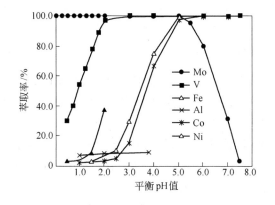

图 8-34　20%（体积分数）的 Lix63 萃取
金属时萃取率与 pH 值的关系

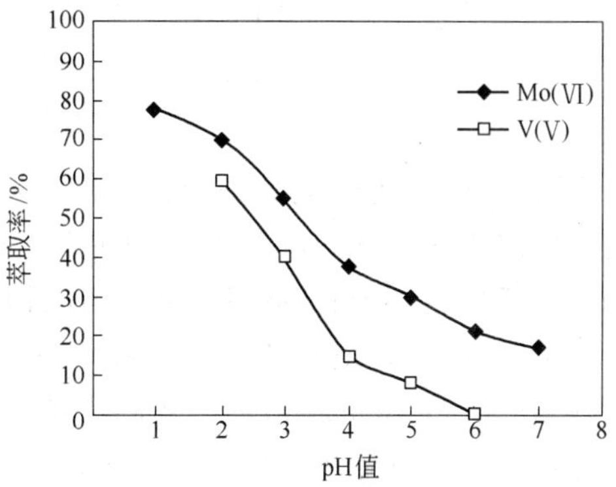

图 8-35　pH 值对 Lix26(2%)-n-辛烷(10%)-
己烷体系萃取钼钒的影响

从图 8-25 中可以看出，Lix26-n-辛烷-己烷体系不能分离钼、钒。由于钒氧阳离子在稀酸条件下（pH > 1.5）易水解成钒氧阴离子，即使钼氧阳离子的 pH 值存在范围窄于钒氧阳离子，Mo（Ⅵ）反而更容易被萃取。

B　碱性萃取剂萃取钼、钒

含有离子对的碱性萃取剂包括伯、仲、叔、季铵盐四类。叔胺 Alamine336 和季铵盐 Aliquat336 是最常用的两种从含钼、钒的溶液中萃取它们各自阴离子配合物的萃取剂。

Olazabal 对上述两种碱性萃取剂从含 Mo（Ⅵ）溶液中分离 V（Ⅴ）进行了研究[67]，结果如图 8-36 和图 8-37 所示。

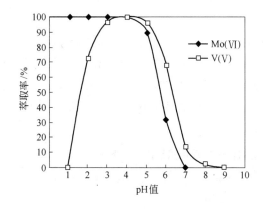

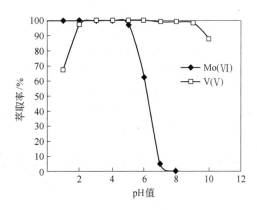

图 8-36　pH 值对 0.1mol/L Alamine 336/
甲苯萃取钼和钒的影响

图 8-37　pH 值对 0.1mol/L Aliquat 336/
甲苯萃取钼和钒的影响

从图中可以看出，对于 Alamine336/甲苯萃取体系，在 pH < 4 时，大量的钼被萃取，当 pH > 7 时，不被萃取；而钒在 1 < pH < 8 范围内都能被萃取，但在 3 < pH < 4.5 范围内，钒的萃取率达到最大值。对于 Aliquat336/甲苯萃取体系，钒在 3.5 < pH < 9 范围内被大量萃取，而钼仅在 pH < 5 时被大量萃取，当 pH > 8 时，钼基本不被萃取。季铵盐萃取剂 Aliquat336 在 pH = 9 时的萃钒机理如下：

$$4\,\overline{R_4NCl} + V_2O_7^{4-} \Longrightarrow \overline{(R_4N)_4(V_2O_7)} + 4Cl^-$$

$$4\,\overline{R_4NCl} + V_2O_{12}^{4-} \Longrightarrow \overline{(R_4N)_4(V_4O_{12})} + 4Cl^-$$

通过以上的分析可以得出分离钼、钒的两种可能途径：在强酸范围内（pH < 1），叔胺萃取剂 Alamine336 可以从含钼的钒溶液中萃取分离钼；在弱碱性范围内（8 < pH < 9），季铵盐萃取剂 Aliquat336 可以从含钒的钼溶液中萃取分离钒。

虽然 Aliquat336 比 Alamine336 可以在更宽的 pH 值范围内萃取钼、钒，但用氨水反萃负载钼、钒的 Aliquat336 时，钒的反萃非常慢。Bal 对其反萃动力学的研究结果表明，反萃过程的限制步骤为 $H_2V_{10}O_{28}^{4-}$ 向 HVO_4^{2-} 和 VO_4^{3-} 的缓慢转化，其反萃速率和相应的动力学常数与 $H_2V_{10}O_{28}^{4-}$ 在碱液中的均相分解常数一致。更重要的是，Aliquat336 萃取钼、钒时有第三相沉淀物生成。

在 pH 值为 1~4 范围内，Aliquat336/n-decano/煤油体系可以迅速地萃取 Mo(Ⅵ) 的七钼酸根和八钼酸根阴离子，负载有机相放置几小时后，这些钼酸根聚阴离子转变成六钼酸根离子并最终以黄绿色萃合物 $(R_3R'N)_2Mo_6O_{19}$ 的形式沉淀。当 Aliquat336 饱和萃取钼时，部分钼酸根阴离子被还原为钼的多价态聚阴离子如 $Mo_5^{VI}Mo^VO_{19}^{3-}$、$Mo_4^{VI}Mo^VO_{19}^{4-}$ 以及 $Mo_3^VMo_3^{VI}O_{18}H^{2-}$，并以红色固体小颗粒的形态沉淀。对于钒，在 pH 值为 1.5~2 范围内，Aliquat336 可以迅速地萃取十钒酸根聚阴离子并显红色，在室温下放置几天后，有机相颜色由红色转变成橄榄绿色，并伴有黑绿色固体沉淀，经检测为多价态钒的化合物，如 $(R_3R'N)_4(HV_3^{IV}V_7^VO_{26})$ 和 $(R_3R'N)_4(HV_7^{IV}V_3^VO_{24})$。当用叔胺 Alamine336 作萃取剂时，由于负载钼、钒的有机相能够用氨水反萃得到两种金属各自的铵盐，再通过结晶煅烧后生产出各自的高纯氧化物，因此，Alamine336 是绝大多数工厂首选的钼、钒萃取剂。

Ho 研究了从废催化剂和氧化铝渣中回收钒的方法[68]。其研究主要对酸性溶液中 D2EHPA 萃取 VO^{2+} 以及叔胺或季铵盐萃取剂萃取某一种钒（Ⅴ）的聚阴离子进行了考察。结果表明，季铵盐萃取剂 Aliquat336 从酸性、中性以及碱性溶液中均能良好地萃钒，并被认为是从废催化剂浸出液中提取钒的合适萃取剂。表 8-23 列出了在各种 pH 值范围内，10% 的 Aliquat336 对钒的理论最大萃取容量。

表 8-23　Aliquat 336 对不同 pH 值下存在的钒离子的理论量最大萃取容量

pH 值	钒的离子形态	电荷/V	饱和萃取容量/g·L^{-1}
2.6~3.9	$H_2V_{10}O_{28}^{4-}$	2.50	29.6
3.9~6.0	$HV_{10}O_{28}^{5-}$	2.00	23.7
6.0~6.2	$V_{10}O_{28}^{6-}$	1.67	19.7

pH 值	钒的离子形态	电荷/V	饱和萃取容量/g·L^{-1}
6.2 ~ 9.0	$V_4O_{12}^{4-}$	1.00	11.8
9.0 ~ 13.0	$V_2O_7^{4-}$ 或 $VO_3(OH)^{2-}$	0.50	5.9
>13.0	VO_4^{3-}	0.33	3.95

萃取等温线实验结果也证实了 Aliquat336 对钒的最大负载量与理论值基本一致。只是在 pH 值为 9 ~ 11 的范围内，萃取剂对钒的负载量超过理论值，表明了在该 pH 值条件下，十钒酸根聚阴离子比偏钒酸根阴离子更易于被萃取。当 pH = 13.4 时，钒的萃取量低于理论值，这说明在萃取过程中，氢氧根和正钒酸根阴离子发生了竞争。

Tangri 等人对叔胺萃取剂 Alamine336 萃取钼、钒以及根据偏钒酸铵和仲钼酸铵溶解度的不同，选择性地从反萃液中结晶分离钼、钒进行了研究[69]。Alamine336 萃取钼和钒的机理如下：

$$4\,\overline{R_3NH \cdot HSO_4} + Mo_8O_{26}^{4-} \Longrightarrow \overline{(R_3NH)_4 \cdot Mo_8O_{26}} + 4HSO_4^-$$

$$4\,\overline{R_3NH \cdot HSO_4} + H_2V_{10}O_{28}^{4-} \Longrightarrow \overline{(R_3NH)_4 \cdot H_2V_{10}O_{28}} + 4HSO_4^-$$

负载有机相用氨水反萃，得到含有两种金属铵盐的反萃液，先在 pH 值为 8 ~ 8.5 的条件下选择性地结晶析出偏钒酸铵（溶解度：25℃ 时为 0.6g/100g H_2O），结晶母液经过蒸发在 pH 值为 4 ~ 5 时将钼以仲钼酸铵形式结晶出来。

Brooks 和 Potter 研究了从白云石页岩酸浸液中萃取回收钒[70]，结果表明，实验所采用萃取剂的萃钒效果顺序为：Adogen 363(Tri-dodecylamine) > Amberlitela-2(仲胺) > Adogen 381(Tri-isooctylamine) > Primene JMT(伯胺)。

Lozano 和 Juan 同样研究了伯胺萃取剂 Primene 81R 从硫酸介质中萃取钒的多聚酸根阴离子[71]，实验发现，极性改善剂的加入可以很好地避免界面浑浊及第三相的生成，萃取过程中的 pH 值必须控制在 2 ~ 2.5 范围内，负载有机相用氨水反萃。实验数据证实，在该 pH 值下，钒主要以 $HV_{10}O_{28}^{5-}$ 存在，萃取反应可表示为：

$$5\,\overline{RNH_2} + 5H^+ + HV_{10}O_{28}^{5-} \Longrightarrow \overline{(RNH_3)_5^+ \cdot HV_{10}O_{28}^{5-}}$$

为了更灵活地选择钼、钒萃取剂，Lozano 和 Godinez 进一步对比研究了硫酸介质中伯胺 Primene 81R 和叔胺 Alamine336 在相同条件下萃取钒的结果[72]。萃取等温线显示，在较宽的 pH 值范围内，伯胺 Primene 81R 对钒有更大的负载容量。

C　中性萃取剂萃取钼、钒

作为一种典型的中性萃取剂，TBP 可以从 6mol/L 的盐酸溶液中将钼以 $\overline{MoO_2Cl_2 \cdot 2TBP}$ 溶剂化分子化合物的形式萃取。也有报道称钒在氯化体系中以中性分子 $VOCl_2$ 形式被 TBP/TOPO 萃取。

Litz 研究了硝酸、盐酸、硫酸浓度对 TBP 萃取钼、钒的影响[64]。结果表明，TBP 在三种酸介质中对钼、钒的萃取性能均良好，但至今未见中性萃取剂 TBP 萃取分离钼、钒的工业化报道。

D 其他萃取剂萃取钼、钒或萃取结合其他方法回收钼、钒

Kim 和 Cho 研究了乙酰丙酮从废催化剂苏打浸出液中萃取钼、钒[73]。钒的萃取率接近100%,萃余液再用 Kelex100 萃取,几乎所有的钼被萃取。但没有关于该研究成果更进一步的详细报道。

当浸出液中钼、钒的浓度较低时,用传统的混合澄清槽进行溶剂萃取提取钼、钒是不经济的。因此,液膜萃取成为从低浓度的钼、钒溶液中回收钼、钒的一个热点研究课题[74~78]。由于采用了微孔固体支撑体且有机萃取剂的用量较少,液膜萃取展现出了从溶液中分离金属离子的良好作用。

曾研究了叔胺萃取剂 Alamine336 采用液膜萃取 Mo(Ⅵ),对聚合多孔平板液膜的渗透参数作了考察。结果表明,当溶液 pH 值为 2.0 左右,采用 Na_2CO_3 作反萃剂时,钼可以达到最大的穿透通量。有机膜采用 0.02mol/L 的胺作载体可以增大钼的通量。随着萃取过程的进行,有机相黏度逐渐增大,导致钼的金属配合物离子传输缓慢,直到钼的通量达到极限值。

有人结合溶剂萃取与离子交换技术把 D2EHPA 以每克树脂 2.5mmol 固定在 Amberlite XAD-4 树脂表面进行钼、钒分离研究[78],吸附等温线实验结果表明,经 D2EHPA 修饰过的 Amberlite XAD-4 树脂优先吸附钼,钼的吸附容量达到 0.01mol/mol,钒的吸附容量则低于 0.01mol/mol。研究还发现,当原料液中钼浓度增大时,钼在改性树脂和溶液之间的分配比降低。为了达到有效分离钼、钒的目的,原料液中的钼浓度需控制在 0.01mol/L 以下。经过 7 级接触,溶液中钒的相对浓度从 67% 增加到 96%,钼的相对浓度从 33% 降低到 4% 以下。

归纳起来,上述部分萃取剂在钼、钒分离与其他金属的分离效果上的对比见表 8-24。

表 8-24 不同萃取剂萃取分离钼、钒的效果对比

萃取剂种类		萃取分离性能
酸性萃取剂	D2EHPA	pH < 1 时选择性萃钼与钒分离
	Cyanex272	pH = 0 时选择萃钼与钒、铁、镍、钴、铝分离;pH = 1.5 时选择性萃钼、钒、铁与镍、钴、铝分离
	PC-88A	pH < 1 时选择性萃钼与钒分离;2 < pH < 3.5 时选择性萃钼、钒、铁、铝与镍、钴分离
	TR-83	pH = 0 时选择性萃钼与钒、铁、镍、钴、铝分离;2 < pH < 3 时选择性萃钼、钒、铁、铝与镍、钴分离
碱性萃取剂	Alamine336	pH < 1 时选择性萃钼与钒分离
	Aliquat336	7 < pH < 9 时选择性萃钒与钼分离
	Primene81R	无分离钼、钒的报道
中性萃取剂	TBP	无分离钼、钒的报道
其他萃取剂	Acetylacetone + Kelex100	先用 Acetylacetone 萃钒,萃余液再用 Kelex100 萃钼

本节概括地介绍了废催化剂回收 Mo、V 等有价金属的方法,下边各节将分别介绍几种具有工业前景的工艺方法。

8.7.4 碳酸钠焙烧—浸出工艺

废触媒在氧化气氛下焙烧，生成钼、钒、钴、镍的氧化物，其中 MoO_2、V_2O_5 与 Na_2CO_3 发生如下反应，生成溶于水的盐[79]：

$$V_2O_5 + Na_2CO_3 \Longrightarrow 2NaVO_3 + CO_2 \uparrow$$

$$MoO_3 + Na_2CO_3 \Longrightarrow Na_2MoO_4 + CO_2 \uparrow$$

X 射线法分析表明，反应产物中还有 Na_2MoO_4、$NaVO_3$、$Na_2V_2O_7$、$Na_4V_6O_7$ 等物质。而 NiO 与 Al_2O_3 作用生成 $NiAl_2O_4$，CoO 也有类似反应。

废触媒中因含有 5%～10% 硫及约 20% 碳，焙烧时用焦炭等引火后即可自热进行。焙烧装置可采用回转炉和竖式炉。将 200kg 废触媒与 225kg 碳酸钠混合加入炉中，还加入引火焦炭 50kg，送风量为 $0.35m^3/min$，风量过大会使焙烧产物熔融。自热焙烧 72h，各段温度升至 800℃ 后下降，用测定废气含氧量判断焙烧终点。

从焙烧产物回收有价金属时，首先需要将焙烧产物破碎至小于 1.0mm。某厂焙烧产物的成分（%）为：Mo 5.36，V 5.33，Ni 2，Co 2.12。实践证明，产物中颗粒越细的部分，其中钼、钒含量越低，而镍、钴含量与粒度无关。这是因为在焙烧产物中不同组成的颗粒硬度不同，颗粒含钼、钒越多，则颗粒硬度越大，而越难破碎。破碎的燃烧产物用水浸出，Na_2MoO_4、$NaVO_3$ 进入溶液中，其钼、钒回收率为 97%～98%，镍、钴氧化物则留于浸出渣中。当向浸出液中加入铵盐时，将生成 NH_4VO_3 沉淀：

$$2NaVO_3 + (NH_4)_2SO_4 \Longrightarrow 2NH_4VO_3 \downarrow + Na_2SO_4$$

过滤后在滤液中加入盐酸，生成钼酸沉淀：

$$Na_2MoO_4 + 2HCl \Longrightarrow H_2MoO_4 \downarrow + 2NaCl$$

所获得的 NH_4VO_3、H_2MoO_4 分别加热分解和还原而得到金属钼和钒：

$$2NH_4VO_3 \xrightarrow{\triangle} 2NH_3 \uparrow + V_2O_5 + H_2O$$

$$V_2O_5 + 2Al \xrightarrow{\triangle} 2V + Al_2O_3 + O_2$$

$$H_2MoO_4 \xrightarrow{674～723K} MoO_3 + H_2O$$

$$MoO_3 + 3H_2 \xrightarrow{\triangle} Mo + 3H_2O$$

水浸出钼、钒后的残渣为含镍和钴的氧化物，在高温下用氢还原成金属，然后用酸性 $FeCl_3$ 溶液浸出并回收镍、钴。其钴、镍回收率在 90% 以上。其工艺流程如图 8-38 所示。

当用 60℃ 温水两次浸出时（每次 10min），钼、钒的浸出率为 97%～98%，钴、镍浸出很少。浸出钼、钒的残渣在 150℃ 的高温下用氢还原，再用含盐酸的酸性 $FeCl_3$ 溶液浸出 1h，钴、镍浸出率在 90% 以上。该流程的缺点为对含 SO_2 的焙烧炉气需进行处理，否则造成污染。

下面介绍一个加碱焙烧—水浸工艺实例[81～86]。废催化剂来自某炼油厂，为黑色条状颗粒，其成分（质量分数）见表 8-25。

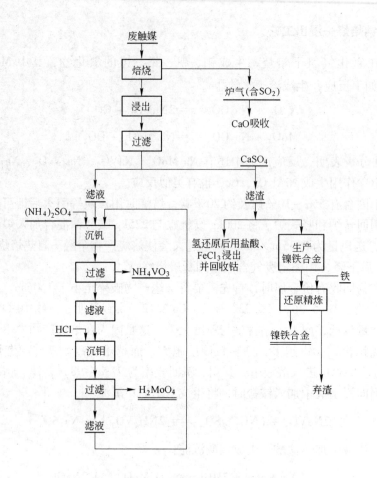

图 8-38　废触媒处理流程

表 8-25　废催化剂主要元素成分　　　　　　　　　　　　　　（%）

Mo	Ni	V	Fe	Al$_2$O$_3$	C	S
10.45	4.54	0.30	0.0056	47.93	3.25	7.96

其工艺过程如下：

（1）加碱焙烧。将废 Mo-Ni/Al$_2$O$_3$ 催化剂先进行低温焙烧，烧掉其中的硫和碳，然后磨碎至 0.1mm，与 Na$_2$CO$_3$ 以摩尔比（Mo/Na$_2$CO$_3$）为 1:1.8 混合均匀，于高温炉中焙烧，将硫化钼和硫化镍转为相应的氧化物，氧化钼进而生成盐，焙烧后为蓝色混合物。反应式如下：

$$2MoS_2 + 7O_2 \xrightarrow{} 2MoO_3 + 4SO_2 \uparrow$$

$$2NiS + 3O_2 \xrightarrow{} 2NiO + 2SO_2 \uparrow$$

$$MoO_3 + Na_2CO_3 \xrightarrow{} Na_2MoO_4 + CO_2 \uparrow$$

（2）浸取。将焙烧后的混合物溶于水中，在 90℃、搅拌速度 400r/min 的条件下，浸取 5h。此时钼酸钠进入液相中，有很少量的铝也以铝酸钠形式进入液相。过滤、洗涤滤饼至中性，滤饼中的镍用酸溶法回收。

（3）除杂。浸取液中主要杂质是铝，由于钒含量很少，在高温焙烧过程中，钒基本升华了，所以不用沉钒。调节 pH 值到 8～9，使硅以硅酸镁形式除去，再用盐酸调节 pH 值至 6 除去浸取液中很少量的铝。洗涤数次，减少沉铝时钼的损失。

$$NaAlO_2 + H_2O + HCl \xlongequal{\hspace{1cm}} Al(OH)_3 \downarrow + NaCl$$

（4）沉钼。将除杂后的溶液进行浓缩，钼以钼酸根形式存在于溶液中，调节 pH 值至 8 左右，滴加氯化钙溶液，钼以钼酸钙形式沉淀下来。

$$Na_2MoO_4 + CaCl_2 \xlongequal{\hspace{1cm}} CaMoO_4 \downarrow + 2NaCl$$

（5）滤渣处理。将浸取过滤得到的滤渣与 NaOH 溶液在 100℃反应 3h，过滤、洗涤至中性。此时大部分铝以偏铝酸盐存在于溶液中。然后将所得滤液进行沉铝。所得滤渣与混酸进行反应。使氧化镍转化为可溶性镍离子，还有少量的铝离子进入溶液中。过滤，调节滤液 pH 值为 5～6，沉淀铝离子，加热水稀释，趁热过滤，对沉淀洗涤数次，减少镍离子的损失。

将除去铝离子的净化液加入 Na_2CO_3 溶液调节 pH 值至 8.5～9.0，将镍离子以碳酸镍形式沉淀。过滤，洗涤至中性。将滤饼用计量比的硫酸溶解，然后加热蒸发、浓缩、冷却结晶，得到 $NiSO_4 \cdot 7H_2O$ 晶体。

采用碱焙烧—水浸取法从加氢废催化剂中提取钼工艺简单。最佳提取条件为：废催化剂粒径小于 0.154mm，Na_2CO_3/Mo 摩尔比为 1.8，焙烧温度 700℃，焙烧时间 4h，钼的浸取率达 90% 以上。在母液中钼浓度 20g/L，pH 值在 7～9 范围内，沉淀剂过量 10%～20% 的情况下，钼的回收率达 80% 以上。

8.7.5　还原焙烧浸出

当采用还原焙烧—浸出工艺时，焙烧过程中废触媒中的硫与金属生成硫化物而不产生 SO_2，反应如下[82]：

$$MoO_3 + 3H_2 + 3S \xlongequal{\hspace{1cm}} MoS_3 + 3H_2O$$
$$MoO_3 + 3C + 3S \xlongequal{\hspace{1cm}} MoS_3 + 3CO$$
$$V_2O_5 + 5H_2 + 5S \xlongequal{\hspace{1cm}} V_2S_5 + 5H_2O$$
$$V_2O_5 + 5C + 5S \xlongequal{\hspace{1cm}} V_2S_5 + 5CO$$

上述反应中的 S、H、C 均为废触媒中所含有的。还原焙烧时技术关键是温度，必须控制在 900～1000℃。以保证金属氧化物全部变成硫化物。焙烧所得的硫化物活性很高，可在常温常压下用含氧化剂的水溶液浸出。所用氧化剂为 H_2O_2、N_3ClO、O_2、Cl_2 等。某一废触媒浸出结果见表 8-26，浸出液则按通用方法处理。

表 8-26　用 H_2SO_4、NaOH 浸出焙烧废触媒的浸出率　　　　　　　（%）

浸出液	Mo	V	Co	Ni
H_2SO_4 溶液	10	35	约 100	约 100
NaOH 溶液	78	44	0	0
合　　计	88	79	约 100	约 100

从表 8-26 看出，镍、钴浸出率很高，而钼、钒浸出率也较好。

8.7.6　焙烧—浸出—萃取及压煮酸溶解法

8.7.6.1　焙烧—浸出—萃取

图 8-39 所示为美国专利提出的处理废催化剂工艺流程[80]。该工艺使用时，必须解决焙烧时烟气污染问题。

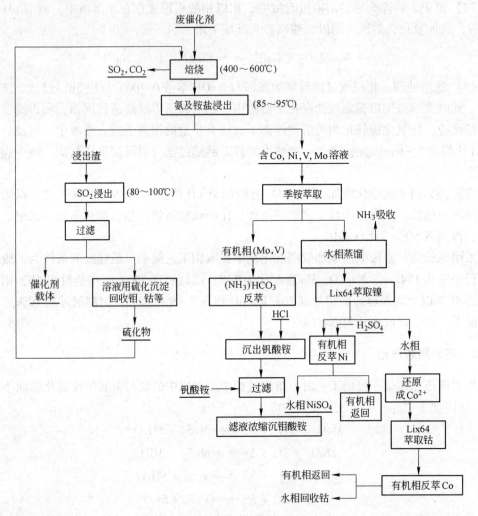

图 8-39　废催化剂焙烧—浸出—萃取流程

8.7.6.2　压煮酸溶解工艺[82]

某厂废催化剂的混合成分（%）为：NiO 6.58，Al 65.09，SiO_2 2.48，Fe_2O_3 0.68，CaO 和 MgO 未化验，采用如图 8-40 所示的工艺流程回收有价金属。

图 8-40 所示流程除回收了镍外，还回收了 Al_2O_3。

此外，有的工厂将镍在电炉中加焦炭还原成镍铁合金，这种镍铁合金直接应用，据称有一定的经济效益。

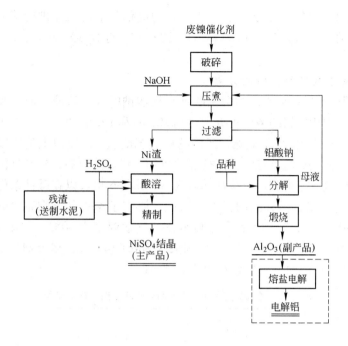

图 8-40 碱压煮—酸溶法原则流程

8.7.7 萃取—离子交换联合工艺

8.7.7.1 萃取及反萃

采用 1mol/L 的 Lix63 在相比 O/A=1∶3 和温度 40℃下，从 pH 值为 1.4 的废催化剂浸出液中萃取钼、钒，负载有机相用 2mol/L 的 NaOH 溶液分别以相比 O/A=1∶1 和 4∶1 进行反萃。萃取与反萃的结果见表 8-27[83~88]。

表 8-27 萃取与反萃取的结果

溶 液	浓度/mg·L⁻¹						萃取率/%		反萃率/%	
	Mo	V	Ni	Co	Fe	Al	Mo	V	Mo	V
原料液	2882	933	484	1025	221	9355	—	—	—	—
萃余液	492	81.0	482	1034	220	9382	—	—	—	—
负载有机相	7170	2556	—	—	—	—	82.9	91.3	—	—
反萃液 (O/A=1∶1)	6971	2482	<0.2	0.53	0.37	<0.2	—	—	97.2	97.1
反萃液 (O/A=4∶1)	27280	9662	<0.2	0.30	<0.2	<0.2	—	—	95.1	94.5

从表 8-27 可以看出，经一级萃取，钼、钒的萃取率分别达到 82% 和 91% 以上。在工业生产过程中，通过三级逆流萃取，绝大部分的钼和钒可以被 Lix63 萃取。用 2mol/L 的 NaOH 溶液对负载有机相进行反萃，即使在相比 4∶1 时，经一次接触，超过 95% 的钼和 94% 的钒被反萃下来，反萃液中钼和钒的浓度分别达到 27g/L 和 10g/L。这样的结果表明，

Lix63 萃取剂可以对含钼、钒、镍、钴、铁、铝的废催化剂浸出液进行萃取，可以得到含较高浓度钼、钒的反萃液。反萃后的 Lix63 用 1mol/L 的 H_2SO_4 再生后，可以循环使用，其性能良好。

8.7.7.2 反萃液中钼、钒的分离

Lix63 萃取钼、钒后的反萃液为含钼酸钠和钒酸钠的混合溶液，通过改变萃取和反萃时的相比，反萃液中钼、钒的浓度可分别达到 20g/L 和 10g/L 以上。从含钒浓度较高（约 10g/L）的钼酸钠溶液中，采用成熟、经济的铵盐沉淀法，98% 以上的钒以偏钒酸铵的形式沉淀与钼分离。但是铵盐沉淀法不能彻底分离钼、钒。除钒后，钼酸钠溶液中一般仍含有约 $0.5 \sim 1g/L$ 的钒。考虑到用季铵盐萃取剂 Aliquat336 也可以在碱性条件下从含钒的钼溶液中萃取钒，达到钼、钒分离的目的，因此，研究了季铵盐萃取剂 Aliquat336 在料液 pH 值为 $7 \sim 10$ 的范围内，对钼、钒的萃取分离。萃取温度为 30℃，相比为 1，料液中的钼、钒浓度分别约为 20g/L 和 1g/L。萃取剂浓度为 0.03mol/L，稀释剂为甲苯，钼、钒萃取结果及萃取率与 pH 值的关系见表 8-28 和图 8-41。

表 8-28 季铵盐萃取剂 Aliquat336 萃取钼、钒的结果

pH 值	浓度/mg·L^{-1}		萃取率/%	
	Mo	V	Mo	V
原料液	18004	962	—	—
6.97	15077	322	16.3	66.5
7.51	16861	69.4	6.3	92.8
7.98	17184	25.5	4.6	97.3
8.53	17415	55.9	3.3	94.2
9.00	17419	139	3.2	85.6
9.49	17393	355	3.4	63.1
9.99	17261	747	4.1	22.3

从表 8-28 及图 8-41 中可以看出，钼、钒分离的最佳 pH 值范围在 $8.0 \sim 8.5$ 之间，在该 pH 值范围内，经过一次萃取，约 95% 的 V(V)和仅 4% 左右的 Mo(VI)被萃取，这表明，钒能被 Aliquat336 选择性地萃取与钼分离。当 pH > 8.5 或者 pH < 8.0 时，钒的萃取率大大降低，而钼的萃取率则在 pH < 0.8 时增大。这是因为季铵盐萃取剂 Aliquat336 萃取多聚合金属酸根阴离子的能力远远强于萃取单核金属酸根阴离子。根据钼、钒的溶液化学性质，在 $1 <$ pH < 6 的范围内，钼主要以 $Mo_7O_{21}(OH)_3^{3-}$、$Mo_7O_{22}(OH)_2^{4-}$ 和 $Mo_7O_{23}(OH)^{5-}$ 多聚合酸根阴离子形态存在；当 pH > 6 时，钼主要以单钼酸根阴离子 MoO_4^{2-} 形态存在，这样还解释了在 pH = 7

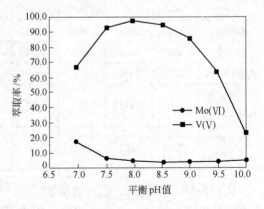

图 8-41 Aliquat336 萃取钼、钒时
萃取率与 pH 值的关系

时，钼的萃取率低，且随着 pH 值的升高，钼萃取率不断减小的原因。对于钒而言，在 7 < pH < 9 的范围内，钒主要以 $V_{10}O_{26}(OH)_2^{4-}$、$V_{10}O_{27}(OH)^{5-}$ 和 $V_{10}O_{28}^{6-}$ 多聚酸根阴离子形态存在；当 pH < 7 时，钒的多聚酸根阴离子有向低电荷的钒聚阴离子转化的趋势；当 pH > 9 时，钒主要以单钒酸根阴离子 VO_3^- 或 VO_4^{3-} 形态存在，这也解释了在 7.5 < pH < 8.5 范围内，钒的萃取率很高，当 pH < 7.5 或者 pH > 8.5 时，矾的萃取率降低的原因。Tangri 曾推测季铵盐萃取剂 Aliquat336 从含钼溶液中萃取分离钒的 pH 值应该在 8 左右[69]，上述的萃取数据证实了他们的观点。

负载有机相采用 1mol/L NaOH 和 0.5mol/L NaCl 混合溶液以相比 1∶1 进行反萃，反萃结果见表 8-29。

表 8-29　负载钼、钒的 Aliquat336 的反萃结果

pH 值	反萃液中浓度/mg·L^{-1}		反萃率/%	
	Mo	V	Mo	V
6.97	570	353	19.5	55.2
7.51	1069	1144	93.5	>99.9
7.98	623	1248	76.0	>99.9
8.53	417	1309	70.8	>99.9
9.00	460	1251	78.6	>99.9
9.49	748	956	>99.9	>99.9
9.99	1269	336	>99.9	>99.9

从表 8-29 中可以看出，在钼、钒萃取分离 pH 值范围内，采用 NaOH 和 NaCl 的混合溶液反萃负载钒的有机相，钒反萃完全，有机相在反萃过程同时被再生。反萃过程中分相良好。

8.7.7.3　离子交换

离子交换所用树脂为 Dowex M4195，其功能团为双吡啶，所用料液成分（%）为：Ni 2.83，Al 2.51，Ca 0.25，Co 0.12，Cu 0.28，Cr^{3+} 0.07，Fe^{2+} 8.93，Mg 9.18，Mn 0.46，Zn 0.11。料液 pH 值为 2.5，温度为 25℃，料液流速为 2.5 倍树脂体积/h，料液处理量对树脂吸附金属的影响如图 8-42 所示。

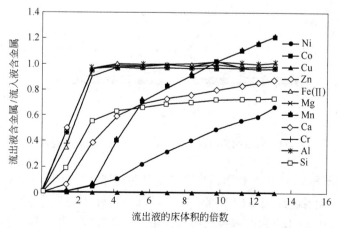

图 8-42　Dowex M4195 树脂吸附含二价铁浸液中金属流出曲线

从图 8-42 中可以看出，整个流出过程，铜被树脂完全吸附，当料液处理量为 2 倍树脂体积时，镍和钴已穿透，而且，随着过程的进行，流出液中钴的浓度迅速增大，当料液处理量为 10 倍树脂体积时，流出液中钴的浓度超过其在料液中的浓度，这表明，部分负载在树脂上的钴被与树脂亲和力更强的铜和镍顶下来。锌和硅在料液处理量小于 12 倍树脂体积时已穿透。当料液处理量达到 13 倍树脂体积时，树脂不再吸附其他金属。

负载树脂先用 100g/L 的硫酸解吸，解吸流速为 2.5 倍树脂体积/h，温度为 25℃，镍与其他金属的解吸曲线分别如图 8-43 和图 8-44 所示。

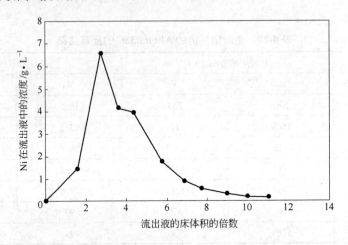

图 8-43　解析剂为 100g/L H_2SO_4 时镍的解吸曲线

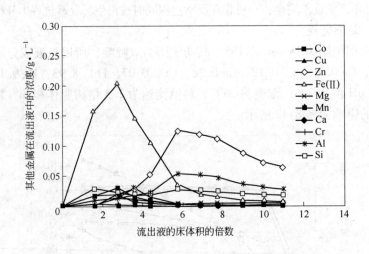

图 8-44　解析剂为 100g/L H_2SO_4 时其他金属的解吸曲线

从图 8-43 和图 8-44 中可以看出，当硫酸用量为树脂 3 倍体积时，解吸液中的镍浓度达到最大值，然后随着硫酸用量的增加而慢慢降低，当硫酸用量为 10 倍树脂体积时，解吸液中镍浓度约为 0.2g/L。铁的解吸趋势与镍相似。解吸液中钴、锌、镁、锰、铬的浓度在硫酸用量为 2~4 倍树脂体积范围内达到最大值，并在 6 倍树脂体积时接近零。钙、硅、铝用硫酸解吸的效果不理想，铜基本不被硫酸解吸。

用硫酸解吸过的树脂用去离子水洗涤后再用 12.5% 氨水解吸。解吸结果如图 8-45 和图 8-46 所示。从图中可以看到，解吸液中的铜浓度在氨水用量为 1.6 倍树脂体积时达到最大值，并在 3 倍树脂体积时解吸完全。此时，其他金属也均被解吸完全，除了极少量的硅仍负载在树脂上。

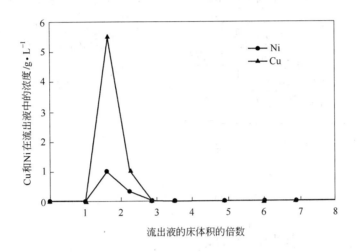

图 8-45　硫酸解吸后的树脂用氨水解吸时镍和铜的解析曲线

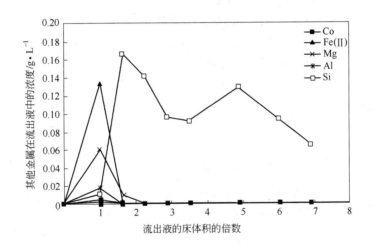

图 8-46　硫酸解吸后的树脂用氨水解吸时其他金属的解析曲线

曾理提出了溶剂萃取和离子交换联合法从废脱硫催化剂的合成酸浸液中分离回收钼、钒、镍、钴的工艺流程[88]，如图 8-47 所示。该工艺流程中，钼（Ⅵ）和钒（Ⅴ）与镍（Ⅱ）、钴（Ⅱ）、铁（Ⅲ）、铝（Ⅲ）完全分离。钒产品——五氧化二钒（V_2O_5）可以通过煅烧偏钒酸铵（NH_4VO_3）得到，钼产品——四钼酸铵（$(NH_4)_2Mo_4O_{13} \cdot 2H_2O$）和仲钼酸铵（$(NH_4)_6Mo_7O_{24} \cdot 4H_2O$）可以通过处理纯的钼酸钠溶液得到。

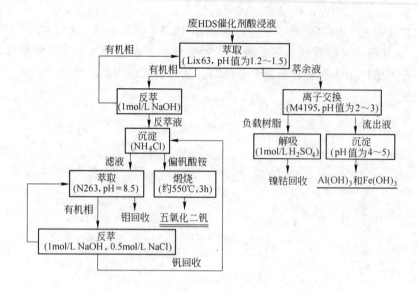

图 8-47　萃取—离子交换联合法中回收钼、钒、镍、钴的工艺流程

8.8　湿法炼锌中含钴有机渣的处理

　　文献［89］提出了氧化焙烧—硫酸化焙烧—浸出法处理 β-萘酚钴盐渣回收钴，获得了很好的结果，其工作对象及工作结果如下。

　　湿法炼锌溶液除钴的方法有砷盐除钴法、锑盐除钴法、锡盐除钴法、黄药除钴法以及 β-萘酚除钴法。内蒙古某锌厂所采用的方法是 β-萘酚除钴，其所得到的钴渣主要是亚硝基-β-萘酚盐，钴是以不溶于水和稀酸的亚硝基-β-萘酚钴盐形态存在。经分析，钴渣中还含有大量的 Zn、Fe、Cu 等金属化合物。另外，由于锌液除钴是采用 β-萘酚，故而在钴渣中绝大部分为有机物组成。

8.8.1　物料性质

　　钴渣成分见表 8-30，主要金属杂质有锌、铁、铜等，且主要是以夹带或形成 β-萘酚盐的形式进入钴渣，图 8-48 所示为 β-酚酞钴盐的结构示意图。因为钴与 β-萘酚的配合非常紧密，通常很难与水、酸以及碱发生反应，所以先经酸洗可除去大部分金属离子（特别是锌，经酸洗后，钴渣含锌量降低到 1% 左右），达到初步分离杂质的目的。

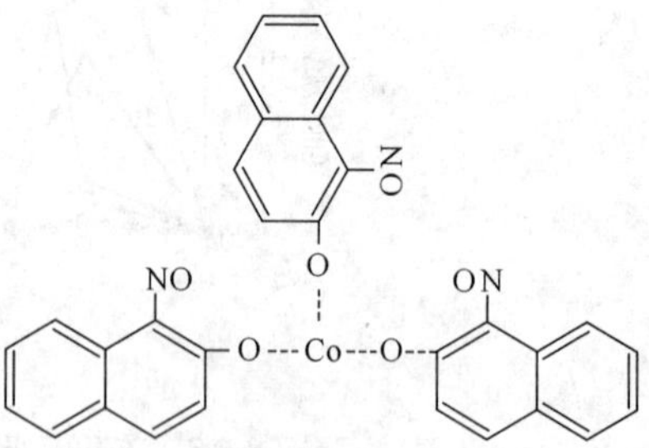

图 8-48　α-亚硝基-β-苯酚钴的结构式

表 8-30　钴渣化学成分

成分	Co	Zn	Cu	Fe	Ni	Cd	Pb	Mn	Al	Si	Ca	Mg
含量/%	2.77	15.05	0.51	3.09	0.13	0.61	0.19	0.38	0.26	2.28	0.30	0.22

　　根据 α-亚硝基-β-酚酞钴的结构式，1 个钴原子与 3 个 α-亚硝基-β-酚酞相结合，而钴

在 α-亚硝基-β-酚酞钴盐中的质量分数约为 10%，其他元素（C，H，O，N 等）则占了 90% 左右。所以，可将酸洗后的钴渣进行氧化焙烧，使有机物分解，得到金属氧化物的钴渣，从而降低钴渣的质量和体积，以进一步提高钴品位。

钴渣经氧化焙烧后，主要以 Co_3O_4 的形式存在，而 Co_3O_4 很难被酸浸出，因此，在浸出前必须使得高价钴还原成低价钴或转化成可溶性钴盐，进而浸出回收。

8.8.2　钴渣浸出工艺

研究发现，对钴渣进行"氧化焙烧—硫酸化焙烧—浸出"时，浸出率高达 99% 以上。为了确定最佳工艺条件，分别对氧化焙烧温度及时间、硫酸化焙烧温度及时间、浸出温度及时间、硫酸用量等因素进行了研究。

8.8.2.1　氧化焙烧温度

固定硫酸配比、硫酸化焙烧温度和时间、浸出温度等条件，对不同氧化焙烧温度进行考察，结果见表 8-31。结果显示，在氧化焙烧温度低于 600℃ 的条件下，钴的浸出率随着温度的升高而增加，而且当氧化焙烧温度在 400～600℃ 范围内时，钴的回收率都大于 99.3%。

表 8-31　氧化焙烧温度对钴浸出率的影响

燃烧温度/℃	渣率/%	渣含钴/%	钴浸出率/%	燃烧温度/℃	渣率/%	渣含钴/%	钴浸出率/%
无焙烧	38.03	17.03	14.42	500	35.63	0.28	99.50
400	26.22	0.22	99.35	600	32.12	0.30	99.52

8.8.2.2　氧化焙烧时间

固定其他影响因素，考察氧化焙烧时间对钴浸出率的影响结果见表 8-32。结果表明，当氧化焙烧时间达到 45min 时，钴的浸出率基本达到平衡，继续延长氧化焙烧时间，对钴的浸出率影响很小。在焙烧 45min 条件下，钴的浸出率大于 99%。

表 8-32　氧化焙烧时间对钴浸出率的影响

氧化焙烧时间/min	钴含量/%	钴浸出率/%	氧化焙烧时间/min	钴含量/%	钴浸出率/%
45	0.56	99.36	75	0.43	99.50
60	0.33	99.54			

氧化焙烧的主要目的是将金属离子的 β-酚酞盐转化为金属氧化物。当氧化焙烧温度在 500～600℃，焙烧时间为 60min 时，β-酚酞钴盐基本上被转变为钴的氧化物。

8.8.2.3　硫酸化焙烧温度与焙烧时间

硫酸化焙烧的主要目的是将钴转化为可溶性的硫酸盐，进而使钴进入溶液，有利于钴的回收。由于硫酸钴的分解温度为 720℃，因此，在硫酸化焙烧时，温度应在其分解温度以下，否则将导致钴回收率的大幅度降低。硫酸化焙烧温度条件以及焙烧时间考查的结果分别见表 8-33 和表 8-34。

表 8-33　硫酸化焙烧温度对钴浸出率的影响

硫酸化焙烧温度/℃	渣率/%	渣含钴/%	钴浸出率/%
560	27.95	0.74	98.96
580	31.95	0.67	98.91
600	43.93	0.15	99.69
620	47.30	0.21	99.53

表 8-34　硫酸化焙烧时间对钴浸出率的影响

焙烧时间/min	渣含钴/%	钴浸出率/%	焙烧时间/min	渣含钴/%	钴浸出率/%
45	0.38	99.11	75	0.35	99.50
60	0.33	99.54			

硫酸化焙烧温度是此工艺的关键因素之一，因此，确定硫酸化焙烧温度将直接关系到钴的浸出率的高低。从表 8-33 可知，在硫酸化焙烧温度高于 600℃ 时，钴的浸出率大于 99.5%，低于 600℃ 时，其浸出率也接近 99%。所以，控制硫酸化焙烧温度在 600 ~ 620℃ 较为合理。

表 8-34 显示，硫酸化焙烧时间达到 45min 分钟后，钴的浸出率均大于 99%。当硫酸化焙烧时间超过 45min 后，钴的浸出率变化不大，且浸出渣中钴含量可降低到 0.3% 左右，渣率也较低。

8.8.2.4　酸耗量对钴浸出的影响

氧化焙烧渣中耗酸物为钴、铁等金属化合物，而作为大量杂质成分的二氧化硅几乎不耗酸。氧化焙烧渣的钴主要是以 Co_3O_4 的形式存在，而 Co_3O_4 难溶于水和硫酸溶液，所以需将钴化合物完全转化为易溶的硫酸盐。根据理论计算可知钴渣的耗酸量在 0.5 ~ 0.8mL/g。

硫酸配比对钴浸出的结果表明，当硫酸用量大于 0.6mL/g 时，钴的浸出率高达 99% 以上。

8.8.2.5　浸出条件对钴回收的影响

采用液固比为 5∶1 进行浸出温度和浸出时间的条件试验研究结果表明：经不同温度浸出 1h 后，钴的浸出率变化不大，说明在该条件内，浸出温度对钴浸出率影响较小，可根据现场条件具体确定浸出温度。另外，随着浸出时间的延长，钴的浸出率增加缓慢，当浸出时间达到 60min 时，钴的浸出率高达 99.54%。所以，浸出时间可定在 60min 左右。

8.8.2.6　浸出液的除铁试验

经酸洗—氧化焙烧—硫酸化焙烧—浸出得到的浸出液中铁含量较高。经分析，浸出液中铁主要以三价铁的形式存在，同时还含有少量的低价铁。所以必须先将二价铁转化成三价铁才能用中和沉淀法除铁。

结果表明，铁氧化成三价后，控制 pH 值在 6.3 ~ 6.4，沉淀渣计除铁率大于 100%，液计除铁率大于 99.9%，渣计钴的损失率为 0.85%，则达到铁、钴分离的目的。

综合上述 β-萘酚钴盐不适合氧化焙烧—还原浸出工艺。采用氧化焙烧—硫酸化焙烧—浸出可彻底地将钴从 β-萘酚钴盐中浸出，最佳工艺条件为氧化焙烧温度 500 ~ 600℃、时间 1h，硫酸化焙烧温度 600 ~ 620℃、时间 1h，硫酸用量 0.7 ~ 0.8mL/g，浸出时间 1h。最佳条件下，钴的浸出率高达99.5%以上。浸出液铁的脱除率大于99.9%。

8.9 炼钢钒渣、石煤等二次资源回收钒

8.9.1 炼钢钒渣回收五氧化二钒

在炼钢前或炼钢过程中吹炼含钒生铁，可得到钒渣。炼钢前先经雾化提钒产生的钒渣称为雾化钒渣。其特点是钒含量高，但铁含量也高，而钙等杂质则含量较低。南非、俄罗斯和我国生产的钒渣基本上都是雾化钒渣[91]。

我国攀枝花钢铁公司从雾化钒渣生产 V_2O_5 所采用的流程如图8-49所示[91~93]。

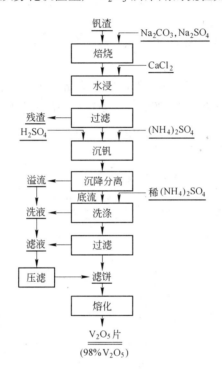

图 8-49　攀枝花雾化钒渣提取 V_2O_5 的流程

雾化钒渣粒度及成分为：

钒渣的粒度/mm	0.4（20目）	0.25（60目）	0.18（80目）	0.15（100目）
筛余/%	23	31.2	47.9	55.8
钒渣成分	V_2O_5	Fe	SiO_2	Al_2O_3
含量/%	15.08	44.03	11.86	3.52

所用试剂有：纯碱，Na_2CO_3（纯度98%），硫酸铵（工业品），芒硝（工业品），Na_2SO_4（纯度98%），硫酸（工业品），氧化钙（工业品）。

工艺过程介绍如下：

（1）浸取及净化是用水湿球磨中浸取，加 $CaCl_2$ 除磷，其加入量为 0.5～1.5kg/m³ 溶液，净化后的溶液成分见表8-35。

表 8-35 攀枝花钢雾化钒渣净化后液成分

净化后液成分/g·L⁻¹						pH 值	备注
V	P	Si	Fe	K₂O	Na₂O		
7.7	0.0077	0.27	0.00136	0.019	7.3	9.5	二次浸渣液
15.7	0.0076	0.27	0.0032	0.0048	31.9	9.5	一次浸渣液

（2）沉钒。所用设备为机械搅拌槽，转速 16r/min，直接蒸汽加热，先打入定量的净化后液，然后缓慢加入硫酸，调节 pH 值至 2～3 再加入硫酸铵，通蒸汽加热至 85℃，60min，硫酸加量系数为 1～1.3。沉钒终点控制在上清液含钒 0.1g/L 以下。沉钒率为 99%。钒酸铵溶片含 V_2O_5 98% 以上。

由于多钒酸铵沉淀夹带约 50% 的游离水，故应使用 1%～2% 的硫酸铵溶液洗涤，以脱除游离水中的 Na_2O。

（3）多钒酸铵的脱氨熔化。熔化在 $12m^3$ 的水冷熔化炉中进行。燃料用煤气，热分解第一阶段为 600℃，第二阶段为 800～900℃。V_2O_5 产品的成分见表 8-36。

表 8-36 V_2O_5 产品的成分 （%）

产品号	V₂O₅	SiO₂	Fe	P	S	As	K₂O	Na₂O
1	98.87	0.275	0.269	0.0274	0.0163	0.00185	0.12	0.96
2	99.5	0.15	0.197	0.0181	0.0059		0.055	0.389

8.9.2 石煤提钒

我国湘、鄂、浙、皖、赣、桂、川、陕、黔各省均产石煤。石煤中 V_2O_5 品位在 0.3%～1% 之间。品位虽然不高，但储量却占全国钒储量的 87%，达 1.18 亿吨 V_2O_5。

石煤中钒主要赋存于钒云母、含钒黏土中。在钒云母中钒以三价态存在，而在黏土中则以五价态存在。因此在石煤提钒时需要氧化焙烧，以使低价钒氧化成五价钒。从我国典型的石煤矿来看，大约有 70%～80% 是以三价钒状态存在。

我国的石煤提钒工艺可概括成三类流程，如图 8-50 所示[90~103]。

图 8-50 的①流程中有钠化焙烧、钙化焙烧、钠钙联合焙烧和空白焙烧，其中钠化焙烧的钒的转化率较高，但严重污染环境，已被淘汰；钙化焙烧因转化率较低，未被工业采用；空白焙烧因不能适用不同类型的石煤，在应用中受到限制。

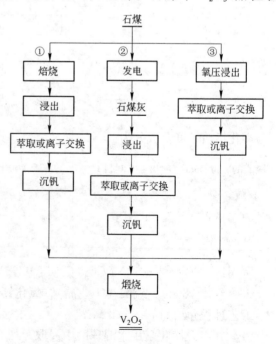

图 8-50 我国石煤提钒的三类流程

在三种流程中，有酸浸出或碱浸出，浸出工序是决定钒回收率的关键，如浸出率高，则流程总回收率就高，否则反之。

图 8-50①流程是水浸，其浸出率在 90% 以上；②、③流程用酸或碱浸出，酸碱消耗量大，其浸出率不能达到①流程中的水平，是需要解决的问题。②、③流程的总收率为 50% 左右，还有待于提高。

8.9.3　含钒沥青回收钒

沥青是提炼石油后的焦油，这种焦油作为燃料使用后，钒留在灰烬中，可以作为提钒原料。俄罗斯电厂每年燃烧约 100 万吨这种燃料，其残灰量约 100t/a，平均含钒 15%[104]。经浸出研究后，现在回收方法采用碱浸法，工艺流程如图 8-51 所示。

用 NaOH 溶液浸出时，当 NaOH 浓度达 30%，且与燃料灰之比达到一定值时，在 100～110℃下搅拌浸出 2h 后，钒的浸出率可达 94%。

过滤后将钒酸钠溶液用硫酸中和至 pH = 8，加入铵盐得到偏钒酸铵沉淀，回收率为 98%。

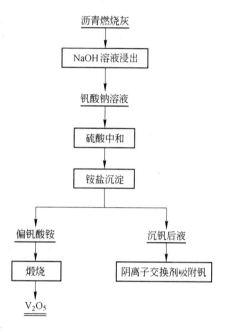

图 8-51　从沥青燃料灰中提钒工艺流程

8.9.4　氧化铝生产中回收钒

铝矾土通常约含钒 0.1%。在拜耳法生产氧化铝的过程中，30%～40% 的钒溶解，另外还有磷、砷、铁等也部分呈钠盐溶解。当溶液富集钒到一定浓度（约为 1～2.5g/L V_2O_5）引出，使其呈含 V、P、Fe 的钠盐淤泥析出。此淤泥中含 V_2O_5 6%～20%，可作为回收钒的原料。德、法、意、俄等国都有此类工厂回收钒[104]。

图 8-52 所示为从铝土矿回收钒的流程。流程前半部分为淤泥的沉淀过程。含钒淤泥用水溶解后过滤，所得滤液可以用铁盐沉淀法或钙盐沉淀法得五氧化二钒或钒铁。

有一些新研发的方法如活性炭吸附法、溶剂萃取法等，将含 V_2O_5 20% 的淤泥用热水浸取，可得含 V 10g/L 的溶液。85℃，pH 值为 2～3，用活性炭调浆，可吸附 90% 以上的钒。然后在 85℃ 中氨水调浆 1h，80% 的钒解吸进入溶液。最后在酸性条件下用铵盐沉钒。

若用溶剂萃取法，使用仲胺或叔胺萃取剂，O/A = 1/4，pH = 1.6，温度为 35～40℃。反萃使用 0.5mol/L 氨水溶液，O/A = 1.75/1。反萃液再加入硫酸铵，得偏钒酸铵沉淀。最后煅烧得 V_2O_5，纯度 99% 以上。

8.9.5　燃灰中回收钒

从 20 世纪 80 年代起，以石油加工后的残渣为燃料的电站兴起。而这些石油燃料中都含有一定量的钒，含量约为百万分之一，有的高达 1.4/1000（中美洲）。在发电厂，钒富集于锅炉灰及飞灰中。锅炉灰是沉积在炉膛中的烟尘，而飞灰则是收尘器搜集的细尘。燃

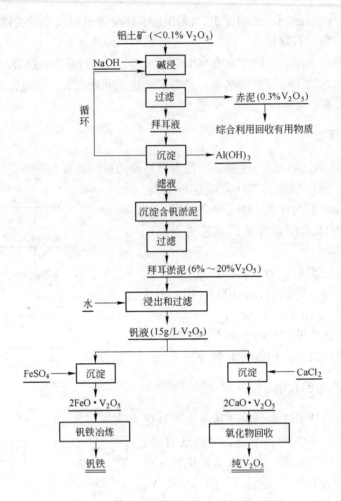

图 8-52　拜耳法碱浸液中回收钒的流程

油发电站产生的锅炉灰较少，而飞灰较多[105]。

8.9.5.1　从锅炉灰中回收钒

有的锅炉灰含钒 4.4% ~ 19.2%，含镍 0.2% ~ 0.5%。先细磨到 0.15mm 以下，用 8mol/LNaOH 溶液浸出，112℃浸取 4h，经三次错流浸出，钒浸出率可分别达到 43%、16%、8%。所得浸取液不需净化，可进一步沉钒得高纯 V_2O_5 产品。浸取渣中剩余 33% 的钒再用 8mol/L HCl 浸取，炉灰中的 Ni、Fe、Mg 也被浸出，此后用萃取法分离。先用 25% TBP 的煤油萃铁，萃余液调 pH = 6，再用 25% Lix64N 的煤油溶液萃取 Ni、V。反萃用 0.3mol/L HCl，先反萃镍，后用 6mol/L 的 HCl 反萃钒，如此可回收 80% 的钒，并回收了镍。

8.9.5.2　从飞灰中回收钒、镍

中国台湾台南成功大学的研究人员称，台湾地区每年烧 $15 \times 10^6 m^3$ 重油，约年产 4.3 万吨飞灰。其中 30% 产自电除尘，成为 EP 灰；另 70% 产自旋风分离器，成为 CY 灰，主要成分都是 Fe、C、V、Ni 的氧化物。在电收尘器中要喷入液氨以中和酸性，因此在 EP 灰中还有 30% ~ 40% 的 $(NH_4)_2SO_4$。从这些飞灰中回收 V、Ni 和 $(NH_4)_2SO_4$，采用

0.25mol/L NH_3 液 + 1mol/L（NH_4）$_2SO_4$ 液对 EP 灰进行浸取，可优先浸取 Ni，浸取率 60%，然后再用 NaOH 浸取钒，钒浸取率 80%。据此已建立一个 2 级浸取流程。燃油飞灰的成分见表 8-37。

表 8-37　燃油飞灰成分　（%）

飞灰	C	NH_4^+	SO_4^{2-}	V	Ni	Fe	Na	Mg
EP	56.7	7.27	29.1	0.41	1.02	0.55	0.41	2.55
CY	63.2		24.8	1.91	0.80	1.96	1.50	0.07

8.9.5.3　从燃油飞灰中回收钒、镍

埃及亚历山大大学的学者提出用加压酸浸代替钠化焙烧从燃油飞灰中回收 V、Ni，因为钠化焙烧虽然技术可行，但经济效率低，还有污染环境等问题，他们尝试在 200℃，氧分压为 1.5MPa，H_2SO_4 浓度为 60g/L，液固比为 1/1（质量比），浸取 15min，V、Ni 浸取率都在 95% 以上。在 200℃ 以上水解沉淀，可达到除铁的目的。浸取液用电解法分出镍，溶液再中和用铵盐沉钒，最后煅烧得 V_2O_5。此一方法较传统的钠化氧化焙烧有以下优点：硫酸耗量约为烟灰的 10%，较 50% 的碱耗量经济；焙烧法能耗高，估计为每吨烟灰 5000kJ；加压酸浸可使 Ni、V 与 Fe 分离，并使 Ni、V 充分回收；环保条件好。

该研究所用烟灰成分如下：

组分	V	Ni	TFe	CaO	SiO_2	MaO	Al_2O_3	H_2O（100℃）
含量/%	20	22	4.67	3.1	3.57	1.1	1.7	10

参 考 文 献

[1] 张铙. 含钴废料的湿法冶金及钴、铜和锌化工产品的制取 [D]. 北京：中科院化工冶金研究所，1996.

[2] 王恭敏. 镍资源要走可持续发展的道路 [J]. 有色金属再生与利用，2005(2):9.

[3] 马荣骏. 湿法冶金原理 [M]. 北京：冶金工业出版社，2007.

[4] 乐颂光，曾君乐. 再生有色金属生产 [M]. 长沙：中南工业大学出版社，1991.

[5] 上冶四车间. 从镍基合金废料中提取特号镍 [J]. 有色金属，1973(5):50~54.

[6] 福州冶炼厂. 高磷镍铁、钴铁合金提取镍钴 [J]. 有色金属，1973(3):40~45.

[7] 福州冶炼厂. 从高磷镍铁、钴铁及其他镍废料中提取镍钴 [J]. 福建冶金，1978(1):1, 2.

[8] 罗良琼，等. 仲辛醇从镍钴溶液中萃取分离铁 [J]. 有色金属，1980(6):15~18.

[9] 张江峰. 硬质合金再生利用 [J]. 有色金属再生与利用，2006(2):19, 20.

[10] 中科院上海有机所. 镍钴分离新型萃取剂 P507 简介 [J]. 有色金属，1981(1):30, 31.

[11] 北京矿冶研究总院. 应用 P507 萃取分离钴镍 [J]. 有色金属，1981(1):25~29.

[12] 李俊然，等. P507 萃取二价金属离子机理的研究 [J]. 有色金属（冶炼），1986(5):20~23.

[13] 里特瑟 G M，等. 溶剂萃取（原理和在冶金工艺中的应用）[M]. 北京：原子能工业出版社，1985.

[14] 马荣骏. 萃取冶金 [M]. 北京：冶金工业出版社，2009.

[15] CARTEREL N J. Proceeding of the 4th Common Wealth Mining and Metallurgical. 1969：803~821.

[16] 钮行良，等. 从工业废渣中回收镍盐及钴盐 [J]. 无机盐工业，1988(2):33~36.

[17] 卜乐民，等．从废合金钢中回收铬[J]．有色金属，1982(5):1~3.

[18] 张超凡．废硬质合金的处理方法评述[J]．硬质合金，1981(3):9~11.

[19] 苗兴军．废硬质合金再生工艺现状[J]．金属再生，1986(3):35~40.

[20] 唐华生．硬质合金的回收[J]．江西有色金属，1988(2):13~16.

[21] 龚清浦．从硬质合金废料中回收钨钴研究[J]．稀有金属，1984(4):73~75.

[22] 王九如．锌熔散蒸发法回收硬质合金的工艺原理[M]．长沙：中南矿冶学院，1976.

[23] 王九如．锌熔散蒸馏过程的生产工艺研究[M]．长沙：中南矿冶学院，1998.

[24] 林继华．硬质合金中添加锌的研究[J]．福建冶金，1980(2):224~227.

[25] 张振福．氧化法处理废硬质合金[J]．金属再生，1986(5):35~37.

[26] 许孙曲．钨及含钨废料的回收方法[J]．福建冶金，1982(1):34~39.

[27] 李春秋．钨废料的回收利用[J]．国外稀有金属，1982(10):4~27.

[28] 相兆文．硫酸法处理废旧硬质合金分离钴、钨[J]．有色冶炼，1984(3):34~36.

[29] 卫勤兰．用磷酸浸出法处理硬质合金废料[J]．硬质合金，1984(10):47~49.

[30] 周长松，等．电解法处理废硬质合金工艺及发展前景[J]．硬质合金，1989(1):42~52.

[31] 广州有色金属研究院．电溶法回收废硬质合金钴钨[J]．重金属冶炼（情报网网刊)，1983(2).

[32] 捷里克曼 A H．钨[M]．北京：冶金工业出版社，1978.

[33] 张爱玲．电解法处理 WC-Co 废合金[J]．有色金属（冶炼)，1986(2):30~33.

[34] 鲍志芳．用电解法回收 WC 粉再制硬质合金的组织与性能[J]．硬质合金，1989(1):53~55.

[35] 刘厚生．从含镍废料中回收镍技术近况[J]．有色金属（冶炼)，1987(4):54,55.

[36] FURIMSKY E. Spent refinery catalysts: environment, safety and utilization[J]. Catal. Today, 1996, 30: 223~286.

[37] WARD V C. Meeting environment standards when recovering metals from spent catalyst[J]. J. of Metals, 1989, 41(1):54, 55.

[38] BISWAS R K, WAKIHARA M, TANIGUCHI M. Characterisation and leaching of the heavy, oil de sulp huristion waste catalyst[J]. Bangladesh , J. Sci. Ind. Res. , 1986, 21: 228~237.

[39] GABALLAH I, DJONA M. Valuable metals recovery from spent catalysts by selective chlorination [J]. Resources, Conservation and Recycling, 1994, 10: 87~96.

[40] GABALLAH I, DJONA M. Recovery of Co, Ni, Mo and V from unroasted spent hydrorefining catalysts by selective chlorination [J]. Metallurgical and Materials Transactions B, 1995, 26B: 41.

[41] PARKINSON G, SHIO S. Recyclers try new ways to process spent catalysts[J]. Chemical Engineering. 1987, 26B: 41.

[42] SEBENIK R F, FERENCE R A. Recovery of metal values from spent cobalt-molybdenum/alumina petroleum hydrodesulp hurization and coal liquefactuin catalysts: laboratory-scale process and preliminary economics [J]. Prepr. -Am. Chem. Soc. , Div. Pet. Chem. , 1982, 27(3):674~678.

[43] PARK K H, MOHAPATRA D, REDDY B R. Selective recovey of molybdenum from spent HDS catalyst using oxidative soda ash leach/carbon adsorption method[J]. Journal of Hazardous Materials, 2006, 138: 311~316.

[44] MISHRA D, KIM D J. RALPH D E, et al. Bioleaching of vanadium rich spent refinery catalysts using sulp hur oxidizing lithotropHs[J]. Hydrometallurgy, 2007, 88: 202~209.

[45] AUNG K K M, TING Y P. Bioleaching of spent fluid catalysts cracking catalyst using Aspergillus niger[J]. Journal of Biotechnology, 2005, 116: 159~170.

[46] OGUI N K, TRAVKIN N S, LASTOVITSKAYA K S, et al. US319337, 1971.

[47] KRISMER B, MUELLER H R, NADLER H G. Recycling of the valuable components cobalt and molybde-

num from hydrodesulp hurization catalysis in consideration of methods conserving the environment[J]. Erzmetall, 1979, 32(12):514~518.

[48] OSHIUMI T. Recovery of Molybdenum and Cobalt from a Spent Molybdenum-Cobalt-Aluminum Oxide Catalyst: Japanese, 54010215[P]. 1979.

[49] HOWARD R A, BARNES W R. Smelting Process for Recovery of Caluable Metals from Spent Catalysts on an Oxide Support: US, 5013533[P]. 1991.

[50] MEDVEDEV A S, MALOCHKINA N V. Subimation of molybdenum trioxide from exhausted catalysts enpoyled fro the purification of oil products[J]. Metallurgy of Rare and Noble Metals, 2007, 2: 31~34.

[51] SUZUKI, GAO S L. Recovery of Valuable Metals in Spent Heavy Oil Hudrodesulp Hurisation Catalyst: Japanese, 57082122[P]. 1982.

[52] BISWAS R K, WAKIHARA M, TANIGUCHI M. Recovery of vanadium and molybdenum from heavy oil desulphurization waste catalyst[J]. Hydrometallurfy, 1985, 14: 219~230.

[53] ROKUKAWA N. Resources Recycling Technology[C]. 1993Earth'S93: 14~16.

[54] 施友富, 王海北. 废催化剂中钼和钒的分离[J]. 中国钼业, 2004, 28(2):39~41.

[55] 刘公召, 隋智通. 从HDS废催化剂中钒和钼的研究[J]. 矿产综合利用, 2002, 4(2):39~41.

[56] PARK K H, REDDY B R, MOHAPATRA D, et al. Hydrometallurgical processing and recovery of molybdenum trioxide from spent catalyst[J]. International Journal of Mineral Processing, 2006, 80: 261~265.

[57] CHEN Y, FENG Q M, ZHANG G, et al. Study on the recycling of valuable metals in spent Al_2O_3-based catalyst[J]. Minerals and Metallurgical Processing, 2007, 24(1):30~34.

[58] MUKHERJIEE T K, CHAKRABORTY S, BIDAYE A, et al. Recovery of pure vanadium oxide from Bayer sludge[J]. Minerals Engineering, 1990, 3(3-4):345~353.

[59] KAR B B, DATTA P, MISRA V N. Spent catalyst: secondary source for molybdenum recovery[J]. Hydrometallurgy, 2004, 72: 87~92.

[60] BERREBI G, DUFRESNE P, and JACQUIER Y. Recyling of spent hydroprocessing catalysts: EURECT technology[J]. Resources, Conservayion and Recycling, 1994: 10, 1~9.

[61] 曾理, 肖连生, 李青刚, 向小艳. 离子交换法从钼酸铵溶液中分离钼钒的研究[J]. 稀有金属与硬质合金, 2006, 37: 1~4.

[62] HENRY P, LIERDE A. Selective separation of vanadium from molybdenum by electrochemical ion exchange[J]. Hydrometallergy, 1998, 48: 73~81.

[63] COLEMAN C F, BROWN K B, MOORE J G, et al. Solvent extractiom with alkyl amines[J]. Ind, Eng, Chem, 1958, 50: 1756~1762.

[64] LITZ J E. Solvent extractiom of W, Mo and V; similarities andcontrasts[C]. Proceedings of a symposium of the 110th AIME Annual Meeting, Chicago, Illinois, February 22~26, 1981.

[65] INOUE K, ZHANG P W, TSUYAMA H. Recovery of Mo, V, Ni and Co from spent hydro desulp hurization catayts, symposium on regenration, reactivation and rewoking of spent catalysts[C]. 205th National Meeting, American Chemical Society, Denver, March 28-April 2, 1993.

[66] ZHANG P W, INOUE K, YOSHIZUKA K, et al. Extraction and selective stripping of Mo (Ⅵ) and V (Ⅳ) from sulphuric acid solution containing Al(Ⅲ)、Co(Ⅱ)、Ni(Ⅱ) and Fe(Ⅲ) by Lix63 in Exxsol D80[J]. Hydrometallurgy, 41, 45~53.

[67] OLAZABAL M A, ORIVE M M, FEMANDEZ L A, et al. Selective extraction of vanadium (Ⅴ) from solutions containing molybdenum (Ⅵ) by ammonium sakts dissolved in toluene[J]. Solvent Extraction and Ion Exchange, 1996, 10(4):623~635.

[68] HO E M, KYLE J, LALLENEC S, et al. Recovery of vanadium from spent catalysts and alumina residues

[R]. A, J, Parker Cooperative Research Centre in Hydrometallhurgy, Murdoch University, Perth, Western Australia, 1994.

[69] TANGRI S K, SURI A, et al. Development of solvent extraction processes for production of high purity oxides of molybdenum, tungsten and vanadium[J]. Trans, Indian Inst, Met, 1998, 51(1):27~39.

[70] BROOKS P T, POTTER G M. Recoverting Vanadium from Dolomitic Nevada Shale US Bureau of Minnes [R]. RI 7932, 1974.

[71] LOZANO L J, JUAN D. Solvent extraction of polyvandates from sulphate solutions by Primene 81R, its application to the recovery of vanadium from spent sulphuric acid catalysts leaching solutions[J]. Solvent Extraction and Ion Exchange, 2001, 19(4):659~676.

[72] LOZANO L J, GODINEZ C. Comparative study of solvent extraction of vanadium from sulphate solutions by Primene 81R and Alamine 336[J]. Minerals Engineering, 2003, 16: 291~294.

[73] KIM K, CHO J W. Selective recovery of metals from spent desulp hurization catalyst[J]. Korean J, of Chem, Eng, 1997, 14(3):162~167.

[74] ALGUACIL F J, COEDO A G, DORADO M T. Transport of chromium (Ⅵ) through a Cyanex 923-xylene flat-sheet supported liquid membrane[J]. Hydrometallurgy, 2000, 57(1):51~56.

[75] PARK S W, KIM G W, KIM S S, et al. Facilitated transport of Cr(Ⅵ) through a supported liquid membrane with trioctylmethylammonnium chloride as a carrier[J]. Sep, Sci, Technol, 2001, 36: 2309~2326.

[76] VALENZUELA F, ARAVENA H, BASUALTO C, et al. Separation of Cu(Ⅱ) and Mo(Ⅵ) from mine waters using two microporous membrane extraction[J]. Sep, Sci, Technol, 2000, 35: 1409.

[77] YANG C, CUSSLER E L. Reaction dependent extraction of copper and nickel using hollow fibers[J]. J, Membr, Sci, 2000, 166: 229~238.

[78] CHEN J H, KAO Y, et al. Selective separation of vanadium from molybdenum using D2EHPA-Immobilized Amberlite XAD-4 Resin[J]. Separation Science and Technology, 2003, 38(15):3827~3852.

[79] 刘瑞兴. 从石油脱硫废触煤中再生钼、钒、钴、镍[J]. 金属再生, 1987(1):31~36.

[80] 日本特公昭 604165.

[81] 张长理. 从催化剂中回收有价金属[J]. 金属再生, 1987(3):30, 31.

[82] 黄正生. 废镍催化剂回收方法的探讨[J]. 金属再生, 1987(2):28~31.

[83] 段冶. 从含镍催化剂中提炼镍铁合金[J]. 金属再生（冶炼）, 1986(3):4~10.

[84] 陈兴龙, 肖连生, 徐劼, 等. 从废石油催化剂中回收钒和钼的研究[J]. 矿冶工程, 2004(3):47~49.

[85] 刘公召, 阎伟, 梅晓丹, 等. 从废加氢催化剂中提取钼的方法[J]. 矿冶工程, 2010(2):70~72.

[86] 马连湘, 王犇. 加氢脱硫废催化剂综合利用研究[J]. 无机盐工业, 2006(8):48~50.

[87] PARK K H, MOHAPATRA R. Hydrometallurgical processing and recovery molgbdenum trioide from spent catayst[J]. Inter J. of Mineral Processing, 2006, 80(2/3/4):261~265.

[88] 曾理. 溶剂萃取法从废脱硫催化剂酸浸液中回收钼钒的研究[D]. 长沙：中南大学, 2011.

[89] 蒋伟, 王海北, 等. B-苯酚钴盐渣的综合利用[J]. 有色金属, 2009(4):87~89.

[90] MITCHLL P S. The production and use of vanadium worlwide[C]// The Use of Vanadium in Steel-Proceedings of the Vanatec Sympsium, Guiling Panzhihua Iron & Steel Group Co, 2000: 1~6.

[91] 吴惠. 攀钢转炉提钒工艺获突破性进度[J]. 钢铁, 2000(2):50~54.

[92] 张大德, 张玉东. 攀钢转炉提钒工艺的回顾与展望[J]. 钢铁钒钛, 2001(1):31~33.

[93] 张华丽, 张一敏, 黄品, 等. 石煤提钒离子交换树脂解吸试验研究[J]. 矿冶工程, 2009(4):70~73.

[94] 康兴东, 张一敏, 黄品, 等. 石煤提钒离子交换工艺研究[J]. 矿产保护与利用, 2008(2):34~38.

[95] 肖超, 肖连生, 城宝海, 等. 石煤钒矿碱性浸出液提取钒新工艺[J]. 稀有金属与硬质合金, 2011

（1）:4～7.

[96] 魏永日, 邓志敏, 李旻延, 等. 石煤直接氧酸液提钒新工艺[J]. 有色银(专利), 2009(3):94～97.

[97] 孙德四, 张立明, 张贤珍. 硅质石煤钒矿提钒新工艺研究[J]. 稀有金属与硬质合金, 2010(2):6～10.

[98] 陈惠, 张岩岩, 李建文, 等. 石煤微波辅助提钒及浸出液除杂研究[J]. 稀有金属与硬质合金, 2010(2):6～10.

[99] 靳林, 晋世坤, 李善吉, 等. 从高硅质石煤矿中回收钒的工艺研究[J]. 稀有金属与硬质合金, 2011(2):6～9.

[100] 宾智勇. 钒矿无盐焙烧提取五氧化二钒试验[J]. 钢铁钒钛, 2011(2):6～9.

[101] 何北华, 李青刚, 曾成威. 空白焙烧—加无尘渣碱浸法从石煤中提钒实验研究[J]. 稀有金属与硬质合金, 2011(2):10～13.

[102] 何东升. 石煤型钒矿焙烧—浸出过程的理论研究[D]. 长沙: 中南大学, 2009.

[103] 宁顺明, 马荣骏. 我国石煤提钒的发展及其方向[J]. 矿冶工程, 2013(5):57～61.

[104] 郭学益, 田庆华. 有色金属资源循环理论与方法[M]. 长沙: 中南大学出版社, 2008.

[105] 伍志春. 钒铬萃取分离[M]//汪家鼎, 陈家镛. 溶剂萃取手册. 北京: 化学工业出版社, 2001.

9 二次资源砷、锑、铋、镉、锰及其他金属的回收

9.1 我国有色金属生产中砷的走向及回收

9.1.1 砷的走向

对于砷在有色冶炼过程中的走向，国内外冶金、环保工作者曾做了大量的调查工作，为便于了解我国的具体情况，将国内主要厂矿砷的走向介绍如下[1]：

（1）株洲冶炼集团股份有限公司：

1）火法炼铅。精矿烧结时，5%～10%的砷挥发入烟尘，其余残留于烧结块中。鼓风炉熔炼时，烧结块中砷50%～85%入粗铅。精炼时，粗铅中51.7%的砷入铅砷冰铜，38%随铅电解进入阳极泥。进入铅冶炼系统的砷，大约60%将被富集于铅砷冰铜及阳极泥，其余则排向过程产出的气相和弃渣。在铅砷冰铜及阳极泥进一步处理时其中的砷则最终被富集于所产高砷烟尘中。

2）湿法炼锌。沸腾焙烧时砷主要随焙砂及返尘进入浸出作业，在酸性及中性浸出过程中反复循环。再采用铁盐水解沉淀除砷时，随铁渣排出湿法体系或净化除铅时进入铅渣，前者随之被固定于挥发窑渣中，后者则返回铅烧结，据查，该厂进入锌系统的砷，固定于窑渣中的量占70.35%，进入铅渣中的量占12.14%。

（2）葫芦岛有色金属集团公司。火法炼锌（竖罐）。精矿焙烧时，90%砷进入焙砂及烟尘，焦结时又有95%入焦结块，蒸馏时70%以上的砷残留于罐渣。因此，进入火法炼锌中的砷，约有60%被富集于罐渣。

（3）大冶有色金属集团控股有限公司。铜反射炉每年处理的铜精矿含砷量达200～250t，经熔炼后，约30%进入冰铜，60%进入水淬弃渣，10%进入烟气；并经电收尘（温度220～300℃）后随废气排入大气。在冰铜吹炼时，大部分砷进入收集的烟尘（含As 3%～5%）中。

（4）江西铜业集团贵溪冶炼厂。据称该厂大部分砷在闪速炉等熔炼工序及转炉、精炼炉等造铜期进入烟尘，部分随SO_2烟气在其净化、制酸过程中进入废硫酸中，其余部分被聚集于铜电解液内。

（5）白银有色金属公司。采用两台白银炼铜法冶金炉及转炉，进入铜系统的砷的分配是：70%进入冶炼烟尘；22%进入冶炼烟尘；其余约8%则分别进入冶炼渣、粗铜及成品硫酸中。

（6）云锡第一冶炼厂。该厂入厂精矿含As 0.5%～1.5%，富中矿含As 0.1%～1.0%，每年带入砷约350～400t。在粗炼反射炉中，入炉砷（包括精矿及返料等带入的砷）的52%进入粗锡，11.7%进入硬头，富渣中占2.09%，其余随烟气进入烟尘（占

20.09%）、烟道灰（占 0.95%）、污水（占 9.69%）、外排废气等（占 3.04%）。在烟化炉（处理富中矿、富渣、烟道灰、返渣等）吹炼过程中，炉料中砷的 60.79% 进入烟尘、1.47% 入粗锡、11.4% 入弃渣、21.8% 入污水，烟囱外排等占 4.48%。据该厂测定，由于炼锡过程大量中间产品需返回熔炼，因此，在粗炼反射炉能排出冶炼系统的砷量仅占入炉砷量的 12.83%，烟化炉仅占 37.44%，从而造成砷在冶炼过程中的恶性循环。

（7）锡矿山闪星锑业有限责任公司。砷在鼓风炉挥发熔炼及锑氧化挥发焙烧时的分配见表 9-1。

表 9-1　锑挥发熔炼及挥发焙烧时砷的分配　（%）

项　目	入炉原料	锑　氧	炉　渣	烟　气
鼓风炉中砷含量	0.137	0.221	0.0031	微
熔炼炉中砷分配	100.00	98.41	1.59	微
锑氧化时砷含量	0.066	0.702	0.0042	微
挥发时砷分配	100.00	90.70	4.65	4.65

所得锑氧在反射炉进行还原熔炼及精炼时，砷的分配见表 9-2。

表 9-2　锑氧还原熔炼及精炼时砷的分配　（%）

项　目	入炉锑氧	砷碱渣	泡　渣	精　锑
砷含量	0.34	4.106	0.0031	0.068
砷分配	100.00	74.630	1.59	13.490

由于泡渣返回鼓风炉熔炼，故在锑冶炼中砷除了以炉渣、烟气及精锑形式带走外，其余均被富集于碱渣中。若以泡渣一次返回计，砷碱渣中砷量将占进入冶炼中砷量为：鼓风炉熔炼系统为 82.03%，锑氧炉系统为 75.60%。

（8）水口山有色金属集团有限公司。原铅、锌流程砷的污染严重，现行锌系统中砷的走向与株洲冶炼集团股份有限公司相似，铅系统改造成水口山新炼铅法，砷的走向与江西铜业贵溪冶炼厂相似。

9.1.2　砷的回收

对于含砷"三废"物料的处理，我国广大冶金、环保工作者做了大量的工作，下面介绍几种在生产上行之有效的回收砷及治理措施[1]。

9.1.2.1　制取白砷

A　硫化砷滤饼湿法生产白砷

江西铜业贵溪冶炼厂引进日本技术，对制酸系统产出的砷铜废液进行处理，先抽出部分加入 $H_2S(Na_2S)$，在反应槽实行硫化，以此获得砷铜滤饼，其成分大致如下：抽出液（120m³/d）：H_2SO_4 50g/L；As 7.8g/L；Cu 3.2g/L；F 1.4g/L。产出滤饼（11t/d）：Cu 9.3%；As 28.0%；Zn 1.14%；S 32.7%；H_2O 50.0%。

将所产出硫化砷滤饼用硫酸铜浆化，砷以亚砷酸形式溶出，铜以硫化铜形态析出，浆化液经冷却结晶过滤，滤液部分送下一氧化浸出工序作氧化浸出残渣洗涤用，部分送废酸处理站；所得滤饼经浆化后进行空气氧化，使其 As^{3+} 氧化成 As^{5+}，然后冷却过滤，滤饼部分氧化焙烧获氧化铜供置换用，大部分直接送精矿仓返回铜冶炼，其滤液则通入 SO_2 又使 As^{5+} 还原成 As^{3+}，使亚砷酸超过其溶解度而以 As_2O_3 结晶析出，该晶体经洗净、干燥后获纯白砷（$As_2O_3 \geqslant 99.5\%$）产品。日方认为，原料中 Sb、Bi 含量直接影响到白砷质量，而该厂实际生产的硫化砷滤饼含 Sb 0.4%~0.6%、Bi 2.73%，以此原料只能获得含 As_2O_3 98% 的白砷。其有关技术要求及相应产品质量见表9-3。

表9-3   贵溪白砷原料的有关技术要求及相应的产品质量

原料方案	原料要求/%						相应产品质量					
	硫化砷饼				氧化铜		As_2O_3 /%	Cu /g·t^{-1}	Zn /g·t^{-1}	Fe /g·t^{-1}	S/%	H_2O /%
	As	Sb	Bi	其他	Sb	Bi						
1	≥33	<0.1	<0.01	<2.68	<0.05	<0.01	≥99.9	<30	<20	<20	<0.1	<0.1
2	≥33	≤0.05	<0.05	<3.62	<0.3	<0.4	≥99.5	<30	<20	<20	<0.1	<0.1

该项工程于1992年9月投料生产，总投资5297万元，占地面积7633.6m²。已达月生产白砷能力为300t，成品白砷中砷的实收率为72%，所得白砷质量如下：$As_2O_3 \geqslant 99.5\%$，$Cu \leqslant 0.003\%$，$Fe \leqslant 0.003\%$，$S \leqslant 0.01\%$，$Zn \leqslant 0.02\%$，$H_2O \leqslant 0.03\%$，杂质总量≤0.5%。每吨白砷原料单耗见表9-4。

表9-4   每吨白砷原料单耗

名　称	每吨白砷单耗	名　称	每吨白砷单耗
铜　粉	1.64t	硫　酸	10.0kg
气态 SO_2	670kg	蒸　汽	11.0kg
活性炭	0.67kg	水　耗	1150.0t
液　碱	6.2017kg	电　耗	2982.0kW·h

B   柳州有色金属冶炼厂蒸馏炉处理砷尘生产白砷

柳州有色金属冶炼厂使锡精矿在沸腾炉进行炼前焙烧脱砷时85%以上砷进入所产高砷烟尘中，其成分为：Sn 24.02%、As 25.22%、Sb 2.22%、Pb 3.43%、S 1.22%，将烟尘加水3%~5%制团，随后在直热式吊装蒸馏炉中蒸馏脱砷。据资料介绍，该炉日生产能力为430kg白砷，砷挥发率90%，煤单耗1.6t/t，成本较低，残渣（送冶炼收锡）含As小于7%，白砷含 As_2O_3 96%。该厂采用蒸馏法生产白砷多年，其炉型经多次改进，工艺很成熟。

平桂矿务局采用类似方法从烟尘中回收砷制取白砷，能使进入锡冶炼系统中砷量的85%呈合格白砷产出。

C   电热回转窑制取高品位白砷

云锡公司第一冶炼厂在锡冶炼过程中，60%~65%的砷被富集入高砷烟尘，年产出量约550~650t，其成分为：As_2O_3 60%~70%、Sn 9%~11%、Pb 1%~10%、S 0.2%，Al_2O_3 0.3%~0.5%、Fe_2O_3 0.1%~0.3%。为处理该烟尘，20世纪80年代建立了 $\phi 0.8m \times 8m$ 电热回转窑焙烧系统。在9年中共处理高砷烟尘5608.05t，产出砷3151.06t，回收锡量510.55t，取得良好综合回收效益。白砷品位不小于95%，该工艺技术经济指标列于表9-5。

表9-5 云锡第一冶炼厂白砷生产技术经济指标

指 标 名 称	指标范围	指 标 名 称	指标范围
窑处理量/$t \cdot d^{-1}$	$3 \sim 5$	砷直收率/%	$60 \sim 80$
白砷产量/$t \cdot d^{-1}$	$1.5 \sim 3.5$	锡直收率/%	$92 \sim 96$
白砷产率/%	$45 \sim 57$	劳动定员/人	13
砷挥发率/%	$80 \sim 90$	电耗/$kW \cdot h \cdot t^{-1}$	$2100 \sim 2500$
白砷质量分数(As_2O_3)/%	$95 \sim 99.5$		

9.1.2.2 生产玻璃制剂

A 用砷碱渣生产砷酸钠混合盐

锡矿山闪星锑业有限责任公司于1985年建成日处理砷碱渣4t的生产线,处理的砷碱渣组成见表9-6。

表9-6 锡矿山砷碱渣化学成分 (%)

成 分	Sb	As	Na_2CO_3	Na_2SO_4	Na_2S	H_2O	其他
波动值	$32.7 \sim 47.7$	$1.23 \sim 4.17$	$24.94 \sim 37.78$	$1.54 \sim 10.63$	$0.59 \sim 6.13$	$7.76 \sim 22.99$	
平均值	40.72	2.49	27.95	6.01	2.57	12.44	<5

所得混合盐含 Na_3AsO_4 20% ~ 30%、Na_2CO_3 45% ~ 50%、$Na_2SO_4 < 10\%$,该产品可销往玻璃厂作澄清剂及脱色剂,其中砷、钠盐均可得到利用。所得锑渣(含 Sb 60%以上)则返回冶炼系统回收锑。

B 用湿法收尘的含砷废水制砷酸钙粉

原沈阳冶炼厂铜、铅阳极泥熔炼烟尘经文丘里水收尘后产出的含砷废水的成分见表9-7。

表9-7 含砷废水成分 (mg/L)

元 素	As	Sb	Pb	F	SO_4^{2-}	Cu	Zn	Cd	Ph
浓 度	723	512	49	293	262	1.47	8.9	1.47	$2 \sim 3$

此废水日排放量为 $300 \sim 500 m^3$。20 世纪80 年代采用石灰中和沉淀法处理废水产出砷钙渣,处理后液返回使用。其砷钙渣则经回砖窑干燥粉碎后,代替白砷及部分硝酸盐作玻璃生产中的澄清剂。砷钙粉平均成分见表9-8。

表9-8 砷钙粉化学成分 (%)

元 素	As	Sb	Pb	Cu	Bi	Fe	Se	Ca	Cr	Co	F
含 量	10.70	13.17	0.24	0.073	0.96	0.86	0.11	21.47	0.097	0.01	4.84

玻璃厂根据其砷锑含量($As_2O_3 + Sb_2O_3$ 为25.44%)与白砷比较,按4kg 砷钙粉取代1.2kg 白砷进行配料,经玻璃制瓶厂在熔化面积为 $16.1 m^2$ 的马蹄形火焰炉中生产应用,新旧配方所得玻璃化学成分(见表9-9)及玻璃理化指标(见表9-10)相差无几,使每吨玻璃成本可降低23%。

表 9-9　新旧配方玻璃化学成分　　　　　　　　　（%）

玻璃成分	SiO_2	Al_2O_3	Fe_2O_3	CaO	As_2O_3	K_2O	Na_2O
旧配方	70.53	3.50	0.30	7.55	2.32	1.26	14.24
新配方	70.37	3.45	0.33	7.50	2.39	0.27	14.44

表 9-10　新旧配方玻璃理化指标

指标	玻璃质量				产品理化性能				
	石头	气泡/个·cm^{-2}	结石	条纹	颜色	耐内压/MPa	热稳定性（不破）/℃	化学稳定性	产品等级
旧配方	无	5	无	无	浅绿色	1.2	40	不呈碱性反应	3级
新配方	无	4	无	无	浅黄绿色	1.2	40	不呈碱性反应	3级

9.1.2.3　制取木材防腐制剂——砷酸铜

北京矿冶研究院总院采用溶剂萃取法代替传统的铜电解液脱砷方法制取砷酸铜。该工艺于 1987 年在广东石录铜矿的年产电解铜 500t 的生产线上投入使用，每天脱除砷量 70 ～ 100kg。年产砷酸铜规模达 170t，其流程如图 9-1 所示。

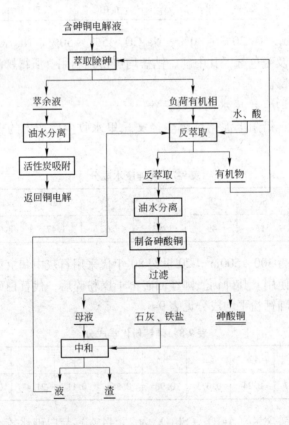

图 9-1　铜电解液萃取除砷流程

所得砷酸铜为浅蓝色，主要成分为 $Cu_5As_4O_{15} \cdot 9H_2O$，易溶于水，可配成各种浓度的氨化铜砷型木材防腐剂（ACA），加入铬盐也可配成各种浓度的铬铜砷型木材防腐剂

（CCA）。铁道科学院木材室曾以其所产砷酸铜配成不同浓度（0.5%、1%、2%、4%）的 CCA 进行木材防腐试验，并以五氯酚、白菌清、季铵盐等其他木材防腐剂进行了对比，结果表明，采用该砷酸铜加铬盐制成的 CCA 具有良好防虫蛀、防霉变性能，且 1% 浓度的 CCA 便可达到很好地防腐效果。

以上是有色金属厂矿关于砷的走向及治理概况。在化工部门黄铁矿制硫酸中，黄铁矿中的砷大部分进入烟尘，其治理措施及生产的砷品与有色金属厂矿相同。

9.2　从含砷污酸制取砷产品

在含砷黄铁矿制酸及有色金属冶炼时均产生含砷污酸，对这种含砷污酸需要治理及回收其中的砷。下面介绍含砷污酸治理的主要方法及用污酸中的砷制取砷酸铜、三氯化砷、单质砷的主要方法。

9.2.1　治理含砷污酸的主要方法

9.2.1.1　沉淀法[2]

砷能够与许多金属离子形成难溶化合物，例如砷酸根或亚砷酸根与钙、三价铁等离子均可形成难溶盐，经过滤后即可除去液相中的砷。由于亚砷酸盐的溶解度一般都比砷酸盐的高得多，不利于沉淀反应的进行，因此在许多实际设计中，都需预先将三价砷氧化为五价，最常用的氧化剂是氯，也可用活性炭作催化剂用空气氧化。沉淀剂的种类很多，最常用的是钙盐、铁盐、镁盐、硫化物等。根据沉淀的种类或方法的差异，可将沉淀法分为[2~14]：石灰中和法、硫化物沉淀法、铁盐氧化法、混凝法（也称吸附胶体沉淀法或载体共沉淀法）及电凝聚法等。

（1）石灰中和法[12]。通过石灰中和形成 $Ca_3(As_2O_3)_2$ 沉淀。当 Ca∶As ≥ 3，pH 值 12~13 时，可使溶液中的 As 降到 50mg/L 以下。当砷酸钙和空气中 CO_2 接触时，便可形成 $CaCO_3$ 和可溶的砷酸，从而在渣场造成二次污染，此外，渣中的有价金属难以回收。

（2）硫化沉淀法[11]。该法除砷的效果要比中和法好，但硫化钠的成本高，致污酸 SO_2 烟气洗涤产生的酸性含砷废水处理成本增加。再者，这种渣以硫化物形态存在，溶解性能差。为了攻克硫化砷渣这一难题，国内某厂投资了 5000 万元从日本住友金属矿山株式会社引进了全湿法处理砷滤饼关键技术和设备，产出 As_2O_3 品位为 99.5%，产品现销往国外。此生产工艺虽在一定程度上解决了砷滤饼长期堆存而带来的环境问题，但由于硫化砷性质稳定，生产工艺厂导致生产成本高，每年要亏损 500 万元。此外，该过程产出了含铜、砷、铋较高的残渣，难以处理，返回熔炼系统并没有实现砷滤饼的完全开路。

（3）铁盐氧化法。该法形成的 $FeAsO_4$ 的溶解度（25℃，pH 值为 3~8）为 1.46×10^{-8} g/L，远低于 $Ca_3(As_2O_3)_2$ 的溶解度 0.13g/L，所以铁盐除砷的效果好。但在生产过程中形成的 $FeAsO_4$ 往往是非结晶型的，这种非结晶型的砷酸铁在 pH 值为 3~5 时，其溶解度甚至可达 30mg/L，所以，非结晶型的砷酸铁也可在渣场造成二次污染。

（4）臭葱石法。这是近年研究出的最有效除砷并能消除二次污染的方法。臭葱石（$FeAsO_4 \cdot 2H_2O$）是一种稳定的结晶，在 pH 值为 3~5 时，溶解度为 0.05mg/L，远远小于环境排放标准。所以，将溶液中的砷固定到臭葱石中是目前最稳靠的除砷法，但臭葱石形成需要高温条件，这样又会使得能耗增加。

（5）硫化铁法。该法通过 FeS 颗粒表面沉积 As_2S_2，试验表明，As^{3+}/FeS 比值在 1.67×10^{-4} 条件下，除砷效果好，但对于每天要处理数百立方米的工业酸液，每天的砷以吨计，则需提供数千吨的 FeS 来作为处理这种污酸的试剂，在工业应用上显然是很困难的。

（6）电凝聚法。在废水流经的电解槽内以铁或铝作为阳极和阴极，在直流电作用下进行电解：阳极铁或铝失去电子后溶于水，与富集在阳极区域的氢氧根生成相应的氢氧化物，若以铁作阳极则生成的氢氧化亚铁可与水中的氧（或氧化剂）继续氧化成氢氧化铁。

$$4Fe(OH)_2 + O_2 + 2H_2O === 4Fe(OH)_3$$

这些氢氧化物可作为凝聚剂，与砷酸根发生絮凝和吸附作用，同时溶于水中的二价铁离子还可直接与砷酸根反应生成砷酸亚铁沉淀：

$$3Fe^{2+} + 2AsO_4^{3-} === Fe_3(AsO_4)_2$$

砷酸亚铁在 25℃ 水中的溶度积为 5.7×10^{-21}。这样通过絮凝、沉淀等多种作用，可使水中砷的残留量降到 0.5mg/L 以下。与此同时，水中其他重金属离子与氢氧根作用，生成氢氧化物沉淀，也可得到净化。

如果向电解液中投加高分子絮凝剂，那么利用电解中产出的气体气泡上浮，可将吸附了砷的氢氧化物胶体浮至水面，浮渣用刮渣机排出，达到固、液分离的目的。

电凝聚装置可分为电解槽、凝聚槽、浮上槽三个部分。废水首先经电解槽凝聚后进入凝聚槽，电解槽所用电极为铁或铝的可溶性电极，浮上槽所用电极为不溶性电极，一般为石墨或不锈钢电极。该法集沉淀、中和、吸附、絮凝、浮上等各种过程于一体，具有操作方便、占地面积小等特点。

使用铁电极进行电解絮凝除砷的研究，结果证实在一定砷铁比条件下五价砷比三价砷的净化效果好，但二者都可稳定地降到 0.5mg/L 以下。砷的初始浓度越高，所要求的砷铁比也越高。pH 值对除砷效率也有很大影响，氢氧化铁混凝除砷时 pH 值最好控制在 7.5～9.0 之间，pH 值过高或过低均不利于凝聚的进行，其原因在于氢氧化铁表面既可获得正电荷，也可获得负电荷。当 pH 值增高时，表面电荷为负值，影响对阴离子的吸附；当 pH 值降低时，其表面电势加大，氢氧化铁处于稳定状态不利于混凝过程的进行。实践的结果如下：当砷含量为 1.9～30.2mg/L 时，控制砷铁比为 2.22～3.22，电解混凝净化水有 92.8% 达到排放标准，1t 水平均耗电 0.12kW·h，耗酸 0.288kg，耗铁 0.088kg。

9.2.1.2   浮选法[5,11]

吸附胶体浮选法始于 1969 年，由 R. B. Grieves 等人提出，而真正的发展是近十几年的事。在吸附胶体浮选的领域内，至今已有很多学者对各种分离技术的理论进行了研究。该方法处理模拟含砷废水的试验表明，十二烷基硫酸钠（SDS）是该方法砷的有效捕收剂，浮选脱砷的最佳 pH 值为 4～5；在有 Fe(Ⅲ) 作共沉剂时，浮选脱砷的最佳 pH 值为 7.5～8.5；浮选 5min 后的模拟废水中，砷的浓度能降至 0.1mg/L，且浮选速度快，浮选 3min 后，就能使废水中的砷浓度达标。此法技术新、成本低、速度快。但泥渣含水量多，如何使之固化、减少二次污染及推广应用到工业上去，仍有待进一步研究。

9.2.1.3   吸附法[11,13]

可用于废水除砷吸附剂的物质很多，如活性炭、沸石、磺化煤、生产氧化铝的废料赤泥等。

活性炭对无机砷的吸附能力较差，常用作有机砷吸附剂。

沸石在国内资源丰富，用作砷吸附剂的沸石事先应先用碱处理，这样可使其对砷的吸附能力大大提高。

美国中南部某些地区饮水中的砷过高，曾用活性氧化铝作为砷和氟的吸附剂，在 pH＝7.1 的条件下，水中含砷量可由 0.06mg/L 降到 0.007mg/L，其吸附容量为每克活性氧化铝可吸附 1mg 砷。

赤泥是生产氧化铝的废料，其组分是铁、铝、钛、硅等元素，经硫酸或盐酸处理后可制成它们的氢氧化物，经冷冻制成粒度为 1.5mm 的吸附剂即为日本的 CM-1 吸附剂，可用来吸附砷。

吸附法由于本身还存在一些尚待解决的问题，因此并没有广泛推广应用。这些问题主要是：要想提高砷的吸附率就要使用相当多的吸附剂，这就增加了处理成本，使处理装置大型化。另外吸附塔的形式、通水速度、吸附速度等方面还没有足够的设计数据，吸附剂的再生、再生后处理、吸附剂的耐久性等问题尚未解决。

9.2.1.4 离子交换树脂法

应用树脂，如硫化物再生树脂、螯合树脂等可处理含砷废水，特别是螯合树脂在水处理行业中取得了卓越的成就。废水中的砷离子若以配合物存在，用这种螯合树脂来处理，可以将砷除至排放标准以下。[3,6,10,11,15]

离子交换树脂法具有可回收利用、化害为利、可重复使用的优点。但在一定程度上受到容量的限制，一次投资较大，附属设备较多。所以，该方法的普及受到限制。

9.2.1.5 功能高分子膜法[3,11]

功能高分子膜分离技术诞生于 20 世纪 60 年代初，但真正发展是在 70 年代末 80 年代初。近年来，膜技术正在由基础研究、应用研究向应用开发研究过渡，并显示了较好的经济效益。目前，已开发的功能高分子膜有离子交换膜、微滤膜、反渗透膜、渗透蒸发膜、液膜等，这些功能高分子膜在废水处理中已经得到了应用。无锡化工研究所采用醋酸纤维膜作为反渗透膜处理农药含砷废水，进水砷浓度为 500～700mg/L，出水含砷量为 12.8mg/L，得到 97.9% 的除砷率。

功能高分子膜法在分离物质的过程中不涉及相变，无二次污染，操作方便，维持费用低，因此，该法用来处理废污水，不仅可以达到净化的目的，而且处理后的水可以复用。但目前工业规模的应用实例较少。

9.2.1.6 萃取法[3,11]

萃取法适用于含砷浓度高的废水，采用萃取剂为磷酸三丁酯（TBP），经四级萃取可使含砷 2～6g/L 的铜电解液除去砷，用水反萃可使有机相中的砷进入水相。最后用石灰沉淀为砷酸钙或用硫化钠沉淀为硫化砷排除，往含砷的反萃液中通入二氧化硫则可回收三硫化二砷。

9.2.2 含砷污酸制取白砷

9.2.2.1 工艺流程

文献［2］提出了含砷污酸制取白砷的工艺，其工艺流程如图 9-2 所示。

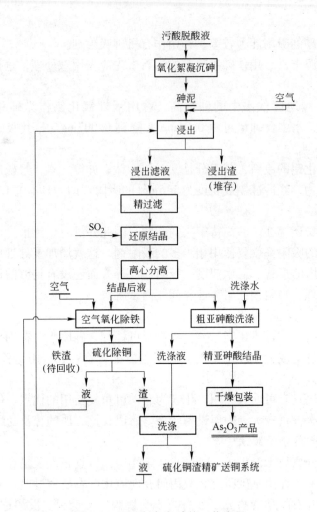

图 9-2　污酸制备白砷的工艺流程

9.2.2.2　主要工序

A　还原结晶

温度与砷溶解度的关系列于表 9-11。

表 9-11　温度与砷溶解度的关系

温度/℃		0	2	10	20	25	29.5	30	39.8	40	45.2	62	70	75	80	98.5	100	120
100g 水中的溶解度/g	As$_2$O$_3$	1.21	1.2	1.66	1.82	2.05		2.31	2.98		3.43	4.45		5.62		8.18		
	As^{3+}	0.91	0.91	1.26	1.38	1.55		1.75	2.26		2.6	3.34		4.26		6.2		
	As$_2$O$_5$	59.5		62.1	65.8		70.6			71.2			73		75.1		76.4	77.6
	As^{5+}	38.8		40.5	42.9		46.4			46.6			47.6		49		49.8	50.6

由表 9-11 可看出，三价砷在水中的溶解度随温度的升高而逐渐加大，在常温下浓度约为 1.8g/L 以下，超过部分则以结晶形式存在。而五价砷则不同，其溶解度大得多。

由于在氧化絮凝沉砷和砷泥浸出过程都是在高温和氧化气氛中，故送入还原工序的浸出液中的砷主要以五价砷的形式存在。

将液固分离后的浸出液在常温下鼓入浓度为 8% ~ 10% 的 SO_2 气体，将溶液中的砷由五价还原为三价：

$$H_3AsO_4 + SO_2 == HAsO_2 + H_2SO_4$$

当 $HAsO_2$ 超过溶解度后呈 As_2O_3 晶粒析出：

$$2HAsO_2 == As_2O_3 \downarrow + H_2O$$

还原结束后，向还原槽中通入适量空气，以驱除残留在溶液中的 SO_2 气体，还原结晶过程的温度维持在 20℃。生成的 As_2O_3 晶粒经洗涤、离心脱水后含水 2% ~ 3%，在热水间接加热的干燥机干至含水 0.1% 以下。

表 9-12 列出了还原结晶的技术条件。

表 9-12　还原结晶的技术条件

SO_2 浓度/%	SO_2 流量/L·h^{-1}	还原时间/h	还原温度/℃	SO_2 脱除时间/h	结晶干燥温度/℃
8 ~ 10	50 ~ 60	7.5 ~ 10	常温	0.5 ~ 1	80

在上述条件下，制得白砷的化学成分见表 9-13。

表 9-13　白砷的化学成分　　　　　　　　　　　　　　　（%）

As_2O_3	Cu	Pb	Bi	Sb	Fe	H_2O	白度
99.6	20×10^{-4}	5×10^{-4}	2×10^{-4}	5×10^{-4}	5×10^{-4}	0.05×10^{-4}	90 ~ 100

由表 9-13 可见，白砷的化学成分完全达到一级白砷的质量要求。

B　空气氧化除铁

结晶后液在高效气-液-固反应槽通过空气的高度分散，使结晶后液中的铁迅速氧化，以针铁矿的形式沉淀，氧化产生的酸通过石灰石中和，其反应为：

$$2FeSO_4 + 1/2O_2 + 2CaCO_3 + H_2O == 2FeOOH \downarrow + 2CaSO_4 + 2CO_2$$

技术条件见表 9-14。

表 9-14　空气氧化除铁技术条件

温度/℃	终点 pH 值	时间/h
80 ~ 90	2.5	2.5

C　硫化除铜

硫化钠在酸性的水溶液中产生硫化氢气体，在中和剂配合下，硫化除去溶液中的铜，基本反应为：

$$Na_2S + H_2SO_4 == H_2S + Na_2SO_4$$

$$H_2S + CuSO_4 + CaCO_3 == CuS \downarrow + CaSO_4 + CO_2 + H_2O$$

虽然 As^{3+} 也有参与硫化反应的趋势：

$$2AsO_3^{3-} + 3H_2S + 3CaCO_3 == As_2S_3 \downarrow + 3CO_3^{2-} + 3Ca(OH)_2$$

但根据热力学计算可以知道，当 $p_{H_2S} = 101.325kPa$ 时，溶液中 $a_{Cu^{2+}} = 10^{-31.684}$，$a_{As^{3+}} = 10^{-15.779}$，即 $a_{Cu^{2+}}$ 将比 $a_{As^{3+}}$ 优先硫化。由于溶液中的砷在还原结晶过程中被还原为

As_2O_3 沉淀，溶液中的 As^{3+} 就很少，而溶液中的 Cu^{2+} 却多得多，当控制 Na_2S 加入量，则硫化反应主要是 Cu^{2+} 的硫化沉淀。技术条件见表 9-15。

表 9-15　硫化沉铜技术条件

温度	pH 值	时间/h
常温	2~2.5	1~1.5

在上述条件下，硫化沉淀得到的硫化铜渣精矿品位为 25% 左右（按铜计算，每吨铜精矿需 Na_2S 1.24t）。得到 As_2O_3 的品位在 99% 以上，副产品硫化铜精矿品位达到 25%，可送铜系统回收铜。

9.2.3　含砷污酸制取砷酸铜

9.2.3.1　工艺流程

污酸生产砷酸铜工艺流程如图 9-3 所示，该工艺主要是空气氧化絮凝沉砷、砷泥浸

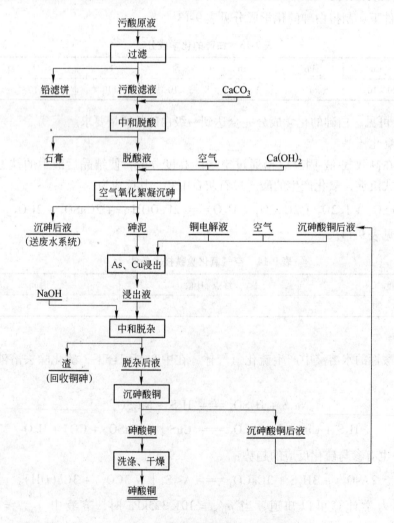

图 9-3　污酸制取砷酸铜工艺流程

出、中和脱杂和砷酸铜的沉淀过程[2]。

空气氧化絮凝沉砷主要是通过空气氧化与絮凝剂的絮凝沉淀的双重作用，达到使用 Na_2S 使砷等有价元素高度的富集。

在砷酸铜的质量标准中，由于对杂质铁有严格要求，因此，脱杂过程要研究杂质铁的脱除过程。

9.2.3.2 主要工序

A 污酸过滤

污酸成分见表9-16。

表 9-16　污酸化学成分　　　(g/L)

元　素	Cu	As	Fe	Zn	Cd	Bi	F	SS	SO_2	H_2SO_4
污酸过滤后的溶液	0.4	3.8	0.25	1.36	—	—	—	—	—	—
污酸原液	0.64	5.92	0.23	0.26	0.025	0.2	0.63	2	3.0	51.33

B 空气氧化絮凝沉砷

在机械搅拌的浸出槽中，装入 pH = 2 的脱酸液，通入空气，并用石灰中和，这时便发生如下反应：

$$FeSO_4 + H_2AsO_4^- + H^+ + CaO + 1/4O_2 = FeAsO_4 + CaSO_4 + 3/2H_2O$$

$$2FeSO_4 + 2HAsO_2 + 3/2O_2 + 2CaO = 2FeAsO_4 + 2CaSO_4 + H_2O$$

$$2HAsO_2 + O_2 + 3CaO = Ca_3(AsO_4)_2 + H_2O$$

$$3CuSO_4 + O_2 + 2HAsO_2 + 3CaO = Cu_3(AsO_4)_2 + 3CaSO_4 + H_2O$$

按照传统的铁盐氧化脱砷理论与实践，为了达到高的除砷效果，溶液中的铁应是砷的 6.5 ~ 10 倍。而溶液 As 为 3.5g/L，Fe 为 0.25g/L，那么每升溶液须外加铁 16 ~ 24.75g/L，显然，这会降低砷泥中砷与铜的品位，使从砷泥中回收砷、铜等有价金属难度增加，为此，不外加铁。在中和沉砷的 pH 值为 3 时可加入晶种，解决这个问题。

在表 9-17 的条件下，空气氧化絮凝沉砷产生的砷泥含 As 19.0%、Cu 5.0%，与国内某厂 Na_2S 沉砷砷滤饼含 Cu 4.8%、As 11.53% 相比，Cu、As 的富集处于同一水平。

表 9-17　空气氧化絮凝沉砷技术条件

温度	终点 pH 值	时间/h	晶种/g	添加剂 /g	脱砷率 /%	脱铜率 /%	砷泥含 As /%	含 Cu/%	脱砷后液/mg·L^{-1}	
									As	Cu
常温	6.0 ~ 6.3	2.5	1	2.5	96.5	97.5	19.0	5.0	43.1	7.28

C 砷泥浸出

砷泥在水溶液中存在下述平衡：

$$FeAsO_4 + 3H^+ = Fe^{3+} + H_3AsO_4 \qquad pH = 1.27$$

$$Fe(OH)_3 + 3H^+ = Fe^{3+} + 3H_2O \qquad pH = 1.617$$

$$CuHAsO_4 + 2H^+ = Cu^{2+} + H_3AsO_4 \qquad pH = 0.96$$

$$Zn(OH)_2 + 2H^+ = Zn^{2+} + 2H_2O \qquad pH = 0.96$$

$$FeAsO_4 + 3H^+ \Longrightarrow Fe^{3+} + H_3AsO_4 \qquad\qquad pH = 1.27$$

$$Ca_3(AsO_4)_2 + 6H^+ \Longrightarrow 3Ca^{2+} + 2H_3AsO_4 \qquad pH = 4.743$$

当溶液的 pH 值低于相应金属离子的平衡 pH 值时，砷泥中的 Ca、Zn、As、Cu、Fe 都将溶解进入溶液。

砷泥浸出的技术条件列于表 9-18。

表 9-18   砷泥浸出的技术条件

温度/℃	H_2SO_4 浓度/g·L^{-1}	时间/min	液固比	搅拌速度/r·min^{-1}
≤40	50	15 ~ 30	8 : 1	400

为了降低分解液中石膏的溶解度，一般将温度控制在 40℃ 以下。

在工业应用中，用待净化的铜电解液浸出砷有利于电解液中酸和铜的综合利用，也有利于满足砷酸铜产品对铜的需求。如电解液含 Cu 60g/L，H_2SO_4 170g/L，则每升浸出液需配入适量电解液，这样便给每升浸出液提供了 50g/L H_2SO_4、17.65g/L Cu^{2+}。

砷泥含 Cu 5.0%、As 19%，在表 9-18 的条件下，Cu、As 的浸出率分别为 84%、88%，浸出液含 Cu^{2+} 22.9g/L、As 20.9g/L。为了提高溶液的砷浓度，将这种溶液返回浸出，便容易得到含砷为 60g/L 的砷酸溶液。

D   中和脱杂[16]

砷泥浸出液中主要含有铜、砷，此外还含有铁、铋、锑等杂质，且 pH 值小于 1，对该溶液首先必须除去铁、锑、铋等杂质，才能产出合格砷酸铜。由于砷酸铜产品中对杂质铁有严格要求，因此除杂过程主要研究杂质铁的脱除过程。脱铁过程的几个主要影响因素如下：

（1）pH 值对脱铁过程的影响。取适量砷泥浸出液，在 80℃ 脱杂 3h，测不同 pH 值对脱铁的影响，结果见表 9-19。由表 9-19 可看出，随着 pH 值升高，溶液杂铁量迅速降低。

表 9-19   溶液 pH 值对脱铁过程的影响

pH 值	1.54	1.61	1.67	1.8	2.01
Fe 浓度/mg·L^{-1}	61.6	17.8	10.3	8.2	6.7

铁以砷酸铁形式沉淀，当 pH≥1.8 时，铁的浓度可降至 10mg/L 以下。为了减少除铁过程中 As、Cu 的沉淀，pH 值在 1.8 时为最佳，一般控制在 1.8 ~ 2.0。

（2）时间对脱铁过程的影响。取一定量砷泥浸出溶液，将 pH 值调至 1.8，在 80℃ 测时间对脱铁的影响，结果见表 9-20。

表 9-20   时间对脱铁过程的影响

时间/h	0.5	1.0	2.0	3.4
Fe 浓度/mg·L^{-1}	29.3	21.30	10.01	8.2

由表 9-20 可看出，随着时间的延长，铁的脱除率增加，当时间为 2h，铁的浓度可降至 10 mg/L，而再延长时间，铁浓度降低缓慢，由于 80℃ 条件下进行，能耗较大，因而中和净化脱杂的时间一般为 2h。

（3）温度对脱铁过程的影响。取一定量砷泥浸出液，将 pH 值调到 1.8，脱铁时间为 2h，测温度对脱铁过程的影响，结果见表 9-21。

表 9-21　温度对脱铁过程的影响

温度/℃	50	70	80
Fe 浓度/mg·L^{-1}	147.2	62.7	9.3

由表 9-21 可看出，随着温度升高，溶液中残留铁迅速减少，这是由于温度升高，Fe^{3+} 水解反应加剧，从而有利于 FeASO$_4$ 沉淀的生成，当温度达到 80℃ 时，溶液中铁浓度降至 9.3mg/L。因而，脱杂温度必须控制在 80℃ 以上。

（4）氧化剂对脱铁过程的影响。当溶液中铁部分以 Fe^{2+} 形式存在时，由于 $Fe(OH)_2$ 的 K_{sp}（溶度积）为 1.64×10^{-14}（18℃），而 $Fe(OH)_3$ 的 K_{sp} 为 1.1×10^{-36}（18℃），Fe^{2+} 在除杂 pH 值范围不会沉淀析出，从而影响除铁效果。因此，研究氧化剂 H_2O_2 对脱铁过程的影响，结果见表 9-22。

表 9-22　氧化剂 H_2O_2 对脱铁过程影响

条件及操作方式	脱杂后液铁浓度/mg·L^{-1}
无氧化剂；温度：80℃；时间：1h；pH＝2.2；边升温边调 pH 值	10.8
加 H_2O_2；温度：80℃；时间：1h；pH＝2.2；边升温边调 pH 值	8.9
无氧化剂；温度：80℃；时间：2h；pH＝1.8；边调 pH 值边升温	9.3

由表 9-22 可看出，加 H_2O_2 有利于铁的脱杂，但在延长时间及改变操作方式后，不加 H_2O_2 也可使铁浓度降至 10mg/L 以下。这是因为 80℃ 条件下，溶液中的 Fe^{2+} 也会被空气中 O_2 氧化为 Fe^{3+}，因此，延长时间，同样可使 Fe^{3+} 达到基本氧化的目的。因此，在脱铁过程中，可以不加氧化剂 H_2O_2。

（5）脱铁过程中杂质 Bi 的脱除。控制条件为：80℃，2h，杂质 Bi 的脱除率随 pH 值变化见表 9-23。

表 9-23　pH 值对 Bi 的脱除率的影响

pH 值	1.70	1.90	2.13	2.35
Bi 脱杂率/%	33.70	37.09	41.14	49.99

由表 9-23 可看出，随着 pH 值的升高，Bi 的脱除率升高，当除杂 pH 值控制在 1.8 时，Bi 脱除率为 35.0%。需指出的是，如溶液中有 Sb，则在除 Bi 的同时，Sb 也将一同除去。

在 80℃，pH 值控制在 1.8 时脱杂 2h，铁的脱除率可达 99.14%，需指出的是，在这种情况下 Cu、As、Sb、Bi 的脱除率分别为：14%、10%、46.5%、35%。

E　中和沉砷酸铜[16]

a　温度对沉砷酸铜的影响

取除杂后液（含 Cu 23.32g/L，As 18.53g/L），将 pH 值调至 3.5，时间为 1h，测温度对 Cu、As 沉淀率的影响，结果见表 9-24。图 9-4 和图 9-5 所示为温度对 Cu、As 沉淀率及砷酸铜产品 Cu、As 含量的影响。

表 9-24 温度对沉砷酸铜的影响

温度/℃	沉后液中成分及 Cu、As 沉淀率				砷酸铜的铜、砷含量/%	
	Cu/g·L⁻¹	沉淀率/%	As/mg·L⁻¹	沉淀率/%	Cu	As
50	2.59	70.50	835.4	87.90	30.53	30.78
60	2.45	71.69	788.7	88.40	30.22	30.78
70	2.49	71.80	787.5	88.70	30.77	30.67
80	2.04	78.90	790.38	89.50	31.78	30.08

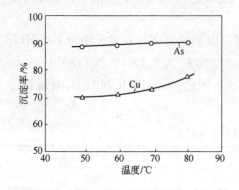

图 9-4 温度对 Cu、As 沉淀率的影响

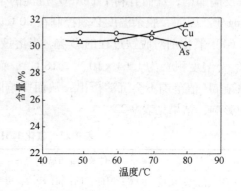

图 9-5 温度对砷酸铜产品 Cu、As 含量的影响

由图 9-4 可看出，铜的沉淀率开始随温度升高而升高缓慢，当温度升至 80℃，Cu 的沉降率升高较大，而砷的沉降率随温度升高变化不大。由图 9-5 可看出，温度对砷酸铜产品中铜、砷含量影响不大，在 50~80℃ 范围内，砷酸铜中铜、砷含量可达到要求。

b pH 值对砷酸铜的影响

在 60℃ 下反应 1h，测不同 pH 值时 Cu、As 沉淀率及砷酸铜中 Cu、As 含量，结果见表 9-25。pH 值低于 3.5 时，Cu、As 沉淀率很低。

表 9-25 溶液 pH 值对沉砷酸铜的影响

pH 值	沉砷酸铜后液中成分及 Cu、As 沉淀率				砷酸铜中 Cu、As 含量/%	
	Cu/g·L⁻¹	沉淀率/%	As/mg·L⁻¹	沉淀率/%	Cu	As
3.5	2.45	71.69	789.7	88.40	30.22	30.78
3.6	2.44	71.50	790.0	88.20	30.11	28.12
3.7	2.44	73.70	714.0	90.22	30.01	27.72
3.9	2.04	78.40	519.0	93.02	28.60	26.44

由表 9-25 可以看出，随着 pH 值的升高，Cu、As 沉淀率逐渐升高，同时，砷酸铜产品中 Cu、As 含量逐渐降低，且 As 含量下降较快，这是由于溶液升高，过剩的 Cu^{2+} 形成 $Cu(OH)_2$ 沉淀所致。当 pH 值小于 3.6 时，得到的砷酸铜中 Cu、As 的含量均在 29% 以上，考虑到在较高 Cu、As 沉降率条件下得到合格砷酸铜产品，pH 值一般控制在 3.5 左右。

c 时间对沉砷酸铜的影响

将溶液 pH 值升为 3.5，温度控制在 60℃，隔 15min 或 30min 取样分析溶液中 Cu、As

浓度，结果见表 9-26 及图 9-6。

表 9-26　时间对沉砷酸铜的影响

时间/min	砷酸铜中 Cu、As 浓度/g·L^{-1}		时间/min	砷酸铜中 Cu、As 浓度/g·L^{-1}	
	Cu	As		Cu	As
15	3.86	1.068	90	3.55	1.057
30	3.75	1.106	120	3.55	1.124
60	3.55	1.049			

由表 9-26 及图 9-6 可以看出，溶液中 Cu、As 浓度随时间变化很小，说明沉淀反应很快达到平衡。As 浓度随时间几乎无变化，而 Cu 浓度开始随时间延长缓慢降低，1h 后 Cu 浓度不再降低。因此，沉砷酸铜时间为 1h 为宜。

d　脱杂后液中铜、砷浓度对砷酸铜质量的影响

在 60℃，pH=3.5，沉淀时间为 1h 的条件下，测不同铜、砷浓度对砷酸铜中铜、砷含量的影响结果见表 9-27。

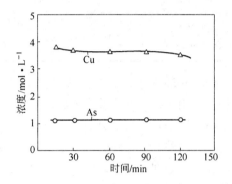

图 9-6　沉后液中 Cu、As 浓度随时间变化关系

表 9-27　脱杂后液中铜、砷含量对砷酸铜产品中铜、砷含量的影响

脱 杂 后 液 中			砷 酸 铜 中	
Cu 浓度/g·L^{-1}	As 浓度/g·L^{-1}	Cu/As	Cu 含量/%	As 含量/%
23.32	18.53	1.26	30.22	30.78
36.89	27.82	1.33	30.30	29.50
25.43	25.05	1.01	31.25	30.79
37.50	39.89	0.94	28.40	30.30

由表 9-27 可看出，当 Cu/As≥1 时，得到的砷酸铜均能达到要求，而当 Cu/As<1 时，Cu 含量将小于 29%。因此，脱杂后液中 Cu/As 应不小于 1。

由于脱杂后液中 Cu、As 比较难控制，研究了砷沉淀出液中铜砷含量与砷酸铜产品中 Cu、As 含量的关系。取不同砷泥浸出液均在 pH=1.8、80℃条件下，脱杂 2h，脱杂后液在 pH=3.5、60℃下沉淀 1h，得到砷酸铜经洗涤在 80℃下烘干，分析砷酸铜中 Cu、As 含量，结果见表 9-28。

表 9-28　砷泥浸出液中铜、砷含量对砷酸铜中铜、砷含量的影响

砷 泥 浸 出 液 中			砷 酸 铜 中	
Cu 浓度/g·L^{-1}	As 浓度/g·L^{-1}	Cu/As	Cu 含量/%	As 含量/%
61.15	48.99	1.25	30.22	30.78
45.99	53.80	0.85	28.30	30.06
45.99	53.80	0.85	28.04	29.72
58.28	58.51	1.00	30.22	30.28

由表9-28可看出，砷泥浸出液中 Cu/As < 1，砷酸铜中的铜含量偏低；砷泥浸出液 Cu/As ≥ 1，砷酸铜产品中 Cu、As 含量均可达到要求，因此，当砷泥浸出液中铜含量低于砷含量时，采用补充铜电解液的方法，使溶液中 Cu/As ≥ 1。

e 洗涤对砷酸铜质量的影响

不同洗涤方式对砷酸铜产品质量的影响见表9-29。

表 9-29 洗涤方式对砷酸铜质量的影响

试验条件	洗涤方式	砷酸铜中含量/%		
		Cu	As	Na
温度60℃， 1h，pH = 3.5	在过滤器内淋洗4次，用蒸馏水洗	20.86	20.23	
	搅拌洗涤3次，用蒸馏水洗	28.91	28.37	
	搅拌洗涤5次，用蒸馏水洗	30.22	30.78	2.25

由表9-29可看出，沉淀洗涤方式对砷酸铜产品质量影响很大。必须将沉淀析出的砷酸铜，采用搅拌的方式洗涤3次以上，才能产出合格的砷酸铜，一般洗涤4~5次。

由上述得知，当水溶液中铜砷比为1或略大于1，在 pH = 3.5，80℃，1h 的条件下，能得到合格砷酸铜，砷的沉淀率可达93.01%。

在污酸处理过程中，用空气氧化絮凝沉砷法较 Na₂S 沉淀法省去了硫化钠的消耗，制得的砷酸铜产品质量好，有良好的经济效益。

9.2.4 硫化砷渣氯化铜浸出及还原回收单质砷

硫化法处理含砷废水是冶炼厂和化工厂中应用较多的一种方法。沉淀下来的硫化砷渣中含砷量很高，加之砷是一种剧毒元素，污染极为严重，有必要进行回收。目前多以氧化砷和砷酸铜的形式回收，但氧化砷和砷酸铜也是有毒的产品，用途逐渐受到限制，生产过程以及储藏和运输过程中也会造成严重的环境污染。单质砷的毒性很小，易于储藏，在各种合金以及新材料中的应用能提高产品的性能，因此，单质砷的提取逐渐受到人们的重视。火法提砷利用碳还原、蒸馏等方法可以得到高纯砷。但是，砷是一种极易挥发的物质，火法提炼中不仅影响砷的效率，也会造成严重的大气污染。湿法回收单质砷是在溶液中进行的，可避免砷的挥发。以硫化砷渣为原料，用氯化铜浸出，得到砷盐酸溶液，利用氯化亚锡还原可以得到单质砷。这一方法无论是从经济效益，还是环境效益都具有重要的意义[17~19]。

9.2.4.1 工艺流程及原理

主要工艺流程如图9-7所示。

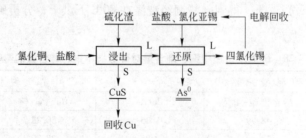

图 9-7 硫化砷渣氯化铜浸出及还原回收单质砷的流程

L—液体；S—固体

在酸性条件下：

$$As_2S_3 + 3CuCl_2 \Longrightarrow 3CuS\downarrow + 2AsCl_3$$

或　　　　　　$$As_2S_3 + 3CuCl_2 + 3H_2O \Longrightarrow 3CuS\downarrow + As_2O_3 + 6HCl$$

CuS 渣与溶液分离后，CuS 可回收 Cu，溶液中 As^{3+}（个别 As^{3+} 被氧化成 As^{5+}）在加入氯化亚锡后发生以下反应，得到单质砷及 $SnCl_4$，$SnCl_4$ 可用电解法回收锡。

$$2H_3AsO_3 + 6HCl + 3SnCl_2 \Longrightarrow 2As\downarrow + 6H_2O + 3SnCl_4$$

$$2H_3AsO_4 + 10HCl + 5SnCl_2 \Longrightarrow 2As\downarrow + 8H_2O + 5SnCl_4$$

9.2.4.2　主要工序

A　浸出过程

a　pH 值的选择

用化学计量 1.2 倍的氯化铜与 1∶1 盐酸及 NaOH 溶液调节 pH 值，液固比取 6∶1（mg/g），温度控制为 343.15K，搅拌速度为 300r/min，浸出时间 2h，得到的结果如图 9-8 所示。

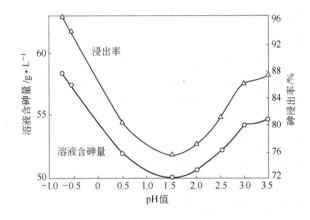

图 9-8　pH 值与砷浸出率的关系

砷的浸出率随酸性增大而增加，在 pH 值为 1.5 左右时浸出率不高，随 pH 值增为 2 后又有提高。考虑到是在盐酸体系中回收单质砷，因而选择在较强的酸性下进行浸出。为了降低 CuS 渣中的砷含量。将 $CuCl_2$ 溶液预先浸出硫化铜渣后，再浸出硫化砷渣，这样，硫化铜渣中的砷可降至 0.5% 以下。

b　氯化铜用量的选择

氯化铜浸出主要发生置换反应，以化学计量系数表示，用 1∶1 盐酸溶液，液固比为 10∶1（mL/g）在 343.15K 的温度下，搅拌速度 300r/min，浸出时间 2h，结果如图 9-9 所示。

由图 9-9 可见，随氯化铜用量的增加砷浸出率也随之增加。考虑到浸出液中的 Cu^{2+} 浓度，氯化铜用量不宜过多。控制浸出液 Cu^{2+} 浓度在 0.5~1.0g/L 比较合适，氯化铜用量是化学计量系数的 1.3 倍左右。

c　液固比的选择

恒温343.15K，用1:1的盐酸溶解氯化铜（过剩系数为1.3），在300r/min转速下，搅拌2h，测得的浸出率如图9-10所示。

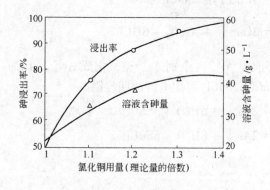

图9-9 浸出率与氯化铜用量的关系

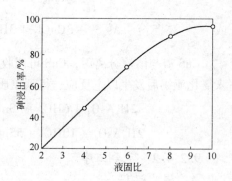

图9-10 液固比与浸出率的关系

浸出率随液固比的增加而增大，达到10:1时浸出率大于95%，而且溶液中的砷浓度在40g/L左右，也有利于砷还原回收。

d 搅拌速度的选择

液固比10:1，温度343.15K，浸出时间为2h，用1:1的盐酸溶解氯化铜（过剩系数为1.3）。测得不同搅拌速度的浸出结果如图9-11所示。

在300r/min搅拌速度下，达到了良好的浸出效果。再加大搅拌速度影响不大，而在500r/min时，浸出率反而减小。这是因为硫化渣的颗粒随溶液一起运动有同步趋向，影响两者之间的接触。

e 浸出时间的选择及利用磁场效益的强化作用

在343.15K，液固比10:1，用1:1的盐酸溶解氯化铜（过剩系数为1.3），搅拌速度为300r/min的条件下，将料液未经磁场作用与经0.5T的永磁磁场进行处理后在不同时间浸出效果进行对比，实验结果如图9-12所示。

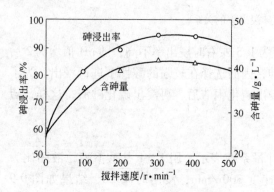

图9-11 搅拌速度与浸出率的关系

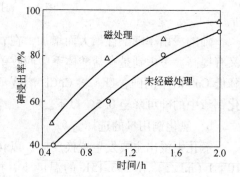

图9-12 未经磁处理与磁处理砷
浸出率随时间的变化

由图9-12可知，随浸出时间的延长提高了浸出率，经2h浸出，浸出率达到90%以上。磁场处理后的料液浸出率有所提高，浸出速度加快。

B　单质砷的提取

在343.15K，磁场作用强化浸出硫化砷渣，得到含砷溶液，冷却至室温析出大量的 As$_2$O$_3$ 晶体，抽取部分上清液返回，加入浓盐酸至酸度为10mg/L、砷浓度为97.6g/L、铜1.52 g/L，加入化学计量的1.1倍的 SnCl$_2$，在300r/min 速度搅拌下，反应3h，恒温，过滤得到棕黑色粉末。干燥后分析棕黑色固体的主要成分为：As 77.28%，Sn 13.20%，Cu 2.6%；将粉末经草酸和盐酸稀溶液洗涤、干燥后，粉末的主要成分为：As 89.28%、Sn 5.61%、Cu 1.6%；利用电镜及 XRD 分析其粉末表面成分为：As 94.62%、Sn 6.60%、Cu 0.21%、Cl 3.17%。

可以认为，用氯化亚锡还原得到近于90%的单质砷，主要杂质为锡的氯化物，表面上吸附部分可以用草酸、盐酸溶液洗掉，内部呈包裹状态的需要用其他方法加以处理。而溶液当中的铜离子在还原时作为诱导剂可加速还原反应，并且用洗涤法可以洗涤掉大部分，对砷的质量影响较小。

由上述可知：

（1）氯化铜浸出硫化砷得到较高砷浓度的盐酸溶液，得到的硫化铜渣经二次浸出后含砷低于0.5%，进行回收铜。

（2）溶液中的残余铜离子作为还原单质砷的诱导剂提高了还原速度。

（3）磁场效应在一定条件下（pH < 1.5）有利于砷的浸出。

（4）用氯化亚锡还原砷的盐酸溶液，可以得到单质砷和四氯化锡，四氯化锡可利用已有的电解技术回收氯化亚锡返回利用。

9.2.5　从含砷污酸制取单质砷的工艺

9.2.5.1　回收单质砷新方法的评述[20]

硫化沉砷可以分为两个流程，如图9-13和图9-14所示。

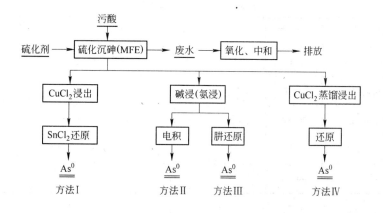

图 9-13　沉淀富集回收单质砷的流程

图9-13中方法Ⅰ～Ⅲ缺点是沉淀砷，再溶解，使得流程变长。方法Ⅰ得到的单质砷的质量低，后序工艺复杂。方法Ⅳ蒸馏浸出需要设备多，投资较大。而图9-14中的方法Ⅴ和方法Ⅵ，与方法Ⅱ和方法Ⅲ比较，回收单质砷方法大致相同，只是采用萃取富集砷流程短、操作方便。从经济方面考虑，投资少应选择萃取富集砷为好。以下讨论以工业污酸

为原料，分别进行电积和还原回收 As^0 的研究。

9.2.5.2 工业污酸的处理[20]

原料为工业污酸，含总砷 7.46g/L，H_2SO_4 大于 50g/L。

A 砷的富集

按图 9-15 流程进行萃取和反萃，技术条件为：有机相为 35% D2EHTPA + 15% TBP + 煤油，A：O 为 2：1，298.15K；水相为工业污酸，其中总 As 浓度为 7.46g/L（As(Ⅲ)：7.14g/L），H_2SO_4 浓度大于 50g/L，振荡时间为 5min，静置时间为 10min；磁场效应参数为强度 0.5T，流速为 2mL/s；洗涤水相时用 10mol/L 溶液，A/O = 1，298.15K，振荡时间为 5min，静置 10min；反萃过程中，水相 NaOH 溶液用 NH_4Cl 调 pH 值至 9～10，A：O 为 1：2，298.15K，振荡时间为 5min，静置时间为 10min。得到的数据取平均值，结果见表 9-30。

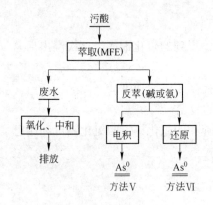

图 9-14 萃取富集回收单质砷流程   图 9-15 萃取富集砷流程

表 9-30 萃取、反萃结果

项目	As 总量	Zn	Fe	Pb	Sb	Cd	Cu
水相(1L)/g·L^{-1}	7.46	0.55	0.57	0.12	0.050	0.037	0.026
废水(998mL)/mg·L^{-1}	0.57	345.0	302.41	—	—	—	—
反萃液(250mL)/g·L^{-1}	29.83	1.2×10^{-2}	6×10^{-3}	—	—	—	0.014
洗涤液(1L)/g·L^{-1}	微	1.02	1.35	0.4	0.16	0.18	—
收率/%	99.96	37.09	47.37	66.67	64.0	97.3	—

B 砷碱液电积

取反萃液浓缩至含 As 74.17g/L，pH = 9.26；电解槽为有机玻璃制作，中间带有隔膜。阳极液中 NaOH 浓度为 80g/L。阳极为 10mm×250mm×70mm 的不锈钢板，阴极为 10mm×220mm×60mm 的不锈钢板，异极距为 15mm，电磁搅拌阴极液 400r/min，槽电压为 2.1～2.7V，电流密度为 40～60A/m^2，添加剂为聚二乙醇：30mL/L 循环电积 10 天，结果见表 9-31。

表 9-31　电积结果

项　目	As	Zn	Fe	Pb	Sb	Cd	Cu
电解后液中浓度/g·L^{-1}	6.25						
金属砷/%	99.20	微	微				微
收率/%	88.90	—	—		—	—	

电积产物荧光分析结果如图 9-16 所示，可知除 As 外，Zn、Fe、Cu 也在阴极上部分析出，但因电解液中这些金属含量极少，因而砷成分在 99% 以上。图 9-17 所示为电积产物的 X 射线衍射图。

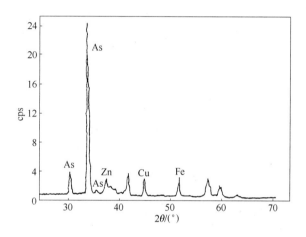

图 9-16　阴极产物荧光分析

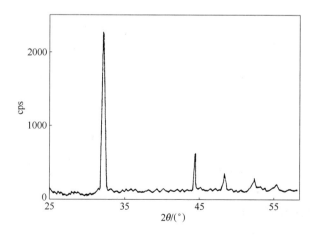

图 9-17　析出产物的 X 射线衍射图

C　反萃液的水合肼还原

还原条件为：肼过剩系数为 1.1；温度为 323.15K，晶种加入量为 5g/L，搅拌速度为 400r/min，还原时间为 10h（搅拌 5h 后静置），磁场效应参数为：强度为 0.5T，流速为 2mL/s。结果见表 9-32。

表 9-32   肼还原结果

项 目	As	Zn	Fe	Pb	Sb	Cd	Cu
还原余液中的浓度/g·L⁻¹	0.20	—	—	—	—	—	—
砷粉/%	98.14		微				微
收率/%	99.2				—		

9.2.5.3   全湿法流程[20]

综合砷碱液电积和砷碱液还原的研究结果可以看出，砷碱液还原工艺具有流程短、成本低、设备和操作简单、效率和收率高、产品质量稳定等优点。碱液电积需要浓缩以提高电流效率，且隔膜电积耗电量大、设备复杂、投资大，故而可认为"萃取—还原"工艺为最佳处理流程。研究建立的全湿法处理污酸回收单质的流程如图9-18所示。

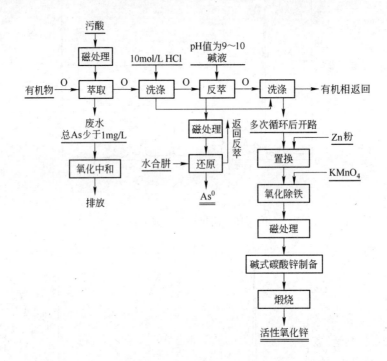

图 9-18   全湿法处理污酸流程

该流程可获得含 As 大于98%的单质砷和粒度为 0.05～0.1μm 的活性氧化锌产品，砷的总收率在99%以上。该流程不仅适合于铜、锌冶炼工艺中的污酸萃取回收单质砷和有价金属，也可应用于砷渣的碱浸工艺。

9.3   砷碱渣回收砷、锑

砷碱渣是粗锑加工碱精炼过程中产生的一种化学成分复杂的浮渣，其主要成分为：Sb 30%～50%，As 5%～10%，碱 60%～70%。这种渣基于以下两种原因必须进行处理：一是它含砷具有毒性，污染环境；二是它含有有价金属，作为二次资源，必须将有价金属进行回收。

我国对砷碱渣的处理，已进行了不少工作，简单介绍如下：

（1）文献［21］报道了使用常规锑冶炼反射炉的砷碱渣火法处理方法。先将砷碱渣破碎至 1~4mm，直接投入反射炉熔化成合金液态，根据合金液中 As 离子的含量，按 As：Na 为 1:1 化学计量加入 NaOH 除砷，然后加入除铅剂除铅。

（2）文献［22］公开了一种使用常规锑冶炼反射炉的砷碱渣的火法处理方法。它包括以下步骤：将砷碱渣破碎并在反射炉中熔融、搅拌；合金液中加入 NaOH 除砷；加入除铅剂除铅。其工艺流程简单，操作条件容易控制，能将砷碱渣全部转变为有用产品利用或出售，锑、砷回收率达到 99% 以上；铅回收率接近 100%；具有显著的经济效益和环保效益。

（3）文献［23］指出砷碱渣的处理有多种方法：填埋、火法、湿法等。简单的填埋堆置由于安全性低，管理费用高，已很少采用。火法除砷的工艺原理是将废渣通过氧化焙烧—挥发制取 As_2O_3，或者将粗 As_2O_3 进行还原精炼制取单质砷，主要有鼓风炉熔炼法和反射炉熔法。火法除砷的主要流程如下：首先把砷碱渣入炉（鼓风炉）进行烟化得到高砷锑氧，接着进反射炉还原精炼，得到高砷锑，再经反复降温去铁，浇铸成表面光洁的产品。在湿法工艺中，首先是将渣破碎至一定粒度后再浸出，利用砷碱渣中砷酸钠和亚砷酸钠能溶于水，而亚锑酸钠和锑酸钠不溶于水的性质实现砷、锑分离，使砷溶出，然后对含砷溶液采用化学沉淀或离子交换等方法进行进一步处理。

（4）文献［24］发明了一种有色金属冶炼的环境保护技术，即在脱碱工序向脱锑浸出液中通入二氧化碳气体搅拌脱碱，过滤后产出的碳酸盐经洗涤返回锑冶炼。其工艺流程中水溶液闭路循环，没有废水外排；锑精矿、碳酸盐返回锑冶炼；砷硫化物、砷酸钡作为产品销售，没有新的废渣产生；在脱砷过程中产生的少量硫化氢废气采用氢氧化钠溶液吸收，而吸收液可以返回脱砷系统使用。锑回收率达到 99%，铅回收率接近 100%，砷浸出率超过 90%。碱的收率超过 97%，硫酸铵的浸出率接近 100%。工艺流程简单，操作条件容易控制，设备投资少，经济效益和环境效益比较显著。

（5）文献［25］以锑精炼产生的含砷 9%、含锑 2%、含碱 40% 左右的二次砷碱渣为原料，在液固比为 3:1、90℃以上搅拌浸出 3h，过滤后得到砷锑渣和浸出液。在浸出后液中加入脱锑剂 A，在 60℃条件下搅拌反应 3h，过滤后得到锑酸钠。在脱锑后液中通入二氧化碳，在 45℃左右搅拌反应 3h，pH 值达到中性后，过滤得到碳酸氢钠；在 95℃以上返溶碳酸氢钠，产出碳酸钠。在脱碱后液中加入试剂 B，在 55℃左右搅拌反应 3h，过滤后得到无水砷酸钠；脱砷后液返回浸出工序。产品锑酸钠中锑含量在 40% 左右，碳酸钠中砷含量小于 1.5%，砷酸钠中砷含量在 24% 以上。二次砷碱渣清洁化生产技术实现了浸出液后液中的砷、锑、碱的全分离，对于环境保护及资源的综合利用具有重要的现实意义。

（6）文献［26］重点介绍了以水浸实现砷碱渣中的砷、锑分离，对水浸渣进行盐酸浸出，得到了可作为工业原料的氯化锑溶液。研究结果表明，在液固比为 6:1，温度 40℃，浸出时间 40min 的条件下，可使水浸过程中锑的浸出率低于 3%，砷的浸出率达到 99%；再用盐酸浸出时，控制酸浓度为 1:1，液固比 10:1，温度 60℃，浸出时间 30min，能使锑的浸出率达到 88% 以上。经过水浸和盐酸浸出，锑的直接回收为 85.36%，砷的回收率也在 80% 以上。

（7）文献［27］发明公开了一种锑冶炼砷碱渣的除毒增利方法。为了克服现有砷碱渣处理技术效果差、处理不彻底和所用熔炼炉能耗大等不足，该发明的技术方案是将砷碱渣或砷碱渣预处理所得含砷酸钠混合物，在加入二氧化硅后，入炉冶炼，炉温控制在1400～1500℃，得硅酸钠、金属锑及砷锑氧化物，或硅酸钠、砷氧化物等可利用产品。该方法用于处理砷碱渣工艺简便，无残留物二次污染，能将砷碱渣全部转变为有用产品利用或出售，一个中型锑冶炼厂可因此年增利400万元左右，具有显著的经济效益和环保效益。

（8）文献［28］介绍了一种锑冶炼砷碱渣除砷的处理方法，按以下步骤进行：1）碱渣浸洗、分离，获得碱液与锑渣，锑渣返回利用；2）碱液送去吸收冶炼排放烟气中的 SO_2 或用酸调 pH 值至 5.0 以下；3）碱液中添加 $Na_2S_2O_3$，使 As 与 $Na_2S_2O_3$ 的摩尔比达 1：（1.5～2）；4）反应后进行沉降分离，渣为 As_2S_3（As_3S_5），含 As 约 20% 的澄清溶液用 $Ca(OH)_2$ 置换回收 As。该方法简单，除砷效果好，回收利用碱渣经济可行。

（9）文献［29］公开了一种含砷物料的处理方法，特别适用处理含砷碱废渣。该处理方法包括以下步骤：水浸，将物料中的砷碱与其他有价成分及灰分分离，得到含有价成分的渣和含砷碱的溶液，渣返回冶炼生产流程回收有价金属；向含砷碱溶液中加入铵盐中和其中的碱，加热蒸氨，将溶液中的氮、氨和二氧化碳挥发出来，用水和含二氧化碳的母液吸收。氨用于生产碳酸氢铵或碳酸钠。再向蒸氨后的溶液中加入沉砷剂除砷，当沉砷剂为金属离子（如钙、镁、铁离子等）时，应加碱调整溶液的 pH 值大于 7。除砷后的溶液可生产钠盐，也可用钠盐和碳酸氢铵生产碳酸钠。该方法成本低，可对物料中的各种有效成分加以回收，且不产生二次污染。

（10）文献［30］设计了一种对铅阳极泥回收金银后产出的氯氧锑渣综合回收有价金属的工艺。将氯氧锑渣经自然干燥后，和还原煤、纯碱、萤石按 100：（7～15）：（12～15）：（2～4）的质量分数比例混合均匀后，送入反射炉内进行还原熔炼，产出粗锑，还原熔炼的温度控制在 1100～1200℃，将空气鼓入粗锑液面对粗锑进行吹炼烟化，使锑挥发氧化产出锑氧粉，过程中控制温度在 700～900℃。将吹炼产出的锑氧粉在精炼反射炉内进行传统的还原熔炼和精炼，产出合格精锑，具有工艺简单、投资少、效益好等特点，并能同时回收氯氧锑渣中的铋、铜、金、银等有价金属。

（11）文献［31］介绍了一种泡碱渣直接入反射炉炼精锑的方法。它是将原料泡渣、碱渣进行脱水后破碎，然后配料，并加入还原剂 3%～8% 搅拌均匀，入反射炉炼出精锑，最后进行整理包装。这种方法解决了现有土法生产冶炼锑环境污染相当严重、生产成本高、劳动强度大、回收率低的问题；也克服了现有直接入反射炉回收精锑的传统方法回收率极低的缺点。该方法精锑直收率达 80% 以上，回收率高，生产成本低，具有节煤效果，有明显的经济效益。

（12）文献［32］公开了一种火法炼锑中综合回收砷碱渣和二氧化硫烟气的方法。该方法包括将炼锑过程中的含砷碱渣浸出、含砷碱溶液吸收废气二氧化硫、用硫化剂脱砷、硫酸铁深度除砷以及净化浓缩干燥等过程。该发明将炼锑过程产生的难以处理的砷碱渣和废气中低含量的二氧化硫得到彻底处理，锑回收率达到 99%；砷回收率超过 90%，二氧化硫吸收率超过 95%，气体达到排放标准；碱转化为亚硫酸钠。该方法工艺流程简单，设备投资少，经济效益和环境效益显著，一举解决了炼锑过程中含砷碱渣和废气二氧化硫处理问题，清洁了炼锑过程。整个过程中的水溶液闭路循环，没有废水外排，废气合格排空，是一个清洁环保的工艺。

（13）文献［33］公布了一种综合处理锑冶炼砷碱渣并制备胶体五氧化二锑的方法。主要包括水浸、酸浸、水解三个过程；采用氧化水解法制备胶体五氧化二锑。该发明对砷碱渣进行湿法处理，在治理砷污染的同时回收了其中的锑资源，制备出胶体五氧化二锑，从而达到资源的循环利用和回收。

（14）文献［34］以锑冶炼产生的砷碱渣为原料，在80℃下，搅拌约2h浸出脱锑；在脱锑后液中通入二氧化碳气体，脱除碳酸盐；调整脱碱后液的pH值，在酸性条件下加入适量的硫化钠脱除砷。工业试验表明：锑和铅的回收率分别达到99.0%和99.6%；砷、碱和硫酸钠的浸出率分别达到90%、99%和100%；碳酸盐中碱含量达到95%，砷含量在1%左右；砷硫化物中砷含量达到37%；在脱砷过程中产生的少量硫化氢采用氢氧化钠溶液吸收，吸收液返回脱砷系统；水溶液闭路循环，无废水外排，锑精矿、碳酸盐返回锑冶炼；砷硫化物、硫酸钡作为产品销售。采用该技术无废气、废水、废渣产生，工艺流程简单，操作条件容易控制，设备投资少。

（15）文献［35］提出的湿法处理二次砷碱渣的工艺流程如图9-19所示。

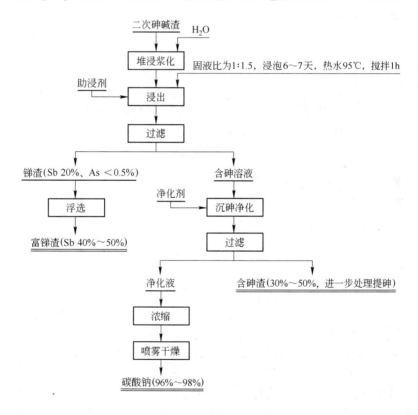

图9-19 二次砷碱渣综合回收试验流程

该流程有三大特点：流程短，除砷彻底，回收得到的硫酸钠可返回反射炉精炼除砷。

（16）文献［36］详细研究了用湿法处理砷碱渣的新工艺，该工艺是砷碱渣热水浸出—氧化钙沉砷—硫酸溶砷—还原—冷却结晶等工序，其流程如图9-20所示。

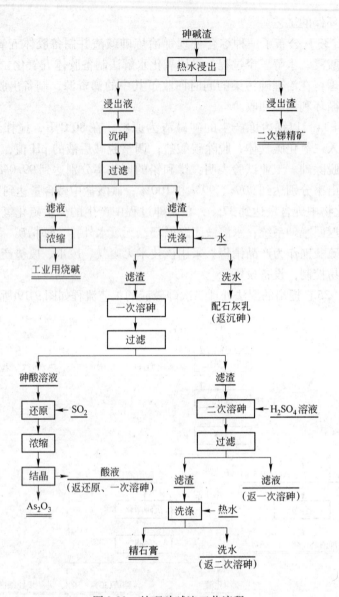

图 9-20   处理砷碱渣工艺流程

工艺处理研究结果有：

1）通过热水浸出，使 96% 以上的锑进入浸出渣，97% 以上的砷进入浸出液中，很好地实现了砷和锑的分离。

2）浸出液沉砷，采用石灰乳沉砷，当钙砷当量比超过 1.85、温度为 85℃ 时，沉砷率达到 95% 以上。用石灰乳沉砷后不仅可以对得到的砷钙渣进一步处理提砷，而且还有利于砷碱渣中碱的回收。

3）砷钙渣用硫酸溶液溶解时，当 H_2SO_4/CaO 比为 1.2、温度为 85℃ 时，沉砷率达到 98% 以上，得到了含砷很高的砷酸溶液和粗石膏，粗石膏经过二次脱砷得到含砷小于 0.2% 的精石膏。

4）含砷的砷酸溶液经过还原、冷却结晶，可以得到纯度达到 95% 以上的粗三氧化二砷。

从以上结果中可以看出，图 9-20 所示的处理砷碱渣的工艺流程是可行的、有效的。这一方法成本低、工艺容易实现，不仅能够彻底消除砷碱渣带来的环境污染问题，而且还能够取得一定的经济效益。

文献［36］的作者，在其学术论文中提出了加压氧化浸出硫化砷渣和处理炼锑砷碱渣的新工艺。这两种工艺不仅能够彻底解决由硫化砷渣和炼锑砷碱渣带来的砷污染问题，而且能够全面回收其中的各种有价成分，并且有工艺比较简单、投资少、成本低、易于实现工业化等特点。将其应用到实际生产，会带来良好的社会效益、环境效益和经济效益。

9.4　高砷锑烟尘回收砷、锑

我国有色金属矿石大都含有砷。每年由各种精矿带入冶炼厂的砷量据不完全统计达 6000t 之多。在焙烧、熔炼等过程中砷很大部分以 As_2O_3 的形态进入炉气而富集在烟尘中[37,38]。由于锑与砷的物理化学性质特别相似。在冶炼过程中往往形成砷、锑含量很高的烟尘，其中还含有其他有价元素。无论从经济效益还是环境保护考虑，都具有综合利用的价值。文献［39］提出了高砷锑烟尘的处理、综合回收有价金属流程（见图 9-21）。

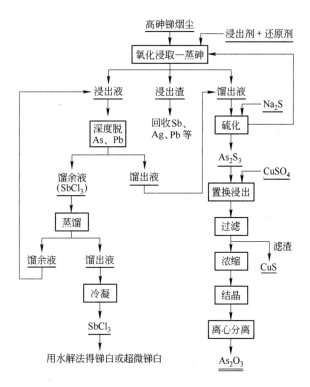

图 9-21　处理高砷锑烟尘、综合回收有价金属的流程

该工艺流程是采用低温氯化—蒸馏法处理高砷锑烟尘，主要是利用 $AsCl_3$ 与 $SbCl_3$ 等金属氯化物在盐酸溶液中的挥发性的差异，使 $AsCl_3$ 蒸馏出来，而 $SbCl_3$ 等留在浸出液中，部分其他金属留在浸出渣中而得到分离。砷的回收是用加 Na_2S_3 使其以 As_2S_3 沉淀出来，这样，一方面由于 As_2S_3 毒性小，便于暂时保存，另一方面可使馏出液中的 HCl 循环使用，降低试剂消耗。将 As_2S_3 再用 $CuSO_4$ 液置换浸出，经浓缩、结晶，产出纯度高的

As_2O_3 产品。锑的回收，采用升温深度蒸馏脱砷，继而高温蒸馏出 $SbCl_3$ ，$SbCl_3$ 进一步分解，生产出高纯 Sb_2O_3 。在锑回收过程中得到的含砷盐酸溶液返回浸出，可降低试剂消耗。砷在整个流程中以全闭路操作，消除了砷对操作环境的污染。

流程中高砷锑烟尘组成见表9-33，其物相组成见表9-34。

表9-33 高砷锑烟尘的主要组成

元 素	As	Sb	Pb	Ag	Cu
含量/%	27.40	50.83	0.85	74g/L	0.012

表9-34 高砷锑烟尘的物相组成

锑的化合物	含量/%	砷的化合物	含量/%
Sb_2O_3	49.8	As_2O_3	26.94
Sb_2O_5	0.56	As_2O_5	0.66
Sb_2S_3	0.44	$As_2O_3 \cdot MeO$	0.23
$Sb_2O_5 \cdot MeO$	0.17		
总 Sb	50.97	总 As	27.62

溶砷中浸出的最佳条件为：HCl 溶液浓度为 7mol/L，100min，100℃，$-21328Pa$，液固比为6。得到的结果为：砷的馏出率高达87.67%，锑的浸出率高达99.5%。可以看出锑的浸出率很高，几乎可全部将锑从浸出液中回收。而砷大部分在馏出液中，有一小部分砷（12.33%）留在浸出液中，这部分砷在后续深度脱砷时可以回收。

对于从含 $AsCl_3$ 的馏出液中回收砷，先用 Na_2S 将 As^{3+} 沉淀为 As_2S_3 ，使馏出液中的 HCl 可返回循环使用，再将 As_2S_3 浸出，从而回收 As，为了从 As_2S_3 中回收 As(Ⅲ)，曾用 H_2SO_4 和 HNO_3 通 O_2 浸出或 NaOH 通 O_2 的氧化浸出以及加 $CuSO_4$ 置换浸出。实践表明，$CuSO_4$ 置换浸出完全，制取白砷过程简单，故选用 $CuSO_4$ 置换浸出。浸出过程发生的主要反应是：

$$As_2S_3 + 3CuSO_4 + 4H_2O \rightleftharpoons 3CuS + 2HAsO_2 + 3H_2SO_4$$

浸出的 As(Ⅲ)溶液经浓缩、结晶，产出 As_2O_3 。As_2O_3 的品位在99.9%以上。产品 As_2O_3 杂质含量分析结果见表9-35。

表9-35 产品 As_2O_3 杂质含量分析结果　　　　　　　　　　（%）

元 素	Fe	Sb	Sn	Cu	Pb	Be	Mg	Bi	Cu	In	Ge
含 量	0.001	0.005	<0.001	0.0001	<0.0001	<0.00001	0.001	<0.001	<0.001	<0.001	<0.001

在图9-21的流程中，还可进一步制取锑白。其具体操作是：在氯化—蒸馏烟尘分离砷、锑之后，需要净化浸出液以除去其他金属氯化物和杂质。$SbCl_3$ 溶液经水解后得到 Sb_2O_3 ，品位在99%以上。如果 $SbCl_3$ 溶液再精炼一次，经水解后得到 Sb_2O_3 在99.9%以上，即商品纯锑白。

9.5　高锑锡复合渣回收锑、锡

9.5.1　低温真空蒸发法

由于真空蒸馏法具有许多优点，故提出了用低温真空蒸发法处理高锡复合渣，回收 Sb，并制备纳米 Sb_2O_3 的工艺。[40,41]

9.5.1.1　原料及设备

原料为某锑冶炼厂的含 Sb、Pb、Sn 等有价金属的高锑锡复合渣。复合渣呈大块状，有一定的硬度。对复合渣进行破碎和筛分后，进行粒度分析，分析结果见表 9-36。粒度分析结果表明，复合渣的粒度绝大部分在 0.28mm 以上，最大约 1.0mm。

表 9-36　高锑锡复合渣的粒度分析结果

粒度范围/mm	粒度分布/%	粒度范围/mm	粒度分布/%
>0.280	86.88	0.071~0.100	3.58
0.154~0.280	5.56	<0.071	0.06
0.100~0.154	3.92		

取样分析复合渣化学成分为：34.49% Sb，27.87% Pb，7.45% Sn，2.33% Fe。其中 Sb、Pb 和 Sn 的主要物相成分分别为 Sb_2O_3、PbO 和 SnO_2。

使用的装置由真空炉、温度检测与控制系统、真空获得和检测系统三部分组成。所用设备主要是：2XZ-1 型旋片式真空泵，麦式真空计，TCE-I 型温度控制器，XMZ 型数显指示仪，LZB-3 型空气流量计，GB-J30-T 型微调阀以及真空炉。其中，真空炉包括蒸发器、水冷冷凝器和电阻加热部件等，由热电偶检测炉内温度。

9.5.1.2　操作方法

将盛有一定量复合渣的方瓷舟（30mm×60mm）放入真空炉，抽真空，并加热到一定的温度后，调节微调阀和气体流量控制体系残压（真空度），开始计算蒸发时间。蒸发后残渣冷却后从真空炉取出，称重，取样，并用 $Ce(SO_4)_2$ 容量法测定残渣中的 Sb 含量，然后按照以下公式计算 Sb 的蒸发率：

$$Sb \text{ 的蒸发率} = \frac{\text{蒸发前渣中的 Sb 量} - \text{蒸发后残渣中的 Sb 量}}{\text{蒸发前渣中的 Sb 量}} \times 100\%$$

蒸发物 Sb_2O_3 在冷凝器收集后，用碘量法测定其 Sb_2O_3 的含量，原子吸收法测定其杂质含量；用 Sirion 型高清晰场发射扫描电镜（FE-SEM）分别观察和测量其形貌和粒度；用 Malvern MS2000 激光粒度仪测试 Sb_2O_3 的粒度分布范围和粒度；用 WSD-Ⅲ 白度仪测量 Sb_2O_3 的白度；用 D/max2550 型 $CuK_{\alpha1}$（1.54056A）为放射源的 X 射线衍射仪（XRD），按照纳米 Sb_2O_3 特征峰强度，宽化信息和晶面间距来测量 Sb_2O_3 的结构。根据 XRD 衍射图，按照 Secherrer 公式计算纳米 Sb_2O_3 的粒度：

$$D = 57.3 \times K\lambda/(\beta\cos\theta)$$

式中，D 为平均颗粒粒度；K 为形状因子，球形为 0.89；λ 为 $CuK_{\alpha1}$（0.154056nm）放射源的波长；β 为衍射峰的半高宽；θ 为 Bragg 衍射角。

9.5.1.3 影响因素

A 各因素对复合渣中 Sb 蒸发率的影响

蒸发温度、残压对 Sb 蒸发率的影响结果如图 9-22 和图 9-23 所示。

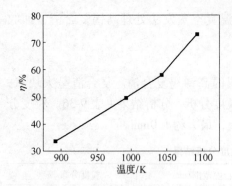 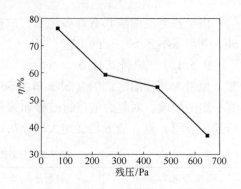

图 9-22 温度对 Sb 蒸发率 η 的影响　　　　　图 9-23 残压对 Sb 蒸发率 η 的影响
（残压为 250Pa, 1h）　　　　　　　　　　　　　（893K, 2h）

由图 9-22 和图 9-23 可以看出，蒸发温度、残压对 Sb 蒸发率的影响均很显著。随着温度的提高 Sb 蒸发率明显增大。尤其是在温度为 1043K 左右时，蒸发率曲线陡增，Sb 蒸发率增大尤为明显。当温度从 893K 变化到 1093K 时，Sb 蒸发率从 33.85% 增加到 72.98%。Sb 蒸发率随温度升高而增大是 Sb_2O_3 的蒸气压随着温度的提高而增大的缘故。

Sb_2O_3 属于易蒸发的物质，当体系的残压低于 101325Pa（1atm）时，即真空条件下，Sb 蒸发率可以显著提高。在选定的残压范围内（残压 65 ~ 650Pa），Sb 的蒸发率随残压的减小而明显增大。当残压从 650Pa 降到 250Pa 时，Sb 的蒸发率从 37.02% 增加到 59.23%。残压越小，Sb_2O_3 的蒸发速率越大，Sb_2O_3 的蒸发量越大，Sb 的蒸发率也就越高。

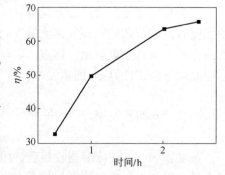

蒸发时间表明在同样的温度和残压下，时间越长，Sb 蒸发率越高。当蒸发的时间小于 2h 时，Sb 蒸发率随时间的延长明显增大。当时间为 0.5h 时，Sb 蒸发率为 32.79%；当时间为 2h 时，Sb 蒸发率增大至 63.46%。但在 2h 后，Sb 蒸发率增加得较为缓慢，再继续延长蒸发时间意义已不大（见图 9-24），所以蒸发时间应以 2h 为宜。

图 9-24 时间对 Sb 蒸发率 η 的影响
（993K，残压为 250Pa）

B 各因素对 Sb_2O_3 粒度、白度的影响

蒸发温度、残压和时间对 Sb_2O_3 粒度、白度及成分的影响见表 9-37。

表 9-37 温度、残压和时间对 Sb_2O_3 的影响实验结果

样品号	温度/K	残压/Pa	时间/h	Sb_2O_3 成分/%			白度/%	平均颗粒粒度/nm
				Sb_2O_3	Pb	Sn		
1	893	250	1	99.14	0.17	0.019	91.2	64

续表9-37

样品号	温度/K	残压/Pa	时间/h	Sb₂O₃ 成分/%			白度/%	平均颗粒粒度/nm
				Sb_2O_3	Pb	Sn		
2	993	250	1	98.02	0.39	0.054	82.4	86
3	1043	250	1				75.7	
4	1093	250	1	97.25	0.56	0.071	70.6	
5	893	650	2	98.19	0.24	0.036	89.4	
6	893	250	2	98.50	0.18	0.035	90.0	72
7	893	450	2				90.4	77
8	893	650	2	99.12	0.17	0.021	90.7	84
9	993	250	0.5				82.8	
10	993	250	2	97.86	0.45	0.062	81.9	91

从表9-37中可以看出,蒸发温度有明显的影响。Sb_2O_3 的杂质 Pb、Sn 含量和粒度随温度的增加明显增大,而纯度和白度随温度的增加逐渐减小。当温度从 893K 变化到 1093K 时,Sb_2O_3 的纯度从 99.14% 减小到 97.25%,其白度从 91.2% 减小到 70.6%。温度影响白度的原因是 PbO 和 SnO_2 等杂质随温度的升高逐渐被蒸发出来,从而造成 Sb_2O_3 白度的降低。温度越高,Sb_2O_3 粒度越大的原因是分子的蒸发速度和浓度随温度的增加而增大。因此,当温度升高时,Sb_2O_3 分子在成核长大过程中,粒子容易变粗。所以,为了获得粒度小、纯度和白度高的 Sb_2O_3,蒸发温度应该控制在较低的范围内。

表9-37 的数据还表明,Sb_2O_3 的纯度和粒度随残压的降低而减小。当残压从 650Pa 降到 250Pa 时,Sb_2O_3 的纯度从 99.12% 减小到 98.50%,Sb_2O_3 的粒度从 84nm 减小到 72nm。由于系统残压越小,Sb_2O_3 颗粒的粒度也就越小,因此控制适当的残压,可制备粒度较小的纳米 Sb_2O_3。从表9-37 中还可看出 Sb_2O_3 的白度随残压的减小有轻微地降低,其原因与上述温度对 Sb_2O_3 的白度的影响相同。

在同样的温度和残压下,随时间的延长,Sb_2O_3 的纯度和白度有小幅度地减小,粒度则有小幅度地增大。这是因为蒸发时间越长,被蒸发出来的 PbO 和 SnO_2 等杂质进入 Sb_2O_3 的量有增加的趋势,因而造成 Sb_2O_3 的纯度和白度有小幅度的减小。而蒸发时间越长,Sb_2O_3 分子成核长大的机会越大,Sb_2O_3 粒子越容易变粗。

9.5.1.4 产品 Sb_2O_3

综合考虑各因素对 Sb 蒸发率和产品 Sb_2O_3 的纯度、白度和粒度的影响,用以下工艺条件:蒸发温度 893K、残压 250Pa 和时间 2h 进行操作,并对产品 Sb_2O_3 进行特性分析。结果表明:Sb 蒸发率为 59.15%;Sb_2O_3 的化学成分为:Sb_2O_3 98.50%,Pb 0.18%,Sn 0.035%,Fe 0.004%;白度为 90.0%,平均颗粒粒度为 72nm。图 9-25 所示的 Sb_2O_3 为立方晶型,按 Scherrer 公式计算 Sb_2O_3 的平均粒度为 40nm。

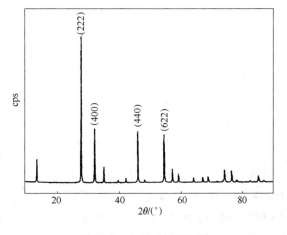

图 9-25 Sb_2O_3 的 XRD 图

9.5.2   高温真空蒸发法

正如前面所述，采用低温真空蒸发方法直接从复合渣中制备出纳米 Sb_2O_3 的工艺简单、生产成本低，但 Sb 的蒸发率只有 59.15%，Sb 的回收率低，复合渣的利用率较低，这是制约该工艺应用于实际生产的"瓶颈"。从结果来看，温度对 Sb_2O_3 的纯度、白度和粒度等影响非常大，其中 Sb_2O_3 的纯度和白度随温度的增加明显减少，而 Sb_2O_3 的粒度随温度的增加明显增大。因此，要制备出合格的纳米 Sb_2O_3 就必须控制好适当的温度，即只有在较低的温度范围内进行。该工艺制备纳米 Sb_2O_3 时，采用的温度较低，只有 893K，在此温度下 Sb 的蒸发速率较小，因而 Sb 的蒸发率较低。因此，蒸发温度是限制 Sb 的回收率的纳米 Sb_2O_3 产率提高的主要原因。

从 Sb 蒸发率随温度升高呈现逐渐增大的趋势可以知道，高的蒸发温度可以得到高的 Sb 蒸发率。据此，又提出了高温真空蒸发法处理复合渣，高温蒸发物再经低温真空蒸发制备纳米 Sb_2O_3。高温真空蒸发法与低温真空蒸发法相比，可以提高 Sb 的蒸发率，进而提高 Sb 的回收率和纳米 Sb_2O_3 的产率。

9.5.2.1   工艺及影响因素

原料、设备及操作方法同 9.5.1 节。

影响因素主要有：

（1）真空度对 Sb 蒸发率的影响。在固定蒸发温度 1073K，时间为 2h 时，真空度对 Sb 蒸发率的影响结果如图 9-26 所示。

图 9-26 表明，Sb 蒸发率随真空度的降低而逐渐减小，且呈线性关系。当真空度从 40Pa 到 250Pa 时，Sb 蒸发率从 98.3% 减小到 90.25%。真空度越低，Sb_2O_3 蒸发速率越小，Sb 的蒸发率也就越小。

（2）蒸发温度对 Sb 蒸发率的影响。在真空度 40Pa，还原时间 2h 条件下，蒸发温度对 Sb 蒸发率的影响结果如图 9-27 所示。

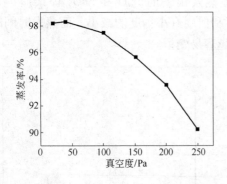

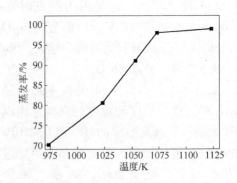

图 9-26   真空度对 Sb 蒸发率的影响   图 9-27   蒸发温度对 Sb 蒸发率的影响

由图 9-27 可以知道，随着蒸发温度的提高，Sb 蒸发率明显增大。特别是在温度小于 1073K 时，Sb 蒸发率增大尤为显著。当温度从 973K 变化到 1073K 时，Sb 蒸发率从 70.00% 增加到 98.30%。但在温度大于 1073K 时，Sb 蒸发率增大平缓。

（3）蒸发时间的影响。当蒸发温度 1073K，真空度 40Pa 时，蒸发时间对 Sb 蒸发率的影响结果如图 9-28 所示。

从图 9-28 可以看出，蒸发时间越长，Sb 蒸发率越高。尤其是当蒸发时间小于 1h 时，Sb 蒸发率随时间的延长增幅很大。当时间为 0.5h 时，Sb 蒸发率为 45.73%；当时间为 1h 时，Sb 蒸发率增大至 90.45%。但在蒸发时间到达 2h 后，Sb 蒸发率增加得较为缓慢。

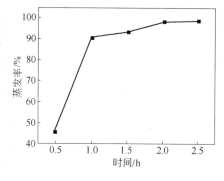

图 9-28 蒸发时间对 Sb 蒸发率的影响

9.5.2.2 由高温蒸发物低温真空蒸发制备纳米 Sb_2O_3

在蒸发温度 1073K，真空度 40Pa，蒸发时间 2h 的综合条件下，高温真空蒸发法处理复合渣的结果为：Sb 的蒸发率为 98.30%，得到的高温蒸发物呈白色稍黄，其化学成分为：Sb_2O_3 97.10%，Pb 0.97%，Sn 0.086%；蒸发残渣呈黄色，其成分为 Sb 1.30%，Pb 50.79%，Sn 14.27%，Fe 4.40%，As 1.61%，蒸发残渣渣率平均为 53.90%。可见，高温蒸发物中含有一定量的 Pb、Sn 等杂质元素。

根据同一温度下各种物质的饱和蒸气压可以知道，Sb_2O_3 和 PbO、SnO_2 等物质的饱和蒸气压之间存在明显的差别，且温度越低，Sb_2O_3 和 PbO、SnO_2 等物质分离效果越好。因此，利用物质的蒸气压不同这一特性，可以使 Sb_2O_3 和 PbO、SnO_2 等物质得到分离。而在真空条件下，由于物质的蒸发速率要比常压条件下高，因而物质在真空中蒸发所需的温度要比常压条件下蒸发所需的温度低。复合渣低温真空蒸发直接制备纳米 Sb_2O_3 的实践证明，低温真空蒸发有助于 Sb_2O_3 的形成。

选取高温蒸发物用低温真空制备纳米 Sb_2O_3 的条件为：蒸发温度 893K、真空度 250Pa 和时间 2h。结果表明：Sb 的蒸发率为 95.10%（由此计算由复合渣到产品纳米 Sb_2O_3，Sb 的直收率为 93.48%）；Sb_2O_3 的化学成分为：Sb_2O_3 99.05%，Pb 0.19%，Sn 0.029%，Fe 0.003%；其白度为 91.1%，晶体为立方晶型，平均颗粒粒度为 86nm。

高锡复合渣经高温蒸发后，蒸发残渣成分为：Sb 1.30%、Pb 50.79%、Sn 14.27%、Fe 4.40%、As 1.61%。复合渣中的 Sn 进一步得到富集，有利于 Sn 回收制取锡酸钠。锡酸钠是一种重要的化学品，它最重要的用途是用于电镀锡及其合金（例如锡-锌、锡-镉和锡-铜合金）[43~48]。

9.6 低锡复合渣的湿法处理

采用湿法工艺处理低锡复合渣可有效分离和回收 Sb、Pb、Sn，并且 Sb 和 Pb 可进一步分别制取超细立方晶型 Sb_2O_3 和纳米 PbS。低锡复合渣处理的原则工艺流程如图 9-29 所示。

HCl 和 NaCl 超声浸出低锡复合渣后，浸出液冷却结晶得到粗 $PbCl_2$，粗 $PbCl_2$ 经精制、Na_2CO_3、HNO_3 分解转化为 $Pb(NO_3)_2$，$Pb(NO_3)_2$ 经气/液异相化学反应合成纳米 PbS。浸出液冷却结晶后的母液经还原、水解、除杂得到氯氧锑，氯氧锑在有超声波的氨水中中和制备超细立方晶型 Sb_2O_3。浸出渣真空碳还原回收 Sb、Pb、Sn。从原料到终产品（即整个流程，终产品包括 Sb_2O_3、PbS、冷凝物、合金、蒸发残渣），Sb、Pb 和 Sn 的直收率分别为 98.88%、92.30% 和 94.60%。

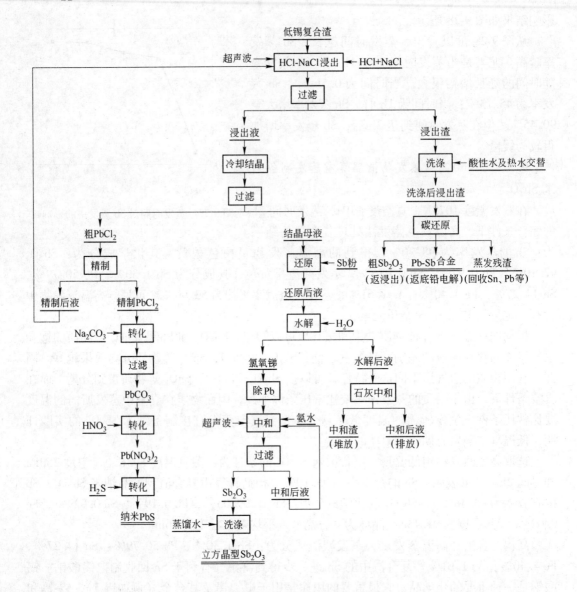

图 9-29 低锡复合渣处理的原则工艺流程

9.6.1 原料处理

原料为某锑业公司的富含 Sb、Pb、Sn 等有价金属的低锡复合渣。复合渣为块状,坚硬。对复合渣进行破碎和筛分后,进行粒度分析,分析结果见表 9-38。粒度分析结果表明,复合渣中 85.45% 的粒度在 0.28mm 以下,其平均粒度为 0.167mm。

表 9-38 低锡复合渣的粒度分析结果

粒度范围/mm	平均粒度/mm	粒度分布/%	粒度范围/mm	平均粒度/mm	粒度分布/%
0.280 ~ 0.500	0.390	14.55	0.071 ~ 0.100	0.086	15.46
0.154 ~ 0.280	0.217	24.68	0 ~ 0.071	0.036	15.05
0.100 ~ 0.154	0.127	30.26			

低锡复合渣的主要化学成分和物相组成分别见表9-39和表9-40。

表9-39 低锡复合渣的化学成分 （%）

成 分	Sb	Pb	Sn	Fe	As	S
含 量	43.07	36.58	0.9	2.33	0.97	1.59

表9-40 低锡复合渣物相分析 （%）

物相	Sb				Pb		
	Sb_2O_3	Sb_2O_4	$Sb_2O_5 + Sb_6O_{13}$	其他	$PbO + Pb_3O_4$	$PbO_2 + Pb_2O_3$	其他
含量	54.33	32.80	7.87	5.0	78.0	20.30	1.70

物相分析表明，Sb、Pb都是由多种复杂的氧化物组成的。其中，在Sb的物相组成中，Sb_2O_3、Sb_2O_4可溶于盐酸，这部分的Sb占87.13%；而Sb_2O_5、Sb_6O_{13}不溶于盐酸，这部分的Sb占7.87%。在Pb的物相组成中，PbO、Pb_3O_4可溶于盐酸，这部分的Pb占78.0%；而PbO_2、Pb_2O_3不溶于盐酸[42]，这部分的Pb占20.30%。

9.6.2 原理

HCl-NaCl浸出复合渣的反应式主要是[43]：

$$Sb_2O_3 + 6HCl === 2SbCl_3 + 3H_2O$$

$$Sb_2O_4 + 8HCl === SbCl_3 + SbCl_5 + 4H_2O$$

$$PbO + 2HCl === PbCl_2 + H_2O$$

$$Pb_3O_4 + 8HCl === 3PbCl_2 + Cl_2 + 4H_2O$$

$$PbCl_2 + 2NaCl === Na_2PbCl_4$$

浸出后，复合渣中的锑以$SbCl_3$的形式存在于溶液中，铅以Pb^{2+}与Cl^-形成配位数不同的各种配合物的形式存在。

考虑到$PbCl_2$在水溶液中的溶解度很低，要提高Pb的浸出率，据文献报道须考虑以下三个因素[42]：

（1）盐酸浓度对$PbCl_2$溶解度的影响。如图9-30所示，随着盐酸浓度的增大，Pb^{2+}在溶液中的浓度也增大。当盐酸浓度大于8mol/L时，Pb^{2+}在溶液中的浓度升高较快。

（2）温度对$PbCl_2$溶解度的影响。图9-30表示了不同温度下Pb^{2+}浓度的变化情况。从图中可以看出，随着温度的升高，Pb^{2+}的浓度增大。

（3）NaCl浓度对$PbCl_2$溶解度的影响。从表9-41中可以看出，$PbCl_2$在常温水中的溶解度很小，而在氯化钠溶液中的溶解度随着氯化钠的浓度和温度的增加而增高。在沸腾的饱和食盐溶液中，其溶解度可达189g/L。多数研究者认为铅在

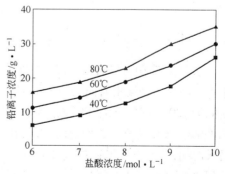

图9-30 盐酸浓度对$PbCl_2$溶解度的影响

氯化钠溶液中以配合物形态存在，其化学反应为[49~52]：

$$mPbCl_2 + nNaCl \Longrightarrow mPbCl_2 \cdot nNaCl$$

表9-41 NaCl 浓度对 PbCl₂ 溶解度的影响

温度/℃	NaCl 浓度/g·L⁻¹										
	0	20	40	60	80	100	140	180	220	260	300
13	7	3	1	0	0	0	10	3	5	9	13
50	11	8	4	3	4	5	7	10	12	21	35
100	21	17	13	11	12	15	21	30	42	65	95

9.6.3 HCl-NaCl 常规浸出复合渣

9.6.3.1 粒度对浸出率的影响

固定条件：HCl 浓度为 6.0mol/L，NaCl 浓度为 280mol/L，温度 95℃，时间 120min，液固比为 6∶1，粒度对浸出率的影响如图 9-31 所示。

复合渣粒度小，反应接触面积大。故随着粒度的减小，Sb、Pb 浸出率均逐渐提高，当粒度小于 0.217mm 时提高缓慢，故使用复合渣粒度为小于 0.280mm 的占 85.45%（平均粒度 0.167mm）比较合适。

9.6.3.2 浸出时间对浸出率的影响

固定条件：HCl 浓度为 5.17mol/L，温度 95℃，液固比 5∶1，浸出时间对浸出率的影响如图 9-32 所示。

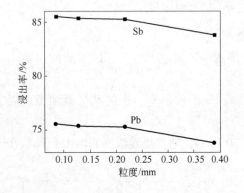

图 9-31　粒度对浸出率的影响

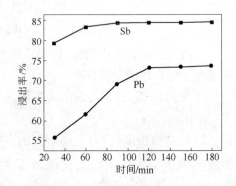

图 9-32　时间对浸出率的影响

从图 9-32 中可以看出，随着时间的延长，Sb、Pb 浸出率有所提高，特别是 Pb 的浸出率提高明显。当浸出时间为 30min 时，Sb、Pb 浸出率分别为 79.26% 和 55.61%；当浸出时间为 120min 时，Sb、Pb 浸出率分别为 84.25% 和 73.05%。当浸出时间大于 60min 后，Sb 的浸出率变化不大，而此时 Pb 浸出率则呈线性提高，但当浸出时间达到 120min 时，再延长时间，Pb 的浸出率提高不明显。这主要是因为随着浸出时间的延长，溶液酸度及 NaCl 浓度逐渐减小，浸出推动力下降，浸出渣表面阻力层增厚，引起浸出阻力增大的缘故。综合考虑浸出成本，最佳浸出时间条件为 120min。

9.6.3.3 浸出温度对浸出率的影响

固定条件：HCl 浓度为 5.17mol/L，NaCl 浓度为 240g/L，液固比 5：1，时间 120min，温度对浸出率的影响如图 9-33 所示。

从图 9-33 中可以看出，在选取 75～100℃温度范围内，温度的提高对 Sb 的浸出率影响不大，而对 Pb 的浸出率影响较大。复合渣中酸溶性的 Sb_2O_3、Sb_2O_4 等易与盐酸反应，当温度达到 75℃时，Sb 的浸出率已达 83.27%，继续提高温度只能在一定程度上降低溶液黏度，增大扩散系数从而增大浸出率。而 Pb 是以 Pb^{2+} 与 Cl^- 形成配位数不同

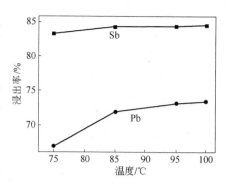

图 9-33 温度对浸出率的影响

的各种配合物的形式浸出，此配合物的溶解度随着温度的升高迅速增加[49,50]，所以，温度对 Pb 的浸出率影响很大。考虑到生产实际的可行性，如浸出承受的温度等，确定最佳温度为 95℃。

9.6.3.4 HCl 和 NaCl 的浓度对浸出率的影响

在浸出时间 120min，液固比 5：1，温度 95℃的条件下，HCl 和 NaCl 的浓度对浸出率的影响分别如图 9-34 和图 9-35 所示。

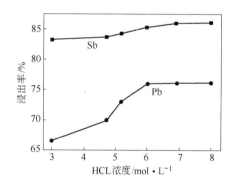

图 9-34 HCl 浓度对浸出率的影响

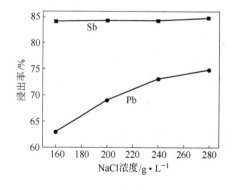

图 9-35 NaCl 浓度对浸出率的影响

从图 9-34 和图 9-35 中可以看出，随着 HCl 及 NaCl 的浓度提高，Sb 的浸出率增大缓慢，而 Pb 的浸出率增大非常明显。Pb 浸出率随着 Cl^- 浓度的增加而逐渐增大的原因是 Pb^{2+} 与 Cl^- 形成的各级配合物的平衡常数随着 Cl^- 浓度增加而逐渐增大，从而提高 Pb 的浸出率。

9.6.3.5 液固比对浸出率的影响

在 HCl 浓度为 5.17 mol/L，NaCl 浓度为 240g/L，温度 95℃，时间 120min 的条件下，液固比对浸出率的影响如图 9-36 所示。

由图 9-36 可以看出，随着液固比的增大，Sb、Pb 浸出率均有不同程度的提高，尤其是 Pb 的浸出率提高显著。当液固比为 4：1 时，Sb 的浸出率为 83.25%，Pb 的浸出率为 62.33%；当液固比增大为 6：1 时，Sb 的浸出率提高到 85.42%，Pb 的浸出率则提高到

74.44%。此后再增大液固比对 Pb 的浸出率虽有一定的提高，但对 Sb 的浸出率影响不大。在生产实践中，如果液固比过小会导致溶液黏稠，难以搅拌；液固比过大，虽然可以因黏度减小而提高扩散效率，增大浸出率，但对反应器的要求就高。考虑到设备和原料处理效率，可选最佳液固比为 6∶1。

综合考虑生产实际及操作成本等因素，复合渣常规浸出最佳条件是：温度 95℃，盐酸浓度 6mol/L，NaCl 浓度为 280g/L，时间 120min，液固比为 6∶1，在此浸出条件下 Sb、Pb 浸出率分别为 85.21%、75.25%。由铅锑物相组成可以知道，Sb、Pb 的理

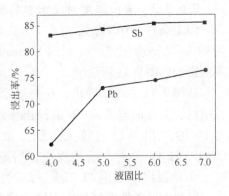

图 9-36　液固比对浸出率的影响

论可溶出率分别为 87.13% 和 78.0%。因此，常规浸出最佳条件下 Sb、Pb 的浸出率可分别达到其理论可溶出率的 97.79% 和 96.47%。

9.7　低锡复合渣真空碳热还原处理

从湿法工艺处理低锡复合渣的结果可知，该工艺能有效回收复合渣的金属铅、锑和锡，回收率高，去除杂质容易，并可制得附加值高的超细立方晶型 Sb_2O_3 和纳米 PbS 等产品，但该工艺实际上是以湿法为主、火法为辅的湿法—火法联合流程，存在着工艺复杂、流程长、设备庞杂、生产成本高、技术要求高和"三废"处理等问题。另外，采用该流程中的湿法工艺，实际上是对复合渣中可溶于盐酸的 Sb、Pb 氧化物的处理和回收，而对复合渣的难溶于盐酸的 Sb、Pb 氧化物（湿法浸出时留在浸出渣中）则难于处理和回收。针对这些问题，提出了直接采用真空碳热还原法处理复合渣，以期简化流程，减少能耗，降低生产成本，降低对设备性能的要求和减少污染。

9.7.1　静态真空碳热还原

9.7.1.1　一步静态真空碳热还原

一步静态真空碳热还原法是分离和回收复合渣中锑、铅和锡的工艺，目的是使复合渣中锑以 Sb_2O_3 形式蒸发，并与铅和锡等金属分离，考察的指标是 Sb 的蒸发率和 Pb-Sb 合金产率。还原温度、还原剂量、真空度和还原时间等是对 Sb 蒸发率和对 Pb-Sb 合金产率的主要影响因素。

A　还原温度的影响

当固定真空度 80Pa，还原 1h 时，在不同量还原剂的条件下，还原温度对 Sb 的蒸发率以及对 Pb-Sb 合金产率的影响如图 9-37 所示。

由图 9-37 可见，在不同量的还原剂的条件下，随温度的升高，温度对 Sb 蒸发率的影响均呈现先上升后下降的趋势；当温度为 1038K 时，Sb 的蒸发率达到最大值，在还原剂量为 2.5%、3.5% 和 4.5% 时所对应的 Sb 的最大蒸发率分别为 64.93%，67.71% 和 66.78%。而合金产率则随温度的升高逐渐增大，且还原剂量越大，合金产率越高。当温度为 1038K 时，在还原剂量为 2.5%、3.5% 和 4.5% 时所对应的合金产率分别为 30%、31% 和 35%。

由于随温度的升高，反应的自由能降低，反应发生的可能性增大，使得 Sb 的蒸发率

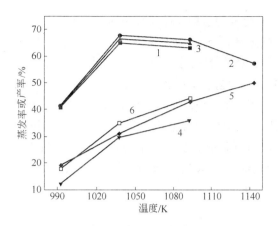

图 9-37　温度对 Sb 蒸发率和合金产率的影响

1—2.5% 还原剂时 Sb 的蒸发率；2—3.5% 还原剂时 Sb 的蒸发率；3—4.5% 还原剂时 Sb 的蒸发率；

5—3.5% 还原剂时合金产率；6—4.5% 还原剂时合金产率

和合金产率逐渐增大。但当还原温度超过 1038K 时，复合渣中的高价氧化锑被还原为 Sb_2O_3 后，随温度的升高，更容易被进一步还原为金属 Sb，从而使得整个金属 Sb 的蒸发率下降，造成 Sb 的蒸发率随温度的继续升高反而下降这一结果。

　　B　真空度的影响

　　在选择还原温度 1038K，还原剂量 3.5%，时间 1h 的条件下，真空度对 Sb 的蒸发率和对 Pb-Sb 合金产率的影响结果如图 9-38 所示。

　　从图 9-38 中可以看出，真空度的提高即体系压力的降低有利于 Sb 的蒸发率和合金产率的提高，尤其是真空度较低（>80Pa）的情况下，真空度的影响显著。当真空度由 280Pa 提高到 30Pa 时，Sb 的蒸发率由 59.36% 增大到 67.70%，合金率由 27.5% 增大到 32%。但由于真空度较高（<80Pa）的情况下，真空度对 Sb 蒸发率的影响较小，而且太高的真空度对设备的要求高，故真空度选择 80Pa 为宜。

　　C　还原剂量的影响

　　在固定条件：还原温度 1038K，真空度 80Pa 下，还原剂量对 Sb 的蒸发率和对 Pb-Sb 合金产率的影响实验结果如图 9-39 所示。

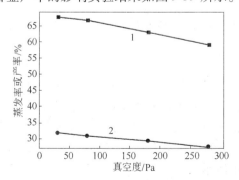

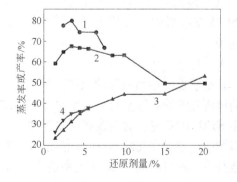

图 9-38　真空度对 Sb 蒸发率和合金产率的影响　　　图 9-39　还原剂量对 Sb 蒸发率和合金产率的影响

1—Sb 的蒸发率；2—Pb-Sb 合金产率　　　　　　　1—1h 时 Sb 的蒸发率；2—2h 时 Sb 的蒸发率；

　　　　　　　　　　　　　　　　　　　　　　　　3—1h 时合金产率；4—2h 时合金产率

图 9-39 表明，随还原剂量的增加，还原剂量对 Sb 蒸发率的影响总体呈现先上升后下降的趋势。而合金产率则随还原剂的增大逐渐升高。这是因为在一定的还原剂量的范围内，随着还原剂量的增加，体系的还原气氛增强，同时固-固相互反应的接触面积也增强，因此，增加还原剂量可以提高 Sb 蒸发率和合金产率。例如，当还原时间为 2h 和还原剂量低于 3.5% 时，Sb 蒸发率随还原剂量的增加而升高；但当 Sb 蒸发率达到最大值后（此时 Sb 蒸发率为 79.77%，对应的合金产率为 35%），Sb 蒸发率则随还原剂量的增加逐渐下降。当还原温度超过 1000K 时，复合渣中的高价氧化锑被还原为 Sb_2O_3 后，容易被进一步还原为蒸发能力比 Sb_2O_3 小得多的金属 Sb，从而造成当还原剂量超过 3.5% 时，整个金属 Sb 蒸发率下降这一结果。

D   还原时间的影响

在还原温度为 1038K，还原剂量 3.5%，真空度 80Pa 的固定条件下，还原时间对 Sb 的蒸发率和对 Pb-Sb 合金产率的影响如图 9-40 所示。

图 9-40 表明，还原时间越长，Sb 蒸发率和合金产率越高。当还原时间小于 2.0h 时，Sb 蒸发率随时间的延长明显增大。当还原剂量为 3.5% 和还原时间为 0.5h 时，Sb 蒸发率和合金率分别为 42.67% 和 25%；当还原时间为 2.0h 时，Sb 蒸发率和合金产率则分别增大到 79.77% 和 35%，但在 2h 后，Sb 蒸发率增加平缓；而合金产率则在时间为 1.5h 后增加较为缓慢。

根据以上所述，选取还原温度 1038K，还原剂量 3.5%，真空度 80Pa，时间 2h 的条件，得到的 Sb 蒸发率为 79.87%；合金产率为 35.12%。

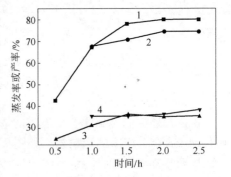

图 9-40   还原时间对 Sb 蒸发率和
合金产率的影响

1—还原剂量为 3.5% 时 Sb 蒸发率；
2—还原剂量为 4.5% 时 Sb 蒸发率；
3—还原剂量为 3.5% 时合金产率；
4—还原剂量为 4.5% 时合金产率

9.7.1.2   分步静态真空碳热还原

为了得到比一步静态真空碳热还原更好的结果，提出了分步静态真空碳热还原法处理低锡复合渣，即对低锡复合渣在不加还原的条件下，先进行真空蒸发，使原料中以低价 Sb_2O_3 形式存在的 Sb 蒸发出来后，再用上述一步静态真空碳热还原法使蒸发后留在渣中的高价氧化锑还原。

A   真空蒸发

真空蒸发要达到的目的是使原料中以 Sb_2O_3 形式存在的 Sb 尽可能全部蒸发出来。根据前面所介绍的高锡复合渣真空蒸发实验结果可知，蒸发温度和真空度的提高有利于复合渣中 Sb_2O_3 的蒸发，故在较高的温度和真空度的条件下，只要有足够的蒸发时间，复合渣中以 Sb_2O_3 形式存在的 Sb 应该是完全可以蒸发出来的。在蒸发温度 1038K，真空度 80Pa 的条件下，蒸发时间对 Sb 蒸发率的影响如图 9-41 所示。

从图 9-41 中可以看出，随真空蒸发时间的延长，Sb 蒸发率逐渐增大。当蒸发时间为 2h 时，Sb 蒸发率为 53.88%（原料中以 Sb_2O_3 形式存在的 Sb 被蒸发出来，说明原料中 Sb_2O_3 已基本蒸发完全）。

B 真空碳热还原

对在还原温度1038K，真空度80Pa，时间2h的条件下真空蒸发所得到的残渣进行粉碎机粉碎和筛分处理，取样分析残渣化学成分（Sb 28.43%，Pb 52.20%，Sn 1.26%），进入第二步真空碳热还原。主要考察了还原温度、还原剂量和还原时间对Sb蒸发率和Pb-Sb合金产率的影响。

a 还原温度的影响

固定条件：还原剂量3.5%、真空度80Pa、还原时间2h。还原温度对Sb蒸发率和Pb-Sb合金产率的影响如图9-42所示。

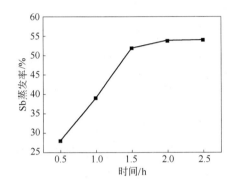

图9-41 真空蒸发时间对Sb
蒸发率的影响

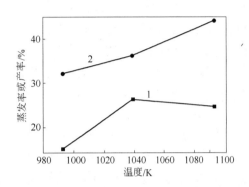

图9-42 还原温度对Sb蒸发率和
Pb-Sb合金产率的影响
1—蒸发率；2—产率

从图9-42结果表明，在所选取的温度范围内，随温度的升高，Sb蒸发率呈现先上升后下降的趋势，并在温度为1038K时出现最大值（26.16%）。合金产率则随温度的升高不断增大，当温度为1038K时，合金产率为36%；当温度升至1093K时，合金产率增大至44%。

从结果来看，Sb蒸发率较小，而合金产率较大。这可能是因为当残渣中含有较高量的Pb时，在相同的还原条件下，相对来说，高含量的氧化铅较低含量的氧化铅更容易被还原为金属Pb，而残渣中的高价氧化锑的还原情况则相反，相对来说其还原程度降低了，从而使得Sb蒸发率相对较小，而合金产率相对较大。

b 还原剂量的影响

固定条件：温度1038K、真空度80Pa、还原时间2h。还原温度对Sb蒸发率和Pb-Sb合金产率的影响如图9-43所示。

从图9-43结果可以看出，还原剂量对Sb蒸发率和Pb-Sb合金产率的影响规律类似于还原温度。随还原剂量的增加，Sb蒸发率总体呈现先上升后下降的趋势，而合金产率则逐渐升高。当还原剂量为3.5%时，Sb蒸发率达到最大值，为26.16%，此时Pb-Sb合金产率为36%。

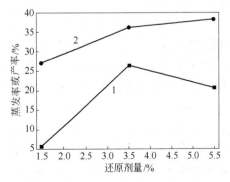

图9-43 还原剂量对Sb蒸发率和
Pb-Sb合金产率的影响
1—蒸发率；2—产率

c   还原时间的影响

当选择还原温度 1038K、还原剂量 3.5%、真空度 80Pa 时，还原时间对 Sb 的蒸发率和 Pb-Sb 合金产率的影响如图 9-44 所示。

图 9-44 结果表明，还原时间越长，Sb 蒸发率和合金产率越高。尤其是当还原时间小于 2h 时，Sb 蒸发率和合金产率随时间的延长增幅较大。当时间为 1h 时，Sb 蒸发率和合金产率分别为 15.03% 和 31%；当时间为 2h 时，Sb 蒸发率和合金产率则分别增大到 26.16% 和 36%。但在 2h 后，合金产率增加不明显，而 Sb 蒸发率增大也较为缓慢。

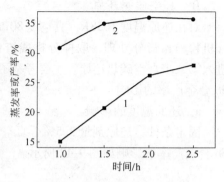

图 9-44   还原时间对 Sb 蒸发率和
Pb-Sb 合金产率的影响
1—蒸发率；2—产率

根据以上结果，真空蒸发的条件为：温度 1038K，真空度 80Pa，时间 2h；真空碳热还原的条件为：温度 1038K，还原剂量 3.5%，真空度 80Pa，时间 2h。

将以上两步所得到的蒸发物合并、混匀后，分析其化学成分，测得蒸发物含 Sb 79.75%、Pb 2.26%，合金含 Sb 18.19%、Pb 81.05%、Sn 0.036%。由此计算 Sb 蒸发率（真空蒸发和真空碳热还原两步之和）平均为 77.84%；合金产率平均为 36.08%。Sb 的平均回收率为 93.08%，平均直收率为 77.84%；Pb 的平均回收率为 82.54%，平均直收率为 79.94%；Sn 的平均回收率为 98.56%。

9.7.2   动态真空闪速碳还原

如上所述，无论是真空碳热还原湿法浸出渣还是静态真空碳热还原低锡复合渣时，得到除 Sb_2O_3 的蒸发物和残渣外，Sb 的蒸发率分别为 79.87% 和 77.84%，合金产率分别为 35.12% 和 36.08%，Sb 的平均直收率为 79.87% 和 77.84%，Pb 的平均直收率为 78.20% 和 79.94%。蒸发物均为灰白色，呈块状，说明颗粒很粗，但稍加细磨后即可成为粉末。静态真空碳热还原法处理复合渣时，Sb 的蒸发率均不高，而合金产率较高，并没有完全达到使复合渣中锑以 Sb_2O_3 形式挥发并与铅和锡等金属分离的目的，其原因主要是：含 Pb、Sb、Sn 复杂氧化物在真空碳热还原条件下，真空虽有降低还原温度和加速还原的作用，但由于真空度越高，各种氧化物分步还原不易控制（复合渣静态真空碳还原真空度条件影响结果中，Sb 的蒸发率和 Pb-Sb 合金产率随真空度的升高而增大这一规律证明了这一点），结果是一方面容易引起 Sb 的过度还原，即已经还原出来的 Sb_2O_3 继续被还原成不易挥发的金属 Sb，从而降低 Sb 的蒸发率；另一方面又容易使 Pb、Sn 等金属同时被还原出来，引起 Pb-Sb 合金产率增大。

针对上述静态真空碳还原法处理复合渣时存在的不足，进一步提出了在真空体系中连续通入少量气体作为流动载体，改善已蒸发的 Sb_2O_3 分子离开蒸发空间的扩散动力学条件，降低蒸发空间的 Sb_2O_3 的分压，从而强化蒸发过程进行，使 Sb 的高价氧化物一旦被还原成 Sb_2O_3 立即离开还原区，避免被进一步还原成金属 Sb。该工艺被称为"动态真空闪速碳还原"。该工艺具有一个重要的优点，即产业化时更容易实现连续化生产。

该工艺的主要影响因素如下：

（1）还原温度的影响。固定碳量 10%，气体流量 400mL/min，还原时间 0.5h，改变还原温度，得到温度对 Sb 的蒸发率的影响如图 9-45 所示。

图 9-45 的结果表明，随着温度的升高，Sb 的蒸发率迅速增大。当温度从 923K 变化到 1023K 时，Sb 的蒸发率从 87.52% 增加到 96.66%。但继续升高温度，Sb 的蒸发率增大缓慢。当温度升高至 1073K 时，Sb 的蒸发率为 96.85%。

当还原温度低于 1000K 时，复合渣中的高价氧化锑一旦被还原为 Sb_2O_3，则被蒸发并离开还原区，因而没有被进一步还原成 Sb。残渣中并未发现有明显的金属颗粒也验证了该结论。所以在此温度范围内，随着温度的升高，Sb 的蒸发率明显增大，而当还原温度超过 1000K 时，还原趋势增强，高价氧化锑被还原为 Sb_2O_3 后，随温度的升高，更容易进一步还原成金属 Sb，因此被还原成金属 Sb 的量随温度的升高逐渐增多。该结论可以从残渣中发现有明显的金属颗粒得到证明。但由于在控制的温度范围内，所还原出来的金属 Sb 因其蒸气压小而大量以液态形式混杂在原料中难于蒸发出来，从而使得整个金属 Sb 的蒸发率增大缓慢。

（2）还原剂量的影响。温度 1023K，0.5h，气体流量为 400mL/min 时，还原剂量对 Sb 的蒸发率的影响如图 9-46 所示。

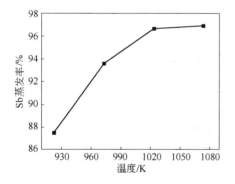

图 9-45 还原温度对 Sb 蒸发率的影响

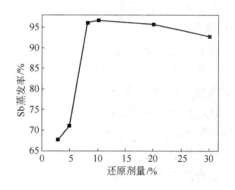

图 9-46 还原剂量对 Sb 蒸发率的影响

由图 9-46 可知，当还原剂量低于 10% 时，Sb 的蒸发率随还原剂量的增加而升高；当 Sb 的蒸发率达到最大值（96.66%）后，Sb 的蒸发率则随还原剂量的增加而缓慢下降。

当还原温度超过 1000K 时，高价氧化锑被还原为 Sb_2O_3 后，容易被进一步还原为金属 Sb，这些被还原出来的金属 Sb 与金属 Pb 一道形成合金。因此，随着还原剂量的增加，不但高价氧化锑被还原为 Sb_2O_3 的量增多，而且被还原为金属 Sb 量也随之增多，从而造成当还原剂量超过 10% 时，整个金属 Sb 蒸发率缓慢下降这一结果。

一般来说，还原剂量的增加，增大了固-固相反应的接触面积。因此，在温度为 1023K 时，只要还原剂量不超过 10%，Sb 的蒸发率就随着还原剂量的增加而升高。

（3）气体流量的影响。当选择温度 1023K，还原剂量 10%，还原时间 0.5h 时，气体流量对 Sb 蒸发率的影响如图 9-47 所示。

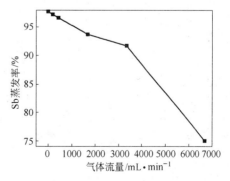

图 9-47 气体流量对 Sb 蒸发率的影响

气体流量越小，残压减小，反应吉布斯自由能降低，反应越容易进行。

在选取的气体流量范围内，Sb 的蒸发率随气体流量的减小而明显增大。当气体流量从 6667mL/min 降到 400mL/min 时，Sb 的蒸发率从 74.99% 增加到 96.66%。气体流量越小，残压越小，Sb_2O_3 蒸发速率越大，Sb_2O_3 的蒸发量越大，Sb 的蒸发率也就越大。但气体流量不宜过小，否则会接近静态真空碳热还原实验结果。

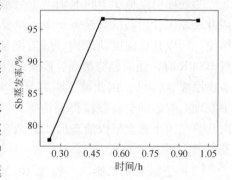

（4）还原时间的影响。温度 1023K，还原剂量 10%，气体流量 400mL/min 时，还原时间对 Sb 蒸发率的影响如图 9-48 所示。

图 9-48 表明，在相同的还原剂量、温度和气体流量条件下，还原时间越长，Sb 蒸发率越大。当还原时间小于 0.5h 时，Sb 蒸发随时间的延长明显增大。当时间为 0.25h 时，Sb 蒸发率为 78.07%；延长时间至 0.5h 时，Sb 蒸发率为 96.66%。但在 0.5h 后，Sb 蒸发率几乎没有变化，说明还原时间取 0.5h 即可。

图 9-48　还原时间对 Sb 的蒸发率的影响

综上所述，取温度 1023K，还原剂量 10%，气体流量 400mL/min，还原时间 0.5h 进行综合条件考查，复合渣还原后，物料蒸发率为 51.82%，Sb 蒸发率为 96.74%。得到的蒸发物呈灰白色，其成分为：Sb_2O_3 96.25%，Pb 2.04%，Sn 0.066%；还原残渣呈土黄色，其成分为：Sb 2.81%，Pb 2.04%，Sn 1.79%，可采用处理蒸发残渣的方法回收还原残渣中的 Sn 和 Pb 等有价金属。其中，Sn 以产品锡酸钠的形式回收，Pb 返回还原熔炼回收。蒸发残渣还有待进一步处理。

复合渣动态真空闪速碳还原工艺的 Sb 的回收率为 99.88%，直收率为 96.74%；Pb 的回收率为 99.74%，直收率为 96.84%；Sn 的回收率为 99.62%，直收率为 95.82%。

对蒸发物进一步进行 X 射线衍射分析（见图 9-49），表明该蒸发物中 Sb_2O_3 呈立方晶型，并同时存在部分非晶体。

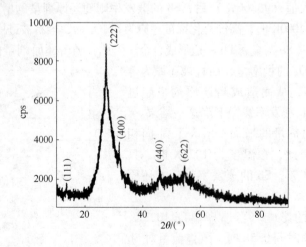

图 9-49　蒸发物的 X 射线衍射图

9.8 从银锌渣回收铋

在铋的火法精炼中，一般采用加锌的方法除去其中的 Ag、Au、Cu、Pb 等杂质。得到密度小于铋液而浮于其上的银锌渣[53~57]。这种渣中主要成分是 Bi，还有百分之几的 Zn、Cu、Ag 及少量 Au 等贵金属和有色金属，具有很高的综合利用价值。

银锌渣的处理有多种方法，大致可分为火法、火法—湿法、全湿法三种处理方式。火法处理是将银锌渣先熔析脱铋，熔析渣直接返银转炉配料或送鼓风炉单独处理，银锌渣也可进行真空蒸馏。火法处理的缺点是操作复杂，难控制，金属回收率低，环境污染严重[58,59]。火法—湿法联合处理是将银锌渣经熔析分离部分铋，然后氧化浸出进一步分离铋，贵金属富集于渣中进一步提取；或者将银锌渣先经氯酸盐氧化浸出分离铋等金属，浸出渣还原熔炼再提取贵金属[57,58]。全湿法流程一般也是先氧化浸出分离铋和其他有色金属，金、银富集于渣中再通过湿法提取。全湿法流程工艺和设备比较简单，金属回收率也较高，既可以制取金属，也可以制成各种化工产品，环境污染也较小。因此，全湿法流程在银锌渣综合利用及铋的提取中被广泛应用，其工艺流程如图 9-50 所示。该工艺是采用 HCl + NaCl + NaClO$_3$ 浸出银锌渣[60~62]。

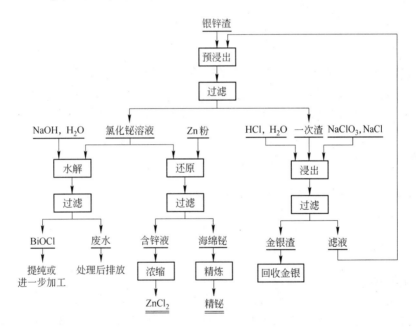

图 9-50 银锌渣综合利用及铋的提取湿法工艺流程

在图 9-50 中，银锌渣的浸出、浸出液的除杂、铋的提取及金银的回收为整个流程中最为关键的四个步骤。

9.8.1 银锌渣的浸出

俞宗衡[58]对高铋含银物料进行了浸出，物料中铋含量为 45% ~ 55%，银的含量为 4% ~6%。对原料进行分析，发现该高铋含银渣主要物相成分为单体金属、金属间化合物和金属氧化物，部分金属还以硅酸盐的形态存在，因此提出硝酸浸出的湿法工艺，硝酸浓度为 65% ~ 68%。结果发现，当硝酸浓度达到每 100g 高铋含银渣 150mL 时，浸出率可达 98% 以上。显然，硝酸浸出高铋含银渣浸出率很高，但其缺点也很明显，第一是用酸量大，第二是浸出过程有大量有毒气体放出，严重污染环境。还对成分为 Bi 50.21%、Zn 9.66%、Ag 11.83% 的银锌渣进行了浸出研究，浸出剂为氧化剂加盐酸。铋和铜在氧化剂作用下，与氯配位体结合，生成稳定的氯配离子进入溶液。锌与盐酸反应置换出氢气，形成锌配离子。浸出液维持一定酸度，以抑制金属离子的水解。浸出过程中首先加入氧化剂预氧化，然后再加盐酸浸出，其中预氧化是该工艺的关键，氧化率的高低直接影响后续银铋的回收率。氧化剂须按理论用量的 1.2 倍加入，过量的氧化剂在浸出时继续作用，保证铋的高浸出率。虽然研究中未指明所用氧化剂为何种物质，但却也为银锌渣的浸出提出新的思路[63,64]。

王延岑[56]提出采用三氯化铁溶液浸出银锌渣。由于三氯化铁为强氧化剂，因此在浸出过程中，铋被氧化，与 Cl⁻ 配合进入溶液，银成 AgCl 沉淀而留在渣中。浸出过程加入一定量的盐酸，可促进氯化铋溶解和防止水解沉淀，浸出反应如下：

$$Bi + 3FeCl_3 = BiCl_3 + 3FeCl_2$$

$$BiCl_3 + H_2O = BiOCl + 2HCl$$

$$Ag + FeCl_3 = AgCl + FeCl_2$$

用三氯化铁浸出，在有过剩 Fe^{3+} 和 Cl^- 存在下，有少量 AgCl 被配合呈 $AgCl_2^-$ 和 $AgCl_3^{2-}$ 进入溶液，影响银的沉淀率。基于银和铋的氧化-还原电位差（$\varphi_{Ag^+/Ag} = 0.779V$，$\varphi_{Bi^{3+}/Bi} = 0.29V$），浸出液加入银锌渣可还原溶液中的银离子，提高银的入渣率：

$$3AgCl_2^- + Bi = BiCl_3 + 3Ag + 3Cl^-$$

$$3AgCl_3^{2-} + Bi = BiCl_3 + 3Ag + 6Cl^-$$

银锌渣经 $FeCl_3$ 溶液浸出和浸出液经银锌渣还原，铋的浸出率大于 98%，渣率为 7% ~ 7.5%，浸出渣含银 68% ~ 70.1%。

9.8.2　银锌渣浸出液中杂质的行为及去除

银锌渣的主要成分是铋，还含有大量的 Fe、Zn、Cu、Pb、Ag、As、Cl 等杂质，当银锌渣浸出时，这些杂质也基本上或部分进入溶液，从而影响后续产品氧化铋的纯度。因此有必要对这些杂质进行去除[65,66]，其中铁主要以 Fe^{2+} 形式存在，1mol/L Fe^{2+} 水解开始的 pH 值为 6.5，而 0.01mol/L Fe^{2+} 水解的 pH 值为 7.5，银锌渣浸出液水解沉 Bi 是在弱酸性条件下进行的，因此 Fe^{2+} 不可能水解，实际上据分析溶液中 Fe 离子的浓度只有几毫克至几十毫克每升，因此铁不会水解进入 BiOCl。Zn 和 Fe 一样，水解 pH 值也在 6 以上。

Cu^{2+} 水解的 pH 值通常也在 4 以上，生成碱式盐的 pH 值也在 3 以上，因此 Cu^{2+} 在 Bi^{3+} 水解的条件下，也不可能通过水解进入氯氧铋中[67,68]。而 As 在酸性氯化物水溶液中，主要以 H_3AsO_4 和 $H_2AsO_4^-$ 形式存在，据分析，$BiCl_3$ 溶液中含砷几十毫克每升。$BiCl_3$ 水解的 pH 值下它们也不会水解。而在浓碱转化时，As 则会以 AsO_4^{3-}、$HAsO_4^{2-}$ 形式存在，因此条件控制适当也容易除去。Pb 在 Cl^--H_2O 体系中以 $PbCl_2$ 形式存在，在水及稀盐酸中溶解度不大，但在银锌渣浸出中酸度较高，因此 $BiCl_3$ 溶液中一般每升都含 Pb 几十至几百毫克，据报道，酸度较高时，会发生以下反应：

$$PbCl_2 + 2HCl \rightleftharpoons H_2PbCl_4$$

当酸度降低 $BiCl_3$ 水解时，上述反应平衡向左移动，生成 $PbCl_2$，进入 BiOCl 固相，而 BiOCl 在高浓度碱转化为 Bi_2O_3 时，$PbCl_2$ 则转变为 PbO 或 $Pb(OH)_2$，它们都进入 Bi_2O_3 固相，因此无论是否通过 $BiCl_3$ 浓碱转化，脱 Pb 都较困难[69,70]。

在银锌渣浸出时，由于 Cl^- 浓度较高，有部分银离子与 Cl^- 形成配位离子，进入溶液，$BiCl_3$ 溶液经银锌渣还原脱去贵金属以后，一般还含 10 ~ 50mg/L 银离子，在 $BiCl_3$ 溶液稀释 10 倍水解时，由于 Cl^- 浓度大大降低，使下列反应平衡向右移动：

$$[AgCl_{(1+x)}^{x-}] \rightleftharpoons AgCl + xCl^-$$

AgCl 则进入 BiOCl 固相，在浓碱转化 BiOCl 时，AgCl 也可能转变成 Ag_2O 而进入 Bi_2O_3。

Sb 在浸出过程中以 $SbCl_3$ 的形式进入溶液，每升 $BiCl_3$ 溶液含 Sb 20mg 左右。$BiCl_3$ 水解时，$SbCl_3$ 也可能生成 $Sb(OH)_3$，甚至生成 Sb_2O_3，而在浓碱转化后，Sb_2O_3 的含量有所下降，甚至可以达到十万分之几，这可能是由于 Sb 的氧化物具有两性，在强碱溶液中呈酸性，形成 SbO_3^{3-} 或 SbO_4^{3-} 而溶解[68]。

综合以上所述各杂质行为，明确了杂质的去除方法。

9.8.3 铋的提取

银锌渣浸 Bi 溶液经还原金后 Bi 的浓度一般高达 50g/L 以上，可进行 Bi 的提取。根据产品不同，可选用不同的工艺。如需得到金属铋，可用锌或铁置换；若要得到铋的化工产品，可通过水解得到氯氧铋，再进一步加工处理[71,72]。

研究表明，将 Bi 浸出液经水解可沉淀出氯氧铋。在室温下，取 50mL 氯化铋溶液，加水 100mL 稀释，然后用稀氨水调 pH 值，不同 pH 值 $BiCl_3$ 水解所得氯氧铋结果见表 9-42。

表 9-42　$BiCl_3$ 溶液水解沉淀结果

pH 值	1.5	2.0	2.6	3.0	3.6
沉铋后液 Bi 浓度/$g \cdot L^{-1}$	<0.05	<0.05	<0.05	<0.05	<0.05
粗 BiOCl 重/g	3.7	3.75	3.75	3.75	3.75

由表 9-42 数据可以看出，pH 值为 1.5，Bi 已基本上水解沉淀完全，为了防止铁等杂质离子水解共同沉淀，pH 值以控制在 2 ~ 2.5 为好。考虑到用氨水调 pH 值，废水处理较困难，回收氨工艺较复杂，因此进行了采用 NaOH 溶液调 pH 值的试验，结果基本相同。每升溶液约消耗 60g NaOH，产出约 71g BiOCl。

BiOCl 是一种化工产品，也可作发烟剂、塑料添加剂、颜料、医药等，同时它也是一种中间产品，可通过它制取铋的各种化合物，如制药用硫酸铋、磷酸铋、次硝酸铋、次碳酸铋、塑料阻燃剂和电子元件用 Bi_2O_3、催化剂 $BiCl_3$ 等。[73~75]

采用浓碱在较高温度下即可将 BiOCl 转化为最终产品 Bi_2O_3，转化的工艺途径一般为水解、浓碱转化方法，其反应如下：

$$2BiOCl + 2NaOH \Longrightarrow Bi_2O_3 + 2NaCl + H_2O$$

此外，还可以采取如下转化方式：

$$BiCl_3 \xrightarrow{\text{水解}} BiOCl \xrightarrow{NaOH} Bi(OH)_3 \xrightarrow{HNO_3} Bi(NO_3)_3 \xrightarrow{NaOH} BiONO_3 \xrightarrow{NaOH} Bi_2O_3$$

显然，这种方法经过多次转化，且中间产物 $BiOCl$、$Bi(OH_3)$、$Bi(NO_3)_3$、$BiONO_3$ 直接到最终产物 Bi_2O_3，每步都经过滤和去离子水淋洗，因此杂质去除比较彻底，氧化铋纯度较高。

9.8.4 制取海绵铋及回收金银

9.8.4.1 制海绵铋

银锌渣浸出液回收铋的最简单的方法是还原沉淀得到海绵铋，然后返回用火法精炼。

银锌渣中含有 4%～6% 的锌，浸 Bi 时锌以 $ZnCl_2$ 进入溶液，研究表明，用锌粉或锌片置换铋，也会生成 $ZnCl_2$，铋成为海绵铋沉淀，而溶液经浓缩可得到副产品 $ZnCl_2$。如果不考虑锌的回收，可采用铁粉或废铁皮（铁屑）置换，价格比较便宜。三种置换剂的研究结果见表 9-43。

表 9-43　不同置换剂和置换时间与 Bi 置换率的关系

置换时间/h		0.5	1	1.5	2
置换率/%	锌 粉	79	80		
	铁 粉		99	99.5	
	废铁皮		98	99	100

由表 9-43 可知，锌粉的置换率不如铁粉和铁皮，原因可能是锌粉比铁粉活性更高，在酸性溶液中很容易与 H^+ 反应而溶解消耗，另外，可能是锌粉被还原的铋包裹所至，将锌粉的用量系数加大到 1.3 和 1.4，置换率仍不如铁粉和铁皮高，无论采用锌粉、铁粉或铁皮置换 Bi，1～2h 基本都可以反应完全，用废铁皮还原所得海绵铋含铋量经分析为 84.27%，可进一步精炼。

9.8.4.2 金银的回收

浸出得到的金银渣可采用硫酸化焙烧和氯化分金的方法回收 Au、Ag，其具体做法为往渣中加入硫酸焙烧，银转化为硫酸银。硫酸银具有足够大的溶解度，用水或稀硫酸可浸出银。浸出液加盐酸沉淀 AgCl，水合肼还原得到海绵银，其品位不小于 99.95%，银回收率大于 97%。硫酸浸出渣含 Au 490～500g/t，用氯酸钠作氧化剂，加盐酸浸出，金被氧化与 Cl^- 配合进入溶液，其氯化率大于 99%。氯化液用碱调整 pH 值为 1.5～2，加锌粉置换金，置换率大于 99%，回收率为 96%～97%。氯化渣可返回流程以回收残余的银和铋，氯化过程如下[64]：

$$Au + 3Cl^- - 3e \Longrightarrow AuCl_3$$

$$AuCl_3 + H_2O \Longrightarrow H_2AuCl_3O$$

$$H_2AuCl_3O + HCl \Longrightarrow HAuCl_4 + H_2O$$

$$2HAuCl_4 + 3Zn \Longrightarrow 3ZnCl_2 + 2HCl + 2Au$$

上述回收金银的方法属于火法—湿法联合工艺，该工艺成熟可靠，但存在硫酸焙烧污染问题。此外，该工艺投资较大，成本较高，因此慢慢被全湿法工艺取代。湿法工艺的做法为采用氨水浸出金银渣，过滤得到含银溶液和含金渣。前者采用还原剂还原可得到银粉，溶液中的氨返回循环使用。含金渣则采用氯化浸出，过滤得到含金液，再用草酸还原即可得到金粉。其工艺流程如图9-51所示。

对银锌渣的处理可总结如下：

（1）采用 HCl + NaClO₃ + NaCl 体系浸出银锌渣，银锌渣浸铋的适宜条件为液固比 10:1，NaClO₃ 用量 15g/L，NaCl 用量 60g/L，浓盐酸用量 120g/L，浸出温度 80℃，浸出时间 5h，在此条件下 Bi 的浸出率接近 100%。

（2）浸出液再返回浸出新的银锌渣，使浸出液中的少量金银进入渣中。在上述条件下浸出银锌渣，渣率为 12% ~ 16%，渣中银含量可达 70% 左右，金含量为 1%。采用氨水浸

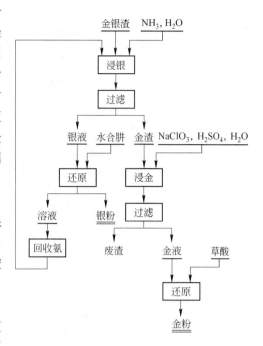

图 9-51　银锌渣浸出后渣中
金银提取湿法工艺流程

银，水合肼还原制取海绵银，浸银渣再用氯酸钠加硫酸浸金，适宜条件下银、金的回收率均可达 95% 左右。

（3）银锌渣浸出液回收铋的最简单方法是还原沉淀得到海绵铋。无论采用锌粉或铁粉或废铁皮置换 Bi，1 ~ 2h 基本上可以反应完全，用废铁皮（废铁屑）还原最为经济，还原所得海绵铋含铋为 84.27%，可进一步精炼。

9.9　二次资源回收镉

镉是一种较稀有的元素，它的地壳丰度在汞和银之间，为 1.6×10^{-4}%，海水含镉 1×10^{-6}%，估计世界镉储量约 54 万吨。镉在自然界中以硫化镉矿物存在，没有单独矿床，常与铅锌矿共生，在选矿过程中大部分被选入锌精矿。有些锌精矿含镉达 1% ~ 2%，一般在 0.06% ~ 0.5% 之间。绝大多数的金属镉来自锌冶炼过程的中间产品。在湿法炼锌厂的硫酸锌溶液净化过程中产出的铜镉渣（含镉 4% ~ 20%），火法炼锌厂的粗锌精馏过程中产出的镉灰（含镉 10% ~ 30%）和某些铜、铅冶炼厂产出的富镉尘等都是二次资源回收镉的主要原料。镍镉和铁镉蓄电池的极板等工业废料也常作为提镉的二次原料。下面介绍这些二次资源原料中镉的回收[76,77]。

9.9.1　处理铜镉渣回收镉

9.9.1.1　电积法生产金属镉

以铜镉渣为原料生产金属镉的电积法工艺流程如图9-52所示。

铜镉渣的成分为：Cd 2.5% ~ 12%，Zn 35% ~ 60%，Cu 4% ~ 17%，Fe 0.05% ~

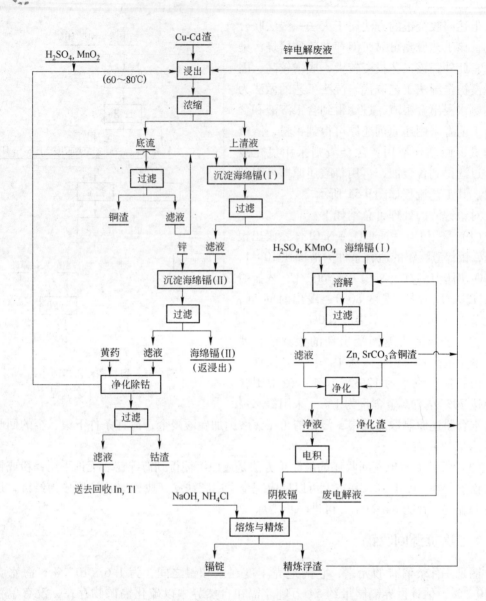

图 9-52   从铜镉渣生产金属镉的电积法工艺流程

2.0%，铜镉渣中还含有少量的 As、Sb、SiO_2、Co、Ni、Ti、In 等杂质。

为了加速浸出过程，有的工厂在浸出前将铜镉渣堆放在空气中氧化。这样会增加铜溶解的损失，只有在处理含铜较低的铜镉渣时才适用这种处理。浸出过程得到的铜渣成分为：Cu 30% ~ 50%，Zn 10% ~ 15%，Cd 0.3% ~ 1.0%。

在浸出中，除了锌和铜的溶解外，还有一些 Ni、Co、In、Ti 进入溶液，得到的浸出液成分为：Zn 120 ~ 130g/L，Cd 8 ~ 16g/L，Cu 0.3 ~ 0.8g/L，Fe 3 ~ 9g/L，Co 0.05 ~ 0.1g/L，Ni 0.05 ~ 0.1g/L，浸出液经加锌粉净化除去铜后，送去加锌粉置换沉淀镉。置换沉淀镉一般分两段操作。在第一段维持温度为 333K，使溶液中的镉降到 1g/L 为止。过滤分离铜镉渣后的溶液再进行第二段操作，可进一步使镉的含量降到 10 ~ 15mg/L。第二段得到的海绵镉（Ⅱ）含镉低，返回铜镉渣的浸出过程。第二段置换后的溶液中含有 Co、Ti、In，用黄药除钴后进一步回收 Tl 与 In。

第一段置换沉淀镉得到的海绵镉（Ⅰ）用镉电解液浸出。溶液中硫酸的浓度为 200～250g/L，浸出温度 353～363K，加入 KMnO₄ 以加速海绵镉的溶解，浸出终了的 pH 值为4.8～5.2，铜水解进入渣中。分离铜渣后的镉绵浸出液，加 SrCO₃ 除铅，加锌粉置换除铜，加 KMnO₄ 氧化 Tl 与 Fe 再水解沉淀。

镉溶液的电积一般采用电解液不循环操作制度，其作业条件及技术指标为：加入电解液成分（g/L）为：Cd 160～220，Zn 20～30，H₂SO₄ 12～15；电积后废液成分（g/L）为：Cd 15～20，H₂SO₄ 150～180；电解液温度为 303～308K；电流效率为 70%～92%；槽电压为 2.5～2.6V；电积周期为 24h；电能消耗为 1400～1700kW·h/t。采用电解液循环的生产方式，可以得到较高的电流效率。

前苏联许多湿法炼锌厂采用电积法工艺流程。我国湿法炼锌厂采用电解液循环制度的电积法。例如株洲冶炼厂处理这种 Cu-Cd 渣的电积法流程如图 9-53 所示。

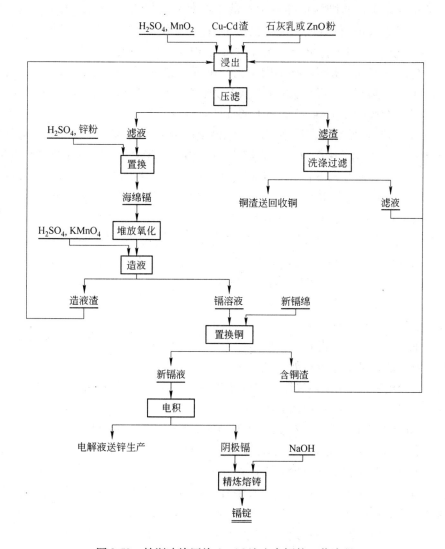

图 9-53　株洲冶炼厂从 Cu-Cd 渣生产镉的工艺流程

株洲冶炼厂的 Cu-Cd 渣化学成分为：Cu 5.64%，Cd 14.31%，Zn 40.26%，Pb 1.27%，Ni 0.076%，Co 0.0212%，In 0.0075%，Ge 0.0024%，Ga 0.0029%，Ti 0.0329%，Fe 4.07%。

株洲冶炼厂用铜镉渣生产镉的主要冶炼过程技术条件如下：

(1) Cu-Cd 渣的浸出。浸出在 50m³ 的机械搅拌浸出槽中进行。将硫酸缓慢地加入盛有 Cu-Cd 渣的浸出槽中，保持浸出的最高酸度为 10~15g/L，温度为 353~363K。当酸度降至 5~4g/L 时，加入软锰矿，在 pH 值为 4.8~5.0 时，加石灰乳（现改用 ZnO 粉）中和至 pH 值为 5.2~5.4 时便停止搅拌。整个浸出过程延续 6~8h。

(2) 置换。置换在 50m³ 的机械搅拌槽中进行。置换前加 H_2SO_4 将浸出的滤液酸化至 pH 值为 3~4，缓慢地加入锌粉进行置换反应，待分析溶液含镉小于 100mg/L 时即送压滤。置换得到的海绵镉含 Cd 60%~80%，再堆放 7~10 天自然氧化后送去造液。置换后的贫液含有 Tl 15~30g/m³ 时，可加锌粉置换出 Tl 后再送湿法炼锌系统。

(3) 造液。在 9m³ 的机械搅拌槽中造液。将海绵镉与浓硫酸加入槽中，维持溶解温度 85~90℃，经 2~3h，待溶液酸度降至 0.5~1g/L，便加入 $KMnO_4$ 氧化除铁，然后加入镉绵使 pH 值降至 3.8~4.0，再用石灰乳中和至 pH=5.4，便送去过滤。

(4) 净化。在 17 m³ 机械搅拌槽中净化。在 50℃ 条件下，加入新鲜镉绵置换除铜后，再加入 $KMnO_4$ 氧化除铁。净化后溶液的成分为：Cd 200~250g/L，Zn 20~30g/L，Fe < 0.05g/L，Cu < 0.005g/L，(As + Sb) < 0.001g/L。

(5) 电积。在钢筋混凝土内衬铅皮的电解槽中进行电解液循环，槽的尺寸为 2800mm × 850mm × 1250mm，每槽可装阳极 26 片，阴极 25 片。用一台 2000A 与 0~36V 的硒整流器供电。

电积过程的技术条件如下：同名极距为 10mm；电解液循环量为 0.103m³/min；电解液温度为 298~305K；电流密度为 45~75A/m²；槽电压为 2.4~2.5V；电解周期为 24h；电解液成分（g/L）为：Cd 60~70，H_2SO_4 120~145。

(6) 精炼熔铸。在容量 1t 的铸铁锅中进行精炼。熔铸温度为 723~823K，表面覆盖一层 NaOH，铸成 7.5kg 的镉锭，其中含镉 99.99% 以上、铅低于 0.004%、锌低于 0.002%、铜低于 0.001%。镉的一级品率均达到 100%。

9.9.1.2 置换法生产金属镉

由于电积法生产镉的电耗大，许多工厂将电积法改为置换法。

美国熔炼与精炼公司的电锌厂，原采用电积法处理来自锌生产第二段净化的镉渣生产镉，现改用置换法，其工艺流程如图 9-54 所示。

芬兰科科拉电锌厂利用第二段净化产出的镉渣生产镉，也是采用置换法生产流程间断作业。科科拉电锌厂处理的镉渣成分如下：1 号：Cd 15%~25%，Cu 约 1%，Co 0.05%，Ni 0.005%~0.05%，Zn 60%；2 号：Cd 22.4%，Cu 0.7%，Zn 54.5%。

前苏联乌斯基-卡敏诺哥尔斯克铅锌联合企业的电锌厂是在离心反应器中以置换沉淀法处理 Cu-Cd 渣，其流程如图 9-55 所示。

离心反应分离器外形为圆柱体，中心装有空心轴，轴上装有特殊结构的分离盘，空心轴的转速达到 300r/min。

在离心反应器中置换沉淀的速度超过一般置换沉淀槽的沉淀速度 300 倍，每升容积的生产率达到 200L/h。在第二段离心反应器中所得的低镉绵用锌废电解液溶解，加热到

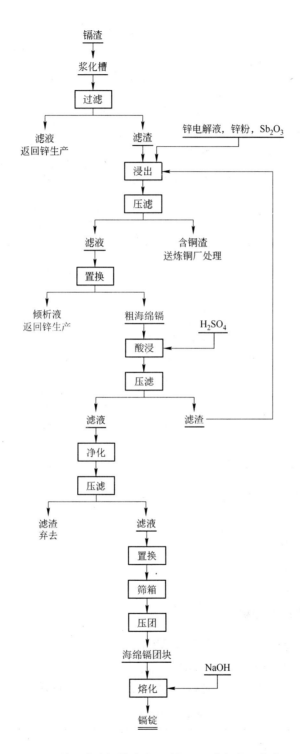

图 9-54 美国熔炼与精炼公司从镉渣生产镉的工艺流程

343K，反应终了的 pH 值为 4.5 ~ 5.5，然后用 $KMnO_4$ 净化除铊，再送往离心反应器中置换沉镉。

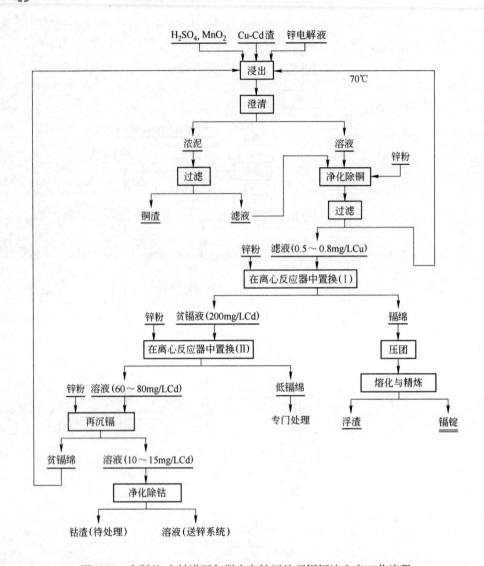

图 9-55　乌斯基-卡敏诺哥尔斯克电锌厂处理铜镉渣生产工艺流程

9.9.2　处理锌焙烧烟尘回收镉

我国葫芦岛锌厂的硫化锌精矿采用高温焙烧工艺，经高温电收尘收集烟气产生的高温尘及回转窑二次焙烧收集的烟尘，水口山有色金属公司第一、二、四冶炼厂锌精矿焙烧收集的双旋涡灰和电尘等都含有较多的镉，是炼镉的原料。这种含镉烟尘的成分见表9-44。

表 9-44　含镉烟尘的成分　　　　　　　（%）

类　别	Zn	Cd	Pb	Cu	As	Fe	S_s	S_{SO_4}
高温尘	40±5	5~6	4~5	—	—	—	—	—
二次焙烧烟尘	18~20	20~23	—	—	—	—	—	—
双旋涡灰	45~52	0.8~1.1	6~12	0.4~0.7	0.2~0.8	11~13	1~2	2~4
电　尘	35~40	2~4	15~25	0.2~0.3	0.3~1	0.3~1.2	1.2~3	2~4

水口山有色金属公司第三冶炼厂采用全湿法流程处理这种烟尘，基本过程类似于 Cu-Cd 渣的电积法生产流程。镉冶炼回收率为 88.75%，电镉品位为 99.99%。

葫芦岛锌厂采用湿法—火法联合流程处理含镉烟尘，生产工艺流程如图 9-56 所示。这种方法的主要优点是流程简单，金属回收率高，年镉的总回收率达到 71.29%，产品质量高，产出的精镉纯度稳定在 99.995% 以上。

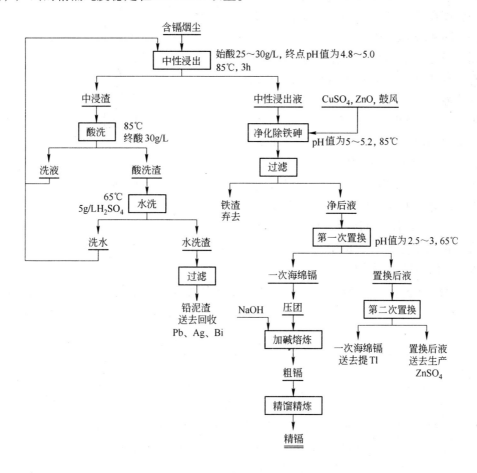

图 9-56 葫芦岛锌厂从烟灰提取镉流程

该厂又研究成功了粗镉精馏精炼法。镉精馏塔塔体高 5.585m，由 28 块塔盘组成，塔盘尺寸为 360mm×250mm。精馏的技术条件如下：入炉粗镉品位为 98%～99%，燃烧室温度为 1343～1353K，底部温度为 1313～1323K，上部温度为 893～913K，气体冷凝器温度为 953～973K，液体冷凝器温度为 843～863K，加料器温度为 773～823K，精镉锅温度为 753～773K，粗镉熔化锅温度为 723～773K，单位受热面生产率为 965～980kg/(m² · d)，镉回收率大于 99.7%，精镉品位为 99.999%，生产 1t 镉耗烧碱 12～14kg，煤 650～700kg，水 1.5～2t。

塔底排出的镉渣成分为：Cd 7.0%～7.2%，Pb 13%～15%，Zn 0.02%～1.08%，Cu 3.1%～4.6%，Fe 2.1%～3.1%，As 3.5%～4.9%，Tl 0.1%～0.2%。此渣送去回收铊后，再返回作为图 9-56 流程的原料回收镉。

9.9.3 处理电收尘回收镉

我国韶关冶炼厂是用封闭鼓风炉生产铅锌，在冶炼中，铅锌混合料在烧结时产生的高温烟气通过电收尘器收集得到电收尘。电收尘中含镉在 5% ~ 7%。回收其中的镉采用的流程如图 9-57 所示[77]。

图 9-57 表明，以电收尘中回收镉的工艺主要有三个工序，即电收尘浸出，锌粉置换及碱性熔炼。

9.9.3.1 浸出

所采用的浸出工艺为中性浸出，即将一定量电收尘加入浸出槽中，再加入呈中性（pH 值为 6 ~ 7）的置换后液或清水浸泡电收尘，同时搅拌，电收尘中的 $CdSO_4$ 逐渐溶解进入液相，30min 后，可认为溶解完全。然后用泵将电收尘浆打至压滤机中过滤，滤液导入前液池，滤饼卸入精矿仓。

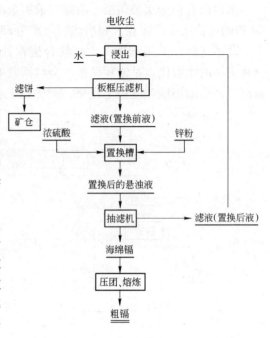

图 9-57 韶关冶炼厂从电收尘回收镉的流程

在中性浸出条件下，电收尘中只有 $CdSO_4$ 形态的镉被浸出，这是一个简单的硫酸盐溶解过程，其他的 CdO、CdS 则因不溶于水而留在滤饼中。各温度下的 $CdSO_4$ 溶解度见表 9-45。

表 9-45 各温度下 $CdSO_4$ 的溶解度

温度/℃	0	10	30	40	50	70	80	90	100
100g H_2 中溶解度/g	75.4	76.1	77.7	78.6	77.1	70.3	67.6	64.5	58.4

从表 9-45 的数据近似估算出常温 25℃时，$CdSO_4$ 的溶解度为 77.3g（3.71mol/L），此溶解度比较大，浸出时只要控制合适的液固比、时间，电收尘中的 $CdSO_4$ 就可很彻底地被浸出。过滤得到的滤饼返到矿仓，作为配料原料。

9.9.3.2 锌粉置换

将浸出液泵入置换槽，一般置换一槽滤液体积为 $11m^3$，先用蒸汽将滤液加热至 50℃左右，为除去锌粉表面的氧化膜，同时避免置换过程中锌的水解，需往滤液中加入少量浓硫酸，使滤液成弱酸性。然后根据滤液含镉的多少加入锌粉，将镉置换出来成海绵镉。20 ~ 30min 置换完全。

置换完后，打开置换槽底流阀，将置换槽中的海绵镉和置换后液放入篮式吸滤器过滤，得到的海绵镉用压团机压成饼团，放入海绵镉浸泡箱中储存，置换后液则导入后液池，然后返回浸出槽。

9.9.3.3 碱性熔炼

置换并压团后所得的海绵镉饼团中含有 5% 的水分，这样饼团若暴露于空气中，会很快失水并被氧化，所以需放入水箱浸泡保存。为便于存放并满足进一步精炼处理的要求，将海绵镉要熔化铸锭。当水箱中的海绵镉饼团达到一定量时，将它们捞出，投入镉熔炼锅，加入烧碱，加热进行碱性熔炼。

加烧碱的目的一是防止镉在高温下被氧化。金属镉的熔点是321℃，烧碱的熔点是318.4℃，当加热到海绵镉饼团被熔化时，烧碱也被熔化，由于烧碱密度较轻，熔融的烧碱覆盖在熔融的镉液上，将镉与空气隔开，避免其氧化。另一个目的是除锌。在锌粉置换过程中，海绵镉中常常会混有残留的锌粉，过多的残锌除了会影响粗镉品位外，由于液态锌具有很好的流动性，会给粗镉的铸锭脱膜造成困难。烧碱会与镉液中的残锌发生反应，生成偏锌酸钠，从镉液中脱离处理进入碱渣相。

$$Zn + 2NaOH \longrightarrow Na_2ZnO_2 + H_2 \uparrow$$

熔炼时烧碱加入的多少要视海绵镉中残锌的多少而定，烧碱要有一定的过量，因为如果锌多碱少，熔炼产生的碱渣中偏锌酸钠浓度过高，会使碱渣太稠，流动性差，捞渣时会夹带出大量的镉，降低镉的直收率。熔炼后得到的粗镉一般品位在85%～90%，其杂质绝大部分都是 Pb 和 Zn，还有微量的 Ti、Fe、Sn 等。这样的粗镉要进行精馏处理。

粗镉经精馏得到精镉，其精镉的技术条件同葫芦岛厂的工艺条件。

日本三日市电热法炼锌厂的烧结过程产生的烟气，经电收尘收集的烟尘中也富集了镉（含镉20%），加上佐贺关炼铅厂的电炉烟尘，采用硫酸化焙烧—浸出—置换—真空蒸馏—熔铸流程提取镉（见图9-58），产出99.999%的高纯镉。

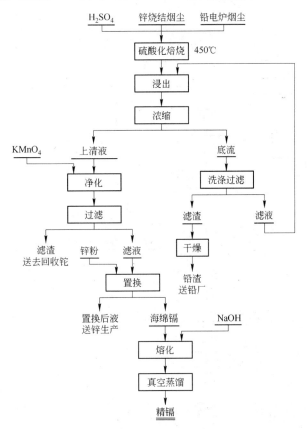

图9-58　三日市电热法炼锌厂从烧结电收尘提取镉的生产流程

9.9.4   处理铅冶炼烟尘回收镉

水口山有色金属集团有限公司第三冶炼厂的铅烟尘成分见表9-46。

表9-46   水口山第三冶炼厂的铅烟尘成分   （%）

类　别	Pb	Cd	Zn	Cu	As	Fe	Se	Te	Tl
烧结烟尘	56~70	1~2.7	1~1.5	—	2~4	—	0.1~0.25	0.02~0.08	0.05~0.2
鼓风炉烟尘	61~71	4.7~6.3	0.7~2	0.1~0.7	4.6~14	0.1~0.2	0.04~0.07	0.03~0.19	0.03

冶炼厂从铅鼓风炉烟尘综合回收 Cd、Se、Te 的生产流程如图9-59 所示。

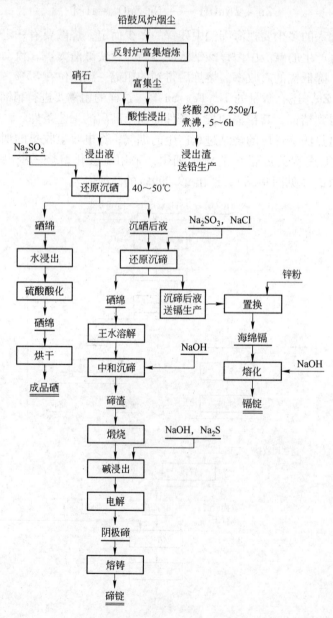

图9-59   水口山三厂处理铅鼓风炉烟尘综合回收镉、硒、锌的流程

在上述烟尘中配入 15% ~ 20% 河沙和 8% ~ 12% 的铁屑，混合后加入反射炉，在 1473K 的高温下进行挥发富集熔炼，收集的布袋尘富集了镉与硒、碲。布袋尘的成分如下：Cd 10.8% ~ 26.8%，Se 0.2% ~ 0.51%，Te 1% ~ 1.4%，Zn 0.28% ~ 0.5%，Pb 29% ~ 50%。

将这种富集了镉的布袋尘进行硫酸浸出，镉、砷、碲进入溶液中，再用 Na_2SO_3 作还原剂沉下硒与碲后，按湿法冶金流程提取镉。这种烟尘也可先在 773 ~ 793K 下挥发焙烧，可把铊优先挥发，进一步把铊富集在烟尘中，富铊烟尘再回收铊。

反射炉富集镉的烟尘，再用硫酸溶液浸出，浸出液经置换得海绵镉，海绵镉再溶化即获得镉锭。在图 9-59 流程中返回了硒、锌。

9.9.5 处理高镉锌合金废料及镍镉电池废料回收镉

9.9.5.1 处理高镉锌合金废料

火法炼锌厂都是采用精馏精炼制得精锌。在精锌精馏过程中从镉塔产出一种含镉在 15% ~ 30% 或 5.6% ~ 20.8% 的高镉锌合金。从这种高合金中提取镉一般采用精馏塔分离高沸点的杂质制得粗镉，然后加 NaOH 和 $NaNO_3$ 进行碱性精炼除去残余的锌，再进入纯镉的生产工序得纯镉。

9.9.5.2 处理镍镉电池废料

目前镉大量消费在 Ni-Cd 电池生产中，这种电池厂产生大量的含镉废料，从这种废料中回收镉的生产流程如图 9-60 所示。

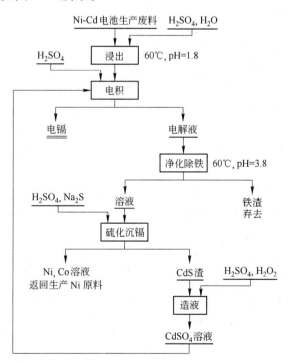

图 9-60 从 Ni-Cd 电池生产废料中回收镉

瑞典某厂处理这种废料的生产数据如下：处理废料量365t/a，回收镉量17t/a，回收镍量44t/a，回收钴量1t/a，产出浸出渣量40t/a，渣中的总镉量41t/a，渣中的可溶镉量2.1t/a，镉的回收率99.76%。

9.10　二次资源回收锰

随着工业的飞速发展，锰资源消耗剧增，含锰矿物日趋贫、杂化，无论从环保角度，还是从效益角度来看，含锰废弃物中综合回收锰资源工艺的重要性日渐突出。在工业生产中，有大量的含锰废水、废渣直接排放或丢弃，不但影响生态环境也浪费了资源，因此必须进行处理，如利用含锰废液制备电解金属锰，既可达到少排放、综合利用的目的，又可节约锰资源，产生一定的经济、社会效益，满足持续性发展的要求。

9.10.1　从含锰废液制取电解锰

原料浸锰液取自广西某 Ag-Mn 矿现场提银后产出含锰废液，其成分见表9-47，废液中含 Mn、Fe、Zn 高，还含有一定量的重金属杂质，是一种较难处理的原料，需要设计合理的处理流程[78]。

表 9-47　Ag-Mn 矿提银废液成分

成　分	Mn	TFe	Fe^{2+}	总 Co	H_2SO_4	Zn
浓度/g · L^{-1}	69.66	15.77	5.95	0.0016	92.37	8.74

文献［75，78］对这种废液进行了研究，除铁用氧化剂软锰矿（MnO_2）和中和剂碳酸锰矿（$MnCO_3$）均来自湘潭某矿山，其主要成分见表9-48。

表 9-48　氧化剂与中和剂的主要成分　　　　　　　　　　（%）

矿　物　名　称	Mn	Fe	Co
软锰矿（MnO_2）	23.48	5.93	0.0061
碳酸锰矿（$MnCO_3$）	20.82	2.99	0.0032

根据原料液性质及产品要求，进行了除铁工艺、净化工艺、电解工艺、电解产品后处理工艺等研究，提出了如图9-61的工艺流程。

主要工艺步骤如下：

（1）除铁。除铁工艺包括的过程及相应工艺参数如下：

1）氧化过程。氧化剂软锰矿用量为理论用量的1.08倍，氧化温度为80℃，时间为60min，该过程中 Fe^{2+} 氧化彻底。

2）pH 值调整沉铁过程。采用 $MnCO_3$ 矿作为中和剂，控制反应温度为90℃，反应时间为180min；最后用 CaO 调节 pH 值到5~6（终点）。

3）洗涤过程。一次洗渣用前槽的二次洗渣水返回，洗涤温度为60℃，时间为60min；二次洗渣用清水1.5L、硫酸3mL，在60℃下洗涤60min。

除铁率达到100%；除铁渣经二次逆流水洗，平均渣含 Mn9.75%，Mn 的回收率为84.71%~86.68%。

（2）净化。净化过程最佳工艺条件为：净化剂的添加量为2g/L，净化反应温度为

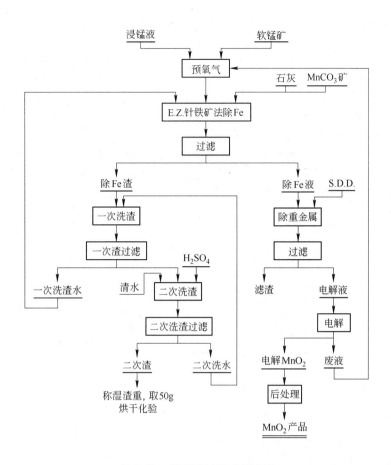

图 9-61 浸锰液处理工艺流程

60℃，净化反应时间为 60min，此条件下 Ni、Co、Zn 的去除率分别达到 99.8%、95.96% 和 41.94%，净化后溶液能满足电解试验的要求；净化过程中金属 Mn 的损失在 7.30% 左右。

（3）电解。电解工艺较为成熟，根据理论分析及综合文献资料，选取具体工艺条件为：电解温度 95℃ 左右，电流密度为 40 ~ 50A/m^2，电解液 Mn^{2+} 浓度为 37 ~ 50g/L、H$_2$SO$_4$ 浓度为 32 ~ 41g/L，电极间距为 110 ~ 136mm。电解过程在槽电压为 2.22V 下取得了较好的指标：平均阳极电流效率为 96.2%，电能消耗 1421kW·h/t。获得 Mn$_2$O$_2$ 品位达到 93% 以上。整个工艺流程稳定可靠，废水产量少，无废气产生，可用于工业生产。

9.10.2 浸出氧化锰矿泥制取碳酸锰

随着我国锰矿资源的不断消耗，选矿中堆弃的贫、细、杂的氧化锰矿泥显得日益重要。采用廉价的还原剂，提高锰矿泥中锰的浸出率，降低浸取过程的能耗和锰渣中的锰含量，是提高锰矿的利用率的一个重要途径。文献 [79] 采用废糖蜜作还原剂浸出锰矿泥，并对浸出液进行净化除杂及制取碳酸锰产品进行了研究。

9.10.2.1 原料及工艺流程

工艺所用氧化锰矿泥取自广西某锰矿选矿厂，锰矿化学成分分析结果列于表 9-49，锰泥中锰的化学物相分析结果列于表9-50，工艺流程如图9-62所示。

表9-49　矿泥的主要化学成分

组　分	总 Mn	MnO	MnO₂	TFe	FeO	Fe₂O₃	SiO₂	TiO₂
含量/%	15.25	1.38	28.09	8.76	1.92	10.39	40.19	0.42
组　分	Al₂O₃	CaO	MgO	K₂3O	Na₂O	S	P	Ag
含量/%	7.92	0.57	0.35	0.66	0.044	0.025	0.15	7.28g/t

表9-50　矿泥中锰的化学物相分析结果

物　相	氧化锰	碳酸锰	硅酸锰	合　计
金属量/%	14.10	0.58	0.57	15.25
分布率/%	92.46	3.80	3.74	100

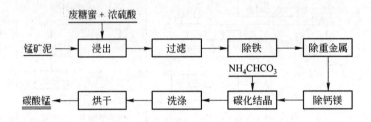

图9-62　锰矿泥处理工艺流程

对原料进行了粒度分析，绘制累计粒度特性曲线如图9-63所示，结果表明，样品粒度较细，其中小于 75μm 含量较高，达到74.74%。

9.10.2.2　浸出反应及浸出工艺条件

A　浸出化学反应

废糖蜜取自广西崇左市东门糖厂，主要成分为蔗糖（含量33.77%）、还原糖（含量16.82%）、胶体物质、灰分等。废糖蜜中还原糖与锰矿泥中 MnO₂ 之间的化学反应如下：

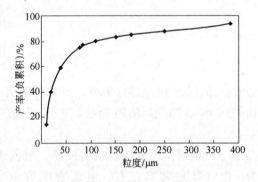

图9-63　原矿粒度特性曲线

$$24MnO_2 + C_{12}H_{22}O_{11} + 24H_2SO_4 \Longrightarrow 24MnSO_4 + 12CO_2 \uparrow + 35\ H_2O$$

$$12MnO_2 + C_6H_{12}O_6 + 12H_2SO_4 \Longrightarrow 12MnSO_4 + 6CO_2 \uparrow + 18\ H_2O$$

B　废糖蜜用量对浸出率的影响

进行废糖蜜用量试验时，试验条件为：温度95℃，时间2h，液固比0.46∶1。改变废糖蜜用量所得的试验结果如图9-64所示。

由图9-64可知，废糖蜜用量是影响锰浸出率的主要因素之一。废糖蜜是浸出过程的还原剂，是使 MnO₂ 转化为 MnSO₄ 的关键因素，加入废糖蜜10g 时，锰浸出率较低（80.64%）；随着废糖蜜用量的增加，锰浸出率明显提高（废糖蜜：20g，锰浸出率为91.52%），当废糖蜜用量达到细粒氧化锰矿用量的0.25倍后，浸出率变化平缓，因此较适宜的废糖蜜用量为细粒氧化锰矿的 0.25 倍。此外，废糖蜜用量过多，浸出液中残存大量有机物杂质，不利于后续除杂。

C　酸矿比对浸出率的影响

进行酸矿比（改变硫酸的加入量）试验时，试验条件为：温度 95℃，时间 2h，液固比 4:1，废糖蜜用量 25g，试验结果如图 9-65 所示。

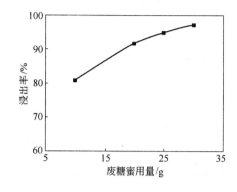

图 9-64　废糖蜜用量对锰浸出率的影响　　　　　图 9-65　酸矿比对锰浸出率的影响

由图 9-65 可知，锰的浸出率在一定的酸用量条件下随酸量的增加而增加，当酸用量达到细粒氧化锰矿用量 0.46 倍后，浸出率变化平缓，当酸矿比在 0.46:1 时，浸出率达到 94.67%，所以选定的酸矿比为 0.46:1，即每次试验用浓硫酸 25mL。

D　液固比对浸出率的影响

进行液固比试验时，试验条件为：温度 95℃，浸出时间 2h，废糖蜜用量 25g，酸矿比 0.46:1。改变浸出体系液固比所得的试验结果如图 9-66 所示。

由图 9-66 可知，液固比对锰浸出率影响不大，是次要因素。但液固比太小，矿浆黏度增大，液固分离困难；液固比太大，浸出液中锰浓度低，对后续作业——碳化结晶制备碳酸锰产品过程不利，因此为了便于固液分离和提高锰回收率，液固比适宜取 4:1。

E　温度对浸出率的影响

试验条件为：浸出时间 2h，液固比 4:1，废糖蜜用量 25g，酸矿比 0.46:1。改变浸出温度所得的试验结果如图 9-67 所示。

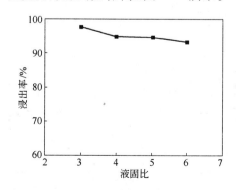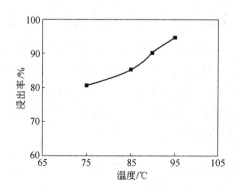

图 9-66　液固比对锰浸出率的影响　　　　　图 9-67　温度对锰浸出率的影响

由图 9-67 可知，浸出率与温度近似呈线性关系，温度对锰浸出率的影响较大，根据化学动力学的原理，温度是影响化学反应速度的一个重要因素，随着温度的升高，浸出速度明显提高，因此浸出温度宜取 95℃ 以上。

F　时间对浸出率的影响

试验条件为温度 95℃，液固比 4∶1，废糖蜜用量 25g，酸矿比 0.46∶1。改变浸出时间所得的试验结果如图 9-68 所示。结果表明，该氧化锰矿泥的适宜的浸出时间为 2h。

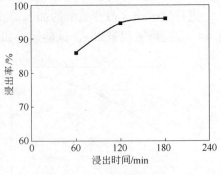

图 9-68　时间对锰浸出率的影响

9.10.2.3　除杂净化

采用针铁矿法除铁，用 MnO_2 作氧化剂，采用氨水调节 pH 值到 6.0，氧化时间 40min，氧化温度 80℃，得到表 9-51 所示的结果。

表 9-51　除铁结果

除铁前离子浓度 /g·L^{-1}		除铁前 pH 值	除铁后离子浓度 /mg·L^{-1}		除铁后 pH 值	除铁率 /%	铁渣率 /%	铁渣成分/%	
Mn	Fe		Mn	Fe				Mn	Fe
29.515	4.782	1.21	27981	7.573	6.08	99.84	15.74	4.17	16.82

采用针铁矿法除铁效果良好，pH 值越高越有利于杂质的去除，但考虑到随 pH 值的升高，主要元素锰离子也发生沉淀，因此选 pH 值为 6.0，除铁率达到 99.84%。采用硫化铵除重金属。

对于待处理的除铁液，其中 Mn^{2+} 浓度为 0.52mol/L，将 Mn^{2+} 浓度值代入公式 $\lg[M^{n+}] = 1/2(\lg K_{sp(M_2Sn)} - n\lg[H_2S_{(aq)}] - 2n pH)$，可计算得到对应的 pH 值为 6.25，当控制 pH<6.25 时，即 Mn^{2+} 不发生沉淀。硫化沉淀过程的条件为：S^{2-} 浓度为 1×10^{-2} mol/L，pH = 6.0，常温沉淀 40min，得到表 9-52 所示的试验结果，各种离子浓度采用原子吸收仪分析。

表 9-52　硫化法除重金属结果

除重金属前浓度/mg·L^{-1}				除重金属后浓度/mg·L^{-1}				除 Cu 率 /%	除 Ni 率 /%	除 Zn 率 /%	除 Pb 率 /%
Cu	Ni	Zn	Pb	Cu	Ni	Zn	Pb				
6.11	58.61	112.4	0.89	0.105	1.004	0.606	≤0.01	99.47	98.29	98.22	—

由表 9-52 可以看出，硫化除重金属效果好。

9.10.2.4　除钙及碳化结晶制取碳酸锰

加氟化铵除去钙，氟化铵加入量为理论用量的 1.1 倍。除钙、镁结果良好，测得的除钙结果见表 9-53。结果表明，通过加入氟化铵可以有效地去钙离子，钙的去除率达到了 99.47%。

表 9-53　除钙结果

除钙前浓度/g·L^{-1}	除钙后浓度/mg·L^{-1}	除钙率/%
0.332	1.761	99.47

净化液呈酒红色，含有大量的有机物，常规操作下很难制取到合格硫酸锰。试验选择加碳酸氢铵碳化结晶，滴加碳酸氢铵（碳酸氢铵浓度为1mol/L）沉锰，碳酸氢铵的用量为理论用量的1.1倍，滴加时间为2h，碳化的终点pH值为7.0，碳酸锰产品质量见表9-54。

表9-54　碳酸锰产品质量

指 标 名 称	企 业 标 准		试验产品
	一等品	合格品	
$MnCO_3$(以 Mn 计)/%	44.0～46.0	43.0～46.0	≥43.77
碳酸盐(以 SO_4^{2-} 计)含量/%	≤0.30	≤0.50	≤0.25
氯化物(以 Cl^- 计)/%	≤0.02	≤0.03	≤0.010
重金属(以 Pb 计)/%	≤0.01	≤0.02	≤0.003
钙(Ca) 含量/%	0.09	1.0	0.028
镁(Mg) 含量/%	0.05	0.50	0.030
铁(Fe) 含量/%	—		0.004

根据表9-54的数据可知，产品达到企业标准的合格品。

由上述结果可知：

（1）该氧化锰矿泥在以下参数下锰浸出效果最佳：氧化锰矿泥∶废糖蜜∶浓硫酸 = 1∶0.25∶0.46，液固比4∶1，浸出时间2h，浸出温度95℃以上，浸出率达到94.67%。

（2）采用针铁法矿法除铁，氧化剂为 MnO_2，pH 值为6.0，氧化时间40min，氧化温度80℃，除铁率达到99.85%。

（3）在 S^{2-} 浓度为 1×10^{-2} mol/L，pH = 6.0，常温沉淀40min，达到较好除重金属的净化效果。

（4）利用廉价的废糖蜜作还原剂浸出锰矿泥，可制得合格的碳酸锰，锰的最终回收率为82.04%。

9.10.3　选矿尾矿回收锰

国内已有从铅锌矿尾矿中回收锰的文献报道[80~84]。文献［80］对辽宁某铅锌矿浮选尾矿中的锰矿物进行回收，用脉动高梯度强磁选—精矿弱磁选除铁工艺可获得产率20.80%、含锰24.46%、品位为58.78%的锰精矿。文献［81］对栖霞山铅锌矿选矿尾矿采用磁选和精矿除铁工艺综合回收碳酸锰，也得到了很好的效果。文献［82］采用铵盐焙烧富集工艺对南京铅锌银矿的尾矿进行提锰试验，得到品位46.02%、回收率86.47%的碳酸锰精矿；文献［83］介绍了 SQC 型湿式强磁选机回收南京铅锌矿浮选尾矿中低品位碳酸锰试验研究情况，文献［84］报道了采用铵盐焙烧富集工艺对南京铅锌银矿选矿尾矿提锰试验，都获得了较好的结果。

从尾矿中生产电解金属锰工艺的也有文献报道[85~87]。专利［85］是用氧化锰矿选矿尾矿为原料，采用硫铁矿为还原剂的直接酸浸新工艺。文献［86］介绍了改进型两矿法生产电解金属锰的装置及方法，两种矿石原料分别为：低品位氧化锰矿和选矿的尾矿（硫铁矿），方法包括以下步骤：浸出、净化、深度净化和电解。

已有脉冲电解制备电解金属锰的研究，分析了采用脉冲电解技术制取金属锰的电化学原理，通过试验确定了适宜的工艺条件；还有以富锰渣为原料在氯化锰体系中制备电解金属锰的文献报道[87]。

湖南省吉首市溶江锰业化工有限公司、湖南大洋新材料有限公司、湖南博云东方粉末冶金有限公司、湖南振兴化工股份有限公司发表了"电解金属锰的新生产方法"[88~90]，这些新方法均使用了尾矿为原料。

湖南省临武县聚鑫锰业有限责任公司，研究了铅锌选矿尾矿制取电解金属锰[91]。所用原料为，铅锌浮选尾矿，其成分为（%）：Mn 15.41，Fe 15.14，Co 0.025，Ni 0.014，Zn 0.14。

该工艺技术针对原料中锰金属为多种物相锰混合物的特点，采用高活性添加剂，使锰的浸取率从58%提高到80%以上，最高达到81.9%。由于原料含铁高达15%以上，并含钴、镍、锌及浮选药剂，浸出制取的硫酸锰溶液中含有铁、钴、镍、锌杂质含量较高，仅以传统的SDD作为硫化剂难以完全除去上述重金属，得不到高纯度硫酸锰溶液，难以电解出合格的电解金属锰产品，因此要采用多种硫化剂组合的高效复合硫化剂，通过深度净化，有效除去硫酸锰溶液中的高浓度铁、钴、镍、锌等重金属杂质，制得高纯度硫酸锰溶液，保证了电解金属锰产品质量达到99.91%以上。

应该说明，目前从尾矿中回收锰，虽然进行了一些研究工作，但这些工作距实际应用要求还有很大差距，必须继续努力，以达到实际实用的目的。

9.11　二次资源回收其他金属

9.11.1　从钛铁矿浸出液中回收铬

从钛铁矿浸出液中萃取铬已得到了应用，其工艺是用季铵盐萃取，过程如图 9-69 所示[92]。

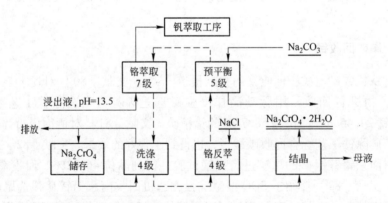

图 9-69　季铵盐从钛铁矿浸出液中萃取提铬工艺流程

萃铬料液为钛磁铁矿碳酸钠焙烧后氧化钠浸出液。溶液中含有（g/L）：钒 0.38、铬 3.0、铝 6.9，pH 值为 13.5。以 0.2mol/L Adogen464 或 Aliquat336-10% 异癸醇-Shellsol 140 为萃取剂，以相比 O/A = 1.03，经 7 级萃铬，萃余液中残留 Cr 0.02g/L，送往萃钒工序。负载有机相含 Cr 6.29g/L，以相比 O/A = 10，以 pH 值为 12 的铬酸钠溶液进行 4 级洗涤，除去共萃的少量钒、铝，然后用含 5mol/L NaCl 的溶液以相比 O/A=7 经 4 级反萃，反萃液中铬可达到 66g/L，送往结晶 $Na_2CrO_4 \cdot 2H_2O$，反萃后的有机相与碳酸钠经 5 级预平衡再生，返回使用。

伯胺既可用于近中性条件下溶剂化萃取钒，也可用于从酸性溶液中萃取铬。因此伯胺萃取提钒后的萃余液可用于铬的回收。图 9-70 所示为采用 10% N1923-煤油萃取回收铬的工艺流程。

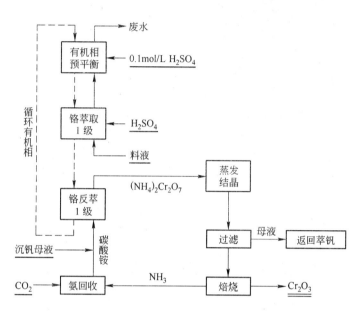

图 9-70 伯胺萃取提铬工艺流程

该过程以萃钒余液（含铬约 10g/L，pH 值为 7~8）与洗钒余水为萃铬料液，萃取过程采用硫酸调节 pH 值。以相比 O/A=1 经单级萃取后，负荷有机相含铬约 10g/L，采用 0.5~1.5 mol/L 的碳酸铵或碳酸钠以相比 O/A=10 单级反萃，反萃液经浓缩、结晶、过滤得固体重铬酸钠，再经焙烧即可得 Cr_2O_3，而贫有机相（残余 0.01g/L 的铬）送往再生。该工艺过程的特点是贫有机相在返回萃铬之前，采用稀酸和萃铬余液再生，如此，可使萃取余液最终仅含（g/L）：铬 0.007、钒 0.002，pH 值约为 7，可以排放。

9.11.2 从锡渣回收钽、铌、钨

钽、铌、钨的氧化物的标准生成自由能比氧化锡的标准生成自由能小得多，因此锡精矿还原熔炼时，钽、铌、钨呈氧化物保留于渣中。由于锡精矿成分不同，炉渣中钽、铌、钨的氧化物含量波动很大。国内某些含钽、铌、钨的锡炉渣的成分列于表 9-55 中。

表 9-55 含钽、铌、钨的锡炉渣成分

编 号	成分/%									
	Ta_2O_5	Nb_2O_5	WO_3	Sn	SiO_2	Fe	Ca	Mn	Ti	Al
1	7.2	4.5	3	4.31	23.4	8.49	1.19	1.4	3.6	4.0
2	0.5	0.5	4.5	4.6	24~28	5.4~15.5	7.1	—	1.2~2.4	5.3
3	1.7~2.1	2.3~3.5	1~3	0.2~2.5	—	4~7	—	—	7~10	—

从锡冶炼厂炉渣中循环利用回收钽、铌、钨所用的流程如图 9-71 所示[93]。流程中包括焙烧和水浸，脱硅及酸浸，氢氟酸分解，钽、铌、钨、锡的回收等过程。

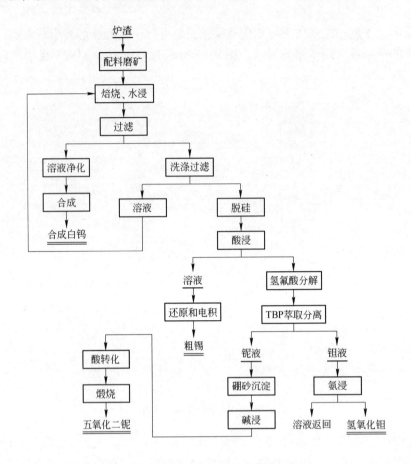

图 9-71 从锡炉渣中回收钽、铌、钨流程

9.11.2.1 焙烧及水浸

焙烧及水浸的目的是脱钨，即使钨与钽、铌分离。

锡炉渣中配入按理论计算量 1.25 倍的苏打，并加入少量木炭进行磨矿，而后在回转窑中焙烧，控制温度为 1123 ~ 1173K。温度不宜过高，过高则炉料易熔结，温度过低则影响焙烧效果。焙烧 45min，焙烧时，硅、铝、钨、锡、砷等元素的氧化物与苏打作用生成可溶于水的铵盐，而钽、钨则生成不溶于水的钽酸钠和铌酸钠。

焙烧后的焙砂先进行湿磨，然后进行水浸。浸出时固液比为 1：(2.5 ~ 3)，温度是 363K，时间 1h，澄清分离后过滤，滤液分离出硅、砷、磷后，加 $CaCl_2$ 沉淀得到合成白钨。含钽酸钠和铌酸钠的滤渣送下一步工序处理。

9.11.2.2 脱硅与脱锡

滤渣中的硅主要以硅酸钠的形态存在，且含量高，故需要脱硅，脱硅是用稀盐酸（7% ~ 9%）浸出，液固比为 6：1，搅拌 1 ~ 3min，硅呈硅酸进入溶液，迅速过滤，脱硅率为 60% ~ 70%，滤渣中钽与铌的品位富集达 2.5 ~ 3 倍。

将脱硅滤渣用 12%～14% 的盐酸再浸出，液固比 6：1，在温度 353～363K 条件下搅拌 2h 脱锡，使锡呈 $SnCl_4$ 进入溶液，并除去部分铁和钙杂质，过滤后，滤渣即为钽铌的富集物，可作进一步分离与萃取的原料。

$SnCl_2$ 溶液用铁屑置换后，再电积回收锡。

在脱硅和锡的过程中，钽的回收率是 89%，铌是 93%，锡的浸出率较低，只有 50%～70%。

9.11.2.3　氢氟酸分解

采用氢氟酸分解钽、铌的富集物，使钽、铌溶于氢氟酸生成 H_2TaF_7 和 H_2NbF_7。将钽、铌富集物与浓度为 15mol/L 的氢氟酸，按液固比 2.5：1 在浸出槽中浸出。搅拌浸出 2h，钽、铌、锡、硅、铁进入溶液，稀土金属及碱金属不溶性氟化物留在沉淀物中。氢氟酸分解钽铌比较彻底，保留在残渣中的钽、铌约 2%。但氢氟酸浸液成分复杂，除含钽、铌之外，还含硅、铁、锡，其成分及浓度（g/L）为：Ta_2O_5 79、Nb_2O_5 53、WO_3 5、Sn 10，还要进行萃取除杂及分离钽、铌。

9.11.2.4　萃取分离钽、铌及产品沉淀

萃取分离钽、铌可采用磷酸三丁酯（TBP）、MIBK-A101、N503、仲辛酸等有机试剂作萃取剂，被萃取的化合物在水相和有机相中的活度会发生变化，钽、铌在水相和有机相的分配也会发生变化，使钽、铌分离。在箱式萃取器中，经过 10 级萃取，12 级酸洗，最后再经过反萃，反萃钽为 7 级，反萃铌为 14 级，分别得到钽液与铌液，有机萃取剂返回使用，萃余液废弃。

分离的钽液，用液氨沉淀（pH≥9）。钽呈氢氧化钽沉淀析出，反萃钽液含 NH_4F 50～100g/L，pH 值为 6～7，其清液返回萃取液反萃取钽，沉淀用热纯水抽洗三次；淋洗液固比 1：1，淋洗 10～15 次，抽滤后取出烘干，最后得产品氢氧化钽。

分离后的铌液含铌 50～90g/L，用硼砂沉淀，每 100L 加 9～11kg 煮沸水解沉淀，过滤分离后用热水洗涤，所得的滤饼进行碱浸，在 363～373K 煮 1h，然后过滤，滤饼进行酸浸，最后产品是五氧化二铌。

9.11.2.5　钨的回收

水浸出的钨酸钠溶液（含 WO_3 20g/L）用于生产白钨。

经过图 9-71 所示流程，钽的回收率为 81%，铌的回收率为 80%。影响铌、钽收率的主要原因是渣中含硅高，如进行精选降低锡精炼矿中的硅，则可提高铌钽的收率。

9.11.3　从高钛渣及废旧电器中回收铌、钽、钛

9.11.3.1　从高钛渣中回收铌、钽

高钛渣中含有（%）：Ta_2O_5 11.08，Nb_2O_5 13.26，TiO_2 54，WO_3 2.5，Mn 1.12，P 0.11 等。从高钛渣中回收钽、铌的工艺流程如图 9-72 所示[94]。

工艺条件如下。HF-H_2SO_4 分解：首先在衬铅槽内加入 HF 和 H_2SO_4，然后将高钛渣加入槽内进行分解，分解温度 85℃，时间 8h，冷却后调酸。矿浆萃取：分解后钽、铌、钛分别以 H_2TaF_7、H_2NbF_7、H_2TiF_6 形式进入分解液，经 MIBK 矿浆萃取，钽、铌进入有机相，钛留在残余矿浆中。具体方法是：首先将分解液调酸至 HF 6mol/L，H_2SO_4 4mol/L，经 MIBK 连续矿浆萃取，流量比为矿浆：MIBK =（3～4）：1，采用箱式萃取槽，萃取段为

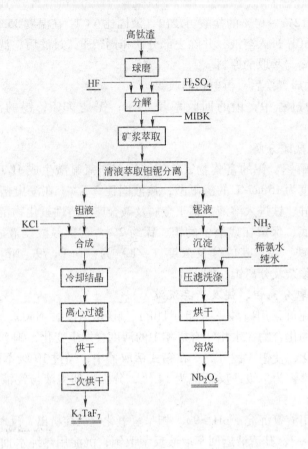

图 9-72　从高钛渣中回收钽、铌的萃取工艺流程

7 级，酸洗段为 9 级，反萃铌提钽段为 8 级，反萃钽段 12 级。酸洗液为 H_2SO_4 3～4mol/L，反萃铌液中 H_2SO_4 0.75mol/L，反萃钽液为纯水。流量比为负载有机相∶酸洗液∶提钽有机相 = 4∶1∶0.8，酸洗液有机相∶反萃铌液∶提钽有机相 = 2∶1∶0.8，反萃铌后有机相∶反萃钽液 = 1∶0.8，清液反萃后，铌液成分为：Nb_2O_5 70～80g/L，Ta_2O_5 <0.1g/L；钽液成分为：Ta_2O_5 35～50g/L，Nb_2O_5 <0.1g/L，残液中 Ta_2O_5、Nb_2O_5 含量均小于 1g/L。钽和铌以氟氧酸形式存在于反萃液中，加入氨气时生成氢氧化物沉淀，过滤、洗涤、烘干和焙烧得产品五氧化二铌和 K_2TaF_7。

9.11.3.2　从废旧电器元件的钽铌芯子中回收钽、铌[93]

将废旧电器元件的钽铌芯子用 HNO_3 和 HF 加热缓慢溶解，冷却过滤，滤渣返回再溶，溶液用 1∶1 的 H_2SO_4 和 HF 分别调节酸度，使溶液中 H_2SO_4 浓度为 1～5mol/L，HF 浓度为 2～10mol/L，用 MIBK 萃取，相比（O/A）为 1.25，萃取率分别为 99.8%（Ta）和 98%（Nb）。用稀 H_2SO_4 洗涤除去 Mn、Fe、Ti 等杂质金属；再用 H_2SO_4 反萃铌，相比为 1/1.25，反萃液用 $NH_4 \cdot H_2O$ 沉淀铌，过滤、洗涤沉淀，在 900℃ 灼烧即得到产品 Nb_2O_5，反萃铌后有机相用水反萃钽，相比（O/A）为 1.25，用与 Nb 同样方法处理得产品 Ta_2O_5；或在反萃液中加入 KF，使生成 K_2TaF_7 沉淀，过滤、洗涤和干燥即得氟钽酸产品。

9.11.3.3　从钛铁渣中回收钛[95,96]

钛铁渣是铝热法冶炼钛铁合金时产生的废渣，数量相当大，平均每生产1t钛铁合金产生1.5t钛铁渣。从钛铁渣中回收钛采用硫酸浸出钛铁渣及溶剂萃取法，萃取剂使用P204，稀释剂为煤油，通过萃取使钛与酸解液中的铝、铁得以有效分离，经洗涤、反萃，最后以钛白粉形式回收钛，产品纯度大于98%，钛的回收率约为93%。其工艺流程如图9-73所示。

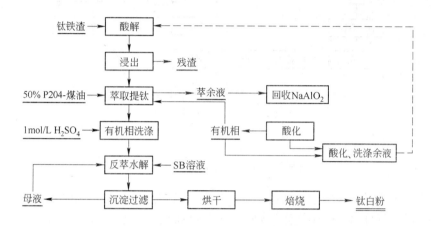

图9-73　钛铁渣提取钛工艺流程

钛铁渣浸出条件：H_2SO_4 92%，酸渣比3，熟化温度214℃，熟化时间1h，浸出液固比3，浸出温度70℃，时间0.5h。

萃钛工艺条件：萃取：有机相50% P204 + 煤油，水相 H^+ 1 mol/L左右，相比（O/A）为1，时间30min。洗涤：洗涤液为0.5~1mol/L H_2SO_4，相比（O/A）为1，时间30min，洗涤次数2~3次。反萃：反萃液为SB溶液，相比为1，时间30min。

9.11.4　从石棉尾矿及海水中回收镁

9.11.4.1　从石棉尾矿中回收镁

加拿大诺兰达公司投资7.33亿加元，于20世纪90年代中后期，在魁北克省境内兴建了Magnola镁厂。2000年工厂建成投产，2001年年底达产。该厂设计生产能力为年产6.3万吨金属镁[93]。

该厂采用石棉矿尾矿作原料，尾矿平均含Mg 23%。Magnola镁厂采用新的湿法冶金工艺，其工艺流程如图9-74所示。

加料量为每小时850t干料。由于原料为石棉矿尾矿，因此其颗粒大小、化学成分、矿物组成都非常均匀一致，大大简化了备料过程。浸出由HCl气体和盐酸混合浸出，中和过滤后产出硅铁残渣和 $MgCl_2$ 盐水。含有镍、硼、锰的硅铁渣堆存到一个安全的地方。$MgCl_2$ 盐水然后送去净化，喷雾沸腾干燥以脱水，并生成 $MgCl_2 \cdot nH_2O$ 小球。

随后，带 n 个结晶水的 $MgCl_2$ 小球，加到高强氯化器中以完全脱水，同时其中的MgO也完全氯化成 $MgCl_2$。该高强氯化器为专利产品，是电加热的固-液-气三相反应器。反应器出来的无水氯化镁送往电解厂以生产金属镁。电解用的电解槽为新型的加拿大铝业公司

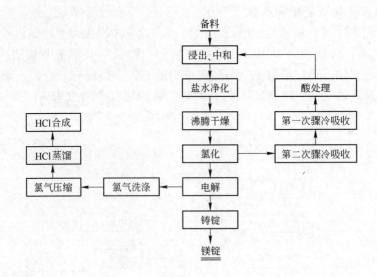

图 9-74　Magnola 镁厂生产工艺流程

多极电解槽，该槽是首次用于金属镁的生产，电解槽的控制温度为 650℃。

电解使镁和氯分离，金属镁浮于槽上部并周期排放，液态金属经精炼后铸锭。氯气从槽中排放收集后循环使用，然后返回浸出。

Magnola 镁厂生产镁的关键首先是如何控制电解槽中无水氯化镁中氧化物的含量。其次由于工艺为湿法工艺，因此各类管道多而杂且长，这是该工程设计中最具挑战性的地方。该厂纤维玻璃管的总长达 70km。由于这些纤维玻璃管不能承受魁北克恶劣的冬天环境，因此管道布置放在采暖的室内保温。

Magnola 镁厂十分重视环境保护，该项投资 6800 万加元，占总投资的 9.28%。工厂将力求对周边环境产生最小的影响。环保工作主要集中在以下几个方面：

（1）由于采用湿法工艺，用水量大，水采用附近的 Nicolet 河水。他们对 Nicolet 河进行了多年的监测，掌握了河水汛期和旱期的规律。为了避免旱期因工厂大量用水引起河水水位太低，工厂投资建了一个 6 万立方米的蓄水池，以供河水旱期时调节河水量。此外，工厂还建有一座 216m³ 水池，用于专门收集雨水和雪水，以减少河水的抽水量。

（2）从图 9-74 中可知，所有的废酸、废水收集处理后循环使用。环保投资最大的部分是在废气的处理，所有废气都经过一个高温燃烧器，在 1200℃ 高温下使废气中的多氯联苯（PCBs）和其他有毒颗粒完全燃烧。在 HCl 合成过程中，所产生的 CHCs 由炭吸附，使最少 95% 的 CHCs 得以回收并返回工艺使用。浸出残渣将堆放在一个浸出渣池，为防止有害物质渗漏，渣池池底设有两层防漏层，首先是一层 300mm 厚的淤泥加膨润土密实层，再在其上铺一层 2mm 厚致密的聚乙烯膜。

（3）工厂在建设之前，对周边环境、动物、植物、水源、森林等进行了调查、分析、研究，以掌握各项环境指标。Magnola 厂除采取了相当措施处理"三废"排放外，还着重投入了大量资金用于工厂内部的环境监测。同时与魁北克省农业部和当地政府一道，分点设立了多处环境监测站。

该工厂的主要特点如下：

（1）采用已开采出并加工过的石棉尾矿为原料，省去了矿石的开采、破碎、运输过程，这就使其原料的准备费用近乎于零。因此 Magnola 厂是世界上生产成本最低的工厂。

（2）拥有可靠而长期的原料资源，目前，在 Danville 堆放的石棉尾矿达 2.5 亿吨，按年产 6.3 万吨金属镁计，可供该厂生产近 650 年之久。

（3）首次采用盐酸浸出加电解工艺，该项工艺具有工艺新、环保好的特点，同时自动化程度高，全厂雇员只需 300 人左右。

基于上述特点，Magnola 工厂对世界镁生产商、镁消费商产生了巨大的影响，成为世界关注的焦点。

通过生产实践证明，该厂已成为世界上产量最大、生产成本低、环境保护最好的工厂。

9.11.4.2 从海水中回收镁

海水及盐湖中存在用之不尽的氯化镁，因此如何从其中萃取氯化镁是一个重要课题。

西班牙 Tecnicas Revnipas 公司于 1976 年开发了用酸性磷类萃取剂和中性磷酸酯从电解原料卤水中（含 Mg^{2+} 约 $1g/L$）萃取 Mg^{2+}，萃取率达到 99.8%。又有人[97,98]从 Mg^{2+} 约 $1g/L$ 的卤水中萃取除 Mg^{2+}，也达到了 98% 以上的萃取率。该试验研究以重镁水 $Mg(HCO_3)_2$ 为原料，采用酸性磷类萃取剂 P291（深棕色液体，有效浓度 $3.09mol/L$，密度为 $0.9475g/cm^3$，在水中溶解度为 $100 \sim 200mg/L$）和 MIBK 添加剂为萃取体系，按照萃取—盐酸反萃取的工艺流程，经过 5 级萃取、4 级反萃取，萃取和反萃取率均在 95% 以上，制得了含 $MgCl_2 \cdot 6H_2O$ 超过 80% 的浓缩液。浓缩液经蒸发、干燥后，得到含量超过 98% 的 $MgCl_2 \cdot 6H_2O$，产品质量达到国家分析纯标准。

该法在工业上应用表明有以下优点：

（1）可推广至海水或卤水中提镁，可开发利用海水资源和盐湖资源；

（2）可省去原工艺的沉淀、浓缩、中和、蒸发等繁杂工序；

（3）可节省沉淀用的石灰中和盐酸；

（4）减少废气和废水的排放量，有利于环境保护；

（5）由于萃取剂对 Mg^{2+} 的选择性萃取，可省去为除去 Br^-、SO_4^{2-}、K^+ 和 Na^+ 等杂质离子的精制剂及精制设备费用。

9.11.5 盐卤回收锂

目前，锂几乎都是从矿石中提取，但未来海水也会成为提锂的资源（每升海水含有约 $2 \times 10^{-4}g$ 的锂）。已知用铝酸钠吸附法从海水或卤水中提取锂，可使锂的含量富集 $50 \sim 60$ 倍，然后再用萃取法从这种富集物中提取锂，将是很有希望的一种工艺[99~101]。

关于从死海卤水中提锂和从含锂约 90×10^{-6}% 的油田中回收锂的研究，对现在及将来需要量日益增大的锂来说也是很有意义的。

从死海卤水中提锂的工艺流程如图 9-75 所示。

在沉淀工序中，将死海盐卤从溶剂萃取工序中得到的含大量 $AlCl_3$ 的萃余液与少量配制的 $AlCl_3$ 混合，而且为了保持 pH 值在 $6.8 \sim 7.0$，加入 $Ca(OH)_2$ 泥浆。经浓缩机、过滤分离的固相浓缩物按 3 级逆流洗涤系统用水洗涤，除去可溶性盐 $MgCl_2$ 和 $CaCl_2$。从洗涤工序得到的最终浓缩物具有下列组成（%）：Al_2O_3 3.68，$MgCl_2$ 0.6，Li_2O 0.18，$CaCl_2$

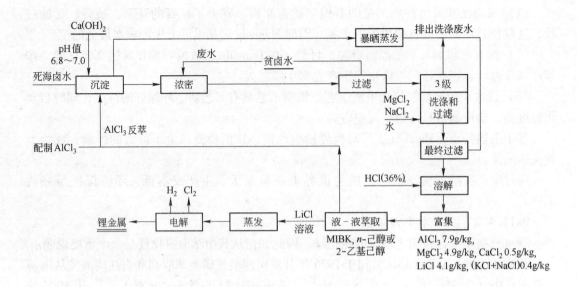

图 9-75 从死海卤水中提取锂的工艺流程

0.1，KCl + NaCl 0.05，余量为 H_2O。Al_2Cl_3 : Li_2O（摩尔比）为 6 : 1。用盐酸将此浓缩物溶解，得出由下列组成的盐卤（g/kg）：Al_2O_3 7.9，$MgCl_2$ 4.9，LiCl 4.1，$CaCl_2$ 0.5，KCl + NaCl 0.4。

如果氯化物离子浓度特别高，水的活度特别低，可用不与水混合的醇或类似的溶剂从含氯化物的水溶性盐卤中萃取锂的氯化物。萃取的选择性与存在的阳离子有关。必须以最少量的盐酸将铝酸锂富集物溶解，以便尽可能浓缩得到含锂量最大的卤盐。用异戊醇萃取得到的 LiCl 的分配比为：对从 2~5 mg/L $AlCl_3$ 溶液萃取为 0.016，对从死海得到的最终盐卤溶液萃取为 0.66。用正己醇、2-乙基己醇、MIBK 萃取也得到了与异戊醇大致相同的结果。$MgCl_2$ 与 LiCl 被萃取，但 $AlCl_3$ 几乎不被共萃取。因此利用像正己醇、2-乙基己醇或 MIBK 那样适宜的一种试剂进行溶剂萃取，则可以从较浓的卤水中将 LiCl 从 $AlCl_3$ 中分离出来。不含锂的 $AlCl_3$ 卤水萃取余液再返回到沉淀工序。从溶剂萃取工序所得到的 LiCl 水溶液可用于制造工业上需要的其他锂盐或无水氧化物，还可用于熔盐电解制造金属锂。

澳大利亚的油田水约含 0.0090% 的锂，钠是主要成分，因此钠与锂的分离是主要问题。为了萃取锂，探索了各种溶剂萃取工艺。阳离子交换剂 Versatic911 或二（2-乙基己基）磷酸酯（HDEHP），由于其高昂的再生费用而不能使用。考虑大容量且低成本，只有使用中性萃取系列的萃取剂才是可行的。

中性萃取剂系列包括：醇类、酮类；冠醚；混合离子萃取剂。有些工厂在生产中使用第醇类、酮类的廉价的萃取剂 MIBK、2-乙基己醇，但由于大量的溶剂损失于水相，使应用受到限制。有研究曾将冠醚用于碱金属、碱土金属的萃取，但在实际应用上存在着溶剂损失高以及在有机相中溶解度低等许多问题也未得到应用。关于混合萃取剂，用伯胺与羧酸的混合萃取剂系列，对阳离子的萃取顺序为 Ca > Mg > Li > K，对阴离子的萃取顺序为 $NO_3^- > Cl^- > SO_4^{2-}$。胺对锂萃取的有效性顺序为季 > 伯 > 仲 > 叔，有机酸对锂萃取的有效性顺序为羧 > 烷基膦酸 > 丙烯硫酸。

根据奥地利 Graz 技术大学的研究，膦酸型萃取剂 HDEHP 是较好的锂萃取剂，分配比约等于1，但是有机相的负载很低。膦酸型 HOFF3239、次膦酸型 Cyanex272 与等物质的量的 Primine JMT（伯胺）混合的混合萃取剂，萃取 Smackover 盐卤的结果分配比较小，有机相的负载小，但分离效果很好。从 Na∶Li(摩尔比) 约为 100 的水相中萃取能得到 Na∶Li(摩尔比) 约为 1 负载的有机相。仅使用冠状化合物，钾的负载过低，混合离子萃取剂提供了回收锂的可能性，但对不经太阳预先蒸发浓缩，从含锂非常低的油田 Smackover 盐卤中取得锂是比较困难的，有报道提出向混合离子萃取剂系列中加入冠醚则有可能解决这一问题。

9.11.6　从氧化铝生产中的赤泥综合回收有色金属

用拜耳法从铝土矿中生产 1t 氧化铝时约产生 0.7t 赤泥。原南斯拉夫综合处理拜耳法赤泥的电热还原—水冶法，可以全部利用赤泥中的有价组分。试验用含 Fe_2O_3 30%～60% 的赤泥，电弧炉功率 3600kW，日生产能力 100t，直接获得生铁，进一步处理炉渣，回收 Ti、Zr、Th、U 和 Se 等元素[93]。

平果矿拜耳法赤泥成分（%）为：Al_2O_3 12.3，Fe_2O_3 36.5，SiO_2 11.88，TiO_2 7.10，Na_2O 6.6，CaO 15.20，此外还含有钪、铌、钽、钍和铀等。对于赤泥的综合利用，只是将部分烧结生产出的赤泥用来生产硅酸盐水泥。近年来开始推行从赤泥中回收有价元素的试验工作，其处理工艺流程如图 9-76 所示。该流程只能说是一种理想，其中许多问题尚未完全解决，要使该流程达到工业应用，还需要进行大量工作。

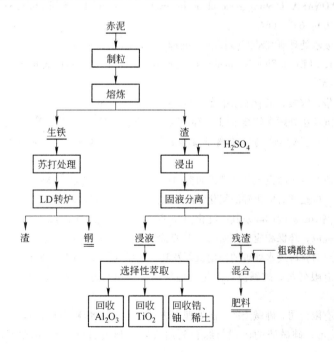

图 9-76　赤泥综合利用工艺

总之，随着生产的发展，大量工业废弃渣的合理利用及充分提取其中的有色金属已成为刻不容缓的问题。目前国内外已经提出"无废渣"、"无尾矿"、"无废水"的"三无"

口号，开展研究投资少、能耗低的工业废渣的利用工艺，对增加和扩大矿产资源，解决环境保护问题，实现有色金属资源循环利用是十分有意义的。

参 考 文 献

[1] 苏国辉. 论我国有色冶炼中砷的治理[J]. 湖南有色金属，1998(增刊)：27~37.

[2] 梁峰. 砷污染治理及其资源化的研究[D]. 长沙：中南大学，2004.

[3] WANG Q K. Removal of Arsenic （Ⅲ） in Agueous Solutions by Controlling Oxielation Potential[D]. 日本，仙台：东北大学，2007.

[4] MENZIES L A, OWEN L W. The eletradiposition of arsenic from aqueous and non-aqueous solutions[J]. Electrochiraca Acta, 1996(11): 251~265.

[5] MOLNAR L, VIREKOVA E. Experimental study of As(Ⅲ) oxidation by hyelrogenperoxide[J]. Hydrometallurgy, 1994(35): 1~9.

[6] TOZAWA K. Hydrometallurgy recovery or removal of arsenic from copper smelter byproducts[J]. TMS-AIME, 1997(8): 65~78.

[7] GULLEDY J H, CONNOR O. Removal of As(Ⅴ) from water by adsorption on alumium and ferric hydroxide[J]. J. Am Water Assoc, 1990, 65(8): 548.

[8] ROBERT G R, KAZUTERU T. Mineral arsenic removal from gold processing water: the potential ineffectiveness of lime[J]. Processing & Environmental Control, 1995, 75(840): 171~175.

[9] CHARDA M, REMPEL G L. Ligand exchange sorption of arsente and arstenite anions by chelating resing in ferrie Ion from anionic polymes[J]. Hydrometallurgy, 1998, (8): 85~95.

[10] EGAWA H, NONAKA T. Study removal as by exchange resin[J]. Separation Science and Technogy, 1985, 20(9~10): 653~664.

[11] 陈英美. 含砷废水处理研究动态[J]. 工业处理，1992(3)：7~10.

[12] ROSEMHART R, LEE J. Effective methods of arsenic removal from gold mine wastes[J]. Can. Min. J., 1972(7): 53~57.

[13] 汪大翠，徐新华，宋爽. 工业废水中专项污染物处理手册[M]. 北京：化学工业出版社，2000.

[14] 刘书贤. 化学沉淀法处理含砷废水[J]. 环境科学动态，1993(2)：22~25.

[15] 胡天觉，曾光明. 选择性高分子离子交换树脂处理含砷废水[J]. 湖南大学学报，1998(6)：75~80.

[16] 唐仁衡. 黑铜渣制备砷酸铜工艺及理论研究[D]. 长沙：中南大学，2000.

[17] 马伟，马荣骏，申殿邦. 硫化砷渣氯化铜浸出及还原回收并砷[J]. 环境工程，1998(1)：49~53.

[18] 寺山恒久. 炼铜中砒霜的回收及其高纯化[J]. 资源素材学会志（日），1989，8：42，43.

[19] 肖若柏. 砷的提取，环保和应用方向[J]. 广西金属学会，1992.

[20] 马伟. 磁场效应对含砷废水处理的作用机理及其工艺研究[D]. 沈阳：东北大学，1996.

[21] 湖南宏大锑铅有限公司. 砷碱渣资源化处理与综合利用示范工程. 湖南省科技查新项目数据库 CX-2810140.

[22] 湖南宏大锑铅有限公司. 砷碱渣的火法处理方法：中国，20081003209.7[P]. 2008-08-13.

[23] 王建强，柴立元. 砷碱渣的治理与综合利用现状及研究进展[J]. 冶金环境保护，2004(3)：29~31.

[24] 郁南县广兴冶炼有限公司，中南大学. 无污染砷碱渣的处理技术：中国，200410023055.0[P]. 2004-03-31.

[25] 陈白珍，王中溪，周竹生，等. 二次砷碱渣湿法生产技术工业试验[J]. 矿冶工程，2007(2)：

47 ~ 49.

[26] 王建强，王云燕，王欣，等．湿法回收砷碱渣中锑的工艺研究[J]．环境污染技术与设备，2006（1）：64 ~ 67.

[27] 胡维全．一种锑冶炼砷碱渣的除毒增利方法及高温节能熔炼炉：中国 CN200510085657.3[P].2006-01-25.

[28] 罗广福．一种锑冶炼砷碱渣的处置方法：中国，0013155.9[P].2003-6-11.

[29] 锡矿山闪星锑业有限责任公司．含砷物料的处理方法：中国，CN15A0095A[P].2003-04-23.

[30] 河南豫光金铅股份有限公司．综合回收氯氧锑渣中有价金属的工艺：中国，CN200610048549.3[P].2006-08-04.

[31] 肖雪君．泡碱渣直接入反射炉炼精锑：中国，CN92107058.6[P].1992-07-17.

[32] 锡矿山闪星锑业有限责任公司．一种火法精炼锑中综合回收砷碱渣和二氧化硫烟气的方法：中国，CN03118325.5[P].2010-12-01.

[33] 中南大学．一种综合处理锑冶炼砷碱渣并制备胶体五氧化二锑的方法：中国，200910042938.9[P].2009-03-24.

[34] 仇勇海，卢炳强，陈白珍，等．无污染砷碱渣处理技术工业试验[J]．中南大学学报（自然科学版）2005（2）：234 ~ 237.

[35] 刘伯龙．二次砷碱渣综合回收工艺初探[J]．锡矿山科技，2003（3）：1 ~ 3.

[36] 金哲男，蒋开喜，魏绪钧，等．处理炼锑砷碱渣的新工艺[J]．有色金属（冶炼部分），1999（5）：11 ~ 14.

[37] 长沙有色矿山冶金设计院．科技参考资料[R].1980.

[38] 龙春生．株冶科技，1981（1）：35.

[39] 段学臣．高砷锑烟光中砷锑的回收与锑品深度加工研究[D]．长沙：中南工业大学，1994.

[40] 戴永年，赵惠．真空冶金[M]．北京：冶金工业出版社，1988.

[41] 张荣良．含锡高铅、锑复合渣资源利用新工艺研究[D]．长沙：中南大学，2006.

[42] 刘云霞．在不同盐酸浓度、Sb^{3+} 浓度和温度条件下溶解度的研究[J]．稀有金属，2000（7）：270 ~ 273.

[43] 黄位森．锡[M]．北京：冶金工业出版社，2000.

[44] 曹学增，陈爱英．电镀锡渣制备氯化亚锡和锡酸钠[J]．应用化工，2002（3）：38 ~ 40.

[45] 陈世民，林兴铭．锡渣直接生产锡酸钠的试验研究[J]．有色冶炼，2000（4）：34 ~ 41.

[46] 李强．锡极泥尾渣直接生产锡化工产品的研究[J]．北京矿冶研究院学报，1994（1）：35 ~ 41.

[47] 钟晨，陈淑瑜，梁惠珠．用低品位锡矿制取锡酸钠的研究[J]．广东有色金属学报，1999（1）：35 ~ 41.

[48] 钟晨．直接法制取锡酸钠的工艺研究[J]．无机盐工业，1998（4）：5 ~ 8.

[49] 郑蒂基．铅氯络合离子生成反应的平衡常数[J]．中南矿冶学院学报，1981（12）：10 ~ 14.

[50] 郑蒂基，傅崇说．关于铅-氯离子-水在离离子强废及升温条件下的平衡研究[J]中南矿冶学院学报，1981（12）：1 ~ 9.

[51] 邓裕吉，马跃宇，李大树．用氯化铅渣制取三盐基硫酸铅[J]．有色矿冶，1995（5）：31 ~ 34.

[52] 郝润蓉，万锡义，钮少冲．无机化学丛书（第三卷）[M]．北京：科学出版社，1998.

[53] 李景升．银锌渣制备超细氧化铋及其基础理论研究[D]．长沙：中南大学，2009.

[54] 夏兆泉，章广．银锌渣的处理[J]．矿产保护与利用，2000（5）：43 ~ 46.

[55] 许敏强．株冶铋冶炼技术的发展[J]．有色冶炼，1999（6）：5 ~ 8.

[56] 王延岑．银锌渣提银工艺研究[J]．有色冶炼，1991（6）：28，29.

[57] 汪立果．考察墨西哥托雷翁厂铋的回收[J]．有色冶炼，1989（2）：39 ~ 41.

[58] 俞宗衡. 从高铋含银渣中制取铋的试验研究[J]. 有色金属（冶炼），1989(3)：54~58.

[59] 孔繁珍. 从高砷含铋物料中提取铋的试验研究[J]. 湿法冶金，2000(3)：54~58.

[60] 张小红，郑文裕. 从高炉烟尘提取铋的研究[J]. 湿法冶金，1995(1)：42~44.

[61] 赖师禅，胡传璋. 从高铅铋渣中综合回收有价金属的试验研究[J]. 有色冶炼，1994(3)：39~42.

[62] 胡少华. 高铋铜阳极泥处理及实践[J]. 江西有色金属，2003(3)：31~33.

[63] 秦毅红，王云燕，文志. 铋深加工产品的应用及其发展前景[J]. 世界有色金属，1998(4)：44，45.

[64] 杨新生. 从氯氧化铋制取高纯铋化工产品的热力学分析试验[J]. 江西冶金，1994(2)：16~19.

[65] 朱建春，赵源泽，李琼洁. 应用微机绘制电位-pH 图分析氯氧化铋精矿提纯工艺[J]. 广东有色金属学报，1945(1)：50~57.

[66] 康云川，梁汉贤，李月秀. 氧化铋制取工艺研究[J]. 云南师范大学学报，1994(3)：58~60.

[67] 康云川，梁汉贤，李月秀. 氧化铋制取工艺和改进[J]. 云南化工，1995(4)：45~71.

[68] 吕尔会. 高铋阳极泥提铋新工艺[J]. 湖南化工，1994(2)：21~23.

[69] 段学臣，涂石桥. 超细氧化铋的制备与结构特性[J]. 中南工业大学学报，1997(2)：164~166.

[70] 王云燕，秦毅红. 新型无机黄色颜料[J]. 湖南化工，1999(1)：13~15.

[71] 李纯旺，王宝安. 高银粗铋处理工艺改进[J]. 有色冶炼，1995(1)：20~22.

[72] 陈名瑞. 三氯化铁浸出法从钨细浸硫化矿中提取铋[J]. 矿产综合利用，1994(5)：20~23.

[73] 唐漠堂，鲁君乐. 由柿竹园含硅含铍含氟铋精矿直接提取铋品[J]. 中南工业大学学报，1995(2)：186~190.

[74] 孙路薇，何永，付云德. 纳米氟化铋研究[J]. 传感器技术，2000(1)：21~22.

[75] 李德良，黄念东，许中坚. 超细高纯氧化铋的制备研究[J]. 湖南化工，2001(1)：15，16.

[76] 马荣骏，邱电云. 锌镉的湿法冶金[M]//陈家镛. 湿法冶金手册. 北京：冶金工业出版社，2005.

[77] 李冬云. 韶冶电尘提镉系统工艺，设备改进的探索[D]. 长沙：中南大学，2004.

[78] 许定胜. 提银含锰废液生产电解，二氧化锰的工艺研究[D]. 长沙：中南大学，2004.

[79] 郑文军，许大洪，郭珊彬. 浸出氧化锰泥制取碳酸锰的工艺[J]. 矿冶，2011(1)：64~67.

[80] 李亮，王启东，王炬. 从铅锌矿尾矿中回收锰的工艺研究[J]. 矿业快报，2008，24(11)：20~22.

[81] 汤成龙，周长银，芮凯. 浮选尾矿中锰矿物的回收研究与实践[J]. 采矿技术，2000(4)：150，151.

[82] 汪顺才，王方汉，曹维勤. 废弃尾矿中碳酸锰矿铵盐焙烧富集工艺研究[J]. 金属矿山，2008(3)：144~146.

[83] 王兆元. SQC 湿法强磁选机回收低品位碳酸锰的试验研究[J]. 江西有色金属，1997，11(4)：26~28，31.

[84] 南京银茂铅锌矿业有限公司. 浮选尾矿中碳酸锰的回收方法：中国，CN101239339[P]. 2008-08-13.

[85] 云南冶金集团总公司. 锰尾矿直接酸浸生产电解金属锰新工艺的开发及工业应用[R]. 中国科技成果库，项目年度编号99007010.

[86] 陈榜龙. 改进型两矿法生产电解金属锰的装置及方法：中国，101845562A[P]. 2010-09-29.

[87] 陈安，张碧泉. 以富锰渣为原料在氯化锰体系中制备电解金属锰[J]. 中国锰业，1994，12(3)：51~54.

[88] 吉首市溶江锰业化有限责任公司. 湿法炼锌过程中铟铁的分离高纯电解金属锰生产技术[R]. 湖南省科技项目查新库 CX-241084.

[89] 湖南大洋新材料有限公司. 无高纯低硒电解金属锰（粉）[R]. 湖南省科技项目查新库 CX-240197.

[90] 湖南振兴化工股份有限公司. 高纯电解金属锰新生产技术[R]. 湖南省科技项目查新库 CX-220262.

［91］ 临武县聚鑫有限责任公司. 铅锌选矿尾矿制取电解金属锌［R］. 2010.

［92］ 伍志春. 钒铬萃取分离［M］//汪家鼎，陈家镛. 溶剂萃取手册. 北京：化学工业出版社，2001.

［93］ 郭学益，田庆华. 有色金属资源循环理论与方法［M］. 长沙：中南大学出版社，2008.

［94］ 李志信. 从含钽银的高钛渣中制取 K_2TaF_6 和 Nb_2O_5 的研究［J］. 稀有金属，1997（2）：131～133.

［95］ SITTING M. Resource Recovery and Recycling Handbook of Industrial Wastes［M］. Park Ridge：Noyes Data Corp，1995.

［96］ 唐展，汤惠民. 从钛铁渣中回收有价成分钛和铝的研究（一）：回收钛的研究［J］. 环境工程，1995（3）：34～38.

［97］ 马荣骏. 溶剂萃取在冶金中的应用［M］. 北京：冶金工业出版社，1979.

［98］ 候炎学，郭荣伟. 液-液萃取法从重镁水中提取 Mg^{2+} 制取 $MgCl_2 \cdot 6H_2O$ 的工艺研究［J］. 轻金属，1993（10）：36～42.

［99］ 邱电云，马荣骏. 某些主族元素的萃取分离［M］. 汪家鼎，陈家镛. 溶剂萃取手册. 北京：化学工业出版社，2005.

［100］ 西山村治. 稀有金属的溶剂萃取［J］. 国外稀有金属，1986（7）：13～20.

［101］ 马荣骏. 萃取冶金［M］. 北京：冶金工业版社，2009.

10 二次资源金银的回收

金、银在国民经济中具有极为重要的作用和极为特殊的意义，它们不但是国际货币流通的依据，也是一些重要合金不可缺少的元素。

10.1 铜阳极泥的处理

10.1.1 铜阳极泥的组成及性质

铜阳极泥是由铜阳极在电解精炼过程中不溶于电解液的各种物质所组成，其成分主要取决于铜阳极的成分、铸造质量和电解的技术条件，其产率一般为 0.2% ~ 0.8%。它通常含有 Au、Ag、Cu、Pb、Se、Te、As、Sb、Bi、Ni、Fe、S、Sn、SiO_2、Al_2O_3、铂族金属及水分。来源于硫化铜精矿的阳极泥，含有较多的 Cu、Se、Ag、Pb、Te 及少量 Au、Sb、Bi、As 和脉石矿物，铂族金属很少；而来源于铜-镍硫化矿的阳极泥含有较多 Cu、Ni、S、Se，贵金属主要为铂族金属，Au、Ag、Pb 的含量少；杂铜电解所产阳极泥则含有较高的 Pb、Sn。国内外部分铜冶炼厂阳极泥的组成列于表 10-1[1~17]。

表 10-1 国内外某些工厂铜阳极泥的组成

序号	工厂名称	组成/%													
		Cu	Ag	Au	Pb	Se	Tc	As	Sb	Bi	Ni	Pt/g·t⁻¹	Pd/g·t⁻¹	SiO₂	H₂O
1	沈阳冶炼厂	14.96	18.96	2.821	29.18	3.21	0.76	—	14~18	—	—	—	—	—	30~40
2	上海冶炼厂	10~20	8~15	0.3~0.7		3~5	0.5~0.6	—							34.96
3	白银有色金属公司	34.53	8.33	0.271	3.41	13.24	0.62							1.44	25~35
4	云南冶炼厂	2.5	5~9	0.02	—	1~2	—	2.0		0.5		3	10	—	50~60
5	美国肯尼柯特公司	30	9	0.2	2	12	3	2	0.5	—		6.2	71.5	—	—
6	美国南威尔公司铜电解厂	8.77	4.65	0.55	31.45	—	—	0.75	—			10	10	6~10	—
7	美国因斯皮雷辛联合公司	34.98	9.7	0.1	0.7	23.04	0.5	0.075	0.13			—	—	16.2	—

序号	工厂名称	组成/%												
		Cu	Ag	Au	Pb	Se	Tc	As	Sb	Bi	Ni	Pt/g·t⁻¹	Pd/g·t⁻¹	SiO₂	H₂O
8	加拿大铜精炼厂	10~50	3~25	0.2~2	5~10	2~15	0.5~8	0.5~5	0.5~5	0.1~0.5	0.1~2	—	—	1~7	—
9	芬兰奥托昆普公司	11.20	9.38	0.5	—	4.23	—	0.7	0.04	2.62	45.21	—	—	2.55	—
10	莫斯科铜厂	11.78	3.17	0.038	0.086	2.0					15.48	130		0.68	
11	日本日立冶炼厂	8.9~24.2	13.9~20.6	0.26~0.8	6.7~25	2.5~10.6	1.1~1.8			17.8~6.7					
12	日本大阪冶炼厂	0.6	0.14~0.19	0.006~0.02	26~31	17.21	1~2.2							0.1~0.4	
13	日本佐贺关冶炼厂	30		1	—	12.5	22								
14	日本新居浜冶炼厂	20~30	0~10	0.5~1.5	10~15	6~10	2~4	3~5	1~2	1~1.5	0.5				
15	日本日光冶炼厂	9~22	6~19.6	0.08~0.22	18~33	2~5.7	—	0.3~1.89	0.8~2.67	0.2					
16	秘鲁奥罗亚冶炼厂	—	8	0.09	1.90	1.6	1.75	2.1	10.7	23.9					

　　铜阳极泥的物相组成比较复杂，各种金属存在的形式是多种多样的：铜 70% 呈金属形式，其余的铜则以 Cu_2S、Cu_2Se、Cu_2Te 形式存在；银主要为 Ag、Ag_2Se、Ag_2Te 及 AgCl；金以游离状态存在，也有与碲结合的。一般铜阳极泥的物相组成列于表 10-2[18]。

表 10-2　铜阳极泥中各种金属的赋存状态

元　素	赋 存 状 态	元　素	赋 存 状 态
金	Au、(Ag、Au)Te₂	铋	Bi_2O_3、$BiAsO_4$
银	Ag_2Se、Ag_2Te、$CuAgSe$、(Ag、Au)Te₂、Ag、AgCl	铅	$PbSO_4$、$PbSb_2O_6$
铂族金属	金属	锡	$Sn(OH)_2SO_4$、SnO_2
铜	Cu、Cu_2S、Cu_2Se、Cu_2Te、$CuAgSe$、Cu_2O、Cu_2SO_4、Cu_2Cl_2	镍	NiO
硒	Ag_2Se、Cu_2Se、$CuAgSe$、Se	铁	Fe_2O_3
碲	Ag_2Te、Cu_2Te、(Ag、Au)Te₂、Te	锌	ZnO
砷	As_2O_3、$BiAsO_4$、$SbAsO_4$	硅	SiO_2
锑	Sb_2O_3、$SbAsO_4$		

　　铜阳极泥相当稳定，在室温下氧化不明显，在有空气作氧化剂存在时，可缓慢溶解于硫酸和盐酸，并能直接与硝酸发生强烈反应。

10.1.2　火法—电解传统工艺流程

　　目前国内外主要冶炼厂处理铜阳极泥的现行生产流程基本相似[1~17]。一般由下列工序组成：（1）除铜和硒；（2）还原熔炼产出贵铅合金；（3）贵铅氧化精炼为金银合金，即银阳极板；（4）银电解；（5）银阳极泥做某些处理后，进行金电解精炼。工艺流程如图10-1 所示。铂族金属大都是从金电解母液中进行富集回收。近年来主要是在所用设备及具体工艺条件方面有重大改进和革新，如粗硒蒸馏由马弗炉改为挥发窑和烧结炉；贵铅熔炼由反射炉改为转炉、电炉、倾转电炉等；贵铅精炼由反射炉改为转炉和倾转式反射炉，采用氧气吹炼时间由空气吹炼的 24h，缩短为 2h；废气处理系统，用布袋过滤器代替洗涤塔等。一些生产厂，由于生产控制较严，设备较先进，机械化、自动化程度高，金银回收率也较高。

　　对图 10-1 流程中的主要工序分述于下。

10.1.2.1　硫酸化焙烧

　　铜阳极泥硫酸化焙烧的主要目的是把硒氧化为 SeO_2 使之挥发，进入吸收塔的水溶液中变为 H_2SeO_3，然后被炉气中的 SO_2 还原而生成元素硒粉；铜转化为可溶性的 $CuSO_4$，硫酸化焙烧渣进行水浸出（或用稀硫酸）脱铜。脱铜渣进入金银冶炼系统，浸铜液用铜板置换银，粗银粉送金银系统，硫酸铜液送至铜电解车间回收铜，其处理过程要点如下。

　　将铜阳极泥（含水 20% ~ 40%）送入不锈钢混料槽，按 Cu、Ag、Se、Te 和硫酸进行化学反应所需理论量的 130% ~140% 配加浓硫酸，机械搅拌成糊状，用加料机均匀地送入回转窑内进行硫酸化焙烧。回转窑用煤气或重油间接加热，温度从进料端至排料端逐渐升高。进料端温度 220 ~ 300℃，主要为炉料的干燥区；中部 450 ~550℃，主要为硫酸反应区；出料端为 300 ~ 500℃，物料在窑内（停留）3h 作用，硒挥发率可达 93% ~97%。窑渣（脱硒渣）流入贮料斗，定时放出，渣含硒 0.1% ~ 0.3%。含 SeO_2 和 SO_2 的气体经过进料端的出气管进入吸收塔。吸收塔分两组，每组 3 个串联，两组交换使用。塔内装水，炉气中的 SeO_2 溶于水形成 H_2SeO_3，并被 SO_2 还原成粉状元素硒，经水洗干燥得 95% 左右的粗硒。第一塔吸

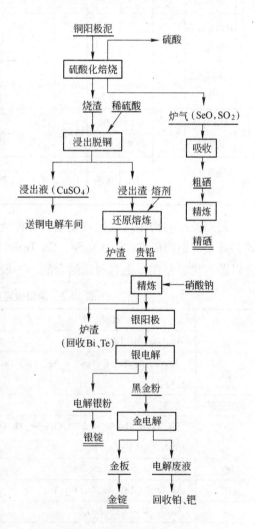

图 10-1　铜阳极泥处理传统工艺流程

收还原率约为85%，第二塔约为7%~10%，第三塔约为2%~6%。塔液和洗液用铁置换后含硒低于0.05g/L，排放。含硒置换渣返回窑内处理。回转窑日后处理阳极泥（湿泥）1.5t左右。

回转窑由16mm锅炉钢板焊接制成，其构造如图10-2所示。尺寸为ϕ750mm×10800mm，转速65s/r，倾斜度不超过2%，内壁无炉衬，为防止炉料粘壁，窑内装一ϕ75mm带耙齿的圆钢搅笼，翻动阳极泥。窑外用耐火砖砌一火室，采用外加热法，即整个窑身置于燃烧室内，用煤气（或重油）加热。窑和吸收塔用水环真空泵保持负压。吸收塔为铁塔内衬沿，吸收塔尺寸为：ϕ(1000~1200)mm×(600~800)mm。一般一塔为ϕ1200mm×800mm、二、三塔为ϕ1000mm×600mm。

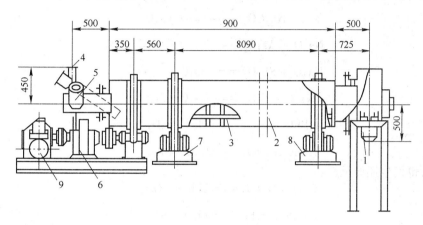

图10-2　硫酸化焙烧回转窑

1—密封料斗；2—窑身；3—滚齿；4—加料管；5—出气管；
6—传动装置；7—前托轮；8—后托轮；9—电动机

硫酸化焙烧的窑渣用水浸出或稀硫酸浸出脱铜。浸出时固液比为1:(2~3)，温度90℃以上，机械搅拌2~3h，$CuSO_4$、Ag_2SO_4和部分硫酸碲溶于水中，脱铜渣经水洗过滤，送金银冶炼系统。溶液输送到置换罐，加温至90℃，用铜片将Ag、Te（硫酸银、硫酸碲）置换，至溶液加入盐酸不显白色沉淀为止。沉淀经洗涤过滤，粗银粉送金银冶炼系统，硫酸铜溶液用泵输送到铜电解车间回收铜。溶液含铜30~60g/L，浸出渣含铜1%~3%。经硫酸化焙烧挥发脱硒、浸出脱铜后的浸渣成分列于表10-3。

表10-3　焙烧浸出脱铜后浸渣成分　　　　　　　　　　　　　　（%）

编　号	Cu	Pb	As	Sb	Bi	Se	Te	Au	Ag	SiO$_2$	其他
A	<3	15~20	2.6~3.7	3~14	0.59	0.03~0.04	0.4	1~1.5	12~15	14.7	余额
B	1.48	9.63	0.86	0.41	2.03	1.62	0.13	0.14	21.85	9	余额

浸出和置换在不锈钢罐中进行，浸出罐ϕ1200mm×1600mm，机械搅拌，置换罐ϕ1500mm×1600mm。

10.1.2.2 金银的冶炼

A 还原熔炼

铜阳极泥经提硒脱铜后的浸出渣（或和铅阳极泥混合）配以石灰、苏打、萤石、铁屑作熔剂，煤粉或焦粉作还原剂。均匀混合后，经皮带运输机送入转炉内。炉内保持负压（30~100Pa）。以重油为燃料，重油预热至60℃以上，用压力为16kPa以上的空气送入炉内雾化燃烧。熔化期温度保持1200~1300℃，氧化期保持700~900℃，出、装炉保持700~900℃。

炉料入炉后，逐渐升温，除去水分，氧化物（As、Sb、Pb等）相继挥发而进入炉气。炉料开始熔化，并发生造渣反应：

$$Na_2CO_3 = Na_2O + CO_2 \uparrow$$

$$Na_2O + As_2O_5 = Na_2O \cdot As_2O_5$$

$$Na_2O + Sb_2O_5 = Na_2O \cdot Sb_2O_5$$

$$Na_2O + SiO_2 = Na_2O \cdot SiO_2$$

$$PbO + SiO_2 = PbO \cdot SiO_2$$

$$CaO + SiO_2 = CaO \cdot SiO_2$$

同时，也发生还原反应：

$$2PbO + C = 2Pb + CO_2 \uparrow$$

$$PbO + Fe = Pb + FeO$$

$$PbSO_4 + 4Fe = Fe_3O_4 + FeS + Pb$$

$$PbS + Fe = Pb + FeS$$

$$Ag_2S + Fe = 2Ag + FeS$$

阳极泥中的金、银被还原出来的金属铅熔体所捕集，形成贵铅，其反应为：

$$Pb + Ag + Au = Pb(Ag + Au)$$

贵铅熔体与炉渣互不溶解，密度差又大，故炉渣浮在熔池表面，贵铅沉于熔池下层。为了提高贵铅中金银的品位，把炉渣放出，继续往贵铅熔体中鼓入空气，使其中的As、Sb、Cu、Bi等杂质氧化，As、Sb形成低价氧化物时，挥发进入炉气：

$$4As + 3O_2 = 2As_2O_3 \uparrow$$

$$4Sb + 3O_2 = 2Sb_2O_3 \uparrow$$

并进一步氧化形成高价氧化物：

$$2Sb_2O_3 + 2O_2 \longrightarrow 2Sb_2O_5$$

高价氧化物可与碱性氧化物造渣：

$$Na_2O + Sb_2O_5 = Na_2O \cdot Sb_2O_5$$

一炉作业时间为18~24h。贵铅产出率为30%~40%。成分（%）为：Au 0.2~4.0，Ag 25~60，Bi 10~25，Te 0.2~2.0，Pb 15~30，As 3~10，Sb 5~15，Cu 1~3。稀渣产

出率为 25% ~35%，含 Au <0.01%，Ag <0.2%，Pb 15% ~45%，送往铅冶炼系统回收 Pb。粘渣和氧化渣（后期渣）含 Au、Ag 较高，返回还原熔炼。烟气经湿法收尘放空，所得的烟尘作提取 As、Sb 原料。

还原熔炼在转炉中进行（国外有的电炉或仍用发射炉）。转炉用 16mm 锅炉钢板作外壳，炉子尺寸见表 10-4，构造如图 10-3 所示。某厂炉子的尺寸为 $\phi2400mm \times 4200mm$，炉床面积 5.5m²，机械传动，转速 12min/r。炉底用镁砂粉，耐火泥焦粉混合物垫高 400mm，全炉径向立砌一层铝镁砖，砖与炉壳之间垫两层石棉板，炉寿命 200 炉次以上，炉子使用前应烤炉和洗炉。

表 10-4　转炉尺寸实例

名　称	A 厂	B 厂	C 厂	D 厂
炉子直径/mm	2500	2400	1200	1300
炉子长度/mm	2770	4200	1830	1800
加料量/t·炉⁻¹	2	5	0.4	0.25
操作周期/h·炉⁻¹	17	27	10	8 ~10
转动方式	机械转动	机械转动	手　动	手　动

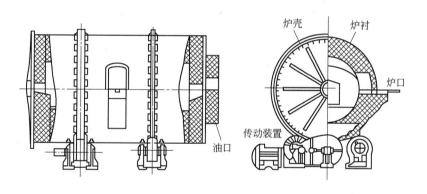

图 10-3　转炉的构造

洗炉，是向炉内加入废铅或氧化铅烟尘，加烟尘时应配入焦屑、苏打和萤石等，使炉内砖缝充满铅，以提高金、银的直收率。

B　贵铅的氧化精炼

还原熔炼所得贵铅含金银一般为 35% ~60%，余为铅、铜、砷、锑等杂质，氧化精炼在转炉中于 900 ~1200℃ 的温度下，鼓入空气和加入熔剂、氧化剂等，使绝大部分杂质氧化成不溶于金银的氧化物，进入烟尘和形成炉渣除去，得到含金银 90% 以上，适合银电解的阳极板。

在贵铅氧化精炼过程中，贵铅中各种金属的氧化顺序依次为：锑、砷、铅、铋、铜、碲、硒、银。贵铅中一般含铅较多，也易氧化，所以氧化精炼时，实际上主要以 PbO 充当氧的传递剂，把砷、锑氧化：

$$2Pb + O_2 \Longrightarrow 2PbO$$

$$2Sb + 3PbO \rule[0.5ex]{1.5em}{0.4pt} Sb_2O_3 + 3Pb$$

$$2As + 3PbO \rule[0.5ex]{1.5em}{0.4pt} As_2O_3 + 3Pb$$

这些砷、锑的低价氧化物和部分 PbO 易于挥发而进入烟气，经布袋收尘后所得烟尘返回熔炼处理。As_2O_3、Sb_2O_3 也可进一步氧化成高价氧化物（Sb_2O_5、As_2O_5）并与碱性氧化物（PbO、Na_2O 等）造渣，或直接形成亚砷（或砷）酸铅：

$$3PbO + Sb_2O_5 \rule[0.5ex]{1.5em}{0.4pt} 3PbO \cdot Sb_2O_5$$

$$2As + 6PbO \rule[0.5ex]{1.5em}{0.4pt} 3PbO \cdot As_2O_3 + 3Pb$$

$$2Sb + 6PbO \rule[0.5ex]{1.5em}{0.4pt} 3PbO \cdot Sb_2O_3 + 3Pb$$

亚砷（锑）酸铅与过量空气接触时，也可形成砷（锑）酸铅：

$$3PbO \cdot As_2O_3 + O_2 \rule[0.5ex]{1.5em}{0.4pt} 3PbO \cdot As_2O_5$$

由于 As_2O_5 的离解压比 Sb_2O_5 低，因此多数以砷酸盐形态进入炉渣，而锑则多数挥发进入炉气。当砷锑氧化基本完成后（不冒白烟），改为表面吹风继续进行氧化精炼，可以把铅全部氧化除去。

铜、铋、硒、碲等是较难氧化的金属，即难以用 PbO 氧化。但当砷、锑、铅都氧化除去后，再继续进行氧化精炼，铋就发生氧化：

$$4Bi + 3O_2 \rule[0.5ex]{1.5em}{0.4pt} 2Bi_2O_3$$

生成含部分铜、银、砷、锑等杂质的铋渣，经沉淀熔炼以降低含银量后，即作为回收铋的原料。当炉内合金 Au + Ag 含量达到 80% 以上时，即加入贵铅量 5% 的 Na_2CO_3 和 1% ~3% $NaNO_3$，用人工强烈搅拌，使铜、硒、碲彻底氧化：

$$2NaNO_3 \rule[0.5ex]{1.5em}{0.4pt} Na_2O + 2NO_2 + [O]$$

$$2Cu + [O] \rule[0.5ex]{1.5em}{0.4pt} Cu_2O$$

$$Me_2Te + 6NaNO_3 \rule[0.5ex]{1.5em}{0.4pt} 2MeO_2 + 6NaNO_2 + TeO_2$$

$$Me_2Se + 6NaNO_3 \rule[0.5ex]{1.5em}{0.4pt} 2MeO_2 + 6NaNO_2 + SeO_2$$

TeO_2 与加入的 Na_2CO_3 形成亚碲酸钠，即形成所谓苏打渣（碲渣），用作回收碲的原料，其反应为：

$$TeO_2 + Na_2CO_3 \rule[0.5ex]{1.5em}{0.4pt} Na_2TeO_3 + CO_2\uparrow$$

最后当 Au + Ag 含量达到 95% 以上时，即浇铸成阳极板进行银电解精炼，得产品银和进一步提取金、铂、钯。氧化精炼用重油加热，每炉作业时间为 45 ~72h。转炉为 12mm 锅炉钢板制成，外壳 ϕ1600mm × 2240mm，炉床面积 $1.5m^2$，床能力（贵铅）$1.6t/(m^2 \cdot d)$，炉底垫高 100mm，径向立砌一层镁砖。

10.1.2.3　铂、钯的回收

金电解液使用 2 ~3 个月后，杂质升高，不能继续使用，其中的金用硫酸亚铁、草酸或二氧化硫还原沉出，铸成阳极返回金电解。溶液含铂 5 ~15g/L，钯 15 ~30 g/L，送去回收铂、钯。首先用 NH_4Cl 沉铂得氯铂酸铵，经煅烧得铂精矿。溶液用锌片置换得钯精矿。铂、钯精矿经精炼提纯后即得纯海绵铂、钯，其生产工艺流程如图 10-4 所示。

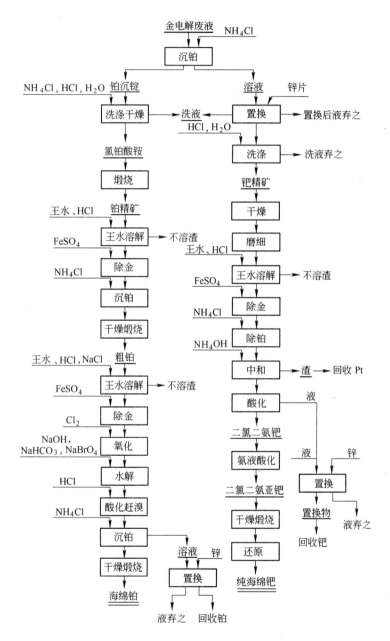

图 10-4　铂、钯生产工艺流程

10.1.2.4　其他有价成分的综合回收

铜阳极泥中除了贵金属外，还有一些有价成分，必须进行综合回收。

一般，着重回收的有价成分为：碲、铋、硒；对于砷、锑，除其本身价值外，更重要的是为了消除它们对环境的污染，故也必需予以回收。

A　碲的回收

贵铅火法氧化精炼后期产出的苏打渣，含碲5%～15%，其余成分(%)为：Se 0.2～1.0，Cu 3～10，Pb 3～8，Bi 10～20，SiO₂ 5～15。经湿磨浸出、中和，碱性电解和铸锭，产出99%～99.9%的碲，工艺流程如图10-5所示。

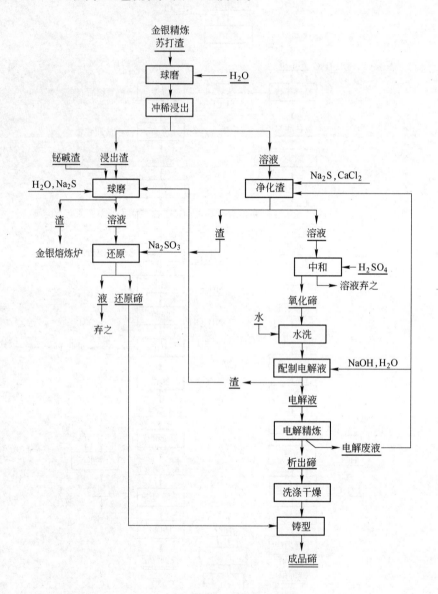

图 10-5　苏打渣提取碲的工艺流程

苏打渣湿磨液固比为2～3，室温磨6h，至小于0.175mm(80目)；水稀释4～5倍，加热至80℃以上澄清过滤。净化后，以稀H₂SO₄中和至pH=5（>80℃），澄清过滤得含碲65%以上的TeO₂；用NaOH溶解制备电解液（NaOH 90～100g/L，Te 150～300g/L，Pb <0.1g/L，Se <1.5g/L）电解，得阴极碲（含量大于98%），然后铸锭。

B　铋的回收

金银氧化精炼产出的氧化铋渣，组成（％）为：Bi 14 ~ 35，Pb 15 ~ 25，Cu 10 ~ 20，Sb 10 ~ 14，As <0.005，Ag 1 ~ 3，SiO_2 15 ~ 25。工艺流程如图10-6所示。

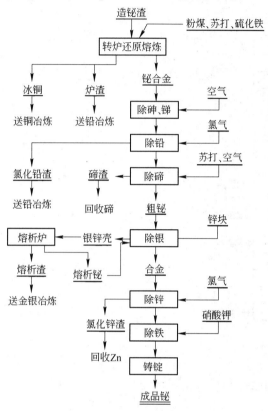

图 10-6　氧化铋渣提铋工艺

氧化铋渣在转炉内还原熔炼 20 ~ 24h，配料一般为：苏打 3% ~ 4%，硫化铁 20% ~ 30%，萤石 3% ~ 4%，粉煤 <3%；每炉处理量 5 ~ 6t。所得铋合金组成（％）为：Bi 50 ~ 65，Pb 9 ~ 10，Cu 9 ~ 25，Sb 2 ~ 4，Au + Ag 3 ~ 4，Fe 微量。铋直收率为 80% ~ 90%。在铸铁锅中（ϕ100mm×900mm，每锅处理 6 ~ 8t）依次除去各种杂质得 1 号、2 号铋。

C　砷的回收

湿法收尘收集的熔炼烟尘，一般成分（％）为：As 10 ~ 25，Sb 20 ~ 35，Pb 8 ~ 12，Fe 1，Bi 2 ~ 4，Te 0.2 ~ 0.4，Au <0.001，Ag 0.2 ~ 0.4，H_2O 25 ~ 35。经焙烧浸出，浓缩结晶得砷酸钠产品（见图10-7）。结晶砷酸钠成分（％）为：As 12 ~ 17.6，Sb <0.1，Fe <0.01，Na_2CO_3 25 ~ 30，Pb 微量，Bi 微量。结晶效率 88% ~ 90%。

D　锑的回收

熔炼烟尘浸出砷后，成分（％）为：As 1.7 ~ 3.0，Sb 40 ~ 60，Pb 13 ~ 20，H_2O 30 ~ 40，Na_2CO_3 5 ~ 7。经还原熔炼，氧化挥发，再还原、精炼得精锑。其生产工艺如图10-8所示。

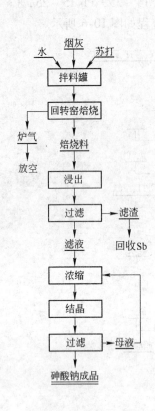

图 10-7 烟尘提砷工艺

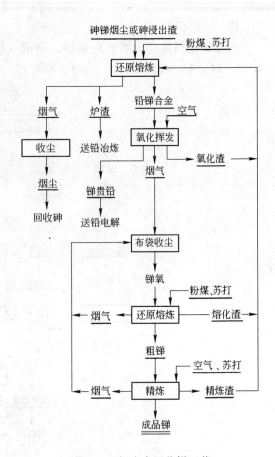

图 10-8 烟尘中回收锑工艺

10.2 铅阳极泥的处理

对于铅阳极泥的处理,国内外基本上都采用火法冶炼。在我国,兼有铜、铅冶炼的大型冶炼厂,铅阳极泥一般与脱铜、硒后的铜阳极泥混合处理;单一铅冶炼厂则单独处理。传统火法原则流程如图 10-9 所示。个别厂由于阳极泥成分的特点,处理上略有不同。

火法冶炼工艺经过长期的实践,对原料的适应性强,处理能力大,且随着设备及操作条件的不断改进,已日臻完善和成熟,金银回收率达到比较高的水平。但火法流程复杂冗长,金、银直收率不够高,返渣多,生产周期长,积压大量资金,影响企业资金周转。对于单一品种的中小企业,还存在能耗高、污染环境比较严重、金银回收率低、有价金属综合利用程度差等缺点。

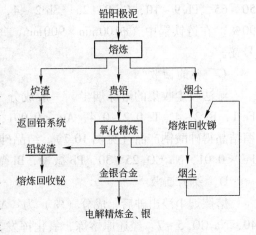

图 10-9 铅阳极泥火法流程

10.2.1 铅阳极泥的组成及性质

由于各地铅矿的成分不同，以及是否处理废铅，致使各铅厂，不同时期所产出的铅阳极泥的成分变化很大[9~19]。铅电解时，约产出粗铅质量1.2%~1.75%的铅阳极泥。这些阳极泥大部分黏附在阳极板表面，小部分因搅动或生产操作的影响，从阳极上脱落下来沉淀于电解槽中。在处理铅阳极泥之前，必须经过沉淀、过滤、洗涤。离心机或压滤机脱水，获得含水量约30%的铅阳极泥。其主要成分列于表10-5。

表10-5 国内外一些工厂铅阳极泥的主要成分 （%）

元素	日本新居滨	日本细仓	秘鲁奥罗亚	加拿大特莱尔	A厂	B厂	C厂	D厂	E厂
Au	0.2~0.4	0.021	0.01	0.016	0~0.07	0.02~0.045	0.005	0.002~0.004	0.025
Ag	0.1~0.15	12.82	9.5	11.5	12.15	8~10	3~5	16.7~18.9	2.63
Se	—	—	0.07	—	0.015	—	—	—	—
Te	—	—	0.74	—	0.30	0.1	0.1	—	—
Bi	10~20	20.6	2.1	9.32	10.0	4~6	—	—	5.53
Cu	4~6	10.05	1.6	1.8	—	2.0	1~1.5	2.5~3.7	1.32
Pb	5~10	8.25	15.6	19.7	14.79	6~10	15~19	8~16	8.81
As	—	—	4.6	10.6	7~9	20~25	25~35	0.12	0.67
Sb	25~35	43.26	33.0	38.1	28.30	25~30	20~30	38~40	54.3

曾对几个厂家不同类型的铅阳极泥采用X射线粉末法、激光分析法及电子扫描显微镜进行过研究[15]，其物相组成列于表10-6。

表10-6 铅阳极泥物相组成

元素	金属及金属化合物	元素	金属及金属化合物
Ag	Ag、Ag_3Sb、$\varepsilon'\text{-}Ag\text{-}Sb$、$AgCl$、$Ag_ySb_{2-x}(O \cdot OH \cdot H_2O)_{6\sim7}(x=0.5,y=1\sim2)$	Pb	Pb、PbO、$PbFCl$
		Bi	Bi、Bi_2O_3、$PbBiO_4$
Sb	Sb、Ag_3Sb、$\varepsilon''\text{-}Ag\text{-}Sb$、$Ag_ySb_{2-x}(O \cdot OH \cdot H_2O)_{6\sim7}(x=0.5,y=1\sim2)$	Cu	Cu、$Cu_{9.5}$、As_4
		Sn	SnO_2
As	As、As_2O_3、$Cu_{9.5}As_4$	其他	SiO_2、$AlSi_2O_5(OH)_4$

10.2.2 火法—电解传统工艺流程

铅阳极泥的传统处理工艺是火法熔炼—电解法。火法还原熔炼贵铅之前，通常先脱除硒、锑（含铜高时也应包括脱铜），经火法还原熔炼得贵铅，贵铅再经氧化精炼，产出金银板送银电解。银阳极泥经适当处理后，铸阳极进行金电解[9~19]。

10.2.2.1 除硒、碲

一些工厂在火法熔炼前经预先焙烧除硒、碲，但也有一些工厂在贵铅氧化精炼中造渣回收。后者与铜阳极泥熔炼所得贵铅在分银炉中氧化熔炼造碲渣的操作相似。

焙烧除硒、碲是将铅阳极泥与浓硫酸混合均匀，在回转窑中进行硫酸化焙烧，开始温度 300℃，最后逐步升温至 500 ~ 550℃，使硒以 SeO_2 挥发，经吸收塔生成 H_2SeO_3（亚硒酸），H_2SeO_3 与烟气中的 SO_2 作用生成元素硒（粗硒），再经精馏得到精硒。焙砂经破碎，用稀 H_2SeO_4 浸出，可使 70% 左右的碲进入溶液，然后加入锌粉置换得到碲泥。碲泥再经硫酸化焙烧，使碲氧化，用 NaOH 浸出，浸出液经过滤得碲电解液，用电积法得到纯碲，碲的总回收率为 50% 左右。

马弗炉焙烧除硒、碲，是把铅阳极泥与浓硫酸拌匀，放入焙烧炉内，在温度 150 ~ 230℃ 下进行预先焙烧。然后再将焙烧物料转入马弗炉内，于 420 ~ 480℃ 下进行焙烧脱硒，硒以 SeO_2 形态挥发，挥发率可达 87% ~ 93%。脱硒后的焙砂经破碎后用热水浸出，再用锌置换得到碲泥，然后用碱浸—电解回收碲。

10.2.2.2　火法熔炼

铅阳极泥可单独，也可与经脱铜、硒的铜阳极泥混合一起进行熔炼。铜、铅阳极泥混合处理流程如图 10-10 所示，即将铅阳极泥和经脱铜、硒的铜阳极泥按比例混合，置于转炉内进行还原熔炼。根据物料成分配入适当比例的熔剂，一般为碎焦屑或粉煤、石灰石、苏打或萤石和铁屑。配入铁屑是为了使铅、铋从化合物中被取代出来及增加炉渣流动性。当阳极泥含铁高时，则不必配入。还原熔炼一般用转炉，或者反射炉，燃料多为重油或柴油。采用反射炉熔炼，加料前必须扎好炉口。扎炉口是先将反射炉炉口上的贵铅或杂物清除干净，再将一份焦粉、两份黏土混合，加少量水和匀制成泥团放在炉口上，用铁管一层一层地扎实。扎炉口是一项极重要的操作，如炉口清除不干净，当炉温升高后，低熔点的贵铅熔化将会造成严重的"跑炉"事故。炉料逐渐升温至熔化期后，搅动熔池，以加速熔化。约经 8h 炉料全部熔化后，再彻底地搅动熔池一次，防止炉料粘底。经澄清 1h 以上，放出上层的硅酸盐和砷酸盐稀渣，扒出粘渣。为减少粘渣中的金属损失，也可在放完稀渣后，升温 1h，使粘渣中夹杂的贵铅粒沉淀后，再扒粘渣。某些工厂为了提高贵铅品位，除净渣后，保持炉温 900℃，用风管向金属液面吹风氧化，一直进行到熔池液面白烟很少时，结束吹风，经沉淀出炉。产出的贵铅含金、银总

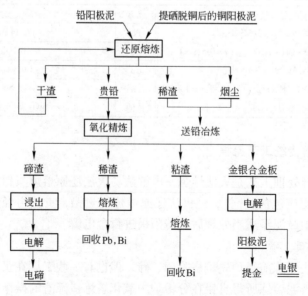

图 10-10　铜、铅阳极泥混合处理流程

量在 30% ~ 40% 以上。

10.2.2.3 贵铅的氧化精炼

贵铅的氧化精炼一般使用转炉。当贵铅在 700 ~ 900℃ 的低温下熔析时，铜、铁及其化合物（包括锑化铜、砷化铜等）由于熔点高，而浮于液面。与此同时，不与贵铅组成合金的各种高熔点杂质也进行熔析分离，与铜铁及其化合物一起组成干渣。捞出此干渣后，再进行吹风氧化，并在吹风氧化后期加硝石加强氧化。熔炼过程中对于含碲和铋高的原料，需要回收碲和铋时，则需造碲渣和放铋渣，以分别回收碲和铋。

经分银炉熔炼产出的金、银合金阳极板，送去电解精炼银，再从银阳极泥中回收金。

10.3 阳极泥处理技术的发展

近年来，为了提高贵金属的回收率、改善操作环境、消除污染，国内外除对传统工艺及装备进行改造和完善外，还研究了许多新的处理方法，其中有些已经投产[16~24]。

目前，国内外大型工厂仍使用火法流程，但在设备及工艺条件方面已有了重大改进。为了进一步提高火法处理的技术水平和经济效益，国外正向大型化集中处理的方向发展。例如：美国有 30 家铜厂年产铜 200 万吨，而阳极泥处理仅 5 家；日本的日立、佐贺关两个冶炼厂已将阳极泥合并在日立厂处理。

中、小型冶炼厂由于使用现代化火法冶金设备投资大、利用率低，且由于配套不全，铅害问题难以解决等原因，正向湿法处理工艺发展。我国在这方面已做了不少工作，并取得较好效果。

新工艺的研究目标是：强化过程、缩短生产周期、减少铅害、改善环境、提高综合经济效益。为此出现了以下方法：

（1）强化湿法脱除铜、硒、碲的过程。这方面采用的方法有：酸及铁盐浸出，焙烧，热压浸出及电化学脱铜等。

（2）用酸浸、氨浸或氯化浸出法等，使金、银分别转入溶液，用还原剂还原得金粉。在一定条件下，经过酸处理或洗涤，可不经电解直接获得成品金、银。

（3）将铅与金、银分离并送铅冶炼处理，从而减少火法处理量、缩短周期、大大减轻铅害，这方面最有成效的就是用浮选法进行分离的选冶联合工艺，已被不少国家采用。

10.3.1 选冶联合流程

选冶联合流程是国内首先采用的新工艺[20~24]。阳极泥经浮选处理后可以得到以下的好处：

（1）阳极泥处理设备能力大幅度增加。原料中含有 35% 的铅，经过浮选处理基本上进入尾矿，选出的精矿为原阳极泥量的一半左右，使炉子生产能力大幅度提高。

（2）回收铅。浮选尾矿可送铅冶炼厂回收铅，而且尾矿中含有的微量金、银、硒、碲等有价金属，仍可在铅冶炼中进一步得到富集和回收。

（3）工艺过程改善。阳极泥经浮选处理产出的精矿，由于含铅和其他杂质极少，熔炼过程中不必添加熔剂和还原剂，且粗银的品位较高，使工艺过程得到较大的改善。

（4）烟灰和氧化铅量减少。采用浮选处理之后，大部分铅进入尾矿。在焙烧和熔炼过程中，烟尘的生成量大大减少，铅害可以减小。

选出的精矿直接在转炉中熔炼，先回收硒、碲，最后熔炼成银阳极送银电解。选冶联合流程最主要的缺点是尾矿含金、银较高，使金、银有一定的损失。

目前，世界上采用选冶联合流程处理铜阳极泥的有芬兰、日本、美国、俄罗斯、德国、加拿大等国家。如日本大阪精炼厂处理阳极泥的特点是硫酸铅含量高，成分见表10-7。该厂每月产金723kg、银16409kg、硒11113kg、碲998kg。

表10-7　大阪精炼厂处理的铜阳极泥的成分　　　　　　（%）

项　目	Au	Ag	Cu	Pb	Se	Te	S	Fe	SiO$_2$
阳极泥 A	22.55kg/t	198.5kg/t	0.6	26	21	2.2	4.6	0.2	2.4
阳极泥 B	6.24kg/t	142kg/t	0.6	31	17	1.0	6.7	0.1	1

大阪精炼厂原用阳极泥处理流程为：氧化焙烧脱硒—熔炼冰铜和贵铅—灰吹（氧化精炼）—银、金电解。其熔炼产物和灰吹（氧化精炼）产品成分列于表10-8和表10-9中。

表10-8　铜阳极泥熔炼产物成分　　　　　　（%）

项　目	占阳极泥量	Au	Ag	Pb	Se	Te	SiO$_2$	Fe
贵　铅	40~45	23.67kg/t	368.6kg/t	35	1	0.6	—	—
冰　铜	4~6	1.7kg/t	272.16kg/t	18	12	10	—	—
炉　渣	65~75	0.29kg/t	9.07kg/t	23	0.2	0.1	24	12
烟　尘	5~6	0.02kg/t	8.79kg/t	50	7	5	—	—

表10-9　灰吹（氧化精炼）产品成分　　　　　　（%）

项　目	占阳极泥量	Au	Ag	Cu	Se	Te	Pb	Bi
苏打渣	5~8	0.02kg/t	9.64kg/t	—	9	12	—	—
氧化铅	20~25	2.83kg/t	34.02kg/t	—	—	—	50	—
烟　尘	7~8	4.036kg/t	34.02kg/t	—	6	2	46	—
Au、Ag 合金板	16~20	5.5	93	1.3	—	—	0.003	0.006

大阪精炼厂为了简化流程提高金属回收率，进行了浮选铜阳极泥的实验研究。浮选可除去铅，进入精矿的金、银、硒的实收率为85%~95%，但除铅还不够理想。又进一步改用塔式磨矿机进行两种磨矿方法研究。第一种为泥浆浓度20%~30%，装入耐酸循环槽内，从分流口每秒4~6m速度喷射出来，使之互相冲击，10~15h磨至3μm以下；第二种在磨矿机内装5片桨叶，并充填20mm的钢珠，矿浆浓度40%~50%，2~6h，可磨至3μm以下。后来由把脱铜和磨矿合并为一个工序，以提高脱铜速度。工艺流程如图10-11所示。

浮选用丹佛式浮选机；pH=2；捕收剂208号黑药，50g/t；矿浆浓度100g/L。铜、铅的脱除，为下一步熔炼处理提供了有利条件。浮选结果列于表10-10和表10-11。

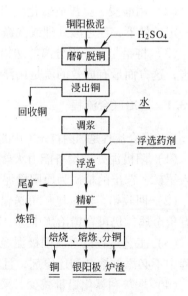

图10-11　大阪精炼厂浮选法
处理铜阳极泥工艺流程

表 10-10　磨矿对主要金属分配的影响　　（%）

成　分	料　别	磨矿	不磨矿
Au	原阳极泥	100	100
	精　矿	99.7	93.0
	尾　矿	0.3	7.0
Ag	原阳极泥	100	100
	精　矿	99.8	94.0
	尾　矿	0.2	6.0
Se	原阳极泥	100	100
	精　矿	99.7	94.0
	尾　矿	0.3	6.0
Pb	原阳极泥	100	100
	精　矿	7.0	30
	尾　矿	93.0	70

表 10-11　大阪精炼厂浮选技术指标

项目	干重/kg	比率/%	品位/%									
			Au	Ag	Pb	Se	Te	As	Sb	Bi	Pt	Pd
给矿	19370	100	7.13kg/t	158.5kg/t	32.8	14.09	2.1	0.48	2.29	0.35	45g/t	199g/t
精矿	8720	45	16.1kg/t	351.5kg/t	7.14	31.22	4.6	0.15	1.1	0.42	132g/t	410g/t
尾矿	10650	55	0.03kg/t	0.6kg/t	53.79	0.08	0.05	0.75	3.26	1.02	10g/t	27g/t
在精矿中的实收率/%			99.77	99.79	9.8	99.69	98.7	14.1	21.6	25.2	91.5	92.5

　　浮选法处理铜阳极泥工艺流程简单，脱铜磨矿合并后可缩短处理流程。浮选时金、银、硒、碲、铂、钯进入精矿而得到富集，浮选精矿在同一个炉子内，连续进行氧化焙烧、熔炼和分银三个工序，且熔炼时不加入熔剂和还原剂，产生的烟尘和氧化铅副产品也很少。

　　前苏联莫斯科铜冶炼和电解厂也用浮选法处理铜阳极泥，其组成列于表 10-12。

表 10-12　莫斯科铜厂阳极泥组成　　（%）

编　号	Pb	Pt	Ag	Au	Se	Cu	Ni	Fe	S	SiO₂
1	0.088	0.013	3.17	0.038	2.0	11.28	15.48	—	5.99	0.68
2	0.64	0.078	4.69	0.1	5.6	19.62	30.78	0.31	5.26	0.52
3	2.84	0.44	2.81	0.16	5.85	27.6	26.98	0.55	—	—

　　用丁基黑药 250g/t 作捕收剂和起泡剂，矿浆浓度 200g/L，浮选结果列于表 10-13。

表 10-13　浮选结果

项　目		含量/%							
		Pd	Ag	Au	Se	Ni	Cu	Fe	SiO$_2$
泡沫产品	1	0.43	14.35		9.23	4.43	9.12		
	2	2.16	15.95			14.2	21.64	0.21	0.26
	3	6.65	7.02	0.38	14.37	27.33	17.22		
尾　矿	1		0.35		0.18	22.39	4.76		
	2	0.02	0.16			66.92	2.02	0.38	0.76
	3	0.04	0.31		0.15	56.45	5.06		

项　目		分配率/%								Pd 富集产品比/%	产率/%
		Pd	Ag	Au	Se	Ni	Cu	Fe	SiO$_2$		
泡沫产品	1	100	93.3		94.4	5.8	15.5	1		5.0	20.1
	2	98.9	98.5			13.5	32.2	18.7	17.9	3.38	29.2
	3	99.5	96.8	100	99.2	45.5	31.2			2.43	42.5
尾　矿	1		6.7		5.6	87.0	24.6				60.9
	2	1.1	1.1			78.9	3.6	44.5	82.1		36.3
	3	0.5	3.4		0.8	51.3	6.0				33.8

从表 10-13 的结果可看出,富集于精矿中的 Pd、Ag、Se 直收率达到 94% ~ 99%,Au 为 100%。当其他条件不变时,精矿产率取决于阳极泥的成分。铜 60% ~ 65% 进入溶液,且与硫酸用量有关,当硫酸用量为 150g/L 时可获得相当高的脱铜指标。

此外,美国、德国也进行了铜阳极泥的浮选,情况与日本相似。

云南冶炼厂用浮选处理铜阳极泥[20]。其成分(%)为:Ag 13.13,Au 0.038,Cu 14.0,Se 2.85,Pb 5.0。酸浸脱铜、硒后,浸出渣含(%):Ag 17.4,Au 0.052,Cu 1.6,Se 0.55,Pb 7.6。浸出液含(g/L):Ag 0.17,Au 0.0055,Se 7.45。浸出过程铜、硒脱除率分别为 92%、86%,只有 0.4% 的银和 3% 的 Au 进入溶液。浸出液通入 SO$_2$ 使 98% 的硒和大部分金被还原进入粗硒。

浸出渣送浮选处理,产出的精矿成分(%)为:Ag 61.0,Au 0.145,Pb 3.0,Cu 1.18,Bi 0.9,Se 2.5。银富集比为 3.3 倍,直收率为 94%。在正常的作业条件下,尾矿含 Au 60g/t,金的浮选直收率为 90%。

精矿配入适量的苏打,在 0.3m^2 熔炼炉内进行熔炼,扒渣后"开门合金"含银 89%,经 3h 吹风氧化,品位升高到 98.6%,铸成阳极板。每炉工时为 18h,产出 190kg 阳极,银直收率达 93.6%,金的直收率为 94.6%。

采用选矿富集,不仅提高了银的直收率,而且显著降低生产成本,减少火法生产的固定投资和维修费用。两种方法的技术经济对比列于表 10-14。

表 10-14 浮选富集法与传统火法工艺的比较

项 目	选矿富集法	传统火法工艺
银直收率	选矿直收率94%， 熔炼直收率93.6%， 总直收率：94% ×93.6% =88%	贵铅炉、分银炉的总直收率约为84%
熔炼设备与生产能力	一台 0.3m³ 熔炼炉日产约 250kg 阳极	一台 1.7m³ 贵铅炉，一台 0.6m² 分银炉， 生产 6t 阳极约需一个月，平均日产200kg
每吨阳极主要原材料消耗	重油3t，苏打 0.5t，少量浮选药剂	重油7t，苏打 1.2t，硝石 0.27t
劳动条件	由于 90% 铅经选矿脱除，且冶炼炉时缩短，不致影响工人身体健康	全部铅均由分银炉灰吹除去，火法作业周期长，铅尘量大、铅害大

10.3.2 "INER"流程

台湾核能研究所（INER）研究了一种从铜阳极泥中回收贵金属的新方法，被称做"INER"法[19]。这一工艺包括四种浸出、五种萃取体系以及两种还原工序，已进行了中间工厂试验，并根据中间工厂的试验结果，建设了一座年处理300t 阳极泥的生产厂，流程如图 10-12 所示。

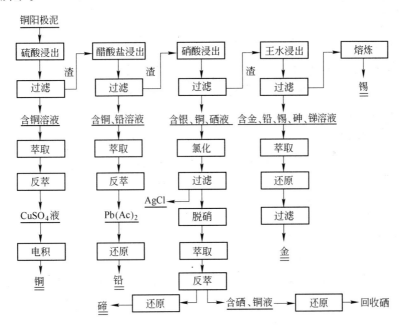

图 10-12 从阳极泥中回收贵金属的"INER"流程

10.3.2.1 硫酸浸出

先用硫酸浸出阳极泥中的铜，浸出过程中一些硒、铜及杂质进入浸出液，然后用羟肟类萃取剂，萃取提铜。

10.3.2.2 醋酸盐浸出

用醋酸盐溶液浸出脱铅，铅的浸出率随醋酸盐浓度和温度的升高而升高。用 5 ~ 7 mol/L醋酸盐溶液作浸出剂，在 20 ~ 70℃下浸出硫酸浸出渣 2 ~ 3h，95% 的铅被浸出；同时还有少量的铜溶出，可通过 Lix34 或 Lix64 萃取除去。

10.3.2.3　硝酸浸出

用硝酸溶解醋酸盐浸出残渣中的银和硒，在一个300L的不锈钢槽中进行，浸出温度100~150℃，银、铜、硒、碲的浸出率（%）分别为：96.13，>99，98.8和70。往浸出液中通氯气使银以AgCl形式沉淀而回收，AgCl纯度大于99%，回收率大于96%。

10.3.2.4　脱硝、萃取、酸回收

分离AgCl后滤液含Cu、Pb、Se、Te送脱硝、萃取工序。用75%TBP及25%煤油作为萃取剂，脱硝、萃取由8级组成，酸回收或洗脱也在8级中进行。混合澄清器用玻璃钢制造，外形尺寸为330cm×80cm×40cm，该设备相当于生产规模的1/5。中间工厂试验结果如图10-13所示。

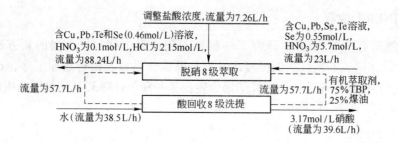

图10-13　脱硝、酸回收流程及结果

10.3.2.5　硒、碲的分离

将含铜、铅、硒、碲的氯化物溶液浓缩至含游离盐酸4~5mol/L，然后用30%TBP和70%煤油有机相萃取分离硒、碲，采用4级萃取、2级洗涤、4级洗脱，流速为24L/h的混合澄清器，硒和其他杂质分离效果很好，结果如图10-14所示。

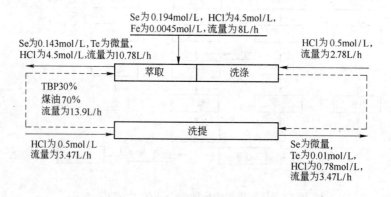

图10-14　硒、碲分离数据

利用燃烧硫获得SO_2使亚硒酸和硒酸还原得到硒。硫燃烧室面积$0.2m^2$，硫消耗2~4kg/h，空气输入600L/min，燃烧器出口SO_2浓度为4%~8%，经净化后引入还原缸，在室温下还原得到元素硒，经过滤、洗涤、干燥，纯度大于99.5%。用同样方法可从碲的氯化溶液中沉淀碲。

10.3.2.6　王水溶解、金萃取及还原

用王水溶解硝酸浸出残渣，使渣中99%的金进入浸出液，然后用二丁基卡必醇

（DBC）萃取提金。载金有机相用草酸还原，获得金粉且过滤性能良好，金的回收率为99%，金纯度大于99.5%。

10.3.2.7　锡的回收

铜阳极泥经上述处理后，残渣中锡的品位从11.2%增加到35%。锡以SnO_2形式存在，这种锡精矿在1350℃下与CaO、炭和铁粉混合后，高温熔炼1h，从渣中很容易分离出粗锡。粗锡经两次精炼，第一次350℃，第二次230℃，得到高纯度的金属锡，锡的回收率为95%。

10.3.2.8　"三废"处理

用硫化物和氢氧化物联合沉淀法处理"INER"流程中的废液，即用$NaHSO_3$、$Ca(OH)_2$、FeS通过中和、还原、沉淀、过滤等步骤，废液中的重金属可达到废水质量控制标准。"INER"流程中产生少量NO_x气体，通过水和碱液吸收洗涤后，排入大气。

建设一座年处理300t铜阳极泥的"INER"法工厂估计需投资339万美元，这种方法与传统方法相比，具有能耗低、排放物少、贵金属总回收率高（银98%，金99%以上）、萃取作业操作方法方便、适于连续生产等优点。

10.3.3　住友流程

日本新居滨研究所提出的"住友法"[22]，可不用电解而获得99.99%的纯金锭，直收率超过98%，缩短生产周期约一半。其工艺流程如图10-15所示。

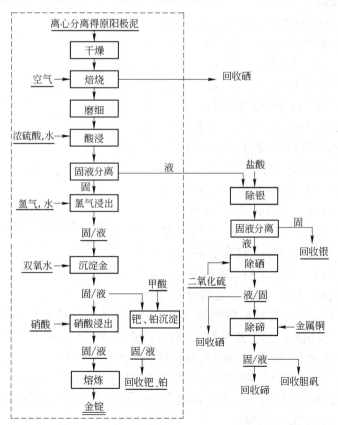

图10-15　住友法工艺流程

住友法的要点如下：

(1) 控制焙烧温度。通过热重和差示热分析以及不同升温速度（每分 2.5℃ 及 10℃）下矿物组成的 X 射线衍射分析等研究，确定了物料因 Ag_2SeO_3（熔点 531℃）熔化而易烧结，故焙烧应在 300~600℃ 之间缓慢升温，让 Ag_2SeO_3 分解。另外，还考查了焙烧酸浸条件，确定铜、碲浸出率随硫酸浓度（100~250g/L）、温度（40~80℃）的升高而升高。

(2) 含氯气水溶液浸出。氯气浸出在 40℃、1h 即可浸出大于 99% 的金。提高温度（约 80℃）延长时间都不能明显改变铂的浸出率（波动在 64.5%~68.9%），而钯则由 33.9% 剧增为 72.4%。

实际物料浸出结果为：金浸出率 99.7%~99.8%（浸渣含金 31~39g/t）、钯浸出率 88.5%~87.1%（渣含钯 200~211g/t）、铂浸出率仅 39.6%~36.3%（渣含铂 298~300g/t），部分硒、铁同时浸出（浸出率分别为 49.1%~51.3% 及 60.8%~62.5%）；铜浸出率为 14.2%~12.0%、砷浸出率为 11.0%~10.0%；镍浸出率为 1.2%~1.0%，浸出较少；锑（浸出率 0.02%）、铋（浸出率 0.1%~0.6%）、铅（浸出率 0.03%~0.02%）、银（浸出率在 0.01% 以下）几乎不被浸出。

(3) 富金氯化液可用 $FeCl_2$ 或 H_2O_2 还原。对成分（g/L）为：Au 11.2，Pd 0.74，Pt 0.19 的溶液，用 160g/L 浓度的 $FeCl_2$ 控制氧化还原电位 600~800mV 时还原，得到的金粉在 1:1 硝酸中煮沸 1h，除去金中的银、铋等杂质，加熔剂硼砂精炼铸锭。如用 H_2O_2 还原得到的金粉纯度较高。

(4) 沉金后用甲酸还原铂、钯。在 80℃ 下还原 4h。原液成分（mg/L）为：Au 4.2，Ag 1，Pt 61，Pd 460，Fe 2.6，pH = 1.6，用 NaOH 调 pH 值。图 10-16 表明，pH 值对钯沉淀效果影响很大，沉钯以 pH 值为 4 最适宜。

实验室规模试生产得 2kg 金锭。原料为离心分离后经干燥的阳极泥（成分见表 10-15），并破碎至 100% 小于 5mm。焙烧在外加热的回转圆筒（ϕ900mm × 1500mm，1/3~1r/min）中进行，每次试料 100~150kg，300~400℃ 下加料，在 1~2h 内加热至 700~750℃（转筒表面附近）并维持 1h。将 500kg 混合焙砂磨至

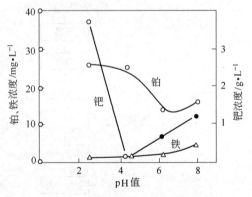

图 10-16　pH 值对钯、铂、铁沉淀的影响
（甲酸（90%）用量为每 400mL 溶液 0.9g）

85% 小于 40μm，在 2m³ 槽中进行三次酸浸。在 50℃、压力为 9.8×10^4~19.6×10^4Pa 条件下，过滤速度为 9.5L/(m²·min)，滤饼湿度为 22%~23%。

氯气浸出在 200L 衬有含氟树脂的槽中进行，每批加湿的酸浸渣 150kg，氯气流量为 0.085L/min，两次浸出后，总干渣量约 220kg，减重约 6%。在 40℃、9.8×10^4~29.4×10^4Pa 下，过滤速度为 1.7L/(m²·min)，滤饼湿度为 15%~17%。

将 400L 氯气浸出液倒入 600L 玻璃纤维增强塑料槽，加热至 40℃，调 pH 值为 1.2，加入 22L 30% 浓度的过氧化氢液，2h 后溶液含金 1.8mg/L，最终 pH 值和电位分别为 0.91 和 630mV（相对于 Ag/AgCl 电极）。

约 2kg 金粉放入玻璃容器中用浓硝酸煮，然后加熔剂熔化，铸锭。

沉金液体积调至450L，在氯气浸出槽（每次用150L溶液）中分三次沉淀铂、钯，条件为：80℃，90%甲酸用量420g/次，初始pH值为4，停留2h，最终溶液含 Pd 1.1mg/L，Pt 0.5mg/L，pH=2，电位230mV（相对于Ag/AgCl电极）。试验过程各物料的分析结果见表10-15。

表10-15　实验室规模试生产物料成分及结果分析

物料名称		Cu	Ni	Se	Fe	As	Sb	Bi	Pb	Ag	Au	Pt	Pd	水
阳极泥成分/%	1	21.9	0.56	4.78	2.68	5.11	3.35	2.35	11.1	8.17g/t	2910g/t	106g/t	358g/t	3.2
	2	19.7	0.52	4.10	2.48	6.40	3.38	2.38	12.1	8.46g/t	2320g/t	91g/t	744g/t	5.0
焙砂/%		22.6	0.56	0.30	3.24	5.83	5.15	2.68	14.7	9.89g/t	3500g/t			
酸浸渣（干基）/%		2.17	0.78	0.26	0.89	1.42	9.26	6.00	34.1	7.31g/t	7630g/t	425g/t	1470g/t	
浸出率/%		95.9	40.0	64.4	86.7	90.4	0.3	6.1	0.06	66.9	—			
氯气浸出渣/%		3.25	0.81	0.03	0.96	1.40	11.7	6.18	35.4	7.62g/t	100g/t	237g/t	360g/t	11.7
滤液/g·L⁻¹		0.43	0.008	0.62	3.20	0.06	<0.0005	0.006	0.008	<1	5200 mg/L	65.7 mg/L	670 mg/L	
浸出率/%		3.4	0.2	—	37.8	0.8	<0.01	0.02	<0.01		99.0	33.6	77.2	
硝酸煮沸后金粉/%		3×10⁻⁴	7×10⁻⁴		3×10⁻⁴		20×10⁻⁴			4×10⁻⁴	99.99×10⁻⁴	<5×10⁻⁴	14×10⁻⁴	
钯沉淀/%		0.10	0.02	0.04	1.05	0.01	0.20	0.82	0.44	0.28	0.11	7.6	86.0	

各工序中金的直收率为：酸浸大于99%，氯气浸出99%，金沉淀率大于99.9%，硝酸处理大于99.9%，总直收率估计超过98%。由于省去了还原熔炼（生产贵铅）、多尔合金生产、银电解和金电解，生产周期不到传统工艺的一半。

10.3.4　热压浸出流程

加拿大铜精炼厂采用加压氧浸使铜阳极泥中的铜和碲溶于热浓硫酸[21]。该厂阳极泥成分（%）如下：Cu 16～22，Se 9.6～15，Te 1.0～1.6，Pb 8～12，Ni 0.45～1.0，As 1.0～1.5，Sb 1.2～2.3，Bi 0.5～0.9，Sn 1.25，SiO₂ 2.1，Ba 2.2，H₂SO₄ 14.4，Ag 221kg/t，Au 6.2kg/t，Pd 600kg/t，Pt 40kg/t。

来自其他铜精炼厂的脱铜阳极泥成分（%）如下：Cu 0.4～2.5，Se 0.2～2.8，Pb 3.0～5.0，As 0.05～0.2，Sb 0.1～3.2，Bi 0.1～0.5，Te 0.02～0.4，Sn 0.02～0.8，Ag 75～325kg/t，Au 0.5～2.2kg/t。

阳极泥处理工艺流程如图10-17所示。

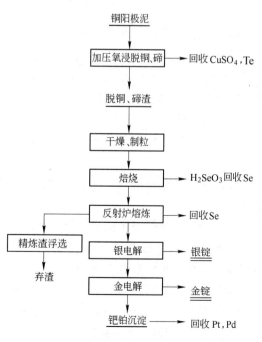

图10-17　加拿大铜精炼厂铜阳极泥处理工艺流程

10.3.4.1　铜、碲浸出

加压氧浸可使绝大部分铜、碲浸出，而银、硒仍留在渣中。浸出反应为：

$$Cu + H_2SO_4 + 1/2O_2 === CuSO_4 + H_2O$$

$$Cu_2Se + 2H_2SO_4 + O_2 === 2CuSO_4 + Se + 2H_2O$$

$$2CuAgSe + 2H_2SO_4 + O_2 === 2CuSO_4 + Ag_2Se + Se + 2H_2O$$

$$2Cu_2Te + 4H_2SO_4 + 5O_2 + 2H_2O === 4CuSO_4 + 2H_6TeO_6$$

离心过滤阳极泥，滤饼用水和93%硫酸在搅拌槽中调浆，然后泵至高压釜（材质904L不锈钢，但耐蚀性仍嫌不够）内。高压釜装有中心挡板和19kW电机驱动的六片叶轮透平搅拌器。物料加热到125℃，通入氧气压力为275kPa，每批物料总浸出时间为2~3h。浸出泥浆送板框压滤机过滤，并用温水洗涤。浸出渣率为70%，其中含0.3%~0.5%铜，0.5%~0.9%碲。

压浸液中的碲用金属铜屑沉淀为Cu_2Te，再用NaOH通空气浸出（生成可溶性Na_2TeO_3），加硫酸调pH值至5.7，沉出TeO_2；用NaOH溶液再次溶解，形成碲的电解液，反应为：

$$H_6TeO_6 + 5Cu + 3H_2SO_4 === Cu_2Te\downarrow + 3CuSO_4 + 6H_2O$$

$$2Cu_2Te + 4NaOH + 3O_2 === 2Na_2TeO_3 + 2Cu_2O + 2H_2O$$

$$Na_2TeO_3 + H_2SO_4 === TeO_2\downarrow + Na_2SO_4 + H_2O$$

$$Na_2TeO_3 + H_2O \xrightarrow{\text{电解}} Te + 2NaOH + O_2$$

10.3.4.2　干燥、制粒、焙烧

脱铜、碲后的阳极泥中，硒主要以元素硒或Ag_2Se存在。硒在217℃熔化，200~220℃燃烧，260~300℃生成SeO_2大量逸出；而Ag_2Se在410~420℃开始氧化为亚硒酸银，500℃迅速生成，约530℃ Ag_2SeO_3熔化，且在700℃以下分解较慢，从而使炉料熔结，阻碍了硒的氧化和挥发。对此可采用以下办法改善：

（1）加5%~10%膨润土与阳极泥混合制粒，以吸附Ag_2SeO_3熔体，在烧结机上焙烧；

（2）制粒加苏打焙烧，使硒以水溶或碱溶的硒酸钠（Na_2SeO_3）熔体，在烧结机上固定；

（3）制粒后在静态床强制循环的高温空气中烧结。

如将加压氧浸渣在回转窑内干燥至含水8%，再与5%~10%膨润土混合，置于ϕ1370mm倾斜式圆盘制粒机上制粒，球径为10mm，制粒能力为675kg/h；生球粒在815℃的烧结机内焙烧1~2h，鼓入空气30m³/min。含SeO_2烟尘经水洗，生成含Se 100g/L的H_2SeO_2溶液，再通入SO_2使之还原成元素硒；也可将湿粒在三个可移动床式焙烧机中焙烧，料层厚20~30mm，焙烧床宽7.5m，长12.2m，由床上、下方的煤气燃烧器加热，停留时间约60min，控制温度在800~820℃，可使Ag_2Se迅速氧化。

10.3.4.3　反射炉熔炼

在优质耐火材料砌筑的悬挂式反射炉（内部尺寸为 2.13m×6.17m，熔池深 0.38m）内熔炼经上述预处理的物料，得金银合金。一般熔炼操作周期为 50～60h，其中包括装料、熔化、熔炼、撇渣、吹氧和空气、吹氧和造苏打渣、铸造阳极等工序。每炉铸阳极 800 个（每个重 7.775kg）。

10.3.4.4　金银和金熔炼渣浮选

从熔炼炉中扒出的渣含有大量的冰铜和金属，通常返回铜熔炼，可提高杂质排除程度，但将增加金银的损失和结存。加拿大铜精炼厂建立了一个小浮选车间，已从积压的渣中回收 6000kg 银、90kg 金，每日约产出 80～90t 的渣浮选尾矿。

10.3.4.5　顶吹转炉

传统的金银合金锭熔炼是采用反射炉，其主要缺点是：

（1）与金属量相比，暴露的耐火材料面积较大；

（2）为了获得精炼造渣反应所需的有效界面，熔池深度必须很浅。

加拿大铜精炼厂改用顶吹转炉，现用炉工作容量为 1300L，可减少贵金属的积压量（约 22.66t 银，0.6t 金）和节约费用，但全部物料必须干燥，并且可能制粒；但是，烟气系统负荷大，将氧化较多的银，且此部分银在炉渣浮选回路中不易回收；另外还有较多的铅进入烟气，增加了铅循环的负荷。

10.3.4.6　分金

金银合金阳极在垂直式电解槽中电解。电解槽排列成 12 个组，每组串联 5 个槽，分组供电（1000A，22V）。沉积在钛阴极上的银粉用机械刮刀连续剥离，收集在阴极下悬挂的篮子里，24h 提起、卸出、冲洗、干燥后在感应炉中熔炼，铸成 31.1kg 重的银条，成分（%）为：Ag 99.99，Se 0.0001，Au 0.0011，Cu 0.0041，Pb 0.0003，Pd 0.0003。银阳极泥（金渣，或称黑金粉）保留在银阳极的涤纶布袋中。

10.3.4.7　金精炼

金渣每三天排放一次，成分（%）为：Au 39～62，Ag 24～50，Pb 3.5～5.6，Cu 2～5，Pd 2～0.6，经清洗除去可溶性硝酸盐，再用浓硫酸在一个加热的铸铁罐内浸煮，把银降到合格的水平。金粉经过滤、洗涤，直到滤液不再含银，在感应炉中熔炼，然后铸阳极进行金电解。

铂、钯和金一起从阳极上溶解下来，积累在电解液中，当 Pd 超过 70～80g/L 时将在阴极沉积而污染金，故必须经常进行净化。

10.3.4.8　铂、钯的回收

金电解废液用 2 倍水稀释，并用碱性溶液中和到 pH 值为 5～6，在 90～100℃，往溶液中加草酸，使金沉淀：

$$2AuCl_3 + 3H_2C_2O_4 \cdot 2H_2O \longrightarrow 2Au\downarrow + 6HCl + 6CO_2 + 2H_2O$$

溶液用蒸汽加热并和沉淀金操作交替进行，直到反应停止，倾析；倾析液中和到 pH=6，再次沉淀残余的金。

沉金滤液加热到 80℃ 左右，加入甲酸钠并搅拌，铂、钯易于沉淀，经洗涤、过滤、干燥得铂钯精矿，一般成分（%）为：Pd 80～85，Pt 5～12，Au 0.02～0.2，Ag 0.5～0.8，其他铂族金属很少，约 $10 \times 10^{-4}\%$ ~ $50 \times 10^{-4}\%$。

10.3.5 我国的湿法处理工艺

近年来，我国根据中、小冶炼厂为了改善操作环境、消除污染，大幅度提高金、银直收率，显著增加经济效益的要求，结合实际对铜阳极泥的处理做了大量的研究工作，并取得了很大成就。其主要方法介绍如下[25~27]。

10.3.5.1 硫酸化焙烧蒸硒—湿法处理工艺

硫酸化焙烧蒸硒—湿法处理工艺是我国第一个用于生产的湿法流程，其主要特点是：(1) 脱铜渣改用氨浸提银，水合肼还原得银粉；(2) 脱银渣用氯酸钠湿法浸金，SO_2 还原得金粉；(3) 硝酸溶解分铅。该工艺是将传统工艺的熔炼贵铅、火法精炼用湿法工艺代替，仍保留硫酸化焙烧蒸硒、浸出脱铜和金、银电解精炼。该工艺解决了火法工艺中铅污染严重的问题，且能保证产品质量和充分利用原有装备。工艺流程如图10-18所示。

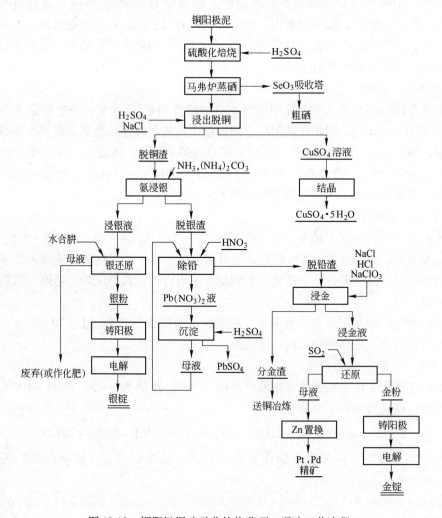

图 10-18　铜阳极泥硫酸化焙烧蒸硒—湿法工艺流程

采用此工艺后，金银直收率显著提高，金由73%提高到99.2%，银由81%提高到99%，缩短了处理周期，经济效益明显。此工艺已在国内部分工厂中推广应用。

10.3.5.2　低温氧化焙烧—湿法处理工艺[24,25]

低温氧化焙烧—湿法处理工艺是：低温氧化焙烧—稀酸浸出脱铜、硒、碲—在硫酸介质中氯酸钠溶解 Au、Pt、Pd—草酸还原金—加锌粉置换出 Pt、Pd 精矿，分金渣用亚硫酸钠浸出氯化银，用甲醛还原银。工艺流程如图10-19所示。

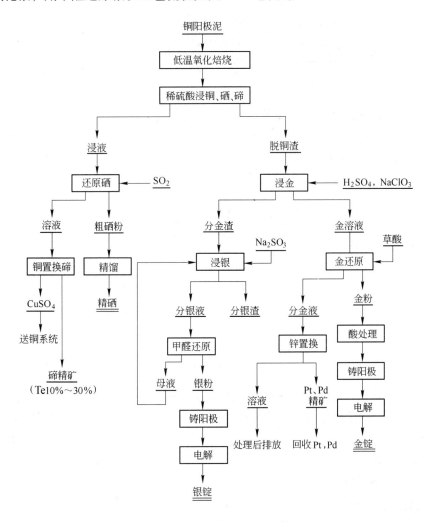

图10-19　低温氧化焙烧—湿法处理工艺

该流程投产后，金、银直收率分别达到98.5%和96%，比原工艺回收率提高12%及26%，金、银加工费大大地降低。该工艺的特点：（1）稀硫酸浸出一次分离 Cu、Se、Te；（2）采用 Na_2SO_3 浸银改善了用氨浸银的恶劣操作环境；（3）缩短了生产时间；（4）减轻了铅害。

10.3.5.3　硫酸化焙烧—湿法处理工艺[25]

硫酸化焙烧—湿法处理工艺是在推广低温氧化焙烧—湿法处理工艺流程时，针对某厂的特点加以改进形成的，已投产，其工艺流程如图10-20所示。

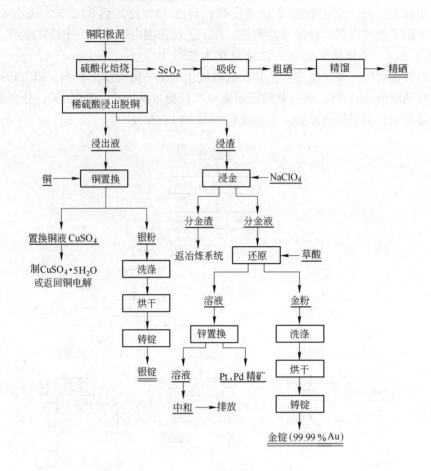

图 10-20   硫酸化焙烧—湿法处理工艺

该工艺流程的硒挥发率大于 99%，铜浸出率 99%，银浸出率 98%。流程特点为：（1）硫酸化焙烧—稀硫酸浸出一次性分离 Se、Cu、Ag；（2）经铜置换银无需电解可得到成品 1 号银；（3）用草酸还原得金粉不需电解可得 99.99% Au；（4）金、银不需电解大大地缩短了生产周期。

10.3.5.4   全湿法处理铜阳极泥工艺[25]

全湿法处理铜阳极泥工艺采用稀硫酸、空气（或氧气）氧化浸出脱铜，再用氯气、氯酸钠或双氧水作氧化剂浸出 Se、Te，为了不使 Au、Pt、Pd 溶解，要控制氧化剂用量（可通过浸出过程的电位来控制）。最后用氯气或氯酸钠作氧化剂浸出 Au、Pt、Pd。氯化渣用氨水或 Na_2SO_3 浸出 AgCl，并还原得银粉。粗金、银粉经电解得纯金属。工艺流程如图 10-21 所示，该流程有较好的综合回收效果。

10.3.6   铅阳极泥湿法处理

铅阳极泥的湿法处理，主要着眼点是减少砷、铅对环境的污染，提高金、银的直收率和不经电解直接获得成品，进一步缩短生产周期[10,14,26,27]。

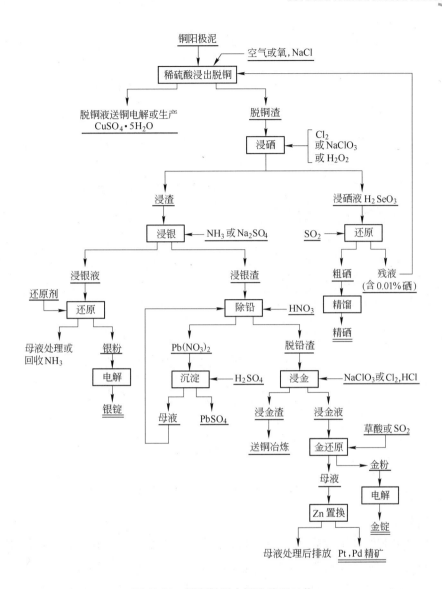

图 10-21　铜阳极泥全湿法处理工艺

10.3.6.1　三氯化铁浸出工艺[26]

三氯化铁浸出工艺的特点是：铅阳极泥用三氯化铁浸出铜、锑、铋等后，氨浸提银，浸出渣熔炼电解，其工艺流程如图 10-22 所示。

试验用铅阳极泥成分见表 10-16。

表 10-16　试验用铅阳极泥成分　　　　（%）

铅阳极泥编号	Ag	Sb	Bi	Pb	As	Cu	Au
I-1	11.50	24.50	11.2	16.00	3.0	2.5	
I-2	12.28	26.30	15.90	16.50	6.32	4.42	0.13
II-1	10.45	43.70	13.00	4.55	0.37	4.288	0.0077
II-2	10.76	38.30	14.30	3.98	—	10.63	

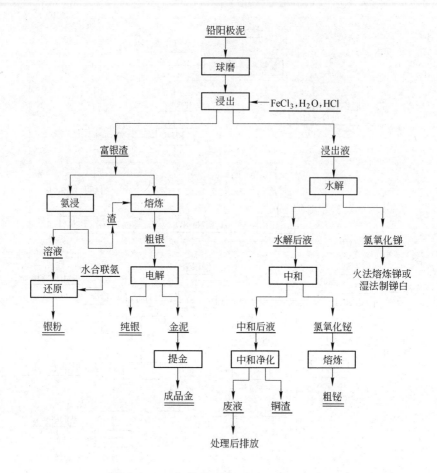

图 10-22　三氯化铁浸出铅阳极泥工艺流程

A　浸出

浸出及浸出液处理试验表明：（1）$FeCl_3$ 量增大，As、Sb、Bi、Cu 等浸出率均有所升高，而 Pb 在 50% 左右波动，以料铁比 1：（0.72 ~ 0.76）（0.74 相当于 140g/L Fe^{3+}）为宜；（2）酸度（不包括 $FeCl_3$ 液的酸度）在 0.4 ~ 0.6mol/L 范围内，砷、锑、铋、铜等均有较高的浸出率，但低酸时过滤速度较慢，故以 0.5mol/L 为宜；（3）固液比为 1：（5 ~ 7），多用 1：（4.5 ~ 5）；（4）各金属浸出率随温度升高而增加，并在 60 ~ 65℃ 间增长较大，继续升温变化不明显，考虑到能量消耗和设备腐蚀问题，选择为 60 ~ 65℃。

浸出液和渣中各主要金属的含量列于表 10-17。

表 10-17　$FeCl_3$ 浸出液、渣成分

成　分	Au	Ag	As	Sb	Bi	Cu	Pb	Fe^{3+}
浸出液/g·L⁻¹	—	0.3 ~ 0.4	7.5 ~ 9.5	60 ~ 70	15 ~ 19	7	4	10
浸出渣/%	0.5	4.5	0.1 ~ 0.5	0.1 ~ 0.4	0.1 ~ 0.4	0.1 ~ 0.6	15 ~ 23	—

浸出液用水稀释，$SbCl_3$ 水解，反应为：

$$SbCl_3 + H_2O \longrightarrow SbOCl\downarrow + 2HCl$$

银以 AgCl 沉淀。锑、银沉淀率大于99%，其他金属如铜、铋仍留在溶液中。水稀释倍数对锑、银沉淀率的影响见表10-18，由表可见，水稀释6倍即可。

表 10-18　水稀释倍数对锑、银沉淀率的影响

编号	稀释倍数	原液成分/g·L⁻¹			水解后液成分/g·L⁻¹			沉淀率/%		
		Sb	Bi	Ag	Sb	Bi	Ag	Sb	Bi	Ag
1	6	47.21	15.20	0.48	0.27	2.61	0.006	99.43	微量	98.75
2	8	47.21	15.20	0.48	0.22	1.97	0.004	99.53	微量	99.17
3	10	47.21	15.20	0.48	0.15	1.67	0.003	99.63	微量	99.37

水解沉锑后，pH 值约0.5，用碳酸钠中和到2.5~3.5，铋可全部沉淀回收。水解剩下的少量银也一起沉淀，而铜仍留在溶液中。如果没有过多的 Fe^{3+}，可得高质量的铋沉淀物。中和时，pH 值对铋沉淀的影响见表10-19。

表 10-19　中和 pH 值对铋沉淀的影响

中和 pH 值	中和后液成分/g·L⁻¹				沉淀率/%			
	Sb	Bi	Cu	Pb	Sb	Bi	Cu	Pb
1.5	1.05	4.0	1.0	0.75	88.2	28.8	微量	27.1
2.5	0.25	0.07	1.50	0.50	97.1	93.7	2.9	70.8
3.5	0.45	0.02	1.50	0.15	94.9	99.6	2.9	85.4

中和沉铋后，溶液含铜约2.3g/L，可用硫化钠沉淀或铁屑置换—石灰中和法处理。用 Na_2S 时，温度30℃，搅拌1h，Na_2S 为铜量的120%，沉淀后液成分（g/L）为：Pb 0.0013，Cu <0.001，Sb 0.016，Bi 0.0019，基本达到排放标准。铁屑置换-石灰中和法先用少量铁屑置换除铜，得海绵铜，溶液成分（g/L）为：Pb 0.0013，Cu 0.001，Sb 0.022，Bi 0.0023，As 0.006；再用石灰中和到 pH 值为8~9，废液成分（g/L）为：Pb 0.001，Cu <0.001，Sb 0.003，Bi 0.001，As 微量，达直接排放标准。铁屑置换-石灰中和法可得到较纯净的海绵铜，且费用较少。

B　银的回收

95%以上的银和全部金富集在氯化铁浸出残渣中。含银50%以上，可用成熟的熔炼电解法进行处理。如加苏打、炭粉（约3%）熔炼，粗银直收率为95%~97%。银电解得到的银粉经铸锭为成品，而金进入阳极泥，阳极泥用硝酸煮去银后，进行电解精炼或化学法处理得成品金。

也可用湿法处理，即用氨溶液（液固比为5）浸出，AgCl 转变为 $Ag(NH_3)_2Cl$，温度为50~70℃。浸出液用水合联氨还原，银的回收率大于99%。氨浸渣还原熔炼成粗银电解，再从阳极泥中回收金（见图10-22）。

10.3.6.2　HCl-NaCl 浸出

HCl-NaCl 浸出工艺流程如图 10-23 所示。采用 HCl + NaCl 浸出分离铅阳极泥中的锑、铋，并予以分离回收；再用硫酸介质氯酸钠氯化溶解金、铂、钯；亚硫酸还原金，铁粉置换得铂、钯精矿；分金渣氨浸提银，水合肼还原。

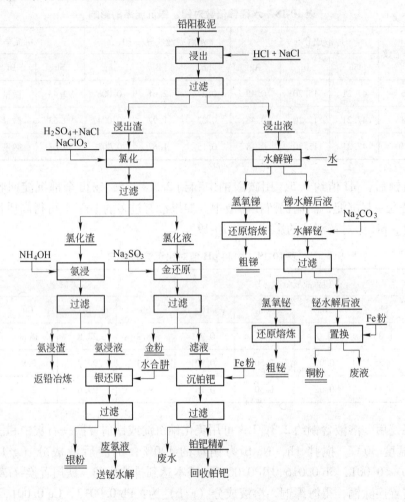

图 10-23　铅阳极泥 HCl-NaCl 浸出工艺流程

试验用阳极泥成分（%）为：Au 0.4 ~ 0.9，Ag 8 ~ 12，Sb 40 ~ 45，Pb 10 ~ 15，Cu 4 ~ 5，Bi 4 ~ 8，As 0.87，Fe 0.62，Zn 0.03，Sn 0.001。

在液固比 6、70 ~ 80℃、终酸 1.5mol/L、Cl⁻ 浓度为 5mol/L 时搅拌浸出（搅拌速度 160r/min）3h，浸出率（%）为：Sb 99，Pb 29 ~ 53，Bi 98，Cu 90，As 90。

氯化分金条件为：液固比 6，H_2SO_4 100g/L，NaCl 80g/L，80 ~ 90℃，$NaClO_3$ 用量为阳极泥重的 3.5% ~ 5%，氯化 2h。金浸出率大于 99.5%，Na_2SO_3 还原品位为 95% ~ 98% 的金粉，金直收率大于 98%。

氨浸分银条件为：液固比 5 ~ 8，1：1 氨水，30℃，搅拌浸出 2h，银浸出率 99.5%，水合肼还原得银粉，银直收率 97%。

此工艺还可综合回收其他有价金属，如铅、锑、铋、铜，直收率分别为：84%，70%，85%，92%。

10.3.7 铅锑阳极泥的处理

采用火法工艺处理脆硫铅锑矿，产出了含铅 60% 左右、含锑 36% 左右的铅锑合金。该合金可用水溶液直接电解提铅、电铅残极直接电解提锑的工艺处理。这两次电解过程中只有电锑作业有阳极泥产出，这种阳极泥除了含有铅、锑外，还集中了铅锑合金中其他金属如 Ag、Cu、Bi 等，其化学组成（%）是：Pb 36.67，Sb 24.27，Cu 8.73，Ag 2.81，Bi 2.43，Sn 0.49，As 4.49，对于这些金属的回收采用硫酸化焙烧—水浸脱铜—盐酸浸锑—氨浸银工艺[28]。

10.3.7.1 工艺流程

阳极泥中铅、锑、铜三种金属的赋存状态列于表 10-20。

表 10-20 阳极泥中部分金属物相组成 （%）

铅			锑			铜		
金属	硫酸盐	其他	可溶锑	金属锑	硫酸盐	金属	硫酸盐	其他
27.45	56.85	15.69	13.15	46.65	40.20	25.30	1.24	73.46

从表 10-20 可以看出，除铅、锑多以硫酸盐形态存在外，还有相当大的数量以金属状态及其他形态存在。采用硫酸化焙烧可使阳极泥中的金属转变为硫酸盐。进一步地分离以及提取的主要步骤为：

（1）水浸提取焙砂中的铜，少数硫酸银也被溶解，可用铜板置换得海绵银；

（2）浸铜渣用盐酸溶解其中的 $Sb_2(SO_4)_3$，其反应为：

$$Sb_2(SO_4)_3 + 6HCl = 2SbCl_3 + 3H_2SO_4$$

阳极泥中的铋也同时溶解，可控制 pH 值分步水解，先使锑按下式水解沉淀：

$$SbCl_3 + H_2O = SbOCl + 2HCl$$

固液分离后，再提取铋；

（3）酸浸渣用氨水处理溶解银，反应为：

$$AgCl + 2NH_4OH = Ag(NH_3)_2Cl + 2H_2O$$

加热浸出液并加入白糖，由其水解得到的葡萄糖在碱性溶液中还原银，反应为：

$$C_{12}H_{22}O_{11} + H_2O \longrightarrow C_6H_{12}O_6 + C_6H_{12}O_6$$
$$\text{白糖} \qquad\qquad \text{葡萄糖} \qquad \text{果糖}$$

$$2Ag(NH_3)_2OH + RCHO \longrightarrow RCOONH_4 + 2Ag\downarrow + 3NH_3 + H_2O$$

其处理工艺流程如图 10-24 所示。

10.3.7.2 技术条件

A 焙砂水浸提铜

有关工艺条件经研究确定为：如在液固比为 3、90℃、1h 时，铜浸出率大于 96%，浸

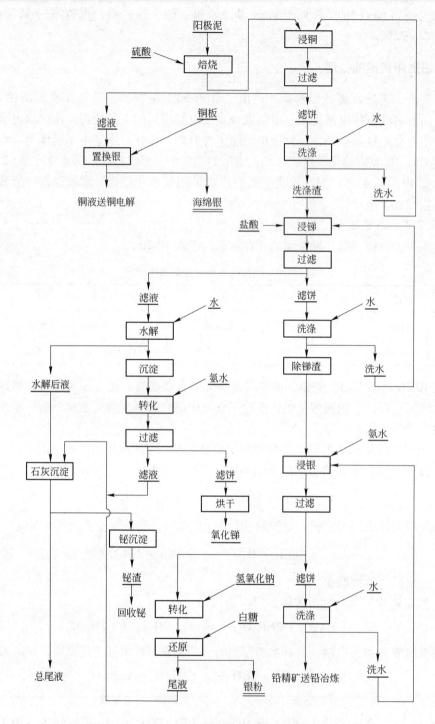

图 10-24　锑铅阳极泥处理流程图

渣含铜 0.1% ~ 0.3%。银的浸出由硫酸化焙烧温度确定，如图 10-25 所示。

　　B　浸铜渣中锑的分离与回收

　　浸铜渣中含 Sb 25.58%，Bi 2.01%，Ag 2.92%，采用盐酸溶液浸出。HCl 浓度对锑浸出率的影响如图10-26所示。采用含10% HCl 的溶液在10∶1 的液固比、90℃下浸出1.5h，锑浸出率在98%以上。过程中发现，在其他条件相同的前提下，采用8∶1 的液固比浸出，虽然也可以得到98%以上的浸出率，但浸出液冷却后，大量的晶体从溶液析出，造成下一步分离困难，因此，浸出液固比10∶1 是较合适的。

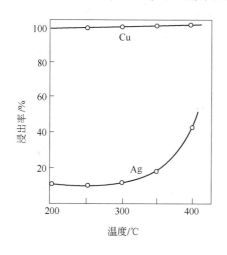

图 10-25　焙烧温度与银浸出率的关系
（液固比为3∶1，90℃，浸出 90min）

图 10-26　盐酸浓度对锑浸出率的影响
（液固比为10∶1，90℃，浸出 90min）

按上述条件浸出得到的溶液含锑 28 ~ 30g/L、铋 3g/L。利用锑与铋的浓度差，分步水解，第一次水解终点 pH = 0.5，锑 90%以上进入水解沉淀，沉淀再转化为氧化锑，铋几乎全部留在溶液中。第二次水解控制终点 pH = 6，得到含 Bi 5%、Sn 0.5%、Sb 1% 左右的含铋沉淀物。

C　银和铅的分离

浸锑渣中含 Pb 68%、Ag 5.4%。以 4mol/L 氨水，在 10∶1 的液固比，30 ~ 40℃浸出1h，银的浸出率达85%，由于下列平衡的存在：

$$\begin{array}{c} AgCl \Longrightarrow Ag^+ + Cl^- \\ + \\ NH_3 \\ \Updownarrow \\ [Ag(NH_3)_2]Cl \end{array}$$

在加热浸出时，时间延长，氨的损失增加，Ag^+ 有可能重新成为 AgCl 留于渣中。因此，控制恰当的浸出时间，是保证银浸出率的关键，如图10-27所示。

银氨溶液含 Ag 5g/L 左右，溶液加热至80℃后，加入氢氧化钠溶液，并按一定比例加入白糖，银还原成海绵状析出。还原尾矿液中 Ag 0.005g/L，银粉含 Ag 99% 左右。

采用图 10-24 所示的工艺流程，按已探明的技

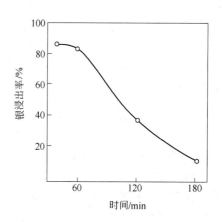

图 10-27　浸出时间对银浸出率的影响

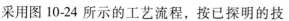

术条件能有效地分别回收铅锑阳极泥中的铜、银、锑、铅和铋,其回收率分别为:97.68%、91.97%、94.25%、89.65%、90.07%。

10.4   黄铁矿烧渣中回收金

黄铁矿烧渣是化工厂制硫酸的副产物,简称烧渣。烧渣除含有大量的铁外,还有一定数量的铜、铅、锌、金、银、硫、砷等元素,其物理化学性质随地而异。表 10-21 和表 10-22 列举了国内外部分烧渣的化学成分和粒度组成。

表 10-21   国内外部分烧渣的化学成分   (%)

成 分	Fe	Cu	Pb	Zn	Au	Ag	S	As	SiO$_2$
中国某地	54.8 ~ 55.6	0.26 ~ 0.35	0.015 ~ 0.018	0.77 ~ 1.54	0.33 ~ 0.9g/t	12 ~ 40g/t	1.02 ~ 4.85	—	11.42
德国杜伊斯堡	47 ~ 63	0.03 ~ 0.48	0.01 ~ 1.2	0.08 ~ 1.86	0.0 ~ 1.2g/t	2 ~ 27.9g/t	1.2 ~ 3.4	—	3.1 ~ 12.4
日本户畑	62.58	0.39	0.29	0.41	0.65g/t	31.69g/t	0.46	0.05	—

表 10-22   烧渣的粒度组成

粒级/mm		0.25	0.25 ~ 0.15	0.15 ~ 0.10	0.10 ~ 0.075	0.075 ~ 0.063	+ 0.045	− 0.045
粒度组成/%	烧渣1	4.2	18.5	12.05	18.1	63.8	—	—
	烧渣2	4.1	2.1	0.5	10.3	9.0	14.0	60.0

烧渣中的 Fe、Cu、Pb、Zn 等主要元素的矿物形态,一般以氧化物和硫化物为主,少量为铁酸盐和硫酸盐。

由表 10-21 可看出,烧渣是提取铁和有色金属、贵金属的原料,历来被作为铁矿石的重要部分而加以利用。我国黄铁矿资源丰富,随着硫酸用量的不断增加,烧渣产量与日俱增。如能加以利用,每年可为国家增加数以百万吨计的钢铁及大量有色金属和贵金属。

可是,这种成分复杂的原料,用一般的冶炼方法,不能经济而有效地加以处理。人们在实践中认识到,当 Cu、Pb、Zn、S、As 的含量超过一定数量时,如果拿去炼铁,不论是对炼铁作业的顺利进行,还是对生铁质量都有不良影响。因此,在炼铁之前,必须将烧渣进行处理,一方面使有害元素脱除以符合炼铁的要求,另一方面综合回收有价金属达到综合利用的目的。综合利用烧渣的方法较多,有稀酸直接浸出法、磁化焙烧—磁选法、氯化焙烧等,其中氯化焙烧法是目前综合利用程度较高的方法。但这些方法主要是回收烧渣中的铜、铅、锌等有色金属,对于金、银的回收可以说是一种预处理工艺。

10.4.1   氯化工艺

10.4.1.1   中温氯化焙烧[29,30]

烧渣配入适量食盐,混合均匀后在 500 ~ 600℃下焙烧,有色金属变为可溶于水或稀酸的氯化物,浸出渣烧结造块后作炼铁原料。

德国杜伊斯堡炼铜厂用此法处理的历史最长,且规模最大(年处理 200 万吨)。烧渣配入 8% ~ 10% NaCl,在 10 层或 11 层的多膛炉中焙烧,最高温度 550 ~ 600℃,焙砂以水吸收烟气获得的稀酸（含硫酸、亚硫酸和盐酸，酸度相当于 7% 的盐酸）浸出，主要金属回收率（%）为：Cu 80，Zn 75，Ag 45，Co 50。浸出渣含铁 61% ~ 63%，经烧结后作炼铁原料。

中国南京钢铁集团公司曾用沸腾焙烧处理含钴烧渣。焙砂渗滤浸出。在焙烧温度为 650℃ ±30℃，炉料含 S 7% ~ 11%，NaCl 5%，空气炉料比 0.7 ~ 0.9m³/kg 条件下，处理含 Co 0.2% ~ 0.35%，Ni 0.1% ~ 0.16%，Cu 0.7% ~ 1.0% 的烧渣，浸出率（%）为：Co 81.86，Cu 83.4，Ni 60.6。

此工艺虽较成熟，但浸出物料量太大，且金、银、铅回收率不高。

10.4.1.2 高温氯化挥发[29,30]

烧渣与 $CaCl_2$ 混合制粒，经干燥后在 1000℃ 以上高温焙烧，有色金属氯化并挥发。由于温度高可直接获得适于炼铁的球团矿，且有价金属回收率高，综合利用程度较好。

烧渣高温氯化挥发焙烧设备主要是回转窑和竖炉。

芬兰（1952 年）和日本（1963 年）分别采用竖炉来处理烧渣，但相继停产，或改用其他方法。

我国采用断面为矩形的单室竖炉，热风由位于炉身两侧的燃烧器供给，冷却风受热后不是与焙烧气体一起由炉身排出，而是从位于火口下面的炉子中部单独引出，这样就避免因大量冷却风上升而降低氯氧比及焙烧带温度，有利于氯化反应的进行。氯化挥发物采用湿式捕集，由旋风收尘器、冲击式收尘器、文丘里管、气液分离器、湍动吸收塔和排风机组成。烧渣喷入 $CaCl_2$ 溶液，在圆盘造球机造球，湿球团用竖式干燥炉干燥，然后在竖炉内进行焙烧，焙烧球团矿冷却后由下部排出送炼铁，氯化挥发物和焙烧气体经旋风收尘器除尘后，用湿式收尘系统捕集氯化物，溶液循环至一定浓度后送去回收有色金属及贵金属。

图 10-28 所示为含金黄铁矿烧渣氯化挥发物的湿法冶金流程。

此流程的分步作业条件是：

（1）用 20g/L 硫酸溶液于常温下浸出 1 ~ 2h，使铜锌等溶解分离，并产出金-铅渣。

（2）向浸出液中加 $CaCl_2$，在常温下搅拌 0.5 ~ 1h，沉淀硫；

（3）加石灰乳到 pH 值为 4.5 ~ 5，搅拌 2 ~ 3h，沉淀铜；

（4）加石灰乳到 pH 值为 10，搅拌 1.5 ~ 5h，沉淀锌。

金-铅渣采用一般常用的方法提取金、铅。

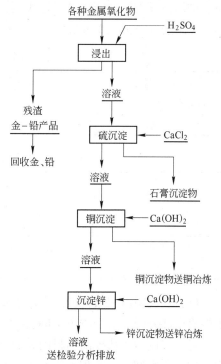

图 10-28 黄铁矿烧渣氯化挥发物
湿法冶金原则流程

10.4.2 黄铁矿烧渣中金的溶解

通常来说，与黄铁矿或砷黄铁矿共生的金，不宜直接用氰化法提取。某些工厂，采用浮选硫精矿焙烧（700~850℃）—制酸—氰化法，从烧渣中回收金[30]。

影响从烧渣中提金的因素是焙烧温度、烧渣中的残硫及硫酸化程度。当焙烧温度高时物料易烧结，金将被包裹，浸出率低；若脱硫不彻底，残余的硫将消耗浸出液中的氧及氰化物，局部生成氧化物或在金表面生成钝化膜而影响金的浸出。

如南非国立研究所将黄铁矿精矿在 $\phi 150mm$ 的连续沸腾焙烧炉内焙烧，煤气外加热至700℃，通过改变空气流速来改变烧渣的氧化程度，其成分见表10-23。

表 10-23 试料成分

试　料	成　分	
	硫/%	金/$g \cdot t^{-1}$
黄铁矿精矿	43	3.56
烧　渣	0.1	4.36
部分脱硫的烧渣 A	13.5	4.02
部分脱硫的烧渣 B	6.7	4.10

焙砂（沸腾炉溢流）在 2L 的开口瓶内浸出，条件为：50g 料，NaCN 2.5g，水100mL，药剂注入瓶内，以约8r/min 的速度搅拌一定时间（一般为24h），然后过滤矿浆，最后用大量水洗涤，烧渣中的金用火法试金测定。硫含量对金提取率的影响见表10-24。表10-24 说明金的提取率随着硫含量的减少而增加，即随着烧渣的氧化程度（即硫脱除率）的增大而增加。实验结果还表明：当氰化物过量时，增加氰化物用量并不能提高浸出率，金的浸出率仍主要取决于物料中的残余硫量，见表10-25。

表 10-24 硫含量对金提取率的影响

物　料	含硫量/%	金提取率/%	物　料	含硫量/%	金提取率/%
黄铁矿精矿	43	17	部分脱硫的烧渣 B	6.7	40
部分脱硫的烧渣 A	13.5	28	烧　渣	0.1	82

表 10-25 氰化物用量对金提取率的影响

物　料	NaCN 浓度/%		金提取率/%
	开　始	最　终	
烧　渣	2.5	2.25	82
烧　渣	0.25	0.13	82
部分脱硫的烧渣 A	2.57	1.7	28

试验还表明影响氰化浸出率的主要原因不是供氧不足，因为即使用氧气代替空气也并不能提高部分脱硫的烧渣中金的浸出率。

另一组试验，从提高物料的表面积，即提高金的暴露程度着手进行考查。结果说明当物料进一步磨细，表面积大大增加，金的浸出率也明显增加，见表10-26。故认为影响金浸出率的主要原因是由于物理胶囊（包裹）作用。因此，提高金浸出率的关键是烧渣中的金充分暴露或呈游离状态。

表 10-26   表面积对金浸出率的影响

物　料	磨　矿　前		磨　矿　后	
	表面积/$m^2 \cdot g^{-1}$	金浸出率/%	表面积/$m^2 \cdot g^{-1}$	金浸出率/%
黄铁矿	0.9	17	6.4	71
部分脱硫的烧渣 A	2.1	40	7.5	72
烧　渣	3.0	82	7.9	87

10.5　锌渣中银的回收

在湿法炼锌过程中，锌精矿所含的银，几乎全部残留于浸出渣中。湿法炼锌渣，大体上可分为四种[31]：挥发渣（窑渣），赤铁矿渣，黄钾铁矾渣，针铁矿渣。

目前，大都采用回转窑挥发法处理，使铅锌挥发而银不挥发。一般此类渣中含银约 300～400g/t。前苏联、日本和我国的一些工厂，将此类渣作为铅精矿的铁质助熔剂加入，经熔炼将锌渣中的银富集在粗铅中一并回收。如果铅冶炼系统较大，则能消化这部分锌渣。若不具备这种能力，只能单独处理。目前单独处理的方法主要是：浮选富集后进一步处理和直接浸出提银。

10.5.1　直接浸出回收银

美国专利 4145212 报道：用硫脲溶液从锌精矿浸出渣回收金、银，采用 H_2O_2 氧化，浸出液用铝粉置换，银回收率达 90% 以上。

欧洲专利 10365 处理炼锌厂浸出渣回收有机金属，大致是先用 90% 的硫酸处理，在 200℃下进行硫酸化焙烧 16h，使铁酸盐及氰化物转变为可溶性硫酸盐，然后用 80℃ 水浸出，再用 NaCl 从溶液中沉银。

加拿大德克萨斯湾公司研究出从锌浸渣中回收铅、银、锡的方法：将锌浸渣在 200℃下，用 90% 的硫酸处理 10h，使所要提取的金属变成硫酸盐，然后在 80℃ 下用水浸，使金属全部溶解，仅铅和少量的银残留在渣中。水和干滤饼的最佳质量比为 3:1，溶液用氯化钠处理，得到 AgCl 沉淀。不溶残渣送去提铅。溶液除铁后用锌粉沉锡，沉锡后含 Zn、Cd 等的溶液返回锌系统。

10.5.2　浮选富集银

浸出渣中的银可经浮选富集，例如我国某厂已进行工业性试验：浸出渣中含银 300～400g/t，浮选精矿含银 6000g/t，尾矿含银 80～120g/t，银的回收率为 60%～70%。浮选精矿可加入铅系统处理。问题是尾矿含银仍太高，尚待处理。

比利时老山公司巴伦厂锌精矿经中性浸出、酸浸—两段热酸浸出得到富铅-银渣。这种渣含银 1152g/t，用超热酸浸、底流过滤、滤渣送浮选，所得浮选精矿含银 10000～15000g/t，银回收率为 90%。

下面以某厂的实例来说明此工艺。锌精矿经沸腾焙烧，得到锌焙砂，两段连续浸出，过滤、洗涤得到的滤渣作为浮选银原料，其成分列于表 10-27。

表 10-27   锌浸出渣元素分析   （%）

编号	元素									
	Ag	Au	Cu	Pb	Zn	Fe	总 S	SiO$_2$	As	Sb
1	270g/t	0.2g/t	0.62	3.3	19.4	27.0	5.3	8.0	0.59	0.41
2	340g/t	0.2g/t	0.85	4.6	20.5	23.8	8.75	9.72	0.79	0.36
3	360g/t	0.25g/t	0.63	4.33	21.6	23.54	5.0	10.63	0.57	0.33
4	355g/t	0.2g/t	0.73	3.18	20.38	21.14	5.47	8.88	0.54	0.21

锌浸出渣的筛析及物相分析列于表 10-28 和表 10-29。

表 10-28   锌浸出渣筛析结果

项 目	粒 级							合 计
	0.15mm	0.15 ~ 0.1mm	0.1 ~ 0.075mm	74 ~ 37μm	37 ~ 19μm	19 ~ 10μm	<10μm	
产率/%	3.84	8.07	3.57	13.49	14.55	12.17	44.31	100
品位 Ag/g·t^{-1}	150	130	220	360	300	220	120	235
Ag 分布率/%	2.94	5.34	4.00	24.75	22.24	13.64	27.09	100

表 10-29   锌浸出渣中 Ag、Zn 的物相分析   （%）

Zn	ZnSO$_4$	ZnO	ZnO·SiO$_2$	ZnS	ZnO·Fe$_2$O$_3$	
	16.73	14.13	0.96	7.54	60.60	
Ag	自然银	AgS	Ag$_2$SO$_4$	AgCl	Ag$_2$O	脉石
	10.03	61.80	2.14	3.50	5.44	17.10

从浸出渣的物相分析可看出，银在浸出渣中以自然银及硫化银形态存在占 71.83%，且可选；氯化银和氧化银占 8.94%，但难选；银与脉石共生在一起占 17.10%，为不可选。因此，锌浸出渣银回收率最好为 80% 左右。从浸出渣的筛析看出 90% 以上的银是分布在小于 0.075mm 的细颗粒中，而在小于 10μm 粒级中，含银量达 27.09%。通常认为小于 10μm 的矿粒难浮，且对银的回收率及精矿品位的提高都有所影响。

浮选药剂的选择应注意以下几点：

（1）捕收剂。锌浸出渣是在酸性介质中进行浮选的。为了尽量减少捕收剂用量和防止环境污染，并根据价格、供应等条件，该厂选择丁基铵黑药为捕收剂。选择效果较好的 2 号油作起泡剂。

（2）浮选技术条件。矿浆浓度 30%，温度为室温，药剂用量（g/t）：

	丁基铵黑药	2 号油	Na$_2$S
粗选	450	100	130
三次扫选	300	100	180

（3）浸出渣中有价金属在浮选产物中的分配，见表 10-30。从表 10-30 可知，银浮选回收率为 74.37%，铜为 15%，锌、镉进入银精矿，在回收银的过程中加以回收，而 98% 以上的 Pb、In、Ga、Ge 进入尾矿。

从锌浸出渣中富集银用丁基铵黑药捕收剂，2 号油作起泡剂，加少量 Na$_2$S 作硫化剂，经一粗三精三扫浮选作业，银回收率74.37%，精矿品位9410g/t，产出率2.7%，尾矿品位90g/t。

表10-30　浸出渣中有价金属在各浮选产物中的分配

物　料	成分/%									
	Ag	Cu	Pb	Zn	Fe	总 S	In	Ge	Ga	Cd
浸出渣	342g/t	0.30	4.3	20.6	23.54	5.34	0.038	0.0068	0.021	0.13
精矿	9410g/t	4.50	0.28	39.9	5.73	29:8	0.014	0.0031	0.012	0.26
尾矿	90g/t	0.697	4.41	19.06	24.03	4.66	0.038	0.0069	0.021	0.18

物　料	产出率/%	分配率/%								
		Ag	Cu	Pb	Zn	Fe	总 S	In	Ge	Ga	Cd
浸出渣	100	100	100	100	100	100	100	100	100	100	100
精矿	2.7	74.37	15.19	0.17	5.23	0.66	15.07	0.99	1.23	1.54	3.9
尾矿	97.3	25.63	84.81	99.83	94.77	99.34	84.93	99.01	98.77	98.46	96.1

用浮选法富集银，工艺流程短、设备简单、动力及原材料消耗少，在我国工业实践中，存在银回收不高，尾矿仍含有银，需要回收。

株洲冶炼厂[31]，以丁基铵黑药为捕收剂，自然 pH 值为 4~5，矿浆浓度40%~50%的条件下，采用一粗、三精、三扫的工艺流程，浮选锌浸出渣（Ag 200~400g/t），获得经济指标为：精矿产率2%~3%，尾矿产率97%~98%，银回收率50%，精矿含银6000~15000g/t，尾矿含银100~120g/t。在南非与日本同样由锌浸出渣浮选，银的收率达到80%[32,33]，为了解决我国回收银不高的问题，达到国外的回收指标，周国华进行了研究工作[34]。在研究中，研制出环己酮缩氨基硫脲等几种新型捕收剂。开发出银的特效捕收剂 H-4，SN-6 为活化剂，在闭路浮选流程中，使银的回收率达到了84.97%，银精矿品位为 4733.5g/t，其具体质量流程如图 10-29 所示。

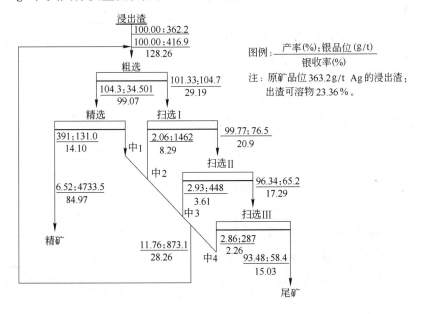

图 10-29　浸出渣的浮选质量流程图

10.5.3   从浮选银精矿回收银

从锌浸出渣浮选出的银精矿（成分及物相组成见表 10-31 和表 10-32），实际上是一种富银的硫化锌精矿。这种原料采用硫酸化焙烧—浸出—置换银和铜的工艺流程。经过试验，取得较好的结果，银的回收率在 95% 以上，铜的回收率在 94% 以上。

表 10-31   银精矿化学成分   （%）

元　素	Au	Ag	Cu	Zn	Cd	Pb	As	Sb	Bi	SiO₂	Fe	总 S
1 号精矿	2.0g/t	1.0	4.68	48.4	0.32	0.98	0.15	0.14	0.02	4.28	5.31	28.86
2 号精矿	2.0g/t	0.94	4.85	48.70	0.29	0.94	0.16	0.13	0.02	3.90	6.06	28.71
3 号精矿	2.5g/t	0.74	4.52	46.2		0.44	0.24	0.15		3.90	6.35	29.0

表 10-32   银精矿物相组成

元素	Ag				Zn					Cu				
物相	Ag⁰	Ag₂S	Ag₂SO₄	总 Ag	ZnS	ZnO	ZnSO₄	ZnO·Fe₂O₃	总 Zn	CuS+Cu₂S	CuO	CuSO₄	Cu⁰	总 Cu
含量/%	0.0026	0.76	0.018	0.781	41.38	0.25	0.25	6.62	48.5	4.32	0.19	0.011	0.011	4.53
分配/%	0.03	97.3	2.3	约100	85.3	0.5	0.5	13.6	约100	95.4	4.2	0.24	0.24	约100

日本秋田电锌厂处理锌浸出渣浮选银精矿的工艺流程为：银精矿多膛炉硫酸化焙烧→硫酸溶液浸出→氯化沉银→净化氯化银→铁置换银→产出粗银。我国锌浸出渣浮选银精矿回收银的原则工艺流程与之类似，如图 10-30 所示。

试验研究表明：

（1）硫酸化焙烧温度以 650 ~ 750℃ 为宜，当焙烧温度小于 650℃ 时，烧渣中硫化银残留量明显增加。物料在炉内停留时间为 2.5h。

（2）焙砂浸出最佳条件：初始酸浓度为每克焙砂 0.7g H₂SO₄，固液比 1:4 ~ 1:5，浸出温度 85 ~ 90℃，搅拌时间 2h，银的浸出率大于 95%。

（3）浸出液还原银采用 SO₂ 作为还原剂，还原反应为：

$$2Ag^+ + SO_2 + 2H_2O \longrightarrow 2Ag + SO_4^{2-} + 4H^+$$

还原温度 50℃，银还原率 99.5% 以上，粗银粉成分（%）为：Ag 95.12、Cu 0.05、Zn 0.01。

为防止铜还原进入粗银粉，须控制 SO₂ 通

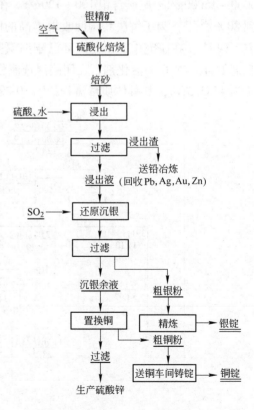

图 10-30   银精矿回收银的工艺流程

入量，用 Cl⁻ 检查银是否完全沉出，一旦银完全沉出，就停止通入 SO₂。

（4）还原银后液用 Zn 粉置换沉铜。沉铜条件：温度 80℃，搅拌 1~2h，Zn 粉加入量为理论量 1.2 倍，铜粉为 80%，置换铜后液经过滤、净化生产 ZnSO₄·7H₂O。

10.6　其他二次资源回收金银

10.6.1　金银合金废料回收银

10.6.1.1　硫酸溶解分离银

银可顺利地溶于煮沸的浓硫酸中，而银合金中的金和铂族金属（钯除外）则不溶[35~37]。用于溶解的合金，其金与银的比例不应高于 1:4，一般应更小些。与硝酸法相比用硫酸作浸出剂可大大降低成本，且可使用铸铁容器[38]。用热浓硫酸处理时，Ag、Cu 及部分钯溶解，Au、Pt、Ru、Rh、Ir 则不溶。溶解过程约经 8~12h 结束，经短期澄清后，溶液注入已装满一半水的瓷锅或衬铅槽中，加水稀释的目的是不使硫酸银结晶。这是因为硫酸银在冷水中难溶，但易溶于热浓硫酸中（100g 水溶液中，20℃能溶解 0.79g，60℃则溶解 1.14g）。沉淀用浓硫酸再次处理，直到银完全溶解。倾出溶液后，沉淀用 25% 硫酸冲洗多次，洗水和溶液合并。含银溶液注入衬铅槽中，用水稀释，并冷却结晶析出 Ag₂SO₄，结晶经分离、洗涤、用铁屑还原、熔化并铸锭。硫酸银溶液如不含钯，还可用铜置换；如含钯则用食盐使银自溶液中析出，硫酸不溶渣如不含铂族金属，则可加适量氧化剂和熔剂进行熔炼，可得纯金（99.6%~99.9%）；但当金银块中含铅较高时，因 PbSO₄ 和金渣一起留下，需大量造渣处理而不宜采用。如含铂族金属，则可用王水溶解，再往下处理。其一般工艺流程如图 10-31 所示。

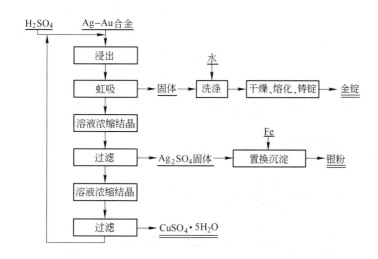

图 10-31　硫酸溶解法处理 Ag-Au 合金

文献［39］用 98% 工业浓硫酸溶解银铂渣（铂类抗癌药物生产中产生的含铂碘化银渣用水合肼还原产物。试料含 Ag 分别为：93.26%、90.64%、97.3%；Pt 相应为：

6.66%、9.14%、0.9%），液固比为6，160℃溶1h，银浸出率为98.1%。分银后铂渣用稀王水（HCl：HNO = 5：1）溶解，浓缩赶硝，过滤，一次 NH₄Cl 沉硝，煅烧得纯度为99.95%的海绵铂，铂回收率为99%。分银滤液与洗水合并用工业 NaCl 沉银，AgCl 经水洗后加水悬浮，用20% NaOH 溶液调 pH 值至11，加热至80℃，加入甲醛还原得纯度为99.9%的银粉，银回收率为98%。

10.6.1.2 硝酸溶解回收银

硝酸溶解法是从废料中回收银的最常用方法之一，此法不仅银回收率高，且可与金及除钯以外的铂族金属分离。

A 稀 HNO₃ 溶解分离银

当 Ag-Au 合金中 Ag 含量不小于75%时，可以直接将合金加工成薄片，用8%的 HNO₃溶解银并与金分离。滤液用 NaCl 或 HCl 沉淀析出 AgCl，以 Fe 或 Zn 置换得银粉，洗净、干燥后熔铸成锭；不溶残渣经水洗、干燥、熔炼、铸锭，熔炼时适当加入熔剂和/或氧化剂，使杂质造渣除去，获得金锭。其工艺流程如图 10-32 所示[40]。

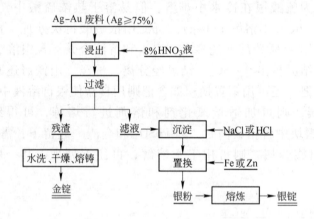

图 10-32   用硝酸法从 Ag-Au 合金中再生回收 Ag、Au 工艺流程

B 银钨合金中银的再生回收

银钨合金中银的再生回收工艺流程如图 10-33 所示[41]。

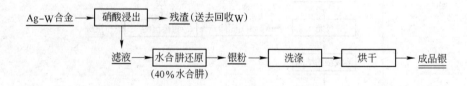

图 10-33   从银钨合金中再生回收银

废合金用硝酸浸出，不溶残渣回收钨；滤液水合肼还原，所得银粉先用水洗，再用1：1 HCl 洗，最后用去离子水洗；烘干为成品银。

C 硝酸溶解从银焊料、触点废料中回收银

硝酸溶解从银焊料、触点废料中回收银工艺流程如图 10-34 所示[41]。

D 硝酸溶解回收 AgCu28 合金废料中的银

文献［35，36］沿用硝酸溶解后加氯化钠沉淀银、水合肼还原得银粉的工艺处理 AgCu28 合金废料。工艺流程如图 10-35 所示。[41]

文献［42］的要点在：（1）溶解时，硝酸连续分次加入，以减少酸耗；并在基本溶完后，加热至沸，此时仍保留一定余料以确保 HNO₃ 耗尽，控制 pH 值为 5～6，50～60℃时抽滤。（2）蒸发浓缩很重要，应控制浓缩至银浓度最高，而冷却时硝酸铜又不结晶（硝酸铜冷却结晶可使硝酸银结块，难以机械破碎或水溶解）的浓度时，补加少量硝酸调整 pH 值，冷却结晶产出硝酸银。硝酸银用蒸馏水洗，加热溶解，控制 pH 值为 1～2 以除铁，经 3 次结晶，可达国标要求。（3）结晶母液用 NaCl 沉淀银，氨-肼还原（Ag：氨水：水合肼(50%) = 1kg：1200mL：400mL）得银粉（达国家 2 号标准）；沉银尾液加 Na₂CO₃ 使铜呈 Cu(OH)₂ 回收。该工艺也适用于含 Ag 大于 70% 的其他银合金。

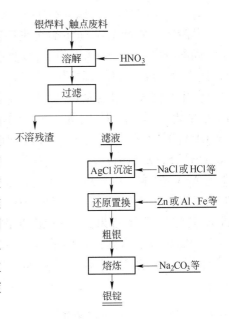

图 10-34 硝酸法从银焊料和含银废触点中再生回收银的工艺流程

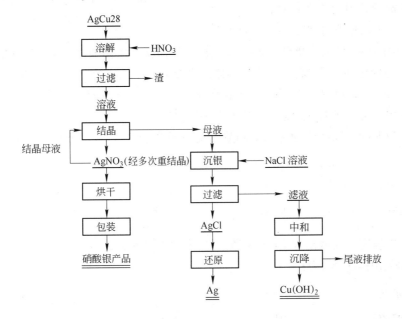

图 10-35 AgCu28 合金废料回收工艺流程

文献［43］的工艺与之相近。硝酸溶解液先调节 pH 值，除去易水解的杂质，浓缩结晶析出 AgNO₃，再经三次重结晶获得分析纯硝酸银，银直接回收率为 65%；结晶母液用盐酸或氯化钠沉银，然后在氨性介质中用水合肼还原得 2 号海绵银。某厂两年生产运行共处理银铜废料 1t，银的总回收率达 99%。

E 硝酸溶解从56AgCuZnSn合金废料中回收银

硝酸溶解从56AgCuZnSn合金废料中回收银工艺流程如图10-36所示[43]。

硝酸浸出液加NaOH中和至pH值为5~6，使水解生成Cu(OH)₂、Zn(OH)₂沉淀除去，其中金属离子浓度为1g/L时，有关氢氧化物开始沉降的pH值为：Sn(OH)₄ 0，Sn(OH)₂ 0.9，Fe(OH)₃ 1.5，Bi(OH)₃ 4，Cu(OH)₂ 5，Zn(OH)₂ 5.4，Ag₂O 6.2。为了避免Ag₂O生成，应加强搅拌，使之复溶，但由于水解pH值较接近，有5%~6%的Ag进入沉淀。试验结果：电解银直收率为95%~93.94%，水解沉淀中的银以AgCl状态回收，银的总回收率为98.33%~97.86%。

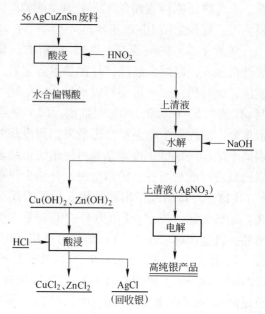

图10-36 硝酸溶解回收56AgCuZnSn合金中银的工艺

10.6.2 含银废催化剂回收银

10.6.2.1 硝酸浸出法

银易溶于硝酸，处于分散状态则更易溶解，因而优先考虑用硝酸选择性溶解回收银的方法。如：生产甲醛用的银/沸石催化剂，在使用一定时间后，便失去催化活性需要更换，早期就是用硝酸溶解处理。对于化纤生产用含银14%的催化剂[44]，文献[45]用硝酸两次浸出，浸出渣中含银量可降至1%，破碎至0.991~0.833mm(16~20目)，再用硝酸浸出，浸出率为95.88%~96.20%。

文献[46]考查了对Ag浸出率产生影响的主要因素：

(1) 反应时间。固液比1:3，硝酸用量为理论量的1.2倍，60℃恒温，反应时间的影响为：

反应及恒温时间/min	50	60	70	80
浸出率/%	95.05	95.36	约100	约100

(2) 浸出温度。固液比为1:3，硝酸用量为理论量的1.2倍，反应及恒温时间70min，浸出温度对浸出率的影响为：

温度/℃	60	70	80	85
浸出率/%	94.50	96.94	97.99	98.22

(3) 酸用量。固液比为1:3，反应温度85℃，反应及恒温时间70min，酸用量的影响为：

酸用量为理论量的倍数	1.2	1.4	1.6	1.8
浸出率/%	98.21	约100	97.86	97.33

（4）固液比。酸用量为理论量的 1.2 倍，反应温度 85℃，反应及恒温时间 70min，不同固液比对浸出率的影响为：

固液比	1:2	1:2.5	1:3.5	1:4
浸出率/%	97.89	97.96	98.48	99.41

根据上述结果，选定的最佳浸出条件为：反应及恒温时间 70min，85℃，酸用量为理论量的 1.2 倍，固液比 1:4，取 4 组样品对照实验，银浸出率（%）分别为：98.46、98.57、99.92、99.96，平均 99.23%。

10.6.2.2 氨浸法

用于化纤工业的含 Ag 14% 的废催化剂，经硝酸浸出回收后仍含 Ag 1%。即残渣仍含有 Ag 500 ~ 600g/t，需进一步回收。若继续用 HNO_3 浸出，则需要进一步破碎，不仅增加费用且过滤困难。鉴于原浸出渣中残留的银主要是银离子和硝酸银，可用氨浸工艺处理，使之形成稳定的 $[Ag(NH_3)_2]^+$，其反应为[45]：

$$AgNO_3 + NaCl(过量) \longrightarrow AgCl\downarrow + NaNO_3$$

$$AgCl\downarrow + 2NH_3 \longrightarrow [Ag(NH_3)_2]^+ + Cl^- \qquad \Delta G_{298}^\ominus = -14.5kJ/mol$$

根据 Ag-NH_3-H_2O 系电位-pH 图可知，当 pH > 7.7 时，才能转化为 $[Ag(NH_3)_2]^+$。试验用的浸出渣含 Ag 1.49%，破碎至 0.991 ~ 0.833mm(16 ~ 20 目)，氨浸出时，银浸出率为 98.23% ~ 98.77%，浸出渣含 Ag 降为 182 ~ 263g/t，氨浸液经还原得纯度为 99.9% 的海绵银，熔炼得纯度为 99.9% 的银锭。

10.6.2.3 从废银/沸石催化剂中回收银

甲醛生产用银/沸石催化剂，含 Ag 40%，沸石成分（%）为：SiO_2 47.4，Al_2O_3 26.8，Na_2O 16.3，H_2O 9.5。曾用硝酸浸出法、纯碱-硼砂熔炼法、纯碱-硼砂-萤石熔炼法进行对比试验，最后选用纯碱-硼砂-萤石熔炼法进行生产。方法对比如下：

（1）硝酸浸出法。可有效溶解银，并与基本不溶的沸石分离，操作、设备简单，但产生大量 NO_2 污染环境。而且因为大部分银依附在微孔内壁，实际浸出率并不高，再加上工业硝酸中的 Cl^- 与 Ag^+ 反应生成 AgCl 沉淀，附着于沸石表面及孔隙中，使浸出困难。

（2）纯碱-硼砂熔炼法。与催化剂质量 50% 的纯碱（Na_2CO_3）和 15% 的硼砂（$Na_2B_4O_7 \cdot 10H_2O$）一道进行熔炼。沸石与熔剂造渣，银熔化沉底分离，一步得到金属银。但银含大量 Al_2O_3，渣黏度大，银分离不好，且熔炼时间长、能耗高，单锅生产量少。

（3）纯碱-硼砂-萤石熔炼法。加入部分萤石可以改善熔炼过程。各熔剂的主要作用是：

1）纯碱。在高温下与 SiO_2、Al_2O_3 反应造渣，反应如下：

$$nNa_2CO_3 + SiO_2 = (Na_2O)_n \cdot SiO_2 + nCO_2\uparrow$$

$$Na_2CO_3 + Al_2O_3 = Na_2O \cdot Al_2O_3 + CO_2\uparrow$$

使高熔点的 Al_2O_3（2025℃）、SiO_2（1728℃）生成较低熔点（1650℃）的渣，按全部形成钠盐计算，需加入废催化剂质量 44.5% 的 Na_2CO_3。通过试验优选、确定最佳值为 33%（因还有其他熔剂的协同作用）。

2）萤石。它的熔点为 1418℃，它可与 Al_2O_3 生成低熔点的冰晶石（Na_3AlF_6，

1009℃）、NaF（988℃）以及 NaCaAlF$_6$（740℃）。冰晶石对 Al$_2$O$_3$ 有一定的溶解度，由 Na$_3$AlF$_6$、Al$_2$O$_3$、CaF$_2$ 形成的共晶温度仅为 927℃。因此，加入萤石后，可使硅酸盐型炉渣的熔点大为降低，黏度减小，从而提高银的回收率。

3）硼砂。这是金银熔炼过程中的常用熔剂，它在升温过程中逐步脱水、分解，反应如下：

$$Na_2B_4O_7 \cdot 10H_2O \Longrightarrow Na_2B_4O_7 + 10H_2O\uparrow$$

$$Na_2B_4O_7 \Longrightarrow Na_2O + 2B_2O_3$$

B$_2$O$_3$ 熔点很低，几乎可与所有的金属氧化物作用，形成熔点低、流动性好的炉渣；并能吸收、溶解细小银珠表面的杂质，使小银珠相互熔合成为大银珠而易于沉降，这是硼砂所具备的一个突出优点。

通过正交试验选定的炉料配比为：原料：纯碱：硼砂：萤石 = 100∶33∶15∶18，试验用试剂级 CaF$_2$，当生产时，常使用矿物原料——萤石，因其中的 CaF$_2$ 含量比试剂稍低，应酌情增加。按此配料进行熔炼，银直收率为 99.7%。

10.6.3　感光废料回收银

10.6.3.1　火法

焚烧是处理如废胶片、相纸等含有机基底物料的最简单途径，它操作简便、成本低、周期短[47~50]。据我国产品测定，相纸热值为 23362.02kJ/kg，不仅能满足自身燃烧的要求，其热量还可供利用[50]。但此法不能再生回收基底材料，且需配备收尘设备以防止金属损失。通常，胶片中的银及无机物约占胶片质量的 3%~5%。焚烧后，灰烬中的银将富集约 20 倍。含银灰烬可用熔炼法或湿法处理，其工艺流程如图 10-37 所示[48~50]。

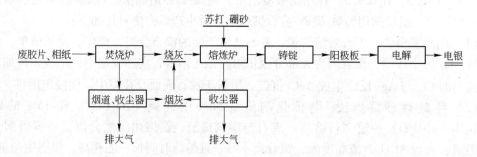

图 10-37　从废胶片、相纸中再生回收银的工艺流程

为了减少微粒随烟气或作为飞灰从烟窗排出而造成的损失，或者装置一套理想的收尘设备。采用焚烧法，银回收率的高低将主要取决于微粒及飞灰造成的损失大小，一般可达 70%~100%。

焚烧炉有间歇式、自装料及自动除灰连续式、静态燃烧式等类型，各种燃烧炉的设计都必须保证排放的废气符合当地或国家的环境保护标准。排出的含银灰烬含银 30%~40%，经过球磨、筛分，细粒状部分送精炼工序，大颗粒熔化并铸成阳极，送电解精炼。

焚烧法所得的烧灰和感光材料生产厂回收所得的各种银泥，可通过简单的熔炼过程获得金属银[51,52]。

一般胶片燃烧后得到的烧灰，含 Ag 46% ~52%；相纸燃烧后所得烧灰含银较低，有的可低至含 Ag 0.6% ~0.7%。可用电弧炉熔炼法从这些烧灰中回收银；也可用硝酸溶解，盐酸沉淀，再与苏打熔炼，回收银；或者用硝酸溶解后直接电解回收银；还有的以4%苛性钠溶液浸出在500℃±5℃煅烧过的胶片灰，用热水洗涤浸出渣，再用含10%过氧化氢的 0.5mol/L 硫酸溶液处理浸出渣，2h 后，91.75%的银进入溶液。

国内某厂[50]，彩纸焚烧所得纸灰含 Ag 22.29%（其物相分析为：Ag^0 16.97%，Ag_2O 0.52%，AgBr 4.8%）。将银泥（沉淀泥含 Ag 21.83%，物相为：Ag^0 6.09%，Ag_2O 0.03%，AgBr 15.71%）及各种烧灰混合，用坩埚在马弗炉内熔炼，熔炼温度以控制在1200℃为宜，物料中纸灰比例不宜过大（因纸灰配入后将增大渣率，银粒分散，导致渣含银增加），银的熔炼直收率为90%~98%，条件控制好时，熔渣中含 Ag 小于1%，总收率大于98%。

再如，我国某胶片厂每年废料中含 Ag 7~8t，其中焚烧炉所产废相纸烧灰和焙烧炉所产废乳剂泥烧灰的化学组成见表10-33[53]。

表 10-33　废相纸烧灰和乳剂泥烧灰化学组成　　　　　　　　　　　（%）

成分	总 Ag^+	C	SiO_2	CaO	MgO	Al_2O_3	Pb	Cu	Zn	Fe_2O_3	S	Ba	MnO_2	其他
乳制剂烧灰	32.75	5.84	18.15	1.48	1.11	20.89	0.0054	0.023	0.27	1.03	1.98	—	0.67	余量
相纸灰	18.53	3.92	15.97	2.32	1.74	7.83	0.015	0.072	0.11	1.98	1.15	0.18	0.86	余量

注：相纸灰总 Ag^+ 中：Ag^0 14.11%，Ag_2O 0.43%，AgBr 2.99%；乳制剂烧灰总 Ag^+ 中：Ag^0 9.14%，Ag_2O 0.79%，AgBr 22.32%。

文献 [53] 用中频电炉熔炼含银感光材料，采用的流程如图 10-38 所示，该流程中包括了乳剂泥的处理，废相纸及乳剂泥中的银，都得到了回收。实践的结果证明，该流程银的回收率达到了 98%。

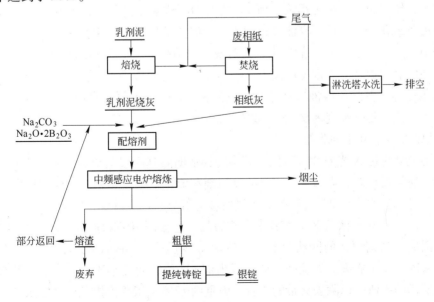

图 10-38　熔炼含银感光废料回收银工艺流程

10.6.3.2 湿法

A 碱法

从废相纸、胶片中回收银，首先是要把银从废相纸、胶片上洗下来。照相软片（包括负光片）和相纸一般是在三醋酸纤维素（或硝化纤维素）和钡的纸表面涂一层被甲醛凝聚而失去吸水性和胶溶性的溴化银乳剂的感光膜，可用硫代硫酸钠、氢氧化钠、丙烯酸溶液将乳胶膜上的溴化银洗下来，但后者成本较高。一般认为对已感光或报废的相纸、胶片可用氢氧化钠破坏乳胶膜，使银沉淀下来，且对设备要求不高，成本较低。

a 从废照相软片或相纸上回收银

早期小规模回收方法的主要工艺和操作要点如下[54]：

（1）将废照相软片或相纸放在陶制水缸中用清水浸渍；另外在广口生铁锅中放进氢氧化钠溶液（软片用2%氢氧化钠溶液，相纸用4%氢氧化钠溶液），加热至微沸。然后从浸缸中捞起已浸湿的软片或相纸放在竹筛上泄去水分，并放入烧碱溶液中用竹棍搅拌。每100kg碱液每次放进5kg，5~10min后，乳胶膜脱落，软片转变为透明，相纸光滑胶面变粗并略带黄色，将软片或相纸用竹棍捞起，捆在铁锅上面的竹筛上以除去液体，再加上一批浸湿的软片或相纸，100kg溶液可以连续处理50kg软片或相纸。将脱胶锅所得的碱性胶银液静置2~3天，让氧化银有充分时间沉降下来，再用倾析法留下银泥。

（2）将湿银泥移至可加热的陶制容器内，加入与湿银泥等体积的10% NaOH，加热至沸，并继续保持半小时，使银泥中残留的胶体彻底水解，并使尚未转化的溴化银彻底转为氧化银。降温至80℃，加入适量甲醛（按100kg软片计算，用38%甲醛溶液350mL；100kg相纸用400mL）搅拌5min还原银；再加热至沸，保持10min；用普通大型瓷孔漏斗铺滤纸过滤，用清水洗涤10次以上。

（3）经洗涤的银粉在烘箱内烘干，也可以在生铁锅内烘干，烘干时不要用铁铲搅拌，以免铁屑混入其中；烘干后，放入耐火黏土制的坩埚，并加上银粉质量1/10的无水碳酸钠进行熔炼，铸成银锭。也可用浓度为4%的NaOH溶液浸泡胶片，使它上面的银变成粗粒状的棕褐色氧化银。过滤，弃滤液，滤渣即为沉淀的氧化银。用水洗涤滤渣，然后溶解在稀硝酸中，加入浓度为10%的氨水，使溶液由澄清变为白色浑浊，再由白色浑浊变为澄清溶液，即使氧化银转变为银氨配离子 $Ag(NH_3)_2^+$。往溶液中加入浓度为2%的葡萄糖溶液（或福尔马林、保险粉溶液等还原剂），使银氨配离子还原为金属银。过滤，得银粉；洗净、烘干，最后得到纯度为99.5%的银[55]。

b 从废X光胶片上回收银

用碱溶液处理废X光胶片，可以使其中的银从明胶基底层上剥落下来，并沉积在浸出槽的底部。通常浸出时，需添加一定量的凝聚剂和硫化物或氯化物，以促使银的沉降。浸出用碱液，可选择浓度为2%~20%的次氯酸铵、氢氧化钠或碳酸钠等溶液。

文献 [51] 中用碱法从X光胶片上回收银的工艺如图10-39所示。浸出前，将胶片切碎，装入圆形不锈钢框架的网状容器内。然后将容器放入NaOH浸出液中，约5min后，胶片上的银即可完全剥离。加硫酸，调整浸出液pH值，使之小于5，以提高银的沉降速度。煅烧所得的银渣，以除去夹带的明胶，失重约12%。银渣由黑色变为银灰色。再用硝酸溶解银渣，同时鼓入空气，再生硝酸。

$$3Ag + 4HNO_3 \longrightarrow 3AgNO_3 + NO_2 \uparrow + 2H_2O$$

$$2NO + 3/2O_2 + H_2O \longrightarrow 2HNO_3$$

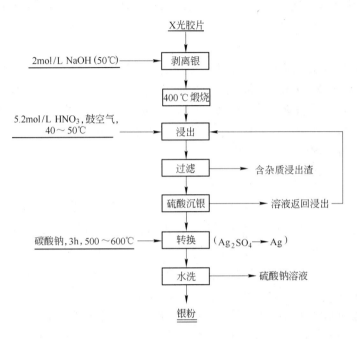

图 10-39 碱法从 X 光胶片上回收银的流程图

在硝酸银溶液中加入浓硫酸，也可使之转变为硫酸银，并再生硝酸：

$$2AgNO_3 + H_2SO_4 \longrightarrow Ag_2SO_4 + 2HNO_3$$

当用水稀释时，约有 95% 的银，以硫酸银沉淀析出。然后，在马弗炉内大于 500℃ （550~600℃）下与碳酸钠（为保证硫酸银的充分转化，碳酸钠的用量需要比化学计算的理论值过量 50%）一同煅烧 3h，分解得银粉，分解反应为：

$$Ag_2SO_4 + Na_2CO_3 \longrightarrow Ag_2CO_3 + Na_2SO_4$$

大于 218℃ 时 $$Ag_2CO_3 \longrightarrow Ag_2O + CO_2 \uparrow$$

300℃ 时 $$Ag_2O \longrightarrow 2Ag + 1/2O_2$$

加拿大在回收医院临床治疗和研究用 X 光胶片上的银时，也有的工艺与之相似，即：（1）胶片切碎成宽 1cm 的窄条；（2）用 1%~2%NaOH 溶液，在 50℃ 浸泡 5min；（3）银渣在 400℃ 焙烧；（4）硝酸浸出，在硝酸银溶液中加硫酸，沉出硫酸银；（5）加碳酸钠在 500~600℃ 处理转化为银。银回收率 99%。

文献 [56] 报道了加速此过程的方法，即将粉碎后的感光材料（实例为 X 光片）送入反应器，加脱膜剂（一般用 20%NaOH），在 80~100℃ 搅拌一段时间（一般 15~20min），使感光层分离；然后放入一个特制的甩桶，加水强烈搅拌使胶质分离，脱膜后的聚酯片基迅速进入清洗工序进行清洗（首先通过一个振动装置，以多道（3~4 道）高压喷淋水冲洗；然后进入多道（2~3 道）双层绞笼，继续进行高压水喷淋清洗和料水分离）；经过清洗，聚酯片基可作为聚酯原料，用于生产复纺聚酯纤维；而感光层及胶质层，通过烧结处理可回收其中的银。此法脱膜迅速，一般约 20min 即可完成；采用多道高压水冲洗，可使胶膜清除干净、片基上无黑点，且可实现半连续作业以提高自动化程度和产量。

B　酶法

酶溶脱法的基本原理是利用蛋白酶、淀粉酶、脂肪酶、朊酶等微生物使胶片涂层或乳剂的主要成分明胶降解破坏，生成可溶性的肽及氨基酸，从而使含银乳剂从基片上脱落下来，并使悬浮在其中的卤化银沉淀分离。感光材料用的明胶实质上是一种蛋白质，相对分子质量很大，由多个肽键结合而成，它的降解包括肽键的断裂和羧基、氨基的脱除，然后逐步氧化，其分解程序如下[50]：

名　称	蛋白质→朊→	胨 →	多肽 →	二肽→	氨基酸
相对分子质量	60000　5000	2000	1000 ~ 2000	200	100

分裂的最终结果是转化成各种氨基酸。在此过程中，控制一定的工艺参数，就可以使卤化银分离沉淀。由于乳剂中的银颗粒极其细小，因此必须加凝聚剂以加速银的沉降。反应温度和溶液 pH 值是决定酶法分解效率的主要因素。由于此法可以使银和片基都得到回收利用，故进行过不少研究，以下选择几个实例予以介绍：

（1）酶解法回收含银感光乳剂及胶卷中的银。废含银感光乳剂及可以回收基片的胶卷，宜用酶解法处理。回收试验在 2L 烧杯中进行，用恒温水浴保持过程所需的温度。实验确定：

1）液固比和时间。酶解反应的速度和反应物的浓度成正比，但反应物的浓度增加到一定时，反应速度变慢并趋于定值。乳剂与水量之比以 1 : 3 为宜，酶解后期速度很慢。

2）温度和 pH 值。温度较低时，反应速度与温度成线性关系，但过高时反应速度则急剧下降，甚至停止，这是酶受到高温破坏所致。酶是一种蛋白质，其结构中含—COOH 及—NH_2OH 两基团，由于在不同 pH 值时有不同的电离状态，因此不同的酶发挥作用的最佳 pH 值是不同的（见图 10-40）。脱胶酶最佳 pH 值是 4 ~ 5，中性酶为 6.5 ~ 7.5，脱氢酶为 8.5 ~ 9，大于或小于这个范围都会使其迅速变质失效。

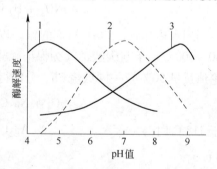

图 10-40　不同酶的酶解速度与 pH 值的关系
1—脱胶酶；2—水解（中性）酶；3—脱氢酶

3）酶用量与搅拌速度。试验过程中还发现彩色感光系统与黑白系统不同，它除了黑白乳剂的组成外，还有相当数量的有机成色剂，成分复杂，使工艺过程中的中间产品物理性质有很大的变化，给操作和过滤带来困难。加入添加剂改善后，才使过程顺利进行。彩色乳剂的酶解时间和酶耗也比黑白乳剂多。

经过各因素试验筛选，找出了工艺最佳操作条件：温度小于 55℃；液固比：对乳剂 3 : 1，对胶片 10 : 1；时间 4 ~ 5h。试验结果说明：无论单独酶解或逆流酶解，银的直收率都大于 99%。工艺流程如图 10-41 所示。

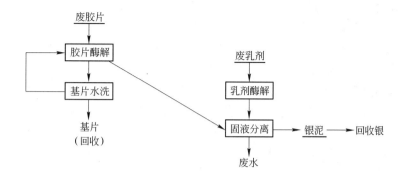

图 10-41 废感光材料酶法回收工艺流程

（2）蛋白酶洗脱。通常，pH 值为 8.0~10.0 时，酶的利用率最高。最适宜温度为 50~60℃，大于此温度，易引起酶变质，温度过低则需延长反应时间。它主要包括以下几个工序[52]：

1）蛋白酶洗脱。对未曝光的废胶片，直接用蛋白酶洗脱；对已曝光的胶片，可在重铬酸盐存在下用盐酸处理，使胶片上的银转化为氯化银，再用蛋白酶洗脱。通常，该工序银回收率为99%左右。废片基在洗脱银以后，经水洗、碱洗，可重新利用。

2）浸出银泥。用硫代硫酸钠、亚硫酸钠和冰醋酸混合液（一种水溶液，配方为：硫代硫酸钠 200~300g/L，亚硫酸钠 30g/L，冰醋酸 30mg/L）浸出银泥，银浸出率达 99.95%。若将浸出液加热后再冷却至室温，可显著加快过滤速度。

（3）电解回收银。电解在强化循环电解液的密封式提银机中进行。电解液的组成为：$Na_2S_2O_3$ 163.08g/L，Na_2S 6.17g/L 和 HAc 15.35mg/L；槽电压为 1.8~2.2V；电流效率为 75%。电解后，尾液含银 0.76g/L，可返回浸出银泥。电解总回收率达 99% 以上。

（4）从固相感光材料回收银。包括：蛋白酶溶脱含银乳剂层，沉降及分离银泥，银泥焙烧及焙烧渣水浸，水浸渣熔炼得纯银等几个步骤。实例试料为废 X 光胶片和油彩正片。产品银纯度 99.9%~99.99%，直收率 97%~99.7%，总收率近于 100%。

主要工艺条件为：

1）酶溶脱用中性酶（5 万活力单位）或碱性酶（8 万活力单位），分别在 pH 值为 6（中性酶）、9~11（碱性酶），40~45℃（对碱性酶为 50~60℃），机械搅拌进行溶脱；

2）银乳剂层溶脱后捞出片基，用稀硫酸调整溶液 pH 值，最好是 1.2~2.5（中性酶）、2~3.5（碱性酶），使银泥（主要成分为 AgBr）沉降、过滤分离得银泥；

3）银泥烘干、磨碎、配入碳酸钠（物质的量为溴化银的 1~1.5 倍），在 650~700℃下，焙烧 2~3h，使溴化银转化为银，用 80℃ 热水浸出，至每升溶液含 Ag 零点几毫克，可排放弃去；

4）滤渣烘干后，配入料重 20%~30% 的溶剂（碳酸钠：硼砂：硝石 =（11~10）：（6~5）：1），1050~1100℃ 熔炼 0.5h 以上，得到纯银。

又可将含银固体废料整理、切碎、加酶（碱性蛋白酶；pH 值为 8~10）进行生化处理。处理后，纸基进入活性疏松工序，其余的加药絮凝沉淀。沉淀后的废水进行处理，沉淀物直接或加银泥进行烘干、焙烧、水洗、酸洗、还原过滤、二次酸洗、熔炼铸锭得到纯银产品。在疏松工序中，加入高分子聚合物的水解产物（复方的活性疏解剂）使纸基经疏松处理后打浆，并将纸纤维与聚乙烯分离，分离后的纸纤维与聚乙烯分别洗涤、压滤（仅对纸纤维）、烘干，即可打包。回收的纸纤维长度达 0.68mm，白度为 89.8 度，属优级再生纸浆。回收的纸浆及聚乙烯的价值约为回收银的 2 倍。

如天津感光材料公司生产的废 X 光胶片，含 Ag 2.31% ~ 2.61%（单面）及 4.21%（双面）。银主要以卤化银状态存在，并以 AgBr 为主，还有大量明胶，有机物及无机盐等。经研究提出的工艺流程如图 10-42 所示。

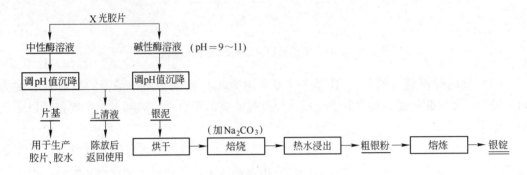

图 10-42 用酶溶脱工艺从废 X 光胶片中回收银流程图

选用的中性蛋白酶、碱性蛋白酶的活性分别为 5 万及 8 万活力单位。

最佳工艺条件为：

1）酶浓度在 0.05 ~ 1.0g/L 之间，小试（50mL 溶液）洗脱时间均为 3 ~ 6min；温度：中性酶 45℃，碱性酶 55℃。

2）液固比增大，脱溶、沉降时间都缩短，且上清液中含银量降低。在液固比（3 ~ 4）∶1 时（酶浓度 0.5g/L，50mL），在 10min 内溶脱，上清液经短期放置即能达到排放要求。上清液中 Ag 浓度（g/L）分别为：中性酶 <0.0001，碱性酶 <0.004。

3）沉降 pH<4.5 时，均能很好沉降。如酶浓度 1g/L，液固比 7∶1，试验溶液体积 50mL 时，上清液含银约 0.001g/L。

扩大试验处理胶片 320kg，条件为：酶浓度 0.25g/L，每次酶液 20L，胶片 320kg。试验结果：中性酶沉降 pH 值为 2.3 ~ 2.5，沉降时间小于 15h，上清液含银平均 0.40×10^{-6} g/L；碱性酶沉降 pH 值 2 ~ 2.2，沉降时间小于 15h，上清液含银平均 0.17×10^{-6} g/L。废液均达到排放要求，废液带走的银占总银量的不到 0.001%；残留在片基上的银占总银量的 0.2%。溶脱—沉降工序回收率 99.8%。

银泥经过滤、烘干、磨细，可得到含银 49.26% ~ 51.61% 及大量明胶、有机物、酶及少量无机盐的干银泥，其中银主要以卤化银形式存在。配入 Na_2CO_3（摩尔比不小于 1∶1），在 650 ~ 700℃ 焙烧 2h，卤化银 98% ~ 99.8% 转化为银，回收率近 100%；焙砂水浸，液固比 10∶1、80 ~ 90℃，浸出时 NaX（X 代表卤素）溶于水面与粗银分离，浸出液平均含 Ag 3×10^{-6} g/L。放入沸水槽陈放即可达排放要求。粗银粉（一般含银大于 92%）杂质主要为无机盐、金属。配入适量熔剂（苏打∶硼砂 = 2∶1，总量约为银泥重的 30%）及造渣剂（如玻璃粉和硝石），在 1050 ~ 1100℃ 熔炼，银回收率大于 99%，纯度不小于 99.99%。

10.6.4 废定影液回收银

10.6.4.1 置换法[35]

A 铁置换

金属置换法简便、银回收率高，主要缺点是用于置换的金属被溶解进入溶液，使定影液不能返回使用。如铁的置换是在酸性定影液中加入铁片、铁屑或铁粉，银离子即被铁置换还原沉淀为金属银：

$$3NaAgS_2O_3 + Fe = 3Ag\downarrow + Na_3Fe(S_2O_3)_3$$

$$2Ag(S_2O_3)_2^{3-} + Fe = Fe^{2+} + 4S_2O_3^{2-} + 2Ag\downarrow$$

置换作业：在搅拌下先向每升定影液中加入浓硫酸 5mL，至溶液转变为黄绿色为止。不可加入过量的硫酸，因为过量的硫酸会分解 $NaAgS_2O_3$ 而使溶液呈乳白色浑浊状，并使置换产出的银中含硫量增加。但硫酸加得太少，则使沉淀在铁上的银较难洗下。当定影液放置时间过长，因吸收空气中的二氧化碳，溶液已酸化呈黄绿色时，可少加或不加硫酸。

在静置条件下置换，一般使用薄铁片或铁屑。使用前，先经热水和稀盐酸浸洗，除去铁表面的油污和氧化物，并用清水洗净后再加入定影液中。置换初期，由于铁的溶解并生成硫化物而使溶液发黑，最后溶液呈无色透明。置换过程约需 48h。

置换完成后，倾出上清液，并加水洗下铁片上的银。洗下的产物中含有：微粒银粉、炭、氧化铁和硫化银等，呈黑色。静置沉淀后，倾出上清液，过滤并水洗 1~2 次。然后移入烧杯中，加约相同质量的铁片及适量的浓盐酸煮沸 15~20min，以还原硫化银并除去盐酸可溶物。再加水倾出洗涤 2 次，过滤，再用蒸馏水洗至洗水中无 Cl^-。干燥后获得的粗银粉，含银达 98% 以上。

使定影液通过两只装有粒度 100~2000μm 铸铁粉的置换柱[57]，经约 30h，也可从溶液中回收 90% 以上的银。

有报道介绍[58]：铁粉置换条件以 40℃、pH = 4 为最好，铁粉置换理论量是 1kg 可置换 3.9kg 银，实际用量为每千克银需铁 0.495kg，最佳铁粉粒度为 10~100μm。此法置换速度快、费用低，银粉含 Ag 可达 90%。

有人发明内电解白银回收器，以铁板为负极、铜板为正极，并以阴离子交换膜隔开。此发明实质上仍是以铁置换银，只不过是：正极室注入待回收的含银废液，负极室加入由硫酸或盐酸配制的阴极液；阴、阳极连通后，负极板上的铁失去电子以 Fe^{2+} 进入负极液，正极区的溶液中的阴离子穿过阴离子交换膜进入负极区与 Fe^{2+} 结合；银离子则从正极板上获得电子而以金属银沉积在正极板上。由于置换用铁板与含银废液不直接接触，使沉积在铜板上的银容易收集、分离，且不会由于废液的酸性大而多消耗铁。此装置银回收率通常达 90%~99%、银纯度大于 98%。它可用于小量、分散的排放点回收银。

又如：废定影液（含 Ag 10.60g/L）由储液槽经过导流管进入放有钢棉的管状反应器，流出的贫液则经导流管流入贫液储槽。试验结果表明：(1) 随着流量加大，银回收率较低，实际应用中流量宜控制在 $6.0 \times 10^{-8} m^3/s$，即流速小于 $4.17 \times 10^{-5} m^3/s$（试验反应器截面积为 $1.44 \times 10^{-3} m^2$）；(2) 随着 pH 值增大（达 7~8），置换反应速度变慢，且产生氢氧化铁沉淀，易堵塞管道，故应控制为 pH 值为 5~6；(3) 每克钢棉最多可还原

2.75g 银。置换后的贫液含银可降至 7mg/L，银回收率大于 99%。

B 锌粉置换

用锌粉作还原剂，反应速度快，不需加热和机械搅拌（用人工搅拌 2~3min 即可）[59]。酸性废定影液（pH 值约为 5），置换约 10h，银回收率可达 90% 以上；中性、微碱性定影液则需 20h，银回收率一般仅 70。若调整 pH 值为 3~4 时，$S_2O_3^{2-}$ 主要以 $HS_2O_3^{-}$ 的形式存在，从而使 $Ag(S_2O_3)_2^{3-}$ 稳定性降低，有利于还原，过量 20% 的锌粉置换 6h，银回收率可达 95%[60]。通常，在每升废定影液中加入锌粉 3~10g，并小心加入稀 HCl 使溶液呈弱酸性，吹入压缩空气搅拌（或人工经常搅拌）4h；滤出沉淀，水洗后用稀盐酸煮洗以除去过量锌粉，即得含 Ag 不大于 99% 的粗银粉[54,59]。置换的终点可用在澄清液中加入几滴稀 Na_2S 溶液的方法来检验，如不生成黑色 Ag_2S，而出现白色 ZnS 沉淀，说明银已置换完毕。

C 铝、镁置换

铝和 Al-Mg 合金性质活泼，用于置换，则速度快、银回收率高。如向每升定影液中加入 1~30g 柠檬酸盐，使之与银生成配合物，然后用铝屑或铝丝（或汽车上的废黄铜散热片）置换，就可在约 1min 的时间内将银置换出来[61,62]。

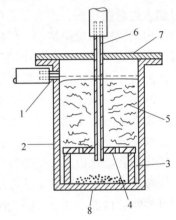

图 10-43 是用置换沉淀法从废定影液中提取银的装置。它是一个容积 18L 的塑料容器，用一个带孔的塑料板把容器分隔成上、下两层。上层装入置换金属，废定影液由导管 6 从容器底部输入，穿过多孔板与置换金属反应。置换得到的银粉通过多孔板降落到容器底部。回收银后的废液通过容器侧面的管道排出。利用该装置，用含铝 94.3%、镁 5.6% 的合金屑作置换剂，可从含银 6~7g/L，pH 值为 4.5 的 X 光胶片定影液中回收近 90% 的银，所得银粉含银 96%。

图 10-43 置换法提银装置
1—液体排出管；2—容器；3, 4—多孔机；
5—轻合金屑；6—液体导入管；
7—盖；8—析出银粉

曾有采用卧式的回收银槽箱（3 级以上），用火法铝条（丝）还原沉淀银。美国专利（U. S. P4008077）对活性铝系采用机械加工法，需要一套机械加工设备，并用 HCl 处理沉淀银，回收装置为塔（柱）式。此专利用碱处理的方法破坏铝表面的致密氧化层使之活化后，再和含银废液反应沉淀银。铝活化试验是用总面积为 $4cm^2$ 的铝片，分别置于不同浓度的碱液中反应 0.5min，取出后用自来水冲洗碱液，即投入 10mL 含 Ag 6g/L 的废定影液中，在室温（10.5℃）下的反应情况见表 10-34。

表 10-34 碱浓度对铝活化及置换情况的关系

试样编号	1	2	3	4	5	6	7
NaOH 质量分数/%	15	20	25	30	35	40	45
铝与碱反应情况	非常温和	温和	有大量气泡	气泡比 3 号更多	强烈反应	强烈反应，发热量大	较 6 号更甚，铝损失大

试样编号	1	2	3	4	5	6	7
置换后含银[①]/g·L^{-1}	4	3	1	约0	约0		
废液 pH 值	5	5	5	5	5		
反应温度	加热	加热	室温	室温	室温		
铝片上银沉淀情况	银粒附着牢	银粒易从铝片上脱落	银粒易从铝片上脱落	银粒易从铝片上脱落	银粒易从铝片上脱落		

① 活性铝与废定影液反应 2.5h，用银试剂半定量检查。

10.6.4.2　化学沉淀法

定影液等含银溶液，可用多种化学试剂使其中的 Ag^+ 生成难溶化合物沉淀或还原成金属，再通过固液分离使沉淀或粗金属从溶液中分离出来。沉淀可用多种精炼技术进一步处理得到纯银。

A　硫化物沉淀

硫化钠是最常用的沉淀剂。已知 Ag_2S 的溶度积为 6×10^{-50}，这是最难溶解于水的银盐之一。硫化沉淀法又分为：加硫化钠和通入硫化氢两种。

a　硫化钠法

硫化钠法是在室温和搅拌条件下向定影液加入硫化钠溶液。硫化钠的加入量，按每千克银加入硫化钠 1 ~ 1.5kg 计。通常 1L 定影液需加入带结晶水的硫化钠 3 ~ 10g。操作时要边加边搅拌，待稍澄清后，再滴入几滴 Na_2S 溶液，如不再出现黑色硫化银沉淀，说明已经加足。文献［63］指出，当加入 Na_2S 过多或过快时，在沉淀过程中会发生以下副反应：

$$Na_2S + 2H_2O === H_2S\uparrow + 2NaOH$$

$$2Al^{3+} + 3S^{2-} === Al_2S_3$$

$$Al_2S_3 + 6H_2O === 2Al(OH)_3\downarrow + 3H_2S\uparrow$$

产生 H_2S 污染环境，$Al(OH)_3$ 降低银的纯度。因此应尽量避免副反应产生，其措施主要是：控制 Na_2S 的加入量和速度，即应分批逐步加入，并注意观察和控制终点。

确定硫化沉淀法作业的终点，通常是抽取硫化作业后期的澄清液 2 ~ 3 滴于滤纸上，再向液滴边缘湿润处滴一滴硫化钠液，如纸上呈现黑色或深褐色沉淀，说明除银还未达到终点，应在继续搅拌下补加硫化钠。直至液滴边缘呈浅黄褐色后终止作业[59,63]。一般情况下，银沉淀率都大于 99%。作业到终点后静置 1 ~ 2 天，抽出上清液；余下的浑浊液，加热至沸腾，使 Ag_2S 凝聚成块，待稍冷后，趁热过滤、洗涤并干燥。

每 100L 含银 2 ~ 5g/L 的废定影液加入 2 ~ 5L 10% 硫化钠溶液，充分搅拌、澄清，用硫化钠溶液检验沉淀完全后，过滤。沉淀的硫化银经烘干，加入铁屑和苏打共熔，还原得金属银。此法投资少，操作简单，但反应过程中将产生硫化氢气体，污染环境，且硫化银沉淀极细，过滤困难。对于因 Na_2S 过量或因溶液呈酸性而反应产生硫化氢的问题，可使沉淀过程在适当的碱性范围内进行，并利用 pH-电位计和 Ag-Al_2S 电极自动检测沉淀终点，准备控制硫化钠加入量。同时，加入凝聚剂以加速硫化银的凝聚、沉淀。

硫化钠沉淀法一度成为从我国广泛分布的照相馆、冲扩店等企业中回收银的主要方法。有专门人员从各地搜集、购买废定影液或硫化银沉淀，然后集中处理回收。为了适应小单位及个体户回收分散、零星的含银废液的需求，曾专门研制了"提银药袋"。

b 硫化氢法

硫化氢法是在室温下向废定影液中通入 H_2S 气体。其过程和 Na_2S 沉淀相似，主要是控制溶液 pH 值和在搅拌下缓慢通入 H_2S 气体。由于 H_2S 是有毒气体，且钢瓶的阀门又较易受到腐蚀，故实际使用、保管起来都比 Na_2S 麻烦，而较少使用。

c 氢硫化物法

文献［64］发明用氢硫化物试剂从废定影液中沉淀出硫化银，并保持定影液中的 pH 值和再生硫代硫酸盐的方法，使该定影液能再循环利用。发明者拟用此法来克服常用的硫化沉淀剂（Na_2S、H_2S）通常会产生有毒的 H_2S 气体和生成元素硫的问题。优选的氢硫化物试剂为氢硫化钠、氢硫化钾或氢硫化铵。其代表性反应为：

$$2AgNaS_2O_3 + NaHS \longrightarrow Ag_2S\downarrow + Na_2S_2O_3 + NaHS_2O_3$$

氢硫化物将优先和 $AgNa_2SO_3$ 反应，但过量时将与 Na_2SO_3 反应生成不需要的 S^0。因此，应控制氢硫化物试剂的数量（1mol 银用 0.5～1.0mol 氢硫化物）和强化搅拌，应控制定影液的 pH≥4.0，因为当 pH＜4.0 时，将形成 H_2S 气体。所得沉淀物可用现有技术回收银。

试验选用的废定影液（冲洗胶片后）分析结果见表 10-35。

表 10-35 摄影废定影液成分

定影液名称	Ag 浓度/g·L^{-1}	pH 值	$Na_2S_2O_3$ 浓度/mol·L^{-1}
定影液（柯达）[①]	2.8	5.76	0.74
定影液（杜邦）[②]	3.1	5.13	1.28
石油工业使用的定影液	5.0	7.54	n/a[③]
漂白定影液（用于彩色照片制版业）	1.4	8.6	n/a[③]

① 用于手工操作的定影液；② 用于自动化操作；③ n/a 未作分析。

d 硫化银提取法

医院的定影液用硫化剂处理，得到的都是硫化银沉淀。从中回收银的方法很多，较常用的有：

（1）硝酸氧化法。硫化银加水湿润后，加入稀硝酸（酸：水 = 1∶（2～3））溶解。此时硫化银被硝酸分解后析出单体硫。过滤后，向 $AgNO_3$ 滤液中加食盐水，生成氯化银沉淀。静置，除去上清液；加热剩余溶液至沸腾，使氯化银凝集成块后，过滤并洗涤。洗净的氯化银于碱性溶液中加水合肼还原，产出的银粉经过滤、水洗和干燥后，含银达99.5%。反应过程可表示为：

$$AgCl + 2NH_3 \longrightarrow Ag(NH_3)_2^+ + Cl^-$$

$$4Ag(NH_3)_2^+ + 2N_2H_2 \xrightarrow{+4OH^-} 4Ag\downarrow + 2N_2\uparrow + 8NH_3 + 4H_2O$$

（2）铁片置换法。向每100g 硫化银中加入浓盐酸250mL 和薄铁片约75g，于通风柜中使之加热至沸腾（有硫化氢放出）再移至盖有石棉网垫的电炉上继续加热，约经 1h，银即完全还原呈粉状。停止加热、倒出上清液，加水洗涤。拣出残余铁片，过滤，用蒸馏水洗至无 Cl⁻ 后干燥。

（3）铝屑置换法。将硫化银置于含 NaOH 的溶液中，加入小于 4.699mm（4 目）的铝屑，硫化银即还原为金属银：

$$2Al + 8NaOH + 3Ag_2S + 2H_2O \longrightarrow 3Na_2S + 6Ag\downarrow + Na_2Al_2O_4 + 6H_2O$$

将还原得到的金属银粉滤出，干燥后再加入熔剂和氧化剂，火法进行精炼。此法已应用于加拿大安大略省 NIPissing 矿业公司的工业生产。

（4）熔炼法。硫化银沉淀烘干（或烤干）后，配相同质量的硝酸钠，放入黏土耐火坩埚中搅拌均匀，于 1000℃ 保持 10～20min；取出坩埚，冷却后将熔块用热水溶解、洗出银粒，银粒烘干后，在另一坩埚中，加入少量纯碱（或碳酸钠）和硼砂，再在 1000℃ 熔炼 10min，即得到纯度 97%～98% 的银块。

文献［65］将风干的硫化银沉淀放入坩埚，在 1100～1200℃ 熔化，加入过量铁屑（或铁片，每千克银约需 0.6kg），保温 30min，Ag_2S 被还原成银，并生成 FeS，出炉铸锭。银锭含银 99.46%～99.7%，银平均回收率 98.09%。反应式为：

$$2Ag_2S + Fe + Na_2CO_3 \Longrightarrow 4Ag\downarrow + Na_2S + FeS + CO_2\uparrow + 1/2O_2\uparrow$$

Na_2S、FeS 熔合为 Na-Fe 锍（有时由于部分氧化，生成铁氧化物而有脆性）。

文献［63］指出，硫化银沉淀熔炼时：1）加铁量增加，银回收率升高，但当加铁量已超过 30%，再继续加入时，银回收率反而下降，故加入铁量以控制 25%～30% 为宜；2）Na_2CO_3 加入量升高，银的回收率也升高，但到 30% 以后则不再升高，而且因 Na_2CO_3 量增大，将降低生产效率和增大对坩埚的腐蚀，故加入量应控制为 20% 左右；3）熔炼过程中若生成 Fe_2O_3 浮渣，因其含 Ag 较高，故应加入约 10% 的硼砂，以减少银的损失；4）温度一般以 1100～1200℃ 为宜；5）铁、钠的硫化物形成的 Na-Fe 锍，对银的回收率影响很大。通常判断 Na-Fe 锍含银的方法是：如果锍一敲就碎（有铁氧化物生成），说明含银少；若很难敲碎，则含银高，需要继续加铁屑再熔炼。

废定影液经硫化钠法提取银后，理论上即已得到再生，可以返回使用。当采用硫化氢时，由于硫化氢具有弱酸性和还原作用，故向定影液中通入大量硫化氢时，会因为硫化氢自身的氧化和对硫代硫酸钠的破坏作用而析出硫，使定影液变浑浊，而不能返回使用。且硫化氢有剧毒，因此应尽量避免使用。鉴于同样的原因，某些研究者认为：采用硫化钠法时，应在加硫化钠前先往定影液中加入一定量的氢氧化钠，使定影液呈中性或弱碱性（用石蕊试纸测定），以提高 OH⁻ 浓度，可避免硫化钠在弱酸性条件下产生大量硫化氢。

定影液在定影过程中，硫代硫酸钠的浓度会因稀释和消耗而降低。提取银的过程中又使钾矾遭到破坏和一部分醋酸被中和。故定影液在提取银后，必须补加药剂方能返回使用。按照一些试验者的意见，每 1 加仑（约 45L）中，应补加硫代硫酸钠 2～4kg、钾矾 300～400g，并加入适量（一般在 400mL 左右）冰醋酸，使定影液呈弱酸性。在实际操作中，由于使用的往往是含杂质很多的工业硫化钠，不可避免地会对定影液的质量有所影响。因此，为了保证质量，一般正规的冲洗店通常不会使用简单再生的定影液。

B　还原沉淀

可用多种还原剂还原定影液等溶液中的银离子，如用硫脲、葡萄糖还原[66]。

硫脲还原反应迅速、试剂少、成本低，但在碱性环境会产生有毒的氰化物；葡萄糖还原银，碱用量太大，且所得银粉太细、过滤困难。

用氢硼化钠从废定影液中回收银时[67,68]，硫代硫酸银发生沉淀反应：

$$8\overset{+}{Ag}(S_2O_3)_2^{3-} + NaBH_4 + 2H_2O \longrightarrow NaBO_2 + 8H^+ + 16S_2O_3^{2-} + 8Ag\downarrow$$

此反应十分迅速，99%以上的银迅速被沉淀。用此法回收银操作简单、设备要求不高，银沉淀完全。用于少量回收时，通常以银试纸测定废定影液中的银浓度，以求出用量。将Vensil（含$NaBH_4$ 12%，NaOH 40%的水溶液商品）稀释10倍，缓慢（10~20min）注入定影液中，片刻后生成银的黑色沉淀。当Vensil加完后，再搅拌20min，使反应完全。后期产生氢气，表明银的沉淀反应已基本结束。再在澄清液中滴入数滴Vensil，若不生成银的黑色沉淀，则表示溶液中的银已经完全沉出。静置数小时，分离澄清液，过滤、干燥溶解银沉淀。

还原工艺包括以下几个工序[69]：

（1）加阻起泡剂。在胶卷生产厂的流出液中存在一定量的明胶，它在反应中易产生大量气泡，影响银的分离和沉淀。因此，在还原沉淀银以前，须加入阻起泡剂。常用的阻起泡剂有：醋酸丁酯、三-正丁基磷酸、二甲基聚硅烷及正戊醇等。其中，以正戊醇的阻起泡剂效果较好，但它产生一种令人不太愉快的气味。

（2）调整pH值。加入阻起泡剂后，溶液pH值为8~10，需用硝酸或硫酸调整pH值至2~3，以达到氢硼化钠还原所需的条件。盐酸易生成氯化银沉淀，并腐蚀容器，故不常采用。

（3）$NaBH_4$还原。将商品Vensil水溶液加入废液，使氯化银还原为金属银，此时，溶液pH值变为6~7。

（4）过滤。还原所得的银粒极细，并夹杂少量的明胶，极难过滤。因此，需加入凝聚剂使银粒聚集变大。凝聚剂用量为溶液中银含量的7.5%。加入凝聚剂后，银的回收率可达99.9%。

用一特殊设计的连续处理设备处理含银2.5mg/L的洗液，残液含银可降到0.03mg/L，银回收率达99.9%。

文献［66］等对比了氢硼化钠和连二硫酸钠从照相废液中回收银的效果。前者回收银的效率高，残液银浓度不大于0.7mg/L；后者虽残液中银浓度较高（3~6mg/L），但连二硫酸钠可有效地得到应用（转化为$S_2O_3^{2-}$），若用氧化剂如碱性次氯酸钠、氯酸钠、氯气等氧化硫代硫酸钠定影液，然后再用连二硫酸铵还原，残液含银将不大于0.05mg/L。另外，还有用有机酸、藻朊酸、羧基甲基纤维素、酞酸纤维素、聚丙烯酸、聚甲基丙烯酸从废液中沉银。

文献［70］分别用有机酸［$Ar(OH)_3COOH$］、水合肼（$N_2H_4 \cdot H_2O$）、甲醛（HCHO）、连二亚硫酸钠（Na_2SO_4）作还原剂，用量为Ag量的2.2倍，还原废定影液（含Ag 2.5g/L，pH＝5~6），结果见表10-36。

表 10-36   4 种还原剂还原银的条件与结果

试 剂	还原液 pH 值	温度/℃	时间/h	还原后液含 Ag/g·L⁻¹	银还原率/%
有机酸	1.5	50 ~ 60	2	0.03	98.40
水合肼	10	45 ~ 50	1.5	1.01	32.80
甲 醛	10	20 ~ 22	1.5	1.54	2.40
连二亚硫酸钠	7	50 ~ 60	2	1.04	12.00

说明有机酸还原率最高，其反应为：

$$Ag(S_2O_3)_2^{3-} + Ar(OH)_3COOH \Longrightarrow Ag\downarrow + 2S_2O_3^{2-} + Ar(OH)_3 + CO_2 + H^+$$

$$S_2O_3^{2-} + 6H^+ + 4e \Longrightarrow 2S\downarrow + 3H_2O$$

且反应产物仅有银和硫，能直接得到高纯度的银粉（片）。试验考察了有机酸用量（1∶1 时，还原率 97.28%；1.6∶1 时，还原率 99.88%），废定影液 pH 值（1 ~ 1.5 时，还原率 97.28%；2 ~ 3 时，还原率 < 32.8%），温度（25 ~ 29℃、50 ~ 60℃、70 ~ 80℃ 时还原率分别为 96.40%、98.40%、99.28%），还原时间（40min、90min 时还原率分别为 91.36%、99.44%）对银还原率的影响。选用最佳条件（酸∶银 = 1∶1，pH 值为 1 ~ 1.5，50 ~ 60℃，90min），银还原率 99.20%，还原后溶液含银 0.02g/L。还原所得的银泥经烘干，加 NaOH 和 Na_2CO_3 在 500 ~ 600℃ 加热 0.5 ~ 1h，先用水后用混合酸（$HCl + H_2SO_4$，液固比为 20∶1）煮沸 30min，冲洗得到粗银粉（片）。再与碳酸钠及硼砂，在 500 ~ 600℃ 加热 40min，稀硫酸提取银。此工艺简便，可得白色银粉（片），银的总回收率为 94.44%。

C   其他化学法沉淀

硝酸在一定条件下可与 $Na_2S_2O_3$ 作用产生 H_2S，因此也可用于从定影液或洗液中回收银，同样生成硫化银沉淀：

$$Na_2S_2O_3 + 2HNO_3 \longrightarrow 2NaNO_3 + SO_2\uparrow + S^0 + H_2O$$

$$3Na_2S_2O_3 + 4HNO_3 \longrightarrow H_2S + Na_2S_4O_6 + 4NaNO_3 + H_2O + SO_2\uparrow$$

$$2AgNaS_2O_3 + H_2S \longrightarrow Ag_2S\downarrow + Na_2SO_3 + SO_2\uparrow + 2S^0 + H_2O$$

硫化银沉淀经过一步处理可获得高浓度的硝酸银，作为生产银锭、银盐或银粉的原料，用氨吸收各反应阶段放出的二氧化硫，可生产富氮肥料。

文献［71］用 0.5mol/L 硫酸、1mol/L 硝酸混合液（体积比 1∶1）作为酸试剂，体积浓度为 30% 的 H_2O_2 和 1mol/L NaOH 溶液作为碱试剂，分别用于从彩色废摄影液中沉淀银。试验用显影、定影废液分别含 Ag 0.47kg/m³ 和 10.2kg/m³。

图 10-44 表示加酸试剂后，废摄影液的 pH 值变化。第一段 pH 值由于酸的不断加入而减少；第二段在 pH 值约 2.6 时，沉淀开始析出，因此 pH 值基本保持不变；第三段因银已沉淀完毕，故 pH 值将随着酸

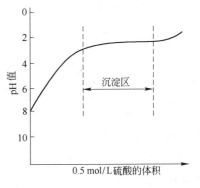

图 10-44   加酸试剂时
废摄影液 pH 值的变化

的加入而进一步降低。图 10-45 表明在 pH≤2.6 时，银已经完全沉积，且随着温度下降而沉淀百分率增加，说明银淤泥的形成和沉积是放热反应。图 10-46 则是表示加入的试剂体积与银沉淀率的关系。对于 1m³ 废定影液，分别用 20L 酸或 74L H_2O_2，银就可以完全沉积；而碱试剂加入 140L 后，沉积仍不完全。

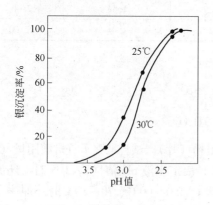

图 10-45　pH 值对银淤泥沉淀率的影响　　　图 10-46　银沉淀率与不同试剂加入量的关系

上述沉淀过程实质上仍然是硫化物沉淀，即：废液中的硫代硫酸根被氧化剂（混合酸）氧化，生产硫酸银和单质硫或多硫酸盐；H_2O_2 可与有关成分作用产生 H_2S。以上交互反应所生成的硫或硫化氢，与溶液中的银离子反应生成难溶的硫化物。同时，试验结果还表明酸试剂比较有效和经济实用；而碱法和过氧化氢法相比，则前者效果差、后者不经济。

10.6.4.3　电沉积法

电沉积法（电解法）从定影液中提取银的工艺，受到世界各国的广泛重视。这主要是因为，不溶阳极电解法具有：可直接得到纯度大于 90%（多数情况下 Ag 大于 96%）的金属银；并因为不需要加入杂质离子就可以使定影液再生，而不影响溶液返回使用等优点，特别适合对大量工业废液的处理。近 30 年来，试验和推荐的提银装置不下数十种。

根据电位-pH 图分析[72]，对电积法提银的技术给出下列认识：

（1）控制适当的阴极电位，银完全可以被还原；

（2）当 pH < 5.5 时，有如下反应：

$$2SO_3^{2-} + 6H^+ + 4e \Longrightarrow S_2O_3^{2-} + 3H_2O \quad \varphi = 0.705 - 0.09pH \tag{10-1}$$

$$S_2O_3^{2-} + 6H^+ + 4e \Longrightarrow 2S\downarrow + 3H_2O \quad \varphi = 0.5 - 0.09pH \tag{10-2}$$

$$Ag(S_2O_3)_3^{2-} + 4e \Longrightarrow Ag + 3S_2O_3^{2-} \quad \varphi = 0.017 \tag{10-3}$$

由于反应式（10-1）和式（10-2）的电位大于反应式（10-3），故阴极上将以 SO_3^{2-}（即反应式（10-1））的还原为主，同时可能有 $S_2O_3^{2-}$（反应式（10-2））被还原成 S^0。当 pH > 7.7 时情况相反，由于反应式（10-3）的电极电位大于反应式（10-1）和式（10-2），阴极上将以 $Ag(S_2O_3)_3^{2-}$ 的还原为主。当 pH 值较高时，阴极上将完全是 $Ag(S_2O_3)_3^{2-}$ 的还原反应（即反应式（10-3））。

（3）电沉积过程中使用不溶阳极，根据废定影液的组成可以判定，阳极上必然有下列反应发生，即：

$$S_2O_3^{2-} + 5H_2O - 4e \Longrightarrow 2SO_4^{2-} + 10H^+$$

因 H_2SO_3 极易发生分解放出 SO_2，所以在电沉积过程中将有 SO_2 毒气生成。

（4）电沉积法得到的银中可能含有一定量的元素硫。这是因为当废定影液中的 $Ag(S_2O_3)_2^{3-}$ 被还原，使该离子浓度显著降低时，反应式（10-3）的电极电位远远小于反应式（10-2）的电极电位，再继续进行电解，反应式（10-2）将是阴极上的主要反应，$S_2O_3^{2-}$ 将被大量还原成元素硫，此时废定影液就失去了再生的意义。因此，采用电沉积法时，要使废定影液得到再生，就不能从定影液中完全回收银。

文献报道[66]，Austin C. Cooley 研究电解过程中定影液和漂洗液主要组分的变化后，指出：在 $S_2O_3^{2-}$ 阳极氧化过程中，pH 值向酸性方向移动，当 pH < 4 时，$S_2O_3^{2-}$ 剧烈氧化分解，生成溶解度较小的 $S_4O_6^{2-}$，并析出细粉状 $Na_2S_4O_6$ 的沉淀，使溶液变浊白；而 $S_4O_6^{2-}$ 的进一步氧化过程就成了 $S_2O_3^{2-}$ 阳极氧化反应的决定阶段。$S_2O_3^{2-}$ 在碱性溶液（5mol/L 的 NaOH）中，于 1.4~1.6V 阳极氧化时不形成 $Na_2S_4O_6$，从而形成 SO_4^{2-}、$S_4O_6^{2-}$ 和 S^0。建议在尽可能低的 $Na_2S_4O_3$ 浓度下以及 pH 值为 8 的条件下操作，以抑制同时发生的一些副反应，如硫化物的形成、亚硫酸盐分解、H_2 的形成等。A. J. Amapah 在研究电流密度（1~500A/m²）、银浓度（1~15g/L）及温度（20~40℃）对电解形成的阴极银沉淀的成分及性质的影响后，建议不要将阴极电流密度提高到 150A/m² 以上，以防沉淀生成。也有的采用添加碘化钾以扩大高密度电流电解的应用范围；加入选择性置换烷基的磷酸以提高银的质量；用氧化铅作阳极以防止剥蚀和选用银回收的自动化装置等。

废乳剂中含有大量的有机物，不宜于直接用电解法处理，一般是先分离卤化银和有机物，然后用常规方法回收银[66]。如先用 NH_4SCN 处理感光乳剂，用 $Na_2S_2O_3$ 溶剂浸出，除去絮凝的聚合物后，溶液电解，可得全部银；也可先稀释乳剂，用酶破坏明胶，再用 $Na_2S_2O_3$ 浸出，电解获得银。国内第一胶片厂曾采用此法。

实践中已设计出多种实用工艺及所使用的设备，根据其主要差别，可大致将电解法分为：普通电解法、机械搅拌电解法（一般为"旋转阴极电解法"）、循环电解液电解法和混合结构电解法等四种类型。

A 普通电解法

普通电解法是最简单也是早期常用的方法。通常是用玻璃、硬塑料或有机玻璃等制成长方形电解槽，用薄不锈钢板作阴极，石墨板作阳极。将废定影液装入电解槽中，通入直流电。通入电流的大小和阴极导电面积、定影液含银量等有关。电解开始时电流可大些，随着电解过程的进行，银的浓度不断降低，电流应逐渐减少。否则，电流密度过大，不仅电流效率很低，而且析出的银粒将不能很好地附着在阴极上，或发生硫化现象，变成 Ag_2S。一般情况下，应控制电流密度不超过 10A/m²，槽电压小于 1.8~2.0V。电解过程中，电流密度及槽电压须根据阴极析出银的情况不断加以调节。因此，操作过程的控制比较困难，而且电流效率和银的回收率都很低，一般已不使用。电解完毕，阴极析出的银可用小刀从不锈钢片上刮下来。

过去，有的医院曾使用电铃变压器，将次级线圈绕成 1.8V、1A，经硒堆或氧化铜进行全波整流，降压至 0.7V、1A 供电。不锈钢阴极与石墨板阳极间距为 20mm。溶液不循环，采用 $100 \sim 200 \mathrm{mA/dm^2}$ 的电流密度。供入电流的大小，通过可变电阻器调节。在一般情况下，每冲洗一张 $360\mathrm{mm} \times 430\mathrm{mm}$ 的胸片，可从定影液中回收 $0.5 \sim 1.0\mathrm{g}$ 的银。

    B　机械搅拌电解法

　　机械搅拌电解法的原理和普通电解法一样，区别在于：采用机械搅拌的方法减小浓度差极化及避免有害的副反应产生。

　　文献［73］提出的方法是：增加离子交换膜，把电解槽中的阴、阳极区隔开，使含银定影液只与阴极接触，同时用恒电位装置控制阴极电位为某恒定值，以防止副反应的发生。阴、阳极室分别装有搅拌器（装置见图10-47）使电解液流动，避免浓差极化。

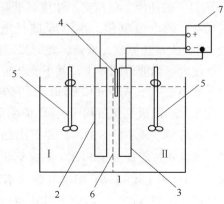

图10-47　加隔膜的定影液再生回收银装置
1—电解槽；2—阳极；3—阴极；4—标准电极；
5—搅拌室；6—离子交换膜；7—恒电位器；
Ⅰ—阳极室；Ⅱ—阴极室

　　图10-47所示装置的优点在于：回收银的同时使定影液再生。实例采用国产阳离子交换膜。阳极室内注入浓度为 $1\mathrm{mol/L}$ 的 $\mathrm{Na_2S_2O_3}$ 溶液；阴极室装入废定影液，阴极电位恒定为比银与初始定影液组成的电极电位值低 $0.08\mathrm{V}$。电积提银过程约需 8h。提银后，溶液中 $\mathrm{S_2O_3^{2-}}$ 浓度测定为 $55\mathrm{g/L}$（无隔膜装置的为 $20\mathrm{g/L}$），具有良好的定影能力。

　　另一类方法是采用可以快速旋转的阴极。即在电解过程中，依靠阴极快速旋转搅拌电解液，使得阴极表面附近的 $\mathrm{Ag^+}$ 虽不断析出，但又不断得到补充，从而避免浓差极化现象。这样，既可用较高电流密度进行电解，提高生产效率；又可使电极上副反应较少，基本保持定影液原有成分，在适当补加一些药品后，定影液可以再生使用。

　　曾采用旋转圆柱形电极（RCE）作阴极的装置（见图10-48），从彩色摄影液中电沉积银。工艺条件为：在 $30\mathrm{℃} \pm 1\mathrm{℃}$ 下，每次试验使用 $350\mathrm{mL}$ 的新鲜溶液。旋转圆柱形电极（RCE）由一个直径 $2.7\mathrm{cm}$ 的硬聚氯乙烯（PVC）棒，外包一个合适的不锈钢套筒构成。

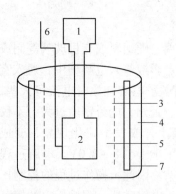

图10-48　实验用电解槽的配置
1—变速电机；2—旋转圆柱形阴极；
3—阴离子交换膜；4—阳极液室；
5—阴极液室；6—参比电极；7—阳极

阴极用镀镍的中碳钢制作成空心圆柱，以浓度为 $40\mathrm{g/L}$ 的氢氧化钠溶液作为阳极电解液。装有以饱和甘汞电极（SCE）半电池构成的参比电极，以便随时测量溶液电位。选用一种工业用的高能恒电位仪（如 PAR-371 型）来控制给定的阴极电位值，并以数字电压表检查阴极电位。

　　在彩色胶片冲扩处理时，漂洗和定影步骤结合成一个简单的漂洗定影作业，可以用以下反应式表示：

$$\mathrm{Fe\text{-}EDTA^- + Ag + 2S_2O_3^{2-} \longrightarrow Fe\text{-}EDTA^{2-} + Ag(S_2O_3)_2^{3-}}$$

　　一般来说，阳极反应与材料、表面状态或者它的催化性质、阳极电位等因素有关。根据试验结果可知[74]：当阴极电位在 $-0.5 \sim -1.0\mathrm{V}$ 之间时，沉积的银中没有黑色硫化物。由于复杂的副反应，过去报道的电流效率仅为

7%（是由于电解槽不分隔，Fe^{3+}/Fe^{2+} 交互反应造成的）及 14%（使用烧结玻璃圆盘作隔膜的分隔电解槽）。当设计了新的电解槽，特别是应用离子交换膜，分隔阴、阳极室，以一种碱液作阳极电解液后，极大地避免了硫化物的氧化，使得电流效率提高到 26%。

为了不生成硫化物及减少无效副反应，提高电流效率，可在电解彩色摄影液之前，引入物理净化和化学还原步骤，即把 Fe^{3+}-EDTA 还原到 Fe^{2+}-EDTA 状态，从而缩短电解时间，提高电流效率。如：先用连二亚硫酸钠处理摄影液，可使电流效率提高到 52%；若在冰醋酸存在下用连二亚硫酸钠处理，则电流效率达 57%。溶液在 70℃ 下用活性炭粉进行处理、过滤，随后加入冰醋酸（密度为 1.055g/cm³），继而在搅拌下用连二亚硫酸钠（每升彩色摄影液用 20g）将 Fe^{3+}-EDTA 配合物还原到亚铁状态（用测定 Fe^{3+}/Fe^{2+} 系的氧化还原电位的方法，控制连二亚硫酸盐的添加量），电解时间可缩短一半，电流效率提高到 60%。由于采用连二亚硫酸钠作为还原剂，并未引入杂质离子，却能使定影液的主要成分 $S_2O_3^{2-}$ 增多，因此既能保证回收银、提高电流效率，又能使废定影液得到再生。

文献［75］设计的电解银回收机，由电解槽、电机、阴极银回收筒、直流电控制系统组成，其结构如图 10-49 所示。

电解银回收机的阴极回收圆筒由电动机带动旋转，阴极圆筒面积选择为阳极面积的 2/5，两极间距 50～66mm。其主要技术指标为：主机长、宽、高为 300mm、300mm、750mm，重 25kg，额定处理容量 16.68L；阴极转速 800r/min，电机功率 60～80W；直流电压 1～10V，电流 1～15A；总耗电小于 1kW·h/h，提银速率 10～15g/h，银直收率 90%～95%，总回收率 96%。

C 循环电解液电解法

循环电解液电解法实质上与阴极旋转搅拌电解法十分类似，不同之处在于它是利用废定影液不断循环，在阴阳极之间高速流动，而起到搅拌作用，因而同样可以提高电流密度和生产效率，废定影液也可再生。

山田甲子男发明的一种小型电解装置如图 10-50 所示。它的阴极用不锈钢制成，呈钟罩状，能垂直振动。阴极高 220mm，外径 102mm，内径 97mm。阴极

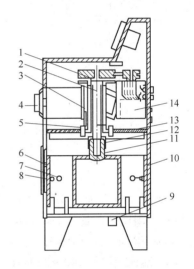

图 10-49　定影液白银回收装置
1—并紧螺母；2—主轴；3—轴承座；
4—调压器；5—调压器支架；6—窥视孔；
7—极板连接螺钉；8，13—连接螺栓；
9—排液管；10—阳极板；
11—阴极回收筒；12—并紧螺栓；
14—电动机

内外各有一个石墨阳极。外阳极高 200mm，内径 142mm；内阳极高 180mm，外径 60mm。在电解过程中，定影液从外阳极中心的孔道排出。电解槽容积为 1.3L。在室温、循环定影液量 6.2L/h、电流密度 2～8A/dm² 条件下电沉积，银的回收率达 98.5% 以上，每台设备的生产能力为 52～181g/L。

文献［76］设计了一种新型快速白银回收机。将现有设备的一个阳极改为两个阳极，阴极放在两个阳极之间；回收机的进水口、出水口安装成与桶壁成 23°角相切，使欲回收的废液从下部进水口进入后，沿切线螺旋流动上升，从上部出水口排出。此装置结构虽然

简单，但改进后使溶液不断流动，减少了银离子的浓差极化，从而可以保持较高的阴极电流密度，使银的提取速度加快。

如果处理定影液的数量大，可回收的银量多，则可采用可控硅或硅整流器供电的电解槽电解。我国长期使用图 10-51 所示的设备从定影液中提银。

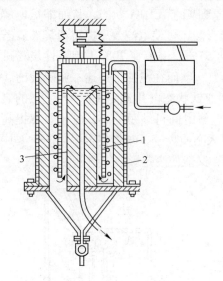

图 10-50　钟罩式电解槽
1—阴极；2—外阳极；3—内阳极

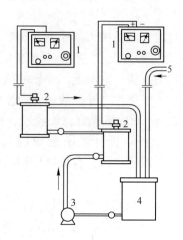

图 10-51　硅整流器供电的电解槽
1—硅整流器；2—提银机；3—塑料泵；
4—储液桶；5—电影洗片机溢流总管

试验用提银机为一圆形塑料槽，中心为石墨阳极，直径 750mm，高 500mm，面积 0.395m²。阳极外面是长 1000mm、宽 500mm 的不锈钢阴极。阴阳极面积比为 1.26：1，极间距 35 ~ 40mm。经 38 批工业生产试验，其结果如下[77]：试验用的电解液含银 2.5 ~ 9.3g/L，硫代硫酸钠 240 ~ 260g/L，亚硫酸钠 20g/L，冰醋酸 20mg/L。在槽电压 2 ~ 2.2V、电流密度 175 ~ 195A/m²、液温 20 ~ 25℃和电解液循环线速度 4.82m/s 的条件下，每批处理定影液 510L。经电沉积 3 ~ 4h（定影液含银 3 ~ 4g/L）或 5 ~ 6h（定影液含银 5 ~ 6g/L）后，溶液中银含量降至 0.5 ~ 0.7g/L，返回洗印车间使用。银回收率 95.76%，电解银纯度 90% ~ 93%，电流效率 72.15%，回收 1t 银耗电 4100 ~ 4700kW·h。

在上述试验条件下，开始通电的 2 ~ 4h 内，银在阴极析出的速度很快，随着溶液中银含量降低，析出速度不断下降。当溶液中银含量降至 0.5 ~ 0.8g/L 后，即可返回洗印车间使用。如果要求溶液含银量降至 0.5g/L 以下，则应在延长的电解时间内大大降低电流密度。因为在大的电流密度下会引起含硫离子的解离，使溶液浑浊，而不能返回使用。当定影液中存在较多明胶时，在电解过程中会干扰银的析出，可在电解前加入 0.02%甲醛和萘磺酸的缩合物，使明胶生成沉淀[54]。

文献[78]设计了一种由上下塑料箱体，交、直流电源，定时计数器，储液室，循环室，泵，提银装置等组成的白银回收药液再生机。其特征是：喷液泵定向高速喷液，使废液在循环室内高速循环，阴离子不断沉积在不锈钢（阴极）桶上。提银后将废液排出。此技术可提高银的回收率和纯度。

D　混合结构的电解提银机

文献［79］设计的废定影液白银回收装置，实际上是将旋转阴极和电解液循环电沉积银的两种装置结合为一体。此装置除具有壳体、控制部分、电解槽及其中的阳极外，还同时安装了可旋转阴极和涡流电解必需的循环泵，并在电解槽上设有与循环泵相通的按一定切角安装的入水孔和溢流孔，结构如图 10-52 所示。

工作时，废定影液由循环泵打入，沿切线方向由入水孔进入电解槽内，在阴、阳极之间螺旋式上升，然后从槽上方的溢出孔流回储液槽。此装置将旋转阴极电解，涡流（即电解液流动）电解与普通电解综合于一体，可根据不同情况及需要进行选择，且可调节旋转转速和定影液的循环速度（用恒功率调速器系统控制，循环速度为 $0 \sim 23 L/min$），而较好地解决了电解过程中由于阴极表面附近银离子贫化而引起的阴极极化现象，提高了电流密度，使电解效率和银回收率都相应提高。样机实测：电解过程中无硫化银沉淀产生，提银速度可达 $100 g/h$，银回收率 $99.9\% \sim 100\%$，电流效率大于 $40 g/(A \cdot h)$，电解银纯度大于 99.9%。

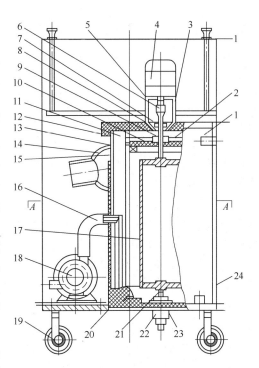

图 10-52　混合结构的废定影液白银回收装置

1—电解槽（内径 $300 mm \times 500 mm$）；2—不锈钢导电盘；
3—盖；4—电动机；5—支架；6—联轴器；
7—滑动轴承；8—密封圈；9—上接轴；10—活盖；
11—阳极（炭管 $25 mm \times 400 mm$）；12—导电套；
13—上套；14—溢流盒；15—溢流孔；16—进液管；
17—旋转阴极（直径 $100 mm \times 300 mm$）；18—循环泵
（钛质不锈钢离心泵）；19—轮子；20—底套；
21—下接轴；22—水银接点；23—螺帽；24—外壳

10.6.4.4　其他方法

A　离子交换法

从废定影液中回收银，可用的离子交换树脂有[66]：强碱性阴离子交换树脂和弱碱性阴离子交换树脂。研究使用较多的是弱碱性阴离子交换树脂，一般认为对处理含 Ag 少于 $0.5 g/L$ 的废液，有很好的效果。若 Ag 多于 $0.5 g/L$ 时则应优先考虑电解法。用阴离子交换树脂回收银的反应是：

$$3RX + [Ag(S_2O_3)_2]^{3-} \longrightarrow R_3[Ag(S_2O_3)_2] + 3X^-$$

用国产 701、702、703、704、710、717、763 及 290、370、390 等 10 种树脂对含银 $10 \sim 25 mg/L$ 的定影洗水进行交换试验，交换后流出液含银可降到 $0.1 \sim 0.5 mg/L$ 以下。在交换柱直径 15mm、树脂用量 40mL、流速 $20 m^3/(m^2 \cdot h)$、原液含银 $11.00 mg/L$、流出液含银 $0.05 mg/L$ 的条件下，测得各种树脂的工作吸附容量（mg/mL）为：

树脂型号	370	390	701	702	703	710
工作吸附容量	22.0	6.1	1.6	1.6	11.6	11.6

试验结果表明，370 型树脂吸附容量较高。

据报道[58]，AM-2B 树脂的吸附能力为每克树脂 68.9mg Ag，可用 20% 的 NH_4Cl 溶液洗提，洗提银液中应含有 5% $Na_2S_2O_3$ 以阻止 AgCl 生成。提取银后，水中含 $Na_2S_2O_3$ 6g/L，可在胶片生产中反复使用。

另有报道，用强碱性阴离子交换树脂从洗相水中回收银[66]，吸附银后，用 25% 的 NaCl 水溶液洗脱树脂上的银，脱洗液通过装有铁绵的容器，银在铁绵上析出，而得以回收；交换树脂用 30% 的 HCl 溶液恢复其吸附能力，银残留量不大于 1mg/L，洗提过程中可加入 5% $Na_2S_2O_3$ 以阻止 AgCl 生成。也有报道称[78]，可从定影液中回收 91.77% 的银。弱碱性阴离子交换树脂和阳离子交换树脂（银收率可达 99.8%）也可用于从照相废水中回收银。此外，还有用大网状型离子交换树脂的报道。

柯达公司的研究表明，强碱性离子交换剂 IRA-400 和弱碱性离子交换剂 IRA-68 都可满意地从定影液中回收银。前者有较大的交换容量，而后者则显示出高的再生效率。用硫代硫酸铵溶液从交换床中淋洗银，流出液含银 12～15g/L，可用于电解回收银。

由于离子交换法回收率高，处理装置简单，可连续处理，树脂易再生，而广泛应用于从含银较低的废液中回收银。

B　吸附法

用生产化学纤维中间产品的粘胶废料——纤维黄原酸钠的碱性溶液，从废定影液中吸附回收银。当溶液含银 2.84g/L、pH＝7 时，粘胶：定影液 ＝ 1：10，室温下静态吸附 24h，银回收率可达 100%[80]。试验表明：纤维素黄原酸钠的酯化度对吸附无影响，但定影液的酸碱度对银的吸附率影响很大。例如，当 pH 值为 6 时，吸附率下降至 82%；pH 值为 9 时，则生成难过滤的胶状沉淀。

使用含硫化纤维素的纤维，可从碱性定影液中回收 93%～99% 的银。而在中性和酸性条件下，银的吸附回收率分别为 25% 和 88%[81]。于 300～500℃ 下焚烧吸附了银的纤维，可获得含 Ag 21% 的灰分。

采用含微粒硫化锌（或硫化铜等水不溶物）纤维素纤维，可从不同化学组分的溶液中选择性地回收银。即使溶液中含银很贫，也能获得很高的回收率。当用于从定影液中回收银时，其费用仅为回收银价值的 10%～12%[82]。

C　用还原糖溶液从废定影液中回收银

有人研究出一种用有机物还原液回收白银的新方法，它是先用酒石酸（批量大时可用价格较低的草酸）和蔗糖作用制得还原糖溶液，然后用此还原糖溶液使废定影液中的银还原出来。该法的主要优点是不会使碳、硅、铁、铝、铜、铅、锑等混入银粉中，使回收得到的银纯度较高（＞99%），银的回收率可达 95% 以上，且操作及后处理均简便易行。

a　还原糖溶液的制备

配方：酒石酸（工业品）10g，蔗糖 50g，乙醇（工业品，含量大于 95%）100mL，蒸馏水 1000mL。

操作：蔗糖溶于蒸馏水中，加热并煮沸 2min，分 3 次加入酒石酸，再继续搅拌煮沸 10min，冷却至室温后加入乙醇，搅匀后备用。

b　回收白银操作

以 10L 废定影液为例，主要操作过程如下：

（1）还原。取废定影液 10L，边搅拌边加入浓度为 20% 的氢氧化钠溶液 200mL，再加入还原糖溶液 500mL，加热至 50~100℃，使银还原后析出，静置。

（2）分离。将上层清液倒出（弃去），然后用布氏漏斗过滤沉淀。

（3）洗涤。用蒸馏水洗涤沉淀数次，直到水洗液呈中性为止。

（4）干燥。将沉淀烘干，即得粗银粉。

（5）将粗银粉置于坩埚中放入高温炉，加热至 800~1050℃ 熔化，分多次加入少量硝酸钠，以使粗银中的杂质铁、锌、铜、铝等氧化造渣后分离，直至熔化的银液澄清为止。银液澄清后，即可出炉铸锭。

10.6.5　含少量金、银的固液废料回收金、银

10.6.5.1　金、银镀层剥离料[35]

回收金、银镀层主要介绍以下几种方法。

A　乙二胺四醋酸钠及过氧化氢剥离液退镀银

乙二胺四醋酸钠及过氧化氢剥离液无毒，稳定性好，基体不受侵蚀，因过氧化氢的自然分解少，可长期使用。它可用于大批量处理镀银的废件。用含 H_2O_2 10%，EDTA·2Na 10g/L 的剥离液，处理磷青铜或铜基体上的镀银层时，仅需 3min 即可完全剥离[83]。

此外，以此为基础还可配制多种剥离液，如：

（1）10% H_2O_2（试剂含量 35%）+20g/L EDTA·2Na +10g/L NaOH；

（2）10% H_2O_2（试剂含量 35%）+50g/L EDTA·2Na +10g/L NaOH。

B　退镀液退金

从印刷电路等镀件中回收金可采用退镀液，曾选用多种退镀银液对含有金、钯、锡镀层的废料进行试验[84]，结果见表 10-37。

表 10-37　退金试验结果

编　号	退镀液成分	退镀效果	现　象
1	25% 硝酸	金留在镀件上	钯镀层溶解，冒出大量 NO 气
2	NaCl 50g/L，NaNO₂ 20g/L，HCl 20mg/L	镀层可以退净	基体腐蚀严重，冒出 NO 气
3	浓 H_2SO_4 + 浓 HCl	无效果	不溶
4	王水	金层退净率 99%	基体腐蚀严重
5	0.5% NaCN + 双氧水	金层退净率 99%	基体保留
6	0.5% NaCl + 0.5% 双氧水	金层退净率 99%	退镀液可反复使用，加入新镀件，溶液不稳定，时而冒气泡，时而变黄色或紫色
7	NaCl 0.5%，CaO 0.1%，醋酸铅 0.03%，配合剂 0.5%	金层退净	可以反复使用，操作方便且溶液稳定

表 10-37 的结果说明用 7 号退金液能在常温下彻底将金镀层退净。镀层中的 Pd 和 Sn 可分别用退钯液（浓硫酸加入适量硝酸）、退锡液（盐酸）退除，而铜基体基本保留，其工艺流程如图 10-53 所示。

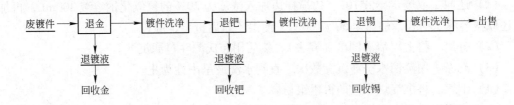

图 10-53　废镀件退镀回收 Au、Pd、Sn 原则流程

用 6 号退镀液对两种物料退金、钯的效果为：

项　目	金退镀率/%	钯退镀率/%
试料 1（Au 343.75g/t，Pd 56.25g/t，Sn 16g/t）	99.09 ~ 99.38	91.07 ~ 96.44
试料 1（Au 240g/t，Pd 182g/t，Sn 16.5g/t）	99.16 ~ 99.17	97.25 ~ 97.52

退镀液中的 Au、Pd 含量不高，用 Zn 粉置换（退镀液含 Au 250mg/L，置换率 100%，含 Pd 250mg/L，置换率 99.88%）；或用硫化钠沉 Pd（沉淀率 92.8%）后，分别用常规方法制取。

文献［85］对底层为塑料板、玻璃纤维板或纸板的镀金电路板边料和废料直接用 35% ~ 55% HNO₃ 或 40% ~ 50% FeCl₃ 作退金液，这种退金液能渗入金层，溶解基体金属，在不加热的条件下使金镀层脱落下来，然后用 15% ~ 30% 的 HCl 与 30% ~ 50% H₂O₂，按（1 ~ 2）:1 的比例配合液溶解脱落下来的金，再用 FeSO₄ 还原，得到金。

文献［86］用间硝磺酸钠、氰化物、柠檬酸盐配成退金液从废旧镀金件中回收提取金。退金液配制为：每升水中加入间硝基本磺酸钠 10 ~ 20g（实例为 20g，以下同）、氰化钾或氰化钠 10 ~ 50g（50g）、柠檬酸钾或柠檬酸钠 10 ~ 50g（50g）配成退金液，再加水稀释 3 ~ 10 倍（3 倍）置于容器中；用塑料筐盛镀金废件放入沸腾的退金液中，经 3 ~ 5s 退净后，取出塑料筐及废件用清水冲洗干净。将含金退金液稀释，放入玻璃或塑料电解槽中，用不锈钢板作阴极，石墨作阳极，电解沉积金（条件为：直流电压 6V，阴极电流密度 0.3 ~ 0.5A/dm²，电解槽在 40 ~ 60℃恒温 4 ~ 8h），可回收 90% 以上的纯度约 99% 的金。再继续通电 20h 可沉出其余的大部分金（阴极产物含 Au 约 50%）。金总收率占废管壳含金量的 99.5% 以上。

C　硝酸、硫酸混酸选择性溶解银

文献［87］报道了用 1 体积硝酸、19 体积硫酸的混酸溶解镀银铜废件上的银镀层，但处理银-铜复合材料时，速度慢，铜溶解较多。文献［88］针对复合材料的特点研究了另一种比例的硝酸、硫酸混酸溶液，可有效地溶解复合材料中的银而铜基本不溶。北京有色金属研究总院也报道了类似结果[89]。

纯铜、黄铜和铍青铜上镀银的电子和电器废料，一般含银约 1%，可用浓硫酸和硝酸混合液选择性溶解银镀层。О. Г. Громо 等人[90]认为，硝酸、硫酸混酸选择性溶解银在浓 H₂SO₄ 中，HNO₃ 含量较少时，反应为：

$$HNO_3 + 2H_2SO_4 \Longrightarrow NO_2^+ + H_3O^+ + 2HSO_4^- \tag{10-4}$$

$$Ag + NO_2^+ \Longrightarrow Ag^+ + NO_2 \uparrow \tag{10-5}$$

$AgHSO_4$ 属于高溶解产物（即 $Ag^+ + HSO_4^- \Longrightarrow AgHSO_4$）。

按式（10-5）形成的 NO_2 与水反应：

$$2NO_2 + H_2O \Longrightarrow HNO_3 + HNO_2 \tag{10-6}$$

$$HNO_2 + H_2SO_4 \Longrightarrow NO^+ + HSO_4^- + H_2O \tag{10-7}$$

$$Ag + NO^+ \longrightarrow Ag^+ + NO\uparrow \tag{10-8}$$

反应式（10-4）~式（10-8）的总和，即为银与浓硫酸和浓硝酸作用的反应综合式：

$$HNO_3 + 5H_2SO_4 + 3Ag \Longrightarrow 3Ag^+ + 2H_3O^+ + 5HSO_4^- + NO\uparrow \tag{10-9}$$

反应式（10-9）具有的条件是原始酸的混合物中不含水。计算表明在 65% 的硝酸中，1mol 的硝酸就带有 1.9mol 的水；而在 95% 的硫酸中，1mol 的硫酸产生 0.28mol 的水，因此反应式（10-9）变换为：

$$HNO_3 + 1.9H_2O + 9.6H_2SO_4 + 2.7H_2O + 3Ag \Longrightarrow 3Ag^+ + 6.6H_3O^+ + 9.6HSO_4^- + NO\uparrow \tag{10-10}$$

由反应式（10-10）可知，浓硝酸在混合物中的极限含量是 11.5%（总量），在反应溶液中，超过此量，即出现游离硝酸，导致铜溶解生成硫酸铜，反应为：

$$3Cu + 8HNO_3 \Longrightarrow 3Cu(NO_3)_2 + 2NO\uparrow + 4H_2O \tag{10-11}$$

$$3Cu(NO_3)_2 + 3H_3O^+ + 3HSO_4^- \Longrightarrow 3CuSO_4 + 6HNO_3 + 3H_2O \tag{10-12}$$

由式（10-11）和式（10-12）合并得铜溶解反应为：

$$3Cu + 2HNO_3 + 3H_3O^+ + 3HSO_4^- \Longrightarrow 3CuSO_4 + 7H_2O + 2NO\uparrow \tag{10-13}$$

由于在 42%~52% 的硫酸中，25℃ 时 Ag_2SO_4 实际上不溶解，因此将反应溶液稀释 2.2~3 倍，并冷却到室温，则反应式（10-10）得到的硫酸银可完全沉出，母液（45%~50% 的硫酸溶液）蒸发至密度 1.83g/cm³，校正硝酸含量后又可用于脱银。

从含 Ag 0.5%~5.5%（总量）的铜、青铜、黄铜等制件上选择性或完全溶解银覆盖层的条件是：制件用浓硫酸加 5%~10%（总量）浓硝酸，温度 40~50℃，时间 10~15min，用机械或压缩空气搅拌。处理后反应液无色（表明铜未溶解）；而且制件表面上，不存在银覆盖或锈蚀的痕迹。

D　碘法溶蚀金

1939 年就有以每升含碘 20g、碘化钾 40g 的水溶液浸金，然后以汞齐形式从溶液中分离金的报道。1976 年，用碘-碘化钾-双丙酮醇体系从含金物料中回收金的工艺获得专利，但因排放碘代酮毒气，应用受限。文献［91］改用碘-碘酸钠-碘化钠-水体系，即将过量碘溶于 NaOH 中制得（反应为 $3I_2 + 6NaOH \Longrightarrow NaIO_3 + 5NaI + 3H_2O$），过量碘与碘离子生成稳定的多碘离子，如：$I_3^- \cdot H_2O$、$I_7^- \cdot H_2O$ 等，与金作用，形成 Au^+、Au^{3+} 的配盐，其反应为：

$$I_2 + I^- + H_2O \Longrightarrow I_3^- \cdot H_2O \qquad 2Au + I_3^- + I^- \Longrightarrow 2[AuI_2]^-$$

$$3I_2 + I^- + H_2O \Longrightarrow I_7^- \cdot H_2O \qquad 2Au + I_7^- + I^- \Longrightarrow 2[AuI_4]^-$$

由于体系中有过量的 I^- 存在，反应生成的 Au（Ⅲ）配盐稳定度下降，迅速发生歧化反应，生成碘化金，进而又溶在过量的碘化物中：

$$2[AuI_4]^- - 2e \longrightarrow 2AuI + 3I_2$$

$$AuI + I^- \Longrightarrow [AuI_2]^-$$

因此体系中的碘酸盐在金的溶蚀过程中起辅助氧化作用。溶于该体系中的金，可用活性炭吸附、有机溶剂萃取、金属置换、还原剂还原、离子交换树脂富集等方法提取。从简便和经济考虑，使用 Zn、Fe 粉或饱和亚硫酸还原，都能得到高的回收率，反应式如下：

$$2[AuI_2]^- + Zn \Longrightarrow 2Au\downarrow + [ZnI_3]^- + I^-$$

$$3[AuI_2]^- + Fe \Longrightarrow 3Au\downarrow + [FeI_4]^- + 2I^-$$

$$2[AuI_2]^- + SO_3^{2-} + H_2O \Longrightarrow 2Au\downarrow + SO_4^{2-} + 4I^- + 2H^+$$

考虑碘的回收再利用（回收 1kg 金碘耗为 26kg），减少回收碘中金属杂质，以使用亚硫酸钠还原为宜。回收金以后，体系中的碘可加氯酸钾氧化再生（溶蚀金效果和新购相同）：

$$6I^- + ClO_3^- + 6H^+ \Longrightarrow 3I_2 + Cl^- + 3H_2O$$

回收流程如图 10-54 所示。

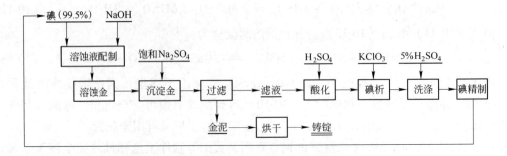

图 10-54　碘法回收金工艺流程

试验确定的工艺条件为：

（1）游离碘量。81.5 ~ 101g/L 的碘，溶蚀 4 次可退净，平均溶蚀速度为 0.62 ~ 0.64g/(L·min)。游离碘量低于 62 ~ 41g/L 或高于 121 ~ 140g/L 都未退净。

（2）NaOH 用量。在游离碘约 80g/L（78.8 ~ 81.4g/L）时，溶蚀金量随 NaOH 增加（30 ~ 50g/L）而增大（6.22g/L 增至 12.01g/L），在 50 ~ 80g/L 范围内增加缓慢，为 12.01 ~ 12.68g/L。

（3）浸蚀时间。3 ~ 7min 可退净，且保持可伐合金基体表面光亮；延长时间（9 ~ 15min）则可伐合金基体受腐蚀，表面发暗、变粗糙，影响返回镀金效果，故应以恰好退净镀层为宜。

此法可应用于从可伐合金基、镍基或镀镍底层上及各种镀金废元器件上回收金，或上述不合格镀层的退镀。

从溶蚀体系中回收金，多数方法都能达到高回收率，结果见表 10-38。

表 10-38 从碘溶蚀液中回收金

编 号	方 法	含金量/$g \cdot L^{-1}$		回收率/%	备 注
		贵 液	尾 液		
1	活性炭吸附（动态）	9.07	0.11	98.79	
2	活性炭吸附（静态）	9.07	0.09	99.01	
3	氨水沉淀	9.07	2.61	71.22	
4	水合肼还原	9.07	9.09	—	水合肼已存放 26 个月
5	铁粉置换	10.36	0.25	97.59	
6	阴离子交换树脂	10.36	0.12	98.84	强碱性 717 树脂
7	TOA-煤油萃取	10.36	1.22	88.22	TOA 为三正辛胺
8	亚硫酸钠还原	10.36	0.19	98.17	

E 镀层高温剥离

将镀金件浸渍在高于金熔点的液态铅中，镀层熔化进入铅相与基体分离。搅拌下在贵金属-铅合金熔体中加入锌，贵金属从铅相转至锌相。澄清分离后，锌相经蒸馏除锌，并回收贵金属，铅返回至锌相。澄清分离后，锌相经蒸馏除锌，并回收贵金属，铅返回再用[83]。文献［92］申请的真空蒸馏（800～1000℃，真空度 100～2000Pa，蒸馏 10～15h）提锌和富集稀贵金属的专利，可在达一定规模时考虑应用。

F 细菌退镀金

用细菌浸出废料中的贵金属，从 20 世纪 80 年代开始研究，目前还未应用到实际生产中。其基本原理是利用三价铁离子的氧化性，将贵金属合金中的其他金属氧化溶解，把贵金属裸露出来便于回收，还原的 Fe^{2+} 被细菌氧化为 Fe^{3+} 后，返回再用于浸取。

例如：电子废料用含 Fe^{3+} 大于 10g/L 的退镀液处理，其中还含微量 NH_4^+、K^+、PO_4^{3-}，退镀液中的 YTL-2 号细菌，在生物膜培菌装置中循环培育，经多次移植、传代和驯化，它对铜、镍、钴及铁等金属有一定的腐蚀作用。退镀液的 pH 值应控制在小于 2.5，操作在 20～35℃下进行。用此法处理镀金废电子元件，49h 的退金率可达到 97% 以上[93]，含细菌的退镀液可再生重复使用[83,94]。此工艺简单，无需昂贵的试剂和复杂的设备，操作条件好；虽浸取时间长，但它无污染、低能耗，有较好的发展前景。

G 银镜、瓶胆含银镀层中回收银

高反射率的玻璃镜和热水瓶胆生产至今仍使用硝酸银，约 40% 在生产过程中进入废料，需加以回收，其含银固体废料主要是：

（1）旧镜和返工次品镜中的废银皮。对于未上漆的返工银镜和镜片边角料，可用稀硝酸涂于上面，使之生成硝酸银稀溶液。对于准备返工的或已上漆的次品镜，先用 20% ～25% 的 NaOH（或浓硫酸）涂于表面，使漆和部分银皮剥落，收集剥离的银皮，用水洗去酸碱，再用 20% 硝酸溶解。

（2）镀银用具。浇镀用的茶壶内积累的银较多，主要附着在壶的内壁，可直接用硝酸溶解。喷镀设备的支架、玻璃护罩、水池壁上附着的银层结构疏松，可用刀子铲下后直接生产硝酸银或熔成粗银块。

（3）玻璃瓶胆中的银。每只瓶胆上的银镜一般含银约 0.2g，回收时将废瓶胆及其碎片用水洗净后浸入稀硝酸溶液；因镀层不佳需返工的瓶胆，则可灌入稀硝酸溶解洗净后重镀。

回收所得的硝酸银溶液，可用铁片置换得银粉；或加 HCl 生成 AgCl，洗涤、过滤；或沉淀为硫化银，此类物料可经熔炼、还原得粗银。粗银粉可制成硝酸银或金属银。

10.6.5.2 贴金废件

根据废贴金件的形状、大小及基底物料的不同，可采用多种方法回收金[95]。

A 热膨胀法

热膨胀法是通过加热，利用贵金属与基体材料的线膨胀系数不同，使贵金属表面层破裂及基体材料表层氧化，而使贴金层易于剥落。图 10-55 是文献［96］采用热膨胀法从小件贴金废品上回收金的工艺流程图。将贴金废品在 800℃下氧化煅烧 30min，然后放入水中急冷，贴金层即刻从铜基体上脱落。脱落的金层用稀硫酸处理，除去附着的氧化铜，按料（脱落的贴金鳞片）：酸 = 1：3，加硫酸（配成硫酸：水 = 1：2 的稀酸）煮沸 2h，冷却过滤，滤渣再用稀硫酸煮一次，二次酸煮渣含金大于 90%；再用王水溶解、赶硝后配成含 Au 约 50g/L 的溶液，用 $FeSO_4$ 还原得纯度大于 99.9% 的纯金粉。金的回收率大于 98%，副产品硫酸铜可作杀虫剂。这种方法所用设备简单，试剂用量少，无环境污染，所得金纯度高。

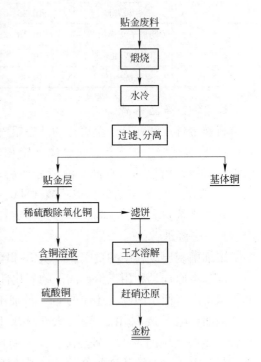

图 10-55 热膨胀法从贴金废件上回收金的工艺流程

B 煅烧法

以铜及黄铜为基体的贴金废件，如铜佛、神盒、贴金器皿等，可用煅烧法处理。

将贴金的废件用硫黄组成并以浓盐酸（或硫酸）调成的浆状物涂抹，涂好的废件放入木盆，将木盆放入通风橱内，放置 30min，然后放入马弗炉内，在 700~800℃煅烧 30min，由于加热和涂料的双重作用，贴金与基体金属之间形成一层硫化铜及铜的鳞状物，将此炽热废件从马弗炉中取出，放进装水的桶内，使贴金层与鳞状物一起从铜及黄铜基体上脱落下来。

金未完全脱落的地方，可用钢丝刷刷下来，沉淀物收集起来，烘干、熔炼、铸锭，即得金锭。此法将产生大量 SO_2，操作环境恶劣，且基体腐蚀严重。

C 电解法

铜基废贴金件可用电解法回收，大块贴金废件可挂在钩上，细小的废件可放入特制的筐中，作为阳极，放入用浓硫酸配制的电解液中；用铅板作阴极，控制电流密度在 120~180A/m^2 之间。由于沉积在废件表面上的碱或盐导电性不良，槽内电阻迅速增加，为了维持恒定的电流密度，槽电压逐渐从 5V 提高到 25V，甚至到 50V。电解使金呈黑泥状沉淀于槽底，部分铜泥附着在金属表面上，很容易被洗掉。电解一段时间后，用水稀释电解液，加热煮沸 24h，过滤、水洗，将获得的沉淀物烘干、熔炼为粗金。此法生产周期长，仅适用于大批量长期生产。

D　浸蚀法

对于金匾、金字、招牌等废件，可以利用油脂与苛性碱（工业用氢氧化钠）作用生成肥皂的性质，使贴金脱落。即将贴金物件，每隔 10~15min 按顺序用热、浓苛性碱溶液浸洗润湿，当油腻子开始发生成皂作用时，以海绵或刷子洗下贴金。洗下的贴金收集于桶内并沉于桶底，小心过滤、烘干、熔炼，即得粗金。

10.6.5.3　电子电器废料

由于贵金属 Au、Ag、Pt、Pd 和 Ru 的特殊物理化学性能，使之成为多种电子元件的必要组成部分。随着电子工业的迅速发展，特别是厚膜涂层工艺广泛应用以来，厚膜涂层工艺废品已日益成为贵金属再生回收的一种迅速增长的二次资源。

电子废料成分比较复杂，贵金属含量不高，一般约 1% 或以下，且不同废料所含贵金属的种类和品位也不相同。如有一类电子废料由金属（约占 40%）、塑料（约占 30%）和难熔氧化物（约占 30%）组成。其中金属又分为基本金属和贵金属两大类。前者约占废料总量的 39%，包括铜（约 20%）、铁（约 8%）、锡（约 4%）、镍（约 2%）、铅（约 2%）、铝（约 2%）和锌（约 1%）等；后者包括金（0.1%）、银（0.2%）和钯（0.005%）。对这种废料回收 Au、Ag 等稀贵金属的方法简述如下。

A　预处理

最普通的预处理方法是机械处理：减小粒度和按照成分分开。设备有锤式破碎机、空气分选机、集尘机、磁选机、振动筛、滚筒式破碎机、金属丝分离筛、磁粗选机、涡流分选机、高压分选机等。在机械处理之前，必须手工拆卸和分选废料。但主要用于矿石破碎的设备对非金属成分（如塑料）往往无能为力，破碎效果不好。

废旧电路板专用破碎设备是将现有矿山破碎机中固定安装的锤子改装为活动刀片（见图 10-56），使它能够在甩动状态下敲打和撕裂废旧电路板，以提高破碎度，所得的已破碎物料再用与之匹配的摇床分选，使金属材料得以回收，线路板的板材也可再次压制成材。

曾采用 SWP500 型塑料破碎机将电子废料破碎成 10mm×10mm 以下的小块，再用 SMP-400 型磨粉机磨成粉末，在破碎和磨粉过程中均淋水或喷雾以减少废气中的粉尘排放；利用 YT-T-2L 摇床实现金属粉末与非金属粉末的分离。分选出的金属粉末用转炉熔炼、铸成阳极，电解法提纯铜；再用湿法冶金技术从副产的阳极泥中回收贵金属。此工艺可有效回收电子废料中 95% 的金属及全部非金属，且因对环境污染少、无需尾气和烟尘处理设备及费用，回收成本较低。

多种成分的电子废料分拣出来后，将其压碎，用气流分级机、磁场分选机和磁

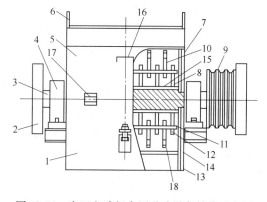

图 10-56　废旧电路板专用破碎设备结构示意图
1—底座；2—平衡盘；3—主轴；4—轴承座；5—顶盖；
6—进料漏斗；7—顶盖附板；8—紧固螺母；9—皮带轮；
10—刀片；11—刀片轴；12—圆盘；13—筛板支撑架；
14—筛板压板；15—定位套；16—拉手；17—铰链；18—刀片孔

流体静力分选机（在密度为 $2g/cm^3$ 的石油基体铁磁性液体中分离非金属组分和在密度为 $3g/cm^3$ 的铁磁性液体中分离金属组分，分离的产品可用于制造锡青铜）分离[96]。

文献 [97] 提出，在液氮中冷却电缆和电子管废料，然后再进行破碎、水力分级和磁选分离。

废旧印刷电路板，应先将金属接头除去；为使浸出溶液能够接触金属，需将封壳破开（图 10-56 所示废旧电路板专用破碎设备可能是一个途径）。为了除去废浆料中所含 10% ~ 20%（质量分数）的黏结剂，可在通入空气下小于 400℃ 时进行预处理[98]。

电子集成电路片上的贵金属可在铜精炼炉中熔化。电缆和有色金属废料剪切成小于 40mm 的小段，在电动筛中分离，铝和铜的回收率分别为 99.0% ~ 99.2% 和 82.0% ~ 87.0%[97]。

机械加工处理的材料组分已经富集成几种金属，可利用火法冶金、湿法冶金工艺对其进一步分离和富集。

B　火法工艺

火法冶金从电子废物中提取贵金属，一直是一种重要的回收技术，其基本原理是利用冶金炉高温加热，剥离非金属物质使之挥发、造渣；同时将贵金属熔融于其他金属熔体或熔盐之中，使其与非金属组分分离后，再进一步提取贵金属。此工艺具有方法简单、方便、适应面广和回收率高（可达 90% 以上）等特点，20 世纪 80 年代应用较为普遍。主要有焚烧—熔出工艺、高温氧化—熔炼工艺、浮渣技术和电弧炉烧结工艺等[99]。以后还发展了等离子电弧炉熔炼等新工艺。

火法冶炼回收工艺的主要不足是：（1）焚烧印刷电路板上的黏结剂和其他有机物、塑料等，会产生大量有害气体，形成二次污染；（2）大量浮渣的排放又增加了二次固体废弃物，同时浮渣中残存的一些有用金属也将被弃去；（3）其他有色金属回收率不高；（4）能耗大，处理设备昂贵，且往往利用率低，经济效益有时不好。

虽然近年来湿法冶金有很大发展，特别是经常被中、小型和零星回收业采用，但火法冶炼仍有其适用场所。如在 500℃ 氯气中加热，以 $AuCl_3$ 形式从破碎的镀金电子集成电路片回收金；用电弧熔炼法从电子废料中高效回收贵金属，回收率（%）达：Au 99.98、Ag 99.98、Pd 100[97]。

文献 [99, 100] 提出，将电子废料经预处理除去硅片、极管、电阻等元器件，破碎，放入焚烧炉，通入空气或氧气焚烧，以除去有机物。然后转到铜熔炼炉中与粗铜物料一起熔融，使贵金属及其他有色金属绝大部分与铜形成合金；作为电子废料中的陶瓷材料或玻璃纤维等则呈熔融浮渣排出。富集了金、银的铜熔体铸成阳极，电解，最后由阳极泥中回收金、银、钯，回收率都在 90% 以上，其工艺流程如图 10-57 所示，此工艺也可用于处理废电脑板卡[101]。

文献 [102] 用氢还原法处理银-氧化镉（Ag 85% ~ 90%，Cd 10% ~ 15%）提取银-镉合金。实例为：取 5 ~ 14kg 银-氧化镉废料，装入氢还原炉，加热到 580 ~ 640℃，20 ~ 36h，氢气压力 0.5 ~ 2.0kg/cm²（数量大时用较高的温度、时间及氢压），得到银-镉合金。

文献 [103] 将废弃的印刷电路板投入熔融态的锡中，通过炉内的燃烧机、多组破碎搅拌装置、浮渣刮除装置和铜箔分离装置，将其进行炭化和破碎搅拌分离，通过印刷电路板中的铜箔、热固性塑料和玻璃纤维的密度不同，分别进行分离和收集，达到回收的

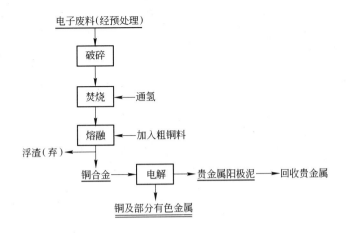

图 10-57 火法回收电子废料中贵金属的原则流程

目的。

C 湿法工艺

湿法冶金提取贵金属的基本原理是利用贵金属能溶解在某些溶剂中的特性,将其从电子废料中回收。由于此工艺废气排放少,提取贵金属后的残留物较易处理,经济效益显著,而日益得到广泛应用。在实际应用中,也发现了湿法冶金工艺的一些缺点,有待进一步改进。

a 硝酸溶解法从废印刷电路板、浆料中回收金、钯

印刷电路板上的电路由厚膜工艺制作,厚膜金基浆料中的 Au、Ag、Pt、Pd 等是以微粒的形式悬浮于有机载体中。浆料中还含有无机黏结剂,通常是硼硅酸盐玻璃及 Al_2O_3、CuO、CdO、ZnO、TiO、NiO 等氧化物。气敏元件管体上除了烧结有金电极和铂引线(或 Au、Pd、Pt 合金)外,还涂有 SnO_2 等气敏材料,其中含有少量 Pt、Pd 作催化剂。

电子工业的厚膜技术所产生的废料,主要是废浆料和涂有浆料的陶瓷基片,后者明显不适合火法处理。

一种应用较广的工艺(见图 10-58),是将电子废料在 400℃ 加热除去有机物,以 9mol/L HNO_3 溶解 Ag、Al_2O_3、CuO、CdO、ZnO、TiO、NiO 等氧化物,过滤可得含银及有色金属的硝酸盐溶液,电解回收银。Au、Pd、Pt 仍留在电路板上,用王水溶解、过滤,然后用亚硫酸钠还原沉淀金,溶液中的 Pt、Pd 用萃取剂萃取回收[94,101]。主要化学反应式如下:

$$Ag + 2HNO_3 == AgNO_3 + NO_2 \uparrow + H_2O$$

$$Au + 4HCl + HNO_3 == HAuCl_4 + 2H_2O + NO \uparrow$$

$$3Pt + 18HCl + 4HNO_3 == 3H_2PtCl_6 + 8H_2O + 4NO \uparrow$$

$$3Pd + 18HCl + 4HNO_3 == 3H_2PdCl_6 + 8H_2O + 4NO \uparrow$$

$$2HAuCl_4 + 3Na_2SO_3 + 3H_2O == 2Au \downarrow + 3Na_2SO_4 + 8HCl$$

$$H_2PtCl_6 + Na_2SO_3 + H_2O == H_2PtCl_4 + Na_2SO_4 + 2HCl$$

$$H_2PdCl_6 + Na_2SO_3 + H_2O = H_2PdCl_4 + Na_2SO_4 + 2HCl$$

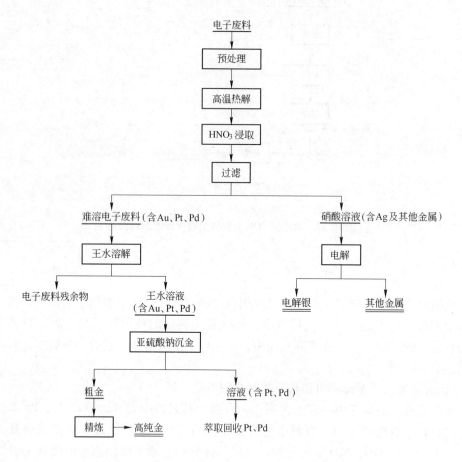

图 10-58　从电子废料中回收贵金属的分步溶解工艺流程

将废料溶于浓 HNO_3 以便把基体金属分离到溶液中，形成金的悬浮物和不溶解的 SnO_2、$PbCl_2$ 等盐类[97]。过滤后将滤渣溶于王水，稀释和过滤。用二丁基卡必醇稀释后的王水溶液萃取金，用 1mol/L HCl 洗涤负载有机相，使负载有机相和草酸钾水溶液一起搅拌产生金粉末，金粉末用丙酮洗涤、烘干，借助煤气/氧喷枪用 K_2CO_3 熔化而成为焊剂。

在 35℃ 下用 35%～50% 硝酸浸废液，以便取得硝酸盐溶液和固态的金和 SnO_2，在去除不溶的塑料之后，用浓 H_2SO_4 处理悬浮液，取得含有金和 SnO_2 的硫酸盐沉积物，然后冷却。放入水中，形成含有 Cu、Pd 和 Ag 的溶液，过滤分离不溶物（Au、SnO_2 和 $PbSO_4$）。用 Na_2CO_3 熔化滤渣，获得金；同时滤液在 40～50℃ 用铜置换得含 Pd 34% 的 Ag 合金。在电流密度 80～120A/cm² 的条件下，从溶液中电解沉积出金属铜。电解提纯 Ag-Pd 合金，分别获得银和钯。据称，Ag、Pd、Au 和 Cu 的回收率都超过 97%。

另一工艺[91]用过量的 65% HNO_3 在沸腾状态下浸出废料 2～3 次，滤除固体物质，将溶液蒸干，加水并煮沸，析出氢氧化钯，用 2% HNO_3 洗涤，再用 36% HCl 溶解沉淀物除去杂质，然后用 $NH_3·H_2O$ 和 HCl 精炼，析出二氯二氨配亚钯。

还有采用硝酸溶解，黄药、NaCl 分别沉淀回收 Pd、Ag 的工艺，如图 10-59 所示。废电路板成分（%）为：Pd 0.131，Cu 4.2，Sn 2.2，Pb 3.3，Ag 0.92，其他为瓷片。用25% HNO₃ 室温（不需外加热，反应放热就足够维持反应进行）浸出 4h，钯浸出率（以大瓷片计）在液固比 1:1 以上都大于 98%。

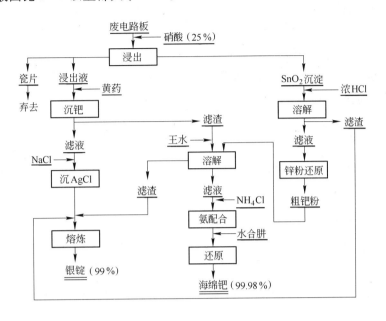

图 10-59　从废电路板中回收 Pd、Ag 工艺流程

硝酸的浓度对钯浸出率影响很大（液固比 1:1，室温 4h），数据（以瓷片计）如下：

硝酸浓度/%	15	20	25	30
钯浸出率/%	68.2	89.4	98.2	98.3

经过试验确定适宜条件为：25% HNO₃，液固比 1:1，室温浸出 4h。从金属后瓷片分析结果来看，效果很好。但进入溶液中的 Pd 仅 95%，其余 5% 被 SnO₂ 沉淀带走，可用 HCl 溶解、Zn 粉置换回收。浸出液含 Cu 量大，故采用黄药（浓度为 5%）沉钯。条件 80℃，pH 值为 0.5~1.0，得黄原酸亚钯。经净化处理得 99.98% 海绵钯，回收率 96%；银回收率 93%，纯度 99%。

对电子仪表工业生产已硬化了废银胶（导电银浆，含 Ag 75%~77%），用烧灼—硝酸溶解—氯化钠沉银—甲醛、氨水还原工艺，可获得品位大于 99% 的银粉，银收率不小于 97%。

文献［103］采用焙烧—酸浸工艺，从废浆料、废棉球、废旧电路板中回收金。废金浆料含金（60%~90%）、无机黏结剂（通常是硼硅铅体系玻璃及 Bi₂O₃、CuO、CdO、ZnO、Fe₂O₃、CoO、NiO、Al₂O₃、TiO₂ 等氧化物）、有机载体（主要由乙基纤维素与沸点 200~300℃ 的有机溶剂组成）、含金棉球（或纸）等组分；废旧电路元件中贵金属总量为 1%，其中含 Au 量 0.5%，一般是印刷烧成在陶瓷（Al₂O₃、BeO 等）基体上。浆料先在 150~200℃ 除去溶剂，研碎后焙烧（直接高温处理烧结严重，残留大量碳），废棉球（或纸）燃烧后仍残留大量碳，需焙烧除去。废电路板需先破碎、剔除不含金部分、再破碎至

1~2cm 进行焙烧。焙烧温度一般在600℃，并保证足够的空气供给。如温度过高，物料结块严重，残碳量高，使金回收率降低。焙烧后物料先用1∶1硝酸浸出，再用王水溶金，除杂后用亚硫酸钠还原金。单独处理废金浆料、棉球，可得99.99%海绵金，直收率大于96%。

b 双氧水-硫酸湿法工艺处理电脑含金部件

电脑含金部件可用图10-60所示的双氧水-硫酸湿法工艺处理[101]。工艺中对金回收率影响较大的是硫酸的浓度和用量，试验结果表明：1kg废电脑板卡中加入2L 30%的 H_2O_2、2L 1∶3硫酸，固液比为1∶2，反应2h，金和铜等有色金属的回收率均可达到98%以上。

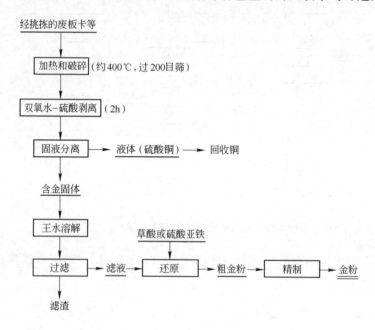

图 10-60 双氧水-硫酸湿法回收废电脑部件中金的工艺流程

c 氰化溶解回收金

氰化溶解是回收金常用的方法，故可利用碱金属氰化物溶解板卡等废电脑部件表面的金银，再通过还原使氰化溶液中的金银还原出来。实践表明，控制氰化溶液中的氰化物和氧气浓度对提高溶解速度至关重要。文献［101~105］指出，金在氰化溶液中的溶解速度很快。当 CN^- 与 O_2 的浓度比为6左右时，金的溶解速度最快。在氰化浸出时，需加入保护碱，温度约以30℃为宜。氰化液中的金可用草酸或硫酸亚铁还原。

d 细菌浸取金

细菌浸取金的新技术已被应用于废料回收。例如文献［101］用含10g/L三价铁离子和细菌的溶液处理电子废料，温度为20~30℃，溶液 pH<2.5，2天后可回收97%的金，且含细菌的浸出液可再生重复使用。细菌提金法是利用三价铁离子的氧化性使金等贵金属合金中的其他金属氧化成可溶物质进入溶液，使贵金属裸露出来便于回收；反应所得的二价铁离子被细菌氧化，可反复用于浸出合金中的贱金属。此法虽有工艺简单、费用低、操作方便等优点，较有发展前途，但由于浸出时间长、浸出率较低，其真正投入使用还有待进一步的工作。

10.6.5.4　液体废料

从液体废料中回收金银有置换法、沉淀法、还原法、电积法、离子交换法及溶剂萃取法，前四种方法，请参照 10.6.4 节，此处仅简单介绍离子交换法及溶剂萃取法。

A　离子交换法

金是湿法冶金中最早用离子交换法回收的金属[106]，在氯化物废液中，金以〔$AuCl_4^-$〕的形式存在，易被阴离子交换树脂交换回收。如果在另外的溶液中金以阳离子存在，则可用阳离子交换树脂交换回收[107]。例如有人用沃发基特 L-150、L-165 以及安柏里特 IR-4B 弱碱性阴离子交换树脂，AH-17 及 H-O 阴离子交换树脂从含 $Au(CN)_2$ 废液中回收金（L-150 最有效）。用具有 OH^- 的离子交换树脂从含 Au 15g/L 的废电解液中可回收 99.81% 的金。用 A-W-17 型阴离子交换树脂处理氰化废水，第 1 柱吸附金，2、3 柱吸附其他贱金属，然后选择性解析金，金的回收率达 94% ~ 98%。采用阴离子交换树脂 AV-29、AV-17、AM 及 AP-2 联合吸附含（mg/L）：Cu 330，Zn 6 ~ 10，Au 1 ~ 1.3，Ag 5 ~ 7 的铅浮选氰化废水，用 H_2SO_4 解析 Zn、$(NH_4)_2S_2O_8$，酸性溶液解析 Cu，8% 的硫脲酸性溶液解析金、银，金回收率达 97%。在净化含 Zn、Cu、Au 的氰化废水和浮选废水时，用 0.2mol/L 的 HCl 解析 Zn，5mol/L 的 HCl 解析 Cu，8% 硫脲加 0.2mol/L 的 HCl 解析金，获得金的回收率也较高。用碱性阴离子交换树脂 Amberlite 从废镀金液中以 $KAu(CN)_2$ 形式回收金，金纯度达 99.99%。日本熊本县工业试验所，处理含金 4.68×10^{-6} g/L 的酸性电镀洗水，使之通过 H 型弱酸性阴离子交换树脂 DIAIONWK20-OH^- 弱碱性阴离子交换树脂，金回收率近于 100%。

B　溶剂萃取法

在文献〔36，108〕中，对金银的溶剂萃取有详细介绍，此处仅指出几种对金银有效果的萃取剂；

（1）萃取金：二丁基卡必醇（DBC）；甲基异丁基酮（MIBK）；混合醇，如异戊醇、仲辛醇等；胺类，如伯、仲、叔胺及季铵盐；醚类，如乙醚；磷素中性萃取剂，如 TBP。

（2）萃取银：硫醚；吡啶；胺类，如 TOA、十二烷胺；二乙基二硫化磷酸。

萃取操作请参考文献〔36，108〕。

参　考　文　献

[1] 卢宜源. 冶金副产品中贵金属综合回收[M]//黎鼎鑫，王永录. 贵金属提取与精炼. 长沙：中南大学出版社，2003.

[2] 卢宜源，宾万达. 贵金属冶金学[M]. 长沙：中南工业大学出版社，1994.

[3] 张载. 金银冶金学.[M]. 第 2 版. 北京：冶金工业出版社，1992.

[4] 柯家骏. 金银湿法冶金[M]//陈家镛. 湿法冶金手册. 北京：冶金工业出版社，2005.

[5] 杨天足. 贵金属冶金及产品深加工[M]. 长沙：中南大学出版社，2005.

[6] 王吉坤，张博亚. 铜阳极泥现代综合利用技术[M]. 北京：冶金工业出版社，2008.

[7] 朱祖泽，贺家齐. 现代铜冶金学[M]. 北京：科学出版社，2003.

[8] 黄金局，沈阳冶炼厂. 铜、铅阳极泥资料汇编，1980.

[9] 余继变. 贵金属冶金学[M]. 北京：冶金工业出版社，1985.

[10] 中南工业大学. 贵金属冶金学(讲义)，1984.

[11] Charles Copper W. 铜精炼阳极泥的处理[J]. JOM，1990(8)：45 ~ 48.

[12] 田广荣，等. 阳极泥处理(内部资料). 1983.

[13] 全国金银冶炼技术交流会论文集. 1983.

[14] 宾万达，等. 铅阳极泥湿法处理研究进展[C]//中国金属学会黄金学会首届全国选冶学术会议论文集，1988：167.

[15] 首届全国金银选矿学术会议论文集(第三分册). 1983：140.

[16] 张维霖. 铜阳极泥的处理[J]. 贵金属，1985(4)：36~40.

[17] 白银矿冶所. 国外铜阳极泥处理技术现状 (内部资料). 1982.

[18] 张维霖. 铜阳极泥处理回收有价成分的进展[J]. 贵金属，1979(2)：14~33.

[19] ASARC K O MILLER J D. Hydrometallurgy Research Development and Plant Practice Proceeding. Pud. Metallurgical Society of AIME. 1983：151.

[20] 云南冶炼厂. 浮选法处理阳极泥[J]. 有色金属(选冶部分)，1976(1)：31~34.

[21] 张博亚，王吉坤. 加压酸浸处理阳极泥工艺[J]. 矿冶工程，2007(6)：25~27.

[22] 杜三保. 国内外铜阳极泥处理方法评述[J]. 中国物资再生，1997(2)：16~19.

[23] 施惟朴. 大冶铜阳极泥处理工艺流程选择[C]//第二届全国金银选冶学术会论文集，1987：244，245.

[24] 昆明贵金属研究所，等. 试验研究报告，1986.

[25] 夏光祥，铜阳极泥全湿法处理工艺研究[J]. 有色金属(选冶部分)，2002(1)：29~33.

[26] 铅阳极泥处理新工艺[C]//第二届全国金银选冶学术会议论文集，1987：24~27.

[27] 中南工业大学. 铅阳极泥湿法回收金、银及有价金属(讲义)，1988.

[28] 陈伦兴. 铅锑阳极泥的处理[J]. 有色金属(选冶部分)，1987(6)：28~32.

[29] 中南矿冶学院冶金研究室. 氯化冶金[M]. 北京：冶金工业出版社，1976.

[30] 长春黄金所. 黄铁矿烧渣及其焙砂提金工艺(译文集)，1985.

[31] 株洲冶炼厂科研所. 从湿法炼锌渣回收银的试验[J]. 株冶科技，1982(2)：1，2.

[32] 南非，ZA7602986，1977.

[33] 日本，特开昭52-35197，1977.

[34] 周国华. 提高锌浸出渣中银浮选回收率的工艺与理论研究[D]. 长沙：中南大学，2002.

[35] 王永录，刘正华. 金、银及铂族金属再生回收[M]. 长沙：中南大学出版社，2005.

[36] 陈景. 金银及铂族元素萃取分离[M]//汪家鼎，陈家镛. 溶剂萃取手册. 北京：化学工业出版社，2001.

[37] 伊斯特林 M A，等. 再生有色金属手册(二卷二分册)[M]. 董庆和，等译. 北京：冶金工业出版社，1959.

[38] 哈伯斯 F. 湿法冶金——提取冶金原理(二卷)[M]. 黄桂柱，等译. 北京：冶金工业出版社，1975.

[39] 贺小塘，吴喜龙. 从含铂碘化银渣中回收银铂的方法：中国，00122340[P].

[40] 李玉田. 贵金属回收与再生工艺 (内部资料). 国家物资金属回收局，中国金属回收公司，1982.

[41] 闫应科，刘增芳. AgCu28 废合金回收利用新工艺[J]. 有色金属，2002，54(增刊)：146，147.

[42] 闫晓玲，孙宝莲. 由银铜合金废料生产硝酸银[J]. 2002，54(增刊)：152，153.

[43] 蒋志建. 从 56AgCuZnSn 废料中提取银[J]. 有色金属与稀土应用，2002(1)：8~12.

[44] 刘学刚，李德俊. 从废银/沸石催化剂中回收银[J]. 黄金，1996(4)：33~35.

[45] 郭平，赵兴华. 从含银的废催化剂中回收银[J]. 黄金，1999(7)：35~37.

[46] 李富荣，郝远东. 从废银催化剂中回收银的工艺试验[J]. 中国资源综合利用，2001(9)：10~12.

[47] 田广荣. 国外从废料中回收银的概况[J]. 贵金属，1982，3(1)：43~56.

[48] 本书编委会. 稀有金属手册[M]. 北京：冶金工业出版社，1995.

[49] 杨遇春. 银的二次资源及再生方法[J]. 中国资源综合利用，2001(7)：16~20.

［50］梁慧，陈念慈．从含银感光材料中回收银［J］．有色金属（冶炼部分），1992（5）：27～30.

［51］刘正华，孙萼庭，高清懿．从废 X 光感光胶片中回收银［R］，1986.

［52］刘铭禹．酶法从感光材料脱银［J］．黄金，1980（1）：45～49.

［53］申容儒，白公连，等．中频感应电炉熔炼含银感光材料［J］．黄金，1995，16（9）：39～43.

［54］章道坤．多种废液，废料中回收银［J］．云南冶金，1990（5）：55，56.

［55］肖养田．白银回收方法［J］．化学世界，2000（2）：110，111.

［56］彭邦文．感光材料脱膜处理方法：中国，00112489.7［P］.

［57］ANON. FR 2216232［P］. 1974-10-4.

［58］彭光晶．从含银废料中回收银［J］．再生资源研究，1994（9）：19～22.

［59］韩书广．废定影液中银的再生［J］．有色金属（冶炼部分），1993（5）：20，21.

［60］孙粹明．从含银废液中回收银［J］．贵金属，1990，11（4）：44，45.

［61］WALLACE A. US，40008077［P］. 1977-2-15.

［62］SHIGLEY R I. US，3346369［P］. 1967-10-10.

［63］于君杰．硫化法从废定影液中回收银［J］．金属再生，1989（1）：30，31.

［64］瓦希尔·库恩达，托马斯·H·埃尔兹尔．摄影定影液的再生方法：中国，90108190.6［P］. 1990-10-11.

［65］薛允连．高温铁还原法从废液中提银［J］．适用技术市场，1991（12）：17，18.

［66］吴国元．废感光材料中银的提取及其他有用物质的再利用［J］．感光材料，1994（4）：9～13，25.

［67］伊贺久矩．用 SBH（NaBH4）回收贵金属［J］．郭光新，译．贵金属，1985，6（4）：12，55～58.

［68］杨丙雨．四氢硼酸钠及其在贵金属分析中的应用［J］．贵金属，1986，7（4）：65～75.

［69］US，4279644［P］. 1981.

［70］汪国红．用有机酸［Ar（OH）3COOH］从废定影液中回收银［J］．湿法冶金，2001，20（2）：88～91.

［71］RABAH M A，等．从彩色照相废液中回收银［J］．刘北林，译．湿法冶金，1990（4）：40～44.

［72］李运刚．从废定影液中回收银的电位-pH 图分析［J］．湿法冶金，1999（1）：13～15.

［73］李惠琳，任至立．胶片洗印定影液再生兼回收银装置：中国，89214763.6［P］.

［74］山田甲子男．特公昭 55-3437［P］. 1978-5-8.

［75］王思伟．一种电解白银回收机：中国，87206062U［P］. 1987-3-31.

［76］盛万方．快速白银回收机：中国，87216699U［P］. 1987-12-19.

［77］有色金属（选冶），1976，（4）：70.

［78］吴百中．白银回收药液再生机：中国，97215933.9［P］.

［79］袁成杰，刘光华．废定影液白银回收装置：中国，86206873U［P］.

［80］日本，特公昭 51-17114［P］. 1976-2-10.

［81］ПАРИНЦКОВА В Н．ЖНПФК，24（1979）：B. I. 59.

［82］КЦСЕЦЕВА С П．ИЗВВУЗ ЦBer. Met，1980，B：1，50.

［83］黎鼎鑫，王永录．贵金属提取与精炼［M］．长沙：中南大学出版社，2003.

［84］陈庆邦，聂晓军．从废金钯电子废件中回收金和钯［J］．稀有金属，2000（1）：74～76.

［85］刘清海．一种从废料中回收金的简易方法：中国，94109137.6［P］.

［86］乌大年．一种化学和电解回收提取黄金的方法：中国，95110534.5［P］.

［87］郭鹤桐．电镀工艺学［M］．天津：天津科学技术出版社，1978.

［88］谢长锦，周兴中．层状复合材料中银的选择性回收工艺研究．1985 年中国有色金属工业总公司鉴定材料，1985.

［89］北京有色金属研究总院 304 室．银铜复合边角料回收银的扩大试验．中国金属节约回收会议资料，1984.

[90] ГРОМОВ О Г. 从含银废料中提取银[J]. 杨家柯，译. 国外锡工业，1999(4)：40~42.

[91] 曹永吉. 关于用碘法回收金的探讨[J]. 贵金属，1989(3)：8~12.

[92] 戴永年. 真空蒸馏提锌和富集稀贵金属：中国，971001388.8[P].

[93] 何福熙，付群芙，卢宜源. 废镀金电子元件的细菌脱镀(中南矿冶学院内部材料)，1984.

[94] 胡天觉，曾光明，等. 从家用电器废物中回收贵金属[J]. 中国资源综合利用，2001(7)：12~15.

[95] 中国冶金百科全书材料卷编委会. 中国冶金百科全书——金属材料[M]. 北京：冶金工业出版社，2001.

[96] 张云宇. 从贴金废料中回收金的新方法[J]. 中国物资再生，1999(12)：9，10.

[97] 金和玉. 从电子废料回收贵金属[J]. 金属再生，1991(4)：20~22.

[98] GLOE K 等. 电子废料特别是厚膜涂层工艺废品中贵金属的回收[J]. 张晓飞，译. 广西冶金，1991(3)：53~59.

[99] HASUDA Y 等. Jap，6311626[P]. 1988.

[100] MASUDA Y 等. Jap，6311627[P]. 1988.

[101] 周全法，朱雯. 废电脑及其配件中金的回收[J]. 中国资源综合利用，2003(7)：31~35.

[102] 丁炎星. 从银氧化镉材料中提取银镉的方法：中国，88105571.7[P].

[103] 张国庆. 用熔融钛锡金属回收处理印刷电路板的方法及装置：中国，98101834.3[P].

[104] 李吉鸿. 从含有机物的金废料中提纯金的研究[J]. 黄金，1998(5)：42，43.

[105] 周全法，王琪，徐正. 鼓气氰化法生产高纯废氰化亚金钾的研究[J]. 黄金，2002(5)：34~36.

[106] DHARA S C. The application of ion exchangers in the precious metals technology[J]. Precious Metals，1993：375~410.

[107] 马荣骏. 离子交换在湿法冶金中的应用[M]. 北京：冶金工业出版社，1991.

[108] 马荣骏. 萃取冶金[M]. 北京：冶金工业出版社，2009.

11 二次资源铂族金属的回收

铂族金属中有铂、钯、锇、铑、铱、钌六个金属元素。这族金属与稀土、稀散金属一样，获有"现代金属材料中的维生素"和"高技术金属"的美誉，具有非常重要的用途。其矿产资源除少数比较集中外，大部分相当分散，其特点是稀少和昂贵，因此从二次资源回收铂族金属的工艺也比较复杂，如图 11-1 所示[1]。由图 11-1 可知，铂族金属的回收工艺包括了选矿及火法、湿法冶金的全部方法。

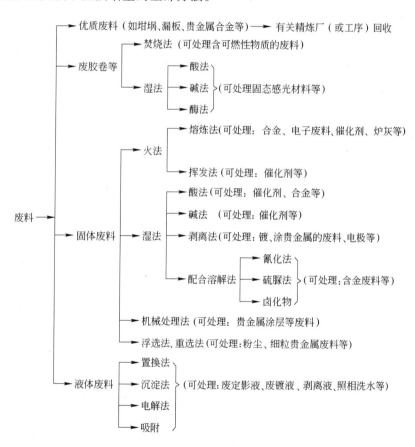

图 11-1 二次资源回收铂族金属的主要工艺及处理对象

对有代表性的回收工艺进行介绍如下[1~10]。

11.1 合金废料中铂族金属的回收

11.1.1 铂、钯合金废料

铂基合金种类很多，其中重要的如硝酸和化肥工业用催化剂——铂网，它在使用过程中不断受到氧化腐蚀和各种杂质的污染，使用一段时间后机械强度及催化活性降低，必须更新。我国大量使用的铂网是按前苏联标准生产的 Pt-Pd-Rh（Pt 90%）三元网，以前新网全靠进口，废网也需送国外再生回收。昆明贵金属研究所 1964 年提出了再生提纯工艺，并和上海合金厂协作进行生产规模的扩大试验，1965 年生产出和进口新网性能相当的国产再生网[11]，燃化部 1966 年按此工艺在太原化肥厂筹建铂网车间，于 1969 年 5 月 1 日生产出第一张合格的铂网，从此该厂承担起全国废旧铂网的统一再生回收任务。小试和扩试的工艺流程如图 11-2 所示。

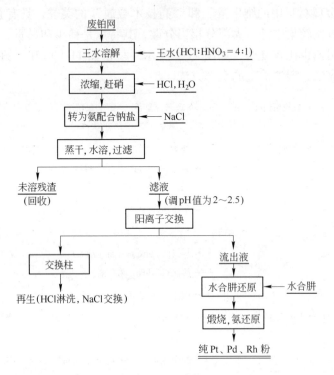

图 11-2   废铂网再生提纯工艺流程

试验室实际操作如下：取约 200g 废铂网，置于 2L 容积的三口烧瓶中，两侧口用漏斗盖住，中口加搅拌器，按每 100g 铂网需 HCl（密度 1.18g/cm³）350mL、H_2O 100mL、HNO_3（密度 1.39～1.42g/cm³）80mL 计算，室温加入试剂。当看不出明显反应时，逐渐加热反应物，同时用搅拌器搅动上层溶液，当温度在 80～90℃时反应已足够明显，液面呈微沸状。应控制温度使反应不至过分剧烈，一直保持微沸。当温度达 125℃以上，取去两侧上的漏斗，开始浓缩，至溶液呈浆稠状，液面出现皱纹时，先加入冷水 30mL，后加 HCl 30mL，加热以破坏亚硝酰化合物。当溶液再次浓稠后，再次加入水和盐酸，如此反复 4 次，最后在 140～150℃尽量蒸干反应物，停止加热，用蒸馏水冲稀，过滤出未溶残渣（约为总量的 0.14%）。滤液转到 2L 容量瓶中，加入 HCl 及蒸馏水稀释（其中游离 HCl 浓度约为 3mol/L，体积及酸度应视下步工艺的需要而定）。生产规模的扩大试验中，王水溶解用 15L 三口玻璃烧瓶，浓缩赶酸用薄膜蒸发器。生产规模用耐酸搪瓷釜。

王水溶解后转钠盐，阳离子树脂交换除去贱金属，流出液调理成分后，水合肼还原得混合金属粉，煅烧、H_2 还原、熔铸、拉丝、织网。同时，还研究提出了三元分离及铂、钯、铑的分别提纯工艺[12]。

大多数废铂件（如废铂坩埚、铂丝、铂片等）、铂基合金（如废 Pt-Rh 热电偶，最常用的为 Pt-PtRh10 热电偶）、玻璃纤维生产用铂铑合金等都可用王水溶解法回收，其工艺流程如图 11-3 所示[13]。

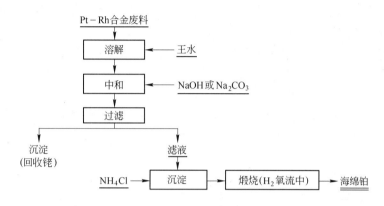

图 11-3 废 Pt-Rh 合金处理工艺

曾以废铂铑热电偶为原料，经王水溶解，氯化铵沉淀分离回收铂铑。通过 2 次离子交换、2 次氯化铵沉淀提纯铂，分析 10 个杂质元素，铂的纯度达到 99.99% 以上。溶液中的铑经浓缩、蒸发，2 次碱化、萃取、氢还原制得铑粉，分析 8 个杂质元素，纯度达 99.9%。若铂丝单独处理，仅需 2 次氯化铵沉淀，1 次离子交换，纯度即可达 99.99% 以上。氯化铵沉铂以氯铂酸铵母液中含 NH_4Cl 为 17% 时为最佳，再加入 2%～3% 的过氧化氢溶液进行氧化，铂的沉淀率可提高到 99.9%。

玻璃纤维生产用铂铑合金需先轧片（轧成厚 0.07mm 的薄片），加入 6mol/L HCl 煮 1h 以除去 Fe 等杂质，然后用纯水清洗，直至 pH 值为 7。向酸洗后的铂铑合金片加入过量王水，并加热至沸腾，王水分批加入直至合金片全部溶解。再将全部王水溶解液加热浓缩，加入 6mol/L HCl 彻底除去硝酸并破坏亚硝基配合物。实践证明，赶硝一定要彻底，否则在用锅型蒸发器赶酸时会有气泡冒出，使液体溅出，造成损失。同时，在还原后如有 NO_3^- 和 Cl^- 并存，将增大洗 Cl^- 时 Pt、Rh 的流失。某厂仅因认真赶硝，并在离子交换前增加一个赶酸工序（赶酸也一定要彻底），就将铑的损耗由原来的 20% 降到 4.5%[14]。

文献［15］对王水溶解铂铑合金并经赶硝后的溶液，分别试验用溶剂萃取法、亚硝酸钠沉淀法、水解法、离子交换法等分离铂铑后，认为：水解法虽然流程冗长，需反复多次地进行水解分离，但对于分离大量合金试料时，仍是一个可行的好方法，它不需更多贵重试剂、特殊设备，而分离效果可以满足要求。曾推荐 TBP（100%）的萃取法，扩大试验用溶液含 Pt 74.3g/L、Rh 5.2g/L，回收率为：Pt 99.6%、Rh 98.0%，并提出适用于工业生产的萃取分离工艺及用化学热力学原理定性地解释了溶液中铂、HCl 浓度对其分配系数的影响，铂直收率大于 96%，纯度在 99.5%～99.95% 之间[16]。

文献［17］将废铂铑合金（含 Pt 88.0%、Rh 8.0%、Pd 1.0%、Ir 0.5%、贱金属 2.5%）压成约 2mm 厚的薄片，再剪成 3～4cm 的长条后，用新配制的王水溶解，赶硝、加入 NaCl 形成相应的氯配钠盐，过滤，不溶渣待回收（占物料重 0.1% ~ 0.3%，待回收铑）。滤液用 NaOH 调 pH 值至 8 ~ 9，钯、铱、铑及贱金属均形成氢氧化物沉淀，铂以 Na_2PtCl_6 留在溶液中，过滤，滤液加入 NH_4Cl 沉铂，煅烧得纯铂。水解沉淀渣夹杂着一定量的 Na_2PtCl_6，需加 HCl 溶解，H_2O_2 氧化，再经 2 ~ 3 次水解。酸化造液，控制在：酸度 0.5 ~ 2mol/L、$RhCl_6^{2-}$ 5 ~ 10g/L 之间，用 R410 阴树脂（吸附率：Pt、Pd、Ir 均大于 99.9%，Rh 为 0 ~ 5%，贱金属为 0%）将 Rh 与其他成分分离，交换尾液经还原定性分析为：Rh > 10%（主体）、Pt 0.1%、Pd 0.01%、Ir 0.005%，已达分离要求，并介绍了淋洗液中 Pt、Pd、Ir 的分离方法和 Pt、Rh 的提纯工艺。采用此工艺处理了 10kg 以上的废合金物料，铂、铑直收率均大于 95%，总收率更高。

来自铂首饰加工厂的磨屑，如含 Pt 78%、Pd 7.5%，余为磨料和少量杂质金属，工艺流程如图 11-4 所示[18]。处理 1kg 物料，回收率分别为：Pt ≥99.5%、Pd ≥90%；Pt、Pd 纯度均不小于 99.5%。

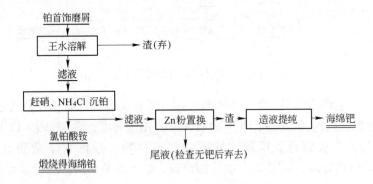

图 11-4　铂首饰磨屑处理流程

铂铱合金废料，特别是含 Ir 不少于 10% 的废料，直接用王水溶解速度极慢，通常先将合金废料用锌碎化处理[19]，处理工艺如图 11-5 所示。即将合金废料先在约 800℃ 灼烧，除去油污或有机物（如漆包等），一般约 2h，视物料不冒烟为止。厚料需先轧（或压）至 2mm 以下，按锌：料 = （4 ~ 5）：1 混合（视废料形状可适当增减，料小而薄时可较少），800℃ 熔炼成锌合金，为防止锌高温氧化挥发，料的表面覆盖 5 ~ 10mm 厚的 NaCl（30 号石墨坩埚约需 1 ~ 2kg），保温时间约 2h，视废料熔完为止。出炉时，将熔体倒入盘中，凝固前用人工尽量捣碎，以便于酸浸。锌合金用 HCl 溶解除去锌，铂、铱则以极细的粉末留在不溶物中。溶解 1kg Zn 理论上需浓 HCl 2.5 ~ 3L，通常分数批加入进行浸出，为加快反应，一般加温至 80℃，并经常搅拌，为防止 $ZnCl_2$ 水解，换酸时必须控制 pH 值在 1 ~ 2 之间。实际操作中可视最后一批 HCl 加入并煮沸 2h 左右，pH 值未显著上升，即可认为已浸出完毕。所有浸出液过滤后，经 $SnCl_2$ 检查无贵金属可弃去。所得滤渣（铂铱合金粉）用王水溶解，王水用量一般为王水：废料 = 5：1（视溶解完全程度而增减），分批（2 ~ 3 批）加入，每批需在室温下先加完 HCl，再缓慢加入 HNO_3（加入速度视反应激烈程度而定），加完 HNO_3 后加热至 70 ~ 80℃，待反应减慢后，抽出溶解液，加换一批王水，直至溶完为止。全部王水溶解液用 HCl 赶硝，赶硝后还须加水赶游离 HCl 3 次，赶酸完毕，稍稀释以除去不溶残渣。

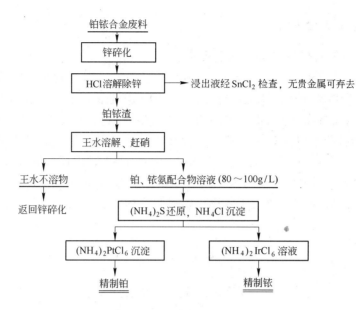

图 11-5 铂铱合金废料处理流程

废钯料及钯基合金（如 PdIr10，PdIr18）可视原料情况进行预处理，如碾片、切碎、高温灼烧去油污、包漆等有机物。将预处理过的合金废料放入耐酸白瓷缸中，分批计量加入王水溶解。王水加入量按金属量的 3～4 倍计，分三批加入。全部王水溶液浓缩蒸干，以玻棒蘸取不滴流为宜。此时加入盐酸赶硝酸，盐酸消耗量约为（或略多于）王水中所配入的硝酸量。分三次加入，赶至无黄色 NO_2 气体放出即可。至 pH = 1 过滤，王水不溶物用自来水洗至无色。废钯铱合金再生回收工艺流程如图 11-6 所示[20]。

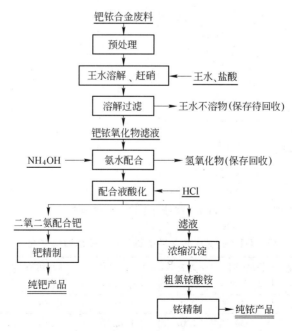

图 11-6 钯铱合金废料处理工艺

11.1.2 铱、铑、钌合金废料

11.1.2.1 用锌或锡碎化法处理合金废料

由于锌沸点较低（906℃），在800~850℃明显挥发，因此后来有的采用锡（熔点231.9℃，沸点2270℃）碎化。用锡碎化法处理IrRh热电偶废料，包括在加工时产生的块、丝、屑等废料及熔炼合金锭时的喷溅物。对于块状废料，先在摩擦压力机上压碎，接着用铁研钵捣磨成粒度为1~2mm的细粉，再用王水溶去可溶物，清水洗净，烘干备用。按废料：Sn=1：7配料，覆盖剂为NaCl和KCl，熔点790℃，沸点1500℃，混合加入可降低熔点，在30号石墨坩埚中熔炼（800℃），熔块用盐酸除Sn后得IrRhSn合金粉，用王水溶解，赶硝后分离、纯制、处理工艺流程如图11-7所示。碎化-溶解结果见表11-1。

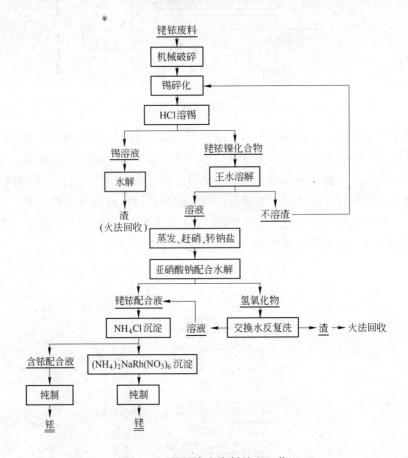

图 11-7 铑铱合金废料处理工艺

表 11-1 铑铱合金废料的锡碎化和王水溶解情况

批号	合金成分	废料量 /g	加锡量 /g	覆盖剂量 /g	王水不溶渣 含铱/g	王水不溶渣 含铑/g	铱溶解直 收率/%	铑溶解直 收率/%
1	IrRh40	250	1750	200	0.58	13.86	99.62	86.14
2	IrRh40	250	1750	200	0.62	14.58	99.59	85.42
3	IrRh29	280	2100	200	0.56	13.32	99.72	78.12

　　文献［1］曾对锡碎化能力进行考察，得知厚度不大于 5mm 的 IrRh 合金都能用锡碎化。当用合金量 4 倍的 Sn 于 1000℃熔融 4h 时，ϕ10mm 的 IrRh40 也可全部熔融并合金化。

　　文献［21］用锡碎化处理含 Ir 大于 10% 的 Pt-Ir 合金。从 Pt-Ir 合金相图可知：含 Ir 7% ~ 99% 的合金在 700 ~ 980℃时会发生固相分解。在此温度范围内，锡对合金的溶蚀作用相当严重，为使反应进行完全，选用碎化温度为 1000℃，用 5 ~ 7 倍锡处理 2h，锡即可与 Pt、Ir 形成合金。试验表明：温度 700℃以上时合金表面会产生蓝色的氧化层，并随着金属表面的过热，金属的氧化和挥发加剧，故用 NaCl 和 KCl 作覆盖剂。对 PtIr10 合金，在井式坩埚炉内，用 7 倍锡于 1000℃恒温 2h，熔体铸成分散态的片状块，盐酸溶锡，得颗粒尺寸大小不一（小的小于 1mm、大的 3 ~ 4mm）的不溶物，王水溶解、金属浸出率达 30% ~ 40%；改在中频感应炉中熔炼（100g 合金、700g Sn、NaCl 及 KCl 各 40g），HCl 除锡后，合金粉重 232g、粒度小于 1mm，王水溶解金属浸出率 80.2%，不溶物重 39.6g。这是由于中频感应炉内的感应电流产生的搅拌作用，使锡对铂、铱的溶蚀能力增强，并使得合金成分均匀化，从而细化了碎化颗粒，提高了碎化效果和溶解浸出率。对少数王水不溶物，用过氧化钠和苛性钠熔融处理成铱酸钠，用水处理后再用盐酸处理，即可全部转入溶液，王水溶解赶硝后用水合肼还原沉淀铂，粗分后的铂、铱可用一般方法精炼。

11.1.2.2　用铝热合金法处理贵金属废料

　　文献［22］用铝热合金法处理粗铑或含铑量高（Rh > 10%）的合金废料。条件为：贵金属：铝（质量比） = 1 ∶（4.5 ~ 5.5），混合均匀后放入石墨坩埚中，在 1000 ~ 1200℃保温 4h，合金用 HCl 浸出（始终保持 pH < 1、自热进行），除铝后的金属粉末用 HCl + H_2O_2 溶解。铑溶液用溶剂萃取、离子交换提纯，甲酸还原、氢还原得 99.99% 纯铑粉，直收率为 90% ~ 95%。

　　文献［23］报道的方法是将铱及铱合金废料在真空感应炉内（惰性气体，如氩气；用硅酸锆坩埚作容器）和纯度 99.99% 的铜或铝一道熔融，铸合金扣。每次操作，铱量为 15 ~ 200g，合金含 5%、10% Ir（Cu-Ir）及 5%、10%、20%、30% Ir（Al-Ir），将铸块冷轧至 0.5mm 以下。电子光柱微分析和 X 射线分析结果（见表 11-2）发现 Al-Ir 合金由铝矩阵组成，并有两个沉淀相；Cu-Ir 合金也有两相，即富铜相和富铱相。

表 11-2　Cu-Ir、Al-Ir 合金相分析结果

试 验 合 金	合 金 相	特　　征
Al-Ir5	Al-Ir	铱在铝中溶解度小
Al-Ir10	Al_6Ir_2，Al_3Ir	Ir 质量分数小于 0.4%
Cu-Ir5	富铜固溶体	晶格直径：0.3620mm
	富铜固溶体	晶格直径：0.3800mm
Cu-Ir10	富铜固溶体	晶格直径：0.3625mm
	富铜固溶体	晶格直径：0.3810mm

　　将 20gM-Ir5 和 M-Ir10（M = Cu、Al）与 200mL 王水长时间回流，M-Ir5 中的铱全部溶解，M-Ir10 中的铱仅溶解 66% ~ 70%，用新鲜王水再溶也不能完全溶解。在盐酸或碱中铝合金极易溶解，最佳条件为：3 ~ 4mol/L HCl 或 5mol/L NaOH，残留的铱用新盐酸或苛性钠溶液加热 3 ~ 4h，以除去大部分铝，经彻底洗涤后，80 ~ 100℃干燥黑色粉末。从 Al-Ir20 所得铱粉直径在 2 ~ 50μm、铱晶体直径约为 2nm，含 2.8% ± 0.7% Al 及 5.2% ±

1.8%O，加热至不小于250℃时可能产生爆炸。铜合金在不大于80℃，用 0.5～2mol/L HNO₃ 溶解，可得含 Ir 小于0.1%的纯蓝色溶液，不溶物最好用 2～2.5mol/L NH₄Cl 洗涤。铱粉中残留的贱金属用酸（HNO₃）、碱（NaOH）或配合剂（如 KCN）处理未见大幅度减少，可用 Na₂O/NaOH（400℃）或 NaCl/Cl₂（600～700℃）熔融，使铱90%～95%转变为水溶性化合物（未溶解的可再加到下次熔融工艺中），溶液中的铱可用沉淀、液-液萃取或离子交换法回收得99.5%纯铱。

11.1.2.3   用氯化焙烧——酸浸法处理 Ir-Rh 合金废料

难溶合金 IrRh40，可用氯化焙烧——浸出使其转入溶液，并可利用 K₂IrCl₆ 难溶于 KCl 溶液而 K₂RhCl₆ 易溶的性质差异来实现铑铱的粗分[24]。条件考查时，将 1g 合金配入 NaCl（对丝状样品用于垫底及覆盖，粉末样品则在玛瑙研钵中磨细、混匀），放入石英舟，室温置于石英管中，放入管式电炉内，通 Cl₂ 后升温至指定温度，恒温达指定时间后降温至 450～500℃，将舟移至炉口在氯气中冷却至室温。用水溶解铑、铱氯配合物及 KCl 后，过滤烘干，根据样品前后质量差，计算氯化溶解率。

A   IrRh 丝

用 φ0.50～0.52mm 的 IrRh40 丝考查了温度、KCl 用量、氯气流速的影响，其结果如图 11-8～图 11-10 所示。

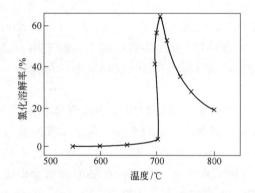

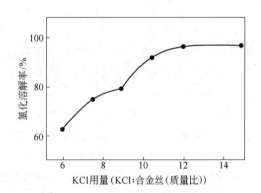

图 11-8   IrRh 丝的氯化溶解率与温度的关系
（KCl∶合金 =6∶1，氯化流速 80mL/min，达指定温度后恒温 1h）

图 11-9   IrRh 丝氯化溶解率与 KCl 用量的关系
（氯化温度 720℃，1h，氯气流速 80mL/min）

数据说明：小于700℃ IrRh 丝基本不反应，710℃反应突然迅速进行，720℃氯化溶解率达最高值，继续升温溶解率反而下降（见图 11-8），氯化溶解率随氯气流量和 KCl 用量增加而增高。在720～730℃，反应很快，半小时已基本完成。试验确定，当 KCl∶合金 = 12∶1 时，氯气流速大于 80mL/min，720℃恒温 1h，可使合金的溶解率保持为95%。

合金丝的直径与氯化溶解率的关系如图 11-11 所示。

数据说明：当 KCl∶合金 =6∶1，730℃恒温 1h，氯气流量 80mL/min 时，在合金丝直径为 0.05～0.5mm 的范围内，氯化溶解率与直径成反比。在氯化温度 720℃，KCl∶合金 =12∶1，1h 的条件下，φ0.5mm 丝氯化溶解率为95.5%。但直径增为 2.78mm 时，氯化率剧降为 16.8%；将经氯化后的合金丝（已变为 φ2.54mm）再氯化，氯化率为17.7%，平均每次浸蚀深度为 0.12mm。

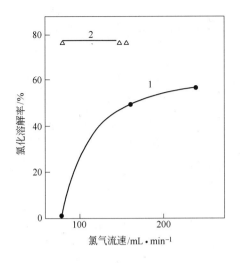

图 11-10　IrRh 丝氯化溶解率与氯气流速的关系
1—700℃，KCl：合金 =6：1；2—720℃，KCl：合金 =9：1

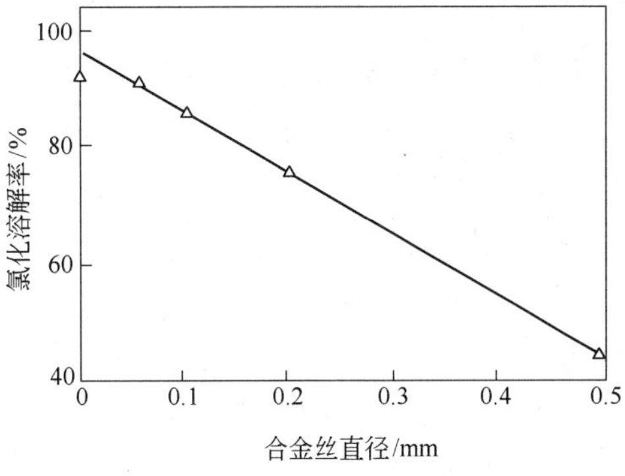

图 11-11　IrRh 丝氯化溶解率与丝直径的关系

B　IrRh 粉

因生产过程中产出的棒、锭状废料尺寸过大，直接氯化效率很低，故采用锡碎化、盐酸脱锡处理，获得的合金粉粒度一般为 10μm、少数为 20～30μm、极少数达 40μm，并有相当数量粒度为 1～2μm 的细粉，但放置时常聚集为较大的颗粒。IrRh40 合金粉氯化溶解率与温度、KCl 用量、氯气流速的关系如图 11-12～图 11-14 所示。曲线形状明显不同于合金丝，这主要是由于合金粉比表面积大、氯化速度快、KCl 用量减少。

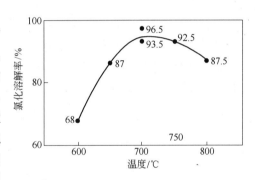

图 11-12　铱铑粉氯化溶解率与温度的关系
（KCl：合金 =6：1，恒温 1h，氯气流速 80mL/min）

实验测定：在 KCl 含量不少于 10% 的溶液中，13℃ 可溶解呈 K_2IrCl_6 状态的铱0.013～

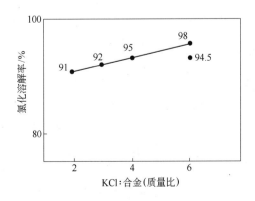

图 11-13　铱铑粉氯化溶解率与 KCl 用量的关系
（700℃，恒温 1h，氯气流速 80mL/min）

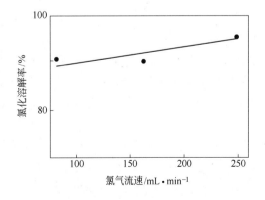

图 11-14　铱铑粉氯化溶解率与氯气流速的关系
（KCl：合金 =3：1，700℃，恒温 1h）

0.035g/L，约比以 K_3RhCl_6 状态溶解的铑低 150 倍。利用此性质，可在室温（约30℃）粗分，获得含 Ir 约5%的氯铑酸钾溶液和含 Rh 约5%的氯铱酸钾溶液。

11.1.2.4 熔盐氯化法处理合金废料

文献［25］对含 Pt、Pd、Rh、Ir 等贵金属的粉末废料添加 NaCl 在高温下通氯气氯化。物料与 NaCl 混匀，放入石墨（黏土）坩埚，在 500～550℃保温氯化 1h，再在 750～780℃保温氯化 1h。此时，坩埚内的物料已经变为熔融状态，故称为"熔盐状态"。氯化后的物料，趁热倾入不锈钢盘中，待冷却后进行浸出。铂族金属的总浸出率可达99%。其中含有的银以 AgCl 形式存在于不溶渣中。氯化可采用两种方式进行：

（1）在 ϕ100mm 的石英管中，将配好的粉料分装在两个 ϕ85mm 的石英舟中加热，在封闭的石英管中通入氯气、尾气，经过碱液吸收。待物料冷却后，用水冲洗石英舟出料。

（2）在 ϕ120mm 的石墨（黏土）坩埚中加入配好的粉料。经插入粉料中的瓷管通入氯气氯化后将物料倾入不锈钢盘中。用此法已进行过数十千克物料的扩大试生产。

两种方式的实践证明：采用石墨（黏土）坩埚氯化，因氯气直接通入物料内部、氯化效果较好；并可趁热倾出物料，不仅缩短了氯化周期，而且能提高浸出效果；坩埚可多次使用，成本较低。但尾气含 Cl_2 较高，需要处理，一般采用碱液吸收、循环淋洗等措施以消除废气污染。此法周期短、总浸出率高、成本低，可处理不同品位和成分的铂族金属粉料。

11.1.2.5 用硫酸氢钠熔融法处理合金废料

硫酸氢钠熔融法是溶解铑并与铱分离的古老方法，此法浸出率不高，需多次反复，过程冗长，不适用于大量物料的处理。但由于操作条件较安全、方便而常应用于小批量粗铑粉提纯。即使含铑废料中的铑与硫酸氢钠（$NaHSO_4$）在熔融状态下生成可溶性硫酸盐，水溶后，滤液用氢氧化钠中和析出氢氧化铑，再以盐酸溶解转化为氯铑酸溶液，经过进一步精制后即可获得纯铑。

如用粗铑粉或含铑废料制取光谱分析用铑基体，文献［26，27］采用的就是硫酸氢钠熔融法。试验确定，1g 铑粉约用 12g 硫酸氢钠。先将硫酸氢钠放在刚玉（Al_2O_3）坩埚（外加不锈钢保护套）中，缓慢升温至 300℃左右使之熔解，并脱除结晶水，300～400℃时有大量气泡由液面逸出，当逸出减慢时，在搅拌（用玻棒）下逐次加入铑粉，然后慢慢升温至 500～550℃保持 3～4h 并不断搅拌，熔盐随着铑的熔解量增加，颜色由浅逐渐变深至棕红色。出炉时，将熔体倒入瓷盘中冷却，结块用水溶解，不溶渣过滤、烘干后再熔融（铑一次熔出率为85%左右）。水浸液加入 NaOH 中和，pH 值为 6～6.5，析出氢氧化铑，过滤、洗涤除去 SO_4^{2-}，用 HCl 溶解得 H_3RhCl_6 溶液。

曾用硫酸氢钠或 $K_2S_2O_7$（6 倍料重）处理铑或铑铱合金，经高温和长时间（900℃，约8h）处理的物料，用12% H_2SO_4 溶液浸出。当处理 Rh-U 合金时，Rh 浸出率达98%。文献［28］用硫酸氢钠熔融处理 Rh：Ir ≈4：3 的物料，经一次处理后，比例变为 1：87.5，经过纯制，可得99.9%的铱，虽直收率不高（38.7%），仍获得专利权。

11.1.2.6 氧化挥发处理合金废料

锇、钌都比较容易氧化为高挥发性氧化物。因此，常利用此特性回收它们并与其他金属分离。

A 通氧灼烧挥发法回收锇

锇在氧气流中氧化挥发，反应式为：

$$Os + 2O_2 \Longrightarrow OsO_4 \uparrow$$

海绵锇的氧化率列于表11-3。

表11-3　海绵锇的氧化率　　　　　　　　　　　　（%）

加热时间 /min	温度/℃					
	800	700	600	500	300	300[①]
20	81	50	40	26	19	23
30	93	70	52	41	31	37
40	96	82	63	53	42	50
50	98	90	71	63	51	63
60	100	96	80	71	59	73
70		98	87	79	65	82
80		100	94	86	70	89
90			98	91	74	95
100			100	97	78	100
110				100	81	
120					83	

①300℃时分散附着于石棉上的锇。

从表11-3可看出，800℃时，60min全部挥发；500℃增至110min；300℃时，4h也挥发不完。而分散附着在石棉上的锇氧化速度则快得多，300℃的氧化速度相当于500～600℃时的速度。钌的挥发需要更高的温度，一般应在1000℃以上，如到1300℃。

文献[29]用通氧灼烧法回收废锇铱合金中的锇，工艺流程如图11-15所示。废料先用汽油或丙酮洗涤，除去表面油污，晾干，球磨粉碎至0.074mm（200目）；每次50～200g，平摊于石英烧舟中，推入石英管；升温加热至800℃，通氧使锇氧化成OsO_4挥发，被气流带入吸收瓶。2h后冷却，如物料含Os大于20%，需反复通氧灼烧2～3次，氧化流量0.4L/min。铱等金属不挥发留在渣中，进一步处理回收铱；渣中仍含2%Os，可在提纯铱前，通过碱溶、蒸馏回收。此工艺能制取分析纯的海绵锇，回收率大于98%。较适用于含Os 3%～8%的废料。

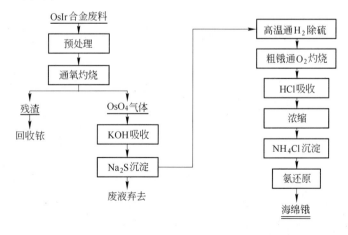

图11-15　氧化灼烧法回收锇铱合金废料中的锇

B　加氯酸钠挥发回收锇、钌

氯酸钠在硫酸介质中加热时可分解产生新生态的氧，从而使物料中的锇、钌及其氯配合物被氧化为四氧化物挥发，反应如下：

$$3NaClO_3 + 3H_2SO_4 \Longrightarrow 3NaHSO_4 + HClO_4 + Cl_2 + 4[O] + H_2O$$

$$Os + 4[O] \Longrightarrow OsO_4 \uparrow$$

$$[OsCl_6]^{2-} + 4[O] + 4e \Longrightarrow OsO_4 \uparrow + 6Cl^-$$

$$Rh + 4[O] \Longrightarrow RhO_4 \uparrow$$

$$[RhCl_6]^{2-} + 4[O] + 4e \Longrightarrow RhO_4 \uparrow + 6Cl^-$$

同时，其他的铂族金属则以氯配合物形态进入溶液。如成分（%）为：Cu 1.10、Ni 4.03、Pt 2.84、Pd 0.83、Rh 0.185、Ir 0.28、Os 0.18、Ru 0.41、Au 0.55 的活性精矿，用此法处理，可使锇、钌在吸收液中的回收率达到97%以上，同时使多于95%的铂、钯、金，多于86%的铑、铱和多于98%的铜、镍进入溶液。

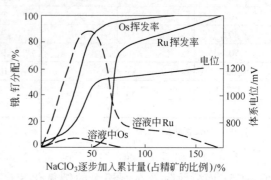

对锇、钌的氧化过程，可由图 11-16 的数据得到说明（试料成分为：Os 0.39%，Rh 0.68%，其他铂族金属和金 18.17%，Cu + Ni 16.8%，S 约 30%），即钌先生成 $[RuCl_6]^{2-}$ 进入溶液，再被氧化挥发，而锇是直接（或同步）氧化为 OsO_4，进入溶液

图 11-16　锇、钌溶出率及挥发率与 $NaClO_3$ 累计用量的关系

的很少。此反应很迅速，初期易"暴沸"，故需注意控制氯酸钠的加入速度。

11.2　催化剂废料铂族金属的回收

11.2.1　载体催化剂

11.2.1.1　选择浸出法

A　盐酸溶解

在催化剂表面高度分散的钯可用盐酸溶解，其工艺流程如图 11-17 所示[30]。

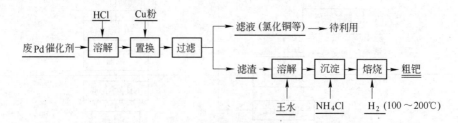

图 11-17　盐酸浸出回收废催化剂中钯的工艺流程

对于含钯较低的废催化剂，如载体为 Al_2O_3（ϕ3mm 球粒）、含 Pd 0.0402% 的废钯催化剂，用常规的搅拌浸出法成本较高，文献[31]用 HCl 渗滤浸出。将废催化剂 200kg 放在

$0.3m^3$ 搪瓷槽中，加 80～100L HCl（或加少量氧化剂），反应后放热温度可达 40～50℃，控制浸出液最终 pH 值为 1.5，换新液再浸出一次。浸出渣含 Pd 0.0043%，Pd 浸出率为 89.38%。

为了强化酸溶液的浸出过程、提高浸出率，文献［32］设计的流态化固体颗粒浸出反应釜，利用流体的冲击力量产生"返混"，让液、固、气的传质、传热过程加快，从而获得高的浸出率。如用于处理含 Pd 0.5%、Au 0.2%、ϕ4～6mm 小球及含 Pd 0.1474%、ϕ2～3.5mm 小球的棒状废催化剂，每次投料 500～550kg，浸出液为 3mol/L HCl，从耐酸泵吸入端通入氧化性气体，溶解 2h，两种物料的贵金属浸出率均大于 98%。

载体表面高度分散的铂也可溶于 HCl，但要获得高的溶解率，在后期需要加入一定数量的氧化剂。

B 王水溶解

王水是溶解能力极强的无机混合酸，可用于从各种废催化剂中回收贵金属。但因王水氧化性强，废料中的杂质元素往往一起溶解，使其后的分离、提纯工序复杂，同时需要采用耐强腐蚀的容器，操作须十分仔细、小心。

用王水处理石油化工中的废催化剂时，控制适当的条件可使催化剂载体保持不溶，而贵金属进入溶液，然后用常用方法分离贵金属。据报道[2]，在用常规的焙烧法时，于 1500℃焙烧 2h，将 γ- Al_2O_3 转变为 α- Al_2O_3 的过程中，约有 97%的钯将挥发损失在气相中。图 11-18 所示为加拿大 McGill 大学提出的用硝酸和盐酸处理废催化剂的流程图。它用 $AlCl_3$ 替代部分盐酸，从而减少了溶解过程中的钯挥发。浸出残渣用 $AlCl_3$ 或酸洗涤，再用水洗，以提高铂族金属的回收率。浸出液用 Amborance345 树脂吸附铂和钯，吸附残液用铝粉还原，尾液含铂、钯在 3×10^{-4}%以下。

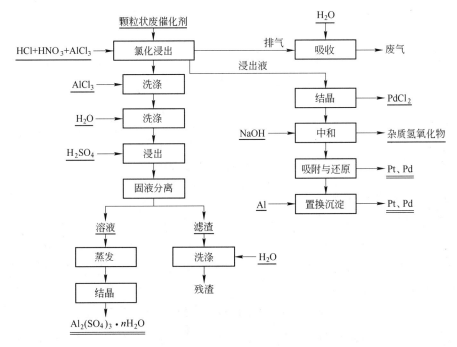

图 11-18 加拿大 McGill 大学用硝酸和盐酸处理废催化剂的流程图

C　水溶液氯化法溶解

水溶液氯化法是贵金属湿法冶金中最常用的浸出手段之一。用水溶液氯化法处理各种废催化剂,金属浸出率较高,一般均在98%以上,且避免了繁琐及条件恶劣的赶硝操作。在浸出时,加大氟化氢、氟化铵等氟化物的用量,可软化催化剂表面,提高金属回收率。例如,文献〔33〕用此法处理上海石化总厂失效 PCC 催化剂时,用盐酸和一种含氯氧化剂分数次浸出,可使钯和金转入溶液。用锌粉置换,沉淀物用盐酸和含氯氧化剂再次溶解,草酸还原得到纯度为99.9%的金粉,回收率为97%左右。还原后的溶液用氨水配合,盐酸酸化,水合肼还原得纯度为99.9%的钯粉,钯回收率为96%左右。当用同一方法处理二甲苯异构化催化剂 T-12 时[34],因它是以圆颗粒丝光沸石为载体,故需预先在1100℃高温下煅烧,使 γ-Al₂O₃ 转变为 α-Al₂O₃,然后再进行浸出,金属回收率为97.8%,工艺流程如图 11-19 所示。

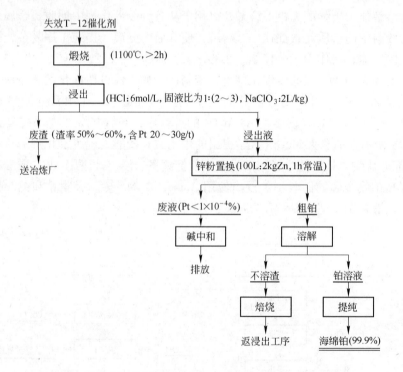

图 11-19　水溶液氯化法从失效催化剂中回收铂工艺流程图

11.2.1.2　溶解载体法

A　酸溶法

活性 Al₂O₃ 载体易溶于硫酸,且由于硫酸的沸点高、挥发性小,与 γ- Al₂O₃ 的作用力强,而常用于处理废催化剂。对 H₂SO₄ 溶解 η-Al₂O₃ 的热力学分析说明,在 pH < 2.818 时,硫酸溶出的反应为:

$$Al_2O_3 + 6H^+ \stackrel{}{=\!=\!=} 2Al^{3+} + 3H_2O \qquad \Delta G_{298}^{\ominus} = -97.19 \text{kJ/mol}$$

用硫酸溶解可溶性载体 Al₂O₃ 时,常采用30% H₂SO₄,固液比为 1:6、在温度110℃条件下,搅拌浸出 1～3h,载体 Al₂O₃ 可全部溶解。110℃溶出时,热力学计算平衡常数

$K = 1.188 \times 10^8$，说明 Al_2O_3 的酸浸反应可以进行得很彻底。酸浸出的起始酸度为 5.4mol/L，终点酸度约 0.25mol/L，每升含 Al^{3+} 约 3mol。加压浸出可以提高 Al_2O_3 载体的溶解速率，美国 R. K. Mishra[35] 用粒状 Al_2O_3 载体进行对比，常压下 300min 溶解了 83.3%，而加温加压条件（150℃，344.5Pa）下，达到相同溶解率仅需 60min，硫酸浓度也低得多，分别为 60% ~66%（常压）和 34%（加压）。

实际处理废钯催化剂时，还可使催化剂载体与贵金属（钯）一起溶解，或控制一定条件只溶解载体。在 Na_2S 存在下，用稀硫酸直接溶解废 Pd/Al_2O_3 催化剂，钯在浸出渣中的回收率可达约 100%。在硫酸溶液中，加入盐酸和氧化剂，可达到载体与贵金属共同溶解的目的，然后用离子交换法分离提纯铂族金属。用此法处理 Pt-Sn、Pt-Re、Pd-Pt 废化工催化剂，贵金属回收率大于 99%，浸出液含 Al_2O_3 不少于 50g/L，可用于生产催化剂[2]。

对物料中不溶于硫酸的铂族金属，可在较高温度下用硫酸浸煮，使之留在不溶残渣中回收。当用浓度小于 57% 的硫酸处理废铂催化剂时，几乎所有的铂都有富集在渣中。但随着硫酸浓度增加，铂的溶解也增加。浸煮后，可用水合肼等还原剂将浸出液中的铂离子还原为金属，并加入凝聚剂促使其沉淀。然后用磷酸三丁酯萃取，使未分离的少量铂残渣保持在两相界面，以便回收。用此法可大大减少铂的溶解损失[2]。

B 碱溶法

a 碱液溶解

当催化剂载体是一种两性氧化物（如 Al_2O_3）时，可以溶解于碱溶液中，故强碱液溶解法也常用于处理此类废催化剂。反应式为：

$$Al_2O_3 + 2OH^- + 3H_2O = 2Al(OH)_4^-$$

通常，在压煮器中的较高温度和压力下，可使部分或全部氧化物载体溶解。用此法处理铂、钯或铂-铼催化剂，金属回收率较高，如对于含钯 0.06% ~0.11%，钌 0.015% ~0.25% 的废催化剂，先用 15% ~20% 的氢氧化钠溶液浸出，滤渣再用 5% ~10% 硫酸浸出，进一步除去铝，所得铂族金属精矿（渣率 8% ~10%）用碱熔法处理。钯和钌的回收率分别为 99% 和 98.5%[2]。增加 NaOH 浓液，减少废催化剂粒度或增加压力均有利于提高 Al_2O_3 的浸出率和减小渣率。此法的优点是渣率低，故铂族金属在渣中的富集率较高，且含大量 $NaAlO_2$ 的浸出液可用于生产催化剂载体，但是，在碱浸的实施过程中，往往容易生成胶体，有时甚至会使得固液分离及洗涤都很困难，且胶体可吸附少量贵金属，降低其回收率。因此，对于有些废催化剂，碱液浸出不如酸浸有效。

b 消化—水浸

物料中氧化硅及氧化铝含量较高时，可配入一定量的碱进行烧结，使之转变为具体良好水溶性的钠盐，然后浸出使之与贵金属分离。常用的碱主要是氢氧化钠或碳酸钠，氢氧化钠可以在比较低的温度下使氧化硅和氧化铝转变为可溶性钠盐；碳酸钠的转变温度虽然高，但价格低，来源广，适宜于工业上应用。用碳酸钠作熔剂，在一定温度下与物料中的氧化硅和氧化铝发生化学反应，生成可溶性硅酸盐和铝酸盐，使铂族金属在残渣中富集。

对于以 α-Al_2O_3 载体为主的废催化剂，可与 NaOH 烧结，形成 $NaAlO_2$ 后用水浸出（此工艺俗称"消化"）。如 I_5 废催化剂[36]，多为 ϕ1.5 ~2mm 的小球，废料中粉末占 30% ~40%，基体为 α-Al_2O_3，铂粒小于 50nm 的占 71.53% ~81%，大部分渗透在 Al_2O_3

基体空隙中或边缘区域，且多被包裹。催化剂的化学成分（％）为：Pt 0.35～0.36，Al_2O_3 96.50，Ni、Pb、Mg 微量，Fe 0.37，Mn 0.11，SiO_2 0.7。采用选择性浸出铂，浸出率不足 90％，改用溶解基体或全溶解，浸出率也不高。后改用消化—水浸工艺，NaOH 与 Al_2O_3 反应生成的 $NaAlO_2$ 可用硫酸转化为 $Al_2(SO_4)_3$（直接用于处理锅炉用水及城市污水，或制成工业 $Al(OH)_3$）。考查了消化温度、苛性碱用量、物料粒度、消化次数和水浸的固液比对铝浸出率及铂回收率的影响。

结果确定的适宜条件为：（1）消化：700～800℃、NaOH：I_5 =（1～2）:1，催化剂为自然粒度，1～3h，消化 1～2 次；（2）水浸：>95℃，固液比（g/mL）= 1:（5～10），10～60min（一般 30～40min）。Al 浸出率 88％～92％，浸出液含 Pt 少于 0.0005g/L，浸出渣中贵金属富集 8～12 倍，Pt 回收率为 99.9％。水浸液常温搅拌下加工业硫酸中和，产出含铝产品，铝回收率大于 90％。

此工艺易于工业化，铂回收率高，操作气氛好，不污染环境，在盐酸介质溶液中加入絮凝剂，可有效地使溶液中的硅胶凝聚，固液容易分离。

C　全溶解法

在废催化剂的处理中，常遇到载体溶解时，大量贵金属活性组分也同时溶解的情况。因此，也可采用全部溶解，再在溶液中分别回收的工艺。

如铂重整废催化剂，含 Pt 0.01％～0.6％，含有少量氯离子，载体约 98.5％ 为 η-Al_2O_3，表面还有 Cl-Al_2O_3 酸性中心物及少量的 α-Al_2O_3。文献［37］以空气中的氧为氧化剂，在固液比 = 1:6、9mol/L HCl，80～90℃ 条件下，浸出 6～8h，反应为：

$$2Pt + O_2 + 8HCl =\!=\!= 2H_2PtCl_4 + 2H_2O$$

$PtCl_4^{2-}$/Pt 电位为 0.813V；反应 $O_2 + 4H^+ + 4e = 2H_2O$ 的电位为 1.22V，计算出平衡常数 $K = 10^{28.1}$。

热力学计算结果说明，铂的氧化反应进行得很彻底。实际的浸出结果也证明：浸出渣率小于 1％，其中铂含量 0.001％～0.01％，铂浸出直收率大于 98％。

又如，两种以氧化铝为载体的铂催化剂[38]，外表呈灰黑色，金属铂主要以微晶形式均匀分布在载体表面，其组成及性能为：低含量球体直径为 5mm，100℃ 烘干 2h，失重 5％ 含 Pt 0.075％。高含量球体直径为 2mm，100℃，烘干 4.5h，失重 24.5％ 含 Pt 0.335。用全溶解法处理含 Pt 0.355％ 的催化剂，Pt 的浸出率达到 99.17％。

11.2.1.3　火法富集法

A　熔炼法

熔炼是处理贵金属废料的有效方法，它适应性强、流程短、金属回收率高。目前世界上几大贵金属废料回收厂大都采用此法。其中，重金属捕集法是最常用的方法，它对物料的适应范围广，特别适用于处理难溶载体和载铂族金属量很少的物料，如低品位废催化剂。常用的捕集剂有：铅、铜和铁等。铜、铅的捕集一般在电弧炉中进行。

通常还原熔炼得到的金属铁，含碳、硅量较大，难于直接用湿法处理。往往采用氧化的方法进行氧化精炼，降低碳、硅含量，使之易于用酸浸出，以进一步富集贵金属。通常采用的方法是：

（1）富氧吹炼，先将金属熔化，在高温下通入富氧空气或纯氧气吹，使富集剂、硅、碳氧化挥发或与熔剂造渣。由于此过程反应剧烈、不易控制，易引起炉料喷溅，造成贵金属损失，同时，产生大量炉气污染环境，尤其是用铅作捕集剂时，还将造成铅害。

（2）加矿石氧化，此方法过程较易控制，比较安全可靠。

铜捕集时，将废催化剂与铜或氧化铜、助熔剂、还原剂共熔，捕集了贵金属的铜合金与氧化物炉渣分离。文献［39］用两段火法冶金过程从汽车废气净化催化剂中回收铂族金属。首先把废催化剂和铜或氧化铜、助熔剂、还原剂共熔，形成铜与被捕集金属的合金层和氧化物炉渣层，分离出铜合金。铜合金经氧化吹炼，除去生成的氧化铜，多次重复此过程，使富集后的合金含：Pt 33%、Pd 12%、Rh 3.2%，铂族金属回收率大于99%。

铅捕集铂族金属除用电弧炉外，还可用鼓风炉[39]。常用 C 或 CO 造成炉内还原气氛，铅化合物在还原为铅的过程中捕集贵金属，催化剂载体则在高温下和熔剂造渣分离除去；捕集了贵金属的粗铅，灰吹除去大部分铅，以进一步富集贵金属。通常鼓风炉熔炼铂族金属的损失比电弧炉要大一些。镍锍（镍冰铜）是很好的铂族金属捕集剂，将废催化剂与其他炉料同在镍锍炉中熔炼的工艺，已在一些冶炼厂采用。

熔炼法已获得专利[40]，用于从金属载体废催化剂中回收铂族金属。即将催化剂与铜一起在1150～1600℃下熔炼，得到氧化物熔体和含铂族金属的熔融金属。前者在电炉内用含碳物料还原，得金属铜，返回熔炼工序；后者进一步回收和精炼铂族金属。

文献［41］对于低品位含贵金属渣，提出"从废料及残渣中回收铂族金属"的技术，将含贵金属残渣、含硫浸滤渣和熔剂经高温熔炼，产出含贵金属铜锍与渣分离；再氧化除去铜锍中多余的铁、镍后，将贵金属捕集在金属相中。针对低品位（<10%）或难处理的含贵金属（Au、Ag、Pt、Pd、Rh、Ir、Os、Ru）物料，发明了"低品位及难处理贵金属物料的富集活化溶解方法"[42]。包括：熔炼金属锍、铝合金化、酸浸出贱金属、酸氧介质溶解贵金属等几个步骤：

（1）利用物料含有的或添加的铁、镍、铜及其他有色金属硫化物中的一种或数种，适量加入熔点为550～1000℃的钠硼玻璃渣，900～1300℃熔炼，使贵金属捕集于锍相或金属相中，而物料中所含的造渣组分如硅、钙等则与钠硼玻璃渣形成熔点为790～850℃的低熔点渣，渣锍分离，渣中贵金属约可降至30g/t，锍中贵金属直收率大于99.6%。

（2）富集了贵金属的锍添加质量比0.5～3倍的铝，在1000～1200℃熔炼，使其铝合金化。

（3）用1～4mol/L稀盐酸或稀硫酸加热（>90℃）溶解贱金属，溶液中铝及贱金属离子总浓度应控制在小于150g/L。固液分离，滤液不含贵金属可排放或并入贱金属回收系统，滤渣为品位大于50%的贵金属活性精矿。

（4）活性精矿用盐酸加氧化剂（如氯气、过氧化氢）溶解全部贵金属，溶解率大于99.6%。

该工艺的优点是：处理物料的适应范围宽（贵金属品位1%～20%）、工艺简便，对设备要求不高，周期短，所得贵金属精矿品位高、活性好，为以后的分离、提纯创造了有利条件。发明者和此法处理含金和铂族金属总量为7.75%及0.32%的物料，贵金属溶解率都大于99%。该工艺的原理可以考虑用于处理以陶瓷类物料为载体的废催化剂。

当物料中的氧化硅或氧化铝含量极高时，特别是以氧化铝为载体的废催化剂，为了配制易于流动的炉渣，必须配入大量熔剂以降低渣中Al_2O_3含量，从而将降低贵金属回收率，且要求较高的熔炼温度。因此，对于这一类物料，则不宜采用熔炼法。

B　挥发法

卤化挥发法是挥发法中常用的方法。它依据金及铂族金属在其熔融温度下不与卤素作用，而常见的贱金属和银则可与卤素反应并挥发（其熔点和沸点见表11-4）或造渣除去。

表 11-4　贱金属和银与卤素的反应及其熔点和沸点

反　应	熔点/℃	沸点/℃	反　应	熔点/℃	沸点/℃
$2Ag + Cl_2 \rightarrow 2AgCl$	455	1550	$2Fe + 3Cl_2 \rightarrow 2FeCl_3$	282	315
$2Cu + Cl_2 \rightarrow 2CuCl$	422	1360	$Zn + Cl_2 \rightarrow ZnCl_2$	262	732
$Fe + Cl_2 \rightarrow FeCl_2$	670	升华	$Pb + Cl_2 \rightarrow PbCl_2$	501	850

挥发作业可在黏土作内衬的石墨坩埚内进行，用黏土管将氯气从坩埚底部通入熔体，使贱金属卤化物及卤化银上升至坩埚上部挥发，或从熔体表面扒出，并加入新的废料再次卤化挥发。最后，添加适量的工业用盐清除表面，铸锭。此法可用于处理含金及铂族金属较高的物料，并可获得比较纯的金属。但是，贵金属在氯化过程中会部分损失在烟土中，且过程缓慢，因而应用受到限制。

卤化挥发最常用的挥发剂为氯或氟。氟化挥发时，可用氟或氟与氢氟酸的混合物。用此法处理废催化剂时，铂族金属的氟化转化有两种方式：（1）在100～300℃下生成铂族金属氟化物，然后在90～100℃下用矿物酸溶解其氟化物；（2）在300～600℃下生成挥发性的铂族金属氟化物，然后用水吸收，或者在中温下用固体氟化钠吸收。第一种方法也称为氟化烧结法，用此法处理废钯催化剂时，可用90%氟和10%氟化氢的混合物作氟化剂，在200～500℃下进行氟化转化；然后再用盐酸浸出，从浸出液中回收钯。氟化法耗能少，操作简便，金属回收率较高。

氯化挥发法处理各种废催化剂的应用比氟化法更广泛。常用的氯化剂为氯气及氯气与一氧化碳或氧气、二氧化碳、光气的混合气体。例如，用含25%（体积分数）的氯气，其余为一氧化碳的混合气体在500～800℃下处理废钯催化剂，挥发的钯化合物在300℃下用活性炭吸收，可回收近98.8%的铂[43]。在氯气流中加热废载体催化剂至600～1200℃，铂族金属或它们的氧化物将转化为氯化物挥发，并与载体分离。气态的铂族金属氯化物可用液体吸收，也可用吸附剂回收。日本专利在900℃通氯气处理含Ru废催化剂，Ru以$RhCl_3$挥发，用NaCl吸收，钌回收率96%。处理含铂废催化剂使铂挥发，用NH_4Cl吸收，回收率达92%[39]。对于挥发催化剂载体的研究也有不少报道，如含Pd、Rh、Ir、Pt的氧化铝载体废催化剂与炭粉混合，装入氯化容器并加热流动的含氯气体（如：$COCl_2$、CCl_4、SCl_2等），800℃下处理8h，Al_2O_3转化成$AlCl_3$挥发。残留物由重力法富集回收，Pt、Pd、Ir、Rh纯度99%，回收率不小于99%。

在230～480℃用光气、CO、CCl_4处理废催化剂60min，可使Pd以氯碳酰化物转入气相中。混合气体用量为原料中Pd量的15～20倍，Pd提取率为93%～97%[44]。

由铝基催化剂中提取Pt和Pd，可用气体氯进行高温氯化。提取Pd时在850～900℃，提取Pt在1050～1100℃，与氯气接触1～3h，平均99%～99.9%的Pd、Pt转入升华物中，得到的简单氯化物用1.5～2mol/L HCl吸收得水溶性配合酸，然后用置换法从水溶液中分离出Pt、Pd[44]。

羰基氯化物挥发法是基于铂和钯与 Cl_2 和 CO 或 $COCl_2$ 反应，生成挥发性的羰基氯化物：

$$Pt + Cl_2 + CO \longrightarrow Pt(CO)Cl_2 \uparrow$$

$$Pd + Cl_2 + CO \longrightarrow Pd(CO)Cl_2 \uparrow$$

最佳挥发温度为 150~250℃，高于 250℃铂和钯的羰基氯化物将发生分解。挥发的 $Pt(CO)Cl_2$ 和 $Pd(CO)Cl_2$ 经冷凝，从气流中过滤出来，过滤后的气体可用于再生 Cl_2 和 CO，并返回利用。用此法处理废石油催化剂时，有部分载体 Al_2O_3 将发生副反应：

$$Al_2O_3 + 3Cl_2 + 3CO \longrightarrow 2AlCl_3 + 3CO_2$$

此外，铂和钯也会发生副反应，生成 $Pt(CO)Cl_2$ 和 $Pd(CO)Cl_2$，影响铂和钯的回收率。处理过程使用有毒的 Cl_2 和 CO 给操作带来不安全性。据报道，用此法处理废汽车催化剂时，钯的回收率虽然近于 100%，但铂的回收率仅为 65%~72%，且有 15%~20% 的 Al_2O_3 载体生成了 $AlCl_3$[45,46]。

气相挥发法回收工艺富集效果好，但其腐蚀性强，对设备要求高，从而制约了此技术的工业应用。

C 焚烧法

焚烧法是处理含有机基底物料的最简单途径，它操作简便、成本低、周期短。但它不能再生回收基底材料，全需配备收尘设备以防止金属损失。

以活性炭为载体的废催化剂通常用焚烧法处理，如 Pt/C 废催化剂含：Pt 5.6%，C 93.0%，Fe、Cu、Zn 等其他金属杂质共 1.4%。文献 [47] 用焚烧法除 C 得 Pt 渣，含 Pt 87.2%，Fe、Cu 等合计 12.8%。铂渣用王水溶解，常规方法精炼铂。铂回收率为 98.6%，纯度为 99.9%。

文献 [48] 对废催化剂的焚烧过程进行过研究，试验装置为 $\phi 29cm \times 65cm$ 的圆柱形焚烧炉。由于废催化剂主要成分是碳，易于燃烧，反应生成 CO、CO_2，有水分存在时将生成 H_2。部分 Pd 在高温下（900℃）将被氧化成 PdO。由于废催化剂比表面积较大（900m^3/g），具有极强的吸附能力，故在焚烧炉上部通过加入废催化剂来控制床层厚度，使随焚烧气流带走的细粒钯和烧渣被床层上部的废钯/炭催化剂吸附；最后形成的烧渣在焚烧炉下部的铁丝网上得到富集。整个焚烧气流增大，焚烧时间缩短，回收率明显降低，较佳值为 4.0m^3/h（即焚烧空气流速为 60m^3/(h·m^2)）；提高废催化剂在焚烧时的水分含量（气流量恒定）有利于钯的回收。采用富氧气体，因焚烧尾气排放量减少，使钯的回收率有所提高；但用工业纯氧（99% O_2）焚烧时，主要由于烧渣与焚烧炉体黏结，出料不全，钯回收率反而下降（84.33%~93.49%，随气流量由 0.8~1.2m^3/h 增加而提高），估计主要是和焚烧时的局部实际温度过高有关。

11.2.2 净化汽车尾气催化剂

20 世纪 70 年代以来，汽车尾气净化催化剂使用铂族金属的数量越来越大，全世界用于汽车催化剂的数量增长情况可从表 11-5 看出[1,2]。

表 11-5　全世界用于汽车催化剂的数量增长情况　　　　　　　　　　（t）

年　份	1980	1990	1996	2000	2001	2002
铂	11.20	47.74	58.47	55.99	81.02	83.91
钯	9.33	9.80	74.40	160.49	163.64	99.02
铑	1.15	10.39	13.19	17.51	18.20	19.29
合　计	21.68	58.93	146.06	233.99	262.66	202.22

因此，失效的汽车尾气净化器已成为最重要的铂族金属二次资源。从 20 世纪 80 年代以来，引起众多厂家的重视，回收量逐年增加。当前再生回收利用的焦点问题是收购的物流渠道，其次则是回收的工艺技术问题。要大量收购需要中间商，同时也就使得处理失效汽车催化剂厂商的利润率有所减少。

汽车催化剂的载体近年来主要有金属（长矩形片卷成圆柱状）和堇青石（圆、椭圆柱形蜂窝状）两种，目前以后者居多。金属载体可用酸溶解贱金属，获得含铂族金属品位很高的浸出渣；还可用氢氧化钠、硫代硫酸钠和联氨的溶液浸出，使作为催化活性层的氧化铝层溶解，再进一步回收铂族金属。

堇青石载体的主要成分为：$2FeO \cdot 2Al_2O_3 \cdot 0.5SiO_2$ 或 $2MgO \cdot 2Al_2O_3 \cdot 0.5SiO_2$，属陶瓷性质，酸或碱均难于溶解。堇青石线膨胀系数小、强度大，多用挤压成型法制成薄壁蜂窝状载体，经煅烧定型。由于其比表面较小，不能直接加载贵金属，必须在载体表面涂敷一层 γ-Al_2O_3 活性涂层（通常用浸渍法），然后再加载贵金属（以可溶性配合物配成浸渍溶液，用浸渍法附着于 γ-Al_2O_3 活性涂层上），经干燥、还原，制成活性金属高度分散的催化剂。目前汽车催化剂用贵金属及合金有：Pt、Pd、Pt-Pd、Pt-Rh、Pt-Pd-Rh 等多种。近年来，使用最多的是 Pt-Pd-Rh（数量以 Pt、Pd 为主）三元催化剂。还有的催化剂加有少量稀土化合物，为了节省贵金属，近年来已开发出一批稀土为主并加入少量贵金属的催化剂，如文献［49～51］发明的低贵金属用量/高稀土元素用量氧化物催化剂。其中昆明贵金属研究所具有自主知识产权的"贵金属-稀土过渡金属汽车尾气净化催化剂"，已在昆明高新技术区建厂生产。

国际上从汽车尾气催化剂中对铂族金属的重要回收技术已有详细介绍[1,2]，在此仅对主要方法做如下介绍。

11.2.2.1　湿法氧化酸浸

前期以 γ-Al_2O_3 为载体的小球状催化剂，通常采用全溶法处理。废催化剂在棒磨机（或球磨机）中湿磨（防止粉尘飞扬）至 0.075mm，用硫酸浸出（分两段进行，一段为中性浸出，溶液中微量铂族金属以 TeO_2 为捕收剂，并加铝屑转换；二段为高酸度浸出），高酸浸出渣和铝转换沉淀合并，用氯气-盐酸浸出，金属回收率（%）为：Pt 88～94、Pd 88～96、Rh 84～88。

堇青石蜂窝状废催化剂则常用选择溶解法处理，破碎至 25～26mm 大小，稀硫酸浸出 γ-Al_2O_3，倾析法液固分离，溶液中含有的少量铂族金属可用铝屑等转换回收；倾析渣在盐酸介质中加氧化剂（如 HNO_3、$NaOCl$、Cl_2、H_2O_2 等）溶解铂族金属。如用 Cl_2-HCl 溶液溶解（条件一般为：75～95℃，6mol/L HCl，缓慢或分批加入氧化剂，浸出 2～2.5h），用倾析法得到的浸出液，以 TeO_2 为捕收剂，SO_2 还原得铂族金属精矿；精矿再用 Cl_2-HCl

溶解，磷酸三丁酯（TBP）萃取除 Te，得高浓度的铂族金属溶液，金属回收率（%）为：Pt 87~92、Pd 85~93、Rh 78~85。

汽车废催化剂浸出的最大问题是铂族金属的提取率不稳定，常有 10%~15% 的波动，而未用过的新催化剂中的铂族金属提取率可达 98%~99%。这可解释为：在使用过程中，铂族金属周围的 γ-Al_2O_3 在 1150℃ 以上转变为 α-Al_2O_3，冷却时某些微粒被 α-Al_2O_3 包裹，阻碍了浸出过程。特别是铑的回收率不高，可能是铑呈氧化物（Rh_2O_3）状态而不溶解。有资料报道，用焙烧、氧还原预处理后，浸出效果较好，但处理成本增高。在 HCl-H_2O_2 体系中添加一定数量的氟化物离子有明显增强溶解的作用，加浓硫酸也有利。预处理时如用甲酸钠和氢氧化钠效果会比硼氢化钠好，但要求预处理后立即浸出以防止重新氧化。

昆明贵金属研究所开发的硫酸化焙烧预处理工艺[52]处理的失效废催化剂含（%）：Pt 0.1~0.2、Pd 0.03~0.08、Rh 0.002~0.03，通过小试、扩试和吨级验证，其回收率指标见表 11-6。

表 11-6　硫酸化焙烧预处理工艺回收率　　　　　　　　　　（%）

实验级别	Pt	Pd	Rh
实验室小试	98.5	97.3	96.8
放大试验	97.8	96.9	96.3
吨级试验	97.5	96.48	96.35

但此法环境污染严重，必须强化废气（主要是 SO_2、SO_3）处理系统。

文献［53~55］用高温、高酸（H_2SO_4-HCl）浸出失效汽车尾气净化催化剂，得残酸量高（2.26mol/L）、贱金属含量高（总浓度达数十克每升）、贵金属浓度低（Pt 60.11 mg/L、Pd 50.10mg/L、Rh 6.24mg/L）的溶液。试用 R410 阴离子树脂吸附，达饱和前对 Pt、Pd 吸附很彻底，不吸附 Rh。负载树脂分别用 NaOH、20% 高氯酸、3% 硫脲三种溶液淋洗，比较淋洗率数据，认为以硫脲溶液为宜。含 Rh 尾液可考虑用另一种吸附 Rh 的树脂进行富集。当确定尾液中的全部贵金属含量都小于 0.5mg/L 时可排放。

文献［56］介绍的酸浸—离子交换新工艺流程为：废催化剂破碎→无机酸溶解→离子交换→氨化分铂→配合提钯→铜粉置换铑。回收率（%）为：Pt>96、Pd>97、Rh>90，Pt、Pd、Rh 产品纯度均不小于 99.95%。试料为二元及三元废催化剂，贵金属含量（%）分别为：Pt 0.185、Pd 0.447（二元）；Pt 0.184、Pd 1.23、Rh 0.083（三元）。处理要点是：

（1）废催化剂破碎至 1~3mm。

（2）溶解在 50L 搪玻璃电加热釜中进行，固液比为 1:4，溶剂成分为 HCl 3~4mol/ L、H_2SO_4 10~14mol/L，氯酸钠 300g（对应于 25kg 废催化剂，配成溶液加入），初始反应温度为 110~120℃，反应时间 2h。溶解后稀释，然后送交换。

（3）交换用市售 R410 阴离子交换树脂。该树脂为一种哌啶衍生物，可在百万分之一至几克每升的浓度范围内选择性吸附 Pt、Pd 等，如 Pt 配阴离子在 R410 上的分配系数为 600；而 Fe、Al、Cu、Pb、Zn、Ni 等大多数金属离子的分配系数为 0~3。吸附能力为：每克干树脂穿透容量 90mgPt，30mgPd，在 ϕ100mm×1000mm 离子交换柱（3 根）上，以 100mL/min 速度交换。25kg 批量的试验结果见表 11-7。

表 11-7   从废汽车催化剂中回收铂、钯、铑批量试验结果

编号	项目	溶解液			项目	离子交换尾液		
		Pt	Pd	Rh		Pt	Pd	Rh
1	mg/L	32.8	78.95	—	mg/L	0.20	0.90	—
	回收率/%	98.00	97.64	—	交换率/%	99.39	98.86	—
2	mg/L	29.85	71.94	—	mg/L	0.17	0.85	—
	回收率/%	97.26	97.01	—	交换率/%	99.43	98.81	—
3	mg/L	28.83	193.31	12.90	mg/L	0.23	1.10	12.90
	回收率/%	98.40	98.70	97.6	交换率/%	99.20	99.43	约0

注：1、2 号为二元废催化剂；3 号为三元废催化剂。

（4）分离提纯 Pt、Pd 负载树脂用 10% ~20% 高氯酸解吸（淋洗液：Pt 浓度 8.95g/L，淋洗率 99.68%；Pd 浓度 34.38g/L，淋洗率 99.80%），解吸液浓缩至含 Pt 20g/L，氨化分铂，所得氯铂酸铵在马弗炉中灼烧（产品 Pt 回收率 96.75%）；分铂液经氨水配合、酸化、水合肼还原得海绵钯（产品钯回收率 97.02%）。

（5）铑回收交换尾液在不小于 80℃ 条件下，用铜粉置换，Rh 置换率大于 95%。置换渣中 Rh、Pt、Pd 合计占 10% ~40%，酸溶后用树脂再次交换，交换尾液再用传统方法回收铑，铑的收率大于 90%。

文献［57］用 Cyanex921-甲苯作有机相探讨了从汽车尾气净化催化剂浸出液中回收铂族金属的可能性。考察了 HCl 浓度对铂族金属萃取率的影响，结果如图 11-20 和图 11-21 所示。

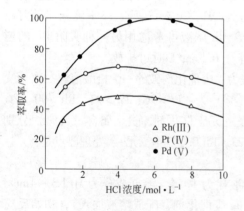

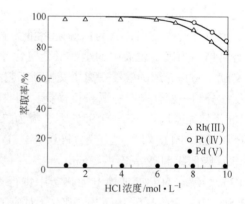

图 11-20   铂族金属萃取率与 HCl 浓度的关系
（有机相：75mmol/L Cyanex921；水相：Rh³⁺、Pt⁴⁺、Pd²⁺ 各 1mmol/L；振荡时间：10min）

图 11-21   SnCl₂ 存在时铂族金属萃取率与 HCl 浓度的关系
（有机相：75mmol/L Cyanex921；水相：Rh³⁺、Pt⁴⁺、Pd²⁺ 各 1mmol/L；SnCl₂：500mmol/L；平衡时间：1min）

图 11-20 说明 Pd^{2+} 在 HCl 浓度为 4.5 ~7.0mol/L 时萃取率最高，而 Rh^{3+}、Pt^{4+} 则萃取不完全，且随酸度的增加而下降。但在加入 $SnCl_2$ 后（见图 11-21），萃取情况则变为：Rh^{3+}、

Pt^{4+} 在 HCl 浓度小于 5mol/L 时可萃取完全，而 Pd^{2+} 不被萃取。$SnCl_2$ 的最佳添加浓度可由图 11-22 看出：萃取 Rh^{3+}、Pt^{4+} 的最佳 $SnCl_2$ 浓度分别为 25mmol/L、10mmol/L。由表 11-8 的数据可知：Pt、Pd、Rh 萃取率都随萃取剂浓度的增加而提高。试验还确定：定量萃取 Pd^{2+} 的平衡时间 5min 足够，Rh^{3+}、Pt^{4+} 在 1min 内即达平衡，延长时间至 30min，萃取率没有明显提高。用 HCl、HNO_3、H_2O_2、H_2SO_4、$HCl\text{-}HClO_4$ 进行反萃试验，发现 $4.0\sim6.0$mol/L HNO_3 可定量反萃 Rh^{3+}、Pt^{4+}（反萃率：常温时 95%，60℃时大于 98%），Pt^{2+} 只有 1∶1 的 $HCl\text{-}HClO_4$ 才能有效反萃。

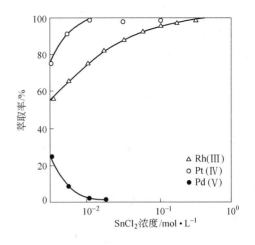

图 11-22　HCl 水相中铂族金属萃取率与 $SnCl_2$ 浓度的关系

（有机相：75mmol/L Cyanex921；水相：Rh^{3+}、Pt^{4+}、Pd^{2+}
各 1mmol/L；HCl：6.0mol/L；平衡时间：1min）

表 11-8　萃取剂浓度对铂族金属萃取率的影响

萃取剂浓度/mol·L^{-1}		100	75	50	25	10	7.5	5	2.5	1
萃取率 /%	Rh^{3+}	99.60	99.60	71.80	61.46	31.54	0.60	0.0	0.0	0.0
	Pt^{4+}	99.60	99.90	99.90	99.90	99.90	92.61	86.15	68.40	41.65
	Pd^{2+}	99.40	99.40	99.40	99.40	99.40	99.40	94.26	86.14	73.20

用 Cyanex921-甲苯从与废汽车尾气净化催化剂浸出液组成大体相同的合成液萃取和反萃铂族金属，具有简单、快速的特点，回收率均在 98% 左右。萃取时，浸出液中各种杂质的允许极限（铂族金属∶杂质）见表 11-9。当 $SnCl_2$ 存在时，Fe^{3+} 因还原为 Fe^{2+} 而不被萃取。

表 11-9　Cyanex921-甲苯萃取分离铂族金属允许的杂质极限

杂质极限	Rh^{3+}	Pt^{4+}	Pd^{2+}
1∶50	Al^{3+}、Mg^{2+}、Si^{4+}、P^{5+}	Al^{3+}、Mg^{2+}、Si^{4+}、P^{5+}	Al^{3+}、Mg^{2+}、Si^{4+}、P^{5+}
1∶40	Mn^{2+}、Co^{2+}、Cu^{2+}、Cr^{6+}、Pb^{2+}	Mn^{2+}、Co^{2+}、Cu^{2+}、Cr^{6+}、Pb^{2+}	Mn^{2+}、Co^{2+}、Cu^{2+}、Cr^{6+}、Pb^{2+}
1∶25	—	Fe^{3+}	Mo^{6+}、
1∶20	Fe^{3+}、Mo^{6+}	Mo^{6+}	
1∶0	—	—	Fe^{3+}

加拿大一家公司还研究出一种从汽车废催化剂等二次原料中回收贵金属的有机氯化物浸出法，也称为 CRO/REDOX 法，已进行了回收工艺流程的研究工作。

11.2.2.2　等离子体熔炼-铁捕集

熔炼法也是处理废催化剂的有效方法。Texagulf Minerals and Metals Inc. 等在 20 世纪 80 年代中期就尝试用等离子电弧炉熔炼法，从废汽车尾气催化剂和石化工业废催化剂中回收铂族金属。1993 年在美国召开的提取冶金会议上介绍了等离子冶金技术在贵金属回收中的应用。美国 Mascat Inc. 等采用等离子体冶金法处理了大批量铂族金属二次资源。采用此法时，对以董青石为载体的汽车废催化剂，只需配入适量石灰和用于捕收集的铁或镍后，通过粉末喷射—等离子体熔炼—快速凝固过程，在铁板上收集磁性部分，即为铂族金属富集物。此反应速度快、金属回收率高，对两种不同组分废催化剂的处理结果见表11-10[2]。

表 11-10　等离子电弧炉熔炼法从废汽车净化催化剂中回收铂族金属

类　型	组成/%			配料（比例）				总回收率/%		
	Pt	Pd	Rh	催化剂	石灰	铁	炭	Pt	Pd	Rh
蜂窝状	0.122	0.017	0.014	100	10	1	1	约100	98.1	86.6
球　状	0.0364	0.0145	—	100	100	1	0	96.7	95.2	—

所得富集物（铁或镍合金，俗称"金属扣"）含铂族金属总量分别为 6.99%（蜂窝状）和 3.85%（球状）。等离子电弧炉熔炼法从废汽车催化剂中回收铂族金属的原则流程如图 11-23 所示。

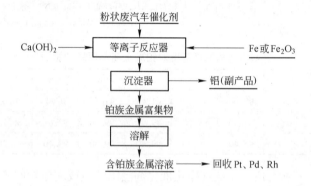

图 11-23　等离子电弧炉熔炼法从废汽车催化剂中
回收铂族金属的原则流程

等离子区熔炼以高温和超高温（可达 2000℃ 以上）为特征，在此高温下物质处于气体离子化状态。最稳定的是基于氩或者它与氢或氮的混合气体，在电弧的或喷射的等离子流发生器中由直流电放电所形成的等离子区。等离子流发生器的效率不高（电弧式为 10%～15%，喷射式 2%～3%），但它可在炉内保持任何气氛，挥发损失较小，不被耐火材料玷污，熔炼速率很高。在用惰性气体的中性气氛中（活性气体约 0.05%）熔炼与在 0.5mm 汞柱真空中熔炼的过程，在热力学上相当；且等离子熔炼设备比真空感应装置和真空电子束装置都简单，可显著减少设备制作费用。美国一家公司在 1984 年建成的功率为 3MW 的等离子电弧熔炼炉，可年产两千多千克铂族金属。

等离子熔炼结束，待金属熔体与熔渣澄清分离后，将铁合金熔体雾化成粉，然后用硫酸在鼓氧条件下浸出铁，得铂族金属精矿，金属回收率（%）为：Pt 80～90、Pd 80～90、Rh 65～75。贵金属富集到捕集料中，品位提高到 5%～7%。

采用等离子熔炼技术富集倍数大，可获得铂族金属品位高达百分之几的富集物，生产效率高，无废水、废气的污染，因此发展潜力很大。但此法在 1600℃ 高温下会生成硅铁与铂族金属的新合金相。文献［58］对该富集物的物相进行了研究，结果表明它是一个多种非平衡态物相的集合体，主要物相是以 Fe 或（Fe、Ni）为基体的含铂族金属的合金固溶体相。含铂量的富集物中有（Pt、Pd）固溶体相，含硅量的富集物中赋存铂族金属的 Fe 或 Ni 的硅化合物相，并发现急冷合金化可生成 ε-Fe 亚稳相和 Fe-C 亚稳相。由于富集物中各相都含铂族金属，加之通过急冷均匀化，因而十分耐腐蚀，具有极强的抗酸、抗碱性质，使后续处理变得十分困难。

文献 [59] 提出的从等离子富集物中提取贵金属的新方法，为解决上述难题提供了新途径。

1995 年昆明贵金属研究所开发了处理这种捕集料的新工艺[55~59]，已完成工业化验证试验，并产业化建厂。该工艺处理的富集物料成分（%）为：Pt 5.12、Pd 0.95、Rh 0.71、Si 8.93、Cu 0.85、Ni 9.66、Fe 55.41 及少量 Sn、Mn、Pb、Sb 等，从原料到铂族金属富液（Pt、Pd、Rh 合计共占溶液中金属离子的 90% 以上）回收率（%）为：Pt > 99.6、Pd > 99.7、Rh > 98.1。处理 90kg 批量的工业试验，产出 6.2kg 三元混合金属产品，回收率达 98%，排放的废液中每升 Pt 含量小于万分之几克。

由于等离子熔炼法还存在设备特殊、等离子枪使用寿命短、高温引起的耐火材料磨损严重等问题，尚需进一步解决，因此它的广泛应用还有待时日。

11.2.2.3　铜捕集法

废汽车催化剂直接投入铜冶炼厂的熔炼炉中，靠金属铜捕集铂族金属是最简单的回收方法之一。金属回收率（%）为：Pt 88~94、Pd 88~94、Rh 83~88。也可将废催化剂配入铜精矿、镍精矿中进行熔炼，然后从电解阳极泥中回收，金属回收率（%）为：Pt 93~97、Pd 92~96、Rh 90~95。由于一般冶炼厂规模较大、冶炼流程很长，而此法又是在铜、镍阳极泥的处理工艺中附带提取铂族金属，因此，要查清相对数量很小的废催化剂中的贵金属在熔炼和铜电解过程中的损失情况，对其经济效益作出准确评价比较困难，故尚未见大量用于生产。

日本专利将含 Pt 1.0kg/t、Pd 0.4kg/t、Rh 0.1kg/t 的废汽车催化剂（蜂窝状堇青石 80%、γ-Al_2O_3 15%、其他氧化物 5%）与定量的熔剂（石英砂、碳酸钾、氧化铁）、还原剂（焦炭粉）和氧化铜粉混合后，在电炉内 1350℃ 熔炼 4h，倾出上层玻璃状氧化物。下层金属铜移入加热的氧化炉（可用顶吹转炉）内，用富氧空气（40% 氧）吹炼，反复多次（约需 20h）氧化、除去氧化铜层，直至金属铜中含（%）：Pt 33、Pd 12、Rh 3.2 时，用空气或水碎化，在硫酸溶液中通空气溶解铜，获得含少量铜的铂族金属富集物，送精炼工段。吹炼产生的氧化铜渣中含：Pt < 1g/t、Pd < 0.2g/t、Rh < 0.1g/t，返回熔炼作氧化铜添加剂使用。

11.2.2.4　高温氰化法

美国矿务局[60,61]对堇青石载体汽车催化剂进行了加压浸出的开发研究。失效催化剂细磨后在高压釜中于 160℃ 下用 5% NaCN 溶液（液固比为 5:1）加压浸出 1h，浸出率（%）可达：Pt 85、Pd 88、Rh 88。对于小球型废催化剂可回收 90% 以上的铂族金属。

美国专利[62]将以氧化铝和堇青石为载体的废催化剂，粉碎到 1mm，用 1% NaCN 溶液在 160℃ 高压浸出 4h，浸出率（%）可达：Pt 94、Pd 97、Rh 98。固液分离后，氰化浸出液在高压釜中 250℃ 加热分解 1h，浸出液中氰化物转化为无毒的碳酸盐，残余氰化物浓度小于 0.2×10^{-4}%，可排放。而铂、钯、铑则还原为金属状态，还原率可达 99.8%，获得铂族金属品位高于70%的富集物。据报道国外已有规模化生产线。

昆明贵金属研究所系统研究了废催化剂加压氰化前的预处理方案[63]。通过预处理并调整氰化浸出条件，铂族金属的浸出率（%）分别提高到：Pt 98、Pd 99、Rh 93。已完成小试工艺的优化研究，已进行50L高压釜的扩试及1m³高压釜的半工业生产试验，解决了工程化关键技术，为工程化实施提供了设计依据。

加压氰化法可直接从废催化剂中选择性优先浸出铂族金属，且具有铂族金属回收率高、浸出液后续处理较方便、对环境危害较小、设备腐蚀不严重等优点，虽然在浸出时要使用剧毒试剂（氰化物），但在黄金提取的长期工业生产实践中，已积累了成功的防护技术和方法，故有望成为一种有应用前景的回收工艺。

11.2.2.5　氯化干馏法

废催化剂破碎至颗粒直径 50～52mm，按比例配入 NaCl，先煅烧除去夹杂炭和积炭，通 CO 还原铂族金属；在氯化炉中，600～700℃氯化，然后将水蒸气和热水通入反应器，使铂族金属的氯盐溶解，并以 TeO₂ 和 SO₂ 沉淀得铂族金属精矿。金属回收率（%）为：Pt 85～90、Pd 85～90、Rh 85～90。但因设备高温腐蚀严重，尚未见工业应用报道。

文献［64］介绍的从多孔碳化硅载体汽车催化剂中回收贵金属的方法，是将废催化剂加入 KCl 后，在流态化、固定或移动床中，于 600～1000℃用氯气进行氯化。经过氯化处理，碳化硅转化为 SiCl₄，金属则转化为金属氯化物。通过回收氯化物而高效地回收 Pt、Pd、Rh 等金属。

11.2.2.6　处理催化剂载体的方法

汽车排气净化催化剂目前仍以堇青石制作的蜂窝状载体为主，但它热容量大、强度不够，因此已经出现镍钢、不锈钢、Cr-Cu-Ni-Al 钢及高强度制作的金属载体。日本专利（JP9293552. 1997）用含氢氧化钠、硫代硫酸钠和联氨的溶液浸出，使作为催化剂活性层的氧化铝层溶解，再进一步回收铂族金属。

一种不经过溶解而使贵金属载体与催化剂层分离的方法（JP9299826. 1997）是利用金属载体冷却到金属脆化温度以下易于粉碎的特性。镍钢、不锈钢的脆化温度分别为 -100℃和 -180℃，可选择沸点比金属脆化温度低的冷却剂，如液态氮（沸点为 -196℃）、甲烷（-163℃）、乙烯（-140℃）等进行脆化处理。例如：不锈钢载体在液态氮中浸渍1min，经粉碎（如锤碎）和筛分后，用水洗或磁选将催化剂与金属载体分离。粉碎粒度与分离效率密切相关，如粒度从 40mm 减小至 0.5mm 时，贵金属分离率可从 75% 提高到 95% 以上。

最后还要指出，对废汽车催化剂回收工艺虽然进行了大量工作，但还存在不少问题，在相当的一段时期内还会成为研究的热点，相信在不久的将来，必有更经济、有效的新工艺流程问世。到那时，废汽车催化剂这座铂族金属的二次资源宝库必将在铂族金属的回收中占据十分重要的地位。

11.2.3　化学、石油工业催化剂

全世界85%以上的化学工业都与催化剂有关，而贵金属则是非常优良的催化剂。在石油化学工业中，重整、异构、裂解、加氢、脱氢等化学反应都需要各种各样的含贵金属催化剂。如石油重整催化剂就有负载 Pt-Re、Pt-Ir、Pt-Sn 等催化剂。除石油化学工业外，医药、

农药、香料、染料等各种精细化工工业中也需要大量的贵金属催化剂。这些催化剂以 Pd 为主，其次是 Pt。一些有机化工如乙酸、乙酐、丁醇、辛醇的生产中则用 Rh 作催化剂。

化工用催化剂绝大部分为载体催化剂，即将活性金属负载于载体上。常用的制备方法是浸渍法和离子交换法，其制备程序基本如图 11-24 所示。

图 11-24　载体催化剂的制备方法

载体形状多为圆粒状（小球）、柱状或粉状。载体成分可分为天然材料和人工合成材料。天然材料有硅藻土、石棉、浮石等，合成材料有氧化铝、陶瓷、活性炭、硅胶、沸石分子筛等多孔物质。根据制作条件不同，又有不同的晶态结构，如 Al_2O_3 就有 α、γ、η、β、θ 等晶型。贵金属价格昂贵，需要性能较为优异的载体，故常使用符合要求的人工合成材料，如 Al_2O_3、活性炭、沸石分子筛、硅胶等。

因为化学反应多种多样，催化剂的活性组分和载体也必然种类繁多，因而使此领域成为贵金属废料再生回收工艺研究的热点。其中应用最多的是 Pt、Pd 及它们的合金，其次是 Ag、Rh、Ru。其他贵金属单独应用较少，常作为添加元素（其中作为添加元素应用最多的是 Rh）。下面分类介绍各种催化剂回收铂族金属的工艺。

11.2.3.1　含铂废催化剂

在铂族金属催化剂中，长期以来铂催化剂的用量最大，应用范围最广。铂催化剂的活性组分可以是单一的铂，也可以是以铂为主，辅以其他贵金属、过渡金属、稀土金属等构成的二元或多元催化剂。铂催化剂对加氢、氧化、脱氢及加氢分解反应均显示出良好的活性。载体负载型铂催化剂大量用于石油精制（石油重整）及石油化工的其他部门。用量最大的是以 Al_2O_3 为载体的铂、铂铼石油重整催化剂。以下介绍一些有代表性的处理工艺，可供处理时参考。

A　废铂催化剂

a　酸浸

铂催化剂废料，一种是失效的小球催化剂（载体为 Al_2O_3），它除含 Al_2O_3 外，还含有 As、Fe、S 等杂质，另有积碳含量为 7% ~ 12%；另一种是在催化剂制备时，过筛大于 1 ~ 3mm 的小球是成品，小于 1 ~ 3mm 的是粉尘废品。昆明贵金属研究所曾从上述两种废料中回收铂进行了硫酸浸出法的研究工作。对失效的小球催化剂用 30% H_2SO_4 加热至微沸，固液比为 1∶6，不时人工搅拌、浸出 2 ~ 4h，浸出液含 Pt 0.078g/L，载体 Al_2O_3 及杂质几乎全部溶解，Pt 在残渣中。对未使用过的粉尘废料，均匀拌入变压器油（或其他油），在氢气流中烧 3 ~ 4h，粉尘废品变成黑色，再用 30% H_2SO_4，在固液比为 1∶6 下浸出 3h，载体 Al_2O_3 及杂质溶解。浸出液中含 Pt 小于 0.08g/L，99% 以上的 Pt 留于残渣中。将以上两种浸出残渣在 1000℃ 下煅烧，使残渣中残留的 Al_2O_3 转变成不溶于王水的 α-Al_2O_3，再用王水浸出 Pt，然后进行沉淀及水解法等作业，得到纯铂，铂的收率在 95% 以上。

另一工作是将含 0.35% Pt（原催化剂含 0.4% Pt）的 φ3mm 的 η-Al_2O_3 小球废重整催

化剂（积碳 7%～12%），用热硫酸浸出 Al_2O_3。按 1kg 废催化剂加入硫化铵试剂 20～30mL，可使浸出液中的 Pt 含量降至 0.0002g/L。浸出液煮沸后，加水稀释至含 Al^{3+} 不大于 50g/L，每升溶液再加入凝聚剂硅藻土或木炭粉 1g 吸附过滤；或将热浸出液用 6 倍水稀释后静置过夜再过滤，沉淀物过滤后得含金属铂和硫化铂的富集物——铂精矿。铂精矿在氧化气氛中 1000℃ 熔烧 3h 去碳，使铂转化为金属状态，并使残留的 $\eta\text{-}Al_2O_3$ 转变成不溶于王水的 $\alpha\text{-}Al_2O_3$，得到焙砂为灰色，其质量约为所用废催化剂质量的 5%。熔砂用王水浸出、过滤后，滤液用 6mol/L HCl 赶硝，加水稀释至含 Al 50g/L，再用 10% NaOH 溶液调 pH 值为 4 和 8，各水解一次，以除去溶液中 Fe 等杂质，然后按 1g Pt 加 1mL 水合肼还原，所得铂经交换水洗涤、烘干，即为含 Pt 99% 的成品，Pt 直收率 90%。

对 Pt/Al_2O_3 重整催化剂，用空气-盐酸介质浸出法回收可获得更好的结果。其工艺流程如图 11-25 所示。

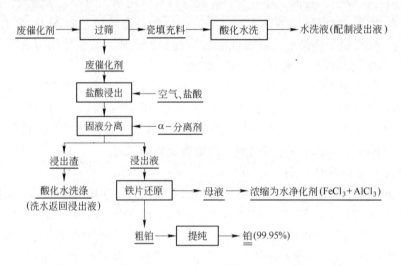

图 11-25　空气-盐酸浸出法回收铂的工艺流程

硫酸溶解因为缺乏有效的固液分离方法，通常是靠大量稀释浸出液和长时间澄清，使得分离时固液比高达 1∶20，不仅需要大量设备，且溶液处理量大、铂直收率也受影响。HCl 浸出时，固液比 1∶6 即可，加入 α-分离剂，半小时内固、液相即分层良好，上清液可直接还原或在离子交换柱中提纯。浸出渣仅约 1%，并可重复浸出，无需每次清锅，已用此工艺进行工业化生产，处理十几吨废催化剂，Pt 总回收率大于 97%。工艺条件为：(1) 浸出固液比为 1∶6，HCl 酸度 9mol/L，温度 80～90℃，以空气作氧化剂，时间 6～8h；(2) 固液分离剂加入量为溶液量的 0.3%～0.5%，温度 80～90℃；(3) 还原时溶液中 Al_2O_3 的浓度约为 120～125g/L，温度 80～100℃，时间 6～8h。浸出渣率小于 1%，其中含 Pt 0.001%～0.01%，Pt 浸出直收率大于 98%，生产中无污染、劳动条件好，也可用于处理废钯催化剂。

文献 [65] 采用的是废催化剂酸溶、阴离子交换树脂吸附铂族金属工艺。要点是：对以氧化铝为载体的废催化剂，先在 500～600℃ 焙烧除炭，然后按废催化剂∶硫酸∶盐酸∶氯酸钠∶氯化钠∶水 =1∶2.4∶0.6∶0.016∶0.02∶3 的质量比混合，在 110℃ 反应 4h 后过滤；滤液送阴离子交换树脂（R410）柱，树脂饱和后用 0.1mol/L HCl 洗涤树脂，再用

20%（质量分数）的高氯酸淋洗。交换使用 5 柱（$\phi 100mm \times 1000mm$）串联，其中 4 柱交换、1 柱淋洗。交换液酸度约 1.5mol/L，含铂族金属 150mg/L；交换后，尾液含铂族金属少于 1mg/L，淋洗液用水合肼还原得产品。工业试验结果为：废料含 Pt 0.35% 时，回收率为 98.36%～98.58%；含 Pt 0.874% 时，回收率为 96.64%；含 Pd 0.36% 时，回收率为 94.02%。铂、钯产品的纯度均达到 99.95% 以上。

文献［66］提出预处理使贵金属成为有利于浸出的还原态，如将 10g 含 Pt 0.62% 的工业废催化剂放入石英管中，先经过 600℃ 空气中焙烧 2h，然后通入氮气恒温 1h，再通入 H_2 直至室温，随后往样品中加入 100mL 溶液（HCl 2.8mol/L、H_2O_2 1.2mol/L、NaCl 2.5mol/L）、60℃ 搅拌浸出 2h，过滤并充分洗涤沉淀，Pt 浸出率为 97.5%。

b　碱溶—水浸

载体 Al_2O_3 为两性氧化物，也可用碱溶液浸出除去。但对于长期在高温下使用过的废催化剂，常压下用碱溶液浸出效果并不好，可采用废催化剂与 NaOH 一起熔融然后水浸（也称为：消化—水浸）的工艺处理。

文献［44］报道：AⅡ-52 和 AⅡ-56 废催化剂在 1200～1300℃ 与 NaOH 一起煅烧，冷却后用 90～95℃ 的 NaOH 溶液浸出，可得到含 Pt 14%～34% 的富集物；也可在压热釜中，25%～40%NaOH 溶液，于 180～280℃ 加压浸出，澄清、过滤后得到含 Pt 8%～9% 的富集物。

I_5 催化剂多为 $\phi 1.5～2mm$ 的小球，粉料占 30%～40%，基体为 α-Al_2O_3，化学成分（%）为：Pt 0.35～0.36，Al_2O_3 96.5，Fe 0.37，Mn 0.11，SiO_2 0.7，Ni、Pb、Mg 微量。曾用碱熔—水浸工艺处理。适宜条件为：（1）碱熔：700～800℃，NaOH：I_5 =（1～2）：1，1～3h，碱熔次数 1～2 次；（2）水浸：>95℃，液固比（g/mL）为 1.5～10，10～60min。设计了工业用消化炉（中国专利 ZL95109350.9），每次可处理 400kg，碱：料 = 1.2：1，温度最高达 900℃，每炉升温及消化 7～8h：用料重 10 倍的沸水浸出 30～40min，一次消化—水浸，Al 浸出率为 88%～92%，浸出液含 Pt 少于 0.0005g/L，浸出渣中贵金属富集 8～12 倍（品位提高到 19%～27%），Pt 回收率为 99.9%。水浸液常温搅拌下加入工业硫酸中和，产出含铝产品，铝回收率大于 90%。工艺流程如图 11-26 所示。

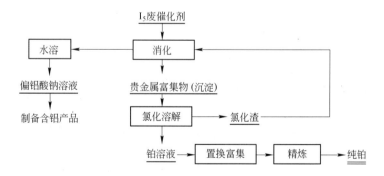

图 11-26　消化—水浸处理 I_5 废催化剂工艺流程

含 Pt 789g/t、Pd 331g/t、Rh 62.4g/t 的废催化剂（小球状氧化铝载体），在上述条件消化—水浸一次，Al 脱除率 84%，水浸液含 Pt、Pd、Rh 少于 0.0005g/L，铂族金属在水浸渣中富集 6.25 倍，回收率大于 99.9%。贵金属富集物用盐酸（浓度 3mol/L，固液比为 1:4）在 80~85℃ 搅拌浸出 2h，抽取浸出液后，补加盐酸及氯酸钠二次搅拌浸出，两段合计 Pt 浸出率可达 99.82%。浸出液含 Pt 3~10g/L，并含 Al、Fe 等杂质及钠盐，用金属（Fe 或 Zn 粉）置换（置换液 Pt 少于 0.0002g/L）得粗铂，王水溶解、载体水解及氯化铵沉淀两次，煅烧得纯度为 99.95%~99.99% 的海绵铂，回收率大于 97%。

曾用碱熔—水浸工艺处理含 Pt 0.6% 的废渣，其主要成分为 α-Al₂O₃ 及少量 SiO₂、SnO₂ 等。此废渣是废催化剂经硫酸溶解载体，不溶物经高温焙烧、王水浸铂后剩下的不溶渣。粒度大于 147μm 占 34%，铂粒子大部分被难溶的 Al₂O₃ 包裹，采用常规方法（经球磨后，用 HCl 加氧化剂，如 HNO₃、H₂O₂、NaClO₃ 中的一种）浸出，一次浸出率为 37%~28%，二次浸出率为 18%~12%。将废渣配入固体 NaOH 混匀，放在镍坩埚中，在马弗炉内按预定的焙烧温度、恒温时间进行熔融，然后取出用稀酸溶解。碱溶—浸出时，熔融温度、碱渣比、熔融时间、碱熔次数对铂、铝浸出率的影响分别如图 11-27~图 11-30 所示。确定实验条件为：碱熔温度 700~800℃，碱：渣 =1:(1~2)，时间 2~3h；浸出温度不小于 80℃，固液比（g/mL）为 1:(8~10），时间 30~60min，浸出液酸度不小于 0.1mol/L。扩大试验在反射炉（燃料为无烟煤）内进行，用长方形料盘装料，每炉处理 50kg，熔渣直接用稀盐酸溶解（浸出时加入少量氧化剂有利于铂的浸出）。一次碱熔—浸出的浸出率：Pt 约 97%、Al >85%；经二次碱熔—浸出，总浸出率：Pt >99.5%、Al >93%。浸出液酸度 0.3~0.5mol/L，一般含 Pt 200mg/L，直接进入离子交换柱，铂被吸附，解吸液加氯化铵沉铂、煅烧获海绵铂产品（纯度大于 99.95%），铂回收率大于 99%。铝回收率大于 90%。

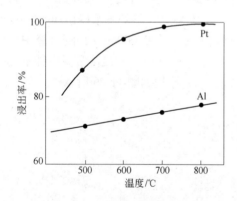

图 11-27　熔融温度与铂、铝浸出率的关系
（碱熔条件：NaOH：废渣 =1:1，1h；浸出
条件：固液比（g/mL）为 1:8，温度
不低于 80℃，浸出液酸度 0.2mol/L）

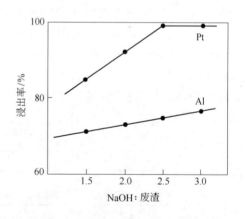

图 11-28　碱渣比与铂、铝浸出率的关系
（碱熔条件：熔融温度 500℃，1h；浸出
条件：固液比（g/mL）为 1:8，温度
不低于 80℃，浸出液酸度 0.2mol/L）

B　铂双金属废催化剂

a　铂-铼双金属催化剂

铂-铼双金属催化剂比单铂催化剂有更高的稳定性和能够提高芳烃产出率。国内使用的 3721 铂-铼催化剂以 η-Al₂O₃ 为载体。失活催化剂含 Pt 0.23%、Re 0.13%，经 400~

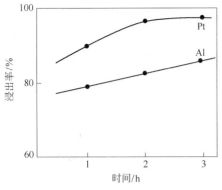

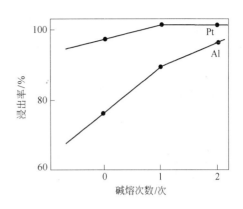

图 11-29　熔融时间与铂、铝浸出率的关系
（碱熔条件：熔融温度 500℃，NaOH：废渣 =1∶1；
浸出条件：固液比（g/mL）为 1∶8，温度
不低于 80℃，浸出液酸度 0.2mol/L）

图 11-30　碱熔次数与铂、铝浸出率的关系
（碱熔条件：熔融温度 600℃，NaOH：废渣 =1∶1，1h；
浸出条件：固液比（g/mL）为 1∶8，温度
不低于 80℃，浸出液酸度 0.2mol/L）

600℃煅烧 4~6h，失重约 9%，由黑色变为粉红色（煅烧过程中未发现铼损失）。为了同时回收铼，昆明贵金属研究所等[67]先拟定了加压氨浸铼（4%~8%NH₄OH，固液比 =1∶(2.5~6)，120℃浸出 5h）—硫酸溶解 Al_2O_3—王水溶解铂—铼纯制的工艺（见图 11-31），但铼浸出不完全（约 80%），因分散造成 Pt、Re 直收率不高，分别为 90% 及 80% 左右。

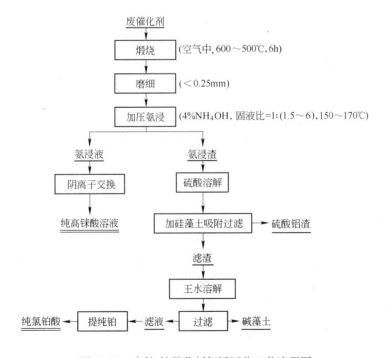

图 11-31　废铂-铼催化剂氨浸回收工艺流程图

经研究后改为用 H_2SO_4 加硫化铵（300g 废催化剂约加 15mL）溶解 Al_2O_3，并有效降低 Pt、Re 溶解的方案，获得富集了 Pt、Re 的浸出渣。浸出渣的处理有两个方案：（1）通

空气600℃煅烧，加氨吸收装置吸收挥发的铼；氨浸渣王水溶解、氯化铵沉铂。金属直收率为：Pt>95%、Re>95%。（2）300℃煅烧后，两次王水溶解，溶解率：Pt 99%、Re约100%。经浓缩赶硝酸，转变为pH=1.5的HCl介质后，用732强酸性阳离子交换树脂交换除杂质，得纯氯铂酸和高铼酸混合溶液，调整成分后即可用于制备新催化剂。金属直收率为：Pt约95%、Re约95%。相应工艺流程如图11-32和图11-33所示。

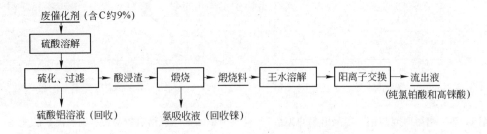

图11-32   改进后的废铂-铼催化剂回收工艺流程（一）

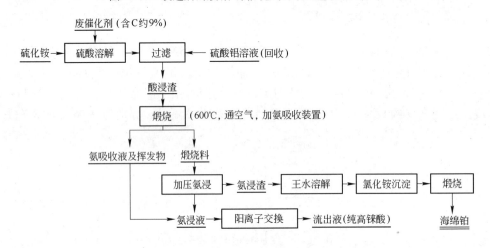

图11-33   改进后的废铂-铼催化剂回收工艺流程（二）

文献〔65〕改进了回收方法以进一步提高铂、铼回收率，并可利用载体Al_2O_3。工艺流程为：废催化剂筛选除杂、磁选除铁→1~3mol/L HCl浸泡、空气搅拌除铁→600~900℃焙烧脱碳→酸溶→酸浸液通过离子交换树脂吸附→NaOH淋洗树脂→淋洗液分离提纯Pt、Re。离子交换后的尾液，即硫酸铝溶液（要求控制含铁量，以Fe_2O_3计，应不大于100mg/L）加入Al_2O_3粉中和降低游离酸度（降至游离酸18~20g/L），提高铝浓度（到51.2~52.3g/L）作为生产催化剂的原料。进一步验证试验用试料含（%）：Pt 0.34、Re 0.34、Al_2O_3 94.52。主要工艺过程为：（1）在50L搪玻璃电加热釜中溶解。固液比（kg/L）为1:5，溶液由40%工业硫酸、10%工业盐酸、氯酸钾100g（对于5kg废催化剂）配制，不小于100℃，浸出1h；（2）溶液稀释后离子交换，用R430阴离子交换树脂吸附（φ100mm×1000mm交换柱3根，交换速度100mL/min），吸附率（%）为：Pt 99.47、Re 99.08；（3）负载树脂用4mol/L NaOH溶液解吸，淋洗率（%）为：Pt 99.87、Re 99.55。解吸液浓缩至含Pt 40g/L、加NH_4Cl沉铂，常规方法处理得铂产品；溶液转钾盐分铼，在真空干燥器中烘干。产品回收率（%）为：Pt 99.13、Re 98.10。

文献［68］曾成功地用 R410 系树脂吸附的新工艺从废催化剂中回收高纯铂（Pt > 99.95%）。为了实现用树脂吸附新工艺从铂、铼废催化剂中分离回收铂、铼，又对 D999 系列新功能树脂进行了考查。在不同酸度的盐酸溶液中，铂、铼（加入量都为 5mg）的吸附率及分配系数见表 11-11。用淋洗剂 A 淋洗，在树脂原负载 Pt 1.19 ~ 4.95mg 范围内，淋洗率都大于 99.2%。用淋洗剂 B，对 0.01 ~ 4.66mg 的 Re，淋洗率也都大于 99.2%。动态吸附及淋洗曲线如图 11-34 ~ 图 11-37 所示。说明在试验条件下，铂、铼之间的分离因素达 100 以上，可以实现铂、铼的有效分离，并可采用不同淋洗剂进行分步淋洗。废催化剂中的铂、铼浸出液，在一定酸度（如 0.01 ~ 0.2mol/L）通过 D999 树脂柱，使树脂负载铂、铼后，用淋洗剂 A 或 B 分步淋洗回收铂和铼，淋洗回收率分别为：Pt 99.39%、Re 100%。

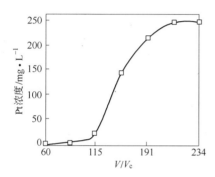

图 11-34 铂在 D999 树脂上的动态吸附曲线

（0.6mol/L HCl，20℃，Pt 原始浓度 250mg/L，通过树脂柱接触时间 30min，树脂吸附 Pt 的穿透容量约 77mg/g，饱和吸附容量约 102mg/g）

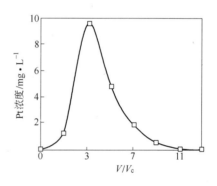

图 11-35 D999 树脂上铂的动态淋洗曲线

（负载 Pt 102mg，18℃，淋洗剂 A 淋洗，接触时间 40min，Pt 峰值浓度 9.59g/L，7 个床体积淋洗率为 95.95%）

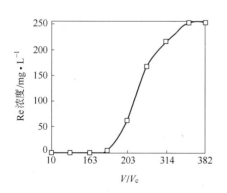

图 11-36 铼在 D999 树脂上的动态吸附曲线

（20℃，0.008mol/L HCl，Re 原始浓度 250mg/L，通过树脂柱接触时间 30 ~ 40min，树脂吸附 Re 的穿透容量约 137mg/g，饱和吸附容量约 162mg/g）

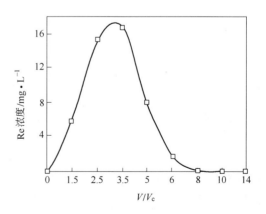

图 11-37 D999 树脂上铼的动态淋洗曲线

（负载 Re 324.38mg，18℃，淋洗剂 B 淋洗，接触时间 40min，Re 峰值浓度 16.8g/L，5 个床体积淋洗率大于 97%，6 体积淋洗完全）

表 11-11　酸浓度对铂、铼吸附率及分配系数的影响

酸浓度/mol·L⁻¹	0.008	0.24	0.5	1	2	3	4	5
铂吸附率/%	99	95.4	85.8	64.8	43.7	30.4	26.6	25.8
铂分配系数/%	4950	1037	302	92	39	22	18	16
铼吸附率/%	93.1	55.0	23.4	20.2	15.2	0.4	0.2	0
铼分配系数/%	685.3	61	17.0	12.6	9.0	0.2	0.1	0

b　铂-锡双金属催化剂

废铂-锡催化剂为黑色小球，直径约 2mm，载体为 γ-Al₂O₃，堆密度 0.34~0.35g/cm³，500℃焙烧失重约 10%，含 Pt 0.359%、Sn 0.72% 及少量 Fe、Li 等。文献［69］是各取 5g 废催化剂分别用 150mL 20% 的 HCl、H₂SO₄、HNO₃、NaOH 在电炉上加热溶解 1h，载体溶解率为：

溶剂	HCl	H₂SO₄	HNO₃	NaOH
溶解率%	32.3	34.5	85.1	63.8

可见在相同条件下，硫酸溶解能力比较强，且盐酸溶解时将有少量铂一道进入溶液，故选用硫酸溶解，并系统考查了硫酸浓度、浸出温度对载体溶解率的影响（见图 11-38 和图 11-39）。

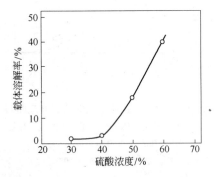

图 11-38　硫酸浓度对载体溶解率的影响
（液：固 =6：1，1h，室温（10℃））

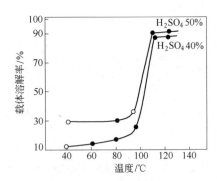

图 11-39　浸出温度对载体溶解率的影响
（液：固 =6：1，1h）

结果表明：硫酸浓度升高时铂的溶解度增加。当控制浓度 35%~40% 时，微沸（约 106℃）状态，载体可大量溶解，经两次溶解，溶解率大于 98%。延长浸出时间和提高酸度将增加铂的浸出率（见图 11-40 和图 11-41），当硫酸浓度为 35% 时，铂溶解率为 4.0%，将硫酸浓度提高至 40% 时，铂的溶解率为 4.8%。因此，硫酸溶解时应加入沉淀剂（如硫化铵），以保证铂的高回收。硫酸不溶渣于 600℃ 焙烧除碳后，渣量仅为废催化剂的 2% 左右，铂富集物 20 倍以上。焙砂用盐酸加氯酸钠（为焙砂质量的

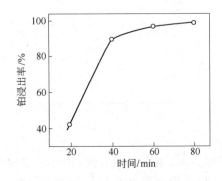

图 11-40　溶解时间对铂浸出率的影响
（液固比为 8，温度 40℃，HCl 8mol/L）

1/15）溶解。铂的分离提纯采用传统的氯铂酸铵沉淀法，经一次沉淀分离，产品纯度大于99.9%，铂回收率达98%。

文献［70］采用的工艺为：溶解后、阴离子交换树脂吸附回收铂。其要点为：

（1）焙烧。废催化剂筛分，弃去废料中夹杂的瓷环、瓷粒及其他杂物，在高温炉内800～1200℃（多用850～1100℃）焙烧4～10h（一般4～6h）。

（2）浸出。用加入硝酸（0.2～0.9mol/L）的盐酸（如2.5～3mol/L）溶液，在95～105℃浸出2～3h。

（3）过滤洗涤。过滤后，滤渣用3%HCl洗涤4～5次，洗液与滤液合并。

（4）分离提纯。溶液流经阴离子交换树脂（如D296）吸附柱吸附铂后，卸出负载树脂，在110～120℃烘干2h，再在焙烧炉内600～800℃焙烧1～2h，得海绵铂，纯度可达99.9%。

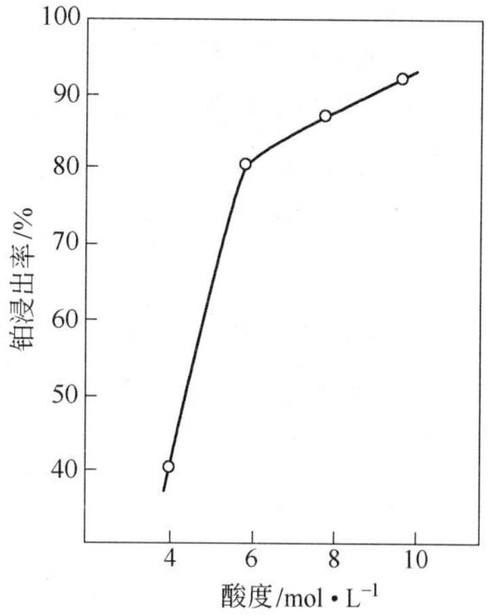

图11-41　浸出酸度对铂浸出率的影响
（液固比为8，2h，温度40℃）

滤渣中还含有微量铂（含Pt 0.002%），可按中国专利《催化裂化助燃剂制备方法》（93104262.3），作为石油催化裂化加工的助燃剂得到综合利用。不同废催化剂回收条件及铂回收率见表11-12。

表11-12　不同废催化剂回收条件及铂回收率

物料名称	含铂量/%	焙烧温度/℃	浸出液成分/mol·L⁻¹		液固比	浸出时间/h	海绵铂纯度/%	铂回收率/%
			HCl	HNO				
PS－3860	0.37	850	3	0.9	5	2	—	99.15
R30－156	0.59	1100	2.5	0.2	4	3	99.9	99.52

此法也可用于处理含Pt 0.32%的废二甲苯异构化催化剂（Pt/SiO$_2$-Al$_2$O$_3$），回收率为99.6%；铂、铼废重整催化剂（含Pt 0.2%～0.3%，Pt-Re-Cl/γ-Al$_2$O$_3$），回收率为98.5%～99.4%。

C　Pt/Al$_2$O$_3$废催化剂的其他处理工艺

除石油重整外，石油化工和化学工业也广泛使用Pt/Al$_2$O$_3$催化剂，其处理方法可参照废铂重整催化剂，也可选用下列的工艺。

a　硫酸化焙烧—浸出或硫酸溶液浸出Al$_2$O$_3$

硫酸化焙烧是将润湿后的物料（浓H$_2$SO$_4$用量为废催化剂质量的3倍），在带机械耙臂搅拌的焙烧炉（或回转管式炉）中，254℃煅烧。煅烧块冷却后用水浸出，不溶残渣为原料质量的12%～13%，处理Pt/Al$_2$O$_3$废催化剂时，浸出渣含Pt 4.6%～4.8%。煅烧块如用10%H$_2$SO$_4$溶解，可将固体量减少92.6%～93%，而得到含Pt 7.5%～8.5%的富集物。

硫酸浸出则需将废催化剂预先在500～600℃焙烧除去有机物和积碳，用15%～20%H$_2$SO$_4$水溶液，在100～110℃搅拌浸出3～4h，铂、钯废催化剂的残渣量可减少93.5%～

95%，得到的浸出渣含有9%～10%的被富集组分。若先用10%～12% H_2SO_4 浸出废催化剂中的 Al_2O_3 后，再将滤饼在550～600℃煅烧，煅烧块再在硫酸中二次浸出，可得含 Pt 达20%～22%的富集物；如将一次浸出渣与炭混合，在不另加氧化剂的气氛（实际为空气）中煅烧到750～800℃，再进行二次硫酸溶解，可得含25%～30% Pt（Pd）的富集物。事实上浸出时总有部分 Pt（Pd）进入硫酸溶液，需采用必要措施，如加入少量硫化铵即可解决。

b　离析熔炼分离 Al_2O_3

在熔融铝和冰晶石的熔池中，于970～980℃加入废催化剂，使 Al_2O_3 熔于冰晶石中；Pt 被 Al 富集到 Al-Pt 合金，水碎、制粒（粒径2～4mm），用10%～15% H_2SO_4 在约100℃下搅拌浸出3～5h，滤渣经洗涤、干燥、煅烧得到含 Pt 达90%的富集物。其工艺流程如图11-42所示。

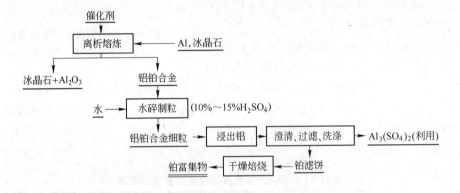

图 11-42　从 Pt/Al_2O_3 催化剂中制取铂精矿的工艺流程

D　焚烧法处理 Pt/C 废催化剂

活性炭为载体的废催化剂常用焚烧法处理，其工艺流程如图11-43所示。物料含：Pt 5.6%，C 93.0%，Fe、Cu、Zn 等其他金属和杂质1.4%。焚烧除 C 后，烧渣含 Pt 87.2%及 Fe、Cu 等杂质12.8%，王水溶解（控制在65℃左右），浓缩赶硝，铂转为钠盐，溶液经水解除杂，甲酸沉铂，粗铂经过提纯得成品。铂回收率为98.6%，纯度为99.9%。

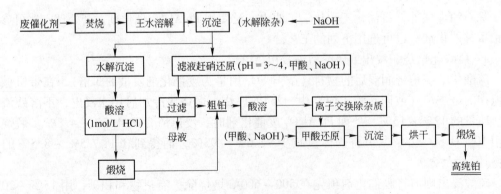

图 11-43　焚烧法从废催化剂中回收铂工艺流程

11.2.3.2 含钯废催化剂

钯催化剂对加氢、氧化、脱氢、加氢分解反应等显示出良好活性，主要用于石油化工等工业中的催化剂加氢和氧化等反应过程。长期以来，其用量仅次于铂，但由于20世纪末，钯在汽车排气净化催化剂中的用量猛增，1996年，钯在催化剂方面的总用量已超过铂，跃居首位。负载型钯催化剂用的载体材料，除汽车排气净化催化剂主要用堇青石外，常用 Al_2O_3、SiO_2、活性炭，也有的用金属及合金材料。

A 废钯金属载体催化剂

a 废 НИИОГАЗ-3Д 催化剂

НИИОГАЗ-3Д 催化剂是用 $\phi 0.8 \sim 1mm$ 镍铬合金丝制成的灰色螺旋圈作载体，表层镀有一层铝（≤3.5%）、铍、磷的氧化物及铂（≤0.007%）和钯（≤0.2%）的混合物。研究过用 HCl、H_2SO_4、NaOH、Na_2CO_3、NaCl、$(NH_4)_2SO_4$ 等多种溶液浸出镀层的条件，剥离结果为：

（1）HCl 剥离。温度80℃，固液比为1:5，当 HCl 浓度不小于 0.5mol/L 时，镀层可从基体上完全剥离。脱落下的镀层呈粉末态，为原催化剂重的1%。随 HCl 浓度增加，基体溶解达 1.7% ~ 4.5%，镀层完全剥离时间可减至1min。浸出液可多次（7~10次）循环使用（用 1mol/L HCl 浸出，15min 内浓度降低5%）。考虑实用，HCl 最佳浓度选择为 1~2mol/L。

（2）H_2SO_4 剥离。当 H_2SO_4 浓度达 0.25~0.5mol/L 时，可分别在 5min 和 2min 之间剥离贵金属，基体溶解不多于 0.5% ~ 0.6%，剥离渣量稍高，达原催化剂的1.4%。用 0.5mol/L H_2SO_4 溶液浸出一批催化剂，酸浓度仅降低不到2%，故可循环使用 15~20 次。剥离后基体含 Pd 不大于 0.01%。剥离产物是黑色细粉末，含 α-Al_2O_3 和金属 Pd 两相，镀层减少了 1/3 ~ 1/4。剥离产物 X 射线光谱分析大致成分（%）为：Pd 7、Ni 3~4、Sb 1~2、Pt 0.1、Cu 0.2、Fe 0.2、Cr 0.1、Zr 0.1。光谱分析数据为：Pd 6.2%、Pt 1.2%，可用于精炼。基体可再生用于生产催化剂。

（3）其他溶剂。除 100g/L NaOH 需在溶液加热到沸点的条件下才能完全剥离（渣率 1% ~ 5%，基体溶解不多于 0.2% ~ 0.3%），其他都不能达到完全剥离。

以上结果表明最有前景、较便宜且无毒的试剂为 H_2SO_4，可推荐用于工业。

b 废 Kavag 催化剂

Kavag 催化剂是由镍、铁、铬、铝等合金制成的带状体，并以一定方式组装，表层有密实的铂、钯（约0.5%）镀膜。镀层较难去除。

试验结果表明：物料在 1mol/L H_2SO_4 中静置 30min，连酸一起在 1000℃ 焙烧 30min；然后在 100℃、液固比为 20 时，用 0.5mol/L H_2SO_4 溶液搅拌浸出 15min，可使铂族金属回收率达最高（催化剂中钯的最低残留量为 0.012%）。基体的溶解率达 9% ~ 10%。

采用 HCl、NaOH 溶液并添加 $NaClO_3$ 及 $FeCl_3$ 溶液进行的浸出试验结果为：HCl 溶液基体溶解率达 68.8%，含氧化剂的 NaOH 溶液 Pd 回收率小于 69.4%。

剥离镀层最有效的条件是：物料在 900℃ 焙烧 1h，室温用 H_2SO_4 将 pH 值调至零，以 $FeCl_3$ 溶液（含 Fe^{3+} 约 60g/L）处理。催化剂中 Pd 残余含量为 0.028%，回收率为 90.97%，基体溶解率为 10%。富集贵金属的不溶渣含 Pd 5.2%（光谱分析：Pd 4.75%，Pt 0.6%），可送去精炼。

c　废 ПНСП-0.5 催化剂

ПНСП-0.5 催化剂是直角形褐色片状催化剂。基体是多孔不锈钢，其成分（%）为：Fe 62.5~71，Cr 1~20，Ni 12~16，Ti 0.05~0.2，C 0.04~0.12，Si 0.06~0.2，Mn 0.2~0.5，Cu 0.1~9，S、P 0.015~0.05。镀 Pd 量约为基体重的 0.5%。

采用 HCl、H_2SO_4、NaOH 等溶液并添加 H_2O_2、$FeCl_3$、过硫酸钠等氧化剂浸出。条件试验发现：转入溶液的 Pd 又被置换出来，最后成细粒沉淀物落入槽底。废催化剂完全溶解条件为：90~100℃、6mol/L HCl、10~15h；不溶残渣含 Pd 不大于 0.3%。原有的工艺在经济上都存在不合理之处，现已研究出了一种用混合酸选择性浸出 Pd 的方法，Pd 回收率可达 95%。

d　废 ПТП-0.5 催化剂

ПТП-0.5 催化剂的基体是多孔钛（Ti 99.7%），表面用化学法或电化学法镀 Pd，含量约 0.5%，Pd 呈黑色粉末状态（俗称"钯黑"）分布于催化剂的孔穴中。用 6mol/L HCl，按 HCl∶H_2O_2=50∶1 加入 30% H_2O_2，时间不少于 30min，90~95℃浸出，Pd 回收率接近 100%。

B　废 Pd/Al_2O_3 催化剂

Pd/Al_2O_3 是常用的催化剂，多采用选择性溶解钯的工艺予以回收，有时也可用溶解载体后再浸出钯的工艺。

a　HCl 选择性浸出回收 Pd

石化炼油厂加氢裂化用 Pd/Al_2O_3 废催化剂，含 Pd 0.2%~0.35%。采用经破碎后用 HCl 选择性溶解的工艺回收其中的钯。有关反应为：

$$Pd^{2+} + 2e = Pd \qquad\qquad \varphi^{\ominus} = 0.915V$$

$$PdCl_4^{2-} + 2e = Pd + 4Cl^- \qquad\qquad \varphi^{\ominus} = 0.621V$$

$$Pd^{2+} + 4Cl^- = PdCl_4^{2-} \qquad\qquad \lg\beta_4 = 15.7$$

当溶液中有过量氯离子时，其还原电位降低 0.3V。因此，Pd 在酸度不高时也能有效浸出，从而达到选择性浸出 Pd 而 Al_2O_3 基本不溶的目的，其处理工艺流程如图 11-44 所示。

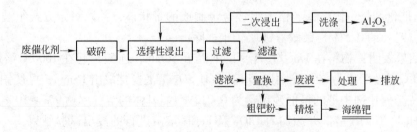

图 11-44　废 Pd/Al_2O_3 催化剂选择性浸出回收钯的工艺流程

主要工艺条件为：

（1）酸度。提高酸度虽对钯的浸出有利，但 Al_2O_3 溶出量也增加，且酸度过高将影响下步置换。试验结果（见表 11-13）表明，以选择 6mol/L 为宜。

表 11-13 HCl 浓度对 Pd/Al₂O₃ 废催化剂浸出结果的影响

HCl 浓度/mol·L⁻¹	4	5	6	7	8
渣中 Pd 量/g·t⁻¹	160	80	50	50	20
置换液中 Pd 量/%	2×10^{-4}	2×10^{-4}	2×10^{-4}	5×10^{-4}	0.01

（2）温度与时间。温度升高、时间延长有利于 Pd 浸出，但 Al 浸出率也增加，试验确定以 80~90℃，1h 为宜。

（3）Fe 置换条件。酸度以控制在 1.5~2.0mol/L 为佳，温度以 60~80℃ 为宜。

（4）粗钯精炼。粗钯用 HCl-氯酸钠浸出，氯酸钯铵沉淀，再用氨水溶解生成 Pd(NH₃)Cl₂ 进一步提纯，最后产出 99.97% 海绵钯。

10kg（废催化剂含 Pd 0.35%）扩大试验条件为：浸出用 6mol/L HCl 40L，85℃，大于 1h；浸出渣在同样条件下二次浸出。二次浸出渣含 Pd 降至小于 50g/t，浸出率 99%。浸出液在 80℃、1.5mol/L HCl 条件下用 Fe 置换，废液含 Pd 少于 2×10^{-4}%。粗钯粉用水洗涤后，再以常用方法提纯为 Pd 含量大于 99.95% 的海绵钯，Pd 回收率为 97%。以此为基础，设计了处理能力为 50t/a 的生产车间。运行 3 月，处理废料 15t，Pd 回收率不小于 96.5%，产品海绵钯纯度大于 99.95%。载体 Al₂O₃ 出售给有关厂家，达到了全部利用废料的目的。

b 常温氯化法选择性浸出回收 Au、Pd

废拜耳-2 型催化剂的活性组分金、钯附于载体表面，载体主要成分为 SiO₂ 和 Al₂O₃，不宜采用溶解法及高温金属挥发法。文献［71］采用选择性浸出贵金属的工艺予以回收。

废催化剂为直径 5~7mm 的圆球，灰黑色，含 Pd 0.516%、Au 0.215%、水分 14%。分别在反应釜内以 HCl-NaClO₃、HCl-Cl₂ 为浸出剂，进行加热浸出。在一定酸度下，Pd、Au 都能有效浸出，但设备及生产成本高。为此，采用在室温下用 HCl-Cl₂ 流态化强化浸出，取得良好效果：Pd、Au 浸出率大于 98%，其 Pd、Au 的直收率分别为 98.9% 和 96.75%，相应金属纯度为 99.9% 和 99.99%。浸出残渣含 Pd 0.008%~0.009%，Au 0.001%~0.006%，排放液中 Pd、Au 均为每升万分之几克，pH 值为 2~3。工艺流程如图 11-45 所示。

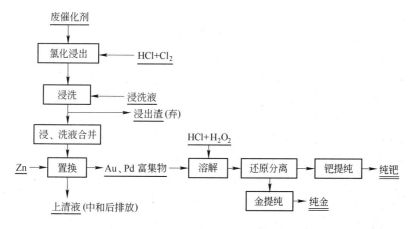

图 11-45 常温氯化法回收 Pd、Au 工艺流程

工艺条件选择：

（1）盐酸浓度。盐酸浓度对浸出效果的影响见表 11-14，以选用 2mol/L 为宜。

表 11-14　盐酸浓度对浸出效果的影响（通 Cl_2，2h）

盐酸浓度/mol·L^{-1}	0.5	1.0	2.0	4.0	6.0
钯浸出率/%	95.6	97.8	98.2	99.5	97.6
金浸出率/%	93.8	98.6	99.9	98.7	97.1

（2）浸出时间与氯气用量。Pd、Au 浸出率随时间延长而增高，但增高幅度不断减小，到 1h 已达最高。氯化初期，氯气消耗多，当浸出液中氯气含量接近饱和时，应减少氯气量，使其处于饱和状态即可。试生产中每千克物料液氯耗用量为 0.002kg。

（3）浸洗剂的作用和选择。试验中发现：浸出液和小球上附着有赤色晶状析出物，研究表明是一种溶解度较低的钯高价化合物，可用热水或一定浓度的浸洗剂以提高浸出率。已证明，选用一定浓度的浸洗液，经 2 次浸洗，每次 30min，常温下即可快速而完全地使赤色结晶沉淀从小球上溶解洗涤下来。浸洗后废渣含 Pd 0.0025% ~ 0.0042%，Au 0.001% ~ 0.0021%，提高了金属回收率。

提高常温氯化浸出工艺的效率，关键是设备。已证明：用流态化技术可以强化 Pd、Au 的浸出效果。为了保证高的浸出效率，如浸出液及洗液合并，将导致溶液中的贵金属浓度很低，故先用锌（约为 Pd、Au 总量的 10 倍）置换，废液含 Pd、Au 仅为每升万分之几克，pH 值为 2 ~ 3，经石灰中和后即可排放。富集物用 HCl + H_2O_2 溶解，还原法分离金，氨配合法提纯钯。

c　溶解—富集法回收钯

对于钯含量较低（Pd < 0.1%）的废催化剂，溶解所得溶液中钯浓度很低，一般小于 1g/L，且含有大量的铝、铁等离子，直接进入精炼会导致钯回收率降低或回收困难，通常需要先进行富集，因此富集技术的选择往往成为工艺流程好坏的关键。

文献［72］处理 DH-2 型催化剂（载体为 γ-Al_2O_3、φ1.5 ~ 2mm，使用后约含 Pd 0.1%、Pt 0.02%）采用：氧化焙烧—盐酸、双氧水浸出—锌置换—铂钯分离的回收工艺。最佳的工艺条件为：焙烧温度 850 ~ 950℃，2 ~ 3h；加甲酸钠使生成的 PdO 完全还原为金属 Pd；浸出用 9 ~ 12mol/L HCl，液固比为 5∶1，HCl∶H_2O_2 =（3 ~ 6）∶1，温度大于 80℃，经 1.5 ~ 2.0h，浸出率大于 99%（浸渣中 Pt、Pd 含量达 10^{-6} 级）。每升浸出液含 Pt、Pd 为零点几克到几克，可用锌板置换进行富集。锌置换所得的富集物经溶解、乙基黄药沉钯。滤液水合肼还原铂、王水溶解、氯铂酸铵沉淀、水合肼还原法精制；黄原酸钯用王水溶解后采用氨配合法提纯，水合肼还原。处理 500g 废催化剂，铂、钯粉末产品纯度大于 99.95%，回收率为：Pt > 90%、Pd > 93%。

低钯含量催化剂，如 C_2 选择加氢催化剂含 Pd 0.03% ~ 0.035%，C_3 选择加氢催化剂含 Pd 0.03%，载体都为 Al_2O_3。由于钯含量低，用酸浸、置换、沉淀等化学法处理都不经济。文献［73］提出用吸附法回收可以降低成本。新工艺首先将废钯催化剂进行预处理，酸分解（如用盐酸加漂白粉：10kg 废催化剂用 5 ~ 10L 1.6mol/L 的 HCl，0.5 ~ 1kg 漂白粉）使钯变成氯钯酸进入溶液，并通过装有活性炭的吸附柱。当吸附饱和后，取出载钯活性炭，焚烧、化学精制得纯钯粉（Pd 纯度为 99.99%），钯回收率 95%。其外，还曾选用

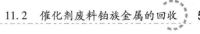

大孔硅胶、13A 分子筛、离子交换树脂、焦炭、硅藻土、白土等作为吸附剂。

文献[74]对含钯浸出液的富集方法进行了多方案对比考察，试验结果如下：

（1）活性炭、树脂吸附。1L 浸出液（Pd 0.187g/L，HCl 4.2mol/L），搅拌下分别用 40g 大粒椰壳炭、PAP-Ⅱ螯合树脂吸附，每隔一定时间测试，溶液中钯浓度见表 11-15。

表 11-15　溶液中钯浓度

吸附时间/h		1	2	3	4
钯浓度 /g·L^{-1}	活性炭吸附后液	0.125	0.078	0.034	0.006
	树脂吸附后液	0.024	0.015	0.003	0.002

由表 11-15 可见，树脂吸附速度较快。吸附 24h 后的溶液再各投入 40g 活性炭和树脂进行吸附，3h 后钯含量都降至 0.0006g/L 以下。但因溶液中杂质多，远未达到理论吸附容量，且吸附剂须经清洗、活化后才能循环使用。

（2）锌片置换。采用加工厂加角锌片（Zn >98%），用量与置换效果的关系见表 11-16。

表 11-16　锌用量与置换后溶液含钯量的关系

锌片加入量/g·L^{-1}		0	80	120	180
置换后溶液含 Pd/g·L^{-1}	1	0.260	0.0076	0.0017	0.0012
	2	0.260	0.0093	0.0024	0.0017
	3	0.640	0.0174	0.0037	0.0021
	4	0.640	0.0253	0.0030	0.0006

所得粗钯主要成分（%）为：Pd 55~70、Zn 15~20、Cu 0.2~1.0、Fe 0.1~0.5、SiO$_2$ 0.1~0.3。

（3）硫化钠沉淀。其沉淀反应为：

$$H_2PdCl_4 + Na_2S \Longrightarrow PdS\downarrow + 2NaCl + 2HCl$$

对不同浓度的钯溶液，硫化钠（配成 0.2mol/L 的溶液）用量与母液中残留钯含量的关系见表 11-17。粗钯产品的主要成分（%）为：Pd 15~20、S 6~20、Cu 0.5~1.8、Fe 0.5~1.5、Al 0.1~0.8，水分 25~45；易溶于王水，可直接进入精炼过程。

表 11-17　硫化钠用量与母液中残留钯含量的关系　　　　　　（g/L）

样　品　编　号		1	2	3	4
不同 Na$_2$S 加入量 下母液残留钯量	0	0.174	0.434	0.965	1.748
	20	0.012	0.185	0.711	1.582
	40	0.0016	0.0024	0.281	1.164
	80	0.0011	0.0006	0.0026	0.341
	120	0.0008	0.0006	0.0006	0.0014

三种富集方法都能获得高回收率，但过程繁简、难易程度不同。可根据废料处理规模、产品要求，富集需用试剂、设备的供应渠道及价格、操作条件和经验等因素综合考虑后选定。

d　渗滤浸出回收钯

一些废钯催化剂因含钯低（如含 Pd 0.0402%，载体为 ϕ3mm Al_2O_3 小球，棕褐色），用常规方法处理，回收率低、成本高、经济效益差。

文献 [31] 推荐采用不需搅拌、成本较低的渗滤浸出法。用该法处理废钯催化剂 1070kg（水分 26.93%，含 Pd 0.0404%），浸出率大于 90%，金属直收率 87.95%，工艺流程如图 11-46 所示。

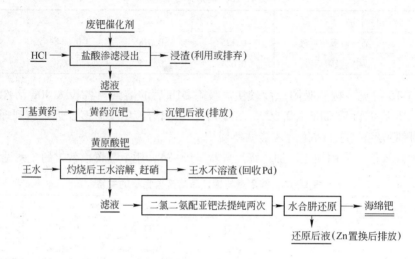

图 11-46   渗滤浸出法回收钯工艺流程

主要反应为：

盐酸溶钯
$$Pd + 2HCl + Cl_2 = H_2PdCl_4$$

黄药沉钯
$$H_2PdCl_4 + 2C_4H_9OOSSNa = Pd(C_4H_9OOSS)_2 \downarrow + 2NaCl + 2HCl$$

王水溶解
$$4HNO_3 + 18HCl + 3PdO = 3H_2PdCl_6 + 8H_2O + NO \uparrow + 3NO_2 \uparrow$$

氨水配合
$$2H_2PdCl_4 + 4NH_4OH = Pd(NH_3)_4PdCl_4 + 4H_2O + 4HCl$$

$$Pd(NH_3)_4PdCl_4 + 4NH_4OH = 2Pd(NH_3)_4Cl_2 + 4H_2O$$

酸化沉钯
$$Pd(NH_3)_4Cl_2 + 2HCl = Pd(NH_3)_2Cl_2 \downarrow + 2NH_4Cl$$

水合肼还原 $5Pd(NH_3)_2Cl_2 + N_2H_4 + 2NH_4OH = 5Pd \downarrow + 2N_2 \uparrow + 10NH_4Cl + 2H_2O$

主要操作条件：

（1）盐酸渗滤浸出。用 $0.3m^3$ 搪瓷槽，每槽加废催化剂 200kg、HCl 80~100L（或加少量氧化剂），反应后温度即可达 40~50℃，待 pH = 1.5 左右，换新酸再浸一次。

（2）黄药沉钯。用 50L 塑料槽，电热管加热、人工搅拌，每槽处理 40~50L 浸出液，升温至 50℃ 开始加丁基黄药（配制浓度为 20%，用量为 Pd 的 3~4 倍）。

（3）王水溶解。黄原酸钯在不锈钢盘里灼烧、物料变为棕黄色。王水溶解及后续操作用玻璃烧杯、电炉加热、电动搅拌器搅拌。每次处理灼烧料 500g，加水润湿后加王水 500mL，搅拌、加热至微沸、保持 1h，过滤后以 5% HCl 洗涤至滤液无色；滤液加热浓缩，加 HCl 100mL 赶硝，反复 3 次至无色氮氧化物气体逸出为止；加入 2% HCl 水溶液使可溶性盐溶解，控制溶液含 Pd 30~50g/L。

（4）钯精制。含 Pd 液搅拌加氨水至 pH = 9，加温至 80℃ 使 Pd 全部配合为

$Pd(NH_3)_4PdCl_4$，滤去贱金属氢氧化物，滤液冷却至室温，在搅拌下缓慢加入浓 HCl，当 pH = 1 时，生成$Pd(NH_3)_2Cl_2$，黄色沉淀，放置 2 ~ 3h 后过滤，用 2% HCl 洗涤 2 ~ 3 次。滤液 Zn 粉置换回收其中的微量钯。

（5）水合肼还原。钯沉淀用蒸馏水调浆、加入试剂氨水溶解，在搅拌下缓慢滴加分析纯水合肼还原，待反应终止后、加温至 80℃，使液固两相分离后过滤，用蒸馏水洗至中性，海绵钯放入瓷盘，烘箱内 120℃恒温干燥 6h，冷却后包装。

e 浸泡法回收钯

文献［75］采用以 $NaClO_3$ 为氧化剂的盐酸体系，用静态浸泡的方法回收低含量的钯。以 Al_2O_3 小球为载体的钯催化剂含 Pd 仅 0.022%。经考查选定浸泡条件为：HCl 3.6mol/L、$NaClO_3$ 0.05mol/L、固液比为 1：1（增至 1：3 时，浸出率仅由 90.1% 升高到 90.4%），室温（25 ~ 55℃，浸出率 90.1% ~ 92%），浸泡 3 ~ 4h。固液分离后，需很好地洗涤，先用 5% HCl 洗涤，再用水洗，洗液返回用来配浸出液。浸出液与第一次洗液合并的混合液中含 Pd 约 0.15g/L、80℃机械搅拌下加铝屑（用量为 Pd 量的 200 倍）置换，4h 后，溶液中 Pd 含量降至 0.002g/L 以下，钯回收率大于 98.5%。优选的最佳条件为：HCl 4.2mol/L、$NaClO_3$ 0.05mol/L、固液比为 1，室温浸 4h，Pd 浸出率可达 95%。在该条件下处理过 4t 物料，Pd 回收率大于 93%。

f 载体溶解法回收钯

废乙烯加氢用催化剂，载体为圆柱体（φ3mm × 5mm）γ-Al_2O_3，表面附着黑色的有机碳，100℃恒温烘干 4h 失重 8.8%，含 Pd 0.031%、有机碳 3%、少量 Fe、Si、Ca、Mg 等。由于 Pd 含量低，直接溶解效果不好，需先富集。

文献［76］采用的原则流程为：废催化剂→用酸溶解载体→不溶渣煅烧用盐酸加次氯酸钠浸出 Pd→树脂吸附→解吸→还原→海绵钯产品。

载体溶解率随酸度增加而增加，但 Pd 溶解率也随之升高，一般控制酸度为 40% 左右（溶解时间 3h）。浸出温度的影响如图 11-47 所示，即需达 100℃。溶解时间和固液比也有一定影响。

不溶渣经过煅烧除碳后，用 HCl + $NaClO_3$ 浸出 2.5h。因氯化浸出液中含 Pd 低，通常先用金属置换，再用氨配合法提纯钯。选用 R410 树脂（国内研制合成的新型大孔交联哌啶树脂）吸附 Pd。此时，Pd 以 $PdCl_4^{2-}$ 被吸附，而 Fe、Al、Cu、Zn、Pb、Ni、Co、Ca、Mg 等大多数贱金属呈阳离子状态，几乎不被吸附。在室温下，0.5 ~ 2mol/L HCl 介质中静态吸附与淋洗。吸附穿透点约 50 个床体积（V/V_c），穿透容量为每克干树脂 30mg；饱和点为 160 个床体积，饱和容

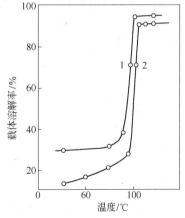

图 11-47 温度对载体溶解率的影响
1—H_2SO_4 45%；2—H_2SO_4 35%

量为每克干树脂 65mg。用 10% ~ 20% HCl 在 30 ~ 50℃接触 30 ~ 90min 可定量地从 R410 上解吸 Pd，5 个床体积可以解吸 95% 的 Pd，约 10 个床体积解吸趋于完全。Pd 吸附率大于 99%，解吸率大于 99.9%。解吸液用水合肼还原，烘干后即获成品钯（纯度 99.97%），Pd 回收率大于 97%。

g 加氧化剂酸浸钯

文献［66，77］将10g含Pd 0.40%的工业废催化剂放入石英管中，先经过600℃焙烧2h，然后提高温度到1000℃，恒温1h后通入N₂直至室温，往样品中加入100mL溶液（HCl 2.8mol/L、H₂O₂ 1.2mol/L、NaCl 2.5mol/L），60℃搅拌2h，过滤并充分洗涤沉淀，Pd浸出率为96%。

文献［78］采用焙烧—王水溶解工艺回收废催化剂中的钯。废催化剂的主要成分（%）为：Pd 0.12 ~ 0.30、Al₂O₃ 85.71 ~ 92.78、Cu 1.61 ~ 2.80、Si 0.23 ~ 0.90、Fe 2.15 ~ 5.20。取10kg在650℃以上处理3h，使有机物完全分解，冷却后放入反应釜中，加水没过催化剂，加入还原剂，搅拌加热还原，还原彻底后缓慢加入1∶1王水（液固比为2.5∶1），继续加热至90℃，浸出2.5h。过滤后加入沉淀剂沉钯，至溶液中Pd小于0.1mg/L时，过滤得粗钯。粗钯用王水溶解、浓缩赶硝，氨配合法精制、水合肼还原得Pd不少于99.95%的纯钯粉。处理6批，钯回收率分别为98.21% ~ 99.26%。

C　从钯-氢氧化钠废催化剂中回收钯

钯-氢氧化钠废催化剂一般含Pd 1% ~ 3%，以金属微粒均匀分布在氢氧化钠载体中。曾用热水尽量溶解氢氧化钠，然后在450 ~ 550℃氧化焙烧除去有机物和炭黑（此催化剂的熔点为318.4℃，一般控制在450℃左右，料层不宜过厚，以便浸出时易于粉碎）。浸出用HCl + NaClO₃，60 ~ 70℃，搅拌下浸出3h。钯浸出率与浸出温度和时间的关系如图11-48所示，浸出液氯化铵沉钯，水合肼还原。最后

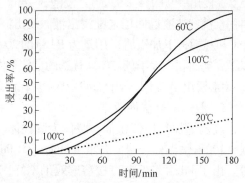

图11-48　钯浸出率与浸出温度和时间的关系

确定：采用焙烧（第二次焙烧温度控制在350℃左右）工艺，处理含Pd 1.25%的物料，钯回收率为95%、钯粉纯度为99%。

D　废铜钯催化剂回收钯、铜

铜钯催化剂主要成分（%）为：Pd 0.1 ~ 0.2、Cu 40 ~ 50、Fe 1、Al 0.2、Si 0.5 ~ 1、C 1 ~ 2。物料废催化剂呈灰绿色，粉状、部分结块，用盘磨磨细至小于0.15mm，主要成分（%）为：Pd 0.11、Cu 45.62（以CuO及部分CuCl₂形态存在）。采用盐酸溶解铜、王水溶钯的工艺（见图11-49）处理。

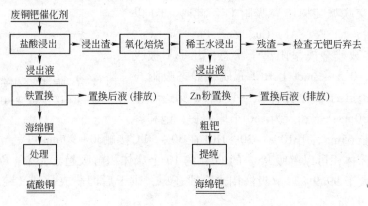

图11-49　废铜钯催化剂回收工艺流程

盐酸浸出时，铜浸出率随酸用量的增加而增加，但钯也部分进入溶液，为抑制钯的浸出，加入药剂 A，其加入量对溶液中钯浓度的影响见表 11-18。

表 11-18　药剂 A 的加入量对溶液中钯浓度的影响

药剂 A 加入量/%	0.2	0.4	0.5
溶液中 Pd 浓度/$g \cdot L^{-1}$	0.04	0.012	0.0015

根据选定的浸出条件：3mol/L HCl、液固比为 2.8:1、室温 1h、药剂 A 用量为 100g 料 0.6g，得到 Cu 浸出率 99%，溶液中含 Pd 0.002g/L。浸出渣洗涤后含 Pd 约 1.3%，回收率 99%，再经氧化焙烧（500℃）除去有机物和碳（变为土黄色即可）。焙砂（Pd 可富集到 7%）用稀王水浸出（液固比为 3:1，70℃，搅拌下浸出 2h），Zn 粉置换（常温搅拌，置换后母液含 Pt 少于 0.0002g/L）所得粗钯，用二氧二氨配亚钯法提纯两次，纯 $Pd(NH_3)_2Cl_2$ 用水合肼还原，产品纯度可达 99.99%。浸铜液含 Cu 约 130g/L，可经净化后结晶出 $CuCl_2$ 产品，或在 70~80℃下加铁屑或低碳钢刨花置换为粗铜粉，再处理为铜的化工产品。

已用此工艺处理 2t 物料，Pd 回收率大于 98%，Cu 回收率为 92%。

E　Pd/C 废催化剂回收钯

失效的 Pd/C 催化剂多为石油化工中的催化加氢型催化剂，通常采用焚烧除碳后，使用盐酸加氧化剂溶解的工艺处理。

文献 [34] 采用焚烧法处理粒度为 5~8mm，含 Pd 约 0.5% 的催化剂，金属钯以十分微细的颗粒状分布于活性炭表面。失活后的废 PdC 催化剂含 Pd 约 0.35%，C 多于 90%，同时含大量有机物。在焚烧炉（3mm 厚不锈钢板焊成 ϕ800mm×1600mm 的锥形圆筒，下部装有 60 目的不锈钢网、风量 450~510m³/h、风压 200~300Pa，炉气由焚烧炉上口引出，经洗涤塔洗涤后由烟囱排出）中 900~1000℃ 鼓风焚烧。所得的烧灰悬浮在水溶液中，约 100℃ 时加水合肼（水合肼用量为理论量的 120% 左右）还原 30min，所得粗钯粉，加入王水（10kg），近 100℃ 机械搅拌溶解，溶解完全后赶硝转变为氯化物溶液，控制溶液含 Pd 约 100g/L，溶液经氨水配合、盐酸酸化得黄色沉淀，固液分离后，再用氨水溶解、水合肼还原得到纯钯产品（690kg 废催化剂耗用：HCl 约 20kg、氨水 25kg、水合肼 1.35kg），钯纯度为 99.9%，回收率大于 95%。

文献 [79，80] 也采用焚烧法，但对烧灰的处理方法不同。载体为椰壳活性灰的钯催化剂（生产对苯二甲酸的加氢反应用），含 Pd 0.329% 及微量 Al、Fe、Si、Cu 等。先分别用 HCl、HNO_3、王水加热浸出，Pd 浸出率（%）相应为：25.6、38.8、16.5；浸出率低的主要原因是活性炭的强烈吸附。后改为将废催化剂先在焙烧炉内氧化焙烧，加温后靠碳自燃并维持温度（500~700℃）和气氛，以防止钯氧化，灰率约 1%。用约 20% 硫酸溶液（固液比为 1:6）、100℃ 浸煮 3h 除杂（为防止 Pd 溶解，每千克灰中加入 350mL 甲酸）；过滤后，滤渣用含有氯酸钠的盐酸溶液浸出，配料为：灰:HCl:氯酸钠:NaCl:水 = 1:2:0.2:0.2:3，约 80℃，浸出 4h。渣中含 Pd 少于 0.2%、Pd 残留率小于 1%，返回焙烧。滤液一般含 Pd 7~8g/L，并含少量 Cu、Al、Fe 等。用二氯二氨配亚钯法提纯一次，所得产品含 Pd 不少于 99.95%、直收率大于 98%。在获授权的专利中增加了 732 型阳离子交换树脂交换，进一步除杂工序。流出液用氨配合、盐酸酸化、水合肼还原工序处理，产品 Pd 纯度达 99.95%，钯回收率大于 99%。

文献［81］指出，焚烧活性炭时，如果控制不当，Pd 很容易氧化为连王水都难溶的 PdO，一般需要在溶解前将它还原为 Pd。还原剂可用甲醛，反应为：

$$HCOO^- + 2H_2O + 2e === HCHO + 3OH^- \qquad \varphi^\ominus = -1.07V$$

在碱性或酸性环境中反应式有所不同，分别为：

碱性甲醛溶液还原　　PdO + HCHO + NaOH === Pd↓ + HCOONa + H_2O

酸性甲醛溶液还原　　PdO + HCOOH === Pd↓ + H_2O + CO_2 \qquad \varphi^\ominus = 1.117V$

计算出酸性甲醛溶液还原的平衡常数 $K = 7.32 \times 10^{37}$，结果表明：用酸性甲醛溶液还原比碱性甲醛溶液更合理、可靠。

还原后可用王水溶解，但因反应过程产生有毒气体 NO_2 和需要赶硝，操作冗繁，故采用以 H_2O_2 作氧化剂的 HCl 浸出，反应式为：

$$Pd + H_2O_2 + 4HCl === H_2PdCl_4 + 2H_2O \qquad \varphi^\ominus = 1.323V$$

H_2O_2-HCl 溶解 Pd 的主要影响因素（固液比均为 1:10，90℃，0.5h）有：H_2O_2 浓度、酸度（恒定 Cl^- 总浓度，用 NaCl 调节）、Cl^- 浓度（用 NaCl 调节）、温度，分别如图 11-50~图 11-52 所示。浸出液中 Pd 浓度在固液比为 1:10 时达 2.455g/L，减少固液比对 Pd 的浓度所增有限（固液比为 3:20 时为 2.488g/L）而回收率急剧下降（由 74.93% 降为 50.62%），50℃ 以上，溶解迅速，15min 即可基本溶解完全。选择 H_2O_2 1mol/L，Cl^- 6mol/L，H^+ 4.5~6mol/L（选用 4.5mol/L 时 Cl^- 用 NaCl 调节），固液比为 1:10，70℃ 左右

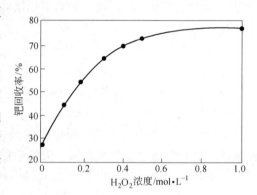

图 11-50　H_2O_2 浓度对钯回收率的影响
（HCl 为 6mol/L）

加热搅拌浸出 15min 的条件，一般浸出率大于 95%。还发现浸出率的高低和灰化是否完全有关系密切，灰化渣少，则钯浸出率高。

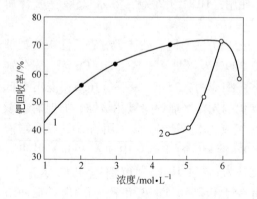

图 11-51　H^+ 和 Cl^- 浓度对钯回收率的影响
（H_2O_2 为 0.5mol/L）
1—H^+（Cl^- 为 6mol/L）；2—Cl^-（H^+ 为 4.5mol/L）

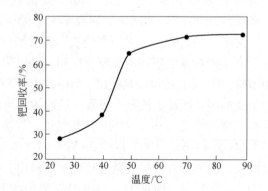

图 11-52　温度对钯回收率的影响
（HCl 为 5mol/L，H_2O_2 为 0.5mol/L，固液比为 1:10）

文献［82］处理含 Pd 0.30% ~ 0.60% 及含少量 Cu、Fe、Al、Ni、Zn 等杂质的椰壳活性炭废催化剂。先在 100 ~ 110℃ 干燥 2 ~ 3h，控制 550℃（不大于 590℃）焙烧 1.5 ~ 2h，防止 PdO 生成。焙砂用 H_2O_2 + HCl（固液比为 1:4），70 ~ 80℃，搅拌浸出 1h，Pd 浸出率为 95% ~ 98%。用氨配合法提纯、水合肼还原。产品 Pd 含量不少于 99.98%，回收率大于 98%。

文献［83］用图 11-53 所示的工艺处理 Pd/C 废催化剂。其成分（%）为：Pd 1.2、Al 2.3、Si 1.0、Fe 1.0、Pd 0.1，其余为活性炭。主要改进在于：将 Pd/C 粉

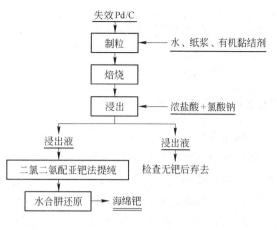

图 11-53　失效 Pd/C 提钯流程

末状废催化剂与纸浆、有机黏结剂按一定比例混合，制成直径 3 ~ 5cm 的颗粒再进行焙烧。与细粒状 Pd/C 相比，由于制粒的透气性大大增加，提高了焙烧速度，且颗粒可自行燃烧，节约了电能，过程易于控制、Pd 损失减少，浸出活性提高。新旧方法的对比见表 11-19。

表 11-19　改进前后方法对比

项　目	焙烧时间/h	焙砂含钯/%	钯损失/%	钯浸出率/%
直接焙烧	16	21	2	98
制粒焙烧	6	19	0.5	99

焙烧后 Pd 富集近 20 倍。由于焙砂中还含有一些没有分解的有机物及一些杂质盐类，避免了 PdO 的生成，使焙砂中的钯具有很强的活性，可用浓盐酸加热直接浸出，其条件为：固液比为 1:3、80℃、4h，反应后期加少量氯酸钠作为氧化剂，Pd 浸出率可大于 99%。然后用二氯二氨配亚钯沉淀精炼法提纯，水合肼还原，可得到纯度不小于 99.95% 的钯粉。

文献［84］报道了从工艺废炭中提取金、铂、钯，也采用制粒焚烧工艺。废料与黏结剂混合制成 $\phi50 \sim 80mm$ 的球，风干后入炉焙烧。严格控制进风量和入、出料速度，使灰渣呈疏松、多孔状。灰渣产率 6.67%。先用工业盐酸脱除盐和可溶性硅酸，然后用稀盐酸、氯酸钠浸出 Au、Pt、Pd。$FeCl_2$ 分金，锌粉置换 Pt、Pd 后，用常规方法提纯。

另外，含金废炭（Au 50 ~ 200g/t）用振磨、球磨预处理后，废炭完全分解温度由大于 750℃ 降至 450℃；使金浸出率由大于 60% 分别提高到 99.5%、82%[67]。振磨预处理后 Au 回收率提高的原因应为分解温度较低、物料未被烧结。

F　废拜耳-I 型催化剂中钯、金的回收

用于乙烯氧化制醋酸乙烯、失效后换下的废拜耳-I 型催化剂，含 $SiO_2 > 90\%$、Au 0.2%、Pd 0.5%，Pd、Au 呈金属胶体状高度分散在 SiO_2（无定型）表面，可用加氧化剂的盐酸浸出。条件为：1mol/L HCl、固液比为 1:3、100℃、$NaClO_3$：料 = 0.08:1，在装液体输送阀的搪瓷釜中浸出 4 次；滤出浸出液用锌粉置换（每克贵金属 12 ~ 13g Zn 粉），常温，机械搅拌，终点 pH = 2.5，置换所得的金、钯粉在 6mol/L HCl 中加 $NaClO_3$（164.05kg 废催化剂用 2kg）、固液比为 1:3、80℃溶解，加草酸在 pH = 1、约 80℃还原得

纯度约99.9%的金粉，回收率为97.02%。滤液用氨水配合（每克 Pd 约 4mL 氨水、最终 pH=9.5，约70℃）、盐酸酸化至 pH=1，以黄色沉淀沉出，再反复一次，水合肼还原得钯粉，纯度 99.9%、回收率 97.25%。曾工业规模处理 16.397t 物料，金、钯产品纯度 99.9%，回收率：Au 97.6%、Pd 95.5%。

11.2.4　均相催化剂

均相催化剂的工业应用比多相催化剂晚。例如 1959 年铂催化剂——$PdCl_2$-$CuCl_2$ 用于乙烯氧化制乙醛，以后在石油化工中得到广泛应用，如丙烯氧化制丙酮、丁烯氧化制甲乙酮、乙烯和醋酸氧化制醋酸乙烯、乙烯转化为丙烯、乙烯和氯制氯乙烯等。除氯化钯外，醋酸钯、硝酸钯、有机钯配合物都可作为均相催化剂。

20 世纪 60 年代末，又出现了用于甲醇低压羰基合成的铑配合物均相催化剂。从此，铑配合物作为均相催化剂用于石油化工，成为铑的一个重要用途，并进一步促进了均相配合催化工艺的发展。作为均相催化剂的铑基配合物主要是由羰基铑和三苯基膦、三苯氧基膦或三丁基膦形成的复合配合物。它大量应用于丙烯羰化制丁醇及辛醇、甲醇羰基化制醋酸等工业生产中。此外，氯化铑及其他一些铑化合物也可作催化剂使用。某些铑催化剂均相配合催化的应用实例见表11-20。

表 11-20　某些铑催化剂均相配合催化应用实例

催化剂形态	应用过程	催化剂形态	应用过程
Rh_3I, $RhCl(CO)(Pph_3)_2$	甲醇羰基化制醋酸	$RhCl_3$	丁二烯和 CO 合成己二酸
$RhH(CO)[P(Oph_3)_3]_3$	烯烃加水煤气合成高级醛	$RhH(CO)(Pph_3)_3$	烯烃氢甲酰化制取正丁醛
$RhCl(Pph_3)_3$	炔烃加水煤气合成高级醛		

钌化合物也可作为均相催化剂，如 $[RuCl_2(Pph_3)_4]$ 用作烯烃加氢反应的催化剂，$RuCl_3$ 用作烯烃聚合反应催化剂，$[Ru(CO)_3(Pph_3)_2]$ 则是加氢甲酰化催化剂。铱也用作均相催化剂，如铱羰基化催化剂。锇应用很少，但其配合物 $OsHCl(CO)(Pph_3)_4$ 可用作烯烃和炔烃均相加氢还原的催化剂。

均相配合催化剂具有高活性、高选择性等优点，其工业应用正在发展之中。为克服反应物和催化剂难分离的问题，已开展均相配合催化剂固体化的研究工作。

均相配合催化剂中铂族金属的回收研究工作开展较晚，主要是催化剂与反应物处于同相而较难分离，再加上此类催化剂多用于石油化工的相关反应，微量的铂族金属催化剂都存在于大量的有机物质中，因此与传统的铂金属冶金工艺相距较远。20 世纪后期，欧美等工业化国家公布了大量的回收专利；80 年代以来，随着使用这些催化技术引入我国，不少外国公司对相关的回收技术也申请了中国专利。

11.2.4.1　蒸馏富集回收铂族金属

羰基化过程中形成的混合物可经蒸馏加工，再从蒸馏所形成的剩余物中回收铂族金属。

文献 [85] 提出从甲醇、乙酸甲酯、甲醚羰化过程中产生的含有乙酸酐的残余物中回收铑的方法。即向残余物中加 2~5C 羧酸（如乙酸），加热到 30~100℃（优选 40~80℃），再加 1~10mol（优选 2~6mol）甲醇/1mol 乙酸酐，在乙酸酐与甲醇反应后蒸馏（50~200℃）除去比羧酸更易于沸腾的成分，冷却至不大于50℃（优选30℃），并过滤分出含铑的沉淀。

沉淀用乙酸和三烷基膦或三烷基膦卤化物加 CO 于 60～90℃ 短时间处理, 所得溶液作为催化剂返回羰化反应工艺。例如: 15g 含有 0.3% Rh 及锂盐和碘化合物的浓缩残余物样品和 30g 环己烷及 30g 水混合, 并在常压下回流 6h, 回收得到的沉淀 (1.4g, 含 Rh 3.2%) 中铑回收率大于 99.6%, 在环己烷层的水层中的 Rh 都小于 3×10^{-4}%, 锂盐主要存在于水相中。对 10g 残余物, 加 20g 水、20g 溶剂, 回流 6h, 加不同溶剂时铑回收率见表 11-21。

表 11-21 加不同溶剂时铑回收率

溶剂名称	环己烷	正辛烷	甲苯	正戊醇	正己醇	正辛醇	4-甲基-2-戊醇
铑回收率/%	99.6	99.4	97.3	97.3	97.2	98.0	90.2

对 15g 残余物, 用乙酸酐和正辛烷 (各 40g) 处理, 回流 6h, 铑回收率也可达 99.7%。如将乙酸酐选择作为第一种溶剂, 脂族醇、烃、芳族烃作为第二种溶剂, 就有可能在浓缩的固相中沉淀出绝大部分的铑。

文献 [86, 87] 采用使羰基化产物蒸发的方法, 产出含羰基化产物的气相部分和液相部分 (其中水的浓度应不小于 0.5% 以稳定铱催化剂)。蒸发可采用多步蒸发, 如在第一蒸发区先蒸发出一级气相、液相部分。也可采用多步闪蒸或分馏的方法, 第一步蒸发可用: (1) 绝热闪蒸。在不加热的情况下, 降低处于高温下的组合物的压力, 即将 100～250℃ 和 (10～100) × 10^5Pa (表压) 的液相羰基化反应组合物引入闪蒸区, 并维持闪蒸区 80～200℃, (0～20) × 10^5Pa (表压)。例如: 将含约 0.93% 铱的羰基化催化剂储备液加入 Fischer-Porter 管中, 用 CO 吹洗后密封, 然后在自生压力下, 搅拌加热至 105℃ 闪蒸 15min, 再将液相送入第二蒸发区在 100℃ 蒸发 2h, 留在溶液中的铱达 97%, 若 CO 充压至 1×10^5Pa (表压), 搅拌下加热至 130℃ 闪蒸 15min, 再在 130℃ 蒸发 2h, 留在溶液中的铱近 100%。(2) 等温闪蒸。组合物加热, 维持温度在 80～200℃、(0～20) × 10^5Pa (表压) 蒸发。专利优选出的液相各组分 (%) 为: 水 1.0～15、铱催化剂 0.1～1.0、卤化物促进剂 (如甲基碘) 0.1～10、酯衍生物 (如乙酸甲酯) 3～35。

文献 [88, 89] 用试剂 (如叔醇、乙酸、乙酸正丁酯及亚乙基二乙酸酯等) 处理铂族金属催化羰基化反应中所生成的残余物 (含铂族金属), 以沉淀出几乎含有全部铂族金属的固体。为进一步富集固体中的铑, 可用其他溶剂 (如烷烃、环烷烃、醚和芳香族化合物) 再处理。采用闪蒸的方法, 分出轻组分, 使较重的物质累积起来, 再将其一部分进行分离、富集 (除去几乎所有的挥发性组分), 而剩下最重的物质 (使铂族金属含量增加到约 4%), 然后按照此法进行处理而沉淀出铂族金属。处理的实例 (见表 11-22) 说明各试剂可获得的铑回收率。

表 11-22 铑回收率与处理试剂的关系

	试剂名称	叔丁醇	叔戊醇	乙酸	丙酸	丁酸	异丁酸
重残余物沉出固体	铑回收率/%	98.6	97.3	99.1	>99.1	>97.9	98.9
	乙酸加另一种试剂	环己烷	正辛烷	乙酸酐	水		
	铑回收率/%	99.3	>99.8	96.9	>99.4		
固体进一步富集	试剂名称	乙酸甲酯	甲苯	环己烷	四氢呋喃		
	铑回收率/%	99.8	99.7	>99.9	98.1		

11.2.4.2 焚烧法从蒸馏残留物中回收铂族金属

可溶性铑配合物及有机磷化合物用作均相催化反应催化剂，如烯烃、羰基化合物及芳族化合物等的加氢，烯烃的加氢甲酰化与加氢羧化反应。反应形成的各种高沸点副产物与非活性催化剂在蒸馏回收产物时，将产生一部分含催化剂的残留物，必须连续地或间断地予以排除，以防止高沸点副产物与非活性催化剂在反应介质中积累。

过去的回收工艺是：

(1) 湿法。加入硫化物形成铂族金属硫化物沉淀回收，或添加还原剂将铂族金属化合物还原为金属，或用吸附剂（如活性炭）吸附回收。但因铂族金属有机磷化合物很稳定而回收率不高，且回收产物中铂族金属含量很低。

(2) 火法。使用燃烧炉或水内燃烧炉将含有铂族金属的有机溶液燃烧，从灰分中回收铂族金属。但燃烧过程中会损失部分铑（即使是效率较高的水内燃烧炉也会有部分铑溅出或汽化），另有一部分会溶解于燃烧液，使铑回收率降低。

文献 [90] 发明的方法是：将碱性化合物加到含有铑配合物（以有机磷化合物作配位体）的有机溶液中，然后先在 160~350℃ 蒸发燃烧有机物，再在 600~950℃ 的温度下，将其进一步燃烧并烧成灰。所得烧灰用含有还原剂的清洗液清洗（如含硼氢化钠、甲酸、草酸或肼的溶液，50~80℃），除去非铑元素的可溶盐后，便可在高效率、高含量下回收铑。文献列举了 17 个实施例，所用的碱为：粒状 NaOH（或 25% 溶液）、粉状 K_2CO_3（或 40% 溶液）、粉状 $Na_2S \cdot 9H_2O$、硼氢化钠、粉状 $Ca(OH)_2$、粉状 NaHCOO 等，单独或两种结合使用。铑回收率为 93%~99%，较好的可达 99%。铑回收率与碱性化合物的添加量有关，如以粒状 NaOH 为例：对 20g 含 9.42mg 铑和 0.72g 磷的高沸点副产有机溶液，添加 NaOH 量与铑回收率的关系见表 11-23。

表 11-23 添加 NaOH 量与铑回收率的关系

NaOH 添加量/g	0.25	0.35	0.5	0.75	1.0	1.5	4.0
铑回收率/%	90.98	95.22	97.24	99.89	98.94	98.83	99.70

铑回收率的高低还与溶液的蒸发和灰化温度有关，需要针对不同情况优选确定。在清洗烧灰时，铑的损失与还原剂用量也有关，如以硼氢化钠及水合肼为例，铑损失与还原剂用量关系见表 11-24。

表 11-24 铑损失与还原剂用量的关系

还原剂浓度/mol · L^{-1}		0.01	0.05	0.1	0.5
铑洗脱损失/%	硼氢化钠	3.01	0.64	0.57	—
	水合肼	7.25	0.90	0.86	0.86

文献 [91] 指出：上述方法虽能燃烧完全，但加入的大量焚烧抑制剂（碱性化合物）不能回收利用、成本较高。因而发明了一种新的焚烧工艺，即采用特殊的升温程序，使铑在焚烧、灰化过程中减少损失、大幅度提高回收率，且不再需要加入碱性氧化物。如羰基合成丁辛醇的废铑催化剂残液，试料的质量组成（%）大致为：铑 0.1~1.2、三苯基膦 0.1~1、三苯氧膦 3~4、金属杂质（铁、镍等）2~3、丁醛三聚物及重组分 4~5、丁醛五聚物及超重组分余量。其中沸点 300℃ 以下的组分占 70%~80%，如果升温过快，则废

液中的铑容易随有机组分的挥发而被夹带损失，因此需要严格控制升温速度。专利制定的两种升温程序及其中一部分实施例和比较例的实验结果见表11-25。若按实例1的升温制度，但将停留时间改为1h，铑回收率仍可达99.5% ~99.9%。

表 11-25 不同升温制度下的铑回收率

编 号	升 温 制 度	总时间/h	铑回收率/%
比较例1	直接点燃废液	1.5	81.0
比较例2	快速升温，600℃灰化	3	88.4
比较例3	80~90℃/h匀速升温，600℃灰化	6.5	91.92
实施例1 （方案1）	<300℃，每升高50℃停留1.5h（升温速度30℃/h）； >300℃，每升高100℃停留1.5h，600℃灰化	14	99.93
实施例2 （方案2）	>300℃，升温速度60℃/h，600℃灰化，蒸出物800~900℃焚烧		99.8

灰化温度600~650℃（最好为600℃）。蒸出的有机物应在800~900℃（最好800~850℃）焚烧，以避免造成二次污染。

如处理的废铑催化剂（低压羰基法合成丁辛醇用）含 Rh 0.3% ~0.6%，其余为大量的高沸点副产物、醛的缩聚物和少量的 Cu^{2+}、Fe^{3+}、Ni^{2+} 等金属离子，废料与一定量的 $Ca(OH)_2$（加入有利于灰化）均匀混合后，放进焚烧炉在700~800℃恒温4~5h，冷却后将焚烧残渣破碎，所提铑灰含（%）：Rh >30、Ni 22、Cu 30、Ca 30 及少量 Zn、Fe、Na 等金属。将铑灰与20~30倍 $KHSO_4$ 在搪瓷反应器中混合均匀，慢慢升温至500~600℃，反应2h，冷却后取出产物，用去离子水或2mol/L HCl 溶解，得 $Rh_2(SO_4)_3$ 溶液，Rh 回收率大于98%。溶液一般含 Rh 0.1% ~0.15% 及大量贱金属离子，加氨水（80~90℃、严格控制 pH 值为8~8.5、搅拌20min）、静置、过滤，得黄色 $Rh(OH)_3$ 沉淀，过滤与 $[Cu(NH_3)_4]^{2+}$ 分离。沉淀用2mol/L HCl 溶解，配成 Rh^{3+} 23%、Cu^{2+} 少于0.002% 的铑溶液。Rh^{3+} 损失率小于0.5%、Cu^{2+} 除去率大于99%。然后电解还原铑（阴极电位 -1.10~1.15V，阴极室为含 H^+ 2mol/L 的 Rh^{3+} 溶液，阳极室为10% 氢化铵溶液），2~3h，电流效率80%。铑粉经酸洗、水洗、焙烧，纯度大于99.5%，铑电解回收率大于98%。

11.2.4.3 萃取法回收铂族金属

萃取法是借助配合剂，从含羰基合成产品、羰基化产物或羰基化残余物中萃取回收铂族金属，使其从羰基合成产品中分离出来和得到回收。

A 回收铑

老工艺（德国专利 P3347406.0）是以磺酸盐类和有机膦的羧酸盐类作配合剂的。由于铑和磺酸盐生成的配合物或有机膦的羧酸盐类都是水溶性的，因此，铑可以从羰基合成原产品即有机相中（铑含量仅百万分之几）用取代膦的水溶液萃取得到。铑由此进到水相中，通过简单的沉淀，就可从有机产品中分离出来，通过循环配合剂溶液，在水相中可以得到高浓度的铑。

文献［92］对此工艺做了改进，其特征是在配合剂水溶液中加一种增溶剂。增溶剂，也称做相转变剂、表面活化剂，其作用是改变两液相接触面的物理性质，以加速萃取物水溶液转移到产品相以及产品相中的铑转移到配合剂水溶液相中。增溶剂的这种作用简化了萃取过程，减少了设备量，更完全地萃取铑。新工艺可回收产品中95%以上的铑。合适的增溶剂必须根据它所处理的有机相的组分来选取，可供选用的增溶剂有：中性或非离子化增溶剂（特别是烷基聚乙二醇、烷基苯聚乙二醇以及酰基聚乙二醇一类的环氧乙烷加合物），极性增溶剂（如磺酸盐和二甲亚砜）等。增溶剂在溶液中的质量分数最好是0.1%~2.5%。在相分离后，不含铑的剩余有机产品用水冲洗，去除残留的萃取剂、铑和增溶剂，然后经过蒸馏加工，冲洗用水可循环使用；含有高浓度铑的水相可直接或经过净化和浓缩后，以催化剂溶液的形式通入反应混合物中；也可以作为难溶或不溶于水的化合物来分离铑，如以铑-2-乙基己酸盐形式，并且作为催化剂重新使用。实例显示，加入增溶剂后，铑的萃取进行得既快又彻底，如：（1）通过异庚烯醛冷却到20~25℃，储藏几小时进行对比试验，结果表明：不加增溶剂时铑回收率为72%~74%，最高84%；加入增溶剂后提高到：85%（加入 N-甲磺酸十六烷基三甲基铵）、87%（再加吡啶翁硫酸盐），约92%（加入苄基三甲基磺酸铵）。（2）从各种醛化产品中分离铑，在不加增溶剂时，铑分离率约91%，加入增溶剂后为：97%（加入十六烷基三甲基乙酸铵）、约99%（加入十四烷基三甲基乳酸铵）。实施例还表明：在温和条件下，不能蒸馏的羰基合成原产品也可以用此法除去其中的铑催化剂。

也有人借助于有机膦水溶液的萃取作用，从氧化的合成产物中分离和回收铑。为了使萃取相（水相）易于渗入有机相，从而提高萃取率，可加入助溶剂（相转移反应剂），如阴离子的月桂酸、肉豆蔻酸、硬脂酸，阳离子的十八烷基二乙胺、十八烷基乙醇胺，中性的氧化乙烯与高分子醇（或酚、或与脂肪酸的加成物）。并要求配合物（配合膦，起萃取剂作用）的溶剂也不与反应产物相溶（或仅很少相溶）。如在一个装有磁力搅拌器的高压釜中，130℃、二环戊二烯与27MPa 的合成气（CO：H_2 = 1：1），在铑催化剂（含60×10^{-4}%铑）作用下，进行氢甲酰化反应。反应结束后，将压力降至25MPa（或5MPa），在130℃（或80℃）泵入一定量的 TPPTS 水溶液（P(Ⅲ)/Rh 摩尔比为100：1），搅拌2~3min，反应混合液紧接着被转移到带底部排放装置的搅拌瓶中，并在搅拌下加热到60℃。搅拌结束（约需30min）立即分相，有94%~96%的铑进入水相，洗涤有机相则可使铑回收率提高到97%~98%，有机相中铑残留浓度为 $0.7×10^{-4}$% ~ $0.9×10^{-4}$%，如果是在室温下离心分相，则不需要洗涤。

文献［93］用萃取法从焦油（在生产羧酸酐的羰基化过程中产生的）中回收铑，萃取剂为水、羧酸、碘化物盐和烷基卤化物溶液。主要工艺过程为：（1）将工艺物流与烷基卤化物混合物形成一个由烷基卤化物、焦油和铂族金属催化剂所组成的复合物料；（2）将复合物料与萃取溶液（由水、与羰基化过程产物相应的羧酸、羰基化反应所用的碘化物盐促进剂和烷基卤化物组成）接触，生成一个含铂族金属催化剂的水相和一个含焦油的烷基卤化物相；（3）两相分离。在最好的条件下，铑萃取率可达97%。

B 回收钯

文献［94］发明用碱的水溶液萃取从有机溶液中回收钯催化剂，然后中和碱溶液和用有机溶剂萃取钯，杂质金属则留在水相中。其要点是：（1）在温和条件下（大气压和室温下）用一种碱性水溶液（含0.5%~10%的碱）来萃取有机溶液中的钯；（2）将含钯催化剂的碱溶液从有机溶液中分离出来（如用倾析），用酸中和至 pH = 7；（3）用一种不与水混溶的有机溶剂从水溶液中萃取钯。也可在连续操作中，从蒸馏分出的高沸物料中回收。

11.2.4.4 使铂族金属转化成固相而被分离回收

为了从反应生成的焦油或其他产物中回收铂族金属，可将铂族金属转化为固体，分离后再进行回收。

A 从反应生成的焦油中回收铂族金属

乙酸甲酯进行羰基化制备乙酸酐的过程中，以碘和铂族金属作为催化剂，反应过程中形成的焦油会降低催化剂活性，甚至因为焦油将碘和铂族金属催化剂包封起来使催化剂失活而导致停止羰基化反应，故必须从反应系统中除去所形成的焦油。使用碘代甲烷和碘化氢水溶液可从焦油中萃取回收约90%（质量分数）的铑，但不能回收碘化物。文献［95］将脂肪酸（如乙酸）加入浓缩的焦油中，将混合物加热到（或高于）脂肪酸的沸点，在不断加入脂肪酸以保持脂肪酸：焦油 = （5~10）：1 的情况下蒸馏脂肪酸，经处理过的焦油冷却后，用溶解焦油的溶剂（如乙酸甲酯，用量为焦油质量的5~10倍）将铂族金属从溶液中沉淀出来。例如：将含焦油90%以上的浓焦油溶液（含铑 72×10^{-4}%，碘 2.43%）36.3g 加到约250mL 乙酸中，混合物加热至120℃，不断加入乙酸维持约为250mL，蒸出乙酸进行回收，从中可回收约80%碘，处理过的浓焦油溶解到250mL 乙酸甲酯中，过滤分出含铑固体，铑回收率约87%。需要时，还可将剩下的焦油残余物灰化和过滤以回收其余的铑，然后再加入反应器中。

文献［96］采用在密闭系统中加热，使铑以可过滤分离的难溶物形式沉淀回收。其步骤为：（1）制备主要由铑、焦油和甲基碘组成的混合物；（2）将混合物送入容器，并将容器内侧与外侧隔开；（3）加热容器及其内容物至 120~180℃（最好 140~180℃），使铑沉出，其沉淀率与时间和温度的关系如图 11-54 和图 11-55 所示；（4）将内容物冷却至小于100℃（最好小于75℃）过滤，从焦油和甲基碘中分离出固体铑，它可在一合适的反应介质中再溶解并重复使用。

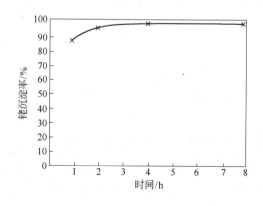

图 11-54 铑沉淀率与反应时间的关系

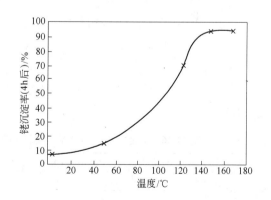

图 11-55 铑沉淀率与反应温度的关系

B 从残留物中回收铂族金属

文献［97］采用的工艺为：向残留物中添加沸点大于120℃的溶剂，通过蒸馏除去水和沸点低于添加剂沸点的其他残留溶剂，同时添加适量的碲/铂族金属沉淀物。其优点是可以避免使用高压和昂贵的高压反应容器。具体工艺如向反应混合物（或含有铂族金属的浓缩残留物）中添加二甲基甲酰胺（或其他适宜溶剂），蒸馏去除其中的水和低沸点溶剂

（如到153℃，回流15h）；然后使混合物冷却到室温，过滤固体物质，先用二甲基甲酰胺，后用甲醇洗涤；在35℃烘箱中干燥后，得到的固体含Rh 2.07%（1%~2%），铑回收率为93.3%。工业规模时，是将过滤氧化反应混合物得到的10000L母液浓缩成1300L（含有270g Rh），溶解于1500L二甲基甲酰胺中，在蒸馏柱中回流，除去水和沸点小于150℃的残留溶剂而剩下二甲基甲酰胺；添加水合氧化碲（6.75kg碲），在150℃回流15h，冷却后，过滤碲/铑沉淀物，用二甲基甲酰胺和水洗涤多次，约9kg沉淀含235gRh，回收率达87%。也可用此法处理含铂物料，铂回收率约95.5%。采用二甲基乙酰胺或二甘醇二甲醚的组合物作为溶剂处理含有其他铂族金属的物料也可得到类似结果。

11.2.4.5 通过结晶从反应混合物中回收铂族金属

采用熔体（或悬浮体）结晶法，可以从含有碳酸二芳基酯的反应混合物中回收铂族金属。此法早已有专利介绍，但原有的工艺不经济且应用于碳酸二芳基酯含量小于70%（质量分数）的反应溶液比较麻烦。改进主要在于采用温和的方法提高时生产率，即从反应器取出反应混合物，用熔体分步结晶法（或悬浮体结晶法），使反应溶液温度降低和接种得到含催化剂熔体，将催化剂体系的残余物从结晶物中分离出来。以结晶或蒸馏的方法，将由碳酸二芳基酯和芳族羟基化合物的混合物组成的结晶整理成为高纯度碳酸二芳基酯，然后将含催化剂体系的反应溶液送入反应器中，回收其中的铂族金属。

11.3 低含量废料回收铂族金属

11.3.1 表面薄膜铂族金属的回收

11.3.1.1 铂、钯层的剥离

对于铂、钯含量很低的以金属或合金为基体的废催化剂，采用剥离法回收将较为经济。11.2.3节中已介绍了从金属（合金）基体废催化剂上剥离回收铂和钯的实例，此类方法也可以应用于其他铂族金属涂、镀层。

11.3.1.2 钌镀层的剥离

A 赤血盐剥离液

赤血盐（KFe(CN)$_6$）与氢氧化钠剥离液的组成、操作条件与钌镀层可剥厚度的关系见表11-26[1,2]。

表11-26 赤血盐与氢氧化钠剥离液的组成、操作条件和钌镀层可剥厚度的关系

KFe(CN)$_6$浓度/g·L^{-1}	NaOH/g·L^{-1}	温度/℃	时间/min	钌镀层厚度/μm
200	200	20	10	0.5
200	150	30	10	0.5
200	150	30	20	1

该法可使钌镀层良好剥离，且可防止金属层基体变粗糙。

B NH$_4$HSO$_4$熔体剥离

在NH$_4$HSO$_4$熔体中，钌涂层可迅速除去。如将涂有10~20g/m^2 RuO$_2$-TiO$_2$的钛板，或涂有7.3g/m^2 Pt-Ir的钛板，分别放入400~500℃的NH$_4$HSO$_4$熔体中浸渍30min，冷却及洗涤后，涂层除去率分别为99.86%和89%，但钛阳极板将被腐蚀7.2μm[1,2]。

11.3.1.3 电化学溶解法回收钌

用电化学溶解法从镀氧化钌的钛电极上回收钌时，可直接把钛电极作阳极，钛片作阴极，电解液可以是硫酸盐、硝酸盐或氯酸盐等。表11-27为从钛电极上剥离不同涂层的电解液配方及操作条件，剥离后的钛电极经再生后，其外观与新的钛电极基本相同，可长期反复使用[1,2]。

表11-27　从钛电极上剥离不同涂层的条件

基体金属	涂层	阴极	电解液	时间 /h	阳极电流密度 /A·dm^{-2}	温度 /℃	起始槽电压 /V
钛	氧化钌	铁	50%氯酸钠	0.5	60	20	5.5
	氧化铂		5%硝酸钾	12	10	35~40	5.5
	氧化铱		15%硫酸钠+10%硫酸（或加2%过氧化氢）	2	25	20~30	5.5

电化学溶解得到的氧化钌，通过化学处理可直接制得可溶性钌化合物而回收。钌回收率在90%以上，图11-56所示为此法的流程图。

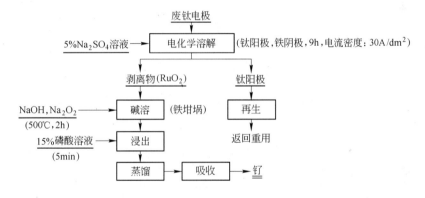

图11-56　电化学溶解从镀氧化钌电极上回收钌流程图

11.3.2 电子废料铂族金属的回收

11.3.2.1 从电容器废料中回收铂族金属

电容器是电子工业中的常用元件，应用范围和数量都越来越大。废电容器中含有一定数量的银、钯等贵金属需要回收。

A　硝酸溶解法回收废多层陶瓷电容器中的Pd、Ag

多层陶瓷电容器（MICC）的外形与性能符合便携式电子产品（如移动电话、便携式摄录机、电脑及各种数码产品）和SMT发展的需要，得到了迅速发展。20世纪90年代前期全球陶瓷电容器年产量就达1400亿~1500亿只，其中多层陶瓷电容器产量占70%左右[98]。其生产过程中产生5%~10%的废品，使用过程中也产生大量废品。

MICC一般为20~30层，由钛酸钡、钛酸铅及铅、钛、镁、铋等金属氧化物和银、钯内电极浆料和端电极组成，一般金属含量小于8%。

文献[98]采用硝酸浸出，分别沉钯、银的工艺回收。钯回收率为95%（纯度99.95%）、银回收率为88%，其工艺流程如图11-57所示。

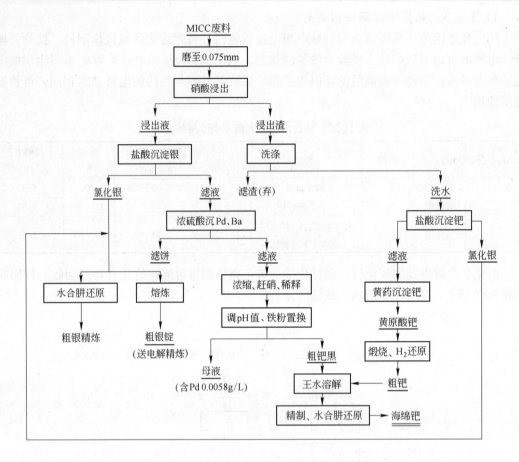

图 11-57 从 MICC 废料中回收钯、银工艺流程

物料含 Ag 3%、Pd 0.6%，经球磨至 0.075mm，在 1000℃焙烧使有机物挥发除去。钯在 560℃氧化、820℃分解，在焙砂中呈金属状态。

浸出条件为：HNO₃ 4mol/L，在 80℃浸出 2h。提高硝酸浓度和温度有利于 Pd、Ag 浸出，但杂质浸出率也增加，不利于后续工序的处理且经济效益差。物料粒度大小对浸出率的影响很大，见表 11-28。在物料粒度 0.075mm、液固比为 3∶1、80℃、2h 的条件下，浸出渣含 Ag 0.26%、Pd 100g/t，浸出率为：Ag 91%、Pd 98%。

滤液含 Ag 9.1g/L、Pd 1.98g/L，加入工业盐酸沉淀银，过滤、洗涤、烘干；按氯化银∶Na₂CO₃ = 1∶0.6 混匀，配入 3% KNO₃，在石墨坩埚中 1100℃熔炼，得 98% 粗银锭，并入银电解工段获得 99.99% 电解银粉，银回收率为 88%。

表 11-28 MICC 废料粒度对钯、银浸出率的影响

粒度/mm	浸出渣成分		浸出率/%	
	Pd/g·t⁻¹	Ag/%	Pd	Ag
0.4	600	0.85	90	71.7
0.15	200	0.47	96.7	84.3
0.075	60	0.2	99	93.3

沉银后的滤液加工业浓硫酸沉淀 Pd、Ba，滤液浓缩呈黏稠状、赶硝，然后稀释 3 倍，用

2. 5mol/L NaOH 调至 pH = 0.5，室温下用铁粉还原得粗钯黑（还原后母液含 Pd 0.0058g/L，还原率 99.5%）。浸出渣洗水体积庞大，用工业盐酸沉淀银，氯化银合并处理。因滤液酯度低，可在搅拌下直接加入黄药溶液沉钯，快速过滤（母液含 Pd 0.005g/L，Pd 沉淀率 99%）。

600℃煅烧分解黄原酸钯，通氢气还原得粗钯。粗钯与前述粗钯黑合并，王水溶解、浓缩赶硝。用氨水配合—盐酸沉淀法精制，水合肼还原得 99.95% 海绵钯产品，钯回收率 95%。

B　氧化性溶剂浸出独石电容器中 Pd、Ag

文献［99］采用下列工艺（见图 11-58）：废独石电容器先破碎到小于 0.75mm，以 Na_2ClO_3 为氧化剂、HCl 浸出，Pd 和其他贱金属进入溶液（Pd 生成 H_2PdCl_4 或 Na_2PdCl_4），Ag 以 AgCl 状态留在渣中。过滤后，滤液加氨水调 pH 值至 8～9，贱金属生成氢氧化物或碱式盐沉淀，Pd 先生成肉红色 $Pd(NH_3)_4 \cdot PdCl_4$ 沉淀，当加热至 80～90℃ 时转化为浅色的 $Pd(NH_3)_4Cl_2$ 溶液而与大量贱金属分离。滤液加 12mol/L HCl 酸化至 pH 值为 1～1.5，生成淡黄色的 $Pd(NH_3)_2Cl_2$ 沉淀。反复配合—酸化数次后，浆化、水合肼还原、洗涤、烘干得成品海绵钯（Pd > 99.95%）。滤渣用氨水配合浸出，过滤赶硝、加 HCl 沉出 AgCl，过滤、洗涤至中性，加入氨水和水合肼，还原生成海绵银，洗涤、烘干后纯度达 99.95%。此工艺 Pd、Ag 回收率大于 97%。

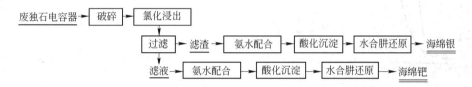

图 11-58　从废独石电容器中回收 Pd、Ag 的工艺流程

C　溶剂萃取法从废钛酸钡陶瓷电容器中回收钯

多层陶瓷电容器生产过程中产生不少废品，主要成分是钛酸钡，内电极为钯，外电极为银，废品中含钯百分之几，可采用浮选法回收，但须将陶瓷磨细至数微米，才能使钯较好地解离以提高回收率，从而超过了常规浮选法的适用粒度范围。曾用液-液萃取法分离，即将悬浮于水中的微粒选择性地富集于油-水界面或油相中，以进行分离。

陶瓷电容器废料用硝酸溶解回收银，残渣经干燥后，在玛瑙钵中磨细作试料。含 Pd 为 3.55%，陶瓷主要成分是钛酸钡，平均粒度 6.6μm。萃取剂用：正丁醇、正戊醇、甲基-异丁基酮（MIBK）、异辛烷、煤油；捕收剂为十二烷基醋酸铵（DAA），用 0.1mol/L HCl 和 0.1mol/L KOH 调节水溶液的 pH 值。不使用捕收剂时，水相 pH 值对钛酸钡萃取回收率的影响很大，在 pH 值为 1.0～1.5 时可有效萃取 Pd 并与钛酸钡分离（见图 11-59）。当加入捕收剂后，pH 值对 Pd、钛酸钡回收率的影响分别如图 11-60 和图 11-61 所示。以正丁醇为有机相，在 pH = 1.0 时对陶瓷电容器废料进行了萃取钯的实验。图 11-62 所示为添加 DAA 的效果，当添加为 200mg/L 时，Pd 回收率约 97%。在添加 DAA 200mg/L 的条件下，用正丁醇萃取钯，其浓缩物产率、品位、回收率如图 11-63 所示。其中正丁醇萃取产品中含 Pd 34.4%，产率约为 10%，即富集比为 10，回收率 96.8%，为所选有机相中的最高值；正戊醇和 MIBK 的 Pd 回收率均为 95%，萃取产品中含 Pd 品位降为 28%；异辛烷、煤油萃取时，Pd 回收率更低，仅为 83%（见图 11-64）。

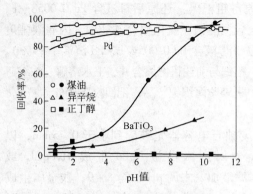

图 11-59　在不同油相中钯和钛酸钡的
回收率与 pH 值的关系

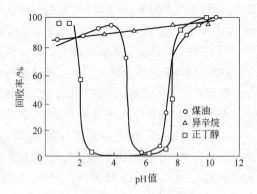

图 11-60　DAA 200mg/L 时不同油相中 Pd
回收率与 pH 值的关系

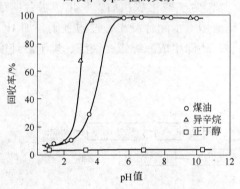

图 11-61　DAA 200mg/L 时不同油相中钛酸钡的
回收率与 pH 值关系

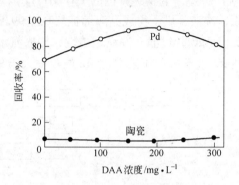

图 11-62　pH=1.0 时捕收剂 DAA 浓度对
正丁醇萃取钯和陶瓷的影响

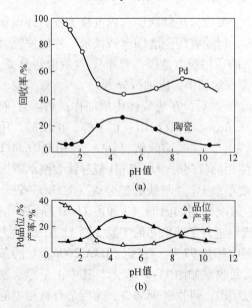

图 11-63　在不同 pH 值下，从废料萃入正丁醇
中的 Pd 浓缩物的产率、品位及回收率

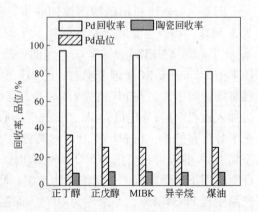

图 11-64　不同有机相从废料中萃取 Pd 浓
缩物的品位和回收率

研究结果说明在选用的五种萃取剂中：正丁醇效果最好，且具有低挥发性，有应用价值。以上虽然仅是小型试验结果，但作为一种新的富集方法，有可能具有较好的发展和应用前景。

11.3.2.2 用 HNO₃ 浸出—溶剂萃取法从废电子触点元件中回收钯

废旧电子元件中含 Pd、Au、Pt 等贵金属，较多的文献报道了萃取回收 Pd 的结果。

文献［100］用萃取法对废弃电信装置的含 Pd 触点做如下处理：元件用硝酸浸取，过滤后，滤液中除 Pd^{2+}（0.3g/L）外，主要有 Cu^{2+}（14.2g/L）、Ni^{2+}（2.6g/L）等，HNO_3 3.1mol/L。选择 10 种常用萃取剂比较 Pd^{2+} 与 Cu^{2+}、Ni^{2+} 的分配比 D 及分离系数 β，结果见表 11-29。

表 11-29　常用萃取剂从硝酸溶液中萃取 Pd^{2+}、Cu^{2+}、Ni^{2+} 的情况

萃取剂组成	时间①/min	$D_{Pd^{2+}}$	$D_{Ni^{2+}}$	$D_{Cu^{2+}}$	$\beta_{Pd^{2+}/Ni^{2+}}$	$\beta_{Pd^{2+}/Cu^{2+}}$
0.75mol/L 二辛基亚砜-正辛醇	<1	1510	7.7×10^{-4}	2.3×10^{-3}	2×10^6	6.6×10^5
20% N2125-煤油	<1	566	9.0×10^{-4}	1.1×10^{-3}	6.3×10^5	5.1×10^5
20% N235-煤油	<1	388	3.8×10^{-4}	1.8×10^{-4}	1×10^5	2.2×10^6
20% 三辛胺-煤油	<1	110	3.8×10^{-4}	3.7×10^{-4}	2.9×10^5	3×10^5
20% N1923-煤油	<1	105	6.4×10^{-4}	7.1×10^{-4}	1.6×10^5	1.5×10^5
5% 三辛基氧膦-煤油	<1	78.8	1.5×10^{-3}	1.8×10^{-3}	5.2×10^4	4.4×10^4
20% 石油亚砜-煤油	<1	10.3	3.8×10^{-4}	1.6×10^{-4}	2.7×10^4	6.4×10^4
0.4mol/L N263-煤油	<1	8.58	3.8×10^{-4}	1.0×10^{-3}	2.3×10^4	8.6×10^3
20% P204-煤油	<1	1.38	3.8×10^{-4}	1.8×10^{-4}	3.6×10^3	7.7×10^3
100% 正辛醇	<1	0.41	1.5×10^{-4}	3.1×10^{-4}	2.7×10^2	1.3×10^2

① 分相时间，min。

从表 11-29 可知，二辛基亚砜效果最好，N2125 及 N235 次之，正辛醇最差。综合考虑价格、来源、水相中的溶解度等因素，选择 N235 作为萃取分离钯与铜、镍的萃取剂。用 25% N235-10% 癸醇-65% 煤油（为防止萃取过程出现第三相，加癸醇作调相剂）从硝酸溶液中萃取 Pd^{2+}、Cu^{2+}、Ni^{2+}，10min 萃取过程即达到平衡。为保证充分达到平衡，选用 30min 以上。萃取剂 N235 浓度（萃取剂中含 10% 癸醇，余量为煤油）、萃取温度、HNO_3 浓度对分配比的影响如图 11-65 ~ 图 11-67 所示（不变条件为：25℃，水相含 Pd^{2+} 0.3g/L、Cu^{2+} 14.2g/L、Ni^{2+} 2.6g/L，相比为 1）。图 11-65 指出 Pd^{2+} 与 Ni^{2+}、Cu^{2+} 的分离系数高达 10^5 数量级，当 N235 为 25% 时，$D_{Pd^{2+}}$ 可达 80，一次萃取率达 98.7%。温度以室温（见图 11-66），硝酸浓度以 0.5 ~ 3mol/L（见图 11-67）为宜。

负载有机相含（g/L）：Pd^{2+} 0.295、Cu^{2+} 0.0025、Ni^{2+} 0.0016。选择 5 种洗涤剂结果见表 11-30。从 Pd 的损失考虑，NH_4Cl 较好；但

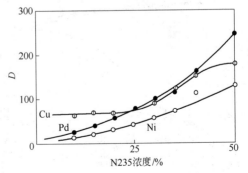

图 11-65　萃取剂 N235 浓度对 Pd^{2+}、Cu^{2+}、Ni^{2+} 分配比的影响

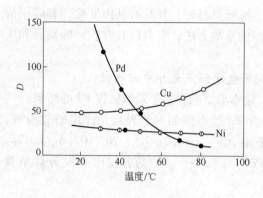

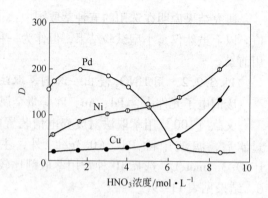

图 11-66 萃取温度对 Pd^{2+}、Cu^{2+}、
Ni^{2+} 分配比的影响

图 11-67 水溶液 HNO_3 浓度对 Pd^{2+}、
Cu^{2+}、Ni^{2+} 分配比的影响

从去除杂质看，HNO_3 最好，且洗涤液可在过程中使用，故选用 HNO_3 作洗涤剂。HNO_3 浓度对洗涤率的影响如图 11-68 所示，说明 Pd 的损失随 HNO_3 浓度增加而加大，在 HNO_3 大于 3mol/L 时，Cu^{2+}、Ni^{2+} 洗涤率近 100%，Pd 损失较小。洗涤剂选用不大于 1.5mol/L，与萃取过程的最佳酸度（0.5~3.0mol/L）相符。对负载有机相选用：去离子水（反萃率为 0.61%）、3mol/L NaOH（反萃率为 2.47%）、5% 氨水（反萃率为 68.5%）、6% 硫脲（反萃率为 98.6%）、4mol/L NaCl（反萃率为 1.93%）分别进行反萃，以硫脲、氨水效果较好。而氨水的反萃效果与浓度有关（见图 11-69），以 5% 左右为宜。

表 11-30 不同洗涤剂洗涤百分率

洗涤剂名称	洗涤百分率/%				
	6mol/L 盐酸	7mol/L 硝酸	9mol/L 硫酸	4mol/L NaCl	4mol/L NH_4Cl
Ni^{2+}	87.5	100	87.5	68.8	68.8
Cu^{2+}	84.0	96.0	60.0	88.0	92.0
Pd^{2+}	0.92	4.1	14.0	0.93	0.61

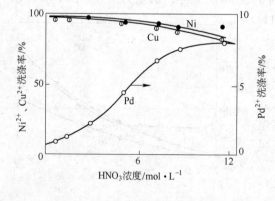

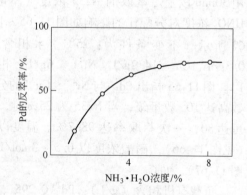

图 11-68 HNO_3 浓度对 Pd^{2+}、Cu^{2+}、
Ni^{2+} 洗涤率的影响

图 11-69 $NH_3 \cdot H_2O$ 浓度对
反萃率的影响

11.3.2.3 从废气敏元件中回收贵金属

气敏元件的应用范围越来越广,其中不少元件使用了贵金属,逐渐成为回收贵金属的又一个来源。如抽油烟机报警用的气敏传感器元件——陶瓷黑管里层涂有金浆料,外层是以 SnO_2 为主体的黑色涂层,焊接数根金钯钼合金引线。在传感器生产过程中,将产生相当数量的含 Au、Pd 废气敏元件。

文献〔101〕研究的工艺是:废气敏元件(含 Au 42.76%、Pd 11.26%)用王水溶解,为了有利于精炼操作,加入少量硫酸沉淀溶液中的杂质元素 Ba、Pd,浸出率(%)为:Au 100、Pd 99.98。滤液选用亚硫酸钠还原金,在常温、3mol/L HCl、Au 浓度 30~40g/L 的条件下,边搅拌边加入固体工业亚硫酸钠(Au∶Na_2SO_3 = 1),到反应终点,有刺鼻的 SO_2 气体溢出。产出的粗金粉含钯(0.012%)较高,可作首饰用金,也可再用王水溶解、草酸还原(0.5~1.0mol/L HCl,按 Au∶$H_2C_2O_4 \cdot H_2O$ = 1 加入分析纯草酸,煮沸 2~3h,95% Au 沉出,金粉用 3mol/L HCl 煮沸,母液和洗液合并,调 pH 值至 3~4,使剩下的金全部还原,转入下批精炼)得 99.99% 以上纯金,金总收率 99.5%。分金母液浓缩、氧化,赶走过剩的 H_2SO_4 后,用氨水配合—盐酸酸化精炼 3 次,水合肼还原二氯二氨配亚钯得到 99.99% 纯钯,直收率 98.5%。

11.3.3 废耐火材料及低品位固体废物铂族金属的回收

11.3.3.1 重选法

重选法是利用贵金属或其合金与其他物料之间的相对密度差异,进行贵金属富集和分离的一种物理手段。它适用于处理机械夹杂的贵金属或其合金的废料,方法简便,基本无废液排放。

在粗铜精炼和火法处理含金银的阳极泥时,液态金属不断渗入炉体及其接缝处,使一些合金以不同大小的颗粒分散嵌布于镁砖中。如果直接用湿法处理,则因氧化镁和氧化硅可与酸形成胶状物质而极难过滤。用重选法则能有效、简便地回收其中的贵金属。

文献〔102〕采用重选法有效地回收了炼铜炉拆炉时所得废镁砖中的金银合金。所处理的废镁砖主要成分(%)为:Au 0.083、Ag 0.163、Cu 0.64、MgO 60.15、CaO 14.47、SiO_2 9.35;金银合金与镁砖密度之比约为 3.5∶1。废镁砖中的金银的粒度分布见表 11-31。

表 11-31 废镁砖筛析结果

粒级/mm	产率/%	Au + Ag 质量分数/%	Au + Ag 分布率/%
0.28~2	7.78	0.8407	26.13
0.15~0.28	12.97	0.5842	30.27
0.074~0.15	44.5	0.0902	16.04
<0.074	34.75	0.1985	27.56
合　计	100.00	0.2503	100.00

从表 11-31 中数据可估计,小于 0.074mm 粒级占 68% 时,废镁砖中的合金已基本解离,采用分级分段方式,对物料中的合金颗粒按粒度和粉碎后的解离度分别用手选—跳汰—水力分选箱—摇床依次回收其中的金银合金,合金总回收率达 92.59%,所得精矿金和银合计的品位为 37.65%。原料中如含有铂族金属,也可综合回收出来。

文献〔103〕报道,对熔炼过铂族金属的熔炼炉检修时,发现报废耐火砖中有一部分含有铂族金属。我国各地的废耐火砖中 Pt 含量变化很大，在 300～4500g/t 之间。其他化学成分（%）为：Al_2O_3 38～50，SiO_2 46～54，Fe_2O_3 1.4～3.6，CaO 0.05～2.1，MgO 0.5～1.1。从 1965 年我国开展回收利用研究以来，提出过不少工艺流程。方法之一就是将耐火砖磨细到小于 0.08mm（180 目）用摇床反复重选富集。

11.3.3.2   浮选法

浮选法主要用于处理贵金属粉尘及其他粒度极细的废料，通过添加适当的浮选药剂，利用贵金属与其他杂质微粒的浮游性差别，使贵金属富集并回收。

例如，生产钢笔尖所用的特种耐磨合金，主要为钌基及锇钛基贵金属合金。在加工过程中，有近 50% 混进磨削废料，其中混杂有大量的碳化硅（约 98% 以上）、油污及不锈钢屑。

某厂与广东有色金属研究院联合，采用浮选法处理积存的大量低品位（含 Ru 0.4%～1%）磨削废料，得到的浮选精矿含钌达 5%，尾矿含钌小于 0.2%，钌回收率在 90% 以上。其浮选工艺流程如图 11-70 所示。扩大试验采用 16L 浮选机，每次投料 6kg，共处理废料 800kg，回收纯金属钌超过 40kg。

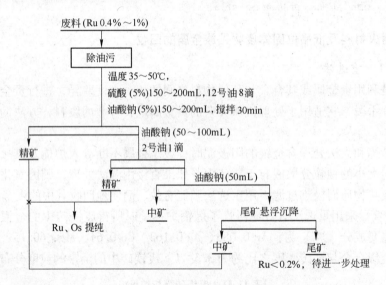

图 11-70   浮选法富集钌和锇合金流程图

11.3.3.3   联合选矿法

对一些复杂物料，单独使用重选或浮选都不能满足要求，而需要采用重、浮选联合工艺，有时还辅以磁选等工艺。

在硝酸生产中，氨氧化炉用铂网作催化剂，铂网因腐蚀而产生细粉脱落在炉灰之中。试验用炉灰是呈灰褐色的散粒物料，粒度小于 1mm，主要有铁化合物（占总量的 60%～70%，以 Fe_3O_4 为主，具强磁性，密度 5.12g/cm³，含 Pt）、耐火材料（高铝、高镁耐火砖脱落粒状物，占总量的 30%～40%，密度 15.5～17g/cm³，绝大部分粒度小于 0.06mm，钯、铑赋存于铂粒中）。化学成分（%）为：Pt 2.56，Pd 0.10，Rh 0.095，Cu 0.048，Ni 0.22，Fe 28.36，MgO 5.11，SiO_2 10.47，Al_2O_3 11.79。粒度分析

（大于 0.074mm 用筛析，小于 0.074mm 用水析）结果见表 11-32，说明铂主要富集于细粒级中，小于 0.074mm 粒级占总质量的 15.56%，铂分配率达 85.31%，铂品位 13.575%（为平均品位的 5.45 倍）。采用重、浮、磁选联合工艺流程处理，如图 11-71 所示。试验结果见表 11-33。

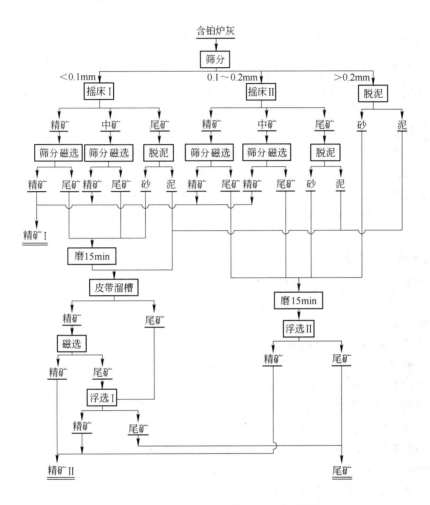

图 11-71 氨氧化炉含铂炉灰选矿试验工艺流程

表 11-32 含铂炉灰粒度分析结果

粒级/mm	产率/%	铂品位/%	铂分配率/%	铂粒度/mm	粒级/mm	产率/%	铂品位/%	铂分配率/%	铂粒度/mm
>1	0.55	0.15	0.03	0.074~0.037	>1	8.87	17.60	62.68	0.074~0.016
1~0.5	11.85	0.38	1.81	0.037~0.019	1~0.5	2.99	10.20	12.26	0.016~0.008
0.5~0.3	16.15	0.49	3.18	0.019~0.01	0.5~0.3	0.92	7.50	2.76	0.008~0.004
0.3~0.13	35.90	0.365	5.26	<0.01	0.3~0.13	2.87	6.60	7.61	<0.0043
0.13~0.074	19.90	0.553	4.41		小 计	15.65	13.575	85.31	
小 计	84.35	0.434	14.69		合 计	100.0	2.492	100.00	

表 11-33　含铂炉灰选矿综合流程试验结果

产　物	质量/g	产率/%	铂品位/%	回收率/%
精矿 I	312.4	2.17	5.77	55.21
精矿 II	1052.7	7.13	9.65	31.19
尾　矿	13035.4	90.52	0.34	13.60
合　计	14400.5	99.82	2.262	100.00

选矿综合试验结果说明，可产出较高品位的铂精矿（混合精矿含 Pt 14.32%，为原料含量的 6.3 倍），回收率 86.4%。但尾矿中含 Pt 仍高达 0.34%，即使再进行选别，也很难使尾矿品位降低至废弃水平，必须用其他方法进一步回收。

选矿方法虽然比较经济，对某些物料很有效，但在许多场合由于废料比较复杂、贵金属粒度太小及单体分离不好等原因，导致不能获得可以抛弃的尾矿。如果选矿后，还需要采用更为复杂的工艺才能再回收尾矿中的贵金属，那就失去了选矿富集的价值。因为选矿工艺的重要意义正在于可以排除大量可以废弃的尾矿，并提供较原料品位高得多的物料供下一步处理，以降低成本。当然若有经济有效的低品位物料回收工艺与之匹配时，则仍可选用。

11.3.3.4　捕集法

火法试金捕集剂是最常用的方法，特别适用于处理低品位物料。常用的捕集剂是铅、铜和铁。对一些废料还可采用挥发法回收。

A　铅捕集剂

人们早就知道铅可以在熔融态良好地捕集金、银，并由此形成测定矿石中微量金的经典方法——火法试金（或称试金分析）。在以后的实践中又发现不少的金属、含金属相和锍也是多种贵金属的优良捕集剂，并据此建立了一系列的试金分析和熔炼富集方法。

已知铅是金、银、铂、钯的良好捕收剂，然而对稀有铂族金属的捕集作用则并不完全。例如，锇在熔融过程中的损失可达 1%~6%，钌在一般情况下损失约 10%，而铱在碱性渣中的损失可达 50%，当矿石中镍含量高时损失将更大。

长期的火法试金实践还证明，定量富集回收贵金属并不容易，它和炉渣的成分、物料中重金属含量、铅的数量、操作条件、机械损失以及操作者的个人技巧等多种因素有关。如炉渣的酸度（因为试金配入的熔剂量大，约为试样的 8 倍，故基本上就是熔剂的酸度）就对铂、钯的回收有很大影响，对其他铂族金属影响更大，如铱在一次铅扣中的回收率波动为 79.8%~92.4%，1~4 次铅扣回收率合计 92.7%~100%；铑在 1、2 次铅扣中的回收率为 90.7%~100%；对锇、钌也有相似的影响。矿石中含有重有色金属时，也有一定影响。对铂、钯而言，铜的影响不大，炉渣中只含痕量铂、钯；当炉渣中只含铁，不含铜、镍时影响很小；但含镍时则损失很大。例如对钯而言，当不含普通金属时可完全回收，含铁时可回收 99.4%，含铜时回收 98.6%，含镍时则仅回收 82.8%。

B　铁、镍、铜捕集剂

铂族金属是亲铁的，在自然界中就常与铁共生。在高温下，铁与铂族金属形成连续固溶体。铂-镍、钯-镍在 600℃ 以上也存在着连续固溶体，其他铂族金属在高温下也溶于镍中。铜是面心立方结构，原子半径也与铂族金属接近，与铂、钯、铑都能形成固溶体，且可溶解一定量的铱，故都可作铂族金属的捕集剂。镍-铁合金中存在一定量铜时，可降低合金熔点，更有利于回收。铁-镍-铜合金捕集铂族金属，对于铂、钯、铑、锇、钌的一次试金回收率大于98%，铱稍差，约95%。

从废料中回收铂族金属，最常用的捕集剂是铁和铜。

11.3.3.5 熔炼富集法

熔炼富集法是处理铂族金属废料的有效方法，它适应性强、流程短、金属回收率高，目前世界上的几大贵金属废料回收厂都还在采用。

A 铁富集法回收硝酸氧化炉灰中的铂族金属

在硝酸工业中，铂催化网在高温氧化条件下部分金属挥发并损失在炉灰中，铂族金属含量约1%，有的高达5%，并含20%~30%的铁。因此，还原熔炼时，原料中的铁就可作为捕集剂[104,105]。用铁捕集回收的工艺流程如图11-72所示。

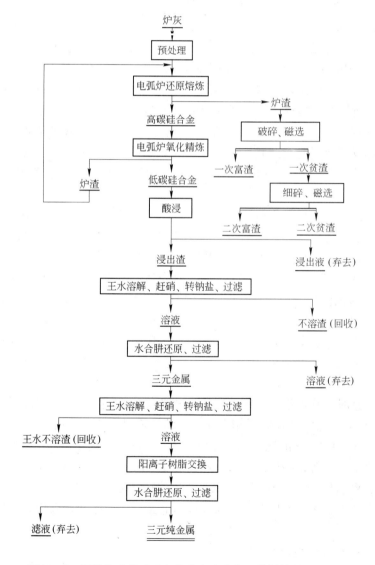

图 11-72　用熔炼法从硝酸氧化炉灰中富集回收铂族金属的流程

还原熔炼时，因为物料已含有足够的铁，故只需配入一定量的焦粉（约为试料含铁量的 0.32 倍）作还原剂，再加适量的二氧化硅、氧化钙、氧化镁、氧化铝和氟化钙，以形成熔点适当、流动性好、渣率小的炉渣。所用试料的平均成分见表 11-34。

表 11-34　还原熔炼试料成分　　　　　　　　　　　　　　（%）

试料	Pt	Pd	Rh	Fe	Cu	Ni	Cr	SiO$_2$	Al$_2$O$_3$	CaO + MgO
1	2.03	0.08	0.03	33.60	0.27	1.89	4.41	21.50	14.60	2.40
2	1.75	0.05	0.067	45.24	0.45	2.84	—	8.60	8.14	2.06

炉料经混合、制团成型后，放入电弧炉，40~60min 全部炉料熔完；保持炉温 1650℃熔炼 20~30min，于 1600℃保温 25min 出炉。熔炼得到的含铂族金属高碳铁合金中含（%）：Pt 2.88~3.37，Pd 0.11~0.13，Rh 0.15~0.23，Cu、Ni、Cr 总量 5.07~5.91，C 1.85~3.10，Si 0.88~2.02，Fe 73.58~79.20。Pt 直收率为 88%~92%，Pd、Rh 略高。炉渣含 Pt 0.12%~0.27%，经破碎、二段磁选，磁性部分（富渣产率为 16%~27%）返回电弧炉熔炼回收；非磁性部分为贫渣，铂族金属含量一般小于 10g/t，其中：Pt 6~8 g/t，Pd <0.5g/t，Rh <0.5~0.27g/t，铂族金属损失率小于 0.013%，可弃去。

还原熔炼得到的金属铁扣，因碳、硅含量较高，很难直接用湿法处理。可采用富氧吹炼或加矿石氧化进行氧化精炼，使碳降低到小于 0.83%，并减少硅含量，进一步富集铂族金属。富氧吹炼时，先将金属扣熔化，在高温下通入富氧空气或纯氧面吹，使富集剂、硅、碳等氧化挥发或熔剂造渣。但是，吹炼过程反应剧烈，往往难于控制，并易引起炉料喷溅，造成铂族金属损失。因此以采用加矿石氧化法为宜，此法过程易于控制且安全可靠。

铁合金在电弧炉内进行氧化精炼，用镁砖作炉衬和炉底。装料时应先装入几千克铁矿石和氧化钙，再装入还原铁扣，然后分批加入铁矿石脱碳，并用适量萤石、氧化钙作熔剂。当铁中的含碳量降到 0.5% 以下时，用 6mol/L 盐酸在常压常温下浸出铁，可获得含铂族金属 10%~15% 的精矿。盐酸浸出时，铂、钯及铑基本不损失，在溶液中的含量一般小于 0.003g/L。对含铜较高的炉灰，氧化铁扣用稀硫酸溶解为宜。浸渣洗净后在不锈钢管式炉中，950℃通氧煅烧，进一步脱碳。所得煅烧精料的贵金属品位为 54.58%（其中 Pt 50.70%、Pd 1.81%、Rh 2.07%），王水溶解、赶硝后，经离子交换、水合肼还原等精炼工序，所得三元金属纯度大于 99.95%。工艺全过程铂族金属的直收率为 82.3%，总回收率可达 98%。

氨氧化炉大修时，从炉壁、锅底、炉膛内设置和废热锅炉盘管等器件表面清洗所得的滤渣（含 Pt 0.27%），文献[106]采用上述相似的工艺回收其中的铂族金属，并获得专利。对含 Pt 0.27%、Pd 0.008% 的滤渣进行处理，还原熔炼所得铁扣经氧化炉精炼、硫酸溶解除铁后，滤渣用王水溶解，酸性还原法处理，反复三次，再经树脂交换、水合肼还原，得到纯金属，回收率达 98.5%（处理 1.7t 时，回收率达 95.8%）。

因为铁合金捕集，熔炼温度较高，通常采用电弧炉。现已开始采用温度更高的等离子体熔炼炉。

　B　铅富集法回收铂族金属

铅捕集熔炼（通常称为"火法试金"）温度较低，熔炼设备容易解决，不少贵金属回收业者又有"火法试金"的经验，而常被采用，但存在铅害严重和对稀有铂族金属捕集不充分的缺点。现在，贵铅可采用化学分金及电化学溶解等方法处理，可避免火法氧化时的严重铅害，常用于金、银、铂、钯的捕集。

灰吹炉通常是一种小型的可倾倒的反射炉，炉温可达 1150~1250℃。灰化过程中（达854℃以后），经风口鼓风，并经排铅口沿"红铅过道"流出炉外（采用倾斜坩埚或补加粗铅来调整排出量），不断添加粗铅直到炉底合金含贵金属总量达 65%~75% 为止。然后停止添加粗铅，将炉渣提高到 1054~1104℃，经"红铅通道"溜槽排出红铅。氧化过程结束的标志是：停止生成红铅和熔体表面开始闪光发亮，出现美丽的氧化色（熔体表面形成一层铅薄膜），结束鼓风，用铁勺舀取熔体浇铸。灰化熔炼可得到占所含贵金属总量99.8%的合金，实际上一般都可回收 98.5%~99%。所得金银合金含有：Ag 84.5%~91%，Au 8%~15%，杂质 0.3%~1.5%；银铂合金中铂族金属总量可达 10%~20%。红铅的组成随灰化过程而异：过程开始阶段，富集 Sb、As、Sn 的氧化物，几乎不含银；中期富集铜及少量银，成分（%）为：Ag 0.15~2.5，Au 0.01，Pt 0.05 和 Cu 0.5~4.5；过程后期，富集 Cu、Bi、Sb 及 Ag，需返回处理，回收其中的贵金属。

但当物料中氧化硅，尤其是氧化铝含量极高时，往往因为需要很高的熔炼温度而增大设备投资；并且为了获得符合熔炼要求的炉渣，必须另外配入大量熔剂，增大炉渣产量，影响贵金属回收率而不宜采用。对于这类物料可考虑配入一定量的碱进行烧结，使之转变为具有良好酸溶性的钠盐，然后用酸浸使之与贵金属分离。

C 锍富集法回收铂族（贵）金属

锍也是贵金属的有效捕收剂，因而也可用来富集回收低品位物料中的贵金属。

文献[107]对于低品位含贵金属渣，提出从废料及残渣中回收铂族金属的方法，将含贵金属的残渣与含硫浸滤渣及熔剂一起经高温熔炼，产出含贵金属的铜锍（冰铜）与熔渣分离，再通过吹炼，氧化除去铜锍中多余的铁、镍，将贵金属捕集在金属相中。

文献[108]针对低品位（<10%）或难处理的含贵金属（Au、Ag、Pt、Pd、Rh、Ir、Os、Ru）物料，发明了低品位及难处理贵金属物料的活化溶解方法，包括熔炼金属锍、铝合金化、酸浸出贱金属、酸氧化介质溶解贵金属等几个步骤，主要内容是：

（1）利用物料含有的或添加的铁、镍、铜及其他重有色金属硫化物中的一种或数种，适量加入熔点为 550~1000℃ 的钠硼玻璃渣，在 900~1300℃ 熔炼，使贵金属捕集于锍相或金属相中，而物料中所含的造渣组分如硅、钙等则与钠硼玻璃渣形成熔点为 790~850℃ 的低熔点渣，渣锍分离，渣中贵金属可降至约 30g/t，锍中的贵金属直收率在 99.6% 以上。

（2）富集了贵金属的锍，添加质量比 0.5~3 倍的铝，在 1000~1200℃ 熔炼，使其铝合金化。

（3）用 1~4mol/L 稀盐酸或稀硫酸加热（>90℃）溶解贱金属，应保持溶液中铝及贱金属离子总浓度小于 150g/L，固液分离，滤液不含贵金属可排弃或并入贱金属回收系统，滤渣为品位大于 50% 的贵金属活性精矿。

（4）活性精矿用盐酸加氧化剂（如氯气、过氧化氢）溶解全部贵金属，溶解率大于 99.6%。

此发明的主要特点是：用铝合金取代了传统的锍吹炼和后续的湿法处理工艺，从而更适宜于含铂族金属物料的处理。此工艺的突出优点是：处理物料的适应范围宽（贵金属品位1%~20%），工艺简便、对设备要求不高，周期短，所得贵金属精矿品位高、活性好，为以后的分离、纯制工艺和获得高的贵金属回收率创造了有利条件。发明者用此法处理含Au + Pt族金属7.75%及0.32%的物料，贵金属的溶解率都大于99%。

对于含贵金属较低的物料，如坩埚炉和反射炉的炉渣、垃圾、炉子的碎块等，通常在立式炉中熔炼，可得到可丢弃的炉渣和比较贫的粗铅。用石灰和砂子作熔剂，焦炭作燃料。炉子结构类似于炼铅鼓风炉，但工作截面较小，风口区面积仅 $0.25 \sim 0.3 m^2$。炉内的反应过程可由上往下，按温度的差别可划分为：（1）300~400℃（上部区），干燥物料；（2）450~650℃，CO 和固体碳还原氧化铅；（3）700~900℃，石灰石分解和 CaO 从硅酸盐中置换铅，以及 Ca、Ba 的硫酸盐分解而生成 CaS、BaS；（4）900~1300℃，炉料最后熔融，炉渣变稀，钙、钡硫酸盐被 SiO_2 进一步分解，使被还原的 Cu、Pb、Fe 硫化和形成锍。炉渣的组成差别很大，其中 SiO_2 在30%~42%之间变化。粗铅中贵金属含量（%）可达：Ag 0.7，Au 0.01~0.03，铂族金属约0.25。

11.3.3.6   湿法回收硝酸氧化炉灰中的铂

硝酸氧化炉用铂合金催化网，在900℃以上的操作环境下，由于进入氧化炉的空气和氨气所带入的微尘和其他有害气体，在快速流动下长期与铂网发生撞击，使部分含铂微粒从铂网脱落，沉积在氧化炉内的各个部位。因此，更换铂网时，需仔细用毛刷将托条、托板、花板、瓷环、不锈钢环以及管线内的炉灰都收集起来，这种炉灰的含铂量高达1.5%~2.0%。部分含铂微粒随气流进入废热锅炉，从其前室、后室、盘管和周围收集的含铂粉尘，含铂达0.15%~0.5%。炉气经过的硝酸生产系统，如气冷器、沉淀槽、缓冲槽、酸吸收塔、酸库等处沉积的酸泥，可在大修时定期清理，铂含量达0.1%~0.55%。对于上述各种含铂灰渣，文献[109，110]采用湿法工艺（见图11-73）回收其中的铂族金属。

工艺要点：（1）水洗除杂用4~5倍量的蒸馏水洗去水溶性杂质，尤其是 K^+、Cl^-等，至洗涤液中无 Cl^- 为止，以减少硝酸洗涤时铂的损失。（2）硝酸除杂用15%~20% HNO_3，搅拌下加热至沸约1h，溶解除去 Fe_2O_3、Al_2O_3 等，以避免王水溶解时生成胶状物导致固液分离困难。滤渣再用2%~3% HNO_3 加热洗涤。滤液如不含 Pt 则弃去；如含 Pt 则加热浓缩、赶硝后，用水稀释，Zn 置换。（3）王水溶解、赶硝及余酸、蒸馏水稀释，获得 H_2PtCl_6 溶液。加入与溶液等体积的95%乙醇，搅拌溶解，如溶解不彻底可补充乙醇；过滤，滤渣用乙醇洗涤数次后弃去，洗液与滤液合并。此工艺简单易行，无需特殊设备和试剂，回收率在80%以上。因回收率还不够理想，在有条件，特别是大量物料处理时不采用。

11.3.3.7   王水溶解回收非磁性金属废料中的铑、铂

文献[111]用于处理国外某公司经破碎、风选、磁选所得非磁性金属废料。其组成（%）为：Cu 48.3，Mo 26.2，Rh 0.461，Pt 0.0321，Au 0.0304，Ag 0.213。先用混酸（$H_2SO_4 : HNO_3 = 1 : 0.5$）溶解，滤渣王水溶解、不溶渣再氯化浸出，各酸浸液中主要金属的回收率见表11-35。混酸浸出液主要含 Ag 及贱金属，故加 NaCl 沉出 AgCl（沉淀率大于89%）以回收银，过滤后滤液用铁屑置换回收贵金属和铜（置换率：Cu >85%、贵金属约50%）。王水浸出液浓缩赶硝后和氯化液一道处理，由于溶液含 Mo 高，先用草酸还

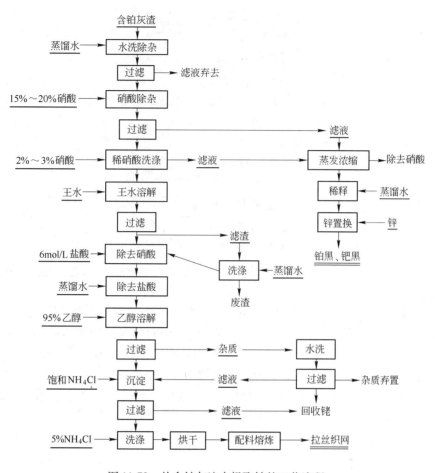

图 11-73　从含铂灰渣中提取铂的工艺流程

原金，然后用 NaOH 沉淀 Pt、Rh。水解渣用酸溶解后再用 $NaNO_2$ 配合除去杂质，甲酸还原得 Rh 粉，Rh 回收率 91.5%，粗铑杂质总量 1.68%（主要杂质为：Mo、Be 各 0.5%，Sn 0.3%，Cr 0.2%，其他杂质各 0.02% ~ 0.001%）。在此法中铂也得到了回收。

表 11-35　原料中各主要金属在各种酸浸液中的回收率　　　　　　（%）

工　序	Au	Ag	Pt	Rh	Cu	Mo
混　酸	6.81	74.36	4.47	1.87	99.99	86.58
王　水	80.65	10.24	67.57	11.31	0.004	14.61
氯　化	8.17	9.25	21.17	83.67	0.003	0.51
残　渣	4.37	6.15	6.79	3.25		
合　计	100	100	100	100	100	100

11.3.3.8　王水溶解回收废耐火砖中的铂

文献[103]对主要成分为 Al_2O_3 的废耐火砖（含 Pt 约 0.2%）用王水溶解回收铂，其工艺流程如图 11-74 所示。工艺的关键是有少量易溶于无机酸的 $\eta\text{-}Al_2O_3$、$\gamma\text{-}Al_2O_3$ 可被溶解，当溶液酸度降低时，水解为类似胶状体的棉絮状沉淀物，使固液分离十分困难。为避免此现象，应选择适宜的酸浓度、液固比、反应温度和溶解时间，适时过滤，使铂尽量快速溶解，而耐火砖则尽量不溶或少溶。

11.3.3.9 碱熔—湿法工艺回收耐火材料中的铂、铑

玻璃纤维工业用废耐火砖及玻璃渣中含 Pt 0.13% ~0.15%，曾试用：（1）王水溶解。虽然浸出率可达 98% ~99%，但王水不溶渣中仍含较高的 Pt、Rh（耐火砖中含 30~60g/t，玻璃渣中含 121~166g/t），不能废弃，且精炼过程中不断有硅胶析出而难于操作。（2）氢氧化钠熔融法。回收率可达 99%，较王水法好，但碱熔劳动条件差，碱耗大（约为物料量的 5 倍）；用石灰烧结法则条件难掌握，酸溶渣率高达 15%。（3）铁捕集熔炼法。渣也达不到抛弃程度。（4）选矿法。经重选、浮选后，尾矿 Pt、Rh 品位仍高达 84g/t。这些方法都不能满足要求。

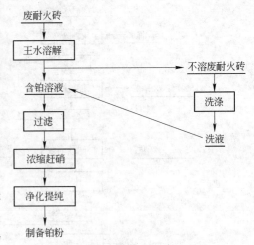

图 11-74 王水溶解回收废耐火砖中铂的工艺流程

文献[112]经反复研究发明了碳酸钠烧熔—球磨、酸浸—铝置换工艺，工艺流程如图 11-75 所示。此工艺的关键在于碳酸钠烧熔及加水球磨后酸浸富集。

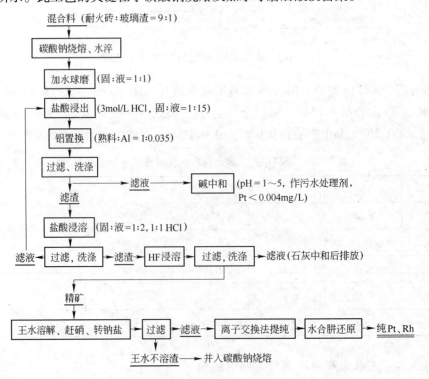

图 11-75 从耐火砖、玻璃渣中回收 Pt、Rh 工艺流程

试料主要成分为 Al_2O_3、SiO_2，其分析结果见表 11-36。

表 11-36 耐火砖、玻璃渣主要化学成分　　　　　　　　（%）

名　　称		Pt	Rh	SiO_2	Al_2O_3	CaO	Fe_2O_3	MgO
耐火砖粉	1	0.15	0.032	34.62	58.34	1.55	2.44	1.47
	2	0.15	0.032	34.28	57.82	1.47	2.51	1.40
玻璃渣粉	1	0.13	0.0092	32.22	57.17	1.25	2.91	1.37
	2	0.13	0.0092	32.40	57.22	1.44	2.63	1.57
混合粉料		0.14	0.03	34.23	57.92	1.5	2.71	1.45

加碳酸钠烧熔的目的是使 Al_2O_3、SiO_2 转变为可溶于酸的盐，反应式如下：

$$Na_2CO_3 + SiO_2 \longrightarrow Na_2O \cdot SiO_2 + CO_2 \uparrow$$

$$Na_2CO_3 + 2SiO_2 \longrightarrow Na_2O \cdot 2SiO_2 + CO_2 \uparrow$$

$$Na_2CO_3 + Al_2O_3 + 6SiO_2 \longrightarrow Na_2O \cdot Al_2O_3 \cdot 6SiO_2 + CO_2 \uparrow$$

$$Na_2O \cdot 2SiO_2 + 2HCl + H_2O \longrightarrow 2NaCl + 2H_2SiO_3$$

$$Na_2O \cdot Al_2O_3 + 8HCl \longrightarrow 2AlCl_3 + 2NaCl + 4H_2O$$

$$Na_2O \cdot Al_2O_3 + 6SiO_2 + 8HCl + 2H_2O \longrightarrow 2AlCl_3 + 2NaCl + 6H_2SiO_3$$

铂、钯在烧熔过程中不发生化学变化而留在酸浸渣中。

小试用试料破碎至小于 0.15mm，按耐火砖粉：玻璃渣粉 = 9：1 混合，添加的 Na_2CO_3、H_3BO_3、CaF_2 均在 0.370mm（40 目）以下。考查了烧熔温度、保温时间、碳酸钠用量及矿化剂（降低烧熔产物熔点及黏度）对渣率的影响。确定的最佳条件为：（1）配料：试料：Na_2CO_3：H_3BO_3：CaF_2 = 100：130：6：3；（2）烧熔温度 870℃，保温 4h；（3）酸浸 3mol/L HCl，固（试料）液比 = 1：32；滤液用铝屑（100g 试料用 4g）置换。经一次烧熔、一次酸浸，渣率可降至约 1%，Pt、Rh 品位由 0.177% 提高到 17.7% 左右。所得的一次渣，再经过氢氧化钠浸煮，二次烧熔或 HF（浓度 20%）浸煮可再富集 1 倍，铂、铑品位达 35.4%。

扩大试验每批用混合料 100kg，配入工业碳酸钠 130kg、硼酸 6kg、氟化钙 3kg，在混料机中混合 30min；加入自来水 15kg 再混合 30min 以减少粉尘损失。经 870℃，烧熔 28h，熟料最大粒度达 4~5cm，用 3mol/L HCl 浸出（熟料：酸液 = 1：18.5）6h，酸浸液中有大量无定形 SiO_2 析出，过滤困难，渣率高达 7%~7.5%。后改用将熟料加水（固：液 = 1：1）球磨 3~4h，球磨泥浆需保持适当碱度，使之不析出无定形 SiO_2。再用 3mol/L HCl（液固比降为 15）迅速溶解，铝置换时间也减少至约 2h，渣率降至 1% 以下。4 批试验结果见表 11-37。

表 11-37 不同批次试验结果

试验批次	1	2	3	4
渣率/%	0.72	0.70	0.90	0.90
铂、铑品位/%	20.0	25.0	14.4	13.9

再经过 1：1 HCl（液固比 = 3：1）浸出，滤渣用 1：2 HF 浸出，渣率降至约 0.4%，精矿品位达 40%。精炼可用一般成熟工艺。当不考虑机械损失时，全过程 Pt、Rh 直收率为 99.77% ~ 99.93%，总收率可达 99.99%。这是因为在全工艺过程中，铂、铑仅损失于熟料酸浸废液中，且已经过铝屑置换（置换后滤液含 Pt 少于 0.004mg/L），故化学损失率不大于 0.01%。

11.3.3.10 用碱法从电解生产双氧水的阳极泥中回收铂

专利［113］发明了 NaOH 浸煮新工艺，用于处理电解生产双氧水的阳极泥。此物料以铅为主（实例含 Pb 56.87%）并含少量铂（423.5g/t），按传统的提取方法是熔炼阳极泥，形成铅合金以富集铂，再经灰吹脱铅后提取铂，因而消耗大、环境污染严重。

新工艺的要点为：

（1）碱浸固液比 = 1：（8 ~ 25）（实例分别为：10，15，25；以下括号内即为实例数据），100 ~ 300g/t（200g/t，120g/t，280g/t）NaOH 溶液，20 ~ 95℃（80℃，23℃，80℃）搅拌浸出 1 ~ 4h（2h，4h，4h）。

（2）浸出液在 1 ~ 3V（3V），100 ~ 300A/cm²（150A/cm²，100A/cm²）的电流密度下直流电积 6 ~ 20h（8h，15h），产出并回收粗铅；电积后的母液加入阳极泥料重 0.1 ~ 0.5 倍石灰或石灰乳，60 ~ 95℃搅拌 14h，产出石膏沉淀并再生 NaOH；去掉石膏后的再生 NaOH 溶液经检定浓度、补充损耗后返回 NaOH 浸煮工序。

（3）NaOH 浸渣经王水溶解、赶硝后加入 H_2SO_4 使残留的铅呈 $PbSO_4$ 沉淀，过滤除去后，溶液以常规方法提纯。铂产品纯度 99.9%，回收率 97%，并可避免灰吹产生的铅害。

11.3.3.11 从化工设备积垢中回收铂族金属

在许多化工设备中使用含铂族金属的催化剂，长期使用过程中铂族金属有明显的损失。其中，有相当数量是黏附在设备表面上的积垢。如我国 20 世纪 90 年代，硝酸生产中氨氧化用铂族金属催化网每年要消耗铂约 250kg，除捕集网和清理出的炉灰可回收一部分外，绝大部分残留在氧化炉内[106]。当硝酸生产用氧化炉大修时，打开氧化炉盖，取出铂催化网，挖出铁环，拆下氧化炉中的废热锅炉盘管并吊出，将其放入清洗槽中，用 1 号金属清洗液浸泡 3h 后吊起用加压泵抽吸清洗液冲洗盘管；并冲洗氧化炉锅底、炉壁及炉膛内的各种设置；然后将全部洗液过滤，滤渣用处理硝酸氧化炉灰的工艺（见图 11-72）回收铂族金属。如 1997 年 5 月太原化肥厂硝酸车间 5 号机组大修，用 3t 清洗液，共清洗出滤渣 1.7t，其中含：Pt 0.27%，Pd 0.008%，（其他成分为：Al_2O_3 63.5%，SiO_2 10.01%，Fe_2O_3 33.72%，CaO 1.63%，MgO 0.27%），经冶炼提纯回收贵金属约 4.5kg。

文献[114]提出一种从黏附在废化工设备或停工期间的设备表面上的积垢中回收铂族金属的方法，它包括一个"机械的"和一个"化学的"实施方案：

（1）机械的实施方案。它包括用可提供来回往复作用和（或）旋转作用的工具机械处理表面。有许多合适的工具可供使用，并可根据被处理设备部件的尺寸（如热交换器中的管子直径）、要处理的表面（钢、砖等）和积垢的硬度和其他性质来选择。例如对于紧密黏附的积垢可用尼龙的硬毛旋转刷，其他可用丝刷或具有固定或移动金属刀片的刀具（可在专门的地方购置）。机械处理后，通过使水或空气流过该设备（或其部件）收集弄松的积垢，并分离出（如过滤）含铂族金属的积垢。

（2）化学处理实施方案。设备表面用稀酸溶液（加抗氧化剂）处理，其优先使用无机酸，特别是盐酸和（或）磷酸（浓度 0.1% ~ 20%，如 10%）。最好是使用专用抗氧化剂（合适浓度为 0.1%）弄松铂族金属的积垢，而不会引起低碳钢设备的任何显著损坏。可用喷射或最好是浸入循环酸池中处理，弄松的积垢沉淀在酸溶液中，通过过滤或水力吸尘器回收积垢。

所得积垢，根据成分和条件再选用适宜的处理方法，回收其中的贵金属。

11.3.3.12　在聚乙烯吡啶上捕集气态钌

动力反应堆核燃料的辐射将产生各种裂变产物，其相对原子质量为 70 ~ 160。通常这些裂变产物中包括铂族金属，如钯、铑和钌出现在燃料循环末端产生的流出液中。已知的分离方法都是铑与钌一起回收，但由于钌（^{106}Ru）的高放射性而妨碍了铑的利用。因此，文献[115]提供的一种从流出液中有效分离钌，以减小它的放射性的方法是有价值的。它可使钌的固定率超过 99%（实例为 99.5% ~ 99.8%）。

辐照核燃料再处理的水相流出液，在氧化剂（可用碱金属高碘酸盐或碱金属次氯酸盐，如次氯酸钠）存在下加热至 100 ~ 150℃，使钌氧化成挥发性的 RuO_4，被吸附剂吸附。吸附剂为乙烯吡啶聚合物，如聚-4-乙烯苯和三缩乙二醇二甲基丙烯酸酯交联的，也可使用乙烯-4-吡啶与二乙烯苯的共聚物。最好使用粒度为 2.0 ~ 0.25mm 的交联聚乙烯-4-吡啶，它们具有很好的吸附 RuO_4 的性能，且具有在大气压下和直到 260℃ 还保持稳定，能耐受还原剂和氧化剂作用和对辐照不敏感等优点。吸附剂（进入过滤器气体的温度是 58℃ ±5℃）的用量根据待提取的钌量选定，一般对于 1mCiRu 使用 0.07 ~ 0.5g 聚乙烯吡啶。在钌固定后，可用适宜溶解钌的水溶液（如硫酸溶液）来处理聚乙烯吡啶，钌在硫酸溶液中的回收率为 99.8%。

11.3.3.13　废铱坩埚回收铱

报废的铱坩埚只是不能继续作为晶体生长的容器使用，但作为一种资源仍有回收利用的价值。图 11-76 所示为从废铱坩埚中回收制备铱粉的工艺流程图。

将废铱坩埚经手工或机械方法分割成尽可能小的片状或颗粒状物料，按一定比例配入贱金属碎化剂于石墨坩埚中，在一定温度下熔炼，熔体急冷成分散状，用一定浓度的无机酸溶解除去过量贱金属。记录溶液的体积，分析其中铱浓度，据此计算铱在溶液中的损失。酸不溶物先用王水浸出，一部分铱和杂质被浸出。王水不溶渣再配过氧化钠，以铁坩埚或刚玉坩埚作容器在电炉中熔融。水浸熔融物，洗碱若干遍，记录洗碱液体积，分析其中铱浓度，据此计算铱在洗碱液中的损失。水不溶物进行第一次王水浸出。两次王水不溶渣干燥、称重，分析其中铱的残留量。这部分渣可返回碱熔处理。全部王水浸出液合并，记录体积，分析铱浓度，据此计算铱的直收率和总回收率。计算所有中间产物的含铱量之和占投入比例即为此批原料的原始含铱品位。

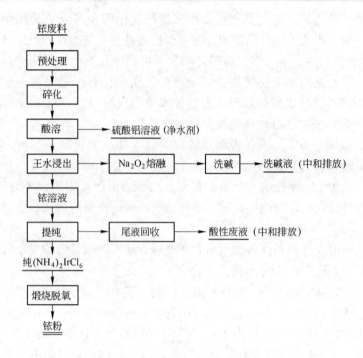

图 11-76 从废铱坩埚中回收制备铱粉

铱溶液（即王水浸出液）含有大量杂质，分离这些杂质有化学法、溶剂萃取法和离子交换法等。用化学分离法获得纯净的 $(NH_4)_2IrCl_6$ 晶体，将其煅烧、脱氧即得银灰色的铱粉。

参 考 文 献

[1] 王永录，刘正华. 金、银及铂族金属再生回收[M]. 长沙：中南大学出版社，2005.

[2] 黎鼎鑫，王永录. 贵金属提取与精炼(修订版)[M]. 长沙：中南大学出版社，2003.

[3] 陈景. 铂族金属化学冶金理论与实践[M]. 昆明：云南科技出版社，1995.

[4] 刘时杰. 铂族金属矿冶学[M]. 北京：冶金工业出版社，2001.

[5] 陈景. 金、银及铂族元素萃取分离[M] // 汪家鼎，陈家镛. 溶剂萃取手册. 北京：化学工业出版社，2001.

[6] 杨天足，等. 贵金属冶金及产品深加工[M]. 长沙：中南大学出版社，2005.

[7] 马荣骏. 萃取冶金[M]. 北京：冶金工业出版社，2009.

[8] 陈家镛. 湿法冶金手册[M]. 北京：冶金工业出版社，2005.

[9] 谭庆麟，阙振寰. 铂族金属——性质、冶金、材料、应用[M]. 北京：冶金工业出版社，1990.

[10] 卢宜源，宾万达. 贵金属冶金学[M]. 长沙：中南大学出版社，2004.

[11] 贵金属研究所铂网组. 铂族触媒网的再生提纯和扩大试验[J]. 贵金属冶金，1974(3~4):17~23.

[12] 贵金属研究所铂网组. 废铂族触媒网中铂、钯、铑的分离及提纯[J]. 贵金属冶金，1974(3~4):24~30.

[13] 李玉田. 贵金属回收与再生工艺. 国家物资金属回收局. 1982.

[14] 徐学章. 铂铑合金提纯技术及减少铑的损失措施[J]. 中国物资再生，1997(11):5，6.

[15] 曹欣改，金惠华，王奎一. 铂铑合金分离方法浅析[J]. 有色矿冶，1990(1):57~60.

[16] 白素云，涂音，孟凡明. 萃取分离 Pt-Rh 的生产工艺及热力学分析[J]. 有色矿冶，1990(5):31~35.

[17] 郑远东. 用 R410 树脂分离多元组分的 Pt-Rh 合金[J]. 中国物资再生, 1999(9): 6 ~ 8.

[18] 康俊峰. 铂金首饰磨屑的处理[J]. 有色矿冶, 2002(6): 24, 25.

[19] 贵金属研究所五室. 铂铱合金废料的再生提纯新工艺[J]. 贵金属, 1978(1): 15 ~ 21.

[20] 贵金属研究所五室. 钯铱合金废料分离提纯新工艺[J]. 贵金属, 1978(3): 30 ~ 33.

[21] 李富荣. 铂铱合金的分离与提纯[J]. 中国资源综合利用, 2001(8): 12 ~ 14.

[22] 白中育. 粗铑及含铑量高的合金废料的溶解与提纯: 中国, 87105623[P]. 1987.

[23] 章爱铀. 从硬金属废料中回收铱的工艺[J]. 金属再生, 1991(5): 23 ~ 25.

[24] 王永录, 郑雪君, 向德容. 铱铑 40 的中温氯化溶解和粗分[R]. 贵金属研究所报告, 1979.

[25] 董学锋, 韦贵运, 张文明. 熔盐氯化在提以铂族金属上的应用[J]. 贵金属, 1984(2): 22, 23.

[26] 贵金属研究所五室. 纯铑光谱基体制备[J]. 贵金属, 1978(1): 22 ~ 27.

[27] 熊大伟. 用于光谱分析的铑基体之制备[J]. 贵金属, 1988(3): 26 ~ 29.

[28] 王永录. 铑、铱分离评述[J]. 贵金属, 1979(2): 32 ~ 44.

[29] 欧阳智. 从锇铱合金废料中再生提纯锇[J]. 贵金属, 1983(3): 21 ~ 23.

[30] 李玉田. 贵金属回收与再生工艺（内部资料）. 国家物资金属回收局, 中国金属回收公司, 1982.

[31] 刘春奇, 杨惠林. 从废钯催化剂中回收钯——渗滤浸出法处理低品位废钯催化剂[J]. 有色矿冶, 1986(4): 34 ~ 37.

[32] 雷恒. 流态化反应釜强化浸出钯的研究. 贵金属, 1996(4): 41 ~ 44.

[33] 吴冠民, 周正根. 从废催化剂回收金和钯的方法及液体输送阀: 中国, 91104387[P]. 1991.

[34] 吴冠民, 周正根. 从废钯碳催化剂回收钯的方法及焚烧炉系统: 中国, 91104385[P]. 1991.

[35] 蒋鹤麟, 王瑛. 从汽车尾气催化剂中回收铂族金属概况[J]. 中国物资再生, 1994(11): 10 ~ 14.

[36] 杨茂才, 孙萼庭. 从含 Pt 废催化剂回收 Pt、Al 新工艺[J]. 贵金属, 1996(3): 20 ~ 24.

[37] 黄燕飞. 空气-盐酸介质浸出法回收铂催化剂中的铂[J]. 中国物质再生, 1997(9): 9, 10.

[38] 张方宇, 李庸华. 从废催化剂中回收铂的工艺研究[J]. 中国物质再生, 1993(6): 13 ~ 15.

[39] 张骥, 吴贤. 废催化剂中铂族金属的回收[J]. 贵金属, 1998(1): 39 ~ 42.

[40] 日本, 2000248322[P]. 2000-9-12.

[41] US, 4.451290[P]. 1984-5-29.

[42] 钱东强, 刘畴杰. 低品位及难处理贵金属物料的富集活经溶解方法: 中国, 95106124.0[P]. 1995.

[43] 日本, 54-10951[P].

[44] 黄昌海. 从废料和废渣中提取贵金属（三）: 含铂原料的加工[J]. 矿产综合利用, 1990(6): 56 ~ 60.

[45] 王保士. 由几种不同废催化剂中回收铂族金属的若干方法[J]. 中国物资再生, 1999(12): 5 ~ 7.

[46] RAJESH K M. A review of platinum group metals recovery from automobilc catalytic converters[J]. Precious Metals, 1993: 449 ~ 474.

[47] 冯才旺, 俞继华. 从含铂催化剂中回收铂[J]. 贵金属, 1997(3): 32.

[48] 朱永清. 从废钯催化剂中回收铂的焚烧过程研究[J]. 有色金属, 2002, 54(增刊): 160 ~ 163.

[49] 潘旭初, 尹胜利. 用于净化内燃机尾气和/工业尾气的催化剂及其制备: 中国, 98111155[P]. 1998.

[50] 马建新, 周伟. 净化机动车排气的稀土——贵金属催化剂及其制备方法: 中国, 98122041[P]. 1998.

[51] 黄荣光, 李军, 等. 低贵金属用量/高稀土元素用量氧化物催化剂: 中国, 00109312[P].

[52] 昆明贵金属所, 等. 废铂催化剂回收铂的试验[J]. 贵金属, 1998(4): 20 ~ 24.

[53] 廖秋玲. 用离子交换法处理低浓度 Pt、Pd、Rh 溶液的试验[J]. 中国资源综合利用, 2001(10): 22, 23.

[54] 黄昆, 陈景. 从失效汽车尾气净化催化转化器中回收铂族金属进展[J]. 有色金属, 2004(1): 70 ~ 77.

［55］崔宁，钱琳．铂族金属二次资源回收新领域——失效汽车催化剂的再生［J］.贵金属，1997，18（增刊）：338～345.

［56］张方宇．从汽车尾气废催化剂中回收铂、钯、铑的方法：中国，02113059.0［P］.2002.

［57］ASHOK A M.用 Cyanex 921-甲苯萃取分离 Pt、Pd 和 Rh——一种用于从废催化剂中回收铂族金属的方法［J］.中国资源综合利用，2003（3）：11～15.

［58］赵志怀．铂族金属二次资源等离子冶金产物的物相分析［J］.中国金属学报，1998（2）：314～317.

［59］Chen Jing, et al. Recovery Platinum Group Metals from Collector Materials Obtained by Plasma Fusion［A］/Den-Degno, Proc. of the 4th East-Asia Resourees Recycling Tech. Conf. , Kunming, 1997：662～665.

［60］DESMOND D P. High-Temperature Cyadine Leaching of Platinum Group Metal from Automobile Catalysts——Labavatojy Test［R］. RI-9384, United States：Bureau of Mines, 1993.

［61］KUCZYNESK R J. High-Temperature Cyadine Leaching of Platinum Group Metal from Automobile Catalysts——Process Development Unit［R］, RI-9248 United States：Bureau of mines, 1992.

［62］ALXIUSON G. R. USP, 698031-A［P］.1993.

［63］HUANG K, CHEN J. High-Temperature Cyadine Leaching of Ptatinum Group Metal from Automobile Catalysts［R］.贵州金属所研究报告.

［64］BOND G R. British. 795629［P］.1958.

［65］张方宇，等．从废重整催化剂中回收铂、铼、铝等金属的方法：中国，00136509.6［P］.

［66］刘全杰，孙万付，等．一种从含有贵金属的废催化剂中回收贵金属的方法：中国，申请号 02109402.0［P］.2002.

［67］张兴仁，译．从废沃特炭中回收金［J］.国外黄金参考，1997（4）：11～13.

［68］李庸华，郭锦勇.D999 系列新功能树脂分离铂、铼的研究［J］.有色金属，2002，54（增刊）：109～113.

［69］张方宇，姜东．从铂锡废催化剂中回收铂的工艺研究［J］.湿法冶金，1992（2）：4～6.

［70］范孝嫦，等．从废催化剂中回收铂的方法：中国，9410612.3［P］.1994.

［71］张文明．常温氯化法从拜耳废催化剂中回收金、钯［J］.贵金属，2001（3）：26～29.

［72］蔡顺兴，等．废 DH-2 型催化剂中铂与钯的回收［J］.有色金属，2002，54（增刊）：155，156.

［73］韦士平，等．回收低钯含量废催化剂的方法：中国，96114679.6［P］.

［74］林义民，张正红．从氧化铝载体废催化剂中回收钯富集方法的改进［J］.有色金属（冶炼部分），2003（2）：34～36.

［75］康俊峰，金慧华，等．低含量钯催化剂的回收［J］.有色矿冶，1998（5）：56，57.

［76］张方宇，李庸华．废催化剂中钯的回收［J］.贵金属，1997（4）：29～31.

［77］廖秋玲．用离子交换法处理低浓度 Pt、Pd、Rh 溶液的试验［J］.中国资源综合利用，2001（10）：22，23.

［78］张正红．废催化剂中钯的分离及提纯［J］.矿冶，2002（3）：60～62.

［79］冯才旺，俞继华．从含铂废催化剂中回收铂［J］.贵金属，1997（3）：33.

［80］张方宇，等．从废催化剂中回收钯的方法：中国，95104435.4［P］.1995.

［81］邓德贤．从 Pd-C 催化剂中回收钯的研究［J］.稀有金属，1999（2）：104～109.

［82］谭柯．选择性沉淀法从废催化剂中回收钯的研究［J］.湖南冶金，2002（3）：17～20.

［83］康俊岭．从失效活性 Pd/C 中回收钯［J］.有色矿冶，2003（4）：32，33.

［84］郑若锋，刘川．从工艺废炭中提取金铂钯［J］.湿法冶金，2002（3）：147～149.

［85］拉普 P，思普林格 H.从羰化反应剩余物中回收铑的方法：中国，93103475.2［P］.1993.

［86］克罗德 K E，等．羰基化合物产物的回收方法：中国，94103438.0［P］.1994.

［87］克罗德 K E，等．羰基化产物的回收方法：中国，99102586.7［P］.1999.

［88］约瑟夫·普加克．羰化反应残余物中贵金属的回收：中国，86104680A［P］.

[89] 约瑟夫·普加克. 用不混溶液体从羰基反应残余物中回收贵金属：中国，86105464A[P]. 1986.

[90] 坂本正活，等. 回收铑的方法：中国，96109423.0[P]. 1996.

[91] 王荣华，等. 从废铑催化剂残液中回收金属铑的方法：中国，99106263.0[P]. 1999.

[92] 科尼尔期P，等. 一种从羟基合成产物中回收铑的工艺：中国，94193791.7[P]. 1994.

[93] 卡雷J I. 第Ⅷ族贵金属的回收工艺：中国，93116577[P]. 1993.

[94] 布奈尔 E E. 钯催化剂的回收方法：中国，94193791.7[P]. 1994.

[95] 约瑟夫，罗伯特·佐勒. 催化剂回收方法：中国，87100396[P]. 1987.

[96] 古利弗·戴维. 贵金属铑的回收：中国，88107300[P]. 1988.

[97] 德奥里弗办达拉J J，等. 回收贵金属和叔膦的方法：中国，92115022.9[P]. 1992.

[98] 贺小塘，白钧，等. 多层陶瓷电容器废料中回收银、钯工艺的研究[J]. 稀有金属，1998(1)：26～28.

[99] 赵建国. 从废电容器中提取钯和银的工艺[J]. 中国物资再生，1997(8)：13，14.

[100] 蔡永洪，刘玉，等. 溶剂萃取法从废电子元件中回收钯[J]. 贵金属，1990(4)：18～23.

[101] 贺小塘，余建民，等. 从含金钯废气敏元件中回收金钯工艺的研究[J]. 黄金，2000(9)：35～37.

[102] 陶昕，吴艳雪，马震震. 用重选法回收镁砖中的贵金属合金[J]. 黄金，1999(6)：37～39.

[103] 张健，徐颖，等. 从含铂废耐火砖中回收提纯铂及制备超细铂粉工艺研究[J]. 稀有金属材料与工程，1992(4)：42～45.

[104] 贵金属研究所五室，太原化肥厂铂网车间. 硝酸氧化炉尘回收贵金属试验[J]. 贵金属，1977(1)：40～51.

[105] 太原化肥厂，贵金属研究所. 硝酸氧化炉尘中回收贵金属（铂、钯、铑）研究工作报告[J]. 贵金属，1977(3)：1～4.

[106] 王建国. 氨氧化炉废料回收铂金的方法：中国，97115267.5[P]. 1997.

[107] 从废料及残渣中回收铂族金属：Us，4451290[P]. 1984-5-29.

[108] 钱东强，刘时杰. 低品位及难处理贵金属物料的富集活化溶解方法：中国，95106124.0[P].

[109] 邵建军，于明，等. 硝酸生产中含铂废渣的收集与再生[J]. 湿法冶金，1990(4)：14～16.

[110] 邵建华，于明，等. 硝酸生产中铂废渣的收集与回收[J]. 有色金属（冶炼部分），1991(3)：13，14.

[111] 张方宇，程华，等. 从非磁性金属废料中回收贵金属[J]. 稀有金属，1990(6)：469～470.

[112] 昆明贵金属所，上海跃华玻璃厂. 从玻璃纤维工业用废耐火砖及玻璃渣中回收铂、铑工程流程，1977.

[113] 杨宗荣，从电解生产双氧水的阳极泥中回收铂和铅的方法：中国，96112946.8[P]. 1996.

[114] 朱德勒顿 H. 铂族金属回收中的改进：中国，98117418.3[P].

[115] 富斯 J. 在聚乙烯吡啶上捕集气态钌的方法：中国，93102229.0[P].

12 二次资源稀散金属的回收

稀散金属是指镓、锗、铟、铊、硒、碲及铼七个金属元素。它们在自然界中存在很分散，且丰度很低，除锗、硒有单独矿床外，其他几种金属还未见独立矿床，均伴生在其他矿物中。正是基于这些特点，而被命名为稀散金属。

稀散金属主要是生产黑色、有色金属及处理煤、磷灰石、锰结核等过程中产生的副产品，并二次资源中加以提取与回收。

稀散金属性能特殊，应用广泛，是当代新技术中不可取代的重要支撑材料，具有重要的战略意义。世界各国对其提取与回收极为重视，因此从二次资源中对其提取与回收的方法较多[1~6]，在此仅对其重要方法加以介绍。在介绍各种稀散金属提取与回收方法之前还要说明，由于在同一原料中有些稀散金属是共存的，因此在介绍一种稀散金属的提取与回收方法时，也附加了共存于原料中的其他稀散金属的提取回收。

12.1 镓的回收

12.1.1 铝生产副产物回收镓

全世界90%的镓是从氧化铝生产过程中回收得到的。不论是一水型还是三水型的铝土矿，其中除含有重要有价组分 Al_2O_3 外，还有伴生的稀散金属镓存在。在采用拜耳法处理铝土矿时，晶种分解母液多次循环后，原料中80%～85%的镓富集于母液中。从这种母液中提取镓的方法较多，其中萃取法占有重要地位。在萃取法中，主要有直接萃取法、碳酸化—萃取法和溶解阳极合金—萃取法。

12.1.1.1 直接萃取法[1~5]

拜耳法处理铝土矿产出的 $NaAlO_2$ 返回母液通常含 Na_2O 150～200g/L、Al_2O_3 70～100g/L 及 Ge 0.18～0.24g/L。用十二烯基-8-羟基喹啉（Kelex100）可以直接从这种返回母液中萃取镓，这种萃取法已于1980年在法国的罗尼普伦克（Rhone Poulenc）公司投入工业生产（见图12-1）。该厂使用的萃镓有机相由 Kelex100 加癸醇和煤油所组成，其中Kelex100 体积分数为6%～12%。萃取后的负载有机相需用 0.2～0.5mol/L 盐酸洗涤，以除去钠和铝等杂质，然后用 1.6～1.8mol/L 盐酸溶液进行反萃取。实践表明，低碱度及高温度的溶液对萃取镓有利。虽然这种返回母液的碱度高对萃取镓不利，但由于镓的分配比很大，得到的萃取率仍然很高。

应该指出的是，癸醇的浓度增加，萃取剂萃取镓、铝的选择性下降，并且萃钠的量上升。用 Kelex100 萃取镓的方法有以下3个缺点：（1）所回收的镓与所消耗的试剂量在经济上不合算；（2）镓和铝的选择性分离不够理想；（3）所用试剂随着 $NaAlO_2$ 萃余液返回主流程而损失，并且导致污染。因此，曾提出用含≡NOH基的螯合萃取剂从含 Ga 0.01～0.5g/L、Al_2O_3 50～100g/L 及 Na_2O 100～200g/L 的 $NaAlO_2$ 返回母液中萃取镓，据称这种

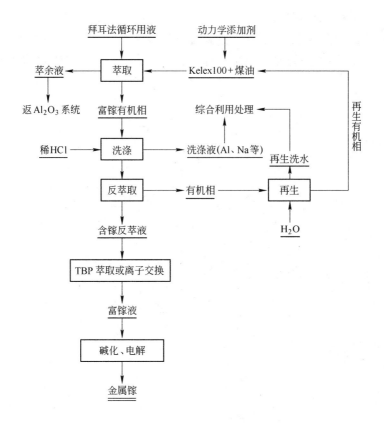

图 12-1　Kelex100 萃取镓的流程

方法的萃取率可大于 80%。

尽管如此，直接从 $NaAlO_2$ 返回母液中萃取镓仍是一个有价值的工艺。如用含 8% Kelex100、92% 的煤油和癸醇（比例为 9∶1）的有机相，从含 Ga 0.186~0.240g/L、Al_2O_3 81.5g/L 和 Na_2O 166g/L 的 $NaAlO_2$ 返回母液中萃取镓，获得负载有机相含镓达 0.186~0.197g/L。用 0.5~0.8mol/L 的稀盐酸洗涤除去 99.7% 的铝和钠，然后用 1.6~1.8mol/L 的盐酸溶液反萃镓，曾在工业上应用过。我国王承明教授也做过类似的工作，他采用 10% 的 Kelex 100，加入 8%~12% 的混合醇作改性剂，在添加一种动力学添加剂的条件下，从含 Ga 0.16g/L、Al_2O_3 40~60g/L 及 Na_2O 140g/L 的拜耳法的返回母液中萃取镓，可以达到对镓的定量萃取。负载有机相经稀盐酸洗涤后，用盐酸反萃的反萃率大于 98%。其工作的特色是由于加入了加速剂，从而大大地改善了萃取动力学条件。

此外，用烷基邻苯二酚从含 Ga 0.1g/L、Tl 0.2g/L、Zn 0.2g/L 及 0.01~1mol/L 的碱性溶液中萃取镓（及 Tl、In）也有研究与应用。这种萃取剂（以 S 代表）萃取镓的反应机理为：

$$Na[Ga(OH)_4] + NaOH + H_2S_{(O)} \longrightarrow Na_3[Ga(S)]_{(O)} + H_2O$$

试验证明，用含 18 碳的酚萃取镓的效果很好，然后用 1mol/L 盐酸溶液反萃取，可获得很好的结果。

12.1.1.2 碳酸化—萃取法[1~5]

碳酸化—萃取法基于用分步碳酸化达到脱铝与富集镓后，再经溶解使镓转入某种酸或碱的介质中，然后用相应的萃取剂萃取提镓。这一方法的工艺流程如图 12-2 所示。

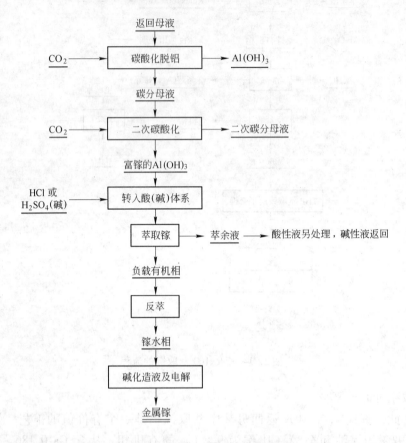

图 12-2　碳酸化—萃取法提镓流程

在这个流程中，如果镓转入碱性介质中，则可用 Kelex 100 萃取；如果镓转入盐酸体系，则可采用三辛胺（TOA）及乙酸乙酯萃取镓。经萃取后均使镓与铝、铁（Ⅱ）、铅、锌、钴、镍及铜等得到分离。在 2~8mol/L 的盐酸溶液中用磷酸三丁酯（TBP）萃取镓，可使镓与重金属杂质分离，但铁（Ⅲ）及锑（Ⅲ）会同时被萃取，且易产生第三相。在含 2.5~8mol/L 的盐酸介质中用甲基异丁基酮（MIBK）可定量萃取镓，但 MIBK 存在水溶性较大的缺点。

此外还可用乙酰胺、环己酮、混合醇及二-(2-乙基己基)磷酸（P204）等萃取镓。美国用 20% 叔碳酸-煤油（或二甲苯）为有机相，在 pH 值为 2.5~4 的条件下萃取镓。日本用叔碳羧酸（商品代号为 Versatic 911H），在 pH 值为 2.5~3.5 的条件下萃取镓。我国成功地研究出采用 P204 + YW100 协同萃取镓及十三碳异羟肟酸（代号为 H106）萃取镓或锗的工艺[1~6]。用 P204 + YW100 即可分别单独萃取镓或锗，也可以协同在一起萃取镓与锗，其萃取机理（H_2A_2 代表 P204，以 HR 代表 YW100）为：

$$Ga^{3+} + H_2A_{2(O)} + 2HR_{(O)} \Longrightarrow Ga(HA_2)R_{2(O)} + 3H^+$$

$$Ge(OH)_2^+ + H_2A_{2(O)} + 2HR_{(O)} \Longrightarrow Ge(OH)_2 \cdot HA_2 \cdot 2HR_{(O)} + H^+$$

虽然镓在硫酸体系中不被醚、醇与酮等所萃取,但可用伯胺或乙酰胺萃取镓。

用盐酸溶解碳酸化产出的富镓的 $Al(OH)_3$ 沉淀,得到 5.45mol/L 盐酸含镓溶液,然后用醚萃取提镓,镓的最大分配比可达 75。负载有机相在 40~50℃下进行蒸馏挥发出醚,残留的 $GaCl_3$ 经碱化造液及电解获得金属镓,挥发的醚经收集后净化,然后返回萃取工段。

12.1.1.3 溶解阳极合金—萃取提镓法[1~5]

在铝的电解精炼中,除产出金属铝外,还获得含镓的阳极合金、电解槽煤沫和烟尘等。阳极合金中含有二氧化硅、铜、铁及镓,其典型组成见表 12-1。

表 12-1 阳极合金的组成 (%)

成 分	Ga	Al	Zn	Cu	Fe	SiO_2	Mn
试料 1	0.1~0.3	50~60		30~35	4~8	1~3	
试料 2	0.1~0.4	40	1.3	25	19	12	1.5

一般粗铝中含镓 0.001%~0.01%,经过电解精炼铝 2~3 年后的阳极合金中含镓量可达 0.2%~0.56%。这种阳极合金的物相组成很复杂,多采用酸或碱浸出后再用萃取法提取镓,图 12-3 所示为溶解阳极合金—萃取提镓法流程。

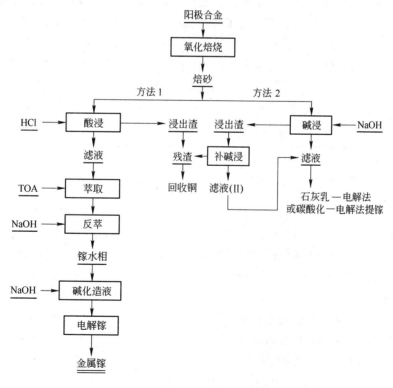

图 12-3 溶解阳极合金—萃取提镓法流程

碱溶解阳极合金是一个放热过程。为使阳极合金中的镓与杂质迅速而完全地分离,合金先在 500~700℃下氧化焙烧 5~6h,然后进行碱浸。在碱浸过程中约有 95%~97% 的镓转入碱液，如此可获得含 Ga 0.2 ~ 0.4g/L、Al_2O_3 40 ~ 60g/L 的碱浸液，耗碱量约为理论量的 1.5 倍，碱液中的镓可用溶剂萃取法提取。

用盐酸浸出阳极合金时，由于镓和铝在饱和盐酸中溶解度差异较大（$GaCl_3$ 为 130g/L，而 $AlCl_2 \cdot 6H_2O$ 仅为 1.09g/L），从而达到镓、铝分离的目的。当用含 6.2 ~ 7.2mol/L 盐酸溶液浸出经粉碎的合金料时，得到含镓 0.46 ~ 0.48mol/L 及 Al_2O_3 6.6g/L 的溶液，这种溶液也可用萃取法回收镓。例如用 0.1mol/L TOA + 0.1mol/L 癸醇/煤油溶液为有机相，在有机相与水相比为 1∶10 的条件下萃取镓，然后用 5%（质量分数）的 NaOH 反萃，反萃的有机相与水相相比控制在 10∶1，所得到富镓反萃水相经碱化后，进行电解便可得到金属镓。应当注意的是，在酸浸阳极合金时，铜、铁、铝势必进入溶液，可用冷却结晶除铝、加亚硫酸钠还原铁及电解脱铜等方法除去这些杂质。

12.1.2 铅锌生产副产物回收镓

湿法炼锌的锌浸出渣、窑渣、烟化炉尘及火法炼锌的蒸馏罐渣、烟尘或炉渣都含有镓，其中尤以锌浸出渣、沉铁渣及密闭鼓风炉渣中含镓量较多。

在从上述副产物回收镓的方法中，有溶解—萃取法、赤铁矿—萃取法和熔炼—萃取法。

12.1.2.1 溶解—萃取法[1~5]

溶解—萃取法，也称为浸出—萃取法，是我国研究成功并用于生产的。这种方法在一个工厂同时实现了综合回收锌浸出渣中的铟、锗及镓。锌浸出渣中锌的物相及其分配率为：$Zn_{(ZnO \cdot Fe_2O_3)}$ 55% ~ 58%、$Zn_{(ZnSO_4)}$ 14% ~ 17%、$Zn_{(ZnO)}$ 7.5% ~ 14.1% 及 $Zn_{(ZnS)}$ 0.17% ~ 6.53%。镓、铟与锗以类质同象进入铁酸锌中，其进入量占 95% 以上。

工业生产锌浸出渣经回转窑挥发铅和锌后，用多膛炉脱氟与氯，所得到的氧化锌尘用硫酸浸出，然后用锌粉置换而得到含富镓、铟、锗的置换渣。浸出渣与置换渣的组成见表 12-2。

表 12-2　锌浸出渣与置换渣的组成　　　　　　　　（%）

成分	Ga	In	Ge	Cu	Pb	Zn	Fe
浸出渣	0.003 ~ 0.019	0.03 ~ 0.14	0.006 ~ 0.012	0.67 ~ 0.83	2.94	22.15	26.8
置换渣	0.105 ~ 0.16	2 ~ 3	0.05 ~ 0.129	4.90	0.62	22.9	0.92

置换渣中的镓以氧化物（GaO）存在，铟约 96% 以 $InAsO_4$ 存在，锗约半数以 GeO·GeO_2 存在、约 35% 以 GeO_2 形态存在，铁约 65% 以 Fe^{2+} 形态存在。对这种渣采用逆流酸浸，P204 萃取铟，丹宁沉锗，乙酰胺萃取镓的综合法回收其中的镓、铟及锗，工艺流程如图 12-4 所示。

在上述流程中，逆流酸浸是采用电积锌的废电解液在液固比为 10∶1、温度为 90℃、最终酸度为 0.56 ~ 0.66mol/L 的条件下，浸出 2 ~ 3h。置换渣中 96% ~ 100% 的镓、铟、锗均进入溶液（见表 12-3），其化学反应如下：

$$Ga_2O_3 + 6H^+ = 2Ga^{3+} + 3H_2O$$

$$Ga(OH)_3 + 3H^+ = Ga^{3+} + 3H_2O$$

$$ZnO \cdot GeO_2 + H_2SO_4 = H_2GeO_3 + ZnSO_4$$

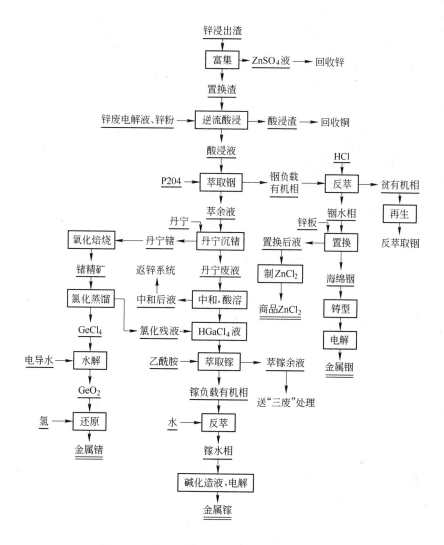

图 12-4 浸出—萃取法提镓（铟、锗）的流程

$$FeO \cdot GeO_2 + H_2SO_4 = H_2GeO_3 + FeSO_4$$

$$FeO \cdot GeO_2 + 2H_2SO_4 = GeO(SO_4) + FeSO_4 + 2H_2O$$

$$GeO + H_2SO_4 = GeSO_4 + H_2O$$

$$InAsO_4 + 3H^+ = In^{3+} + H_3AsO_4$$

$$In_2O_3 + 6H^+ = 2In^{3+} + 3H_2O$$

表 12-3 逆流酸浸的终酸浓度与镓（铟、锗）的浸出率的关系

硫酸逆流浸出的终酸浓度/mol · L⁻¹	0.51	0.59	0.61	0.64	0.73	0.80
Ga 浸出率/%	约100	约100	约100	约100	约100	约83.7
In 浸出率/%	约100	约100	约87.3	约100	97.0	约78.3
Ge 浸出率/%	88.1	约100	约100	约100	89.1	64.8

先用 P204 萃取铟，在回收镓之前对萃铟后液用传统的丹宁沉锗—氯化蒸馏法提锗。沉锗后的溶液用 Na_2CO_3 中和到 pH 值为 3，便得到富镓的 $Ga(OH)_3$ 沉淀，反应式为：

$$Ga_2(SO_4)_3 + 3Na_2CO_3 + 6H_2O \Longrightarrow 2Ga(OH)_3 + 3Na_2SO_4 + 3H_2CO_3$$

$Ga(OH)_3$ 沉淀经焙烧后用盐酸浸出，控制终酸浓度在 $4 \sim 4.5mol/L$，Ga_2O_3 按下式反应转入溶液：

$$Ga_2O_3 + 8HCl \Longrightarrow 2HGaCl_4 + 3H_2O$$

该溶液与氯化蒸馏锗后的蒸馏残液（含 Ga 0.2g/L、HCl 300g/L）合并后送萃取镓的工序。萃取镓是采用 30% 乙酰胺-煤油为有机相。萃取中乙酰胺与配合阴离子 $GaCl_4^-$ 形成锌盐而进入有机相，其反应如下：

$$HGaCl_4 + n[R_2NCOCH_3]_{(O)} \Longrightarrow$$

$$[(R_2NCOCH_3)_nH^+(GaCl_4)^-]_{(O)}$$

经 1 级萃取，可达到完全萃取镓。溶液中的锌、铜及镉等杂质不被萃取，只是铁（Ⅲ）的浓度较镓的浓度大到一个数量级时，会影响到镓的萃取。溶液中氯的浓度增高对萃取镓有利。图 12-5 所示为溶液中 $[Cl^-]$ 与 Fe(Ⅲ) 对镓萃取率的影响情况。

负载有机相用水反萃，所得到的反萃液经加碱碱化造液，以不锈钢为阴、阳极，在电流密度 $500 \sim 2000A/m^2$ 下电解，可得到 99.99% 纯度的电解镓。表 12-4 列出了萃镓过程中溶液组分变化的数据。

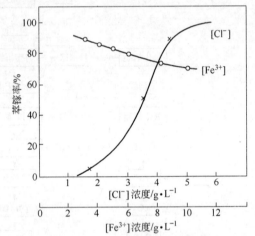

图 12-5　溶液中 $[Cl^-]$ 与 Fe(Ⅲ) 对镓萃取率的影响
（萃取 Cl^-：30% 乙酰胺，有机相与水相比 1/2，溶液含镓 0.585g/L；萃取 Fe^{3+}：30% 乙酰胺，有机相与水相比 1/10，溶液含镓 0.585g/L）

表 12-4　萃镓过程中溶液组分的变化数据　　　　　　　　　　（g/L）

成　分	Ga	As	Fe	Cu	Cd	Pb	Zn	HCl
料液 $HGaCl_4$	$0.59 \sim 0.63$	$27.6 \sim 29.5$	$3.7 \sim 4.6$	3.8	1.4	0.4	19.8	$160 \sim 180$
富镓水相	13.5	0.23	34.4	0.02	0.01	0.01	0.75	41.4
萃镓余液	$\leqslant 0.005$	$16 \sim 27$	3.1	3.3	1.1	0.4	$11 \sim 21$	160

此工艺在实践中得到了进一步完善，现已实现了全部用萃取工艺从硫酸介质中萃取回收铟、锗及镓，改进后的工艺更适合电锌厂生产镓、铟、锗的情况。

在硫酸浓度较大的范围内镓可被 P2EHPA 萃取，而较低酸度范围内可被 M2EHPA 或 D2EHPA 萃取。图 12-6 所示为硫酸浓度对上述三种萃取剂萃镓率的影响。实际在生产出售的 P204 中，都含有少量的 P2EHPA 及 M2EHPA 的混合物，其中 P2EHPA 易水解，且反萃镓的选择性差，造成 D2EHPA 萃取工艺存在一些缺点。

我国成功地研究了用 P204 + YW100 协同萃取提镓（或锗）的工艺，由于萃取剂价廉及来源充足，故能较早地用于工业实践。这种萃取法的实质是向 P204 中添加了协同萃取剂 YW100，这样既可分别萃取镓或锗，也可协同萃取镓和锗，改进后的萃取工艺流程如图 12-7 所示。

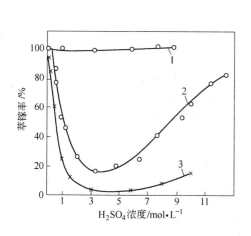

图 12-6　溶液的硫酸浓度与各萃取剂
　　　　萃镓率的关系曲线
1—P2EHPA；2—M2EHPA；3—D2EHPA

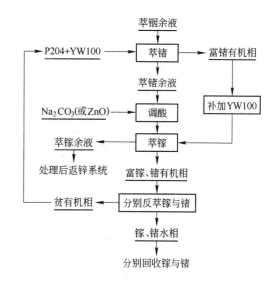

图 12-7　改进后的综合提镓（及锗）流程

在高酸度下用 20% P204 + 1.0% YW100
萃锗，然后在低酸度下萃取镓。酸度对萃取
镓与锗的影响情况如图 12-8 所示。

由于 YW100 的水溶性较大，故合并
富锗有机相充分利用其中的 YW100，并
补加 1.25% YW100 后一同协萃锗与镓，
就可定量地萃取镓与锗；然后用 2.3 mol/L
硫酸溶液反萃镓，有机相用 6 mol/L 盐酸
溶液洗涤除 Fe^{3+}，最后用 1 mol/L 氢氟酸
反萃锗；获得含镓反萃液经碱化后电解，
便得到金属镓；含锗水相则用氯化蒸馏法
回收锗。

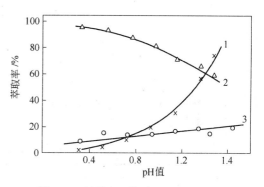

图 12-8　溶液 pH 值对 P204 + YW100
　　　　协萃镓与锗的关系曲线
1—Ga^{3+}；2—Ga^{4+}；3—Fe^{3+}

长沙矿冶研究院用自制 H106（叔烷基氧肟酸，分子式为 $(C_5H_6)_2{-}C{=}C{-}NHOH$）萃
取剂，进行了共萃镓、锗的小型连续台架试验及扩大试验，其工艺流程如图 12-9 所示。
处理的原料为湿法炼锌中得到的置换渣，其硫酸浸出液首先共萃铟铁。

铟、铁萃取的有机相为每升添加 700 mg SP 酸（苯乙烯磷酸）的 30% P204-200 号煤
油，原始水相为浸出液按 20 mg/L 加聚醚絮凝后的上清液，其硫酸浓度为 30 ~ 40 g/L，经
过共萃和分别反萃，结果为：萃铟率大于 99.5%，除铁率 95% ~ 98%，反萃铟率 99%，
反萃铁率 97%。铟、铁分离良好，反萃铁后有机相不积累铁，所得的混合反萃铟液成分
(g/L) 为：In 35.91、FeO 50、Cu 0.018、Sn 0.0058、Al 0.123，经锌板置换可制取纯度
大于 98% 的海绵铟。从置换渣至金属铟的回收率为 90.6%。铟、铁共萃后的萃余液为镓、

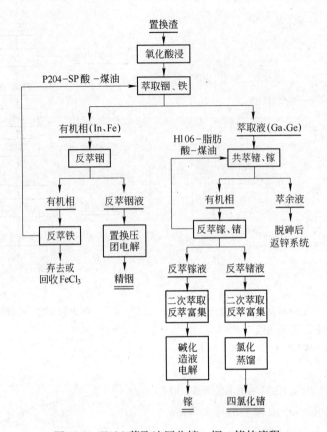

图 12-9 H106 萃取法回收镓、铟、锗的流程

锗的共萃料液。镓、锗共萃取有机相为 0.15mol/L H106-45% C7～9 酸-煤油。表 12-5 是镓、锗一次萃取反萃的结果。

表 12-5   镓、锗萃取及反萃取各种溶液成分 (g/L)

成 分	Ga	Ge	In	Fe	Zn	As	Cu	Cd	Pb
镓锗料液 （萃 In、Ge 后液 pH 值为 1.2～1.3）	0.0835	0.033	<0.001	0.0388	31.80	5.70	4.71	4.51	0.0063
萃余液	0.001	<0.0001	<0.001	0.006	31.80	5.70	4.67	4.45	0.0062
混合一次反萃镓液	2.36	<0.0001	<0.001	0.50	0.01	0.1	0.44	<0.003	<0.001
混合一次反萃锗液	0.015	2.33	0.0029	0.33	约0	0.475	0.0070	0.0038	<0.001

级数，流比（有机相/水相）相应为：共萃，11 级，1/6；一次反萃镓，12 级，5/1，一次反萃锗，14 级，1/1。

杂质元素除铁、铜外，其余都萃取甚微（将 pH 值控制稍低，铜即可除去），砷基本上集中于萃余液中，这是一个很大的优点。经过反萃镓、锗后，有机相中镓、锗均为微量。

一次反萃镓液经 A101（或 N503）萃取和反萃，富集约 9 倍，经中和沉镓、碱造液电解，产品不经洗涤可得纯度 99.98% 的金属镓，从置换渣至金属镓，全程回收率为 94.2%。

一次反萃锗液经 N235 萃取、反萃，富集 12 倍，得到 23g/L 的浓溶液，砷锗比由铟、铁共萃后液的 100/1 下降为 1/100。二次反锗液直接蒸馏，可得含砷 0.165g/L 的四氯化锗，从置换渣算起锗全程回收率达 92.9%。

操作过程表明，H106 在运转过程中稳定，每生产 1kg 产品的单耗（kg）为 2.32（Ga），2.70（Ge）。含锌、镉、铜等有价金属的萃余液脱砷后可返回锌系统，各有机相及一次反萃剂均闭路循环，全流程废液量仅占置换渣浸出液的 1.2%，并可处理到排放标准。

图 12-10 所示为设备流程图，铟、锗、镓分离富集全用萃取，具有流程短、劳动强度小、主体设备简单、易实现自动化等优点，对于含锗、镓物料的回收，用该工艺是很合适的。

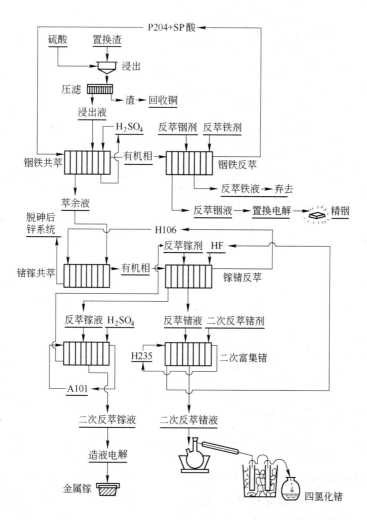

图 12-10　H106 萃取法回收镓、铟、锗设备流程图

最近报道了锌浸出渣不经回转窑处理，直接用湿法处理，其工艺是一段还原酸浸—二段高温浸出，镓和锗的总浸出率高达 90% 和 70%，浸出得到两个渣，一个是 Pb-Ag 渣，

另一个为锌、镓、锗渣，前者去回收 Ag 和 Pb，后者再用浸出—萃取工艺回收镓及锗。据称该工艺能耗低，效益明显。

12.1.2.2 赤铁矿—萃取法[1~5]

日本饭岛冶炼厂的锌浸出渣除含微量的镓和铟外，并含有锌（17% ~ 19.4%）、铅（7.5% ~ 8.8%）、铁（28.7% ~ 29.6%）、铜（2.4% ~ 2.6%）及银（0.062% ~ 0.066%）等金属元素。该厂采用赤铁矿联合萃取法回收镓的工艺，如图 12-11 所示。

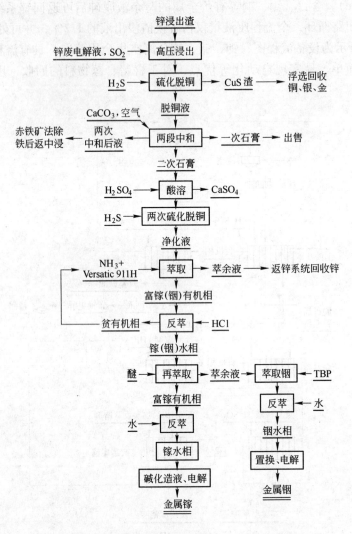

图 12-11 赤铁矿—萃取法提镓和铟的工艺流程

高压浸锌的浸出渣，是在表压 20.4 ~ 25.5MPa、SO_2 分压约为 6.12MPa、温度为 100 ~ 130℃的条件下，用锌废电解液浸出 3 ~ 6h，过程中有 94% 以上的镓与铟转入溶液。在高压浸出过程中，溶液内的 $Fe_2(SO_4)_3$ 被通入的 SO_2 还原成 $FeSO_4$，反应式为：

$$Fe_2(SO_4)_3 + SO_2 + 2H_2O == 2FeSO_4 + 2H_2SO_4$$

把 Fe^{3+} 还原为 Fe^{2+} 是为了在中和过程中使铁较少进入二次石膏，使镓得到较好的富集。浸出液经通入 H_2S 除去重金属等杂质后，在通入空气的同时，分两段加入石灰石进行中和。第一段中和控制 pH 值为 2，得到纯 $GaSO_4$；第二段中和控制 pH 值为 4.5，使镓与铟等水解而沉入二次石膏中。二次石膏送往小坂矿业所回收镓与铟。而二次中和后溶液主要含锌，但因含铁太多，在其返回中浸前须经赤铁矿法除铁。

含镓 0.05% ~0.10%、铟 0.05% ~0.20%、锌 8% 及铁的二次石膏，加水浆化，然后加硫酸溶解，获得含镓与铟各达 25g/L、锌 40g/L、铁 20g/L 及少量铜的溶液。往这种溶液中通入 H_2S 除去铜等重金属，并可同时把 Fe^{3+} 还原成 Fe^{2+}；然后添加氨水并严格调节 pH 值到 2.5 ~3.5，用叔碳羧酸（日本商品名 Versatic 911H）共萃镓与铟。图 12-12 给出了溶液 pH 值与叔碳羧酸萃取镓的萃取率的关系。

用盐酸把镓与铟反萃入盐酸溶液，得含镓 4g/L、锌 1g/L、铁 15g/L 及铝 40g/L 的镓、铟反萃水相。然后用醚萃取镓，以水反萃得富镓水相，加 NaOH 除铁后，再调 pH 值使镓呈 $Ga(OH)_3$ 沉淀。用碱溶解此沉淀后，经电解得 99.99% 纯度的镓。萃镓后余液中的铟用 TBP 萃取，用水反萃得到富铟水相，然后经锌置换，电解得金属铟。

叔碳羧酸萃取镓与铟，既可在硫酸溶液，也可在盐酸溶液中进行。盐酸、硫酸的酸度与叔碳羧酸萃取镓、铟的萃取率的关系如图 12-13 所示。

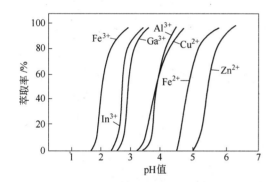

图 12-12 溶液 pH 值与叔碳羧酸
萃取率的关系曲线

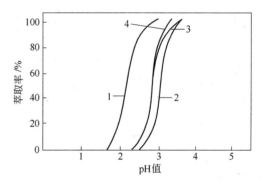

图 12-13 溶液酸度与叔碳羧酸萃取镓、铟率的关系曲线
1—Ga^{3+}（HCl 中）；2—Ga^{3+}（H_2SO_4 中）；
3—In^{3+}（HCl 中）；4—In^{3+}（H_2SO_4 中）

如原始料液含镓 0.42 ~0.49g/L，当用 20% Versatic 911H 萃取时，镓的萃取率可达 98.4% ~99.5%。溶液中铜（Ⅱ）、锌（Ⅱ）、铝（Ⅲ）及铁（Ⅱ）几乎不被萃取，而铁只是在过程中氧化成 Fe^{3+} 后才被萃入有机相。富镓的负载有机相用水反萃镓，获的含镓反萃液经碱化造液后，电解得金属镓。

赤铁矿—萃取法可同时回收镓与铟，铁也可得到利用。但此法也有缺点，如过程冗长，要经过多次中和并交替使用酸碱，控制萃取 pH 值的要求也很严格，镓铟萃取率都不很高，还存在高压酸浸材质腐蚀等问题。

12.1.2.3 熔炼—萃取法[1~5]

竖罐或平罐炼锌产出的罐渣数量较大，约为进料锌团矿量的 110%，这种罐渣含镓与锗各达十万分之几到百万分之几，另外还含锌、铝、铁及碳等元素，成分复杂。可采用碱熔—萃取法从上述罐渣中回收镓。其工艺过程是把含镓 0.08%、铅 26.54%、锌 2.60%、镉 10.1%、铜 2.37% 及锡 0.43% 的罐渣，配以渣重 30% 的 $NaHSO_4$ 进行碱熔炼得到镓合金后用稀硫酸溶解除铅，然后电解脱铜，脱铜后液用盐酸酸化到 6mol/L 时，用醚作萃取剂萃取提镓，反萃得到的镓水相经碱化过滤，通过电解可制得金属镓。

12.1.3 煤、锗石及炼铁副产物回收镓

12.1.3.1 从煤中用萃取法回收镓[1~5]

煤中通常含有约 0.0001% ~ 0.003% 的镓。煤在焦化过程中部分镓进入焦炭，部分转入焦油。当焦炭用于生产发生炉煤气或燃烧煤发电时，燃料中镓大部分挥发入烟气，经收尘得到的烟尘中含镓大约为 0.38% ~ 1.56%。

含镓煤尘配以 CuO、Na_2CO_3、SiO_2 及 Al_2O_3 等熔剂进行反射炉熔炼，约有 50% ~ 60% 的镓和 90% 的锗进入铜镓合金，其余入炉渣。为了回收炉渣中的镓，可再进行一次碱熔炼，上述得到的铜镓合金组成是镓 1.5% ~ 2%、锗 3% ~ 4% 及砷、铁及硫等杂质，用经典的氯化蒸馏法提锗后，镓便残留在氯化残液中，此残液经净化处理后，可用乙醚或 TBP 萃取镓（见图 12-14 和图 12-15）。从图中可见，在萃取时，控制盐酸浓度在 5 ~ 6mol/L 范围为好。

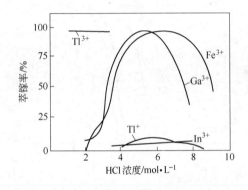

图 12-14 盐酸浓度与二乙醚萃镓率的关系

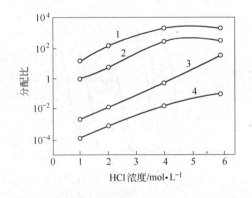

图 12-15 镓与铁的分配比与 TBP 及盐酸浓度的关系曲线
1—Fe(Ⅲ)，纯 TBP；2—Ga，纯 TBP；
3—Ga，10% TBP；4—Fe(Ⅲ)，10% TBP

这种从煤尘中用氯化蒸馏提锗，然后从氯化蒸馏残液中回收镓的工艺为多数国家所采用。因残液为盐酸溶液，浓度约为 5 ~ 6mol/L，并含有杂质，故在萃取前先中和除铁或冷却结晶除铜后，水解沉淀析出镓，沉淀物再经酸溶，控制酸度在 5 ~ 6mol/L 用乙醚萃取镓。萃取镓的萃取剂较多。现在改进的工艺中是蒸馏残液，先不经水解除铁，而是在除铜后用 TBP 萃取镓。例如除铜残液含镓 0.08 ~ 0.5g/L、铁 5 ~ 6g/L 及盐酸 9mol/L 时，采用 TBP 在相比为 1：5 下萃镓，镓的萃取率可达 99.8%。据报道，在从含镓 0.08g/L、锗 0.02g/L、铁 56g/L 及盐酸 + 硫酸的酸度为 8mol/L 的残液中萃取镓的连续试验时，如果 TBP 不稀释萃取镓，则难以使镓（Ⅲ）与铁（Ⅲ）分离，但用煤油为稀释剂把 TBP 稀释到 10% 时，则会优先萃取镓（Ⅲ），可使镓/铁得到分离。

从图 12-15 可见，当盐酸浓度超过 4mol/L 后，镓的分配比较铁的分配比大 2 个数量级。尽管如此，由于原液含铁量很高，因此进入有机相的铁量仍很高，为此需要加入铁粉

使溶液中的 Fe^{3+} 还原到 Fe^{2+}，TBP 不萃取 Fe(Ⅱ)，从而使镓、铁得以分离。一般有机相为 10%TBP + 20% ~ 25% 异癸醇，其余为 Esacid110 稀释剂。负载有机相用盐酸反萃后得到的反萃液中通入 SO_2，控制 pH 值在 3.8 ~ 4.2 的范围，得到富镓渣，然后再进一步回收镓。在这一过程中每处理 $1m^3$ 原液约损失 TBP 0.02kg。研究结果表明，当盐酸浓度不足 2mol/L 时，镓以 $GaCl_3 \cdot 3TBP$ 的形式被萃取；当盐酸酸度超过 2mol/L 时，镓的萃合物则为 $HGaCl_4 \cdot 2TBP$。镓的分配比随各种盐析剂（如 NaCl 等）的添加而增大。表 12-6 列出了 TBP 萃取镓的结果。

表 12-6　从氯化蒸馏锗的残液中用 TBP 萃取镓的结果

物料名称	技术控制条件			组分变化/g·L^{-1}			
	试　剂	相比（O/A）	级数	Ge	TFe	Fe^{3+}	HCl
蒸馏残液	10%TBP + 20% ~ 25% 异癸醇	1:（1.1 ~ 1.4）	4	5.17	60.9	4.00	190
萃余液				0.02	48.37	2.64	170
洗涤液（进）	盐　酸	6:1	2	4.00	12.4	12.4	91
洗涤液（出）							125
反萃剂	盐　酸	9:1	4	34.3	5.04	5.04	15
镓水相							29
水解产物	通 SO_2 + NaOH			50%	1%		pH 值为 3.8 ~ 4.2

采用 P204 从提锗后的氯化残液中萃取镓，当盐酸浓度超过 6mol/L 时，残液中的镓可为 P204 定量萃取。图 12-16 所示为盐酸浓度与 P204 萃镓率的关系曲线。当盐酸浓度大于 8mol/L 时，镓的萃取率可大于 90%，从负载有机相反萃镓时，使用草酸最为有效。

MIBK 能定量地从氯化萃取残液中萃取镓，经反萃而获得含镓反萃液，再经碱化除铁，也可得到电解镓。

12.1.3.2　从锗石中用萃取法回收镓[1~5]

锗石是目前世界上发现的唯一有单独工业开采价值的锗矿物，含锗量达 6% ~ 10%，还

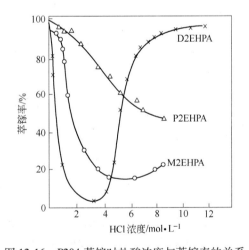

图 12-16　P204 萃镓时盐酸浓度与萃镓率的关系

含镓达 0.76% ~ 1.85%。在处理这种矿物时，要使锗、镓都能得到回收。用萃取法回收镓有以下三种方法：

（1）中性挥发—萃取法。该法是把锗石在 800℃ 下于氮气中挥发锗烟气，而镓留在渣中，用盐酸溶解此渣，滤液用 H_2S 进行硫化除去杂质，经中和沉淀析出镓，然后使沉淀物在盐酸介质中溶解，接着进行乙醚萃取，反萃取后得富镓水相，经加碱碱化造液后，通过电解制取金属镓。

（2）碱浸氯化蒸锗—萃取法。该法是把锗石磨碎到 0.147mm（100 目）后，用

50g/L 的 NaOH 溶出，浸出液随之被蒸发至干，得到疏松产物，该产物用热水溶解，所得滤液用含 70g/L H_2SO_4 的溶液酸化至 pH = 8，加热至沸腾后加入硝酸，使溶液保持 5% 的游离酸，过滤除去砷的硫化物沉淀，然后用 NaOH 中和至 pH 值低于 3，此时溶液中镓即以 $NaHGa(AsO_4) \cdot 1.5H_2O$ 形态沉淀（转入这种酸式砷酸盐中的镓约占原料中镓的 88% 以上）。用盐酸溶解此沉淀物后进行氯化蒸馏提镓，然后用乙醚萃取氯化残液中的镓，反萃得到的含镓水相，经净化后电解制备金属镓。这种方法的流程如图 12-17 所示。

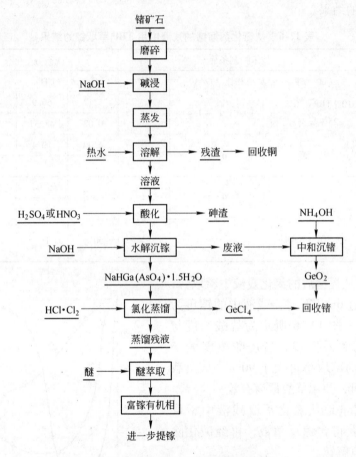

图 12-17 氯化蒸锗—萃镓法流程

（3）氯化熔炼—萃取法。比利时的巴伦电锌厂采用此法处理锗石，先将锗石加到反射炉内进行氯化焙烧，接着两段硫酸浸出，控制浸出终酸浓度在 10g/L 左右，滤液浓缩到原液的 1/10，然后进行氯化分馏提锗，镓在蒸馏残液中，然后向残液中加硫酸及盐析剂食盐，再用乙醚进行萃取镓。

12.1.3.3 炼铁副产物回收镓[1~5,7~9]

镓在铁矿中的赋存状态很少有报道，从镓的强烈亲铁性质分析，在炼铁过程中镓将随铁走，在炼钢中最终进入钢锭。

我国攀枝花的钒钛磁铁矿平均含镓 0.0026%，由于钒钛磁铁矿储量巨大，故其储镓量实为惊人。经查明，原矿中 76% 的镓以类质同象存在于钒钛磁铁矿中，约 21% 的镓存在于钛辉石等硅酸盐矿物中，只有不足 4% 的镓分散于钛铁矿中。钢铁厂为回收铁水中的钒，曾采用在吹炼前插入氧化脱钒工艺，获得渣率3%的富镓的氧化渣，该渣成分为（%）：Ga 0.012～0.030、TFe 41～49、V_2O_5 2.4、Cr 0.57、SiO_2 12～14 及 Ti 4～5 等，是生产钒和镓的理想原料。经研究查明，该氧化渣组成为：钒铁晶石（Fe^{2+}（$V^{3+}$$Fe^{3+}$）$O_4$）49%、铁橄榄石（$FeSiO_4$）31%、金属铁11%和磁铁矿（$Fe_3O_4$）9%等，约70%的镓以$Ga_2O_3$形态存在于该渣中的微量的钒铁晶石中。

从上述脱钒氧化渣中回收镓有以下几种方法：

（1）还原熔炼—电解铁—酸浸含镓阳极泥—TBP萃镓—电解得镓。

（2）钠化焙烧—水浸出—还原焙烧—稀盐酸除铁—浓盐酸浸出镓—用TBP萃取盐介质中的镓—反萃—镓水相加碱造液—电解制取金属镓。

（3）将上述水浸出的碱性溶液调到pH＝6，用腐殖酸与液中镓共沉淀—碱化造液—电解得镓。

（4）高温（约1300℃）氯化焙烧，将镓挥发富集到烟尘然后溶解—萃取镓。

（5）选冶联合法有可能成为回收铁矿中镓的较好方法，从理论上分析，并根据攀枝花钢铁厂的铁水雾化提钒产出的钒渣富含镓的事实推断：使熔炼获得的熔融Fe-Ga合金，用电解法制铁粉时兼收镓；或者利用适当的熔剂相互作用而造渣，使镓从熔融的Fe-Ga合金中转入再造渣的渣中，而与大量铁分离，其后较易从渣中回收镓。目前尚无较好的方法从钢水中回收镓，但用磁选法使铁、镓分离，应为考虑的一个方向。

12.1.4　半导体废料回收镓

12.1.4.1　GaAs废料硝酸分解—中和沉淀分离法[2]

GaAs废料硝酸分解—中和沉淀分离法是我国某厂处理砷化镓废料回收再生镓的工业方法。处理的原料是砷化镓废晶片、废晶棒、切屑等，生产镓的规模达15～20t/a。工艺方法是用硝酸溶解GaAs废料，再中和沉淀分离砷，制得Ga（OH）$_3$后精制、造液、电解得到金属镓，再经提纯，生产出纯度99.9999%～99.99999%的高纯镓，原则工艺流程如图12-18所示。

将GaAs废料破碎磨细到0.147～0.074mm（100～200目），用浓度2～3mol/L的HNO_3浸出，HNO_3用量为理论量的1.1～1.2倍。视溶液中砷的氧化程度可另加入H_2O_2将砷完全氧化成As^{5+}，浸出温度为60℃。GaAs的Ga分别以Ga（NO_3）$_3$和H_3AsO_4的形式进入溶液，GaAs废料的浸出率可达98%。浸出中生成的NO_2、NO气体经催化反应器分解成N_2和O_2排放：

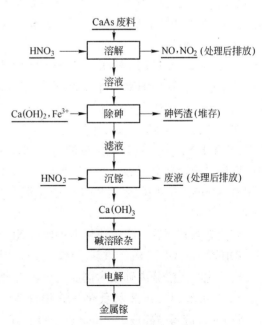

图12-18　砷化镓废料硝酸分解—中和沉淀分离法的工艺流程

$$Ga + 6HNO_3 == Ga(NO_3)_3 + 3NO_2\uparrow + 3H_2O$$

$$3As + 5HNO_3 + 2H_2O == 3H_3AsO_4 + 5NO\uparrow$$

浸出液过滤后加入 $Ca(OH)_2$,将溶液调整到 pH 值为 10～11,砷会生成砷酸钙沉淀:

$$3Ca(OH)_2 + 2H_3AsO_4 == Ca_3(AsO_4)_2\downarrow + 6H_2O$$

加入 Fe^{3+} 能提高除砷的效果。不同 pH 值下的除砷效果见表 12-7。

表 12-7 不同 pH 值除砷后溶液残余砷浓度

pH 值	9	10	11	12
砷浓度/$mg \cdot L^{-1}$	89	25	22	19

中和镓生成的 $Ga(OH)_3$ 是两性化合物,在高浓度碱溶液中溶解形成 $Ga(OH)_4^-$。但也有 10%～15% 的镓在沉淀砷时进入砷钙渣,其后用 NaOH 溶液对砷钙渣洗涤可回收渣中部分的镓。除砷后液含砷约为 20mg/L。

将砷钙渣分离后,溶液用浓度 10% 的 HNO_3 中和,调整 pH 值到 6～7,Ga 形成 $Ga(OH)_3$,被沉淀出来,镓沉淀率为 95%～98%,不同 pH 值下镓的沉淀率见表 12-8。

表 12-8 不同 pH 值时镓的沉淀率

pH 值	4	5	6	7	8	9
镓沉淀率/%	23.7	79.3	98.7	95.4	46.3	19.5

所获得的 $Ga(OH)_3$ 沉淀物用 NaOH 溶解、除杂、再造液、电解可制得粗金属镓。镓总回收率为 75%～85%,主要损失是生成 $CaGa_2O_4$ 进入砷钙渣而带走。中和沉淀砷时造成镓入渣损失,是此法的主要缺点,另外沉砷后溶液残砷含量较高也是不足。改进的方法为:在低 pH 值时(pH 值约为 2.5)先除去大部分的砷,分离砷渣后溶液再按上述方式进一步除砷和沉淀镓。

12.1.4.2 GaAs 废料硝酸分解—硫化沉淀分离法[2]

按上述的方法用 HNO_3 将 GaAs 废料溶解,再用硫化的方法将溶液的砷生成硫化砷沉淀与镓分离。一项研究分别选择 H_2S、Na_2S 和 FeS 作为硫化剂进行了分离砷的试验。

在 GaAs 废料的硝酸浸出液中通入 H_2S 气体,控制温度 40℃,反应 1.5h;或者分别加入 Na_2S 和 FeS,加入量为理论量的 1.1～1.5 倍(摩尔比),温度 30～70℃,反应 1～3h。反应后浸出液含砷由 10g/L 左右降低到 1～1.5mg/L,生成的硫化物沉淀渣为 As_2S_3,品位为 80%～90%,砷回收率达 99%。硫化沉淀分离砷造成的镓损失很少,镓入渣的损失仅 0.3%～1.5%。

溶液分离砷渣后,将溶液用 NaOH 或 NH_4OH 调整到 pH 值为 6～7,沉淀出 $Ga(OH)_3$,用 NaOH 将 $Ga(OH)_3$ 沉淀重新溶解、造液、电解获得纯度为 99.99% 的金属镓。

用硫化沉淀法分离砷较彻底,镓损失少,产生的硫化砷渣较砷钙渣容易回收砷。

12.1.4.3 GaAs 废料氯化—蒸馏分离[2]

将 GaAs 废料破碎成 1～3mm 的粒度,在 220～250℃ 的温度下,通入氯气(可用 N_2 稀释),GaAs 被氯化生成 $GaCl_3$ 和 $AsCl_3$。$GaCl_3$ 和 $AsCl_3$ 的沸点分别为 201.7℃ 和 113℃,利用两者蒸气压的差异对氯化的冷凝物进行蒸馏分离砷。蒸馏出的 $AsCl_3$ 经精馏提纯再用氢气还原得到高纯砷，分离砷后 GaCl₃ 转为镓酸盐在碱性体系下电解得到高纯镓。

氯化法较好地实现了 GaAs 废料的分解与镓和砷的分离，对 GaAs 中的磷、铝也能较好地脱除。在工艺上可与制取高纯砷、高纯镓的工艺衔接，特别是能给砷提供一个产品出路。但过程产出大量的 AsCl₃ 具有相当大的危险性。

12.1.4.4　GaAs 废料真空热分解回收镓和砷[2]

单质的镓与砷在高温下的蒸气压差异达到 10^7 数量级，虽然对 GaAs 化合物这一差异有所降低，但利用在高温下 GaAs 的热分解把镓、砷分离仍具有实用意义。Ga-As 二元相图如图12-19所示。砷、镓纯物质的蒸气压与分离系数 β 值见表12-9。

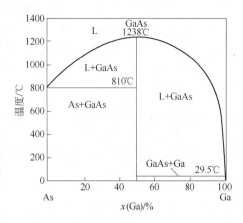

图 12-19　Ga-As 二元相图

表 12-9　不同温度下砷、镓纯物质的蒸气压与分离系数

温度/K	973	1073	1173	1273	1373
砷蒸气压/Pa	4.11×10^5	1.60×10^6	4.90×10^6	1.28×10^7	2.87×10^7
镓蒸气压/Pa	1.93×10^{-4}	4.29×10^{-3}	5.47×10^{-2}	0.46	2.884
分离系数 β	2.13×10^9	3.73×10^8	8.96×10^7	2.78×10^7	9.95×10^6

采用真空热分解的方法来处理 GaAs 废料，是在真空、高温下将 GaAs 废料的砷蒸馏出来，而镓基本不挥发，留在蒸馏底料聚集金属镓。研究表明，在 810℃ 以下固体的 GaAs 很稳定，真空蒸馏分离砷不能进行，而温度高于1100℃，镓的挥发也会影响回收率，因此蒸馏温度以 900～1000℃ 为宜。将 GaAs 废料（含镓约47%，含砷约52%）破碎成小于 1mm 的颗粒再压成 5～20mm 的团块，在石墨真空炉中，温度 900～1000℃、真空度 0.1～10Pa 的条件下，砷升华挥发到冷凝器凝聚，镓大部分以金属镓形式保留在坩埚中。获得的挥发冷凝物成分为：As 86.10%；Ga 5.44%，获得的金属镓成分为：Ga 99.95%；As 0.0025%。镓的回收率为70%～80%。

真空热分解法流程简短，可获得含砷量较低的粗金属镓，进一步电解精炼可制得产品金属镓，砷以金属砷状态回收危害性较小，是一项 GaAs 废料再生回收较有价值的工艺，只是砷挥发物中含镓仍较高，需进一步处理回收。

12.1.4.5　从其他废半导体元器件再生回收镓[2]

半导体光电器件的废弃物中，除 GaAs 外，还有 InGaAs、InGaP、GaN 等，主要是回收其中的镓和铟。对这类物料的处理，原则分离工艺之一是用氯化焙烧将物料转变成氯化物，并将其中的砷、磷以 AsCl₃、PCl₃ 形式蒸馏脱除，蒸馏后残渣用水溶解调整酸度后加入硫化剂将锡、铅、铜等重金属以硫化物形式除去，然后分步中和可分别获得 In(OH)₃ 和 Ga(OH)₃ 的沉淀物，另外提纯得到镓和铟。

12.1.4.6　从半导体晶片生产中的切屑、磨料中回收镓、铟、锗[2]

半导体晶片生产废料种类较多，一般各种废料混杂一起，主要是半导体晶片的切屑与金刚砂抛光磨料，其中含有 Ga、In、Ge 及 Si 等物料。

一种处理方法是：先进行氧化焙烧去除油污等有机物质，并磁选除铁；用加有 NaOCl 的 NaOH 水溶液进行浸出，将镓、锗溶出得到含 NaGaO$_2$ 与 NaGeO$_3$ 的溶液，铟不溶解留在渣中。从浸出液中用萃取或用离子交换，分别富集提取镓和锗，或者直接中和得到镓和锗的沉淀物，再氯化蒸馏分离出锗，在蒸馏残渣中再回收镓。含铟的碱浸出渣，经酸溶再萃取与置换得到再生铟。

12.2 锗的回收

12.2.1 密闭鼓风炉生产铅锌副产物中回收锗

英国帝国熔炼公司建立的密闭鼓风炉生产铅锌的方法（简称为 ISP 法）被我国引进后，已获得很好的效果，其原则工艺流程如图 12-20 所示[10~13]。

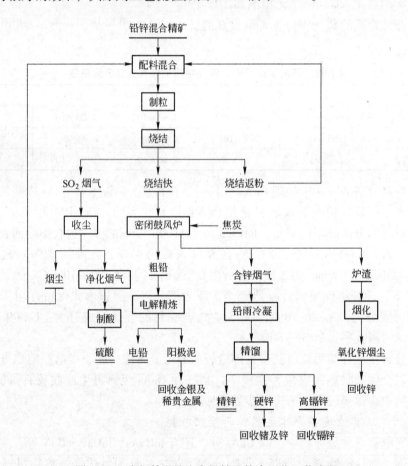

图 12-20　密闭鼓风炉生产铅锌及综合回收工艺流程

铅锌混合矿中的锗，在烧结过程中 98% 以上在烧结块中，烧结块进入密闭鼓风炉熔炼时，其中大部分的锗进粗锌，在粗锌精馏时，又富集于硬锌中。另一部分锗进入密闭鼓风炉中的炉渣，炉渣经烟化，锗又进入次氧化锌烟尘中。由此可知，在密闭鼓风炉生产铅锌中，回收锗的二次资源为硬锌和次氧化锌烟尘[10~12]。

12.2.1.1 从硬锌中回收锗[10~15]

锌蒸馏铅塔和锌塔底流熔析池产出的硬锌是一种以锌铅为主体的含有少量 Fe、As、Ge 等元素的合金。其产出率占处理锌量的 3.26%。硬锌的密度为 6.5~7.06g/cm³，其成分见表 12-10。

表 12-10　硬锌的成分　　　　　　　　　　　　　　　（%）

元素的名称	Zn	Pb	As	Fe	Cu	Ge
铅塔硬锌	80~90	8~10	0.4~1.0	0.7~1.0	0.14	0.17~0.26
B 塔硬锌	74~80	10~15	1.0~2.5	2.0~3.0	1.5~3.0	0.7~1.0

从这种物料回收锗有以下方法。

A　蒸馏—熔析及氯化浸出—蒸馏法处理硬锌

蒸馏—熔析法的实质是先蒸馏脱锌，蒸馏残渣再进行熔析，使其中的锗富集于锗渣中，而与铅分离，流程如图 12-21 所示。

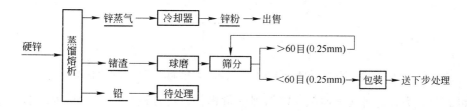

图 12-21　从硬锌中富集锗渣的流程图

蒸馏—熔析法的主要设备是一台无芯工频感应电炉，炉子的额定功率为 190kW，最高使用温度 1200℃，当炉温升到 800℃ 时，一次加硬锌 500kg，盖上炉盖，进行蒸馏。蒸馏应在稍高于锌沸点以上的温度下进行，温度太高铅的蒸发量增加，随铅蒸发带走的锗量也增加，影响锌粉的质量和锗的回收率，一般控制在 910~919℃ 下蒸馏 6h，脱锌率可达 96%~98%。蒸出的锌蒸气通过置于炉顶一侧的石墨短管导入设在炉旁的断面为长方形的水套冷却器中冷却成锌粉。正常工作条件下，冷却器顶部的温度在 340~360℃ 之间，蒸馏后期随着锌蒸气进入量的减少，冷却器的温度逐渐降低。当温度降到 220℃ 以下时，表明蒸锌已完毕。这时，打开炉盖投入下批料再蒸。连续投两批料后，进行降温熔析，熔析是在低于锗而高于铅的熔点的温度下进行的。这时，锗渣呈固态浮于铅液表面而被捞出。在 550~650℃ 下熔析，铅与锗的分离效果比较好。

蒸锌及熔析的产品有：（1）蒸锌产出的锌粉含：Zn 99%、Pb 0.26%、Ge <0.01%、As <0.0065%，可作为商品出售，后改为生产氧化锌；（2）熔析产出的锗渣含：Ge 4.3%~5.3%，As 23%~25%，磨细后送氯气浸出工段处理；（3）熔析产出的铅锭送去铅电解精炼。

熔析得到的锗渣用氯化浸出—蒸馏法处理，其工艺流程如图 12-22 所示。

氯化浸出—蒸馏过程在内带锚式搅拌器和内套蒸气加热器的 300L 搪瓷釜中进行，釜中先注入按液固比 8:1、HCl 酸度 pH=1、CaCl₂ 300%、FeCl₃ 33~42g/L 等条件配好的溶液。开动搅拌机加入锗渣，在 60~70℃ 下进行 Cl₂ 浸出，每釜投料 30kg，氯气耗用量约为

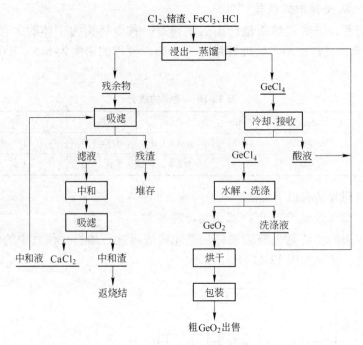

图 12-22　氯化浸出—蒸馏及四氯化锗水解制成二氧化锗流程图

37 ~ 38kg/釜，大致与各元素通氯反应的理论量相符，过程进行到 4 ~ 5h 后，通入的氯气不再被吸收时，表示浸出终了。停止通氯，并加大蒸气升温，进行 $GeCl_4$ 蒸馏。因为在浸出时，在 Cl_2 及 $FeCl_3$ 的氧化条件下，砷已被氧化成 As^{5+} 状态，在蒸馏时，砷被遗留在蒸馏残渣中。蒸出的 $GeCl_4$ 含 As 为 0.6g/L，进行水解—洗涤—过滤—烘干以粗 GeO_2 形态出售。其含锗量为 68%，含 As 少于 0.1%。从锗渣到粗 GeO_2 的回收率为 92.24%。蒸馏残余物经真空吸滤盘吸滤，堆存待处理。此残渣率约 20%，含锗 0.4% ~ 0.5%、As 1%。

蒸馏残液含 As 20g/L、Fe 50g/L、HCl 90g/L、$CaCl_2$ 310g/L，将它抽到另一台 500L 的搪瓷釜中进行加石灰中和除砷处理，中和在温度 60 ~ 90℃、搅拌机搅动下缓慢进行，中和进行到 pH 值为 4 ~ 5 为止，再进行真空吸滤，中和后液含砷降至 0.012 ~ 0.024g/L，含 $CaCl_2$ 440g/L。按液计除 As 效率达 99.9%。实践中将中和液以及四氯化锗的接收和水解等溶液均返回氯化浸出配液用。中和渣含 As 5%，还含有 Pb、Zn、Cu 等有价元素，可返回密闭鼓风炉烧结配料使用。

B　熔析电解法处理硬锌

a　硬锌熔析电解法的原理及工艺

熔析—电解法的工艺流程如图 12-23 所示，熔析过程如前节所述，各产品的成分见表 12-11。

表 12-11　硬锌及硬锌熔析后各产品的成分　　　　　　　　　　（%）

成分	Pb	Zn	In	Ge	Fe	As	Sn	Ag	Sb	Cu
硬锌	8.26	84.79	0.661	0.308	0.90	1.20	1.23	0.078	0.37	0.61
底铅	92.02	9.75	0.813	0.006	<0.05	0.099	0.73	0.004	0.34	0.01
锌渣	8.74	75.00	0.552	0.278	1.18	3.99	1.46	0.009	0.35	0.47

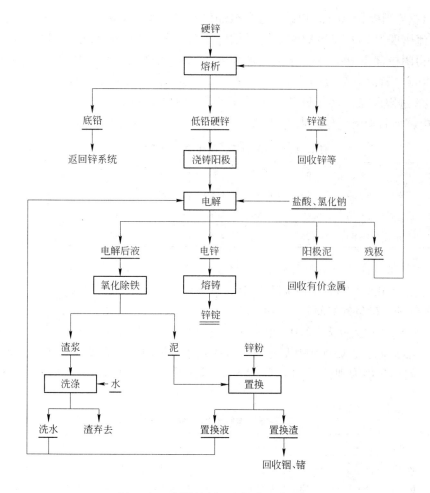

图 12-23　硬锌熔析—电解法工艺流程

由于锌的标准电极电位较负，与硬锌中同锌较接近的铟、铁等电极电位相比也相差 0.3V 以上，因此电解时，在阳极锌首先溶解进入电解液，其他金属电位较正，则富集在阳极泥中，锌在阴极析出，生成精炼锌。电解液选用 $HCl + Na_2CO_3$ 体系，由于电解液微带酸性，对锌及铟、铁、铅、锡都有不同程度的溶解，因而恶化电解条件，电解液需定期净化。其方法是采用传统的氯化除铁，置换去除其他杂质的方法，净化后的电解液再返回电解。

b　作业条件

各步骤的作业条件为：

（1）硬锌熔析。从锌蒸馏精炼中产出的硬锌加入电炉内熔化，控制温度为 520 ~ 560℃，保温 6 ~ 12h，放出底铅后再升温到 600℃ 左右，搅拌均匀，浇铸成阳极，硬锌中浇铸成阳极的部分约占硬锌质量的 90%，其余部分为底铅及残渣，约占 10%，表 12-11 即为熔析后的物料成分。

（2）电解。控制作业条件：电解液成分（g/L）：Na 40 ~ 60，Zn 90 ~ 150，Pb < 0.2，Fe < 0.3，Sb < 0.015，In < 0.015，Ge < 0.01，Sn < 0.015，Cu < 0.001，酸度 pH 值为 1 ~

4；阴极面积比阳极大10%，以减少边角枝晶生成；阳极套隔膜袋；电解液循环使用。

在电流密度为 $180 \sim 220 A/m^2$，平均槽电压 0.75V，相应电流为 6.24A 的条件下进行电解，获得阴极含 Zn 99.1%，阳极泥含 Ge 1.15%，阴极电流效率为 99.3%，每吨锌盐酸消耗为 120kg、直流电耗为 $619 kW \cdot h$，锗、银、铜、锑、砷几乎全部进阳极泥，铟、锡、铅也有 90% 进阳极泥，只有 Fe 40% 进电解液、60% 进阳极泥，有价金属富集倍数达 3 ~ 3.5 倍，电解前后物料成分见表 12-12。

表 12-12　阳极硬锌、阴极电锌及阳极泥成分　　　　　　　　　（%）

成分	Pb	Zn	In	Ge	Fe	As	Sn	Ag	Sb	Cu
硬锌阳极	5.30	88.69	0.65	0.35	0.96	1.36	1.3	0.08	0.38	0.63
电解锌	0.5	99.10	0.02	0.001	0.002	0.002	0.05	0.007	0.005	0.003
阳极泥	15.6	41.80	1.95	1.15	1.65	4.6	4.02	0.267	1.2	2.10

（3）电解液的净化。电解液中需要净化的主要杂质是铁，其次为铟、锡、铅、锗等。除铁采用空气氧化—中和法，控制溶液温度 80 ~ 90℃，向溶液中吹入空气，空气压力 10 ~ 40kPa，另外加入少量的双氧水和氯化铜，氧化时间 4 ~ 6h，吹气氧化结束后加氧化锌中和，控制终点 pH 值为 4.8 ~ 5.0，电解液含铁可从 1g/L 左右降到 5mg/L 以下，除铁过程中其他杂质很难除去，因此中和后液再经锌粉置换，控制溶液温度 50 ~ 60℃，调 pH 值为 2 左右，锌粉加入量为理论量的 1.5 ~ 2 倍，搅拌时间 20 ~ 30min，电解液净化结果见表 12-13。

表 12-13　电解液净化前后的分析　　　　　　　　　（g/L）

成分	Pb	Zn	In	Ge	Fe	As	Sn	Ag	Sb	Cu
电解液	0.276	110.2	0.008	0.001	1.07	0.001	0.02	0.0003	0.03	0.0003
除铁液	0.22	95.1	0.026	0.001	0.002	0.001	0.018	0.0003	0.025	0.21
置换后液	0.008	98.6	0.0001	0.0085	0.005	0.0001	0.001	0.0001	0.008	0.0002

　　c　阳极泥的处理

硬锌可溶阳极电解法可把 95% 的铟和 98% 的锗富集到阳极泥中便于回收处理，阳极泥的成分见表 12-12，其粒度 90% 以上小于 0.12mm，阳极泥回收的湿法流程第一步是浸出，可用盐酸或硫酸为浸出剂，两者各有利弊。盐酸浸出流程如图 12-24 所示，其中的关键是二次盐酸浸出，保证了锗、铟的回收。

浸出条件为：

（1）一次酸浸。浸出温度 50 ~ 60℃，时间 1 ~ 2h，液固比 3 ~ 6，终酸 pH 值为 2 ~ 5。

（2）二次酸浸。浸出温度为室温，时间 1 ~ 1.5h，液固比 4 ~ 6。

　　d　溶析—电解法处理硬锌的优缺点

优点：流程及设备简单，各种有价金属均可回收，且回收率高，原材料消耗少、电耗低，电解环境好，生产成本低，经济效益十分可观，有价金属富集到阳极泥中易于下步回收。

缺点：设备投资较大，技术条件控制要求较严，清理阳极泥工作量大，采用盐酸体系，设备防腐要求较高。

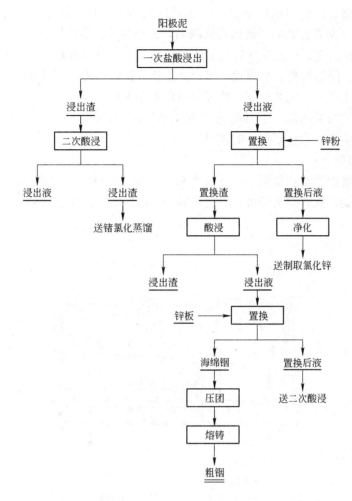

图 12-24 阳极泥处理原则流程

C 真空法处理硬锌

我国某厂研究成功了真空法处理硬锌，并得到了推广应用。

铅锌矿火法熔炼时约 65% 的锗进入粗锌中，在粗锌精馏时约 65% 进入硬锌，即矿中的锗约有一半进入硬锌。硬锌中的锗含量约为铅锌精矿中锗含量的 100 倍。不同工厂的硬锌成分见表 12-14。

表 12-14 不同工厂的硬锌成分 （%）

元 素	Zn	Pb	Ge	In	Ag	Fe	As
工厂 1	75~85	10~20	0.2~0.5	0.4	0.4	1~3	0.5~2
工厂 2	约 80	0.1~0.15		0.1~0.2	0.44~0.45		1~3.5

由表 12-14 和表 12-10、表 12-11 可见，硬锌主要由 Zn、Pb、As、Fe、Ag、Ge、In 等元素组成，其中 Ag、Ge、In 为稀有金属，价值较高，锌占 3/4 以上。过去国内外不少工厂为了回收锌，使锗等稀有金属进一步分散、损失。

我国某冶炼厂从 20 世纪 80 年代开始回收锗，采用 190kW/280V 工频炉处理 B 号塔硬锌，生产高砷锗渣、锌粉和副产粗铅。80 年代后期由于采用大塔生产精锌获得成功及用隔焰炉生产锌粉，铅塔及 B 号塔硬锌投入隔焰炉，经熔析后锗富集于隔焰炉底铅中。工频炉改为处理隔焰炉底铅，产出氧化锌、锗渣和电炉底铅。基于各种元素的蒸气压和熔点的差别，蒸馏脱锌，降温熔析，分离锌、铅，富集锗。锗渣再进一步处理以回收锗。该法在环境、回收率、生产率、能耗和安全性等方面均不令人满意。

昆明理工大学与某冶炼厂于 1989 年开始对真空蒸馏法进行了一系列的研究，于 1996 年成功用于工业生产，取得了很好的效果。

a 真空蒸馏设备

真空蒸馏设备由真空获得设备——真空泵、真空炉炉体、真空测量设备 3 部分组成。真空泵一般采用旋片式真空泵即可，真空炉如图 12-25 所示，真空测量设备可采用麦式真空计。

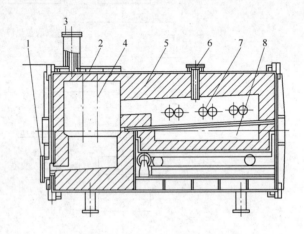

图 12-25 硬锌真空炉示意图

1—放锌口；2—炉壳水套；3—抽气管；4—冷凝墙；5—砌体；
6—测温孔；7—电热体；8—加料车

真空炉炉壳为水套式炉壳，炉内由电加热的发热体、加料车、冷凝墙、放锌口、抽气管、测温孔等部分组成。在一个车间中可以安置多台真空炉，以满足生产的需要。

b 作业条件及指标

作业在一定的条件下，使锌蒸发进入气相，再冷凝回收。而其他元素和锗基本不蒸发，留在渣中。主要作业条件和指标如下：蒸馏温度约 1000℃，炉内残压约 1500Pa，冷凝温度约 460℃，出料温度约 750℃。处理每吨硬锌电耗约 1400kW·h。直接回收率（%）为：Zn 88，Ge 97.84，In 96.44，Ag 96.72。

车间生产环境见表 12-15。

表 12-15 车间生产环境

车间环境	粉尘浓度/mg·m⁻³	含铅浓度/mg·m⁻³
炉头气体	2.9	0.076
炉尾气体	2.1	0.063
国家岗位卫生标准	<5	<0.5

硬锌蒸馏温度对 Ge、In、As 富集比、分布率的影响如图 12-26 所示。

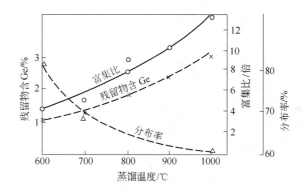

图 12-26 蒸馏温度对 Ge、In、As 富集比、分布率的影响

（真空度 20 ~ 30Pa，恒温 30min）

真空炉处理硬锌的金属分布见表 12-16。

表 12-16 真空炉处理硬锌的金属分布

项　目		质量/kg	产出率/%	各元素量/kg				
				Pb	Zn	Ge	In	Ag
投入	硬锌	636360	100.00	50782	514560	1763	2278	244
产出	粗锌	460546	72.37	4467	455940	10	18	
	锗渣	112778	17.72	30326	22781	1725	2007	214
	粗铅	10038	1.58	8743	633	2	190	22
	锌渣	19918	3.13	171	19516	4		
	损失	33080	5.2	7075	15687	22	63	8

锗在锗渣中富集了 10 倍以上，铟富集了 3 倍多，银富集了 5 倍。

生产实践表明，用真空蒸馏法处理硬锌，工艺流程短，运行稳定，安全可靠，能耗低，无"三废"排放，能综合回收锌、锗、铟、银，经济效益好。由于该项目的实施，使某厂的锗产量大幅度上升，该厂 1990 年以来的锗产量见表 12-17。

表 12-17 某厂锗的产量

年份	1990	1992	1993	1994	1995	1996	1997	1998	1999	2000	2001
锗产量/t	1.63	2.1	2.51	2.05	2.765	2.655	3.58	4.438	6.524	7.5	9.328

从表 12-17 的数据可见，1997 年由于采用真空蒸馏技术该厂锗的产量从 2.655t 升到了 3.58t，以后产量逐年增加，最高达到 2001 年的 9.328t。

c 锗渣的处理

锗渣的处理流程如图 12-27 所示。

12.2.1.2 次氧化锌烟尘中锗的回收[1,10,11,13]

某厂密闭鼓风炉炉渣进烟化炉处理，产出烟尘次氧化锌中含有的锗量约占原料含锗量的 20% 左右，其主要成分为：Zn 50% ~ 65%、Pb 5% ~ 10%、As 5% ~ 12%、Ge 0.04% ~ 0.08%。对其处理以前一直是返回烧结或压团进鼓风炉，以后要求砷开路排出，锌、锗分别以硫酸锌、锗精矿回收，次氧化锌采用浸出—萃取流程处理，其原则流程如图 12-28 所示。

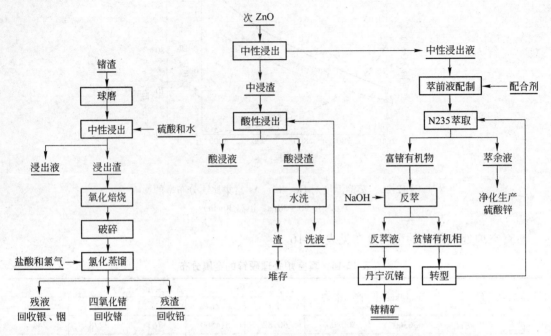

图 12-27　锗渣的处理流程　　　　　　图 12-28　次氧化锌烟尘中锗的回收示意图

12.2.2　铅锌矿火法—湿法联合冶金工艺回收锗

12.2.2.1　鼓风炉生产工艺[10,12,13,16]

会泽铅锌矿 1973 年前主要处理前人留下来的土炉渣，用鼓风炉冶炼回收粗铅，熔渣流入烟化炉挥发铅、锌、锗等，并使其富集于烟尘中，再经烟尘以硫酸浸出，丹宁沉锗，最终生产电锌和粗锗，而硫酸铅渣经烧结返回鼓风炉炼铅。该法流程简单，生产过程顺利，经济效果也好，一直沿用到 20 世纪 70 年代，此后因土炉渣资源逐渐枯竭，逐年增大原生资源配入量，现在处理氧化矿及硫化矿生产锌、锗。

A　鼓风炉工艺流程

该厂现有两台鼓风炉，鼓风炉床面积分别为 5.6m² 和 7.7m²；两台烟化炉，烟化炉炉床面积分别为 4.4m² 和 9.3m²。其生产富集锗的流程如图 12-29 所示。

B　技术操作条件

a　配矿

矿石中 SiO₂、CaO(MgO)、ZnO 含量偏高，而 FeO 低，应当进行混合配料，选择低铁渣型，熔矿鼓风炉在化矿时回收铅，合理渣型应具备的条件是：在一定的熔化温度下，具有足够大的流动性，对氧化锌有一定的渣化能力，以及不影响烟化炉对铅、锌、锗的挥发效率。经试验研究及生产实践表明，鼓风炉造渣成分（%）应控制在：SiO₂ 23～30、CaO 10～17、Fe 18（或 FeO 23）、Zn 16（或 ZnO 20）、Al₂O₃ 6、MgO 4 的范围，可以不加或少加造渣熔剂。

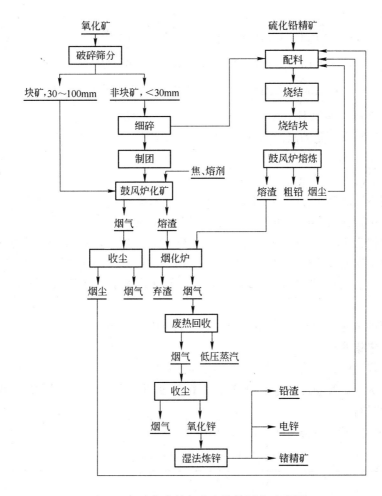

图 12-29　次氧化锌烟尘中锗的回收示意图

b　烧结及制团

粉矿造块通常采用制团及烧结两种方法，这两种方法都在生产中应用，因此配制两套设备。制团的优点是：作业在常温下进行，劳动条件好，机械损失少，工艺过程简短，设备简单而且数量少，劳动生产率高，能耗低，费用相对较低。

工厂采用二段碾磨、一段压密和一段压团流程，对产出的团矿强度要求为：1m 抛高 3 次不碎，小于 10mm 的不超过 15%。

原料是氧化铅锌矿，多为泥质矿石，黏性良好，易于黏结成团，当含水 8% ~ 10% 时，不添加黏结剂，制得的团矿不经干燥仍能满足鼓风炉对团矿的要求。

如果在氧化铅锌物料含硫太高时，用烧结法造块，可脱去适当量的硫，但若混合物料含硫不足 5.5% 时，应添加少许焦粉作为补充燃料，以保证烧结能顺利进行和得到合格的烧结块，其技术操作条件与铅精矿的烧结焙烧相同。

12.2.2.2　锗铁渣和含锗烟尘的处理[1~13]

A　硫酸浸出

鼓风炉熔炼得到的烟尘含锗约 370g/t，锗铁渣含锗约 0.1 ~ 0.21g/t，用稀硫酸浸出时发生下列反应：

$$GeO_2 + 2H_2SO_4 \Longrightarrow Ge(SO_4)_2 + 2H_2O$$

$$MeGeO_3 + H_2SO_4 \Longrightarrow H_2GeO_3 + MeSO_4$$

$$Me_2GeO_4 + 2H_2SO_4 \Longrightarrow H_2GeO_3 + 2MeSO_4 + H_2O$$

当终酸 pH > 1.5 时，锗以 H_2GeO_3 进入硫酸锌溶液。控制温度 70 ~ 75℃，浸出时间 90min，终酸 pH 值为 1.5 ~ 2，锗的浸出率约为 74%。浸出渣仍含锗等有价金属，其将返回火法系统回收。

B 丹宁沉锗

溶液采用丹宁沉锗工艺。由于硫酸锌溶液还要回收锌，而丹宁是一种高分子有机化合物，其在溶液中存在会恶化锌电解，故丹宁的加入量应为在满足沉锗条件下越低越好。经研究当溶液含锗为 26 ~ 45mg/L 时，丹宁为其 23 ~ 33 倍较好；溶液酸度过高会增加丹宁的消耗量，所以溶液酸度不能太高，一般为 0.5 ~ 1.5g/L 为宜；溶液铁离子浓度高时，既增加了丹宁的消耗，又会恶化丹宁沉锗的条件，所以铁离子应控制在 40mg/L 以下，温度 60 ~ 80℃。

丹宁沉锗的沉淀率为 96% ~ 99%，回收率为 94% ~ 97%。

C 从丹宁锗渣回收锗[10,12,13,16]

丹宁锗渣经洗涤、脱水、干燥后灼烧得到锗精矿。

灼烧条件为：炉膛温度 750 ~ 800℃，物料粒度 20 ~ 30mm，加料量约 70kg/m²。灼烧在箱式电炉中进行。

丹宁渣和锗精矿的成分见表 12-18。

表 12-18 丹宁渣和锗精矿的成分   （%）

项 目	Ge	As	Zn	Pb	S	SiO₂
丹宁渣	0.858 ~ 1.15	0.12 ~ 7.0	6.28 ~ 13.25	0.91 ~ 6.0	1.57 ~ 2.95	4.5 ~ 9.0
锗精矿	8 ~ 10	0.38 ~ 7.5	4.93 ~ 18.94	0.95 ~ 8.13	2.495 ~ 8.89	

灼烧灼减率为 60% ~ 80%，灼烧回收率为 82% ~ 99%。得到的锗精矿还需进一步处理，进行氯化蒸馏。在该流程的浸出中必须使终酸大于 8mol/L，固液比为 1 : 3，温度 100 ~ 110℃ 可获得较高的浸出率及 $GeCl_4$ 的收率。

D 锗精矿的处理[1,2,10,11]

锗精矿处理的原则流程如图 12-30 所示。

12.2.2.3 处理锗氯化蒸馏残渣[15]

氯化蒸馏的锗残渣平均含锗 0.5%，渣中的锗大多数为四方晶型的二氧化锗及被灼烧的丹宁锗，它们均不溶于酸，其含硅高，且硅呈酸溶状态，处理过程中形成硅胶，固液分离困难。而且残渣酸性大，腐蚀性强，对环境污染严重。如何有效地从锗残渣中回收锗，

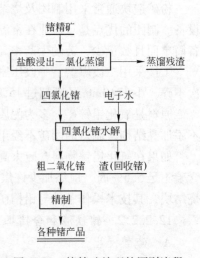

图 12-30 锗精矿处理的原则流程

是一个技术难题。锗残渣中锗的存在形态见表 12-19。

表 12-19　锗残渣中锗的存在形态(%)

序号	全锗	酸溶锗	酸不溶锗	酸不溶锗比例
1	0.55	0.06	0.4	89.00
2	0.5	0.08	0.51	86.40

从表 12-19 可见,锗残渣中 86% 以上的锗都为酸不溶锗。从二氧化锗的性质可知,直接采用湿法处理无法改变锗和硅的存在形态。四方晶型的二氧化锗不溶于水和酸,在1033℃时,可以缓慢地转变为可溶性的二氧化锗。所以必须采用火法处理,破坏四方晶型的二氧化锗。

通过研究已形成了一套行之有效的处理方法,其原则流程如图 12-31 所示。得到的锗精矿与其他锗精矿一起处理。

多膛炉为一般冶金中用的设备,总面积33.2m²,共分 4 层,每层有效面积 8.3m²。燃料为小于 0.075mm 粒级占 60% 的粉煤。热电偶安装在第二层,测量温度大于 1000℃。烟气温度 700～800℃,料层厚度 500～1000mm,30min 翻动一次。

锗残渣经多膛炉焙烧后,成分的变化见表 12-20。

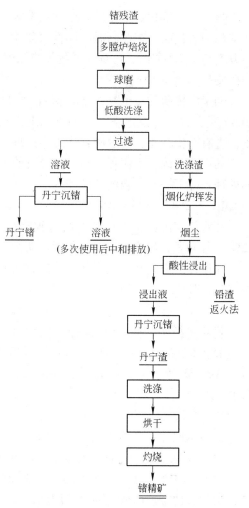

图 12-31　氯化蒸馏锗残渣处理的原则流程

表 12-20　锗残渣经多膛炉焙烧后成分的变化

名　称	干重 /t	烧成率 /%	元素的质量分数/%					
			Pb	Zn	Cl	As	Sb	S
锗残渣	164.427		12.55	3.64	0.325	0.498	1.877	7.29
焙烧渣	133.658	81.28	15.55	3.22	0.359	0.458	2.392	6.06
杂质脱除率/%					10.21		3.47	32.42

由表 12-20 可见,氯和硫分别脱除了约 10% 和约 32%,其余杂质脱除率均小于 5%。

锗残渣经焙烧后,用球磨机磨细,再用稀酸洗涤脱氯。酸洗脱氯控制的主要工艺条件为:球磨后粒度小于 0.425mm,浸出温度 40～55℃,浸出终点 pH 值达 1.5～2.0,液固比(6.5～7):1。焙烧渣酸洗后,脱氯率可达 35% 以上,焙烧和酸洗作业氯的总脱除率可达42% 以上。硅大部分转变为不溶性的稳定的硅酸盐固体,所以酸洗后沉锗过滤非常容易。但是酸洗后,溶液丹宁沉锗作业表明回收到的仅是酸溶锗,必须经过烟化炉的高温处理,使其转变为六方晶型等可溶性二氧化锗。

酸洗渣经烟化炉烟化后，用稀硫酸浸出。烟化炉在 1250℃ 以上进行吹炼作业，炉内存在碳和一氧化碳，在此高温还原性气氛中，四方晶型的不溶性二氧化锗，被还原为 GeO，当温度高于 700℃ 时，GeO 大量挥发进入气相，在高温下又被氧化成 GeO_2，进入烟尘。锗的挥发率为 90% 以上。

烟尘用稀硫酸浸出，在终酸 pH 值为 1.5~2、液固比 6:1、温度 70~75℃、浸出时间 90min 的条件下，浸出率可达 84% 以上，实际生产中锗的湿法冶炼直收率约为 74%。浸出渣还含有有价金属，需返回火法工序处理。

某厂在不改变主流程，不增加设备的情况下，成功地回收了堆存的锗残渣，为锗残渣的处理开辟了一条有效的新途径。

12.2.2.4 萃取法提锗[10]

针对丹宁沉锗流程存在灼烧过程锗损失大、污染环境、锗精矿品位低（仅为 8%~12%）等问题，昆明冶研新材料股份有限公司、云南驰宏锌锗股份有限公司和清华大学核能技术设计研究院开展了用萃取法回收锗的试验研究，完成了工艺试验、台架试验和半工业试验，具体工艺介绍如下。

A 料液性质

硫化锌精矿生产系统高酸浸出液的锌、铁、锗和 H_2SO_4 的质量浓度分别为 100g/L、10~15g/L、0.01~0.03g/L 和 50~90g/L；还含有少量的 Ca、Mg、Na、Cu、Ni、Co、As、Sb 等。对这种高温、高酸、高铁溶液称为"三高"溶液（简称为"H"溶液）。

B 萃取

选择萃取体系必须考虑如下原则：

（1）萃取剂必须有良好的萃取锗的性能和对锌、铁等其他金属有好的选择性。

（2）不影响主工艺、主产品。因为硫酸锌溶液的主产品是电解锌，而提取锗是生产电解锌中的有价金属的综合回收。因此，加入任何添加剂进行锗的萃取都要不影响电锌的生产，而且溶液的酸度、温度都不允许有较大的调整。

（3）必须考虑易于反萃，且反萃剂不应影响总体工艺过程，以利于环保。

（4）必须考虑经济效益，价格昂贵的或消耗较大的萃取剂不可取。

经研究选取了国产氧肟酸类萃取剂 7815。

水相条件的确定：

（1）在一般情况下，大多数萃取体系萃取锗的能力随着酸度的增加而增强。7815 萃取锗无论是什么样的组成体系，都随酸度的增加而增强，完全符合一般规律。为了弥补高温下萃取锗能力的降低，在不影响主工艺的情况下，对"H"溶液酸度定为 H_2SO_4 质量浓度 90g/L。

（2）根据温度与酸度对萃取的影响，为了获得最好的萃取效果，并考虑电解锌主工艺过程的衔接条件，水相条件定为：温度不高于 70℃，H_2SO_4 的质量浓度不低于 90g/L，SiO_2 和铁的质量浓度分别不高于 0.1g/L 和 15g/L。

有机相条件的确定：

（1）7815 萃取剂浓度对萃取的影响。在 Ge 的质量浓度为 0.033g/L，H_2SO_4 的浓度为 0.5mol/L，温度为 80℃，相比（O/A）为 1/5 的条件下，7815 浓度与萃取率的关系如图

12-32 所示（稀释剂均为硫化煤油）。

由图 12-32 可以看出，7815 在 16% 时对锗有很强的萃取能力，萃取能力随 7815 浓度增加而加强。但纯 7815 体系黏度大，分相困难，反铁、反锗困难，所以必须加稀释剂。

（2）不同添加剂对 7815 萃取能力的影响。料液性质同上，研究了 P204、HA、T 等三种添加剂对 7815 萃取能力的影响。结果表明，只有 T 试剂的加入，在高温下不影响 7815 对锗的萃取能力。而且，随着 T 试剂加入量的增加，有机相萃取速度快，黏度低，分相好，反铁、反锗效果好，不乳化。T 试剂等加入量对 7815 萃取能力的影响结果如图 12-33 所示。

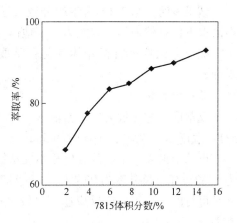

图 12-32 7815 浓度与萃取率的关系

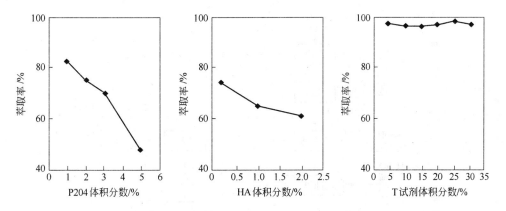

图 12-33 T 试剂、HA、P204 加入量对 7815 萃取能力的影响

（3）温度对萃取的影响。对 3 个体系进行研究：15% 7815 + 2% P204（见图 12-34（a）），15% 7815 + 2% P204 + 2% HA + 2% EA（见图 12-34（b）），不同浓度的 7815 + 2% T 试剂（见图 12-34（c））。3 个体系在不同温度下进行萃取的结果如图 12-34 所示。

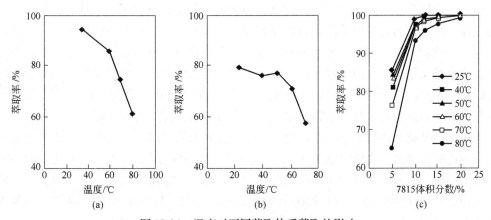

图 12-34 温度对不同萃取体系萃取的影响

结果表明，当7815的体积分数大于15%时，7815＋T试剂萃取锗受温度影响较小，在高温下仍有较强的萃取能力。其他体系在高温下萃取锗的能力则明显下降。

综合考虑选择有机相体系是：萃取剂为20% 7815添加5% T试剂；稀释剂为磺化煤油。

C　反萃取

反萃取工艺参数为反萃锗液NaOH的浓度为3mol/L；级数4～6级；流比（O/A）为5/1；温度30～40℃；平衡时间5min。

反萃结果表明，负载有机相不反萃铁，直接反萃锗。反萃液出口含锗的质量浓度平均为5.323g/L，反萃率为95.81%。说明7815＋T试剂萃取锗和一定量的有机相用NaOH反萃是可行的。为了加快反应速度，较少接触时间，将温度提高到30～40℃有利于提高反萃率。

D　锗萃取工艺流程及半工业试验

经过以上研究采用萃取法提取锗的总体工艺流程如图12-35所示。

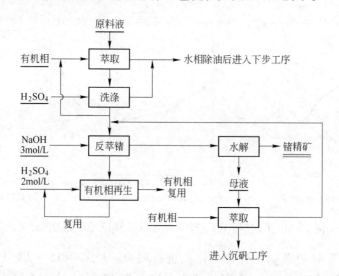

图12-35　萃取法总体工艺流程

该工艺的特点是：（1）有机相反复多次萃取锗，使锗得到富集。负载有机相经洗涤后不进入反萃锗段，而是返回萃取段再次萃取锗，如此反复4～5次，萃取率仍能达到设计要求。（2）选择性反萃锗后再不反萃铁。这是由于在高酸下铁萃取率是比较低的，而在强碱下，萃取率又是十分高的。这样，有机相中铁的负载量无论复用多少次，都不会超过含15g/L铁和90g/L的H_2SO_4水相溶液平衡的浓度。而在NaOH浓度为3mol/L反萃液中，铁也不会进入水相而引起水解。所以铁的反萃是不需要的，这样流程便得到了简化。

在以上的基础上进行了半工业试验，试验原料液为某厂的氧化矿烟尘浸出和硫化矿高酸浸出的硫酸锌溶液，含锗分别为30～50mg/L和25～35mg/L，萃取有机相为7815＋T试剂＋磺化煤油，反萃剂为NaOH，萃取设备为φ200mm环隙式玻璃钢离心萃取器。萃取试验对两种原料液分别在45～55℃和60～70℃条件下进行，反萃温度30～40℃，共处理烟尘浸出液94.295m³，高酸浸出液122.326m³。结果表明：锗萃取率不小于96%，反萃率大于 96%，锗精矿品位前者溶液制备的为 36.4%，后者溶液制备的为 44.05%，锗回收率前者溶液为 94.62%，后者溶液为 96.44%。设备连接流程如图 12-36 所示。

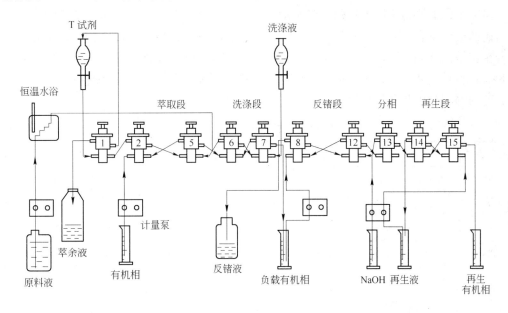

图 12-36　设备连接流程图

12.2.2.5　锌系统富集锗的工艺改进[1,2,10,11]

A　将锌系统锗铁渣与烟化炉烟尘合并处理

烟化炉挥发—烟尘酸性浸出—丹宁沉锗得到的锗精矿品位低，一般为 10% 左右，最高仅为 15%，给锗的提取带来一定的困难。锌系统含锗中浸渣经高温高酸浸出—低酸浸出（目的在于中和酸）—沉钒除铁—中和沉锗产出的锗铁渣含 Ge 一般为 100~210mg/L（渣液固比为 (8~10):1），锗铁渣中的 Fe:Ge = (100~180):1，据有关研究表明，Fe:Ge =60:1 时 Fe 对 Ge 的吸附才较为饱和，故锗铁渣中的 Fe 对 Ge 的吸附远没有达到饱和。

将锗铁渣与烟化炉烟尘合并处理，既提高了铁的利用率，也提高了锗的品位。

B　采用碎风氧化法除去锌系统溶液中的锗

由于原料含锗高的特性，采用酸性浸出—丹宁沉锗—空气氧化中和—净化除杂工艺流程。在丹宁沉锗工艺中，沉锗后液含锗通常为 1mg/L，而该溶液将制备成为电解法提取金属锌的新液，所以必须对其进行深度净化，使溶液含锗下降到 0.005~0.01mg/L，才能满足电解要求。此外，溶液中存在的大量有机还原物干扰净化过程，使新液质量及产量受到影响，给电解作业带来困难。传统空气氧化中和工艺中，由于空气中的氧对铁的氧化速度慢，而使作业时间长、生产能力低。如使用高锰酸钾作氧化剂，则增加生产成本，且溶液澄清、过滤性能较差，制约了该工艺的铁脱除量，不能满足处理高含铁物料的工艺要求。1998 年氧化制液系列新液合格率仅为 70.79%，为此研究成功了"碎风"空气氧化除铁、锗技术。

12.2.3　热酸浸出—铁矾法除铁湿法炼锌工艺中锗的回收

在我国西南地区的一些锌精矿中含有数量可观的锗。因此，在处理这类锌精矿时，除了有效地回收锌外，还必须注意到锗的回收。作者以含锗锌精矿为处理原料，研究了在热酸浸出—铁矾法除铁的湿法炼锌工艺中回收锗的问题[17]。

研究工作的原料来源于贵州六盘水地区，三个矿点（A、B、C）所产精矿的成分及混合精矿的成分见表 12-21。精矿中锌、铁、硫的物相分析及筛析结果见表 12-22 和表 12-23。混合精矿是按 A 占 36.50%，B 占 45.05%，C 占 18.45% 的比例配制而成。混合精矿在直径 85mm 的回转窑中，于 850~1000℃ 范围内进行氧化焙烧。焙烧料的多元素分析，锌、铁、硫的物相分析及筛析结果见表 12-24 至表 12-26 中。

表 12-21　各精矿的多元素分析　　　　　　（%）

元　素	A	B	C	混合矿	元　素	A	B	C	混合矿
Zn	50.10	56.54	62.32	55.75	As	0.063	痕	0.024	0.024
Fe	9.21	4.42	1.77	5.56	Sb	0.008	0.004	0.008	0.008
S	33.62	31.34	31.38	32.04	Ga	0.0049	0.0012	0.0023	0.0027
Pb	1.72	1.26	1.22	1.44	In	<0.0005	<0.0005	<0.0005	<0.0005
Ag	0.0033	0.016	0.0014	0.010	Ca	0.21	1.15	0.67	0.74
Ge	0.030	0.011	0.001	0.019	Mg	0.029	0.065	0.07	0.052
Cu	0.03	0.02	0.06	0.03	Na	<0.01	<0.01	<0.01	<0.01
Cd	0.22	0.085	0.19	0.15	Mn	0.01	0.017	0.01	0.012
Co	<0.001	<0.001	0.003	<0.001	F	0.08	0.08	0.08	0.08
Ni	0.001	0.001	0.001	0.001	Al	0.19	0.05	0.07	0.095
Sn	0.045	0.025	0.039	0.041	Si	0.59	0.52	0.30	0.53

表 12-22　锌精矿中锌、铁、硫的物相分析　　　　　　（%）

物相名称		A	B	C	混合矿
锌的物相	$Zn_{总}$	49.50	55.84	62.19	54.99
	Zn_{ZnS}	46.91	51.22	59.74	53.32
	Zn_{ZnO}	1.81	1.00	0.65	1.20
	$Zn_{其他}$	0.78	3.62	1.80	0.47
铁的物相	TFe	9.25	4.439	1.883	5.555
	$Fe_{Fe_2O_3}$	1.21	1.02	0.33	0.74
	$Fe_{Fe_n(SO_4)_m}$	0.10	0.059	0.033	0.075
	$Fe_{Fe_nS_m}$	7.94	3.36	1.52	4.74
硫的物相	$S_{总}$	33.74	30.00	31.42	31.95
	S_{MeS}	33.12	29.68	31.24	31.59
	S_{MeSO_4}	0.62	0.32	0.18	0.36

表 12-23 各精矿的筛析结果

粒度/mm	筛目数	占比/%			
		A	B	C	混合矿
> 0.246	> 60	0.10	1.40	1.30	0.85
0.246 ~ 0.147	60 ~ 100	2.95	15.10	19.15	11.60
0.147 ~ 0.104	100 ~ 150	15.70	17.25	24.65	18.25
0.104 ~ 0.074	150 ~ 200	12.15	8.00	10.10	10.08
0.074 ~ 0.067	200 ~ 250	7.55	5.75	7.50	6.73
0.067 ~ 0.048	250 ~ 300	2.70	2.25	2.50	2.53
0.048 ~ 0.044	300 ~ 320	0.25	0.25	0.20	0.20
< 0.044	< 320	56.85	47.80	34.45	49.44

表 12-24 焙烧料的多元素分析 （%）

元素	Zn	Fe	S	Pb	Ag	Cu	Cd	Co
含量	67.41	6.90	0.99	0.190	0.010	0.036	0.11	0.0007
元素	Ni	Ge	As	Sb	Ga	In	Ca	Mg
含量	0.001	0.023	0.026	0.0054	0.0048	< 0.0001	1.06	0.07
元素	Na	Mn	Sn	F	Cl	Al_2O_3	SiO_2	
含量	0.002	0.002	0.062	0.07	0.009	0.32	1.51	

表 12-25 焙烧料的锌、铁、硫物相分析 （%）

锌的物相	$Zn_总$	67.15	铁的物相	TFe	7.30
	Zn_{ZnO}	61.93		Fe_{FeS_2}	0.02
	Zn_{ZnS}	0.24		Fe_{FeSO_4}	0.05
	$Zn_{ZnFe_2O_4}$	3.43	硫的物相	$S_总$	0.92
	$Zn_{ZnSi_2O_3}$	1.45		S_{MeS}	0.21
	Zn_{ZnSO_4}	0.10		S_{MeSO_4}	0.71

表 12-26 焙烧料的筛析结果

筛目数	< 65	65 ~ 100	100 ~ 150	150 ~ 200	200 ~ 250	250 ~ 300	300 ~ 320	> 320
占比/%	8.3	13.75	23.5	9.3	8.93	1.4	0.25	33.65

根据物料的组成可以看到：

（1）A 矿样锌含量低，铁含量高，锗含量高，银的品位较低，其中锗有回收价值；

（2）B 矿样锌含量高，铁含量低，共生的稀贵金属如锗、银等含量也比较高，回收价值大；

（3）C 矿样锌品位高，铁含量低，锗及银的含量均较少。

按 A、B、C 各矿样产出量的大小比例混合后得到的混合矿中锌、锗、银的含量较高，均有回收价值。焙烧料的粒度主要分布在 0.147 ~ 0.104mm（100 ~ 150 目）及小于 0.044mm（320 目）两个粒级，在焙烧料中以氧化锌形态存在的锌占总锌量的 92.23%，低温低酸的难溶锌（ZnS 及 ZnFe$_2$O$_4$）仅占 5.47%，这种物料属湿法炼锌中易处理的物料。

根据原料特点，设计的流程如图 12-37 所示。

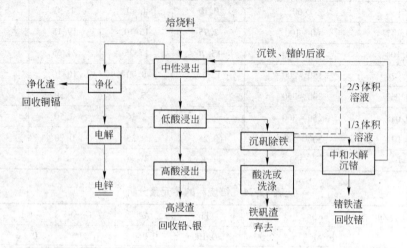

图 12-37　热酸浸出—铁矾法除铁湿法炼锌及回收锗的流程

设计图 12-37 流程的原则是既要有效地回收锌，也要有效地综合回收其他有价金属，特别是要有效地回收锗。

在优化了各工序的条件后，进行了全流程试验，试验规模为中浸体积 5L，试验共进行了 19 个周期，得到了比较理想的结果，在此仅对锗的回收进行阐述。

在图 12-37 中，对低酸浸出沉矾后溶液中的锗，用中和水解法回收，这样可以得到富锗铁渣，反应如下：

$$Fe^{3+} + 3H_2O \longrightarrow Fe(OH)_3 + 3H^+$$

$$Ge^{3+} + 3H_2O \longrightarrow Ge(OH)_3 + 3H^+$$

富锗铁渣的渣量及渣中锗含量受三个因素影响：沉矾后溶液的酸度和铁含量，沉锗方式及中和剂的种类，沉锗液中锗的含量。

沉矾后溶液的酸度越低，沉锗中和剂的加入量越少，沉淀锗铁渣量相应减少，渣中锗的品位上升。但是，为了降低沉矾后溶液的酸度，就需要增加沉矾工序中和剂焙砂的加入量，这样，会造成矾渣中锌的损失。因此，锗铁渣和锗品位与矾渣中锌损失构成一对矛盾。综合考虑，沉矾后溶液的酸度以 5g/L 为宜。

假如用丹宁或烤胶沉锗时，锗渣量虽少，锗的品位也较高，但会有少量的有机物进入流程，而影响电解。为克服上述缺点，用石灰作中和剂，其中和反应为：

$$CaO + H_2SO_4 === CaSO_4 + H_2O$$

生石灰中和 1g 酸产生的中和渣量为 2.43g。因生石灰的中和效果差，生石灰需大量过量，因此，石灰中和渣量大，若考虑用焙砂作中和剂时，焙砂过量系数 0.1（焙砂的中和能力仅以焙砂中氧化锌含量计），中和酸度为 5g/L 的 1L 溶液需中和剂量为 5.29g，在不考虑焙砂中其他成分溶出的情况下，焙砂中和 1g 酸产生的中和残渣量为 0.23g。中和残渣中的低酸难溶锌的损失为 0.19g，仅占流程投入总锌量的 0.06%，可见用焙砂代替石灰作中和剂，沉淀渣中的低酸难溶锌损失小，且锗渣渣量显著减少，而渣中锗的品位大幅度提高。

提高锗渣中的锗品位，降低锗渣量的另一途径是增加流程中锗的循环量。如将沉矾后溶液的 1/3 或 1/2 送去沉锗，中和剂加入量和锗渣量减少相应的比例，锗品位则可提高。沉矾后溶液的其余部分可直接和沉锗后溶液送中浸工序。如此，沉矾后溶液中的一部分铁能保留下来进入中浸，有利于中浸矿浆的澄清和除杂。在实践中能否将一部分沉矾后液送去沉锗，这取决于流程中锗的循环富集度对流程中锗的分散性和损失的影响。若流程中锗的分散性不会因溶液中锗浓度的提高而加剧，则可以考虑仅以一部分沉矾后溶液送去沉锗。

沉锗液的铁离子浓度由沉矾终点控制。在沉锗工序，溶液中一定量的铁水解有利于溶液除杂和锗的沉淀回收，但溶液中铁离子太多，水解絮凝状胶体多，影响溶液的澄清和锗渣的过滤。在沉矾液中铁含量以 0.25~0.5/L 为宜。

在沉矾除铁和中浸之间，设立中和水解沉锗工序，会产生不合理的因素：因沉锗工序要求比较低的沉矾终铁浓度，这会导致沉矾除铁过程延长。另外，沉矾后溶液中的铁在沉锗工序中水解沉淀，使送中浸工序的沉锗后溶液中含铁少，中浸工序水解铁量减少，中浸液的澄清和除杂性能变差。若不控制中浸焙砂的加入速度，使焙砂中一部分铁溶出，则中浸工序还需补加铁盐。为了解决这一矛盾，除考虑仅将一部分沉矾后溶液送去沉锗，其余部分返回中浸，提供铁量的途径外，还可考虑在沉矾的后一阶段中，将少量三价铁还原成亚铁。在沉锗工序使铁保留在溶液中，在中浸时再将亚铁氧化水解沉淀，这就能同时照顾沉矾、沉锗和中浸三个工序的要求。

按图 12-37 将沉矾后溶液全部去沉锗进行了 16 个周期的试验。在流程试验中，从第 5 到第 15 个周期中采用生石灰作中和剂。沉矾后溶液全部中和沉锗，沉锗前后溶液的成分以及中和剂加入量、渣量、渣成分、沉锗率等指标可见表 12-27~表 12-31。沉矾后溶液在 85℃经石灰中和至 pH=5 后，继续搅拌 15~30min，溶液中的锗由 0.052g/L 降至 0.017g/L，流程中 77% 的锗沉淀进入锗铁渣中，锗渣中锗含量在 1000~2000g/t 之间。

表 12-27　各周期沉矾除铁溶液成分　　(g/L)

周　期	Zn	Fe	H_2SO_4	Cu	Cd	Ge
5	154.9	0.028	1.421	0.051	0.135	0.047
6	158.9	0.084	2.107	0.051	0.135	0.054
7	138.3	0.160	1.421	0.020	0.117	0.050
9	145.2	0.200	2.793	0.057	0.125	0.060
10	154.0	0.310	2.793	0.059	0.132	0.050
11	150.4	0.290	2.450	0.059	0.128	0.052
12	157.0	0.180	1.421	0.061	0.132	0.062
13	165.0	0.430	3.528	0.069	0.146	0.042
14	148.8	0.860	1.421	0.059	0.122	0.053
15	155.6	0.340	1.274	0.060	0.145	0.048

表 12-28   各周期沉锗溶液成分   （g/L）

周　期	Zn	Fe	Cu	Cd	Ge
5	164.6	0.100	0.005	0.120	0.015
6	147.9	0.150	0.048	0.123	0.010
7	141.4	—	0.018	0.123	0.019
8	138.2	—	0.018	0.120	0.015
9	134.1	0.056	0.088	0.113	0.014
10	143.8	0.150	0.020	0.123	0.007
11	147.2	0.042	0.050	0.127	0.007
12	140.6	0.060	0.051	0.115	0.035
13	147.1	0.060	0.045	0.128	0.022
14	139.0	0.009	0.038	0.115	0.020
15	144.0	0.013	0.048	0.128	0.562

表 12-29   各周期沉锗渣渣重、渣率、渣含水及成分

周　期	加入CaO量/g	渣重/g	渣率/%	渣含水/%	成分/% Zn	成分/% $Zn_水$①	成分/% SO_4^{2-}	成分/% Ge
5	15.7	32.9	5.71	36.97	12.4	<0.02	—	0.17
6	11.7	26.6	4.57	39.13	12.87	<0.02	31.93	0.12
7	14.1	37.9	6.53	47.94	12.70	<0.02	—	0.09
8	26.2	90.7	15.81	52.21	15.35	1.34	36.07	0.15
9	17.2	44.3	8.15	48.61	18.06	0.46	—	0.19
10	16.6	48.2	8.31	54.87	15.04	0.13	34.32	0.13
11	24.3	78.6	13.60	48.96	16.84	0.26	—	0.10
12	17.3	70.9	12.34	46.81	19.60	5.81	38.18	0.08
13	24.2	94.0	17.55	64.90	17.80	7.30	—	0.11
14	30.0	104.5	4.52	54.60	15.35	2.80	—	0.15
15	8.8	26.0	—	27.98	14.67	0.19	36.58	0.14

①$Zn_水$ 为水溶锌。

表 12-30   各周期浸液中的锗浓度

周　期	5	6	7	8	9	10	11	12	13	14	15
锗浓度/mg·L^{-1}	2	4	—	—	2	8	1	—	1	—	4

表 12-31   锗在中浸液和几种渣间的分配

周期	总锗量/g	中浸液 Ge浓度/g·L^{-1}	中浸液 Ge量/g	高浸液 渣含Ge量×渣量	高浸液 Ge量/g	酸洗渣 渣含Ge量×渣量	酸洗渣 Ge量/g	沉锗渣 渣含Ge量×渣量	沉锗渣 W'_{Ge}/W''_{Ge}
5	0.1326	0.0073	0.0073	0.0002×39.4	0.00788	0.00013×98.9	0.01290	0.0017×32.9	0.559/0.095
6	0.1330	0.0004	0.0015	0.00023×41.4	0.00952	0.00013×121.0	0.01570	0.0012×26.6	0.0319/0.127
7	0.1330	—	—	0.00027×39.9	0.01077	0.00011×117.45	0.01290	0.0009×37.9	0.0341/0.095
8	0.1320	—	—	0.00023×47.3	0.01324	0.00007×94.7	0.00663	0.0015×90.7	0.136/—
9	0.1251	0.002	0.0077	0.00025×33.3	0.00833	0.00012×107.3	0.01290	0.0019×44.3	0.0842/0.136

续表 12-31

周期	总锗量/g	中浸液		高浸液		酸洗渣		沉锗渣	
		Ge 浓度/g·L^{-1}	Ge 量/g	渣含 Ge 量×渣量	Ge 量/g	渣含 Ge 量×渣量	Ge 量/g	渣含 Ge 量×渣量	W'_{Ge}/W''_{Ge}
10	0.1335	0.0008	0.0032	0.00023×36.7	0.00844	0.00008×98.1	0.00785	0.0013×48.2	0.627/0.114
11	0.1329	0.001	0.0037	0.00021×45.8	0.00962	0.00007×101.6	0.00711	0.0010×78.6	0.0786/0.139
12	0.1322	—	—	0.00021×49.2	0.01033	0.00012×104.9	0.01260	0.00080×70.9	0.0567/0.072
13	0.1334	—	—	—	—	0.0001×79.5	0.00795	0.00110×94	0.1034/0.02
14	0.1369	—	—	0.00023×39.5	0.00909	0.00008×55.4	0.00445	0.0015×104.5	0.1568/0.122
15	0.1323	0.004	0.0160	0.00026×56.5	0.01469	0.00033×120.95	0.03990	0.0014×26.0	0.0364/0.07
平均			0.0066		0.01019		0.01280		0.0763/0.1022
百分比/%	100		5.00		7.70		9.67		57.66/77.00

注：W'_{Ge}按渣计，g；W''_{Ge}按液计，g。

表 12-27 和表 12-28 表明，各周期沉锗后溶液中锗的浓度差异较大。换言之，表现出各周期沉锗效果有明显不同。究其原因，这主要是沉锗渣的吸附性较差，而与沉锗 pH 值中和沉锗时间控制不当所造成。由表 12-30 中的中浸液锗浓度表明，在与沉锗条件类似的中浸条件下，中浸工序的沉锗效果很好，溶液中残留锗浓度大部分小于 5mg/L。另外，沉锗液中锌离子浓度达 150g/L 以上。在沉锗过程中，部分锌水解生成碱式硫酸锌进入沉锗渣中。锗渣中含碱式硫酸锌形式的锌为 13.69%。沉锗渣中锌的损失占 2.46%。含碱式硫酸锌的沉锗渣，在 80℃，始酸 40g/L 条件下，溶解半小时，残渣中含锌仅 1.25%，可见沉锗渣中的锌在低酸下可溶解。在进一步回收锗时，可考虑从锗铁渣中综合回收锌。

锗在中浸液和几种渣间的分配情况见表 12-31。中浸液、高浸渣、酸洗渣、沉锗渣的锗量分别占流程中投入总量的 5.0%、7.7%、9.67%、77.0%。沉锗渣中的锗量以渣计仅占有 60% 左右，这是在分析取样时，锗铁渣的代表性难保证，致使分析结果偏低而造成的。

从第 17 周期开始，沉矾后溶液中的 1/3 送去沉锗，其余 2/3 与沉锗后溶液混合后送去中性浸出工序。显然，因沉锗溶液体积减少，而流程中投入的锗量近似不变。这样变化后，要使 1/3 的沉锗溶液中沉淀锗量接近，溶液中的锗浓度肯定要上升，浸出—除铁体系中循环锗量增加，该体系中溶液内锗浓度的升高对高浸渣、铁矾渣中的锗损失的影响见表 12-32。通过计算可知，高浸渣、铁矾渣中锗的损失随浸出液中锗离子浓度的上升而增加，其总的损失量为 25% ~40%。

表 12-32 高浸渣、铁钒渣中的锗损失

周 期	沉矾后溶液中的锗浓度/g·L^{-1}	高浸渣			铁钒渣		
		渣重/g	渣含锗/g·t^{-1}	锗的入渣率/%	渣重/g	渣含锗/g·t^{-1}	锗的入渣率/%
5~15 周期平均值	0.052	44.77	290	7.70	99.98	105.8	9.67
17	0.13	48.8	320	12.10	107.1	180	14.94
18	0.094	34.5	810	22.83	103.1	160	13.49
19	0.095	41.3	330	11.08	136.2	240	26.58

把沉矾后溶液的 1/3 送去中和沉锗后，沉锗工序的沉锗率及中和锗铁渣的锗、锌量等数据见表 12-33。沉锗工序操作温度为 80℃。

表 12-33 17～19 周期沉锗条件及结果与 5～15 周期平均值的比较

周期	各周期加入焙砂的总质量/g	沉锗中和剂的种类及数量/g	溶液体积及沉锗前后溶液成分				锗渣重/g	渣含锌/%	锌入锗渣率/%	渣含锗/g·t⁻¹	锗入锗渣率/%	
			体积/L	初始 H₂SO₄/g·L⁻¹	初始 Ge/g·L⁻¹	Ge/g·L⁻¹					按渣计	按液计
17	561.2	CaO 9.3	1.023	0.75～2.50	0.13	0.013	24.7	12.58	0.82	3900	74.63	92.73
18	532.1	焙砂 14.9	1.135	0.75～2.50	0.094	0.012	19.9	35.36	1.96	5100	82.93	65.68
19	534.6	焙砂 5.9	1.013	0.75～2.50	0.095	0.035	5.0	31.74	0.44	8100	52.94	59.43
5～15 周期平均	576.13	CaO 18.79	2.982	2.05	0.052	0.017	59.51	16.07	2.46	1300	58.38	77.00

在第 17 周期的低酸浸液中配入 GeO_2，使第 17 周期的沉矾后溶液含锗量达到 0.13g/L，然后将沉矾后溶液的 1/3 送去沉锗，并连续进行了 3 周期的工作。在第 17 周期中采用 CaO 作沉锗中和剂，第 18、19 周期用焙砂作中和剂；焙砂的过量系数介于 0.5 和 1 之间即可满足要求。由表 12-33 的数据可以看出，采用沉矾后溶液的 1/3 沉锗后，因沉锗工序中和剂加入量减少，锗铁渣的量减少，锗铁渣中的锌损失也相应减少。第 17 周期，锗铁渣中锌的损失为 0.82%，与 5～15 周期中锌的损失平均值比较，减少的倍数基本上与沉锗溶液体积减少倍数接近。用焙砂作中和剂，渣量比 CaO 作中和剂的情况下要少，渣中锌的损失也能控制在 1% 以下。第 18 周期中锌入锗铁渣为 1.96%，超过了 1%，这是因为中和剂焙砂大量过剩而引起的，实际上可减少到 1% 以下。由此可见，沉锗溶液体积的减少可显著减少锗铁渣中锌损失，对提高锌的回收率是有利的。综合考查表 12-32 和表 12-33 中的数据，同样可知，1/3 沉矾后溶液送去沉锗，溶液中循环锗量增加，使进入锗铁渣中的锗量有少许下降，但仍有 60%～75% 的锗进入锗铁渣。另外 2/3 的沉矾后溶液与 1/3 的沉锗后溶液，送入中浸，能保证中浸工序中有 0.25～0.5g/L Fe^{3+} 水解，可使中浸矿浆有较好的澄清及除杂性能。

从热酸浸出—铁矾法除铁湿法炼锌流程中回收锗时，采用从沉矾后溶液中中和沉淀回收锗的方案是可行的。中和沉淀锗可用 CaO 或焙砂作中和剂。沉矾后溶液全部送去沉锗时，锗进入中和沉锗渣的量可在 77% 以上。1/3 沉矾后溶液送去沉锗时，锗进入中和锗渣的量可达到 75%。综合起来考虑，1/3 沉矾后溶液送去沉锗，可以减轻沉矾除铁工序的负担，还可保证锌有足够高的回收率。锗铁渣量少，锗的品位高，有利于进一步处理锗渣回收锗，并可避免中浸工序补加铁，流程结构合理。因此，较沉矾后溶液全部送去沉锗更为有利。

最后得到的锗铁渣可按 12.2.2.2 节所介绍的方法处理。

12.2.4 含锗煤中一步法回收锗

云南临沧地区有含锗量丰富的煤，锗含量可达 0.01% ~ 0.02%，初步测算，临沧煤含锗储量可达 1440t，煤中的锗因煤燃烧而富集于烟尘中，煤燃烧的烟尘率为 1% ~ 2%，锗的富集比很高，这样富集了锗的烟尘可作为提锗的原料。下面介绍从富集了锗的烟尘中提取锗的工艺[1,2,10,11,18]。

12.2.4.1 工艺流程

云南临沧含锗的煤，用于火力发电厂，燃烧的热能用于发电，锗被收集于收尘设备中，得到富集。烟尘分为布袋尘和旋风尘，布袋尘含锗品位可达到 1% 以上，旋风尘品位低一些。高品位布袋尘送氯化浸出—蒸馏；旋风尘送往湿法进一步富集锗后，再送氯化浸出—蒸馏。一步法回收锗的工艺如图 12-38 所示。

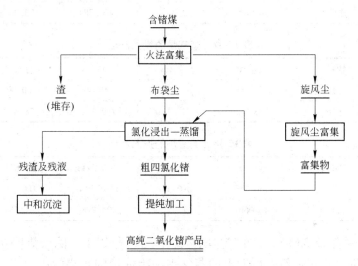

图 12-38　一步富集回收锗工艺

从图 12-38 可见，该流程十分简捷，火法仅一步就将含锗煤富集到可以进行氯化浸出—蒸馏，所以称此法为一步法。该流程简短，既降低了加工费，又提高了回收率，是一个理想有效的回收锗的工艺。

12.2.4.2 火法富集

火法富集的设备为发电链条锅炉、冶炼炉、蒸气炉、酸渣炉等燃烧炉。

投入的原料为矿山生产的湿煤。一年矿山生产湿煤 13156.185t，含锗品位 0.0540%，含锗量 71.088t。进入各种炉子的原料量见表 12-34。

表 12-34　进入各种炉子的原料量

项 目	入炉煤量/t	所占比例/%	锗品位/%	含锗量/kg	所占比例/%
火电炉	11399.252	50.74	0.0465	5300.625	57.47
冶炼炉	5458.100	24.29	0.0342	1866.670	20.24
蒸气炉	2474.599	11.01	0.0376	930.449	10.08
酸渣炉	3136.250	13.96	0.0359	1125.914	12.21
合 计	22468.201	100.00		9223.658	100.00

从表 12-34 可知，火电炉的处理量占总处理量的 50% 以上，各炉子按处理量的大小依次为火电炉、冶炼炉、酸渣炉和蒸气炉。各个炉子的投入产出见表 12-35～表 12-38。各炉子投入含锗煤，产出布袋尘、旋风尘和煤灰，由于旋风尘和煤灰的数据不准确，故未列入。

表 12-35 火电炉的投入产出

项 目	物料名	数量/t	品位/%	含锗量/kg	锗分布/%	富集倍数
投 入	煤	11399.252	0.0465	5300.625	100.00	
产 出	布袋尘	192.970	1.82	3512.054	66.26	39.14

表 12-36 冶炼炉的投入产出

项 目	物料名	数量/t	品位/%	含锗量/kg	锗分布/%	富集倍数
投 入	煤	5458.100	0.0342	1866.670	100.00	
产 出	布袋尘	68.960	2.04	1406.784	75.36	59.65

表 12-37 蒸气炉的投入产出

项 目	物料名	数量/t	品位/%	含锗量/kg	锗分布/%	富集倍数
投 入	煤	2474.599	0.0376	930.449	100.00	
产 出	布袋尘	35.8	2.04	730.320	78.49	54.26

表 12-38 酸渣炉的投入产出

项 目	物料名	数量/t	品位/%	含锗量/kg	锗分布/%	富集倍数
投 入	煤	3136.250	0.0359	1125.914	100.00	
产 出	布袋尘	46.060	1.53	704.718	62.59	42.62

由表 12-35～表 12-38 可见，布袋尘的富集比在 40 倍以上，除酸渣炉外布袋尘中的锗分布均大于 65%。尤其是不考虑发电的蒸气炉和冶炼炉的布袋尘中，锗分布大于 75%，一步得到富集原料中 3/4 锗的富集物，是十分有效的作业。

12.2.4.3 布袋尘盐酸浸出—氯化蒸馏

布袋尘含锗已达约 2%，可以直接送盐酸浸出—氯化蒸馏。盐酸浸出在搪瓷釜中进行，蒸馏出来的 $GeCl_4$ 进入玻璃的冷凝器，冷凝出来的 $GeCl_4$ 送精制工序。一年的投入产出见表 12-39。

表 12-39 某年盐酸浸出—氯化蒸馏的投入产出

项 目	投 入			产 出		回收率/%
	数量/kg	锗品位/%	含锗量/kg	产 $GeCl_4$ 量/kg	含锗量/kg	
布袋尘	326850	2.00	6548.235	7903052	5014.627	76.58

部分材料的单耗见表 12-40。

表 12-40 部分材料的单耗

项 目	盐酸/kg·kg^{-1}	石灰/kg·kg^{-1}	耗电/kW·h·kg^{-1}
单 耗	4.96	1.34	293.13

12.2.4.4 旋风尘的处理

旋风尘由于含锗品位较低，不能直接送氯化处理，必须进一步富集锗。其富集的原则流程如图 12-39 所示。

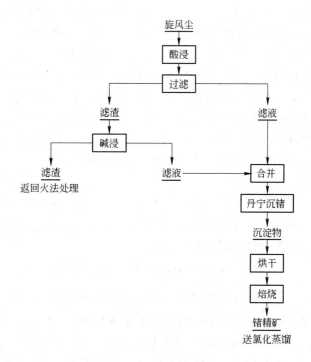

图 12-39 旋风尘处理的原则流程

某年旋风尘处理的投入产出见表 12-41。

表 12-41 某年旋风尘处理的投入产出

项 目	物料名	数量/t	锗品位/%	含锗量/kg	合计含锗量/kg
投 入	烟 尘	50.99	0.547	278.906	1059.806
	旋风尘	1.38092	0.06~0.76	780.90	
产 出	锗精矿	6.819419	9.37	639.006	

由此计算得锗的直收率为 60.29%。有关试剂等的消耗见表 12-42。

表 12-42 有关试剂等的消耗

项 目		酸/t	碱/t	石灰/t	电/kW·h	综合剂/kg	3 号沉淀剂/kg
指标	总消耗	801.25	42575	145.145	172802	53925	1124
	单位消耗	0.117	6.423	0.0213	25.340	7.908	0.165

注：单位消耗为每吨锗精矿的消耗。

一步法从含锗煤中富集锗的技术，是锗提取的重要技术进步。它使锗的提取过程大大缩短，是我国稀有金属产业发展的重要成果之一。

12.2.5   其他废料中回收锗

12.2.5.1   某些含锗废料回收锗[2,9]

一些含锗废料是主要回收锗的二次资源。废料中含锗量的范围很大，一般含锗为百分之几至 99.9%。如区域熔炼的两端切头和切片废料含锗高达 99.99% 以上；腐蚀液、抛光液等含锗约 3 ~ 10g/L；磨片用的金刚砂含锗在百分之几至 15%；在锗器件生产过程中，锗的利用率大概也只有 30% ~ 70%。所以国内外都很重视从含锗废料中回收锗，既可降低锗产品的生产成本，又提高了资源的利用率，还可提高企业的经济效益。

从含锗废料中回收锗的方法视其含锗量和杂质情况而定。若废液含锗较高，未受污染，可直接返回氯化蒸馏或还原熔炼；若被油污染，可先燃烧去油；若含铁高可采用磁选法选铁；若含锗量低，还要经富集处理。通常有如下几种方法。

A   氯化蒸馏残渣的处理

氯化蒸馏残渣含锗较高，一般为 80% 以上，但是大多为难溶于酸的四方晶系二氧化锗，故采用碱熔法。用过量的氢氧化钠在 500℃ 温度下熔融，或与理论量 5 倍的碳酸钠在高于 900℃ 的温度下熔融。此时发生下列反应：

$$GeO_2 + 2NaOH \xlongequal{\quad} Na_2GeO_3 + H_2O$$

$$GeO_2 + Na_2CO_3 \xlongequal{\quad} Na_2GeO_3 + CO_2$$

残渣中的锗生成了易溶于水的偏锗酸钠，熔融时渣碱比一般为 1：（0.75 ~ 1.35）。碱熔融后，用水浸出，锗转入溶液。向溶液中加入硫酸，pH 值调到 1 ~ 2 之后，用丹宁沉锗。丹宁锗滤除后，经低温灰化，再烧掉有机物，制得锗精矿，送氯化工序。

B   四氯化锗水解母液及氯化蒸馏吸收液中锗的回收

一般采用直接加氯盐法沉淀出相应的锗盐。常用的氯盐有氯化钠、氯化钙和氯化镁等。先将这些含锗的溶液加入玻璃蒸馏瓶中，加入硫酸调整其酸度为 8mol/L，然后加入氯化剂，则发生下列反应：

$$2NaCl + H_2SO_4 \xlongequal{\quad} Na_2SO_4 + 2HCl$$

$$Ge^{4+} + 2SO_4^{2-} \xlongequal{\quad} Ge(SO_4)_2$$

$$Ge(SO_4)_2 + 4HCl \xlongequal{\quad} GeCl_4 + 2H_2SO_4$$

四氯化锗在加热到 84 ~ 100℃ 时被蒸馏出来。蒸馏后的残液含锗量可从每升几克下降到 0.02 ~ 0.03g/L，回收率达 85% 以上。

C   单晶和区域熔炼尾料中锗的回收

单晶和区域熔炼尾料含锗较高，可直接用氯化法处理。加入氯气直接与金属锗反应生成四氯化锗。为了提高氯化反应的速度，除了适当提高温度外，主要应增加锗的表面积、孔隙率和增大氯气的流速。可将尾料破碎到一定的粒度，以保证氯气与固体锗的接触面积。实践表明，经破碎后的锗和氯气在 260 ~ 310℃ 下反应 2h，四氯化锗的产率超过 98%。因为四氯化锗中溶解了少量氯气，所以实际产率为 92% ~ 96%。

D   从单晶锗屑回收锗

单晶锗切片时会产生锗屑。这种锗屑一般含机油和衬垫锯屑，要先燃烧脱油，再球磨至 0.147mm。然后加入密度比 1:(1.0~1.5) 的碳酸钠混匀，在 800℃ 下熔融 2h，使其中的金属锗氧化，转变为二氧化锗，并与碳酸钠反应生成可溶性的锗酸钠。冷却后磨至 0.147mm，送氯化工序进行氯化蒸馏回收锗。

E 从含锗金刚砂回收锗

研磨锗单晶时，会有部分锗呈细粉状混入研磨的金刚砂泥浆中。回收锗的方法是将泥浆在 400~500℃ 下烘干，冷却后磨到 0.147mm，送氯化处理。

为了使在盐酸中几乎不溶的金属锗溶解，要加入锗量 11 倍的氧化剂。氧化剂有 MnO_2 和 $FeCl_3$，试验证明 $FeCl_3$ 比 MnO_2 好。其反应如下：

$$Ge + 4FeCl_3 \Longrightarrow GeCl_4 + 4FeCl_2$$

如处理含锗 7.79% 的金刚砂时，加入 $FeCl_3$ 和 MnO_2 的氧化蒸馏率分别为 99.37% 和 89.1%。

F 从碱性腐蚀液回收锗

在晶体管的制造过程中，锗片和管芯进行化学腐蚀和抛光时，是用双氧水和氢氧化钠在加热的条件下进行的，会得到一些含锗酸钠的碱性腐蚀液。此种溶液的特点是锗含量低，体积大。可先用氯盐沉淀法或丹宁沉淀法将锗沉淀下来，再进一步回收锗。但是沉淀过程不安全，而且操作麻烦。有研究表明用氯化镁沉淀法效果较好。

控制 pH 值在 8~9 之间，每升溶液加入 30~40g 氧化镁、50mL 氨水，搅拌 15min，$MgCl_2$ 会与锗生成溶解度很低的锗酸镁，从溶液中沉淀出来，锗的沉淀率可达 99%。含锗的沉淀物过滤，烘干后即可送氯化工序回收锗。滤液可废弃。

氯化镁沉淀法操作方便，但是要注意的是在碱性溶液中加入氯化镁时，除了锗酸镁沉淀外，还会产生氢氧化镁的沉淀。为了防止镁的大量沉淀，保持沉淀物的锗品位，必须控制好溶液的 pH 值不大于 9。

该法对回收各种含锗溶液中的锗也有效。如水解母液，氯化蒸馏吸收液及金属锗区域熔炼与单晶制备过程中的碱性腐蚀液等均可用该法处理。

G 从氢氟酸腐蚀液回收锗

对锗锭等金属表面进行化学腐蚀抛光的另一方法是氢氟酸和硝酸混合酸处理法，此时得到的腐蚀液不能直接用氯化蒸馏法处理，因为腐蚀液中的氟离子会腐蚀蒸馏设备，所以要先使锗与含氟溶液分离。分离的方法较多，有硫酸蒸干法、氨水中和法、硼酸沉淀法、硅酸盐蒸发法和镓盐沉淀法等。

有研究者用萃取法回收锗。在料液 pH 值为 1.8~2.3，HF/GeO_2 为 6 时，采用氯盐烃铵溶液萃取锗，萃取条件为：有机相/水相为 1/3，当氯盐烃胺浓度分别为 10% 和 30% 时，萃取率分别为 71% 和 96%。

H 从光导纤维生产中产生的高硅含锗物料中回收锗

目前，光导纤维的发展很快，其用量已占锗消费量的 50% 左右。石英系光导纤维采用化学气相沉积法（CVD）和气相轴向沉积法（VAD）生产。在光纤生产过程中要将大量锗、硅、硼的氯化物以气态供给反应器，氯化物在反应器中分解成微粒状氧化物，再将此微粒氧化物热处理成透明的玻璃体。此工艺的成品率低，产出 30%~70% 的废料。其成分主要是锗、硅、硼的氯化物和水解时产生的金属氧化物，此种废料回收锗的方法有：

（1）高温还原挥发法。有人采用高温挥发法回收此废料中的锗。即在此氧化物中加入炭粉，混合均匀，放入炉内加热到500℃，并通入惰性气体或使加热炉减压，使锗以 GeO 形态挥发出来。同时气体中还含有 HCl 和 Cl_2，通常用捕收器捕集 GeO。

也有人采用高温氢还原法回收此类废料中的锗。即将此氧化物放到炉内，加热到500℃以上，通入氢气和惰性气体，使锗还原为 GeO 形态挥发出来。硅与硼的氧化物也有部分被还原，但是因其蒸气压低，难以挥发而留在炉内，与锗分离。

上述方法均能有效地回收光纤制造过程产生的锗废料。

（2）氢氟酸浸出法。还有研究者研究了氢氟酸浸出法。其处理的原料成分列于表12-43。

表 12-43　光纤制造过程中产生的锗废料成分

原料编号	SN-1	SN-2	SN-3	SN-4	SN-5
酸溶锗/%	0.83	1.26	2.01	2.57	4.32
全溶锗/%	2.19	2.84	3.32	4.63	5.97

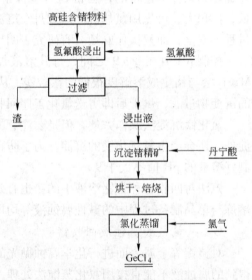

图 12-40　氢氟酸浸出法流程

由于二氧化硅的包裹，对此原料采用直接蒸馏法、加碱浸出法、加碱焙烧法效果均不太好，锗的回收率仅为31%～87%。此后，采用了氢氟酸浸出法。先用氢氟酸浸出，破坏二氧化硅对锗的包裹，然后中和，用丹宁沉淀锗，烘干焙烧后氯化蒸馏提取锗。其流程如图12-40所示。

该法的试验结果见表12-44。

表 12-44　氢氟酸浸出法的试验结果

原料编号	SN-1	SN-2	SN-3	SN-4	SN-5
浸出率/%	98.56	99.12	98.34	99.50	99.21
锗的回收率/%	93.20	94.76	92.78	95.03	94.74

从表12-44可见，氢氟酸浸出法效果很好，浸出率均大于98%，回收率均大于92%，有效地解决了硅包裹的问题，是回收高硅含锗物料中锗的好方法，但要注意氢氟酸对设备的腐蚀。

I　从生产光导纤维的废气中回收锗

据美国专利报道，可采用碱液吸收的方法从制造光纤的含锗废气中回收锗。

这种废气中的锗以 $GeCl_4$ 气相存在，将其引入洗涤器。洗涤器的上方有喷嘴喷洒碱液。洗涤器中通常有填充床或筛板床，以增大气液相接触的界面。碱液应保持较高的 pH 值，以提高对锗的吸收率，pH 值一般以11～12为宜。

吸收液经水解，可得到锗的沉淀物。再送氯化蒸馏工序进一步处理。

12.2.5.2　从含锗电解铁中提取锗

我国某研究院采用电解工艺从含锗废铁中提取锗，副产含锗电解铁，其成分见表12-45。

表 12-45 含锗电解铁成分 （%）

元 素	Fe	Ge	S	P	As	C	Si	Mn
含 量	91.43	0.19	0.0044	0.22	<0.01	0.063	0.043	0.017

电解铁中的锗以金属锗的形态存在，含量较高。

A 工艺流程

采用酸浸、碱浸及添加配合剂进行选择性浸出，均未能获得好结果，改为挥发法，因锗及其化合物的蒸气压均很低，挥发性不好。要使锗挥发必须创造条件使锗生成 GeO 或 GeS。考虑到采用氧化法不利于分散在铁基中的锗氧化，且难以控制将锗氧化为 GeO，而不氧化为 GeO_2 的条件，故设计采用氧化—还原工艺，在氧化阶段将铁氧化为氧化铁（Fe_2O_3、Fe_3O_4、FeO），锗氧化为二氧化锗（GeO_2）；在还原阶段，铁的高价氧化物使低价转化，体积缩小，形成孔隙有利于还原气氛向内扩散，使 GeO_2 还原为 GeO 的过程进行得较为彻底，锗的挥发也较为完全。其工艺流程如图 12-41 所示。

B 工艺条件

a 氧化工艺

为加速氧化过程，研究了三种方法。一是盐酸氧化，经两天铁可全部氧化；二是硫酸氧化，氧化速度较盐酸慢；三是喷水氧化，比前二者慢，但经 3~4 天铁粉含铁降为 73%~75%，可供下一工序使用。

综合考虑，为防止对设备的腐蚀，并尽量降低成本，采用喷水氧化。在还原工序适当提高温度，同样可获得大于 95% 的挥发率。

b 还原挥发工艺

温度是锗挥发的关键条件之一，温度对挥发率的影响如图 12-42 所示。

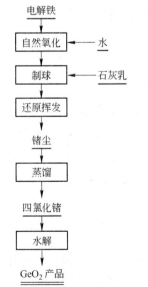

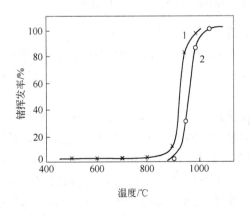

图 12-41 含锗电解铁回收锗的工艺流程

图 12-42 温度对挥发率的影响（弱还原性气氛，120min，粉料）
1—经 HCl 处理；2—经 H_2SO_4 处理

从图 12-42 可见，只有当温度大于 950℃ 时，在真空和弱还原气氛中锗才能有效地挥发。

不同的气氛对锗的挥发率影响也很大，气氛对锗的挥发率的影响见表 12-46。

表 12-46 气氛对锗的挥发率的影响

气 氛	空 气	氮 气	强还原	弱还原	真 空
锗挥发率/%	约0	约0	约50	97	97

注：HCl 处理，粉料，约 1000℃，120min。

从表 12-46 可见，弱还原气氛和真空条件最好。弱还原气氛刚好满足了 GeO_2 还原为 GeO 的条件，所以挥发率高。而真空条件下，发生了 GeO_2 离解为 GeO 的反应和 GeO_2 与铁及其氧化物的交互条件，其产物均为 GeO，所以挥发率也高。其反应如下：

$$2GeO_2 \longrightarrow 2GeO + O_2$$

$$GeO_2 + 3FeO \longrightarrow GeO + Fe_3O_4$$

$$GeO_2 + Fe \longrightarrow GeO + FeO$$

特别是真空下，气相中 GeO 的压力趋近于零，有利于反应的平衡向右移动，加速了反应的进行。

将经喷水自然氧化的铁粉分别加水和加石灰乳作黏合剂制成 10~15mm 的小球，烘干后在 1050℃、弱还原气氛下进行 120min 还原挥发，锗的挥发率分别为 97%、98%，说明图 12-41 的工艺流程是有效可行的。用水和石灰乳作黏合剂效果相当，但用石灰乳小球强度更好。

经研究得出，用水处理并自然氧化的铁粉，用石灰乳作黏合剂制成 10~15mm 的小球，在弱还原气氛中，温度 1050℃条件下，还原挥发 120min，锗的挥发率大于 95%。

12.3 铟的回收

12.3.1 竖罐炼锌副产品焦结烟尘回收铟

竖罐蒸馏炼锌已有近 80 年的历史。该工艺由于能耗高、污染问题较重，正逐步被淘汰，在世界范围内仅有中国还有几家这样的生产厂。在竖罐炼锌工艺过程中，铟主要富集在焦结过程的烟尘和精馏过程的硬锌与底铅之中，而且都达到了可供回收提取的程度。

我国某厂对采用的提铟工艺流程如图 12-43 所示。

主要工序的技术操作条件与有关指标如下[12~19]。

12.3.1.1 酸浸工序

浸出设备采用机械搅拌槽（钢板内衬花岗岩板）；加料量为 6~7t/槽；固液比为中浸 1:6，酸浸 1:4；始酸：中浸 90~100g/L，酸浸 90~100g/L；终酸：中浸 pH 值 5~5.2，酸浸 15~20g/L；浸出时间：中浸 1~2h，酸浸 2~4h；温度为 70~80℃；沉淀时间为 8~16h。

12.3.1.2 沉硅工序

沉淀除渣的目的是为避免溶液含 SiO_2 过高而导致下一步萃取作业时出现第三相。沉硅方法是通过在酸浸液中加入带电荷的胶体——动物胶（明胶、牛胶等）或其他电解质，使溶液中的硅酸质点相互碰撞引起电性中和而凝结沉淀。具体技术操作条件为：沉硅设备

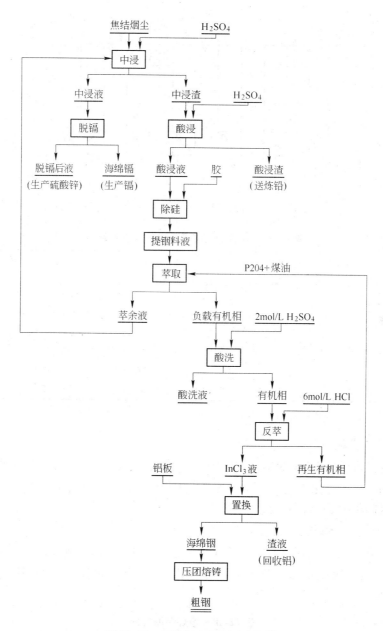

图 12-43   焦结烟尘提铟工艺流程

为机械搅拌槽，温度为 70~80℃，加胶量为 10%~12%（为溶液含 SiO_2 量比例），搅拌时间为 5~10min，沉淀时间为 3~4h，除硅要求为 SiO_2 小于 0.5g/L。

沉硅后过滤设备为刚玉过滤器，过滤速度为 0.8~1.0 $m^3/(m^2 \cdot h)$，压力 0.2~0.3MPa，50~60℃，反吹压力 0.3~0.5MPa。

12.3.1.3   萃取工序

萃取、酸洗及反萃都在同一箱式萃取槽内进行，萃取箱共分 10 级，其中 4 级萃取，3 级酸洗，3 级反萃。水相与有机相逆流萃取，搅拌器转速为 600~650r/min，萃取流程如图 12-44 所示。有关萃取作业的相关技术条件见表 12-47。

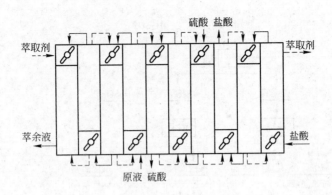

图 12-44　铟萃取流程

表 12-47　焦结烟尘酸浸萃取作业技术条件

项　目	作业工序			项　目	作业工序		
	萃取	酸　洗	反萃		萃取	酸　洗	反萃
级　数	4	3	3	进水相 In^{3+} 浓度/g·L^{-1}	0.1		$6NH_4Cl$
相比 O/A	1/15	10/1	10/1	进水相 H^+ 浓度/g·L^{-1}	20	$2 \sim 2.5NH_2SO_4$	
温度/℃	$20 \sim 30$	常　温	$20 \sim 30$	出水相 In^{3+} 浓度/g·L^{-1}	<0.01	<0.5	$50 \sim 70$
水相速度/m³·(m²·h)$^{-1}$	10			混合时间/min	$2 \sim 3$		
有机相速度/m³·(m²·h)$^{-1}$		0.42	0.42	分相时间/min	$8 \sim 12$		

注：有机相组成为 25% P204 + 75% 200 号煤油。

12.3.1.4　置换

用锌板置换 $InCl_3$ 溶液中的铟，在密闭并有通风设施的槽内进行，保持负压操作，严防反应过程中产生的砷化氢逸出。装置技术操作条件为：酸度 $3 \sim 4mol/L$，置换温度 $50 \sim 60℃$，置换时间 $4 \sim 5h$，置换后液含铟少于 0.01g/L。

12.3.1.5　压团熔铸

置换沉积的海绵铟，以清水洗涤 $3 \sim 4$ 遍，用油压机压制成团（成团压力大于 1.5MPa）。团块在固碱保护下熔炼铸锭。熔炼温度为 $350 \sim 450℃$。表 12-48 为熔炼粗铟成分实例。

表 12-48　熔炼粗铟成分　　　　　　　　（%）

成分	In	Zn	As	Cu	Bi	Fe	Sn	Pb	Tl	Cd
实例 1	99.5	0.03	0.0005	0.017	0.0032	0.015	0.14	0.24	0.0016	0.01
实例 2	99.6	0.01	0.0005	0.011	0.001	0.031	0.17	0.16	0.005	0.018

12.3.1.6　粗铟电解

A　极板制造

粗铟在甘油保护下熔化浇铸成阳极，外面用分析过滤纸包裹两层，再套柞蚕丝袋，以免电解时阳极泥落入电解液中。电解合格的产品电铟在甘油保护下熔化，铸成 1mm 厚的薄片，即为阴极。

B 电解液制造

将电铟溶解于分析纯硫酸中，添加 NaCl 及动物胶，配制成如下成分：In 80 ~ 100g/L，NaCl 80 ~ 100g/L，动物胶 0.5 ~ 1g/L，pH 值 2 ~ 3。

C 电解

电解技术条件：温度 20 ~ 30℃，电流密度 60 ~ 80A/m²，槽电压 0.25 ~ 0.3V，同极中心距 4mm，电解周期 6 ~ 7 天，电流效率大于 96%，残极率 45% ~ 50%，电解回收率大于 95%。

电铟需进行二次电解，其操作条件与一次相同。表 12-49 为二次电解析出阴极成分分析实例。

表 12-49 析出阴极成分分析 (%)

成 分	In	Ag	Cu	Al	Fe	Sn	Pb	Tl	Cd
实例 1	99.96	0.0001	0.0001	0.0001	0.0001	0.00063	0.00063	0.016	0.02
实例 2	99.95	0.0001	0.0001	0.0001	0.0001	0.00063	0.00063	0.021	0.02
实例 3	99.95	0.0001	0.0001	0.0001	0.0001	0.00063	0.00063	0.023	0.02
实例 4	99.95	0.0001	0.0001	0.0001	0.0001	0.00063	0.00063	0.034	0.02

12.3.1.7 电铟除镉及铊

电铟含铊及镉较高，用化学方法分离，其技术操作条件如下：

(1) 除镉。温度 170 ~ 180℃，甘油：铟 = 1:10，机械搅拌，KI 加入量为镉量的 2 ~ 3 倍，时间 1.5 ~ 2.0h/次。由于含镉量的不同可根据分析情况反复操作 2 ~ 3 次。

(2) 除铊。除镉后保持温度 170 ~ 180℃，甘油：铟 = 1:(5 ~ 6)，通氯化氢气体约 30min，并用搅拌机搅拌。表 12-50 为精炼后的精铟成分分析实例。

表 12-50 精铟成分分析 (%)

成 分	In	Ag	Cu	Al	Fe	Sn	Pb	Tl	Cd
实例 1	99.994	0.0001	0.0001	0.0001	0.0001	0.0007	0.00063	0.011	0.001
实例 2	99.994	0.0001	0.0001	0.0001	0.0001	0.0007	0.00063	0.021	0.001
实例 3	99.994	0.0001	0.0001	0.0001	0.0001	0.0007	0.00063	0.023	0.001

12.3.1.8 主要技术经济指标

各工序铟的回收率（%）实例：浸出 92 ~ 96，置换 96 ~ 98，萃取 95 ~ 97，反萃 98 ~ 99，熔炼 92 ~ 93，酸洗 95 ~ 97，电解 95 ~ 96。

铟生产原材料单耗（kg）实例：工业盐酸 310 ~ 330，锌板（99.99%）4 ~ 5，工业硫酸 300 ~ 320，甘油 2.4 ~ 3，工业烧碱 2.5 ~ 3，滤纸 2 张，分析纯硫酸 0.1 ~ 0.2，水 2000 ~ 3000，分析纯盐酸 0.01 ~ 0.02，蒸汽 2000 ~ 3000，P204 0.8 ~ 1，电 100 ~ 110kW·h，200 号煤油 2.4 ~ 3。

12.3.2 精馏锌副产品粗铅回收铟

由各种火法炼锌工艺（竖罐法、ISP 法、电炉法等）所产出的蒸馏粗锌，会含有铅、镉、铟、铁等杂质，需进行精馏提纯，其精馏副产物——粗铅、硬锌是提铟的主要原料[12,19]。

在粗锌精馏过程中，高沸点金属富集在精馏铅塔的熔析炉内，经熔析分离得含铟粗铅。粗铅成分为：In 0.5%～1.2%，Pb 94%～96%，Zn 1%～3%，Fe 0.05%～0.1%，As 0.02%～0.1%。

由于炼锌使用的锌精矿产地不同，因而粗铅中含铟量波动较大，一般为 0.2%～1.4%。我国某厂精馏粗铅提铟的工艺流程如图 12-45 所示。

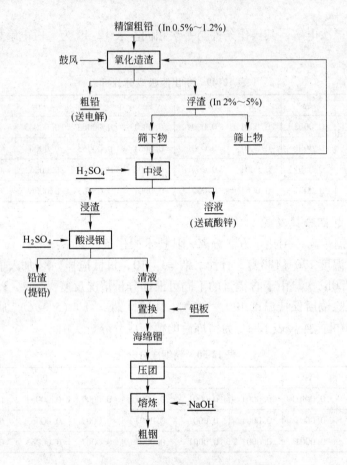

图 12-45　精馏副产物粗铅提铟工艺流程图

该工艺中各主要工序的技术操作条件和相关指标如下所述。

12.3.2.1　氧化造渣

基于铟与大多数杂质金属对氧的亲和力比铅大，在粗铅熔融状态下，鼓风氧化，使铟与其他杂质金属优先氧化进入浮渣，从而达到富集铟与精炼铅的目的。含铟氧化物浮于铅液表面，用漏勺掏出。浮渣的化学成分见表 12-51。

表 12-51　浮渣的化学成分　　　　　　　　　　　　　　　（%）

成　分	Zn	In	Bi	Fe	Sn	Cu	Cd	As
比　例	>5	>2	<0.2	<0.4	<0.3	<0.1	微	微

浮渣通过 60 目筛。筛上物多为铅粒,返回氧气锅内熔炼。氧化过程的技术条件为:温度 800~900℃,鼓风压力 0.15~0.24MPa,鼓风时间 0.5~1h,造渣率 6%~10%。

12.3.2.2 浸铟

使用硫酸作浸出剂,让浮渣中的 In_2O_3 与之反应生成 $In_2(SO_4)_3$ 进入溶液;大量的 PbO 则生成不溶的 $PbSO_4$ 沉淀,而与铟相分离。

浸出过程操作条件是:温度 80~90℃,固液比 1:(4~5),浸出时间 6h,开始酸度 80~100g/L,浸出效率 85% 以上。

12.3.2.3 置换

使用金属铝板作置换剂,过程工艺技术条件是:温度 30~40℃,时间 8~16h,置换效率 85%~99%。

12.3.2.4 海绵铟处理

将海绵铟在油压机下通过 0.15MPa 的压力,压制成 $\phi100mm \times 120mm$ 的圆柱体;再在 350~450℃,NaOH 覆盖下熔铸成粗铟,所得粗铟成分见表 12-52。粗铟按电解精炼工艺条件可制取 99.99% 的精铟。

表 12-52 粗铟化学成分 (%)

成分	In	Zn	As	Cu	Bi	Fe	Sn	Tl	Cd
比例	99	0.02	0.001	0.015	0.003	0.015	0.2	0.02	0.01

12.3.3 精馏锌副产品硬锌回收铟

硬锌是在对粗锌进行火法精馏时,由铅塔和 B 号塔下方熔析炉产出,呈针状海绵体结晶形态的副产品。硬锌产出率一般为加入锌量的 0.3%~1.2%。由于其富集了铟,且达到相当品位,故一直是综合提取铟的重要原料。

我国工厂现用于硬锌处理的方法有两种,即隔焰炉—电炉工艺和真空炉工艺[1,2,14,15,19~22]。

隔焰炉-电炉工艺是基于锌的蒸气压比较大,在同一温度下锌比其他元素的沸点低而优先挥发分离的原理,通过蒸馏脱除硬锌中的锌,生产锌粉。整个处理过程可分为两段:(1) 隔焰炉处理硬锌,经熔化—蒸发—冷凝,产出锌粉、锌渣、少量锗渣和底铅;(2) 电炉处理隔焰炉底铅,进一步蒸锌产出锌粉、锗渣和电炉底铅,电炉底铅和锗渣分别再处理回收铟、锗。该工艺的主要特点是工艺成熟可靠,设备稳定,炉况易控制,产品锌粉质量稳定,但过程中锗的回收率低,其他有价金属分散,不易富集回收。隔焰炉-电炉工艺流程如图 12-46 所示,其工艺过程的物料主要成分见表 12-53。

表 12-53 隔焰炉-电炉工艺处理物料主要成分分析 (%)

元 素		Zn	Pb	Ge	In
隔焰炉	加入硬锌	78~88	20	0.2~0.3	0.2~0.4
	产出锌粉	95	0.15	0.004	0.005
	底 铅	35~50	40~50	0.3~1.0	1.5~2.5
	锌 渣	70~80	7~10	0.12	

元　素		Zn	Pb	Ge	In
电　炉	加入底铅	35 ~ 50	40 ~ 50	0.3 ~ 10	1.5 ~ 2.5
	产出锌粉	95	0.56	0.17	0.012
	锗　渣	3 ~ 6	20 ~ 30	1.3 ~ 1.5	1 ~ 2
	底　铅	3 ~ 6	65 ~ 75	0.4 ~ 1	1.5 ~ 3.0

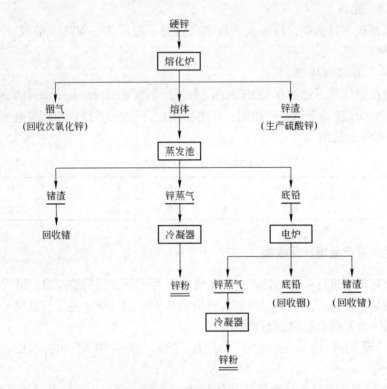

图 12-46　隔焰炉-电炉处理硬锌工艺流程图

真空蒸馏炉处理硬锌工艺是昆明理工大学戴永年院士等与韶关冶炼厂合作开发的一项先进工艺，工艺流程如图 12-47 所示。

该工艺具有过程简单、设备少、占地少、生产效率高、炉子对物料的适应性强、过程中无"三废"排放等特点。由于该工艺是一个物理蒸馏分离过程，在真空状态下完成，不需添加剂，不发生造渣反应，因此产出的渣量较少，硬锌蒸锌后其他全部残余物都留在渣和底铅中，有价金属无散失，锗、铟富集率高。

两种处理硬锌工艺的主要技术经济指标对比见表 12-54。可以看出，真空炉处理工艺具有明显的优势。

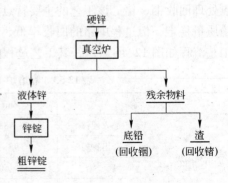

图 12-47　真空炉处理硬锌工艺流程图

表 12-54　两种处理硬锌工艺的指标对比

项　目		隔焰炉-电炉工艺	真空炉工艺
主要设备	隔焰炉 蒸发室	3.55m²	φ2000mm×4265mm
	冷凝器	2520mm×1230mm×3040mm	
	工频感应电炉	190kW/380V	
	硬锌处理能力/t·(炉·d)⁻¹	3	2.5
主要能耗	煤气/m³·t⁻¹	5000	
	电/kW·h·t⁻¹	400	1500
	约折合标煤/kg·t⁻¹	937	606
产出锌品	产　品	锌　粉	粗　锌
	品级/%	金属锌>95	99.0
金属直收率/%	Zn	95	90
	Ge	60	96.14
	Cu		98

两种硬锌处理工艺的结果，铟都是富集在电炉底铅之中，其成分（%）大致为：Pb 71、Zn 3、In 3、Ge 0.3~0.6、As 4.5、Fe 1.4、Ag 0.28、Cu 3、Sb 8、Sn 4。需要对它进一步处理回收铟等有价金属。某厂处理电炉底铅的工艺流程如图 12-48 所示。

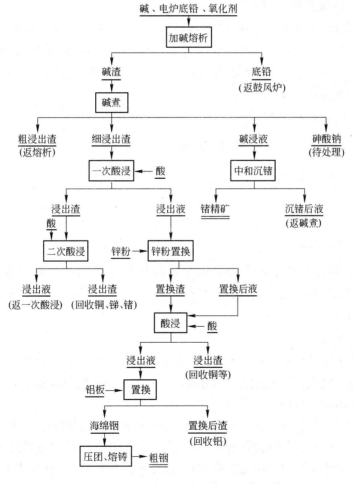

图 12-48　电炉底铅回收铟锗工艺流程图

工序过程控制的技术条件如下：

（1）碱熔电炉底铅。生产 1t 铅的 NaOH 用量 200～300kg，$NaNO_3$ 用量 80～100kg，温度 550～450℃，时间 18～24h。

（2）碱煮法。液固比为（3～5）∶1，温度 105～110℃，时间 1.5～2h。

（3）碱煮法的二段硫酸浸出。温度：一段 50～60℃，二段 40～60℃；时间：一段 1～2h，二段 1h；终酸：一段 30～80g/L，二段 100～180g/L；液固比：一段（3～6）∶1，二段（5～6）∶1。

（4）置换。一段锌粉置换除杂，二段铝板置换提取铟，条件为：室温，酸度为 30～100g/L，时间 72～96h。

通过此工艺制取的粗铟成分（%）为：In 98.6、Ge 0.03、Fe 0.027、Sb 0.032、Sn 0.12、Pb 0.012。金属直收率（%）为：In 84、Ge 78.5。

12.3.4   氧化锌粉浸出—置换—碱煮法回收铟

氧化锌粉浸出—置换—碱煮法回收铟工艺流程如图 12-49 所示[1,2,19]。

12.3.4.1   锌粉置换铟镉渣

锌粉置换铟镉渣的设备为密闭的机械搅拌槽，带通风排气设施；锌粉加入量为每千克铟 50～60kg；添加剂（硫酸铜）加入量为每千克铟 2.5～3.0kg；温度为 75～85℃；酸度：前液（20±2）g/L H_2SO_4，终液 pH 值为 4.8～5.0；溶液含 In：前液大于 0.25g/L，终液小于 0.003g/L；置换效率为 98%～99%。

铟镉渣化学成分见表 12-55。

表 12-55   铟镉渣化学成分   （%）

成分	In	Cd	Zn	As	Cu	Pb	Fe	Tl	SiO$_2$	H$_2$O
含量	1～4	10～19	10～25	10～15	4～9	1～3	0.8～2	0.0007～0.002	1	50

铟镉渣中的铟及其他金属大部分以金属海绵物及金属化合物存在，如海绵状的铟、镉、铅、铜、砷等金属以及砷化铟、锌化铟，还有少量的铟呈砷酸铟形态存在。

12.3.4.2   碱洗

碱洗目的在于使铟转化成易溶于酸的氢氧化铟；砷、锌、铅、锡则与硝酸钠、氢氧化钠作用生成相应的钠盐，进入溶液与铟分离；镉与硝酸钠作用生成稳定的氧化镉与铟一道沉淀；铁、铜不参与反应仍留在渣中。

其操作过程是将铟镉渣、氢氧化钠、硝酸钠按配比放入碱洗槽，通入蒸汽直接加热 3.5～4h，再加入水冲稀煮沸后而沉淀。抽出上清液，底流用真空吸滤盘过滤，所得滤渣即称碱洗后料。操作条件的实例见表 12-56，碱洗前后物料成分变化见表 12-57，碱洗作业的技术经济指标见表 12-58。

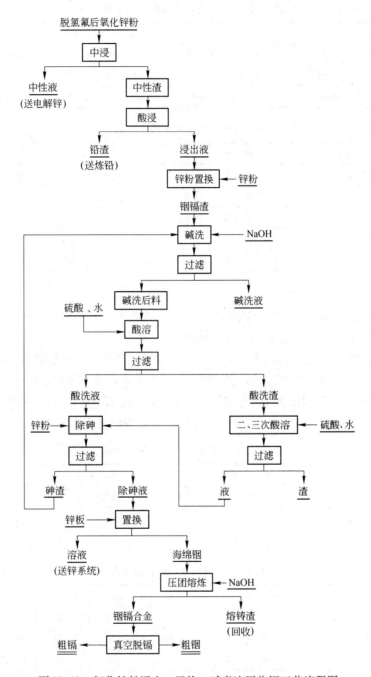

图 12-49　氧化锌粉浸出—置换—碱煮法回收铟工艺流程图

表 12-56　铟镉渣碱洗技术操作条件实例

名　称	技术操作条件	名　称	技术操作条件
碱料比（NaOH/铟镉渣）	2/3	碱洗后液固比	(8 ~ 10)∶1
硝酸钠加入量/%	6	温度/℃	>90
碱洗时间/h	3 ~ 4	沉淀时间/h	>4

表 12-57   碱洗前后物料成分变化实例

项　目	In	Cd	As	Cu	Zn	Pb	Tl
原料/%	2.682	12.22	13.26	6.36	17.63	1.605	0.0036
碱洗后料/%	5.51	37.8	5.2	12.55	1.72	1.81	0.0107
碱洗后液/g·L^{-1}	0.045	微	4.19	0.043	7.994	0.34	0.0001

表 12-58   碱洗技术经济指标

名　称	指　标	名　称	指　标
铟富集率/%	>200	镉回收率/%	99～99.8
渣碱率/%	30～50	除铅率/%	50～70
铟回收率/%	98～99	碱洗后液含铟/g·L^{-1}	0.005
除砷率/%	80～85	固体碱消耗/kg·L^{-1}	37～140
除锌率/%	80～90	硝酸钠消耗/kg·L^{-1}	12～33

12.3.4.3   酸溶

　　碱洗后料用硫酸溶解，使铟、镉等进入溶液，铅成为硫酸铅进入渣中。铜是以元素状态存在，与硫酸作用甚微，绝大部分留于渣中。

　　操作方法按酸度及液固比要求，先在酸溶槽中配好底液，开动搅拌机，加料。通蒸汽直接加热，加料 1.5h 测定酸度，酸溶完毕过滤。为了降低渣含铟，滤渣按上述相同条件再进行二次酸溶，二次酸溶渣含铟可降低到 0.2%。表 12-59 为酸溶技术条件实例，表 12-60 为酸溶后物料成分变化实例，酸溶作业技术经济指标见表 12-61。

表 12-59   酸溶技术操作条件实例

名　称	技术操作条件	名　称	技术操作条件
酸料比	1:(0.6～0.8)	酸溶时间/h	3～4
液固比	3:1	过滤速度/m²·(m²·h)$^{-1}$	0.7～1
温度/℃	>80		

表 12-60   酸溶后物料成分变化实例

名　称	In	Cd	As	Cu	Zn	Pb	Tl	渣率
碱洗后料/%	2.45	31.9	4.76	2.56	7.88	0.639	0.017	—
酸溶后液/g·L^{-1}	8.22	107.76	12.28	微	29.97	微	0.048	—
二次酸溶渣/%	0.737	10.86	3.22	6.88	2.99	2.97	0.0073	30～35

表 12-61   酸溶技术经济指标

名　称	指　标	名　称	指　标
铟浸出率/%	90.652	锌浸出率/%	88.05
镉浸出率/%	89.39	铅浸出率/%	微
砷浸出率/%	89.65	生产 1kg 铟硫酸消耗/kg	70～80
铜浸出率/%	15.37	生产 1kg 铟酸溶渣含量/kg	<0.1

12.3.4.4 加锌除砷

酸溶后液中有少量砷，在铝板置换铟时会引起烧板，使铟置换不完全，必须除净以便置换作业顺利进行。除砷是先调整溶液酸度，加热至80℃以上，然后徐徐加入锌粉置换，直至除砷合格为止。表12-62为除砷技术操作条件实例。

表12-62　加锌除砷技术操作条件实例

名　称	技术操作条件	名　称	技术操作条件
始酸/g·L⁻¹	100 ~ 150	终酸/g·L⁻¹	50 ~ 100
温度/℃	80 ~ 85		

加锌除砷作业的主要技术经济指标为：砷渣率3% ~ 5%，砷渣含铟小于10%，除砷后液除砷0.015g/L。

12.3.4.5 铝板置换铟

表12-63给出了铝板置换铟的技术操作条件，表12-64为铝置换后液成分实例，置换所得InCd合金成分（%）为：In 3 ~ 5、Cd 95 ~ 97。

表12-63　铝板置换铟的技术操作条件实例

名　称	技术操作条件	名　称	技术操作条件
始酸/g·L⁻¹	50 ~ 100	NaCl加入量/g·L⁻¹	5
终酸/g·L⁻¹	30 ~ 50	置换时间/h	8
温度/℃	约80	置换后液含铟/g·L⁻¹	0.05

表12-64　铝置换后液成分实例　　　　　　　　（g/L）

元　素	In	Zn	Al	H₂SO₄	密　度
浓　度	<0.05	20 ~ 40	16 ~ 20	35 ~ 50	1.24 ~ 1.36

12.3.4.6 熔铸铟镉合金

将铟、镉海绵物团块在铸铁锅中熔化，并以苛性钠为覆盖剂，温度控制在350 ~ 400℃。熔化过程中，铝、锌生成铝酸钠和锌酸钠进入渣中，使铟得到提纯。熔化的铟、镉经除渣后铸成铟镉合金锭，铸型渣另行处理回收。

12.3.4.7 铟、镉分离

由于金属铟、镉的沸点不同，可利用真空的方法使铟、镉分离。

此过程是将铟镉合金装入图12-50所示真空蒸馏炉的内罐，用煤气加热至750 ~ 850℃。镉蒸气由镉板导入冷凝器冷凝，另有一部分未冷凝的镉蒸气在分离器内收集。罐内剩下的金属为95%的粗铟。表12-65为铟、镉分离技术操作条件实例。通过以上工艺过程所得粗铟实例见表12-66。

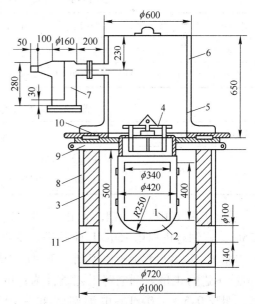

图12-50　铟、镉分离真空蒸馏炉

1—盛料桶；2—蒸馏罐；3—加热炉；4—隔板；5—冷凝器；
6—冷凝器水套；7—分离器；8—带密封圈的法兰；
9—冷却水套；10—真空胶垫；11—煤气燃烧口

表 12-65   铟、镉分离技术操作条件实例

名　称	技术操作条件	名　称	技术操作条件
蒸馏温度/℃	750 ~ 800	蒸馏时间/h	5
真空度/Pa	10^{-1} ~ 10^{-2}	出炉温度/℃	约 350

表 12-66   粗铟化学成分实例   （%）

成分	In	Cu	Al	Fe	Sn	Pb	Tl	Cd	Ag
含量	>95	0.02	0.001	0.003	0.018	0.02	0.05	0.5 ~ 2	0.0005

　　粗铟通过电解精炼进一步制取 99.99% 精铟。如果处理氧化锌粉而回收 In、Ge，也可采用此工艺流程。

12.3.5   氧化锌粉浸出—置换—酸溶—萃取法回收铟

　　对表 12-67 的置换渣采用二段逆流浸出，操作技术条件见表 12-68，浸出所得溶液成分见表 12-69。

表 12-67   置换渣主要成分   （%）

成分	In	Ge	Ga	Zn	Cu	Cd	As	Pb	SiO$_2$	Fe
含量	1 ~ 3.5	0.005 ~ 0.05	0.05 ~ 0.1	20 ~ 30	4 ~ 8	2 ~ 3	4 ~ 7	0.5 ~ 1.5	0.5 ~ 1	0.5 ~ 2

表 12-68   置换渣两段逆流浸出技术条件

段　数	固液比	始酸/g·L^{-1}	锰粉（干渣量）/%	温度/℃	时间/h	渣含铟/%
一次浸出	1 : (8 ~ 10)	80 ~ 90	5 ~ 7	95	4	
二次浸出	1 : (8 ~ 10)	150 ~ 180	15	95	4	< 0.4

表 12-69   置换渣酸浸液化学成分   （g/L）

成分	H$_2$SO$_4$	In	Ge	Ga	As	Zn	Fe	Cd	Cu
含量	45 ~ 60	2 ~ 3.5	0.01 ~ 0.03	0.02 ~ 0.04	1 ~ 5	15 ~ 30	< 0.5	2 ~ 5	1 ~ 4

　　浸出液用 P204 萃取铟，相比 A/O = 2/1，三级逆流萃取，萃取效率为 98.5% ~ 99.5%。富铟有机相用 150g/L 硫酸进行洗涤后，用 6mol/L 盐酸进行反萃。反萃液含铟 60 ~ 80g/L，以锌板置换得海绵铟。压团后用氢氧化钠作覆盖剂，熔化铸成阳极。在硫酸铟溶液中进行电解。铟电解工艺条件为：In 80 ~ 100g/L，NaCl 80 ~ 100g/L，pH 值 2 ~ 2.5，明胶 0.5 ~ 1.0g/L，电流密度 40 ~ 70A/m^2，槽电压 0.20 ~ 0.35V，同极距 60 ~ 70mm，电解周期 7 天。析出铟用甘油、碘、碘化钾进行除镉、铊，即可得到含铟 99.995% 的精铟产品。

　　工艺主要经济指标为：铟冶炼回收率 75%，二次浸出渣含铟小于 0.4%，萃余液含铟小于50mg/L,置换后液含铟小于100mg/L,生产1kg铟工业硫酸单耗60kg、P204单耗0.06kg、200号煤油单耗1.5kg。

根据对工艺流程(见图12-51)的铟查定,得出了从锌浸出渣—挥发回转窑—中性浸出—置换—精铟各段的铟回收率,见表12-70,其中置换渣至精铟的回收率见表12-71。

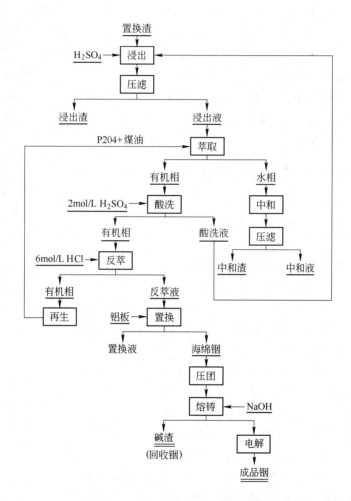

图12-51 氧化锌粉浸出—置换—酸溶—萃取法回收铟工艺流程图

表12-70 从锌浸出渣至精铟各段回收率 (%)

浸出渣铟挥发率	ZnO中铟浸出率	铟置换率	置换渣至精铟回收率	全流程铟的回收率
75~78	80~90	45~55	70~75	22~26

表12-71 从置换渣至精铟的回收率 (%)

铟浸出	萃取	置换	电解	总回收率
83	99	96	95	75

根据以上查定和分析,有人曾对某厂如上工艺流程的铟进行了全系统金属平衡,如图

12-52 所示。

从图 12-52 可以看出，该工艺流程冗长，工序多，金属铟总回收率低，进入流程的铟金属量达 31.22t/a，而最终产出精铟仅 8t/a，回收率才 25.63%，而损失于各中间工序物料或废渣的铟量却为 23.22t/a，占总铟量的 74.37%。造成铟金属回收率低的原因主要为：挥发回转窑的铟挥发率低，仅 74.5%；两段酸浸的铟浸出率不够高，仅 85%。

此外，进行锌粉置换产出铟渣时，劳动环境不好，防范不当就会发生砷化氢中毒事故，因此有必要对之进行改革。

12.3.6　氧化锌粉多段酸浸—萃取法回收铟

针对上两种工艺流程的弊端，氧化锌粉多段酸浸—萃取法的改革集中在如下 3 个方面[19]：

(1) 提高挥发窑烟的挥发率。研究并经实践证明，在回转窑还原挥发过程中，改变窑内气氛，增大气流速度，加大风量，把风压控制在 $(0.9 \sim 1.0) \times 10^4 Pa$，则可在得到锌挥发率 92% 的情况下，使铟的挥发率超过 90%。

(2) 强化浸出条件。研究表明，要提高氧化锌粉的铟浸出率，必须保证浸出过程有足够长的浸出时间 (8h)，足够高的温度 (80℃以上)，足够高的酸度 (80g/L以上)。因此在原有一段中浸、二段低酸浸出的基础上，再增加一道高酸浸出工序，使过程终酸达 80g/L。

(3) 取消酸浸液的锌粉置换和置换渣再浸出工序，改为酸浸液直接离心萃取回收铟，从而缩短了流程，大幅度提高了铟的总回收率 (约 10%)。

改革后的我国某厂氧化锌粉浸出工艺流程如图 12-53 所示，由浸出所得氧化锌酸浸液的成分实例见表 12-72，对之用萃取法回收铟的工艺流程如图 12-54 所示。

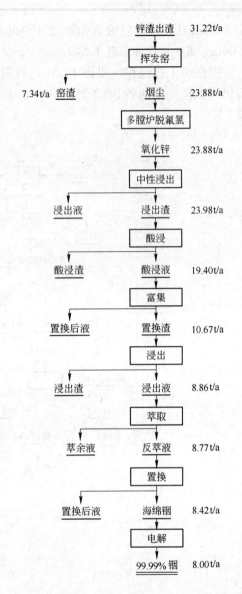

图 12-52　浸出—置换—萃取工艺铟金属平衡图

表 12-72　酸浸液成分实例　(g/L)

批　号	In	Ge	Ga	Zn	Fe	As	H_2SO_4
1	0.227	0.015	0.018	122.25	0.98	1.03	18.58
2	0.227	0.014	0.022	121.75	0.90		20.16
3	0.226	0.020	0.020	138.01	3.41	1.54	16.35

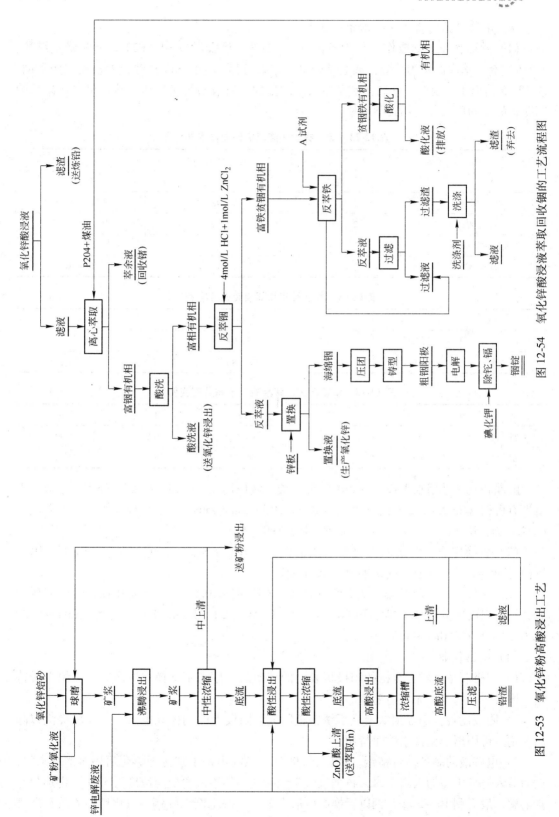

图 12-54 氧化锌酸浸液萃取回收铟的工艺流程图

图 12-53 氧化锌粉高酸浸出工艺

从酸溶液开始的各工序技术条件如下：

（1）萃取作业。萃取作业技术条件见表 12-73。萃取剂为 30% P204、65% 磺化煤油、5% 改质剂。萃取设备为环隙式离心萃取机。表 12-74 给出了萃取料液和萃余液成分实例，表 12-75 给出了主要金属在料液和萃余液中的分配。料液易乳化是离心萃取机操作易见的问题，故有的厂又改用箱式萃取槽。

表 12-73   氧化锌酸浸液萃取作业技术条件

项　目	作 业 工 序		
	萃　取	酸　洗	反　萃
相比 O/A	1/10	4/1	(14~20)/1
级　数	2~3	2	5
混相时间/min		5	5
温度/℃	常　温	常　温	30~40

表 12-74   萃取料液和萃余液成分实例　　　　　　　　（g/L）

项　目	In	Ge	Zn	Fe	As
料　液	0.276	0.020	138.01	3.41	1.54
萃余液	0.014	0.019	135.86	3.36	1.52

表 12-75   萃取料液、萃余液中金属分配实例　　　　　　　（%）

项　目	In	Ge	Zn	Fe	As
料　液	100	100	100	100	100
萃余液	5.0	95.0	99.14	98.5	99.00

酸洗和反萃采用水平箱式混合澄清槽。酸洗液使用 2.5mol/L H_2SO_4。经离心萃取所得富铟有机相含 In 2.4~2.6g/L，使用 4mol/L HCl + 1mol $ZnCl_2$ 作反萃剂，所得反萃液成分（g/L）为：In 43~48、Fe 0.14~0.18、HCl 190~200。

（2）置换作业。置换剂为锌板（或铝板），始温为室温，始酸为 3~3.5mol/L HCl，置换时间约 7 天，置换后液含铟小于 100mg/L。

（3）熔铸阳极。熔化温度为 200~300℃，熔铸时间 0.5~1h，NaOH 加入量以渣稀为宜，熔铸阳极成分（%）为：In 96~98、Cd 0.04~0.1、Pb 0.01~0.1、Sn 0.04~0.2、Cu 0.02~0.07、Bi 1~1.5。

（4）电解作业：

1）阳极制备。刷去合格的阳极板表面的熔渣后，用离子交换水洗净装入涤纶布袋待用。阳极厚薄均匀，无飞边毛刺。

2）阴极制备。阴极用钛板或不锈钢板制成，阴极上的铜棒导电头用稀盐酸浸泡以除出铜锈，再用离子交换水洗净待用。

3）电解液的制备。将精铟（纯度 99.99%）放在电炉上加热至熔化后用蒸馏水水淬，然后放入烧杯中并加入离子水，再加入化学纯硫酸，使溶液含硫酸浓度为 50%，再加热搅拌溶解，最后剩 10~20g/L 铟以置换电解液中杂质，按比例配好铟、氯化钠、明胶和酸度待用。电解液成分（g/L）为：In 80~100、NaCl 80~100、Cd <1、Pb <0.01、Sn <0.01、

明胶 0.5~1，pH 值 2~2.5。

4）铟电解技术操作条件：阳极规格为 180mm×300mm，阴极规格为 210mm×360mm，电流密度为 40~70A/m²，槽电压为 0.2~0.35V，同极中心距为 60~70mm，电解周期为阳极 5~7 天，电解液温度为 25~30℃。

从析出的铟中除去微量镉，可采用甘油碘化法或蒸馏法。甘油碘化法是将析出的铟用蒸馏水洗净，放进装有甘油的搪瓷盆中，采用机械搅拌，控制温度 160~170℃，先加入碘化钾，其加入量以少量多次加碘至不褪色为止，一般为 1kg 铟 7.5g。加入甘油量为每 20kg 铟加 1~1.5kg。此法可将镉量除至 0.0001% 以下。除镉后的铟进行除铊。

除铊时按如下质量比加入氯化铵和氯化锌：In∶NH₄Cl∶ZnCl₂=1000∶45∶15，除铊温度为 270~280℃，时间 1h。此法除铊效率高，铟直接回收率 96% 以上，总回收率可达99.99%，操作方便，劳动条件好，依次除铊即可达要求。

除镉、铊的铟用苛性钠作覆盖剂，控制温度 300~350℃ 进行铸锭，铸锭的速度应均匀，铸锭表面要求光滑、平整、无碱渣。

（5）反萃铁。用 P204 萃取铟的同时也能萃取铁、锡等杂质，经过一段时间循环、P204 中铁、锡含量达到一定程度后，P204 萃铟能力下降，故每隔 20 天左右，需进行清洗有机相（P204）中的铁、锡等。某厂用 A 试剂作为反萃铁、锡剂。其技术操作条件如下：A 试剂浓度 1.5mol/L，相比 O/A=2/1，2 级，混合时间 5min，室温。反萃铁、锡后各相成分实例见表 12-76。

表 12-76　反萃铁、锡后各相成分实例

批号	相　比		有机相浓度/g·L⁻¹		贫有机相浓度/g·L⁻¹		反萃液浓度/g·L⁻¹	
	有机相	水相	Fe	Sn	Fe	Sn	Fe	Sn
1	2	1	4.59	2.13	0.324	0.3		1.92
2	2	1	3.78	1.12	0.294	0.26	1.09	2.63
3	2	1	4.74	2.03	0.418		0.75	3.83
4	2	1	4.52	2.08	0.425			1.81

所得精铟化学成分实例见表 12-77。

表 12-77　精铟化学成分　　　　　　　　　　（%）

In	杂　质								
	Cu	Pb	Zn	Sn	Fe	Al	Tl	Cd	As
≥99.99	≤0.0005	≤0.0015	≤0.002	≤0.002	≤0.001	≤0.001	≤0.0015	≤0.001	≤0.0005

表 12-78 给出了此工艺流程的铟回收率，并与表 12-70 的铟指标做了对比，显然此工艺大幅度提高了流程的铟回收率。

表 12-78　两种工艺流程的铟回收率比较　　　　　（%）

工艺流程	浸出渣窑铟挥发率	ZnO 中铟浸出率	酸浸液至精铟回收率	流程铟总回收率
改进后工艺	88~90	88~92	85~90	65~75
改进前工艺	75~78	80~90	32~41	22~26

从酸浸液至精铟的主要辅料单耗（kg，以生产 1kg 铟计）：硫酸 60，盐酸 40，煤油 2~4，P204 0.8~1.2，A 试剂 1，固碱 1，氯酸钠 0.3，锌块 4。

12.3.7   氧化锌粉硫酸化焙烧—浸出—萃取法及氯化焙烧—浸出—置换法回收铟

12.3.7.1   氧化锌粉硫酸化焙烧—浸出—萃取法回收铟[2,19,20]

氧化锌粉硫酸化焙烧—浸出—萃取法回收铟法为哈萨克斯坦的乌斯契·卡明诺戈尔斯克炼锌厂所采用，如图 12-55 所示。

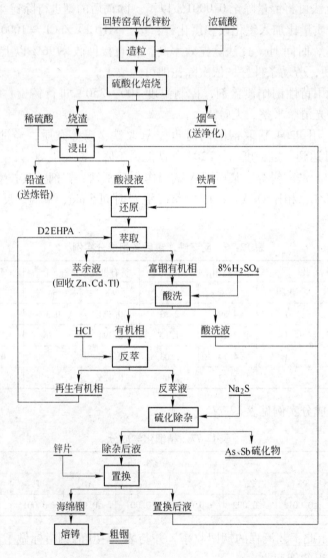

图 12-55   乌斯契·卡明诺戈尔斯克炼锌厂的氧化锌粉提铟工艺流程图

该工艺的氧化锌粉酸浸液经铁屑还原 Fe^{3+} 后进行萃取，萃取剂采用 0.3mol/L D2EHPA（P204）煤油液，萃取时相比 O/A = 1/(4~4.5)，温度 30~35℃；反萃剂使用 HCl，O/A = 20/1，反萃液中的铟浓度可比料液富集约 100 倍，达 20~55g/L。此反萃液加入 Na_2S 进行硫化反应除去 As、Sb 等杂质，纯化 $InCl_3$ 溶液后，再行置换产出海绵铟。

12.3.7.2 氧化锌粉氯化焙烧—浸出—水解—置换法提铟[2,19,20]

日本日曹金属公司的会津锌冶炼厂对其湿法炼锌的浸出渣，采用回收窑还原挥发法处理，所得 ZnO 粉采用氯化焙烧—浸出—水解—置换的工艺回收铟，工艺流程如图 12-56 所示。

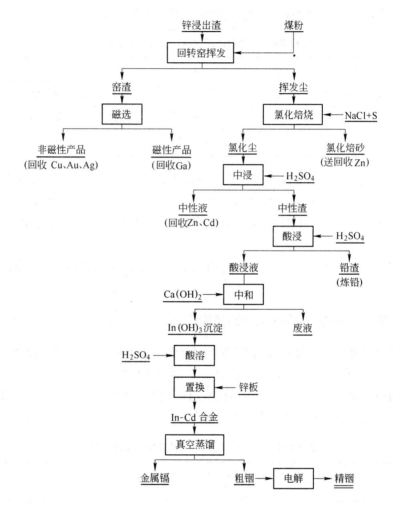

图 12-56　日本会津锌冶炼厂的氧化锌粉提取工艺流程图

其主要工序的技术条件如下：

（1）浸出渣回转窑还原挥发。浸出渣含水 35%，干燥至含水 15%，配以料重 30% 的碎焦（3~10mm），加入用油加热的挥发窑中。窑斜度 3.8%，窑内高温带衬以天然铁钒土熔铸的耐火砖。烟气采用旋风收尘器—电收尘器—风机流程。表 12-79 给出了浸出渣和产出烟尘、窑渣的成分。

表 12-79　日本会津厂浸出渣回转窑还原挥发结果　　　　　　　　　　（%）

项目	Zn	Pb	Cd	Cu	Fe	C	S	SiO₂	CaO	Ag	Au
浸出渣	22	3.4	0.28	0.8	28.7		5.5	2.8	1.8	320g/t	0.8g/t
烟尘	61.9	9.0	0.81	0.06	3.1	0.8		2.3			
窑渣	1.32	0.64	0.003	2.0	49.3	10.2	47	21.8	3.7	5000g/t	1.5g/t

（2）窑渣磁选。窑渣经破碎和磁选，选出的非磁选产品经制粒—鼓风炉熔炼产出冰铜。磁性产品的成分为：Fe 70% ~76%，Cu 1.5% ~2.5%，Ge 0.01%，Ag 500 ~700g/t，Au 2.5g/t。再处理回收 Ga, Fe 等。

（3）回转窑 ZnO 尘的氯化焙烧。ZnO 粉配以适量的食盐和硫黄，在回转窑内进行氯化挥发，此时 ZnO 粉中的铟便富集入氯化物中，其结果见表 12-80。

表 12-80   日本会津厂 ZnO 粉氯化焙烧结果   （%）

项 目	Zn	Pb	Cd	Cl	F	In
ZnO 粉	61.9	9.0	0.81	2.18	0.128	0.089
氯化焙砂	21.8	1.36	0.051	0.028	0.0035	0.037
氯化尘	8.67	44.4	4.34	12.5	0.265	0.307

（4）氯化尘回收铟。对氯化挥发产出的氯化尘进行二段硫酸浸出，使铟进入第二段酸浸液之中，用石灰乳中和沉淀出 In(OH)$_3$ 等。沉淀物酸溶，滤液加锌粉置换除 Cu、As，然后在置换槽内用锌板置换出海绵铟，熔铸成粗铟。对粗铟先真空蒸馏除镉，最后电解精炼得精铟产品。

此方法较实用，但流程过长，交替使用火法与湿法，多次液固分离，回收率自然不会高。

12.3.8   回转窑窑渣磁选—电解—阳极泥法回收铟

日本同和公司的安中冶炼厂湿法炼锌的中浸渣，用回转窑还原挥发法处理（最早是采用电炉蒸馏法），所得 ZnO 粉送锌系统回收 Zn，而窑渣仍残留较多的 In、Ga，经磁选后富集于磁选产品中，对磁性产品熔炼所得的铁进行电解，使 In、Ga 进入电解阳极泥，然后再予以回收。其工艺流程如图 12-57 所示，流程中主要物料的组成见表 12-81[2,19,20]。

表 12-81   日本安中锌厂提铟工艺的物料组成   （%）

项 目	In	Ga	Zn	Pb	Fe	Cu	S
锌浸出渣	0.03 ~0.04		20 ~22	3 ~4.5	23.5 ~26.5	0.6 ~0.8	5.6 ~25.5
窑 渣	0.05 ~0.15		8 ~10	3.2 ~4.5	45 ~49	0.8 ~1.2	0.4 ~0.6
生 铁					89 ~95	2 ~2.5	0.05 ~0.15
生铁烟尘	0.07 ~0.18		52 ~54	17 ~23	1 ~1.2	0.08 ~0.12	
阳极泥	0.1 ~0.3	0.1			25 ~30	15 ~18	

铁的电解用普通电解槽，阳极板为不锈钢片，电解液为 FeSO$_4$ + (NH$_4$)$_2$SO$_4$，含 Fe^{2+} 50g/L，pH 值 2.5 ~3.5，电解液温度 60℃，电流密度 100 ~150A/m^2，槽压 1.0 ~1.2V，阳极寿命 40 ~45 天，阴极出槽周期 8 ~10 天。

电解所得电积铁经洗涤破碎后出售。所得阳极泥用离心机脱水后，经酸溶—萃取—反萃—置换提取铟，萃取所用萃取剂为 3% P204 +12% TBP 的煤油液。

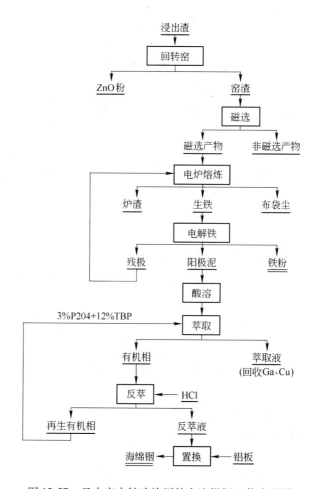

图 12-57 日本安中锌冶炼厂的窑渣提铟工艺流程图

12.3.9 氧化锌粉中浸渣还原—酸浸—水解法回收铟

意大利蒙特维奇·蒙特波尼矿冶公司的马格拉港炼锌厂是一湿法炼锌厂，于 1969 年在全球第一家实现从锌浸出渣同时综合回收锗、铟、镓三种稀散金属[2,19]。

该厂的浸出渣成分（%）为：水 40、Zn 18、Pb 60、Ge 0.06、In 0.04、Ga 0.02，干燥至水分 3%～4% 后，与碎焦和石灰石相混合加入烧油的回转窑进行还原挥发。富集了 Ge、In、Ga 的 ZnO 挥发尘先用 Na_2CO_3 洗涤脱氯，然后用锌电解液中性浸出，中浸液送锌系统回收 Zn，中浸渣通过二次还原酸浸—水解法回收 Ge、In、Ga，工艺流程如图 12-58 所示。

中浸渣用稀硫酸浸出，并用亚硫酸钙分离三价铁，$PbSO_4$ 滤渣送炼铅，滤液用丹宁酸沉锗，沉锗后液用 NaOH 中和水解，浸出含 In 12%、Ga 2.5% 的沉淀物。对该氢氧化物再进行第二次还原酸浸—中和水解（pH 值为 4～4.27），让 In 和 Ga 水解转入第二次中和渣。碱浸二次中和渣，由碱浸液中回收 Ga。对碱渣采用酸浸—置换的方法提取出铟来。

此方法存在着多段浸出、中和，频繁进行液固分离作业，交错使用酸和碱，工序多、

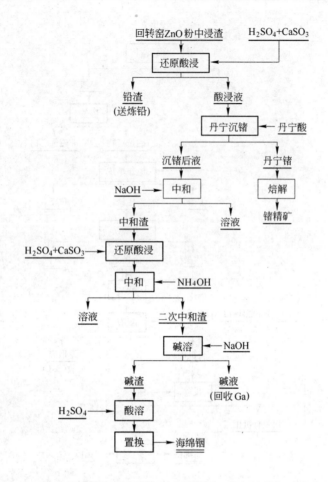

图 12-58   意大利马格拉港冶炼锌厂还原酸浸—水解法提铟工艺流程图

过程冗长、回收率不够高等缺点。

12.3.10   氧化锌粉吸附浸出及中浸渣酸化焙烧—浸出—萃取法回收铟

12.3.10.1   氧化锌吸附浸出回收铟[19]

契良宾斯克电锌厂 1935 年开始生产电锌，是俄罗斯最大的炼锌企业，锌年产能 20 万吨。该厂锌的浸出残渣通过大型回转窑还原挥发，ZnO 挥发尘进入一专设的铟生产车间，采用如图 12-59 所示的工艺流程进行铟的提取。

该工艺的最大特点是使用 KФ 型阳离子交换树脂（一类以乙烯磷酸二氯乙酯和乙酸乙烯酯为主体的离子交换树脂）来选择性吸附溶液中的铟，而浸出与吸附作用同时在矿浆中进行，故称为吸附浸出法。过程条件是：温度为 50 ~ 60℃，游离硫酸浓度为 9 ~ 14g/L。

分离开泥浆后，用 16g/L H_2SO_4 的稀酸洗液进行冲洗除 Cd、Zn，让铟保留在树脂上。随后用 2mol/L HCl 将 In 从树脂上吸附下来。铟溶液的铟富集比可达 80 倍，回收率 85%。

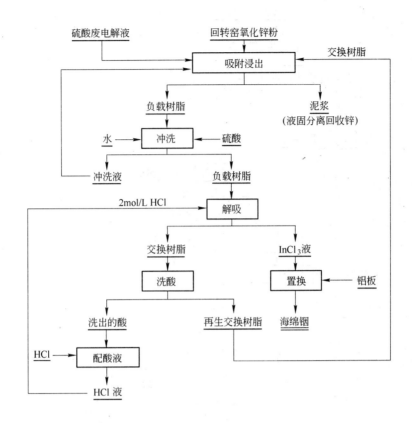

图 12-59 俄罗斯契良宾斯克电锌厂的氧化锌粉吸附浸出法提铟工艺流程

12.3.10.2 中浸渣硫酸化焙烧—浸出—萃取法回收铟

日本三棱金属公司的秋田（Akita）湿法炼锌厂年产锌 9.73 万吨。其所产的中浸浸出渣成分（%）为：Zn 20、Cd 0.2、Cu 0.92、In 0.012，未采用回转窑挥发法，而是配以黄铁矿在沸腾炉内于 670℃下进行硫酸化焙烧，焙砂和烟尘混合后用稀硫酸浸出；对含 In 50～70mg/L 浸出液经二次净化去除镉后，通过萃取作业得到含 In% 20～30g/L 的富铟溶液，再用铝来置换产出粗铟，最后用电解法制得 99.99% 精铟。其工艺原则流程如图12-60所示。

12.3.11 高酸浸出铁钒渣回收铟

铁闪锌矿类型的锌精矿可能含较高品位的铟，是重要的铟资源，如我国广西南丹矿区等地产的锌精矿。这种精矿含 In 高达 0.13%，但含 Zn 低，仅 38% 左右，金属元素 Fe、Ag、Sb 较高（含 Fe 高达 13%～14%），为了全面综合回收 Zn、In 等有价元素，采用焙烧—中浸—高酸浸出—沉钒的黄钾铁钒法进行处理。在通过黄钾铁钒法产出的黄钾铁钒渣中，铟以类质同象形式进入黄钾铁钒晶格。

针对含铟铁钒渣的回收工艺，我国的科技工作者经多年努力，成功开发出钒渣焙解—二段酸性浸出—萃取提铟的工艺，并应用于华锡集团来宾冶炼厂的 42t/a 铟的生产线上，工艺流程如图 12-61 所示。

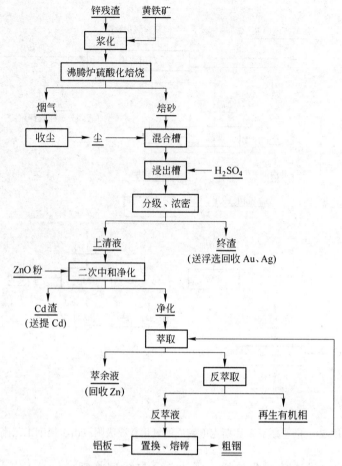

图 12-60　日本秋田湿法炼锌厂的酸化焙烧—浸出—萃取法提铟工艺流程

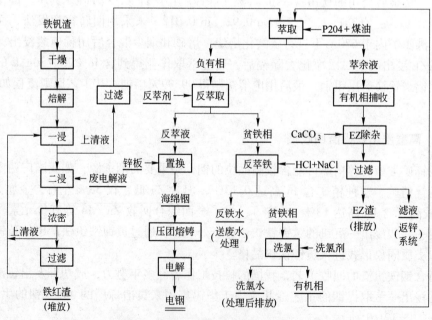

图 12-61　焙解—酸浸—萃取法从铁钒渣中回收铟工艺流程

此工艺运行良好,不利的是其过程中渣量大、溶液量大、设备处理能力要求高,盐酸、有机溶剂、蒸汽等消耗大,且其产出的铁红渣没有固化,堆存困难,污染环境。此外,钒渣的回转窑焙烧技术条件不易控制,致使指标波动。

为此,又出现了对此工艺的一些改进,即对铁钒渣采用干燥—回转窑挥发—挥发尘浸出—萃取工艺提铟,其工艺流程如图12-62所示。

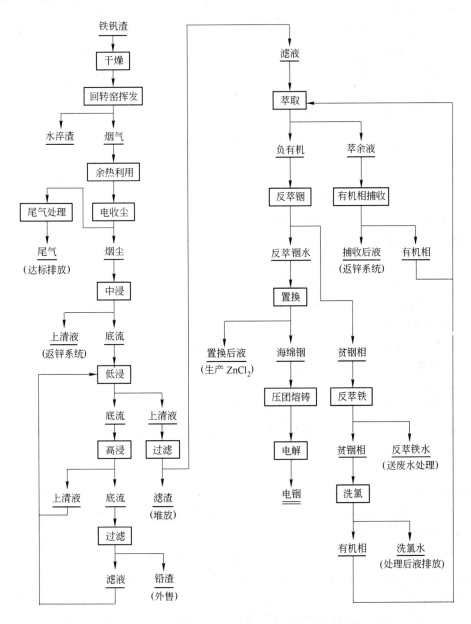

图 12-62 干燥—挥发—酸浸—萃取法从铁钒渣回收铟的工艺流程

此工艺流程的特点在于:

(1) 铁钒渣采用回转窑挥发,铟的挥发率可达 90% ~ 92%,铟富集在烟尘中,烟尘量仅为钒渣量的 1/10 左右,从富铟(In 2.8% ~ 3%)的烟尘中采用浸出、萃取工艺提取铟，可大大减少物料的处理量。挥发窑产出的渣属无害渣，渣中有害元素固化在渣中，对周围环境不产生污染，实现无害渣综合回收锌、铟生产工艺。

(2) 钒渣中含硫约为 12%~13%，回转窑挥发过程中钒渣中大部分硫呈 SO_2 形态进入烟气，烟气能达标排放。

(3) 采用钒渣挥发工艺替代钒渣焙解工艺，铟富集在挥发窑烟尘中，烟尘中主要成分是氧化锌，含铁量少，烟尘浸出时浸出液中含铁量大大减少，萃取时完全可以免除铟、铁分离困扰，盐酸用量也相对减少，对降低铟的生产成本有好处。

由于挥发窑烟尘含铁量少，烟尘浸出后浸出液中含铁量低，浸出液经过滤、萃取后，萃余液中有机相只要捕收彻底，可返回锌系统回收溶液中的锌，有利于提高锌的回收率。

工艺过程及相关技术条件概述如下：

(1) 干燥及钒渣挥发。锌系统所产含铟钒渣含水 20%~25%、含铟 0.31%（干）、含锌 4.52%（干），经胶带输送机送到干燥窑进行干燥，干燥温度 400~450℃，干燥后渣含水 15%~16%，铟主要以 In_2O_3 的形式进入烟气，钒渣中的硫也有相当一部分进入烟气。烟气经余热锅炉回收余热、电收尘器捕尘后，尾气经处理后达标排放。挥发窑渣经水淬后送渣场堆放。

(2) 浸出、浓密、过滤。烟尘仓中烟尘含铟 2.83%、含锌 50%，经星形给料机、胶带输送机、电子皮带秤送至浆化槽内浆化，然后泵入中性浸出槽进行中性浸出，控制温度约 70℃、始酸 100g/L、终酸 pH 值为 5.2~5.4、液固比 6：1、时间 1~1.5h。其目的为浸出 60%~70% 的锌，而铟基本不被浸出。中浸矿浆送中浸浓密机浓密，上清液含锌约 140g/L，返回锌系统，底流送低酸浸出。控制低酸浸出温度约 70℃、始酸 110~120g/L、终酸 20g/L、液固比 5：1、时间 1~1.5h。低浸矿浆送低浸浓密机浓密，上清液经过滤达标后送萃取，底流送高酸浸出。控制高酸浸出温度为 80~90℃、始酸 150~160g/L、终酸 80g/L、液固比 5：1、时间 5h。高温矿浆送高浸浓密机浓密，上清液返回低酸浸出，底流经过滤后，滤液返回低酸浸出，滤渣（铅渣）外售。

(3) 萃取、置换、电解、熔铸。低浸浓密机上清液含铟 5.32g/L，过滤达标后经高位槽、稳压槽、流量计进萃取箱，有机相同时也进入萃取箱，相比 O/A=1/1。萃取后，水相进入萃余液储槽，经有机相捕收作业后返回锌系统；有机相返回萃取；富有机相含铟 5.13g/L，进行反萃铟作业。

反萃作业有反萃铟、反萃铁、洗氯等工序。反萃铟始相比 O/A=10/1，6 级；反萃铁相比 O/A=5/1，6 级；洗氯相比 O/A=10/1，6 级。经反萃后，有机相返回萃取；反萃铟水含铟 50.79g/L，进入置换槽进行置换；反萃液、洗氯水经处理后排放。

将洗净的锌板放入置换槽后，放入反萃液，置换周期为 7 天，最后 2~3 天，再放入一些锌片。取样化验置换后液合格后，将被置换出来的海绵铟捞出水洗，压团。置换后液送去氯化锌工序。

经压团、熔铸后的铟阳极用阳极袋套装，装入电解槽，用钛板作阴极，同极距 65~70mm。将配制好的电解液放入槽内，通电，保持槽压 0.3V，电流密度 60A/m²，阴极周期为 7 天。

阴极析出的铟铲下后洗净，熔铸后即为铟锭。

过程主要技术指标如下：铟入渣率为 95%；钒渣干燥回收率为：Zn 99%，In 99%；

钒渣挥发回收率为：Zn 80%，In 91%；浸出率为：Zn 97%，In 94%；铟萃取回收率为 96.5%；铟反萃率为 99%；铟置换率为 99%；铟电解回收率为 99.5%；铟熔铸回收率为 99.5%；铟总回收率为 75.33%。

特别要说明，在用 P204 萃取时，铟和铁的萃取速度有很大差别，因此，如果通过控制两相液体接触混合时间不太长，使传质速度快的铟基本达到传质过程的热力学平衡状态，而按其自身的分配比萃入有机相，传质速度慢的铁则远离传质过程的热力学平衡状态，而基本上不被萃取仍留在水相。这样就实现了铟与铁的非平衡萃取分离（由马荣骏提出）。

为实现非平衡萃取，必须有合适的萃取设备，它应能使两相液体迅速实现充分的混合接触，又能使混合液迅速分相，离心式萃取器可较好地满足这一要求。

文献 [23] 曾报道过二级连续离心萃取试验，其设备连接示意图如图 12-63 所示，试验结果见表 12-82。

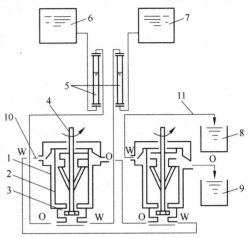

图 12-63 离心萃取设备连接示意图

1—蜗轮浆混合室；2—不锈钢转鼓；3—有机玻璃外壳；
4—转动轴；5—转子流量计；6—有机玻璃储槽；
7—水箱储槽；8—萃余液储槽；9—负荷有机相储槽；
10——级萃余液取样点；11—二级萃余液取样点

表 12-82　离心萃取连续运行试验结果

取样时间	相比 (A/O)	取样位置	萃余液成分/g·L^{-1}							
			Zn	Fe	In	Cu	Cd	As	Sb	Na
3：50	3.35	萃余1 萃余2		15.28 14.55	0.050 0.0033	0.90	0.12	2.24	0.0112	8.1
4：01	3.15	萃余1 萃余2	37.82	14.89 14.66	0.025 0.0017	0.93	0.13	2.28	0.0008	8.2
4：20	3.23	萃余1 萃余2	38.79	14.89 14.72	0.0025 0.0017	0.93	0.13	2.02	0.0092	8.1
4：35	3.01	萃余1 萃余2	38.95	14.72 14.94	0.0022 0.0016	0.93	0.13	2.48	0.0082	8.1
4：50	3.10	萃余1 萃余2	38.30	15.36 14.66	0.034 0.0016	0.93	0.13	2.09	0.0065	8.0
5：00	3.00	萃余1 萃余2	38.47	15.46 14.56	0.049 0.0016	0.93	0.13	2.09	0.0097	8.1

注：1. 试验条件：原始料液成分（g/L）：Zn 39.6，Fe 16.0，In 0.611，Cu 0.93，Cd 0.13，As 2.144，Sb 0.0092；
280r/min；水相流速 1.2L/min；相比（O/A）1/3。

2. 萃余 1 表示第 1 级重相出口取样，萃余 2 表示第 2 级重相出口取样。

从表 12-82 中数据可知，铟的萃取率可到 99% 以上，铁的萃取率在 5% ~8% 的范围，其余萃取甚微，表明用离心萃取设备，借助于萃取速度的差异，分离 In^{3+}、Fe^{3+} 是可行的。

国内一些锌冶炼厂生产中采用离心萃取工艺来回收铟，其工艺流程如图 12-64 所示。

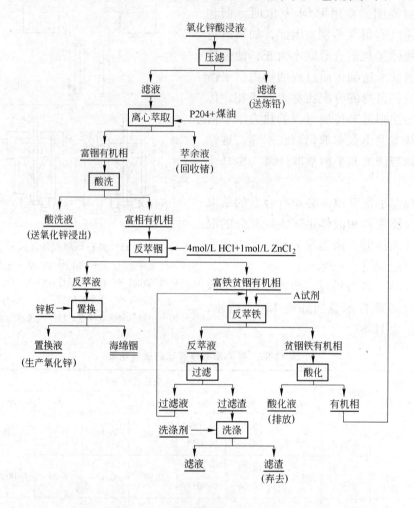

图 12-64 离心萃取回收铟工艺流程

某厂酸浸液成分见表 12-83，离心萃取技术操作条件为：有机相为 30% P204 + 65% 磺化煤油 + 5% 改质剂，相比 O/A = 1/10，三级逆流离心萃取，混合时间 1min，常温。

表 12-83   酸浸液成分实例   (g/L)

批 号	In	Ge	Ga	Zn	Fe	As	H_2SO_4
1	0.227	0.015	0.018	122.25	0.98	1.03	18.58
2	0.227	0.014	0.022	121.75	0.90		20.16
3	0.226	0.020	0.020	138.01	3.41	1.54	16.35

生产中料液和萃余液成分见表 12-84，料液和萃余液中的金属分配见表 12-85。

表 12-84　萃取料液、萃余液成分实例　　　　　　　　　　　　　　　　（g/L）

项 目	In	Ge	Zn	Fe	As
料 液	0.276	0.020	138.01	3.41	1.54
萃余液	0.014	0.019	136.86	3.35	1.52

表 12-85　萃取料液、萃余液中金属分配实例　　　　　　　　　　　　　　（%）

项 目	In	Ge	Zn	Fe	As
料 液	100	100	100	100	100
萃余液	5.0	95.0	99.14	98.5	99.00

12.3.12　高酸浸出针铁矿法回收铟

针铁矿法是从锌焙砂高酸浸出液的预中和渣中回收铟[24]。使铁从热酸浸出液中以针铁矿析出的条件是：溶液中含 Fe^{3+} 低（小于 1g/L），pH 值为 3~5，较高温度（80~100℃），分散空气，加入晶种。其操作程序是在所要求的温度下，将溶液中的 Fe^{3+} 用 SO_2 或 ZnS 先还原成 Fe^{2+}，然后加 ZnO 调节 pH 值为 3~5，再用空气缓慢氧化，使其呈 α-FeOOH 析出。此时所发生的反应为：

还原　　　　　　　　　　$Fe_2(SO_4)_3 + ZnS = 2FeSO_4 + ZnSO_4 + S\downarrow$

或　　　　　　　　　$Fe_2(SO_4)_3 + ZnSO_3 + H_2O = 2FeSO_4 + ZnSO_4 + H_2SO_4$

氧化　　　　$2FeSO_4 + 1/2O_2 + 2ZnO + H_2O = 2FeOOH\downarrow + 2ZnSO_4$

所以，针铁矿法沉淀铁包括 Fe^{3+} 的还原及 Fe^{2+} 的氧化两个关键作业。

为了使铁、铟分离，在还原与氧化之间增设了一个水解富集铟的工序。针对广西大厂的高铁高铟锌矿，曾研究采用热酸浸出—硫化锌精矿还原针铁矿法，其工艺流程如图 12-65 所示。

各工序所控制的条件为：还原：（95±5）℃，4~5h，终点 Fe^{3+} 1.5g/L；预中和：（85±5）℃，1h，终点 pH=2.0；中和沉铟：70~75℃，1h，终点 pH=4~4.6；氧化除铁：（80±5）℃，3.5h，终点 Fe^{2+} 小于 1g/L。

工艺过程中锌的直收率为 72.4%，总收率为 96.9%；铟的直收率为 92.7%（入铟渣），总收率为 95%；铜的直收率为 73.25%；镉的直收率为 89%。

水口山四厂采用热酸浸出—亚硫酸锌还原针铁矿法处理低铟的硫化锌矿。该流程是将还原工序与预中和工序合并，还原底流直接返回热酸浸出，如图 12-66 所示。

利用亚硫酸锌还原，时间短，还原率高，无还原渣产生，氧化除铁采用机械搅拌与空气搅拌相结合，氧化速度快，空气利用率高，所得针铁矿渣过滤性能好，各工序控制的条件为：还原：（95±5）℃，4~5h，终点 Fe^{3+} 1.5g/L；预中和还原：（85±5）℃，1h，终点 pH=2.0；中和沉铟：70~75℃，1h，终点 pH 值为 4~4.6；氧化除铁：（85±5）℃，1h，终点 Fe^{2+} 小于 1.0g/L。沉铟率达 87.2%，铟富集倍数 8.03 倍，铟渣率 8.29%，铟直收率（从原料至铟渣）80%。

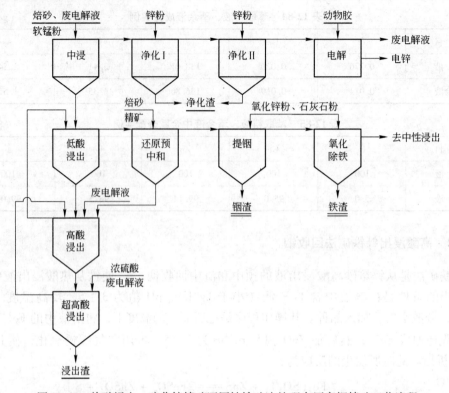

图 12-65　热酸浸出—硫化锌精矿还原针铁矿法处理大厂富铟精矿工艺流程

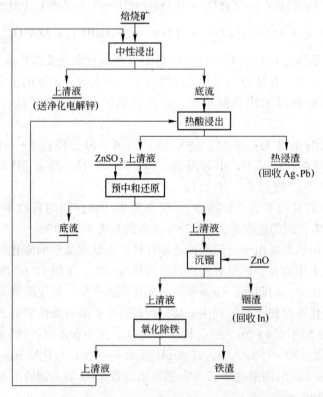

图 12-66　热酸浸出—亚硫酸锌还原针铁矿法工艺流程

　　针对上两种工艺存在的流程长、设备投资大的缺点，作者又开发了一套新的改进工艺。此工艺抛弃老流程中的还原液中和沉铟渣工序，而直接从低酸浸出液的还原液中用萃取法回收铟。其工艺流程如图 12-67 所示。

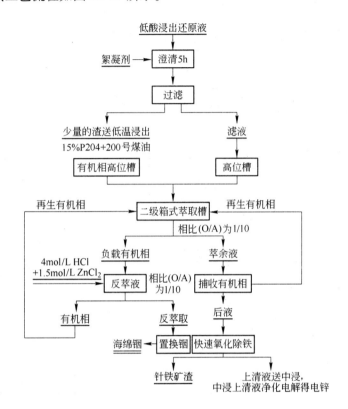

图 12-67　低酸浸出还原液 P204 萃取提铟工艺流程

　　结果流程畅通，铟萃取率达 99.8%，反萃率 99%，置换率 98%，铟回收率大于 96%。

　　此工艺流程与湿法炼锌的中浸渣或铁矾渣酸浸—萃取工艺相比，有明显的优点：工艺简单，节省设备及产品成本；萃取中不产生乳化，以箱式混合澄清槽作萃取设备，易控制；锌回收率，粗铟产品品位高。

12.3.13　高压浸出—赤铁矿法回收铟

　　对锌浸出渣采用高压浸出、赤铁矿法除铁的工艺，是由日本同和公司发明，并于 1972年开始在其所属饭岛锌冶炼厂开始投入生产，锌浸出渣除含微量 In、Ga 外，还含有（%）：Zn 17~19.4，Pb 7.5~8.9，Fe 28.7~29.6，Cu 2.4~2.6，Ag 0.062~0.666 等。由此渣回收提取 In、Ga 的工艺流程如图 12-68 所示。

　　工艺过程及相关技术条件叙述如下：

　　(1) 浸出。浸出渣先用带式过滤机过滤，滤液返回锌冶炼系统。滤渣用电解废液在浆化槽内浆化，矿浆经预热器加热后送往 2 台卧式高压釜中浸出，同时鼓入 SO_2，浸出温度 100~110℃，压力 0.15~0.2MPa，时间 3h。高压釜（容积 120m^3/台）用钢板制成，内部分成 4 室，衬以铅皮再衬以耐酸砖。

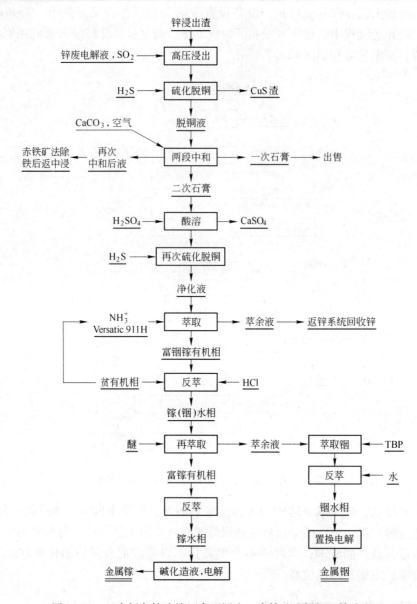

图 12-68　日本饭岛锌冶炼厂高压浸出—赤铁矿法提铟、镓流程

（2）浸出液的脱铜。由高压釜出来的矿浆，在冷却塔中除去溶解的 SO_2 后，送往脱铜槽内，通入硫化氢脱铜，脱铜后矿浆送浓密机顺流洗涤。浓密机溢流送一段中和槽，底流送往带式过滤机过滤。滤渣由 Cu、Au、Ag 组成，送选厂浮选，获得含 Cu 25% 的铜精矿，金和银几乎全部回收其中；尾矿含 Pb 约 30%，作为炼铅原料出售。

（3）脱铜液的中和。脱铜后液含游离酸约 20g/L，用碳酸钙两次中和。第一次中和到 pH＝2，用离心机滤出石膏。第二次中和到 pH＝4.5，使 Ga、Ge、In 等稀散金属以及 As、Sb、Bi 等有害杂质元素一并沉淀。

（4）高压水解除铁。中和后的溶渣在高压釜中除铁，有立式和卧式（四室）高压釜两种。高压釜材料为钢壳衬铁，内部附件为纯钛质。由中和工段来的滤液在热交换器内加热到110℃后送进高压釜内。高压釜内温度保持200℃，鼓入纯氧，釜内压力1.8~2MPa（氧分压0.5MPa），在釜内停留约3h，在此条件下Fe^{2+}氧化成Fe_2O_3而沉淀，溶液含铁量降到1g/L左右。由高压釜出来的溶液，用三台减压槽缓慢减压到常压。溶液用空气冷却塔冷却到40℃以下后送进浓密机。浓密机的溢流含游离酸30g/L，并含有被浸出的锌和镉，送到锌系统的浸出工段。浓密机的溢流含铁量为3~4g/L，进入高压釜溶液含铁40~50g/L，故高压水解除铁效率达90%以上。浓密机的底流用带式过滤机过滤。滤渣用水浆化后再用离心机脱水，滤出的氧化铁产品送往炼铁厂。

（5）二次石膏回收In、Ga。含In 0.05%~0.2%，Ga 0.05%~0.1%，Zn 8%及Fe 4%的二次石膏，加水浆化，然后加硫酸溶液，获得含In、Ga各达0.25g/L、Zn 40g/L、Fe 20g/L及少量铜的溶液。向该溶液通入H_2S除去铜等重金属，并同时把Fe^{3+}还原为Fe^{2+}。然后添加氨水并严格调节pH值到2.5~3.5，用叔碳羧酸（Versatic911H）共萃镓与铟。用盐酸把镓与铟反萃入盐酸介质。然后用醚萃镓，以水反萃得含镓水相，加NaOH除铁后，用硫酸中和沉出富镓的$Ga(OH)_3$沉淀物。用TBP萃取萃镓余液中的铟，用水反萃得到含铟水相，然后经置换、电解而得电解铟。

使用赤铁矿法，锌及伴生金属的浸出率高，原料中微量的铟、镓等稀散金属都可得到综合回收，产渣量少，渣含铁较高可直接利用；但使用高压釜，需特殊材料，设备费用昂贵，蒸汽消耗多。

12.3.14　反射炉烟尘酸浸—萃取法回收铟

我国某炼铅厂对粗铅采用熔析脱铜火法精炼，铟大部分进入所产铜浮渣，在反射炉苏打熔炼此浮渣时，主要富集于反射炉烟尘之中，其成分见表12-86[19,25~28]。

表12-86　粗铅浮渣反射炉苏打熔炼烟尘成分　　　　　　　　（%）

成　分	In	Pb	Zn	Sn	As	Cd	Fe	Sb	SiO_2
含　量	1.5~2.3	20~30	4.5~6.0	1~3	3~6	0.25~1	0.4~6.5	0.5~1	2~5

该厂采用酸浸—萃取法由反射炉含铟烟尘中回收铟，其工艺流程如图12-69所示。

工艺过程的主要技术条件和指标简述如下：

（1）铅浮渣反射炉烟尘的浸出。浸出在内衬瓷砖的机械搅拌浸出罐内进行，蒸气加热，先进行4h浓H_2SO_4浸出，再加水进行2h稀酸浸出。在高温、稀酸和氧化剂锰粉的作用下，烟尘中的铟（主要呈$InAsO_4$形态存在）绝大部分进入浸出液。浸出过程的铟金属平衡实例见表12-87。

表12-87　浸出过程中的金属平衡

项　目		数量	实例1		
			铟含量	铟质量/kg	百分比/%
加　入	烟尘	1000kg	1.99%	19.9	100
产　出	浸出液	900L	2.13g/L	19.17	96.23
	浸出渣	540kg	0.45%	2.43	12.21
	合　计			21.6	108.54

项　目		数　量	实例2		
			铟含量	铟质量/kg	百分比/%
加　入	烟　尘	1000kg	1.8%	18	100
产　出	浸出液	9500L	1.87g/L	17.77	98.72
	浸出渣	520kg	0.461%	2.40	13.33
	合　计			20.17	112.05

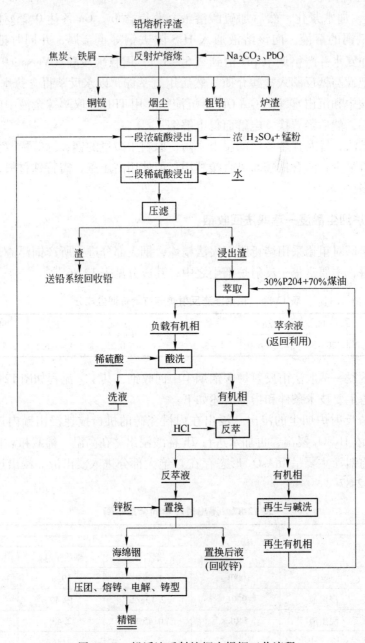

图12-69　铅浮渣反射炉烟尘提铟工艺流程

（2）浸出液的萃取。浸出液采用三级萃取，萃取剂为30% P204 + 煤油，萃取温度小于40℃。为了防止浸出液中杂质（如SiO_2等）对萃取的影响，生产中料液应尽量冷却至室温，使硅沉降。萃余液含铟控制在50mg/L以下，综合利用其中锌和硫酸。萃取率大于99.5%。

（3）有机相的酸洗和反萃。有机相用稀硫酸进行二级酸洗，控制合适的酸洗液浓度和流量，可有效洗去有机相中的杂质和Fe、Zn，酸洗液送回烟灰浸出。用6mol/L工业盐酸进行有机相三级反萃，铟反萃率达99%以上。

（4）有机相的再生与碱洗。由于铅浮渣反射炉烟灰成分比较复杂，Fe、As、Sn、Cd、Zn等杂质元素含量比较高，在强酸浸出条件下，它们绝大部分被浸出进入浸出液中，萃取时部分进入有机相。用工业盐酸反萃时，铟的反萃效果很好，但由于这些杂质反萃效果不好，大部分留在有机相中，使有机相萃铟能力逐渐下降，同时对萃取时的分相也有不利影响，必须使有机相及时再生。采用草酸溶液二级再生，再生时间15min。

生产实践中发现，每隔一段时间（一般约为30~80天），萃取过程就开始出现分相不明显，有机相与料液层面变浑浊，界面物比较多，萃余液含铟较高，萃取效率比较低，即有机相"老化"严重的问题。出现这一情况时，采用片碱洗，即把有机相转移到碱洗罐中，用高压蒸汽加热，控制碱洗液温度，加入适量的片碱，搅拌一定时间，取样直至分相明显为止。分离出的有机相再用稀硫酸洗涤有机相的Na^+和中和碱。

（5）反萃液的置换。反萃液用锌锭或锌片置换其中的铟，置换在玻璃钢槽内进行，置换温度为室温。置换时先在槽底加锌锭，后期加入锌片，置换周期5~7天；溶液含铟少于50mg/L时完成置换过程。置换后液主要成分为$ZnCl_2$，送去回收$ZnCl_2$，置换的海绵铟进行压团。

由于反萃液中含As，因此置换在密封系统内进行，置换槽周边通风。整个置换过程中产生的酸气、氢气和微量的砷化氢均集中收集，置换产生的气体用风机抽至高空大气中。

（6）海绵铟的压团、熔铸。将置换的海绵铟多次洗涤直至清亮，然后用压团机压团。压成团的海绵铟含水5%~10%，在苛性钠的覆盖下于200~300℃温度下熔融，海绵铟中的Al、Zn等杂质进入渣中。铟熔化后用木棒搅拌，将表面的碱渣捞尽铸成极板（即粗铟），品位大于98.5%，送往铟系统电解精炼，加工成精铟（99.994% In）。

此工艺的主要技术经济指标为：铟浸出回收率80%~85%，萃取回收率97%，反萃回收率99%，置换回收率99%，熔铸回收率96%，精炼回收率95%，总回收率为73%。

此方法工艺过程简单，设备通用，处理反射炉含铟烟尘较适宜，因此现被我国多家炼铅厂所采用。

12.3.15 粗铅碱渣回收铟

12.3.15.1 粗铅碱性精炼渣回收铟[2,19]

日本矿业公司佐贺关冶炼厂以铜厂烟灰、铅冶炼厂烟尘、其他铅渣为原料，采用电炉熔炼粗铅，粗铅在熔铅锅内加入苏打或硝石碱性精炼（哈里斯法）脱除锡、砷和铟，再进行电解精炼。富集了锡、砷、铟的碱渣单独处理回收锡、铟等。提铟工艺流程如图12-70所示。

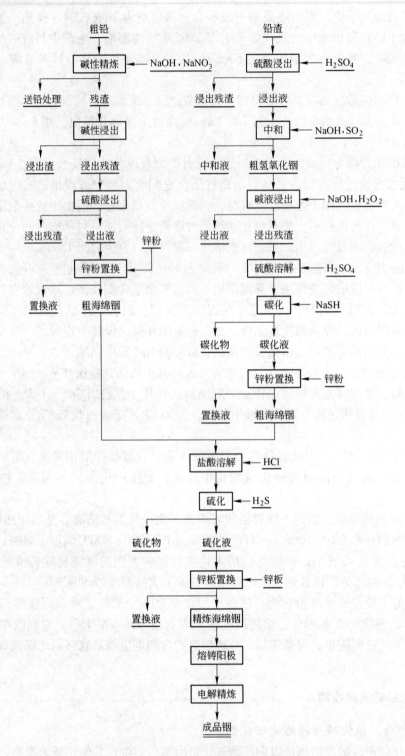

图 12-70 日本佐贺关冶炼厂由粗铅碱性浮渣提铟的生产工艺流程

为了进一步提高锡、铟等的回收率，并尽可能减少粗铅的杂质含量，佐贺关冶炼厂又对该工艺进行了若干改进，主要是采用化学法、反复溶解、净化，未采用萃取工艺。

此外，采用由粗铅碱性浮渣提铟的还有比利时优美科公司及波兰的一家铅冶炼厂。

12.3.15.2 粗铅浮渣还原合金的氯化法回收铟[2,19]

秘鲁的中秘鲁矿冶公司拉·欧罗亚冶炼厂采用硫化铅精矿烧结—鼓风炉熔炼—电解法生产精铅，鼓风炉粗铅在电解前先进行初步火法精炼脱铜，再氧化脱除锡和铟。所得含锡和铟的氧化浮渣在高温下用焦炭还原成 Pb-Sn-In 合金（In 0.25%），于 300℃ 下往合金中加入 $PbCl_2$ 和 $ZnCl_2$ 的混合物进行氯化，此时铟转移进氯化物熔渣，然后用湿法浸出—净化—置换的办法提取出海绵铟来。其提取工艺流程如图 12-71 所示。

12.3.15.3 粗铅浮渣还原合金电解法回收铟[2,19]

加拿大科明科公司的特雷尔厂采用烧结—鼓风炉熔炼—电解工艺处理硫化铅精炼和本厂锌浸出渣生产粗铅。对粗铅火法精炼的氧化浮渣，按图 12-72 所示工艺综合提取铟，即浮渣配以 8% 的焦炭和 17% 的石灰石，在一台 1000kV·A 矩形电炉中于 1480~1590℃ 下进行还原熔炼，产出含铟的 Pb-Sn 合金，成分（%）大致为：In 5~6、Pb 68~78、Sn 10~15、Sb 4~6、Cu 2 等；副产烟尘成分（%）为：In 3、Pb 38、Zn 30、Sn 2.8、SiO_2 1.4，返回电炉熔炼。将电炉合金进行氟硅酸双金属电解精炼（$PbSiF_6$ 60~80g/L），产出含 Sn 80% 的铅锡精合金出售，电解副产物高铟阳极泥含（%）：In 21~23、Sb 25~37、

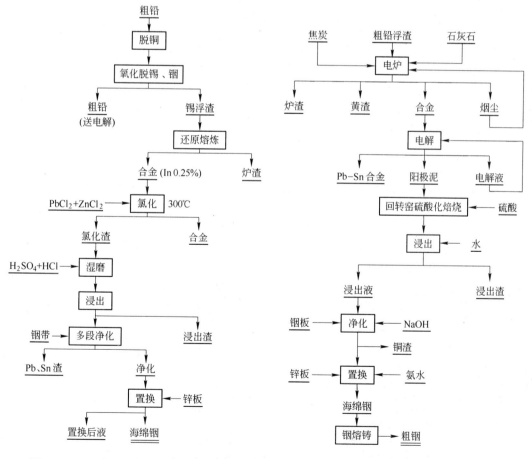

图 12-71　秘鲁拉·欧罗亚冶炼厂铅浮渣
还原氯化法提铟工艺流程

图 12-72　加拿大特雷尔厂粗铅浮渣
还原合金电解法提铟工艺流程

Pb 3~10、Sn 10、Cu 8 等。阳极泥干燥、粉碎后配入浓硫酸在回转窑中于 300℃下进行硫酸化焙烧，让 Cu、In 等转变为硫酸盐，而 As、Sn、Sb 则部分转变为氧化物，部分挥发入烟气。然后对焙烧产物水浸，将 In、Cd 及部分 Sn 转入溶液，滤液用碱调整 pH 值至 1.0，用粗铟板置换脱铜，继而用氨水调整 pH 值至 1.5，用锌板置换得海绵铟。

加碱熔铸海绵铟得到粗铟阳极，在 HCl + NaCl 的电介质中，于 pH 值为 2~2.2 和 25℃下电解精炼，获得纯度 99.97% 的电解精铟，经蒸馏除镉后再次电解，产出 99.999% 的精铟。

此法流程过长，火法、湿法交替使用，回收率低，成本高，值得改进之处不少。

12.3.16　氧化铅矿炼铅烟尘回收铟

以氧化铅矿为原料生产粗铅所占比例极小，但有时在一些地区，它却是主要炼铅原料。氧化铅矿含铅不很高，但一般均含一定数量的 Sn、In、Ag 等，熔炼时铟主要进入鼓风炉烟尘，其次为粗铅。鼓风炉烟尘的成分比较复杂，含砷、硫较高，约 50% 的铟呈结合态。为了提高铟等有价金属的回收率，防止或减少砷的危害，应该设法在回收过程中尽量去除砷。我国一些工厂采用如图 12-73 所示的类似工艺流程处理这种高砷鼓风炉铅烟尘[19]。

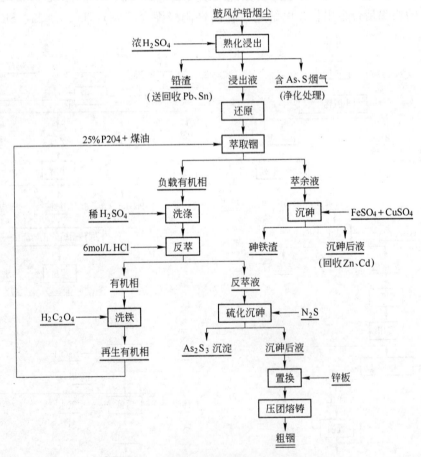

图 12-73　鼓风炉高砷铅烟尘提铟工艺流程

此工艺与一般含铟物料的酸浸—萃取工艺的显著不同点表现在如下几方面：

（1）多段脱砷，尽量减少砷对作业和铟回收率的不利影响。首先对烟尘进行浓硫酸熟化浸出，在此过程中，约40%~60%的As挥发脱除，通过碱吸收处理，同时大部分铟转变为可溶性化合物转入硫酸浸出液。

（2）萃余液加入$FeSO_4$和$CuSO_4$，保持As:Fe=1:(0.8~1)，Cu^{2+}达0.08~0.12g/L，在85℃的温度和pH>4.8下反应至少3h，以使溶液中的As生成难溶的As-Fe渣排出溶液，从而有利于下一步的萃余液Zn、Cd回收和废液达标排放。

（3）含$InCl_3$的反萃液在置换前经过加Na_2S的硫化脱砷工序，以避免置换时AsH_3产生而危及安全。

（4）浸出液若含Fe^{3+}过高时，需进行还原作业。

（5）反萃后所得的有机相经草酸或草酸铵洗铁，以保证再生有机相的萃铟效率。

某厂处理的此类烟尘成分（%）为：In 0.18、Cd 0.8、Zn 5.0、Pb 45.0、Sn 5.2、As 18.0、Fe 1.2、S 6.0，按上述工艺进行处理，得到铟浸出率大于85%、金属回收率大于75%的生产结果，过程中未发生砷的危害。

12.3.17 炼锡副产物回收铟

在锡冶炼过程中，锡精矿中伴生的铟主要富集于粗炼烟尘二次熔炼所得的二次尘、粗焊锡及其电解液、锡渣烟化炉尘，个别工厂的粗锡也含有铟。

12.3.17.1 从焊锡氟硅酸电解液回收铟[19,29]

我国锡冶炼厂的粗焊锡一般均采用氟硅酸电解液进行双金属电解精炼，产出精焊锡。在电解作业过程中，铟会在循环的电解液中逐渐累积，当其达到一定浓度时，可抽出予以提取铟。云锡公司冶炼厂的提铟工艺流程如图12-74所示。

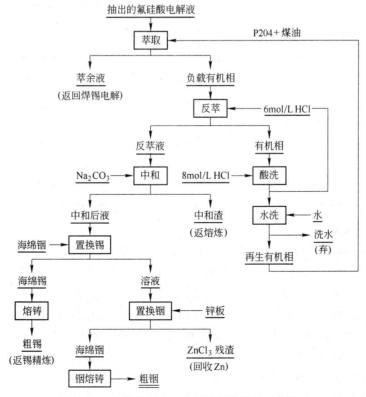

图12-74　由焊锡氟硅酸电解液提取铟的工艺流程

该厂生产采取总容积为 600L 的十二级卧式萃取箱，其中三级为逆流萃取、三级为逆流反萃取、六级为错流有机相再生。生产控制的主要技术条件为：萃取电解液流量 1~2L/min；有机相组成 P204 30%，有机相流量 0.31L/min，相比 O/A = 1/2；酸洗盐酸浓度 8mol/L，酸洗流量 0.1L/min，O/A = 1/1；水洗流量 0.3L/min，O/A = 1/1。

在氟硅酸电解液萃铟的过程中，有约 6% 的锡被同时萃取，负载有机相反萃时，有约 80% 的锡被反萃。因此必须对反萃液进行铟、锡分离。方法是加入 Na_2CO_3 中和至 pH 值为 3~3.5，让溶液中的 Sn^{2+} 和 Sn^{4+} 大部分生成 $Sn(OH)_4$ 沉淀析出。残余的锡再用海绵铟在 pH 值为 1~1.5 条件下置换除去，使溶液残 Sn 小于 60mg/L。最后用锌板在 65℃，pH 值为 1~1.5 条件下置换 36h，产出海绵铟，压团、熔铸得粗铟。

生产中曾对铟的投入和产出情况进行过查定，其结果列于表 12-88 中，产出的粗铟成分（%）为：In 97.8~99.3，Sn 0.3~0.8，Pb 0.005~0.01，Cd 0.003~0.005，TeO 0.0008~0.001。

表 12-88　焊锡氟硅酸电解液提铟投入产出情况统计

项　目	物　料	物料体积或质量	铟含量	纯铟量/kg
投　入	电解液	61.84m³	5.64g/L	348.78
	粗　铟	244.84kg	97.8%	239.45
	中和渣	697.00kg（干）	3.20%	22.30
产　出	熔铸渣	28.87kg	49.00%	14.45
	萃余液	60.95m³	1.19g/L	72.53

在连续生产过程中，焊锡电解氟硅酸电解液和有机相均为闭路循环。铟的萃取率 84%。生产 1kg 粗铟消耗的主要材料如下（kg）：P204 0.8，工业纯甘油 0.64，煤油 1.8，碳酸钠 20，工业盐酸 50，锌锭 1.8。

此工艺成熟可靠，在我国多家炼锡厂已使用多年。值得改进的是反萃液的处理过于复杂，可在电解液萃取时做适当改进。有实验表明 P204 萃取铟 4min 即达平衡，而锡需 57min 才达平衡。利用此铟与锡的萃取动力学性质差异，进行非平衡萃取，可使萃取时即达到铟与锡的良好分离。这就摈弃了反萃液的中和水解及置换除锡工序，从而简化流程，降低提铟的作业成本。

12.3.17.2　从锡冶炼二次烟尘和烟化炉尘回收铟

锡精矿还原熔炼时的烟尘，与炉渣烟化产生的烟化炉尘单独或一起进行二次还原熔炼时，产出含锡和二次烟尘。此二次烟尘会富集铟、锌、镉等金属。

我国处理二次锡尘提铟的工艺流程如图 12-75 所示。采用两段硫酸，控制技术条件为：第一段：始酸 130~160g/L，液/固 = 6/1，3h，85~95℃；第二段：始酸 200g/L，液/固 = 6/1，3h，85~95℃。两段浸出回收率（%）为：Zn 97~98，In 45~64。原料及浸出液、渣成分见表 12-89。萃取作业效率较高，使用 20% P204，相比 O/A = 1/2，二级萃取，萃取率达 99%。

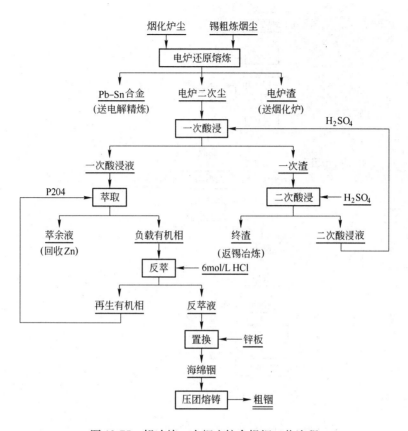

图 12-75　锡冶炼二次烟尘综合提铟工艺流程

表 12-89　锡熔炼二次烟尘两段浸出结果

项　目	单　位	Zn	Pb	Sn	In	As	S	H_2SO_4
二次锡尘	%	48.29	11.84	10.64	0.15	1.85	0.02	
浸出渣	g/L	58.34			0.058			30
浸出渣	%	34.5	34.5	26.38				

此工艺流程的最大弊端在于铟的浸出率低，导致回收率低，其原因在于相当部分的铟呈结合态，常压浸出难以破坏其结构，应改变浸出方式，例如可采用压热浸出等方法。

12.3.17.3　从金属锡中回收铟

英国卡珀·帕斯公司对粗锡碱性电解精炼后的金属锡（含 In 0.025%）进行氯化法除铟，所得氯化亚锡按图 12-76 所示流程进行处理。

12.3.17.4　粗锡真空蒸馏炉—冷凝法回收铟

俄罗斯的新西伯利亚锡联合企业采用电炉和反射炉还原熔炼锡精矿产粗锡，此粗锡经离心过滤除砷、锑后，即进行真空蒸馏炉除铅、铋。

真空蒸馏炉也能除铟，而且铟在第一批冷凝物中达到 0.1% ~ 0.6%，铟的富集回收率为 50% ~ 60%。为了回收这部分铟，该企业采用了熔体萃取工艺，即在 320 ~ 340℃下用 $ZnCl_2 + PbCl_2$ 熔体使合金中的铟进入氯化物熔体，然后将熔体用盐酸浸出，金属锌置换得海绵铟，其杂质成分（%）为：Sn、Ga、Ge、Tl、Zn $< 1 \times 10^{-4}$，Cd、Hg、Cu、Ni、Pb <

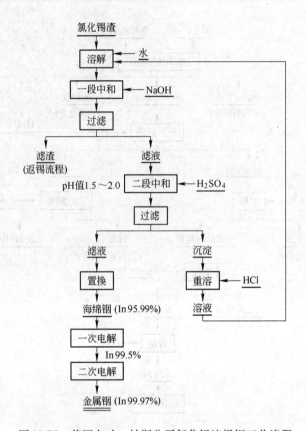

图 12-76　英国卡珀·帕斯公司氯化锡渣提铟工艺流程

1×10^{-5}，Fe、Ag $< 5 \times 10^{-5}$，铟的回收率为 97%。

　　回收铟后的铅铋合金再进行蒸馏，以降低含锡量，直到含 Bi 4% ~ 13%、Sn 0.4% ~ 1%、Pb 87% ~ 89%，将它作为铅铋合金销售。

　　我国锡冶炼厂普遍使用粗锡脱铅的真空蒸馏炉，但对真空蒸馏冷凝物（俗称真空铅）的铟富集与提取，迄今尚未见查定与研究工作。

12.3.18　铅锑精矿冶炼副产物回收铟

　　某些铅锑精矿，例如广西大厂所产的脆硫锑铅（$Pb_4Sb_6S_4$）精矿，含有一定数量的铟，品位高时可直接湿法处理回收铟；铟品位较低时，则可由精矿烧结—鼓风炉熔炼的烟尘和 Pb-Sb 合金精炼浮渣中回收铟（与粗铅浮渣提铟类似）[19,24~27]。

12.3.18.1　从铅锑精矿的鼓风炉烟尘回收铟

　　我国广西某厂采用图 12-77 所示的工艺流程从鼓风炉的 Pb-Sb 烟灰中提铟。

　　此工艺的特点是采用 H_2SO_4 + NaCl 浸出，在此溶剂介质中，呈 In_2S_3 形态的铟可被溶解。因此与单一使用 H_2SO_4 浸出剂相比，铟浸出率得以明显提高。

　　生产中主要工序的技术条件和结果如下：

　　（1）采用机械搅拌槽进行二次浸出，压滤机过滤，技术条件为：一次浸出：液固比为（5 ~ 6）/1，温度大于 90℃，时间为 4h，始酸 H_2SO_4 65 ~ 80g/L，NaCl 40 ~ 50g/L。二次浸

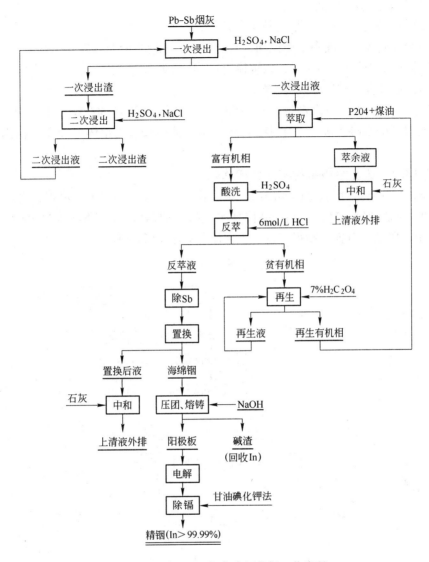

图 12-77　从 Pb-Sb 烟灰中回收铟工艺流程

出：液固比为（5～6）/1，温度大于 90℃，时间为 4h，始酸 H_2SO_4 92～120g/L，NaCl 50g/L。浸出结果为：对含 In 0.08%～0.125% 的烟灰，两段浸出率为 66%～72%，渣含铟约 0.05%，浸出液含 In 140～230mg/L。

（2）萃取技术条件与结果。采用多级水平箱式混合澄清槽进行萃取与反萃作业，控制技术条件为：

1）料液、清亮无机械杂质，温度小于 35℃，SiO_2 少于 0.5g/L；

2）有机相：25% P204 +75% 硫化煤油；

3）萃取相比（O/A）为 1:（5～6），3 级；

4）酸洗相比（O/A）为（5～6）:1，3 级，H_2SO_4 浓度为 150g/L；

5）反萃相比（O/A）为（5～6）:1，2 级，反萃液（HCl）浓度为 6mol/L；

6）草酸相比（O/A）为（5～6）:1，1 级，草酸浓度为 7%。

作业萃取率达95%以上。

（3）除锑、置换、压团、熔铸技术条件为：

1）把锌片放入反萃液中来回搅动，直至锌片上无附带着黑颗粒金属Sb；

2）置换周期为每槽2~3天，以置换终点pH值为5~6为准；

3）压团块铟含水质量分数为5%；

4）熔铸时烧碱加入量占铟量50%~60%，熔铸温度200~300℃，熔铸时间0.5~1h。

作业结果为除锑率89%，铟损耗约1%，铟置换率95%，熔铸率85%，粗铟纯度大于96%。

12.3.18.2 从复杂锑铅精矿直接回收铟

有人制定了一套采用氯化循环浸出、中和除杂、多段富集的工艺流程，直接处理含铟0.041%的复杂脆硫锑铅精矿，制得品位高达3.62%的铟精矿，使铟富集了42倍多，再用常规的酸溶—除杂—置换法制得粗铟，工艺流程如图12-78所示。

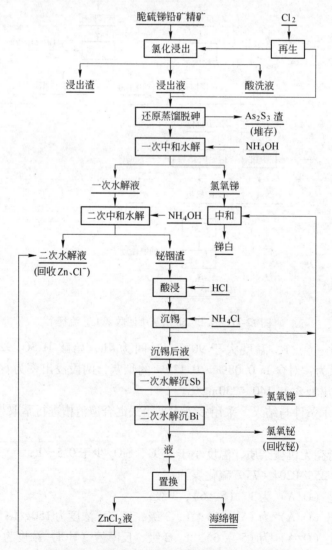

图12-78 从复杂锑铅精矿直接提取铟工艺流程

该工艺流程的关键是氯化循环浸出，该过程是利用脆硫锑铅矿中某些金属离子被氯气氧化成高价金属离子组成混合氯化剂，其主要成分为五氯化锑。浸出反应式为：

$$Pb_4FeSb_6S_{14} + 14SbCl_5 \Longrightarrow 4PbCl_2 + FeCl_2 + 20SbCl_3 + 14S$$

$$MeS + SbCl_5 \Longrightarrow MeCl_2 + SbCl_3 + S$$

据称流程的铟总回收率高达78%，方法十分有效。

12.3.19　炼铜过程回收铟

在火法炼铜过程中，铟没明显富集在某一产品或副产品之中，仅在冶炼烟尘，特别是吹炉烟尘中略有富集，可以成为提铟的原料[2,19,20,30]。

12.3.19.1　铜陵有色金属集团控股有限公司的铜烟尘回收铟

铜陵有色金属集团控股有限公司先后使用两套工艺流程来处理铜烟尘，流程一为铜烟灰直接酸浸—萃取提铟，如图12-79所示；流程二为铜烟灰先经鼓风炉熔炼得Pb-Bi合金，鼓风炉副产烟灰再进行酸浸—萃取提铟，如图12-80所示。

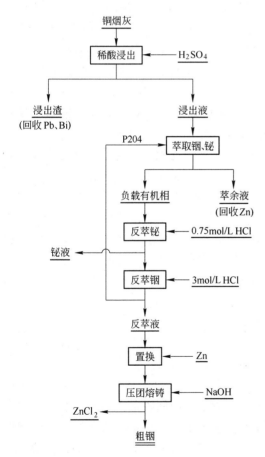

图12-79　铜烟灰酸浸—萃取法提铟工艺流程　　　　图12-80　铜烟灰鼓风炉熔炼Pb-Bi合金副产烟灰的酸浸—萃取提铟工艺流程

A　流程一的工艺条件与指标

流程一技术条件如下：

（1）浸出。采用机械搅拌槽，液/固=3/1，反应温度 90℃，浸出时间 3h，始酸 1mol/L H_2SO_4，终酸 0.25mol/L。

（2）萃取。使用箱式混合澄清槽，用 30% P204+煤油作萃取剂，相比 O/A=（7~10)/1，混合时间 10~15min。

（3）置换。用锌板置换，pH 值为 5~6，时间 48h。

主要技术经济指标为：铟总回收率约 60%（混合烟灰）和约 70%（转炉烟灰），其中浸出率为 65%（混合烟灰）和 75%（转炉烟灰）；萃取段回收率大于 92%；反萃段回收率大于 97%；置换段回收率大于 99%。生产 1kg 铟要消耗：盐酸 100kg、P204 0.1kg、煤油 10kg、锌板 15kg。

B　流程二的工艺技术条件与指标

鼓风炉烟灰主要成分（%）为：In 0.45、Pb 20.6、Bi 1.3、Cu 1.6；铟化学物相组成（%）为：氧化铟 45.4、硫化铟 21.4、卤化铟 25.0、其他 8.2。

浸出在机械搅拌槽中进行，浸出条件为：液/固=3/1，始酸 2mol/L H_2SO_4，温度 80℃，时间 3h，终酸 0.5mol/L H_2SO_4。采用箱式混合澄清槽进行萃取与反萃取，用 30% P204+煤油作 3 级逆流萃取，萃取时相比 O/A=1/1，负载有机相用 2.5mol/L H_2SO_4 洗涤净化后，用 3mol/L HCl 进行 3 级反萃，相比 O/A=12/1。反萃铟后的有机相先用 6mol/L HCl 反萃铁，O/A=12/1，经水洗后返回萃取。反萃液用锌板置换，时间 24h，置换终点 pH 值为 5~6。

此工艺的主要技术指标为：铟浸出率 72%，萃取率 98%，反萃率 98%，铟总回收率 69%。生产 1kg 铟要消耗：盐酸 100kg、P204 0.1kg、煤油 10kg、锌板 8.0kg。

两套工艺均能有效从铜烟灰中提取铟。流程一是先湿法处理，再通过还原熔炼浸出渣以回收 Pb、Bi；浸出时铋会部分溶解进入浸出液，并与铟一起共萃入有机相，必须在反萃铟之前，先行用稀 HCl 或 H_2SO_4+NaCl 液反萃除去，以保证铟的纯度，这就造成了铋的分散和提铟流程的复杂化。流程二是铜烟灰先经简单水浸 Cu、Zn 后进行还原熔炼产 Pb-Bi 合金，再对鼓风炉烟尘进行常规湿法提铟，该工艺的特点是铜烟灰中的各有价金属可分别在流程的不同阶段相对集中产出，有利于分别回收；同时，铟在鼓风炉烟尘得以二次富集，杂质适当减少，也有利于铟的提取，并使含铟贫的铜烟灰回收铟成为可能。然而要指出，铟的浸出率不够高，是两个流程的共有缺点。

12.3.19.2　加拿大鹰桥公司的铜烟尘回收铟

加拿大鹰桥公司引进日本三菱公司的连续吹炼系统处理铜锍。烟气通过静电除尘器捕集其中的烟尘，供专设的铟车间用于提铟，铟生产能力为 20t/a，所用工艺与我国铜陵有色金属公司的流程一相仿，如图 12-81 所示。

在国外的一些炼铜厂中，还有着其他工艺流程从铜烟灰中回收铟，例如铜烟灰硫酸化焙烧—浸出—水解法；特别值得一提的还有高压酸浸法提铟。该法是把含铟的铜转炉烟尘投入一含 H_2SO_4 的压煮器中，控制液/固=4/1，温度 120℃和 117kPa 的压力，压煮 2h，此时 80%以上的 In、Zn、As 都进入浸出液。用 ZnO 粉将浸出液预中和除铋，得一含 In 20~50mg/L 的料液。用 20% P204 萃取铟，负载有机相经 H_2SO_4+NaCl 混合液洗涤后，用 6mol/L HCl 反萃得海绵铟，此工艺对处理低品位含铟尘、提高铟回收率有效。

最后要指出的是，铜烟尘（尤其是吹炉尘）在冶炼铜过程产出量少，因此通过铜烟尘

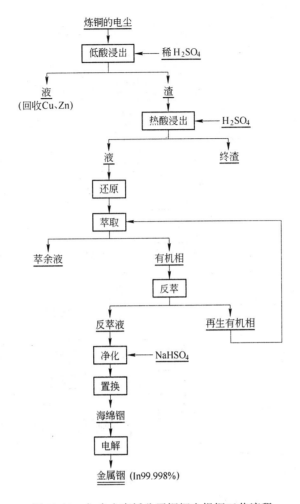

图 12-81　加拿大鹰桥公司铜烟尘提铟工艺流程

所回收的铟量还不到铜精矿中铟量的 10%，大量的铟都进入炼铜过程的各种炉渣之中去了。研究一套经济、有效的从炼铜炉渣中回收铟的工艺方法，已成为应该重视的新课题。

12.3.20　炼铁烟尘回收铟

高炉冶炼生铁过程中，对高炉烟气净化所得的烟尘，俗称瓦斯泥（湿尘泥）或瓦斯灰（布袋尘），它除含 Fe、C 等外，还含有相当量的铟、锌、铅、铋等有价金属。

为了综合利用瓦斯泥，可采用以下方法：火法有回转窑烟化、垂直喷射火焰炉烟化、等离子炉熔炼、循环烟气法、铝溶法等；湿法有碱浸、氨浸、酸浸、高压浸出法等；还有先重选再烟化富集的联合法等。从经济、实用、物料全面综合利用的角度出发，迄今为止真正在工业上得以广泛使用的却仅有回转窑烟化法一种[19]。

图 12-82 所示为个旧市江河锌联公司采用回转窑烟化法处理瓦斯泥（灰）全面回收物料有价元素的工艺流程。

图 12-82 所示工艺流程的各个过程及指标如下：

（1）回转窑烟化。回转窑尺寸为 $\phi_内$ 1.7m × 32m，瓦斯灰及干燥过的瓦斯泥与焦粉、

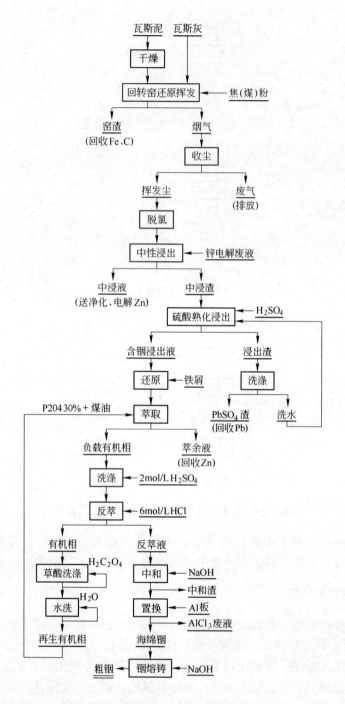

图 12-82 回转窑烟化法处理瓦斯泥工艺流程

无烟煤粉混合后经皮运输机由窑尾入窑，燃料比为 35% ~40% ，烟气经沉降窑至布袋收尘后放空。用罗茨风机从窑头鼓风助燃，控制窑转速约为 120s/r，炉内高温区温度 1150 ~ 1200℃ ，窑尾负压 60 ~100Pa ，窑渣由窑内排出水淬后经多道磁选回收渣中所含的碳和铁。窑处理混合料量为 1.85t/（m³·d）。物料及产物成分见表 12-90。

表 12-90 回转窑烟化瓦斯泥的物料及产物成分 （%）

表 12-90 回转窑烟化瓦斯泥的物料及产物成分 （%）

项 目	Zn	In	Pb	Fe	S	As	C	Cl
瓦斯灰	10.8	0.018	1.5	22	0.1	8.0	0.8	0.8
挥发尘	56	0.085	9.0	2.5	0.4	0.02	1.0	4.0
窑 渣	0.6	0.004	0.02	0.8	0.05	0.005	18	0.2

（2）挥发尘的浸出。挥发尘经过碱洗脱氯后进行中性浸出（pH 值为 5.2），中浸液送净化除杂、电解提锌。中浸渣配入工业浓硫酸熟化后加水浸出，所得含铟浸出液用铁屑还原 Fe^{3+} 后供萃取提铟。各段溶液主要成分见表 12-91。

表 12-91 挥发尘中浸液、酸浸液、还原后液的成分 （g/L）

项 目	Zn	In	As	Fe	Fe^{2+}	Cd	SiO_2	H_2SO_4
中性浸出液	135	0.005	0.1	3.0	3.0	0.1		pH 值 5.2
含铟浸出液	25~30	0.15~0.48	0.05	6~10	5~9	0.1	0.2	50~80
还原后液	25~30	0.15~0.48	0.05	8~12	7.8~11.8	0.1	0.2	40~70

（3）萃取及反萃。萃取使用 30% P204 + 煤油作萃取剂，相比 O/A = 1/(6~10)，4 级萃取，料液酸度 30~90g/L H_2SO_4、含 In 150~450mg/L，萃余液含 In 少于 5mg/L。酸洗使用 1.25mol/L H_2SO_4 溶液作酸洗液，O/A = 1/1，3 级。反萃使用 6mol/L HCl 作反萃剂，相比 O/A = (15~20)/1，4 级，反萃液含 In 30~50g/L。草酸洗涤使用 7% $H_2C_2O_4$ 洗铁，O/A = 1/1，3 级。水洗使用自来水，O/A = 1/1，1 级。

（4）中和与置换、熔铸。往反萃液中加入片碱和 H_2O_2，控制 pH 值约 2.5，以沉淀 Sb、Fe、As 等杂质。用铝板在中和后液中置换铟，置换液 pH 值为 2，时间 2~4h，置换后液含 In 少于 30mg/L。所得海绵铟经压团后，在 NaOH 覆盖下熔铸成含 In 约 99.5% 的粗铟。

（5）过程主要技术经济指标。铟回收率（%）为：回转窑挥发 83、浸出 88、萃取 94、中和置换 98.5、熔铸 99，总回收率 67。生产 1kg 铟要消耗：铝板 1.0kg、P204 1.0kg、煤油 6.0kg、固碱 5.0kg、盐酸 2.5kg。

从瓦斯泥提取铟的工艺过程成熟、实用，物料综合利用较全面，但工艺路线长、工艺繁杂，铟的总回收率还不够高。

12.3.21 ITO 废靶材回收铟

铟主要应用于制造铟锡氧化物（ITO）靶材，其用量已占铟消费总量的约 3/4，每年高达 600t 以上，ITO（铟锡氧化物）靶材溅射镀膜利用率一般仅约 60%，余为废靶，同时在靶材生产过程中还产生边角料、切屑等，都成为回收铟的二次资源。废靶材回收铟的数量和成本也是牵制铟交易和铟价的一个重要因素。

ITO 靶材是由 InO_3 和 SnO_2 组成的氧化物烧结体，要有效地回收其废料中的铟，需使铟与锡分离，其方法是利用铟、锡的性质不同，达到分离的目的。现已有三种铟、镉分离的方法：

（1）酸溶解靶材。用酸使 ITO 靶材中的 In_2O_3 和 SnO_2 溶解进入溶液，然后用铟板置换出溶液中的锡，再用铝板置换出溶液中的铟，得到粗铟。粗铟经电解精炼生产高纯铟。此法简单、快捷，但溶解作业时由于锡化物呈胶态沉淀物，致过滤困难，且过程成本不低。

（2）高温下与碱作用使废靶材中的 SnO_2 生成易溶于水的 Na_2SnO_3、K_2SnO_3，溶解后 In_2O_3 残留在渣中，再用常规法提铟。该方法的缺点是锡的分离不彻底，仍有约40%留于碱熔渣中。

（3）将废靶材于高温下用氢气或碳还原成铟锡合金，再将此合金通过两次电解精炼，直接回收铟。

三个方法相比较，显然第三种较简单易行，所制定的此方案的技术条件与指标如下：

（1）高温碳还原。将块状废靶材破碎到2～5mm，混入活性炭，装入坩埚，送入高温炉，在1300℃下停留5h，冷却至300℃，加入适量NaOH，使熔渣与合金分开，倒出合金，铸成阳极板。生产规模大时，可用感应电炉。所得合金组成（%）为：In 90.08、Sn 9.87、Fe 0.009、Cu 0.0053、Pb 0.0085，铟熔炼回收率大于87%。也可使用氢还原，温度可降至1000℃，但不如碳还原方便、简单、成本低。

（2）合金二次电解精炼。以还原所得的 In-Sn 合金为第一次电解的阳极，第一次电解产物为第二次电解的阳极。两次电解均用钛板为阴极，硫酸盐溶液为电解质，电解技术条件和结果见表12-92。

表12-92　锡合金两次电解技术条件与结果

项　目	第一次电解	第二次电解
电解液组成	In（以硫酸盐形式）：55g/L；NaCl：100g/L；骨胶0.06g/L；pH值：2.0	In（以硫酸盐形式）：55g/L；NaCl：100g/L；骨胶0.06g/L；pH值：2.0
槽电压/V	0.35	0.33
同极距/mm	60～65	50
电流密度/$A \cdot m^{-2}$	75	107
电解时间/h	96	72
产物质量/g	440	150
电解体积/L	5	1
电解母液组成	In^{3+}：51.2g/L，Sn：225mg/L，Cu：0.11mg/L，Fe：2.35g/L	In^{3+}：51.8g/L，Sn：39.5mg/L，Cu：0.11mg/L，Fe：1.85g/L
阳极成分/%	In：90.08，Sn：9.87，Fe：0.0093，Cu：0.0035	In：99.90，Sn：0.035，Fe：0.0001，Cu：0.0001
阴极产物含杂量/%	Sn：0.035，Cu：0.0001，Fe：0.001	Sn：0.0022，Cu：0.0001，Fe：0.0004

第一次电解残极率大于65%，第二次电解残极率小于45%，残极的化学成分（%）为：第一次残极：In 10.49，Sn 59.62，Cu 0.0031，Fe 0.0013，Pb 0.0014；第二次残极：In 99.02，Sn 0.078，Cu 0.0055，Fe 0.0028，Pb 0.0089。显然第一次电解具有极强的除杂效果。

通过清理第一次电解时阳极板上的高锡壳缩短电解液除杂周期，增加电解液除杂次数等措施，可保证工艺控制稳定、作业顺行。而通过二次电解可进一步分离杂质，得到99.99%金属铟。

12.3.22 含铟废合金回收铟

12.3.22.1 In-Pb-Sn 及 In-Ga-Ge 废合金回收铟

电子元件的废料中，常含有 In-Pb-Sn 废合金及 In-Ga-Ge 废合金，对它们的处理回收铟可采用如图 12-83 所示的工艺流程[2,19]。

工艺流程的主要技术条件及结果如下：

（1）酸溶废合金。将废合金浸泡在工业盐酸中，并加约 10% 的工业盐酸，观察反应，如反应不激烈，可再适当酌加硫酸，反应约需 24h，过滤后将渣料送回收锗。

（2）酸溶液置换除锡、铅。往酸溶液放入粗铟片进行置换，除去锡、铅等杂质，当溶液中铟锡比大于 100 时，即认为除杂合格。过滤后的滤渣送回收锡、铅。

（3）除杂后液置换产海绵铟。将除杂后液加热至 50~60℃，用锌板置换得海绵铟，经压团、熔铸得粗铟。

12.3.22.2 In-Cu-Ag 废合金中回收铟

从一些电子工业下脚料、垃圾中可以分拣或回收出 In-Cu-Ag 废合金来，对之处理回收铟可采用图 12-84 所示的工艺流程。

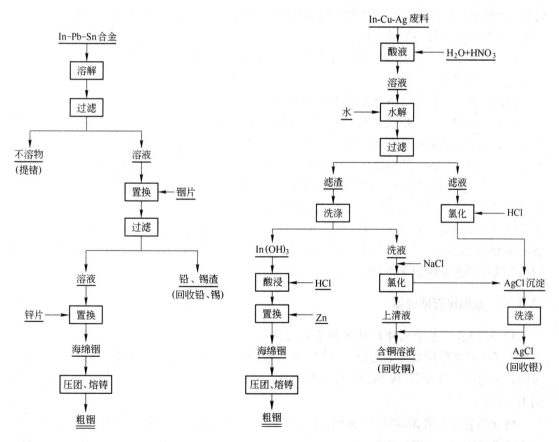

图 12-83　从废合金中回收铟的工艺流程　　　图 12-84　In-Cu-Ag 废料回收铟工艺流程

工艺过程的主要技术条件及结果如下：

(1) 酸溶废合金。废合金：水：硝酸用量配比为 1：1：1。溶解温度 95℃，此时 In、Cu、Ag 都以硝酸盐形式进入溶液。

(2) 水解沉铟。当废合金完全溶解后，往溶液中加入少量水，控制 pH 值为 2.1～3.35，使 In^{3+} 呈 $In(OH)_3$ 沉淀析出。

(3) 氯化沉银。基于 Ag^+ 与 Cl^- 极易生成难溶于水的 AgCl 沉淀，往水解沉铟后的滤液中加入盐酸或 NaCl，可使银、铜相分离，所得 AgCl 沉淀可供提取银，剩余含铜溶液可用铁屑置换回收海绵铜。

(4) 提取金属铟。按 $In(OH)_3$（固）：盐酸（液）= 1：(1～1.5) 的配比溶解铟沉淀。在常温下机械搅拌，致其完全溶解，控制 pH < 1。所得溶液用锌片或铝片置换出海绵铟来，然后压团、熔铸得粗铟。

12.3.22.3 In-Pb-Sn 废合金线回收铟

有人制订了用酸、碱法从 In-Pb-Sn 废合金线中回收铟的方案：先用热的 HCl + HNO_3 浸出废料，冷却至 10℃，使 70% 以上的铅以 $PbCl_2$ 形式冷却结晶分离出来，残余在溶液中的铅用铟粉置换回收。再在 pH 值为 2.0～2.8 下加入 NaOH，使锡以 $Sn(OH)_2 \cdot nH_2O$ 形态沉淀回收。

剩余在溶液中的铟可用两种方法回收提取：一种是在 pH 值为 3.91 条件下，用 H_3PO_3 沉淀出磷酸铟，再用 NaOH 溶液将磷酸铟转化为氧化物；另一种是在 30℃下，以 1.2 倍铟质量的锌粉置换回收海绵状金属铟。

按此工艺，可以达到的金属回收率（%）分别为：In 99.7、Sn 99.5、Pb 94.7，所回收铟纯度为 99.8%。

12.3.22.4 含铟的高锑铅锡合金回收铟

回收废铅基合金、铅锡合金、废焊料等物料所得的熔炼粗品，经真空蒸馏产出含铟的高锑铅基合金，其典型化学成分（%）为：Sb 30～45、Pb 40～56、Sn 11～15、In 0.2～0.4、Ag 0.02～0.08。处理此合金回收铟可采用如图 12-85 所示的工艺流程。

该工艺主要由合金电解精炼和电解液萃取提铟两个主要过程组成，合金电解在氟硅酸电解液中进行，通过电解使锡和铅在阴极上沉积，熔化后得焊锡产品，锑进入阳极泥，并在其中富集，可进一步分离回收 Sn、Pb、Sb、Ag。铟大部分进入溶液，并逐步富集，可适时提出供萃取提铟。全套工艺的金属回收率（%）分别为：Sn 52.6、Pb 88.6、In 42.6，其中铟入电解液率为 60.5%。

12.3.23 含铟废液回收铟

12.3.23.1 电子元件厂硝酸铟废液回收铟

电子元件在使用高纯铟之前，一般需先用盐酸或硝酸腐蚀其表面氧化膜，以清洗金属表面，从而产生含 $InCl_3$ 或 $In(NO)_3$ 的腐蚀液，此液可供综合回收铟，其回收工艺流程如图 12-86 所示[2,19]。

将含铟废液先用 Na_2CO_3 中和至 pH 值为 5～6，产出 $In(OH)_3$ 和 $In(OH)CO_3$ 沉淀，用热水洗涤沉淀数次，至无 NO_3^- 为止。用工业盐酸溶解沉淀（控制酸度为 2mol/L），将所

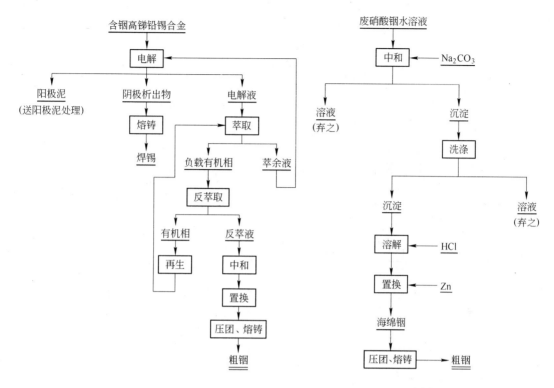

图 12-85　含铟高锑铅锡合金回收铟工艺流程

图 12-86　从废硝酸铟水溶液中回收粗铟工艺流程

得的 $InCl_3$ 溶液用纯锌板置换出海绵铟来，并多次洗涤海绵铟以除去夹带的 $ZnCl_3$ 溶液，再压团、熔化得粗铟。

12.3.23.2　镀铟电镀液中回收铟

镀铟时的清洗水及废镀液主要含 $In_2(SO_4)_3$，可按图 12-87 所示的工艺流程加以回收利用。

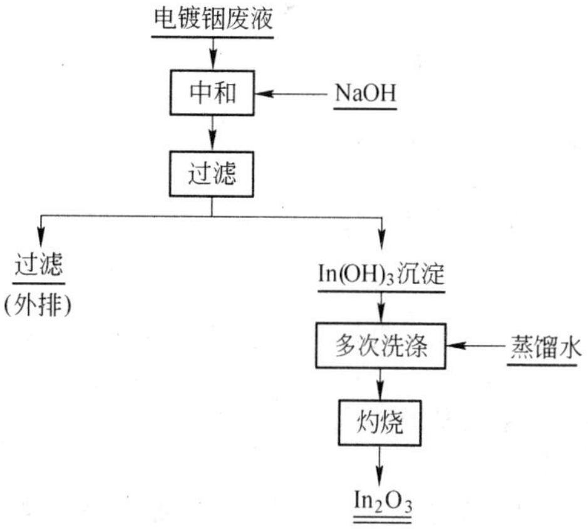

12.3.23.3　锗蒸馏废液回收铟

某化工材料厂采用氯化蒸馏法回收锗后，废酸液含可供回收的 In、Ag 等，其成分（g/L）为：In 2.5～4.0、Sb 4.5～21、Sn 3.5～4.5、Pb 4～4.5、Cu 4～6、As 2.5～3、Ag 0.7～0.8、Fe 15～30、Ge 0.05～0.07。

图 12-87　从电镀铟废液中回收铟的工艺流程

由于该废水中 HCl 浓度高达 5.5～7mol/L，不能直接用 P204 萃取回收 In，虽然也可用多次中和沉淀、分步水解的方法，但流程长、回收率低、成本高，铟产品中锡含量过高，也不可取。可供采用的工艺流程为铁屑还原—TBP 共萃—选择性反萃取分离—P204 萃取纯化—锌板置换 In—熔铸铟，如图 12-88 所示。过程的铟回收率大于 90%，铟产品纯度大于 98.5%，同时可回收 Ag。

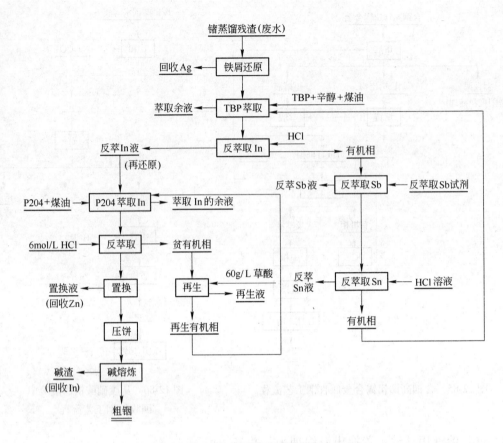

图 12-88　从锗蒸馏废液中提铟工艺流程

12.4　铊的回收

在湿法炼锌中铊富集在铜镉渣、多膛炉烟尘；在火法冶炼锌中铊富集于烧结烟尘、蓝粉及制硫酸的酸泥中；在铜冶炼中铊富集于鼓风炉和反射炉烟尘和冰铜中；在黄铁矿制酸时，铊富集于酸泥中，以上富集物均是回收铊的原料。

12.4.1　置换法回收铊

12.4.1.1　还原浸出—置换法回收铊[2]

将含铊 1% ~ 30% 的物料通入 SO_2 进行还原酸浸，或向含高锌的铊物料中加入 Na_2SO_3 的同时加酸浸出，料中的铊转入溶液，过滤后，向滤液加入 Na_2CO_3 调整溶液 pH 值为 9 ~ 11，并静置 60min，使杂质以碳酸盐的形态沉淀析出而除去，然后往富含铊的溶液加入 $BaSO_3$ 或 $Ba(OH)_2$ 脱铅，将除铅后滤液调 pH 值为 1 ~ 2，用锌板置换 6h，得到 99.95% 海绵铊，将海绵铊压团，在 350℃ 下用碱熔炼而获得 99.999% 纯铊。或直接把含高锌的富铊液调 pH = 2.5，加入锌粉置换得海绵铊，海绵铊经压团、加碱熔炼便可得到 99.9% 铊。过程中原料及产物的组分变化见表 12-93。

表 12-93　还原浸出—置换法过程中物料组分的变化数据

原料及产物	Tl	Zn	Pb	Cd	As
原料/%	30.4	0.4~5	17.8	1.4	0.2
还原浸出液/g·L^{-1}	15.4	34.7	5.6	30.2	
钡盐脱铅后液/g·L^{-1}	14.2	0.019	0.0004	0.003	0.013

12.4.1.2　水浸—置换法回收铊

含铊 0.001%~0.03%、镉 5%~20% 的锌焙烧烟尘，用 H_2SO_4 浸出，可得到含铊 0.01~0.8g/L、镉 15~20g/L 的溶液，为使铊与镉分离，控制二步置换：先加锌粉量略够置换镉（即控制置换后液残留含镉 0.5~1.0g/L），产出以镉为主的海绵物（镉）Ⅰ，送去提镉；而对留在溶液中的铊，再加锌粉实行第二步置换，将全部铊及余镉置换出，得到黑灰色海绵物Ⅱ，它的成分（%）为：Tl 0.2~4.6、Cd 12.3~44.0、Zn 23.5~43.9、Fe 0.1~0.7，Cu 0.09~0.26，经查明海绵物Ⅱ中铊呈金属铊，经露天自然氧化约 20~30 天黑灰色海绵物Ⅱ转为白色，即基本氧化完全，氧化后的海绵物Ⅱ内的铊转变为 Tl_2O + TlOH（约占 66%）与 Tl_2O_3（约占 33%），采用水浸：

$$Tl_2O + H_2O === 2TlOH$$

控制液固比为 3∶1，pH≥6，85℃，3h，铊 60% 以上转入溶液，经除杂后在 pH=2、55~60℃ 条件下，加锌粉置换得海绵铊，碱熔铸得铊，回收率仅约 40%，但流程短。

12.4.1.3　硫化沉淀—置换法回收铊

据报道，含铊的铅烟尘在液固比为 4∶1 时用 80~90℃ 的热水浸出 1h，料中 60%~70% 的铊转入溶液，往溶液中加入 Na_2S 进行硫化沉出铊，接着用 30% $ZnSO_4$ 或直接用 H_2SO_4 浸出硫化铊沉淀，使铊转入溶液，用硫酸浸出时会产生有毒的 H_2S，故作业须在负压下进行。溶解后经过滤，滤液用锌片或 Ga-Zn 置换得海绵铊。据文献报道，溶液中的硫酸浓度不影响置换铊的速度。如用锌量为理论量的 1.5 倍，在小于 30℃ 条件下置换 45min，则置换率大于 95%，海绵铊经碱熔炼得粗铊。此法铊的总回收率也不到 40%。

12.4.1.4　铬盐沉淀—锌置换法回收铊

秘鲁中部矿业公司（Centromin Peru SA）采用铬盐沉淀—锌置换法从铅鼓风炉渣中回收铊，其工艺流程如图 12-89 所示[31]。

含铊 0.05%~0.13% 的烟尘配以 Na_2CO_3、铜屑及焦炭投入反射炉熔炼，烟尘中的铊再次挥发，收尘得到的第二次铊烟尘，经 H_2SO_4 浸出，得到含铊 15g/L

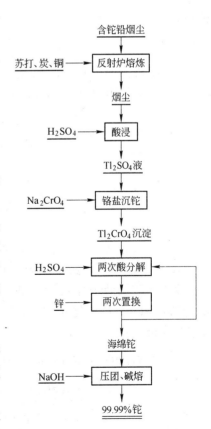

图 12-89　铬盐沉淀—锌置换法提铊工艺流程

的 Tl_2SO_4 液，调整酸度到 H_2SO_4 3～4g/L 时，基于 CrO_4^{2-} 与 Tl^+ 形成不溶的铬酸盐特性，加入 Na_2CrO_4（或 K_2CrO_4）沉出黄色 Tl_2SO_4：

$$Tl_2SO_4 + Na_2CrO_4 \Longrightarrow Tl_2CrO_4\downarrow + Na_2SO_4$$

沉出物经两次硫酸分解，第一次于 90℃ 下用 20% 硫酸分解，第二次用 50% 硫酸分解 1～2h，过滤所得的 Tl_2SO_4 滤液经两次锌粉置换，后一次置换是在用 Na_2S 净化除重金属杂质之后进行的。将置换得到的海绵铊，在 320℃ 下加碱熔铸得纯度 99.99% 的铊。含 CrO_4^{2-} 的溶液需处理排放。

前南斯拉夫曾进行过从含铊 0.92%、砷 55% 及硫 25.99% 的砷精矿中回收铊的试验，砷精矿于 400℃ 下氧化焙烧，产出的焙砂即用热水浸出，约有 80% 的铊与仅 3% 的砷转入溶液，然后往溶液中添加 CrO_4^{2-} 使铊以 Tl_2CrO_4 形态沉出，铊在沉淀中富集，可采用前述方法从沉淀中进一步提铊。

此法实用、富集比大，但回收率低。其发展取决于铬盐价格及环境保护（如使用铬盐与置换后液含 CrO_4^{2-} 的环保处理成本）之需。

12.4.2 硫酸化—多次沉淀法回收铊

在温度高于 320℃ 下烧结铅精矿时，物料中的 Tl_2S 挥发，同时发生氧化而生成硫酸铊：

$$Tl_2S + 2O_2 \Longrightarrow Tl_2SO_4$$

当温度再高时，Tl_2S 的氧化加速。当温度高于 600℃ 时，Tl_2SO_4 离解成易挥发的 Tl_2O；而在高于 700℃ 时，Ti_2O_3 也离解成低价氧化物而挥发：

$$2Tl_2S + 3O_2 \Longrightarrow 2Tl_2O\uparrow + 2SO_2\uparrow$$

$$2Tl_2S + 5O_2 \Longrightarrow 2Tl_2O_3\uparrow + 2SO_2\uparrow$$

$$Tl_2O_3 \Longrightarrow Tl_2O\uparrow + O_2\uparrow$$

由此可见，铊主要富集在烧结产出的烟尘中，从烟尘中回收铊，可采用硫酸化—多次沉淀法，如图 12-90 所示。

铅烟尘成分（%）为：Tl 0.056～0.13、Pb 48～54.5、Zn 15.2～7.3、Cd 1.8～2.52 及 S 5.1～5.6。此尘经硫酸化脱硒，用 H_2SO_4 酸浸焙砂除铅；酸浸中铊等进入酸浸液，向酸浸液中加入 ZnO 和 $CdCO_3$ 中和除铟；接着向滤液通入空气氧化，并加 ZnO 粉调 pH=5.4 净化除砷与铁；然后加热到 80℃，并加入 $KMnO_4$ 使铊以 $Tl(OH)_3$ 形态沉淀析出：

$$3Tl_2SO_4 + 4KMnO_4 + 8H_2SO_4 \Longrightarrow 3Tl_2(SO_4)_3 + 4MnO_2 + 2K_2SO_4 + 8H_2O$$

$$Tl_2(SO_4)_3 + 6H_2O \Longrightarrow 2Tl(OH)_3\downarrow + 3H_2SO_4$$

沉淀物含铊 5%～23%。在液固比为 1:1、70～80℃、加入铁屑的条件下用硫酸溶解沉淀物，控制终酸 15～20g/L H_2SO_4 时，沉淀中的铊将转入溶液，并加铁屑使铊转为低价铊：

$$2Tl(OH)_3 + 3H_2SO_4 === Tl_2(SO_4)_3 + 6H_2O$$

$$Tl_2(SO_4)_3 + 2Fe === 2FeSO_4 + Tl_2SO_4$$

经过滤，向滤液加入食盐，便获得白色立方体 TlCl 沉淀：

$$Tl_2SO_4 + 2NaCl === 2TlCl\downarrow + Na_2SO_4$$

将 TlCl 沉淀和从残液回收的海绵铊合并一起，加入硫酸进行硫酸化焙烧，过程中 TlCl 再转为硫酸盐：

$$2TlCl + H_2SO_4 === Tl_2SO_4 + 2HCl$$

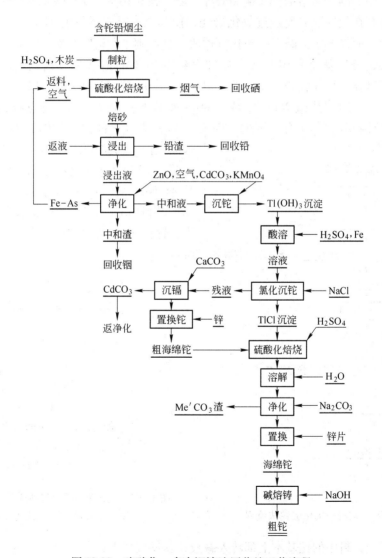

图 12-90　硫酸化—多次沉淀法回收铊工艺流程

　　焙烧产物用水浸出，铊等便转入溶液，往滤液中加入 Na_2CO_3，使溶液中的 Zn^{2+}、Cd^{2+} 及 Fe^{2+} 等杂质（Me′）以白色的碳酸盐形态沉淀析出而除去：

$$Me'SO_4 + Na_2CO_3 === Na_2SO_4 + Me'CO_3\downarrow$$

在此过程中铊随碳酸盐沉淀的损失不多。将净化除杂后的溶液调酸到 2~5g/L H$_2$SO$_4$,在 40~50℃下加入锌粉置换得海绵铊:

$$Tl_2SO_4 + Zn === ZnSO_4 + 2Tl\downarrow$$

海绵铊经压团于 320℃ 覆碱熔铸,获得大于 99% 纯度的粗铊。铊的回收率大于65%[32]。

12.4.3 碱浸—硫化沉淀法回收铊

铅锌生产中的副产物铅烟尘及铜镉渣等一般含铊 0.01%~0.10%。由于其中一部分铊以硫化物形态存在,因而需要经过氧化焙烧,使其成为易于挥发的 Tl$_2$O[33],并由于 Tl$_2$O 易溶在碱液中,而发展了此碱浸—硫化沉铊法。其原则工艺流程如图 12-91 所示[2]。

前苏联某铅锌厂就是采用此法来处理含铊 0.01% 的铅烟尘或铜镉渣。将含铊料于 500~650℃下焙烧,得到成分(%)为: Tl 0.4~1.0, Pb 50~60, Zn 12~16 及 Cd 1.5~2.5 的挥发物,旋即用热碱 Na$_2$CO$_3$ 液于 80~90℃下浸出 2~3h,终点控制在 pH 值为 8.5~10.5,控制 pH 值是十分必要的,因为:(1)在此区间内各种铅、镉、锌、砷杂质入液最低,而铊却溶解极好,且与 pH 值变动无关;(2)当 pH 值小于 8.5 时料中砷与铅基本不入液,而锌与镉大量溶入溶液;(3)当 pH 值大于 10.5 时,仅镉不入液,而铅、锌、砷会大量溶入溶液,如图 12-92 所示。

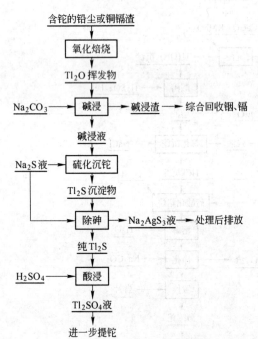

图 12-91 碱浸—硫化沉铊法流程

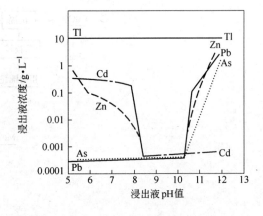

图 12-92 浸出液 pH 值与各成分浓度的关系
(浸出温度 80℃,矿浆浓度 25g/L)

在此过程中,料中的铊基本上都转入碱液,其反应如下:

$$Tl_2O + Na_2CO_3 + H_2O === Tl_2CO_3 + 2NaOH$$

$$Tl_2O + H_2O === 2TlOH$$

得碱浸液含(g/L): Tl 0.60~0.65、Cd 150、Zn 150、As 0.35、NaOH 2,将碱液加热到 90℃后,加入料重的 5% 的 Na$_2$S 进行硫化沉淀,过程中 85%~90% 的铊生成硫化物沉淀

析出：

$$Tl_2CO_3 + Na_2S \rightleftharpoons Tl_2S\downarrow + Na_2CO_3$$

$$2TlOH + Na_2S \rightleftharpoons Tl_2S\downarrow + 2NaOH$$

贱金属硫化物也与 Tl_2S 共沉淀，所得到的沉淀物含（%）：Tl 71、Zn 3.5、Cd 3.5 及 As 7~10。由于沉淀物含砷过高，工厂采用添加 Na_2S 的方法，使砷形成多硫砷化物形态而除去：

$$As_2S_3 + 3Na_2S \rightleftharpoons 2Na_3AsS_3$$

除砷后的沉淀物含铊量提高到76%以上，残留砷降到0.1%~0.2%。在液固比为20:1、90℃条件下用锌电解废液浸出此沉淀2~3h，料中96%以上的铊转入溶液：

$$Tl_2S + H_2SO_4 \rightleftharpoons Tl_2SO_4 + H_2S\uparrow$$

从处理挥发物到此，铊的回收率约为75%~80%，然后进一步提铊。

某锌厂的多膛炉 ZnO 尘成分（%）为：Tl 0~0.2、Zn 50~60、Pb 13~15、Cd 2~3。查明尘中铊主要为 Tl_2O 和 TlF（二者易溶于水），占81%~93%；次为 TlCl，占6%~16%；Tl_2O_3 只占0.2%~0.5%；余为铊的硒、碲化物。采用 NaOH 碱浸，控制 pH = 9，铊入液，经净化后或置换，或萃取提铊。

此法的优点在于集中在一道做业内除砷，并能综合回收料中的铟、镉及锌等。缺点是工艺流程长，焙烧作业中金属损失较多，因而回收率不高。

12.4.4 氯化沉淀法回收铊

从锌镉、铜镉渣中回收铊多用氯化沉铊法，此法基于 Tl^+ 与 Cl^- 形成不溶物 TlCl，且难溶于饱和的氯化钠中，使铊与其他杂质分离而富集。其典型流程如图12-93所示[2]。

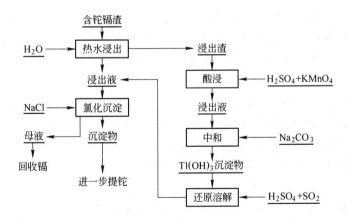

图 12-93 氯化沉淀法回收铊工艺流程

用该法回收铊的具体实例有：

（1）澳大利亚用此法处理含铊锌镉渣。将成分（%）为：Tl 18（渣中铊约50%呈 TlCl 形态）、Cd 54、Pb 0.5、Fe 痕量及 Zn 4 的锌镉渣，在液固比为3:1、60~80℃时用热水浸出，渣中60℃左右的铊转入溶液：

$$Tl_2O + H_2O \Longrightarrow 2TlOH$$

浸出液含铊高达41g/L，余铊残留在浸出渣中，为回收渣中的余铊，用硫酸补浸浸出渣，控制终酸 H_2SO_4 为 2~5g/L 下酸浸，浸出到 pH = 1 时，加入氧化剂（如 $KMnO_4$）使铊（Ⅰ）氧化成铊（Ⅲ），然后加 Na_2CO_3 中和到 pH = 4.6 沉出 $Tl(OH)_3$。此沉淀用硫酸转化，并通 SO_2 还原溶解得 Tl_2SO_4 溶液：

$$2Tl(OH)_3 + H_2SO_4 + 2SO_2 \Longrightarrow Tl_2SO_4 + 2SO_3 + 4H_2O$$

此浸出液与上述 Tl_2SO_4 溶液混合，加入饱和 NaCl 溶液，并冷却到10℃以下（冷却结晶析出温度高于10℃时，TlCl 就会重溶），获得含铊大于25%的 TlCl 结晶析出：

$$Tl_2SO_4 + 2NaCl \Longrightarrow 2TlCl\downarrow + Na_2SO_4$$

表 12-94 列出了 TlCl 溶解度与溶液中 NaCl 浓度的相关数据。

表 12-94　TlCl 溶解度与 NaCl 浓度的关系

NaCl 浓度/%	0	0.146	0.293	0.585	1.17
TlCl 溶解度/%	0.386	0.208	0.142	0.095	0.065

氯化沉铊的母液含镉高达11g/L，含铊约1.4g/L，在综合回收镉的过程中，把所得的含铊副产物返回提铊过程加以回收。

从 TlCl 结晶中进一步提铊是将所得的 TlCl 用 H_2SO_4 溶解得 Tl_2SO_4 溶液：

$$2TlCl + H_2SO_4 \Longrightarrow Tl_2SO_4 + 2HCl\uparrow$$

如滤液含重金属杂质，则加碳酸钠除去，然后以 Zn、Al 置换，熔铸得99.99%的铊。此外有采取重结晶 TlCl 后再如前回收铊；或用锌还原 TlCl 得铊等报道。

（2）前苏联某厂采用此法从锌镉渣中回收铊[34]。该锌镉渣成分（%）为：Tl 2~3、Zn 15、Cd 8~11、Pb 25~30、As 1.5~2 及 Cl 2~4。将渣投入球磨，边磨碎边水浸，然后将矿浆泵入盛有硫酸的浸出罐，加热到80℃并控制终酸2g/L H_2SO_4 条件下浸出5h，浸出液经中和，并趁热过滤，往滤液中加入食盐氯化沉铊，结果获得含铊达25%~30%的 TlCl 沉淀物，此沉淀物供进一步提铊；而沉铊后废液送镉车间回收镉。

（3）含铊0.1%~0.3%的铜镉渣，经硫酸浸出脱锌后，冷却过滤得到富铊渣，该渣成分（%）为：Tl 19~20、Zn 2~6、Cd 15~20 及 Pb 6~25，用硫酸浸出，控制浸出温度在90℃左右，向滤得的 Tl_2SO_4 溶液中加入饱和食盐水，经冷却后得 TlCl 结晶，经重结晶得到优质的 TlCl，然后加碱溶解此氯化铊，滤液用 Na_2CO_3 中和至 pH = 8 除杂质，冷至20℃以下，加 Na_2S 使铊以 Tl_2S 形态沉淀析出。至此，铊的回收率约达85%[35]。

（4）焙烧铜精矿获得含铊达0.015%~0.6%的铜焙烧烟尘，其中的主要杂质有铜、铅、锌、镉及铁等。已查明，烟尘中的铊主要以氧化物形态存在，如用5%硫酸溶液浸出此烟尘，则有90%以上的铊转入酸浸液，过滤后，采用氯化沉铊法提铊。

（5）在高炉、电炉熔炼锰矿的过程中，锰矿中大部分铊挥发入高炉烟尘，烟尘率约6%~10%，烟尘含铊0.1%~0.2%，主要杂质为有色金属等，烟尘中的铊被 $Mn(OH)_2$ 所吸附，一般酸浸分解不完全，铊浸出率小于50%。采用热酸浸出烟尘，使料中铊转为 Tl_2SO_4 而进入溶液，然后经氯化沉铊、酸溶、加 Na_2CO_3 净化除杂质后，用锌片置换得海绵铊，再经碱熔铸得粗铊的生产工艺，曾在熔炼锰矿的工厂中获得应用。

氯化沉铊法是个经济实用的工业提铊工艺，铊回收率可达80%～85%，澳大利亚、前苏联及我国等均曾用此法回收铊。建议用700～800℃真空蒸馏的方法综合回收铜镉渣中的铊与镉。

12.4.5 酸浸—结晶法回收铊

在铅鼓风炉烟尘中的铊主要呈 MeO 外，还有一部分呈 MeS 形态。可采用氧化焙烧烟尘得富含铊的氧化物烟尘提铊，或采用图12-94所示的用硫酸浸出烟尘、结晶得到 TlCl·CdCl$_2$ 后，再进行回收铊的工艺[2]。

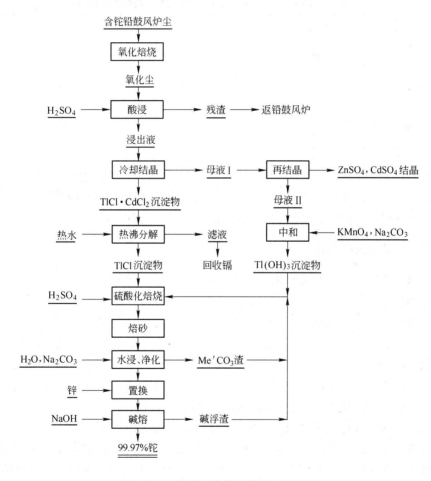

图12-94 酸浸—结晶法提铊工艺流程

用20%的硫酸溶液在液固比为1.5∶1、60～70℃下浸出含铊0.3%～1.0%的氧化焙烧烟尘，过程中铊转入溶液，接蛇形冷却管冷却到20～15℃，此时溶液中90%的铊就以 TlCl·CdCl$_2$ 形态结晶析出，此结晶用热水分解至溶液含铊20g/L，立即冷却得 TlCl 结晶：

$$TlCl \cdot CdCl_2 \Longrightarrow CdCl_2 + TlCl \downarrow$$

TlCl 结晶经硫酸化焙烧，便获得含 28%~32% 铊的淡黄色疏松的硫酸铊：

$$2TlCl + H_2SO_4 \Longrightarrow Tl_2SO_4 + 2HCl$$

焙烧产物进行球磨加水湿磨浆化，向过滤后的溶液，在 80℃ 下加入 Na_2CO_3 除杂质（随杂质碳酸盐沉淀损失的铊较大，约达 10%~15%），过滤后，往含铊 40~60g/L 的滤液中加入硫酸并冷至 10~30℃，铅将以 $Tl_2SO_4 \cdot PbSO_4$ 形态沉淀析出而除铅（随此沉淀损失的铊量也较多），除杂净化后的溶液用锌片置换得海绵铊，海绵铊经压团、碱熔炼（约 10%~12% 的铊转入碱浮渣），得纯度 99.97% 的铊。酸浸—结晶法过程中的物料成分见表 12-95。

表 12-95　酸浸—结晶法过程中各物料组分及酸浸浸出率　　　　　　　（%）

项　目	Tl	Pb	Zn	Cd	Cu	As	Fe	S	Cl	H_2SO_4
氧化物尘	0.3~1.0	36~45	10~20	7~14	0.5	0.8~2.0	0.2~0.8	4~9	2~8	
浸出液	1~4		80~100	80~100		5~10			5~15	30~40
残　渣	0.1~0.3	52~57	2~4	2~5		0.3~5.0				
硫酸化焙砂	28~32		1~2	15~17						
酸浸浸出率	50		70~90	65~80		60~70				

此法针对原料含镉而使用了结晶法富集铊，缺点是流程长，铊回收率过低，不如利用析出的 $TlCl \cdot CdCl_2$ 结晶进行蒸馏（分离铊与镉）回收铊为佳。

12.4.6　酸浸—萃取法回收铊

鉴于置换法或沉淀法存在过程长、液固分离频繁及回收率低等缺点，而发展了用萃取法从酸浸液中提铊的方法[2]。

在酸性介质中采用 D2EHPA、N503、TBP、MIBK 与乙醚等均可定量萃取 Tl^{3+}[3,36,37]。有人认为伯胺也是一种潜在的铊萃取剂。在这些萃取剂中，只是乙醚易挥发且有毒害，MIBK 水溶性大，易被 Tl^{3+} 所氧化而损失，TBP 在反萃时易乳化，故中外常用具有萃取选择性好和萃铊能力强的 D2EHPA 与 N503 萃取 Tl^{3+}。鉴于铊的化合物多具有毒性，用萃取法提铊具有流程简短、技术先进、回收率高及环保好的优点。

含铊物料在送萃取铊工序之前，一般均经硫酸或盐酸浸出，使铊转入溶液，究竟选取前者还是后者，主要以处理过程的副产物便于返回主生产流程，或者能兼获副产品商品为准，以便减少处理工序和降低成本。如对电锌厂与电铜厂则宜选用硫酸。典型的酸浸—萃取法提铊流程如图 12-95 所示。

据捷克专利介绍，用碱将 Tl_2SO_4 溶液的酸度调整到 pH=8 时，可用环己烷甲酸萃铊，然后用 20% 的硫酸溶液反萃。

在 HCl 介质中用 TBP 萃铊，萃铊率与萃合物和盐酸浓度有关。在盐酸低酸度下萃取的萃合物为 $TlCl_3 \cdot nTBP$（n 为 1 或 2），在高酸下萃合物为 $HTlCl_4 \cdot nTBP$。TBP 在盐酸溶液 pH 值为 3~4 时从含铊 0.2~0.6g/L 的溶液中 TBP 的萃铊率大于 99%，控制好溶液的酸度就可以使铊与溶液中的镓分离，如在 2mol/L HCl 中用 15% TBP/苯可定量萃取 Tl^{3+}，而

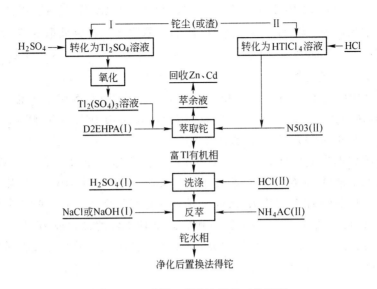

图 12-95　酸浸—萃取法提铊工艺流程

Ga^{3+} 则留水相与铊分离，在低酸度下可萃取铊与镓。盐酸酸度对其萃铊率的影响如图 12-96 所示。

现已查明，在硫酸体系中 D2EHPA 萃 $Tl(I)$ 的能力强，但萃取选择性较差。把 $Tl(I)$ 氧化到 $Tl(III)$ 时，D2EHPA 的萃取选择性变好。

12.4.6.1　Tl^{3+} 萃取

A　国外 Tl^{3+} 萃取实例

哈德逊湾矿冶公司加拿大弗林弗隆电锌厂（见图 12-95 中工艺 I）用 H_2SO_4 浸出含

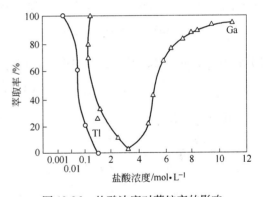

图 12-96　盐酸浓度对萃铊率的影响

铊的铜镉渣得到成分（g/L）为：Tl 0.14、Zn 108、Cd 94、H_2SO_4 4～30 的溶液，在 50～60℃下用 $(NH_4)_2S_2O_8$（也有用 $KMnO_4$）将 Tl^+ 氧化为 Tl^{3+}：

$$Tl_2SO_4 + 2(NH_4)_2S_2O_8 = Tl_2(SO_4)_3 + 2(NH_4)_2SO_4$$

然后加入碳酸钠使锌与镉以 $Me'CO_3$ 形态沉出而除去，冷至室温，用 30% D2EHPA 在 O/A = 1/10 下萃取铊：

$$Tl^{3+}_{(A)} + 3[H_2A_2]_{(O)} = [TlA_3 \cdot 3HA]_{(O)} + 3H^+_{(A)}$$

富铊有机相用 15% H_2SO_4 洗涤后，用 25g/L NaCl 溶液在 O/A = 10/1 反萃得含铊 14～27g/L 的铊水相：

$$[TlA_3 \cdot 3HA]_{(O)} + 4NaCl_{(A)} + 3H_2O_{(A)} = 3[H_2A_2]_{(O)} + 3NaOH_{(A)} + NaTlCl_{4(A)}$$

经 H_2SO_4 转化 Tl^{3+} 为 Tl^+（Tl_2SO_4），用置换法得金属铊。

经研究查明，用 D2EHPA 萃取 Tl^{3+} 时，稀释剂必须经 H_2SO_4 处理，以消除其中不饱和烃等，这些不饱和烃等会将 Tl^{3+} 还原为 Tl^+ 而降低萃取率，且为获取 95% 以上的萃取率，则酸度要保持小于 0.8mol/L H_2SO_4。

B 国内 Tl^{3+} 萃取实例

我国采用 A101 或 N503 从 HCl 介质中萃取 Tl^{3+}（见图 12-95 中工艺 II）。原料为含 Tl 0.005% ~ 0.015% 的铅烧结尘、多膛炉 ZnO 烟尘与含 Tl 0.04% ~ 0.09% 的铜转炉尘等，这些尘中的铊约 50% ~ 93% 呈 Tl_2O 形态。

某锌厂多膛炉烟尘成分（%）为：Tl 0.24、F 6.21、Cl 3.08、Zn 36.87、Zn 36.87、Pb 18.14、Cd 5.1 及 As 0.69，已查明其中的铊 80% ~ 93% 以 Tl_2O 形态及 16% ~ 6% 以 TlCl 形态存在，其余呈 TlCl、TlF 及 Tl_2O_3。预处理有两条途径：一是直接热水浸出，溶液经氧化后水解（pH 值为 4 ~ 5）得富铊中和渣，经 HCl 溶解转化成 $HTlCl_4$ 溶液；二是在 80℃ 下采用碱浸，终点 pH 值为 8.5 ~ 10.5，铊入液，而铅、锌、镉及铁等残留于渣中，滤液在 50 ~ 60℃ 下加入 Na_2S 沉出铊：

$$2TlOH + Na_2S \xrightarrow{\hspace{1cm}} Tl_2S\downarrow + 2NaOH$$

沉出物用 H_2SO_4 溶解后加 $KMnO_4$ 进行氧化：

$$3Tl_2SO_4 + 4KMnO_4 + 8H_2SO_4 \xrightarrow{\hspace{1cm}} 3Tl_2(SO_4)_3 + 4MnO_2 + 2K_2SO_4 + 8H_2O$$

向溶液加入 HCl，使其转化为 $HTlCl_4$ 溶液：

$$Tl_2(SO_4)_3 + 8HCl \xrightarrow{\hspace{1cm}} 2HTlCl_4 + 3H_2SO_4$$

用 15% ~ 20% N503-二甲苯、在 O/A = 1/2 条件下萃取铊，其机理可表述为 N503 与 Tl^{3+} 形成锌盐：

$$HTlCl_{4(A)} + [CH_3CONR_2]_{(O)} \xrightarrow{\hspace{1cm}} [CH_3CONR_2H^+ \cdot TlCl_4^-]_{(O)}$$

除铁少量被萃取外，锌、铜、镉及砷等不被萃取，富铊有机相用 0.5mol/L HCl 洗涤后，在 pH 值为 5 ~ 6、O/A = 2 下用 1.5 ~ 2.0mol/L NH_4AC 反萃铊，获得含 Tl 40g/L 的铊水相：

$$[CH_3CONR_2H^+ \cdot TlCl_4^-]_{(O)} + NH_4AC_{(A)} \xrightarrow{\hspace{1cm}} TlCl_{4(A)}^- + HAC_{(A)} + NH_{4(A)}^+ + [CH_3CONR_2]_{(O)}$$

铊水相经 Na_2SO_4 还原为 Tl^+，加 H_2SO_4 转化与除杂后，采用锌板置换得海绵铊，经压团与碱熔炼后得到纯度 99.99% 的铊，铊的回收率约 70% ~ 85%。

某铜厂处理成分（%）为：Tl 0.04 ~ 0.09、In 0.02 ~ 0.05、Cu 1.9 ~ 3.5、Pb 13.7 ~ 23.0、Zn 15.2 ~ 20.0、Fe 1 ~ 3 的铜转炉尘，用 H_2SO_4 浸出，D2EHPA 萃取铟后，也用 N503 萃取铊。

某铅厂含铊 0.02% ~ 0.05% 的铅烧结尘，投入反射炉内于 600 ~ 700℃ 下还原挥发，获得产出率仅 0.3% 的富含铊达 3% ~ 7% 的挥发物，此挥发物还另含（%）：Se 0.54、Te 0.15、As 5 ~ 12、Zn 1 ~ 5、Pb 18、Cu 2 及 Cd 1 ~ 2。用 1.2 ~ 1.5mol/L H_2SO_4 溶液，在 90℃ 下浸出此挥发物，料中铊转入溶液，向滤液加入 MnO_2 把 Tl（I）氧化成 Tl（III），再加入 NaCl 调整氯离子浓度达到 0.5mol/L 后，用 N503 萃取铊，溶液中铜、锌、镉及砷等杂

质不被萃取，仅少量铁被萃取。用盐酸洗涤负载
有机相，进一步除去杂质后，用 1.5mol/L NH₄AC
溶液反萃，所得的铊水相按前述方法处理（有的
厂为了更富集铊，采用饱和 Na₂S 溶液于 pH 值为
7～7.5 沉铊，以 H₂SO₄ 溶解后，加 Na₂CO₃ 除
杂），置换铊后碱熔铸得纯度 99.99% 金属铊。铊
的回收率为 80%～85%。

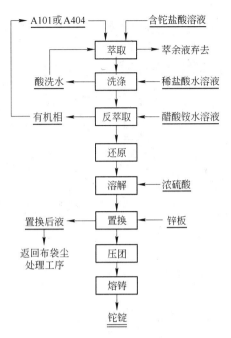

图 12-97　用萃取法从锌多膛炉
布袋尘回收铊工艺流程

文献［38～41］从锌冶炼多膛炉布袋尘及铅
烧结烟尘中用萃取法回收铊，并得到了工业应用。
从锌冶炼多膛炉布袋尘中用萃取法回收铊的工艺
流程如图 12-97 所示。使用萃取剂是 A101 或
A404，它们都是酰胺型萃取剂，A101 为
［CH₃CONR₂］，A404 为［CH₃CONRPH］（其中 R
为 C₇～C₉ 的混合烷基）。

萃取使用的水相料液是多膛炉布袋尘的盐酸
浸出液，其成分（g/L）为：Tl 21.90、Pb 1.54、
Cd 4.20、Fe 1.22、Mn 28.88 及 Zn 34.40，有机
相是 20% A101 或 A404 和 80% 的二乙苯。萃取相
比（O/A）为 1/2，萃取后用 0.5mol/L 的盐酸水

溶液洗涤饱和的有机相除杂，然后使用 2mol/L 的醋酸铵溶液反萃取。铊的萃取率在 99%
以上，反萃取率在 98% 以上。

从铅烧结烟尘中用萃取法回收铊的流程如图 12-98 所示。

萃取水相料液要经过软锰矿氧化，使铊成为三价，氧化后液的组成（g/L）为：Tl
3.80、As 23.33、Pb 0.0014、Cd 0.46、Hg 0.24 及 Fe 1.17。有机相为 15% A101 和 85%
二乙苯，萃取相比（O/A）为 1/2.5，饱和有机相用 0.5mol/L 盐酸溶液洗涤，洗涤后的有
机相用 1.5mol/L 的醋酸铵溶液反萃取。铊的萃取率在 99% 以上，反萃取率在 97% 以上。
图 12-97 及图 12-98 得到的反萃液还可再经 A101 进行萃取净化，则得到 99.999% 的高纯铊
（见图 12-99）。

如图 12-99 所示，这一萃取法制取高纯铊的流程具有萃取剂消耗少、流程短、成本低
等优点，制取的高纯铊中 20 种杂质总含量小于 0.001%。

12.4.6.2　Tl⁺ 萃取

我国学者研究查明，在硫酸介质中用二（2-乙基己基）二硫代磷酸（D2EHDTPA，以
H_2A_2' 表示）萃取 Tl⁺：

$$Tl^+_{(A)} + H_2A'_{2(O)} \Longrightarrow TlHA'_{2(O)} + H^+_{(A)}$$

萃铊率大于 99%，不过要用高酸（7mol/L H₂SO₄）反萃铊，反萃铊率也大于 99%。或采
用二（2-乙基己基）单硫代磷酸（D2EHMTPA）、硫代磷酚酯均能定量萃 Tl⁺。两种萃取
剂均易于合成。

曾进行过在碘镉比为 1，原始料液含 10～100g/L 硫酸的溶液中，用 TBP 萃取铊（Ⅰ）

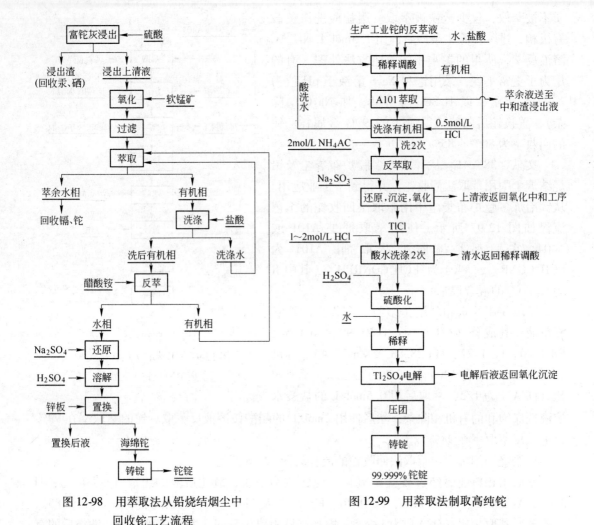

图 12-98 用萃取法从铅烧结烟尘中
回收铊工艺流程

图 12-99 用萃取法制取高纯铊

的试验，负载有机相用含硝酸和硫酸的溶液洗涤除镉后，用 NaOH 反萃，反萃的选择性很好[37,42]，但此法要加入较大量的碘，在经济上不合算。据报道，哈萨克斯坦的一个冶炼厂就是在添加碘液的条件下用 TBP 从铅烟尘的硫酸盐溶液中萃取铊[43]。

还要指出，在硫酸锌溶液的净化过程中产出的铜镉渣一般含铊在千分之一到百分之几之间，从该渣回收镉时必须将溶液中的铊除至微量，因为在电解镉时，电解液中含铊高，除了会使电解镉表面变黑外，还会导致电流效率下降，其影响的情况如图 12-100 所示。此外，还会导致电解镉含杂质量增高，从而影响电解镉的纯度。

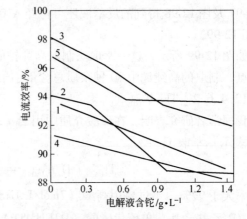

图 12-100 电解液含铊量与电解镉的电流效率的关系曲线
1—无杂质；2—Zn 30g/L；3—Zn 50g/L；
4—Zn 50g/L + Mo 3g/L；5—Zn 30g/L + Co 0.01g/L

12.4.7　离子交换法回收铊

哈萨克斯坦的奇姆肯特铅厂的含铊铅烧结尘，经水浸出得含铊 0.1~0.18g/L 的溶液，该厂采用 KY-1 强酸性阳离子交换树脂，在 pH=8 及室温下进行离子交换吸附铊。待树脂饱和后用 5%~10% H_2SO_4 解析，所得含铊 5~15g/L 的解析液经置换法得铊。为使交换过程顺利，须事先除净溶液中油污与杂物，树脂也须经 95℃ 蒸洗处理。

从含铊及含 1~4mol/L HCl 溶液中提铊，可用强碱性阴离子树脂吸附，尤以用 Amberlite IRA-400 时在 2~10mol/L HCl 浓度间，铊的分配比均较高。只不过随 HCl 浓度增大呈减小趋势[44]，如图 12-101 所示。如液中还含镓与铟，其吸附量最大分别在 6~7mol/L HCl 与 3mol/L HCl 处。

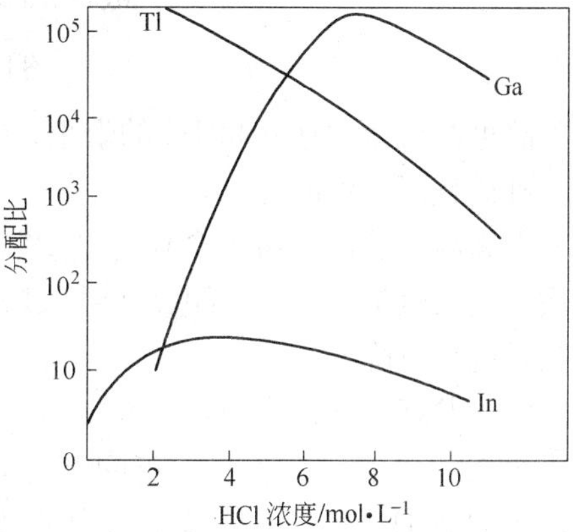

如从含铊 0.15mol/L 的 7mol/L HCl 溶液中吸附铊，用氯型的 Пауэкс-1 强碱性阴离子树脂也可定量吸附铊，待饱和后可用浓 H_2SO_4 或 4mol/L $HClO_4$ 解析铊。

图 12-101　Amberlite IRA-400 吸附铊的分配比与 HCl 浓度的关系

炼铜鼓风炉烟尘及转炉烟尘除含铊、硒及碲外，还含 37%~47% 铅、9%~14% 锌及 1.1%~6.4% 铜，此烟尘经盐酸浸出后，得到成分（g/L）为：Tl 0.3~0.4、Zn 6.0~12.4、As 1.9~3.0、Cu 1.6~2.8、Fe 1.6~3.5、Se 1.0~1.3、Te 1.0~1.5 和 In 0.5~1.5 等的溶液，送往离子交换柱交换[45]，可惜无进一步提铊报道。据分析，可能采用强碱性阴离子交换树脂吸附铊。

铊及其化合物一般具有毒性，离子交换法提铊在技术与环保方面很有发展前景。

12.4.8　电解法回收铊

日本佐贺关冶炼厂等采用电解法生产铊，原料为含铊粗铅，在 H_2SiF_6 铅电解时，铊转入废电解液，加 H_2SO_4 将铅以 $PbSO_4$ 形态脱除后，脱铅后液约含（g/L）：Tl 4~35、H_2SiF_6 140~200 及 Pb 70，采用石墨为阳极，不锈钢片为阴极，在电流密度 200~350A/m^2 下电解。原脱 Pb 后液含 Tl 4~10g/L 的，获得含 Tl 85%、Pb 2%、Cd 3% 及 Sn 5% 的海绵铊；如脱 Pb 后液含 Tl 高到 20~35g/L 的，则可直接得到含 Tl 99% 的海绵铊。

将海绵铊熔炼铸得阳极，套以聚乙烯隔膜，在含 Tl 5~30g/L、H_2SO_4 10~35g/L 的 Tl_2SO_4 电解液中，以不锈钢为阴极，在低电流密度（20~60A/m^2）、槽压 1.2V 及室温下电解得针状铊，经碱熔铸得 99.99% 铊。此法简单有效，含 H_2SO_4 电解废液可返铅电解使用，则无污染。

从含铊 15g/L、硫酸 10g/L 与要求含镉小于 3g/L（如高了，则要引出部分电解液净化除镉）的 Tl_2SO_4 溶液中电解提铊，在 18~20℃ 及电流密度 500~1000A/m^2 条件下电解生产海绵铊，电流效率达 80%~90%，海绵铊经压团、碱熔炼得纯度 99.98% 的金属铊。

12.4.9   挥发法回收铊

将含铊0.0003%的铜转炉渣投入烟化炉烟化提取铊[46]，由于烟化吹炼在高于1250℃的还原气氛中进行，烟化过程中，渣中的 $MeO \cdot Tl_2O_3$ 先分解为高价 Tl_2O_3 后，又进一步受热而离解，或被还原为易挥发的 Tl_2O：

$$MeO \cdot Tl_2O_3 \Longrightarrow MeO + Tl_2O_3$$

$$Tl_2O_3 \Longrightarrow Tl_2O\uparrow + O_2$$

故可获得含铊达0.004%的烟尘，铊的挥发率高达90%以上。文献［46］认为烟化法是一种适宜回收铊的方法。

在高温电炉还原熔炼含铊达0.0075%～0.01%的烟尘时，原料中约80%～90%的铊再次挥发入电炉尘[46]，若电炉熔炼过程中产出了粗铅，它能吸收部分铊，则铊转入烟尘的数量就会下降。

将含铊烟尘配以还原剂，在1100～1200℃下焙烧，料中的铊大部分以 Tl_2O 形态挥发入烟尘[32]，为进一步提铊，可配以料重1%～10%的食盐，在600～800℃下氯化焙烧，由于所生成的TlCl的蒸气压大，铊便挥发并富集在焙烧烟尘中。据报道[31,47]，可采用先还原挥发富铊烟尘或铜镉渣，使铊以 Tl_2O 挥发，再氯化挥发铊呈易挥发的TlCl而回收铊。

12.4.9.1   锌生产中回收铊

锌生产中产出含铊0.01%以上的副产物，可先在回转窑内于1100～1300℃高温下还原焙烧，使料中的铊、镉、铅及锌等以氧化物的形态挥发入烟尘，此烟尘配以一定数量的食盐，再投入回转窑内在800～900℃下进行氯化挥发，得到含铊3%～5%的二次挥发物。此二次挥发物在80℃下用始酸含100～150g/L H_2SO_4 溶液浸出，终酸控制在含2g/L H_2SO_4，过滤后的浸出液在加热情况下加入 $Ca(OH)_2$ 中和，并趁热过滤，以便使铊保持留在液中，将热滤液冷却到10～30℃，加入饱和食盐水，铊则以TlCl形态沉淀析出，得到含铊30%的沉淀物，经酸溶、冷却结晶析出 $TlCl \cdot CdCl_2$ 后，按萃取法或真空蒸馏法等方法提铊。挥发法提铊过程中铊在产物中的分布情况见表12-96。

表12-96   挥发法提铊过程中铊在产物中的分布

产　物	Tl	Cd	Pb	Zn	As	Cl
二次挥发物/%	3～5	10	35	14		1～3
酸浸渣/%	0.5～0.7	3～5	35～40	5～8	1～3	0.3～0.5
浸出液/g·L^{-1}	5～8	15～20		50～70	4～10	
TlCl沉淀/%	30	15				
氯化沉铊母液/g·L^{-1}	0.5	15～20		50～70	10	

氯化沉铊后母液经锌粉置换得海绵镉，滤出的母液需综合回收其中的锌。本法由于经两次火法冶炼的挥发，因而铊的回收率不高。

12.4.9.2   冶炼铜中回收铊

前苏联的阿拉维尔金斯基铜厂就采用二次挥发法从铜烟尘中提取铊精矿[32]。该厂反射炉或电炉炼铜产出的含铊烟尘配入返料，SiO_2 及CaO溶剂和炭粉制团，所得团矿送入鼓风炉内再次挥发，得到二次烟尘，该二次烟尘主要成分（%）为：Tl 0.002、Ge 0.010、In 0.0004、Se 0.036、Te 0.016、Pb 14.40、Zn 4.54、Cd 0.02，Cu 3.20、As 1.50 及 S 11.15，是一种具有综合利用稀散金属等金属的原料。由于二次尘含铊量较少，故需配入浓硫酸及还原剂炭粉后，在 425~480℃下进行硫酸化焙烧，在硫酸化过程中，料中的硒首先以 SeO_2 形态进入烟气，并在水淋洗吸收中被本过程中产出的 SO_2 所还原而得单体硒；产出的焙砂，在液固比为（2~5）:1、60~80℃下用水浸出，此时大部分铊、锗、碲和重金属等均转入溶液。由于浸出渣还含有有价金属，故需用 20% 硫酸进行补充浸出，补浸产出的残渣送铅车间回收铅，补浸液并入水浸液后，先加入 $Fe_2(SO_4)_3$ 及 $KMnO_4$ 进行氧化除砷，所得砷铁渣返配料工段；滤液用 NH_4OH 中和到 pH 值为 2~2.5，此时液中的铊、锌、铁及余砷等发生水解而进入中和渣，中和渣经碱浸分离铁后，再用硫酸溶解，料中铊转为 Tl_2SO_4 入液，向滤液加入 Na_2S 沉淀 Tl_2S，获得铊精矿，然后再从 Tl_2S 精矿进一步提取铊。

必须指出，水解废液还含有料中大部分的锗、碲及镉等，宜加入 NH_4OH 中和至 pH 值为 8~8.5 使锗水解入渣，并由此进一步回收锗，往中和后的溶液通入 SO_2，使碲以 TeO_2 形态沉淀析出，并由此进一步回收碲，并可用沉碲后液综合回收镉。

12.4.9.3 砷生产中回收铊

有研究报道从含 0.2% 铊的粗氧化砷（As_2O_3 达 96%）中提铊：粗氧化砷经加 5% H_2SO_4 与 5% CaO 在 430℃下硫酸化焙烧，料中 98% 的 As_2O_3 挥发，而 99% 的铊仍留在焙砂中，然后加 NaCl 在 800℃下挥发铊。处理砷矿及锑矿等过程中，铊主要富集在烟尘中[32]。

12.4.9.4 黄铁矿中回收铊

焙烧含铊黄铁矿生产硫酸的过程中，料中 80%~90% 的铊转入烟气，而在淋洗烟气时铊转入酸泥；在生产亚硫酸盐纸浆中，料中的铊转入洗涤泥，上述的酸泥及洗涤泥除可按氯化挥发提铊外，也要考虑综合回收硒与碲。我国云浮硫铁矿含铊高达 0.0042%，且储量很大，其中铊的走向与回收不仅关系到资源利用、经济效益，更关系到环境生态与人民健康，应早日研究合理处理方法。保加利亚将含铊的黄铁矿烧渣配入渣重 2%~3% 的食盐，在 800~900℃下氯化焙烧 3h，使渣中 99% 的铊转入烟尘，然后从氯化烟尘中回收铊。

12.4.10 真空蒸馏法回收铊

真空蒸馏法基于金属间沸点与蒸气压的差异，使铊与杂质金属分离而综合回收铊。

在真空中使含铊的铜镉渣、锌镉渣中的铊转入 Pb-Tl 合金，继而采用电解法回收铊，而镉与锌在蒸馏中将挥发而综合回收。此工艺具有综合回收与环保好的优势。

在处理砷矿中得到一种高砷铊浸出渣（%）含：Tl 0.2、As 6.75、Pb 11.5、Fe 16.63、Bi 0.2、Sn 0.15 及 Cu 0.05 等。从此渣回收铊，可采用 120g/L NaOH 溶液浸出，在碱浸过程中有 94.5% 的砷进入碱液，而铊入浸出液仅占料中铊的 4.5%，从而达到碱浸分离砷与铊的目的。然后将浸出渣投入真空炉中，在一定真空度及 750~800℃下铊优先挥发入烟尘，烟尘含铊高达 20%（较原渣含铊富集 100 倍），再用前述的酸浸、萃取等方法把铊加以回收。

12.4.11 焙烧法回收铊

前南斯拉夫试验过用如下工艺综合回收含铊锑精矿中的铊与锑：将含铊锑精矿在500℃下进行氧化焙烧，焙烧过程中几乎全部铊及绝大部分锑都留在焙砂中，焙砂经热水浸出，使铊转入溶液，溶液采用铊盐沉铊回收铊。而浸出渣配以料重15%的硫黄，在900~1000℃下进行挥发锑，则几乎全部锑均挥发入烟尘，从而可从烟尘中综合回收锑。

12.5 硒、碲的回收

硒、碲在自然界常是共生在一起的，回收硒、碲的原料主要是：

（1）有色金属冶炼的阳极泥及其他副产物。在有色金属冶金工业中，提取硒、碲的主要原料为电解产出的阳极泥，其中居于首位的是铜电解的阳极泥，其次是镍和铅的阳极泥。硒、碲在电解阳极泥中主要呈碲硒化物的形态存在，其粒度一般都小于0.15mm。

（2）有色冶炼与化工厂的酸泥。在硫酸及纸浆生产过程中，从烟气中收得的尘泥或淋洗泥渣统称为酸泥，酸泥富含硒与碲，酸泥中的硒、碲主要以单体形态存在。

（3）含硒、碲的废品废件。

硒、碲的提取试验在苏联开始于20世纪50年代末，O. H. Enjiaiiiom[48] 最初提出的流程是在高温、高压下用碳酸钾浸出阳极泥，随后从溶液中电解析出硒、碲，所得硒、碲的含量只有92%~95%，因多种原因未工业化。20世纪80年代末，随着世界市场对碲需求量的增加，硒、碲的提取技术得到了空前的发展。我国生产提取硒、碲的具体时间不详，估计不会早于20世纪70年代，因为铜阳极泥的处理回收硒、碲始于1976年[49]。在铜阳极泥综合利用回收硒、碲方面，江西铜业公司贵溪冶炼厂所做的工作较多[50~53]，目前，从其他资源回收硒、碲也开展了不少工作[54,55]。在含硒、碲的废品废件中，主要是从半导体制冷器件中回收碲。

文献［1，2］对硒、碲的原料和生产方法已有全面的阐述，在此仅从二次资源综合回收硒、碲的方法进行介绍。

12.5.1 硫酸化法回收硒、碲

12.5.1.1 硫酸化焙烧—电解法[2]

含硒1.4%~2.3%、碲0.2%及银10%~15%的阳极泥，配以0.78倍料重的浓硫酸，投入回转窑内，在500℃左右焙烧3~4h，过程中硒挥发率达到95%以上。串联数级水吸收塔，控制塔内负压在400~1333.3Pa并保持第一塔吸收液含硫酸280g/L，吸收硒率可在90%以上。H_2SeO_3 旋即被烟气中的 SO_2 还原而析出纯度为96%~97%的红色单体硒，硒回收率可达86%~93%。单体硒在700~800℃下精馏，然后在250℃下凝结得纯度99.5%的硒。精馏后的废气经酸吸收后排空，精馏残渣因含硒约0.65%，作返料返回硫酸化焙烧再回收。

硫酸化焙烧产出的焙砂多为硫酸盐，一般含碲0.4%~1.0%，残含硒0.003%~0.05%（约为原料中硒量的7%）[56]，并含金与银等贵金属，用热水浸出，$CuSO_4$ 等转入溶液，可送往铜厂回收铜。浸出渣除含碲外，还富含金（0.6%~1.0%）、银（12%~

20%）及铅（20%~25%），产出率约30%的Au-Ag合金，此合金经氧化精炼，其中的铅、砷、锑等被氧化为易挥发氧化物而入烟尘，部分入渣，从而与不易氧化的金银合金分离。过程中当熔炼得到的金银合金含（Au + Ag）达70%~80%时，就加入$NaNO_3$和Na_2CO_3碱熔造渣，使碲以Na_2TeO_3入渣而达到富集与分离：

$$TeO_2 + Na_2CO_3 === Na_2TeO_3 + CO_2$$

这时得到含（Au + Ag）大于85%的金银合金以及富含碲的苏打渣，便可从苏打渣中回收碲，从合金中回收金及银。苏打渣用热水浸出，控制液固比为(5~8):1、90℃、浸出数小时，Na_2TeO_3转入碱溶液。向压滤所得碱溶液中加入Na_2S除贱金属，过滤去贱金属硫化物后，用硫酸中和净化后的碱液到pH值为4.0~4.5，溶液中碲便以白色TeO_2形态析出（如有杂质共沉淀则产物为其他颜色）：

$$Na_2TeO_3 + H_2SO_4 === TeO_2\downarrow + Na_2SO_4 + H_2O$$

如若中和所得TeO_2沉淀含硒高（某厂的含硒竟达5%~10%），则为了早而全回收硒，将其投入电炉内在300~400℃、风压150~200Pa下焙烧2h，硒挥发率大于98%，烟气经水吸收而回收其中的硒；电炉渣则为较富的TeO_2，可接入碱溶工段而提碲。

碱溶TeO_2后的溶液用电解法提碲。以NaOH溶液溶解此TeO_2沉淀，制得含碲200~300g/L及游离碱100g/L的Na_2TeO_3的电解液，在用不锈钢板作阴极、铁片为阳极、选电流密度$160A/m^2$、槽压1.6~1.8V下电解，得到性脆的阴极碲，从阴极敲下，经水洗后熔铸得精碲，碲回收率达80%~85%。

加拿大的Noranda电解碲的技术控制为：含Na_2TeO_3 150~200g/L、NaOH 40g/L的电解新溶液，在液温40~45℃、流速60L/h、以不锈钢作阴极与阳极、选电流密度$160A/m^2$、槽压2.0~2.5V下电解得碲：

$$Na_2TeO_3 + H_2O === Te\downarrow + 2NaOH + O_2$$

阳极：
$$4OH^- === 2H_2O + O_2 + 4e$$

阴极：
$$TeO_3^{2-} + 3H_2O + 4e === Te\downarrow + 6OH^-$$

废电解液含Na_2TeO_3 90~140g/L及NaOH 80g/L，碲回收率约90%。如电解液中含硒大于0.3g/L，则会导致电解碲含硒增高，为此要净化电解液除硒；另由于电解碲时电解液中NaOH的黏度大，NaOH会微量进入金属碲中，导致产品含钠不合格，因此，只需在熔铸产品碲时，控制熔铸温度550~650℃、搅动熔体。利用碲与NaOH的熔点（450℃与318℃）和密度（$6.24g/cm^3$与$2.13g/cm^3$）差异，使钠上浮入渣而除去。

硫酸化焙烧综合回收硒、碲的工艺流程如图12-102所示。

此法具有工艺简短，利用过程中产生的SO_2还原H_2SeO_3得单体硒，成本低，且能综合利用金和银等优点。其缺点是回收率不高。

12.5.1.2 硫酸化焙烧—碱浸法

加拿大铜精炼公司的阳极泥成分（%）为：Se 20、Te 3、Cu 37、Ag 15.4，属高硒高银的阳极泥。该公司采用硫酸化焙烧后，接着用碱浸的方法回收其中的硒与碲，其采用的提硒、碲工艺流程如图12-103所示。

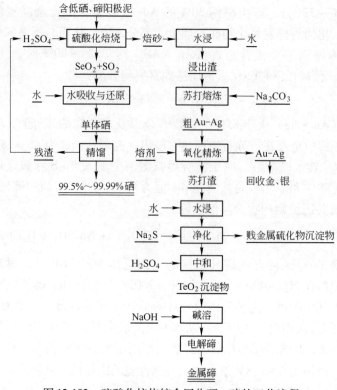

图 12-102　硫酸化焙烧综合回收硒、碲的工艺流程

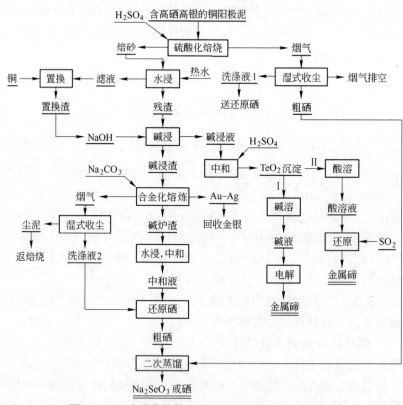

图 12-103　硫酸化焙烧—碱浸法回收硒、碲工艺流程

将铜阳极泥投入多膛炉内，在150℃干燥到含5%的水分，然后拌入浓硫酸，转入450℃的回转窑中进行硫酸化焙烧，过程中硒以SeO_2形态会挥发入烟尘，经湿式电收尘器中含硫酸的水溶液所吸收，随即被本过程所产生的SO_2还原而得到粗硒。含硒17.62g/L、碲0.03g/L及硫酸50g/L的洗涤液1直接送还原工段再回收。而料中铜、银、碲等在硫酸化中转为硫酸盐、MeO与金属银而留在焙砂中。此焙砂经热水浸出脱铜，将水浸渣与向浸出液加入铜屑置换得的含Ag与Te的置换物合并，以NaOH浸出，此时碲转入碱浸液，当用H_2SO_4中和至pH=3.8时，碲便以TeO_2形态沉出，此TeO_2沉淀可采用图12-103中工艺Ⅱ经酸溶后通SO_2还原得粗碲，或用图12-103中工艺Ⅰ经碱溶后电解得纯碲。留在碱浸渣中的金、银及少部分硒可采用苏打熔炼制得金银合金与碱炉渣，可从金银合金中回收金与银，而将富集了余下的硒的碱炉渣，经过水浸，所得滤液用硫酸中和，中和后液含硒97.7g/L及碲0.47g/L，将此液与图12-103中二次湿式电收尘得到的洗涤液2合并，然后通SO_2沉出余硒得粗硒，粗硒经二次蒸馏便得纯硒或纯Na_2SeO_3盐，硒的总回收率为93%，但碲的回收率仅20%。

12.5.1.3　分段硫酸化焙烧法

芬兰奥托昆普公司的含硒4.3%、镍45.2%、铜11.2%的阳极泥，采用先低温硫酸化焙烧，接水浸脱铜与镍，然后高温硫酸化焙烧挥发硒，并再次脱除镍与铜的工艺很有特色[2,57]。该法工艺流程如图12-104所示。

该公司将高镍阳极泥先投入鼓式转动炉内，在300~350℃下氧化焙烧，焙砂经磨细后，配以浓硫酸放于铁盘内在低于200℃下进行首段低温硫酸化焙烧，使镍与铜转为硫酸

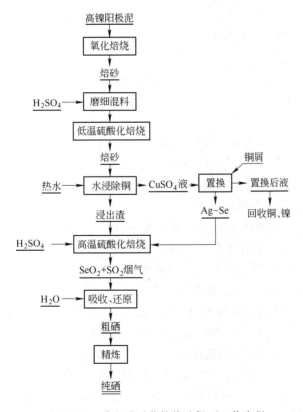

图12-104　分段硫酸化焙烧法提硒工艺流程

盐，之后用热水浸焙砂脱镍、铜，得硫酸铜（镍）溶液与浸出渣（但有小部分硒随镍与铜转入溶液，为回收液中这部分硒，宜加入铜屑置换，得银、硒置换物，此置换物与含硒1%～13%、银27%～36%、铜0.5%及镍0.9%的浸出渣合并），再配入浓硫酸后放入马弗炉内进行第二段高温硫酸化焙烧挥发硒，硒以 SeO_2 形态挥发而回收硒。

有人认为，二段硫酸化过程中，首先在低于350℃会形成金属盐 $MeSO_4$；第二段在高于400℃硫酸化，此时硒以 SeO_2 形态挥发入烟尘。过程中料中的碲有如下化学变化：

$$Ag_2Te + 3H_2SO_4 \rightleftharpoons Ag_2SO_4 + TeSO_3 + SO_2 + 3H_2O \qquad (150～200℃)$$

$$3TeSO_3 \rightleftharpoons TeO_2 \cdot SO_3 + 2Te + 2SO_2 \qquad (>400℃)$$

$$TeO_2 \cdot SO_3 \rightleftharpoons TeO_2 + SO_3 \qquad (>430℃)$$

之后水浸，滤渣送分银炉回收贵金属；滤液经加铜屑置换得 Cu-Se/Ag，滤液经加热至沸腾，才加入铜粒获得 Cu_2Te，以 NaOH 溶出后经电解得碲。

分段硫酸化火法、湿法交替过程较烦琐，且硒回收率不高。

12.5.1.4 干式硫酸化焙烧法

美国 Kennecott Cu Co. 试用干式硫酸化焙烧法处理该厂所产的铜阳极泥[58]。该厂把成分（%）为：Se 12、Te 3、Pt 0.0062 及 Pd 0.0072 等的铜阳极泥磨细到粒度为0.0475mm（300目），配以 Na_2SO_4 和一定量的硫酸，投入两台 $\phi1.83m \times 4.27m$ 的回转窑内，在540～650℃下进行硫酸化焙烧，挥发出的 SeO_2 经水吸收及 SO_2 还原得粗硒；焙烧经水碎后，用热的稀硫酸水溶液浸出，同时加入一些铜屑，促使液中的银和碲等留在渣内，将滤渣投入分银炉，加入苏打，在1350℃下熔炼，获得含碲的苏打渣及含金8%～9%、银86%～92%、铜0.5%～1%、铅0.02%及铂族金属达0.15%～0.19%的金银合金。

此金银合金铸得阳极板，套以隔膜，在制备得的含银150g/L、铜45～50g/L、pH 值为1.0～1.5的电解液中选用 $300A/m^2$ 的电流密度、2.7V 槽电压、32℃下电解得金属银，残极率为15%。

过程中金银阳极中的金几乎全部进入银阳极泥，银阳极泥经水洗后铸成金阳极板，在含金150～200g/L、HCl 140g/L 的电解液中，采用 $1238A/m^2$ 的阳极电流密度、60℃下电解得金。再从废电解液中综合回收铂族金属，从苏打渣中提取碲。

12.5.1.5 硫酸化—还原熔炼法

加拿大 InCo Ltd. 用硫酸化—还原熔炼法处理含高镍高硒的镍电解阳极泥[32,59]。该阳极泥含镍19.8%、硒15%及碲3.61%。该公司将此阳极泥配入含20%硒的硒硫块进行硫酸化焙烧，使硒以 SeO_2 形态进入烟气，经淋洗塔、湿式电收尘得到富含硒的洗涤液，此液经中和处理，使液中的碲、铅、铁及铜沉出而除去。向中和后液通入 SO_2，便可还原得到单体硒。而硫酸化焙烧的焙砂以 Na_2CO_3 液浸出碲，过滤后，向滤液加入 Na_2S 净化除去重金属杂质，净化液用稀硫酸中和便可得到 TeO_2 沉淀物，最后配入硼砂及炭等进行还原熔炼得粗碲，浸出渣送金银车间回收银。

综上所述，采用硫酸化焙烧，主要是为了脱铜、镍，有较多的人认为，还不如直接酸浸脱铜、镍为好，只要用含100g/L 硫酸溶液，在鼓入空气（按1kg Cu 4m³ 计）下浸出2h，即可将大部分铜脱去。

12.5.2 氧化焙烧—碱浸法回收硒、碲

氧化焙烧—碱浸法基于硒、碲化合物在低温下可氧化成氧化物，这些氧化物易被 NaOH 浸出，后转入盐酸介质中通入 SO_2 而还原沉出硒与碲[2]。

德国人把成分（％）为：Se 6、Cu 20、Pb 5 及 As 2 的铜阳极泥在 250~380℃ 下进行氧化焙烧[31,32,57]，过程中发生如下化学反应：

$$Cu_2Se + 2O_2 = CuSeO_3 + CuO$$

$$CuSe + 2O_2 = CuSeO_4$$

$$2Ag_2Se + 3O_2 = 2Ag_2SeO_3$$

$$Ag_2Se + O_2 = 2Ag + SeO_2 \uparrow$$

$$AuSe_2 + 2O_2 = Au + 2SeO_2 \uparrow$$

$$2Ag_2Te + 3O_2 = 4Ag + 2TeO_3$$

$$AuTe_2 + 3O_2 = Au + 2TeO_3$$

当炉料显黄绿色时，即表明已形成了绿色的亚硒酸铜与黄色的 TeO_3。焙烧料在 90℃ 下用碱浸出，发生如下成盐反应：

$$Ag_2SeO_3 + 2NaOH = Na_2SeO_3 + H_2O + Ag_2O$$

$$CuSeO_3 + 2NaOH = Na_2SeO_3 + H_2O + CuO$$

$$TeO_3 + 2NaOH = Na_2TeO_4 + H_2O$$

$$SeO_2 + 2NaOH = Na_2SeO_3 + H_2O$$

用硫酸中和此碱液至 pH 值为 7~8 时，液中的 Na_2SeO_3 发生如下反应：

$$Na_2SeO_3 + H_2SO_4 = H_2SeO_3 + Na_2SO_4$$

所得溶液含硒达 40g/L，向此液加入盐酸酸化，并通入 SO_2 将 H_2SeO_3 还原成元素硒：

$$H_2SeO_3 + 2SO_2 + H_2O = Se \downarrow + 2H_2SO_4$$

$$Na_2SeO_3 + 2HCl + 2SO_2 + H_2O = Se \downarrow + 2H_2SO_4 + 2NaCl$$

过滤即得到含硒 99％ 的粗硒。

精炼粗铅过程中，碲以水溶性的 $NaTeO_3$ 形态富集在碱浮渣内。采用液固比为 (4~8):1，在 70~90℃ 下用球磨边磨边水浸碱浮渣 2~4h，便有 96％ 以上的碲转入溶液，可参照前述方法从此溶液中提取碲。

在低温 400℃ 以下会形成 Ag_2SeO_3，欲使其中的硒释放出来，就要升高氧化焙烧温度到 600~900℃[31]：

$$2Ag_2SeO_3 = 4Ag + 2SeO_2 \uparrow + O_2$$

前苏联还探索过将阳极泥制粒后，在 750~800℃ 下进行较高温度下的氧化焙烧，使料中硒形成 SeO_2，用碳酸钠溶液吸收而回收硒。

12.5.3　氧压煮法回收硒、碲

稀硫酸溶液浸出阳极泥中的碲仅能达70%～80%，远不及氧压浸出的效果（其碲浸出率达90%以上）。氧压浸煮提碲法工艺流程如图12-105所示，将阳极泥投入高压釜，在氧压为250～350kPa、160～180℃下氧压浸出，则碲以Te^{4+}或Te^{6+}形态转入溶液，碲与铜转入溶液近100%，滤液经用SO_2还原处理后，在控制常压、液温大于80℃、加入铜屑（固定床设备内）或铜粒（转鼓设备内）进行置换得Cu_2Te置换物，用NaOH将此Cu_2Te溶解，滤液经电解得碲，废电解液返氧压浸煮[2,31,60,61]。

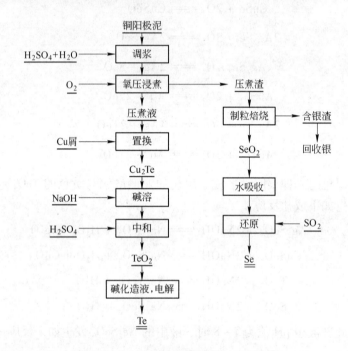

图12-105　氧压浸煮提硒碲法工艺流程

如加拿大铜精炼厂从成分（%）为：Se 9.6～15、Te 1.0～1.6、Pb 8～12、Ag 22.1、Au 0.62的阳极泥中回收硒与碲采用此法。用93%H_2SO_4水溶液将阳极泥调浆，泵入高压釜内，在125℃、氧压275kPa下压煮2～3h，发生如下化学反应：

$$Cu_2Se + 2H_2SO_4 + O_2 = Se + 2CuSO_4 + 2H_2O$$

$$Cu_2Te + 2H_2SO_4 + 2O_2 = H_2TeO_3 + 2CuSO_4 + H_2O$$

$$2CuAgSe + 2H_2SO_4 + O_2 = Se + Ag_2Se + 2CuSO_4 + 2H_2O$$

$$Cu + H_2SO_4 + 1/2O_2 = CuSO_4 + H_2O$$

绝大部分碲与铜转入溶液，而硒与银却残留在压煮渣中，向滤得的压煮液加入铜屑置换碲得Cu_2Te：

$$H_6TeO_6 + 5Cu + 3H_2SO_4 = Cu_2Te\downarrow + 3CuSO_4 + 6H_2O$$

Cu_2Te置换物经加碱并鼓入空气溶解：

$$2Cu_2Te + 4NaOH + 3O_2 \Longrightarrow 2Na_2TeO_3 + 2Cu_2O + 2H_2O$$

用 H_2SO_4 中和至 pH = 5.7 沉出 TeO_2：

$$Na_2TeO_3 + H_2SO_4 \Longrightarrow TeO_2 \downarrow + Na_2SO_4 + H_2O$$

再用碱溶 TeO_2 沉淀造液后电解得碲。

而含硒（主要为 SeO 及 Ag_2Se 形态）与银的压煮渣，经制粒后在 800~820℃的烧结机上通空气 $30m^3/min$、1~2h 挥发硒（同时使 Ag_2Se 充足氧化，促进其后回收银），经水吸收，再通 SO_2 还原得硒。

此法优点在于：氧化浸煮时浸出率高，阳极泥料中碲与铜几乎全部入液；用一个置换过程将碲与铜共同转入置换物，免去专设一脱铜工序。

在加拿大还进行过在 163℃及氧分压 1074kPa 下的高压氧碱浸铜阳极泥提取硒与碲的试验。

又有在 200℃及氧分压 172kPa 下的高压氧碱浸铜阳极泥 4~12h，硒以 Na_2SeO_4 入液，碲则视若氧化成 Te^{6+} 状态，则不溶于碱，从而使硒与碲完全分离，之后分别提取硒与碲。

另有芬兰奥托昆普的 Pori 厂从铜阳极泥提取硒，采用了高压氧化浸出脱铜与镍，然后将浸出渣焙烧，渣中硒转化为 SeO_2，经水吸收与 SO_2 还原得硒。

还有用高压碱浸酸泥的报道：将酸泥投入装有 20% 碱液的高压釜内，在 150~400℃及 3445.1kPa 的氧压下压煮 72h，酸泥中的硒几乎全部转入碱液，而碲仍残留在碱渣中。按通常办法从溶液中回收硒，硒回收率可达 97%[32]。

氧压碱浸的缺陷在于氧及碱耗均过大[62]，需权衡经济效益而定。

12.5.4　碲化铜法回收碲

虽然金属的标准电极电位 Cu^{2+}/Cu 为 +0.337V，而 Te^{4+}/Te 为 +0.53V 与其电位差不大（可是 Te^{6+}/Te 为 +1.02V），但在 H_2SO_4 溶液中不论碲是以 Te^{4+} 或 Te^{6+} 存在，用铜屑或铜粒置换碲，却不是得到元素碲，而是得到碲化铜 Cu_2Te，从而与其他杂质良好分离[2,63,64]：

$$H_2TeO_3 + 4Cu + 2H_2SO_4 \Longrightarrow Cu_2Te \downarrow + 2CuSO_4 + 3H_2O$$

$$H_2TeO_4 + 5Cu + 3H_2SO_4 \Longrightarrow Cu_2Te \downarrow + 3CuSO_4 + 4H_2O$$

有人查明置换物 Cu_2Te 呈 $Cu_{2-x}Te(x = 0~0.33)$。利用 Cu_2Te 在氧化剂存在下容易与酸、碱反应形成亚碲酸或亚碲酸盐，而使其转入溶液：

$$Cu_2Te + 2H_2SO_4 + 2O_2 \Longrightarrow H_2TeO_3 + 2CuSO_4 + H_2O$$

$$Cu_2Te + 2NaOH + 3/2O_2 \Longrightarrow Na_2TeO_3 + Cu_2O + H_2O$$

若过度氧化则会形成 Na_2TeO_4。过度氧化碱浸则可能将碲氧化成难溶的 Cu_3TeO_6（此碲酸铜显鲜绿色）。

从置换得到的 Cu_2Te 中提碲可选择氧化酸浸或碱浸的方法：

（1）氧化酸浸，然后可通 SO_2 或 Na_2SO_3 还原沉出碲：

$$H_2TeO_3 + 2SO_2 + H_2O \Longrightarrow Te \downarrow + 2H_2SO_4$$

$$H_2TeO_3 + 2Na_2SO_3 = Te\downarrow + 2Na_2SO_4 + H_2O$$

其后再氧化碱溶造液，经电解得碲。

（2）氧化碱浸，则视碱液中碲浓度或浓缩、再富集后电解得碲。此法富集比高，与其他杂质分离好。

12.5.5 水溶液氯化法及碱土金属氯化法回收硒、碲

12.5.5.1 水溶液氯化法回收硒碲[2]

水溶液氯化法的实质是将料中的硒与碲转变为氯化物，使其溶于水生成亚硒（碲）酸溶液，之后从溶液中回收硒与碲。

A 从阳极泥回收硒、碲

向浆状阳极泥通入氯气，氯气通入水中后形成氧化性强的 HClO，有人认为是 HClO 放出新生氧 $[O_2]$，然后由它氧化料中的硒、碲及硒（碲）化物：

$$H_2O + Cl_2 = HCl + HClO$$
$$2HClO = 2HCl + [O_2]$$
$$Se + 2HClO + H_2O = H_2SeO_3 + 2HCl$$
$$Te + 2HClO = TeO_2 + 2HCl$$
$$Cu_2Se + 4HClO = H_2SeO_3 + 2CuCl_2 + H_2O$$
$$Ag_2Se + 3HClO = H_2SeO_3 + 2AgCl\downarrow + HCl$$

当 HClO 充足时，硒及其化合物会形成 H_2SeO_4：

$$Se + 3HClO + H_2O = H_2SeO_4 + 3HCl$$
$$Cu_2Se + 5HClO = H_2SeO_4 + 2CuCl_2 + HCl + H_2O$$
$$Ag_2Se + 4HClO = H_2SeO_4 + 2AgCl\downarrow + 2HCl$$

同时也发生如下副反应：

$$3Se + SeO_2 + 4HCl = 2Se_2Cl_2 + 2H_2O$$

水溶液氯化的最佳条件是：液固比为 8:1、控制 HCl 水溶液中含 50~100g/L NaCl，在 25~80℃下、通入氯气量为 1kg 阳极泥 0.9~1.3kg Cl$_2$。实际用 1:1 的 HCl，液固比为 (3~6):1，往 90~95℃溶液中通氯气，氯化时若溶液内含有大于 1mol/L HCl 时，则加或不加食盐对氯化作用无实质影响[57,59]。氯化法综合回收硒与碲的典型工艺如图 12-106 所示。

前苏联报道用含 100g/L 盐酸及 50~100g/L 食盐的溶液，在加热到 80~90℃下，通入按阳极泥重 90%~130% 计的氯气进行水溶液氯化含硒、碲的铜镍阳极泥，当控制终酸为 40~60g/L 时，阳极泥中的硒、金、铜及铂族金属等转入溶液，用胺萃取溶液中的金后，向萃金余液通入 SO$_2$ 沉出硒，沉硒后的溶液用 Na$_2$CO$_3$ 中和得到 TeO$_2$ 沉出物，按前述方法从 TeO$_2$ 沉出物中回收碲；含 AgCl 的水溶液氯化残渣可用氨浸出，所得滤液经还原得银[65]。

有报道：按料中 1kg 碲加入 10L 的 1:3 HCl，在 95℃下浸出含碲阳极泥，则碲入液，

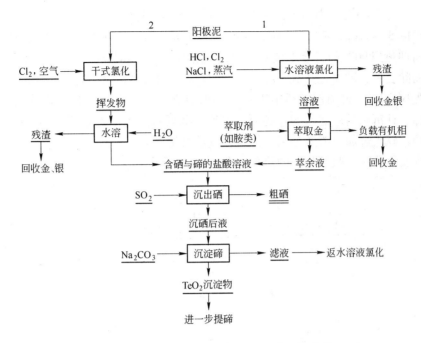

图 12-106　水溶液氯化法提取硒、碲工艺流程

控制 HCl 浓度在 10%～15% 之间、80℃、通入 SO_2 还原沉出碲（直至插铜丝入液不见灰色碲黏附为止），而后提碲[60]。

另据报道：在浓度大于 8mol/L 的 HCl 中，用 SO_2 或 Na_2SO_3 可选择性还原沉出硒（Ⅳ），而不还原沉出碲（Ⅳ），但在低酸中（3～5mol/L HCl），则可使硒（Ⅳ）、碲（Ⅳ）共同还原沉出。如用 KI 在 1～45mol/L HCl 中，则可使硒（Ⅳ）还原沉出，而碲会以 TeI_6^{2-} 留液中，从而实现硒、碲分离。

美国一厂采用 6mol/L HCl 水溶液氯化铅阳极泥，Se、Te、Au 及 Pt-Me 转入溶液，可用上述工艺回收硒与碲，兼考虑综合回收 Pt-Me。而 Pb、Ag、Sb 及 Sn 留在水溶液氯化残渣中，此残渣经氨浸、100℃脱氨得 AgCl 后回收银，再从浸液中回收其他 Pt-Me。

B　从富碲铋矿回收碲

粉碎富碲铋矿后用 2.1～2.8mol/L HCl，在 80℃、加入氧化剂 $NaClO_3$ 下浸出，料中碲与铋几乎全进入溶液，滤后，向滤液中加 Na_2SO_3 还原沉出粗碲粉。

也有用类似方法处理脱铜阳极泥：加入氧化剂 $NaClO_3$ 浸出，使阳极泥中的 Se、Te、Cu 等入液，浸出渣送去综合回收贵金属，而滤液经通 SO_2、铁屑、Na_2SO_3 还原沉出硒、碲。浸出渣送去综合回收贵金属。而沉出硒、碲后液含铜，简单地加铁屑置换而回收铜[66]。

12.5.5.2　碱土金属氯化法回收硒、碲

A　从酸泥提硒、碲

将酸泥投入盛有碱土金属氯化物（4.5～6.0mol/L $CaCl_2$）的 1.5～2.5mol/L HCl 溶液中，按液固比为（5～8）∶1，通氯气氯化，酸泥中的硒、碲及砷等以氯化物形态转入溶液（有时，为加速溶解的过程常加入氧化剂，如 $FeCl_3$ 等；或为使金入液可加 NaCl）。

$$CaCl_2 + 2Cl_2 + 2H_2O \Longrightarrow 4HCl + Ca(OCl)_2$$

$$2Me/Me_2Se + 3Ca(OCl)_2 + 4H_2O \Longrightarrow 2H_2SeO_3 + 3CaCl_2 + 2Me/(OH)_2/4MeOH$$

过滤后，向加热到90℃的滤液中投入 CaO，将溶液中和到 pH = 4.5 左右，便发生 CaAsO_4 沉淀，从而除去砷，同时也达到 CaCl_2 再生的目的。滤出 CaAsO_4 后，继续用 CaO 中和溶液到 pH 值小于 3.8，此时沉淀析出 TeO_2，用碱溶解 TeO_2 沉淀物，所得富碲碱溶液通过电解便制得碲。往沉碲后液通入 SO_2 还原沉出硒，沉硒后滤液即为 CaCl_2 溶液，可送碱土金属氯化再用。碱土金属化渣送分银炉提银，或送氰化提金。

碱土金属氯化法回收硒与碲的流程如图 12-107 所示[57,67]。

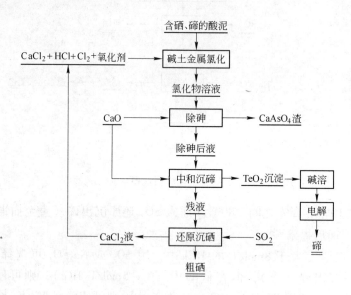

图 12-107　碱土金属氯化法提硒与碲的工艺流程

由于酸泥一般均富含铅、铋与银，在碱土金属氯化中，96% 以上的铋和 90% 以上的银进入溶液。可用置换或水解工艺从 CaCl_2 溶液中回收铋和银。

B　从铜阳极泥回收硒

哈萨克斯坦的德热卡兹干铜厂利用碱土金属氯化法回收富铅的铜阳极泥中的铅和硒[68]。该铜厂的阳极泥含硒 0.64%、铅 41.7%，该厂采用 CaCl_2 + NaCl 的水溶液，在液固比为 15∶1、90～95℃ 浸出 6h，过程中有 93%～98% 的铅转入浸出液，绝大部分硒仍留在浸出渣中，此渣富含硒 1.93%，另仅含铅 4.1%，然后从渣中回收硒。浸出液或结晶析出 PbCl_2，或用 NaClO_3 沉淀析出 PbCO_3，以生产经济效益较高的化工产品。

C　从金矿回收硒

有人用 CaOCl_2 液浸出含硒金矿，首先新生氧 [O_2] 将金矿中硒化物氧化成 SeO_2，并遇水而转入溶液，滤液经加硫酸酸化，然后或通 SO_2 还原沉淀析出硒，或加铁屑置换得硒。浸出渣送氰化提金。

12.5.6　选冶联合法回收硒、碲[2]

12.5.6.1　选冶联合法从阳极泥提硒、碲

由于阳极泥粒度较细，含铅等金属量高，可采用相应的选矿捕收剂，优先浮选得硒、

碲精矿，然后经冶炼回收它们[69]，这种方法已在国内外得到应用。

前苏联莫斯科铜厂阳极泥成分（%）为：Se 2~6、Au 0.04~0.16、Ag 2.81~3.17、Pd 0.09~2.84、Pt 0.01~0.44 及 Cu 11.28~27.60。将铜阳极泥先行脱铜，再调料浆浓度达 200g/L，加入丁基黑药 250g/L 进行浮选，获得含硒 9.23%~14.37% 的硒精矿（含铂族金属及金），硒回收率为 94.4%~99.2%[61,69]。

日本直岛冶炼厂含硒 19.2%、碲 1.35%、铅 24.9% 等的阳极泥，先经浮选，料中 $PbSO_4$ 入尾矿，脱铅后的阳极泥在 800℃ 以下进行氧化焙烧，过程中约 98% 的硒挥发入烟气，被文丘里洗涤器中的 pH = 9 的 NaOH 溶液吸收，产出的 Na_2SeO_3 液被泵入钢制槽内，用硫酸调 pH = 6.2，此时液中杂质铅与碲等共沉淀。过滤后，分两段向滤液通入 SO_2 沉淀硒，第一段选择沉淀硒，至溶液残留硒到 1~3g/L，获得品位较高的粗硒。第二段彻底沉淀硒，得到含硒较低的沉淀，返氧化焙烧处理。氧化焙砂配入还原剂、苏打、熔剂及吹灰得的 PbO 后，投入回转炉在 1200℃ 下进行苏打还原熔炼 19h，产出的贵铅立即转入另一回转炉内，加入 Na_2CO_3 及 KNO_3 进行氧化熔炼。过程中贵铅中的铅以 PbO 形态挥发后回收；产出的金银合金送电解分别回收银与金。苏打还原熔炼产出的苏打渣用水溶解，过滤后向溶液加入硫酸中和沉出 TeO_2，沉淀用盐酸溶解后，向所得滤液通入 SO_2 还原沉淀析出粗碲。废液加 NaOH 中和，并加 $FeCl_3$ 处理后排放[70]。后来他们试验用碲化铜法回收碲。

日本大阪铜厂阳极泥成分（%）为：Se 17~21、Te 1.0~2.2、Pb 26~31、Au 2.26、Ag 14.2~19.9、S 4.6~6.7，先用 H_2SO_4 溶液磨矿脱铜，再加水调矿浆浓度至 100g/L、pH = 2，加 208 号黄药 50g/t 进行浮选。99.7% 以上的硒、金、银均进入产出率为 45% 的精矿，精矿含硒大于 31.2%、碲 4.6%、金 1.61% 及银 35.15%；而 93% 以上的铅进入尾矿。从前该厂处理成分（%）为：Se 11.2~18.9、Pb 22.7~24.4、Au 0.75~1.07、Ag 26.5~27.2 的阳极泥，脱铜后调矿浆浓度至 10%~15%、pH 值为 2~4，在加热到 40℃ 时加起泡剂甲基异丁基甲醇 70~100g/t，捕收剂二烃基硫代磷酸或它的盐 50~60g/t 进行浮选，98% 以上的硒、金、银与碲入精矿，获得含硒 17.7%~27.01%、金 1.20%~1.64% 及银 41.8%~42.4% 的精矿。回收硒率大于 94%[61]。

12.5.6.2 选冶联合法从酸泥提硒、碲

含硒 0.08%~0.11%、银 0.05%、铅 49.50% 等的某炼铜厂酸泥，查明硒主要呈 Cu_2Se 与 Ag_2Se，铅约 99% 为 $PbSO_4$。经微酸加乙二胺预处理后，用石灰 500g/t、丁黄药灰 100g/t、丙腈 60g/t、2 号油 100g/t 浮选脱除尾矿，再补加丁黄药 20g/t、浮选得含硒 1.05%、银 0.72% 的精矿，硒回收率近 87%。

另一实例，向含硒 0.5%~4.0% 的酸泥配入硫酸，使浆料含硫酸达 37.6%，加热到 90~100℃，加入煤油进行浮选，得含硒 19.44% 的硒精矿，硒回收率大于 93%。

选冶法优点在于：经济实用，脱铅良好，工艺简化。

12.5.7 溶剂萃取法回收硒、碲

12.5.7.1 盐酸介质中萃取硒与碲

可以用 TBP 萃取盐酸溶液中的硒与碲，过程中只萃取 Se(Ⅳ) 和 Te(Ⅳ)，而不萃取 Se(Ⅵ) 和 Te(Ⅵ)，如在含 3~10mol/L HCl 的溶液中用 TBP 萃取 Se(Ⅳ) 而不萃取 Se(Ⅵ)，从而使 Se^{4+} 与 Se^{6+} 分离；在含 3~12mol/L HCl 的溶液中用 30% TBP/煤油萃取 Te(Ⅳ)，

萃合物随酸度低的 $2H_3O \cdot 3TBP \cdot TeCl_4$ 变动到高的 $(H_2O \cdot 3TBP) \cdot TeCl_5$，而当 HCl 浓度大于 6mol/L 后，萃合物则变为 $(H_2 \cdot 2H_2O \cdot 3TBP) \cdot TeCl_6^{[71]}$，且其分配比随盐酸与 TBP 浓度增高而增大，且有采用硝基苯稀释剂的分配比最大，二氯乙烷次之。随 Te(Ⅳ) 共萃取的有三价的 Tl、Ca、Au 及 Fe 等，为此，宜在用 TBP 萃取盐酸溶液中的硒与碲之前，用异丙醚在 7~8mol/L HCl 先行萃取除杂质，或用硫酸或盐酸洗脱 Fe(Ⅲ) 及上述杂质。之后用 20% NH_4Cl 或 8mol/L NaOH 溶液返萃，可达到定量反萃 Te(Ⅳ)。在含 4mol/L HCl + 2mol/L $MgCl_2$ 的溶液中，60% TBP/甲苯可定量萃取 Se(Ⅵ)。在含 4.0~4.9mol/L HCl 的溶液中，TBP 可定量萃取痕量的碲。其萃取机理可能是：

$$TeO_2H_{(A)}^+ + 3TBP_{(O)} + 3H_{(A)}^+ + 4Cl_{(A)}^- \Longrightarrow TeCl_4 \cdot 3TBP_{(O)} + 2H_2O_{(A)}$$

有人研究用含硒 0.002~0.028g/L、碲 0.002~0.108g/L 的料液，在大于 4.5mol/L HCl 的溶液中，用 30% TBP/煤油萃取，得到如图 12-108 所示的硒、碲萃取等温曲线。

从图 12-108 得知，碲的萃取率较高，即在相比 O/A = 1/1 下进行 3 级萃取，碲的萃取率大于 99.1%，而硒的萃取率却小于 4.2%，当用 6mol/L HCl 进行两级洗涤后，用 0.5mol/L HCl 溶液在 O/A = 2/1，经 2 级反萃，便可得到定量反萃碲。此研究还表明，萃取过程的富集比不大，如原料液含碲超过 1.2g/L 时，则必须增大 TBP 量，否则萃取分离效果会大大变坏。

胺类萃取剂如三锌胺（TOA）可以在 HCl 介质中萃取 Se(Ⅳ)，要求 TOA 的浓度需超过 0.7mol/L。TOA 萃取硒的等温曲线如图 12-109 所示。

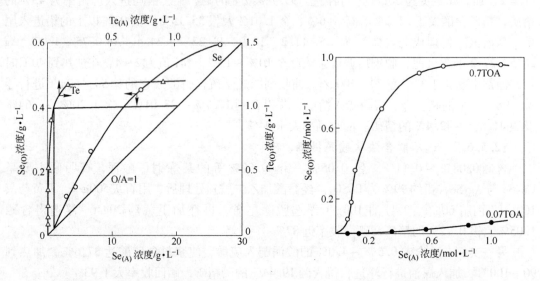

图 12-108 硒与碲的萃取等温曲线　　　　图 12-109 硒的萃取等温曲线

TOA 萃取 Te(Ⅳ) 但不萃取 Te(Ⅵ)，它萃取 Te(Ⅳ) 的分配比随盐酸浓度的增加而增大，但在大于 6mol/L HCl 后却下降。TOA（以 R_3N 表示）萃取 Te(Ⅳ) 的机理为：

$$R_3N_{(O)} + HCl_{(A)} \Longrightarrow R_3N \cdot HCl_{(O)}$$

$$TeO_2H^+ + 2R_3N \cdot HCl_{(O)} + 3H_{(A)}^+ + 4Cl_{(A)}^- \Longrightarrow [R_3NH]_2TeCl_{6(O)} + 2H_2O_{(A)}$$

室温下可用乙酰胺（20% N503 + 6% 正辛醇/煤油）从 3mol/L HCl 中萃取 Se(Ⅳ)[66]。

MIBK 在含 3.5 ~ 7.0mol/L HCl 的溶液中能定量萃取 Se(Ⅳ)与 Te(Ⅳ)，但不萃取 Se(Ⅵ)与 Te(Ⅵ)，然而 Au(Ⅲ)、Fe(Ⅲ)、Tl(Ⅲ)、Ca(Ⅲ)、In(Ⅲ)、Sb(Ⅴ)及 Mo(Ⅳ)等会随 Se(Ⅳ)与 Te(Ⅳ)一同进入有机相，这表明其萃取选择性不好，与 TBP 类似。可先如上述除杂后再用 MIBK 在含 8.5mol/L HCl 中萃取 Se(Ⅳ)，萃取率可达 99%。

在 2.7 ~ 5.0mol/L HCl 时，可用醇类萃取剂萃取 Te(Ⅳ)，而在大于 10mol/L HCl 时，可用正辛醇萃取 Se(Ⅳ)，硒的分配比大于 100。当用正辛醇在 5mol/L HCl 中萃取碲时，碲的分配比仅为 1.15 ~ 1.80。

12.5.7.2　在硫酸介质中萃取硒与碲

有关在硫酸介质中萃取硒与碲的报道很少。

有报道称可用 D2EHPA/甲苯萃取 Se(Ⅳ)与 Te(Ⅳ)。而在含 0.05 ~ 2.5mol/L H_2SO_4 溶液中，可用二乙基二硫代磷酸钠/CCl_4 萃取 Se(Ⅳ)与 Te(Ⅳ)。

另有报道用二丁基二硫代氨基甲酸（DBDTC）在含 0.05 ~ 5mol/L H_2SO_4 溶液中能定量萃取 Se(Ⅳ)与 Te(Ⅳ)。在含 0.05 ~ 2.5mol/L 的硫酸介质中，0.2mol/L 的硫代苯酚酸（TNA）/CCl_4 能完全萃取 Te(Ⅳ)，但不萃取 Se(Ⅳ)（只有在 12mol/L HCl 中，Se(Ⅳ)可被 TNA/CCl_4 定量萃取），用 2mol/L H_2SO_4 洗涤负载有机相后，直接向负载有机相加入 NH_4OH 沉淀析出元素碲，或用 12mol/L HCl 溶液反萃碲。

在 2 ~ 16mol/L H_2SO_4 + 0.25 ~ 3mol/L KI 溶液中 MIBK 能定量萃取 Te(Ⅳ)，但铜、镉、铅、铋、铟、锑也被萃入。

迄今为止，除 TBP 在工业上用于萃取 Se(Ⅳ)与 Te(Ⅳ)外，还未见到其他萃取剂用于萃取硒和碲的工业化报道。

12.5.8　离子交换法回收硒、碲

在 HCl 溶液中，硒与碲会形成相应的 $HMeO_3^-$、$HMeO_4^-$、$HMeO_3^{2-}$ 及 $HMeO_4^{2-}$ 等配合阴离子，在盐酸浓度超过 6mol/L，则会形成 $SeCl_5^-$、$SeCl_6^{2-}$ 及 $TeOCl_4^{2-}$ 等配合阴离子。可采用阴离子交换树脂 ЭДЭ-10П 及 AB-17 等交换剂吸附硒，硒在 pH 值为 3 ~ 4 的溶液内具有最大的交换吸附率。与此相似，用 ЭДЭ-10П 及 AB-17 吸附碲时，酸度由 pH = 3 升高到 pH = 1，交换吸附碲量也相应增加，此后随酸浓度的升高，因形成 TeO_3^{2-} 而导致交换吸附碲量下降[2]。

在 H_2SO_4 溶液中，强碱性阴离子树脂 Lewaitit-M500 在含硒 0.6g/L 的 5mol/L HCl 溶液中吸附硒率接近零。但在 pH = 1 的 H_2SO_4 溶液中，能吸附少量的 Se(Ⅳ)与 Te(Ⅳ)，然后可用 12% 的氨水解吸硒。

有报道[47]：含碲的溶液在调酸到 pH = 3.7 后，让其通过 AH-9Φ、AH-1（呈 OH^- 型）或 AH-2Φ（呈 Cl^- 型）阴离子树脂，就可以达到提碲的目的。实践表明，溶液中存在少量 SO_4^{2-} 有利于吸附碲，但铜的存在则对吸附碲不利。

日本竹园铜厂则用阳离子树脂交换 H_2SeO_3 溶液中存在的杂质之后，通 SO_2 还原沉出硒，经氨水处理得 99.997% 灰硒[72]。这是与吸附相反的思路。

在 HNO_3 溶液中，国内试验将 99% 粗硒提纯到 99.995% 精硒，采用离子树脂交换法提纯：用 HNO_3 将 99% 粗硒溶解得含硒 15g/L H_2SeO_3 溶液，首先通过 OH^- 型阴离子树脂交

换塔：

$$H_2SeO_{3(A)} + 2ROH_{(O)} = \overset{\displaystyle R}{\underset{\displaystyle R}{\diagdown SeO_{3(O)}/}} + 2H_2O_{(A)}$$

当树脂饱和后，用 200～250g/L 于 80℃ 解析：

$$\overset{\displaystyle R}{\underset{\displaystyle R}{\diagdown SeO_{3(O)}/}} + 2NaOH_{(A)} = 2ROH_{(O)} + Na_2SeO_{3(A)}$$

将 Na_2SeO_3 溶液调酸到 pH = 5.5，再次通过 H^+ 型阴离子树脂（以 RH 表示）交换塔得纯 H_2SeO_3 溶液：

$$Na_2SeO_3 + 2RH = 2RNa + H_2SeO_3$$

用 $NaHSO_3$ 或 Na_2SO_3 从纯 H_2SeO_3 溶液还原沉出 99.995% 硒。

在碱性溶液中，用 ЭДЭ-10П 交换吸附碱性溶液中的碲，其吸附率随碱浓度升高而降低，处于 0.5～0.7mol/L 碱浓度的交换吸附量最大。用 2mol/L HCl 即可定量解析碲。阴离子交换树脂容易交换吸附含 0.7～1.0mol/L 碳酸盐溶液中的硒，但却不交换吸附碲。在处理含硒、碲的苏打液时，可借此分离硒与碲。

利用阴离子树脂交换法综合回收有色金属冶炼中的稀散金属有可以回收主金属、与杂质分离效果好、回收工艺流程短、经济效益高的优点，今后应进行深入的研究工作。

12.5.9　硫化法回收硒、碲

硫化法为一种类似用 $(NH_4)_2S$ 处理阳极泥提取硒的方法：向酸泥中加入 20% Na_2S 溶液，使酸泥中的硒与 Na_2S 反应生成 $Na_2S \cdot 2Se$[2]：

$$Na_2S + 2Se = Na_2S \cdot 2Se$$

然后在通入空气的同时，用盐酸溶解而析出硒：

$$Na_2S \cdot 2Se + 2HCl = 2Se\downarrow + 2NaCl + H_2S$$

此法尚未工业化。

据日刊报道，炼铜厂副产出的多硫化物为提碲提供了方便：

$$6NaOH + 4S = 2Na_2S + Na_2S_2O_3 + 3H_2O$$

$$Na_2S + S = Na_2S_2$$

$$Te + 3Na_2S_2 = Na_2(TeS_4) + 2Na_2S$$

$$Na_2(TeS_4) + 3Na_2SO_3 = Te\downarrow + Na_2S + 3Na_2S_2O_3$$

12.5.10　苏打法回收硒、碲

苏打法是另一种广泛用于从阳极泥中回收硒与碲的方法，其优点在于：（1）在第一道作业中就能使贵金属与硒、碲良好分离，且贵金属回收率高；（2）获得纯硒的工艺简易可

行；（3）可以综合回收碲与铜；（4）苏打可再生返用。苏打法提硒、碲可分为苏打熔炼法与苏打烧结法。

12.5.10.1　苏打熔炼法回收硒与碲

苏打熔炼法回收硒与碲的典型工艺流程如图 12-110 所示。

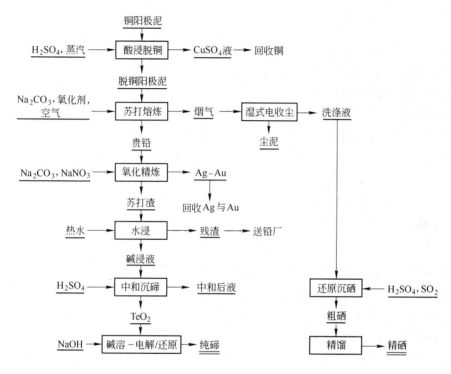

图 12-110　苏打熔炼法回收硒与碲的工艺流程

将脱铜（或硫酸化，或酸浸除铜）阳极泥配以料重 40%～50% 的苏打，投入电炉在 450～650℃ 下进行苏打熔炼，过程中硒与碲转变为易溶于水的碱（碱土）金属硒（碲）酸盐或亚硒（碲）酸盐[31,59]：

$$2Se + 2Na_2CO_3 + 3O_2 = 2Na_2SeO_4 + 2CO_2$$

$$Cu_2Se + Na_2CO_3 + 2O_2 = Na_2SeO_3 + 2CuO + CO_2$$

$$2Cu_2Se + 2Na_2CO_3 + 5O_2 = 2Na_2SeO_4 + 4CuO + 2CO_2$$

$$CuSe + Na_2CO_3 + 2O_2 = Na_2SeO_4 + CuO + CO_2$$

$$2CuSe + 2Na_2CO_3 + 3O_2 = 2Na_2SeO_3 + 2CuO + 2CO_2$$

$$SeO_3 + Na_2CO_3 = Na_2SeO_4 + CO_2$$

$$Cu_2Te + Na_2CO_3 + 2O_2 = Na_2TeO_3 + 2CuO + CO_2$$

$$2Cu_2Te + 2Na_2CO_3 + 5O_2 = 2Na_2TeO_4 + 4CuO + 2CO_2$$

$$Ag_2Te + Na_2CO_3 + O_2 = Na_2TeO_3 + 2Ag + CO_2$$

$$Ag_2Se + Na_2CO_3 + O_2 = Na_2SeO_3 + 2Ag + CO_2$$

$$2Ag_2Se + 2Na_2CO_3 + 3O_2 = 2Na_2SeO_4 + 4Ag + 2CO_2$$

$$2Na_2SeO_3 + O_2 = 2Na_2SeO_4$$

同时，也发生如下副反应：

$$3Se + 3Na_2CO_3 = 2Na_2Se + Na_2SeO_3 + 3CO_2$$

$$3Ag_2Se + 3Na_2CO_3 = 2Na_2Se + Na_2SeO_3 + 6Ag + 3CO_2$$

上述的苏打熔炼反应起始于 300℃，到 500~600℃ 时便剧烈进行，如果升温到 700℃ 以上，则会有 SeO_2 的明显挥发。为了保证氧化反应完全，使硒、碲都生成水溶性盐，苏打熔炼宜控制在 650~700℃ 或以下进行[32]。

如欲使硒更多地转为水溶性盐，而使碲形成水不溶物，则要求控制苏打熔炼温度在 450℃ 左右，并保证氧化剂与所供空气充足，此时氧化率在 92% 以上，碲会形成难溶的 Na_2TeO_4（但用 H_2SO_4 将 Na_2TeO_4 转为 H_2TeO_4 则成可溶），水浸时则 Se 入溶液，而 Te 不入液[31]。

苏打熔炼渣用热水浸出，硒与碲转入溶液，便可采用如下工艺回收硒、碲。从水浸液中直接加入 Na_2SO_3 还原沉出碲：

$$Na_2TeO_3 + 2Na_2SO_3 + H_2O = Te\downarrow + 2Na_2SO_4 + 2NaOH$$

或采用电解方法从 Na_2TeO_3 溶液中提取碲。如采用含 Te 100g/L、NaOH 160g/L 的电解液，在不锈钢片作电极的电解槽内、600~800A/m² 的电流密度、25℃ 的温度下电解，便得到粒状碲；如采用含碲仅 75g/L、NaOH 125~140g/L 的电解液，选用 60A/m² 的低电流密度、25℃ 下电解，则电解得片状碲；而当电解液含碲低到 22g/L、NaOH 100g/L 时，选用电流密度 200~250A/m²、70~80℃ 并使电解液循环的情况下电解，也能得到粒状碲，其废电解液含碲仅 0.1g/L。或用硫酸中和过滤后的溶液而沉出 TeO_2，从此 TeO_2 沉淀物再回收碲。中和后液与湿式电收尘的洗涤液合并后，可通入 SO_2 析出硒。

例如澳大利亚 Mount Isa Mines Ltd. 的铜阳极泥含铜高达 66%，阳极泥中的铜主要以硫化铜形态存在。该公司首先将阳极泥放在双层炉内氧化焙烧 14~24h，然后用硫酸溶液浸出脱铜，浸出液送铜厂回收铜，而把成分（%）为：Se 0.7、Te 4、Cu 2、Pb 28、Au 3 及 Ag 11 的浸出渣，配以渣重 15% 的苏打和 1.5%~3.0% 的 $NaNO_3$，投入反射炉内于 650℃ 下进行苏打熔炼，过程中硒以 SeO_2 状态挥发，通过洗涤塔和湿式电收尘器时被水吸收，当吸收液的密度达到 1.05g/cm³ 时，即抽出溶液，通入 SO_2 还原沉出硒。将所产苏打渣，用热水浸出，向滤液加硫酸中和到 pH 值为 5.5~6.5 沉出 TeO_2，此 TeO_2 经碱溶、电解得碲。并从苏打熔炼产出的金银合金中回收金与银。

又如日本别子炼铜厂也采用类似的方法处理来自数个厂的铜、铅阳极泥。该厂将阳极泥配入 Na_2CO_3 与 PbO 后，直接投入电炉内进行苏打熔炼。产出的贵铅（金银合金）经灰吹处理除锑后，转入氯化炉内，在通入氯气的条件下，使贵铅中的铅形成 $PbCl_2$ 而与金银合金分离，脱铅后的金银合金转入氧化炉，在加入苏打和其他溶剂后进行氧化熔炼造渣，在此过程中碲转入苏打渣，然后从此苏打渣回收碲[72,73]。

再如美国 Anaconda Cu Min. Co. 处理进口铜阳极泥，阳极泥首先在 350℃ 和通入过剩空气的条件下氧化焙烧，然后用 15% 硫酸溶液浸出脱铜，为了回收已转入溶液中的银，而在浸出末期加入新焙砂。将脱铜后残含铜在2%以下的浸出渣投入反射炉熔融，待其表面浮起一层富含Pb、Sb及SiO_2的硅浮渣，捞出硅浮渣送铅厂回收铅，之后朝排渣后的熔池加入苏打及硝石进行苏打熔炼，促使硒与碲形成相应的亚硒（碲）酸盐而转入苏打渣，渣经热水浸出得亚硒（碲）酸钠溶液，此亚硒（碲）酸钠滤液经用含硒泥浆（在260℃下硫酸化焙烧时产出的SeO_2烟气经水吸收而得到的）H_2SeO_3液进行中和，便获得TeO_2沉淀:

$$Na_2TeO_3 + H_2SeO_3 = TeO_2 \downarrow + Na_2SeO_3 + H_2O$$

最后用炭还原熔炼得粗碲。富含硒的中和后液用硫酸酸化后，通入SO_2还原而得红色硒，加热得灰硒。并从苏打熔炼产出的贵铅中回收金与银。

应该要指出的是：有的采用苏打氧化熔炼法提硒、碲时总是与综合回收料中的金与银相关，所采用的温度制度较高，如苏打熔炼是在加入熔剂（萤石、石灰、铁屑等）、炭及苏打、温度控制于1150~1250℃（氧化造渣段为800~900℃）间进行，所产烟气经H_2SO_4酸化的溶液吸收硒后提硒；而熔炼产出苏打渣及含（Au+Ag）为35%~50%的贵铅。此贵铅送去氧化精炼（即灰吹），即在添加苏打（Na_2CO_3）、$NaNO_3$、通入空气于850~1150℃下进行，得到Pb-(Au-Ag)，内含（Au+Ag）不少于95%，将其熔铸得电极板，经先后电解得银与金。为避免灰吹时的Pb害，有人建议用H_2SiF_6电解贵铅（Pb 70g/L、H_2SiF_6 100g/L、B-萘酚0.002g/L、骨胶0.5g/L的电解液，40℃、100A/m^2先行脱铅，后回收Au和Ag）。苏打氧化熔炼料中碲发生如下化学反应形成Na_2TeO_3渣:

$$Me_2Te + 8NaNO_3 = TeO_2 + 2MeO + 4Na_2O + 8NO_2$$

$$TeO_2 + Na_2CO_3 = Na_2TeO_3 + CO_2$$

Na_2TeO_3渣浸出、净化后，可送去电解提碲，技术控制在25~45℃、60~150A/m^2、1.5~2.5V得粗碲[61]:

$$Na_2TeO_3 + H_2O = Te \downarrow + 2NaOH + O_2$$

12.5.10.2　苏打烧结法回收硒与碲

苏打烧结法适于处理贫碲多硒的阳极泥物料，因高碲料会妨碍获得纯的硒，苏打烧结法回收硒与碲的流程如图12-111所示。

瑞典Boliden Aktiebolag公司采用低温苏打烧结法从铜阳极泥中回收硒。该公司将含Se 21%、Te 1%等的阳极泥配入料重9%的苏打，加水调成稠浆，挤压制粒，烘干，投入电炉内，保持在低于烧结温度下，控制在450~650℃通入空气进行苏打烧结，硒与碲转为Na_2SeO_3、Na_2TeO_3或Na_2SeO_4、Na_2TeO_4盐。烧结料用80~90℃热水浸出，在通空气搅拌的情况下，得到含铜62g/L、银3.6g/L及硫酸32g/L的亚硒（碲）酸盐溶液，此浸出液经浓缩至干，干渣配上炭在600~625℃的电炉内还原熔炼而得到Na_2Se[57]:

$$Na_2SeO_3 + 3C = Na_2Se + 3CO$$

$$Na_2SeO_4 + 4C = Na_2Se + 4CO$$

用水溶解Na_2Se，过滤得到的含炭残渣返回利用。向滤液鼓入空气氧化而得到灰硒产物:

$$2Na_2Se + 2H_2O + O_2 = 2Se \downarrow + 4NaOH$$

上式的实际是下述两反应式变化的总式:

$$Na_2Se + H_2O \xLongequal{\quad} NaHSe + NaOH$$

$$2NaHSe + O_2 \xLongequal{\quad} 2Se\downarrow + 2NaOH$$

在此过程中有 90% 的硒自溶液中沉出，经水洗即得粗硒，硒的总回收率高达 93% ~ 95%。

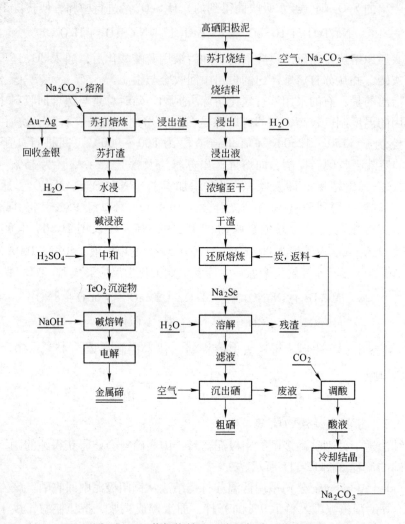

图 12-111　苏打烧结法回收硒与碲工艺流程

往沉出硒后的废液通入 CO_2 调整酸度，并再次鼓入空气氧化而沉出余硒后，废液经冷却结晶得苏打，返苏打烧结再用。烧结料经热水浸出后所得的含碲 2%、铜 2% 及金与银的浸出渣，配以渣重 7% 的苏打、4% 的硼砂及 SiO_2 等进行苏打熔炼，产出金银合金及苏打渣。苏打渣经水浸、中和沉出 TeO_2，此 TeO_2 经碱溶、电解得碲。并从金银合金中综合回收金与银。

又如德国 Mansfelder Cu Co. 采用苏打烧结含银到达 30.5%、不含碲但含硒的阳极泥。配以料重 25% 的苏打进行烧结，烧结料磨细后，投入 80℃ 水中、鼓入空气下进行浸出，经过滤获得含硒达 100g/L 的浸出液，向此液加入盐酸将溶液中的 H_2SeO_4 还原成 H_2SeO_3：

$$H_2SeO_4 + 2HCl = H_2SeO_3 + H_2O + Cl_2 \uparrow$$

由于此还原过程较慢，且耗盐酸过多和产出氯气，恶化了生产环境，故后改进为添加 8.8 倍硒重的 $FeSO_4$，在游离盐酸 $50 \sim 120g/L$ 及 $90℃$ 的条件下还原 2h，过程中发生如下反应得 H_2SeO_3：

$$3H_2SeO_4 + 6FeSO_4 + 6HCl = 3H_2SeO_3 + 2Fe_2(SO_4)_3 + 2FeCl_3 + 3H_2O$$

然后 H_2SeO_3 滤液通入 SO_2 还原而沉出硒，纯度达 99.9%，硒回收率大于 95%。

从酸泥中回收硒与碲，首先需除去其中的砷，因为存在砷，不仅多耗苏打，还有产生 AsH_3 之害；而且在中和沉淀 TeO_2 时，砷酸还会部分被还原而随 TeO_2 共沉淀，导致砷的分散与污染。要除砷有用酸或碱洗酸泥脱砷两种方法。酸洗：如在液固比为 $(7 \sim 10):1$、$75 \sim 85℃$ 下，用 6% $\sim$ 7% HCl 洗涤酸泥时，虽然可把绝大部分的砷洗脱入液，洗后的酸泥含砷小于 0.5%，损失硒量少，但损失碲量却高达 10% 左右，且产生 AsH_3。碱洗：为较多厂家所采用，选用液固比为 $3:1$、$80 \sim 90℃$、用碱洗涤 2h，结果可使酸泥含砷下降到 2% 以下，但过程中碱耗较多，且伴随大量碱洗液损失的硒量超过 6%，也存在明显缺点。

脱砷后的酸泥配以苏打，在 $300 \sim 350℃$ 下烧结 2h，烧结料用热水浸出，浸出渣供综合回收铅。向碱浸液中加入盐酸中和沉淀析出 TeO_2，所得 TeO_2 经盐酸溶解，过滤后向滤液通入 SO_2 得粗碲。沉淀碲后的中和液用盐酸或硫酸酸化，之后加 $FeSO_4$ 还原得硒。用 $FeSO_4$ 还原沉出硒需经 48h 才能沉淀析出 98% 的硒：

$$H_2SeO_3 + 4FeSO_4 + 2H_2SO_4 = Se \downarrow + 2Fe_2(SO_4)_3 + 3H_2O$$

沉淀析出物为无定形硒，导致过滤困难[32]，不如通 SO_2 还原沉出硒好。

12.5.11　加钙法回收硒、碲

芬兰奥托昆普的科科拉电锌厂处理的闪锌矿成分（%）为：Zn 43.1 $\sim$ 53.6、Fe 9.6 $\sim$ 17.5、Se 0.0014 $\sim$ 0.0204、Hg 0.018 $\sim$ 0.031、Cu 0.49 $\sim$ 0.96、Cd 0.24 $\sim$ 0.25、Pb 0.37 $\sim$ 1.76、SiO_2 1.07 $\sim$ 1.88 及 S 31.8 $\sim$ 32.4。该厂将此闪锌矿投入 $\phi 9.6m \times 17m$ 的沸腾焙烧炉中，在 $950 \sim 1000℃$ 下进行氧化沸腾焙烧，产出 41000 $\sim$ 48000m^3/h 的含硒与汞的烟气，经废热锅炉利用余热，再经旋涡除尘器（$\phi 2.75m \times 8.4m$）及电收尘器（$2 \times 94kV \cdot A$）除尘后，得到 $350 \sim 400℃$、流量达 55500m^3/h 的烟气，（此烟气内含汞 40 $\sim$ 80mg/m^3、尘 100 $\sim$ 120g/m^3、SO_2 8.3% $\sim$ 11.7%、水 60g/m^3）与电除尘酸泥。从此烟气及酸泥中回收硒，该厂采用了加钙提硒法[58]，如图 12-112 所示。

含硒与汞的 $350 \sim 400℃$ 的烟气，通过喷洒浓度大于 90% 的热硫酸的吸收塔，其底流即为聚集含硒与汞的酸泥。从吸收塔排出的、温度达 $190℃$ 的烟气通过喷洒浓度为 30% 硫酸的洗涤塔，除汞后烟气含 SO_2 8.2% $\sim$ 11.7%、含汞小于 0.2mg/m^3，送生产 H_2SO_4 车间，同时从洗涤塔又得一酸泥，合并两处酸泥，经水洗涤并过滤后，获得汞硒渣，此渣成分（%）为：Se 8 $\sim$ 15、Hg 40 $\sim$ 60、S 4 $\sim$ 7、Fe 0.8 $\sim$ 3.5、Zn 0.1 $\sim$ 3.9、SiO_2 5.0 $\sim$ 13.5 及 H_2O 20 $\sim$ 30。将此渣与电除尘的酸泥合并（过去是直接酸浸、净化后还原沉出硒后，转送 Pori 厂提硒[58]），配以石灰石并充分搅匀后，投入回转窑于 $700 \sim 800℃$ 下挥发脱汞，汞蒸气经冷凝得到纯度为 99.99% 的商品汞；而料中的硒与氧化钙形成难挥发的 $CaSeO_3$，将硒固定在窑渣中，从而硒与汞分离：

$$HgSe + CaO + O_2 \Longrightarrow CaSeO_3 + Hg\uparrow$$

窑渣含硒 7% ~ 10% 及汞 0.1% ~ 0.2%，用稀硫酸浸出此窑渣脱钙：

$$CaSeO_3 + H_2SO_4 \Longrightarrow H_2SeO_3 + CaSO_4\downarrow$$

过滤后得到成分（g/L）为：Se 7.2，Hg 0.035，Ca 0.9，Fe、Zn 及 SiO_2 各约 0.4 ~ 0.6 的浸出液。此浸出液经净化除汞，使溶液残留汞至 0.01mg/L，然后通入还原剂 SO_2，将硒还原沉出，获得 99.5% ~ 99.9% 硒，再转送 Pori 厂提硒。残液还含硒 0.5g/L 及汞 0.003mg/L，将其返焙烧工段予以回收。

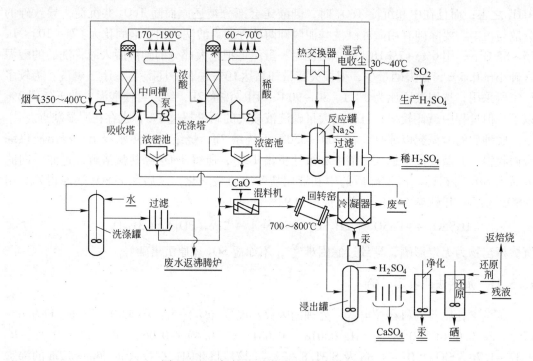

图 12-112　加钙法回收硒的工艺设备流程

此法较环保、简易。但由于加钙固硒反而贫化料含硒，且又要酸溶除钙，故有人提出对汞硒渣不用加钙固硒的方法，建议使用：

（1）吸附法。将含硒与汞的烟气通过铁丝网层，使气相中的硒被铁丝吸附而形成黑色硒化铁，而气态汞则通过铁丝网而进入冷凝器，最后得到汞而分离硒与汞[59]。从硒化铁回收硒，可加 $FeCl_3$ 使硒沉淀析出：

$$FeSe + 2FeCl_3 \Longrightarrow Se\downarrow + 3FeCl_2$$

（2）将硒转为硒酸盐。含硒 $15g/m^3$、汞 $75g/m^3$ 的烟气，在通氧、700 ~ 750℃ 下通过由 $CaO + NaNO_3$（质量比 $CaO/NaNO_3 = 4/1$，$NaNO_3/Se = 1.3/1$）组成的吸收剂，则烟气中的硒转为硒酸钙（钠）的盐，从硒酸钙（钠）盐提硒，硒回收率达 92% ~ 96%；而烟气中的汞则在管式冷凝器冷凝，汞回收率达 97% ~ 98%。

12.5.12　氯化法回收硒、碲

往加热得阳极泥通入氯气，则料中硒与碲及其化合物发生下列化学反应：

$$MeSe + 2Cl_2 \Longrightarrow MeCl_2 + SeCl_2$$

$$MeSe + 3Cl_2 \Longrightarrow MeCl_2 + SeCl_4$$

$$2MeSe + 3Cl_2 \Longrightarrow 2MeCl_2 + Se_2Cl_2$$

当温度超过 190℃ 时，$SeCl_4$ 离解：

$$SeCl_4 \Longrightarrow SeCl_2 + Cl_2$$

当氯气不充足时，会生成元素硒：

$$MeSe + Cl_2 \Longrightarrow MeCl_2 + Se^0$$

业已查明：Cu_2Se 在 80℃ 下被氯气所氧化，到 200~250℃ 时反应剧烈只需 30~60min 即可完全氯化；Ag_2Se 在 200℃ 时才开始氯化，到 300℃ 则氯化完全；含铂族金属的硒、碲化合物在 250~300℃ 下开始氯化，到 450~500℃ 时才能氯化完全。

表明：在温度低于 300℃ 下 Cu_2Se 较 Ag_2Se 容易氯化；含铂族金属的硒（碲）化物则较难氯化，仅在 NaCl 参与下才会生成不挥发而易溶于水的 Na_2PtCl_6 与 Na_2PdCl_4，故在阳极泥富含铂族金属的情况下，应在低于 250℃ 的温度下氯化，只使硒氯化成氯化物而后溶于水溶液，然后从水溶液中回收硒与碲，而铂族金属则不被氯化而留在残渣中，可从渣中回收铂族金属。

12.5.13　热滤脱硫—精馏法回收硒

加拿大国际镍公司所产电解镍阳极泥成分（%）为：Se 0.15、Ni 1.25、Cu 0.3~1.8、Fe 0.65、S^0 81~97 及 S_8 0.7。从镍阳极泥中回收硒的办法，是利用元素硫（S^0）在一定温度下的黏度小、易流动的特性，经压滤而与有价金属分离。然后根据硫与硒的沸点差异，将压滤渣精馏，使硫与硒分离而得硒。

该公司创立的热滤脱硫—精馏回收硒的工艺流程如图 12-113 所示[2]。

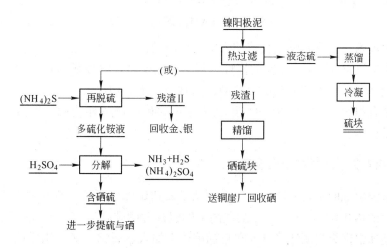

图 12-113　热滤脱硫—精馏回收硒的工艺流程

在熔融状态下，硒与硫可按任意比例混合，当液态硫接近沸点时，它是由分子 S_8 所组成，而相应的硒是由分子 Se_2 组成。在 250℃ 下在 Se-S 熔体的硫与硒之间形成了化合物，并存在硫与硒成分不定的、混合的多原子分子。当温度升高至 500~900℃时，则硫与硒间的原子键力被削弱，此时气相中不再存在硫与硒的化合物，而只存在 S_8、S_6、S_2 与 Se_6、Se_2 的分子，它们之间建立如下平衡：

$$3S_8 = 4S_6$$

$$S_6 = 3S_2$$

$$Se_6 = 3Se_2$$

在 250~280℃下，当硒的质量分数为 0.01%~0.1%时，相间分配系数为 2.4，这就说明存在精馏法分离硫与硒的可能性。例如含硒 0.04%的硫经精馏后，硫含硒可降至 0.0014%，硫产出率约为 70%~80%，残渣含硒可上升到 0.1%。

热滤脱硫—精馏回收硒的做法是：把阳极泥加热到 140~145℃进行热过滤，过程中要保持 136~138℃恒温压滤，熔融的元素硫就会与阳极泥中的硒良好分离而滤出，脱硫率大于 90%。熔体硫在 475~500℃下蒸馏，硫蒸气冷凝到 135℃左右，经浇铸得硫块，含硒的热过滤残渣送入 $\phi1.9m \times 27m$、内置 60 个不锈钢蒸馏盘的精馏塔，在外供热下精馏，得到含硒达 20%的硒硫块，送铜崖厂回收硒。

另有报道：含硫达 64.8%的物料，可采用 $(NH_4)_2S$ 溶解，在 $(NH_4)_2S$/含硫料 = 2.8/1、22~28℃、液固比为 4∶1、溶解 20min 的密闭条件下，硫溶出率大于 99.5%。

$$(NH_4)_2S + xS = (NH_4)_2S_{1+x} \quad (x = 1~5)$$

然后在 95℃下、50min 热分解 $(NH_4)_2S_{1+x}$，反应为：

$$(NH_4)_2S_{1+x} = xS^0 + 2NH_3 + H_2S$$

得 99.8%的 S^0，硫回收率为 93%~95%。尾气用碱吸收。

如果阳极泥含硒少、硫很多时，用此法在 $Se/(NH_4)_2S = 1/6$、封闭槽中强烈搅拌下，则 Se 与 $(NH_4)_2S$ 生成 $(NH_4)_2Se_nS$ 配合物而溶入溶液：

$$(NH_4)_2S + nSe = (NH_4)_2Se_nS$$

从溶液中提硒，用热分解或直接鼓入空气析出硒，或继而过滤脱硫—精馏回收硒。

有报道含硒渣可在有 CO 存在的惰性溶剂中，用氨水或胺将硒选择性溶出，形成硒代氨基甲酸铵盐，之后可将其加热而得纯硒，同时回收胺与 CO[31]。

此外，还有用 5%~20% Na_2SO_3 溶液去溶解含硫的硒，静置后，硫溶入该液，而硒却析出，然后提硒。

12.5.14　加铝富集法从锑矿中回收硒

辉锑矿是锑冶炼的主要矿物，其中含硒从微量到 0.02%不等。硒在锑冶炼中的循环积累，使粗锑含硒达 0.02%~0.1%，某些高硒的粗锑含硒则高达 1%~2%。从粗锑回收硒的有效方法是加铝富集提硒法[2,74]。在粗锑熔体中加入金属铝，硒与铝反应生成金属间化合物 Al_2Se_3：

$$3Se + 2Al = Al_2Se_3$$

Al_2Se_3 的熔点（980℃）比锑高，密度比锑低，因此通过熔析可形成浮渣实现硒、锑分离。铝与锑形成的金属间化合物 AlSb 不稳定,铝将优先与硒化合,使硒的富集分离具有很高的选择性。

该法提硒的过程分为:

(1) 加铝合金化。在锑反射炉维持锑液温度为 1000~1050℃时,加入金属铝(加量为硒量的 0.5~6 倍,但不少于 1t 锑 1kg),适当搅拌使铝在锑中扩散均匀,保温 0.5~1h,使硒与铝反应完全,生成金属间化合物 Al_2Se_3。

(2) 熔析。将温度降到 700℃,并维持 2~3h,生成的 Al_2Se_3 从锑液中析出而形成固态浮渣。Al_2Se_3 在锑中溶解度很低,熔析后粗锑含硒可降低到 0.0002% 的水平,脱硒率为 90%~99.5%,硒渣产率仅 1%~2%。

为利于硒的回收,排渣作业分两次进行:降温到 800~850℃时排渣一次,尽量少夹带出锑液,可获得含硒 5%~10% 的高硒渣,其硒量占总硒量的 70%~80%,渣率小于 0.5%,该高硒渣可作为提硒的原料。第二次排渣在 700℃进行,目的将硒彻底脱除干净,二次渣将返回锑熔炼。

(3) 提取硒。将第一次获得的高硒渣在 550℃下通入空气进行氧化焙烧,硒被氧化成 SeO_2 挥发,经冷凝收尘可获得粗 SeO_2 尘,供进一步回收硒或经水吸收、酸化后通 SO_2 还原得粗硒。焙烧脱硒后的渣则返回锑冶炼。

富硒渣应存放在干燥通风的环境,以免遇水可能生成剧毒的 AsH_3 和 SeH_2 气体危及人身安全:

$$AlAs + 3H_2O = AsH_3\uparrow + Al(OH)_3$$

$$Al_2Se_3 + 6H_2O = 3SeH_2\uparrow + 2Al(OH)_3$$

加铝富集法从锑矿中回收硒的工艺具有渣率低、硒富集与回收程度均高的优点,但铝也将与粗锑中的砷反应生成 AlAs 化合物进入硒渣,故当粗锑含砷较高时,宜先除砷后再加铝除硒。实践表明,砷含量小于 0.05% 时,加入的铝与砷显著作用。

12.5.15 真空蒸馏法回收硒

利用硒的低沸点与铜、铅、锌、金、银等沸点较高的杂质分离。含硒物料加入真空蒸馏炉内,加温到 300~500℃,含硒物料熔融,控制真空度达 13~30Pa,蒸馏与保温 2~3h,物料中的硒被蒸馏出来,导入冷凝室于 270~300℃间冷凝,从冷凝物回收到 92% 硒,经处理除杂得 99.5% 硒;而高沸点难挥发的其他元素留存蒸馏渣中,可从中分别综合回收有价金属[75]。

12.5.16 造冰铜法回收硒

加拿大 Noranda 铜厂含硒铜阳极泥经脱铜后,将阳极泥配以熔剂,采用反射炉熔炼获得含金、银的高铅渣与含硒的冰铜,高铅渣送铅冶炼或送选矿处理而分别回收贵金属与铅;而冰铜送去顶吹转炉氧化吹炼,则冰铜中的硒以 SeO_2 挥发,经水吸收、酸化后,通入 SO_2 还原沉出硒[31],其工艺流程如图 12-114 所示。

12.5.17 灰吹法回收硒

灰吹法是一种从阳极泥中回收金、银的较古老的方法。其原理是利用金、银及硒等与

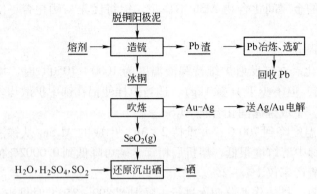

图 12-114   造冰铜提硒法工艺流程

铅在熔融时易形成铅基合金，之后在高温下使铅氧化为 PbO，硒氧化为 SeO_2，挥发入烟气，从而与铅及不易氧化的金、银分离，然后从烟气中回收硒。

如美国某厂将脱铜后的含硒 4%～10%、金 0.1%～0.4%、银 1.3%～1.9% 及铅 9%～18% 的阳极泥配以料重 3%～4% 的铅，在 1250℃ 下进行还原熔炼，获得含硒、金、银的铅基合金 Pb-Me，此合金在 800～1200℃ 下经两次灰吹熔炼，料中铅氧化进入浮渣而硒以氧化物形态挥发入烟气，收尘得到平均含硒 20%～23%、碲 1%～5% 的烟尘，以及含硒 25%～31%、铅 16%～18% 的尘泥，二者合并后用添加有硫酸和 NaClO₃ 的盐酸溶液浸出，浸出渣送铅车间回收铅，浸出液在通入 SO_2 后还原沉出硒。第二次灰吹产物即为含金、银大于 99% 的金银合金，合金经电解分别得到银和金[57]。

此法适于处理含金、银及铅高的阳极泥，但有硒分散的缺点。

12.5.18　汞灰中回收硒

汞矿中常含硒，在火法蒸馏汞的过程中，矿中的硒与汞同时挥发，硒便冷凝而富集于汞灰中。从汞灰中回收硒，除了可用加钙固硒法外，还有下述两种方法[2]：

(1) 苏打焙烧—SO_2 还原沉硒。含硒 15%～20%、汞约 30% 的汞灰，配入 Na_2CO_3 于 600℃ 下焙烧，过程中汞挥发，其挥发率可达 99%，汞蒸气冷凝而得到金属汞。焙砂用水浸出，焙砂中 98% 以上的硒转入溶液，然后加酸酸化，接着通入 SO_2 还原沉出单体硒。

在 600℃ 下进行苏打焙烧时，按理会有部分硒随汞挥发入烟尘，从而引起硒的分散。但前苏联报道不会出现这种情况。不过前苏联处理的是含高汞的酸泥，它的成分（%）为：Se 8～10、Hg 40～60 及 Pb 10～15，在配入料重 40%～60% 的苏打后，投入回转窑内，在 450～500℃ 下焙烧 6～9h，酸泥中汞转入烟气，经冷凝得到金属汞，汞的回收率大于 99%，而酸泥中的硒主要进入苏打渣，然后按上述方法从中回收硒。

(2) 酸浸—SO_2 还原沉硒。含硒 5%～8%、汞大量、铊 2.0%～2.5% 等的汞灰，在加入 MnO_2 下用硫酸浸出，浸出液温度近 100℃，则汞灰中的硒与铊等几乎全部转入溶液，得到含硒 4.5g/L、铊 1.5g/L 及游离硫酸达 35% 的溶液，将此液加热到 70℃，通入 SO_2 还原沉出硒，随此沉淀约损失 10% 的铊，沉淀产物含硒高达 38.5%，然后从此进一步提硒，从溶液中综合回收铊。

12.5.19　废品、废件中回收硒、碲

硒的消费量虽很大，但其废品、废件二次资源却不多。原因是用于电解锰、马赛克陶瓷釉料、玻璃的硒基本没法再回收利用，早期还有含硒的复印机感光材料每年有 10 ~ 30t 再生回收，但由于有机光导体的取代，这一行业也基本消失[2]。

碲近年在 Te-Bi 系半导体制冷器件中大量应用，每年耗碲量为 100 ~ 120t。而碲的利用率为 60% ~ 70%，加上废品，这一行业产出的含碲废料数量很大，成为当今最主要回收碲的二次资源。碲在合金、化工等领域的应用过于分散，基本没有再回收的条件。

Te-Bi 系半导体制冷器件生产中产出的含碲废料有：（1）Te-Bi 晶棒控制时产出的头、尾棒料；（2）切制晶片、晶粒产出的切屑；（3）抛光时产出的磨屑；（4）废器件。这些含 Te-Bi 的混合废料主要成分是：Te 30% ~ 40%、Bi 30% ~ 40%、Se 1% ~ 2%、Sb 2% ~ 3%，此外还混杂有少量含 Cu、Sn、Pb、Ni 等物料。

从碲半导体制冷材料的废料中回收 Te、Se 的主要方法有以下两种：

（1）加碱氧化熔炼分离碲、铋。主要用来处理纯度较高的 Te-Bi 晶棒的头、尾废料及块状废料。用 NaOH 覆盖废料，加热到 500 ~ 650℃ 通入空气搅拌熔体，碲、锡、硒氧化进入碱渣，而铋以金属的形式产出，工艺流程如图 12-115 所示。

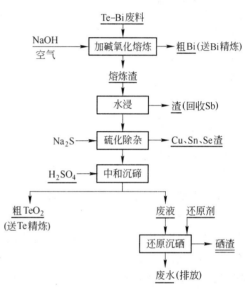

图 12-115　加碱氧化熔炼分离 Te、Bi 工艺流程

从 Te-Bi 二元合金状态图（见图 12-116）可见，Te-Bi 合金最高熔点为 585℃，因此加碱熔炼的温度宜选为 600 ~ 650℃，过高则碲挥发损失大，操作中随着碲不断氧化入渣，在熔炼中后期可将温度降低到 500 ~ 520℃。加入的 NaOH 量为碲、锑、硒形成相应碲（锑、硒）酸钠理论耗量的 1.2 ~ 1.3 倍，为降低熔炼渣的黏度可加入适量的 NaCl。在熔炼中碲

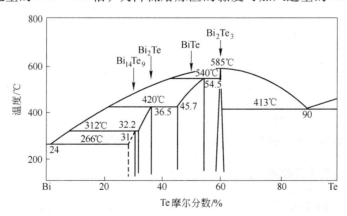

图 12-116　Te-Bi 二元合金状态图

的主要反应如下：

$$Te + 2NaOH + O_2 \Longrightarrow Na_2TeO_3 + H_2O\uparrow$$

氧量不足时：

$$5Te + 6NaOH \Longrightarrow 4NaTe + Na_2TeO_3 + 3H_2O\uparrow$$

锑、硒以及杂质锡也有类似的反应进入碱熔炼渣，在碱性氧化熔炼的后期，熔体金属铋中含碲、锡、锑的变化如图 12-117 和图 12-118 所示。熔炼结束后，排出碱渣，继续对粗铋进行精炼得到产品金属铋。

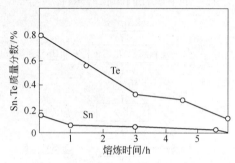

图 12-117 熔炼后期铋含碲、锡与时间的关系

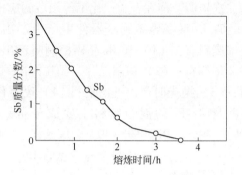

图 12-118 熔炼后期铋含锑与时间的关系

将熔炼渣用水浸出，并调整 pH 值到 10 ~ 11，碲与硒将进入溶液，锑则残留在浸出渣中。溶液用 Na_2S 除杂，将铜、铁、锡、铅等杂质以硫化沉淀方式脱除，而硒也在硫离子作用下部分被还原成金属硒入渣。净化后的溶液用 H_2SO_4 调整 pH 值到 5 ~ 6，沉淀出 TeO_2。TeO_2 精制后造液电解制得电解碲，或用 C 直接还原 TeO_2 得到金属碲。沉碲后液还含有少量的硒，加入还原能力强的还原剂将硒酸离子还原成硒粉沉淀后再排放。

该工艺的碲、铋回收率可达到 90% ~ 93%。

（2）氯盐氧化浸出分离碲、铋。这一方法主要用来处理半导体制冷器件生产中产出的含碲、铋的各种切屑、粉状物料。用 2mol/L 的盐酸，加入氧化剂，在 75℃ 下浸出，铋、碲、硒基本被浸出入溶液，而碲则保留在残渣中，渣率近 50%，渣含碲的 90% ~ 95%，进一步处理渣以提取金属碲。

或用 HNO_3 将废料全部溶解，分步中和分离出铋、锑和碲、硒两组沉淀物，再从 TeO_2 的沉淀物中提取碲。产出的废液加 Na_2SO_3 还原出硒粉。

12.6 铼的回收

含铼的钼精矿及铜精矿在氧化焙烧时，铼生成碱式 Re_2O 进入烟气，经水吸收，得到含铼的淋洗液。

在铜的火法冶炼时，熔炼炉的炉结、电解精炼铜的阳极泥有时也含有铼。

以上含铼的物料及废铂铼催化剂都是回收铼的二次资源。

12.6.1 挥发—沉淀法回收铼

目前世界 80% 的钼用于制造合金钢与钼铁。在氧化焙烧辉钼矿生产 MoO_3 的过程中，辉钼矿中铼的硫化物也发生氧化，生成易挥发的 Re_2O_7 进入烟气。利用 Re_2O_7 极易溶于水的特性，采用水吸收，然后向滤液加入 KCl 使 Re 以 $KReO_4$ 形态沉出。这已成为通用的提铼工艺[2]。

为使料中铼的硫化物氧化为易挥发的 Re_2O_7，除需保持炉内充足空气外，还应适当提高焙烧温度，同时还须兼顾所用冶金炉型的影响等。

实践证明，沸腾焙烧炉挥发铼的效果最好，在 550℃ 左右进行氧化沸腾焙烧辉钼矿时，铼挥发率可高达 85% ~ 97%，而在相同条件下用一般的多膛炉或回转窑氧化焙烧辉钼矿，铼的挥发率仅有 60% 左右。

如上所述，在氧化焙烧辉钼矿时，主要的焙烧产物有 MoO_3 与进入烟气的 Re_2O_7 和 SO_2 等，小部分是 ReO_2 与 $Me(ReO_4)_2$。前苏联某硬质合金厂采用氧化焙烧—沉淀法从此烟气中回收铼，其工艺如图 12-119 所示。

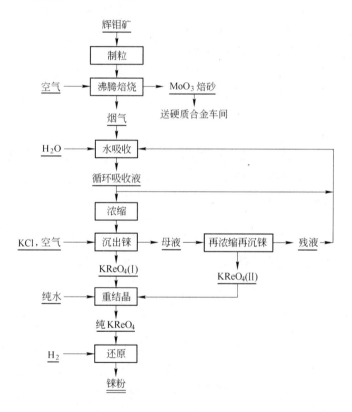

图 12-119　氧化焙烧—沉淀法工艺流程

该厂处理的辉钼矿成分（%）为：Mo 49.35、Re 0.025、S 35.42、W 0.12、Se 0.03、Cu 0.88、Ca 0.73、Fe 2.98 及 SiO_2 6.95 等。物料首先经制粒，然后投入 $\phi 3m \times 9m$ 的锥形沸腾焙烧炉内，于 540 ~ 600℃ 下进行氧化沸腾焙烧，过程中辉钼矿中的铼的硫化物发生氧化，生成 Re_2O_7 而挥发：

$$4ReS_2 + 15O_2 == 2Re_2O_7 \uparrow + 8SO_2 \uparrow$$

铼挥发率可达 95% 左右。含 Re_2O_7 的烟气经淋洗塔和湿式电收尘器收尘，烟气中的 Re_2O_7 溶于水而生成高铼酸：

$$Re_2O_7 + H_2O \rightleftharpoons 2HReO_4$$

溶有 Re_2O_7 的水溶液用以循环淋洗烟气，当其富集到一定浓度后，抽出一部分溶液浓缩到原液的 1/10 后，在空气搅拌下，加入 KCl（约按 $27kg/m^3$），便产生白色的高铼酸钾沉淀：

$$HReO_4 + KCl \rightleftharpoons KReO_4\downarrow + HCl$$

沉淀为不纯物，需用热纯水进行重溶（为加速溶解，有时要加入氧化剂，如双氧水），溶解后，让其冷却到 0℃ 以下，此时重结晶析出 $KReO_4$，如此重复 1~2 次，即可获得纯 $KReO_4$。

欲进一步制取金属铼，则需通氢气还原：

$$2KReO_4 + 7H_2 \rightleftharpoons 2Re + 2KOH + 6H_2O$$

开始在低温（300℃）下还原，以防止 $KReO_4$ 的熔解与飞溅，后期升温到 600~1000℃继续通氢气还原得铼粉，铼粉经水洗、酒精洗后，再在 1000℃ 下通氢还原得 99.8% 的铼粉。铼的回收率高达 85%~99%[32,66]。

又有用此法处理成分（%）为：Mo 20.5、Re 0.04、W 0.21、S 17.5、Cu 4.06、Fe 7.16、CaO 1.60 及 SiO_2 18.31 的铜钼矿。于炉温 590~630℃ 下通入流速 0.09m/s 的空气进行氧化沸腾焙烧，过程中铼挥发率达 93% 左右，但炉子的生产能力低，仅达 1.92t/ ($m^2 \cdot d$)。

德国曼斯费尔德铜厂处理含铼铜叶岩时用此工艺回收铼。该厂把含铼铜叶岩投入炼铜鼓风炉熔炼，除得到含铜 40%~45% 的冰铜外，还产出两种含铼的副产物，其一是含铼 0.043%~0.050% 的烟尘，另一是含铼 0.005% 的鼓风炉炉结，对这两种物料分别用下述方法回收铼：

（1）从含铼炉结提铼。该厂将含铼炉结敲下后，配以料重 3~4 倍的硫酸，并添加少量 Na_2S 于 40℃ 下浸出，过程中铼以硫化物形态沉淀析出，过滤后，将干燥过的硫化物沉淀进行氧化焙烧，使铼挥发入烟气，以水吸收得到 $HReO_4$ 液，经过浓缩后，加入 KCl 沉出 $KReO_4$。

（2）从含铼烟尘中提铼。该厂也是采用再挥发工艺，即在 1100℃ 的中性或还原性气氛中使烟尘中的铼再次挥发出来，用水吸收，获得含铼 0.1g/L 的吸收液，吸收液经结晶净化脱铜与进一步加入 $FeSO_4$ 和锌粉脱铜和镉后，加入 20% 的硫酸溶液，控制净化后的终酸含 15% 的硫酸，然后加入 Na_2S 使溶液中铼以硫化物形态沉出，得到成分（%）为：Re 0.4~0.5、Mo 15~18、Fe 11.2、SiO_2 27.2、Al_2O_3 18、CaO 1.4、MgO 0.9 及 S 1.4 的沉淀物，沉铼率大于 90%。将含铼硫化物沉淀配以其质量的 3% 的 Na_2CO_3，在 350℃ 下烧结，用水浸出烧结产物，铼便转入碱液，经转化获得 $KReO_4$，该厂为了制得铼粉，在 600℃ 下通氢热分解，然后在 900~1000℃ 通氢还原得灰黑色铼粉，铼的回收率较低，仅 50%。

12.6.2 萃取法回收铼

12.6.2.1 异戊醇萃取

异戊醇萃取是法国人从焙烧辉钼矿烟气中回收铼的工艺[76]，是一典型的氧化焙烧—萃取法提铼工艺流程，类似的萃取法提铼工艺已为一些国家普遍采用，成为当今生产铼的主导工艺之一，如图 12-120 所示[2,3,5]。

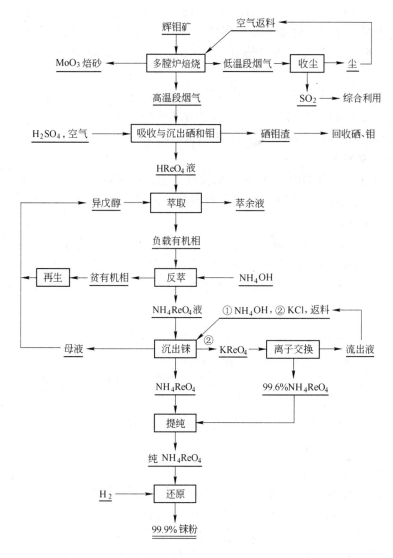

图 12-120　氧化焙烧—萃取法提铼工艺流程

将含铼 0.03% 的辉钼矿投入 7 层的多膛焙烧炉进行氧化焙烧，矿料先在低温段
（400 ~ 500℃）焙烧脱硫，料中约 5% 的铼转入此低温段烟气，经收尘后得到的烟尘返回
多膛炉。然后提高焙烧温度到 500 ~ 600℃ 挥发铼，过程中 87.5% 的铼进入高温段烟气
（料中 7.5% 的铼残留在焙砂 MoO_3 中），此烟气中 Re_2O_7 经过硫酸吸收，获得成分（g/L）
为：Re 0.3 ~ 0.8、Mo 0.5 ~ 17 及 H_2SO_4 100 ~ 300 的吸收液，用 20% ~ 100% 异戊醇（以
$C_5H_{11}OH$ 表示）萃取吸收液中的铼，由于铼与钼的分配比 D 相差极大（$D_{Re} = 50 ~ 100$，而
$D_{Mo} = 0.02 ~ 0.13$），故铼与钼的分离良好，萃铼的机理是：

$$ReO_{4(A)}^- + H_{(A)}^+ + [C_5H_{11}OH]_{(0)} = [C_5H_{11}OH_2 \cdot ReO_4]_{(0)}$$

然后可用 10% NH_4OH 的溶液反萃：

$$[C_5H_{11}OH_2 \cdot ReO_4]_{(0)} + NH_4OH_{(A)} = NH_4ReO_{4(A)} + [C_5H_{11}OH]_{(0)} + H_2O$$

得到铼钼比达（10~20）：1 的 NH_4ReO_4 水相，先向水相加入 NH_4OH 得到含铼 99.6% 的 NH_4ReO_4，然后在下道工序加 KCl 得到 99.5% $KReO_4$，并与经离子交换得到含铼 99.6% 的 NH_4ReO_4 合并，净化后，通氢将纯 NH_4ReO_4 还原而得到 99.9% 铼粉，铼回收率约 75%。

值得注意的是，用异戊醇萃铼，常会产生第三相，造成铼与杂质的分离不好，铼的回收率低；此外，异戊醇的水溶性大和易挥发，导致试剂耗量大，成本高；且发出刺激性臭味，再加上其废液为含 2~3mol/L H_2SO_4 的溶液，产生环保等问题。

12.6.2.2　叔胺萃取

德国与美国也多采用 TBP 或 TOA 萃取提铼工艺，如在硫酸介质中用 3%~64% TOA/煤油萃取铼。为了分相好，多数厂家常在有机相中添加一定量的高碳醇，洗涤多选用硫酸，反萃选用 NH_4OH[77]。

前苏联采用三辛胺 TOA（以 R_3N 表示）萃铼[78]。在处理成分（g/L）为：Re 0.3、Mo 2.4、H_2SO_4 60 的原液中，当调酸到 pH = 2、用 5% TOA + 5% $C_8H_{17}OH$/煤油配成的有机相、相比 O/A = 1/5 的条件下萃取，铼萃取率大于 99%，其萃取机理可表述为：

$$R_3N_{(O)} + H^+_{(A)} + ReO^-_{4(A)} \Longleftrightarrow [R_3N \cdot HReO_4]_{(O)}$$

$$2R_3N_{(O)} + H^+_{(A)} + ReO^-_{4(A)} \Longleftrightarrow [(R_3N)_2HReO_4]_{(O)}$$

反萃在相比 O/A = 1/1 时先用含 15g/L 的 $Na_2C_2O_4$ 溶液反萃钼，反萃钼率大于 99%，获得的钼水相含 Mo 12g/L、Re 0.06g/L；接着用 10% NH_4OH、相比 O/A = 10/1 时 2 级反萃，反萃铼率大于 99%，其反萃机理为：

$$[(R_3N)_2HReO_4]_{(O)} + NH_4OH_{(A)} \Longleftrightarrow NH_4ReO_4 + H_2O_{(A)} + 2R_3N_{(O)}$$

获得含 Re 13.2g/L、Mo 0.5g/L 的铼水相，从水相进一步提铼。产出的贫有机相，用 1% 的盐酸再生后返萃取段使用。

用 TOA 萃取 Re(Ⅶ) 时，在 pH 值为 1.0~6.5 及用草酸隐蔽 Mo(Ⅲ) 的条件下萃铼，可与大量的 Fe(Ⅲ)、铜、钴、镍及镉等杂质分离。据日本报道，三烷胺/三氯甲烷有机相在 0.25~0.75mol/L H_2SO_4 介质中或高分子胺在 20%~40% H_2SO_4 介质中均可定量萃铼。胺类萃取剂萃铼能力虽大，但它既易生成盐，也易溶于酸，故需要加入高碳的醇或 TBP 等调配剂[37]。

1968 年苏联从硝酸盐溶液中回收铼的方法是：在 pH 值为 1~2、O/A = 1/1、用 7% D2EHPA 进行 5 级萃取除钼后，用 TOA + TBP/煤油溶剂，萃取除钼后液中的铼，之所以要添加一定量的 TBP，是为了分解液中的硝酸盐。然后再用 7%~10% 的 NH_4OH、相比 O/A = 1/1、2 级反萃，从反萃铼水相中提铼。而贫有机相用 30% HNO_3、在相比 O/A = 10/1 下进行再生，返萃取工段。

为回收 NH_4ReO_4 结晶母液中微量的铼（含铼 0.40~0.75g/L），可选 10% N235 + 10% TBP/煤油作有机相，在 pH 值为 4~10、相比 O/A = 1/10、3 级萃取铼，铼萃取率大于 99.5%，用 30% NaSCN 反萃铼，其反萃铼率为 97.5%，获得含铼 1.2~2.3g/L 的铼水相。

以上萃取工艺中分离铼有两种方式：

（1）优先萃取铼。从含铼、钼的 H_2SO_4 溶液中提铼，可选用低浓度叔胺 N235、低相比条件下单独萃取铼，例如用 2.5%~3.0% N235 + 40%~15% 仲辛醇/煤油，选用相比 O/

A = 1/5，多级萃取，从含铼 0.1~0.2g/L、2~4mol/L H_2SO_4 料液中萃取铼，铼的萃取率大于 99%。后用 5~7mol/L NH_4OH、相比 O/A = 10/1 反萃铼，其反萃铼率达 99%，经浓缩结晶得 NH_4ReO_4。

（2）共萃料液中的铼与钼，从反萃液分离铼与钼。可选用高浓度的 N235 共萃料液中的铼与钼。如用 5% N235/煤油共萃料液中的铼与钼，随后以 NH_4OH 反萃，让铼与钼均进入反萃液，然后用 5% 季铵盐 Aliquat336 从反萃液中萃取铼，从而与钼分离，之后分别回收铼与钼；或从铼的负载有机相先用 HNO_3 反萃铼，然后用 NH_4OH 反萃钼，达到综合回收铼、钼的效果。

12.6.2.3 季铵盐萃取

胺类萃取剂的萃取机理在于：料液中的 ReO_4^- 与胺类萃取剂的阳离子缔合而被萃取。但胺类萃取剂的萃取选择性差，且会发生成盐反应。

采用季铵盐 7407（氯化三烷基苄基胺，以 $[\bigcirc\!\!\!\!\bigcirc—CH_2NR_3]Cl$ 表示）萃取铼，料液成分（g/L）为：Re 0.3、Mo 8、$(NH_4)_2SO_4$ 200，当调整 pH 值为 9~10 后，采用 1% 7407 + 10% TBP/煤油（添加 TBP 使其与 7407 一道拆散烷基胺聚合体，增大其溶解度，避免生成第三相）、选 O/A = 1/3、3 级萃取，萃取铼率大于 99%，萃取铼的机理为：

$$[\bigcirc\!\!\!\!\bigcirc—CH_2NR_3]Cl_{(O)} + ReO_{4(A)}^- \Longrightarrow [\bigcirc\!\!\!\!\bigcirc—CH_2NR_3]^+ \cdot ReO_{4(O)}^- + Cl_{(A)}^-$$

萃余液残含铼小于 0.002g/L。选用 40% NH_4SCN，O/A = 2/1、3 级萃取，萃取铼率大于 99%，反萃机理是：

$$[\bigcirc\!\!\!\!\bigcirc—CH_2NR_3]^+ \cdot ReO_{4(O)}^- + NH_4SCN_{(A)} \Longrightarrow [\bigcirc\!\!\!\!\bigcirc—CH_2NR_3] \cdot SCN_{(O)} + NH_4ReO_{4(A)}$$

贫有机相用饱和 NaCl 溶液在 O/A = 1/1、2 级条件下再生后返用。从富含铼的水相可选重结晶法回收铼。

季铵盐 7407 的浓度在 1% 时 Re 与 Mo 的分离系数（$\beta_{Re/Mo}$）达 2362，如季铵盐 7407 的浓度继续增长，会使分离系数变小，从经济角度出发，季铵盐 7407 的浓度不宜大于 1%。而酸度对 Re 与 Mo 的分离影响较大，宜选在 pH 值为 9~10，如图 12-121 所示。

据报道[79,80]，将成分（%）为：Re 0.48、Mo 35、Se 1、硫化物 17、硫酸盐 7 的辉钼矿焙烧产出所得的烟尘，在液固比为 5:1、65℃下用水浸出 1h，过滤除去不溶的氧化钼及硫化物，然后向滤液加入 $NaClO_4$ 使溶液中的铼与钼发生氧化，将铼氧化成 Re(Ⅶ)，接着加碱调 pH = 12，这是为了使铼与钼良好分离，因为 pH 值由 1 变化到 12 时，钼的分配

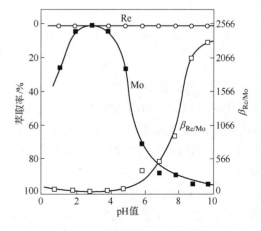

图 12-121 酸度对铼钼分离的影响

比由 160 降到 0.03，而铼的分配比仅相应由 480 降到 140，过滤除去部分杂质，并得到成分（g/L）为：Re 1.0、Mo 16、Cu 0.03、Se 0.03 的料液，选用 5% 季铵 + 5% 癸醇/煤油，在相比 O/A = 1/2、6 级萃取铼，铼的萃取率大于 98%。负载有机相含 Re 2g/L、Mo 0.011g/L，萃余液含 Re 0.01 ~ 0.12g/L、Mo 16g/L（送钼车间回收钼）。然后用 1mol/L HClO₄ + 1mol/L(NH₄)₂SO₄，在相比 O/A = 7/1、6 级反萃，得到含 Re 13g/L、Mo 0.01g/L 的铼水相。而贫有机相含 Re 0.014g/L 及 Mo 0.009g/L。

从铼水相中提取铼，可采用电解工艺。用铂作阳极、钢片作阴极，选电流密度 3875A/m²、槽压 3V、电解液温度 45℃ 的条件下进行电解，获得纯铼，但电流效率仅 17%。电解废液还含 Re 1g/L、Mo 0.001g/L，将其与贫有机相共返萃取工段。

后来美国 Sylvania 电器制造有限公司对此法做了改进。其关键是使用可溶性的金属螯合物的芳香烃作稀释剂，以 4mol/L HNO₃ 作反萃剂，获得含铼高达 30g/L 的铼水相。铼水相或经蒸馏去 HNO₃ 后，通过离子交换柱，得到 NH₄ReO₄；或直接加 NH₄OH 后经重结晶得 NH₄ReO₄[71]。

12.6.2.4　乙酰胺萃取

乙酰胺 A101 或 N503 萃铼的萃取选择性较异戊醇等好。A101 在硫酸或盐酸介质中萃取铼的分配比与酸浓度的关系曲线如图 12-122 所示。

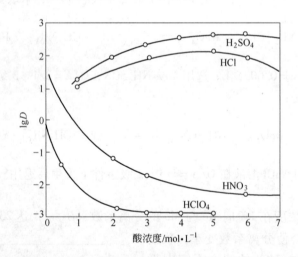

图 12-122　30% A101 在各种酸溶液中萃取铼的分配比 D 与酸浓度的关系
（H₂SO₄ 的浓度为图示数的一半）

试验查明，用 30% A101/二乙苯在各种酸的不同酸度下萃取铼的能力从大到小的顺序为：H₂SO₄ > HCl ≫ HNO₃ > HClO₄。在含 1.5 ~ 3mol/L H₂SO₄ 介质中，铼的分配比 D_{Re} 为 100 ~ 500；如酸浓度分别大于 4mol/L H₂SO₄ 或 8mol/L HCl 时，则部分 HReO₄ 会转为 Re₂O₇，导致铼萃取率下降；添加 1 ~ 2mol/L Na₂SO₄，有利于 Mo(Ⅳ) 与 Re(Ⅶ) 的萃取分离。

试验还查明，在硫酸介质中各种含氧萃取剂萃铼能力从大到小的顺序为：A101 > TBP > 异戊醇 > MIBK，例如用 30% A101 的萃铼率与硫酸浓度关系较大，如图 12-123 所示[81]。当 H₂SO₄ 浓度超过 2mol/L 时，能定量萃取铼，并使钼留在水相中；过程中，常见的杂质如 Cu、Pb、Zn、As、Sb、Fe（Ⅱ、Ⅲ）、碱金属及其他稀散金属等，均不被其萃取。

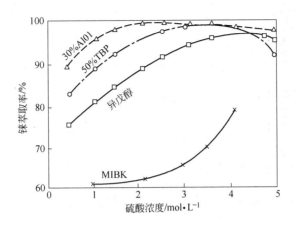

图 12-123 A101 等在硫酸介质中铼萃取率与硫酸浓度的关系

长沙矿冶研究院研制开发出了二烷基乙酰胺从辉钼矿氧化焙烧烟气淋洗液中萃取回收铼的工艺及 N235 从辉钼矿氧压煮液中萃取铼的工艺[82~84]。中科院化冶所提出了伯胺与中性试剂混合萃取剂从高压碱浸液中萃取分离铼、钼的工艺，均有较好的效果。

二烷基乙酰胺从辉钼矿氧化焙烧烟气淋洗液中萃取铼时，酸度的影响如图 12-124 所示。其工艺流程如图 12-125 所示。辉钼矿氧化焙烧烟气淋洗液经氧化预处理后，溶液成分（g/L）为：Re 0.272，Mo 3.5，Fe 15.50，Mn 78.8，H^+ 2.5mol/L。经萃取铼后，余液中铼可小于 3g/m³。工艺条件为 30% A101 或 N503-煤油体系以相比 O/A = 1/3 经 3 级萃取；负荷铼有机相用 6mol/L 的氨水溶液（控制富铼液 pH 值为 9~10）以 O/A = 5/1 单级反萃铼，富铼反萃液送往结晶得 $KReO_4$。N235 从辉钼矿氧压煮液中萃取铼工艺的流程如图 12-126 所示。

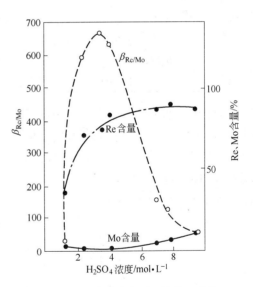

图 12-124 硫酸浓度对二烷基乙酰胺分离钼、铼的影响

（水相：9.5g/L Mo + 0.328g/L Re；
有机相：20% 二烷基乙酰胺-二乙苯；
有机相、水相体积比为 1/1）

辉钼矿经氧压煮后，铼及少量钼进入压煮液。压煮液经加聚醚沉硅后，溶液中含有（g/L）：Re 0.2，Mo 9.55 及其他杂质。沉硅后液用 2.5% N235-40% 仲辛醇-煤油体系以相比（流比）O/A = 1/4，经 9 级萃取铼后，余液中铼可小于 3g/m³。富铼有机相用 5~6mol/L 的氨水溶液以 O/A = 15/1 经 2 级反萃铼，富铼反萃液平均含铼大于 10g/L，送往结晶，而贫有机相返回萃取段。典型结果见表 12-97。

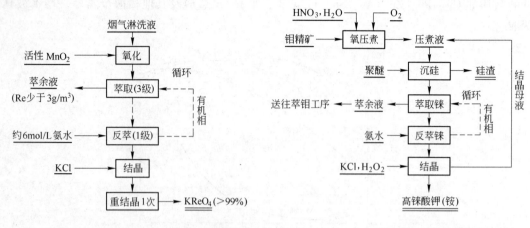

图 12-125   A101 或 N503 萃取铼的工艺流程

图 12-126   N235 从压煮液中萃取铼工艺流程

表 12-97   N235 萃取铼试验结果

料液组成及单位	沉硅液			反萃铼液			铼余液		
	铼浓度 /g·L^{-1}	体积 /m^3	酸度 /g·L^{-1}	铼浓度 /g·L^{-1}	体积 /m^3	pH 值	铼浓度 /g·L^{-1}	体积 /m^3	酸度 /g·L^{-1}
	0.200	49.824	5~7	10.844	0.9155	9~10	0.0025	4.9824	5~7
铼平衡/%	100			99.627			0.125		

伯胺与中性磷酸酯混合萃取剂体系是从碱性和弱碱性高浓度含钼溶液中萃取铼的特效萃取剂,应用这一混合萃取剂开发了从氧压碱浸辉钼矿溶液中溶剂萃取回收铼及铼、钼分离的新工艺,并进行了扩大试验和中间工厂试验。其工艺流程如图 12-127 所示。碱浸液用 40%7101-40% TBP-煤油溶液萃取铼,萃余液送往钼萃取系统,富铼有机相用少量水洗涤(O/A = 5/1)1 次后用 1~2mol/L 的 NaOH 溶液反萃 1 次,富铼反萃液(pH > 11)含

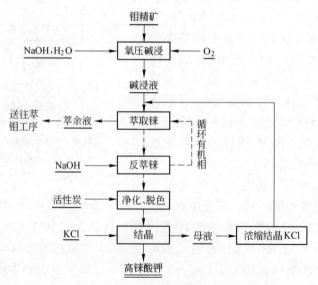

图 12-127   伯胺与中性磷酸酯混合萃取剂萃取碱液中铼的工艺流程

7 ~ 10g/L 铼，送往结晶，反萃后有机相再用 0.1g/L NaOH 洗涤后返回萃取。萃取相比 O/A 约为 1/(5 ~ 10)，视料液铼浓度而定，萃取级数为 3 级。反萃以相比 O/A = (15 ~ 20)/1 单级进行。逆流萃取的典型结果见表 12-98。

表 12-98　3 级逆流萃铼数据

第 1 级			第 2 级			第 3 级		萃取率 /%	分离系数 $\beta_{Re/Mo}$
有机相金属浓度 /g·m⁻³		萃余液金属浓度 /g·m⁻³	有机相金属浓度 /g·m⁻³		萃余液金属浓度 /g·m⁻³	有机相金属浓度 /g·m⁻³		萃余液金属浓度 /g·m⁻³		
Re	Mo	Re	Re	Mo	Re	Re	Mo	Re		
476	25	30.7	106	22	35.4	26.2	75	20.8	79.2	6.2×10^4
438	50	52.4	146	50	25.4	45.1	32	0.7	99.3	8.4×10^5
407		40.7	155	16	17.6	52.1	24	12.7	87.3	2.4×10^5
538	28	33.7	170	9.6	16.6	69.1	14	1.0	99.9	1.6×10^6
789	58	40.1	250	44	27.5	80.7	45	9.8	90.2	9.4×10^4

注：水相 pH 值为 8 ~ 9。

12.6.3　离子交换法回收铼

1947 年有人使用强碱性阴离子树脂 Ambeerlite IR-4B 从含铼（Mo/Re > 100）溶液中吸附铼后，在 pH = 4.8 下用 HBr + NaOH 解析钼，随后调到 pH = 8.35，用 5% NaOH 解析铼[47]。

铼在溶液中多以 ReO_4^- 形态存在，从溶液中提铼以采用 Cl^- 型或 SO_4^{2-} 型离子树脂为好。

美国 Kenecott Research Centre 采用氧化焙烧—离子交换法提铼，其工艺流程如图 12-128 所示[76,85,86]。

将含铼辉钼矿投入 2 座直径 5.9m 的 12 层的多膛焙烧炉中，在 540 ~ 660℃ 间进行氧化焙烧，过程中料中 90% 以上的铼以 Re_2O_7 形态挥发入烟气，经水淋洗转为 $HReO_4$ 而入液，经几个循环淋洗后便获得含铼 0.2 ~ 0.5g/L 的循环吸收液，经浓密机得到含铼的上清液，向上清液通入氯气的同时加入 Na_2CO_3，使溶液中的杂质 Fe、Cu、Cd 等以碳酸盐（$Me'CO_3$）形态沉出：

$$Me'SO_4 + Na_2CO_3 \longrightarrow Me'CO_3 \downarrow + Na_2SO_4$$

过滤后，得到含铼约 0.5g/L 的净化液，向此液中加入 NaOH 调整酸度至 pH 值为 8 ~ 10[81] 后，送往阴离子树脂交换塔（$\phi 0.46m \times 3.05m$，高 2.13m）进行离子树脂交换吸附铼，其交换机理可表述为：

$$R—N(CH_3)_3Cl + HReO_4 \longrightarrow R—N(CH_3)_3 \cdot ReO_4 + HCl$$

待树脂饱和后，用 NaOH 洗涤除杂质，然后用含 3% NH_4SCN 的溶液（代替有危险性的 $HClO_4$）从含铼 $64.3kg/m^3$ 的饱和树脂解析出铼：

$$R—N(CH_3)_3 \cdot ReO_4 + NH_4SCN \longrightarrow R—N(CH_3)_3 \cdot SCN + NH_4ReO_4$$

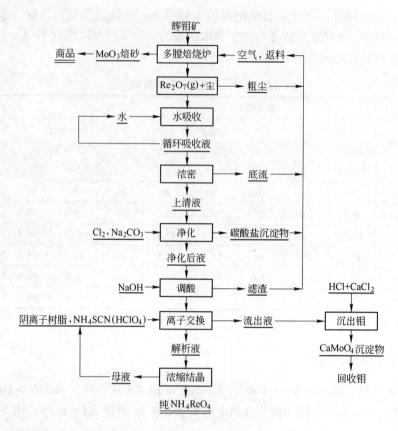

图 12-128 氧化焙烧—离子交换法提铼工艺流程

所得的解析液经浓缩、冷却、结晶得到纯 NH_4ReO_4。

有人指出[87]，成分（%）为：Re 0.053，Mo 39.9、Au 0.00139 及 Ag 0.005 的辉钼矿经过沸腾氧化焙烧，料中 92% ~ 96% 的铼挥发入烟气，经淋洗塔中循环淋洗液淋洗，得到含 Re 0.1 ~ 3.4g/L、Mo 16g/L 及 H_2SO_4 300g/L 的溶液，让此溶液通过 AB-17 × 8r 强碱性阴离子树脂交换塔吸附铼，直到流出液含铼小于 0.005g/L。先用 3% NaOH + 10% NaCl（或 3% ~ 10% NaOH，或 5% NH_4OH + 6% NH_4Cl）的溶液淋洗饱和树脂除钼，然后用 1mol/L NH_4OH + 3% NH_4SCN 溶液解析铼，铼的解析率高达 90% ~ 99%，解析液含 Re 20g/L，铼的回收率大于 96%。铼解析液经蒸发浓缩、冷却结晶得产品 NH_4ReO_4。

在过程中发现：（1）溶液的硫酸浓度在 50 ~ 300g/L 之间，对铼的交换容量没什么影响；（2）较多类型的阴离子树脂都可吸附铼，但以 AH-17 × 10 II 为好，它的交换容量更大；（3）料液中不能存在钼蓝，否则会使铼的交换容量下降[88]；（4）使用小孔变体阴离子树脂有利于从硫酸料液中分离铼与钼[89]。

钼蓝组成有 $Mo_8O_{23} \cdot H_2O$（即 $[Mo_8O_{22}(OH)_2]$）、$Mo_4O_{11} \cdot H_2O$（即 $[Mo_4O_{10}(OH)_2]$）与 $Mo_2O_5 \cdot H_2O$（即 $[MoO_4(OH)]$）等[90,91]，钼蓝的存在影响钼与铼的分离，并使铼的交换容量下降，为此需用氧化剂在 pH 值为 8.5 ~ 9.0 下使它氧化分解，分解产物随 Fe(OH)$_3$ 沉淀，经过滤而除去：

$$Mo_4O_{10}(OH)_2 + 4NH_4OH + H_2O_2 + 9O_2 \Longrightarrow 4NH_4MoO_8 \downarrow + 4H_2O$$

　　我国某厂用8层多膛焙烧炉于550~650℃间氧化焙烧含铼0.002%的辉钼矿，铼挥发入烟气，经湿式电收尘获得含铼循环吸收液，该液成分（g/L）为：Re 0.3~1.5、Mo 3.6~11.0及H_2SO_4 200~300，并含大量杂质Pb、Fe(Ⅱ)、SiO_2、Al_2O_3及CaO等，然后通过离子交换法从此液回收铼[92]：循环吸收液用NH_4OH调整酸度到pH值为8.5~9.0后，加入氧化剂双氧水氧化分解钼蓝，并把Fe(Ⅱ)氧化成Fe(Ⅲ)，此时液中钼随$Fe(OH)_3$共沉淀而被清除，余钼0.08g/L。将除去钼与铁等的溶液在pH值为8.5~0.9下直接泵入强碱性阴离子树脂交换塔（ϕ0.5m×1.5m），进行离子交换吸附铼，树脂的铼吸附率可达97%~99%，此时，铼的吸附率及铼的分离系数最大，pH值与铼的吸附率和分离系数的关系如图12-129所示。

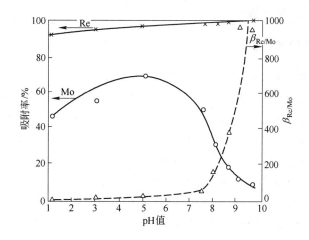

图12-129　pH值对铼吸附率和分离系数的影响

　　流出残液含铼小于0.005g/L，由于流出液还含有$(NH_4)_2SO_4$及$(NH_4)_2MoO_4$，是一种良好的农肥，可资利用。

　　当树脂饱和后，用pH=9的去离子水洗涤除钼、胶体与悬浮物，为了不让NH_4ReO_4在交换塔内结晶，需加温到40~60℃、用含9% NH_4SCN的溶液进行解析，NH_4SCN浓度对解析铼率的影响情况如图12-130所示。

　　从图12-130看出，含1mol/L NH_4OH + 9% NH_4SCN的解析液的效果最好，所获得的解析液含铼大于8g/L，铼解析率97%以上。将解析液浓缩到原液的1/3~1/4后，冷却到0℃左右让其结晶3~4h，得到褐色针状、粒状的NH_4ReO_4结晶，经重结晶得到纯NH_4ReO_4。

　　由于NH_4SCN有毒且贵，有人建议改用大孔径D296强碱性阴离子树脂取代吸附铼的能力很强的Amberlite IRA-400或AB-17×8r去交换铼，不仅可增大铼的饱和容量，而且可用无毒又价廉的NH_4NO_3 + NH_4OH去解

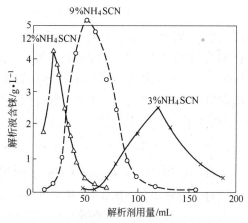

图12-130　NH_4SCN浓度对解析铼率的影响

（1mol/L NH_4OH + NH_4SCN解析液）

析铼。也有人认为用高交联度的弱碱性阴离子树脂交换铼的效果较强碱性阴离子树脂好，且可用 2~3mol/L NH$_4$OH 于 40~60℃ 去解析铼[93]。弱碱性阴离子树脂可依次用 5% NaOH、7% HCl、10% NaCl 再生处理，转 Cl$^-$ 型后返用。

据报道[93]，从焙烧辉钼矿产出的成分（g/L）为：Re 0.5~0.7、Mo 7~12 及 H$_2$SO$_4$ 120~150 的循环吸收液中回收铼，可采用 AM 阴离子树脂吸附，用 3%~10% NaOH 或 5% NH$_4$OH+6% NH$_4$Cl 溶液洗涤除去钼后，再用 1mol/L NH$_4$OH 解析，获得含铼达 25g/L 的解析液，然后通过浓缩、结晶，或萃取，或电渗析等工艺处理便得到纯 NH$_4$ReO$_4$。

氧化焙烧—离子交换法提铼工艺具有适应性强、工艺简短、操作简便及回收铼率较高的优点，适合从含铼低的溶液中回收铼。

12.6.4 电渗析及电解法回收铼

12.6.4.1 电渗析回收铼

电渗析是基于在直流电场作用下，在含 H$_2$SO$_4$ 13~196g/L 的溶液中 ReO$_4^-$ 易于迁移至阳极区，从而与钼分离。当料液含 Re 1.5g/L、Mo 8.5g/L、H$_2$SO$_4$ 65g/L，选用涂 Pt 的钛板作阳极，不锈钢作阴极，异相阳膜为 MA-41HЛI（另有 MA-41Л、MA-100、MA-40 等牌号，以 MA-41Л 为佳），均相阳膜为 MK-100（另有 MK-40、MKЛ 等品牌号，以 MK-100 为好），在电流密度为 170~200A/m^2、55~60℃、电渗析 4h 后，95%~97% 的铼迁移至阳极室，仅 0.05%~0.75% 的钼随之迁移至阳极室，在酸度 0.25mol/L、电流密度为 200A/m^2 时，铼的迁移速度达 4.5~5.2g/(m^2·h)，铼与钼的分离系数可达 2.5×10^4[81]。

前苏联有过这方面的半工业试验。用电渗析离子交换膜 30m^2 从含 Re 3g/L、NH$_4$OH 1.2mol/L 的 NH$_4$ReO$_4$ 料液中经两段电渗析；首段为电压 19V、电流 6.5A、21℃、5h，电渗析得含 Re 45~52g/L 浓缩液，再经结晶得纯 NH$_4$ReO$_4$[81]。

12.6.4.2 电解回收铼

1934 年 C. C. Fink 等人研究出从 pH 值为 0.9~1.0 的含 KReO$_4$ 11g/L 的硫酸溶液中电解提铼的方法[94]，当时仅达到 7%~15% 的电流效率。其后 L. E. Neserton 等人也探讨过电解铼工艺，所用的方法是使铼、铁和镍等共同电解析出，将铼的电流效率提高到 90%，电解得到含铼达 75% 的电解产物。1984 年苏联哈萨克科学院冶金矿冶所报道，0.25~0.5mol/L H$_2$SO$_4$ 和 0.5mol/L(NH$_4$)$_2$SO$_4$ 的含 ReO$_4^-$ 的电解液，在电流密度 2000~10000A/m^2 下电解铼，电流效率小于 32%，阴极铼呈黑色；在电流密度大于 30000A/m^2 下电解铼，只得到灰色电解铼，其电化学反应如下：

$$ReO_4^- + 8H^+ + 7e === Re\downarrow + 4H_2O \quad (E = 0.363V)$$

含 H$_2$SO$_4$ 75g/L，(NH$_4$)$_2$SO$_4$ 60g/L 的 NH$_4$ReO$_4$ 电解液，在电流密度 10000~30000A/m^2 下电解时，溶液中含 NH$_4$ReO$_4$ 量与电流效率的关系如图 12-131 所示[95,96]。

由图 12-131 可见，电流效率随 NH$_4$ReO$_4$ 含量（与液温）的增高而提高，在含 70~150g/L NH$_4$ReO$_4$ 的范围内，增大电流密度到 20000~30000A/m^2，电流效率相应提高约 3%~10%。

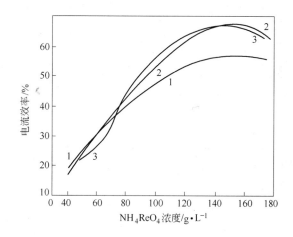

图 12-131　电解液含 NH_4ReO_4 量与电流密度对电流效率的影响

1—10000A/m²；2—20000A/m²；3—30000A/m²

后来，前苏联进行扩大试验，使用的电解液成分（g/L）为：$KReO_4$ 50、$(NH_4)_2SO_4$ 40 及 H_2SO_4 75，在 25℃、10000A/m² 下电解铼，电流效率达 30%。产出的阴极铼易剥离，用水洗后，在 800℃ 下通氢还原 30min，即得到纯度达 99.9% 铼粉，铼的回收率约 75%。每产 1kg 铼的消耗为：2.1kg $KReO_4$、0.7kg H_2SO_4、0.4kg $(NH_4)_2SO_4$、9m³ 氢气、42.2L 水及 40kW·h 电能[97,98]。

电解铼法简易，但回收率低，获得的铼粉的粒度比较粗。

12.6.5　碱浸法及高压浸出法回收铼

12.6.5.1　碱浸法回收铼

对含 Re 0.003%、Cu 30%、Pb 3% 与 Zn 2% 的铜精矿，用含 100g/L NaOH 的溶液及含 50g/L $CuSO_4$ 的返回液相混合后，控制液固比为 3：1、在 100℃ 碱浸 1h，铜精矿中的铼约有 50%～70% 转入溶液，滤液在室温下加入锌板置换 1h，获得含铼 0.1% 的铼铅海绵物。碱浓度对锌片置换铼率的影响见表 12-99。

表 12-99　碱浓度对锌片置换铼率的影响

碱浓度/g·L⁻¹	5	20	50	100
置换铼率/%	5	85	95	约100

从表 12-99 可见，要获得高的置换铼率，必须采用含碱大于 50g/L 的溶液。置换后的母液残含铼约 0.002g/L，它需返碱浸加以回收。实践表明，返回 20 次，也不影响铼的浸出率，只需抽出 1/20 的溶液进行净化就行。得到的铼铅海绵物，在 150℃ 左右通入空气氧化焙烧，氧化后的焙砂用以后的沉淀析出铼的母液浸出、过滤后，所得到的滤液浓缩到含铼至 15～20g/L 时，加入 KCl 沉出 $KReO_4$，至此铼的回收率为 50%～55%。每产 1kg 铼的提铼单耗（kg）为：NaOH 3，CaO 0.1，$CuSO_4$ 2，Zn 1 及 KCl 0.01。过程中各组分的变化见表 12-100。

表 12-100　铼在碱浸—置换物料及产物中的含量

物　料		Re	Cu	Pb	Zn	S	NaOH
进料	铜精矿/%	0.003	30~32	32	2		
产物	碱浸渣/%	0.001	32	1.5	1.5		
	碱浸渣/g·L^{-1}	0.006	0.01	6	0.5	0.5	80
	置换物/%	0.1~0.2	1	70~60	20~15		
	置换后液/g·L^{-1}	0.5~0.002	(0.2)	0.5	1~12		80

注:( )内数字表示不确定。

有人介绍用转动锌筒置换铼[97],将含铼 0.15g/L、NaOH 0.02~0.1g/L 的 HReO$_4$ 液,加热到 80℃,用转动锌筒置换 2h,置换铼率由料液含 NaOH 0.02g/L 的 90% 增加到含 NaOH 0.1g/L 的 100%。其置换反应如下:

$$2ReO_4^- + 4H_2O + 3Zn = 2ReO_2\downarrow + 8OH^- + 3Zn^{2+}$$

置换物显暗棕或黑色,含两个结晶水。锌耗量为液中含铼量的 35~45 倍。

据美国专利介绍[98]:含铼 0.0005%~0.03% 的铜渣,其中的铼以 ReO、ReO$_2$·2H$_2$O 及 Re^0 等形态存在,采用碱选择溶解法处理,即将原料投入浓度小于 1mol/L 的 NaOH 或 Na$_2$CO$_3$ 液中,控制液固比为 3:1,加热到 100℃,在通入空气搅拌的同时加入氧化剂 NaClO 溶解 10h,料中的铼几乎全部转入溶液,溶液含铼约 0.08~0.6g/L,然后通过阴离子交换树脂吸附及盐酸洗涤后,用 HClO$_4$ 溶液解析回收铼。美国另一专利报道[99],可以用铜、铁等贱金属置换含铼 0.001~1.0g/L 溶液中的铼,置换的技术条件及结果见表 12-101。获得置换物的含铼量并不高,置换物中铼的形态有 25%~40% 为 ReO$_2$·2H$_2$O,余 60%~75% 为金属铼。

表 12-101　贱金属置换铼的技术条件及结果

原　液			添加物/g		技术条件			置换后液/g·L^{-1}		置换物含 Re /%	Re 回收率 /%
组分/g·L^{-1}		pH 值	Fe 粉	Cu 粉	温度 /℃	时间 /min	终点 pH 值	Re	Cu		
Re	Cu										
0.000150		1.15	1.5	20	40	60	1.8				83
0.000033	0.5	2.30	20.0		80	5		0.000002	0.03	0.002	91

如采用被氧气所饱和的,并含 5% Na$_2$CO$_3$ 的溶液浸出置换物中铼,可使 95% 的铼转入溶液,为富集铼可将 Na$_2$CO$_3$ 浸出液多次返回浸出新的置换物,最终得到含铼达 1g/L 的溶液,然后按通常的办法提铼。

此专利的铼回收率很低,但能从极贫铼的溶液中富集铼,不失为一种处理贫铼废液的简便方法。

12.6.5.2　高压浸出法回收铼

美国专利报道[100,101],高压氧浸法能有效回收辉钼矿中的铼、钼及硫,工序少,无 SO$_2$ 污染,适于处理含铜和铁的矿料。但压煮要求设备能耐腐蚀,且需要一个氧气站,再者是产出含 75% 左右硫酸的溶液难以利用。

前苏联哈萨克科学院选矿冶金研究所曾研究过此法,其所用的高压氧浸提铼法工艺流程如图 12-132 所示。

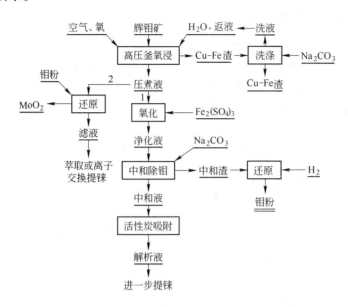

图 12-132 高压氧浸法提铼工艺流程

将含铼辉钼矿投入高压釜内，在 $200 \sim 220℃$ 下，送入氧气，浸出 $4 \sim 6h$，控制浸出终点 pH 值为 $8 \sim 9$，过程中铼和钼发生如下反应[76,102]：

$$2Re_2S_2 + 13O_2 + 6H_2O = 4HReO_4 + 4H_2SO_4$$

$$2MoS_2 + 9O_2 + 6H_2O = 2H_2MoO_4 + 4H_2SO_4$$

料中约 $95\% \sim 99\%$ 的铼、钼和硫等转入溶液，而杂质铜及铁等仍保留在渣中。过滤后，向浸出液加入 $Fe_2(SO_4)_3$ 氧化，然后加入 Na_2CO_3 进行中和（使钼转入中和渣中，中和渣经干燥后通氢还原得钼粉），调整中和后液至 pH = 3，然后让其通过活性炭吸附，饱和后，在 $80 \sim 90℃$ 下用 1% 的 Na_2CO_3 溶液解析，接着从解析液中进一步提铼。

有人用类似上述的方法处理含 Re $0.010\% \sim 0.014\%$ 及 Mo $5.8\% \sim 6.9\%$ 的辉钼矿（见图 12-132 中的 2[102]），在 $130℃$ 及氧分压 202.7kPa 下，并加入理论量 $103\% \sim 105\%$ 的 Na_2CO_3 进行氧压煮浸出，过程中铼与钼转入溶液，铼与钼的浸出率均高达 $98\% \sim 99\%$。为了分离铼与钼而向含钼 $15 \sim 60g/L$ 的压煮液中加入钼粉，使 Mo^{6+} 还原到 Mo^{4+} 从而完全沉淀析出：

$$2H_2MoO_4 + Mo = 3MoO_2 \downarrow + 2H_2O$$

除钼后液用萃取或离子交换法回收铼。

早就有人用硝酸分解辉钼矿以便提取钼和铼，这种方法在 20 世纪 70 年代得到了发展，认为此法适于处理含金属杂质多的辉钼矿，过程主要发生下述放热反应：

$$3ReS_2 + 19HNO_3 = 3HReO_4 + 6H_2SO_4 + 19NO + 2H_2O$$

$$MoS_2 + 6HNO_3 = H_2MoO_4 + 2H_2SO_4 + 6NO$$

所生成的 NO 在高压釜的上部被氧氧化成 NO_2：

$$2NO + O_2 == 2NO_2$$

氧化产物 NO_2 与高压釜下部的水溶液作用而生成次生的 HNO_3（Ⅱ）：

$$3NO_2 + H_2O == 2HNO_3(Ⅱ) + NO$$

故此，硝酸分解过程实质上仅消耗氧，ReS_2 和 MoS_2 与 HNO_3 发生化学反应时硝酸只起了催化剂作用。由于 NO 与 O_2 的反应速度与氧的分压和 NO 浓度的平方成正比，加上又是放热反应，因此需要在高压下进行，且要在高压釜上下部安装散热设备，以利于此法实施。

日本于 1963 年曾宣称，用 10% 的硝酸压煮浸出含铼 0.07% ～ 0.16% 的烟尘，铼浸出率为 95%。

美国一专利介绍[100]：先用水及返回液将辉钼矿浆化后泵入高压釜，加入硝酸，在 125℃下通入氧气（并使氧分压保持在 1013.3kPa）压煮 2～3h，此时发生如下反应：

$$2ReS_2 + 19HNO_3 + 5H_2O == 2HReO_4 + 19HNO_2 + 4H_2SO_4$$

$$MoS_2 + 9HNO_3 + 3H_2O == H_2MoO_4 + 9HNO_2 + 2H_2SO_4$$

压煮结束后，经减压、冷却、过滤得到含水的 $MoO_3 \cdot H_2O$ 滤渣。绝大部分的铼与部分钼转入压煮液，该液成分（g/L）为：Re 0.118、Mo 24.5、H_2SO_4 247，然后用 5% 的叔胺（TOA，相当于我国的 N235）+95% 石脑油（Cyclosol 53）去萃取压煮液中的铼与钼，随后用 5%mol/L NaOH 反萃钼，得到含铼 0.86g/L 和钼 195g/L 的水相，为了进一步分离钼，又用 5% 的季铵（MTC，相当于我国的 N263）和 95% 石脑油萃取铼，然后用 1mol/L $HClO_4$ 反萃铼，向铼水相加入氨水后，经浓缩结晶得到 99.9% 的 NH_4ReO_4。萃铼的萃余液含钼 195g/L 及铼约 0.008g/L，送去喷雾干燥得 MoO_3。

我国某厂采用此法从辉钼矿中回收钼与铼，所用的工艺流程如图 12-133 所示。

将含铼约 0.07% 的辉钼矿投入高压釜中，加入硝酸在 1471.5～1962.0kPa 氧分压及

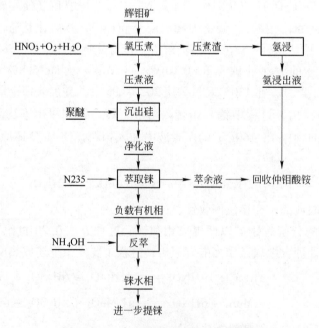

图 12-133 高压硝酸分解提铼工艺流程

180~220℃下压煮 2~3h，过程中 84%~97% 以上的铼与钼进入溶液，它们主要为 $HReO_4$、H_2MoO_4 形态，小部分以 $H_2[MoO_2(SO_4)_2]$ 形态存在于压煮溶液中，经聚醚脱硅，净化后溶液中含 Re 0.14g/L，用 2.5% N235 + 40% 仲辛醇/煤油萃取铼，容易达到定量萃取，萃余液残含 Re 小于 0.006g/L，负载有机相用 NH_4OH 反萃，获得的铼水相经浓缩结晶产出纯度大于 99% 的 NH_4ReO_4，铼的总回收率为 80%~92%。有 2%~3% 的铼及 1%~2% 的钼留在压煮渣中，此渣用氨水浸出，所得滤液与萃铼余液合并后送生产仲钼酸铵，钼的回收率约 95%[84]。

1955 年苏联曾进行过高压碱浸辉钼矿回收钼和铼的研究，其工艺流程如图 12-134 所示。

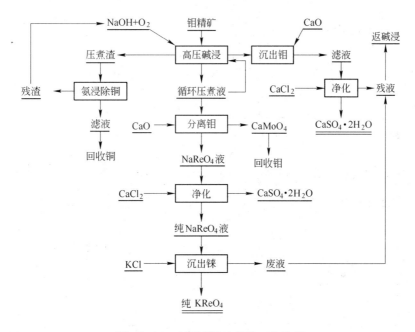

图 12-134　高压碱浸法提铼工艺流程

将成分（%）为：Re 0.02、Mo 35.2~51.6、Cu 0.76~3.53、S 28.5~34.2 及 SiO_2 4.4~24.2 的钼精矿投入转动式高压釜内，按液固比为 8:1 加入 20% NaOH 溶液，通入 506.63kPa 的氧气，在 150~200℃下压煮 3~5h，控制溶液终点 pH = 10，便有 95%~100% 的铼、钼及硫发生如下化学反应而转入压煮液：

$$4ReS_2 + 20NaOH + 19O_2 = 4NaReO_4 + 8Na_2SO_4 + 10H_2O$$

$$2MoS_2 + 12NaOH + 9O_2 = 2Na_2MoO_4 + 4Na_2SO_4 + 6H_2O$$

经多次循环压煮而得到的多次循环液，其含铼高达 71~109g/L，含钼 0.024~0.51g/L 及 Na_2SO_4 145~147g/L。向此循环液加入 CaO 脱钼：

$$Na_2MoO_4 + CaO + H_2O = CaMoO_4 \downarrow + 2NaOH$$

过滤后，向滤液加入 $CaCl_2$ 发生如下反应：

$$Na_2SO_4 + CaCl_2 = CaSO_4 \downarrow + 2NaCl$$

向净化后的溶液加入 KCl 沉淀析出 KReO$_4$。

12.6.6　电溶氧化法回收铼

电溶氧化法是为处理低品位的钼中矿而发展起来的，适合处理含钼 1% ~ 35% 及铜 6% ~ 15% 的含铼原料，能达到综合利用铼、钼等的目的，其工艺流程如图 12-135 所示[94,103]。

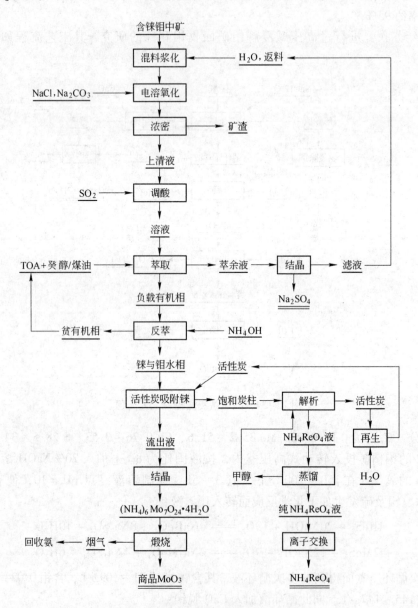

图 12-135　电溶氧化法回收铼的工艺流程

成分（%）为：Re 0.018 ~ 0.100、Mo 4.76 ~ 28.60、Cu 14.70 ~ 4.28，Fe 16.3 ~ 5.6，S 20.5 ~ 25.6 及 Co 约 14 等的钼中矿[94]，用该工艺产出的萃余液浆化到 3% ~ 15% 的矿浆浓度后，泵入电溶氧化槽下部，保持矿浆温度在 45 ~ 50℃，加入食盐至溶液含

NaCl 112g/L 左右, 并添加 Na_2CO_3 控制适当的 pH 值, 每块有效面积为 17.8cm × 101.6cm 的石墨电极共 10 块, 按间距 8cm 分成 4 组, 1~3 组的溶液控制 pH 值为 6~7, 第 4 组控制 pH 值为 8.0~8.5, 在电流密度 590A/m², 总槽电压 125V 下电溶氧化钼中矿, 料中铼与钼转入溶液。过程中的电化学反应可分为两步: 其一是电解食盐获得 NaOCl:

阳极上
$$2Cl^- \Longrightarrow Cl_2 \uparrow + 2e$$

阴极上
$$2H_2O + 2e \Longrightarrow 2OH^- + H_2 \uparrow$$

$$2OH^- + Cl_2 \Longrightarrow OCl^- + Cl^- + H_2O$$

其二是 OCl^- 氧化钼中矿中的 MoS_2 及 Re_2S_7 等:

$$MoS_2 + 9OCl^- + 6OH^- \Longrightarrow MoO_4^{2-} + 9Cl^- + 2SO_4^{2-} + 3H_2O$$

$$Re_2S_7 + 28OCl^- + 16OH^- \Longrightarrow 2ReO_4^- + 28Cl^- + 7SO_4^{2-} + 8H_2O$$

电溶氧化 8~18h 结束。生产钼的能力为 0.23kg/h, 电能消耗达 19.8~21.5kW·h/kg。

过程中铼与钼的溶解度取决于原料的含铜量, 如原料含铜小于 7%, 铼与钼的电溶率分别达 99.1% 与 98.9%; 如原料含铜大于 15%, 则铼与钼的电溶率都仅有 75% 左右, 且液含铜高, 电溶氧化过程的能耗也增大。

电溶氧化后的矿浆经浓密获得含铼 0.025~0.040g/L 及钼 10~18g/L 的上清液, 向此上清液通入 SO_2 约 6~8h, 以还原 OCl^-, 并将料液的酸度调整到 pH=1, SO_2 的消耗量约为: 1kg Mo 需 1.6~1.8kg SO_2, 酸化后液送萃取工段。萃取铼采用 7% TOA + 7% 癸醇的有机相, 在相比 O/A=1/5、经 3~4 级萃取, 铼与钼的萃取率可分别达到 99.7% 与 94.4%, 负载有机相用 1mol/L HCl 溶液洗涤 (盐酸消耗量为 1kg Mo 0.018kg), 然后用 1.7mol/L NH_4OH、在相比 O/A=2/1 经 2~3 级反萃后, 获得含铼 0.20~0.41g/L 及钼 90~110g/L 的水相。从水相回收铼用活性炭吸附, 即将此水相以 0.33cm/min 的流速通过直径 100mm 的活性炭吸附塔, 塔内装有 7.7kg、粒度为 0.59~2.38mm 的活性炭, 流出液含铼小于 0.0001g/L, 而饱和的活性炭含铼可达 1%, 用含 75% 的甲醇的水溶液解析, 活性炭中 97% 的铼被解析出, 便得到成分 (g/L) 为: Re 40、Mo 0.24、Cl^- 3~5 的解析液, 此液经蒸馏回收甲醇后得到 NH_4ReO_4 溶液, 再经离子交换得纯的 NH_4ReO_4, 铼的回收率大于 95%。活性炭吸附塔的流出液基本上保留了所有的钼, 可经浓缩结晶获得仲钼酸铵 $((NH_4)_6Mo_7O_{24} \cdot 4H_2O)$, 经干燥及煅烧便得到 MoO_3。

有人认为[104], 用活性炭吸附铼属物理吸附, 宜选吸附表面大的活性炭, 在 20℃ 左右, pH 值为 2.0~5.2 的条件下吸附, 如料液的处理主要是为了铼与钼的分离, 则宜选 pH 值为 8.2~10.6, 届时铼与钼分离系数大。

此法对处理低品位钼精矿有利, 能达到选择浸出的效果, 矿料中杂质钼、铁、铅及 Al_2O_3 等基本进入电溶氧化渣, 并具有流程短、富集比高等优点; 与用次氯酸钠直接浸出法相比, 其经济效益约提高 1 倍, 矿中硫转为 Na_2SO_4 而无需处理火法冶金产出的 SO_2 烟气。但从钢铁生产需要 MoO_3 来说, 此法提钼的周期长, 最后还要经过煅烧才能得到 MoO_3, 消耗试剂多, 此外, 还要设置一套回收氨的设备, 尤其是电耗大, 1t Mo 约耗电 1.98~2.35MW·h。如欲利用 SO_2 制酸, 就无需让矿中硫转为 Na_2SO_4 或其他硫酸盐, 为此，则需权衡效益是否采用此法。

12.6.7　石灰烧结法回收铼

美国田纳西州大学曾用氧化焙烧—沉铼法回收多年累积的含铼烟尘中的铼，但后来却改用石灰烧结法提铼[95,105]，其工艺流程如图 12-136 所示。

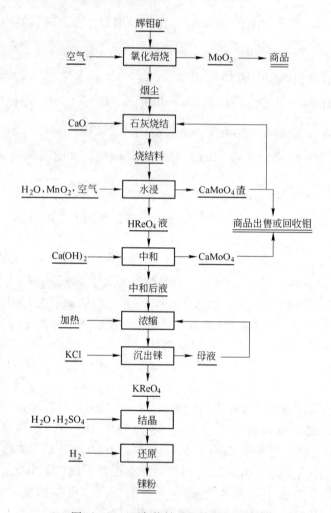

图 12-136　石灰烧结法提铼工艺流程

将含铼 0.0022% 辉钼矿经过氧化焙烧，过程中铼挥发入旋风尘，富集铼到 0.3% ~ 1.6%，此尘配以料重 70% ~ 160% 的石灰，在 570 ~ 670℃ 下烧结 2 ~ 4h，过程中发生如下的化学反应：

$$Re_2O_7 + CaO \Longrightarrow Ca(ReO_4)_2$$

尤其是当配料中 $Re_2O_7/CaO = 10$ 的情况下，必定会形成 $Ca(ReO_4)_2$，这是石灰烧结法提铼工艺的理论基础，同时料中钼转为钼酸盐：

$$MoO_3 + CaO \Longrightarrow CaMoO_4$$

将烧结料投入盛水的、通入空气进行搅拌的浸出罐中，控制液固比为 3∶1、加温到

$60 \sim 80℃$、浸出 2h，料中 90% 以上的铼转入溶液，有时为了强化浸出而加入氧化剂（如 MnO_2），以加速烧结料中的 $Ca(ReO_4)_2$ 溶解入液：

$$Ca(ReO_4)_2 + 2H_2O \Longrightarrow 2HReO_4 + Ca(OH)_2$$

但烧结料中的 $CaMoO_4$ 却难溶而留在浸出渣中，此渣返烧结，或作商品出售，也可单独处理以回收其中的钼。滤液成分（g/L）为：Re $0.1 \sim 0.5$、Mo $0.1 \sim 0.2$、Ca $1.0 \sim 1.5$ 及 H_2SO_4 $40 \sim 60$，需进一步除钼，为此，在 80℃ 下向滤液加入 $Ca(OH)_2$ 中和，使液中的钼生成 $CaMoO_4$ 沉淀析出而除去。中和后液经浓缩到含铼 $20 \sim 30g/L$ 时，按 1kg Re 需 2kg KCl 计加入 KCl 而获得粗 $KReO_4$，此粗 $KReO_4$ 按 1kg $KReO_4$ 需加入 10L 纯水和 $17 \sim 33L$ H_2SO_4 配成的溶液，在 100℃ 下再溶解，然后冷却到 $5 \sim 7℃$ 或以下，进行重结晶而获得白色纯的 $KReO_4$，继而通氢还原（前两小时在 500℃ 下进行，后两小时升至 1000℃），由 $KReO_4$ 便得到 99.9% 的铼粉。铼的总回收率约为 80% $\sim$ 92%。

据美国专利报道[106,107]，有两种浸出石灰烧结法所产烧结料的办法：一是石灰烧结后，先用水浸出烧结料中的铼，然后用酸浸出钼，铼与钼的浸出率分别达到 86.9% 与 96.9%，此后，通过萃取或离子交换法提取铼；而萃余液或流出液中的钼通过铁屑还原，继而中和沉淀析出 $Mo(OH)_3$，此 $Mo(OH)_3$ 经煅烧得商品 MoO_3。二是用料重 0.9% 的硫酸配成稀酸溶液浸出石灰烧结产出的烧结料，使料中的铼与钼同转入溶液，钼与铼的浸出率分别高达 94% 与 98%，然后用萃取或离子交换法从浸出液中分别回收铼与钼。

我国某铜钼矿富含（%）：Re $0.03 \sim 0.08$、Mo $42 \sim 48$、Pb $1 \sim 3$、Fe $2 \sim 3$ 及 S $28 \sim 34$，采用石灰烧结法回收其中的铼，此法是往铜钼精矿配入料重 150% $\sim$ 160% 的石灰石，投入 $650 \sim 750℃$ 的炉内焙烧 $3 \sim 5h$，过程中铼与钼发生如下反应：

$$4ReS_2 + 10CaO + 19O_2 \Longrightarrow 2Ca(ReO_4)_2 + 8CaSO_4$$

$$2MoS_2 + 6CaO + 9O_2 \Longrightarrow 2CaMoO_4 + 4CaSO_4$$

用稀硫酸浸出烧结料，在浸出过程中加入少许 MnO_2 以助溶，在此条件下料中的铼与钼均基本转入溶液，过滤后，向滤液加入 CaO，控制终点 pH 值为 $8 \sim 9$，使钼以 $CaMoO_4$ 沉出而与铼分离，沉出钼后，调整滤液酸度，采用萃取法或采用离子交换法富集铼，富铼溶液经过重结晶后得到纯的 NH_4ReO_4。此法铼的回收率约 98%。如采用离子交换工艺提铼，则通过离子树脂的流出液含有一定量的钼，为了回收这部分的钼，需采取冷却结晶工艺，使溶液中的钼以 $(NH_4)_2(MoO_4)_3$ 形态析出。

前苏联某厂也采用类似的方法从含铼 0.05% $\sim$ 0.14% 的烟尘中提铼。向烟尘加入硫酸溶液，控制液固比为 8∶1，并在加入料重 8% 的 MnO_2 的条件下进行浸出，烟尘中的铼氧化物及杂质氧化物（$Me'O$）发生如下化学反应而转入溶液：

$$Re_2O_7 + H_2O \Longrightarrow 2HReO_4$$

$$MoO_3 + H_2SO_4 \Longrightarrow (MoO_2)SO_4 + H_2O$$

$$Me'O + H_2SO_4 \Longrightarrow Me'SO_4 + H_2O$$

过滤得到暗黄色的 $HReO_4$ 浸出液成分（g/L）为：Re $0.5 \sim 0.6$、Mo $8 \sim 10$ 及 H_2SO_4 $20 \sim 30$，为了从中提取铼，首先要除去钼，为此而加入石灰乳中和，中和的反应十分剧烈：

$$2HReO_4 + Ca(OH)_2 === Ca(ReO_4)_2 + 2H_2O$$

$$(MoO_2)SO_4 + 2Ca(OH)_2 === CaSO_4 \downarrow + CaMoO_4 \downarrow + 2H_2O$$

$$H_2SO_4 + Ca(OH)_2 === CaSO_4 \downarrow + 2H_2O$$

$$Me'SO_4 + Ca(OH)_2 === CaSO_4 \downarrow + Me'(OH)_2$$

过滤得到的中和后液呈无色或微黄色，经浓缩到密度为 $1.08 \sim 1010g/cm^3$（即含铼达 $10 \sim 15g/L$），按 $1m^3$ 溶液 $30kg$ 计加入 KCl，搅拌 $10min$ 后，冷却到 $10 \sim 12℃$，并陈化 $3 \sim 4h$，便获得白色的 $KReO_4$ 沉淀，沉淀物再经溶解和重结晶，最后用氢还原得到灰色铼粉。铼的回收率大于 85%，余 15% 损失于（%）：残渣 4.6、钙渣 4.2、母液 4.0、重结晶 0.2 及无名损失 2.0，而酸浸后得到含钼 40% ~ 48% 与铼小于 0.1% 的浸出渣，渣率约为 60% ~ 65%，用盐酸分解此渣，得到的分解滤液用氨水中和到 pH 值为 2.5 ~ 3.0，便得到 $(NH_4)_2(MoO_4)_3$ 沉淀，从这可综合回收钼。

石灰烧结法简单易行，对制取 $CaMoO_4$ 或仲酸铵有利。但是由于添加石灰量为料重的 70% ~ 150% 以上，致使料中铼与钼含量更趋贫化，这使工艺设备及厂房占地增多，延长富集周期，导致铼的回收率不高。至于此法使料中硫转为硫酸钙，少去了 SO_2 的危害，是此法的一个优点。

12.6.8　废铂铼催化剂回收铼

1967 年美国切夫隆（Chevron）公司首次将铂铼催化剂用于石油重整，该催化剂含铼 0.3% ~ 0.6%、铂 0.2% ~ 0.5%，其余为骨架的 Al_2O_3。当今贵金属价格高涨，以铼代铂的应用趋势日益扩大，因此废铂铼催化剂的回收再生意义重大。从废催化剂中再生回收铼和铂主要技术方法是将铼、铂溶解后用离子交换法加以富集与分离。

我国研究的一项方法是[99]：将废铂铼催化剂用磁选除铁和盐酸（1 ~ 3mol/L）浸泡（加空气搅拌）除铁后，用浓硫酸加浓盐酸的水溶液溶解物料，并在溶解的后期加入氯酸钾氯化，将铂、铼、铝完全溶解，经过离子交换使铂、铼金属离子吸附到阴离子交换树脂，再用 NaOH 洗液将铂、铼解吸，然后铵化分铂、钾盐沉铼。废催化剂含有一定量的炭，酸溶解前需在 600 ~ 900℃ 下先进行焙烧脱炭。处理的废催化剂成分为：Pt 0.34%、Re 0.34%、Al_2O_3 94.52%。溶解液按浓硫酸：浓盐酸：水 = （30 ~ 50）：（5 ~ 10）：（65 ~ 40）的比例配制；溶解的液固比为 5∶1；溶解温度大于 100℃；溶解的后期加入浓度 5% ~ 10% 的 $KClO_3$ 溶液，加入量为 1kg 废催化剂加 10 ~ 20g，溶解完全后，加入 Al_2O_3 将过量的酸中和以调整酸度。溶解液用水稀释一倍，用 R430 交换树脂进行离子交换，交换柱为 $\phi100mm \times 1000mm$，3 根，交换速度为 100mL/min。废催化剂溶解和离子交换的结果见表 12-102。将吸附有铂、铼的负载树脂，用 4mol/L 浓度的 NaOH 溶液淋洗解吸，然后把解吸液浓缩到含铂 40g/L 左右，加入 NH_4Cl 将铂沉淀出来得到氯铂酸铵沉淀物：

$$H_2PtCl_6 + 2NH_4Cl === (NH_4)_2PtCl_6 \downarrow + 2HCl$$

表 12-102　废铂铼催化剂酸溶解和离子交换的结果

试验号	废催化剂量/kg	浸出液体积/L	浸出液含铂		交换尾液含铂			浸出液含铼		交换尾液含铼		
			浓度/mg·L^{-1}	质量/mg	浓度/mg·L^{-1}	质量/mg	交换率/%	浓度/mg·L^{-1}	质量/mg	浓度/mg·L^{-1}	质量/mg	交换率/%
1	5	90	190.73	17165	<1	<90	99.47	193.7	17433	1.76	158.4	99.05
2	5	90	189.22	17029	<1	<90	99.47	186.76	16808	1.84	165.6	99.01
3	5	90	186.94	16824	<1	<90	99.46	184.58	16612	1.55	139.5	99.18
合计	15	270		51020		270			50853		463.5	
平均	5	90		17006		90	99.47		16951		154.5	99.08

沉淀铂后的含铼溶液加入 KCl 将铼以 KReO$_4$ 的形式沉淀出来，KCl 加量一般为铼含量的 2 倍。铂、铼淋洗解吸和沉淀铂、铼的结果见表 12-103。废催化剂中的 Al$_2$O$_3$ 溶解形成 Al$_2$(SO$_4$)$_3$，不被树脂吸附留在吸附尾液中，另行处理回收其中的铝盐。

表 12-103　铂、铼淋洗解吸和沉淀铂、铼的结果

淋洗液体积/L	淋洗液含铂			淋洗液含铼			产品铂		铼酸钾		
	浓度/g·L^{-1}	质量/g	淋洗率/%	浓度/g·L^{-1}	质量/g	淋洗率/%	质量/g	收率/%	质量/g	折合铼/g	收率/%
4.8	10.56	50.68	99.87	10.45	50.16	99.55	50.58	99.13	77.69	49.89	98.10

此方法分离富集过程较为简洁、高效，铂、铼的回收率分别达到 99% 和 98% 以上，但回收过程需将 Al$_2$O$_3$ 骨架全部溶出，造成后续的处理量增加。

在废铂铼催化剂再生回收中，离子交换树脂起着关键作用，一项研究对牌号为 D999 系列的树脂分离铂、铼做了试验[108]：把酸度为 0.01 ~ 0.2mol/L 的含铂、铼的浸出液通过 D999 树脂柱，然后分别用不同的淋洗剂分步淋洗解吸回收铂和铼，实现铂、铼两者的富集与分离，结果见表 12-104。

表 12-104　用 D999 树脂从废催化剂浸出液回收铂、铼的结果

组　分	树脂负载量/mg	淋洗金属量/mg	淋洗回收率/%	备　注
Pt	196	194.8	99.39	淋洗剂为 A
Re	85	85.2	100.23	淋洗剂为 B

铂铼废催化剂其他的再生回收工艺，归纳起来主要有：

（1）用硫酸浸出废铂铼催化剂，浸出液通过阴离子树脂吸附饱和后，用 5 ~ 8mol/L 的 HCl 解吸铼，并从解吸铼的解吸液中分别沉淀出铼和铂[109]。

（2）我国试验从含铼 0.13%、铂 0.23% 的废催化剂回收铼，采用先在 500 ~ 600℃ 煅烧 6h 将废催化剂的积炭焚烧脱除，磨细至 0.246mm（60 目），加入 4% 的氨（以 NH$_4$OH 形式）于 120℃ 在高压釜中加压浸出 5h，铼转入溶液达 77% ~ 92%，铂基本不溶而分离，溶液浓缩赶氨至铼浓度为 1g/L 后，用氢型阳离子交换树脂除杂，得到纯净的铼酸溶液，可进一步提取铼；或者采用强碱性阴离子树脂从浸出液中吸附铼，饱和后用 NH$_4$SCN 溶液解吸得到纯的 NH$_4$ReO$_4$，而后提取铼[110]。

（3）废铂铼催化剂经 500℃ 左右煅烧后，用 15% NaCl 溶液于 80℃ 电溶氧化 2.5h，使铼氧化进入溶液，铼浓度 0.14g/L，pH 值为 4；溶液用 Cl$^-$ 型的 AH-251 树脂吸附铼，饱和后用 5% NH_4OH 解吸得纯 NH_4ReO_4，流出的残液含铼小于 0.0003g/L[81]。

（4）用 15% 的 H_2SO_4 在液固比为 13：1、104℃下浸出废铂铼催化剂 10h，冷却至 45℃，加入浓度 30% 的 H_2O_2，加入量为 1kg 废料 0.3~0.7L，再浸出 3h，铼浸出率达 94%~96%，再用萃取法回收浸出液的铼；铂残留渣中，另行回收处理。或者用 H_2SO_4 浸出后，浸出液用强碱性阴离子交换树脂吸附铼，饱和后用 1~8mol/L $HClO_4$ + 1%~25% EtOH 混合液解吸，经蒸发浓缩（EtOH 从挥发物回收）再回收铼。

12.6.9　废钨铼合金回收铼

钨铼合金废料主要是钨铼合金，也包含钼铼合金在内。

12.6.9.1　氧化升华法

前苏联曾试验过用氧化升华法从钨铼合金废料中回收铼。在 950℃下通入氧气，氧化废料 7~8h，过程中铼以 Re_2O_7 形态挥发，经水吸收后，用 25% 浓度的 NH_4OH 溶液将铼沉淀析出，铼的回收率可达 92%~95%。该法的关键在于控制合适的气氛与温度，适当增加通氧量有利于挥发铼，气氛对铼挥发率的影响见表 12-105。

表 12-105　氧化气氛对铼挥发率的影响

气　氛	气流速/$m \cdot s^{-1}$	废料含铼量/%	残渣含铼量/%	铼挥发率/%
纯　氧	0.5	14.71	0.74	95.0
40% O_2 + 空气	1.5	11.59	4.62	60.0
空　气	2.15	7.19	4.59	36.0

另一项研究是从含铼 5%~25% 的钨铼合金废料，或从含铼 10% 的钨铼合金废料中再生回收铼。采取两次氧化升华：先在 1000℃，氧化升华 2~5h，废料中铼以 Re_2O_7 形态升华挥发，然后将冷凝物在 400℃再次升华得到纯 Re_2O_7。经水溶解后，用 KCl 或 NH_4OH 溶液将铼沉淀析出。铼酸铵经氢还原得 99.98% 纯度的铼粉，铼回收率达 86%~93%[111]。该研究的工艺流程如图 12-137 所示，铼、钨及钼的回收率及产物成分见表 12-106。

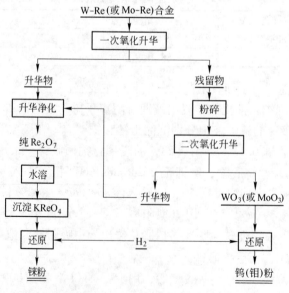

图 12-137　氧化升华法从钨铼、钼铼废料中回收铼及钨（钼）的工艺流程

表 12-106　氧化升华法从钨铼、钼铼废料中回收铼的金属回收率及产物

废　料	钨（钼）实收率/%	铼实收率/%	铼总回收率/%	产物纯度/%
W-26%Re	99.2	93.1	约99.5	钨粉：99.2W，0.28Re
W-5%Re	99.2	88		铼粉：99.98Re（Cu、Ca、Mg 小于 2×10^{-4}；Si 小于 80×10^{-4}）
Mo-10%Re	98	86		钼粉：99.8Mo

12.6.9.2　硝石熔融分解—离子交换法

用硝石在高温下熔融分解废钨铼合金废料，把钨、铼分别氧化成 Na_2WO_4 和 Na_2ReO_4，分解后物料用水浸出，pH 值为 8.8～8.9，得到含 Re 4.3g/L、W 12g/L、$NaNO_3$ 170g/L 的溶液。该溶液用强碱性交换树脂吸附铼，铼吸附率达 99.99%，铼吸附后液再用大孔径的树脂吸附钨；或者用弱碱性的交换树脂先吸附铼，用 NH_4OH 解析出 NH_4ReO_4，再从铼吸附后液中吸附钼[112]。

参 考 文 献

[1] 沈华生. 稀散金属冶金学[M]. 上海：上海人民出版社，1976.

[2] 周令治，陈少纯. 稀散金属提取冶金[M]. 北京：冶金工业出版社，2008.

[3] 马荣骏. 萃取冶金[M]. 北京：冶金工业出版社，2009.

[4] 周令治. 镓铟铊锗的湿法冶金[M]//陈家镛. 湿法冶金手册. 北京：冶金工业出版社，2005.

[5] 马荣骏，邱电云. 稀散金属的萃取分离[M]//汪家鼎，陈家镛. 溶剂萃取手册. 北京：化学工业出版社，2001.

[6] 全萃取法从锌系统中回收镓铟锗[R]. 长沙矿冶院萃取研究报告，1979.

[7] 尼科洛托娃，等. 萃取手册（第一、二、三卷）[M]. 袁承业，等译. 北京：原子能出版社，1981，1982，1988.

[8] LO T C, et al. Handbook of Soluent Extraction[M]. New York：John Wiley & Sons，1983.

[9] RUDBERG J. Soheut Extraction Principle and Rractice[M]. Marcel Dekker，2004.

[10] 王吉坤，何蔼平. 现代锗冶金[M]. 北京：冶金工业出版社，2008.

[11] 吴绪礼. 锗及其冶金[M]. 北京：冶金工业出版社，1988.

[12] 黎伟文. 铅锌冶炼中锗的回收利用[D]. 长沙：中南大学，2004.

[13] 颜美凤. 韶冶锗综合回收技术的发展[J]. 有色冶炼，2002(3)：12，13，39.

[14] 李淑兰，等. 硬锌真空蒸馏锗、铟的研究[J]. 昆明工学院学报，1994(4)：38～45.

[15] 戴永年，杨斌. 有色金属材料的真空冶金[M]. 北京：冶金工业出版社，2000.

[16] 王洪江，等. 火湿法联合工艺处理处理锗蒸馏残渣[J]. 广东有色金属学报，2002(增刊)：44～50.

[17] 王乾坤，马荣骏. 热酸浸出—铁矾法除铁湿法炼锌工艺中锗的回收[J]. 湿法冶金，1993(2)：20～27.

[18] 胡瑞忠，等. 对煤中锗矿化若干问题的思考[J]. 矿物学报，1997(4)：364～367.

[19] 王树楷. 铟冶金[M]. 北京：冶金工业出版社，2006.

[20] 马荣骏. 铜铅锌冶炼中稀散金属的回收[J]. 有色金属，1978(9)：38～42；1978(10)：23～27；1978(11)：41～46.

[21] 梁艳辉，魏永年. 从硬锌常压浸取锌、锗、铟[J]. 有色金属，2010(4)：69～72.

[22] 郑顺德. 从电炉底铅中回收铟、锗[J]. 有色金属（冶炼），1997(3)：26～28，32.

[23] 马荣骏, 姚先礼, 等. 热酸浸出铁矾法处理高铟高铁锌精矿的研究[J]. 矿冶工程, 1981(4): 18~28.

[24] 马荣骏. 针铁矿湿法炼锌中萃取法回收铟[J]. 湿法冶金, 1997(2): 58~61.

[25] 鲁君乐, 等. 从含铟低的复杂铅锑矿中富集铟[J]. 矿冶工程, 1993(4): 48~51.

[26] 姚昌洪, 等. 对某厂铅锑烟灰提铟的研究[J]. 湖南有色金属, 1999(4): 52~56.

[27] 姚根寿. 浅谈烟灰综合利用中铟的回收[J]. 有色冶炼, 1994(4): 52~56.

[28] 宗玉林, 等. 从铜烟灰中提取铟[J]. 稀有金属, 1982(1): 35~40.

[29] 杨显万, 等. 从硅氟酸电解液中提取铟[J]. 有色金属, (冶炼), 1991(2): 26~28, 42.

[30] 路永祯. 从炼铜电收尘烟灰中回收有价金属[J]. 有色冶炼, 1990(4): 31~33.

[31] HABASHI F. Hand Book of Extractive Metrallugy [M]. New York, Wiley-VCH, 1977.

[32] 周令治. 稀有金属[J]. 国外稀有金属, 1974(1): 1~48; 1974(5): 1~55; 1974(6): 1~54.

[33] КОРЕНМАН И М. Аналитическа Химия Таллия [М]. Москва: АкнССР, 1960.

[34] ДАВЫДОВ В И. Германий [М]. Москва: Металлургизлат, 1964.

[35] ЗЫРЯНОВ М Н. Рассеянные Релкие Элементы Иркутск: Иркутское Книжное Издательство, 1960.

[36] 宋玉林, 董贞俭. 稀有银化学[M]. 沈阳: 辽宁大学出版社, 1991.

[37] 马荣骏. 溶剂萃取在湿法冶金中的应用[M]. 北京: 冶金工业出版社, 1979.

[38] 长沙矿冶研究院萃取组. 用 A101 和 A404 萃取铊[J]. 有色金属, 1974(11): 36~42.

[39] 长沙矿冶研究院萃取组. 乙酰胺型 A101 萃取剂及其备用[J]. 金属学报, 1977(4): 282~287.

[40] 长沙矿冶研究院萃取组. 用溶剂萃取法从铅烧结烟尘中回收铊[J]. 有色金属, 1975(1): 25~29.

[41] 长沙矿冶研究院萃取组. 用 A101 萃取剂萃取法制取高纯铊[J]. 有色金属, 1977(9): 19~23.

[42] 罗英浩. 稀散金属综合回收专辑之一[J]. 国外稀有金属, 1972(7): 1~58.

[43] ГИГАНОВ Г П, и др. Применение экстракционных процессов в цветной металлургии. Цветные металлы, 1975(6): 17~21.

[44] ПЛАКСИН И Н, и др. Гидромеаллургия с Применением Ионитов [М]. Москва: Металлургиздат, 1964.

[45] GERLARCH J. 从炼铜烟尘中提取有价金属[J]. Metall., 1967(7): 700~704.

[46] ОКУНЕВ А И. Поведение Некоторых Редких и Рассеянных Элементов в Процессах Металлугической Переработки Медных руд и Концентратов [М]. Москва: ЦИИН, 1960.

[47] ГИГАНОВ Г П, и др. Экстракция селенистой кислоты аминами [J]. Журнал неорганической химии, 1972, Т17 Вып1: 195~200.

[48] БОЛЬШАКОВ К А. Химия Редких и Рассеянных Элементов Том 1~2[М]. Москва: Высшая школа, 1965.

[49] 广西冶金研究所情报室. 矿冶参考资料, 1977(3): 3~10.

[50] 陈世篷, 刘立仁. 江西铜业公司资源综合回收与利用[J]. 有色金属 (冶炼), 1977(3): 1~3.

[51] 俞信康. 铜净化渣中有价金属的综合回收实验研究[J]. 江西有色金属, 1999(1): 37~40.

[52] 赖建林, 兰爱明, 等. 从电积阳极泥中回收碲[J]. 稀有金属, 2000(3): 234~237.

[53] 胡少华. 铜阳极泥中金银及有价金属的回收[J]. 江西有色金属, 1999(3): 37~39.

[54] 马玉天. 高铅锑渣中碲的提取新工艺及光谱选择性碲膜制备的研究[D]. 长沙: 中南大学, 2006.

[55] 侯晓川. 镍钼冶炼烟尘中硒的提取新工艺及其机理的研究[D]. 长沙: 中南大学, 2011.

[56] 方忠豪, 等. 铜阳极泥处理[J]. 有色冶炼, 1983(1): 9~17.

[57] КУДРЯВЦЕВ А А. Химия и Технология Селена и Теллура [М]. Москва: Высшая школа, 1961.

[58] LEIGH A H. Preeious Metals Refining Pratice [C]//EVAMS D I I. Inter. Symp. on Hydrometallurgy, Chicago, AiMM&PE, 1973: 95~110.

［59］ ЧИЖИКОВ Д М, и др. Селен и Селениды［M］. Москва: наука, 1964.

［60］ HAFFMAN J E. Recovery selen: um and tellurium from copper Refinery slimes［J］. J. of Metals, 1989(7): 33～38.

［61］ 黎鼎鑫, 王永录. 贵金属提取与精炼［M］. 长沙: 中南大学出版社, 2003.

［62］ JORMA A E. The microbilogical extraction less common metals［J］. J. of Metals, 1989(6): 32～35.

［63］ 广东有色金属学报, 稀散金属专辑, 2002, 12(增刊): 1～69.

［64］ 广东有色金属学报, 稀散金属专辑, 2005, 15(1): 1～14.

［65］ 千田市郎. 日本矿业所沉淀物处理工艺合理化［J］. 日本矿业会志, 1972, 88(1011): 317～319.

［66］ 本书编委会. 有色金属进展（第五卷）稀有金属: 第八册, 稀散金属［M］. 长沙: 中南大学出版社, 2007.

［67］ 陈寿椿. 重要无机化学反应［M］. 上海: 上海科技出版社, 1963.

［68］ КУНАЕВ А М, и др. Гидрометллургия Халькогенидных Материалов［M］. Алма-Ата: Наука, 1978.

［69］ АЛЕКСЕЕВА Р К. Обогащение анодного шлама электролиза меди методом флотации［J］. Цветные металлы, 1972(11): 10～13.

［70］ 陈慧仙译. 大阪精炼厂从铜阳极泥中回收硒［J］. 有色冶炼, 1983(7): 14～20.

［71］ RITCEY G M, et al. Solvent Extraction（part 2）［J］. Amsterdam, Elsevier, 1979.

［72］ 高柳由竹. 竹原冶炼铜副产物回收［J］. 资源と素材, 1989(5): 398～400.

［73］ 今泽博, 等. 铜电解阳极泥处理方法改善［J］. 日本矿业会志, 1982(1130): 366～368.

［74］ 陈少纯, 梁承先, 等. 锑精炼除硒新工艺研究与应用［J］. 有色金属（冶炼）, 1992(2): 16～18.

［75］ 金世平. 真空蒸馏提取硒的工艺研究［D］. 昆明: 昆明理工大学, 2004.

［76］ GENSER B W. Rhenium［M］. New York, Elsevier, 1962.

［77］ БАЙКОВА А Л. Металлугия Рений Ⅲ Вессоюзного Совещения по Проблему Рения［M］. Москва: Наука, 1970.

［78］ КАРАГЕЗОВ Л К, и др. Эксуракция и разлеление молибдена и рения третичными аминами［J］. Известия высших учебных заведенийСССР Цветная металлургия, 1981(3): 44～46.

［79］ КУНАЕВ А М, и др. Новые Процессы в Цветной Металлугии［M］. Алма-Ата: Наука, 1977.

［80］ CHURCHWAD P E. Solrent Extraction Process for Separating Rhenium and Molybdenum: U. S. N3244475［P］.

［81］ 本书编委会. 有色金属提取冶金手册——稀有高熔点金属［M］. 北京: 冶金工业出版社, 1999.

［82］ 长沙矿冶研究院萃取组. 用二烷基乙酰胺萃取剂从辉钼矿焙烧淋洗液中萃取铼［J］. 有色金属, 1975(4): 30～32.

［83］ 长沙矿冶研究院萃取组. 用酰胺萃取剂从辉钼矿焙烧烟气中回收铼［J］. 稀有金属, 1977(2): 41～45.

［84］ 从氧压煮浸出液中萃取铼. 长沙矿冶研究院萃取组实验报告［R］. 1977.

［85］ ПОНОМАРЕВ В Д. Избранные Труды Ⅱ Химия и Технология Редких Металлов［M］. Алма-Ата: Наука, 1974.

［86］ SUTULOV A. Molybdenium and Rhenium［M］. 1778～1977 Chile: Met. of Concepetion, 1976.

［87］ НИКУЛИН А И, и др. О комплексном извлечении благородных металлов и рения в производстве солей молибдена［J］. Цветные Металлы, 1973(1): 46～49.

［88］ ГЕДГАНОВ З Н, и др. Оптимизация сорбции рения анионитами из сернокислых растворв［J］. цветные Металлы, 1979(5): 52～53.

［89］ ХОЛМОГОРОВ А Б, и др. Изучение закономерности ионообменной сорбции рения и молибдена аннонитами из сернокислых растворов [J]. Известия Высших Учебных Заведений СССР Цветная Металлургия, 1980(2)：86～89.

[90] 菊池昭二. 铼の分离方法：日本，昭和 49-14444[P]. 1974.

[91] 佐藤直彦，等. 从辉钼矿焙烧烟尘回收铼的方法：日本，昭和 49-23081[P]. 1974.

[92] 杨子超. 用季铵型交换剂从高铼酸钾结晶母液中提取铼[J]. 稀有金属，1983(1)：26～30.

[93] МЕРЕТУКОВ М А. Процессы Жидкостной Экстракции и Йоннобменной Сорбции в Цветной Металлургии [M]. Москва：Металлургиздат，1978.

[94] LINDSTRON R E, et al. Extraction of Moand Re from Concentrates by Electro-Oxiclation RI-7802[R]. U. S. Bunines，1973.

[95] ЛЕБЕДЕВ К Б. Рений [M]. Москва：Металлургиздат，1960.

[96] САВИЦИЙ Е М，и др. Сплавы Рения [M]. Москва：Наука，1965.

[97] ПОНОМАРЕВ В Д，и др. Физико-химические Методы Выделения Соединений Легких и Редких Металлов [M]. Алма-Ата：Наука，1965.

[98] AMMANN P R. Reccovery of Rheniumum from the Precipitate Copper Product：U. S，N3915690[P]. 1975.

[99] RICHARD K J，et al. Recovery of Rhenium from Dilute Solution by Precipition Utilizing a Base Metal Precipotant：U. S. N3739057[P]. 1973.

[100] DAUGHERTY E W，et al. Process for the Recorvery of Rhenium and Molybdenum Values from Molybdenit Concetrate：U. S，N3739057[P]. 1973.

[101] АГЕЕВ Н В，и др. Процессы Получения и Рафинирования Тутоплавких Металлов [M]. Москва：Наука，1975.

[102] САВИЦКИЙ Е М. Рений [M]. Москва：АкНССР，1961 и 1964.

[103] ALVERSON L J. Rhenium Mineral Conimodity，Profield，1974.

[104] 周立春，冯世红，等. 活性炭吸附法分离铼钼的研究[J]. 化工生产与技术，2003(5)：7～9.

[105] U. S Bunnines. Minerals Yearbook（Ga、Ge、In、Re、Te、Se）[M]. 1981：349～952.

[106] MESSNER M E，et al. Extraction of Rhenium and Production of Molybdie Oxide from Sulfide Ore Materials：U. S. N3376104[P]. 1968.

[107] NOY J M. Process for Extracting Molybdenum and Rhemum from Raw Materials Containing Same：U. S. N3705230[P]. 1972.

[108] 惠来善，等. 科研成果选编（科学论文，化学专辑）[M]. 西安：陕西师范大学出版社，1978：1～8.

[109] 张方宇，王海翔，等. 从废重催化剂中回收铂、铼、铝等金属方法：中国，00136509. 6[P].

[110] 李庸华，郭锦勇，等. D999 系列新功能树脂分离铂铼的研究[J]. 有色金属，2002，54(增刊)：109～113.

[111] WILEY C L. Recovery Rhenium Values from a Spent，Catalyst：U. S. N3705230[P]. 1972.

[112] 冶金部贵金属研究所，抚顺石油三厂. 废铂铼催化剂回收试验小结[J]. 贵金属，1978(3)：18～29.

13 二次资源稀土的回收

我国在稀土的储量及产量上均占世界首位，它是我国宝贵的优势资源及重要的金属材料。由于稀土具有突出的优良性能，已成为了新技术不可缺少的金属元素，它在磁性材料、发光材料、高氢材料、阴极发射材料、超导材料、玻璃陶瓷材料及冶金材料中得到了广泛应用。

我国对稀土矿的开采及稀土的生产高度重视，国务局已发布了一些关于稀土的管理规定。为了发展稀土的循环经济及保持稀土的可持续发展，从二次资源中回收稀土具有极为重要的意义。

钪是一种特别的稀贵金属，它的性质也非常优良，从二次资源中回收钪也具有特殊的重要意义。钪的性质与稀土有着差别，但冶金行业通常把它列于稀土一族，故从二次资源中回收钪也在本章阐述。

13.1 废钕铁硼回收稀土

13.1.1 全萃取法

文献[1]提出了全萃取法回收钕铁硼废渣中的稀土与钴，其工艺流程如图 13-1 所示。

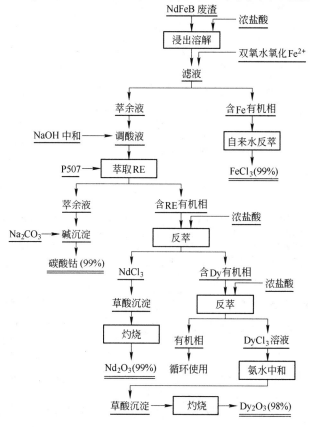

图 13-1 全萃取法工艺流程

13.1.1.1 原料

原材料为美国进口的含钴钕铁硼废渣。主要成分为：Nd 约 20%，Dy 约 5%，Co 约 3%。大部分为粉状物，过筛后直接用浓盐酸常温下溶解。块状废渣需破碎过筛后酸溶。

浓盐酸溶解过滤后的滤液取样分析，结果如下：RE 85.72g/L，Co 12.51g/L，TFe 71.5g/L（其中 Fe^{3+} 为 5.03g/L），可见溶液中的 Fe 大部分是 Fe^{2+}，它占总铁量的 93%。

由于 N503 是胺型萃取剂，萃取 Fe^{3+} 是以 $HFeCl_4$ 形式萃取（其中 H^+ 与 N503 的羰基发生缔合）。因此溶液中大量的 Fe^{2+} 必须先氧化成 Fe^{3+} 并保持一定酸度。因此 Fe^{2+} 的氧化就成为 N503 萃取除 Fe 的关键条件。

在选用氧化剂时，除考虑对 Fe^{2+} 的氧化效果外，还要考虑氧化时间，试剂的成本及对环境的污染。经过对比研究，选用双氧水作为氧化剂。

双氧水的用量可按下列方程式计算：

$$2FeCl_2 + 2HCl + 2H_2O_2 = 2FeCl_3 + 3H_2O + 1/2O_2 \uparrow$$

结果表明，当双氧水用量超过理论量的 10% 时，Fe^{2+} 的氧化率超过 99.5%。

13.1.1.2 N503 萃取除铁

A 萃取剂浓度的选择

采用 30%、40%、50%、60%、70% 的 N503 进行对比试验，结果如图 13-2 所示。在相比 O/A = 2/1 下，选用 40% N503 作为萃取剂。

B 温度的影响

在研究中发现，N503 萃取 Fe^{3+} 除跟料液本身的酸度有关之外，还跟环境的温度有关。当原始料液的温度低于 10℃时，分相很慢，相界面之间有许多白色絮状物。当料液温度超过 15℃时，5min 就能分相，相界面之间的白色絮状物消失。因此 N503 萃取铁的环境温度应不低于 15℃。

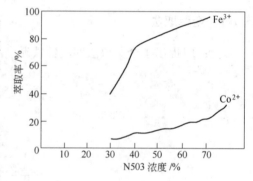

图 13-2　N503 萃取曲线

C 增加洗涤段

从图 13-2 可知，钴也能以 $H_2(CoCl_2)$ 形态被 N503 萃取。为提高钴的回收率，选择 3 级萃取、7 级洗涤的工艺条件，调整一定的相比，获得比较满意的分离效果。平衡后萃余液中含 Fe^{3+} 少于 0.2g/L，铁的萃取率大于 99.7%。有机相中钴的损失率小于 0.3%。

D 自来水反萃

Fe^{3+} 以 $H(FeCl_4)$ 形式萃入有机相，用无 H^+、Cl^- 的中性水很容易把 Fe^{3+} 和 Cl^- 反萃到水相中，获得 $FeCl_3$ 溶液，经过进一步处理，加工成油漆中的铁红原料，作为副产品回收。

13.1.1.3 P507 萃取稀土

A 萃取剂的选择

由于料液中稀土浓度较高（78g/L）并且含有 5% 的重稀土 Dy，采用 50% P507 (HA)-煤油作萃取剂。因为 P507 容易反萃，并且不易乳化。

B 碱皂化有机相

P507 是一种弱酸性的磷型萃取剂，萃取稀土反应式为：

$$RE^{3+} + 3(HA)_2 \Longrightarrow RE[(HA_2)_3] + 3H^+$$

分配比
$$D = Kc_{(HA)_2}^3 / c_{H^+}^3$$

式中 K——平衡常数。

$$\lg D = \lg K + 3\lg c_{(HA)_2} + 3pH$$

由此可见分配比 D 值与萃取剂浓度的 3 次方成正比，与水相酸度的 3 次方成反比。

为提高萃取稀土的效果，一方面除铁后的料液要用 NaOH 中和到 pH 值范围；另一方面有机相先用碱液进行皂化，根据单级萃取结果，选用 10mol/L 的 NaOH 作皂化碱，皂化率控制在 45%。

C 增加洗涤段

作为磷型萃取剂，P507 在一定条件下也会萃取钴，为提高钴的回收率，选择 4 级萃取、4 级洗涤的工艺条件，调整一定的相比，达到比较满意的分离效果。

D 有机相颜色控制

在萃取研究中发现，当钴被萃入有机相后，P507 的颜色变成蓝色，萃得钴的浓度越大，有机相的颜色就越深，即由浅蓝色变为紫蓝色。因此通过有机相颜色的变化可以直观地观察到萃取的效果。

经过 8 级分馏萃取后，萃余液中稀土浓度降至 0.0035g/L，稀土萃取率大于 99.6%。而反萃取液中钴的浓度小于 0.01g/L，钴的损失率小于 0.5%。

13.1.1.4 钕与镝的分离

进入有机相的稀土主要是 Nd 与 Dy，其中 Nd 占 80%，Dy 占 20%。为得到纯的 Nd 和 Dy 产品，保证 Nd 的回收率大于 99%，采用二段盐酸反萃的同时，增加一段 3 级的新有机相萃取。

第一段采用稀盐酸反萃，级数为 7 级，调整一定相比，获得合格的 NdCl₃ 溶液，经草酸沉淀灼烧后氧化钕成分分析结果如下：La₂O₃ 0.005%；CeO₂ 0.14%；Pr₆O₁₁ 0.61%；Sm₂O₃ 0.0052%；Tb₄O₇ 0.001%；Dy₂O₃ 0.001%；Yb₂O₃ 0.001%；Y₂O₃ 0.001%。

第二段高酸反萃的级数为 5 级，调整一定相比，获得 DyCl₃ 溶液，经氨水中和、草酸沉淀灼烧后氧化镝成分分析结果如下：Pr₆O₁₁ 0.40%；Nd₂O₃ 0.62%；Sm₂O₃ 0.21%；Tb₄O₇ 1.6%；Ho₂O₃ 0.053%；Er₂O₃ 0.034%；Yb₂O₃ 0.2%；Y₂O₃ 0.34%。

13.1.1.5 钴的进一步提纯

原始料液经过 N503 萃铁，P507 萃稀土后，剩下的就是氯化钴溶液。经过 Na₂CO₃ 沉淀，洗涤过滤后，取样分析，结果如下：Ca 0.54%；Mn 0.23%；Fe < 0.01%；RE 0.026%；Cu 0.19%；Ni 0.05%。

得到的 99% 的碳酸钴只能作为粗产品，从分析结果可以看出主要杂质是 Ca、Mn、Cu 等。还必须进一步提纯除杂，然后用草酸沉淀，得到符合国家标准的草酸钴。

13.1.1.6 萃取结果

（1）采用全溶剂萃取法回收 NdFeB 废渣中的稀土和钴的工艺是可行的，经过 60 级的串级分段萃取，可以依次得到四种产品，品位为 99% 的 FeCl₃、大于 99% 的 Nd₂O₃、98% 的 Dy₂O₃、99% 的碳酸钴。

（2）用 N503 萃铁工艺中，关键是把溶液中 Fe^{2+} 氧化成 Fe^{3+}，工业双氧水是比较合适的氧化剂。

（3）工艺流程合理，各段衔接紧凑，没有繁杂的化学处理，自动化程度高，产品质量稳定，回收率高，不产生新的污染。

13.1.2　电还原—萃取法

文献 [2，3] 提出了电还原—P507 萃取分离法从废钕铁硼中回收稀土，研究设计工艺流程如图 13-3 所示。原料为废钕铁硼，其成分为：REO 29.57%、Fe 51.37%，废钕铁硼中稀土的分配见表 13-1。

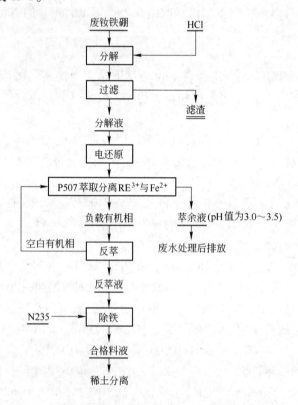

图 13-3　电还原—萃取法工艺流程

表 13-1　废钕铁硼中稀土分配

组　分	Y_2O_3	La_2O_3	CeO_2	Pr_6O_{11}	Nd_2O_3	Sm_2O_3	Eu_2O_3	Cd_2O_3
质量分数/%	<0.3	<0.3	<0.3	16.57	71.62	<0.3	<0.3	<0.3

组　分	Tb_4O_7	Dy_2O_3	Ho_2O_3	Er_2O_3	Tm_2O_3	Yb_2O_3	Lu_2O_2	
质量分数/%	<0.3	10.97	<0.3	<0.3	<0.3	<0.3	<0.3	

13.1.2.1　原理

在水溶液中将 Fe^{3+} 电还原为 Fe^{2+}。阴阳极室用阴离子膜隔开，阴极采用钛网，阳极采用普通铁板。

阴极反应：

$$H^+ + e \longrightarrow 1/2H_2 \qquad \varphi^\ominus = 0.00V$$

$$Fe^{3+} + e \longrightarrow Fe^{2+} \qquad \varphi^\ominus = 0.771V$$

阳极反应：

$$Fe - 2e \longrightarrow Fe^{2+} \qquad \varphi^\ominus = -0.44V$$

$$Fe^{2+} - e \longrightarrow Fe^{3+} \qquad \varphi^\ominus = -0.77V$$

电还原完全的分解液，用 P507 萃取剂在惰性气体保护下萃取分离 RE^{3+} 与 Fe^{2+}。将负载有机相反萃，用 N235 萃取除去溶液中的少量铁，获得可用于萃取分离稀土的合格料液。

13.1.2.2　工艺条件

电还原工艺条件为：

(1) 阴极电流密度：$40 \sim 100A/m^2$；

(2) 阳极电流密度：$100 \sim 240A/m^2$；

(3) 电位：$0 \sim 1.0V$；

(4) 阴极液：H^+ $0.1 \sim 1.0mol/L$；REO 101.6g/L；

(5) 阳极液：H^+ 0.5mol/L。

P507 萃取分离 RE^{3+} 与 Fe^{2+} 工艺条件为：

(1) P507 皂化度：$0.45 \sim 0.54$；

(2) 洗酸：H^+ 1.0mol/L；

(3) 流比：$V_X : V_F : V_W = 300 : 60 : 36$（$V_X$ 为有机相体积流入体积，V_F 为萃取料液流入体积，V_W 为萃余液流出体积）；

(4) 级数：$n = 2$，$m = 2$。

N235 除铁工艺条件为：

(1) 有机相：N235 : 煤油 = 1 : 4；

(2) 反萃液：REO $40 \sim 50g/L$；

(3) 流比：$V_s : V_F : V_W = 1.2 : 0.5 : 1.2$（$V_s$ 为萃后有机相流入体积，V_F 为反萃液流入体积，V_W 为反萃得到含金属液的流出体积）；

(4) 级数：$n = 2$，$m = 2$。

将含 REO 为 101.6g/L 的废钕铁硼酸分解液放于自制电解槽阴极室进行电解，电解一定时间后，从阴极室取 1 滴分解液于表面皿上，加 1 滴 1 号指示剂，若无颜色变化，说明 Fe^{3+} 完全还原为 Fe^{2+}。将还原好的钕铁硼酸分解液加入 500mL 分液漏斗中，在惰性气体保护下进行 P507 萃取分离，再将负载有机相反萃，用 N235 将反萃液中少量铁去除，得到符合进槽条件的氯化稀土料液。

13.1.2.3　各阶段结果

在自制电解槽阴极室中加入含 REO 为 101.6g/L 的废钕铁硼酸分解液，进行阴极电流密度、阴极区酸度条件研究，阳极区电解质为 0.5mol/L 盐酸，结果见表 13-2 和表 13-3。

表 13-2　阴极电流密度条件研究

阴极电流密度/A·m^{-2}	40	60	80	100
阴极区酸度/mol·L^{-1}	0.15	0.15	0.15	0.15
电流效率/%	92.80	95.50	94.20	93.10

表 13-3　阴极区酸度条件研究

阴极区酸度/mol·L^{-1}	0.05	0.10	0.15	0.20
阴极电流密度/A·m^{-2}	60	60	60	60
电流效率/%	91.10	96.60	95.350	93.05

　　将电还原完全的废钕铁硼分解液、P507 萃取剂加入 500mL 梨形分液漏斗中，在惰性气体保护下进行 P507 萃取分离，在分馏萃取过程中分相效果良好。萃取平衡后取样分析，结果见表 13-4。

表 13-4　电还原—P507 萃取分离从废钕铁硼中回收稀土研究结果

名　称	体积/mL	结果/mg·L^{-1}		稀土收率/%	除铁率/%
		Fe	REO		
钕铁硼分解液	120	163.0	101.6		
反萃液 1	290	0.70	40.01	95.17	98.96
反萃液 2	290	0.72	40.79	97.02	98.97
反萃液 1、2 平均值				96.10	98.97

　　将负载有机反萃的反萃液，用 N235 萃取去除反萃液中的少量铁。试验结果见表 13-5。

表 13-5　N235 去除反萃液中少量铁的研究结果

名　　称	结果/mg·L^{-1}	
	Fe	REO
反萃液	710	40.41
N235 除铁后反萃液	6.2	40.18

　　从表 13-2 和表 13-3 条件研究结果知：阴极电流密度为 $60A/m^2$，阴极区酸度为 0.15mol/L 时电流效率大于 95%。

　　从表 13-4 结果可以看出：P507-HCl 体系分馏萃取分离 RE^{3+} 与 Fe^{2+}，二次试验平均稀土收率为 96.10%，除铁率为 98.97%。反萃取液中含有 0.70～0.72g/L 的 Fe，是由于被还原溶液转移过程中少量 Fe^{2+} 被空气中氧气氧化成 Fe^{3+} 造成的；要隔离空气预防 Fe^{2+} 被空气中氧气氧化成 Fe^{3+}，才能减少反萃液中铁的含量。

　　从表 13-5 的结果可以看出：负载有机相反萃后的反萃液中含有少量铁，用 N235 可将其大部分去除，所得料液可满足稀土分离料液所需要求。

13.1.2.4　新工艺、旧工艺流程比较

　　现众多的废钕铁硼回收厂家均采用旧工艺流程进行稀土回收，其工艺流程如图 13-4 所示。建立的新工艺流程如图 13-5 所示。新、旧工艺流程回收 1t 稀土氧化物主要化工材

料消耗比较见表13-6。

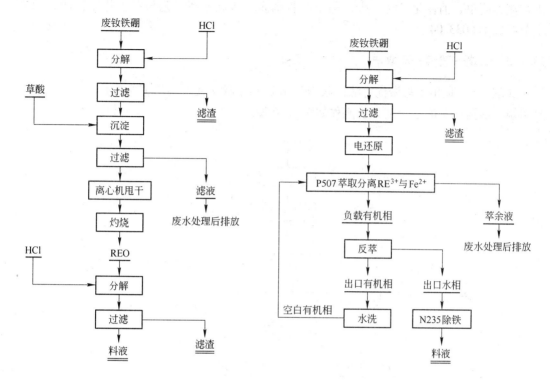

图 13-4 旧工艺流程图   图 13-5 新工艺流程图

表 13-6 新、旧工艺流程回收 1t 稀土主要化工材料消耗成本比较

名　　称	旧工艺单耗/t	新工艺单耗/t	单价/元·L⁻¹	金额/元	
				老工艺	新工艺
盐　酸	14.8432	13.8130	750	11132.40	10359.75
草　酸	2.85	1.30	3130	8920.50	4069
灼　烧			1350	2700	1350
氨　水	0.0405	0.5288	1750	7093	925.40
P507		1.4335×10^{-3}	43000		61.64
电还原电耗		50kW·h/t	0.5 元/(kW·h)		25
合　计				22823.83	16790.79

注：化工材料价格、电价均为试验时市场价，随着时间变化，化工材料价格会有变化。

13.1.2.5 结论

（1）阴极电流密度为 $60A/m^2$，阴极区酸度为 0.15mol/L 时电流效率大于 95%。

（2）结果表明，电还原—P507 萃取分离法从废钕铁硼酸分解液中分离 RE^{3+} 与 Fe^{2+}，分离效果好，稀土收率 96.10%，除铁率为 98.97%。

（3）负载有机相反萃后的反萃液中含有的少量铁可用 N235 可将其去除，所得料液满足稀土分离要求。

(4) 电还原—P507萃取分离法从废钕铁硼中回收稀土工艺可行。新工艺有如下优点：工艺流程简单、消耗化工材料少，稀土回收率高，建立的新工艺与旧工艺比较回收 1t 稀土节约成本 6033.04 元。

13.1.3 焙烧—酸溶—萃取法

文献 [4] 提出了盐酸优容法回收 NdFeB 废料中稀土元素的研究与生产方法，实际上是焙烧—酸溶—萃取法，其工艺流程如图 13-6 所示。

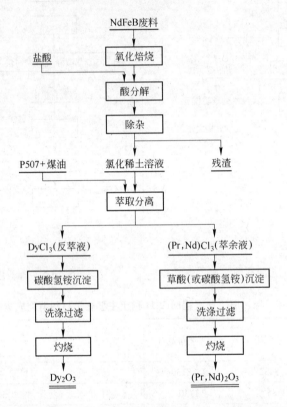

图 13-6   盐酸优溶法从 NdFeB 废料中回收稀土氧化物原则流程

13.1.3.1   工艺操作

A   氧化焙烧

氧化焙烧的目的，是让稀土通过焙烧最终以氧化物的形态存在，铁以 Fe_2O_3 的形态存在，制备好的物料转移下一道工序并计重、取样分析。

B   分解和除杂

在反应器中加入适量的水，升温后，分次加入计算量的酸和物料，在操作过程中须注意防止冒槽及稀土浓度和 pH 值的控制。控制残渣中 REO 含量小于 0.6%。分解后的过滤液进入另一个反应器进行除杂处理，经过除杂后的过滤液进入萃取的混合-澄清萃取槽。

C   萃取分离

经分析合格的氯化稀土溶液，主要含有 Pr、Nd 和 Dy。该溶液进行 P507-盐酸体系的 (Pr,Nd)/Dy 分离，萃余液中含有 Pr、Nd，反萃液为 $DyCl_3$ 溶液。

D　沉淀灼烧

萃余液为含 Pr、Nd 氯化稀土溶液，将该溶液注入沉淀槽进行沉淀，沉淀剂可用草酸或碳酸氢铵（$(Pr,Nd)_2O_3$: $H_2C_2O_4 \cdot 2H_2O$ = 1 : (1.3~1.4)；$(Pr, Nd)_2O_3$: NH_4HCO_3 = 1 : 1.5），得到的草酸镨钕或碳酸镨钕沉淀，在 1000℃ 下灼烧得到镨钕氧化物。在反萃液（氯化镝液）中加入草酸溶液得到草酸镝沉淀，在 1000℃ 下灼烧得氧化镝。产品稀土氧化物的化学成分见表 13-7。

表 13-7　产品稀土氧化物的化学成分　　　　　　　（%）

名　称	含 REO	REO 成分	非稀土杂质				
			Fe_2O_3	SiO_2	Al_2O_3	CaO	Cl^-
$(Pr, Nd)_2O_3$	≥98	REO≥99, Y_2O_3≤0.03, Sm_2O_3≤0.05, La_2O_3≤0.05, CeO_2≤0.05	≤0.05	≤0.05	≤0.10	≤0.05	≤0.05
Dy_2O_3	≥99	REO≥99, RE 杂质<1	≤0.05	≤0.05	≤0.05	≤0.05	≤0.05

13.1.3.2　工艺方法比较

NdFeB 废料回收的工艺流程有多种，如酸溶沉淀工艺、复盐转化工艺、盐酸优溶工艺等。这些工艺的发展水平，随着技术的进步和市场的要求在不断提高。现将酸溶沉淀工艺、复盐转化工艺和盐酸优溶工艺简要比较如下：

（1）酸溶沉淀工艺。该工艺主要过程有氧化焙烧、盐酸分解、草酸沉淀、灼烧制取稀土氧化物。用该工艺批量生产稀土氧化物有流程短、工艺稳定等优点，但主要存在稀土收率较低的问题。该工艺现已很少采用。

（2）复盐转化工艺。该工艺采用硫酸溶解、复盐沉淀稀土、碱转化、盐酸溶解、复盐沉淀铁及萃取分离等方法制取稀土氧化物。该工艺的优点是得到的稀土氧化物纯度较高，但流程较长，稀土收率偏低。现该工艺国内仍有厂家在应用，但其发展和广泛应用受到流程较长和收率偏低等问题的制约。

（3）盐酸优溶工艺。该工艺具有流程较简、稀土收率大于 92% 的优点，而且萃余液能实现晶型碳酸稀土的沉淀，因而降低了生产成本，提高了产品市场竞争力。

13.1.3.3　生产效果及成本的影响因素分析

A　影响生产效果的主要工艺因素

影响生产效果的主要工艺因素有：

（1）氧化焙烧的影响。氧化焙烧是盐酸优溶工艺的关键工序，通过一定条件的严格控制，使废料中稀土元素完全转变成氧化价态的形式存在，铁变成氧化铁的形态存在。

生产实践表明：如果条件控制不好，致使物料氧化不完全，将会增大酸耗，影响收率，增大生产成本。所以熔烧的工艺条件控制是正常生产的关键。

（2）分解的影响。控制一定的温度、酸度、浓度等条件，在 $10m^3$ 反应器中分解焙烧氧化的物料，制备出含一定量杂质的氯化稀土溶液，再进行除杂处理，输送至萃取槽。在分解过程中，对温度、酸度、浓度控制的好坏直接影响盐酸单耗、稀土收率以及除杂的生产成本。在生产实践中得知：严格控制分解工艺条件，让稀土优先溶解进入溶液是盐酸优溶工艺的根本。

（3）萃取分离的影响。经过酸溶除杂澄清后的合格料液、进入 45 级 150L 的萃取槽，进行(Pr,Nd)/Dy 的萃取分离，在 P507-磺化煤油-HCl-RECl$_3$ 体系中，通过对相比、级数和洗涤等条件的调节，控制有机相萃取率和水相盐酸浓度，使重稀土进入有机相而镨、钕留在水相，再用不同酸度的反萃液将重稀土反萃出来，为保证镝的纯度，可考虑在镝出口前几级开一个富集物出口。溶液稀土浓度的高低、质量是否合格，将影响萃取分离的效果。

(4) 沉淀影响。碳酸氢铵沉淀镨、钕时，在稀土接近沉淀完全的加料比条件下陈化，无定形碳酸镨钕可转化为晶型碳酸镨钕。晶型沉淀不好将影响产品的质量和沉淀生产的连续性，为此在碳酸氢铵沉淀稀土前需要对萃余液进行预处理，符合要求后严格按晶型沉淀工艺作业。在 8~10m^3 沉淀槽中，日产出晶型碳酸稀土 1.5t，折合成稀土氧化物超过 500kg。实践证明：料液的纯度、操作的工艺条件是影响快速晶型沉淀的主要因素。

B 盐酸优溶工艺条件对生产成本的影响

盐酸优溶工艺的关键在于前处理，正常情况下经酸溶处理后渣中的稀土氧化物含量小于 0.6%，辅助材料单耗为：每吨稀土氧化物耗盐酸 5.36t（其中酸溶工序 2.7t，萃取工序 2.66t），氯酸钠 0.08t，氢氧化钠 0.14t，碳酸氢铵 2.25t（其中除杂工序 0.25t，沉淀工序 2t），水、电、汽、工资未计。如果前处理原料未达到要求，将影响上述辅助材料的单耗指标及料液浓度的变化，引起生产成本的上升。

正常生产状况下，月产 25t 稀土氧化物的工厂每吨产品的加工费用见表 13-8。

表 13-8 稀土氧化物的回收生产成本明细

名 称	单耗/t·t^{-1}	单价/元·t^{-1}	金额/t·t^{-1}
煤	3.37	550	1835.5
谷 皮	356 包	2 元/包	712.0
盐 酸	5.36	500	2680.0
氯酸钠	0.08	4000	320.0
碱	0.14	2500	350.0
液 氨	0.55	700	385.0
碳酸氢铵	2.25	500	1125.0
其 他			6275.0
合 计			13682.5

注：因物价变化，故单价及金额只能作为参考值。

由表 13-8 生产统计数据得知：正常情况下，采用盐酸优溶和晶型碳酸稀土沉淀两项国内先进工艺技术处理 NdFeB 废料回收稀土氧化物，每吨稀土氧化物的加工成本不超过 1.4 万元（物价变化，只能作为参考值）。

13.1.3.4 萃取结果

(1) 采用盐酸优溶工艺，回收 NdFeB 废料中稀土元素是目前国内先进的工艺技术，稀土回收率大于 92%，经萃取分离制得的 Dy$_2$O$_3$，其纯度大于 99%，非稀土杂质含量符合国家标准要求，完全满足市场的需要。

(2) 从生产费用统计数据得知：采用盐酸优溶工艺从 NdFeB 废料中回收稀土氧化物，在正常生产状态下，每吨稀土氧化物的加工费用将不会超过 1.4 万元。

（3）针对市场不含钴的 NdFeB 废料，运用该工艺技术，能综合回收氧化铁红，不产生新的污染源，具有强大的技术竞争优势。

13.1.3.5　类似方法

文献 [5，6] 提出了氧化焙烧—萃取法从 NdFeB 废渣中回收稀土的工艺，实际上与文献 [4] 的方法相似，其工艺流程如图 13-7 所示。

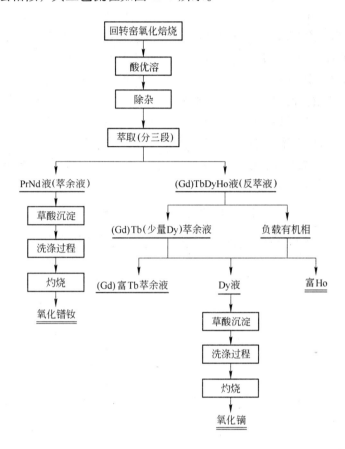

图 13-7　氧化焙烧—萃取法从 NdFeB 废料中回收稀土的工艺流程

A　工艺设备及操作

工艺所用设备为：回转窑为氧化焙烧设备，球磨机为破碎设备，$10m^3$ 反应锅，$60m^2$ 板框压滤机，萃取槽，储槽，离心机，灼烧炉等。

主要材料有：工业盐酸：$w(HCl) \geqslant 31\%$，碳铵（一级），草酸（工业级），液氨（工业级），P507 + 煤油。

从 NdFeB 工业废料（见表 13-9）中回收稀土的工艺流程由氧化焙烧、酸溶除杂、萃取分离、沉淀灼烧四部分组成（见图 13-7）。

表 13-9　NdFeB 废料组分含量　　　　　　　　（%）

组　分	Pr_6O_{11}	Nd_2O_3	Tb_4O_7	Dy_2O_3	Ho_2O_3
含　量	0.37	89.54	1.23	8.79	0.07

（1）氧化焙烧。氧化焙烧的目的是将稀土转化为氧化物，铁转化为 Fe_2O_3，以利于下一步的酸优溶。氧化焙烧是盐酸优溶工序的关键所在，如果条件控制好，则物料氧化充分，后续工序酸耗降低，稀土收率高。

（2）酸溶和除杂。酸分解过程中，严格控制分解工艺条件 pH 值及稀土浓度，让稀土优先溶解进入溶液，再对溶解液中少量杂质除杂处理后进入萃取储槽，注意控制残渣中 REO 质量分数小于 0.6%。

（3）萃取分离（分三段）。对除杂后澄清好的氯化稀土溶液进行三段萃取分离，可得 Pr、Nd、Dy 及富 Tb。由于 NdFeB 中往往含有少量 Gd 和 Ho，此分离工序适用此情况。在 P507-煤油-HCl-RECl$_3$ 体系中，控制好萃取相比、级数、洗涤条件，萃取一段使重稀土 Tb、Dy 及 Ho 进入有机相，而 Pr、Nd 留在水相，再用不同酸度的反萃液反萃得重稀土 Tb、Dy、Ho 液。Tb、Dy、Ho 液进入萃取二段得 Tb 等萃余液和负载有机相再入萃取三段，再得单一产品 Dy 液、富 Tb 和富 Ho，使稀土达到分离，此分离工艺适用性广。

（4）沉淀灼烧。按一定比例草酸沉淀得到草酸盐，再进入灼烧炉控制好温度（1000℃）即得到氧化物，获得氧化物质量组成见表 13-10。

表 13-10　稀土氧化物的质量组成

产　品	稀土氧化物	稀土纯度/%	非稀土杂质	含量/%
氧化镨钕	$Pr_6O_{11} + Nd_2O_3$	大于 99	Fe_2O_3	0.05
			SiO_2	0.05
			Al_2O_3	0.1
			CaO	0.05
			Cl^-	0.05
氧化镝	Dy_2O_3	大于 99	Fe_2O_3	0.1
			SiO_2	0.05
			Al_2O_3	0.05
			CaO	0.05
			Cl^-	0.05

（5）残渣再回收。当累积残渣较多后，可以酸洗调 pH 值得低浓度稀土溶液，用碳铵沉淀浓缩再次回收稀土，提高回收率。

B　结果

（1）氧化焙烧、酸溶、萃取法回收 NdFeB 废料中稀土的工艺，稀土回收率大于 95%。所得产品稀土纯度大于 99%，非稀土杂质符合国家要求。

（2）此工艺的关键是氧化焙烧的氧化率，所以应重点控制此步骤，该工艺得到了推广应用。

13.1.4　氧化焙烧—酸浸法

专利[7]提出了从钕铁硼废中回收稀土元素的方法，其工艺流程如图 13-8 所示。

其原理为：将钕铁硼废料与水混合后进行研磨，将研磨后的钕铁硼废料氧化，对氧化产物进行二次研磨，加酸浸出，固液分离，萃取除铁，氯化稀土，萃取分离稀土，萃取除

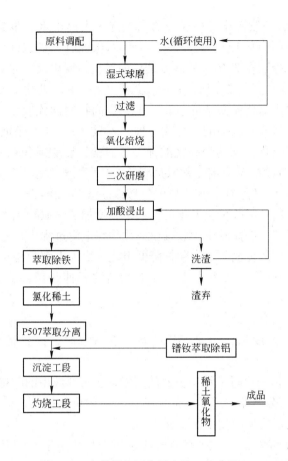

图 13-8　专利提出回收稀土的工艺流程

铝，沉淀和灼烧。应用该工艺进行稀土回收的有益效果在于：增加了 5% ~8% 的稀土回收率，且回收后的稀土使用价值得到提高，降低了进一步加工的生产成本；有效解决了单一稀土电解时熔盐的"泥状物"问题，提高了稀土金属在电解时的电解效率，并能有效降低电耗；降低了金属中的非稀土元素如 C、S、O 等的含量。

具体操作步骤为：

（1）将钕铁硼废料加水调配；

（2）将调配好的原料进行研磨，对经研磨形成的泥料过滤；

（3）将过滤后的泥料进行氧化焙烧；

（4）对氧化焙烧的产物进行二次研磨；

（5）对二次研磨的产物加酸浸出；

（6）对加酸浸出的产物进行固液分离，分离后的料液萃取除铁，形成氯化稀土；

（7）采用 P507-煤油-盐酸分离体系萃取分离氯化稀土；

（8）对分离后的氯化稀土中的氯化镨钕进行萃取除铝；

（9）对分离后的稀土溶液分别进行沉淀；

（10）对沉淀进行灼烧。

其中，步骤（1）中，钕铁硼废料和水的质量比优选为 2∶3，其正负误差不超过

10%。步骤（2）中，与钕铁硼废料混合的水优选为去离子水。步骤（3）中，优选控制形成的泥料的粒度范围为0.145～0.075mm（90～200目）。步骤（4）中，所述泥料经过过滤后的含水量优选控制在20%～30%。其目的是提高氧化设备的生产效率，并且提高物料的氧化效率，从而提高物料回收效率。步骤（5）中，氧化焙烧的温度范围优选为800～950℃。其目的是提高亚铁盐的氧化速度，提高物料回收效率。步骤（6）中，加入的酸优选为盐酸、硝酸和硫酸中的一种或几种。步骤（7）中，还向二次研磨得到的产物中加入氧化物，所述氧化物优选为高锰酸钾、氯酸钠、氯酸钾和双氧水中的一种或几种。步骤（8）中，采用环烷酸萃取剂先萃取铝离子；分离后对含铝溶液再加入草酸沉淀稀土，使稀土与铝分开。步骤（9）中，加入碳酸氢铵或碳酸钠以沉淀稀土。

上述从钕铁硼废料中回收稀土元素的方法中，增加了萃取除铝的工艺过程。其目的是去除回收料中的铝元素，从而减少回收稀土氧化物在电解过程中，由于所含铝元素在电解槽阴极附近聚集所带来的负面效应，包括降低电耗、增加电解效率、延长电解槽寿命、增加稀土金属产品的质量等，从而优化了稀土产品的延伸领域，提高了稀土金属产品的性能。

该专利的有益效果有：

（1）通过研磨的粒度和二次研磨使得物料在酸浸时提高了稀土的回收率，可增加5%～8%的回收率。

（2）将氯化稀土溶液经过萃取全分离的同时，也将料液中的非稀土元素Ca^{2+}、Mg^{2+}、B、Si、Mn、Na^+全部分离掉，这样不但使稀土的使用价值提高，而且降低了进一步加工的生产成本，也相当于更加纯化了稀土元素。

（3）工艺中的萃取除铝工艺，有效解决了单一稀土电解时熔盐的"泥状物"问题，提高了稀土金属在电解时的电解效率，并能有效降低电耗；降低了金属中的非稀土元素如C、S、O等的含量，优化品提高到95%以上，合格率达到100%。

13.1.5　酸溶—萃取—沉淀法

文献［8］提出了净化回收废NdFeB原料中钴和稀土的方法，实际上是酸溶—萃取—沉淀法（可参照13.1.1节），工艺中有酸溶—净化—萃取—沉淀—灼烧工序，如图13-9所示。

13.1.5.1　原理

根据废旧NdFeB的特征，对原料进行预处理之后，用盐酸溶解、浸出。经酸分解废旧NdFeB中的铁呈$FeCl_2$，加入一定量的氧化剂，使$FeCl_2$氧化为$FeCl_3$，Fe^{3+}在一定pH值范围内以$Fe(OH)_3$沉淀析出，达到与$RECl_2$和$CoCl_2$的分离。其反应式为：

$$6FeCl_2 + NdClO_3 + 6HCl \xlongequal{\quad} 6FeCl_3 + NdCl + 3H_2O$$

$$FeCl_3 + 3NH_3 + 3H_2O \xlongequal{\quad} Fe(OH)_3\downarrow + 3NH_4Cl$$

或

$$2Fe^{2+} + H_2O_2 + 2H_2O \xlongequal{\quad} 2FeO(OH)\downarrow + 4H^+$$

$$FeO(OH) + 3H^+ \xlongequal{\quad} Fe^{3+} + 2H_2O$$

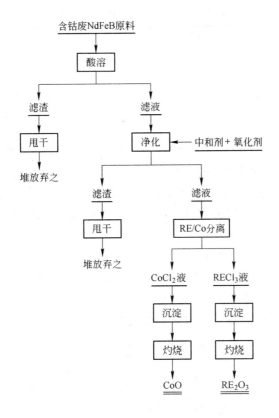

图 13-9　酸溶—萃取—沉淀法工艺流程

13.1.5.2　原料及设备

原料为废旧 Co-NdFeB，其主要成分的质量分数为：REO 24.28%、Fe 49.17%、Co 4.32%。试剂为：盐酸，氨水，次氯酸钠，碳酸钠，液碱，双氧水（均为工业级）。

主要仪器及设备有：6511 型电动搅拌机（上海标本模型厂）；YQ02-30 型 30L 旋片式真空抽滤泵（上海医疗器械厂）；1500W 电炉；平底烧杯 2~5L；温度计。

13.1.5.3　工艺条件及操作

采用含钴废 NdFeB 原料经盐酸分解后的 $RECl_3$ 溶液，其主要成分见表 13-11。

表 13-11　原料主要成分的分析结果

原料编号	酸度/mol·L⁻¹	RE³⁺浓度/g·L⁻¹	Fe 浓度/g·L⁻¹	Co 浓度/g·L⁻¹
21G-NdFeB-225	0.5	67.94	124.09	11.59

A　选用不同的中和剂净化除 Fe 的对比研究

目前生产上采用针铁矿沉淀除铁法，其氧化剂为 H_2O_2，中和剂为 $NH_3 \cdot H_2O$。净化工序中的氧化剂及中和剂选择是否合理，直接影响到下一步萃取工序的正常运行，为此要进行净化工序中和剂和氧化剂筛选研究，以确定经济合理的净化条件，净化时以 $NaClO_3$ 为氧化剂，选用不同中和剂进行净化除 Fe 的对比研究。

取原料 21G-NdFeB-225 做不同中和剂净化除 Fe 对比试验，其结果见表 13-12。

表 13-12　不同中和剂净化除 Fe 的对比

| 试　料 | | 中和剂 | | | NaClO₃ 加入量/g | 净化液 | | 除 Fe 率 /% |
体积 /mL	Fe 金属量 /g	名称	浓度 /mol·L⁻¹	加入量 /g		体积 /mL	Fe 浓度 /mol·L⁻¹	
500	62.05	$NH_3 \cdot H_2O$	7.0	48.5	24.82	955	6.82	>99.90
500	62.05	碱液	5.0	270.0	24.82	925	15.17	>99.90
500	62.05	Na_2CO_3	1.00	110.4	24.82	1700	0.59	>99.90

由表 13-12 可知，三种中和剂在氧化剂 $NaClO_3$ 一起净化时，除 Fe 率都大于 99.90%。在操作过程中，Na_2CO_3 按 1.0mol/L 浓度中和，有冒泡现象，须缓慢加入，否则净化液体积大，稀释了溶液中稀土和钴的浓度，对后一步 RE/Co 分离不利，故生产上不适合用 Na_2CO_3 作中和剂。

B　三种氧化剂和中和剂净化后对 REO 和 Co 收率的影响

从上述的结果确定出 $NaClO_3 + NH_3 \cdot H_2O$、$NaClO_3 + NaOH$ 除铁率高，操作方便。试验各取 500mL 分解液分别用 $NaClO_3 + NH_3 \cdot H_2O$、$NaClO_3 + NaOH$、$H_2O_2 + NH_3 \cdot H_2O$ 进行净化处理，其对 REO 和 CoO 收率的影响见表 13-13。

表 13-13　净化后 REO 和 CoO 的收率

| 试　料 | | | 氧化剂 + 中和剂 | 净化液 | | | REO 收率/% | CoO 收率/% |
体积/mL	REO/g	CoO/g		体积/mL	REO/g	CoO/g		
500	33.97	5.795	$NaClO_3 + NH_3 \cdot H_2O$ (7.0mol/L)	955	32.33	5.722	95.17	98.75
500	33.97	5.795	$NaClO_3 + NaOH$ (5.0mol/L)	925	30.92	5.143	91.02	88.75
500	33.97	5.795	$H_2O_2 + NH_3 \cdot H_2O$ (7.0mol/L)	875	32.31	5.722	95.11	98.75

由表 13-13 可知，采用 $NaClO_3 + NaOH$ 净化后的 REO 和 CoO 的收率较低，REO 收率比其他两种条件的低 4%，CoO 收率低 10%，故 $NaClO_3 + NaOH$（5.0mol/L）条件净化在生产上不宜采纳。

C　氧化剂 $NaClO_3$ 加入量对净化除 Fe 的影响

取试料 21G-NdFeB-225 500mL，氨水 7.0mol/L 作中和剂，进行 $NaClO_3$ 氧化剂加入量不等时的除 Fe 效果考查，结果参见表 13-14。

表 13-14　不同 $NaClO_3$ 加入量的净化情况比较

7.0mol/L $NH_3 \cdot H_2O$ 加入量/g	$NaClO_3$ 加入量/g	$m(Fe):m(NaClO_3)$	净化后液铁浓度 /mg·L⁻¹	除 Fe 率 /%·
44.90	18.6	1:0.30	2023	97.13
3.0	21.7	1:0.35	1490	97.72
1.2	24.8	1:0.40	6.82	>99.90
0.2	31.0	1:0.5	3.57	>99.90

由表 13-14 可知，为使净化后溶液中的铁浓度小于 $10mg/L$，其经济合理的条件是：铁和次氯酸钠的质量比为 $1:0.4$。

D $NaClO_3 + NH_3 \cdot H_2O$ 与 $H_2O_2 + NH_3 \cdot H_2O$ 两种净化条件单耗及成本比较

通过以上三步试验，筛选出既经济又合理的净化条件：$NaClO_3 + NH_3 \cdot H_2O$，铁和次氯酸钠的质量比为 $1:0.4$ 的比值。$H_2O_2 + NH_3 \cdot H_2O$ 净化在生产上已成熟运用，从表 13-13 及表 13-14 可知，除 Fe 率、REO 收率及 Co 收率与 $NaClO_3 + NH_3 \cdot H_2O$ 净化技术指标相近，对它们各自的单耗及成本情况进行比较，结果见表 13-15。

表 13-15   净化单耗及成本情况

名　称	单价/元·t^{-1}	$H_2O_2 + NH_3 \cdot H_2O$		$NaClO_3 + NH_3 \cdot H_2O$	
		单耗/kg·t^{-1}	金额/元	单耗/kg·t^{-1}	金额/元
H_2O_2	2100	2500	5250		
液　氨	2300	1100	2530	1450	3335
$NaClO_3$	3560			800	2848
总　计			7780		6183

注：因物价变化，金额仅供参考。

由表 13-15 可知，$NaClO_3 + NH_3 \cdot H_2O$ 净化成本比 $H_2O_2 + NH_3 \cdot H_2O$ 净化成本低 20.52%，有利于生产上使用。

13.1.5.4   结果

通过研究，对净化除铁的氧化剂、中和剂进行了筛选，除铁率大于 99.90%，REO 收率达到 95.0% 以上，CoO 收率达到 98.0% 以上，采用 $NaClO_3 + NH_3 \cdot H_2O$，成本比原生产净化工序中使用 $H_2O_2 + NH_3 \cdot H_2O$ 低 20%。

13.2   废镍氢电池回收稀土

从废镍氢电池中回收稀土，目前均采用化学沉淀法，其主要工序为浸出及沉淀，现对其研究结果分析如下。

13.2.1   工艺一

文献 [9] 提出了废镍氢电池负极中回收稀土的工艺，其工艺流程如图 13-10 所示。

图 13-10   从废弃镍氢电池负极板中回收稀土的工艺流程

13.2.1.1   原料

将废弃的 Ericsson-BKB193 型手机镍氢电池负极板缓慢加入王水中，完全溶解后过滤，测得滤液中 Ni、RE、Co、Mg、Mn、Ca、Fe 的质量分数分别为 60.9600%、29.9200%、6.8605%、0.0408%、0.0276%、0.0054%、0.0029%。

13.2.1.2　废弃镍氢电池负极板中稀土的分离原理

废弃镍氢电池负极板经稀硫酸浸出后，绝大多数轻稀土元素（La，Ce，Nd，Pr 等）的单体或氧化物被转化成易溶于水的 $RE_2(SO_4)_3$，加入碱金属硫酸盐后生成相应的稀土复盐沉淀。从实践考虑，用硫酸钠可选择性地得到稀土复盐，且不引入其他杂质，反应式为：

$$RE_2(SO_4)_3 + Na_2SO_4 + xH_2O \longrightarrow RE_2(SO_4)_3 \cdot Na_2SO_4 \cdot xH_2O$$

式中，x 为结晶水的数目，根据硫酸钠加入量的不同和其他沉淀条件的不同而有很大的差别，但得到的稀土总量一致，当无水硫酸钠加入量与溶液中 RE^{3+} 总量的摩尔浓度比小于 5 时，$x = 6$。

13.2.1.3　工艺操作

针对电池负极板中金属元素的组成，并从经济上考虑，用稀硫酸浸出废弃镍氢电池负极板中的 Ni、Co、RE，向浸出液中加入无水硫酸钠可得到稀土复盐沉淀，过滤之后的滤液中主要含有 Ni^{2+} 和 Co^{2+}。

称取 1.0g 废弃镍氢电池负极板，溶于 100mL 一定浓度的稀硫酸中，测定浸出液中稀土的浓度，以 1.0g 镍氢电池负极板在王水中溶解所得溶液中的 RE^{3+} 的浓度为初始浓度计算稀土浸出率，考察浸出过程中各因素对稀土浸出率的影响。量取 100mL 浸出液，加入无水硫酸钠后搅拌约 2min，静置 30min，将析出的稀土复盐沉淀过滤，测定滤液中的稀土含量，计算稀土回收率。用 XRD 仪分析稀土复盐。

13.2.1.4　结果

（1）用稀硫酸浸出废弃镍氢电池负极板中的稀土，通过研究确定的最佳浸出条件：稀硫酸浓度为 2.5mol/L；液固比为 10，浸出时间为 60min；搅拌转速为 800r/min。在此条件下，稀土浸出率为 92.50%。

（2）向稀硫酸浸出废弃镍氢电池负极板得到的浸出液中加入无水硫酸钠后，得到稀土复盐沉淀，通过正交实验确定的最佳沉淀条件：溶液 pH 值为 2.0，无水硫酸钠与浸出液中的 RE^{3+} 的摩尔浓度比为 4，反应温度为 60℃。在此条件下，稀土回收率为 94.6%。

（3）XRD 分析结果表明，所得稀土复盐为镧系稀土复盐，且纯度较高。

13.2.2　工艺二

文献［10，11］提出的工艺流程如图 13-11 所示。

使用的原料为镍氢电池的负极板，这种负极板是由负性活性物质储氢合金和作为电极载体的金属镍网以及少量添加剂等组成。多元合金材料主要有 $LaNi_5$ 系列、ZrNi 系列、MLNi 系列（ML 为混合稀土，其相应组成（%）为：La 44~51；Ce 3~5；Pr 9~11；Nd 25~41；Sm <0.5；Y <0.5）、$MmNi_5$ 系列（Mm

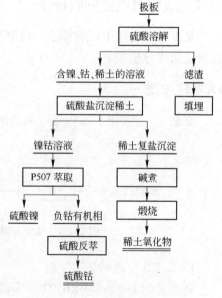

图 13-11　镍氢电池极板中镍、钴、稀土的回收利用流程图

也为混合稀土，其相应组成（%）为：La 30.4；Ce 49.9；Pr 4.7；Nd 14.9；Sm 0.1）及 Ti-Ni 系列[12]。使用的镍氢负极板多元合金材料是 MLNi 系列或 MmNi$_5$ 系列。负极板中还含有一定量的钴，添加了钴的储氢合金粉做成的负极，性能明显得到改善，使镍粒子导电性变得更好。负极材料中还加入了少量的有机黏结剂，使活性物质和添加剂黏结成型。其金属含量分析结果（%）为：Ni 57.02、Co 8.95、Mn 4.39、Al 1.48、混合稀土 27.44。

13.2.2.1 从废镍氢电池负极板中回收镍、钴、稀土的工艺路线

针对废镍氢电池负极板组成的特点并考虑经济上的原因，拟用 H_2SO_4 + 氧化剂溶解负极板并过滤，得到含有 Ni^{2+}、Co^{2+}、RE^{3+} 的硫酸盐溶液；往该溶液中加入无水硫酸钠可得到纯净的稀土复盐沉淀，过滤之后的滤液主要含有 Ni^{2+}、Co^{2+}；用溶剂萃取法分离 Ni^{2+}、Co^{2+} 萃余液可生产硫酸镍，负钴有机相可用 H_2SO_4 反萃，以硫酸盐形式回收钴。

13.2.2.2 无水 Na$_2$SO$_4$ 沉淀稀土的原理

稀土与其他金属元素的分离目前主要有溶剂萃取法和沉淀法。萃取法用的萃取剂主要有 2-乙基己基磷酸单（2-乙基己基）酯（P507）和二-(2-乙基己基）磷酸（P204）。沉淀法常用碳酸氢铵及硫酸盐沉淀稀土。考虑到极板料液的成分，萃取法及碳酸氢铵沉淀法均不能经济有效地使镍、钴与稀土分离。实践证明，只要选择合适条件，硫酸盐沉淀法可把 90% 以上的稀土沉淀下来，而镍、钴则留在滤液中，从而达到镍、钴与稀土分离的目的。故可选用无水硫酸钠沉淀稀土法来实现镍、钴与稀土的分离。

在硫酸稀土溶液中加入硫酸钠可形成硫酸复盐 $x\mathrm{RE}_2(\mathrm{SO}_4)_3 \cdot y\mathrm{Na}_2\mathrm{SO}_4 \cdot z\mathrm{H}_2\mathrm{O}$ 析出，其溶解度从 La 到 Lu 依次增大，且随温度升高而下降。La、Ce、Pr、Nd 硫酸复盐难溶于水。硫酸钠与稀土硫酸盐的反应如下：

$$x\mathrm{RE}_2(\mathrm{SO}_4)_3 + y\mathrm{Na}_2\mathrm{SO}_4 + z\mathrm{H}_2\mathrm{O} \longrightarrow x\mathrm{RE}_2(\mathrm{SO}_4)_3 \cdot y\mathrm{Na}_2(\mathrm{SO}_4) \cdot z\mathrm{H}_2\mathrm{O}$$

硫酸钠过量不多时，上式 $x:y=1:1$，一般 $z=1$ 或 2。为使稀土沉淀完全，硫酸钠用量为理论用量的 2~3 倍。

13.2.2.3 具体操作

称取 100g 镍氢电池负极板，按选定的最佳溶解条件溶解及过滤，滤液容积为 1000mL，测定溶液中镍、钴、稀土的含量。从中取 50mL 溶液于 200mL 烧杯中，加入一定数量的无水硫酸钠，沉淀，过滤。滤液容积为 250mL，测定滤液中镍、钴、稀土的含量，计算镍、钴收率及溶液中稀土的总量，依此来判断稀土的分离效果；稀土硫酸复盐滤渣烘干后，用一定浓度的 H_2SO_4 溶解，溶液容积为 500mL，测定镍、钴、稀土的含量，计算出 Ni^{2+}、Co^{2+} 在稀土中的质量分数，从而判断稀土纯度，评定沉淀出的稀土是否满足质量要求。

稀土复盐过滤分离后的滤液中稀土含量、稀土复盐中镍钴的质量分数及滤液中镍钴回收率是评定稀土沉淀效果的三个关键因素。

13.2.2.4 稀土沉淀的影响因素

A pH 值对沉淀稀土的影响

在镍氢电池负极板溶解液中，滴加硫酸溶液或氢氧化钠溶液,同时加入经过浓缩的溶解液,来保持溶液中镍、钴、稀土金属离子浓度不变,改变溶液 pH 值。取 50mL 调整 pH 值后的镍氢电池负极板溶解液于 200mL 烧杯中,于 60℃下加入 3g 无水 Na$_2$SO$_4$,进行沉淀和过滤,滤液容积为 250mL。考察溶液 pH 值对稀土沉淀效果的影响,结果如图 13-12 ~ 图 13-14 所示。

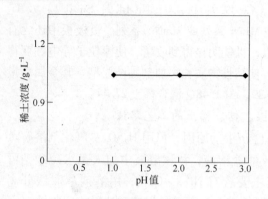

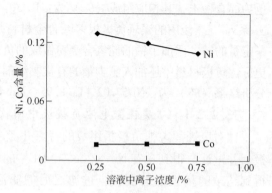

图 13-12　镍氢电池负极板溶解液 pH 值
对滤液中稀土浓度的影响

图 13-13　溶液离子浓度对镍、钴在稀土
中含量的影响

从图 13-12 可以看出，镍氢电池负极板溶解液 pH 值在 1～3 范围内时对滤液中稀土含量基本无影响。镍、钴在稀土中的质量分数很低，稀土纯度很高。镍、钴回收率虽然随 pH 值增高而略有下降，但均在 96% 以上。

B　在强酸性条件下氢离子浓度对沉淀稀土的影响

在镍氢电池负极板溶解液中，滴加硫酸溶液或氢氧化钠溶液，同时加入经过浓缩的溶解液，来保持溶液中镍、钴、稀土金属离子浓度不变，改变溶液氢离子浓度。取 50mL 已调整后的溶液，在 60℃下，加入 3g 无水 Na_2SO_4，进行

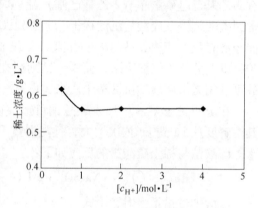

图 13-14　镍氢电池负极板溶液中氢离子
浓度对沉淀稀土效果的影响

沉淀和过滤，滤液容积为 250mL，考察溶液中氢离子浓度对镍、钴在稀土中含量，镍、钴的回收率及溶液离子浓度对溶液中稀土含量的影响，结果如图 13-15 ～图 13-17 所示。

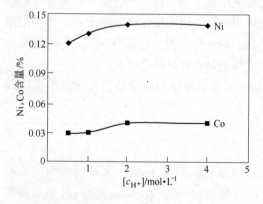

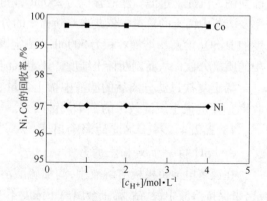

图 13-15　镍氢电池负极板溶解液中氢离子浓度
对镍、钴在稀土中含量的影响

图 13-16　镍氢电池负极板溶解液中氢离子浓度
对镍、钴回收率的影响

从图 13-15 ~ 图 13-17 可知，氢离子浓度在 0.25 ~ 1mol/L 之间时，滤液中稀土含量随氢离子浓度先升高而后下降，氢离子浓度再升高滤液中稀土含量不再下降；镍在稀土中含量低于 0.15%，钴在稀土中含量低于 0.06%，稀土纯度很高。镍、钴回收率不随氢离子浓度而变。为了减少硫酸用量，选择氢离子浓度为 1mol/L。

C　溶液离子浓度对稀土沉淀的影响

取 50mL 镍氢离子负极板溶解液，调节氢离子浓度为 1mol/L，以原溶液各离子浓度为 1 个单位浓度，加入水改变溶液浓度分别为原溶液浓度的 0.5、0.33，在 60℃ 下加入 3g 无水 Na₂SO₄，沉淀，过滤，滤液容积为 250mL，考察溶液浓度对沉淀稀土的影响，结果如图 13-18 ~ 图 13-20 所示。

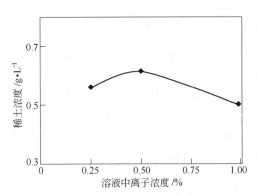

图 13-17　溶液离子浓度对滤液中稀土浓度的影响

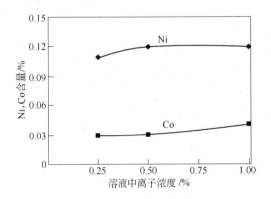

图 13-18　溶液离子浓度对镍、
钴在稀土中含量的影响

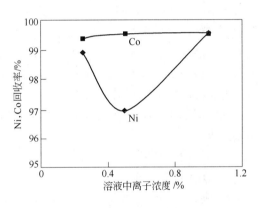

图 13-19　溶液离子浓度对镍、
钴回收率的影响

从图 13-18 ~ 图 13-20 可以看出，滤液中稀土含量在无水硫酸钠投加量为 3.5g 及 4.5g 时有最小值；镍、钴在稀土复盐中的含量随着无水硫酸钠投加量的增加而升高；镍，钴回收率在投加量为 3.5g 时最佳，所以最佳的无水 Na₂SO₄ 投加量是 3.5g，此时无水 Na₂SO₄ 的量约为理论量的 2.9 倍。

13.2.2.5　结果

（1）镍氢负极板溶解液经过滤后，采用无水 Na₂SO₄ 沉淀稀土可以达到镍钴与稀土基本分离的目的。该方法可把 92% 以上的稀土沉淀下来，从而达到镍钴与稀土基本分离。该

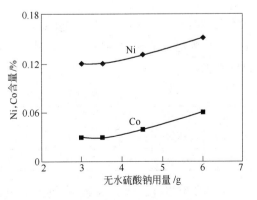

图 13-20　无水硫酸钠用量对稀土
复盐中镍、钴含量的影响

方法简单、易行，既可以分离出大部分的稀土，保证稀土的纯度，又保持镍、钴的高回收率，比较好地减轻下一步萃取分离的压力。

（2）影响无水 Na_2SO_4 沉淀稀土的主要因素有溶液酸度、溶液离子浓度、无水 Na_2SO_4 投加量。得到最佳值为：酸度 1mol/L，溶液的稀土、镍、钴总含量大约为 55～60g/L（由 100g 极板溶解在 1000mL 溶液中制得）。无水 Na_2SO_4 投加量为理论量的 2.9 倍。

（3）采用该工艺回收镍氢电池负极板中的稀土后可进一步分离回收镍、钴，既有利于防止对环境的污染，又能带来经济效益。整个工艺经济、合理、操作、可行。现已运用于生产实践，并取得了良好的经济效益。

13.2.3　工艺三

文献［13］提出了利用化学沉淀法回收废旧氢-镍电池中的稀土。

他们认为 Zhang Pingwei 的稀土元素萃取分离提纯方法虽然能使电极中 98% 以上的稀土元素得以回收，但是萃取时的 pH 值和萃取及反萃取时的油液比需要严格控制，工艺复杂[14]，而 L. Pietrellietal 所用的稀土元素回收方法所得产品中杂质元素含量大[15]，Wang Rong 所用的稀土元素回收方法虽然较 Zhang Pingwei 相比要少，但是后续熔炼时需在氩气保护下进行，需采用化学酸洗除去产品中少量掺杂的氧化物，且稀土元素在处理过程中损耗大，产品的回收率不高[16]，综上所述，为了实现废旧氢-镍电池中稀土元素的有效回收，根据镧、铈、镨、钕元素三价化合物在水溶液中的特性，研究了化学沉淀法从废旧氢-镍电池电极浸出液中回收稀土元素。

化学沉淀法从废旧氢-镍电池电极浸出液中回收稀土元素，由浸出、分离提纯等主要步骤组成。

13.2.3.1　浸出

氢-镍电池中的钴、镍及稀土元素的化学活性各不相同，不论是在碱性或是酸性溶液中稀土标准电极电势均比钴、镍的标准电极电势低。通过火焰原子吸收分光光度法（AAS）对三种废旧氢-镍电池电极及其混合物中的钴、镍元素含量定量分析的结果见表 13-16。由表 13-16 可见钴在电极中的含量很少，且钴大多以氢氧化物形态存在；镍在电极中除以氢氧化物存在外，还以金属形态存在，所以电极材料中钴元素应较镍元素优先浸出，根据水桶效益，如果电极中镍元素在溶液中的浸出率高，则其他电极物质均以溶解浸出，在 C. ANogueira 和 F. Margarido 的研究中也证实了这一点[17]，因此以镍元素的浸出率作为电池电极材料的浸出效果指标，来衡量不同条件下废旧氢-镍电池电极材料的浸出率。

表 13-16　电极中钴、镍含量 AAS 分析结果　　　　　　（%）

元素	1 号正	2 号正	3 号正	1 号负	2 号负	3 号负	1 号混合	2 号混合	3 号混合
Co	4.74	5.30	4.75	7.56	7.28	7.22	5.54	5.71	6.29
Ni	55.06	54.48	55.84	35.89	35.54	34.04	45.86	44.38	44.97

前期研究发现，废旧氢-镍电池正负极材料混合处理比正负极材料分开处理时的镍、钴和稀土元素的浸出率高，并且研究表明废旧氢-镍电池中镍元素的最佳浸出条件为：混合电极在固液比为 1:100 时，与 6mol/L 的盐酸溶液在 95℃ 的恒温振荡器中浸溶 6h，可使

电极中95%的镍元素浸出。

13.2.3.2 分离提纯

A 沉淀剂的选择

镧系金属在水溶液中容易形成+3价离子，其还原能力仅次于碱金属和碱土金属。在废旧氢-镍电池电极浸出液中，稀土元素均以+3价离子形态存在，且研究发现电极浸出液中稀土元素离子的总浓度约为0.005mol/L，由于电极中掺杂的铝、铁等金属元素，可能在弱酸性条件下以氢氧化物的形式析出，影响分离产物稀土氢氧化物的纯度，因此不采用调节pH值方法实现稀土元素与溶液中镍、钴的有效分离提纯。氟化镧不溶于水，且不溶于酸，稳定性好，即使在含3mol/L HNO_3的La^{3+}溶液中加氢氟酸或F^-，得到的沉淀仍是LaF_3沉淀，但是氟化物的毒性大，因此不选用氟化物（可溶性氟盐）作稀土元素沉淀剂。稀土硫酸盐与碱金属硫酸盐反应分别生成稀土硫酸复盐，林才顺、Junmin Nan及L. Pietrelli等研究者都采用硫酸复盐的形式回收废旧氢-镍电池中的稀土元素[15,18,19]，硫酸盐的投加量是此法的难点之一，且由于碱土金属元素的引入使得所回收的稀土元素纯度受到影响，因此不采用此法回收稀土元素。另外，铈组硝酸盐能与碱金属、铵、镁、锌、镍、锰的硝酸盐形成复盐，这些复盐溶解度都很小，且随稀土离子半径的减小而增大，对于AB_5型氢-镍电池，用硝酸作为浸取剂时由于电极中含有钾、镍、锰等离子，大量稀土元素会与这些离子在NO_3^-溶液介质中生成相应的稀土硝酸复盐沉淀，故也不采用硝酸复盐沉淀法回收废旧氢-镍电池中的稀土元素。

由于镧系元素（Ln）和草酸反应生成既难溶于水，又难溶于酸的$Ln_2(C_2O_4)_3 \cdot nH_2O$型草酸盐，在稀土硝酸盐或氯化物溶液中加入6mol/L硝酸和草酸溶液，也可得到草酸盐沉淀，利用稀土草酸盐的耐酸性，可以使镧系元素离子以草酸盐的形式分离析出而同其他许多金属离子分离，此法可避免其他杂质金属离子的引入。

B 沉淀条件的选择

在沉淀体系中晶体的成核与生长是两个相互竞争的过程，沉淀体系越有利于晶体生长和聚结，则所得晶体颗粒越大，反之则所得晶体颗粒越小。吴君毅研究发现[20]，在反应料液初始浓度不变的情况下，搅拌速率对草酸铈与草酸盐反应30min后沉淀产物的平均粒度就基本保持不变。赵小山对稀土草酸盐的溶解度与粒度的控制研究发现[21]，稀土草酸盐在溶液中的溶解度越大，粒度越大，反之则小；另外沉淀方式、溶液的酸度及温度对晶体粒度大小也有影响：加料方式不同，生成反应驱动力也不同，并且采用正沉淀方式所得稀土草酸盐的粒度均小于反沉和共沉；当溶液中酸度增加，各稀土草酸盐在溶液中的溶解度增大，草酸盐在溶液中的过饱和度变小，晶体成核速度减慢，所得溶液晶体粒度变大；随着温度的升高，稀土草酸盐在溶液中的溶解度也随之增大，晶体成核速率逐渐减小，晶体粒度变大。

综上所述可知，稀土草酸盐在溶液中的生成粒度受加料方式（沉淀方式）、搅拌强度、温度、浓度及酸度等因素的影响，为获得小颗粒稀土草酸盐主要采用在室温下以电极浸出液为母液，在磁力搅拌条件下，用饱和草酸溶液正沉淀浸出液中的稀土离子Ln^{3+}。结合文献 [20] 研究发现，搅拌速率对稀土草酸盐颗粒粒度影响不大，故对稀土草酸盐沉淀时的搅拌速率不予考虑。由于电极板料浸出液中含有镍、钴等其他金属离子，为实现稀土元素的回收提纯，溶液的pH值需要控制在酸性范围内。

C 浸出液中稀土元素分离提纯

a pH 值对稀土草酸盐沉淀的影响

在室温下以草酸与溶液中 RE^{3+} 总量的投加比为 3:1，向一定量的浸出液中加入草酸，调节溶液的 pH 值，搅拌后经陈化得到稀土草酸盐，用抽滤装置将沉淀抽滤、洗涤，然后用三溴偶氮胂分光光度法测滤液中稀土离子吸光度，换算得到滤液中稀土离子的浓度，结合硫酸浸出液中所测的稀土离子含量，采用下式计算稀土离子回收率：

$$\eta_{RE} = \left(1 - \frac{c_{RE} \cdot V_x}{0.2c_0}\right) \times 100\%$$

式中，η_{RE} 为稀土元素回收率，% ；c_{RE} 为滤液中稀土离子的浓度，mg/L；V_x 为滤液体积，L；c_0 为酸浸出液中稀土离子的浓度，mg/L。

采用丁二酮肟分光光度法测定滤液中镍离子吸光度，换算得到滤液中镍离子浓度，结合浸出液中镍离子浓度，采用下式计算镍回收率，研究所得稀土离子及镍离子回收率列入表 13-17。

$$\eta_{Ni} = \left(1 - \frac{c_{Ni} \cdot V_x}{0.2c_0}\right) \times 100\%$$

式中，η_{Ni} 为镍元素回收率，% ；c_{Ni} 为滤液中 Ni^{2+} 的浓度，mg/L；V_x 为滤液体积，L；c_0 为酸浸出液中稀土离子的浓度，mg/L。

表 13-17 不同 pH 值下的回收率 （%）

项 目	pH 值				
	0	1.0	2.0	3.0	4.0
RE^{3+} 回收率	48.06	74.67	76.15	79.53	82.78
镍回收率	99.35	96.15	90.11	85.90	72.74

由表 13-17 可见，增大溶液 pH 值有利于稀土离子以草酸盐形式沉淀，但是随着溶液 pH 值的增加，稀土离子在形成沉淀的同时吸附了镍等金属离子，造成了镍回收率的降低，综上所述，以草酸沉淀稀土离子时，溶液 pH 值控制在 0~1 时，稀土离子与镍离子分离效果较好。

b 草酸投加量对稀土草酸盐沉淀的影响

在室温下向一定量浸出液中加入草酸，调节溶液的 pH = 0.5，搅拌后经陈化得到稀土草酸盐，按上述方法测试并计算出稀土离子和镍离子回收率，结果见表 13-18。

表 13-18 不同投加比下的回收率

投加比	1:1	2:1	3:1	4:1	5:1
RE^{3+} 回收率/%	23.65	49.23	67.88	92.87	98.53
镍回收率/%	99.87	97.15	96.05	93.23	87.34

由表 13-18 可见，随着草酸投加量的增加，稀土离子回收率急剧增大，镍回收率逐渐降低，这是因为过量的草酸生成沉淀的同时吸附了镍等其他金属离子，造成杂质离子渣形成，使得溶液中的部分镍也随之沉淀，镍回收率减少。

c　草酸沉淀稀土离子最佳条件

随着溶液 pH 值和草酸投加量的增大，稀土离子回收率显著增加，同时生成的稀土草酸沉淀吸附了更多的镍等金属离子，导致了镍离子回收率的降低，稀土离子回收率和镍离子回收率变化趋势相反。综合考虑稀土离子与镍离子回收率及分离效果，在以草酸为沉淀剂从浸出液中回收稀土离子时的最佳反应条件为：室温下 pH = 0.5，草酸与溶液中 RE^{3+} 总量的投加比为 4：1。在此条件下反应，RE^{3+} 回收率为 92.87%，镍的回收率为 93.23%，稀土离子沉淀得比较完全，且与镍离子的分离较彻底，生成的稀土草酸盐中可能掺杂少量共沉淀的镍、钴等离子。溶液中 CO^{2+} 与氨很易生成配离子 $[Co(NH_3)_6]^{2+}$，$[Co(NH_3)_6]^{2+}$ 在空气中很易被氧化成 $[Co(NH_3)_6]^{3+}$。Ni^{2+} 也可与大量的氨水形成 $[Ni(NH_3)_6]^{2+}$ 配离子，$[Ni(NH_3)_6]^{2+}$ 很稳定，因此可用氨水洗涤所得草酸稀土盐以除去少量共沉淀的镍、钴离子，然后用蒸馏水清洗即得到草酸稀土盐。图 13-21 所示为所得草酸稀土盐用氨水洗涤后产品的 X 射线衍射分析结果，与图 13-22 中标准图谱对比分析可知，在控制溶液 pH = 0.5 时稀土草酸盐为草酸铈、草酸镧与少量氯化铈的水合物，并观察到所得产品颗粒形状有规则，呈分散片状。

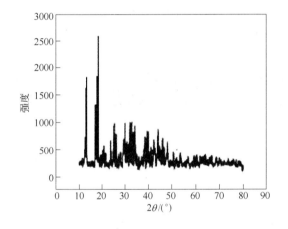

图 13-21　氨水洗涤后稀土草酸盐的 XRD 图　　　　图 13-22　稀土草酸盐标准图谱

13.2.3.3　结果

（1）采用化学沉淀法以饱和草酸溶液为沉淀剂，在室温控制溶液 pH = 0.5，草酸与溶液中 RE^{3+} 总量的投加比为 4：1 的条件下，正沉淀废旧氢-镍电池电极材料浸出液中的 Ce^{3+}、La^{3+}、Pr^{3+}、Nd^{3+} 等稀土离子，使电极浸出液中的稀土元素以稀土草酸盐的形式与浸出液中其他金属元素分离，稀土元素的回收率为 92.87%，此时镍的回收率为 93.23%。

（2）通过对稀土草酸盐的 XRD 分析发现，所得产品以铈、镧草酸盐的水合物为主，其中有少量氯化铈掺杂。所得产品颗粒粒度小，结晶形态好，呈有规则的四方片状。

13.3　失效抛光粉的再生与回收稀土

稀土抛光粉因其具有独特的物理和化学性质，被广泛应用于光学光电玻璃、饰品、建材、模具及精密仪器的精磨。近几年，我国稀土抛光粉的消耗量每年以 30% 的速度在增长，2008 年我国生产稀土抛光粉 10000 多吨（实物量）。2008 年国家对稀土矿产品和冶炼分离产品生产实行指令性计划，矿产品产量限定为 12.45 万吨（以 REO 计）。生产稀土抛光粉实际消耗稀土大约为 9000t（以 REO 计），占指令性计划的 7.2%。随着稀土抛光粉应用量的增加，形成的稀土抛光粉固体废粉也在不断增加。

稀土抛光粉在使用过程中要接触其他的材料，如玻璃、石材、金属材料等，形成的固体废粉作为垃圾进行堆放，没有进行有效地管理及利用。为了更有效地利用稀土抛光粉废粉，许涛等人在研究它的资源可利用特性的基础上，以国内使用过的失效抛光粉为对象，提出了回收稀土的可能性[22]。

目前稀土抛光粉废粉的再利用仅限于实验室研究阶段，郭会超等人采用废弃的稀土抛光粉制成除磷吸附材料，有效地去除了污水中的磷酸根[23]。Kazuhiro Kato 等人采用低浓度碱性溶液洗涤稀土抛光粉废粉，使其再利用[24]。田汝梅发明了失效抛光粉的再生专利，采用加入一定量的碱液或水溶性氟化物进行化学处理，使抛光粉再具备抛光性能[25]。稀土抛光粉废粉中含有至少 80% 的稀土（以 REO 计），其中主要是 CeO_2，其余为 La_2O_3、Pr_6O_{11}。这些轻稀土被广泛应用于催化、颜料、玻璃添加剂、储氢材料、研磨材料及有色合金中。工业制备这些轻稀土的原料来源于稀土矿石，稀土原矿是含有多种矿物成分的矿种，含有稀土的量约为万分之几至百分之几，制备轻稀土的工艺包括：选矿富集得到稀土精矿、湿法冶炼焙烧或碱转化、萃取分离、灼烧等过程。从白云鄂博矿中提取轻稀土的工艺流程如图 13-23 所示。稀土抛光粉废粉中含有的化学成分较矿石简单，其稀土含量达到了每年指令性计划的 12%，所以是提取轻稀土很好的原料，它不需要经过焙烧转化，前处理较为简单，其工艺流程如图 13-24 所示。

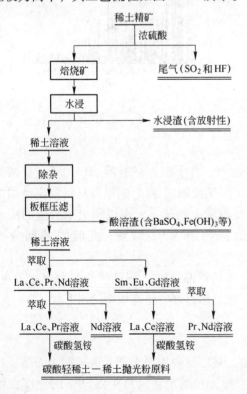

图 13-23　白云鄂博稀土矿生产稀土化合物工艺流程

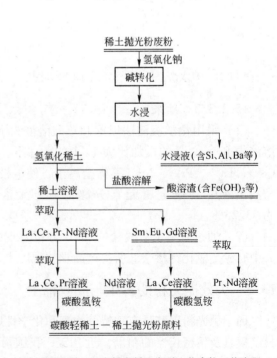

图 13-24　稀土抛光粉废粉生产稀土化合物工艺流程

文献［25］发明的专利基本技术方案中主要包含以下步骤：

（1）使失效稀土抛光粉浆液中含有一定浓度的水溶性碱和/或水溶性氟化物的化学试剂进行化学处理，经过一定时间的加热搅拌，然后通过沉降、清洗和过滤后回收固体。

（2）将回收的固体进一步热处理后冷却到室温。

在步骤1所述的化学处理之前，还可以将失效抛光粉的浆液以50～400目（0.300～0.038mm）过筛以除去大颗粒异物及油污。或者在步骤2后对处理后的固体加以球磨并过筛，以除去大颗粒异物。

对失效稀土抛光粉浆液中加入的化学品可以是以下的一种或几种，或者是它们的水溶液：碱金属、碱土金属的氟化物、氢氧化物、水合氢氧化物、碳酸盐、碳酸氢盐、醋酸盐、NH_4F、NH_4HF_2 及其水合物、碳酸铵、氨水等，最好是碱金属或碱土金属的氟化物或氢氧化物，也可以是水溶性的碳酸盐、碳酸氢盐、醋酸盐等。碱离子浓度一般在0.5mol/L以上，最好为0.5～3mol/L。

失效稀土抛光粉浆液中单独加入的水溶性氟化物可以为：氟化钠、氟化钾、NH_4HF_2，也可以为相应氟化物的水溶液。其最终混合物中氟离子浓度一般在0.1mol/L以上，最好为0.5～3mol/L。

失效稀土抛光粉浆液中在加入碱溶液或碱性盐溶液同时，也可以加入一些水溶性氟化物，所加氟离子浓度最好为0.05～1mol/L，以提高溶解和清洗效果。也可以加入其他可以产生氟阴离子的氟化物。

在对失效稀土抛光粉浆液进行化学处理时，可以在室温到相应水溶液的回流温度（常压），最好在回流条件下进行，一般以常规的搅拌装置至少搅拌5h以上，最好在10～50h，以充分溶解玻璃细粉，清洗稀土氧化物表面。在停止加热搅拌并静置后，弃掉上层溶液及悬浮在其中的微粒。

在进行步骤1中所述的清洗工序中，可以清水反复清洗所得的固体，至清洗后的水呈中性或微碱性。在进行步骤2中所述的热处理时，可以将得到的固体经初步干燥后，再在较高温度下焙烧。初步干燥可以在室温，也可以略微加热以缩短时间，一般不超过200℃，时间一般可在1～10h或更长。焙烧通常可在400～1100℃左右进行，最好在800℃左右，一般1～24h即可。在温度较低的情况下更长时间的焙烧，虽然通常不必要，但也非不可。

该发明的核心在于利用硅酸盐、硼酸盐和硅铝酸盐等玻璃的主要成分可溶于含氟离子的碱性水溶液这一特性，选择性地将稀土抛光粉表面和混在稀土抛光粉中的玻璃成分溶解。而稀土氧化物本身不溶于碱性水溶液，也不溶于中性的含氟离子溶液。氟离子可起到破坏硅酸盐表面晶格的作用，因此少量氟离子留在稀土抛光粉中，将有助于进一步提高玻璃器件的研磨效果。通过热碱水的洗涤和后续的高温处理，可基本除去夹杂在稀土抛光粉中的有机杂质。

在稀土抛光粉的反复使用过程中，可能会有一些大颗粒的异物混入，有时还会带入一些油脂等有机物质。在这种情况，可通过过筛将混入回收浆液中的大颗粒异物筛出，以保证不损伤被研磨的玻璃表面。筛子孔径可根据需要选择为0.300～0.038mm（50～400目）。如确定回收的废料中不含颗粒异物和油脂，也可省去此步骤。也可以在球磨后，通过过筛将大颗粒异物除去。

在上述抛光粉浆体中加入水溶性的氟化物，如氟化钠、氟化钾、NH_4HF_2等；或加入上述氟化物的水溶液。随后加热搅拌，以溶解夹杂的硅酸盐、硼酸盐和硅铝盐等玻璃的主要成分，清洗稀土氧化物表面。可使用的氟化物可以不局限于上述 3 种，事实上任何在澄清的水溶液中能产生足够氟阴离子的氟化物均可使用。从经济实用角度，在浆体中的氟离子浓度最好在 0.5 ~ 3mol/L 之间。其他浓度的氟离子也会有相应的作用，通常超过 0.1mol/L 就应有可观测到的溶解效果，浓度越高，溶解越快，所需时间便相应较短。

在浆体中加入碱液也可达到类似作用。特别是在加入碱液的同时加入少量的氟离子可增强溶解和清洗效果。一般来说，水溶性的碱都可以具有一定的效果，但最好是用碱金属或碱土金属的氢氧化物及其水溶性的碳酸盐、碳酸氢盐、醋酸盐等，如：氢氧化钠、氢氧化钾、碳酸氢钠、碳酸钠。使用一些其他的水溶性碱或水溶性呈碱性的盐类，如碳酸铵也可以达到一定的效果。若单独使用碱溶液或水溶液呈碱性的盐类，一般需要较高浓度。通常在 2mol/L 以上，并需要加热，才有明显的溶解和清洗效果。若在碱液中，加入少量水溶性氟离子，可增强溶解清洗玻璃杂质的效果。作为辅助成分，少量氟离子即可，从实用角度一般最好在 0.5 ~ 1mol/L 间选择，但不排斥其他浓度氟离子的应用。

原则上，任何浓度的含有氟离子的碱液，在一定程度上都可以起到溶解玻璃细粉和清洗稀土氧化物表面的作用，一般在氟离子浓度为 0.1mol/L 以上便有较易观察到的溶解效果。从实用角度，最好在 0.5 ~ 3mol/L 间选择。无论使用氟化物、碱溶液或二者的混合物，其使用量与抛光粉中的硅酸盐相比通常是过量的。

化学处理的时间和温度将取决于浆体中玻璃杂质的含量和粒度，以及对再生产品的纯度要求。温度越高，玻璃杂质的溶解越快，因而一般最好采用常压下相应的回流温度。液体中所溶解的碱或盐的浓度对回流温度会有一定影响，通常略高于 100℃。玻璃含量越高，颗粒越大，所需的时间越长。一般在回流条件下，反应 5h 以上，就有较显著效果；反应最好在 10 ~ 50h，更长的反应时间一般对结果并无害处，但对能源是浪费。

经过一定时间的反应后，停止加热和搅拌，并使混合的浆液静置，除去上层浆液。一般来说，静置时间的长短取决于被处理物的颗粒大小，颗粒越细，静置时间越长，如此反复几次后，即使有少量尚未完全溶解的硅酸盐、硅铝酸盐的微粉，由于其密度远小于稀土抛光粉，沉降较慢，可以从上层浆液中进一步除去。此外，一些过细的稀土抛光粉粉末也会在上层浆液中被除去，进而进一步提高了剩余稀土氧化物的研磨能力。

可使用通常的离心过滤、真空过滤或常压过滤方法及装置，将沉降在底层的浆体过滤。过滤得到的固体经初步干燥除去水分后，在较高温度下焙烧。在一定限度内，温度越高，粉体硬度越高，抛光强度越大。通过焙烧不仅可以除去残留的有机物，还可以使抛光强度大幅提高。所得到的粉末可以根据应用的粒度要求，进一步研磨过筛，以得到所需要的粉体粒度。

使用这种方法回收的失效稀土氧化物抛光粉，其中大部分玻璃细粉和其他杂质可被除去，其物理化学特性得以改善，抛光强度提高，抛光粉回收率通常可达 70% ~ 80%，抛蚀量一般可接近或达到 50 以上，可以继续用于玻璃制品的抛光。这样不仅可以大量节约稀土资源，而且有效地解决了因失效稀土抛光粉引起的环境污染问题。

13.4 废 FCC 催化剂回收稀土

FCC（fluid catalytic cracking）催化剂在现代石油炼制工业中占有重要的地位，主要用于催化裂化方面。目前，含分子筛的 FCC 催化剂在催化裂化装置中已得到普遍使用。该类催化剂具有活性高、选择性好、稳定性高以及抗中毒能力强等特点。在 FCC 催化剂中，大量应用了含稀土的分子筛，稀土分子筛催化剂具有高的活性、良好的热和水热稳定性以及较好的再生性能。但稀土型沸石催化剂在使用长时间以后，由于种种原因催化活性降低，需要卸出部分废剂，这在一定程度上造成资源的浪费。另外，随着稀土元素在各科学领域中的应用日益增加，稀土元素的需求量也日益增加，但世界稀土储量是有限的[26]，有效、合理地利用稀土资源是目前急需解决的问题。在废 FCC 催化剂中，稀土含量约 2%，废 FCC 催化剂中含有如此高的稀土，且其存在状态比较简单（以离子形式或氧化物状态），因此具有较高的回收价值。

废 FCC 催化剂作为有毒固体废弃物，需要进行无害化处理，将其变废为宝，综合利用。在对废 FCC 的利用上，国内外开展了很多的研究。Meena Marafi，Antony Stanislaus 研究利用废催化剂来制备一种新的、活性高、用在油品加氢精制方面的吸附剂[27]；Emilio Zoroza 等人进行了硅酸盐水泥的加速碳化实验，研究中部分采用了废 FCC 催化剂，取得了不错的结果[28]。国内对废 FCC 催化剂的研究也有很多，台湾 Kao Yuan 大学化学和生物工程学院研究将废催化剂通过高温分解反应来分解聚烯烃废料以获得石蜡[29]。石油化工科学研究院的 Lu Yong 等人研究了应用废弃的 FCC 催化剂/添加剂对 n-丁烯进行浓缩，从而可以得到更多有利价值的丙烯、异丁烯、异丁烷及汽油[30]。张继光研究了从分子筛制造过程的滤液中用萃取法回收稀土的工艺，具有回收率较高、污染少、生产成本低的特点[31]。

目前针对各种废料中稀土的回收研究较多[32~34]，但国内针对废 FCC 催化剂中稀土元素的回收工艺尚未开展。苑志伟等人针对大量废 FCC 催化剂，开发了废 FCC 催化剂稀土回收的工艺技术流程，首先用盐酸从废 FCC 催化剂粉末中浸取稀土，并考察了盐酸浓度、温度、时间对稀土浸出的影响；然后采用 P507 将浸出液中的稀土和非稀土元素进一步分离[35~37]，使稀土得到较好的回收，其中重点考察萃取剂浓度、浸出液 pH 值、相比及反萃取酸度等对萃取稀土的影响[38]。特将文献［38］的研究工作介绍于下。

13.4.1　稀土的浸出

13.4.1.1　浸出酸浓度对稀土浸出的影响

盐酸的浓度影响稀土的浸出，浓度高有利于稀土浸出，但盐酸含量较多时不利于操作，且浪费盐酸，增加稀土浸出液后处理的难度。因此必须选择一个合理的盐酸浓度。在温度 60℃、浸取时间 6h、搅拌速率 300r/min 的条件下，盐酸体积分数对稀土浸出量的影响如图 13-25 所示。从图 13-25 可以看出，2 号和 3 号样品浸出稀土离子的浓度较高，但 2 号和 3 号样品浸出的母液中非金属离子的含量也相对增加，1 号样品浸出的稀土离子含量虽然有所减少，但杂质离子总的含量降低较多，因此选用废分子筛催化剂粉末在盐酸体积分数为

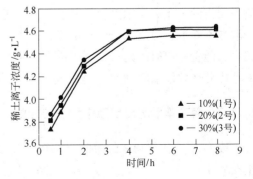

图 13-25　盐酸体积分数对稀土浸出的影响

10%的溶液中浸出。并且在实验中发现2号和3号浸出溶液的颜色呈黄绿色，在加入NaOH溶液以后，溶液颜色变为无色澄清溶液，原因可能是在制备2号和3号样品中采用的盐酸量过多，在稀土离子浸出以后，还有一部分盐酸存在于溶液当中，而盐酸在有杂质离子存在时，呈现出一定的颜色。

13.4.1.2 浸取温度对稀土浸出的影响

将样品在盐酸体积分数为10%、浸取时间为6h、搅拌速率为300r/min的条件下进行浸取试验，不同浸取温度对稀土浸出的影响如图13-26所示。

由图13-26可见，随着温度的升高，浸出的稀土离子浓度增加，原因是浸出过程是一个典型的液固渗透反应，往往是一个内扩散控制过程，因此，温度升高有利于浸取剂向固体内部扩散，加快浸取速度，提高浸取率。废FCC催化剂中稀土离子（如Ce^{3+}、La^{3+}）的扩散过程与温度关系很大。随着温度的升高，离子的活性增强，离子从分子筛晶穴中进入溶液中的几率增加。虽然浸出温度升高，稀土离子浸出量增加，但温度达到60℃后，随着温度的进一步升高，浸出稀土量变化不大。考虑到溶剂挥发损失、工业生产操作控制的难度及能耗等因素，选取浸取温度为60℃较合适。

13.4.1.3 浸取时间对稀土浸出的影响

在盐酸体积分数为10%、浸出温度为60℃、搅拌速率为300r/min的条件下，不同浸取时间对稀土浸出的影响如图13-27所示。

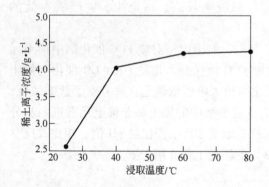

图13-26 浸取温度对稀土浸出的影响

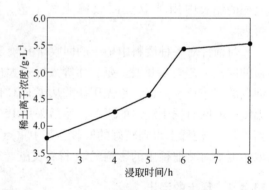

图13-27 浸取时间对稀土浸出的影响

从图13-27可以看出，随着浸出时间的延长，浸出的稀土离子浓度增加，并且在开始阶段浸出的稀土离子浓度上升较快，随后趋于稳定。原因是浸取初始阶段酸的含量较高，浸取酸不断地扩散进入分子筛的晶穴之中，将其中所含的稀土离子和部分非稀土元素浸取出来，随着浸取时间延长，浸出的元素量趋于平衡，使得浸出液中稀土含量的增加趋于缓慢。因此选取浸取时间为6h较合适，此时稀土浸出率达到93.62%。

13.4.2 溶剂萃取对浸出液中稀土的分离

废FCC催化剂粉末经过酸浸后得到的浸出液中主要含La^{3+}、Ce^{4+}等稀土元素，非稀土杂质主要有Al^{3+}、Ca^{2+}、Fe^{3+}、Na^+等，还含有Mn、Co、Cr、Cu、Mg、Na、Ni、Ti、V等微量元素，浸出液中各离子浓度分析结果见表13-19。

表 13-19　浸出液中各离子浓度分析结果

元　素	La^{3+}	Ce^{4+}	Al^{3+}	Ca^{2+}	Fe^{3+}	Na^{+}
离子浓度/g·L^{-1}	3.55	5.46	33.1	2.49	0.82	0.19

13.4.2.1　P507 从盐酸介质中分离稀土效果

在温度为 25℃、浸出液中稀土离子浓度为 9.01g/L、稀氨水调节浸出液 pH 值为 2.0、萃取相比为 2∶1 的条件下，用体积分数为 70% 的 P507 和煤油混合成的有机相对浸取液进行萃取，振荡 5min 后，稀土和其他元素的分配比 D 和萃取率 E 见表 13-20。

表 13-20　P507 从盐酸介质中萃取稀土元素效果

元　素	La^{3+}	Ce^{4+}	Al^{3+}	Ca^{2+}	Fe^{3+}	Na^{+}
D	5.63	20.05	0.24	0.17	0.74	0.15
$E/\%$	84.92	95.25	19.34	14.86	42.67	13.36

由表 13-20 可以看出，用 P507 在盐酸介质中进行萃取，稀土元素的萃取率较高，而非稀土元素的萃取率则相对较低。说明稀土元素 La 和 Ce 与萃取剂 P507 较易形成萃合物，从而易于被萃取。分配比 D 表示萃取体系达到平衡时，被萃溶质在有机相中的总浓度与水相中总浓度之比。萃取率 E 为：

$$E = \frac{D}{D + \dfrac{1}{R}}$$

式中，R 为相比，当 R 为定值时，萃取率的大小取决于分配比。结果表明，在相比一定时，稀土的分配比越高，萃取率越高，也就是萃取越完全。因此，利用这一规律可以提高稀土萃入有机相的能力，使 P507 从盐酸介质中能较好地将稀土元素 La、Ce 与 Al、Ca、Fe、Na 等金属分离。

13.4.2.2　萃取剂浓度对萃取稀土的影响

在温度为 25℃、浸取液 pH 值为 2.0 的条件下，振荡萃取 5min 后，考察不同体积分数的 P507 对萃取稀土分配比的影响，结果如图 13-28 所示。

从图 13-28 可以看出，随着萃取剂 P507 的体积分数的增大，La 和 Ce 两种稀土元素的分配比逐渐增大，且 P507 体积分数在 5%~70% 之间变化时对 Ce 的分配比影响较为显著，当 P507 体积分数达到 50% 以上后，Ce 的分配比增大较多。

虽然有机相中萃取剂浓度的提高可以有效地增大稀土的分配比，但在实际生产中，还需要考虑萃取剂浓度的升高可能会增大有机相的黏度，从而影响两相的充分混合和分相速度，在某些情况下，还可能影响萃取分离效果。实践中随着萃取剂的浓度的增加，被萃稀土的量也增加，但是当 P507 体积分数达到 70% 以上后，水相和有机相分相速度较慢，分层时间延长，最后两相分层后有机相呈絮状泡沫，两相

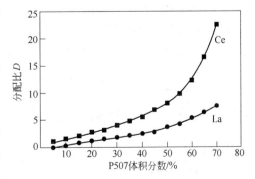

图 13-28　不同体积分数 P507 对萃取
稀土分配比的影响

界面处有气泡存在；并且随同稀土共萃入有机相的杂质增多，使萃取的分离效果变差。因此，在考虑上述因素后，选取 P507 体积分数在 70% 左右。

13.4.2.3   浸取液 pH 值的影响

在温度为 25℃、浸取液中稀土离子浓度为 9.01g/L、相比为 2∶1、P507 体积分数为 70% 的条件下，用稀氨水调节浸取液至不同的 pH 值，振荡萃取 5min 后，考察浸取液不同 pH 值对萃取稀土的影响，结果如图 13-29 所示。

从图 13-29 可以看出，浸取液在不同酸度下，稀土的萃取率较高，非稀土元素 Al^{3+}、Fe^{3+}、Ca^{3+}、Na^+ 的萃取率较低；随着 pH 值的增加，稀土的萃取率先增加，然后逐渐下降；非稀土杂质中，Fe^{3+} 的萃取率随着 pH 值

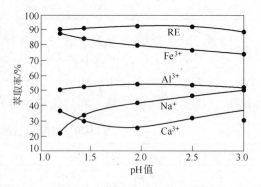

图 13-29   浸取液在不同 pH 值下
对稀土萃取率的影响

的增大逐渐降低，Na^+ 的萃取率随着 pH 值的增大逐渐升高，而 Al^{3+} 的萃取率随 pH 值的增大变化不明显，Ca^{3+} 的萃取率则随 pH 值的增大先降低后增加。

稀土萃取率随 pH 值变化的原因，可能是由于酸性萃取剂在萃取金属过程中都放出氢离子，萃取的稀土越多，产生的氢离子越多，结果使体系的 pH 值降低，从而降低了萃取效率。pH 值低时，稀土萃取低，这是由于萃取剂的质子化作用造成的（即萃取剂不能离解）；pH 值过高，稀土的萃取率同样下降，这时稀土离子已发生水解，而这种水解产物是不能被萃取的。因此，当浸取液 pH 值由 1.2 提高到 3.0 时，稀土的萃取率先增加然后减小，当浸取液 pH 值为 2.5 左右时，稀土的萃取率达到最大值。当 pH 值为 2.0 时，Al^{3+}、Na^+、Ca^{3+}、Fe^{3+} 的萃取率有明显差别，说明此时除 Fe^{3+} 外，稀土与其他非稀土杂质有较好的分离效果，且保证了稀土较高的萃取率。因此，浸取液 pH 值调整至 2.0 左右较为合适。

13.4.2.4   相比对萃取稀土的影响

在温度为 25℃、浸取液中稀土离子浓度为 9.01g/L、P507 体积分数为 70% 的条件下，用稀氨水调节浸取液至 pH 值为 2.0，改变相比，振荡萃取 5min 后，考察不同相比对萃取稀土的影响，结果见表 13-21。由表 13-21 可以看出，随着相比的增大，稀土萃取率升高，但稀土的萃取率在相比为 (2∶1)～(4∶1) 范围内提高不明显；其他非稀土杂质的萃取率随着相比的增加也有所增加，Na^+ 的萃取率变化不大。在保证稀土萃取率较高，且能和其他非稀土杂质有效分离的情况下，应尽可能地减少非稀土杂质随稀土一同萃入有机相的量，因此，选择相比为 2∶1 较为合适。

表 13-21   不同相比对萃取稀土的影响

相比	RE^{3+} 萃余相浓度 /g·L⁻¹	萃取率 /%	Al^{3+} 萃余相浓度 /g·L⁻¹	萃取率 /%	Ca^{3+} 萃余相浓度 /g·L⁻¹	萃取率 /%	Fe^{3+} 萃余相浓度 /g·L⁻¹	萃取率 /%	Na^+ 萃余相浓度 /g·L⁻¹	萃取率 /%
1∶1	0.66	71.76	4.88	31.84	0.25	52.37	0.09	59.86	0.08	11.25
2∶1	0.14	93.72	4.84	32.40	0.24	54.07	0.07	63.41	0.07	12.72
3∶1	0.11	94.48	2.42	66.20	0.23	55.45	0.06	64.96	0.07	12.69
4∶1	0.09	94.69	1.19	83.38	0.21	60.08	0.03	66.500	0.05	13.16

13.4.2.5　反萃取酸度对萃取稀土的影响

为得到除杂后的氯化稀土溶液，要对负载有机相进行反萃取。反萃取可以大量降低进入负载有机相中的非稀土杂质，对最终产品纯度的提高具有较大意义，在温度为25℃、浸取液中稀土离子浓度为9.01g/L、P507 体积分数为70%的条件下，用稀氨水调节浸取液至 pH 值为2.0，振荡萃取5min，然后在温度为25℃、反萃取相比为2∶1的条件下，改变反萃取酸度进行反萃，反萃取 10min 后，考察不同反萃取酸度下稀土的反萃取情况，结果如图 13-30 所示。

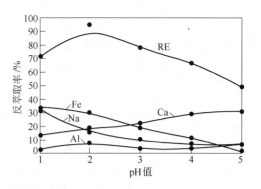

图 13-30　不同反萃取酸度对反萃取稀土的影响

由图 13-30 可以看出，进行反萃取可以降低反萃取液中杂质离子的含量，随着酸度提高，稀土的反萃取率先有所提高，但反萃取液酸度太高时，稀土反萃取率反而下降，当萃取酸度 $[H^+]$ 为 2.0mol/L 时，稀土的反萃取率不小于 87%。

图 13-30 表明其他非稀土元素的反萃取率和稀土反萃取率相比均较低，Ca^{2+} 的反萃取率随着反萃取酸度的提高而明显增加，即反萃取出的钙增加；Fe^{3+} 和 Na^+ 进入反萃取液的量则是随着反萃取液酸度的升高而有所下降；Al^{3+} 随着反萃取酸度的变化无明显规律。但是，在保证稀土反萃取率最高的情况下，要尽量让其他非稀土杂质的含量都较低，以达到产品纯度要求。

13.4.3　研究结果

根据以上研究可知：

（1）稀土的浸出结果表明，浸取酸的浓度高，有利于稀土的浸取，但不利于后续操作，且浪费盐酸，增加稀土浸出液后处理的难度；适当提高浸取温度和延长浸取时间，均有利于增加稀土的浸出量，但达到一定值时，再升高温度、延长时间，效果不明显。稀土浸出较佳的工艺条件为：浸取酸的体积分数为 10%、浸取温度为 60℃、浸取时间为 6h、搅拌速率为 300r/min，此时稀土浸取率达到 93.62%。

（2）稀土的溶剂萃取结果表明，萃取剂 P507 能从盐酸介质中较好地分离浸出液中的稀土元素和非稀土元素。采用 P507 作萃取剂回收废 FCC 催化剂中稀土元素的较佳工艺条件为：萃取剂 P507 体积分数为 70%、浸取液 pH 值为 2.0、萃取相比为 2∶1、萃取平衡时间为 5min；负载有机相直接用盐酸进行反萃取得到氯化稀土溶液，反萃取盐酸浓度为 2.0mol/L，反萃取平衡时间为 10min。此工艺条件下所得到的稀土回收率不小于 87%。

13.5　废阴极射线管荧光粉回收稀土

显像管是阴极射线管（CRT）电视机的关键部件，约占 CRT 电视机总质量的 60%。据统计，2008 年，我国电视机居民保有量为 50419 万台。这些电视机大多数是 20 世纪 80 年代中期进入中国家庭的。按正常使用寿命 10~16 年计算，从 2003 年起我国迎来电视机更新换代的高峰。预计每年至少有 500 万台电视机报废[39,40]，废显像管成为电子废弃物中的重要组成部分。废弃显像管的材料组成相当复杂，包含多种金属、玻璃、荧光粉等。其中，CRT 显像管屏玻璃上的荧光粉涂层含有金属配合物等物质及铕、钇等稀土金属元素，从环境管理和资源利用考虑，均需要对其进行妥善回收处理。文献［41］等针对这一问题，进行了系统评述。

13.5.1　CRT 荧光粉的化学组成及制备方法

13.5.1.1　CRT 荧光粉的化学组成

荧光粉是一种将外部提供的能量转变为光的材料，广泛用于将能量转换至人眼能够看到的可见光，成为照明、显示领域中重要的支撑材料。因为射入眼中的光是由荧光粉发出的，可以说亮度、色彩等最终被人所感知的部分均取决于荧光粉。人类通过视觉获得的信息量占总量的 80%，因此，荧光粉是现今生活中及其重要的材料之一[42]。

彩色电视能传播天然色彩是由于彩色显像管中发射红、绿、蓝光的三基色荧光粉在电子束作用下发出不同亮度的三色光搭配而成的，被称为阴极射线荧光粉。荧光粉的类型与化学组成见表 13-22[42,43]。从表 13-22 看出，荧光粉的主要化学组成包括的稀土金属元素钇（Y）、铕（Eu）、铈（Ce）、铽（Te）等。

表 13-22　荧光粉的类型与化学组成

荧光粉的类型	主要化学组成	用途
CRT 荧光粉	Y_2O_3：Eu^{3+}（红），ZnS：Cu，Au，Al，Y_2O_2S：Tb^{3+}，Gd_2O_2S：Dy（绿），ZnS：Ag（蓝）	彩电、计算机和手机显示屏
灯用荧光粉	Y_2O_3：Eu^{3+}（红），$Ce_{0.67}Mg_{0.33}Al_{11}O_{19}$：$Tb^{3+}$（绿），$BaMgAl_{16}O_{27}$：$Eu^{2+}$（蓝）	各种荧光灯
等离子平板显示（PDP）荧光粉	$(Y,Gd)BO_3$：Eu^{3+}（红），Zn_2SiO_4：Mn^{2+}，$BaMgAl_{10}O_{17}$：Eu^{2+}（蓝）	平板电视等
飞点扫描荧光粉	Y_3AlO_{12}：Ge，Y_2SiO_5：Ce，$Y_3(Al,Ga)_5O_{12}$：Ce	播放电影、高速传真、电子计算机终端显示系统

13.5.1.2　CRT 荧光粉的制备方法

CRT 荧光粉的制备方法与普通荧光粉的制备方法相似[44]。在彩色电视机显示器中，最好的一种蓝色荧光粉是 ZnS：Ag。制备发蓝光的 ZnS：Ag 的方法为：将 ZnS 溶解于 H_2SO_4 中，形成 $ZnSO_4$ 水溶液，再将 H_2S 气体鼓入上述溶液，即可将 $ZnSO_4$ 转变为不可溶的 ZnS。ZnS 沉淀产物的晶体形状、大小及晶格特性等物性指标主要取决于工艺过程的 pH 值、温度和浓度等反应条件。然后在助熔剂及激活剂的作用下，将基质原料进行灼烧，而后过筛得到产品。最后，除去助熔剂并进行球磨，制得成品（约 $5\mu m$ 的微粒）。

ZnS 基纳米发光材料的制备过程主要分为三步：首先通过调节巯基乙酸与甲基丙烯酸的摩尔比，合成不同长度的聚甲基丙烯酸的聚合物；其次，使聚甲基丙烯酸的聚合物与 $Zn(CH_3COO)_2$ 和 MSO_4（M = Mn，Cu，Al）反应，生成聚甲基丙烯酸 $Zn(Mn,Cu,Al)$ 盐；最后，使聚甲基丙烯酸 $Zn(Mn,Cu,Al)$ 盐与 Na_2S 反应，形成 ZnS：M 纳米荧光粉[45]。

发红光的 Y_2O_2S：Eu^{3+} 荧光粉的制备方法是以 Na_2CO_3 与碱性磷酸盐为助熔剂，高温焙烧单质 S 与氧化钇的混合物。最后用稀盐酸洗涤熔融状态的产物以除去 Na_2S 副产物得到成品。

目前彩色 CRT 显像管的红荧光粉均采用稀土类荧光粉。蓝、绿荧光粉大多采用硫化物荧光粉。

13.5.2 CRT 荧光粉的回收处理及处置现状

CRT 显像管屏玻璃上的荧光粉层含有金属配合物、重金属等对环境存在潜在污染的物质，同时又含有 Eu、Y 等稀土金属元素，需要回收处理。欧洲议会和欧盟理事会颁布的《关于电气电子设备废弃物指令》（简称 WEEE 指令）附录 II 第 2 条规定，阴极射线管的荧光粉必须去除。我国于 2006 年开始实施的《废弃家用电器与电子产品污染防治技术政策》中也规定，阴极射线管玻屏上的含荧光粉涂层必须妥善去除。

图 13-31 所示为废弃显像管回收处理的一般工艺流程。

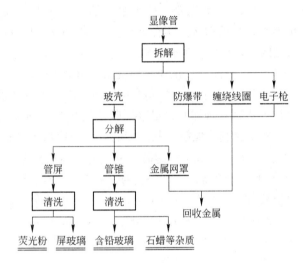

图 13-31　废显像管回收处理工艺流程

显像管回收处理工艺流程中屏玻璃的荧光粉涂层较薄，且与屏玻璃结合不紧密，去除较简单，可采取干法工艺和湿法工艺两种路线。干法工艺有带吸收单元金属刷的真空抽吸、高压气流喷砂吹洗等。湿法工艺有超声波清洗法、高压水冲击法、酸碱清洗法等方法[40,46,47]。目前荧光粉的回收处理主要以干法工艺为主。在欧盟、日本以及我国国内的一些电器电子产品拆解示范企业应用较多的是真空抽吸法。真空抽吸法主要原理是：在吸取 CRT 面板玻璃荧光粉涂层时，采用真空吸尘器和刷子相结合的干法去除屏玻璃上的绝大多数荧光粉，并且安装了空气抽取和过滤装置，可以防止荧光粉的逸散，妥善收集荧光粉[48]。

另外，针对当前拆解处理 CRT 电视和电脑显示器产生的荧光粉回收处理现状，曾调研几家示范拆解企业（杭州大地、青岛新天地、北京金隅红树林等）。这几家企业普遍认为，由于 CRT 电视和电脑显示器的荧光粉含有金属配合物，其中的重金属污染土壤和水体，动植物通过水体吸收各种重金属，随食物链逐渐累积富集，最终进入人体，从而严重危害人群健康；并且，回收的荧光粉往往含有铅、石墨、碎玻璃等，将荧光粉进行再资源化利用的经济成本较高，且其量较少，很难达到规模化处理。目前，多数的拆解处理企业采取收集储存，或者交由危险废物处置中心的方式进行处置。荧光粉的处置方法主要有两种：一是采用高温焚烧法：1000～1400℃下高温焚烧炉焚烧；二是采用填埋法：采用水泥加药剂的固化填埋技术。

13.5.3 CRT 荧光粉资源化利用技术

阴极射线荧光粉的红粉是稀土荧光粉，从废弃的稀土荧光粉中可以回收稀土金属。国外部分研究人员已经开始研究从废弃荧光灯的荧光粉中回收稀土金属的实验工作。鉴于 CRT 显像管的红荧光粉成分与灯用荧光粉基本一致，可总结几种稀土金属回收技术，对于今后开展 CRT 荧光粉的资源化利用技术研究有一定的指导意义。

Touru Takahashi 首先通过气流分级法研究了含稀土荧光粉与磷酸钙盐的分离特性，然后用各种酸溶液浸出稀土组分，再用氢氧化物和草酸沉淀溶解的稀土组分[49]。其结论如下：通过气流分级富集，可将废弃荧光粉中稀土组分的含量从 13.3% 提高到 32.9%。硫酸溶液比其他浸出液更能有效地溶解稀土组分。钇和铕被溶解在 1.5mol/L 的硫酸溶液中，而其他稀土元素则几乎很难被溶解。在硫酸浓度为 1.5mol/L，温度为 343K，浸出时间 3.6ks，混合物浓度为 30kg/m³ 条件下，钇和铕的浸出率分别是 92% 和 98%。最后通过氢氧化物和草酸盐共沉淀法回收钇和铕，回收率可达到 99.1%。废荧光粉中的钇和铕经过气流分级、酸浸、草酸沉淀等步骤处理回收，最终回收率达 65%，纯度达到 98.2%。

Touru Takahashi 等人采用浮选、酸浸、共沉淀的方法完成从荧光粉合成红粉（Y_2O_2S：Eu^{3+}）的过程。其步骤是：(1) 先浮选富集稀土荧光粉，然后酸溶浸出。(2) 向废弃荧光粉浸出液中加入氢氧化物和草酸盐，在超声搅拌和冷冻干燥的条件下处理得到 Y 和 Eu 草酸盐。反应条件是浸出液 pH 值小于 5.0（加入氢氧化物可有效地除去杂质），草酸盐与 Y 和 Eu 氢氧化物的摩尔比为 3∶1。(3) 在 1473K，烧结时间 144ks 和 1% 的硼酸钡助熔条件下，熔化烧结 Y 和 Eu 的沉淀物，得到平均粒径为 5～6μm 红粉（Y_2O_2S：Eu^{3+}），所得产品达到商业生产的质量要求。

Heeman R. Heytmeijer 回收废旧荧光粉中的稀土元素钇和铕[51]，先用酸浸出，再将含有钇和铕的酸浸液流经阳离子交换柱，直到流出的液体和原酸浸液组成一致，再用浓盐酸将钇和铕通过离子交换柱提取出来，含有钇和铕的盐酸溶液和草酸盐一起加热，生成草酸钇和草酸铕沉淀。

还有采用酸浸出、萃取分离等方法，将稀土金属从废弃荧光粉中分离回收。结果表明，回收荧光粉可以用酸来溶解浸出，硫酸是较好的浸出剂，且随着酸浓度的增大、反应温度的提高，稀土金属的浸出率也显著提高。在搅拌转速为 300r/min，温度 37℃ 的反应条件下，2mol/L 的硫酸溶液浸出回收荧光粉 8h，Y 的浸出率达到 75.3%，Eu 的浸出率达到 71.5%。

另外，萃取剂 P507 对浸出液的稀土金属元素有着显著的分离效果。萃取温度均为 (15 ± 1)℃ 时，浸出液的 pH 值为 5，2.0mol/L P507 对稀土浸出液进行萃取后，在调速多用振荡器上振荡 30min，静置分层后两相分离 15min。结果 P507 对 Y 的萃取率为 92.4%，Eu 的萃取率为 84.5%，而 Al 的萃取率仅为 20.4%，因此，通过 P507 萃取，可以回收 Y 和 Eu。

通过以上介绍可以知道：CRT 荧光粉中的金属配合物及拆解过程中掺杂在荧光粉中的

含铅碎玻璃、石墨等污染物，进入土壤、空气和河流中，会造成严重的环境问题。目前正规拆解处理企业回收的废CRT荧光粉主要以储存或交由具有相关资质的处置企业进行处置。不规范拆解个体户则随意丢弃荧光粉，导致其进入环境与生活垃圾混合，污染环境。2009年我国实施家电"以旧换新"政策以来，回收的废旧家电中电视机的比重占70%以上，且以CRT电视机为主。随着2011年《废弃电器电子产品回收处理管理条例》的正式实施，以及废弃电器电子产品回收体系的建立，废弃CRT电视机的回收拆解量将显著增加，也促使CRT荧光粉的回收量不断增加。大量CRT电视机及电脑显示器的报废及拆解处理，使得废弃荧光粉的环境问题将会越发显现。

另外，稀土三基色荧光粉（如阴极射线荧光粉中的红荧光粉）含有宝贵的稀土资源，如钇、铕等。对于我国这样人均资源相对贫乏的国家，回收废弃稀土荧光粉也是一种资源利用。因此，借鉴从废弃荧光灯分离稀土金属的技术和研究以及目前采取的高温焚烧与固化填埋等处置方法，将CRT荧光粉视为需要妥善监管的特殊物质，开展废弃CRT荧光粉的资源化处理及无害化处置的技术研发，成为亟待探索的课题。

综上所述，废弃荧光灯的荧光粉中回收稀土金属的现有研究结果显示，浮选法富集稀土荧光粉的效果明显好于密度分离法和气流分级法。进一步采用溶解、沉淀、离子交换、萃取等化学方法处理荧光粉，能有效回收稀土金属，但湿法浸出分离过程复杂，需要考虑二次污染问题。这些技术对于开展废弃CRT荧光粉的资源化利用具有很好的借鉴意义。

13.6　废铁合金回收稀土

采用稀土对钢进行处理，是提高炼钢质量、发展新品种的有效措施之一。稀土元素具有极强的化学活性和价态可变的特点，是有效控制钢中弱化源、降低局域弱化的强抑制剂，在21世纪科学技术快速发展的今天，大力研发新型钢铁材料尤为迫切，而发挥微量稀土在钢中的特殊合金化作用更显重要。随着钢铁工业产品结构的调整，稀土在钢中的应用将有更广阔的前景。然而，在中间铁合金的生产过程中，由于合金的配分及工艺等问题，不可避免地会出现批量不合格品，不能作为炼钢添加剂使用而需回收。文献［52］等提出了从废铁合金中回收稀土的盐酸优溶工艺，该工艺的实践表明，对废铁合金中稀土的回收取得了良好效果。

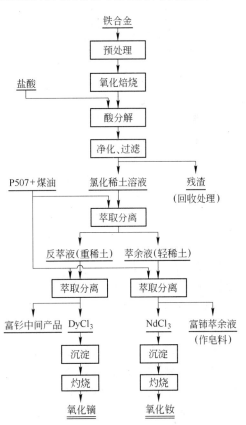

图13-32　从废铁合金中回收稀土氧化物的原则流程

13.6.1　工艺流程

从铁合金中提取稀土氧化物的工艺流程主要由氧化焙烧、分解除杂、萃取分离、沉淀灼烧等四个步骤组成，其原则流程如图13-32所示。

13.6.2   主要设备及原辅材料

从废铁合金回收稀土氧化物的工艺生产设备主要有：非标氧化焙烧窑，破碎机，$18m^3$ 反应器，$60m^2$ 压滤机，100L 萃取槽及配套设施，$10m^3$ 沉淀槽，1000 型三足式离心机等。

对废铁合金进行稀土的回收处理，所采用的原材料及辅助材料主要有：废铁合金，其成分分析见表 13-23；工业盐酸（纯度不小于 31%），氯酸钠（工业级），碳酸氢铵（农业一级），液氮（工业级），P507 + 煤油。

表 13-23   废铁合金的化学成分   （%）

Nd	Dy	Tb	Pr	Sm	Ce	Fe	Co	Al	Si	Ca	O
11.20	2.00	0.2	0.1	5.5	1.6	18.0	0.1	0.3	9.3	23.3	28.5

13.6.3   工艺过程的条件及其影响

13.6.3.1   氧化焙烧的影响

氧化焙烧的目的是将废铁合金中的稀土转化为氧化物，同时，铁及其他金属元素也大部分以氧化物形式存在。

氧化焙烧是盐酸分解工艺的关键工序。在此工序中，先将废铁合金于 $600 \sim 800℃$ 进行预处理，然后焙烧（进料速度为 $1.5 \sim 2.1kg/min$，料粒粒度小于 $0.09mm$），使其中的稀土元素完全转变为氧化价态的形式，铁以 Fe_2O_3 的形式存在，二价铁离子的氧化率达到 98% 以上，其他金属元素也大部分以氧化物形式存在[53]。生产实践数据表明：如果相关工艺条件控制不当，致使物料氧化不完全，将会增大其后工序的酸耗、碱耗，影响稀土收率，增加生产成本。因此，氧化焙烧工艺条件的控制至关重要。

13.6.3.2   优溶和净化

在反应器中加入适量水并升温，分次加入计量物料和酸。操作过程中须注意防止冒槽及控制好稀土浓度和 pH 值，控制残渣中稀土总量小于 0.6%。将过滤后的滤液输送至另一反应器进行净化处理，然后送至萃取储槽。

控制温度 $70 \sim 90℃$、pH 值为 $0.5 \sim 3.5$、溶液浓度 $80 \sim 150g/L$，在 $18m^3$ 反应器中分解氧化焙烧的物料，制备出含一定杂质的氯化稀土溶液，进行净化处理后输送至萃取槽。在分解过程中，相关条件控制的稳定性直接影响盐酸单耗、稀土浸出率以及净化试剂的消耗量。从生产实践得知：严格控制分解工艺过程，使稀土优先溶解进入溶液是盐酸优溶的关键，分解渣中稀土含量应控制在 0.6% 以下。

13.6.3.3   萃取分离

合格的氯化稀土溶液主要含有铈、钕、钐、镝、铽。该溶液在 P507-盐酸体系中进行钕/钐分离，水相再进行钕/铈萃取分离，得氯化钕溶液和萃余液（富铈）。钕/钐分离的反萃液再进行镝/铽分离，得氯化镝溶液。经酸溶净化澄清后的合格料液，进入 50 级 100L 的萃取槽，进行钕/钐萃取分组，在 P507 硫化煤油-HCl-RECl_3 体系中，通过对相比级数和洗涤条件等的调节，控制有机相萃取率和水相中盐酸浓度，使中、重稀土进入有机相而镨、钕留在水相中，再用不同酸度的反萃液将中、重稀土反萃出来。经 50 级萃取槽出来的萃余液再进行钕/铈分离，出来的反萃液进行镝/铽分离，为保证镝的纯度，可考虑在镝出口前几级开一个富集物出口。钕/铈分离后的水相中含有大量的钙,须进行除钙处理。萃取槽出现三相或乳化则按常规方法处理。

13.6.3.4 沉淀灼烧

将合格的氯化钕溶液注入沉淀槽中,用草酸或碳酸氢铵($w(Nd_2O_3) : w(H_2C_2O_4 \cdot 2H_2O) = 1 : (1.3 \sim 1.4)$;$w(Nd_2O_3) : w(NH_4HCO_3) = 1 : 1.5$)作沉淀剂,得草酸钕或碳酸钕沉淀。将采用晶型碳酸稀土沉淀得到的碳酸钕在1000℃下灼烧得氧化钕。氧化镝溶液用草酸沉淀得草酸镝,将草酸镝在1000℃下灼烧得氧化镝。稀土氧化物产品的化学成分见表13-24。

表 13-24 稀土氧化物产品的化学成分 （%）

产品 $w(\Sigma TREO)$	非稀土杂质含量				
	Fe_2O_3	SiO_2	Al_2O_3	CaO	Cl^-
氧化钕 ≥99	≤0.05	≤0.05	≤0.05	≤0.05	≤0.05
氧化镝 ≥99	≤0.03	≤0.05	≤0.05	≤0.05	≤0.03

碳酸氢铵沉淀镨钕(或钕)时,在稀土接近沉淀完全的加料比条件下陈化,无定形碳酸镨(或碳酸钕)可转化为晶型碳酸镨(或碳酸钕)。若晶型沉淀不好,将影响产品的物料特性、氯离子含量和沉淀生产的连续性。为此,在碳酸氢铵沉淀稀土之前需对萃余液进行预处理,符合要求后再严格按晶型沉淀工艺规范进行操作。在10m³沉淀槽中,单班产出晶型碳酸稀土600kg,折合成稀土氧化物超过200kg。生产实践证明,料液的纯度、浓度、温度及沉淀操作的工艺条件是影响快速晶型沉淀的主要因素[54]。

综上所述,可以确认:(1)采用盐酸优溶工艺,可从国内外废铁合金中回收稀土。稀土回收率大于92%,经萃取分离制得氧化钕、氧化镝的纯度大于99%,非稀土杂质含量符合国家标准。(2)规模化生产过程中可实现废水循环利用,废渣则可回收氧化铁红,经济效益、环保效益明显。

13.7 矿泥及废渣回收稀土

13.7.1 攀西稀土矿泥回收稀土

攀西稀土矿是仅次于我国白云鄂博矿的第二大稀土矿,主要工业矿物为氟碳铈矿[55,56]。由于攀西稀土矿矿床强烈风化,在近年的稀土矿石开采中,发现了一类新的稀土富集黑色风化物,其稀土品位高、储量大[57]。磨矿后洗涤得到的矿石风化产物及部分岩石碎粒的混合体生成约占矿石总量20%的黑色风化矿泥,稀土含量占矿床稀土总量的2%~10%,其中Eu、Y等中重稀土元素的含量高于氟碳铈矿,为稀土元素的次生富集体,是宝贵的稀土资源[58]。它不同于南方离子型稀土矿及独立成矿的氟碳铈矿或独居石,稀土以胶态沉积相存于矿泥的Mn-Fe非晶质体中[59]。按锰含量可将其分为高锰矿泥(Mn含量大于5%)和低锰矿泥(锰含量小于5%),锰的存在对稀土的提取有很大影响,迄今尚无有效的提取工艺,因此无法用离子交换或物理选别方法加以富集[60]。

矿石中的黑色风化物与部分细粒的脉石矿物在选矿时形成矿泥而废弃,对水系发达的长江中上游水域产生潜在的环境污染,已引起国家的重视和学者的关注。因此,对这种资源的综合回收利用就显得十分必要。为了促进对这种矿泥的开发,文献[55]对其研究进展做了系统的评述。

13.7.1.1 矿泥的回收利用现状

氯化焙烧法是回收攀西稀土矿黑色风化矿泥中稀土的一种有效方法。文献 [61] 采用氯化铵焙烧法处理攀西稀土矿脱锰矿泥，中间实验数据说明矿泥脱锰有利于稀土氯化。通过正交试验设计对焙烧反应温度、反应时间、氯化铵用量进行了优化，确定了最佳焙烧条件，所得氯化浸出液采用 N235 萃取净化除铁后，再用 P507 萃取稀土，制得稀土总量为 96.3% 的混合稀土氯化物产品。氯化铵焙烧法工艺简便，稀土浸出液无残酸，硅、铝、铁含量很低，有利于进一步用溶剂萃取法纯化[61]。文献 [62] 还采用 N235 有机溶剂萃取法分离了攀西稀土风化矿泥氯化焙烧浸出液中的铁，采用 P507 萃取剂对黑色风化矿泥氯化焙烧浸出液中 RE 与 Mn 进行了 7 级分馏萃取分离，分别获得了纯度为 99.5% 的 $RECl_3$ 溶液和 $MnCl_2$ 溶液，经碳酸氢铵沉淀，分别获得大颗粒晶型碳酸稀土产品和工业级碳酸锰产品，稀土和锰的萃取分离收率均大于 98%[63]。

文献 [64] 尝试用氯化钠加碳焙烧提取其中的稀土。采用固体氯化钠为氧化剂，对稀土矿泥进行加碳中温氯化焙烧，使矿泥中的稀土转化水溶性的稀土氯化物，焙烧后的稀土浸出率达 82%~84%，而且水浸液中铁含量低，为稀土与非稀土元素的进一步分离提纯创造了良好条件。此外，还对稀土矿泥的加碳氯化焙烧试验进行了动力学分析[65]。

浸取是金属冶炼中常用的方法。文献 [66] 证实，盐酸浸取性能和浸出率强于硫酸，同时便于铅的回收。文献 [67] 对用热的盐酸溶液浸取矿泥中稀土的同时也回收了铅。文献 [68] 对攀西高锰稀土矿泥盐酸浸取稀土动力学进行了研究[68]。文献 [69] 用 50% 氢氧化钠在 150℃下浸取，稀土浸取率大于 70%。柱浸是一种能提高浸出液的浓度、降低浸出液杂质含量、减少化工原料消耗的一种有效途径。田军等人对矿泥氯化铵焙烧的焙砂进行了柱浸试验研究，考察了浸取剂、浸取酸度、柱径比等因素对稀土及非稀土杂质浸出的影响，显著提高了浸出液中的稀土浓度，在常温下可抑制杂质的浸出，减少浸出液的体积，同时可免去加热及搅拌，因此对攀西黑色风化矿泥中回收稀土工艺的完善十分有益，稀土的浸取率达到了 93.43%[70]。

由于稀土矿泥中锰的活性高，得到的浸取液为含大量锰的稀土混合液，限制了后续稀土提取工艺的选择，增大了杂质分离负荷，不利于稀土矿山就地提取，文献 [71] 为此提出矿泥中锰与稀土的分离与分别回收提取的设想，用 Na_2SO_3 为还原剂的还原浸出法实现了矿泥中的锰和稀土的分离，为矿泥的回收利用开辟了一条新的路径。还有人对亚硫酸钠还原浸锰动力学进行了研究[72]。

13.7.1.2 矿泥的综合利用方向

攀西稀土矿泥是含有稀土和铅、锰等的黑色风化矿泥，氧化焙烧—盐酸浸取法是目前研究的回收稀土的主要工艺。在制备氯化稀土的同时，铅转化为 $PbCl_2$ 进入溶液，可以利用氯化铅在冷、热水中溶解度相差很大的原理，冷却稀土母液回收铅，也可以利用矿泥与攀枝花钢铁公司钒厂的废液来制备氧化稀土，有助于二次资源的综合利用。酸法工艺虽然稀土回收率高，但流程长、试剂消耗大、成本较高、同时酸法产生 HF 及废酸碱污染环境，因此进一步寻找低成本、低污染的回收稀土的绿色冶金处理工艺是今后努力的方向。

13.7.2 放射性污水的沉淀渣回收稀土

独居石精矿在冶炼中产生的放射性废液及经处理后得到的固体废弃物统称为"污水沉

淀渣"。它不仅组分复杂，而且数量较多。据统计每处理 1000t 污水，就产生约 83.7t 湿渣。渣中含有稀土，渣中放射性水平超过国家规定标准，造成环境污染。

污水沉淀渣中稀土总含量占总质量的 30% ~40% ，其中中、重稀土占总稀土的25% ~30% ，与江西寻钨矿中的中、重稀土氧化物相似。处理后渣量减少 50% ~60% ，对二次资源利用和减少污染、强化环境保护具有一定意义。所得产品质量完全符合厂标和部颁标准要求。

从污水沉淀渣中回收稀土工艺大致可分为前处理、稀土分组和后处理三部分。前处理包括用 HCl 全溶后过滤，将滤液加热，用硫酸钠沉淀法分离稀土和杂质，所得沉淀物经清洗后再以 30% NaOH 在一定条件下分解，分解后的沉淀物经水清洗后用 HCl 溶解，控制一定 pH 值使稀土与非稀土分离，稀土溶液稀释至一定浓度后，用 P204-煤油有机萃取剂进行稀土分组处理，得到轻、中、重三组分稀土富集物。后处理是将三组分稀土富集物分别浓缩至规定的浓度，并对工艺中所产生的废液、废渣分别处理，以达到国家排放或堆放标准。工艺流程如图 13-33 所示[73]。

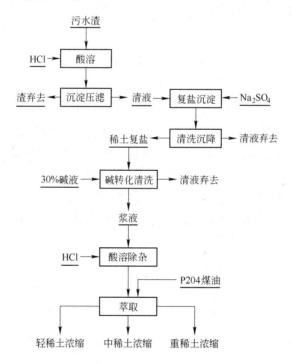

图 13-33　从污水沉淀渣中回收稀土工艺流程

由于污水沉淀渣的组分多变，整个工艺中各环节的控制条件如酸溶的酸度、Na_2SO_4 的加入量、二次酸溶和萃取过程的各种因素等，均需严格控制在最佳值。图 13-33 中确定的工艺条件，在生产中已经证实，是有效的。图 13-33 工艺中二次污水沉淀渣处理使稀土总回收率提高 3% ~4% 。

生产中设计了大型花岗岩投料池和一种具有混合澄清室的新型萃取设备，加大了连续生产能力，日处理能力已超过了设计的污水渣的日产量。处理了原来存放的大量污水沉淀渣，既回收了稀土又改善了环境污染。

13.7.3　废渣冶炼稀土合金

对于高炉火法分离白云鄂博贫矿所得到的稀土富渣，现有处理技术是以经选矿得到的含稀土氧化物 30% 左右的稀土精矿为原料，经电硅热法生产稀土合金。因此，现有技术中存在的主要问题是：高炉稀土富渣、稀土精矿均需采用专门的设备进行生产，生产工艺长、能源消耗大、稀土回收率较低，造成生产成本高。为了避免现有技术中存在的不足，文献 [74] 研究了一种利用硫酸法生产氯化稀土的废渣生产稀土合金的工艺，使火法与湿法联为一体，提高了稀土资源的综合回收率。

13.7.3.1　冶炼原理

A　热力学条件

根据有关氧化物的标准生成热和标准生成自由焓可知：稀土元素对氧的亲和力较大。最主要的是稀土氧化物（Ce_2O_3、CeO_2、La_2O_3）的稳定性与 MgO 和 CaO 的稳定性接近，比 SiO_2 更稳定，因而，在一般条件下，用 Si 直接还原稀土氧化物极为困难。例如：

$$2/3Ce_2O_3 + Si \Longrightarrow 4/3Ce + SiO_2$$

$$\Delta G^{\ominus} = 289600 - 13.40T(\text{J/mol})$$

当反应物都是纯物质时，该反应在一般冶炼条件下不能进行。但是，硅热法制取稀土硅铁合金实际上是熔融状态还原过程。反应体系由液态渣相和合金相组成，还原反应在两相之间进行而且参加反应的并非纯物质。因为在冶炼过程中，合金相内除了铁和一些元素外，还有碳、钙、铝、硅等，这些元素的存在可以影响主反应的进行。并且在冶炼过程中有合金化、造渣化、碳化等反应存在，有效地改变了主要反应的热力学条件。

B　熔化期化学反应

当炉温达到 1150 ~ 1180℃ 时，炉料开始熔化。温度升到 1240 ~ 1300℃ 时，熔化的渣和石灰反应促使石灰熔化。反应为：

$$(CaO)_3 \cdot REO \cdot 2SiO_2 + CaO \longrightarrow (CaO)_4 \cdot (SiO)_2 + REO$$

温度继续升高，在有充足 CaO 存在下，也发生如下反应：

$$(CaO)_3 \cdot SiO_2 + CaO \longrightarrow (CaO)_4 \cdot SiO_2$$

C　还原期化学反应

由于炉渣中存在大量游离状态的（REO），加入炉内的硅铁熔化后，自由硅从硅铁中分离出来，形成大量游离状态的 [Si]，在炉渣与金属界面发生如下反应：

$$2(REO) + [Si] \longrightarrow 2[Re] + (SiO_2)$$

反应自由能变化：

$$\Delta G = \Delta G^{\ominus} + RT\ln\frac{a_{(REO)}^{2} \cdot a_{(SiO_2)}}{a_{(REO)}^{2} \cdot a_{[Si]}}$$

根据化学反应热力学，要使生成 $2[Re] + (SiO_2)$ 的反应不断进行，则生成物必须离开反应区，而使反应过程的自由能变化总为负值。

根据物相分析，合金中的 RE 以硅化物的形式存在，渣中的 SiO_2 以硅酸盐的形式存在，说明反应体系中存在如下的合金化反应和造渣反应：

$$[RE] + [Si] \longrightarrow [RESi]$$

$$[RESi] + [Si] \longrightarrow [RESi_2]$$

$$(SiO_2) + (CaO) \longrightarrow (CaO \cdot SiO_2)$$

$$(CaO \cdot SiO_2) + (CaO) \longrightarrow (CaO)_2 \cdot SiO_2$$

$$(CaO)_2 \cdot SiO_2 + (CaO) \longrightarrow (CaO)_3 \cdot SiO_2$$

正是由于合金化反应和造渣反应的存在，使硅还原稀土氧化物反应生成物的活度值 $a_{(RE)}$ 和 $a_{(SiO_2)}$ 非常小，这样就使生成 $2[Re] + (SiO_2)$ 反应的自由能变化值 ΔG 非常负，结果使反应不断向右进行，从而使稀土氧化物得到还原，产生了稀土硅铁合金。

另外，由于冶炼过程中加入了大量的 CaO，硅铁中的硅会与 CaO 发生以下反应：

$$2(CaO) + [Si] \longrightarrow 2[Ca] + SiO_2$$

$$[Ca] + [Si] \longrightarrow [CaSi]$$

由于 CaSi 为复合还原剂，其还原能力很强，能够很容易地还原稀土氧化物中的稀土，反应为：

$$[CaSi] + 3(REO) \longrightarrow 3[RE] + (CaO \cdot SiO_2)$$

13.7.3.2　工艺条件及结果

工艺条件为：容量为 2kg 石墨炉，直径 40mm 石墨电极，最大二次电流为 600A 的电焊机，反应温度区间为 1400 ~ 1600℃。

各物料的配料成分范围为：废渣，含 RE_xO_y 10% ~ 15%；硅铁，含 Si 72% ~ 78%；冶金石灰，含 CaO 60% ~ 85%；二氧化硅不大于 2%。

当配料碱度为 3.5，合金率为 1.0，生产 1t 合金的配料如下：废渣 1.94t、硅铁 1.00t、冶金石灰 2.80t。

工艺流程如图 13-34 所示，实验结果见表 13-25。

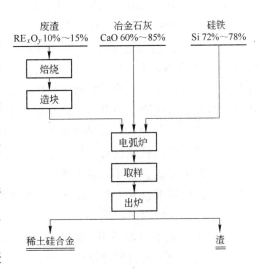

图 13-34　工艺流程简图

表 13-25　研究步骤及结果

项　目	试样 1		试样 2	
	成分/%	配入量/g	成分/%	配入量/g
各物料成分及配入量	废渣：RE$_x$O$_y$ 12.31，CaO 6.80，MgO 1.5，Fe$_2$O$_3$ 12.69	500	废渣：RE$_x$O$_y$ 11.20，CaO 10.17，MgO 1.89，Fe$_2$O$_3$ 9.75	500
	硅铁：Si 73	350	硅铁：Si 73	350
	冶金石灰：CaO 61.30	722	冶金石灰：CaO 61.30	722
加料方法	混合加料		混合加料	
操作过程	起弧计时，加料并搅拌，加料完毕后继续加热 30min，出炉并计时，冷却后取样分析		起弧计时，加料并搅拌，加料完毕后继续加热 30min，出炉并计时，冷却后取样分析	
结　果	稀土硅铁合金重：350g； 成分(%)：RE 7.93，Si 39.20，Ca 1.36，Mg 1.09； 合金率为 1.0； 稀土金属回收率： $\dfrac{350 \times 7.93}{500 \times 12.31 \times 0.834} = 54.65\%$		稀土硅铁合金重：350g； 成分(%)：RE 7.93，Si 39.20，Ca 1.36，Mg 1.09； 合金率为 1.0； 稀土金属回收率： $\dfrac{350 \times 7.50}{500 \times 11.20 \times 0.834} = 56.16\%$	

注：一般稀土回收率均在 60% 左右。

13.7.3.3　冶炼中几个重要因素分析

冶炼中的几个重要因素是：

(1) 碱度。实践证明：用硅还原炉渣中的稀土氧化物时，在一定范围内，炉渣碱度和硅铁中含硅量越高，还原越完全。增加炉渣碱度能提高稀土回收率。因为：1) 用大量的 CaO 平衡废渣中的 PO$_4^{3-}$ 和 SO$_4^{2-}$ 等，使 REPO$_4$，REFCO$_3$ 转化为 REO，再用 Si 还原，从而生产稀土合金。2) 废渣中游离的 Fe$_2$O$_3$ 可代替部分 CaO 调节碱度。在整个物料中有 9.75% 的 Fe$_2$O$_3$，该氧化物是由浸出液调 pH 值而沉淀下来的，可起到中和作用。3) 充足 CaO 的存在，能使 REO 从复杂化合物中游离出来，增大其活度值，从而加快反应的速度。4) Si 还原 CaO 生成的 Ca 又参与了 REO 的还原。5) Si 还原 REO 生成的 SiO$_2$ 与 CaO 形成稳定的 (CaO)$_2$·SiO$_2$ 和 (CaO)$_3$·SiO$_2$，并且随着还原过程的进行，产生大量的 SiO$_2$ 使碱度逐渐降低。因此，控制炉渣碱度是至关重要的。一般控制二次渣的碱度在 2.0~2.3 之间。

(2) 温度。冶炼温度对硅热还原法冶炼稀土硅铁合金的生产过程有重大影响。硅还原 REO 是一个放热反应，所以升高温度会影响反应进程，使稀土回收率较低。但温度过低会减慢还原速度，并且影响合金和炉渣的分离。实践证明：在一定范围内，采用较高的碱度和较低的温度对还原反应有利，还原温度取在 1400~1600℃ 较合理。

(3) 搅拌。鼓风搅拌是使还原剂硅铁与被还原物质废渣充分接触的一种手段。为了增大接触面积、增加碰撞机会、提高生产效率，必须使硅铁与炉渣充分接触并混合，这一过程需要搅拌来完成。搅拌的强度视炉温的高低灵活掌握，炉温偏高时风量可以开小些；炉温偏低时，风量可以开大些。总之，达到熔池沸腾而不跑炉，搅拌使反应达到平衡即可。

综上所述，可以认识到：

(1) 该工艺既合理利用了硫酸法生产氯化稀土的废渣，又寻找到了冶炼稀土合金的主要原料，使两个工艺自然地结合在一起，形成了湿法、火法生产稀土产品的全新工艺。

(2) 由于冶炼合金采用废渣，不再使用高炉稀土富渣或稀土精矿，使生产成本大幅度降低，预计每吨合金降低了成本 1000 元左右。

（3）改善了环境条件。因废渣中含有放射性物质，对环境有污染。采用该工艺后，由于其他物质的加入，稀释了放射性物质含量，大大降低了二次渣对环境的污染。

13.8　包头选矿尾矿回收稀土

白云鄂博是世界上罕见的铁、稀土、铌等大型多金属共生矿区，但呈"贫、杂、多、细"四大特征，造成矿物难选难冶[75~77]。20 世纪 80~90 年代，包钢与长沙矿冶研究院共同开展的弱磁—强磁—浮选工艺试验，获冶金部科技成果特等奖，取得铁的回收率为 79%~80%、稀土的回收率约 20% 的好成绩。但每年仅从强磁尾矿中流失的稀土氧化物就高达 23.8 万吨，大量的稀土白白地流入尾矿，造成稀土资源的巨大浪费。另外，包钢白云鄂博铁矿经过近 46 年的开采，排出尾矿约为 1.5 亿吨，其中含稀土氧化物 900 万吨。该矿主矿区现已开采 1/3，按今后的开采速度，再过 20 年，主东矿铁矿区的稀土将被开采完。因此，保护包头稀土资源，造福子孙后代刻不容缓[78]。这就要求充分利用尾矿坝中的稀土资源，以保持中国稀土资源的长久优势。

为解决包头选矿尾矿回收稀土的问题，研究单位及有关高校的科研究人员进行了不少的工作，得到一些有效的研究成果，现按成果发表顺序，介绍如下。

13.8.1　北京有色冶金研究总院提出的尾矿综合回收稀土的工艺

13.8.1.1　矿石性质与试验研究[79]

包钢选矿厂的尾矿主要产自该公司选厂处理的两种类型矿石，即比较难选的混合型贫氧化矿（含硅高）与易选的萤石型贫氧化矿（含硅低）。在其选出铁精矿后的尾矿中，由于矿物种类较多，矿物表面受到浮选药剂污染，含有大量矿泥，以及生产时地面冲洗水、煤渣、烟灰等杂物，使尾矿性质极为复杂。

为保证设计流程有适应性，以难选类型矿石的尾矿作为试验的研究重点。该尾矿样品的化学成分、矿物组成与部分尾矿粒度组成分别见表 13-26~表 13-28。

表 13-26　尾矿样品化学成分

成　分	TRE$_2$O$_3$	Fe	F	S	SiO$_2$	BaO	CaO	ThO
含量/%	6.20	23.75	11.75	1.56	5.5	2.30	19.20	0.039

表 13-27　尾矿样品矿物成分

矿　物	含量/%	矿　物	含量/%
磁铁矿、半假象赤铁矿等	4.2	方解石、白云石	5.95
赤铁矿、假象赤铁矿	28.44	黑云母类	6.13
褐铁矿	0.65	钠灰石、钠闪石	8.71
黄铁矿	1.39	石英、长石	5.04
氟碳铈矿等	5.34	重晶石	4.12
独居石	2.96	其他矿物	2.06
萤　石	22.29	合　计	100.00
磷灰石	2.72		

表 13-28　尾矿样品粒度组成

产品粒级/mm	质量分数/%	
	矿样	累计
<0.037	13.62	
>0.037	49.57	63.19
>0.043	24.15	87.34
>0.053	8.19	95.53
>0.074	4.47	100.00
合计	100.00	

尾矿中的稀土矿物主要是氟碳铈矿与独居石共占 8.3%，大量赤铁矿占 28.44%，黄铁矿占 22.29%，重晶石占 4.12%，其余为脉石矿物。

试验用的尾矿样品是取自尾矿分级出的溢流产品。因为新建的精选车间规模较小，只用一小部分分级出细粒级尾矿也足以完成设计规模要求的生产任务。这样就简化了新建精选车间的工艺流程。经过矿物学研究指出，矿样粒度 95% 为小于 0.074mm（200 目）时，稀土矿物单体解离度为 71.88%，虽然解离度不太高，但不需再磨就可以直接进行选别。

试验的选别流程论证指出，根据包钢铁石矿物特点所开展的试验研究与生产实践结果，无论使用重选或磁选，均未使生产出的稀土精矿质量达到合格产品。其中重选方法虽然有进展，1975 年也只能将浮选出来的稀土品位 15% TRE_2O_3 泡沫精矿提高到 30% ~ 35% TRE_2O_3 品位，在当时这样结果是一项大的技术进步，并多次在全国稀土会议上受到称赞。因此，在拟定试验研究方案时，分析了包钢过去稀土选矿回收的稀土精矿品位不高的主要原因有：

（1）用重选法处理浮选泡沫精矿，摇床选列出的重矿、稀土矿物中含有大量与其密度相近的重晶石等脉石矿物，降低了稀土精矿品位，只能达到 30% ~ 35% TRE_2O_3。

（2）细粒级的稀土矿物（尤其是小于 20μm）使用摇床富集效果较差，导致损失大。精矿中稀土回收率只有 30% 左右。

（3）重选与磁选联合流程，不仅流程复杂化，同样也不能取得较好的分选效果。

鉴于上述情况，结合包钢尾矿中稀土矿物特性，综合了国内外稀土选矿的科研与生产实践，特别是借鉴了国内一些单位采用羟肟酸盐等药剂从包钢原矿中回收稀土的成功经验，利用国内可以供应的新药剂，确定采用优先浮选稀土的试验流程并瞄准美国帕斯山稀土选冶厂采用浮选流程生产出含 65% TRE_2O_3 高品位稀土精矿作为目标。

美国帕斯山稀土选冶厂主要生产高纯氧化铕、氧化铈等。其矿床为碳酸盐矿体，含氟碳铈矿（包括一系列铈族稀土元素），还有独居石、重晶石、方解石及氧化硅等，与包头稀土属于同一类型，但矿石组成简单，嵌布粒度较粗，经磨碎至 0.150mm（100 目），旋流器分级溢流用 Na_2CO_3 调整到 pH=9。在磺化木素胺盐作抑制剂，N-80 油酸为捕收剂和氟硅酸盐类调整剂的作用下，加温浮选（140℉）得浮选精矿。其主要指标为：原矿品位 6% ~ 11% TRE_2O_3，稀土精矿品位 57% ~ 65% TRE_2O_3，回收率 70% 以上。

经过半年多的浮选试验研究，对于浮选药剂做了筛选工作，找到最适于稀土矿物捕收的药剂为羟肟酸盐与环肟酸铵，而水玻璃是萤石、重晶石与铁矿物的抑制剂，氟硅酸钠作为稀土矿物的活性剂。

研究单位过去对包钢选矿厂原矿的系统试验结果证明羟肟酸与水玻璃对稀土矿物有较强选择性，它是有效药剂并经过以后半工业试验证实，在试验中解决了下面两个问题。

（1）强化抑制萤石、铁矿物与脉石。第一次精选作业必须加大量水玻璃。实践表明是有效的，但最终精矿产品位仍达不到 60% TRE_2O_3 的要求，镜相检查发现大量硫化物是精矿品位不高的主要原因。于是决定第四次精选精矿进行脱硫，经过两次硫浮选，稀土精矿质量达到要求，并得到含硫品位 35% 的硫精矿（见表 13-29）。

表 13-29　脱硫试验结果

产 品	产率/%	品位/%		回收率/%	
		TRE_2O_3	S	TRE_2O_3	S
硫化物	40.12	6.98	35.42	7.0	99.16
稀土精矿	59.88	61.94	0.20	93.00	0.84
给 矿	100	39.88	14.33	100	100

（2）强化稀土矿物的捕收。为提高稀土回收率，必须选择配合作用较强的环肟酸铵。试验结果表明，它可以使回收率由 34.89% 提高到 44.37%，即提高到 1.3 倍（见表 13-30）。

表 13-30　环肟酸铵与羟肟酸铵试验结果比较

捕收剂	原矿品位 （TRE_2O_3）/%	高品位稀土精矿		
		产率/%	品位 TRE_2O_3/%	回收率/%
羟肟酸铵	6.23	3.61	61.02	34.88
环肟酸铵	6.65	4.77	61.24	44.37

注：表中数据为五次试验平均值。

水玻璃用量对稀土浮选的影响如图 13-35 所示（碳酸钠 1.5kg/t，氟硅酸钠 0.8kg/t，异羟肟酸铵 0.7kg/t）。

羟肟酸铵用量对稀土浮选的影响如图 13-36 所示（使用碳酸铵 1.5kg/t，水玻璃 4.5kg/t，氟硅酸钠 0.8kg/t）。

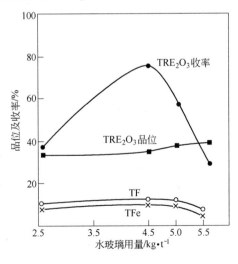

图 13-35　水玻璃用量对稀土浮选的影响

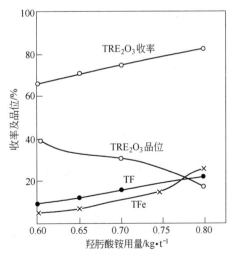

图 13-36　羟肟酸铵用量对稀土浮选的影响

环肟酸的选矿作用机理为：环肟酸与羟肟酸具有同样的活性基团，两者区别在于活性基所连接的非极性基团的差别。羟肟酸的非极性基为 R（通常为 C_{5-9}），环肟酸的非极性基为饱和五环烷基。捕收力随着非极性基碳链长度的增长而增加。碳链长度大，所形成的肟适应矿浆 pH 值范围宽，环状结构的肟，其选择性比直链的强。

羟肟酸的捕收力是活性基团上的氢原子被矿物表面上金属离子取代形成五或四环难溶的金属配合物的螯合作用，其配合物结构如下：

$$R-\overset{\overset{\displaystyle O}{\|}}{C}-\overset{\overset{\displaystyle O}{|}}{N}H \quad , \quad R-\overset{\overset{\displaystyle H}{|}}{\underset{\underset{\displaystyle N-O}{\|}}{C}}-O\backslash Me \quad 或 \quad R-\overset{\overset{\displaystyle ON}{|}}{\underset{\underset{\displaystyle O-Me}{\downarrow}}{C}}-N$$

活性基团上氢原子被矿物表面金属粒子取代的难易程度受到非极性基的影响。环肟酸由于结构上的诱导作用增强了肟基的捕收力，因此，环状的空间效应使形成的肟比羟肟酸的效应具有更大的捕收力和选择性。

13.8.1.2　半工业浮选试验

基于小型试验结果，在包钢有色三厂试验厂和用包钢选矿尾矿溜槽中的部分尾矿开展了半工业浮选试验（见图 13-37），并实现了小型试验指标，见表 13-31。

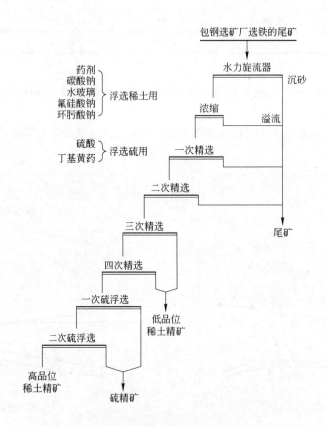

图 13-37　尾矿浮选回收稀土半工业试验工艺流程

表 13-31　半工业试验结果

产 品 名 称	产率/%	品位(TRE$_2$O$_3$)/%	回收率/%
高品位稀土精矿	4.19	60	35
稀土次精矿	1.43	30	6.6
给　矿		6.5	

应该指出，由于半工业试验受某些条件限制，稀土回收率较小型试验结果低，但仍有潜力。预计随生产操作与管理水平逐渐提高，会达到预期要求。

13.8.1.3　精选车间的经济效益

利用包钢选厂尾矿综合回收稀土元素，按照从尾矿中产出 5000t/a、品位 60% TRE$_2$O$_3$ 的稀土精矿计算，车间每年需处理细粒级尾矿 10.5 万吨。考虑车间投资的折旧、年经营费等每年获得总产值 874.8 万元，即每 1 元投入可获得利 1.97 元净收益。比从浮选泡沫回收稀土元素的方案多 0.21 元，见表 13-32。

表 13-32　用稀土泡沫精矿和尾矿为原料回收稀土精矿方案比较

项　目	稀土浮选泡沫为原料	溜槽尾矿截留为原料
基建投资/万元	394	353.5
年总产值/万元	874.8	874.8
年经营费/万元	497.8	443
利税/万元	377	430

该车间的建设，不仅促进了原有包钢稀土浮选厂更合理地改进工艺流程，得出了合格浮选精矿产品，而且在目前条件下，也为尾矿的综合回收提供了经验。

13.8.2　东北大学提出的碳热氯化法工艺

13.8.2.1　实验[80, 81]

A　实验原料

实验所选用的原料为内蒙古包钢选矿厂尾矿。其主要化学成分见表 13-33。由表 13-33 可知，该尾矿中稀土氧化物含量为 7.43%。非稀土元素为 Mn、Ba、Ca、Al、Fe、Mg、K、Na、Si、Nb 和 P 等。

表 13-33　包钢选矿厂尾矿的主要化学成分　　　　　　　　（%）

TFe	REO	Nb$_2$O$_5$	MnO	BaO	CaO	MgO	SiO$_2$	K$_2$O	Na$_2$O	F	Al$_2$O$_3$	P
13.46	7.43	0.151	3.13	2.33	20.98	5.1	13.79	0.89	0.98	9.98	0.96	1.56

B　原理

稀土矿物的氯化反应是一个多相复杂反应，包括矿石的分解反应、氯化反应和脱氟反应。首先混合稀土中的氟碳酸盐受热分解，稀土氟碳酸盐在 Ar 保护下分解产物为稀土氟氧化物，同时释放 CO$_2$ 气体。

$$REFCO_3(s) = REOF(s) + CO_2(g)$$

然后稀土磷酸盐和氟碳酸盐分解反应生成的稀土氟氧化物，在活性炭存在的条件下与氯气反应，方程式如下：

$$REOF(s) + nC(s) + Cl_2(g) = 2/3RECl_3(s,l) + 1/3REF_3(s) + nCO_{1/n}(g) \quad (n = 1/2,1)$$

$$1/2REOF(s) + n/2C(s) + Cl_2(g) = 1/2RECl_3(s,l) + 1/2ClF(g) + n/2CO_{1/n}(g) \quad (n = 1/2,1)$$

$$1/3REPO_4(s) + nC(s) + Cl_2(g) = 1/3RECl_3(s,l) + 1/3POCl_3(g) + nCO_{1/n}(g) \quad (n = 1/2,1)$$

氟碳铈矿和独居石矿在与氯气发生反应的同时，尾矿中的非稀土元素也发生氯化反应，方程式如下：

$$MO(s) + nC(s) + Cl_2(g) = MCl_2(s,l) + nCO_{1/n}(g)(M = Ca,Ba) \quad (n = 1/2,1)$$

$$1/3Fe_2O_3(s) + nC(s) + Cl_2(g) = 2/3FeCl_3(g) + nCO_{1/n}(g) \quad (n = 1/2,1)$$

$$1/2SiO_2(s) + nC(s) + Cl_2(g) = 1/2SiCl_4(g) + nCO_{1/n}(g) \quad (n = 1/2,1)$$

$$CaF_2(s) + Cl_2(g) = CaCl_2(s,l) + F_2(g)$$

从反应方程式可知，氯化反应过程中部分稀土生成难溶解的稀土氟化物。为了减少稀土氟化物的生成，提高尾矿稀土提取率，可加入脱氟剂 $AlCl_3$ 或 MgO，使尾矿发生如下的脱氟反应：

$$REOF(s) + nC(s) + Cl_2(g) + 1/3AlCl_3(g) = RECl_3(s,l) + 1/3AlF_3(s) + nCO_{1/n}(g)$$
$$(n = 1/2,1)$$

$$REF_3(s) + AlCl_3(g) = RECl_3(s,l) + AlF_3(s)$$

$$MgO + 2REFCO_3 = RE_2O_3 + MgF_2 + 2CO_2 \uparrow$$

$$2MgO + 4CeFCO_3 + O_2 = 4CeO_2 + 2MgF_2 + 4CO_2 \uparrow$$

$$3MgO + 2REPO_4 = RE_2O_3 + Mg_3(PO_4)_2$$

另外，$AlCl_3$ 在一定条件下还可能与 CaF_2、$REPO_4$、SiO_2 等发生反应，生成多种铝的化合物。

$$CaF_2(s) + 2/3AlCl_3(g) = CaCl_2(s,l) + 2/3AlF_3(s)$$

$$REPO_4(s) + AlCl_3(g) = RECl_3(s,l) + AlPO_4(s)$$

$$3SiO_2(s) + 4AlCl_3(g) = 2Al_2O_3(s) + 3SiCl_4(g)$$

C   方法

将尾矿与活性炭按照一定质量比进行混合。炭用作还原剂，氯气作为氯化剂，$AlCl_3$ 或 MgO 用作脱氟剂，氯化反应在管式炉中进行（装置见图13-38）。辅助炉内放置一定

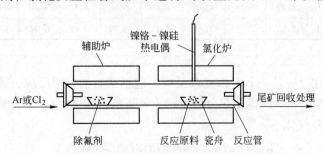

图13-38 尾矿氯化反应装置

量铝粉，固定辅助炉的反应温度为500℃，在此温度下，铝粉可与氯气反应，产生脱氟剂 $AlCl_3$ 气体。反应管为内径25mm、长1500mm的高温炉管，反应物被置于炉中最高温区。反应首先在氩气的保护下升到指定温度，然后通入氯气，最后在氩气的保护下降到室温。用去离子水溶解氯化产物，过滤后，将滤液移入100mL容量瓶中并定容。分析溶液中的稀土浓度，计算稀土提取率。用酸溶解水不溶物，烘干、脱碳后进行物相分析。

用MgO为脱氟剂时，先将MgO与尾矿按照一定质量比放在研钵中混合均匀，盛入瓷坩埚，装入电阻炉，在550℃焙烧脱氟1h，温度控制用SX-5-12型控温仪。再将焙烧后的产物与一定量活性炭混匀，装入小瓷舟中，放入氯化炉中于700℃碳热氯化反应2h。

13.8.2.2　结果与分析

A　反应时间对稀土提取率的影响

考察了700℃条件下，$AlCl_3$ 为脱氟剂时反应时间对稀土提取率的影响，结果如图13-39所示。由图13-39可知，稀土提取率随着时间的增加而增大，氯化时间在2h以上，稀土提取率变化极小，说明氯化2h，反应已经完成。因此尾矿氯化时间固定在2h。

B　脱氟剂对稀土提取率的影响

考察了脱氟剂 $AlCl_3$ 和MgO的加入对稀土提取率的影响，结果表明：在氯气流量不变的条件下，700℃碳热氯化2h，稀土提取率随着

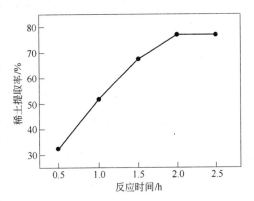

图13-39　反应时间对稀土提取率的影响

脱氟剂的加入有很大提高（见表13-34）。说明脱氟剂的加入，使尾矿中REOF及 REF_3 发生脱氟反应，使稀土提取率得以提高。

表13-34　脱氟剂对稀土提取率的影响

脱氧剂	无脱氟剂	$AlCl_3$	MgO
稀土提取率/%	43	77	84

C　脱氟氯化不溶物相分析

图13-40为尾矿及其在 $AlCl_3$ 和MgO存在条件下，于700℃反应2h酸不溶物的X射线衍射图谱。由图13-40可知，尾矿中除少量的稀土矿物以外，主要物相为萤石、SiO_2 和赤铁矿。尾矿经 $AlCl_3$ 脱氟—碳热氟化后，尾矿中氟碳铈的所有衍射峰均消失，且无 REF_3 峰产生，说明三氯化铝和矿石分解中产生的 REF_3 发生了脱氟反应。尾矿与MgO焙烧脱氟—碳热氟化后，萤石和氟碳铈矿的衍射峰消失，难反应的石英及少量赤铁矿和独居石衍射峰仍然存在，另外出现了脱氟产物 MgF_2 的衍射峰，说明尾矿与MgO发生了脱氟反应。

通过以上研究，可确定：尾矿在没有脱氟剂存在的条件下进行碳热氯化反应会产生稀土氟化物，从而导致稀土提取率降低。研究结果表明，加入脱氟剂 $AlCl_3$ 和MgO使尾矿发生脱氟反应，可防止或减少稀土氧化物的生成，稀土的提取率由无脱氟剂时的43%可提高

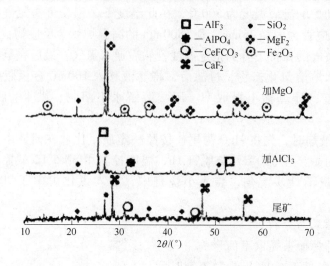

图 13-40　尾矿及其脱氟氯化酸不溶物的 X 射线衍射图谱

到 77%（AlCl₃ 脱氟）和 84%（MgO 脱氟）。可以确定碳热氧化法回收稀土是有效的方法。

13.8.3　武汉理工大学提出的工艺

13.8.3.1　试验矿样及性质[82]

包钢选矿厂强磁粗精矿经磁化焙烧—弱磁选所得尾矿（简称弱磁选尾矿），作为回收稀土资源的研究对象。样品的多元素化学分析结果见表 13-35。

表 13-35　弱磁选尾矿样品的多元素化学分析结果　　　　（%）

试　样	TFe	REO	Nb₂O₅	SiO₂	Al₂O₃	CaO	MgO
弱磁选尾矿	11.90	8.34	0.29	28.90	5.95	13.50	3.04

从表 13-35 可看出，$(CaO + MgO)/(Al_2O_3 + SiO_2) = 0.47$，因此，该矿样为含稀土和铌的酸性矿石。其主要有用物质为 TFe、REO 及 Nb_2O_5，其中稀土（REO）含量为8.34%，含量较高，应尽可能回收；主要有害杂质二氧化硅含量高，其次为氧化钙，故需考虑去除的有害杂质为硅和钙。

13.8.3.2　选矿工艺结果及讨论

A　混合浮选精矿单一浮选流程试验

由文献可知，XQ_{107} 是一种对稀土矿物有较好的选择捕收作用的羟肟酸类捕收剂。它是通过以"O.O"螯合方式与金属离子形成稳定的五元环结构螯合物，从而吸附在稀土矿物表面。因此试验确定以 XQ_{107} 为稀土矿物捕收剂，并配合 pH 值调整剂及脉石矿物抑制剂等药剂制度，进行稀土矿物浮选的工艺研究。

为了考察弱磁选尾矿回收稀土的浮选工艺条件，采用预先脱碳并经混合浮选所得的混合精矿为试样，按照图 13-41 的试验流程和药剂制度进行单一浮选试验研究。结果见表13-36。

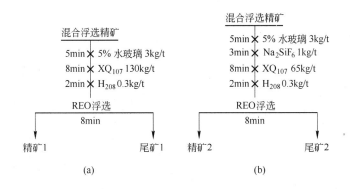

图 13-41　混合浮选精矿单一浮选流程及药剂制度

(a) 试验 1；(b) 试验 2

表 13-36　混合浮选精矿单一浮选时间结果　　　　　　　　　（%）

试验编号	产物名称	产率	品 位		回收率	
			REO	TFe	REO	TFe
1	精矿 1	44.90	23.41	6.15	95.11	29.74
	尾矿 1	55.10	0.98	11.84	4.89	70.26
	给 矿	100.00	11.05	9.29	100.00	100.00
2	精矿 1	26.17	33.93	5.91	80.47	16.85
	尾矿 1	73.83	2.92	10.34	19.53	83.15
	给 矿	100.00	11.04	9.18	100.00	100.00

在图 13-41 试验 1 的流程中，先加入 pH 值调整剂和硅酸盐等脉石矿物抑制剂水玻璃，而后加入捕收剂 XQ_{107} 及起泡剂 H_{208}，可得到产率 44.90%、品位 23.41%、回收率 95.11% 的稀土粗精矿产品。而尾矿 REO 品位 0.98%、回收率 4.89%，这表明抑制剂水玻璃和捕收剂 XQ_{107} 的组合加入，很好地提高了稀土在精矿中的富集，体现出了很好的捕收性和一定的选择性。

考虑 Na_2SiF_6 对稀土矿物浮选的活化作用，在试验 1 的流程的基础上加入一定量的 Na_2SiF_6，同时将捕收剂 XQ_{107} 的用量减半（试验 2 流程），最终得到产率 26.17%、品位 33.93%、回收率 80.47% 的稀土粗精矿产品，其尾矿 REO 品位 2.92%、回收率 19.53%。与试验 1 流程及结果比较可知：Na_2SiF_6 对稀土矿物浮选有较好的活化作用，它能在保证捕收剂 XQ_{107} 较好的捕收性能的基础上，提高浮选的选择性。同时，在捕收剂 XQ_{107} 减半的情况下，粗精矿 REO 的回收率并未下降很多，这表明在稀土矿物浮选中，适量加入 Na_2SiF_6，可减少捕收剂 XQ_{107} 的用量，极大地降低浮选成本。

此外，由以上 2 个试验流程结果还可看出，REO 与 Fe 的浮选指标呈现相反关系，这进一步体现了浮选药剂制度较好的选择性。

B　混合浮选精矿全流程浮选试验

在上述两个单一浮选流程的基础上，经过多次试验及比较，最终对混合浮选精矿进行一次粗选、三次精选、一次扫选的全流程浮选试验，试验流程及药剂制度如图 13-42 所示，结果见表13-17。

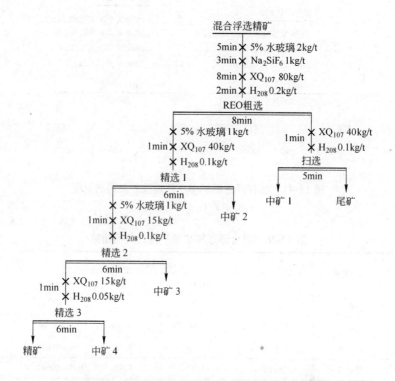

图13-42　混合浮选全流程浮选试验流程及工艺条件

表13-37　混合浮选全流程试验结果　　　　　　　　　（%）

产物名称	产率	品位		回收率	
		REO	TFe	REO	TFe
精矿	3.24	64.41	2.49	18.13	0.83
中矿1	4.45	45.75	2.99	17.71	1.37
中矿2	14.17	5.27	10.89	6.49	15.89
中矿3	13.77	35.44	4.81	42.40	6.82
中矿4	5.47	24.60	8.06	11.69	4.54
尾矿	58.91	0.70	11.63	3.58	70.55
给矿	100.00	11.51	9.71	100.00	100.00

从表13-37可看出，混合浮选精矿经一次粗选、三次精选及一次扫选的全流程，最终可得到产率为3.24%、品位为64.41%、回收率为18.13%的高品位稀土精矿产品。在该流程中，扫选中矿1的REO品位为45.75%、回收率为17.71%，而尾矿REO品位仅为0.7%、收率仅为3.58%，从而实现了尾矿REO较好的选择性分离。另外，从各个浮选产品的浮选指标可以看出，REO与Fe的品位和回收率也呈现出相反的关系。

通过以上研究可得到：

（1）Na_2SiF_6对稀土矿物浮选有较好的活化作用，在稀土浮选中加入适量的Na_2SiF_6，可使稀土品位提高，同时可减少捕收剂 XQ_{107} 的用量，降低浮选成本。

（2）混合浮选精矿经一次粗选、三次精选及一次扫选的全流程，最终可得到产率为 3.24%、品位为 64.41%、回收率为 18.13% 的高品位稀土精矿产品。

（3）REO 与 Fe 的浮选指标呈现出相反关系，这进一步体现了浮选药剂制度具备较好的选择性。

（4）研究证实了浮选工艺的可行性。

13.8.4　包头钢铁公司提出的工艺

13.8.4.1　试样的性质[83]

试样所用矿样都是取自包钢尾矿坝，矿样的多元素分析结果、矿物组成分析结果分别见表 13-38 和表 13-39。

表 13-38　尾矿坝尾矿多元素分析结果　（%）

成分	TFe	REO	F	S	P	K_2O	Na_2O	CaO	MgO	Al_2O_3	SiO_2	BaO	Nb_2O_5	ThO_2
含量	18.20	6.69	10.80	1.30	1.25	0.78	1.00	16.10	3.40	1.21	18.30	1.24	0.150	0.090

表 13-39　尾矿坝尾矿矿物组成分析结果　（%）

矿物名称	赤铁矿	硫铁矿	氟碳铈矿	独居石	萤石	碳酸盐矿物	磷灰石	重晶石	石英长石	角闪石辉石	黑云母	其他矿物
含量	24.50	1.72	6.32	2.97	21.13	4.36	5.69	1.91	8.14	17.31	4.09	1.86

从分析结果可以看出，矿样中稀土含量均略高于白云铁矿石、东矿铁矿石稀土氧化物平均含量，具有很高的可选性。另外矿样中的铁、萤石的含量也比较高，也具有很好回收价值。

13.8.4.2　流程的研究

根据包钢尾矿的特性以及白云鄂博历年来选矿工艺的研究，确定试验流程为混合浮选—优先浮选—磁选（浮选）工艺流程。

A　混合浮选

混合浮选的目的就是首先把尾矿中的有用物质利用浮选分成两大部分：易浮选矿物和难浮选矿物。混合泡沫中集中了易浮选矿物稀土、萤石、磷灰石、重晶石等，而混合浮选尾矿中集中了难浮选矿物铁和铌等。这就为以后回收各个单一矿物提供了有利的条件，采用的药剂是反浮选捕收剂 GE28，进行一次粗选、二次扫选和四次精选，结果列于表 13-40。

表 13-40　混合浮选试验结果　（%）

试验编号	混合泡沫组成				混合浮选尾矿组成			
	产率	REO	TFe	F^-	Nb_2O_5	产率	REO	TFe	F^-	Nb_2O_5
W-37	59.63	10.77	6.80	14.86	0.098	40.37	1.04	25.30	1.05	0.21
W-38	67.14	11.14	7.40	16.96	0.10	32.86	0.55	22.60	0.68	0.17
W-39	69.53	11.94	8.61	14.92	0.11	30.47	0.52	23.80	1.02	0.18

续表 12-40

试验编号	混合泡沫组成					混合浮选尾矿组成				
	产率	REO	TFe	F⁻	Nb₂O₅	产率	REO	TFe	F⁻	Nb₂O₅
W-40	58.39	11.54	8.00	19.48	0.11	41.61	0.85	27.30	1.10	0.22
W-41	63.64	10.65	7.30	17.80	0.11	36.36	0.48	22.70	0.87	0.16
W-42	60.07	11.17	8.10	17.49	0.10	39.93	0.96	26.70	1.41	0.21
平均	63.06	11.21	7.50	16.90	0.10	36.94	0.73	24.73	1.02	0.19
回收率		96.32	34.08	96.54	45.99		3.68	65.92	3.46	54.01
给矿（尾矿）		7.00	14.80	11.50	0.14					

从分析结果可以看出：（1）混合泡沫中稀土和氟的回收率达到 96.00% 以上，为从混合泡沫中回收稀土和萤石提供了资源基础；（2）混合浮选尾矿中稀土和氟含量很低，分别为 0.73% 和 1.02%，对以后回收铁和铌提供了有利的条件。

混合泡沫精选脱药，优选部分萤石，富集稀土。将混合泡沫经过一次粗选，五次闭路精选，分段加入不等数量水玻璃，结果见表 13-41。

表 13-41   混合泡沫经过一次粗选及五次闭路精选结果　　　　　（%）

试验编号	萤石富集物					稀土富集物				
	产率	REO		F⁻		产率	REO		F⁻	
		品位	收率	品位	收率		品位	收率	品位	收率
WH-K₅₃	31.54	4.90	16.25			68.36	11.52	83.75		
WH-K₅₄	28.01	4.23	13.18			71.99	10.78	86.82		
WH-K₅₅	28.91	4.65	13.54	32.81	51.66	71.09	12.04	86.46	12.49	48.34
WH-K₅₆	30.00	4.86	15.42	32.81	49.00	70.00	11.44	84.58	14.63	51.00
WH-K₅₇	30.08	5.10	15.81			69.92	11.65	84.19		
WH-K₅₈	28.16	4.91	15.20			71.86	10.72	84.80		
WH-K₅₉	30.17	4.94	15.04	32.60	49.03	69.93	12.04	84.94	14.63	50.97
平均	29.67	4.80	14.96	32.74	49.87	70.33	11.54	85.04	13.92	50.13

由表 13-41 看出：（1）萤石富集物中稀土平均占有率为 14.96%，萤石占有率为 49.87%，稀土品位低，而萤石品位高，有利于萤石回收；（2）稀土富集物中稀土占有率达到 85.04%，品位也提高了，有利于稀土的回收，而萤石品位也不低，占有率达 50% 左右，也必须在稀土回收后再回收萤石。萤石富集物中稀土占有率仅为混合泡沫中稀土的 15%，品位也不高，但是也可以回收，其回收工艺比较简单，只要经过一次粗选就可以了，其产品为稀土富集物，品位为 15% 左右。分选高品位稀土精矿，试验结果和工艺流程如图 13-43 所示。

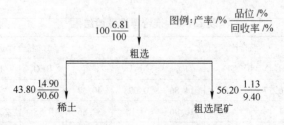

图 13-43　萤石富集物中浮选稀土流程

由图 13-43 看出，经过一次粗选，稀土回收率可达到 90% 以上，粗选精矿稀土品位为 14.90%。

B　稀土的分选

从稀土富集物分选稀土之前可以进行一次磁选脱铁的试验以进一步提高稀土富集物的品位，从而使稀土分选的效果更加理想。强磁脱铁后含 REO 为 15.15% 的稀土富集物，经过一次粗选、二次扫选、三次精选，取得了含 REO 为 60.72% 的高品位稀土精矿，尾矿中含稀土氧化物为 1.79%，稀土作业回收率为 90.39%，其工艺流程图如图 13-44 所示。尾矿选稀土全工艺流程如图 13-45 所示，主要数据列于表 13-42。

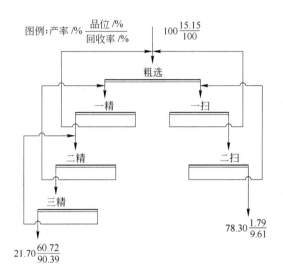

图 13-44　稀土分选工艺流程图

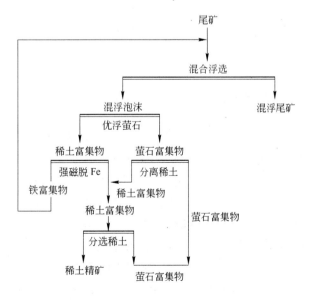

图 13-45　全工艺流程图

表 13-42　从稀土富集物分选稀土试验结果　　　　　　　　　（%）

稀 土 精 矿				稀 土 尾 矿			
编号	REO	产率	回收率	编号	REO	产率	回收率
WX-K6	59.45	20.50	87.95	X6	2.10	79.50	12.05
WX-K7	60.45	20.70	90.17	X7	1.73	79.30	9.83
WX-K8	60.95	22.00	91.72	X8	1.55	78.00	8.23
WX-K9	62.77	22.70	91.29	X9	1.76	77.30	8.71
平　均	60.72	21.70	90.39	平　均	1.79	78.30	90.39

注：稀土精矿的最后回收率是萤石混合泡沫中的稀土回收率96.32%与稀土浮选的作业回收率90.39%的乘积，最后总回收率为87%。

通过研究可得出以下结论：

（1）从研究结果看出，从尾矿中回收稀土的工艺流程是可行的，完全可以达到生产所需要的标准。

（2）从此工艺流程可以看出，尾矿中的铁、铌和萤石等很多的有用矿物是可以回收的，并且为进一步回收有用矿物提供了有利的条件。

（3）为下一步尾矿资源合理的综合利用提出了新途径。

13.9　磷酸体系回收稀土

自然界的稀土元素除了赋存在各种稀土矿中外，还有相当大的一部分与磷灰石和磷块岩矿共生。世界磷矿总储量约为1000亿吨，其中稀土平均含量为0.5‰，按此估算，世界磷矿中伴生的稀土总量为5000万吨[84~87]。我国滇、黔、川、湘等地磷矿资源相当丰富[87]，且磷矿中普遍含有稀土，根据调查，贵州磷矿中含稀土为0.5%~1%[88,90]，磷矿中微量稀土作为一种潜在的稀土资源，开展回收研究具有重要意义。

根据磷矿加工方式的不同，国内外已经开展了多种回收工艺研究，俄罗斯、波兰、南非、埃及[91~94]等国先后对硫酸湿法处理磷矿过程中稀土的回收开展了研究，国内贵州大学、四川大学和北京有色金属研究总院对硫酸法处理磷矿过程中稀土的分布情况以及稀土回收也进行了研究[95~98]。北京有色金属研究总院通过控制合适的工艺条件，在二水合物法过程中主要通过添加表面活性剂，改进磷石膏的结晶形态，降低共晶和吸附作用，使稀土在磷酸中的富集度达75%以上。

国外对从湿法制备磷酸过程中采用萃取法回收微量元素的研究始于20世纪50年代，但早期研究主要集中在通过萃取提铀以及去除放射性元素。1967年美国橡树岭实验室（ORNL）首先建立了用P204（二（2-乙基己基）磷酸）和TOPO（三正辛基氧化膦）从湿法制备磷酸过程中提取铀元素的工艺，并实现了规模化生产[99~101]，后期也有采用P204和C923（Cyanex923）代替TOPO的研究工作[102]。罗马尼亚物理与核能工程研究院[103~105]、阿尔及利亚卜利达大学化学工程学院及印度巴巴原子研究中心（BARC）稀土研究部门等，先后开展了湿法制备磷酸过程中萃取提铀和稀土等研究工作，萃取体系主要采用酸性磷（膦）类和中性磷（膦）类萃取剂组成的协同萃取剂体系。但该研究工作所选协同萃取体系和氟化物反萃方式是以磷酸中回收铀为主线，稀土回收率和纯度并不具优势。对在湿法制备磷酸过程中采用萃取法有效回收稀土，我国科技工作者也进行了研究工作，并制定了可行的工艺。

13.9.1 萃取剂的选择

为了提高稀土萃取率和实现选择性分离，选择适宜的萃取剂是首要问题[84]。根据萃取剂的结构和性能以及萃取机制可分为：中性磷（膦）类、酸性磷（膦）类，羧酸类，有机胺类，螯合类等[35]。此处是在湿法处理磷矿过程中，在磷酸体系中萃取回收稀土，属于高酸度体系萃取回收稀土，而目前应用于高酸度体系的萃取剂主要是酸性磷（膦）类和中性磷（膦）类两类萃取剂。

中性磷（膦）类萃取剂基本结构为（RO）$_3$PO 或 R$_3$PO，它们萃取稀土是通过磷酰氧上未配位的孤电子对（P$=$O）与中性稀土化合物的稀土离子配位，生成配位键的中性萃取配合物。由于 RO-基团比 R-基团电负性大（R 为推电子基），减少了 P$=$O 中 O 上的电荷密度，使其与稀土配位能力减弱，因此，不同类型的中性磷（膦）类萃取剂萃取稀土能力大小为 R$_3$PO > R$_2$(RO)PO > R(RO)$_2$PO > (RO)$_3$PO。因此，选择具有较强萃取能力的 C923 作为萃取剂，研究结果发现不同磷酸浓度下其稀土萃取率均在 10% 以下，萃取效果不佳。

酸性磷（膦）类萃取剂萃取能力随着化合物中 C—P 键能的增加而下降，邻近酯氧原子支链的存在也会导致萃取能力的下降，引入的苯环由于共轭效应可使萃取能力增加，这些均可用烷基磷酸的酸性增强解释，因此具有较低 pK_a 值的 P204、P215（二-(甲基庚基)磷酸）、P406（苯基磷酸单 2-乙基己基酯）、DOPPA（二-辛基苯基膦酸）、DNPPA（二-壬基苯基膦酸）等酸性磷（膦）类萃取剂均可用于高酸度体系。相关报道 DOPPA、DNPPA 等萃取剂由于对稀土萃取能力强，反萃困难，需要使用高浓度酸和 HF 的混合体系进行反萃[105,106]，且该萃取剂尚未工业化，因此可选取 P204 作为萃取剂在磷酸体系中萃取回收稀土。考察了添加不同萃取剂对稀土萃取率的影响，结果表明所选萃取剂与 P204 具有反协萃作用，因此只选择 P204 作为萃取剂。

13.9.1.1 萃取剂浓度的影响

萃取剂浓度与水相初始浓度决定萃取工艺的处理能力及设备大小，也与萃取体系的分相情况有关，因此选择合适的萃取剂浓度是非常重要的条件。酸性磷（膦）类萃取剂萃取金属离子 M^{n+} 的阳离子交换机制可以表示为：

$$M^{n+} + q\overline{HL} \Longrightarrow \overline{ML_n(HL)_{q-n}} + nH^+$$

式中，$\overline{HL}$ 为酸性磷（膦）类萃取剂；$\overline{ML_n(HL)_{q-n}}$ 为有机相中金属与萃取剂的配合物。

令 D 为金属元素在两相间的分配比，即

$$D = \frac{c_3}{c_1} = K_{ex}\frac{c_2^q}{c_4^n}$$

$$K_{ex} = \frac{c_3 \cdot c_4^n}{c_1 \cdot c_2^q}$$

式中，c_1 为 M^{n+} 浓度；c_2 为 $\overline{HL}$ 浓度；c_3 为 $\overline{ML_n(HL)_{q-n}}$ 浓度；c_4 为 H^+ 浓度；K_{ex} 为萃取平衡常数。

公式表明分配比 D 随着萃取剂浓度的增加而增加，而且高萃取剂浓度具有较大的金属萃取容量，图 13-46 及表 13-43 中均显示，随着萃取剂浓度的提高，稀土的萃取能力随之增加，但有机相的黏度增加，降低了其传质效果，同时也增大了其他非稀土杂质进入有机相的可能，从而影响了其分离效果，因此选择合适的萃取剂浓度为 1.5mol/L。

表 13-43　不同萃取剂体系对稀土萃取的影响

萃 取 剂	0.6 mol/L P204 + 0.2 mol/L 以下试剂				1.5 mol/L P204 + 0.2 mol/L 以下试剂		
	—	TBP	C923	TOA	—	TBP	C923
25% P_2O_5	—	—	—	—	8.4%	6.0%	6.6%
10% P_2O_5	32.5%	23.1%	21.9%	7.8%	65.5%	—	—

注：25℃，1g/L REO 的磷酸溶液，O/W = 1，反应时间为 10min。

13.9.1.2　初始水相磷酸含量的影响

初始水相酸度对萃取过程影响显著，不同平衡水相酸度相应的萃取分配比存在着数量级的差别，平衡水相酸度与分相情况和分离效果也有直接关系。图 13-47 考察了磷酸含量对稀土萃取分配比的影响，随着水相中 P_2O_5 含量的增加，初始水相酸度增加，导致了稀土萃取分配比及萃取率的下降。

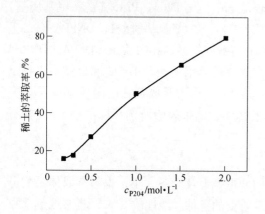

图 13-46　萃取剂浓度对混合稀土萃取率的影响　　图 13-47　磷酸含量对萃取稀土分配比的影响

13.9.1.3　相比的影响

相比是萃取器中有机相与水相的体积比，选择合适的相比可减轻或消除萃取过程中乳化和"第三相"。图 13-48 所示为相比对萃取稀土分配比的影响，由图 13-48 可以得到，随着相比的增加，萃取稀土分配比逐渐增加，萃取率有较大的提高，这是由于萃取剂的浓度的增加使得萃取稀土的反应有利于萃合物生成的方向进行；当相比大于 3 时对稀土萃取率的增加趋势减缓。相比过大或过小不利于两相间的混合，严重时还会出现乳化，直接影响到工艺的处理能力。同时，在一定的水相初始稀土浓度和酸度的条件下，相比还影响稀土间的分离效果。因此选择合适的相比为 (2~3)：1。

13.9.1.4 杂质的影响

磷的化工过程中，杂质元素主要有 Al^{3+}、Fe^{3+}、Ca^{2+}、Mg^{2+}。在通过分别添加上述离子，有序增加磷酸体系中的杂质量，考察了这 4 种元素对稀土萃取率的影响，结果如图 13-49 所示。

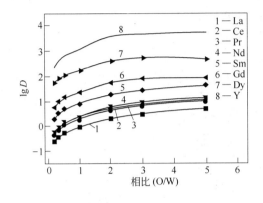

图 13-48　相比对萃取稀土分配比的影响　　　图 13-49　杂质离子浓度对稀土萃取率的影响

Ca^{2+}、Mg^{2+}、Al^{3+} 等离子对稀土萃取率影响较小，Fe^{3+} 对稀土萃取率影响则较大，Fe^{3+} 和稀土之间存在竞争萃取，P204 对 Fe^{3+} 的萃取能力要强于稀土，在 Fe^{3+} 大量存在的条件下，Fe^{3+} 首先被萃取进入有机相，从而抑制了对稀土离子的萃取。

13.9.1.5　P204 在磷酸体系中萃取稀土机制

A　萃合物种类的确定

影响溶剂萃取的因素有很多，如萃取剂的浓度、溶液金属离子的浓度、酸度以及溶液化学因素的影响，如金属离子的配合平衡、离子强度等[107]，研究往往都是建立在一系列的合理的假设之上的。分配比 D 可以表示为线性形式：

$$\lg D = \lg K_{ex} + q \lg c_{\overline{HL}} - n \lg c_{H^+}$$

酸性磷（膦）类萃取剂在低酸介质中主要以二聚体形式存在，二聚体的结构如下[108]：

$$\begin{array}{c} RO \\ RO \end{array} \!\!\! P \!\!\! \begin{array}{c} O \cdots HO \\ OH \cdots O \end{array} \!\!\! P \!\!\! \begin{array}{c} OR \\ OR \end{array}$$

以 HA 表示酸性磷（膦）萃取剂，其二聚状态为 H_2A_2，萃取金属以 M 表示，则形成的萃合物为 MA_n，反应式为：

$$M^{n+} + nA^- \Longrightarrow MA_n$$

Peppard 认为酸性磷（膦）类萃取剂（以 HL_2 表示）在低酸介质中萃取痕量稀土的反应机制为[35]：

$$RE^{3+} + 3\,\overline{HL_2} \longrightarrow RE(HL_2)_3 + 3H^+$$

文献［109，110］通过采用 P204 及 P507 从硝酸溶液中萃取 RE^{3+}，发现在较高硝酸浓度下，P204 萃取 RE 的萃取分配比的对数和 pH 值的斜率在 0～3 之间变化，说明酸度对酸性磷（膦）类萃取剂 RE^{3+} 产生较大的影响。

反应中的 P204 的浓度由斜率法确定，如图 13-50 所示，P204 萃取 RE 的 $\lg D$ 与有机相浓度的关系曲线斜率均接近 2。由图 13-51 得到 $\lg D$-$\lg c_{H_3PO_4}$ 关系曲线斜率约为 -3，表明萃取 1mol 的稀土释放出 3mol 的 H^+，因此在所研究的浓度范围内，采用 P204 在磷酸介质中萃取 RE^{3+} 的反应式可表示如下：

$$RE^{3+} + H_3PO_4 + 2\overline{HL_2} \longrightarrow \overline{RE(H_2PO_4)L_2(HL)_2} + 3H^+$$

式中，HL 为 P204。

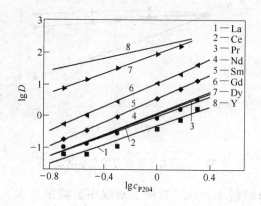

图 13-50   P204 浓度对萃取稀土分配比的影响   图 13-51   磷酸浓度对萃取稀土分配比的影响

在较高酸度下 P204 以单体形式存在，P＝O 键变为吸电子集团而萃取了 $H_2PO_4^-$，主要表现为溶剂化机制，而在较低酸度下 P204 以二聚体形式存在，在此过程中萃取剂会放出较多数量的 H^+，而在中等酸度下则表现出一种过渡态，因此就产生了不同 H^+ 个数的现象。同时由于磷酸为中强酸，一级电离常数 K_{a_1} 为 7.52×10^{-3}，部分电离出的 $H_2PO_4^-$ 与 RE^{3+} 的结合能力较强，因此部分 $H_2PO_4^-$ 与 RE^{3+} 配合进入有机相促使了 H_3PO_4 的电离，从而释放出更多的 H^+。

B   热力学研究

图 13-52 考察了温度对萃取分配比的影响，在一定的水相和有机萃取剂浓度下，在不同温度下进行萃取反应。根据范特霍夫方程可以得出：

$$\frac{\Delta \lg D}{\Delta(1/T)} = -\frac{\Delta H}{2.303R}$$

由图 13-52 斜率计算得出，在该萃取反应中，各稀土元素的焓变在 $-4.71 \sim -8.96$kJ/mol 之间，均小于零，说明该反应是放热反应。随着温度的升高，稀土分配比逐渐下降。根据文献 [35～37]，P204 酸值 pK_a 随着反应温度的增加而呈现增加的趋势，反映到萃取能力上，也体现出随着温度的升高其萃取能力是降低的。

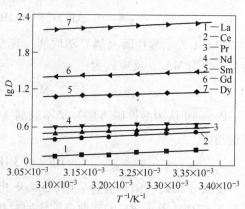

图 13-52   温度对萃取稀土分配比的影响

13.9.2 单循环萃取—反萃取法回收稀土

13.9.2.1 原料及设备[111]

A 磷酸原料

所用的磷酸是化肥厂用硫酸浸出摩洛哥和约旦的磷酸盐矿石得到的。浸出矿浆在 $400m^3$ 沉降槽中澄清，自然冷却、老化得到磷酸溶液。澄清后的磷酸溶液冷却到 $25 \sim 30℃$，含悬浮固体 $0.1g/L$，可用作萃取料液。磷酸溶液呈绿色，在波长 $408nm$ 处的光密度小于 0.3，此时有机物（溶解的或胶状的）含量很少，对萃取没有影响。用佛罗里达或以色列的磷酸盐矿岩石浸出得到的棕色磷酸溶液为原料时，由于这些酸液的光密度都大于 0.4，易产生"三相浊物"，使萃取过程遇到很大困难。

得到的数据表明，绿色的酸不需要进一步处理，而褐色的酸则要求除去有机物，方法是将有机物吸附在活性炭上。将细粒（$1 \sim 2mm$）活性炭装满吸附柱，褐色酸料液通过柱子吸附后变成绿色，其光密度为 $0.1 \sim 0.3$。已证实，吸附对双水化法（WPA）料液的含铀量有一定影响，影响程度与溶液的光密度有关。光密度越高，吸附在活性炭上的铀越多，见表 13-44。

表 13-44 活性炭吸附铀与 WPA 光密度的关系

WPA 料液光密度	WPA 料液中的铀浓度/$g \cdot L^{-1}$	WPA 流出液的光密度	WPA 料液中的铀浓度/$g \cdot L^{-1}$
0.23	0.073	0.12	0.070
0.45	0.092	0.15	0.085
0.90	0.102	0.16	0.086
1.1	0.110	0.15	0.089
1.1	0.110	0.20	0.096
1.1	0.110	0.32	0.103

磷酸溶液含 $26\% \sim 27\% P_2O_5$，$0.01\% \sim 0.15g/L$ U。多年来通过对 WPA 料液的化学分析得出这样的结论：铁以三价态存在，二价铁含量低于 $0.3g/L$。这一特性不断被氧化还原电位的测定所证实，氧化还原电位值约为 $0.35V$。因此，铀呈六价存在，也能被 DEPA（二乙基磷酸）萃取。用 DEPA + TOPO 萃取法除 $U(Ⅳ)$ 很彻底，因此无 $U(Ⅳ)$ 存在。

也已证实，磷酸被盐，主要是 $CaSO_4 \cdot 2H_2O$ 饱和，故不断有 $CaSO_4 \cdot 2H_2O$ 结晶析出。结晶过程需要持续足够时间，以保证已形成的晶体沉淀。晶体沉淀时不需要凝聚剂。通过对最适宜的酸澄清方法进行研究，发现经过一段结晶、一段沉淀的两段澄清法可以得到澄清溶液。

B 设备

萃取设备使用 5L 的四级水平式萃取器（混合澄清器）。中间工厂放大为能处理 $5m^3/h$ 的磷酸的四级混合澄清萃取槽。5L 规模反萃取设备是 PVC 衬里的混合器和分离器。半工业规模也用混合器和分离器。中间工厂的所有设备都内衬硬橡胶，各种设备的液体输送全靠重力自动控制。

13.9.2.2 萃取

澄清后的绿色料液的最佳萃取温度为 $25 \sim 30℃$。萃取与温度的依赖关系是温度高于

35~40℃时，分配比急剧下降；低于25℃时两
相分离速度很慢，这都是不希望的，如图 13-53
所示。

由于磷酸浓度实际上不变，各种细节变化
不可能对分配比 D 产生显著影响。如上所述，
有机相用 1.2mol/L DEPA + 0.1mol/L TBP 的煤
油溶液，或用 0.6mol/L DEPA + 0.1mol/L TOPO
的煤油溶液。两种情况下进入萃取槽的料液都
必须是绿色清液。

萃取在四级逆流混合澄清槽中进行。料液
含固量高于 0.2~0.3g/L 时，磷石膏细颗粒在
澄清室中析出将影响萃取。另一影响因素是料

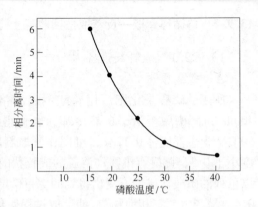

图 13-53 两相分离时间与温度的函数关系

液中的有机物，尤其是在褐色酸液的情况下，在澄清室中的有机相和水相两相界面上会析
出大量凝聚状有机物（界面污物）。由于在短时间内澄清室中积累大量污物，使褐色酸液
的萃取无法控制。在光密度低于 0.3 的绿液中，界面污物积累不多、关系不大，可以每周
卸料和清洗萃取槽时与沉淀固体一起除去。界面污物送入沙滤器（重力过滤），回收它夹
带的溶液后废弃。

界面污物是主要干扰因素，这一点相当重要，应引起重视。已证实，澄清室中界面浑浊
物积累的量与光密度有关（对 DEPA + TBP 而言），如图 13-54 所示。界面污物的量与煤油中
的 DEPA 浓度有关，随 DEPA 浓度增大而增大。第一级萃取槽中界面污物的积累量最大；在
第一级澄清室中的积累量为 50%，第二级澄清室中为 25%，第三极澄清室中为 12.5%。

以往的研究中确定，测得的 D 值取决于料液的浓度、温度、DEPA 浓度和协同效应等
因素。加或不加 TOPO 时 D 与 DEPA 浓度关系如图 13-55 所示。图 13-55 表明两者成直线
关系，直线斜率为 2。

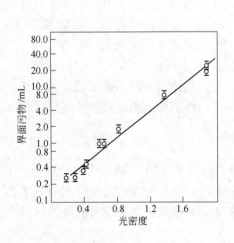

图 13-54 形成的界面浑浊物量与
料液光密度的关系

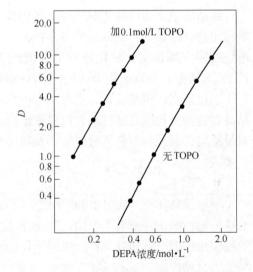

图 13-55 加或不加 TOPO 时铀萃取分配比与
DEPA 浓度的关系

在实验室的研究中确定了萃取剂的最佳混合比。发现间歇萃取时的平衡时间为2.5min。根据 McCalde-Thiele 图设计了中间工厂连续操作过程中的萃取槽，同时也考虑了在混合室和澄清室中的停留时间。

料液的流速是可变的（2～5m³/h）。有机相和水相的流比，对于第一种溶剂（含TBP）来说，通常调节到1/1～1/1.5，对于第二种溶剂（含TOPO）调节到1/1～1/1.2。由于部分有机相从澄清室返回混合室，在混合室中应用相同，在所有情况下都将有机相/水相比控制在1/1左右。结果，在最佳萃取温度范围内澄清室中的相分离时间可在5min内完成。水相和有机相按常规方法从邻近的澄清室进入混合室，但为了保持澄清室中所期望的界面高度，安装了供水相进入混合室的套管。

在水相/有机相流比为1.5/1的条件下，用1.2mol/L DEPA +0.1 mol/L TBP 的煤油溶液进行的萃取试验数据示于表13-45。

表13-45 多级萃取器的萃取数据

萃取剂 0.001g/L U →	0.02	0.045	0.08	0.18	萃取剂 0.18g/L U →
← 料液 0.01g/L U	0.01	0.02	0.04	0.07	← 料液 0.125g/L U

用0.6mol/L DEPA +0.1 mol/L TOPO 的煤油溶液得到了类似的萃取行为，但萃取效率比较高。当水相/有机相流比增大到2/1时，导致第4级 WPA 的进一步贫化，在这种流比下，使用含TOPO 的有机相可得到较高的载铀量。

与含TBP 有机相相关的 McCabe-Thiele 图如图13-56所示。图13-56中，考虑用 DEPA + TBP，水相/有机相比（F/E）采用1.5/l。流比为1/1时，有机相的铀浓度为1.2g/L；流比为2/1时，有机相的铀浓度约为0.24g/L；而1.5/1时，则为0.17g/L。因此，对有机相的最佳铀浓度、萃取级数和萃余液的铀含量必须进行通盘考虑。

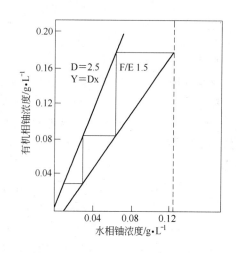

图13-56 用1.2mol/L DEPA +0.1mol/L TBP 的煤油溶液萃取时的 McCabe-Thiele 图

用给出的两种萃取剂也能够萃取稀土，得到的结果示于图13-57，该图表明了分配比与元素离子半径的关系。

13.9.2.3 稀土反萃取和去除杂质

用7%～15%氟氢酸溶液对 WPA 中负载稀土和铀的有机相进行反萃取。反萃取在混合器中进行，有机相/水相比为1/1～3/1，时间为5～10min。分散相连续进入分离器，在5min内两相完全分离。稀土以氟化物形式反萃取进入水相，该稀土氟化物不溶解，沉淀并下沉到分离器底部。稀土泥饼过滤，滤饼含稀土15%～30%。

从分离器流出的反萃取水相，经定期补充调整后送入混合器循环使用。有机相依靠重力直接流到铀反萃取槽。此时大部分杂质（稀土、Ca、Mg 等）在此阶段被除去并存在于稀土浓缩物中。

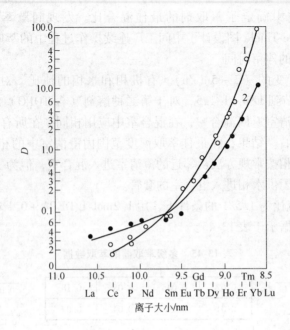

图 13-57   用两种萃取剂萃取稀土时分配比与离子大小的关系

1—1.2mol/L DEPA + 0.1mol/L TBP；2—0.6mol/L DEPA + 0.1mol/L TOPO

13.9.2.4   铀反萃取

反萃取稀土后，留在有机相中的最重要组分是铀，因此该工艺的主要操作是铀的反萃取。在 ORNL 工艺中铀用含 Fe(Ⅱ) 的 WPA 反萃取时，可萃取的 U(Ⅵ) 被还原成不可萃取的 U(Ⅳ)，并溶解进入水相。这种操作只能用磷酸溶液反萃取才有可能。然而，反萃取液中的 Fe(Ⅱ) 浓度必须保持在 10g/L。否则，可能出现萃取铀的反向过程，使反萃取效率下降。

使用氢氟酸溶液作反萃取剂，在最有效的氧化还原电位（85 ~ 100mV）下可导致 Fe(Ⅱ) 与 F^- 比与 $H_2PO_4^-$（150 ~ 200mV）更有效地配合。这一特性使有机相中 U(Ⅵ) 的反萃取更为有效，因此，即使含 1g/L Fe(Ⅱ)，也能使反萃取完全。

从测试结果得知，有机相中的铀以 $UO_2X_2(HX)_2$ 形式存在。在氟氢酸反萃取时，铀仅部分转入水相，水相中的铀经化学分析确定为 UO_2^{2+}，其光谱为 23.7cm^{-1}，没有发现 4 价形式的铀。因此，在有 Fe(Ⅱ) 存在时，氢氟酸溶液是 U(Ⅵ) 的较好还原剂。这种方法的另一优点是可以从含 F^- 水相中直接得到 U(Ⅳ) 沉淀物，其组分是 $UF_4 \cdot 2.5H_2O$（绿饼），如图 13-58 所示。

该法使用的是单循环过程并得到有价值产品，故比 ORNL 法大大简化。

在负载有机相含 0.25g/L U 的情况下，氢氟酸溶液含 10g/L Fe(Ⅱ)，两相搅拌混合 2min 的条件下，HF 浓度对铀沉淀产率的影响列于表 13-46。

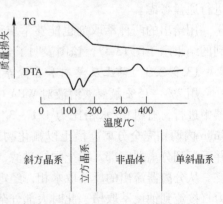

图 13-58 $UF_4 \cdot 2.5H_2O$ 的热差分析

表 13-46 铀的沉淀产率

HF 浓度/%	有机相/水相	沉淀产率/%	HF 浓度/%	有机相/水相	沉淀产率/%
5	2/1	90	5	1/1	94
7	2/1	95	7	1/1	97
15	2/1	97	15	1/1	99

在负载有机相含 0.18g/L U，氢氟酸溶液含 15% F⁻ 和 7g/L Fe(Ⅱ)，有机相/水相比为 3/1，搅拌时间 2min 条件下，影响溶液氧化还原电位的因素 Fe(Ⅱ)/Fe(Ⅲ) 的作用如图 13-59 所示。每次试验中铀均以 $UF_4 \cdot 2.5H_2O$ 形式沉淀。已证实，对有机相/水相比为 1/1，在 15% HF + 0.7g/L Fe(Ⅱ) 反萃取溶液，搅拌 5min 以后，反萃取仍然有效。用磷酸反萃取不能得到类似效果。然而，这种反萃取剂，像在 ORNL 工艺中使用的反萃取剂一样，都被空气快速氧化。15% HF + 0.7g/L Fe(Ⅱ) 反萃取溶液氧化过程如图 13-60 所示。其反萃条件是：有机相/水相比为 1/1；反萃取每次循环时间 2min；氮气气氛或空气气氛。在预先向有机相鼓入氮气并使混合室保持氮气气氛，避免轴向吸入空气的情况下，没有铀时，经 8 次循环后 Fe(Ⅱ) 的含量保持不变，而在有机相含 0.25g/L U 的情况下，Fe(Ⅱ) 的消耗量理论上相当于反萃取时减少的铀量（见图 13-60 中曲线 3）。

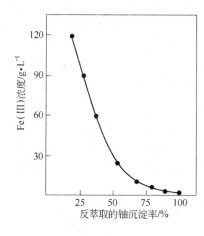

图 13-59 在 Fe(Ⅱ) 浓度不变情况下
反萃取的铀沉淀率与反萃取
液中 Fe(Ⅲ) 的关系

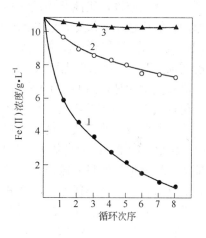

图 13-60 在不同气氛下空气对
反萃取液中 Fe(Ⅱ) 的氧化
1—空气；2—氮气；3—完全没有空气

13.9.2.5 结论

根据以上研究，可做如下讨论，并得出结论如下。

用活性炭吸附柱除去料液中溶解的或呈胶质状的有机物。表 13-46 指出，活性炭上存留的铀取决于料液的光密度，即取决于有机物含量。这一特性是不容置疑的，因为从饱和柱取出的活性炭样品，经洗涤、干燥后用热中子照射，由 ²³⁹Np 引发的 210keV、228keV、278keV γ 放射性，表明了铀的存在。原料碳上没有铀的痕迹。在再生的碱性溶液中，同样测定出 ²³⁹Np。看来是 U(Ⅵ) 先与有机物（腐殖酸）结合，然后才被吸附到活性炭上的。

如上所述，由于 Fe(Ⅱ) 被空气快速氧化，双水化法料液中的铀主要呈六价状态，故用 DEPA 萃取铀时萃取的仅是 U(Ⅵ)。此处给出的氧化还原电位和料液的 Fe(Ⅱ)含量证实铀以 U(Ⅳ)存在。Cher 和 Davidson 指出，Fe(Ⅱ)在 H_3PO_4 溶液中的氧化速度比在 H_2SO_4 溶液中快得多。因此，氧化还原电位增高，U(Ⅳ)的氧化速度加快。其反应速度与 Fe(Ⅱ)浓度呈一级反应关系，与 $H_2PO_4^-$ 离子浓度呈二级反应关系，与 O_2 分压呈一级反应关系。温度高对氧化有利。

在以前的研究中发现，用 DEPA 从料液中萃取 U(Ⅵ)是按离子交换机理进行的，萃合物为 $UO_2X_2(HX)_2$；有 TOPO 存在时则形成 $UO_2X_2(HX)_2 \cdot TOPO$ 加合物。同时也指出了各种工艺参数对萃取过程的影响。

酸性溶液中不含 Fe(Ⅱ)时，F^- 对反萃取仅有部分影响。在这种情况下，以 U(Ⅵ)萃入有机相的铀与进入氢氟酸溶液中的铀之间存在着如下的化学平衡：

$$UO_2X_2(HX)_2 + 2F^- + 2H^+ \Longleftrightarrow UO_2F_2 + 2(HX)_2$$

有 Fe(Ⅱ)存在时，水相中发生还原反应，与此同时，U(Ⅳ)与 F^- 生成 $UF_4 \cdot XH_2O$ 沉淀。经差热分析和 X 射线衍射分析证实，该产物含有 2.5 个水分子（见图 13-58）：

$$UO_2F_2 + 2Fe^{2+} + 4HF \Longleftrightarrow 2FeF^{2+} + UF_4 \cdot 2H_2O$$

这只是对最终有机理的简单定性分析，但基于以上反应式的所有产物都已用化学方法得到。当然也应该将酸性 F^- 溶液中 Fe(Ⅱ)的强配合作用影响考虑进去。Fe(Ⅱ)是一种强还原剂，氧化还原电位低，涉及的以上反应向右进行，此时 V(Ⅳ)以四氟化铀想成沉淀，Fe(Ⅲ)与 F 的强配合作用，影响到可进入 UF_4 沉淀物中的游离 F 浓度。水相中的 Fe(Ⅱ)浓度增加大时，F 总浓度也增大，结果导致有机相含铀量增大（0.18g/L），如图 13-59 所示。必须注意的是初始 Fe(Ⅱ)浓度应保持恒定。氧化还原电位的作用很大，并且是可变的。可进入 U(Ⅳ)沉淀物中的游离 F^- 随 Fe(Ⅱ)量的增加而减少。然而，在 Fe(Ⅱ)高浓度下，反萃取液的效率低，这种不利情况可通过增大水相/有机相比值加以弥补。以 $UF_4 \cdot 5H_2O$ 形式的 U(Ⅳ)沉淀物随 Fe(Ⅱ)浓度增大而减少，清楚地表明了 Fe(Ⅱ)具有强的配合能力。反萃取溶液只要做适当调整就能长期保持有效。对于 Fe(Ⅱ)来说，这种调整更必须经常进行。铁金属作为还原剂效果更好。

业已提到，Fe(Ⅱ)可被空气快速氧化。在酸性 F^- 溶液中也观察到类似现象，如图 13-60 所示。因此，反萃取铀之前最好先向有机相鼓入氮气。同样，在反萃取时也应保持槽内的氮气气氛，并避免轴向吸入空气。

单循环萃取—反萃取法是非常有效的，生产费用比较低：在绿色料液情况下，生产费用估计为每千克铀 25 ~ 30 美元。得到的四氟化铀，在氮气气氛中。400℃下脱水以后，很容易被氟化成高纯度 UF_6。用 F_2 氟化时，仅得到挥发性 UF_6 产物。还应该指出的是，此工艺生产的钇组稀土浓缩物含钇 10% ~ 20%。

该流程所叙述的工艺过程容易控制，而且反萃取剂可用含氟化铵的硫酸溶液或水解六氟硅酸的硫酸溶液替代。氟硅酸在磷酸生产过程中加以回收。

因此，用单循环工艺可得到两种重要产品：以钇为主的稀土浓缩物和以铀为主要组分的绿饼。

13.9.3   贵州织金磷矿回收稀土

贵州织金含稀土磷矿是贵州省磷矿资源和稀土资源储量最多的特大型矿区，包括一个勘探区和 4 个远景矿区。贵州织金已探明磷矿资源储量 12.4 亿吨，平均品位 $\omega(P_2O_5)$ 在 22% 左右；稀土资源储量为 114 万吨，稀土品位 $\omega(REO)$（REO 为稀土氧化物）为 0.09% ~ 0.27%；重稀土约占稀土总量的 45% ~ 50%，其中以钇（Y_2O_3）、镧（La_2O_3）、铈（CeO_2）、钕（Nd_2O_3）为主，占稀土氧化物总量的 82% ~ 83%[112]。

自 1958 年起，国内各高等院校和研究机构为开发利用贵州含稀土磷矿做了大量前期工作，为全面开发利用贵州含稀土磷矿奠定了基础[113~124]。

13.9.3.1 贵州含稀土磷矿浮选试验

贵州织金含稀土磷矿是一种含 REO 0.09% ~ 0.27%、P_2O_5 20% ~ 25%、MgO 1.2% ~ 9.05% 的中低品位磷矿。X 射线衍射及红外光谱分析结果表明：磷酸盐矿物主要是非晶质凝胶集合体（胶磷矿）和泥质碳氟磷灰石，其中稀土元素的存在与胶磷矿关系较为密切。

国内对织金稀土磷矿的选矿研究开始于 20 世纪 90 年代，对贵州磷矿的反浮选工艺研究较多，并已对织金含稀土磷矿进行了多次试验，结果令人满意。

贵州大学着重进行了贵州含稀土磷矿选别工艺的研究，进行了磨矿性能、浮选试验等，特别对抑制剂种类及用量、浮选剂种类、矿浆 pH 值、浮选时间等做了深入研究，取得磷和稀土同时富集的较好结果。磷精矿品位从原矿含 P_2O_5 21% ~ 23%，提高到 32% 以上，磷回收率 84% ~ 90%；稀土品位从原矿含 REO 0.07% 提升到 0.12% ~ 0.135%，稀土回收率为 83% 左右；而原矿含 MgO 从 6% ~ 7% 降为 1.4% 左右，达到选矿指标。其浮选成本较低，采用硫酸、磷酸混酸为抑制剂时每吨矿药剂总费用约为 15.25 元，采用磷酸为抑制剂时每吨矿药剂总费用仅为 13 元，很具吸引力。

武汉理工大学对含 P_2O_5 25.18%，MgO 5.95%、稀土 0.11% 的贵州磷矿，采用一粗一精一扫反浮选工艺，获得含 P_2O_5 34.38%、MgO 0.28%、稀土 0.16% 的磷精矿，磷回收率 86.36%，稀土收率 86.74%，除镁率 96.48%。

从多组数据看，贵州含稀土磷矿的反浮选法预富集稀土是可行的。对于胶磷矿选矿，我国的选矿技术处于世界领先，应当判定贵州织金含稀土磷矿选矿技术基本可行。

13.9.3.2 含稀土磷矿的浸出分解与提取

贵州含稀土磷精矿一般含 P_2O_5 32% ~ 34%、REO 0.11% ~ 0.14%，在提取磷的同时尽可能回收稀土。因为稀土含量少，如果以稀土为主搞开发不经济，对紧缺的磷资源也是一种浪费。

国外含稀土磷矿用酸法浸出，以硫酸和硝酸较常见。在二水法湿法磷酸生产中稀土以夹晶和吸附形式进入磷石膏，而稀土在磷矿中是以类质同象取代 Ca^{2+} 的形式进入磷酸盐晶格。前苏联利用湿法磷酸装置，用硫酸分解含稀土磷矿，其中 60% ~ 75% 的稀土进入磷石膏，5% ~ 20% 的稀土进入磷酸，然后用碳铵溶液萃取磷石膏中稀土元素，最后用碳酸钙硝酸溶液处理，回收稀土元素。美国从磷石膏中回收稀土元素的方法是：先用 25g/L 的 NaCl 溶液再浆磷石膏，然后用 60g/L 的碳酸钠溶液处理磷石膏，CO_3^{2-}/RE_2O_3 摩尔比为 12：1，温度 90℃，处理 1h，分离残渣后，溶液在有水存在的条件下，用浓硝酸处理，硝酸对于稀土元素大大过量，据测定，磷石膏中 91% 稀土被回收。然后再用液/液萃取回收稀土元素，磷酸中的稀土元素一般也用萃取方式回收，再经提纯后成为商品级产品。

我国宏福实业开发公司针对提高磷石膏中稀土元素产率开发的新技术，申请了中国专利，他们用提高酸度的方法使90%的稀土元素进入磷石膏。对于磷酸中稀土磷酸盐可以用苯基磷酸或有机磷酸酯类有机溶剂萃取回收稀土元素。该方法也适宜萃取回收磷石膏中的稀土元素。

与硫酸法不同，采用硝酸作含稀土磷矿浸出分解剂，不存在磷石膏污染问题，其分解后酸不溶物很少，基本不造成危害。用 $w(HNO_3)$ 52% ~57% 的硝酸溶液分解磷矿，分解温度 30~50℃，反应式为：

$$Ca_5(PO_4)_3F + 10HNO_3 \longrightarrow 3H_3PO_4 + 5Ca(NO_3)_2 + HF$$

过滤残渣后在酸解液中加入 $NaNO_3$ 脱氟。反应式如下：

$$2NaNO_3 + H_2SiF_6 \longrightarrow Na_2SiF_6\downarrow + 2HNO_3$$

滤液用氨水中和，中和液再经多次萃取、8~10级洗涤和多级反萃后，稀土富集到反萃液中。萃取剂主要是中性或酸性磷氧萃取剂，如磷酸三丁酯（TBP）。使用 TBP 时一般用磺化煤油或 200 号溶剂煤油作稀释剂。其萃取剂与稀释剂体积比为（2~5）∶1，萃取温度 10~60℃。净化磷酸可用于工业磷酸盐、饲料磷酸盐、食品磷酸盐及精细磷化工产品的制造。

另一种用硝酸分解磷矿流程其酸解过程相同，稀土回收采用结晶法，即过滤残渣后滤液首先冷冻至 -5℃，结晶出 $Ca(NO_3)_2 \cdot 4H_2O$ 晶体，回收利用。母液中加入 $NaNO_3$ 脱氟，氟以 Na_2SiF_6 形式回收，再将溶液置于高压釜中 200℃ 加热反应 1h，过滤出稀土磷酸盐沉淀物，滤液主要是磷酸，可用于硝酸磷肥或再净化后用于工业磷酸盐生产。结晶法是利用稀土磷酸盐的溶解度随酸度降低和温度升高而降低的原理，可以使90%以上的稀土形成稀土磷酸盐结晶。此法稀土氧化物（REO）收率90%以上，稀土富集物质量分数约40%。

萃取法连续性较好，有利于大规模工业化生产，但萃取、洗涤、反萃设备投资较高，生产成本高，仅适合生产磷酸盐精细化工产品。结晶法用于磷肥流程提取稀土工艺，设备投资较低，但连续性较差，大规模生产需设置较多结晶釜。

在硝酸磷复合肥制造中采用含稀土磷矿为原料时，在生产肥料的同时回收稀土是一种很好的选择。

13.9.3.3 碳热还原法提取含磷稀土的可行性

东北大学、包头稀土研究院等在高温电热炉内将含稀土磷精矿分解为 RE_2O_3，然后与焦炭反应生成 REC_2，最终被 SiO_2 还原生成 $RESi_2$ 进入稀土合金。原矿由于处于高温还原气氛中，矿中氟、磷元素大部分挥发，近80%的磷以烟气形式脱出，近20%的磷进入合金中。

研究结果表明，采用 $w(REO)$ 为 6.9% ~31.19% 的稀土合金配方，进行高温碳热还原，在脱磷率84%~87%时合金的 RE 含量较高，$w(REO)$ 约23%~27%；部分磷进入合金，在合金中 $w(P)$ 为 0.3% 左右。

此方法揭示了含稀土磷精矿除了用硫酸、硝酸分解外，还可与黄磷生产工艺结合。电炉法黄磷生产也是碳热还原反应，所不同的配方按黄磷生产需要设置，其 SiO_2/CaO 摩尔比为 0.85 左右，配方中稀土含量较低。但稀土元素同样会集中在炉渣和磷铁中，由于炉渣经过水淬，有很高的活性，用酸即能从中萃出稀土元素，磷铁中磷可以通过处理，回收磷制备工业磷酸盐，铁也能回收利用。因此，用黄磷炉处理含稀土磷矿也是可行的，关键是设法将稀土尽可能赶入磷铁中，大大简化稀土回收过程，并降低成本。当然，完全依靠黄磷电炉来提取稀土，从长远看是不可能将规模放得很大，但从不增加很多投资，副产回收稀土，也符合资源合理利用目的，目前有许多基础工作要做，仍处于探索研究阶段。

13.9.3.4　有机溶剂萃取分离、富集稀土

含稀土磷酸可用有机溶剂萃取分离稀土，膦氧基烷基衍生物，如磷酸三丁酯（TBP）、烷基或芳基膦酸、二-(2-乙基己基)磷酸（P204）等都可用于从磷酸中萃取分离稀土。上海有机化学研究院开发了烷氧基磷酸单烷基酯，专用于分离稀土元素，它与国内磷酸单烷基酯 P538 相当，但更易反萃，优于 P204、P507 萃取剂，用煤油作稀释剂。

TBP 或膦酸已被证明是从硝酸-磷酸溶液中回收稀土最有效的萃取剂，有机相可用硝酸铵溶液洗涤以分离磷酸，并同时从稀土中除去钙和铁。而磷酸酯类萃取剂如 DEPA 及 P204 特别适用于重稀土萃取。考虑到贵州目前已勘探矿区原矿中稀土主要以 Y_2O_3、La_2O_3、CeO_2、Nd_2O_3 为主，精矿中也以这 4 种稀土为主，占稀土氧化物总质量的 83.12%，因此，选择萃取法提取应该是可行的。

13.10　废水中稀土的回收

13.10.1　生产稀土产出的废水回收稀土

生产稀土产品的各种工艺过程都会产生含少量稀土的废水。例如：酸洗液、水洗液、萃余水相、碳酸沉淀滤液等，废水中稀土都未经回收而流失，并对环境造成污染。单从某厂氯化稀土转型计，每年将流失 REO 达 50~100t。因此，从废水中回收稀土具有重要的现实意义[125]。

13.10.1.1　原料

有机试剂：P538（含碳 12~18 的单烷基磷酸）和 N1024 由上海有机所工厂生产；P204 和 TBP 为市售工业品；煤油为市售商品。

原料液为 $La_2(SO_4)_3$ 溶液，用 La_2O（大于 99%）经 H_2SO_4 溶解配成所需浓度。

废水为某厂三代酸法萃取转型所产生的废水，含 REO 0.4~1.6g/L，H_2SO_4 浓度为 0.25mol/L，CaO + MgO 0.5~10g/L，Fe、Mn 少量。

13.10.1.2　工艺条件

废水中稀土主要组成是 La^{3+}，而且 La^{3+} 是稀土中最难被单烷基磷酸萃取的元素，为探索各种条件下 P558 对废水中稀土元素的萃取规律，采用配制的 $La_2(SO_4)_3$ 溶液作水相原料，做了单级萃取研究[125]。

A　P538 浓度对萃取稀土的影响

有机相为不同浓度的 P538 + 煤油；水相为 $La_2(SO_4)_3$ 水溶液，REO 浓度为 3.94g/L，H_2SO_4 浓度为 0.25mol/L。萃取结果列于表 13-47。

表 13-47 P538 浓度对稀土萃取和分层的关系

编 号	P538 浓度/%	分层时间/min	余液稀土浓度/g·L^{-1}	萃取率/%
1	10	1	2.579	34.54
2	20	2	1.369	65.25
3	30	3	0.571	85.50
4	40	约15	0.094	97.61
5	50	约120	0.0078	99.80

由表 13-47 可看到，随 P538 浓度增加，稀土萃取率迅速增加，但是，分层时间显著延长，最后几乎不能分层，有机相呈絮状泡沫，为使萃取能力增大，分层快，就必须考虑增加改良剂。

B 加入不同改良剂对 P538 萃取稀土能力的影响

本着降低成本的原则，采用辛醇、TBP、P204、N1923 作为改良剂；有机相为 20% P538 + 煤油，添加 10% 的不同改良剂；水相为 $La_2(SO_4)_3$ 水溶液，REO 浓度为 3.94g/L，H_2SO_4 浓度为 0.25mol/L。比较各改良剂及不加改良剂对 P538 萃取能力的影响，并观察分层现象。结果见表 13-48。

表 13-48 不同改良剂对 P538 萃取能力的影响及分层情况

编 号	改良剂	分层时间/min	分层现象	稀土萃取率/%
1	辛 醇	1	两相清	29.11
2	TBP	1	两相清	28.11
3	P204	1	两相清	76.81
4	N1923	1	有机相浑浊	11.43
5	—	2	水相浑浊	35.24

由表 13-48 看出，添加 TBP、辛醇、P204、N1923 都可使分层快，但辛醇、TBP 和 N1923 使稀土萃取率下降，且 N1923 使有机相浑浊，这三者不宜作改良剂。添加 P204 分层快，稀土萃取率高。因此选用 P204 作为 P538 的改良剂。

C P204 的浓度对 P538 萃取稀土的影响

有机相为 10% P538 + P204 + 煤油；水相为 $La_2(SO_4)_3$ 水溶液，REO 浓度为 3.94g/L，H_2SO_4 浓度为 0.25mol/L。萃取结果列于表 13-49。

表 13-49 P204 的浓度对 P538 萃取稀土的影响

P538 浓度/%	P204 浓度/%	余液稀土浓度/g·L^{-1}	分配比
10	0	0.909	3.33
10	2.5	0.245	15.08
10	5.0	0.142	26.75
10	7.5	0.056	69.36
10	10	0.042	92.81
0	10	3.59	0.10

从表13-49可以看到：随着P204浓度的增加，稀土的分配比迅速增加，但P204增加到一定程度时，则分层不好。单纯P204对稀土的萃取能力很低，单纯P538的分配比也仅为3.33。因此，可以认为P538 + P204产生了协萃效应，提高了稀土的萃取率。

D　水相酸度对P538萃取稀土的影响

有机相为25% P538 + P204 + 煤油；水相为$La_2(SO_4)_3$水溶液，REO浓度为1.6g/L，萃取结果列于表13-50。

表13-50　原始水相酸度与稀土萃取率的关系

编　号	原始水相酸度/mol·L^{-1}	余液REO浓度/g·L^{-1}	稀土萃取率/%
1	0.050	0.025	98.44
2	0.125	0.077	95.19
3	0.250	0.249	84.44
4	0.375	0.488	69.50
5	0.500	0.707	55.81

水相酸度对P538萃取稀土能力的影响很大，随着水相酸度的降低，稀土的萃取率增加。虽然当水相酸度为0.5mol/L时，稀土萃取率仅为55.81%，但是通过多级萃取，稀土可以较完全地回收。在HCl或HNO_3介质中，也会有相似的趋势。

E　水相稀土浓度对P538萃取稀土的影响

工业废水中一般含稀土较少。为探讨P538对废水稀土的萃取规律，根据废水中稀土实际含量范围，配置了稀土浓度为0.2~8g/L的$La_2(SO_4)_3$水溶液，进行了试验。有机相为10% P538 + 10% P204 + 煤油；水相$La_2(SO_4)_3$水溶液，H_2SO_4浓度为0.25mol/L，萃取结果见表13-51。

表13-51　水相稀土浓度对P538萃取稀土的影响

编　号	原始水相酸度/g·L^{-1}	余液稀土浓度/g·L^{-1}	稀土萃取率/%
1	7.910	2.64	66.62
2	3.953	0.144	96.36
3	0.988	0.037	96.26
4	0.494	0.037	92.51
5	0.198	0.028	85.86

最初稀土萃取率随原始水相稀土浓度的减少而增加，但当稀土浓度小于1g/L后，随稀土浓度的降低萃取率下降，当浓度降为0.198g/L时，稀土萃取率为85.86%。

13.10.1.3　串级萃取

以上是用$La_2(SO_4)_3$溶液作为单级萃取的原料，用P538作稀土的萃取剂，添加TBP、辛醇、N 1932或P204为改良剂进行的模拟试验。但工厂实际废水中还含有其他杂质。为符合工厂的实际情况，且经济可行，要寻找合适的P538浓度及此浓度下P538与改良剂配比。做了相比和配比的研究，找到了较好的工艺条件，并用某厂的实际废水作原料液，用分液漏斗做了五级逆流串级萃取。

串级萃取实验条件：有机相为10% P538 + 10% P204 + 煤油；水相为工业废水，REO

浓度为 1.6g/L，H_2SO_4 浓度为 0.25mol/L。实验结果列于表 13-52。

表 13-52 串级试验结果

编号	水 相		有机相	
	平衡水相稀土浓度/g·L^{-1}	稀土萃取率/%	平衡有机相稀土浓度/g·L^{-1}	稀土萃取率/%
1	0.0488	96.95	7.973	99.60
2	0.0525	96.72	7.927	99.09
3	0.0513	96.79	7.960	99.50

串级结果表明：含 REO 1.6g/L、H_2SO_4 0.25mol/L 的工业废水只需五级萃取即可使废水中 REO 降至 0.05g/L，稀土回收率从水相计算为 96%，从有机相计算可达 99%（由于用差减法，二者计算有误差）。实际工业废水中 H_2SO_4 浓度一般很低，约 0.15~0.2mol/L，更易于萃取。因此该工艺可满足工业要求，能为工厂创造一定的经济效益。

通过以上研究可认为：

（1）单烷基磷酸 P538 是稀土的强萃取剂，在 H_2SO_4 浓度为 0.5mol/L 时都可以较好地萃取稀土，能使水相中少量的稀土得以回收。在其他酸性介质中也能使用。

（2）添加 TBP、辛醇、N1923 或 P204 可以改善 P538 的萃取分层能力，并且发现 P538 + P204 具有较高的协萃效应。

（3）经五级串级萃取可使废水中稀土回收率达 96% 以上。工艺简单经济，该工艺可用于酸洗液等其他含有少量稀土废水的稀土回收。

13.10.2 矿山废水回收稀土

13.10.2.1 专利一[126]

A 原理

利用廉价的石灰作沉淀剂，将废水 pH 值调至 7.0。使稀土与氢氧化物沉淀与废水分离，因废水里有许多非稀土杂质，如铁、铝、锰等也同步沉淀下来，然后将所有的氢氧化物用盐酸进行溶解，酸溶解的 pH 值控制在 4.2~5.5 之间。稀土会优先溶解，铝、铁等后溶解。将溶解液用石灰乳调 pH 值至 6.0~6.4 之间，使溶液里少量的铁、铝等杂物以氢氧化物沉淀除去，待溶液澄清后，虹吸至沉淀池，用石灰乳调 pH 值到 7.0，稀土离子以氢氧化物沉淀析出，沉淀物经压滤机水洗，压滤，酸溶液达到稀土分离厂收购要求的氯化稀土液。

B 工艺步骤

工艺步骤如下：

（1）将废水中低浓度稀土硫酸盐用石灰乳调节 pH 值为 7.0，经过多级自然反应澄清，稀土硫酸盐完全转化为稀土氢氧化物沉淀物。

（2）将稀土氢氧化物的沉淀物用污水泵泵入洗涤池，再加入大量的清水进行洗涤，使剩余的 $Ca(OH)_2$ 除去，以免造成酸耗。

（3）经洗涤后的氢氧化稀土用浓盐酸进行溶解，开始溶解的 pH 值控制在 4.5~4.8 之间，待溶解池快满时慢慢减少盐酸的加入量，使 pH 值控制在 4.5~4.8 之间。

（4）陈化。将溶液池里面溶解好的溶液，用泵泵入陈化池，陈化 12~24h，其间 pH

值约为 4.5~5.0。

（5）预处理。除铝、铁、杂质及硫酸根，用石灰乳在有气泵搅拌下，缓慢加入；最后用水勺，一点一点地加入，使 pH 值调至 6.3~6.5 为止，而后加入氯化钡除硫酸根，氯化钡的加入量为每立方稀土母液水约加 3~4L，制得饱和的氯化钡溶液。

（6）沉淀稀土。将预处理后，澄清的稀土母液，用经 100 目（0.150mm）筛选后的石灰乳同步加入圆形的沉淀池进行沉淀，沉淀 pH 值始终在 7.0，待沉淀澄清后排去上清，再将氢氧化稀土排入沉淀物晶体增大的陈化池进行陈化。

（7）压滤。将陈化后结晶好的氢氧化稀土用板框压滤机进行压滤，脱水。

（8）水洗。将脱水后的滤饼倒入洗涤池加入清水，固液比为 1:6，开启搅拌搅成水浆状，搅拌时间为 0.5~1h。

（9）二次压滤脱水。

（10）酸溶。将二次脱水后的滤饼用浓盐酸溶解，溶液 pH 值为 1.2~1.5，并每立方料液中加入 15L 双氧水。

（11）料液澄清。压滤，将溶解好的料液泵入澄清池中，已澄清的料液就是稀土产品；所得的澄清液用板框压滤，滤液即是稀土氯化液产品，滤出的废渣再返回废渣回收池里进行回收稀土。

13.10.2.2　专利二[127]

A　原理

利用沉淀剂氧化钙将矿山开采废水（其中含 0.01~0.15g/L 稀土）调至 pH 值为 7~8，废水中稀土及一些杂质沉淀下来，过滤后得到滤饼，用盐酸溶解滤饼，得到的溶解上清液作为萃取料液，用 P507 为萃取剂对稀土进行萃取，然后反萃回收稀土。

B　工艺步骤

工艺步骤如下：

（1）收集废水。将含有 0.01~0.15g/L 稀土的稀土矿山开采废水引入沉淀池中，加氢氧化钙调 pH 值至 7~8，并用压缩空气搅拌，使废水中的稀土沉淀，分析上清液含稀土浓度小于 0.001g/L 时，停止搅拌进行澄清。

（2）稀土沉淀物过滤。澄清后将上清液排弃，将沉淀物过滤，滤液排弃。

（3）滤饼溶解。将滤饼放入溶解池中，按滤饼与盐酸的质量比 1:2 加入盐酸溶解，并压缩空气搅拌，溶解完全后澄清，用压滤机压滤，滤液放入储池中，滤渣单独存放。

（4）将 500L 煤油与 500L 有机萃取剂装入反应器中，搅拌 15min，加入 90L 6mol/L 的氢氧化钠进行皂化，皂化值为 0.45~0.54mol/L。

（5）稀土萃取。将步骤 3 中的稀土滤液抽入反应器中，按有机相与稀土滤液体积比 1:1 的相比进行萃取，搅拌混合时间为 30~35min，静置澄清后弃除水相，如此重复操作 1~2 次，直至测有机相稀土浓度达到 0.15~0.18mol/L 后，加入 120L 5mol/L 的盐酸反萃，搅拌 30~35min，静置分相后将水相排入稀土料液储池中，测稀土料液的稀土浓度大于 1.2mol/L 时，送稀土冶炼厂分离稀土元素。

所述的沉淀—萃取法从稀土矿山开采废水中回收稀土的工艺的特征在于：有机萃取剂为 P507。

13.10.3　化工产品废水回收稀土

13.10.3.1　沉淀法回收稀土[128]

齐鲁石化公司催化剂厂是年产万吨以上催化裂解催化剂的专业生产厂家，所用半成品分子筛品种达 7 种之多，其中 REY 分子筛年需求量达 1000t 左右。

REY 分子筛是 NaY 沸石经 $RECl_2$ 交换改性而得到的一种活性高、稳定性好的分子筛，但 $RECl_2$ 交换工艺的稀土利用率低，仅为 66%。为此，改进稀土回收工艺，提高稀土回收利用率是利国利民、减轻污染、降低生产成本的重要课题。

A　回收利用稀土可能性分析

氯化稀土主要由 La、Ce、Pr、Nd、Sm 的氯化物组成，与 NaY 沸石交换时，有无对这 5 种元素的选择性交换，剩余的未被利用的部分氯化稀土组成比例有无变化，有无重复利用的可能性等均需要查清。为此，对进厂稀土原料、经过分子筛二次交换滤饼中的稀土、用氨沉淀回收的氢氧化稀土的质量组成进行了分析，见表 13-53。

表 13-53　稀土的质量组成

组　成	La_2O_3	CeO_2	Pr_8O_{11}	Nd_2O_3	Sm_2O_3	RE_2O_3
稀土原料质量分数/%	23.50	57.10	5.10	14.20	0.17	99.97
比例/%	4.61	11.20	1	2.78	0.03	
分子第二次交换滤饼中稀土平均值(5 次均值)/%	4.54	10.3	0.984	2.43	0.039	
比例/%	4.61	10.47	1	2.47	0.06	
用氨沉淀法回收的氢氧化稀土质量分数/%	24.0	56.8	4.8	14.0	0.28	99.88
比例/%	5	11.8	1	2.9	0.04	

从表 13-53 数据看出：进厂氯化稀土原料、分子筛成品以及回收的氢氧化稀土中的元素组成及比例基本相近，说明分子筛的离子交换对稀土成分没有选择性。可以认为交换后剩余的氯化稀土能够回收利用，而不影响分子筛的交换质量。

B　回收稀土的使用条件

利用回收稀土对分子筛进行了交换试验：

(1) 取用氢氧化铵法沉淀回收的氢氧化稀土（内含部分难以分离的母液），加盐酸溶解制成 $RECl_3$ 交换液，然后与进厂新鲜稀土原料配制的 $RECl_3$ 交换液按比例混合，并与一交一焙后的分子筛进行离子交换。结果见表 13-54。

表 13-54　氢氧化铵回收稀土的掺混比例试验结果

编　号	回收稀土用量/%	新鲜稀土用量/%	交换质量/%	
			RE_2O_3	Na_2O
3a	0	100	17.8	1.2
3b	0	100	17.3	1.5
4a	10	90	17.3	1.9
4b	10	90	17.6	1.9
5a	30	70	18.4	1.7
5b	30	70	18.4	1.6
6a	50	50	16.7	1.4

编　号	回收稀土用量/%	新鲜稀土用量/%	交换质量/%	
			RE_2O_3	Na_2O
6b	50	50	16.9	1.9
7a	70	30	15.5	1.4
7b	70	30	15.7	1.3

由表 13-54 数据可见：含有大量母液的回收氯化稀土重新利用时，其最大掺混量为 30%，否则会影响产品质量。

（2）取用氨水沉淀法回收的氢氧化稀土，设法过滤后取其滤饼，并加盐酸溶解成 $RECl_3$ 溶液，并将其与一交一焙后的分子筛进行离子交换。其结果见表 13-55。

表 13-55　用氨水法回收稀土的掺混比例试验结果

编　号	回收稀土用量/%	新鲜稀土用量/%	交换质量/%	
			RE_2O_3	Na_2O
12a	100	0	17.1	1.7
12b	100	0	17.1	1.6
13a	30	70	17.2	1.4
13b	30	70	18.1	1.7
14a	50	50	17.2	1.9
14b	50	50	17.3	1.8

注：1. 当时二次交换滤饼质量指标为：$RE_2O_3 \geqslant 17.0\%$、$Na_2O \leqslant 2.0\%$；2. 编号 a、b 代表平行梯。

从表 13-55 数据看出：回收的氢氧化稀土经过滤排掉其母液中的有害杂质后，可以全用回收稀土进行交换，仍能保证交换产品质量。

C　氯化稀土回收方法的选择

目前已经使用的回收方法有如下三种：

（1）氯化稀土萃取法。该方法由江西上饶 713 所设计院设计，总投资可达 150 万元，稀土回收率在 98% 左右。目前，长岭催化剂厂采用此方法进行稀土回收生产。但由于投资太高等原因，推广使用受到一定限制。

（2）氨水沉淀法。该方法由华东石油学院设计，投资低，但稀土回收率仅 45% 左右，而且回收的稀土掺混量只能占 30% 左右。兰州催化剂厂采用该方法，周村催化剂厂于 1980～1989 年也采用该方法生产。但由于沉淀物为絮状物，很难进行固液分离，从而使交换母液中的 Na^+、Al^{3+}、NH_4^+、Cl^- 等有害成分重新进入交换液，并与稀土离子产生竞争交换效应，使交换度降低。同时，由于回收的 $RE(OH)_3$ 中含有大量的 NH_4Cl，当加盐酸溶解 $RE(OH)_3$ 时，溶解池内会形成一定的 NH_3-NH_4Cl 缓冲溶液，造成盐酸消耗量过大，减缓了 $RE(OH)_3$ 的溶解速度，因此也不宜推广应用。

（3）碳酸钠或碳酸氢钠沉淀法。该方法由中国石油化工总公司 FCC 催化剂出国考察组提供，美国 Lake Charls 厂采用。该方法原则流程如图 13-61 所示。

据考察，该法比较合理，其优点是投资少、易沉淀、好过滤、碳酸盐滤饼易溶解以及回收的 $RECl_3$ 纯度高，并在原回收装置上稍作改动即可投入生产。

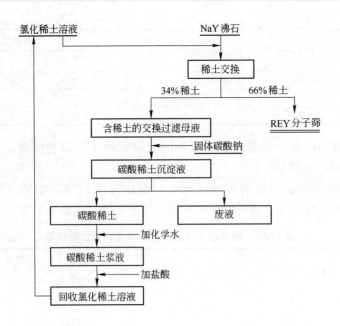

图 13-61　美国 Lake Charls 厂稀土交换滤液回收流程图

碳酸钠（碳酸氢钠）沉淀法的原理为：

$$2RECl_3 + 3Na_2CO_3 \Longrightarrow RE_2(CO_3)_3 \downarrow + 6NaCl$$

$$RE_2(CO_3)_3 + 6HCl \Longrightarrow 2RECl_3 + 3CO_2 \uparrow + 3H_2O$$

碳酸钠沉淀法的工艺条件为：

（1）沉淀剂与 $RECl_3$ 投料比例。取 200mL 含稀土的回收液（其中 $RECl_3$ 总含量为 1.74g），改变 Na_2CO_3 的比例的试验结果见表 13-56。

表 13-56　沉淀剂与 $RECl_3$ 的投料比改变的结果

编号	Na_2CO_3 加入量/g	投料比 $Na_2CO_3/RECl_3$	反应终点 pH 值	沉淀物质占 体积/mL	反应完成后清液中 $RECl_3$ 浓度/g·L^{-1}
1	0.78	0.45	6	75（上部浑浊）	4.35
2	1.04	0.60	6	150	2.48
3	1.30	0.75	5	155	0.62
4	1.56	0.90	6.5	180	0
5	1.82	1.05	7	180	0
6	2.08	1.20	8	180	0

由表 13-56 可知，当 $Na_2CO_3/RECl_3$ 投料比大于 0.90，反应终点 pH 值高于 6.5 时，回收液中的 $RECl_3$ 已沉淀完全。

（2）沉淀物的后处理。取 200mL 含稀土回收液（其中 $RECl_3$ 含量为 1.466g）和 Na_2CO_3 1.464g（配比为 1:1），在 pH 值为 7 及常温下进行反应。然后沉淀物进行集聚、老化、沉降。结果表明，当沉淀物静置 1h 后，已基本沉淀完全。

（3）温度对回收效果的影响。取 200mL 含稀土回收液（其中 $RECl_3$ 含量为 0.67g），按 1:1 投加 Na_2CO_3。结果表明，在温度为 23.5℃时，该样品加沉淀剂后沉降 2h，残液中的 $RECl_3$ 含量已达到了环境保护要求的排放标准（不大于 0.050g/L）。表明在常温下操作，已可满足要求。

(4) 回收沉淀物 $RE_2(CO_3)_3$ 的过滤性能。取含稀土的回收液 1600L（其中 $RECl_3$ 浓度为 2.36g/L），沉淀剂按 Na_2CO_3 与 $NaHCO_3$ 质量比为 1:1 混合使用，反应终了 pH 值为 6.41，采用 $2m^2$ 的框板过滤机（框板尺寸为 325mm×325mm×25mm）进行过滤，过滤实验时只用 2 块框、3 块板，过滤压力为 0.4MPa，当过滤至 73min 时 2 块框内已充满物料，滤饼厚度 27~33mm，滤饼固含量为 20.1%，滤液中的 $RECl_3$ 含量为 0.012g/L。结果表明：$RE_2(CO_3)_3$ 沉淀的过滤性能良好。

D　工业生产应用情况

根据以上研究，齐鲁石化公司催化剂厂利用现有的厂房和设备，并新安装 1 台 $60m^2$ 框板过滤机，仅投资 26 万元，已正式投入运行。通过两个月的生产实践表明，工业化生产基本重复了小试、中试的工艺生产条件。

E　经济效益估算

从车间统计报表分析，生产 1t 分子筛车间实际单耗 $RECl_3$ 为 $7.9m^3$，折成纯 $RECl_3$ 为 395kg。而二次交换成品分子筛中的 RE_2O_3 平均含量为 17.0%，折成 $RECl_3$ 为 $254m^3$。其中未被利用的 $RECl_3$ 为 141kg，按回收率 99% 计，可回收 $RECl_3$ 为 139.6kg，折成进厂固体原料 $RECl_5·6H_2O$ 为 202.4kg。

按当时进厂价格 9300 元/t 计，每生产 1t REY 分子筛，因开启 $RECl_3$ 回收装置，可以降低生产成本 1882 元。按每年生产 REY 分子筛 1000t 计，每年可创造直接效益为 188.2 万元。

根据以上所述可以得出以下结论：

(1) 中、小型试验研究的碳酸钠法生产条件能够满足工业化生产要求；回收后残液中的 $RECl_3$ 含量达到环境保护标准要求。

(2) 碳酸钠沉淀法具有回收工艺简单、回收率高、沉淀物易过滤、易溶解、投资低等优点。

(3) 利用碳酸钠法回收 REY 分子筛生产过程中所排放污水中的稀土，可创显著的直接经济效益和环境保护效益。

另有报道，用沉淀法可从冶金废水中回收稀土，例如在沉淀硫酸锆时生成的盐酸溶液中，除含有杂质铁(Ⅲ)、铝、钛外，还含有稀土金属，含量在 0.03~0.06g/t。通常采用沉淀法初步浓缩稀土，利用沉淀氢氧化物时 pH 值的差别将杂质除去，各个元素的沉淀 pH 值如下：Fe(Ⅲ) 和 Zr 为 2.2~3.2，Al 为 3.8~4.8，Sc 为 4.9~5.5，稀土大于 6.5。

使用 NaOH、Na_2CO_3 及 $Ca(OH)_2$ 溶液作沉淀剂，第一步沉淀的 pH 值为 2.5~5，温度为 23~90℃，将原料母液加热到给定温度，调整溶液 pH 值，保持 5min，过滤第一部分氢氧化物。然后再加热母液，中和到 pH=9.5，保持 5min，过滤第二部分沉淀。

研究表明，在任一沉淀温度下，随着溶液 pH 值的增加，Zr、Fe(Ⅲ)、Al、Sc 的回收率明显增高。当 pH=3.5~4 时，Y 和 Yb 几乎不被回收。随温度的升高，全部金属的回收率均增高。室温下生成细粉沉淀，不易过滤，温度升高到 60~90℃，情况显著改善。

分析结果表明，第一部分氢氧化物析出应在 pH 值为 2.8~3.1，若高于此值，则 Sc 的损失增加，若低于 2.8，则稀土除 Zr、Fe、Al 的净化程度明显下降。研究 NaOH、Na_2CO_3 及 $Ca(OH)_2$ 在中和溶液时的影响也表明，第一步沉淀时的 pH 值应取 3，在相同的 pH 值下，提高沉淀温度可改善净化稀土的情况。

13.10.3.2   萃取法回收稀土[129]

我国每年用于炼油催化剂的氯化稀土约 4000 多吨，是国内稀土消费大户。但在分子筛交换滤液中残留的稀土（约占投入量的 30%）排入下水系统，既污染水源，又造成催化剂成本升高。

国内催化剂厂一般采用氨水沉淀法回收滤液中稀土。此法回收的稀土溶液浓度低、杂质含量高。所回收的稀土再用于分子筛交换时稀土交换量低，回收稀土占新鲜稀土用量的比例不超过 15%。为此，长炼催化剂厂自 1982 年以来，与湖南稀土冶金研究所、江西713 所共同开发出萃取法回分子筛滤液中稀土的新工艺。1986 年建成并投用于国内第一套处理分子筛滤液的能力为 360t/d 的萃取装置。经过多年的工业运行、改进，达到了长周期生产。1993 年通过湖南省技术鉴定。萃取法回收分子筛滤液中稀土工艺成熟，技术可靠，效益显著，值得推广应用。

A   萃取剂的选择

选用相同浓度的 P204 和 P507 作萃取比较，以稀土含量 1.62g/L、pH = 3 的滤液，相比 O/A = 1/1，有机相连续萃取多次，每次接触时间 5min，结果见表 13-57。

表 13-57   P204 和 P507 萃取比较

序　号	P204		P507	
	萃余液稀土浓度/g·L^{-1}	萃取率/%	萃余液稀土浓度/g·L^{-1}	萃取率/%
1	0.013	99.19	0.1	98.83
2	0.012	99.25	0.24	85.18
3	0.015	99.07	0.38	76.54
4	0.03	98.15	0.44	72.84
5	0.03	98.15	0.55	66.00
6	0.05	96.91	0.59	63.58
7	0.08	95.06	0.59	63.58
8	0.11	93.21	0.67	58.64

由表 13-57 可知，有机相浓度相同时，P204 萃取率比 P507 高，而 P204 价格仅为 P507 的 1/3，故选择 P204 + 煤油混合液为萃取有机相。其中，航空煤油比硫化煤油、灯用煤油更佳。

B   萃取条件

a   滤液悬浮物含量对萃取的影响

有机相 P204 + 煤油体系，相比 O/A = 1/8，对不同悬浮物浓度的滤液萃取结果见表 13-58。

表 13-58   悬浮物浓度对萃取的影响

序号	RECl$_3$ 浓度/g·L^{-1}	pH 值	悬浮物浓度/mg·L^{-1}	萃取分层情况	萃取率/%
1	2.10	3.30	2088	严重乳化，不分层	
2	1.99	3.38	879	乳化，有机相呈菜子颗粒状	
3	2.51	3.35	555	界面有大泡，器壁有一层白色沉淀	
4	1.14	4.40	300	界面有油珠，水相发白	
5	1.04	3.52	184	界面有油珠，水相有白色沉淀物	

序号	RECl₃ 浓度/g·L⁻¹	pH 值	悬浮物浓度/mg·L⁻¹	萃取分层情况	萃取率/%
6	0.98	3.50	150	30min 分层清楚，界面有许多泡状物	98.77
7	0.98	3.50	120	30min 分层清楚，界面有许多泡状物	98.67
8	0.98	3.50	100	10min 分层清楚，界面有少数泡	98.98
9	0.98	3.50	90	10min 分层清楚，界面有少数泡	98.77
10	0.98	3.50	75	10min 分层清楚，界面有少数泡	98.67
11	0.98	3.50	60	3min 分层清楚，界面清晰	98.77
12	0.98	3.50	45	3min 分层清楚，界面清晰	98.98
13	0.98	3.50	30	3min 分层清楚，界面清晰	98.98
14	2.67	3.25	约 0	2min 分层清楚，界面清晰	

由表 13-58 结果可见，在萃取能进行的条件下，滤液中悬浮物含量对稀土萃取率无明显影响，但对两相分层时间影响较大，甚至会发生乳化现象。悬浮物小于 100g/t 时，10min 即可分层。故可在滤液中添加絮凝剂以控制一定的悬浮物含量。考察了 9 种絮凝剂的絮凝效果，以南中塑料厂的 PAM 为絮凝剂较好。

b　滤液 pH 值对萃取的影响

滤液加入絮凝剂后，取上层清液用盐酸调节 pH 值，对 pH < 3.55 的滤液进行萃取；滤液自然澄清后，取上层清液，以氨水调节 pH 值，对 pH > 3.85 的滤液进行萃取，滤液 pH 值对萃取的影响见表 13-59。

表 13-59　滤液 pH 值对萃取的影响

序号	pH 值	悬浮物浓度/mg·L⁻¹	滤液性质/g·L⁻¹			萃取分层情况	萃余水相 RECl₃ 浓度/g·L⁻¹	萃取率/%
			RECl₃	Al₂O₃	SiO₂			
1	1.5	6	1.48	0.154	0.146	30 号分层界面清	0.072	95.24
2	1.75	6	1.46	0.106	0.140	30 号分层界面清	0.068	95.34
3	2.0	6	1.48	0.115	0.134	40 号分层界面清	0.063	95.77
4	2.31	6	1.46	0.106	0.154	25 号分层界面清	0.025	98.29
5	3.55	6	1.48	0.101	0.138	35 号分层界面清	0.025	98.31
6	3.85	115	0.650	0.069	0.118	3 号分层界面清	0.009	98.65
7	4.17	105	0.663	0.066	0.118	4min 有少量絮状物	0.007	98.96
8	4.61	75	0.663	0.072	0.111	3min 25 号有絮状物	0.002	99.77
9	7.46	22	0.675	0.039	0.092	4min 5 号絮状物多	0.005	99.73
10	6.00	18	0.651	0.092	0.083	3min 有机相呈泡状	0.0025	99.63
11	6.44	16	0.651	微	0.064	3min 22 号有机相呈泡状	0.0025	99.62

由表 13-59 可见，随滤液 pH 值的升高，稀土萃取率提高，但分层情况变差，pH > 3.85 时易发生乳化。

c　有机相浓度对萃取的影响

不同浓度的 P204 萃取剂萃取效果见表 13-60，由此可见，提高萃取剂 P204 的浓度，萃取率相应提高。

表 13-60 不同浓度萃取剂的萃取效果

序号	P204 浓度 /%	萃余水相		萃后有机相		分配比	萃取率 /%
		pH 值	$RECl_3$ 浓度/$g \cdot L^{-1}$	酸度/$mol \cdot L^{-1}$	$RECl_3$ 浓度/$g \cdot L^{-1}$		
1	10	1.8	0.113	1.546	4.778	45.28	91.50
2	20	1.6	0.056	1.693	5.219	93.20	95.79
3	30	1.7	0.035	1.645	5.077	145.06	97.37
4	40	1.6	0.021	1.670	4.964	236.36	98.42

C 反萃酸度对反萃效果的影响

以不同酸度的盐酸对饱和有机相按相比 O/A = 1/1、接触 3min 进行反萃取，结果见表 13-61。由表可见，随反萃酸度升高，稀土反萃率明显升高，反萃酸度大于 1.5mol/L 时反萃率大于 95%。反萃液稀土浓度大于 17g/L 左右，可满足交换工艺要求。

表 13-61 反萃酸度对反萃取的影响

盐酸浓度/$mol \cdot L^{-1}$	0.3	0.6	0.9	1.2	1.5	1.8	2.1	2.4	3.0	4.0	6.0
反萃取液 $RECl_3$ 浓度/$g \cdot L^{-1}$	5.22	12.48	16.36	16.61	17.34	17.46	17.52	17.96	17.96	18.30	18.30
反萃取率/%	28.52	68.20	89.40	90.37	94.75	95.41	95.74	98.14	98.14	100	100

D 回收稀土的交换研究

小试回收的稀土溶液酸度降为 0.43mol/L，按回收稀土：新鲜稀土 = 30：70，进行 NaY 一次交换试验，情况见表 13-62。

表 13-62 回收稀土的交换结果

试验编号	浆液 pH 值	pH 值		滤饼 RE_2O_3/%	滤 液	
		稀土溶液	交换浆液		$RECl_3$ 浓度/$g \cdot L^{-1}$	稀土排放率/%
JE-3	9.42	0.99	3.76	13.35	2.19	17.0
JE-4	9.42	1.39	3.75	13.55	1.70	13.0
JE-6	9.36	1.15	3.21	13.14	2.19	17.9

由表 13-62 看出，回收稀土交换的滤饼稀土交换量和滤液稀土排放率与用新鲜稀土相当，均达到一定滤饼的质量指标。

在以上小型研究的基础上进行了中型试验。中试装置包括双层滤床、水平箱式混合澄清萃取槽、反萃取槽等设备。中试取得了工业设计基础数据。中试结果表明，稀土回收率可达 98.6%，萃余水相平均 $RECl_3$ 浓度为 0.008g/L，反萃液平均 $RECl_3$ 浓度为 96.77g/L，平均酸度为 0.42mol/L。还将萃取法回收稀土用于制备共 Y-15 型裂化催化剂的研究。

下面介绍中型试验情况：

（1）滤液预处理。滤液中含有悬浮物颗粒分子筛、硅胶粒及铝、铁等元素，加入一定量的絮凝剂，使悬浮物加速絮凝沉淀，清液再通过双层滤床检查过滤，进一步降低悬浮物含量。

滤液悬浮物含量波动较大（如 0.055% ~ 0.17%），加入絮凝剂后，悬浮物可降至

0.01%左右，经双层滤床处理后悬浮物可降至 0.003%以下。用盐酸调节 pH 值可有效地防止萃取中乳化的发生。

（2）萃取与反萃取。萃取 12 个班的运行结果平均值如下：萃原液含 $RECl_3$ 1.76/L，饱和有机相含 $RECl_3$ 14.43g/L，萃余水相含 $RECl_3$ 0.008g/L；萃取率 99.55%。有机相为 P204＋航油。

反萃取 24 个班运行结果的平均值如下：饱和有机相含 $RECl_3$ 12.30g/L；贫有机相含 $RECl_3$ 0.120g/L，反萃液含 $RECl_3$ 96.77g/L；反萃液酸度 0.42mol/L；萃取率 99.05%。反萃剂为 HCl。

（3）萃取法回收稀土制备分子筛和催化剂。为了与氨水法工艺对比，以回收稀土/新鲜稀土为 20/80 的比例，其他条件按生产工艺指标，将萃取法回收稀土用于制备 REY 分子筛和共 Y-15 催化剂，结果见表 13-63。

表 13-63　萃取法回收稀土制备 REY 分子筛和共 Y-15 催化剂结果

编　号		滤液/g·L^{-1}		滤饼/%	
		$RECl_3$	Na_2O	RE_2O_3	Na_2O
一次交换	中 El-2	1.84	3.58	13.12	4.35
	中 El-3	2.57	4.11	13.60	4.25
	中 El-4	2.13	3.59	1.45	4.54
二次交换	中 E2-2	5.44	2.13	19.24	1.77
	中 E2-3	5.54	2.43	17.74	1.76
	中 E2-4	4.96	2.28	18.89	1.79

编　号		化学组成/%						微反活性 (800℃/4h)/%	备　注
		RE_2O_3	Al_2O_3	SiO_2	SO_4^{2-}	Fe_2O_3	Na_2O		
共 Y 催化剂	萃 Y-2	2.79	27.4	68.6	1.23	0.19	0.034	75.1	全部新鲜稀土
	萃 Y-3	2.22	26.2	70.3	1.59	0.08	0.072	73.2	20%氨水法回收稀土
	萃 Y-4	2.72	27.1	68.1	0.91	0.10	0.061	75.3	20%萃取法回收稀土

由表 13-63 可知，萃取法回收稀土进行一次交换、二次交换，其滤饼的稀土 Na_2O 含量与全部新鲜稀土的水平相当，用其制备的共 Y-15 催化剂，800℃/4h 微反活性水平也相当。

在以上研究的基础上长岭催化剂厂进行了工业生产，新建的一套日处理分子筛滤液 360t/a 的萃取装置投运，一次开车成功，各项指标基本达到设计要求。将生产情况介绍如下：

（1）工艺流程。工艺流程如图 13-62 所示，滤液流入缓冲罐，送至絮凝沉降槽，与絮凝剂混合、沉降，清液溢入储槽。送至双层滤床，出水进入 pH 值调配罐，再流入储罐，泵送至高位槽。然后萃原液流入萃取器，与贫有机相逆流五级接触萃取，萃余液经捕油后排入污水池。萃有稀土的饱和有机相流入反萃取器，与反萃取剂盐酸逆流五段接触进行反萃取。萃后贫有机相流入酸洗器，与盐酸逆流接触后进入储罐循环使用。反萃剂盐酸经反萃取器后为反萃液，经隔油池、储槽，将回收的稀土溶液送至车间再利用。

工程设计采用双层滤床、萃原液 pH 值自控、重力腿自身稳定相界面三项先进技术。

（2）试生产情况。第一次试生产操作情况见表 13-64，操作参数见表 13-65，物料衡算见表 13-66。

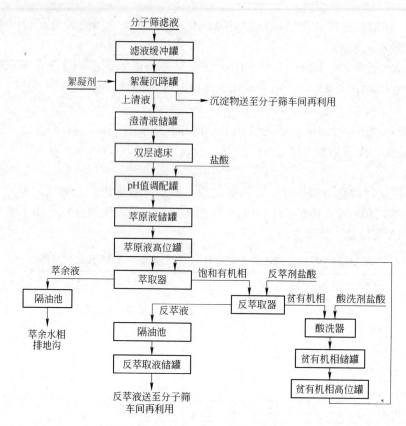

图 13-62　稀土萃取工艺流程

表 13-64　第一次生产操作情况

序号	工序	项目	单位	指标	实际操作情况				
					最大/m³	最小/m³	总量/m³	总时数/h	平均流量/m³·h⁻¹
1	絮凝沉降	滤液	m³/h	18~20	25	—	5089	350	14.54
		PAM	L/h	162~165	—	—	36	375	0.096
2	双层滤床	入床清液	m³/h	12~20	25	6.5	5191.1	373	13.92
		萃原液	m³/h	15.2	14.4	9	5026.2	427	11.77
3	萃取	有机相	m³/h	1.9	3.7	2.0	1104.2	396	2.79
4	反萃取	饱有机相	m³/h	1.9	3.7	2.0	1104.3	396	2.79
		反萃剂	m³/h	0.237	—	—	59.085	353	0.167

表 13-65　第一次生产操作参数

工序	项目	单位	指标	实际操作情况				
				最大	最小	频次	平均	公差
滤液絮凝	RECl₃	g/L		2.17	0.56	54	1.64	0.456
	pH 值			3.90	2.21	54	3.04	0.318
床层滤床	入床浊度	mg/L	<200	800	42	358	177	86.0
	出床浊度	mg/L	<30	9.0	1.0	16	4.3	2.05
pH 值调节	萃原液 pH 值		1.7±0.1	1.82	1.54	54	1.67	0.076

续表 13-65

工 序	项 目		单位	指标	实际操作情况				
					最大	最小	频次	平均	公差
萃取	萃原液	$RECl_3$	g/L		1.78	0.62	16	1.38	0.280
		Al_2O_3	g/L		0.159	0.043	16	0.102	0.037
		总 SiO_2	g/L		0.870	0.304	16	0.471	0.191
		可溶 SiO_2	g/L		0.280	0.108	16	0.169	0.040
		Fe_2O_3	g/L		0.017	0.008	16	0.012	0.003
		Na_2O	g/L		0.24	0.16	16	0.20	0.024
		饱和有机相中 $RECl_3$	g/L	13~15	11.18	3.11	53	6.13	1.646
	萃余液	$RECl_3$	g/L	<30	131	0	54	33	3.3
		pH 值			1.9	1.20	54	1.46	0.109
		油含量	mg/L	<50	87	12.5	14	34.1	21.17
	反萃液	$RECl_3$	g/L	>90	141	90.1	54	113.2	10.2
		酸度	mol/L	<0.45	0.54	0.08	54	0.19	0.113

表 13-66 第一次试生产物料衡算

工序	入 方			出 方			效率/%	总效率/%
萃取	萃原液			饱和有机相			97.6	96.4
	$RECl_3/g \cdot L^{-1}$	总量/m³	$W_入$/kg	$RECl_3/g \cdot L^{-1}$	总量/m³	$W_出$/kg		
	1.38	5026.2	6936.2	1.38	1104.3	6769.4		
反萃取	饱和有机相			反萃取			98.8	
	$RECl_3/g \cdot L^{-1}$	总量/m³	$W_入$/kg	$RECl_3/g \cdot L^{-1}$	总量/m³	$W_出$/kg		
	6.13	1104.3	6769.4	113.2	59.085	6688.4		

由表 13-65 和表 13-66 可见，萃取装置运行中，双层滤床出水浊度、萃余液 $RECl_3$ 含量、油含量、反萃液中 $RECl_3$ 含量和酸度基本上达到设计要求，双层滤床等三项技术可靠。

（3）历年生产情况。针对试生产存在问题，曾对工艺和设备做了进一步改进，并采取措施解决了乳化问题，摸索出操作经验。7 年间装置累积运行 1283 天，处理滤液 741280m³，回收稀土（折固）768.8t，收率年平均值稳定提高，由开始的 88.75% 提高到 97.94%，累积回收分子筛（折固）1260.4t。回收的稀土溶液中 $RECl_3$ 浓度年平均值为 96.5~106.73g/L，酸度年平均值为 0.245~0.380mol/L。7 年的生产实践表明，装置操作平稳，运行可靠，技术成熟，且维修费用低廉。

（4）与氨水法对比。与氨水法回收稀土相比，萃取法主要优点是：

1）回收稀土质量好（见表 13-67）。由表 13-67 可知，萃取法回收的稀土溶液浓度高、纯度好、杂质低，并可全部回收利用，保证了分子筛质量。

表 13-67   回收稀土质量对比

项　目	pH 值或酸度	RECl₃浓度/g·L⁻¹	Al₂O₃/RECl₃/%	SiO₂/RECl₃/%	Fe/RECl₃/%	Na₂O/RECl₃/%	NH₄⁺/RECl₃/%
新鲜稀土溶液	2 ~ 3	49.7	1.65	0.55	0.03	1.70	6.24
氨水回收稀土溶液	0.8 ~ 1.0	18.34	11.29	3.08	0.13	10.14	33.37
萃取回收稀土溶液	0.338mol/L	101.14	1.23	0.03	0.15	0.04	约 0
一、二交滤液	1.7	1.66	7.83	3.19	0.19	98.2	49.88

2）简化了回收工艺。氨水沉淀法的氢氧化稀土需加盐酸溶解成氯化稀土，使用前还须清除沉渣。萃取法回收的稀土溶液清亮，可直接用其溶解新鲜固体氯化稀土，无需再加盐酸。

3）稀土回收率高。氨水法回收稀土沉淀不完全，外排污水中稀土浓度一般为 60 ~ 200mg/L，而萃取法回收的萃余液稀土浓度通常低于 30 mg/L，收率可达 90% 以上。萃取法回收稀土可全部利用，使分子筛稀土单耗从 0.57 ~ 0.59t/t 降至 0.46 ~ 0.50t/t，节约了稀土原材料，降低了分子筛成本。

4）保护环境，消除污水悬浮物超标问题。氨水法沉降稀土同时把穿滤的分子筛颗粒沉淀下来，当用盐酸溶解时完全破坏成胶状物，排入污水池后难以沉降分离，常造成悬浮物超标，而萃取法回收稀土不带进悬浮物。

5）萃取法是一条回收稀土的新工艺。从含有低浓度稀土和高含量杂质的分子筛交换滤液中回收稀土的萃取工艺属国内首创。

（5）经济效益。萃取法投资大，萃取装置总投资 126.4 万元，加上原有设施，总固定资产 143.57 万元。经计算 7 年回收稀土和用于生产分子筛的产值为 1289 万元，扣除总成本 361 万元，经济效益达 928 万元，还是很有利益的。

13.11   废料中钪的回收

13.11.1   从钨渣及锡渣回收钪

钨精矿分解的滤渣含钪 0.3% ~ 0.4%，是回收钪的重要二次资源。曾对钨渣经电炉还原熔炼渣分离提纯钪进行了研究。经过还原熔炼，钨渣中的铌、钽、铁和锰等生成铁合金；而钪、铀及钍等富集于熔渣中，见表 13-68[130~134]。

表 13-68   钨渣还原熔炼渣的成分   （%）

成分	Mn	Fe	WO₃	ThO₂	U	RE₂O₃	Sc₂O₃	Al₂O₃	CaO	SiO₂	Ti
钨渣	15 ~ 20	25 ~ 30	0.02	0.02	0.02 ~ 0.03	0.3 ~ 0.4	0.02 ~ 0.03	1.4 ~ 1.6	4.4 ~ 5	6 ~ 7	0.2 ~ 0.3
熔炼渣	5 ~ 7	2 ~ 3	0.055	0.07 ~ 1	0.7 ~ 1.5	0.06 ~ 0.1	0.7 ~ 1.5	5 ~ 11	10 ~ 15	10 ~ 25	1 ~ 1.6

熔炼渣用水调浆，加工业盐酸在 80 ~ 90℃下浸出 0.5h 后，加软锰矿作氧化剂，恒温下搅拌 3.5h，固液比为 1/6 ~ 1/7。抽滤分离出滤液，用串级萃取回收钪。

在萃取时，先用含 50% 仲辛醇的煤油溶液 12 级逆流萃取除铁。萃余液用含 5% N263 的煤油溶液 4 级逆流萃铀，硫酸反萃得铀产品。萃铀余液用少量硝酸调节酸度，P350 煤油溶液 2 级逆流萃钍，有机相用碳酸钠溶液反萃钍。最后萃余液用 P204 单级萃钪。富钪有机相用盐酸洗涤后，氢氧化钠溶液反萃得到氢氧化钪，再用盐酸溶解，草酸沉淀，700 ~ 750℃下灼烧 0.5h，得到白色疏松状的氧化钪，钪的回收率大于 80%，其工艺流程如图 13-63 所示。

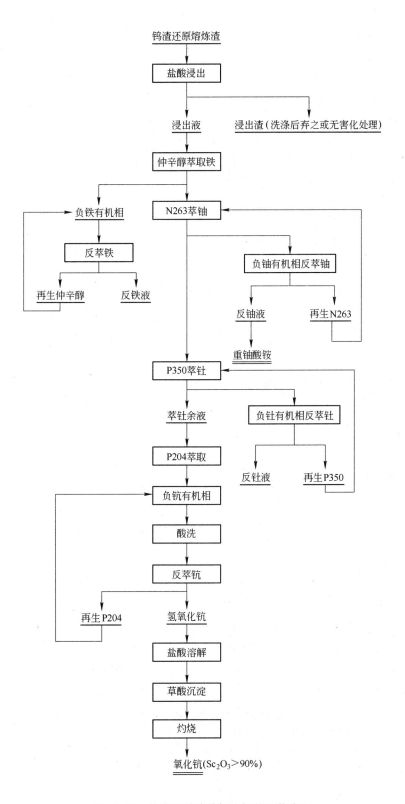

图 13-63　钨渣还原熔炼提取钪的工艺流程

炼锡炉渣一般含钪为 0.05% ~ 0.6%，是含钪较高的物料，具有回收价值。用盐酸浸出锡渣，可获得含钪 150 ~ 300mg/L、盐酸浓度为 1 ~ 2 mol/L 的溶液。用 0.3 ~ 1.0mol/L 的 P204 煤油溶液萃取，氟化氢反萃，硫酸酸化后获得含 $Sc_2O_3$72% 的粗氧化钪，回收率为 80% ~ 82%。

由于母液中含有锆、钛和锡等杂质，与 P204 形成第三相影响萃取分离。为了消除锆的干扰，可加入 H_3PO_4 使锆形成 $Zr(HPO_4)_2$ 沉淀除去，但它会吸附钪，可增加酸度减少钪的吸附。除锆后的母液再用 P204 萃取不形成第三相。

粗氧化钪用盐酸溶解，草酸沉淀灼烧成氧化钪；再用盐酸溶解氧化钪，硫代硫酸钠沉淀，酸溶，用碳酸盐沉淀除去钛、锆和钍的碳酸盐，使钪进一步纯化，最后转化为氧化钪，纯度可达 99% 以上，钪的回收率为 55.4%。

13.11.2　从氯化烟尘选矿尾矿中回收钪

文献 [135] 对含钛物料的氯化冶金烟尘进行了提取氧化钪的研究，以高钛渣生产四氯化钛过程中烟尘为原料，通过 TBP 萃取、沉淀、灼烧等工序获得含 Sc_2O_3 大于 90% 的产品，钪的总回收率为 60%，其工艺流程如图 13-64 所示。

从攀枝花选钛尾矿中提取钪是采用 TBP 萃取工艺。钪的萃取率达到了 98.9%。反萃是用 NaOH 溶液，反萃率达到 97.9%，对得到的富 Sc 反萃液，再用 NaOH、草酸盐精制，获得了纯度为 99.96% 的 Sc_2O_3 产品。

13.11.3　从钛白水解母液中回收钪

从硫酸法生产颜料二氧化钛的水解酸废液中用萃取法回收钪的工艺较成熟，所用的萃取剂为 P204[137,138]。

硫酸分解钛铁矿制取钛白时，钛铁矿中 80% ~ 87.6% 的钪转入二氧化钛的水解母液中，约含 0.02g/L 的氧化钪，是回收钪的原料。制备二氧化钛的原料钛铁矿，含氧化钪为 60 ~ 80g/t，经水解得到母液组成见表 13-69。

表 13-69　水解母液组成

组 分	FeO	Fe^{3+}	ZrO_2	V_2O_5	Sc_2O_3	SiO_2	P	TiO_2	SO_4^{2-}
浓度/g·L^{-1}	48 ~ 50.1	0.76 ~ 3.01	0.015	0.46	0.015 ~ 0.025	0.59	0.06	4.7 ~ 6.9	290

可采用溶剂萃取—沉淀法经济合算地回收氧化钪。萃取剂为 0.25mol/L P204 煤油溶液，直接从硫酸体系中萃取钪。由于母液中含钪较低，杂质含量较高，有机相仍负载有杂质，且比钪还高。可用 2mol/L NaOH，相比为 2(O/A) 反萃钪，使钪转变为氢氧化钪沉淀，沉淀率可达 99% 以上；然后再进行 2 次 P204 萃取和盐酸反萃；继续调解酸度 3 次萃取，用含有过氧化氢的硫酸溶液洗涤，钛可以大部分除去，钪的损失仅 0.28%。洗涤结果见表 13-70。

表 13-70　负载有机相的洗涤结果

成 分	负 载 有 机 相		洗涤效率/%
	洗涤前浓度/g·L^{-1}	洗涤后浓度/g·L^{-1}	
TiO_2	16.5	0.04	99.5
Sc_2O_3	2.3176	2.3111	0.28

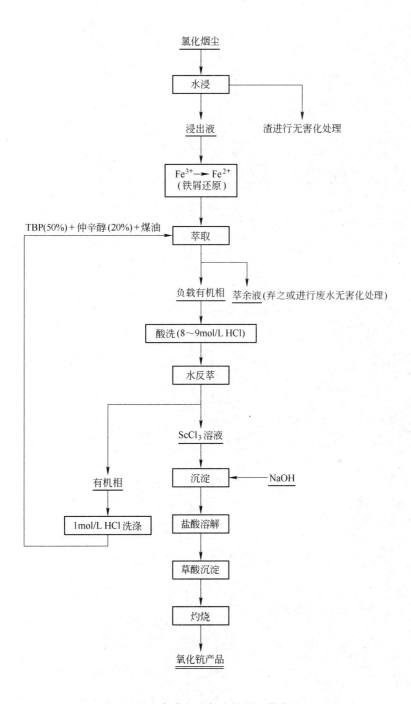

图 13-64　氯化烟尘提取钪的工艺流程

萃取和反萃得到的氧化钪纯度为 95.28%，其主要杂质仍然是 TiO_2 和 ZrO_2，分别为 3.1% 和 0.80%。其工艺流程如图 13-65 所示。

用 P507-N7301（叔胺）从钛白废酸中萃取钪的流程如图 13-66 所示。用该流程萃取钪，也能得到纯度为 99% 以上的氧化钪。

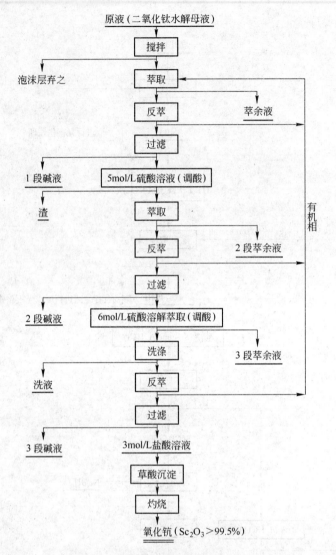

图 13-65 溶剂萃取—沉淀法提取氧化钪工艺流程

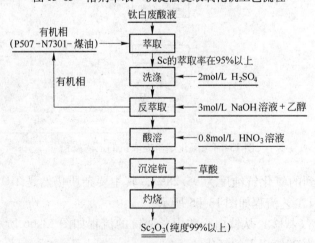

图 13-66 用 P507-N7301 从钛白废酸中萃取钪的流程

参考文献

[1] 陈云锦. 全萃取法回收钕铁硼废渣中的稀土与钴[J]. 稀土信息, 2004(6):10~12.

[2] 张选旭, 郭连平, 等. 电还原—萃取分离法从废钕铁硼中回收稀土工业试验[J]. 江西有色金属, 2009(3):30, 31.

[3] 张选旭, 余党华, 等. 电还原—萃取分离法回收稀土新工艺试验研究[J]. 铜业工程, 2010(1):66~69.

[4] 王毅军, 刘宇辉, 等. 盐酸优溶法回收NdFeB废料中稀土元素的研究与生产[J]. 稀有金属与硬质合金, 2007(2):25~27.

[5] 刘明清. NdFeB废渣中回收稀土的探讨[J]. 稀土信息, 2009(21):131.

[6] 江涛, 李敏, 等. 钕铁硼废料中钕、镝及钴的回收[J]. 稀土, 2004(2):31~34.

[7] 李军, 张大鸣, 等. 从钕铁硼废料中回收稀土元素的方法:中国, 10201120A[P]. 2009-12-14.

[8] 黄丽, 谭伟, 等. 净化回收废NdFeB原料中钴和稀土的试验研究[J]. 江西有色金属, 2007(1):33~35.

[9] 梅光军, 夏洋, 等. 从废弃镍氢电池负极板中回收稀土金属[J]. 化工环保, 2008, 28(1):70~73.

[10] 廖春发, 胡礼刚, 夏李斌. 从废镍氢电池负极浸出液中回收稀土[J]. 湿法冶金, 2011(2):70~72.

[11] 徐丽阳, 陈志传. 镍氢电池负极中稀土的回收工艺研究[J]. 中国稀土学报, 2003, 21(1):66.

[12] 任泽民. 镍氢电池的进展[J]. 电池, 1992(1):28~31.

[13] 高虹, 唐艳芬. 废旧氢-镍电池中稀土元素的回收处理研究[J]. 沈阳理工大学学报, 2009(2):11~15.

[14] ZHANG P W, YOKOYAMA T. Hydrometallurgical process for recovery of metal values spent nickel-metal hydride secondary batteries[J]. Hydrometallurgy, 1998(50):61~75.

[15] PIETRELLI L. Rare earths recovery from NiHMH spent batteries[J]. Hydrometallurgy, 2002(66):135~139.

[16] WANG R, YAN J, et al. Regeneration of hydrogen storage alloy in spent nickel-metal hydride batteries [J]. Journal of Alloys and Compounds, 2002(336):237~241.

[17] NOGUEIRA C A, MARGARIDO F. Leaching behaviour of electrode materials of spent nickel-cadmium batteries in sulphurie acid media[J]. Hydrometallurgy, 2004(72):111~118.

[18] 林才顺. 废弃贮氢合金粉湿法回收工艺[J]. 电源技术, 2004(3):177~179.

[19] NAN J. Recovery of metals values from mixture of spent lithium ion batteries and nickel-metal hydride batteries[J]. Hydrometallurgy, 2006(84):75~80.

[20] 吴君毅, 古宏晨. 搅拌釜中制备草酸铈团雾尺寸模型研究[J]. 中国稀土学报, 2002(3):270~273.

[21] 赵小山, 冯江传. 稀土草酸盐的溶解度与稀土氧化物粒度之间的关系及粒度控制[J]. 稀有金属, 2003(1):167~169.

[22] 许涛, 于亚辉, 等. 稀土抛光粉固体废粉资源特性的研究[J]. 中国资源综合利用, 2010(5):22~25.

[23] 郭会超, 欧阳通. 改性废弃物抛光粉吸附磷的研究[J]. 厦门大学学报, 2006(7):540~544.

[24] KATO K, TOSHIAKI, et al. Study for recycling ceria-based glass pulishing powder[J]. Ind, Eng, Chem, Res, 2000(39):943~947.

[25] 田汝梅. 失效稀土抛光粉的再生:中国, 1246407C[P]. 2006.

[26] 米纳切夫 X M, 安托申 P B, 霍达科夫 D C, 等. 稀土在催化中的应用[M]. 北京:科学出版社, 1987.

[27] MARAFI M, STANISLAUS A. Studies on recycling and utilization of spent catalysts:preparation of active

hydrometallization catalyst compositions from spent residue hydroprocessing catalysts[J]. Applied Catalysis B: Enviromental, 2007, 71: 199~206.

[28] ZOMOZA E, MONZO J P J, BORRACHERO M V, et al. The carbonation of OPC mortars partially substituted with spent fluid catalytic catalyst (FC3R) and its influence on their mechanica properties [J]. Construction and Building Materials, 2009, 23: 1323~1328.

[29] LIN Y H, YANG M H. Catalytic porolysis of polyolefin waste into valuable hydrocarbons over reused catalyst from refinery FCC units[J]. Applied Catalysis A: General, 2007, 328(2):132~139.

[30] LU Y, HE M Y, SHU X T, et al. Exploratory study on upgrading 1-butene using spent FCC catalyst/additive under simulated conditions of FCCU's stripper[J]. Applied Catalysis A: General, 2003, 255: 345~347.

[31] 李先柏, 马荣骏. 固体废物中金属的萃取[M]//汪家鼎, 陈家镛. 溶剂萃取手册. 北京: 冶金工业出版社, 1995: 765~804.

[32] 王毅军, 刘宇辉. 盐酸优溶法回收 NdFeB 废料中稀土元素的研究与生产[J]. 稀有金属与硬质合金, 2007, 35(2):25~27.

[33] 张丽清, 张凤春, 等. 从超导材料废料分离回收稀土元素钕的研究[J]. 沈阳化工学院学报, 2003, 17(4):317~319.

[34] 徐丽阳, 陈志传. 镍氢电池负极板中稀土的回收工艺研究[J]. 中国稀土学报, 2003, 21(1): 68, 70.

[35] 徐光宪. 稀土[M]. 北京: 冶金工业出版社, 2002.

[36] 徐光宪, 袁承业, 等. 稀土的溶剂萃取[M]. 北京: 科学出版社, 2010.

[37] 马荣骏. 萃取冶金[M]. 北京: 冶金工业出版社, 2009.

[38] 苑志伟, 等. 从废 FCC 催化剂中回收稀土的研究[J]. 石油炼制与化工, 2010(10):33~38.

[39] 张友良, 田晖, 田英良. 开展废显像管回收利用研究[J]. 中国资源综合利用, 2002(9):24, 25.

[40] 赵新, 何丽娇, 胡嘉琦, 等. 显像管回收处理技术[J]. 日用电器, 2009(1):49~51.

[41] 廖小红, 田晖. 阴极射线管荧光粉回收利用现状及技术[J]. 再生资源与循环经济, 2010(6): 36~39.

[42] 国本崇. 荧光粉的发光原理、技术发展史、开发现状及课题[J]. 章相东, 译. 中国照明电器, 2008(11):33~37.

[43] 傅丽. 废旧稀土荧光灯中稀土金属分类实验的研究[D]. 北京: 首都经济贸易大学, 2008.

[44] 孙家跃, 肖昂, 夏志国, 等. 阴极射线荧光粉的研究进展和应用[J]. 北京工商大学学报(自然科学版), 2003, 21(4):1~6, 13.

[45] 张海明, 王之建, 张力功, 等. 化学合成法制备 ZnS 基纳米荧光粉研究[J]. 无机化学学报, 2002, 17(6):1147~1151.

[46] 王纯勉, 孙秋山. 报废显像管的适用处置方法[J]. 再生资源与循环经济, 2008, 1(1):36~37, 44.

[47] 吴霆, 李金惠, 李永红. 废旧计算机 CRT 监视器的管理和资源化技术[J]. 环境污染治理技术与设备, 2003, 4(11):86~91.

[48] LEE C H, CHANG C T, FAN K S, et al. An overview of recycling and treatment of scrap computers [J]. Journal of Hazardous Materials, 2004, (B114):93~100.

[49] TAKAHASHI T. Separation and recovery of rare earth elements from phosphor sludge in processing plant of waste flurescent lamp by pneumatic classification and sulfuric acidic leaching[J]. Shigen-to-Sozai, 2001, 117: 579~585.

[50] TAKAHASHI T. Synthesis of red phosphor (Y_2O_3: Eu^{3+}) from waste phosphor sludge by coprecipitation

process[J]. Shigen-to-Sozai, 2002, 118: 413 ~ 418.

[51] HEYTMEIJER H R. Recovery of Yttrium and Europium from Contaminated Solutions: U. S. , 4432948 [P]. 1982.

[52] 王素玲, 王毅军. 从废铁合金中回收稀土的研究与生产[J]. 稀有金属与硬质合金, 2009(2):26, 27, 46.

[53] 王毅军, 刘宇辉, 翁国庆, 等. 用盐酸优溶法从 NdFeB 废料中回收稀土[J]. 湿法冶金, 2006, 25 (4):195 ~ 197.

[54] 王毅军, 郭军勋. 快速沉淀晶型碳酸钕的试验研究[J]. 湿法冶金, 2004(23):40 ~ 42.

[55] 刘洪, 贾建华, 敖波. 攀西矿泥中稀土的回收利用研究进展[J]. 西昌学院学报, 2005(3):39, 40.

[56] 池汝安, 王淀佐. 稀土选矿与提取技术[M]. 北京:科学出版社, 1996.

[57] 张萍, 蒋馥华, 卢寿慈. 四川冕宁稀土矿床黑色风化物中的稀土元素赋存状态研究[J]. 矿物岩石, 1999, 19(4):10 ~ 14.

[58] 施泽明, 李小渝. 攀西地区稀土资源特点及其开发利用意见[J]. 四川地质科技情报, 1994(4): 20 ~ 35.

[59] 朱国才, 徐颖惠, 池汝安, 等. 氯化铵焙烧回收脱锰矿泥中的稀土及其动力学[J]. 化工冶金, 2000, 21(1):14 ~ 17.

[60] 邓如新, 池汝安, 施泽明. 黑色风化物的物理化学性质及稀土配分研究[J]. 稀土, 1996, 17 (2):35.

[61] 田君, 池汝安, 朱国才, 等. 选择性氯化提取攀西稀土矿脱锰矿泥中稀土[J]. 矿冶, 2000, 9(3): 54 ~ 58.

[62] 田君, 池汝安, 朱国才, 等. N235 萃取法分离稀土矿泥氯化浸出液中的铁[J]. 有色金属, 2000, 52(2):57 ~ 60.

[63] 田君, 池汝安, 朱国才, 等. 黑色风化矿泥氯化焙烧浸出液 RE 与 Mn 的萃取分离[J]. 稀土, 2000, 21(2):30 ~ 33.

[64] 张萍, 池汝安, 卢寿慈. 川西稀土矿泥的氯化焙烧研究[J]. 有色金属, 1997, 49(4):58 ~ 63.

[65] 张萍, 池汝安, 卢寿慈. 牦牛坪矿区稀土矿泥加碳氟动力学研究[J]. 稀有金属, 1997, 21(5): 330 ~ 332, 325.

[66] 池汝安, 徐景明, 何培炯, 等. 川西某氟碳稀土矿矿泥浸取稀土研究[J]. 有色金属:选矿部分, 1995(1):1 ~ 4.

[67] 田君, 池汝安, 朱国才, 等. 攀西高锰稀土矿泥盐酸浸取稀土动力学[J]. 过程工程学报, 2000, 21(4):9 ~ 12.

[68] 闫书一, 李瑜, 倪王碧. 冕宁氟碳铈矿矿泥浸取稀土工艺[J]. 四川化工, 1996(3):7, 8.

[69] 田君, 池汝安, 朱国才, 等. 攀西稀土矿黑色矿泥氯化焙烧柱浸稀土研究[J]. 稀土, 2000, 21 (4):9 ~ 12.

[70] 徐颖惠, 朱国才, 池汝安. 冕宁稀土矿泥中锰与稀土分离及回收的研究[J]. 稀土, 1999, 20 (2):1 ~ 4.

[71] 田君, 池汝安, 朱国才, 等. 西南稀土矿黑色风化矿泥还原浸锰的动力学[J]. 化工冶金, 1999, 20(4):360 ~ 364.

[72] 戈芳, 池汝安. 西南稀土矿黑色风化矿泥中铅的回收[J]. 金属矿山, 2003(8):28 ~ 41.

[73] 马德荣, 等. 从独居石冶炼放射性污水沉淀渣回收稀土的研究[J]. 稀有金属, 1993(1):74, 75.

[74] 任秀莲, 魏奇峰. 利用含稀土废渣冶炼稀土合金工艺[J]. 阴山学刊, 2000(3):1 ~ 4.

[75] 苏文清, 贺海钧, 等. 中国稀土产业概况[J]. 稀土信息, 2004(11):28.

[76] 林东鲁, 李春龙, 等. 白云鄂博特殊采选冶工艺攻关与技术进步[M]. 北京:冶金工业出版

社, 2007.

[77] 陈泉源, 张泾生. 我国大型铁-稀土-银多金属共生矿的最新进展[C]. 2000 年全国矿产资源及二次资源综合利用与经验交流会论文. 马鞍山: 金属矿山杂志社, 2000: 6~8.

[78] 徐广尧. 包头稀土采选的两点建议[J]. 稀土信息, 2003(9):31.

[79] 张铭. 包钢选矿厂尾矿综合回收稀土元素选矿工艺[J]. 有色矿山, 1993(1):52~55.

[80] 曾繁武, 于秀兰, 等. 碳热氯化法回收重选尾矿中的稀土[J]. 中国有色金属学报, 2007(7): 1195~1199.

[81] 于秀兰, 郎晓川, 等. 从包钢选矿厂尾矿中回收稀土的工艺研究[J]. 矿产综合利用, 2009(4): 38~40.

[82] 蔡震雷, 曹明礼, 等. 包钢选冶厂强磁选粗精矿磁化焙烧—弱磁选尾矿回收稀土的选矿工艺研究[J]. 金属矿山, 2009(7):155~157.

[83] 张永, 马鹏起, 等. 包钢尾矿回收稀土试验研究[J]. 稀土, 2010(2):93~96.

[84] 王良士, 龙志奇, 等. 磷酸体系微量稀土萃取回收技术的研究[J]. 中国稀土学报, 2009(2):229~233.

[85] 鲁如坤. 我国的磷矿资源和磷肥生产消费 I. 磷矿资源和磷肥生产[J]. 土壤, 2004, 36(1):1~3.

[86] 刘代俊, 蒋绍志, 罗洪波, 张允湘. 我国磷矿资源贫化趋势与对策探讨[J]. 磷肥与复肥, 2005, 20(1):6~8.

[87] 姚永发, 方天翰. 磷酸磷铵重钙技术与设计手册[M]. 北京: 化学工业出版社, 1997.

[88] 施春华, 胡瑞忠, 王国志. 贵州织金磷矿岩稀土元素地球化学特征研究[J]. 矿物岩石, 2004, 24(4):71~74.

[89] 张杰, 张覃, 陈代良. 贵州织金新华含稀土元素地球化学特征研究[J]. 地质和勘探, 2004, 40(1):41~44.

[90] 张杰, 张覃, 陈代良. 贵州织金新华含稀土磷矿床稀土元素地球化学及生物成矿基本特征[J]. 矿物岩石, 2003, 23(3):35~38.

[91] ALY M M, MOHAMMED N A. Recovery of lanthanides from Abu Tartur phosphate rock, Egypt[J]. Hydrometallurgy, 1999, 52: 199~202.

[92] JAROSINSKI A, KOWALCZYK J, MAZANEK Cz. Development of the polish wasteless technology of apatite phosphogypsum utilization with recovery of rare earths[J]. Journal of Alloys and Compounds, 1993, 200: 147~151.

[93] PRESTON J S, COLE P M, CRAIG W M, FEATER A M. The recovery of rare earth oxides from a phosphoric acid byproduct[J]. Hydrometallurgy, 1996, 41: 1~4.

[94] SKOROVAROV J I, KOSYNKIN V D. Recovery of rare earth elements from phosphates in the USSR[J]. Journal of Alloys and Compounds, 1992, 180: 71~75.

[95] LI J Q, JIN H X, WANG H. Rare earth elements in Zhi-jin phosphorite and distribution in two-stage flotation process[C] // The Fifth International Conference on Rare Earth Development and Application, Baotou, China: August, 2007: 88.

[96] 路坊海. 织金含稀土磷矿石浮选及浸出工艺的研究[D]. 贵阳: 贵州大学, 2006.

[97] 王良士, 龙志奇, 黄小卫, 等. 一种从磷矿中富集稀土的方法: 中国, 200710178377, 6[P]. 2007.

[98] 龙志奇, 黄小卫, 彭新林, 等. 湿法磷酸生产过程中控制稀土走向的研究[J]. 中国稀土学报, 2008, 26(3):307~311.

[99] HURST F J, CROUSE D J, BROWN K B. Recovery of uranium from wet-process phosphoric acid[J]. Oak Ridge National Laboratory, 1969.

[100] HURST F J, CROUSE D J, BROWN K B. Solvent extraction of uranium from wet-process phosphoric acid[J]. Ind, Eng, Chem, Process Des, Develop, 1972, 11(1):122.

[101] HURST F J, CROUSE D J. Reductive Stripping Process for the Recovery of Uranium from Wet-Process Phosphoric Acid: U. S., 3711591[P]. 1973.

[102] RICHELTION W A. Recovery of uranium from wet process phosphoric acid using assymetrical phosphine oxides: U. S., 4778663[P]. 1988.

[103] BUNU F, DUMITRESCU R. Simultaneous extraction of rare earth elements and uranium from phosphoric acid[J]. Hydrometallurgy, 1992, 28(3):331~335.

[104] BUNU F, MIU I, DUMITRESCUT R. Simutaneous recovery and separation of uranium and rare earths from phosphoric acid in a onecycle extraction-stripping process[J]. Hydrometallurgy, 1994(35): 375~379.

[105] KREA M, KHALAF H. Liquid-liquid extraction of uranium and lanthanides from phosphoric acid using a synergistic DOPPA-TOPO mixture[J]. Hydrometallugy, 2000(58):215~219.

[106] SINGH H, MISHRA S L, VIJAYALAKSHMI R. Uranium recovery from phosphoric acid by solvent extraction using a synergistic mixture of di-nonyl phosphoric acid and tri-n-butyl phosphate[J]. Hydrometallurgy, 2004(73):63~68.

[107] 康思琦, 吕军. 溶剂萃取中溶液化学因素的影响[J]. 湖南冶金, 1993, 6: 57~61.

[108] PEPPARD D F, MASON G W, MAIER J L, DRISCOLL W J. Fractional extraction of the lanthanides as their di-alkyl orthophosphates[J]. Journal of Inorganic and Nuclear Chemistry, 1957, 4(5~6): 334~338.

[109] 李德谦, 张杰, 徐敏. 2-乙基己基磷酸单(2-乙基己基)酯萃取稀土元素机理的研究——I, 稀土元素(Ⅲ)在 HNO_3-H_2O-HEH[EHP]体系中的分配及温度和溶剂效应[J]. 应用化学, 1985 (2):17~20.

[110] 王忠怀, 李德谦. 用2-乙基己基磷酸单2-乙基己基酯从高浓度矿物酸溶液中萃取镱的研究[J]. 稀土, 1981, 2: 15~18.

[111] BUNUS F, MIU I, DUMITRESCU R. 用单循环萃取及萃取法从磷酸中同时分离回收铀和稀土[J]. 湿法冶金, 1996(3):70~76.

[112] 殷宪固. 贵州织金含稀土磷矿的开发与加工[J]. 磷肥与复肥, 2010(1):76~78.

[113] 金会心, 王华, 李军旗. 磷矿资源及从磷矿中提取稀土的研究现状[J]. 湿法冶金, 2007(4): 179~182.

[114] 骆广生, 刘舜华, 孙永. 磷酸的溶剂萃取净化[J]. 过程工程学报, 2001(2):211~213.

[115] 张覃, 张杰, 陈肖虎. 贵州织金含稀土磷矿石选别工艺的选择[J]. 金属矿山, 2003(3):23~25.

[116] 张小敏, 沈静, 辜国杰. 含稀土磷块岩选矿工艺研究[J]. 化学矿物与加工, 2004(11):12, 13.

[117] 陈义, 黄芳, 陈肖虎. 贵州织金新华含稀土低品位磷块综合利用研究[J]. 中国稀土学报, 2004 (1):1~2.

[118] 钟本和, 陈亮, 李军. 溶剂萃取法净化湿法磷酸的新进展[J]. 化工进展, 2005, 6: 22~28.

[119] 黄美英, 杨三可, 李军. 溶剂萃取法净化湿法磷酸新工艺[J]. 现代化工, 2005, 25(3):48~50.

[120] 贵州宏福实业开发有限总公司. 浮选含碳酸盐磷矿石用的调整剂: 中国, 1868598[P]. 2005-5-27.

[121] 王碧. 磷酸三丁酯固-液萃取分离稀土元素的研究[J]. 湖北民族学院学报(自然科学版), 1998 (3):58~60.

[122] 樊春升, 钟耀荣, 王和平. 湿法磷酸萃取法制取精细磷酸盐的研究[J]. 磷肥与复肥, 2004, 19 (2):15~17.

[123] 钟本和. 湿法磷酸净化试验研究[J]. 化学工程, 2006(5):76~78.

[124] 赵群, 涂赣峰, 邱竹贤. 高磷稀土精矿的碳热还原过程研究[J]. 稀土, 2003(4):39~41.

[125] 刘铃声, 武国琴, 等. P538(单烷基磷酸)从含少量稀土的废水中回收稀土[J]. 稀土, 1985(1):

17~20.

[126] 刘小南,李早发,等.稀土矿山废渣废水微量元素的回收工艺:中国,101979335A[P].2011.

[127] 钟化云,许瑞高.沉淀萃取法从稀土矿山开采废水中回收稀土的工艺:中国,10197469A[P].2011.

[128] 焦念信.分子筛生产污水中氯化稀土的回收利用[J].齐鲁石油化工,1995(2):114~116.

[129] 张继光.萃取法回收分子筛滤液中稀土技术[J].工业催化,1995(1):45~52.

[130] 傅世业.处理钨渣中钪的分离和提纯[J].稀土,1983(1):37~40.

[131] 王树楷.酸浸—萃取法自钨渣中提取氧化钪[J].有色金属(选冶部分),1978(5):63,64.

[132] 许绍权.从黑钨精矿直接提取钨及钪的研究[J].稀土,1984(1):39~42.

[133] 许绍权.我国钪资源研究进展[J].矿产保护与利用,1989(1):45~49.

[134] 邱京旺.国外回收钪的方法[J].矿产保护与利用,1989(1):46~53.

[135] 柯家骏,等.由含钛物料的氯化烟尘中提取氧化钪的研究[J].化工冶金,1981(2):73~76.

[136] 张宗华,庄故章.用萃取法从攀枝花选矿尾矿中提取钪[J].稀土,1999(3):23~27.

[137] COMEHOB C A.综合处理各种原料时萃取回收钪[J].国外稀有金属,1985(1):13~16.

[138] 何永富.从钛的水解母液中回收氧化钪的试验[J].矿产综合利用,1983(3):1~5.

14 核燃料废料的回收处理

核燃料废料，也称为乏料，它是核反应堆件中的核燃料使用一定时间后，产生的废料。对这种废料的处理，即核工业所称的后处理。后处理的目的是去污和提取有关放射性元素。美、俄、日、德、法等国对这方面的工作极为重视，研究了许多处理方法。在诸多后处理方法中最普遍采用的是溶剂萃取法，本章对溶剂萃取的工艺流程加以介绍。

14.1 辐照铀燃料后处理的溶剂萃取法

铀是主要的核燃料。迄今全世界已投入运行的和在建的反应堆绝大部分以铀为核燃料。因此，辐照铀燃料后处理是辐照核燃料后处理的主体[1,2]。

辐照铀燃料是一个复杂的体系，包括未用完的易裂变燃料^{235}U 和转换材料^{238}U、新生成的易裂变燃料^{239}Pu 以及裂变产物和其他锕系元素，裂变产物绝大部分为 β、γ 放射体。表 14-1 列出了几类反应堆燃料溶液的成分[1,2]。

表 14-1　几类反应堆燃料溶液组成

燃料溶液	Magnox（天然金属铀燃料镁合金包壳石墨气冷堆）	热堆（氧化物元件）	块堆（氧化物元件）
铀浓度/mol·L^{-1}	1.25	1.25	1
^{235}U 含量/%	约 0.3	约 1~2	<0.2
钚浓度/mol·L^{-1}	0.002	0.01	0.16
锆浓度/mol·L^{-1}	13×10^{-4}	130×10^{-4}	124×10^{-4}
钌浓度/mol·L^{-1}	6.5×10^{-4}	71×10^{-4}	125×10^{-4}
铈浓度/mol·L^{-1}	6.4×10^{-4}	62×10^{-4}	125×10^{-4}
锶浓度/mol·L^{-1}	6.3×10^{-4}	32×10^{-4}	24×10^{-4}
碘浓度/mol·L^{-1}	0.63×10^{-4}	6.7×10^{-4}	15×10^{-4}
总裂变物/Bq·L^{-1}	3.7×10^{12}	$(5.50 \sim 30.34) \times 10^{12}$	11.1×10^{13}
镎浓度/mol·L^{-1}	0.22×10^{-4}	5.8×10^{-4}	1.5×10^{-4}
镅浓度/mol·L^{-1}	0.12×10^{-4}	2.9×10^{-4}	17×10^{-4}
锔浓度/mol·L^{-1}	0.0014×10^{-4}	0.66×10^{-4}	0.53×10^{-4}

辐照铀燃料的萃取法后处理技术已有几十年的历史。美国早期研究开发了以磷酸三丁酯（TBP）为溶剂的 Purex 流程和甲基异丁基酮（MIBK）为溶剂的 Redox 流程，1951 年投入运行的采用 Redox 流程的 Hanford 厂是第一个大规模的溶剂萃取法辐照燃料后处理厂。到 1955 年以后，美国全部改为 Purex 流程。英国早期的工艺流程是以 2，2′-二丁氧基乙醚为溶剂的 Butex 流程，1952 年开始在 Sellafied 的 Magnox 燃料后处理厂使用，1958 年以后也改为 Purex 流程。其他国家大都采用 Purex 流程。普遍认为 Purex 流程是切实可行、经济

可靠的后处理方法[1,2]。迄今世界各国已建成较大的后处理厂 20 多座[3]。核燃料废料的处理不仅在资源循环再利用上有重要意义，而且在环境保护、防止污染上也有非常大的作用。因此在具有核能利用的国家，都非常重视这项工作，我国在这方面也进行了大量工作。

14.1.1 磷酸三丁酯萃取流程

14.1.1.1 概述[1,2,4~8]

1945 年，Warf 发现用烃或烃混合物为稀释剂的磷酸三丁酯（TBP）有机混合液具有优异的萃取四价铈的性能。1949 年，美国提出了用 TBP 作萃取剂的 Purex 流程。用 Purex 流程建立的 Savannah River 钚生产厂于 1954 年 11 月投产，采用 Purex 流程的 Hanford 后处理厂于 1956 年投入运行。此后，Purex 流程在核燃料后处理中得到了迅速发展，并占据主导地位。

我国的 Purex 流程研究始于 20 世纪 50 年代末。1966 年在清华大学和中国原子能科学研究院完成了 Purex 流程工艺热试验，并在清华大学和核工业第二研究设计院完成了中间工厂规模的冷试验。1968 年建成后处理中间试验工厂，1970 年 4 月第一座生产堆核燃料后处理工厂正式投入运行[8]。

Purex 是英文"plutonium uranium reduction extraction"（钚铀还原萃取）的缩写。该流程采用磷酸三丁酯-稀释剂作有机相。水相料液含有硝酸铀酰（$UO_2(NO_3)_2$）、硝酸钚（$Pu(NO_3)_4$）和裂变产物以及少量镎、镅、锔等锕系元素的硝酸盐。UO_2^{2+} 和 Pu^{4+} 的硝酸盐易被 TBP 萃取，$Pu(Ⅲ)$、镅、锔和绝大多数裂变产物的硝酸盐不被萃取，镎以被萃取的Ⅵ价和不被萃取的Ⅴ价两种价态存在，利用这些性质，通过调整价态，可以实现铀与钚的分离和净化。

TBP 萃取 $UO_2(NO_3)_2$ 和 $Pu(NO_3)_4$ 的反应如下：

$$UO_2^{2+} + 2NO_3^- + 2TBP_{(o)} \Longleftrightarrow UO_2(NO_3)_2 \cdot 2TBP_{(o)}$$

$$Pu^{4+} + 4NO_3^- + 2TBP_{(o)} \Longleftrightarrow Pu(NO_3)_4 \cdot 2TBP_{(o)}$$

稀释剂为烃或烃混合物，常用的稀释剂有正十二烷、四聚丙烯、加氢四聚丙烯、无味煤油、加氢煤油等，TBP 的浓度为 5% ~40%，现在常用的 TBP 浓度为 30%。

Purex 流程的步骤是：先将经过预处理的由辐照铀燃料制成的铀、钚和裂变产物以及锕系元素的硝酸水溶液（水相料液）与纯 30% TBP-煤油（或 TBP 与其他稀释剂组成的有机相）接触，$Pu(NO_3)_4$ 和 $UO_2(NO_3)_2$ 生成萃合物被萃入有机相，裂变产物、三价锕系元素镅、锔留在水相，而铀保留在有机相中，这一步骤称为铀钚分离；随后将铀反萃入水相，实现共去污和分离的溶剂萃取循环称为共去污分离循环；而后再将 $Pu(Ⅲ)$ 氧化成 $Pu(Ⅳ)$，用 TBP-煤油萃取并进行反萃，达到钚的进一步净化和浓缩，这一步称为钚净化循环；经过钚、铀分离的铀再用 TBP-煤油萃取并进行反萃，达到铀的进一步净化和浓缩，这一步是铀净化循环。为满足产品要求，钚净化循环可进行二次或三次。

不同的后处理厂由于处理的料液不同和去污要求不同，采用不同的流程组合。对于生产堆燃料或燃耗较低的天然铀燃料，可选用包括共去污分离循环、两个钚净化循环和两个铀净化循环的三循环流程，或两个萃取循环加尾端净化处理（如铀线加硅胶吸附，钚线加离子交换）的流程。有的情况下，仅需两个萃取循环即可。而对于燃耗深的动力堆燃料，由于放射性比生产堆燃料大 10 倍左右，一般采用三个萃取循环即可。

　　Purex 流程的各个循环可在脉冲筛板柱、混合澄清槽或离心萃取器等萃取设备中进行。热离子反应堆燃料由于易裂变材料量相对低，这三种萃取设备均可使用；而快堆燃料中易裂变材料量要高得多，为保证临界安全，只能使用脉冲筛板柱和离心萃取器。美国最早的 Savannah River 厂用的是混合澄清槽；Idaho Falls 厂和 Hanford 厂则使用了脉冲筛板柱；稍后 Savannah River 厂又最先在后处理厂中使用了离心萃取器。

14.1.1.2　共去污分离循环[1,2]

　　共去污分离循环包括铀钚萃取共去污、铀钚分离、铀反萃、污溶剂净化再生四个步骤。

　　图 14-1 为一个典型的生产堆后处理厂共去污分离循环流程图[7]。

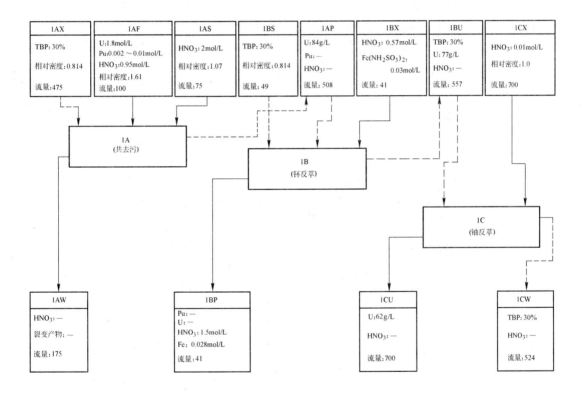

图 14-1　共去污分离循环流程

——水相液流；- - - - -有机相液流

（各液流流量均为相对流量，"—"表示数据未测）

　　萃取共去污由萃取段和洗涤段组成。水相液 1AF 从 1A 接触器的中部进入，在萃取段与从接触器水相出口端引入的有机溶剂（TBP-稀释剂）逆流接触，铀和钚被萃取进入有机相，裂变产物基本上留在水相萃余液 1AW 中，镅和锔主要以三价存在，也留在水相萃余液中。镎以两种价态（可被萃取的六价和不被萃取的五价）存在，它在有机相及水相之间分配。在洗涤段，萃取了铀、钚的有机相与从接触器另一端加入的洗涤剂（一定浓度的硝酸水溶液）逆流接触，使有机相中的少量裂变产物转入水相，返回到萃取段。含铀、钚的萃取液（有机相）1AP 离开 1A 接触器。萃取段通常在室温下操作，以减少溶剂降解。

洗涤段在 50 ~ 55℃下操作，以使钌的去污更完全。处理天然铀辐照燃料，料液中铀浓度通常为 1.8mol/L（约 420g/L）；处理富集度稍高的辐照铀燃料，料液中铀浓度通常为 200 ~ 300g/L。

水相硝酸浓度对铀、钚和裂变产物的分配比影响很大。图 14-2 给出了水相硝酸浓度与钚和裂变产物分配比的关系。料液和洗涤剂的硝酸浓度主要有两种匹配方式：一种是高酸进料（硝酸浓度通常为 3mol/L），低酸洗涤（洗涤剂酸度约为 1mol/L）；另一种是低酸进料（硝酸浓度通常为 0.5 ~ 1mol/L），高酸洗涤（洗涤剂酸度 2 ~ 3mol/L）。高酸进料低酸洗涤有利于除钌，而低酸进料高酸洗涤有利于去除锆、铌。

有机溶剂 TBP 浓度的选择，应从水力学性能、生产能力、铀和钚的分配比以及临界安全等因素综合考虑。对于天然铀及低富集铀（富集度小于 5%）燃料，TBP 浓度取 20% ~ 40%，通常采用 30% 的 TBP；对于高富集铀燃料，TBP 浓度可取 5% ~ 15%。

溶剂中铀的饱和度对分配比也有较大的影响。在接近于萃取段和洗涤段的硝酸浓度的条件下，铀饱和度与分配比的关系如图 14-3 所示[7]。提高铀饱和度有利于提高对裂变产物的去污，但会增加铀、钚的损失，通常铀饱和度为 60% ~ 80%（每升 30% TBP-煤油萃取 73 ~ 96g 铀）。

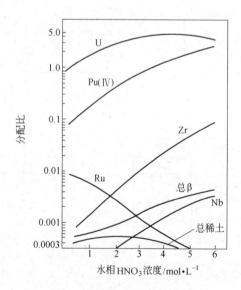

图 14-2 水相硝酸浓度对分配比的影响
（有机相：30% TBP，铀饱和度 80%；水相：
U 200g/L，Pu 2×10^6 计数（α）/(min·mL)；
总β：10^8 计数/(min·mL)）

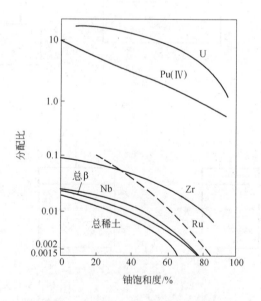

图 14-3 铀饱和度对分配比的影响
（有机相：30% TBP；水相：硝酸浓度由铀饱和度
为零时的 2mol/L、45% 时的 2.5mol/L 增至 90% 时的
3mol/L，Pu 1×10^6 计数（α）/(min·mL)；
总β：10^7 计数/(min·mL)）

水相料液 1AF 与有机溶剂 1AX 的流比 1AX：1AF 偏大对去除裂变产物不利，流比偏小会导致运行不稳定，并增加铀、钚的流失量。增加洗涤剂 1AS 的流量，有利于去除裂变产物，但会增加废液的体积，并引起铀、钚流失的增加。对于生产堆元件的处理，当进料

U 浓度为 1.8mol/L 时，1AF：1AS：1AX 的流量比一般可取 100：475：75；对动力堆元件处理，当进料 U 浓度为 0.85mol/L，洗涤剂用 35℃ 的 3mol/L 硝酸时，1AF：1AS：1AX 的流量比为 100：180：35。

萃取共去污之后，紧接着进行铀钚分离。其原理是选择适当的还原反萃剂，将钚由四价还原成不被萃取的三价，从有机相转入水相，铀仍保持六价状态存在于有机相中。

分离操作在 1B 接触器内进行。萃入 U(Ⅵ)、Pu(Ⅳ) 的有机相 1AP 由 1B 的中部进入，与从有机相出口端引入的还原反萃剂 1BX 逆流接触，在还原剂的作用下，Pu(Ⅳ) 被还原成 Pu(Ⅲ) 并几乎全部被反萃到水相，铀绝大部分留在有机相中。为提高铀、钚分离效果，从水相出口端加入补充萃取剂 1BS，与含钚反萃水相液逆流接触，使被反萃进入水相的铀又大部分转入有机相。水相反萃液 1BP 去钚的净化循环进一步净化；有机相 1BU 再进行铀的反萃。

早期用的还原反萃剂是氨基磺酸亚铁 $(Fe(NH_3SO_3)_2)$。Fe^{2+} 将 Pu(Ⅳ) 还原成 Pu(Ⅲ)：

$$Fe(NH_3SO_3)_2 \rightleftharpoons Fe^{2+} + 2NH_3SO_3^-$$

$$Pu^{4+} + Fe^{2+} \rightleftharpoons Pu^{3+} + Fe^{3+}$$

钚的还原反萃效率取决于氨基磺酸亚铁的加入量。钚的流失量和亚铁与四价钚的物质的量比 $(Fe(Ⅱ)/Pu(Ⅳ))$ 有关，$Fe(Ⅱ)/Pu(Ⅳ)$ 越大，钚流失量越小。为保证钚的还原反萃，应使 $Fe(Ⅱ)/Pu(Ⅳ)$ 在 10~40 之间，但 Fe(Ⅱ) 加入量太大会影响后续工艺，通常将 $Fe(Ⅱ)/Pu(Ⅳ)$ 选为 15 左右。

当处理生产堆料时，1BX 的氨基磺酸亚铁浓度可选为 0.03mol/L，此时流比 1BX：1AP 约为 1：13。1BX 中的硝酸浓度是影响铀钚分离的一个关键因素。硝酸浓度低，有利于 Pu(Ⅳ) 的还原反萃，但不利于铀、钚分离，酸度太低还可能引起钚的水解。在处理生产堆燃料情况下，还原反萃剂 1BX 的硝酸浓度为 0.57mol/L，此时 1B 接触器中水相平衡硝酸浓度在 2mol/L 左右。

补充萃取剂 1BS 可用新鲜的有机溶剂，也可用钚净化循环的污溶剂 2BW，一般取流比 1BS：1BX 为 1.2：1。

氨基磺酸亚铁的还原反应进行得很快，其缺点是在放射性废液中引进不挥发性无机盐，影响了废水处理。

当钚含量较多时，需要加入的 Fe^{2+} 量太大。近年来一直致力于发展新的铀、钚分离还原剂，一种可能的还原反萃剂是硝酸羟胺 $(NH_2OH \cdot HNO_3)$。使用它时没有金属离子进入废液，还原剂本身可分解成气体，但其还原速度慢，且需用肼 (N_2H_4) 作支持还原剂，以防止硝酸羟胺辐照裂解产生的亚硝酸使羟胺氧化，反应时可能产生的叠氮酸氨是一种会引起爆炸的挥发性化合物。因此，这种还原剂使用得不多。

还可使用四价铀还原反萃剂，在硝酸溶液中 U(Ⅳ) 还原 Pu(Ⅳ) 的反应为：

$$2Pu^{4+} + U^{4+} + 2H_2O \rightleftharpoons 2Pu^{3+} + UO_2^{2+} + 4H^+$$

用 U(Ⅳ) 作还原反萃剂的优点为不向体系中加入新的杂质，但其还原速度较慢，为使 Pu(Ⅳ) 充分还原，要加入过量 4~6 倍的 U(Ⅳ)，且需要一套现场制备四价铀的设备。用四价铀也需采用肼作支持还原剂。现在，动力堆燃料后处理厂多采用四价铀作为还原反萃剂。

经过铀钚分离后的含铀有机相 1BU 用反萃剂 1CX 进行铀的反萃。反萃在 1C 接触器中进行，1BU 从接触器的一端进入，与从接触器另一端加入的 1CX 逆流接触，铀从有机相中被反萃入水相。含铀水相反萃液 1CU 经蒸发浓缩后在铀净化循环进一步净化，污溶剂 1CW 经溶剂净化再生系统处理后复用。

铀的反萃剂 1CX 一般采用 0.01mol/L 硝酸。在反萃过程中，含铀有机相中的硝酸大部分被同时反萃下来，所以水相反萃液 1CU 的硝酸浓度为 0.07mol/L 左右。提高温度有利于铀的反萃，也有利于分相，但温度过高会加速有机溶剂的降解，铀反萃的操作温度一般控制在 60℃ 左右。1C 接触器的流比既要保证铀的收率，又要使水相反萃液铀浓度不致太低。对生产堆燃料，可取 1BU∶1CX 为 1∶1.27。在这样的操作条件下，铀反萃的收得率可达 99.9% 以上；对于动力堆燃料，可取 1BU∶1CX 为 1∶1.07。

14.1.1.3 钚净化循环[1,2]

经过分离掉裂变产物和铀的钚中间溶液 TBP[3]，需进入钚净化循环进行再萃取分离，以得到纯净的钚的浓缩液。钚净化循环包括钚萃取和钚反萃两个步骤。

图 14-4 为接续图 14-1 所示生产堆后处理厂共去污分离循环之后的钚净化循环流程。

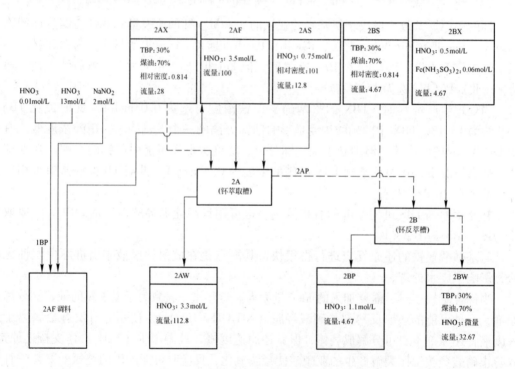

图 14-4　钚净化循环流程

——水相液流；－－－－有机相液流

（各液流量为相对流量）

钚萃取在 2A 接触器中进行。将 TBP 中的 Pu(Ⅲ) 氧化成 Pu(Ⅳ)，通常采用亚硝酸钠调整钚的价态，在室温下将亚硝酸钠配成 2mol/L 的水溶液加入到 TBP 中，并进行充分搅拌，可以在几分钟内将 Pu(Ⅲ) 全部氧化成 Pu(Ⅳ)，反应式为：

$$Pu^{3+} + NO_2^- + 2H^+ \Longleftrightarrow Pu^{4+} + H_2O + NO$$

生成的 NO 在稀硝酸中可生成亚硝酸（HNO_2），反应式为：

$$2NO + HNO_3 + H_2O \rightleftharpoons 3HNO_2$$

亚硝酸也是 Pu(Ⅲ) 的氧化剂：

$$Pu^{3+} + HNO_2 + H^+ \rightleftharpoons Pu^{4+} + H_2O + NO$$

用亚硝酸调价可以获得同样的效果，但不向系统引入钠离子，调价后可以用空气将多余的亚硝酸破坏掉。

1BP 硝酸浓度通常在 1.5mol/L 左右，需加入浓硝酸将酸度调到 2.5～4mol/L，制成钚萃取的水相料液 2AF。

2AF 从 2A 接触器的中部加入，与萃取剂 2AX 逆流接触，钚被萃取进入有机相，制成钚萃取的水相料液 2AF，料液中少量的铀也同时被萃取到有机相中，有机相与从接触器有机相出口端加入的洗涤剂 2AS 逆流接触，进一步除去锆、铌、钌等裂变产物。2AS 一般为 0.5～0.75mol/L 的硝酸。萃残液 2AW 送至中放射性废液系统处理，或返回到前面的工序。萃取液 2AP 进入钚还原反萃段。

萃取剂 2AX 与共去污分离循环所用的萃取剂相同，TBP 浓度一般取 30%。流比的选取应综合考虑钚的收得率、去污系数和钚的浓缩倍数等因素，通常取为 2AF∶2AX∶2AS = 1∶0.28∶0.128。

钚反萃在 2B 接触器中进行。含钚有机相 2AP 从 2B 的中部进入，反萃剂 2BX 从有机相出口端接触，将被反萃到水相的少量铀再萃取到有机相中，反萃液 2BP 送去进行纯化和转化处理，污溶剂可用作共萃取分离循环 1B 接触器的补充萃取剂 1BS。

反萃剂 2BX 可以用稀硝酸，也可以用还原反萃剂。2BX 通常采用 0.05～0.35mol/L 硝酸，但反萃效果不理想。目前多用还原反萃剂。还原反萃剂可采用氨基酸亚铁、硝酸亚铁、肼或四价铀-肼。若用亚铁还原反萃，2BX 中的亚铁浓度可取 0.06～0.08mol/L；若用四价铀-肼还原反萃，U(Ⅳ) 与 Pu(Ⅳ) 的物质的量比可取 1.5～2。当采用还原反萃时，2BX 在硝酸中的浓度一般取 0.2～0.5mol/L。

补充萃取剂采用 30% TBP-煤油。

2B 接触器的流比一般可取 2AP∶2BX∶2BS = (6～8)∶1∶1。2AP 与 2BX 的流比视 2BP 的钚的浓度而定，为确保临界安全，2BP 钚的浓度一般控制在 7.8g/L 以下。

14.1.1.4　铀净化循环[1,2]

在共去污分离循环中已分离掉裂变产物及钚，经反萃得到的含铀溶液 1CU 进入铀净化循环，需进一步去除钚和裂变产物，获得更纯净的铀溶液。铀净化循环主要由铀萃取和铀反萃两部分组成。

图 14-5 为接连图 14-1 所示共去污分离循环的铀净化循环示意图[7]。铀净化循环中铀的收得率为 99.9%，γ 射线的总去污系数为 10～1000，铀中去钚分离系数为 5～50。

铀萃取在 2D 接触器中进行。首先将 1CU 蒸发浓缩，使铀浓度提高到 1.8mol/L 左右。蒸发浓缩后的 1CU 加肼进行处理，使钌转化成不易被萃取的化合物，将 Pu(Ⅳ) 还原为 Pu(Ⅲ)，以有利于铀的净化。加肼处理的 1CU 中肼的浓度为 0.3mol/L，在 85～90℃下适当搅拌 2～3h。

经处理后的 1CU 称为 2DF 料液，硝酸浓度为 0.2～0.35mol/L，铀浓度为 420g/L 左

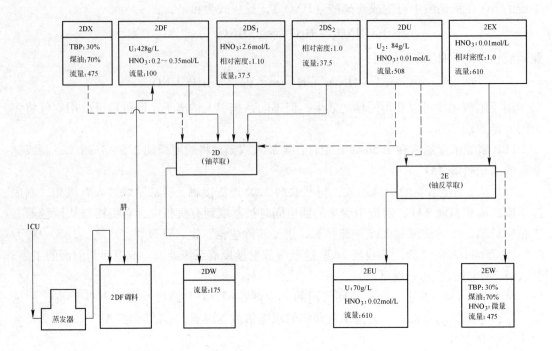

图 14-5　铀净化循环流程

——水相液流；－－－－有机相液流

（各液流量为相对流量）

右。料液从 2D 接触器中部进入，与萃取剂 2DX 逆流接触，洗涤除去锆、铌、钌等裂变产物，一般将 2DS 分为两股，采用双酸洗涤，$2DS_1$ 硝酸浓度为 2.6mol/L，$2DS_2$ 硝酸浓度为 0.1~0.2mol/L。萃取剂 2DX 为 30% TBP-煤油。萃残液 2DW 可返回 1A 接触器作洗涤剂 1AS，也可经蒸发浓缩后送到元件溶解工段作为溶解硝酸或直接送中放射性废液系统处理。萃取液 2DU 送往下一步进行铀的反萃。2D 接触器的流比可取为 2DF：2DX：$2DS_1$：$2DS_2$ = 1：4.75：0.375：0.375。

铀反萃在 2E 接触器中进行。2DU 进入 2E，与反萃剂 2EX 逆流接触。2EX 为 0.1mol/L 稀硝酸，为提高反萃效率并利于分相，通常将 2EX 加热到 60℃左右。2E 接触器的流比可取为 2DU：2EX = 1：1.2。反萃液 2EU 送去铀进一步纯化和转化系统，污溶剂 2EW 经洗涤后循环使用。

14.1.1.5　污溶剂的净化与复用[1]

Purex 流程用过的有机溶剂称为污溶剂，污溶剂中除含有微量铀、钚和裂变产物外，还含有 TBP 的降解产物磷酸二丁酯（HDBP）、磷酸一丁酯（H_2MBP）以及稀释剂的降解产物硝酸酯、硝基化合物、羧酸等。来自铀净化循环和钚净化循环的污溶剂几乎不含降解产物，所含其他杂质也少，可以不经溶剂净化处理或经简单地处理后复用；来自共去污分离循环的污溶剂，由于含有降解产物及少量裂变产物，必须经过净化处理除去方可复用，其中所含微量铀、钚也需回收。净化后的溶剂要求 HEBP、H_2MBP 浓度低于 1×10^{-4}mol/L。

目前常用的净化方法是洗涤法。洗涤剂有碳酸钠、氢氧化钠、高锰酸钾、硝酸等。常用的洗涤方法是碱酸交替多级洗涤。可连续洗涤，也可间歇洗涤。连续洗涤两相接触时间为 3～5min，间歇洗涤为 5～10min；有机相与水相之比一般取 1～10；碱洗温度一般为 50～60℃；酸洗温度一般不超过 35℃。洗涤剂循环使用，定期更换。污溶剂洗涤可在混合澄清槽、球洗器或其他设备中进行。

Purex 流程污溶剂也可用某些大孔阴离子交换树脂净化，一般采用碱型或碳酸根型，性能较好的有牌号为 257×16、Amberlyst A-26 等的树脂。

溶剂在使用过程中会不断损耗，其浓度也会发生变化，需不断进行补充。复用的溶剂在一段时间后质量下降，需定期用新溶剂更换。更换下来的污溶剂，常用真空急剧蒸馏法再生。TBP 精馏塔压力在 2066Pa 左右，煤油精馏塔压力在 2000Pa 左右。TBP 和煤油的回收率可达 95%，对 γ 射线的去污系数为 500 左右。

14.1.1.6 流程的改进[1]

为了处理高燃耗的动力堆燃料和高含钚量的快堆燃料，并提高辐照燃料后处理过程的经济性，需要对 Purex 流程进行改进。共工艺角度，可以进行以下的改进，其中一些尚处于研究阶段：

(1) 减少循环数。将铀和钚的净化循环减少到二循环，最少减少到一循环。为此，必须大大改进一循环铀、钚对镎和裂变产物钌、锆的去污系数。但减少循环数对处理高燃耗的燃料不一定适用。

(2) 改进铀、钚分离的还原剂。采用电解还原是使 Pu(Ⅳ) 还原成 Pu(Ⅲ) 的理想方法，这种方法不向体系引入外加杂质，可以直接控制还原电位，并可精确地控制生产能力，但因腐蚀问题，电极必须使用昂贵的钽或铂。电解还原分离铀、钚已在小型混合澄清槽和小型脉冲柱上获得成功。美国的 Barnwell 厂安装了电解还原装置，德国的后处理厂也有采用。

(3) 采用代替亚硝酸钠的 Pu(Ⅲ) 氧化剂。为了减少废液中的盐分，研究了代替亚硝酸钠将 Pu(Ⅲ) 氧化成 Pu(Ⅳ) 制备钚净化循环料液的物质。法国 Marcooule 后处理厂使用了 NO-NO₂ 混合气体[10]，它们是通过硝酸与亚硝酸钠反应生成的。在进行萃取之间，用吹空气的办法去除过剩的气体。英国 Wind-Scale 新的氧化物后处理厂也将采用类似的过程。德国研究了电解氧化技术。还有学者提出了光解氧化的可能性[11]。

(4) 采用铀和钚的非还原分离。动力堆和快堆燃料元件的钚含量高，增加了还原分离的负担，有人研究了非还原分离铀、钚的方法——硝酸法[12]。该过程的基础是：Pu、UO_2^{2+} 在 TBP-稀释剂和硝酸水溶液间的分配比随着温度、TBP 浓度、金属浓度及硝酸浓度这些参数变化而变化，在某些条件下，其变化率不同，如温度降低时，铀的分配比增加而钚的分配比减小；在水相酸度一定的条件下，随着 TBP 浓度降低，钚和铀的分配比以不同速度降低。降低操作温度和降低有机相的 TBP 浓度，可以提高铀与钚的分离系数；酸度较低，分离系数也较高。因此，通过降低操作温度、TBP 浓度或水相硝酸浓度，可以使铀、钚的分离较为容易。然而，这些措施虽有利于提高铀、钚分离系数，但都对萃取操作不利，如何优化并不容易。

典型的非还原分离接触器是一个具有钚反萃段和铀补萃段的复合接触器。来自共去污循环的负载铀和钚的有机相从其中部引入，水相分离剂稀硝酸进入接触器一端，有机相补萃剂进入另一端，接触器两端出来的分别是钚产品（水相）和铀产品（有机相）。

通过计算证明了这样的分离流程是可能的。英国在小型混合澄清槽中进行的基础试验和美国 Oak Ridge 国家实验室进行的试验证明了这一点。在 TBP 浓度为 10%，操作温度在 15℃的条件下，调节流比可使钚产品中铀含量约为 1.7%，铀产品中钚含量约为 0.01%。通过进一步优化还可降低这一水平。改变条件还可在一端（有机相）得到纯铀，另一端（水相）得到铀钚混合物。

（5）改进镎-237 的分离。为改进并简化铀与钚、镎的分离，可以采取两条线路：一条路线是在共去污循环中将镎转换成 Np(V)，与 U(VI)共萃取，在铀净化循环中进行铀和镎的分离。使镎完全成为并保持不被萃取的 Np(V)状态并不容易实现。美国的 Hanford 厂以及英国和法国的后处理采用了 Redox 流程。

14.1.2 N,N′-二烷基酰胺萃取流程

N,N′-二烷基酰胺通式为 RC(O)NR′$_2$。法国和意大利科学家研究了用长链 N,N′-二烷基酰胺在高燃耗的辐照燃料后处理中作萃取剂的可行性，其 R 和 R′为含有 4~8 个碳原子的脂肪链[13,14]。

N,N′-二烷基酰胺具有以下一些优点：（1）其降解产物对于流程是无害的，它的配合能力低，可溶于水，易于去除；（2）共萃取循环具有比 TBP 更高的去污系数，特别是对钌和稀土；（3）从铀中分离钚不需要还原剂；（4）其物性适用于现有 Purex 厂所采用的萃取设备；（5）它们可完全被焚化，有利于废物处理。

图 14-6 所示为用 N，N′-二烷基酰胺作萃取剂对辐照铀燃料进行后处理的铀、钚第一净化循环流程[13]，图中 DOBA 为 C$_3$H$_7$CON(CH$_2$CHC$_2$H$_5$C$_4$H$_9$)$_2$，DOiBA 为 (CH$_3$)$_2$CON-(CH$_2$CHC$_2$H$_5$C$_4$H$_9$)$_2$，稀释剂为支链十二烷（TPH）。

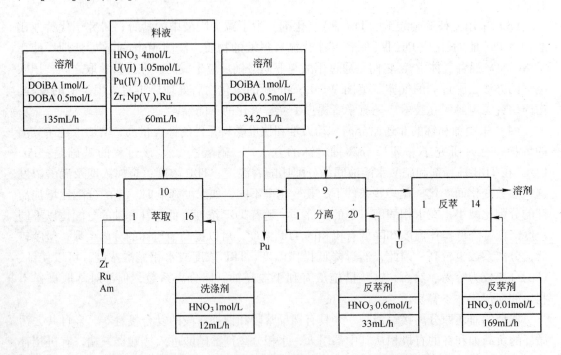

图 14-6 用 N,N′-二烷基酰胺作萃取剂的铀、钚第一净化循环流程

14.1.3 三月桂胺萃取净化回收钚的流程

三月桂胺（TLA，即$(C_{12}H_{23})_3N$）是一种三烷基叔胺，辐照稳定性比 TBP 高，对钚的萃取选择性好，对铀的萃取能力低，法国的 La Hague 厂曾在生产规模上把三月桂胺萃取用于钚的最终纯化[15]。

Purex 流程还原反萃得到的钚溶液，用亚硝酸钠把钚氯化到四价，并把硝酸浓度调到 3mol/L，含钚约 1g/L 的料液与 20% TLA-正十二烷溶液接触，Pu(Ⅳ) 被萃入有机相。TLA 有机相先用 0.5mol/L 硝酸 + 0.1mol/L 氨基磺酸溶液洗涤，然后用 0.75mol/L 硫酸 + 0.1mol/L 硝酸把 Pu(Ⅳ) 反萃入水相，得到 Pu(Ⅳ) 浓度约为 12g/L 的溶液。

用过的 TLA 溶液用氨基磺酸亚铁溶液洗涤残留的钚，洗涤液循环回去加入料液中。TLA 有机溶液用 1mol/L KOH-0.5mol/L K_2CO_3-10% 异丙醇溶液处理，经过滤后复用。该流程的钚回收率可达 99.9%，对锆-铌的去污系数超过 10^3，对铀的分离系数超过 250。

TLA 也可用于从浓缩 Purex-循环高放射性废液中回收钚和镎[16]，用 0.3mol/L TLAA-煤油从浓缩高放射性废液中萃取，用 0.05mol/L 硫酸羟胺反萃，所得溶液可送回 Purex 主流程。尽管回收效果很好，但由于 TLA 对浓缩高放射性废液的辐射稳定性不够而限制了它的应用。

14.1.4 工业规模应用的其他萃取流程

工业规模应用的其他萃取流程主要有：

（1）Redox 流程[17,18]。Redox 流程是美国在第二次世界大战期间提出的，1948～1949年，Argonne 国家实验室研究了此流程，并在 Oak Ridge 国家实验室进行中间工厂试验。1951 年，由通用电气公司（GE）在 Hanford 厂建成投产，这是第一个大规模采用溶剂萃取法处理辐照铀燃料的后处理厂。

Redox 流程使用甲基异丁基酮（MIBK）作萃取剂。MIBK 比较容易纯化，因而比较容易保持溶剂的质量。但这种溶剂的缺点多，它在水中的溶解度达 20g/L，并与大于 3mol/L 的硝酸发生激烈反应，萃取在低酸度下进行。在低酸条件下，需用 1～2mol/L 的硝酸铝作盐析剂，而采用这种盐析剂限制了高放射性废液的浓缩程度，使废液体积很大，因此 MIBK 易挥发，毒性较高。因此该流程早已被废弃。

（2）Trigly 流程[19,20]。在美国研究 Redox 流程的同时，加拿大 Chalk River 研究所研究了 Trigly 流程，并从 1948 年至 1954 年在 Chalk River 小规模后处理厂使用，用于从加拿大国家研究实验堆（NRX）的天然辐照燃料中回收钚。

Trigly 流程采用二氯代三甘醇（$ClC_2H_4OCH_4OC_2H_4Cl$）、甲基异丁基酮和噻吩甲酰三氟丙酮-苯三种不同的萃取剂分批操作（其主要萃取剂是二氯代三甘醇），还包括两个不同沉淀—溶解过程，相当复杂，绝大部分铀和裂变产物一起处在高放射性萃取残液中。该流程未回收保留在高放射性萃取残液中的铀，因而不是一个理想的流程。此外，二氯代三甘醇中的氯会因辐射释放出来，对不锈钢设备产生腐蚀。因此，这一流程早已被废弃不用。

（3）Butex 流程[21,22]。Butex 流程是 1947 年由加拿大 Chalk River 研究所提出的，英国的 Windscale 后处理厂曾采用此流程大规模地从低燃耗天然铀辐照燃料中分离钚、铀和裂变产物，所用的实际流程采用两种溶剂：用未稀释的 2,2'-二丁氧基二乙醚

（$C_2H_9OC_2H_4OC_2H_4OC_4H_9$，dibutylcar-bitol，即 butex）从裂变产物分离钍和铀以及进行铀的纯化，再用 20% TBP-煤油纯化钍。该流程已被 Purex 流程取代。

（4）Halex 流程[23]。Halex 流程是前苏联科学家研究的处理辐照燃料的溶剂萃取流程。它用 TBP 作萃取剂，四氯化碳作稀释剂。该流程使用的稀释剂四氯化碳黏度低，不易燃，容易得到并容易再生；其主要缺点是毒性较大，辐解产生腐蚀不锈钢设备的氯。

14.2 辐照钍燃料后处理的溶剂萃取法

天然钍（^{232}Th）与^{233}U 或^{235}U 一起曾在美国的高混气冷堆（HTGR）、轻水增殖堆（LWBR）和德国的高温气冷研究试验堆（AVR）中作为燃料运行，在反应堆中停留 2～4 年的辐照钍燃料中除含有未用完的^{232}Th、初装的易裂变材料^{235}U 外，还有新生成的^{233}U 和^{233}U 的母体^{232}Pa、超铀元素镎、钚及裂变产物。它们的主要后处理方法是采用烷烃稀释的 TBP 作萃取剂，从含钍的乏燃料中回收有用材料钍、铀，即所谓的 Thorex（thoriumrecovery by extraction）流程。Thorex 流程与处理铀、钚燃料的 Purex 流程有许多不同之处。钍、铀燃料循环的特点是[1,24~26]：

（1）在铀、钚燃料循环中，铀是主要成分，钚是次要成分，而在钍、铀燃料循环中，钍是主要成分，铀是次要成分。在钍、铀燃料循环中，超铀元素镎、镅、锔的积累比铀、钚燃料循环低很多，钍、铀循环产生的长寿命超铀核素所造成的危险比铀、钚循环小两个数量级。但是，钍在堆内经吸收中子发生核反应，生成一定量的^{233}U，它的半衰期为 72 年，^{233}U 经 α 衰变成半衰期为 1.9 年的^{228}Th，^{228}Th 的一些衰变子体发出很强的 γ 射线。在进行钍、铀燃料后处理时，^{232}U/^{233}U 及^{228}Th/^{229}Th 不能分开，所得到的钍、铀产品必须考虑 γ 射线的防护。

（2）辐照钍、铀燃料元件经硝酸溶解后，铀以铀酰离子 UO_2^{2+} 形式存在，钍以 Th^{4+} 形式存在。在 TBP-煤油体系中，铀的被萃取能力比钍高得多，因此，铀、钍分离不需借助氧化还原反应。

（3）^{232}Th 俘取中子生成^{233}U 的母体^{232}Pa（半衰期 27 天），在处理短冷却期（小于 270 天）的辐照钍燃料时要考虑镤的分离，若冷却期很长，^{232}Pa 已全部衰变成^{233}U，即可不用再考虑镤的分离。

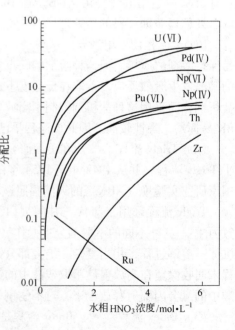

图 14-7 各元素在 30% TBP-正十二烷-HNO_3 体系中的分配曲线

14.2.1 磷酸三丁酯萃取流程

Th（Ⅳ）能很好地被 TBP 萃取，但被萃取能力低于 U（Ⅵ）。钍与 TBP 形成如下的配合物：

$$Th^{4+} + 4NO_3^- + 2TBP \rightleftharpoons Th(NO_3)_4 \cdot 2TBP_{(o)}$$

TBP 萃取是 Thorex 流程的基础。钍和其他一些元素在 30% TBP-正十二烷-HNO_3 体系中的分配曲线如图 14-7 所示。

用 TBP 从硝酸溶液中萃取钍时要注意第三相的形成。在采用烷烃或煤油作稀释剂，钍和硝酸含量超过某定值时，TBP 萃取 $Th(NO_3)_4$ 会产生第二有机相即第三相，三相的形成与温度、硝酸浓度和水相钍浓度有关，增加 O/A 流比，即增大有机相流量，使萃入有机相的钍浓度低于极限值或升高温度，可避免第三相出现。

14.2.2 Thorex 萃取流程

Thorex 流程是逐步发展起来的。美国的 Oak Ridge 国家实验室（ORNL）在这一领域进行了多年的研究，德国 Jülich 核研究中心做了改进并曾提出以下流程。

14.2.2.1 Thorex 1 号流程（ORNL）[1]

Thorex 1 号流程分为三步，采用三种萃取剂：第一步用 2,2'-二丁氧基二乙醚（$C_4H_9OC_2H_4OC_4H_9$）选择性地萃取镁；第二步用 5% TBP 萃取铀；第三步用 45% TBP 萃取钍。因该流程的萃取剂种类多，流程过于复杂，在 1952 年被 Thorex 2 号流程所取代。

14.2.2.2 Thorex 2 号流程（ORNL）[1,2]

Thorex 2 号流程是第一个从辐照过的钍、铀燃料元件中分离钍和铀的有实际应用价值的流程。它是采用 TBP-煤油萃取剂从硝酸水溶液中共萃取钍和铀。因为钍的被萃取能力较低，所以采用较高的 TBP 浓度（40%～45%）并加入 $Al(NO_3)_3$ 作盐析剂，以达到同时萃取钍和铀的目的。该流程不萃取镁。它是主要物料成分如下：

（1）料液为：1.5mol/L Th，0.0013mol/L U，0.5mol/L Al，0.5mol/L HNO_3；

（2）萃取剂为 40% TBP-煤油；

（3）反萃/洗涤用 0.2mol/L HNO_3，40% TBP-煤油；

（4）反萃剂为 0.02mol/L HNO_3。

在 1956 年，Knolls 原子动力实验室（KAPL）对上述流程进行了改进和发展，有两点重要变化：

（1）萃取柱的洗涤段不加 $Al(NO_3)_3$，这样可以减少萃残液的含盐量；

（2）萃取剂浓度从 40% 减少到 30%。

用上述流程的变体在 Savannah River 厂和 Hanford 厂处理了超过 850t 的辐照钍和回收了 1.4t 纯化过的 ^{233}U。

14.2.2.3 酸式 Thorex 流程（KAPL）[2]

酸式 Thorex 流程（KAPL）的主要物理参数如下：

（1）料液为：1.35mol/L Th，0.0025mol/L U，0.5mol/L Al，1.0mol/L HNO_3；

（2）萃取剂为 30% TBP-煤油；

（3）洗涤/反萃用 30% TBP-煤油，0.2mol/L HNO_3；

（4）反萃剂为 0.005mol/L HNO_3。

流程如图 14-8 所示。

14.2.2.4 酸式 INTERIM-23 流程（ORNL）[1,2]

为了处理来自 Consolidated Edion 钍反应堆含铀量大的燃料元件，1962 年 Oak Ridge 国家实验室发展了酸式 INTERIM-23 流程。这一流程不回收钍，只用稀的 1.5%～5% TBP 选择性地萃取铀，让钍与裂变产物一起进入废液中。所处理的元件含铀量可达 6%。单独萃取 ^{233}U 的溶剂萃取流程可以从辐照钍燃料中迅速提取 ^{233}U，减少它的积压，这一流程达到

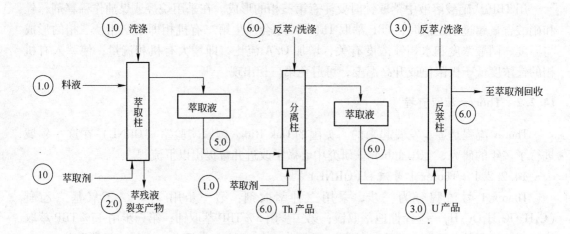

图 14-8 酸式 Thorex 流程（KAPL）示意图
（圆圈内数字为相对流量）

了较高的去污系数。该流程的主要物流参数如下：

(1) 料液为：1.5mol/L Th，0.08mol/L U，0.1mol/L Al，<0.5mol/L HNO₃；

(2) 萃取剂为5% TBP-煤油；

(3) 洗涤剂为0.5mol/L HNO₃；

(4) 反萃剂为0.01mol/L HNO₃。

流程如图 14-9 所示。

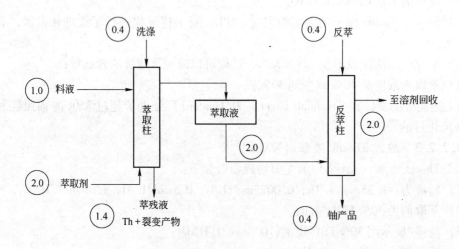

图 14-9 酸式 INTERIM-23 流程（ORNL）示意图
（圆圈内数字为相对流量）

14.2.2.5 缺酸进料的 Thorex 流程（ORNL）[1,2]

为了提高对裂变产物的去污，在燃料元件的燃耗不高时，Oak Ridge 国家实验室发展了一种缺酸进料的流程。料液经在135℃盐析硝酸，保证钍和铀的高收率。在萃取段洗涤剂分为两种，一种是5.0mol/L硝酸洗涤液，用来提高对钌的去污；另一种为水洗涤液，是为了保证锆的较好去污。用 HNO_3 作盐析剂代替 $Al(NO_3)_3$，大大减少放射性废物的量。缺酸进料及采用两种洗涤剂对锆及钌的去污系数分别为 5×10^2 和 10^3。具体参数如下：

（1）料液为：1.1mol/L Th，0.063mol/L U，0.115mol/L Al，约 0.15mol/L HNO_3（缺酸）；

（2）萃取剂为 30% TBP-煤油；

（3）洗涤剂 A 为 0.003mol/L H_3PO_4 水溶液；

（4）洗涤剂 B 为 5.0mol/L HNO_3；

（5）盐析剂为 13mol/L HNO_3；

（6）洗涤/反萃用 0.008mol/L $Al(NO_3)_3$，0.05mol/L HNO_3，30% TBP-煤油；

（7）反萃剂为 0.005mol/L HNO_3。

流程如图 14-10 所示。

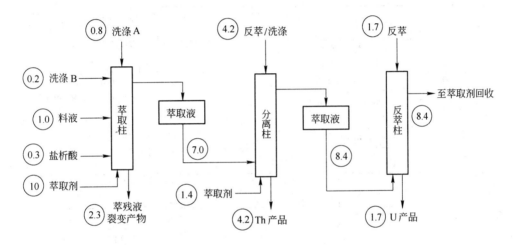

图 14-10 缺酸进料的 Thorex 流程（ORNL）示意图

（圆圈内数字为相对流量）

14.2.2.6 酸式/缺酸双循环 Thorex 流程[1,2]

德国从 20 世纪 60 年代后期起开始研究高温气冷堆高燃料的 Thorex 溶剂萃取流程。由于燃料消耗高，裂变元素的含量高，采用缺酸生产，裂变产物会水解生成沉淀，它将夹带与吸附 ^{233}U 而造成损失。采用酸性进料的 Thorex 流程，可以防止裂变元素水解和沉淀，但这时对裂变元素的去污系数较低，为此发展了酸式/缺酸的双循环 Thorex 流程。第一循环中，料液酸度为 1.0mol/L HNO_3，用 30% TBP 实现钍、铀的共萃取，裂变元素转移到萃残液中；在第二循环中，由第一循环来的铀、钍反萃液中，裂变元素含量已相当低，调成"缺酸"料液时，也不致水解和沉淀；再进入铀、钍共去污和分离循环，可以得到很高的去污系数。具体的参数如下：

（1）第一循环：

1）料液为：1.15mol/L Th，0.23mol/L U，1.0mol/L HNO_3；

2）洗涤剂为 0.1mol/L HNO_3；

3）盐析剂为 5.0mol/L HNO_3；

4）Th + U 反萃用 0.01mol/L HNO₃。

（2）第二循环：

1）料液为：1.15mol/L Th，0.23mol/L U，约 1.0mol/L HNO₃；

2）洗涤剂为 1.0mol/L HNO₃ + 0.01mol/L H₃PO₄；

3）盐析剂为 13.0mol/L HNO₃；

4）反萃/洗涤用 0.01mol/L HNO₃，30% TBP；

5）反萃用 0.01mol/L HNO₃。

流程如图 14-11 所示。

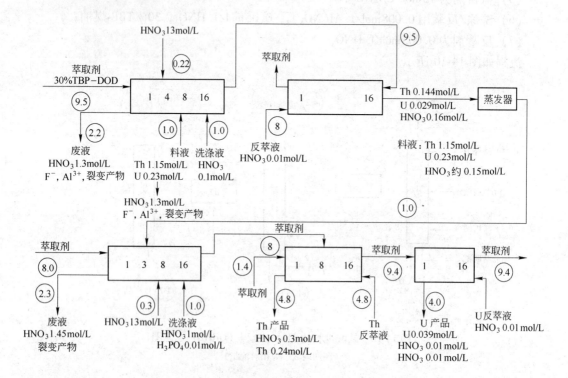

图 14-11　酸式/缺酸双循环 Thorex 流程示意图

（圆圈内数字为相对流量）

二循环的 Thorex 流程中，铀、钍对裂变产物的去污系数见表 14-2。

表 14-2　二循环的 Thorex 流程铀、钍去污系数

污　物	钍	铀	污　物	钍	铀
总 γ	6×10^4	10^5	^{106}Ru	5×10^4	5×10^4
总 β	3×10^5	2×10^6	^{95}Zr	6×10^5	6×10^5
^{144}Ce	3×10^6	3×10^7	^{233}Pa	10^3	2×10^4

德国 Jülich 核研究中心在 20 世纪 80 年代建成了一套日处理 2kg 重金属的含 Th 的乏燃料后处理中间试验装置，它称做 JUPITER（Jülich Pilot Plant for Thorium Element Reprocessing），对上述流程的关键步骤进行了试验，证实二循环的 Thorex 流程是有效的。

14.2.2.7 处理高燃耗的 Th-U 燃料元件的单循环 Thorex 流程[1,2]

用上述流程处理所得到的铀、钍产品对裂变元素的去污系数均可以达到 10^4，但是分离出的 ^{235}U 含有万分之几的 ^{233}U，它的子体中有一些放射性很强的 γ 射线，用 ^{235}U 再制成元件时必须在厚屏蔽层后进行，因此对裂变产物的过高的去污系数是不必要的。与此相同，在处理回收的钍时，因它含有 ^{228}Th，也必须在有屏蔽墙的热室进行。为此，德国科学家于 1978 年得出酸式进料（1mol/L HNO₃）的优化的单循环 Thorex 流程，由它制得的铀、钍产品对裂变产物的去污系数大于 10^3。为避免出现第三相，采用大流比（O/A）为 9/1。钍和铀的反萃可以同步或分步进行，在分步进行的情况下，为避免在低酸度下钍水解，先用较高酸度（0.35mol/L HNO₃）反萃钍，然后再用较低酸度（0.35mol/L HNO₃）反萃铀。

德国科学家推荐的处理高燃耗的 Th-U 乏燃料元件的单循环萃取流程的参数见表 14-3。

表 14-3 单循环萃取流程参数

项 目		流量（相对值）
萃 取	料液 1.0mol/L Th，1.0mol/L HNO₃	1.0
	洗涤 0.1mol/L HNO₃	1.0
	盐析酸 13.0mol/L HNO₃	0.2
	萃取剂 30% TBP-正十二烷	9.0
分 离	料液 0.15mol/L Th，0.2mol/L HNO₃	5.0
	反萃 0.35mol/L HNO₃	1.0
	洗涤 30% TBP-正十二烷	9.0
U 反萃	反萃 0.01mol/L HNO₃	0.3

用于 Thorex 流程的最有效的萃取设备是脉冲筛板柱。在脉冲柱中形成第三相的几率要比混合澄清槽少，即使形成也容易消除。还可以根据不同条件选择连续相，从而保持高通量。在流比 O/A≈3.3 时，有机相为连续相的柱子具有很高的通量；在 O/A≈1 时，水相为连续相的柱子显示出高通量。因此萃取时选择有机相为连续相，反萃取时选择水相为连续相。

14.2.2.8 Thorex 流程在我国的发展[1,2]

清华大学核能技术设计研究院与中国科学院上海原子核研究所合作，根据国家"863计划"于 1978～1991 年对高温气冷堆钍、铀燃料后处理进行了比较系统的研究。除首端部分用燃烧去除燃料球热解碳包覆层和石墨体及用加压溶解 ThO₂ 核芯外，与溶剂萃取有关的部分分述如下[27]。

A 采用酸式进料的单循环溶剂萃取工艺

参照文献 [26] 选用酸式进料的单循环萃取工艺，做了如下改进：为保证钍的收得率，用 30% TBP 共萃取钍和铀时，在水相出口附近（离水相出口 3～4 级）加入 13mol/L HNO₃ 作盐析剂；为了提高对裂变核素钌的去污，料液加入肼进行预处理。用 0.3mol/L 水合肼在 95℃下处理料液 3h，可将钌的去污系数提高 30～40 倍；为了提高反萃取铀的收得率，提高了反萃液比例，使含铀有机相/反萃液 = 9/5；在用回收的 ^{233}U 再制燃料元件前，采用 5% TBP 萃取对铀进行补充净化，进一步除裂变产物和 ^{233}U 的子体，减少再制元件时的强 γ 辐照。试验结果表明，经过单循环 Thorex 流程萃取，铀、钍收得率均达到 99.5%，

总 γ 去污达到 $5 \times 10^3 \sim 1 \times 10^4$。加上铀的补充净化循环，总 γ 去污可达 10^7。工艺流程如图 14-12 所示。

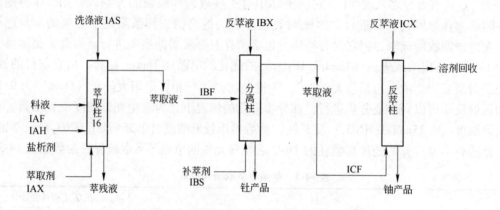

图 14-12 回收铀、钍的单循环流程示意图

B 部分辐照核燃料的工艺流程验证试验

上面所提到的对裂变核素的去污数据是用示量放射性核素在试管串级试验中得到的。为了接近实际，中科院上海原子核研究所用在反应堆内辐照过的 ThO_2-UO_2 燃料元件的溶液经稀释后，在混合澄清槽中进行了单循环的溶剂萃取流程的"半热"试验，放射性活度为 1.85×10^{10} Bq，钍、铀收得率大于 99%，对裂变核素的去污超过 6.3×10^3，与实验室结果一致。

C 用于钍、铀分离的脉冲筛板柱的研究

清华大学核能技术研究院于 20 世纪 80 年代末期建立了一座直径为 50mm 的脉冲筛板柱实验台架，并用千克级钍、铀溶液研究了钍、铀共萃取柱，钍、铀分离柱和铀反萃取柱的流体力学和传质特性。根据钍、铀单循环溶剂萃取流程的工艺条件，测定了不同操作条件下的液乏通量，并得到了最优操作参数以及最优操作条件下的水相和有机相稳态浓度剖面及出口浓度随时间的变化曲线。利用平衡分配数学模型，由两相浓度剖面计算了各工况下脉冲筛板柱的理论级当量高度（HETS）及真实传质单元高度（HTU）值。结果表明，各组分的 HETS 值均小于或接近 1m，证明用脉冲筛板柱来实现单循环分离钍、铀的流程是可行的。

14.2.3 其他几种萃取方法和流程

14.2.3.1 Hexone-23 流程[1,28]

用甲基异丁基酮（MIBK）作萃取剂，用 $Al(NO_3)_3$ 作盐析剂，从辐照钍燃料的硝酸溶解液中单萃取 ^{233}U 的流程称做 Hexone-23 流程。在工艺条件下钍不被萃取。该流程在美国早期用于军事目的，生产了一定量的 ^{233}U。该流程铀的收得率大于 99.9%，对裂变元素和镁、钍的去污系数如下：对 ^{95}Zr-^{95}Nb 为 10^5，对 ^{233}Pa 为 5×10^5，对 ^{106}Ru 为 2×10^3，对 ^{232}Th 为 10^4。在较大规模应用上，发现它有严重的缺点。MIBK 萃取剂容易被 HNO_3 硝化和氧化，使用高浓度盐析剂会使放射性固体废物增多。

14.2.3.2 醚类萃取剂[1,24]

美国 Oak Ridge 国家实验室对不同醚类从钍中萃取分离[233]U 的能力进行了比较。聚醚的挥发度和水中溶解度较低而优于单醚、二异丙醚（$C_3H_7OC_3H_7$）、二异丁醚（$C_4H_9OC_4H_9$）、二正丁醚和 2,2'-二丁氧基乙醚等，原则上均能满足铀的萃取率和去污要求，仅仅裂变产物钌不太理想。醚类萃取剂的缺点是在辐射和浓 HNO_3 的作用下形成过氧化物，造成运行不安全。

14.2.3.3 胺类萃取剂[1,24]

胺类萃取剂中叔胺是用于回收钍、铀的最好的一种。它们溶在碳氢化合物中与无机酸接触后形成叔胺盐，起液体离子交换剂的作用，与钍、铀的中性或阴离子形式的盐类发生如下反应：

$$MX_n + mR_3NHX_{(O)} \rightleftharpoons (R_3NH)_mX_{n+m(O)} + M$$

$$MX_{n+m}^{m-} + mR_3NHX_{(O)} \rightleftharpoons (R_3NH)_mX_{n+m(O)} + MX^-$$

式中，M 为钍、铀金属离子；X 为 NO_3^-，SO_4^{2-} 等。

胺类对铀与钍有很高的萃取选择性，在实验室中得到很高的去污系数。胺类比 TBP 具有更好的辐照稳定性，为了得到满意的萃取，必须加入酸和其他盐析剂。硝酸水溶液体系是实验室中研究较多的，但尚未用于含钍燃料的后处理。曾用甲基二癸基胺（MNDDA）作萃取剂，从硫酸介质中共萃取[233]U、[232]Th，然后进行选择性反萃分离。铀、钍收得率大于99.9%，分离系数 U/Th 大于 10^4，[233]U 去污达 3.2×10^4，[232]Th 去污达 3.8×10^4，但是 MND-DA 作为萃取剂时，两相分相性能差。钍在硫酸介质中的溶解度有限，因此会显著增加高放射性的体积。胺类对铀、钍的萃取能力随其相对分子质量的减少而增加，但相应地胺类在水中的溶解度也增大。胺类萃取时易产生第三相，因而使上述萃取体系的工业应用受到限制。

14.3　次要锕系元素的回收

14.3.1　TRPO 流程

TRPO 流程是我国清华大学核能技术设计研究院提出的回收次要锕系元素的萃取流程，它可用于从高放射性废液中回收镅、锔及 TBP 萃取后留在残液中的少量铀、钚。TRPO 是一种三烷基氧化磷混合物，其化学式为 RR'R"PO，其中 R、R' 和 R" 是 C_6H_{13}（己基）、C_7H_{15}（庚基）和 C_8H_{17}（辛基）。我国济南磷肥厂生产的 TRPO 组成为：$(C_6H_{13})_2C_7H_{15}PO$ 9%，$(C_6H_{13})(C_7H_{15})_3PO + (C_6H_{13})_2C_8H_{17}PO$ 19%，$(C_7H_{15})_3PO$ 27%，$(C_7H_{15})_2C_8H_{17}PO$ 24%，$(C_7H_{15})(C_8H_{17})_2PO$ 16%，$(C_8H_{17})P$ 5%，烷基基本上是直链。该 TRPO 平均相对分子质量为 358，密度为 879kg/m³（25℃），黏度为 $6.45 \times 10^{-3}Pa \cdot s$，熔点为 -21℃，沸程为 180~225℃（300~500Pa），在水中溶解度小于 0.1g/L。室温下 TRPO 是棕黄色液体，易溶于煤油和其他稀释剂。它的化学稳定性良好，辐照稳定性优于 TBP 和 HDEHP，适合用作高放射性条件下的萃取剂[1,2,29]。

TRPO 从硝酸溶液萃取不同价态锕系离子的反应式可表示为：

$$M^{3+} + 3NO_3^- + 3TRPO \Longrightarrow M(NO_3)_3 \cdot 3TRPO$$

$$M^{4+} + 4NO_3^- + 2TRPO \Longrightarrow M(NO_3)_4 \cdot 2TRPO$$

$$MO_2^+ + NO_3^- + 2TRPO \Longrightarrow MO_2NO_3 \cdot 2TRPO$$

$$MO_2^{2+} + 2NO_3^- + 2TRPO \Longrightarrow MO_2(NO_3)_2 \cdot 2TRPO$$

用 30% TRPO-煤油从硝酸溶液萃取示踪量锕系离子分配比曲线如图 14-13 所示。

TRPO 对四价和六价锕系离子在图 14-13 所示的硝酸浓度范围内有很强的萃取能力。对三价镅、锔在 0.05～2mol/L 硝酸浓度范围内萃取能力较强，在 0.3mol/L HNO₃ 附近出现高峰，三价锕系元素与三价镅的萃取行为类似。常量镧系元素的存在会抑制镅的萃取。

锕系元素及某些高放射性废液组分在 30% TRPO-正十二烷和模拟高放射性废液间的分配比曲线如图 14-14 所示。水相硝酸浓度为 1mol/L 时，其他离子的分配比为：Mo 40，Ba 0.01，Sr 0.001，Ru 0.05，Rh 0.01，Pd 0.25，Cr < 0.001，Ni < 0.001。由此可见，TRPO 可以从硝酸浓度不超过 1mol/L 的高放射性废液中有效地萃取包括锔、镅在内的锕系元素，锆、锝和镧系元素一起被萃取。

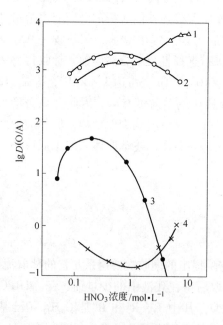

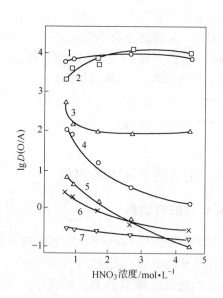

图 14-13　锕系元素离子分配比随
水相硝酸浓度变化曲线
（有机相：30% TRPO-煤油，25℃）
1—Pu（Ⅳ）；2—U（Ⅵ）；3—Am（Ⅲ）；4—Np（Ⅴ）

图 14-14　30% TRPO-正十二烷从模拟高放射性
废液中萃取金属离子的分配比与
硝酸浓度的关系曲线
1—U；2—Pu；3—Zr；4—Tc；5—Am；6—Nd；7—HNO₃

30% TRPO 萃取 Nd(NO₃)₃ 的负载容量（不出现第二有机相的最大负载）如图 14-15 所示。

图 14-15 中同时给出了 Truex 溶剂（0.2mol/L CMPO-1.2mol/L TBP-煤油）的容量曲

线。在水相酸度 0.3 ~ 2.01mol/L 的萃取条件下，30% TRPO 的负载容量为 0.1 ~ 0.2mol/L，比 Truex 溶剂高得多。当高放射性废液含有高浓度的钠、铝硝酸盐时，盐析作用会使更多的 Fe^{3+} 和硝酸萃入有机相，使萃取容量下降。因此，处理某些高度浓缩的高放射性废液时，为了避免出现第二有机相，要对高放射性废液进行稀释，或者在有机相中加改进剂 TBP 或辛醇。30% TRPO-20% TBP-煤油可以用作高含盐量废液的萃取溶剂，使之不出现第二有机相。此时锕的分配比略有降低，但仍能有效地被萃取。

采用合适的工艺条件，高放射性废液中锕系元素铀、镎、钚、镅可以萃取到 99.9% 以上。

对萃入有机相中的锕系元素进行反萃的工艺条件为：用 5.5mol/L 硝酸反萃镅和镧系元素，大部分被萃的镎被反萃入此物流中，用 0.5 ~ 0.6mol/L 草酸反萃镎和钚，锆同时被反萃取；用 0.5mol/L 碳酸钠溶液反萃铀，可得到相互很少交叉的三个产品。

TRPO 法的工艺流程如图 14-16 所示。

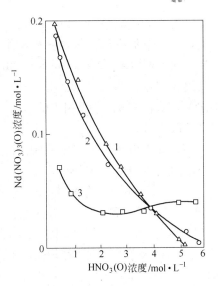

图 14-15　30% TRPO 及其他混合萃取剂萃取 $Nd(NO_3)_3$ 的负载容量

1—30% TRPO-煤油；2—30% TRPO-正十二烷；3—0.2mol/L CMPO-1.2mol/L TBP-煤油

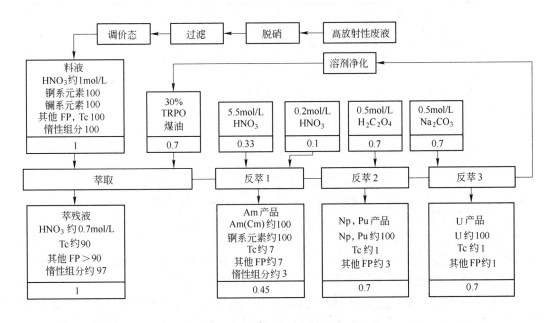

图 14-16　TRPO 萃取法工艺流程图

14.3.2　Truex 流程

Truex 流程是美国 Argonne 国家实验室研究提出的[30]。该流程采用双官能团的辛基苯

基 N,N′-二异丁基氨甲酰基甲基氧化膦（简
称 CMPO）作萃取剂，萃取有机相组成是：
0.2mol/L CMPO + 1.2 ~ 1.4mol/L TBP 的正
十二烷或煤油溶液。加入 TBP 是为了提高
CMPO 金属萃合物在有机相中的溶解度，即
提高萃取容量。

不同价态锕系离子的分配比与水相硝
酸浓度的关系如图 14-17 所示。

在 1 ~ 6mol/L 硝酸浓度范围内，
Pu（Ⅳ）、Np（Ⅳ）和 U（Ⅵ）的分配比很高，
Am（Ⅲ）的分配比也在 10 以上。把镎还原成
四价后，Truex 萃取溶剂可在很宽的硝酸浓度
范围内有效地萃取锕离子。往水相料液中加
入 0.3mol/L 草酸可以抑制锆、钼、钯等被萃
取。洗涤液中也加入草酸进一步降低有机相
中锆、钼、钯等的含量。锝（TcO_4^-）和镧系
元素随着锕系元素一起被萃取。

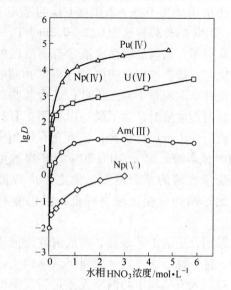

图 14-17　锕系离子分配比与水相硝酸浓度的关系
（有机相：0.2mol/L CMPO-1.2mol/L
TBP-正十二烷，25℃）

用 Truex 流程从含 1 ~ 3mol/L 硝酸的废液中萃取时，各元素的行为见表 14-4。

表 14-4　用 Truex 流程从含 1 ~ 3mol/L 硝酸的废液中萃取时各元素的行为

分 配 比				分 配 比			
<0.05	0.01 ~ 1	1 ~ 20	>20	<0.05	0.01 ~ 1	1 ~ 20	>20
Be Rb	Zr[①]	Y	Th	Cr（Ⅱ） Sb		Pm	
Na Sr	Mo（Ⅵ）[①]	Te	U（Ⅵ）	Mn（Ⅱ） Te		Sm	
Mg Rh	Ru	La	Np（Ⅳ）	Fe（Ⅱ） Cs		Eu	
Al Ag	Pd[①]	Ce	Pu（Ⅳ）	Ni		Am	
K Cd		Pr		Cu		Cm	
Ca In		Nd		Zn			

①分配比因加入草酸降低。

Truex 原则流程如图 14-18 所示。

试验结果表明，Truex 流程总去污系数大于 103。Truex 溶剂的萃取容量较低，料液常
需较大倍数稀释，锕的反萃不易完全。

Truex 流程也可用于从盐酸回收锕系元素。当水相盐酸浓度为 6mol/L 时，三价镅、锔
的分配比可达 10 左右；在水相盐酸浓度为 3mol/L 时，U（Ⅵ）、Pu（Ⅳ）、Np（Ⅳ）、
Th（Ⅳ）的分配比均大于 10^2，Am（Ⅲ）的分配比约为 0.1。

14.3.3　1,3-丙二酰胺萃取流程

1,3-丙二酰胺萃取流程是由法国 Fontenay-aux-Roses 核研究中心研究提出的[31]。二酰

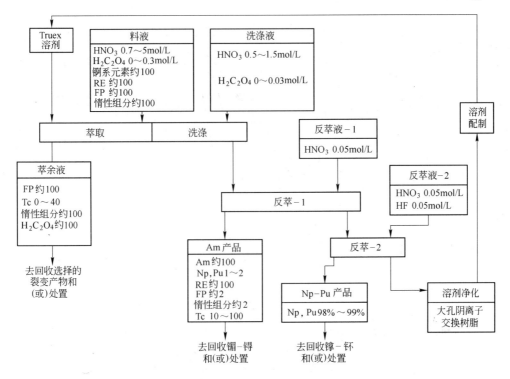

图 14-18　Truex 原则流程

胺类化合物，特别是 1,3-丙二酰胺，是包括三价锔、镅在内的锕系元素的良好萃取剂，通式为 $(RR'NCO)_2CHR''$。$R'' = C_2H_4OC_2H_4C_6H_{13}$ 时的效果较好。

几种二酰胺从硝酸萃取镅的分配比曲线如图 14-19 所示。几种金属离子在 0.5mol/L $(C_4H_9CH_3NCO)_2CHC_2H_4OC_2H_4OC_6H_{13}$ 的特丁基苯溶液和硝酸间的分配比如图 14-20 所示。

丙二酰胺从高放射性废液中萃取锕系元素的原则流程如图 14-21 所示。

14.3.4　DIDPA 流程

DIDPA 流程由日本原子力研究所提出[32]。DIDPA 为二异癸基磷酸 $(i-C_{10}H_{21}O)_2POOH$，它是酸性比二乙基己基磷酸（HDEHP）强的酸性磷类萃取剂，能从 pH 值为 0.5 左右的硝酸溶液中萃取三价锔和镧系元素。DIDPA 和 HDEHP 萃取钕的行为比较如图 14-22 所示。由于萃取容量小，需加入 TBP 作改进剂，常用的萃取剂是 0.5mol/L DIDPA + 0.1mol/L TBP + 正十二烷。料液硝酸浓度为 0.5mol/L，用过氧化氢调节镎

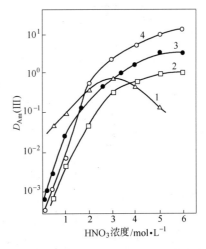

图 14-19　0.5mol/L 二酰胺的特丁基苯溶液对 Am(Ⅲ)的萃取分配比与硝酸浓度的关系

$$1-\left[\begin{array}{c}C_8H_{17}\\CH_3\end{array}N-\underset{\underset{O}{\parallel}}{C}\right]_2CH_2; 2-\left[\begin{array}{c}C_4H_9\\CH_3\end{array}N-\underset{\underset{O}{\parallel}}{C}\right]_2CHC_6H_{13};$$

$$3-\left[\begin{array}{c}C_4H_9\\CH_3\end{array}N-\underset{\underset{O}{\parallel}}{C}\right]_2C_2H_4OC_2H_5;$$

$$4-\left[\begin{array}{c}C_4H_9\\CH_3\end{array}N-\underset{\underset{O}{\parallel}}{C}\right]CHC_2H_4OC_2H_4OC_2H_5$$

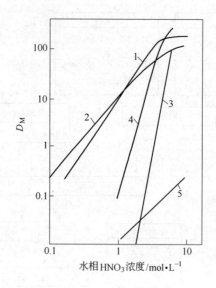

图 14-20   几种金属离子在 0.5mol/L $(C_4H_9CH_3NCO)_2CHC_2H_4OC_2H_4OC_6H_{13}$-
特丁基苯和硝酸溶液间的分配比

1—Pu(Ⅳ)；2—U(Ⅵ)；3—Fe(Ⅲ)；4—Zr(Ⅳ)；5—Zr(Ⅳ)

$(0.1mol/L\ H_2C_2O_4)$

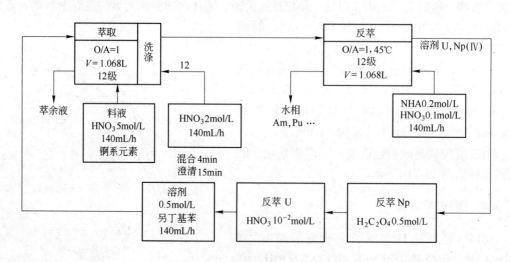

图 14-21   用丙二酰胺作萃取剂从高放射性
废液分离锕系元素的流程

的价态为四价，钚、镎、镅、锔同时被萃取。当用甲酸脱硝使高放射性废液硝酸浓度降低
到 0.5mol/L 时，裂变产物锆和钼沉淀析出，并以沉淀物除去，使其不进入后面的萃取
过程。

　　DIDPA 萃取的原则流程如图 14-23 所示。该流程中结合使用了 TALSPEAK 试剂（DID-
PA + 乳酸）以分离镅、锔和镧系元素。

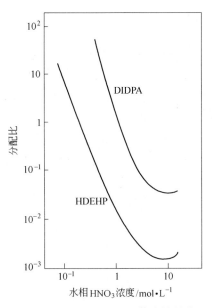

图 14-22　DIDPA 和 HDEHP 萃取钕的分配比

（有机相：0.5mol/L 萃取剂的正十二烷溶液）

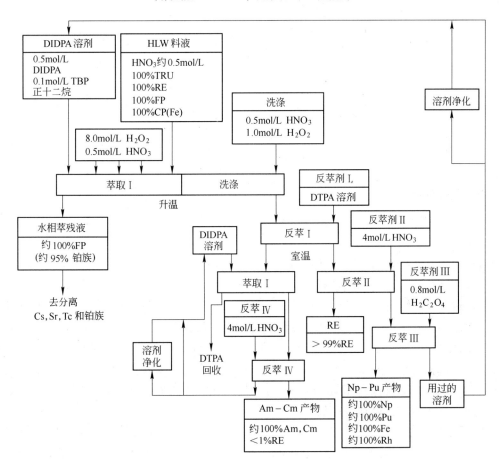

图 14-23　DIDPA 萃取的原则流程

14.3.5 TBP 和 HDEHP 萃取流程

在研究出上述各萃取分离流程之前，曾经试验用各种单官能团有机磷类萃取剂如 TBP、DBBP、HDEHP 等从硝酸废液中回收锕系元素。TBP 和 DBBP 萃取三价锕、镧的能力低，萃取只能在高盐析低酸度或非常高酸浓度（15～16mol/L HNO₃）下进行。被 HDEHP 萃取的四价和六价锕系元素难以反萃[33]。

下面给出两种典型的 HDEHP 和 TBP 萃取流程（见图 14-24）[33]。这两种流程都结合了 TALSPEAK 流程来分离锕、镧和镧系元素。这两种流程都很复杂，实用价值较小。

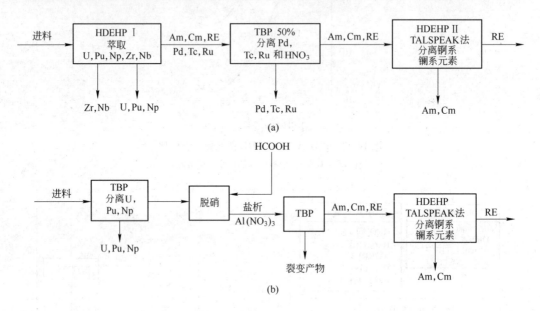

图 14-24　HDEHP(a) 和 TBP(b) 萃取分离高放射性废液中锕系元素的流程示意图

14.3.6 镎的萃取

镎是有用的超铀元素，在乏燃料中的镎是 100% ^{237}Np，半衰期长达 2.14×10^8 年。^{237}Np 吸收中子后经过 ^{238}Np 的 β 衰变生成 ^{238}Pu，后者是重要的 α 放射性能源，用于宇航和心脏起搏器。可以从乏燃料后处理高放射性废液中用前面所述方法把镎和其他锕系元素一起回收，但这些方法都尚未实现工业化。

另一种途径是调节镎的价态，使镎在 Purex 流程中与铀、钚共萃取，在以后的循环中将镎分离出来。在 Purex 流程中提取镎的流程如图 14-25 所示。首先控制料液中亚硝酸的含量，将镎氧化为易被萃取的六价状态，镎在第一萃取循环与铀钚一起被萃取。在 1B 柱中镎和铀一起被反萃。在 2D 柱中镎处于四价状态，采用低酸洗涤和提高有机相饱和度的办法把镎赶入水相。含镎水相与 2A、3A 柱含镎水相合并浓缩，进入 2N 和 2P 柱，用 30% TBP 萃取进行积累净化得到镎产品。

用于积累净化镎的方法是在 2N 柱中用 Fe^{2+} 和肼使镎处于四价并被 30% TBP 萃取，在 2P 柱中用 0.01mol/L 硝酸反萃镎，反萃液返回 2N 柱，继续净化和富集镎。当镎积累量达到千克级后，送往最终离子交换纯化。

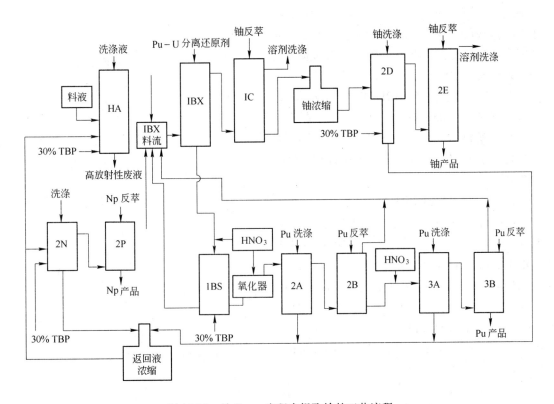

图 14-25　从 Purex 流程中提取镎的工艺流程

我国后处理厂采用铀线分离镎的工艺。为确保铀、钚的回收和净化，对 TBP 萃取共去污分离循环的工艺流程和条件不做变动，只是回收在该确定条件下进入铀线的镎。在铀、钚分离过程中，于 Fe^{2+} 作用下，六价镎被还原成四价，同铀一起留在有机相中，稀硝酸反萃时镎与铀一起进入水相，在铀线二循环中，四价镎仍与铀一起萃入有机相，然后用 $0.7mol/L$ 硝酸反萃镎，用 30% TBP 作补充萃取剂提高铀分离系数。所得镎还须经阴离子交换进一步纯化[34]。

14.3.7　锕与镧系元素的萃取分离

锔主要以三价离子存在，性质与三价镧系极为接近，用氧配体萃取剂从高放射性废液中分出的锔总是和裂变产物稀土在一起，锔在该组分中含量稍高于 1%（质量分数）。三价锕离子有先与软碱配体氮、硫配位的趋势，利用含氮或硫的配合剂或萃取剂有可能得到高的分离系数。

下面介绍三种曾较大规模实现锕与镧系元素分离或有较大应用的萃取分离方法。

14.3.7.1　TALSPEAK 法

TALSPEAK 法[35]（trivalent actinide-lanthanide separation by phosphorus reagent extraction from aqueous komplexes，由水相配合剂溶液用磷类试剂萃取分离三价锕系元素）是美国 Oak Ridge 国家实验室于 1964 年提出的。该法用 HDEHP 作萃取剂。HDEHP 从矿物酸溶液萃取时，三价锕系和镧系分配比相互重叠，锔的分配比与镧、钕最为接近，羟基羧基代替矿物酸后,使三价锕系分配比降低。水相再加入胺基羧酸,由于氮配位体优先于三价锕系离子配合,使三价锕系分配比大幅度降低,分离系数大于70。

图 14-26 给出了 HDEHP-二异丙苯从 1mol/L 乳酸 + 0.05mol/L DTPA(二乙基三胺五乙酸)溶液(pH = 3)萃取三价锕系和镧系元素的分配比。TALSPEAK 法的流程如图 14-27所示。

14.3.7.2 Karlsruhe 法

德国 Karlsruhe 核研究中心提出了原理类似的反 TALSPEAK 法[36],该法是用 0.3mol/L HDEHP + 0.2mol/L TBP + 正烷烃作萃取溶剂,从 pH 值约为 2 的硝酸溶液中把镅、锔和镧系元素全萃入有机相。用 0.05mol/L Na₅DTPA + 1mol/L 乳酸水溶液(pH = 3.0)反萃镅、锔,用硝酸反萃镧系元素,镅、锔再用 Karlsruhe 法纯化。

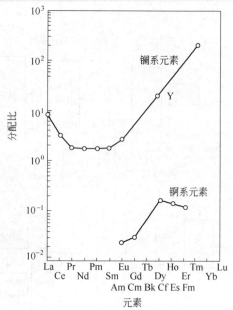

图 14-26 0.3mol/L HDEHP-二异丙苯 + 1mol/L
乳酸 + 0.05mol/L DTPA(pH = 3.0)体系中
三价锕系元素和镧系元素的分配比

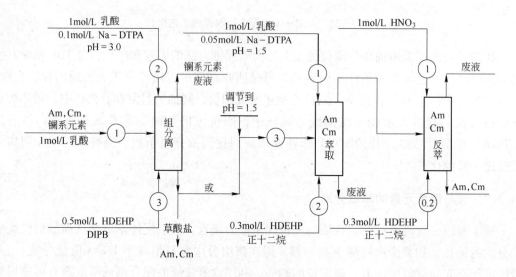

图 14-27 TALSPEAK 法流程图

Karlsruhe 法利用三价锕系和镁系离子氯配合阴离子稳定性的差别,用叔胺含高浓度盐析剂的氯化物溶液中选择性地萃取锕系元素[37]。它是美国 Oak Ridge 国家实验室曾经较大规模使用过的方法。萃取溶剂是 0.6mol/L 的 Alamine336(三烷基叔胺 R_3N,烷基是己基和辛基)盐酸盐的二乙基苯溶液,水相为 10mol/L 的氯化锂溶液。

14.3.7.3 二硫代二烷基膦酸萃取法

二硫代二烷基膦酸萃取法是由我国提出的[38]。二硫代二烷基膦酸分子式为 R_2PSSH,

是含有 2 个硫配位原子的酸性有机膦类萃取剂。我国清华大学核能技术设计研究院发现 R = 1，4，4-三甲基戊基的二硫代二烷基膦酸（商品名 Cyanex301）是具有很高的从镧系元素中选择性萃取三价锔的萃取剂，锔与轻、中镧系元素的分离系数达到 10^3 数量级，如图 14-28 所示。

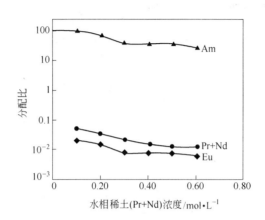

图 14-28　二硫代二烷基膦酸萃取锔和镧系元素分配比与水相稀土浓度的关系

（有机相：0.5mol/L 二硫代二（2，4，4，-三甲基戊基）膦酸-煤油，皂化：Na_2CO_3 0.3mL/L；

水相：$0.1 \sim 0.6$ mol/L（Pr + Nd）$(NO_3)_3$；示踪量[241]Am 或[152~154]Eu；平衡 pH 值约为 4.0）

由于分离系数很高，由 5 级或 6 级简单逆流萃取就可把裂变产物镧系元素中的锔萃取出 99.9% 以上。二硫代二（2，4，4，-三甲基戊基）膦酸稳定性较高，易溶于烷烃类稀释剂，具有较好的实用前景。

参 考 文 献

［1］朱永睿，马栩泉，焦荣洲．从辐照核燃料中提取及分离铀、钍、钚和其他元素［M］//汪家鼎，陈家镛．溶剂萃取手册．北京：化学工业出版社，2001.

［2］马荣骏．萃取冶金［M］．北京：冶金工业出版社，2009.

［3］IAEA Yearbook(1997). Vienna：56.

［4］清华大学化工系应用化学教研室．用溶剂萃取法回收锆萤石中铀的研究［J］．稀有金属，1981(5)：8~14.

［5］本尼迪科特 M，皮格福德 T H，利瓦伊 H W．核化学工程［M］．汪德熙，王方定，等译．北京：原子能出版社，1988：322，413.

［6］RYDBERG, MUSIKAS, CHOPPIN. Principles and Practices of Solvent Extraction［M］．Dekker, 1992：424.

［7］姜圣阶，任凤仪，等．核燃料后处理工学［M］．北京：原子能出版社，1995：158~196.

［8］THORNTON J D. Science and Practice of Liquid-Liquid Extraction［M］．Oxford, 1992：121.

［9］本书编委会．当代中国的核工业［M］．北京：中国社会科学出版社，1987：216~243.

［10］BRESCHET C, MIQUEL P. ISEC'71, 1971, 1：565~576.

［11］GOLDSTEIN M, BARKER J J, GANGWER T. Nuclear Engineering International. Sept. 1977：69.

［12］CAMPBELL D O, MILLS A L. ISEC'86, 1986, 1：301~307.

［13］RYDBERG, MUSIKAS, CHOPPIN. Principles and Practices of Solvent Extraction. Dekker. 1992：429.

［14］THORNTON J D. Science and Science and Practice of Liquid Extraction. Oxford, 1992, 2：175.

[15] BATHELLIER A, GRIENEISEN A, PLESSY L. Energ. . Nucl. Paris, 1968, 10: 186.

[16] SCHULZ W W. Ind. Eng. Chem. Process Design Develop, 1967, 6: 115.

[17] 本尼迪克特 M, 皮格福德 T H, 利瓦伊 H W. 核化学工程[M]. 汪德熙. 王方定, 等译. 北京: 原子能出版社, 1988: 323.

[18] THORNTON J D. Science and Practice of Liquid-Liquid Extraction[M]. Oxford, 1992: 121～144, 160～162.

[19] 本尼迪克特 M, 皮格福德 T H, 利瓦伊 H W. 核化学工程[M]. 汪德熙. 王方定, 等译. 北京: 原子能出版社, 1988: 407.

[20] THORNTON J D. Science and Practice of Liquid-Liquid Extraction[M]. Oxford, 1992: 121～144, 156, 157.

[21] 本尼迪克特 M, 皮格福德 T H, 利瓦伊 H W. 核化学工程[M]. 王方定, 等译. 北京: 原子能出版社, 1988: 322, 408.

[22] THORNTON J D. Science and Practice of Liquid-Liquid Extraction [M]. Oxford, 1992: 121～134, 162～168.

[23] THORNTON J D. Science and Practice of Liquid-Liquid Extraction [M]. Oxford, 1992: 134～144, 157～160.

[24] GMELIN L. Gmelin Handbuch der Anorganischen Chemie (8th Edition). Uranium, supplement Volume A4. Springer-Verlag, 1982: 276～322.

[25] KUCHLER L, et al. The THOREX Two-Stage Process for Reprocessing Thorium Reactor Fuel with High Burn-up. Kerntechik, 1971, 13: 319.

[26] NOTZ K J, An ORNL-TM-4747, 1975, 9.

[27] 朱永睿, 焦荣洲. 我国在高温气冷堆、铀燃料后处理技术上的研究与进展[J]. 高技术通讯, 1995, 5(12): 53～57.

[28] STOLLER S M, et al. Reactor Handbook Fuel Reprocessing. London: Interscience Publishers Ltd. , 1961, 2: 209～211.

[29] 朱永睿. 三烷基氧磷萃取——由高放射性废液回收锕系元素的有效方法[J]. 清华大学学报, 1992, 32(6): 1～4.

[30] HORWITZ E P, SCHULZ W W. The TRUEX process and the management of liquid TRU U waste[J]. Sep. Sci. Technol, 1988, 23: 1191～1210.

[31] MUSIKAS C, HUBERT H. Extraction by n,n'-tetraalbymalon-amides Ⅱ, extraction of metallic[J]. Solvent Extra. Ion Exch. , 1988, 5: 877～893.

[32] KUBOTA M, et al. Proceedings of Global' 93 International Conference on Future Nuclear Systems[J]. Seattle, 1993, 1: 588.

[33] LO T C, BAIRD M H I, HANSON C. Handbook of Solvent Extraction [M]. John Wiley&Sons, 1983: 785, 437.

[34] 姜圣阶, 任凤仪, 等, 核燃料后处理工学[M]. 北京: 原子能出版社, 1995: 273～281.

[35] WEAVER B, KAPPELMANN F A. Preferential extraction of lanthnides over trivalent actinides by monoacidic organophosphates from carboxylic acids and from mixtures of carboxlic and aminopolyacentic acids[J] JINC, 1968, 30: 263～272.

[36] KOCH G. Solvent Extraction Research[M]. Wiley-Interscience, 1969: 349.

[37] CULLER F L, et al. ORNL, 3452, May 31, 1963: 143.

[38] ZHU Y, CHEN J, et al. Extraction of Am(Ⅲ) and Eu(Ⅲ) from nitrate solution with purified cyanex 301 [J]. Solvent Extra. Ion Exch. 1996, 14(1): 61～68.

索　引

1,3-丙二酰胺　878

717 阴离子交换树脂　286

ПНСП-0.5 催化剂　548

A

Acorga CLX-20　145

Alamine336　323

Aliquat336　323

Amberlite IRA94S 树脂　321

Amberlitela-2　325

AM 阴离子树脂　744

氨基磺酸亚铁　861

氨浸　139

铵盐溶液电解　124

螯合树脂 D418　321

B

Butex 流程　867

巴比合金　180~182

钯铱合金废料　515

白砷　349,355

拜耳法循环用液　589

半导体废料　603

半导体晶片　605

半鼓风炉　209,210

焙烧　14,312~315,330,450,545,660,768

焙烧—酸溶—萃取法　768

冰铜　86

铂、钯合金废料　511

铂基合金　511

铂-铼双金属催化剂　540

铂首饰磨屑　514

铂双金属废催化剂　540

铂-锡双金属催化剂　544

铂铱合金废料　514

不溶阳极　185

不锈钢　26~30

布袋尘　630

钚净化　862

C

Cyanex272　322

Cyanex923　818

沉淀　54,280,318,353,483,486,691,774

沉淀渣　800

赤泥　423

赤铁矿　598

赤铁矿法　667

触点废料　470

吹炼　86~92,125

垂直喷射火焰炉　212

纯碲　709

纯硒　709

粗铑粉　520

粗铅　170

粗铅浮渣　673

粗铅碱渣　671

粗铜　75

粗硒　716,721

粗锡　249,256

粗铟　654,674

催化剂废料　522

萃取、反萃取　33,53,106,215,283,292,321,
355,507,561,588,618,620,

637，660，717，734，761，768，774，790，823，831，840，859，868

D

D999 树脂　543

DIDPA 流程　879

Dowex M4195　333

DSM 法　231

丹宁　592

丹宁锗渣　616

单晶锗屑　632

单质砷　364，367

等离子(体)　25，207，533

低品位铜矿　128

低锡复合渣　381

底铅　636

碲化铜法　713

电(解)铅　187，191

电磁分选　5

电弧炉　23，200，228，280，576

电化学溶解　122，124

电还原—萃取法　764

电解(积)　101，116，122，130，132，137，183，185，248，264，281，368，397，430，439，489，608，703，744

电铜　115

电炉　43，162，213，231，673

电炉底铅　643

电铅　169，176，183

电容器废料　565

电渗析　744

电收尘　405

电蒸馏法　229

电子电器废料　501

煅烧　317，435，541

堆浸出　128

多层陶瓷电容器(MICC)　565

多室熔炼炉　59

多膛炉　617

多膛炉烟尘　690

E

ESPINDESA 流程　222

二次烟尘　676

二次资源　1～4

二噁英　57，232

二硫代二烷基膦酸　885

二氯代三甘醇　867

二辛基亚砜　569

二乙醚　600

F

反射炉　40，101，108，155，160，451

反射炉烟尘　669

放射性污水　800

飞灰　342

废 FCC 催化剂　788

废 Kavag 催化剂　547

废 X 光胶片　476

废 НИИОГАЗ-3Д 催化剂　547

废 ПТП-0.5 催化剂　548

废钯催化剂　522

废钯料　515

废拜耳-Ⅰ型催化剂　557

废铂催化剂　537

废铂铼催化剂　754

废铂网　512

废触媒　279

废磁性合金　279

废催化剂　279，311

废电子触点元件　569

废定影液　481

废钢铁　9

废高温合金　279

废旧电器元件　418

废耐火材料　571

废镍氢电池　777

废钕铁硼　761

废膨胀合金　279

废铅锡合金　244

废铅蓄电池　154

废水　30,218

废水中稀土　831

废铁合金　797

废铜钯催化剂　554

废钨铼合金　756

废相纸　476

废铱坩埚　583

废阴极射线荧光粉　793

废硬质合金　279,301

废渣(含稀土)　801

废照相软片　476

沸腾焙烧　733

焚烧　474,529,546,555

粉末冶金　19

浮选　354,441,465,572,716,806,812

浮选分离　5

浮选银精矿　468

富铊灰　702

G

GaAs 废料　603

坩埚炉　153,204

感光废料　474

感应电炉　43,239

钢基硬质合金　279

钢铁　9

钢铁粉　18

钢、铁屑　18

钢渣　9

高镉锌合金　407

高硅含锗物料　633

高铼酸钾　740

高磷镍铁　285

高炉尘泥　13

高砷锑烟尘　375

高酸浸出　659,665

高钛渣中回收铌钽　418

高锑复合渣　377

高温氰化法　535

高压浸出　667,745

隔膜电解　286

工频炉　39

工业污酸　368

汞炱　730

钴粉　306

钴铁　285

鼓风炉　75,153,165,173,614

鼓风炉铅烟尘　674

鼓风炉烟尘　678

硅酸铅　165

硅铁渣　12

锅炉灰　342

H

H106　590,595

HDEHP　882

Hexone-23 流程　874

海绵铋　396

海绵铊　691

海绵锡　248

海绵铟　641

海水　421

含钒的废料　279

含钴的废料　279

含钴有机渣　336

含砷废水　351

含砷污酸　353,367

含铁尘泥　9

含硒、碲的废品废件　706

含锡的铜合金废料　244

含锡废料　244

含锡合金废料　244

含铟废合金　687

含铟废液　688

含银废催化剂　472

含锗电解铁　634

含锗废料　632

含锗金刚砂　633

含锗烟尘　615

焊锡　263

焊锡氟硅酸电解液　675

核燃料废料　857

黑铜　82，86

化工设备积垢　582

化学、石油工业催化剂　536

还原　226，364，369，386，747

还原焙烧　329

还原法　189

还原剂　160，161

还原浸出　690

还原熔炼　76，440，576

环己酮　590

环肟酸　808

黄丹　189

黄铁矿　14

黄铁矿烧渣　14，462

辉钼矿　733，747

回转窑　16，163，206，431，655，683，771

回转窑窑渣　656

混合澄清槽　859

活性炭吸附　320

火法　430，439，474，502，526，560，629

火法熔炼　250，440

火法—湿法联合　267，614

火法冶金　4，75，204

火焰炉　41

I

Indutec®法　239

INTERIM-23 流程　869

IrRh 粉　519

Ir-Rh 合金废料　518

IrRh 丝　518

ISP 法　238

ITO 废靶材　685

J

JRCM 法　233

季铵盐 7407　737

加压浸出　289，291

碱浸（碱性浸出）　246，591，711，745

碱溶法　525

碱式氯化铝　50

碱性腐蚀液　633

碱压煮　645

焦结烟尘　636

搅拌浸出　129

结晶　105，189，224，260，276，356，697

结晶法　260，697

金、银镀层剥离料　495

金银合金废料　469

金银渣　396

金属碲　708

金属镓　593，603

金属铟　593，668，678

金属锗　593

浸出　116，126，132，187，190，215，275，330，393，456，472，530，545，782

精铋　393

精炼　45，76，92，99，101，171，451

精炼炉　100

精馏锌副产品　639

精铅　162，170

精铜　70

精锡　249

精铟　655，670，679

净化　121，282，693

就地(原地)浸出　129

均相催化剂　558

K

Karlsruhe 法　884

Kelex100　326,588

KΦ 型阳离子交换树脂　658

矿山开采废水　834

L

Lix 系列萃取剂（Lix64N 等）　130,142,
323,331

铼粉　752

铑铱合金废料　516

离析熔炼　546

离心萃取器(设备)　620,650,663,859

离子交换　33,144,280,320,333,355,493,
507,703,719,741,757

联合选矿　572

炼钢钒渣　339

炼铁副产物　602

炼铁烟尘　683

炼锡副产物　675

钌镀层　564

磷灰石　588

磷酸体系　818

流态化　29

硫化法　720

硫化砷　349,364

硫酸钴　778

硫酸化焙烧　337,430,452,468,531,545,
654,693,706

硫酸浸出　126,132

硫酸铝　48

硫酸铅　155,157

硫酸氢钠熔融法　520

硫酸溶解　112

硫酸锌　224~226

铽富集法　577

铝废料　37,43,44,57,61

铝粉　48

铝合金　51

铝热合金法　517

铝生产副产物回收镓　588

氯化　462,810

氯化焙烧　14,518,655

氯化沉淀法　695

氯化法　245,714,726

氯化干馏法　536

氯化挥发　15

氯化浸出　608,680

氯化溶出　15

氯化铜　364

氯化物浸出　143

氯化锡　245

氯化锌　226

氯化亚锡　367

氯化烟尘　848

氯化蒸馏(法)　600,630,634

氯化蒸馏残渣　616,632

M

Metsep 流程　222,223

MIBK　590,698,857

马口铁废料　244~246,248

脉冲筛板柱　859

煤　588,600

酶法　478

锰结核　588

锰铁渣　10

密闭鼓风炉　140,606

钼铁渣　11

N

N,N′-二烷基酰胺　866

N2125　569

N235（Alamine 336）　216，281，324，569，739

N503　698，762

N7301　849

耐热合金废料　292

镍镉电池　407

镍钴合金废料　280

镍基合金废料　280

凝析法　255

O

OsIr 合金废料　521

P

P204（D2EHPA）　53，124，218，288，590，601，648，671，698，818，821，832，840

P215　819

P350　846

P406　819

P507　218，289，762，764，840

Pb-Sb 烟灰　678

Pt/C 废催化剂　546

Pt-Rh 合金废料　513

Purex 流程　882

平炉尘泥　13

Q

七水硫酸锌　224

汽车尾气催化剂　529

铅捕集熔炼（火法试金）　576

铅废料　153，160，162，173，178，185

铅合金　180

铅灰　153

铅熔析浮渣　670

铅锑精矿冶炼副产物　678

铅锑阳极泥　459

铅锡粗合金　266

铅锌生产副产物　592

铅阳极泥　438，454

铅渣　153

羟肟酸铵　807

氢氟酸腐蚀液　633

氢氟酸浸出　634

区域熔炼尾料　632

全萃取法　761

R

R410　531，543

Redox 流程　867

热镀锡残渣　267

热镀锡废料　244

热镀锌　203

热酸浸出　621

溶解阳极合金　591

熔化炉　42

熔剂　39，107

熔炼　39，77，160，162，169，599

熔炼富集　575

熔炼炉　41，55

熔析法　255

熔盐氯化法　520

S

Sb_2O_3（锑白）　376

SB 炉　169

SDHL 法　236

SP 酸　595

噻吩甲酰三氟丙酮　867

三盐基硫酸铅　189

三氧化钨　306

三月桂胺　867

烧结机　166

烧结烟尘　690

砷钙粉　351

砷钴渣　279

砷碱渣　351，370

砷酸钙 351

砷酸钠 351

砷酸铁 360

砷酸铜 352,358

渗滤 551

生物浸出 316

失效 T-12 催化剂 524

失效抛光粉 785

湿法 452,476,503,530,560,578,580

湿法冶金 4,25,76,153,182,204

石灰烧结法 752

石灰转化 191

石煤 340

石棉尾矿 419

竖炉 43,83

双金属电解 264

苏打法 720

苏打烧结法 723

酸浸 650,657

酸泥 690,706

酸溶 330,646,648,768,774

酸洗废水 31

酸洗废液 31

T

TALSPEAK 883

TBP 106,368,590,600,718,858,868,882

Thorex 流程 868,873

TiOA 293

TOA 590,718,736

TOPO 818

Trigly 流程 867

TRPO 流程 875

Truex 流程 877

钛白水解母液 848

钛电极 565

钛铁矿浸出液 414

钛铁渣 11

碳化钛基硬质合金 279

碳热氯化法 809

碳酸化 590

碳酸锰 409

碳酸钠焙烧 327

贴金废件 500

铁矾法 621,628

铁矾渣 659

铁合金渣 9

铁酸锌 592

铜捕集法 535

铜废料 70,82

铜粉 113,123

铜镉渣 397,690,694,695

铜合金 107,109

铜矿石 84

铜烟灰(尘) 681,704

铜阳极泥 428

钍燃料 868

V

Versatic 911H 590,599

W

WC-Co 类合金 279

WC-TiC-Co 类合金 279

WC-TiC-TaC-Co 类合金 279

王水 523,578

威尔兹法 229,236

尾矿 128

尾矿(含稀土) 805

污溶剂 864

污水渣 801

钨铁渣 11

钨渣及锡渣回收钪 846

X

XQ$_{107}$ 812

悉罗熔炼 212

稀土硅铁合金 803

稀土矿泥 800

锡箔废料 244

锡管 244

锡酸钙 247

锡酸钠 178, 247, 270

锡渣回收钽、铌、钨 415

硝基苯甲酸 253

硝石法 301

硝石熔融分解 757

硝酸法 190

硝酸浸出 446, 472

硝酸铅 188

锌焙烧烟尘 402, 691

锌锭 200

锌废料 202, 213, 224

锌粉 200, 217

锌钴渣 279

锌(灰)尘 203

锌浸出渣 592

锌锰电池 202

锌熔法 302, 304

锌渣 465

旋风尘 631

选矿尾矿 413

选冶联合 716

循环经济 1, 2

循环铝 36, 55

循环铅 151

循环铜 70

Y

YW100 590, 594, 595

烟尘(粉) 22, 58, 126, 201, 206, 348, 406

烟化炉尘 592, 676

盐卤 421

盐酸浸出 126, 630

阳极 281

阳极泥 179, 582, 610, 706, 716

阳极铜 101

氧化 215, 304, 357, 747

氧化焙烧 591, 697, 733, 735, 797

氧化焙烧—酸浸法 772

氧化铋 437

氧化法 254, 304

氧化钴 306

氧化钪 846, 849

氧化锰矿泥 409

氧化铅 155

氧化铅矿炼铅烟尘 674

氧化锌 24, 200, 217

氧化锌粉 644, 650, 657, 658

氧肟酸类萃取剂 618

液体废料 507

乙酸乙酯 590

乙酰胺(A101) 590, 701, 738

异戊醇 734

阴极 281

阴极铜 76, 119

银焊料 471

银锌渣 393

硬铅 170

硬锌 606, 641

铀净化 863

铀燃料 857

预处理 4, 37, 501

Z

ZINCEX 法(MZP) 237

载体催化剂 522, 547

再生铝合金 45

再生铅 153, 176

再生铜 72, 104

锗石 601

锗铁渣 615

针铁矿法　665

真空度　387

真空炉　263

真空热还原法　233

真空闪速碳还原　390

真空碳热还原　386

真空蒸馏　262，377，705，729

真空蒸馏炉　642，647，677

真空蒸馏设备　612

蒸馏—熔析法　607

织金磷矿　828

致密阴极锡　252

置换　435，481，596，638，644，648，655，690，713

置换渣　592，596

中和　105，219，457

中和剂　219

中浸　645，655

中浸渣　657

仲辛醇　286

重介质分选　5

重选　511，571，806

转炉　88，433

转炉尘泥　13